气象标准汇编

2020

（上）

中国气象局政策法规司 编

图书在版编目（CIP）数据

气象标准汇编. 2020 / 中国气象局政策法规司编. — 北京：气象出版社，2021.9
ISBN 978-7-5029-7553-1

Ⅰ. ①气… Ⅱ. ①中… Ⅲ. ①气象－标准－汇编－中国－2020 Ⅳ. ①P4-65

中国版本图书馆CIP数据核字(2021)第188983号

气象标准汇编2020

中国气象局政策法规司　编

出版发行：气象出版社
地　　址：北京市海淀区中关村南大街46号　　　邮政编码：100081
电　　话：010-68407112（总编室）　010-68408042（发行部）
网　　址：http://www.qxcbs.com　　　E-mail：qxcbs@cma.gov.cn
责任编辑：王苹苹　　　　　　　　　　　　终　　审：吴晓鹏
责任校对：张硕杰　　　　　　　　　　　　责任技编：赵相宁
封面设计：王　伟
印　　刷：北京建宏印刷有限公司
开　　本：880mm×1230mm　1/16　　　　　印　　张：66.75
字　　数：2017千字　　　　　　　　　　　彩　　插：5
版　　次：2021年9月第1版　　　　　　　　印　　次：2021年9月第1次印刷
定　　价：350.00元（上下册）

本书如存在文字不清、漏印以及缺页、倒页、脱页等，请与本社发行部联系调换

前　言

标准是国家核心竞争力的基本要素,是规范经济社会秩序的重要技术保障,也是国家治理体系和治理能力现代化的基础性制度。党的十八大以来,以习近平同志为核心的党中央高度重视标准化工作,习近平总书记在多种场合多次提及标准化,并强调:加强标准化工作,实施标准化战略,是一项重要和紧迫的任务。气象事业属于科技型、基础性社会公益事业,气象工作关系生命安全、生产发展、生活富裕、生态良好,专业技术性强、工作涉及面广,标准和标准化渗透于气象事业发展的各个领域,在全面推进气象现代化、全面深化气象改革、全面推进气象法治中发挥着重要的作用。特别是在新时期、新形势下,紧扣建设气象强国的目标,对标发挥气象防灾减灾第一道防线作用以及加快科技创新、做到"监测精密、预报精准、服务精细"的要求,进一步加强气象标准化建设,提升气象标准化水平,对于推动气象事业高质量发展,更好地服务保障经济社会发展和人民安全福祉具有十分重要的意义。

为了进一步加大对气象标准的学习、宣传和贯彻实施工作力度,使各有关方面和广大气象工作者做到了解标准、熟悉标准、掌握标准、正确运用标准,充分发挥气象标准支撑和保障气象事业高质量发展的基础性、战略性、引领性作用,中国气象局政策法规司对颁布实施的气象行业标准按年度进行编辑,已出版了 16 册。本册是第 17 册,汇编了 2020 年颁布实施的气象行业标准共 73 项,供有关人员学习使用。

中国气象局政策法规司

2021 年 5 月

目 录

前言

上 册

QX/T 16—2020	温湿度仪检定箱	(1)
QX/T 18—2020	人工影响天气作业用 37 mm 高炮检测规范	(15)
QX/T 37—2020	气象台站历史沿革数据文件格式	(55)
QX/T 96—2020	卫星遥感监测技术导则　积雪覆盖	(99)
QX/T 117—2020	气象观测资料质量控制　地面气象辐射	(114)
QX/T 118—2020	气象观测资料质量控制　地面	(122)
QX/T 139—2020	极轨气象卫星大气垂直探测资料 L1C 数据格式　辐射率	(132)
QX/T 148—2020	气象领域高性能计算机系统测试与评估规范	(152)
QX/T 157—2020	气象视频会商系统技术规范	(183)
QX/T 255—2020	供暖气象等级	(193)
QX/T 314—2020	气象信息服务单位备案规范	(199)
QX/T 344.3—2020	卫星遥感火情监测方法　第 3 部分:火点强度估算	(208)
QX/T 534—2020	气象数据元　总则	(226)
QX/T 535—2020	气候资料统计方法　地面气象辐射	(243)
QX/T 536—2020	前向散射式能见度仪测试方法	(251)
QX/T 537—2020	高分辨率对地观测卫星草地面积变化监测技术导则	(259)
QX/T 538—2020	高分辨率对地观测卫星森林覆盖面积变化监测技术导则	(272)
QX/T 539—2020	高分辨率对地观测卫星沙地面积变化监测技术导则	(285)
QX/T 540—2020	高分辨率对地观测卫星陆地水体面积变化监测技术导则	(297)
QX/T 541—2020	热带大气季节内振荡(MJO)事件判别	(306)
QX/T 542—2020	中小河流洪水和山洪致灾阈值雨量等级	(316)
QX/T 543—2020	气象台站元数据	(322)
QX/T 544—2020	气象数据发现元数据	(346)
QX/T 545—2020	风云系列极轨气象卫星可见光红外扫描辐射计在轨星上红外辐射定标方法	(395)
QX/T 546—2020	空间高能粒子辐射效应术语	(406)
QX/T 547—2020	人工影响天气安全　地面作业空域申请和使用规范	(416)
QX/T 548—2020	太阳电池发电效率温度影响等级	(425)
QX/T 549—2020	气象灾害预警信息网站传播规范	(435)
QX/T 550—2020	地面气象辐射观测数据格式　BUFR	(442)
QX/T 551—2020	气象观测资料质量控制　土壤水分	(476)
QX/T 552—2020	空间天气预警等级	(482)
QX/T 553—2020	风云三号气象卫星用户直收系统技术规范	(488)
QX/T 554—2020	风云三号气象卫星业务运行成功率统计方法	(503)
QX/T 555—2020	便携式叶面积观测仪	(514)

标准号	标准名称	页码
QX/T 556—2020	飞机人工增雨(雪)作业流程	(524)

下 册

标准号	标准名称	页码
QX/T 557—2020	农产品气候品质评价　酿酒葡萄	(531)
QX/T 558—2020	气候指数　低温	(538)
QX/T 559—2020	风能资源观测系统　测风塔观测技术要求	(543)
QX/T 560—2020	雷电防护装置检测作业安全规范	(563)
QX/T 561—2020	卫星遥感监测产品规范　湖泊蓝藻水华	(581)
QX/T 562—2020	周地磁活动整体水平分级	(601)
QX/T 563—2020	气象卫星地面系统实时数据传输通信包格式	(608)
QX/T 564—2020	地基导航卫星遥感气象观测系统数据格式	(616)
QX/T 565—2020	激光滴谱式降水现象仪	(647)
QX/T 566—2020	场磨式大气电场仪	(661)
QX/T 567—2020	自动土壤水分观测仪	(681)
QX/T 568—2020	自动气候站	(700)
QX/T 569—2020	人工增雨(雪)地面催化剂发生器选址安装技术要求	(724)
QX/T 570—2020	气候资源评价　气候宜居城镇	(730)
QX/T 571—2020	气候可行性论证报告质量评价	(745)
QX/T 572—2020	农产品气候品质评价　青枣	(760)
QX/T 573—2020	气候公报编写规范	(766)
QX/T 574—2020	气候指数　台风	(781)
QX/T 575—2020	气候指数　雨涝	(792)
QX/T 576—2020	接地装置冲击接地电阻检测技术规范	(798)
QX/T 577—2020	防雷接地电阻在线监测技术要求	(804)
QX/T 578—2020	气象科普教育基地创建规范	(813)
QX/T 579—2020	人工影响天气安全　炮弹、火箭弹残骸坠落现场技术调查	(821)
QX/T 580—2020	气象卫星地面系统计算机硬件维护规范	(835)
QX/T 581—2020	轻便三杯风向风速表	(849)
QX/T 582—2020	气象观测专用技术装备测试规范　地面气象观测仪器	(861)
QX/T 583—2020	夏玉米涝渍等级	(874)
QX/T 584—2020	海上风能资源遥感调查与评估技术导则	(879)
QX/T 585—2020	气象卫星数据编目规则	(899)
QX/T 586—2020	船舶气象观测数据格式　BUFR	(909)
QX/T 587—2020	气象观测专用技术装备测试规范　高空气象观测仪器	(958)
QX/T 588—2020	天气雷达钢塔技术要求	(975)
QX/T 589—2020	自动雪深观测仪	(984)
QX/T 590—2020	气象计量标准装置期间核查导则	(1002)
QX/T 591—2020	树轮密度资料采集技术方法	(1025)
QX/T 592—2020	农产品气候品质评价　柑橘	(1032)
QX/T 593—2020	气候资源评价　通用指标	(1038)
QX/T 594—2020	地面大气电场观测规范	(1046)

ICS 07.060
A 47
备案号：78196—2020

中华人民共和国气象行业标准

QX/T 16—2020
代替 QX/T 16—2002

温湿度仪检定箱

Calibration chambers for temperature and humidity instrument

2020-11-05 发布　　　　　　　　　　　　　　　　2021-02-01 实施

中 国 气 象 局　发 布

QX/T 16—2020

前　言

本标准按照 GB/T 1.1—2009 给出的规则起草。

本标准代替 QX/T 16—2002《DJM10 型湿度检定箱》，与 QX/T 16—2002《DJM10 型湿度检定箱》相比，除编辑性修改外，主要技术变化如下：

——修改了标准名称，由《DJM10 型湿度检定箱》改为《温湿度仪检定箱》（见封面，2002 年版的封面）；

——规范性引用文件中删除了 GB/T 2829—2002、JB/T 9329—1999、JG 205—1981（见 2002 年版的第 2 章）；增加了 GB/T 7284—2016，GB/T 15479—1995（见第 2 章）；

——术语和定义中删除了湿度场、工作区域（见 2002 年版的 3.1、3.2）；增加了温湿度仪检定箱、有效工作区、温度偏差、湿度偏差、温度均匀度、湿度均匀度、温度波动度、湿度波动度、温度平衡时间、湿度平衡时间（见 3.1—3.10）；

——删除了原标准中基本参数章节（见 2002 年版的第 4 章），增加了产品组成与功能章节（见第 4 章）；

——重新整理了技术要求章节中的结构和层次。删除了抗震能力、使用性能（见 2002 年版的 5.1、5.2）；将不均匀性、不稳定性替代为温湿度均匀度、温湿度波动度（见 5.4、5.5，2002 年版的 5.1.2、5.1.3）；修改了外观和结构、绝缘电阻、电源适配性（见 5.2、5.7、5.9，2002 年版的 5.3、5.1.4、5.1.5）；增加了温湿度偏差、温湿度平衡时间、绝缘强度（见 5.3、5.6、5.8）；

——增加了相关测量设备（见 6.2.2）；将数字式通风干湿表修改为多路温湿度测量装置（见 6.2.1，见 2002 年版的 6.2.2）；修改了温湿度检验点、布点位置（见 6.3.3、6.3.4，2002 年版的 6.2.1、6.2.3）；增加了温湿度偏差、温湿度均匀度、温湿度波动度、温湿度平衡时间及其计算方式（见 6.3.6—6.3.13）；

——修改了检验项目，并以列表形式给出（见 7.2.1，2002 年版的第 5 章）；

——修改了标志、包装、运输与贮存的章节结构与内容（见 8.1、9.1、9.2、9.3，2002 年版的第 8 章）；增加了随行文件（见 8.2）；

——删除了成套性章节（见 2002 年版的第 9 章）；

——增加了参考文献。

本标准由全国气象仪器和观测方法标准化技术委员会（SAC/TC 507）提出并归口。

本标准起草单位：河南省气象探测数据中心、河南省计量科学研究院、辽宁省计量科学研究院、中国气象局气象探测中心、北京市国瑞智新技术有限公司、泰安磐然测控科技有限公司、中环天仪（天津）气象仪器有限公司。

本标准主要起草人：吴非洋、孙晓全、周光、艾艳、王同宾、赵旭、樊奇、成睿彬、徐震震、潘军、胡雪瑞。

本标准所代替标准的历次版本发布情况为：

——QX/T 16—2002。

温湿度仪检定箱

1 范围

本标准规定了温湿度仪检定箱的产品组成与功能、技术要求、试验方法、检验规则、标志和随行文件、包装、运输与贮存等。

本标准适用于气象用温湿度仪检定箱的设计、生产、使用、检验和验收。

2 规范性引用文件

下列文件对于本文件的应用是必不可少的。凡是注日期的引用文件,仅注日期的版本适用于本文件。凡是不注日期的引用文件,其最新版本(包括所有的修改单)适用于本文件。

GB/T 191—2008 包装储运图示标志
GB/T 7284—2016 框架木箱
GB/T 15479—1995 工业自动化仪表绝缘电阻、绝缘强度技术要求和试验方法

3 术语和定义

3.1
温湿度仪检定箱 calibration chambers for temperature and humidity instrument

用于检定、校准、测试温度和湿度仪器的专用设备,根据温度、湿度等参数的设定值在其有效工作区内产生符合要求的温湿度环境。

注:改写 JJF 1564—2016,定义 3.1。

3.2
有效工作区 valid working zone

温湿度仪检定箱内用于检定、校准和测试温湿度仪表的区域。

注:改写 JJF 1564—2016,定义 3.2。

3.3
温度偏差 temperature deviation

温湿度仪检定箱在稳定状态下,在有效工作区各测量点及规定时间内实测温度与设定温度值的最大差值。

3.4
湿度偏差 humidity deviation

温湿度仪检定箱在稳定状态下,在有效工作区各测量点及规定时间内实测湿度与设定湿度值的最大差值。

3.5
温度均匀度 temperature uniformity

温湿度仪检定箱在稳定状态下,在有效工作区内周围各点与中心点之间温度差值绝对值的最大值。

注:改写 JJF 1564—2016,定义 3.3。

3.6

湿度均匀度 humidity uniformity

温湿度仪检定箱在稳定状态下,在有效工作区内周围各点与中心点之间湿度差值绝对值的最大值。

注:改写JJF 1564—2016,定义3.4。

3.7

温度波动度 temperature fluctuation

温湿度仪检定箱在稳定状态下,其有效工作区内中心点在规定时间内温度变化的大小。

注:改写JJF 1564—2016,定义3.5。

3.8

湿度波动度 humidity fluctuation

温湿度仪检定箱在稳定状态下,其有效工作区内中心点在规定时间内湿度变化的大小。

注:改写JJF 1564—2016,定义3.6。

3.9

温度平衡时间 temperature equilibration time

在温度控制过程中,温湿度仪检定箱从起始温度到达温度控制点开始计时,直到温度波动度满足要求为止所用的时间。

注:温度控制点=(设定温度−起始温度)×90%+起始温度。

3.10

湿度平衡时间 humidity equilibration time

在湿度控制过程中,温湿度仪检定箱从起始湿度到达湿度控制点开始计时,直到湿度波动度满足要求为止所用的时间。

注:湿度控制点=(设定湿度−起始湿度)×90%+起始湿度。

4 产品组成与功能

4.1 产品组成

由控温系统、控湿系统、测试室、温湿度控制显示部件及配备设备组成,应具备观测视窗、操作孔和照明灯,能够满足对有效工作区内被测仪表的读数和调整。

4.2 功能

4.2.1 温湿度仪检定箱的作用是产生恒定且均匀的温湿度场,用于检定校准机械指针式温湿度计、温湿度记录仪、干湿表、探头内置式温度/温湿度传感器、热指数仪等温度和温湿度仪器。

4.2.2 根据其不同工作原理,通常采用双温法、分流法、调温调湿法等控制方法,进行自动加热、制冷、加湿和除湿,通过一定时间稳定得到所需的温度和湿度,实现箱内温湿度的平衡。

4.2.3 温湿度仪检定箱应具有通信功能,以便与其他设备进行通信连接,通信方式包括但不限于:RS232、RS485、WIFI、ZIGBEE、以太网、蓝牙。同时,应具有公开的纸质或电子版的通信协议。

4.2.4 温湿度仪检定箱的水箱部分应具备自动或手动排水功能,防止在环境温度低于0 ℃时,水路部分因结冰造成不可逆的损坏。

5 技术要求

5.1 工作环境

应符合下列要求：
——温度：0 ℃～35 ℃；
——相对湿度：不大于90%。

5.2 外观和结构

应符合下列要求：
——标志、标识应清晰、正确和完整；
——温湿度仪检定箱的外观应无明显的瑕疵、毛刺和损伤；
——温湿度仪检定箱结构件应安装可靠、紧固件无松动、密封良好、无渗漏现象。

5.3 温湿度偏差

应符合下列要求：
——温度偏差应不大于±1 ℃；
——相对湿度偏差应不大于±2%。

5.4 温湿度均匀度

应符合下列要求：
——温度均匀度应不大于0.3 ℃；
——相对湿度均匀度应不大于1%。

5.5 温湿度波动度

应符合下列要求：
——温度波动度应不大于±0.2 ℃；
——相对湿度波动度应不大于±0.8%。

5.6 温湿度平衡时间

应符合下列要求：
——温度应不大于15 min；
——相对湿度应不大于20 min。

5.7 绝缘电阻

应不小于20 MΩ。

5.8 绝缘强度

应符合以下要求：
a) 电源电压为220 V的温湿度仪检定箱，应能够承受1500 V试验电压，1 min内无击穿或闪络；
b) 电源电压为380 V的温湿度仪检定箱，应能够承受2000 V试验电压，1 min内无击穿或闪络。

5.9 电源适配性

温湿度仪检定箱可以从下列两种电源中任选其一作为供电电源：
a) 220×(1±10%) VAC、频率 50 Hz±2 Hz；
b) 380×(1±10%) VAC、频率 50 Hz±2 Hz。

6 试验方法

6.1 试验工作条件

应符合以下要求：
a) 环境温度：15 ℃～25 ℃；
b) 环境相对湿度：不大于 75%；
c) 环境温度波动度：±3 ℃。

6.2 测量设备

6.2.1 温湿度测量设备

温湿度测量设备选用多路温湿度测量装置，其中温湿度传感器的数量应满足布点要求。温度传感器数量不少于 9 支，湿度传感器数量不少于 9 支，每路均应采用同种型号规格的温度传感器和湿度传感器。具体技术要求见表 1。

表 1 多路温湿度测量装置技术要求

项目	测量范围	分辨力	最大允许误差	重复性	响应时间
温度	5 ℃～50 ℃	不低于 0.01 ℃	±0.05 ℃	不大于 0.01 ℃	不超过 15 s
相对湿度	10%～90%	不低于 0.1%	±2.0%	不大于 0.05%	不超过 15 s

注 1：温湿度测量设备也可以选取符合以上技术要求的其他设备。
注 2：温湿度测量范围为一般要求，使用中以能覆盖被校温湿度仪检定箱的实际使用范围为准。
注 3：测量设备技术指标为包含传感器和采集设备的整体指标。
注 4：重复性为重复测量 10 次得到的标准偏差。
注 5：测量装置应带有示值修正功能，各通道测量结果应含修正值的补偿。

6.2.2 其他测量设备

具体技术要求见表 2。

表 2 其他测量设备

项目	测量范围	准确度	备注
绝缘电阻表	(0～100)MΩ	10 级	额定直流电压 500 V
耐压测试仪	2 kV	5 级	频率 50 HZ
秒表	/	MPE：±1 s/h	/

6.3 检验方法

6.3.1 外观和结构

采用目测和手感的方法进行检验。

6.3.2 试验条件

一般在空载条件下进行,试验前应对多路温湿度测量设备的示值误差进行修正,并确认其性能符合表1的要求,所有的湿度试验项目均应在规定的温度下进行。

6.3.3 温、湿度检验点的选取

在温湿度仪检定箱说明书或铭牌中标明的控制范围内由低到高均匀选取5个温度检验点;每个温度检验点对应的湿度上限、下限和中间点作为湿度检验点。

6.3.4 温、湿度传感器布点位置的选取

应按照下列要求进行:
a) 检验前,应按照温湿度仪检定箱的使用说明书确定有效工作区。在工作区域内,温度传感器和湿度传感器采用水平分层布点方式(上、中、下),中心点应位于有效工作区的几何中心,其他各布点位置与有效工作区界面的垂直距离为有效工作区各边长的1/10。
b) 当有效工作区高度 $h \geqslant 50$ cm 的温湿度仪检定箱,温湿度布置点为9个,用0,1,2,…,8数字表示,0点位于中层几何中心,其他各点位于上、中、下三个水平层相应位置,如图1所示。
c) 当有效工作区高度 $h < 50$ cm 的温湿度仪检定箱,温湿度布置点为5个,用0,1,2,3,4数字表示,0点位于中层几何中心,其他各点位于中间水平层相应位置,如图2所示。
d) 当容积小于 0.05 m³ 或大于 2.0 m³ 时,可根据有效空间大小适当减少或增加传感器布点数量,并在检验报告中予以说明。

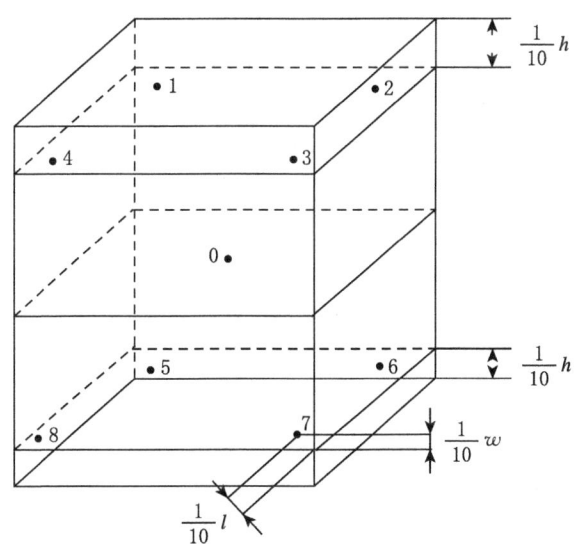

说明:
l ——有效工作区长度;
w ——有效工作区宽度;
h ——有效工作区高度。

图1 $h \geqslant 50$ cm 传感器布置示意图

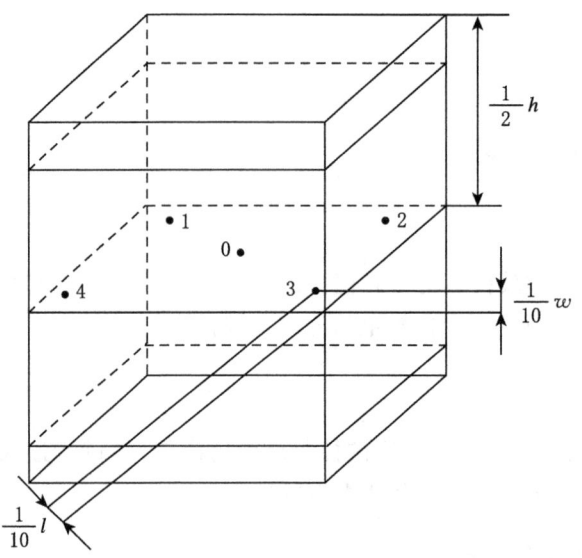

说明：
l ——有效工作区长度；
w ——有效工作区宽度；
h ——有效工作区高度。

图 2　$h<50$ cm 传感器布置示意图

6.3.5　测量方法

按照 6.3.4 的规定选取温、湿度传感器的布点位置，按照 6.3.3 的要求设置温、湿度检验点，启动温湿度仪检定箱，当到达检验点并稳定后开始读数，每间隔 2 min 循环记录一次，在 30 min 之内完成 15 次测量。

6.3.6　温度偏差

计算各测量点实测温度与设定温度的差值，其中最高实测温度与设定温度的差值为温度上偏差，最低实测温度与设定温度的差值为温度下偏差。温度上下偏差计算公式见式(1)、式(2)：

$$\Delta T_{\max} = T_{\max} - T_s \quad\quad\quad\cdots\cdots\cdots\cdots(1)$$
$$\Delta T_{\min} = T_{\min} - T_s \quad\quad\quad\cdots\cdots\cdots\cdots(2)$$

式中
$\Delta T_{\max}$——温度上偏差，单位为度(℃)；
$T_{\max}$　——各检验点在规定时间内的最高实测温度，单位为度(℃)；
T_s　——温度设定值，单位为度(℃)；
$\Delta T_{\min}$——温度下偏差，单位为度(℃)；
$T_{\min}$　——各检验点在规定时间内的最低实测温度，单位为度(℃)。

分别选取各检验点温度上偏差 $\Delta T_{\max}$ 最大者和温度下偏差 $\Delta T_{\min}$ 最大者，为温湿度仪检定箱的温度上下偏差。

6.3.7　湿度偏差

计算各测量点实测湿度与设定湿度的差值，其中最高实测湿度与设定湿度的差值为湿度上偏差，最低实测湿度与设定湿度的差值为温度下偏差。湿度上下偏差计算公式见式(3)、式(4)：

$$\Delta H_{\max} = H_{\max} - H_s \quad\quad\quad\cdots\cdots\cdots\cdots(3)$$

$$\Delta H_{\min} = H_{\min} - H_s \qquad\qquad\qquad(4)$$

式中：

$\Delta H_{\max}$——相对湿度上偏差，以百分比率（%）表示；

$H_{\max}$ ——各测试点在规定时间内的最高实测相对湿度，以百分率（%）表示；

H_s ——相对湿度设定值，以百分率（%）表示；

$\Delta H_{\min}$——相对湿度下偏差，以百分率（%）表示；

$H_{\min}$ ——各测试点在规定时间内的最低实测相对湿度，以百分率（%）表示。

分别选取各检验点湿度上偏差 $\Delta H_{\max}$ 最大者和湿度下偏差 $\Delta H_{\min}$ 的最大者，为温湿度仪检定箱的湿度上下偏差。

6.3.8 温度均匀度

在温湿度仪检定箱稳定状态下，选取 15 次测量中周围各点与中心点之间任意一次测量的温度差值绝对值的最大值。温度均匀度用 ΔT_u 表示，计算公式见式(5)、式(6)：

$$\Delta T_u = \max(\Delta T_n) \quad (n = 1, 2, \cdots, 15) \qquad\qquad(5)$$
$$\Delta T_n = \max(|T_{n0} - T_{nj}|) \quad (j = 1, 2, \cdots, m-1) \qquad\qquad(6)$$

式中：

ΔT_u——温度均匀度，单位为度（℃）；

ΔT_n——第 n 次测量的温度均匀度，单位为度（℃）；

n ——测量次数，通常取 15 次；

T_{n0} ——第 n 次测量的中心点位置的温度值，单位为度（℃）；

T_{nj} ——第 n 次测量的第 j 布点位置的温度值，单位为度（℃）；

j ——第 j 布点位置；

m ——布点数量。

选取各温度检验点的温度均匀度 ΔT_u 中的最大值为温湿度仪检定箱的温度均匀度。

6.3.9 湿度均匀度

在温湿度仪检定箱稳定状态下，选取 15 次测量中周围各点与中心点之间任意一次测量的湿度差值绝对值的最大值。该湿度度校准点的湿度均匀度用 ΔH_u 表示，计算公式见式(7)、式(8)：

$$\Delta H_u = \max(\Delta H_n) \quad (n = 1, 2, \cdots, 15) \qquad\qquad(7)$$
$$\Delta H_n = \max(|H_{n0} - H_{nj}|) \quad (j = 1, 2, \cdots, m-1) \qquad\qquad(8)$$

式中：

ΔH_u——相对湿度均匀度，以百分率（%）表示；

ΔH_n——第 n 次测量的相对湿度均匀度，以百分率（%）表示；

H_{n0} ——第 n 次测量的中心点位置的相对湿度值，以百分率（%）表示；

H_{nj} ——第 n 次测量的第 j 布点位置的相对湿度值，以百分率（%）表示；

n ——测量次数，通常取 15 次；

j ——第 j 布点位置；

m ——布点数量。

选取各湿度检验点的湿度均匀度 ΔH_u 中的最大值为温湿度仪检定箱的湿度均匀度。

6.3.10 温度波动度

采用中心点温度的测量结果计算温度波动度 ΔT_f，公式见式(9)：

$$\Delta T_\mathrm{f} = \pm \frac{1}{2}[\max(T_{n0}) - \min(T_{n0})] \quad (n=1,2,\cdots,15) \quad \cdots\cdots\cdots\cdots(9)$$

式中：
ΔT_f——温度波动度，单位为度（℃）；
T_{n0}——第 n 次测量中心点位置的温度值，单位为度（℃）；
n——测量次数，通常取 15 次。

取各温度检验点的温度波动度 ΔT_f 中的最大者为温湿度仪检定箱的温度波动度。

6.3.11 湿度波动度

采用中心点相对湿度的测量结果计算湿度波动度 ΔH_f，公式见式(10)：

$$\Delta H_\mathrm{f} = \pm \frac{1}{2}[\max(H_{n0}) - \min(H_{n0})] \quad (n=1,2,\cdots,15) \quad \cdots\cdots\cdots\cdots(10)$$

式中：
ΔH_f——相对湿度波动度，以百分率（％）表示；
H_{n0}——第 n 次测量中心点位置的相对湿度值，以百分率（％）表示；
n——测量次数，通常取 15 次。

取各湿度检验点的湿度波动度 ΔH_f 中的最大者为温湿度仪检定箱的湿度波动度。

6.3.12 温度平衡时间

温湿度仪检定箱从起始温度开始运行，到达温度控制点开始计时，当温度波动度满足要求时停止计时，所用时间间隔为温度平衡时间 Δt_T，计算公式见式(11)：

$$\Delta t_\mathrm{T} = t_\mathrm{T2} - t_\mathrm{T1} \quad \cdots\cdots\cdots\cdots(11)$$

式中：
Δt_T——温度平衡时间，单位为分钟（min）；
t_T2——温度波动度满足要求时对应的时间，单位为分钟（min）；
t_T1——温度到达控制点时对应的时间，单位为分钟（min）。

取各检验点的温度平衡时间 Δt_T 最大值为温湿度仪检定箱的温度平衡时间。

6.3.13 湿度平衡时间

温湿度仪检定箱从起始湿度开始运行，到达湿度控制目标开始计时，当湿度波动度满足要求时停止计时，所用时间间隔为湿度平衡时间 Δt_H，计算公式见式(12)：

$$\Delta t_\mathrm{H} = t_\mathrm{H2} - t_\mathrm{H1} \quad \cdots\cdots\cdots\cdots(12)$$

式中：
Δt_H——湿度平衡时间，单位为分钟（min）；
t_H2——湿度波动度满足要求时对应的时间，单位为分钟（min）；
t_H1——湿度到达控制点时对应的时间，单位为分钟（min）；

取各检验点的湿度平衡时间 Δt_H 最大值为温湿度仪检定箱的湿度平衡时间。

6.3.14 绝缘电阻

在试验条件下，按照 GB/T 15479—1995 中 5.3 的要求进行试验。

6.3.15 绝缘强度

在试验条件下，按照 GB/T 15479—1995 中 5.4 的要求进行试验。

6.3.16 电源适配性

按照5.9的要求进行通电试验,仪器应能正常工作。

7 检验规则

7.1 检验分类

分为下列两类:
a) 出厂检验;
b) 型式试验。

7.2 出厂检验

7.2.1 检验项目

产品交货前应逐台进行出厂检验,检验项目见表3。

表3 检验项目

序号	检验项目	型式试验	出厂检验	技术要求	试验方法
1	外观和结构	●	●	5.2	6.3.1
2	温度偏差	●	●	5.3	6.3.6
3	湿度偏差	●	●	5.3	6.3.7
4	温度均匀度	●	●	5.4	6.3.8
5	湿度均匀度	●	●	5.4	6.3.9
6	温度波动度	●	●	5.5	6.3.10
7	湿度波动度	●	●	5.5	6.3.11
8	温度平衡时间	●	●	5.6	6.3.12
9	湿度平衡时间	●	●	5.6	6.3.13
10	绝缘电阻	●	●	5.7	6.3.14
11	绝缘强度	●	○	5.8	6.3.15
12	电源适配性	●	●	5.9	6.3.16
注:●表示应进行检验的项目;○表示需要时进行检验的项目。					

7.2.2 判定规则

由制造厂商检验部门按出厂检验项目对产品进行逐台检验。有一项不合格,即判定为不合格产品,出厂检验项目全部合格者为合格产品。

7.3 型式试验

检验项目见表3。

7.3.1 适用情况

有下列情况之一者,应按本标准的全部技术要求进行型式试验:
—— 新研制的产品;
—— 当制造工艺和关键零部件等发生重大变更时;
—— 成批生产的产品,应每隔四年进行一次型式试验。

7.3.2 抽样及判定规则

型式试验应从出厂检验合格的产品中随机抽取三台作为受试样机。在所有样机的所有试验项目均合格后,型式试验通过,否则型式试验不予通过。

8 标志和随行文件

8.1 标志

8.1.1 产品标志:

至少包括以下内容:
—— 制造厂商或商标;
—— 设备名称和型号;
—— 生产日期及编号;
—— 温湿度范围及参数。

8.1.2 包装标志:

至少包括以下内容:
—— 产品名称、型号、数量和制造厂名;
—— 包装箱编号;
—— 包装箱外形尺寸;
—— 毛重;
—— "小心轻放""向上"和"怕雨"等标识应符合 GB/T 191—2008 中第 4 章的要求。

8.2 随行文件

应包括以下内容:
—— 产品合格证;
—— 产品说明书(应给出有效工作区大小和位置);
—— 装箱清单;
—— 随机备附件清单;
—— 保修单;
—— 检验报告。

9 包装、运输和贮存

9.1 包装

应符合下列要求：
——产品包装所使用框架木箱的材质及结构应符合 GB/T 7284—2016 中 5.1、6.1 的要求；
——产品包装应具有防潮、防尘、防降水措施；
——产品包装应坚固可靠，内部应有缓冲、防振措施，便于起重、装载和运输；
——产品附件及技术文件应紧固在包装箱内。

9.2 运输

包装好的产品应能适应航空、公路、铁路和水路运输方式，在正常的储运装卸条件下，应能够承受振动、挤压、雨淋及化学物品侵蚀等环境，保证不致运输过程引起设备的损坏、性能降低等。

9.3 贮存

包装好的产品应贮存在环境温度为 $-20\ ℃\sim40\ ℃$、环境相对湿度小于 80% 的室内，周围应无腐蚀性挥发物，无强磁作用。如果环境温度低于 0 ℃ 应把水箱及水泵里的水排掉。

参 考 文 献

[1] GB/T 5170.2—2017　环境试验设备检验方法
[2] GB/T 5170.5—2016　电工电子产品环境试验设备检验方法
[3] JJG 205—2005　机械式温湿度计检定规程
[4] JJG 993—2018　电动通风干湿表检定规程
[5] JJF 1101—2019　环境试验设备温度、湿度校准规范
[6] JJF 1564—2016　温湿度标准箱校准规范

ICS 07.060
A 47
备案号：73308—2020

中华人民共和国气象行业标准

QX/T 18—2020
代替 QX/T 18—2003

人工影响天气作业用 37 mm 高炮检测规范

Checkout specifications for 37 mm antiaircraft gun used for weather modification operation

2020-06-16 发布　　　　　　　　　　　　　　2020-09-01 实施

中国气象局　发布

前 言

本标准按照 GB/T 1.1—2009 给出的规则起草。

本标准代替 QX/T 18—2003。与 QX/T 18—2003 相比,除编辑性修改外,主要技术变化如下:
——修改了标准名称(见封面);
——修改了术语和定义"炮身"的英文对应词(见 2.1,2003 年版的 2.1);
——删除了术语和定义"人工开闩"(见 2003 年版的 2.9);
——增加了术语和定义"供弹机""电磁铁""自动控制系统"(见 2.17,2.18,2.19);
——删除了灭火罩、垫圈与身管的间隙要求(见 2003 年版的 3.1);
——删除了阳线剥落的长度要求(见 2003 年版的 3.5);
——修改了炮膛膨胀要求(见 3.6,2003 年版的 3.6);
——修改了炮膛药室增长量(见 3.9,2003 年版的 3.9);
——修改了闩体下垂量及击痕外缘尺寸(见 3.11,2003 年版的 3.11);
——增加了输弹机弹簧自由长度要求及检查方法(见 3.24,4.1.24);
——修改了输弹机左、右卡板突出高度(见 3.26,2003 年版的 3.24);
——删除了退壳筒与退壳槽的间隙要求(见 2003 年版的 3.31);
——增加了同步击发装置的要求及检查方法(见 3.33,4.1.33);
——增加了复进簧预压力要求及检查方法(见 3.35 中 g),4.1.35.4);
——修改了炮身的标准后坐长度(见 3.37,2003 年版的 3.34);
——增加了高低机、方向机转轮启动力及空回量要求及检查方法(见 3.40,4.1.40);
——增加了瞄准具拆除后配重要求及检查方法(见 3.44,4.1.44);
——增加了圆柱螺旋压缩弹簧要求及检查方法(见 3.46,4.1.46);
——增加了水准气泡要求及检查方法(见 3.48,4.1.48);
——增加了履钣固定座要求及检查方法(见 3.49,4.1.49);
——增加了自动化改造后要求及检查方法(见 3.50,4.1.50);
——增加了加装供弹机高炮对供弹机的检测要求及检查方法(见 3.51,4.1.51);
——删除了附录 A(见 2003 年版的附录 A);
——增加了附录 E(见附录 E)。

本标准由全国人工影响天气标准化技术委员会(SAC/TC 358)提出并归口。

本标准起草单位:中国气象局上海物资管理处、随州大方精密机电工程有限公司、金都集团(江西强能科技有限公司)、兰州北方机电有限公司、齐齐哈尔北方机器有限责任公司、西藏自治区人工影响天气中心。

本标准主要起草人:曹烤、张霖、董克非、侯正俊、赵洋、刘存中、孙建、佟胜欣、刘树峰。

本标准所代替标准的历次版本发布情况为:
——QX/T 18—2003。

人工影响天气作业用 37 mm 高炮检测规范

1 范围

本标准规定了用于人工影响天气作业的 37 mm 高炮(含自动化改造的高炮)主要部件检测的技术要求、检验方法以及检测项目的分类。

本标准适用于人工影响天气作业用 1965 年式及自动化改造的双管 37 mm 高炮检测,其他年式 37 mm 高炮可参照使用。

2 术语和定义

下列术语和定义适用于本文件。

2.1
炮身 barrel assembly

高炮用以发射弹丸的部件。

注:一般包括身管、炮尾、炮闩、炮口等零部件。

2.2
身管 barrel

高炮炮身中用于发射时赋予弹丸初速和射向的管状部件。

注:膛内通常制有药室和导向部。

2.3
炮膛 gun bore

身管的内部空间。

注:包括药室、坡膛和导向部。

2.4
药室 chamber

炮膛中放置药筒或装药的空间。

2.5
膛线 rifling

在身管内表面上,制成与身管轴线成一定倾斜角的螺旋形的凸起和凹槽。

2.6
阳线 rifling land

炮膛内膛线的凸起部分。

2.7
阴线 rifling groove

炮膛内膛线的凹槽部分。

2.8
后坐标尺 recoil sight

显示高炮后坐长度的指示尺。

2.9

人工后坐 manual recoil

人工用机械或液压方式使炮身后坐的动作。

2.10

抽筒 extracting

将药筒从药室中抽出的动作。

2.11

复进 counter recoil

后坐部分由后坐终点向前运动的动作。

2.12

行进作业转换 changing from traveling to firing position

使高炮由行进状态转为作业状态的动作。

2.13

装填机 loader

完成装填动作的装置。

2.14

输弹机 rammer

将炮弹输送到炮膛的装置。

2.15

复进机 recuperator

平时将后坐部分保持在前方位置,后坐时储存部分后坐能量,复进时使后坐部分恢复原位的装置。

2.16

驻退机 recoil brake

炮身后坐时,消耗大部分后坐能量,将后坐限制在规定的后坐长度上的装置。

2.17

供弹机 feeding mechanism

与压弹机配合,连续、有节奏地将炮弹送入装填机的装置。

2.18

电磁铁 electromagnet

通过吸合与断开,将电能转化为机械能来控制高炮发射的装置。

2.19

自动控制系统 automatic control system

远程控制高炮操作的作业平台。

3 技术要求

3.1 防火帽不应松动并应被垫圈的齿锁住。

3.2 身管不应有裂缝。

3.3 身管外表面压坑深度不应超过附录A中的要求。

3.4 身管不应有超过直度径规规定范围的弯曲。

3.5 身管内膛不应有锈蚀、金属突起和影响使用的挂铜;可有不影响弹丸运动的阳线剥落和划伤存在。

3.6 炮膛不应有膨胀。

3.7 身管应被炮尾卡锁固定确实,身管分解、结合应顺利进行。

3.8 身管后端面与闩体镜面之间的间隙应不大于 6.25 mm（见图 1）。

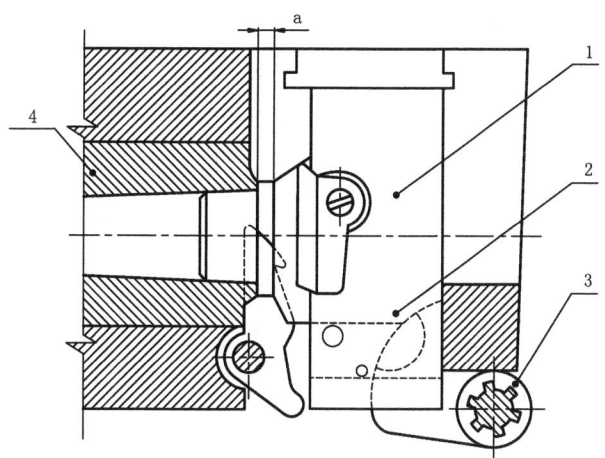

说明：
1——闩体(01-19/WA702)；
2——左(01-1)、右(01-60)炮尾；
3——开关杠杆(曲臂)(01-36/WA702)；
4——身管(01-45)。

注：括号内数字为高炮零件件号。

a 身管后端面与闩体镜面间隙应不大于 6.25 mm。

图 1 身管后端面与闩体镜面的间隙

3.9 炮膛药室增长量应不大于 22 mm。

3.10 闭锁器弹簧筒应牢固焊接在炮尾上，与拉钩杆的间隙应不小于 0.5 mm（见图 2）。

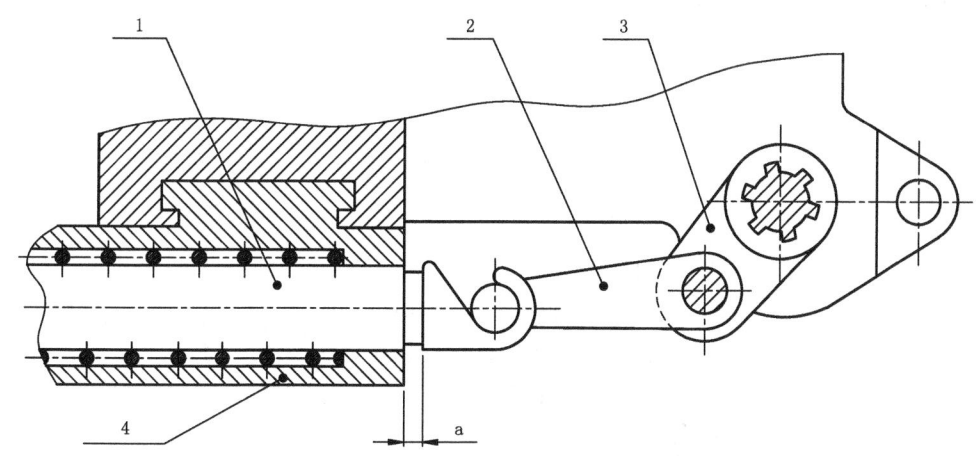

说明：
1——拉钩杆(01-8/WA702)；
2——联杆(01-15/WA702)；
3——左(01-14/WA702)、右(01-14)杠杆；
4——左(01-12/WA702)、右(01-12)弹簧筒。

注：括号内数字为高炮零件件号。

a 闭锁器弹簧筒与拉钩杆间隙应不小于 0.5 mm。

图 2 闭锁器弹簧筒与拉钩杆的间隙

3.11 闩体下垂量应不大于1.25 mm（击痕外缘尺寸应不大于5.5 mm）（见图3）。

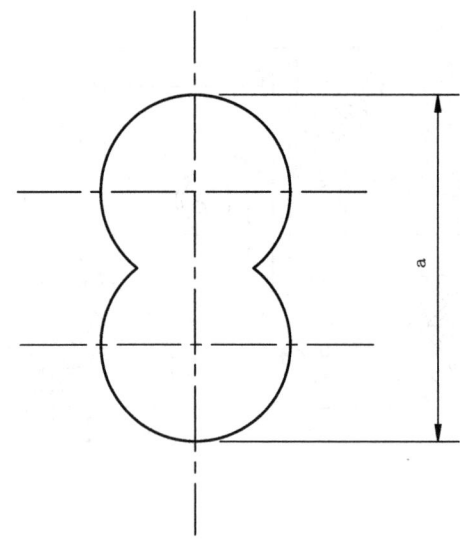

说明：
ª 闩体下垂量应不大于5.5 mm。

图3 闩体下垂量的检查

3.12 抽筒子与闩体检查应符合下列要求：
a) 炮闩呈关闩状态时，抽筒子应在抽筒子轴上灵活转动，抽筒子爪能顺利进入身管缺口内；
b) 开闩后用手按抽筒子冲臂，抽筒子不应与冲铁脱开；
c) 若猛击任意一个抽筒子，另一个抽筒子应勾住闩体；
d) 抽筒子与冲铁扣合量应不小于4 mm，接触面积应不小于50%；
e) 抽筒子勾住闩体时，闩体输弹槽不应高出炮尾输弹槽0.8 mm（见图4）。

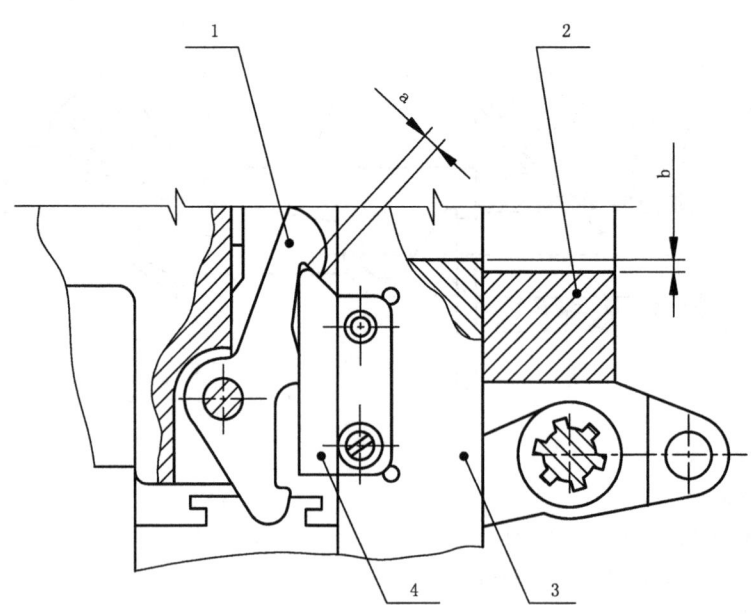

图4 抽筒子与闩体的检查

说明：
1——左(01-101/WA702)、右(01-100)抽筒子；
2——左(01-1)、右(01-60)炮尾；
3——闩体(01-19/WA702)；
4——左(01-133/WA702)、右(01-134/WA702)冲铁。

注：括号内数字为高炮零件件号。

ᵃ 抽筒子与冲铁扣合量应不小于4 mm。

ᵇ 闩体输弹槽不应高出炮尾输弹槽0.8 mm。

图 4　抽筒子与闩体的检查(续)

3.13　当闩体输弹槽低于炮尾输弹槽8 mm～10 mm，抽筒子中部支撑面应与闩体冲铁靠紧，抽筒子钩部与闩体的间隙应不小于0.5 mm，抽筒子下部冲臂与冲铁间隙应在0.2 mm～3.0 mm范围内（见图5）。

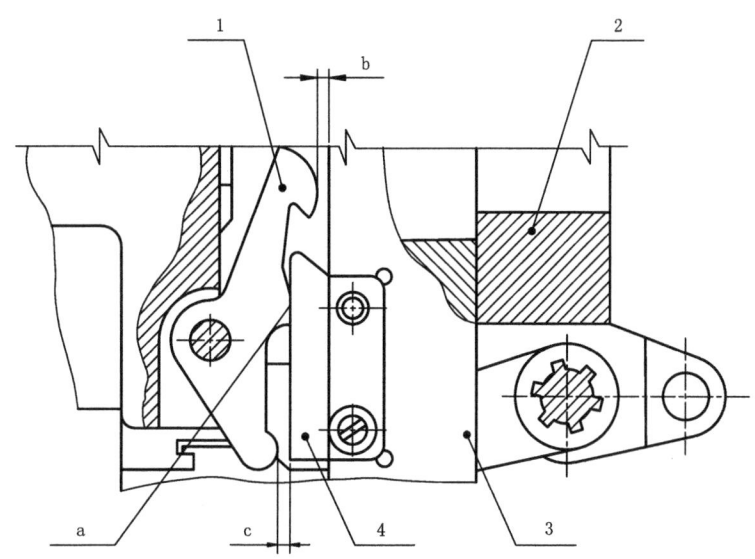

说明：
1——左(01-101/WA702)、右(01-100)抽筒子；
2——左(01-1)、右(01-60)炮尾；
3——闩体(01-19/WA702)；
4——左(01-133/WA702)、右(01-134/WA702)冲铁。

注：括号内数字为高炮零件件号。

ᵃ 此处紧贴。

ᵇ 抽筒子钩部与闩体的间隙应不小于0.5 mm。

ᶜ 抽筒子下部冲臂与冲铁间隙应为0.2 mm～3.0 mm。

图 5　抽筒子与闩体的间隙

3.14　击发装置的动作应符合下列要求：
   a) 用开闩握把打开炮闩，击针应被拨回；
   b) 缓慢关闩，闩体到位后击针应自动击发(不应缓慢击发)；
   c) 若不击发，则轻敲开关杠杆(曲臂)，击针应猛然击发。

3.15　开闩状态时，拨动杠杆短角与击发卡锁的间隙应为0.15 mm～1.10 mm（见图6）。

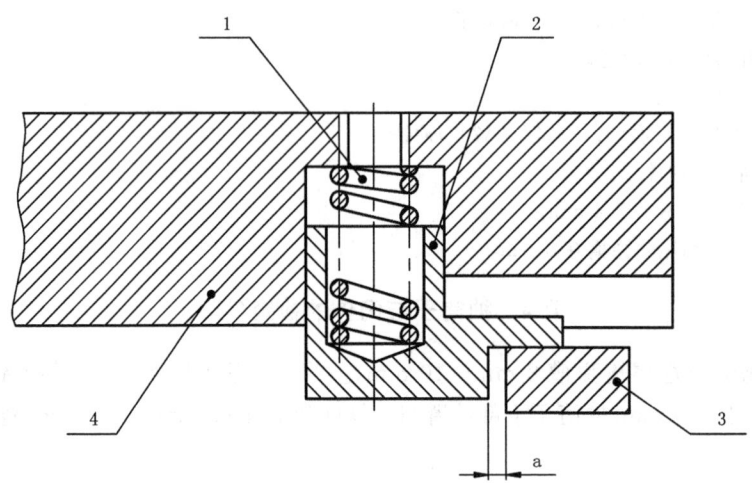

说明：
1——卡锁簧(01-24/WA702)；
2——击发卡锁(01-25/WA702)；
3——拨动杠杆(01-26/WA702)；
4——闩体(01-19/WA702)。
注：括号内数字为高炮零件件号。
ª 开闩时，拨动杠杆短角与击发卡锁的间隙应为 0.15 mm～1.10 mm。

图 6　拨动杠杆与击发卡锁的间隙

3.16　关闩状态时，闩体与闩室后壁的间隙应为 0.04 mm～0.70 mm；闩体在闩室内上下串动量应为 0.2 mm～1.2 mm（见图 7）。

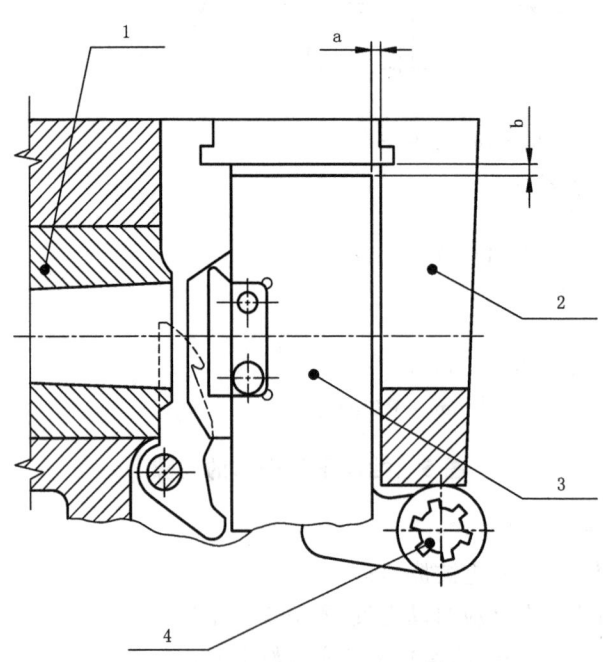

说明：
1——身管(01-45)；

图 7　闩体与闩室的间隙

2——左(01-1)、右(01-60)炮尾；
3——闩体(01-19/WA702)；
4——开关杠杆(01-36/WA702)。

注：括号内数字为高炮零件件号。

a 闩体与闩室后壁的间隙应为0.04 mm~0.70 mm。
b 闩体在闩室内上下串动量应为0.2 mm~1.2 mm。

图7 闩体与闩室的间隙（续）

3.17 冲铁固定在闩体上不应松动。

3.18 击针检查应符合下列要求：
  a) 击针突出量应为2.44 mm~2.75 mm（见图8）；
  b) 击针簧自由长度应为69 mm~76 mm。

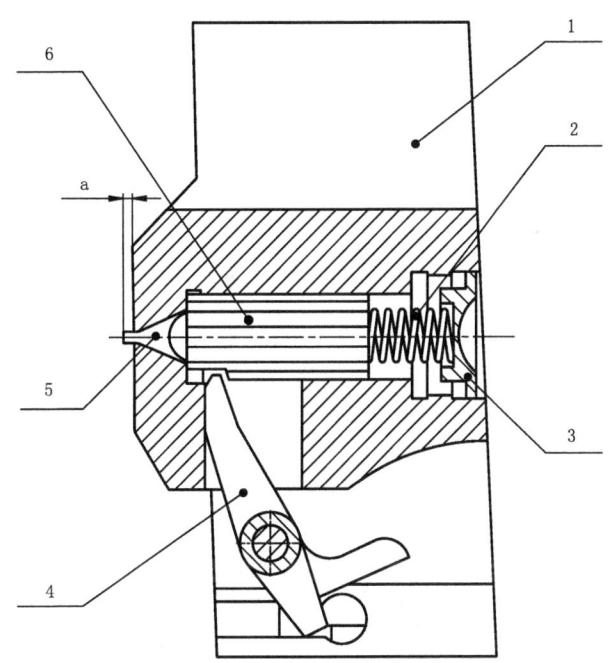

说明：
1——闩体(01-19/WA702)；
2——击针簧(01-30/WA702)；
3——底盖(01-31/WA702)；
4——拨动杠杆(01-26/WA702)；
5——击针尖(01-29/WA702)；
6——击针体(01-28/WA702)。

注：括号内数字为高炮零件件号。

a 击针突出量应为2.44 mm~2.75 mm。

图8 击针突出量的检查

3.19 输弹机与炮尾检查应符合下列要求：
  a) 输弹机连接轴拆装后应顺利进行，其轴向串动量应不大于1.8 mm；
  b) 炮尾与输弹机体前端面的间隙应为0.15 mm~1.50 mm；
  c) 在开闩状态时，炮闩、炮尾输弹槽与输弹机输弹槽应齐平，差值应不大于0.6 mm（见图9）。

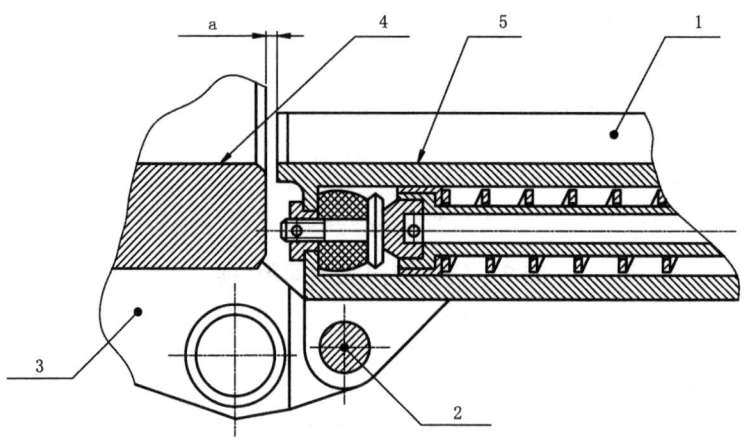

说明：
1——输弹机体(03-1A/WA702)；
2——输弹机连接轴(01-010/WA702)；
3——左(01-1/WA702)、右(01-60)炮尾；
4——炮闩、炮尾输弹槽；
5——输弹机输弹槽。

注：括号内数字为65式高炮零件编号。

ª 炮尾与输弹机体前端面的间隙应为0.15 mm～1.50 mm。

图 9　输弹机体与炮尾的间隙

3.20　压弹机前后壁距离应为386.5 mm～388.0 mm；从拨弹器轴中心线向上130 mm以上部位应不大于393 mm（见图10）。

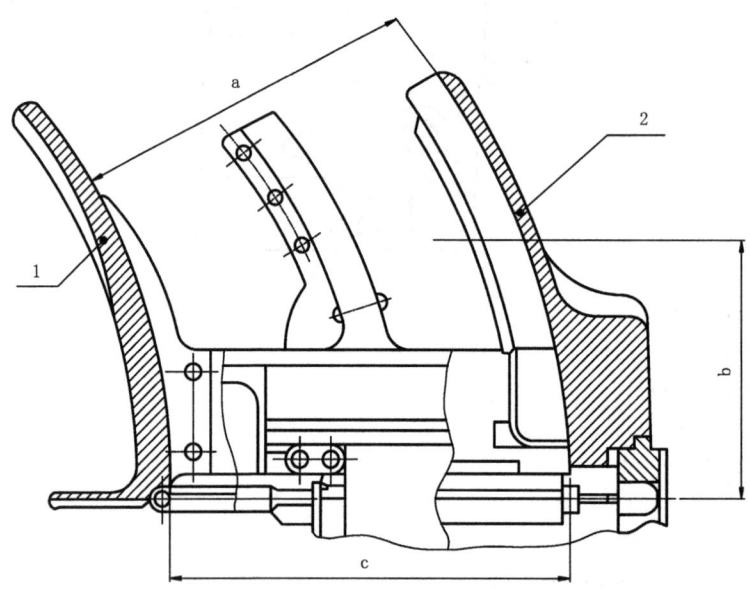

说明：
1——前壁(04-230/WA702)；
2——左(04-227/WA702)、右(04-228)后壁体。

注：括号内数字为高炮零件件号。

ª 拨弹器轴中心线向上130 mm以上部位应不大于393 mm。
ᵇ 压弹机前后壁距离应为386.5 mm～388.0 mm。

图 10　压弹机前后壁之间的距离

3.21 活动梭子和不动梭子上小齿动作应确实可靠,弹簧应有力。

3.22 活动梭子上下串动量应不大于1 mm,保险器动作应确实。

3.23 压弹机前壁定向板与输弹机体弧面的距离应为54 mm～55 mm(见图11)。

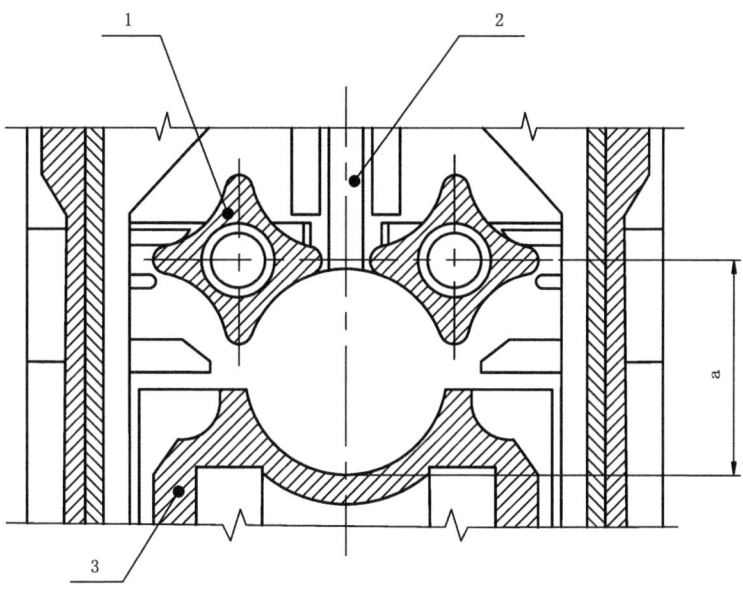

说明:
1——拨弹器体(04-020/WA702);
2——前壁定向钣(04-230);
3——输弹机体(03-1A/WA702)。
注:括号内数字为高炮零件件号。
a 压弹机前壁定向板与输弹机体弧面的距离应为54 mm～55 mm。

图11 前壁定向钣与输弹机体两弧面间的距离

3.24 输弹机弹簧自由长度应为471 mm～531 mm。

3.25 输弹器体定向凸起部与输弹机体滑槽的配合间隙应为0.20 mm～0.80 mm;输弹机体滑槽与青铜滑钣的配合间隙应为0.02 mm～0.70 mm(见图12)。

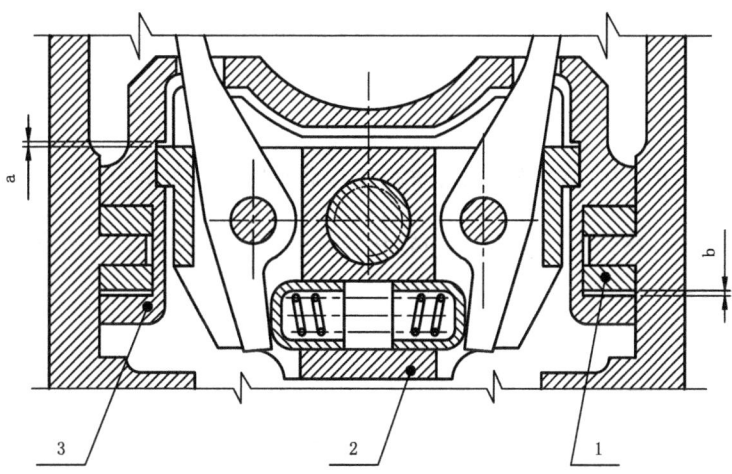

图12 输弹机体滑槽与输弹器体定向凸部及青铜滑钣间隙

说明：
1——青铜滑钣（04-111/WA702）；
2——输弹器体（03-34/WA702）；
3——输弹机体（03-1A/WA702）。

注：括号内数字为高炮零件件号。

a 输弹器体定向凸起部与输弹机体滑槽的配合间隙应为 0.20 mm～0.80 mm。
b 输弹机体滑槽与青铜滑钣的配合间隙应为 0.02 mm～0.70 mm。

图 12 输弹机体滑槽与输弹器体定向凸部及青铜滑钣间隙（续）

3.26 输弹机左、右卡板工作面不一致性应不大于 0.5 mm；输弹机左、右卡板突出高度应为 5.2 mm～6.2 mm（见图 13）。

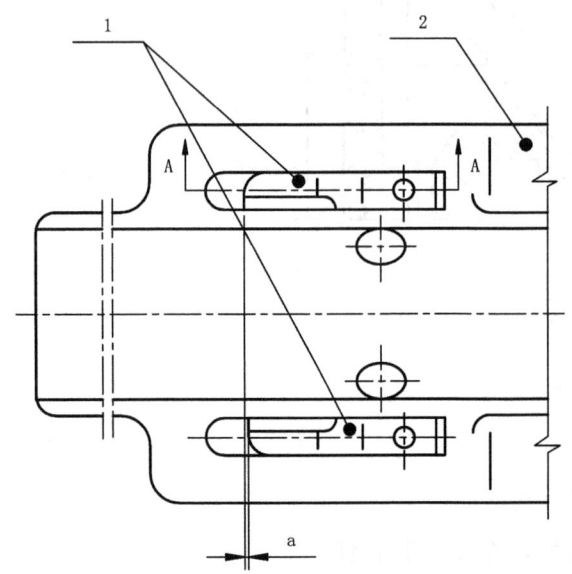
a) 输弹机左、右卡板工作面的检查

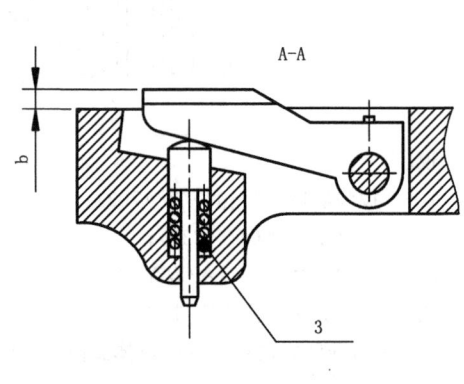
b) 输弹机左、右卡板突出高度的检查

说明：
1——左（03-22/WA702）、右（03-28/WA702）卡板；
2——输弹机体（03-1A/WA702）；
3——弹簧（03-25/WA702）。

注：括号内数字为高炮零件件号。

a 输弹机左、右卡板工作面不一致性应不大于 0.5 mm。
b 输弹机左、右卡板突出高度应为 5.2 mm～6.2 mm。

图 13 输弹机左、右卡板工作面与突出高度的检查

3.27 输弹钩装配后的平行差应不大于 0.3 mm；其前后晃动量应不大于 0.7 mm；输弹面上口厚度应不小于 4 mm（见图 14）。

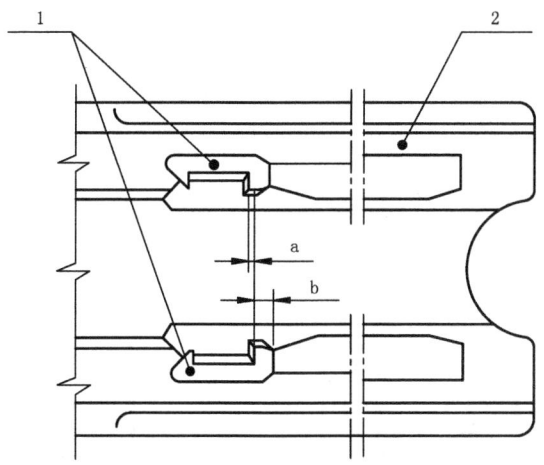

说明:
1——左(13-15/WA702)、右(13-14/WA702)输弹钩;
2——输弹机体(03-1A/WA702)。
注:括号内数字为高炮零件件号。
a 输弹钩装配后的平行差应不大于0.3 mm。
b 输弹面上口厚度应不小于4 mm。

图 14 左、右输弹钩平行差的检查

3.28 将握把向后拉到位时,两输弹钩张开的距离应不小于56 mm;输弹钩与输弹机体槽的后方间隙应不小于2 mm(见图15)。

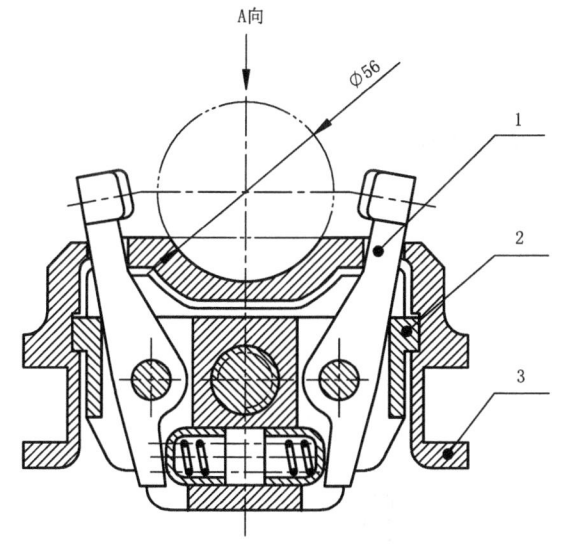

a) 输弹钩张开距离的检查

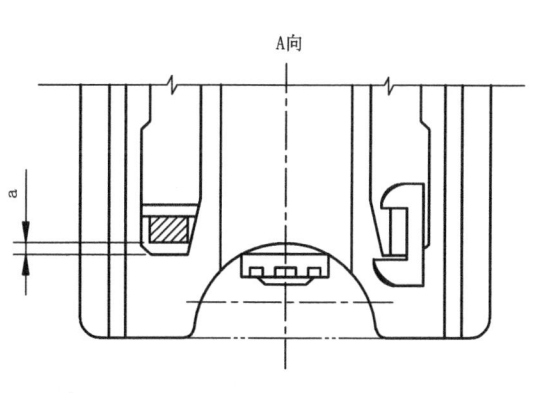

b) 输弹钩与输弹机体槽后方间隙的检查

说明:
1——左(13-15/WA702)、右(13-14/WA702)输弹钩;
2——输弹器体(03-34/WA702);
3——输弹机体(03-1A/WA702)。
注:括号内数字为高炮零件件号。
a 输弹钩与输弹机体槽的后方间隙应不小于2 mm。

图 15 输弹钩张开量的检查

3.29 左、右制动栓检查应符合下列要求：
   a) 左、右制动栓动作应确实；
   b) 在制动栓关闭时，左、右制动栓的上突出角与拨弹器体的间隙应为 0.4 mm～1.5 mm，左、右制动栓的下突出角工作面的不一致性应不大于 0.5 mm，位置改变量应不大于 2.0 mm；
   c) 当制动栓打开时，拨弹器体只能转动 90°（见图 16）。

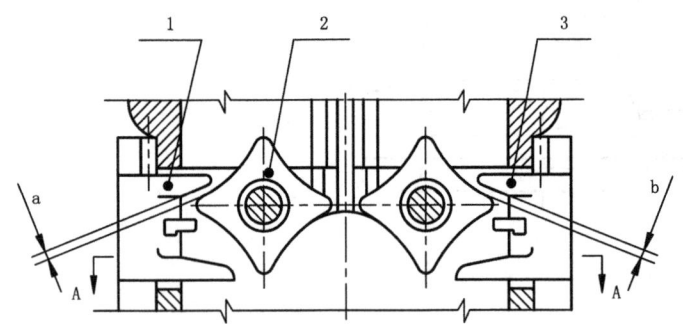

a) 制动栓的上突出角与拨弹器体间隙的检查

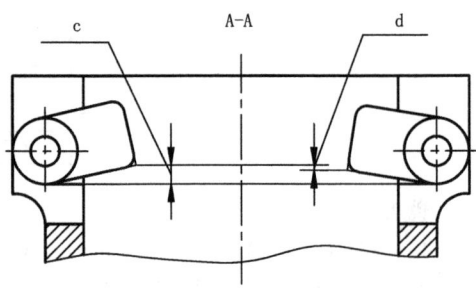

b) 制动栓的下突出角工作面不一致性及位置改变量的检查

说明：
1——左制动栓（04-96/WA702）；
2——拨弹器体（04-020/WA702）；
3——右制动栓（04-87/WA702）。

注：括号内数字为高炮零件件号。

ᵃ 左制动栓的上突出角与拨弹器体的间隙应为 0.4 mm～1.5 mm。
ᵇ 右制动栓的上突出角与拨弹器体的间隙应为 0.4 mm～1.5 mm。
ᶜ 左、右制动栓的下突出角位置改变量应不大于 2.0 mm。
ᵈ 左、右制动栓的下突出角工作面的不一致性应不大于 0.5 mm。

图 16 左、右制动栓突出角的检查

3.30 左、右中卡锁应高出左、右发射卡锁 0.6 mm～0.8 mm；其工作面对发射卡锁的突出量应为 1.9 mm～3.1 mm（见图 17）。

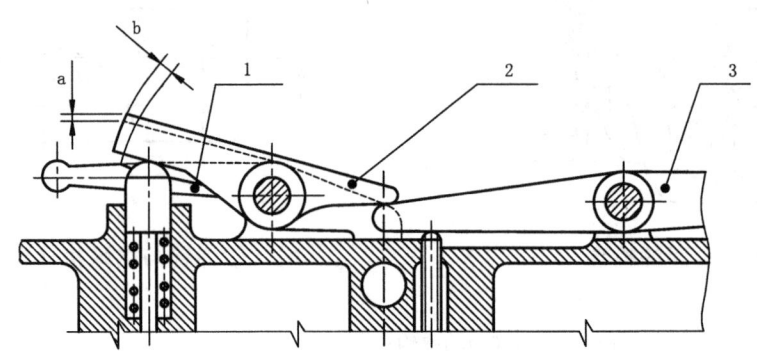

说明：
1——左（04-83/WA702）、右（04-83）发射卡锁；
2——左（04-215）、右（04-82/WA702）中卡锁；

图 17 左、右中卡锁工作面高度的检查

3——左(04—84/WA702)、右(04—214)连发杠杆。

注:括号内数字为高炮零件件号。

ᵃ 左、右中卡锁应高出左、右发射卡锁0.6 mm~0.8 mm。

ᵇ 左、右中卡锁工作面对发射卡锁的突出量应为1.9 mm~3.1 mm。

图17 左、右中卡锁工作面高度的检查(续)

3.31 输弹器体检查应符合下列要求:
a) 将握把向后拉到位后放回,输弹器体应卡在左、右发射卡锁上,其扣合量应不小于3 mm;
b) 输弹器体与左、右中卡锁的间隙应为1 mm~2 mm;
c) 输弹器体在待发状态,压弹机后壁定向面与输弹钩工作面错开量应不小于1 mm(见图18)。

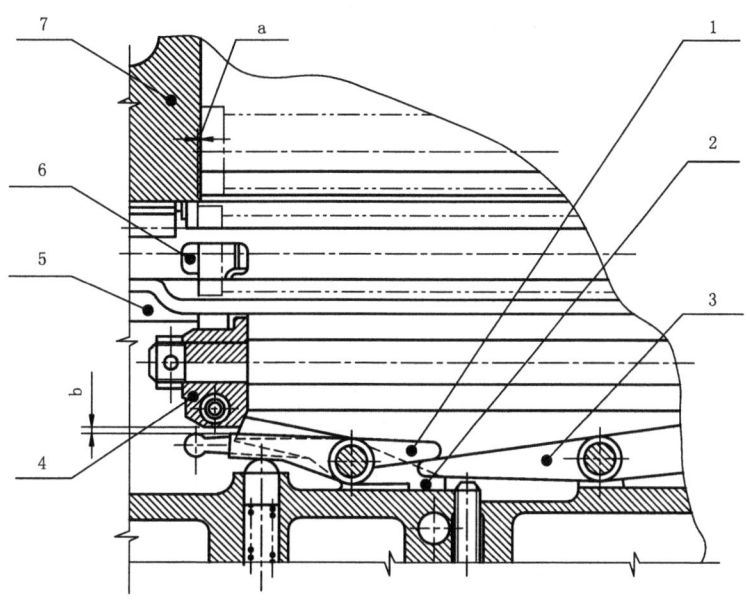

说明:
1——左(04—215)、右(04—82/WA702)中卡锁;
2——左(04—83/WA702)、右(04—83)发射卡锁;
3——左(04—84/WA702)、右(04—214)连发杠杆;
4——输弹器体(03—34/WA702);
5——输弹机体(03—1A/WA702);
6——输弹钩(03—15/WA702);
7——后壁(04—227/WA702)。

注:括号内数字为高炮零件件号。

ᵃ 压弹机后壁定向面与输弹钩工作面错开量,应不小于1 mm。

ᵇ 输弹器体与左、右中卡锁的间隙应为1 mm~2 mm。

图18 输弹器体的检查

3.32 弹簧杆突出炮耳轴本体端面的高度应符合下列要求:
a) 不踩踏板时,应不小于18 mm,发射杠杆与弹簧杆的间隙应不小于0.5 mm;
b) 踩下踏板到位时,弹簧杆对炮耳轴本体端面的突出量应不小于3 mm;
c) 松开踏板后,击发机构各零件应有力地回到原位(见图19)。

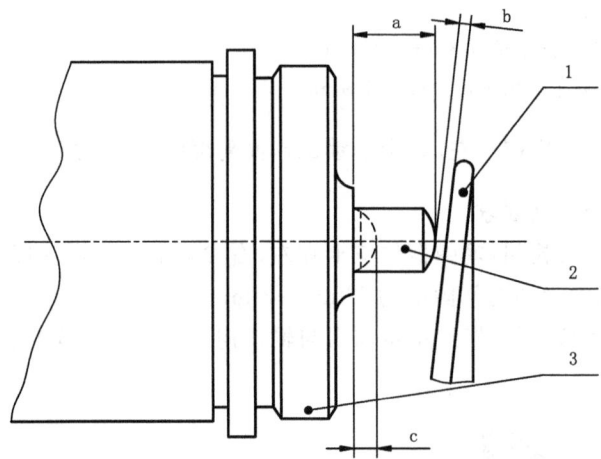

说明:
1——发射杠杆(15-10/WA702);
2——弹簧杆(05-71/WA702);
3——炮耳轴本体(05-34/WA702)。
注:括号内数字为高炮零件件号。
a 弹簧杆突出炮耳轴本体端面的高度。
b 发射杠杆与弹簧杆的间隙。
c 弹簧杆对炮耳轴本体端面的突出量。

图 19 弹簧杆突出炮耳轴端面的高度

3.33 对安装有同步卡锁的高炮,在炮身复进到位时,同步卡锁顶端与右输弹器体下方的间隙应大于左中卡锁顶端与左输弹器体下方间隙 0.6 mm～0.9 mm (见图 20)。

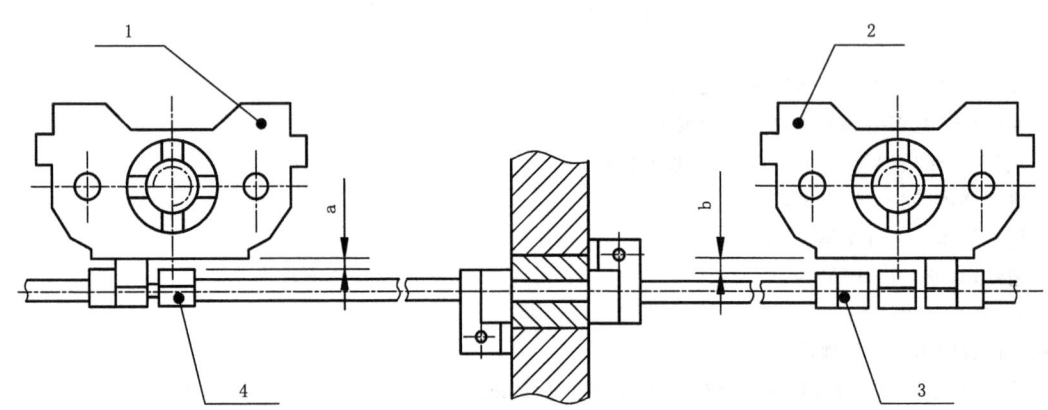

说明:
1——左输弹器体;
2——右输弹器体;
3——同步卡锁(04-216A);
4——中卡锁。
a 左中卡锁顶端与左输弹器体下方间隙。
b 同步卡锁顶端与右输弹器体下方的间隙。

图 20 同步卡锁与输弹器体下方的间隙

3.34 退壳筒与退壳槽在全射角范围内不应发生摩擦。

3.35 自动机联动检查应符合下列要求：
   a) 打开炮闩并压弹时，教练弹应顺利压到输弹钩内；
   b) 发射时，教练弹应迅速入膛，炮闩应闭锁、击发；
   c) 人工后坐时，开闩应抽出教练弹，后坐距离与标尺度数应一致，误差应不大于 2 mm；
   d) 复进应压下教练弹，并自动输弹入膛、关闩、击发；
   e) 活动梭子上下串动量应不大于 1 mm；
   f) 保险器动作应确实；
   g) 复进簧预压力应不小于 2400 N(245 kgf)。

3.36 移动左、右后坐游标的力应为 58.8 N～147.0 N (6 kgf～15 kgf)。

3.37 实弹射击时，炮身的标准后坐长度应为 150 mm～180 mm。

3.38 驻退机不应有漏液现象，后盖的调整余量应为 4 mm～8 mm（见图 21），活塞杆螺帽应被垫圈固定；驻退机液量应为 0.5 L，二号驻退液的 pH 值应为 8.4～11.8，四号驻退液的 pH 值应为 8.2～8.5。二号与四号两种驻退液严禁混用。

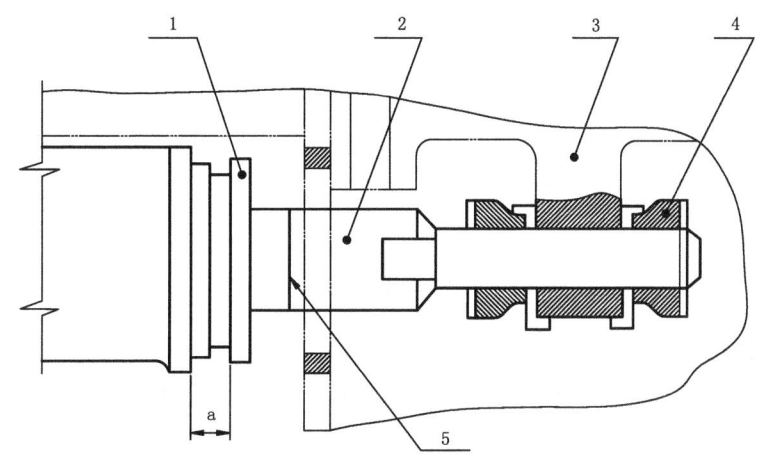

说明：
1——后盖(02-04/WA702)；
2——活塞杆(02-2/WA702)；
3——左(01-1/WA702)、右(01-60)炮尾；
4——螺帽(02-82/WA702)；
5——刻线。
注：括号内数字为高炮零件件号。
a 驻退机后盖的调整余量应为 4 mm～8 mm。

图 21 驻退机装配后活塞杆的位置

3.39 前期炮活塞杆上的刻线与驻退机筒后端面的距离应为 28 mm～30 mm（见图 21）。后期炮活塞杆螺母应被开口销固定确实。

3.40 高低机和方向机动作应平稳、灵活、无卡滞，转轮起动力应不大于 93.1 N(9.5 kgf)；高低机和方向机的空回量应不大于转轮的 1/24 圈。

3.41 平衡机调整好后，应留有调整余量，其余量应不小于 15 mm（或弹簧杆露出螺帽之长度应不大于 45 mm）；平衡机弹簧在机筒内伸缩时允许有不影响动作的轻微响声（见图 22）；高低机上下转动时的力量应大致相等。

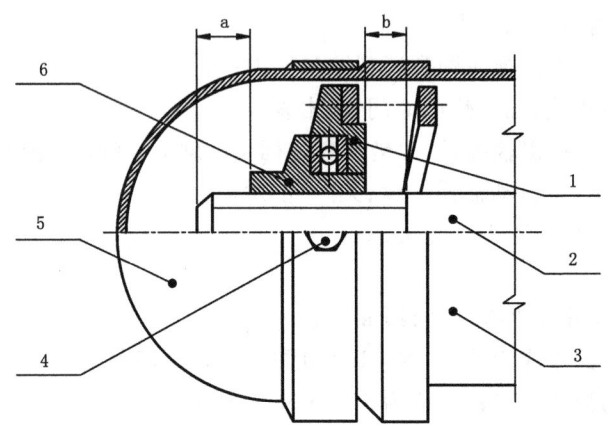

说明：
1——垫环(12-10)；
2——弹簧杆(12-03)；
3——机筒(12-01)；
4——螺钉(M4×7)；
5——护帽(12-04)；
6——螺帽(12-9)。

注：括号内数字为65式高炮零件件号。

a 弹簧杆露出螺帽之长度应不大于45 mm。
b 平衡机调整余量应不小于15 mm。

图 22　平衡机调整余量的检查

3.42 行进、作业转换动作应顺利进行，转换时平衡缓冲弹簧不应有卡滞响声。

3.43 牵引杆向左、右推到位，拉杆和叉形接头与连接钣不应相碰，拉杆接头的连接螺纹应留有调整余量，用螺帽固定后应无松动，叉形接头插销应固定确实。

3.44 瞄准具拆除后，应配置相应重量的配重铁(或加装供弹机)。

3.45 车轮应转动灵活，轮毂上的双头螺栓不应松动。

3.46 圆柱螺旋压缩弹簧(参见附录B)不应失效、变形和断裂，其自由长度和弹力参见表B.1，制动栓簧等扭力簧在按压制动栓时应有力回复原位。

3.47 各零、部件上不应有影响动作的锈蚀，各固定件(销轴、驻栓、键等)应固定确实，橡胶件、油料应在有效期内。

3.48 水准气泡应完好。

3.49 履钣固定座应将履钣固定确实。

3.50 自动化改造应符合下列要求：
   a) 防静电接地电阻应不大于100 Ω，接地线应牢固；
   b) 电缆线各导体之间、导体对地之间的绝缘电阻应不小于0.5 MΩ；
   c) 高低与方位执行电机工作时应平稳、无异常响声，其绝缘电阻应不小于0.5 MΩ；
   d) 编码器工作时应无异常响声，无跳数的现象，在断电的情况下绝缘电阻应不小于1 MΩ；
   e) 计数器计数应准确，计数误差应不大于1/500；
   f) 电磁铁工作应正常，衔铁活动应灵活，不应有卡滞现象；
   g) 后坐量测量误差应不大于0.5 mm；
   h) 自动控制系统各按钮开关动作应灵活，功能应可靠；

i) 指示灯和终端显示触控区工作应正常；
j) 系统应具备安全射界设置功能；
k) 发射时方向机的锁定力矩应不小于 500 N；
l) 射角和方位角示值应准确,误差应不大于 0.8°；
m) 电缆外表应无破损和严重老化,无短路和断路；
n) 电缆与电缆头、电缆头与插头、电缆插头与连接体连接应牢固可靠,接插部分不应氧化和变形；
o) 电源:交流电源应为 220 V±11.5 V,直流电源满负荷工作时应为 24 V±4 V 或 36 V±4 V；
p) 电池或 UPS 工作应正常；
q) 射角、方位角、发射炮弹数、作业时间等作业数据实时采集。

3.51 已加装供弹机的应符合下列要求：
  a) 平衡基座在摇架上应固定确实,衬铁与平衡基座应固定确实,衬铁与摇架不应脱焊；
  b) 压盖应固定确实,连接轴应牢固固定在平衡基座上,螺母紧定有力,弹簧垫圈不应失效,开口销应完好；
  c) 推板不应变形；
  d) 向外拉左、右回转臂手柄,应感觉有力,初始拉力不小于 93.1 N(9.5 kgf),末端拉力不小于 254.8 N(26 kgf)；
  e) 拉旋转臂到位,旋转臂应被限位器固定在供弹机外侧,限制器弹簧应有力；
  f) 钢丝绳应完好、不起毛刺。
  g) 压弹机构的滑动钣应被固定确实；
  h) 活动梭勾部无严重磨损和变形,与下方脱开后,活动梭应滑动自如；
  i) 供弹机固定梭、活动梭与下方压弹机固定梭子、活动梭子的小齿齿面高度应一致；
  j) 小齿不应变形,扭簧不应失效；
  k) 活动梭下端的勾部应全部进入压弹机活动梭子上端孔内,上下连接后,活动梭上下串动量应不大于 1.5 mm；
  l) 固定器应将左、右供弹机牢固固定在后壁上,卡锁应确实将棘轮固定,卡锁簧不应失效；
  m) 往外推左、右供弹机到位,供弹机应被支撑臂固定,压缩支撑臂弹簧供弹机应解脱；
  n) 供弹机推弹、压弹动作应确实可靠,供弹过程中不应出现卡弹、掉弹现象。

4 检验方法与检测项目分类

4.1 检验方法

4.1.1 防火帽固定检查

目测检查防火帽固定情况,结果应符合 3.1 的要求。

4.1.2 身管裂缝的检查

应符合下列要求：
  a) 将疑似裂缝的部分打磨光亮,涂上碱水,晾干后,将涂过碱水的部位擦净,滴上酚酞溶液,如出现红色线纹即为裂缝；
  b) 也可用质量分数为 10% 的稀盐酸涂在怀疑有裂缝的部位上,过 1 h~2 h 后如呈现黑色线纹,即为裂缝；
  c) 身管内壁的裂缝可用身管检测仪(参见附录 C 中图 C.2)检查,通过输出的炮膛内表面图像分析是否出现裂缝现象。

d) 结果应符合3.2的要求。

4.1.3 身管外表面压坑的检查

用目视及游标卡尺检查,结果应符合3.3的要求。

4.1.4 身管弯曲的检查

应符合下列要求:
a) 擦净炮膛,用长为185 mm,直径为36.94 mm的身管直度径规(参见附录C中图C.1)检查;
b) 使炮身概略水平,打开炮闩,擦净炮膛,将直度径规放入炮膛内,用洗把杆推直度径规,在不大于245 N(25 kgf)力的作用下直度径规应顺利通过炮膛;
c) 结果应符合3.4的要求。

4.1.5 身管内膛锈蚀和挂铜的检查

应符合下列要求:
a) 用身管检测仪(参见附录C中图C.2)检查,通过输出的炮膛内表面图像分析锈蚀与挂铜;
b) 锈蚀一般成片状,呈黑褐色;无特殊网状(烧蚀成网状或麻斑);
c) 若呈现紫红色,越擦越亮的附着层,特别是阴线部分或棱角处出现较多,则为挂铜;
d) 结果应符合3.5的要求。

4.1.6 炮膛膨胀的检查

擦净炮膛,用身管检测仪测量。结果应符合3.6的要求。

4.1.7 身管被炮尾卡锁固定的检查及身管分解、结合的检查

应符合下列要求:
a) 使炮身概略水平,用身管扳手卡住身管,向右转动身管,应不能转动,以检查身管是否被炮尾卡锁固定确实;
b) 卸下上护盖,将支撑块放在炮尾与摇架孔边沿之间,防止炮尾后移(支撑块上镶有铁板的一端顶在摇架孔边沿);
c) 卸下开闩盖,取下抽筒子,或者拉握把开闩、放回输弹器,使抽筒子离开身管后端的缺口,以便身管转动;
d) 使身管水平,压下炮尾卡锁,用身管扳手将身管向右转90°,即可抽出身管;
e) 结合时,应按分解的相反顺序进行;
f) 结果应符合3.7的要求。

4.1.8 身管后端面与闩体镜面间隙的检查

应符合下列要求:
a) 打开炮闩,擦净身管药室部位及闩体镜面,用专用工具(参见附录C中图C.3)检查;
b) 拉握把开闩,把握把放入后握把扣内,再将专用药筒座旋接通过药筒垫片(厚度为5.12 mm)后放;
c) 入药室,手握握把解脱抽筒子使其慢慢关闩,炮闩应关闭到位;
d) 用故障药筒垫片(厚度为6.25 mm)检查时,炮闩不应关闩到位;
e) 结果应符合3.8的要求。

4.1.9 身管药室部位增长量的检查

擦净身管药室部位,用专用药室增长量测量器(参见附录C中图C.4)进行检查。结果应符合3.9的要求。

4.1.10 闭锁器弹簧筒牢固及与拉钩杆间隙的检查

应符合下列要求:
a) 关闩状态时,用塞尺检查弹簧筒端面与拉钩杆钩头端面的间隙,结果应符合3.10的要求;
b) 用起子使挂耳与拉钩杆脱开,晃动弹簧筒,另一手指触及炮尾丁字槽应无松动感觉。

4.1.11 闩体下垂量的检查

应符合下列要求:
a) 擦净药室,用专用工具(参见附录C中图C.3)检查;
b) 拉握把开闩,将握把放入后握把扣内,用灌有铅底火的专用药筒旋上通过垫片(厚度为5.12 mm)放入药室,然后,将握把放回至前握把扣内,快速关闩击发;
c) 击发后打开炮闩,将上述专用药筒转过180°,再快速关闩击发;
e) 然后退出检测工具,检查两次击痕的外缘尺寸,结果应符合3.11的要求。

4.1.12 闩体输弹槽与炮尾输弹槽一致性及左右抽筒子动作性能的检查

应符合下列要求:
a) 闩体输弹槽与炮尾输弹槽一致性的检查:检查时,炮闩呈开闩状态,抽筒子勾住闩体,打开摇架上盖,用深度尺测量闩体输弹槽与炮尾输弹槽的不一致性,结果应符合3.12的要求。
b) 左右抽筒子动作性能检查:
   1) 赋予炮身约45°,卸下下护盖,检查抽筒子和抽筒子轴转动的灵活性和进入身管缺口情况;
   2) 拉握把开闩,两抽筒子均应挂住闩体,冲开一个抽筒子,闩体应被另一个抽筒子限制在开闩状态;
   3) 拉握把向后,使闩体稍稍向下,抽筒子应恢复原位;
   4) 用同样的方法冲开另一个抽筒子进行上述检查;
   5) 再拉握把向后,使两抽筒子挂住闩体,同时冲开两个抽筒子,闩体应关闭;
   6) 卸下抽筒子,在其钩部涂上红色印泥,结合后反复开关闩多次,再卸下抽筒子,检查抽筒子的接触面积和重叠量,结果应符合3.12的要求。

4.1.13 抽筒子与闩体间隙的检查

应符合下列要求:
a) 将射角调至最高,取下自动开闩盖及摇架上、下护盖,拉握把向后,使闩体输弹槽低于炮尾输弹槽8 mm～10 mm,抽筒子中部的支撑面与闩体冲铁靠紧;
b) 此时,用塞尺测量抽筒子钩部与闩体的间隙、抽筒子冲臂与冲铁的间隙,结果应符合3.13的要求。

4.1.14 击发装填动作的检查

应符合下列要求:
a) 用手按击发卡锁,卡锁应顺利地进入击发卡锁室,放手后,击发卡锁应迅速有力恢复原位;
b) 缓慢关闩可以不击发,但轻敲开关杠杆(曲臂),应迅速击发,结果应符合3.14的要求。

4.1.15 拨动杠杆短角与击发卡锁间隙的检查

赋予炮身约45°,取下下护盖,再拉握把开闩,用塞尺测量拨动杠杆短角与击发卡锁之间的间隙,结果应符合3.15的要求。

4.1.16 闩体与闩室的间隙以及闩体在闩室内上下串动量的检查

使炮身概略水平,卸下上护盖,在关闩状态下,将闩体推向身管后端面,用塞尺测出闩体后端面与炮尾滑槽的间隙,再用塞尺测出闩体上端面与闩体挡板之间的间隙,结果应符合3.16的要求。

4.1.17 冲铁在闩体上松动的检查

卸下闩体后垂直放置,用手锤木柄敲击冲铁钩部与尾部,同时用另一手指触及闩体与冲铁结合处,应无松动感觉,即符合3.17的要求。

4.1.18 击针突出量的检查

用击针突出量检查规(参见附录C中图C.5)检查,2.44 mm缺口应通不过,2.75 mm缺口应通过,即符合3.18的要求。

4.1.19 输弹机连接轴的拆装和串动量的检查,炮尾与输弹机体前端面间隙以及输弹机输弹槽与炮尾输弹槽是否齐平的检查

4.1.19.1 输弹机连接轴的拆装和串动量的检查

卸下自动开闩盖,用手压下输弹机连接轴簧片,连接轴即可抽出,连接轴插入到位后应被簧片固定,用游标卡尺测量连接轴的轴向串动量,结果应符合3.19的要求。

4.1.19.2 炮尾与输弹机体前端面间隙的检查

使炮身概略水平,卸下上盖,用塞尺测量炮尾与输弹机体前端面间隙,结果应符合3.19的要求。

4.1.19.3 输弹机输弹槽与炮尾输弹槽是否齐平的检查

使炮身概略水平,卸下上盖,用游标卡尺检查炮尾输弹槽凹弧的最低点与输弹机输弹槽凹弧最低点的差值,结果应符合3.19的要求。

4.1.20 压弹机前后壁距离的检查

用前后壁距离测量杆与测量头(参见附录C中图C.6)旋接后检查,结果应符合3.20的要求。

4.1.21 压弹器上小齿动作的检查

用手指将活动梭子和不动梭子上的每个小齿压下到位,放手后小齿应有力复位,应符合3.21的要求。

4.1.22 活动梭子上下串动量及保险器动作的检查

4.1.22.1 活动梭子上下串动量的检查

将游标卡尺贴在压弹机体上,用深度尺测出活动梭子的位置尺寸,向上提起活动梭子,再测其位置尺寸,两次尺寸之差即为上下串动量,结果应符合3.22的要求。

4.1.22.2 保险器动作的检查

用铁丝套在活动梭子小齿上,铁丝的另一端缚在手锤木柄上,向上提起活动梭子,应起保险作用。然后用手锤木柄敲击弹簧杆应解脱保险。

4.1.23 压弹机体前壁定向板、拨弹器体弧面与输弹机体弧面之间最大距离的检查

应符合下列要求:
a) 拉握把向后,卸下退壳筒,用∅54 mm和∅55 mm的输弹槽检查径规(参见附录C中图C.7)分别从压弹机尾部插入输弹线上,检查上下弧面的距离,结果应符合3.23的要求;
b) 用教练弹检查时,将教练弹放在输弹槽上,推教练弹向前,此时教练弹底缘(∅52 mm)与压弹机前壁定向板的间隙,应符合3.23的要求。

4.1.24 输弹机弹簧自由长度检查

用卷尺测量,结果应符合3.24的要求。

4.1.25 输弹机体滑槽与输弹器体定向凸起部、青铜滑板配合间隙的检查

使炮身概略水平,卸下后臂,拉握把使输弹器体被发射卡锁卡住,用塞尺测量输弹机体滑槽与输弹器体定向凸起部之间的间隙、输弹机体滑槽与青铜滑板的间隙,结果应符合3.25的要求。

4.1.26 输弹机左、右卡板工作面不一致性及左、右卡板突出高度的检查

4.1.26.1 输弹机左、右卡板工作面不一致性的检查

应符合下列要求:
a) 卸下输弹机体,将输弹槽检查径规(参见附录C中图C.7)置于输弹机体槽内放平,用长150 mm钢直尺的侧面紧贴其端面;
b) 移动径规,使钢直尺与一卡板贴合,用塞尺测出钢直尺与另一卡板的间隙,即为输弹机左、右卡板工作面的不一致性,结果应符合3.26的要求。

4.1.26.2 输弹机左、右卡板突出高度的检查

用游标卡尺测量输弹机左、右卡板头部的突出高度,结果应符合3.26的要求。

4.1.27 输弹钩平行差及前后晃动量的检查

4.1.27.1 输弹钩的平行差检查

应符合下列要求:
a) 卸下输弹机体,使输弹钩处于自由状态,将输弹槽检查径规(参见附录C中图C.7)置于输弹机体槽内放平,用长150 mm钢直尺的侧面紧贴其端面;
b) 移动径规,使钢直尺与一输弹钩贴合,用塞尺测出钢直尺与另一输弹钩的间隙,即为输弹钩的平行差,结果应符合3.27的要求。

4.1.27.2 输弹钩前后晃动量的检查

用手将两输弹钩前后错开不松手,另一人用上述测平行差的方法测出两输弹钩的最大错开量,即为前后晃动量,结果应符合3.27的要求。

4.1.28 左、右输弹钩张开量及输弹钩与输弹机体槽壁之间的间隙检查

4.1.28.1 左、右输弹钩张开量的检查

应符合下列要求：
a) 卸下退壳筒，将握把向后拉到位，使输弹钩处于最大张开位置；
b) 用检查规（参见附录C中图C.8）上尺寸为56 mm的两端面（按图15所示位置）放入两输弹钩之间并前后移动，测量出输弹钩的张开量，结果应符合3.28的要求。

4.1.28.2 输弹钩与输弹机体槽壁之间的间隙检查

将握把向后拉到位不放，用直径为⌀2 mm的铁丝插入输弹钩与输弹机体槽后方的间隙中，应顺利通过，即符合3.28的要求。

4.1.29 左、右制动栓动作性能、制动栓上突出角与拨弹器体的间隙以及制动栓下突出角工作面不一致性的检查

4.1.29.1 左、右制动栓动作性能的检查

应符合下列要求：
a) 闩体呈开闩状态，将五发教练弹压入压弹机内，当握把置于前握把扣内时，用力压教练弹，拨弹器体不应转动；
b) 当握把置于后握把扣内时，用力压教练弹，应只能压下一发教练弹；
c) 用同样的方法检查四次，即符合3.29的要求。

4.1.29.2 制动栓上突出角与拨弹器体之间的间隙检查

卸下压弹机，向内转动拨弹器（排除空回），用塞尺从前方插入制动栓上突出角与拨弹器体之间，检查其间隙，结果应符合3.29的要求。

4.1.29.3 制动栓下突出角工作面不一致性的检查

用长为150 mm的钢板尺紧贴在两制动栓下突出角的前端面上，用塞尺分别测量两制动栓下突出角到钢板尺之间的间隙，两间隙之差即为制动栓下突出角工作面的不一致性，结果应符合3.29的要求。

4.1.30 左、右中卡锁与左、右发射卡锁工作面相对位置的检查

应符合下列要求：
a) 卸下压弹机，再从压弹机内取出输弹机，用检查规（参见附录C中图C.8）紧贴发射卡锁平面上，检查发射卡锁平面与中卡锁平面之间的尺寸，结果应符合3.30的要求；
b) 用检查规（参见附录C中图C.8）紧贴中卡锁端部，检查中卡锁工作面对发射卡锁工作面的高差，结果应符合3.30的要求。

4.1.31 发射卡锁与输弹器体的扣合量、中卡锁与输弹器体的间隙以及压弹机后壁与输弹钩工作面错开量的检查

4.1.31.1 发射卡锁与输弹器体的扣合量、中卡锁与输弹器体的间隙检查

应符合下列要求：
a) 检查时，将发射卡锁端部涂上红色印泥，向后拉握把到位，然后放回握把至前握把扣内（使输弹

器体处于待发状态),用塞尺测量中卡锁与输弹器体的间隙,结果应符合 3.31 的要求;

b) 击发后,测量发射卡锁上的印痕,即为发射卡锁与输弹器体的扣合量,结果应符合 3.31 的要求。

4.1.31.2 压弹机后壁与输弹钩工作面错开量的检查

应符合下列要求:

a) 使炮身概略水平,卸下后壁,松开固定螺栓,将压弹机向后拉以排除空隙,然后旋紧固定螺栓;
b) 拉握把向后到位,并放在后握把扣内,分别在左右压弹机内压教练弹,使其一发教练弹落入输弹钩槽内,并使压弹机内的教练弹与压弹机后壁顶紧;
c) 输弹钩内的教练弹与输弹钩输弹面顶紧,再用游标卡尺测量上下两发教练弹的错开量,即为压弹机后壁与输弹钩工作面的错开量,结果应符合 3.31 的要求。

4.1.32 弹簧杆突出炮耳轴端面的高度及发射杠杆与弹簧杆之间的间隙检查

应符合下列要求:

a) 不踩击发踏板,用钢板尺测量弹簧杆突出炮耳轴端面的高度,同时用塞尺测量发射杠杆与弹簧杆之间的间隙;
b) 踩下击发踏板到位,用钢板尺测量弹簧杆突出于炮耳轴端面的高度,结果应符合 3.32 的要求;
c) 松开击发踏板后,弹簧杆与发射杠杆应有力地恢复原位。

4.1.33 同步卡锁与输弹器体下方间隙的检查

应符合下列要求:

a) 检测时使炮身复进到位,卸下摇架后壁,用塞尺测出左中卡锁顶端与左输弹器体下方的间隙数值"H";
b) 接着用塞尺检查同步卡锁与右输弹器体下方的间隙,结果应符合 3.33 的要求;
c) 若射击中仍有不同步现象,可继续调整间隙;
d) 同时,检查两个炮身的复进机、驻退机以及输弹机弹簧、击针、击针簧以及各运动件的摩擦力和炮弹的装药批次等诸因素;
e) 直至两身管同步为止。

4.1.34 退壳筒与退壳槽的间隙检查

转动高低机转轮,使炮身从低射角到高射角检查退壳筒与退壳槽之间的间隙,结果应符合 3.34 的要求。

4.1.35 自动机联动的检查

4.1.35.1 第一发装填、发射的联动检查

应符合下列要求:

a) 将左、右握把分别向后拉到位,炮闩应被打开;将握把放在后握把扣内时,输弹器体应被发射卡锁卡住;
b) 压入 5 发带弹夹的教练弹到位,第一发教练弹应压到输弹线上,并被输弹钩抓住;
c) 不打开保险,踩发射踏板,输弹器体不应向前;
d) 放回握把,打开保险,踩发射踏板,教练弹应进膛,炮闩应关闭并击发;
e) 保险在解脱位置时,可以用握把放回输弹器体。

4.1.35.2 自动压弹和输弹的联动检查

在第一发装填、发射联动检查的基础上,安装人工后坐器,赋予炮身60°～70°,踩下发射踏板,进行人工后坐检查,并符合下列要求:
  a) 运行人工后坐器,使炮身后坐150 mm～180 mm,在后坐过程中应打开炮闩、抽出教练弹;
  b) 关闭人工后坐器,炮身应平稳地复进到位,同时压下一发教练弹,并输入炮膛,关闩、击发;
  c) 人工后坐应进行二次至三次,以确定联动正常,即符合3.35的要求。

4.1.35.3 利用人工后坐对压弹机上活动梭子保险器进行动作确实性检查

应符合下列要求:
  a) 在输弹槽内放入一发教练弹,打开保险,当炮身复进关闩后不应击发;
  b) 当炮身后坐时,保险器应自动解脱保险。

4.1.35.4 复进簧预压力检查

赋予炮身66°,拉握把,炮闩应被抽筒子抓住,复进簧符合3.35中g)的要求,否则应更换。

4.1.36 左、右后坐游标移动情况的检查

用管型测力计拉动后坐游标,结果应符合3.36的要求

4.1.37 标准后坐长度的检查

射击时,检查后坐游标所示的后坐长度值,结果应符合3.37的要求。

4.1.38 驻退机液量的检查

应符合下列要求:
  a) 赋予炮身－3°,拧下注液孔螺塞时,液面与注液孔的下缘应齐平;
  b) 二号驻退液的pH值应为8.4～11.8,四号驻退液的pH值应为8.2～8.5;
  c) 用试纸检查,应符合3.38的要求。

4.1.39 活塞杆突出长度的检查

用专用检查规(参见附录C中图C.9)的一端顶在机筒后端面上,其尖端应对正活塞杆上的刻线,应符合3.39的要求。

4.1.40 高低机、方向机转轮的转动情况检查

应符合下列要求:
  a) 用双手转动高低机(方向机)转轮,应灵活,无卡滞现象;
  b) 用拉力计对高低机(方向机)转轮启动力进行测量,结果应符合3.40的要求;
  c) 向一个方向转动高低机转轮,用瞄准镜瞄准一目标,在转轮上对正指标处做一刻线,然后同方向转高低转轮使瞄准线离开瞄准点,再反向转高低机转轮;
  d) 重新瞄准原目标,再在转轮上对正指标处做刻线,转轮上两刻线之间的距离,即为高低机的空回量,应符合3.40的要求。

4.1.41 平衡机调整余量的检查

赋予炮身最高射角,卸下平衡机护帽,用钢直尺测出弹簧杆露出螺帽的长度,结果应符合3.41的

要求。

4.1.42 行进作业转换动作的检查

应符合下列要求：
a) 分别做起炮与放列的转换，检查各机构，动作应灵活、可靠，固定应确实；
b) 缓冲弹簧不应有严重的卡滞现象，应符合3.42的要求。

4.1.43 拉杆和叉形接头与连接钣的间隙及拉杆连接螺纹是否松动的检查

应符合下列要求：
a) 高炮呈行进状态，在前方杠起螺杆履板下放置垫木，转动转把，使前车轮离地；
b) 向左(右)推牵引杆到位，查看拉杆和叉形接头与连接钣是否相碰；
c) 拧松拉杆的固定螺帽，检查拉杆与接头的连接螺纹是否过松(螺纹过松，易在牵引中滑丝造成翻炮)；
d) 检查后，要将固定螺帽拧紧，叉形接头的插销应用开口销固定，应符合3.43的要求。

4.1.44 配重检查

转动高低机，使炮身上下运动的转轮力，感觉基本均匀即可。

4.1.45 车轮的转动情况、轮毂螺栓是否松动的检查

应符合下列要求：
a) 高炮呈行进状态，打开左右炮脚到位，在四个杠起螺杆履板下放置垫木，转动转把使车轮离地；
b) 用手快速转动车轮，松手后车轮应自转3圈以上；
c) 轮毂双头螺栓用扳手检查不应松动。

4.1.46 圆柱螺旋弹簧的检查

对附录B中的弹簧进行测量检查，结果应符合3.46的要求。

4.1.47 对各零、部件的锈蚀，紧固件的固定，橡胶件、油料有效期的检查

目测有疑点时，需进行局部分解，仔细察看和检查，对应符合3.47的要求。

4.1.48 水准气泡检查

目视检查水准气泡，应符合3.48的要求。

4.1.49 履钣固定座检查

目视检查履钣固定座，应符合3.49的要求。

4.1.50 自动化改造后的高炮检查

应符合下列要求：
a) 接地电阻检查：用接地电阻测试仪测量接地电阻，结果应符合3.50中a)的要求。
b) 电缆线各导线之间、导线对地之间的绝缘电阻检查：用兆欧表检查各导线之间及导线对地之间的绝缘电阻，结果应符合3.50中b)的要求。
c) 高低与方位执行电机检查：用兆欧表测量电机绝缘电阻，测量时把电机从电路中断开，其绝缘电阻应不小于0.5 MΩ；检查电机工作状态，应符合3.50中c)的要求。

d) 编码器检查：
   1) 编码器在正常通电情况下,打开控制终端监测界面,缓慢转动编码器,编码器的码值应连续变化,不应有跳数现象；
   2) 用万用表测量编码器绝缘电阻,电阻值应不小于 1 MΩ。
e) 计数器检查：比对实际作业用弹数量与计数器采集数量是否一致,误差应符合 3.50 中 e)的要求。
f) 电磁铁检查：在不通电情况下,按压电磁铁,应符合 3.50 中 f)的要求。
g) 后坐量检查应符合下列要求：
   1) 先将装填机拆下,用手摇晃后坐标尺传感器,应无明显松动；
   2) 通电后,查看终端显示的数值与后坐分划尺指示的刻度应一致,误差应不大于 0.5 mm；
   3) 若不一致,则予以调整。
h) 自动控制系统检查：
   1) 自动控制系统的按钮应无卡滞,档位开关拨动时应灵活,各个按钮按下时控制系统应有相应的动作；
   2) 检查指示灯显示的状态是否与实际相符,终端显示触控区能否正确输入数值,触控位置是否准确,灵敏可靠；
   3) 输入一组数据,调炮后按下发射按钮,在安全射界外,电磁铁不应动作,在安全射界内,电磁铁应动作；
   4) 使身管水平,按下连发按钮,用拉力计在防火帽后端与身管成 90°方向,水平正反拉身管,拉力应不小于 500 N；
   5) 射角与方位角示值检查应符合下列要求：
      ——在终端分别赋予炮身 0°、30°、50°、70°、85°射角,用象限仪测量炮身的实际角度；
      ——将射角调至 0°,在终端分别赋予炮身 0°和 180°方位角；
      ——将卡板卡在身管靠炮口端,铅锤线穿过卡板上的孔在地面上取得两个点,连接两个点成为两个身管的中线(单管炮为炮膛轴线),与作业点地面上所标的正北标准线延长线夹角应符合 3.50 中 h)的要求。
i) 电缆检查：目测检查电缆及接插件,结果应符合 3.50 中 m)、n)的要求。
j) 电源检查：用万用表测量电源,结果应符合 3.50 中 o)的要求。
k) 作业参数采集功能检查：模拟作业,查看射角、方位角、发射炮弹数、作业时间等作业数据,结果应符合 3.50 中 q)的要求。

4.1.51 加装供弹机高炮的检查

应符合下列要求：

a) 平衡基座固定情况的检查：用扳手检查平衡基座螺栓的固定情况,结果应符合 3.51 中 a)的要求；
b) 推板检查：检查推板不应变形；
c) 旋转臂检查：用拉力计向外拉左、右旋转臂手柄,测量旋转臂拉力,结果应符合 3.51 中 e)的要求；
d) 活动梭各机构动作检查：检查活动梭各机构动作,应符合 3.51 中 h)的要求；
e) 活动梭与压弹机活动梭子连接的检查：检查活动梭与压弹机活动梭子的连接,用游标卡尺测量活动梭上下串动量,结果应符合 3.51 中 k)的要求；
f) 供弹机固定器的检查：检查供弹机固定器功能,应符合 3.51 中 l)的要求；
g) 供弹机打开固定动作的检查：往外侧打开左、右供弹机到位,检查供弹机固定情况,应符合

3.51 中 m)的要求；

h) 供弹检查：用人工后坐器检查供弹动作，应符合 3.51 中 n)的要求。

4.1.52 检测工具宜使用附录 C 高炮专用检测工具，附录 D 的表 D.1 中所列通用工具

4.2 检测项目分类

4.2.1 检测项目分为：大修检测、年度检测、自动化改造检测、加装供弹机检测、自动机修理/更换检测、装填机修理/更换检测、复进机修理/更换检测、驻退机修理/更换检测、作业前检测、作业后检测等。

4.2.2 各类检测项目的检测内容见附录 E 中的表 E.1。

附 录 A
（规范性附录）
身管外表面压坑允许深度表

身管外表面压坑允许深度表见表 A.1。

表 A.1 身管外表面压坑允许深度表

单位为毫米

距身管尾端距离[a]	压坑深度允许值	距身管尾端距离[a]	压坑深度允许值
50	4.6	1150	11.1
100	13.6	1200	11.1
150	12.8	1250	10.8
200	11.5	1300	10.6
250	8.5	1350	10.3
300	9.0	1400	10.0
350	9.3	1450	9.7
400	10.8	1500	9.3
450	12.1	1550	9.2
500	13.4	1600	8.8
550	14.5	1650	8.6
600	15.3	1700	8.3
650	11.0	1750	8.0
700	11.5	1800	7.7
750	12.1	1850	7.5
800	10.6	1900	7.2
850	10.7	1950	6.9
900	10.8	2000	6.6
950	10.9	2050	6.3
1000	11.0	2100	6.0
1050	11.0	2150	5.7
1100	11.1	2200	5.4

[a] 应卸下防火帽，以炮口端面为起始点。

附 录 B
（资料性附录）
圆柱螺旋压缩弹簧检测数据一览表

B.1 圆柱螺旋压缩弹簧示意图（见图B.1）。

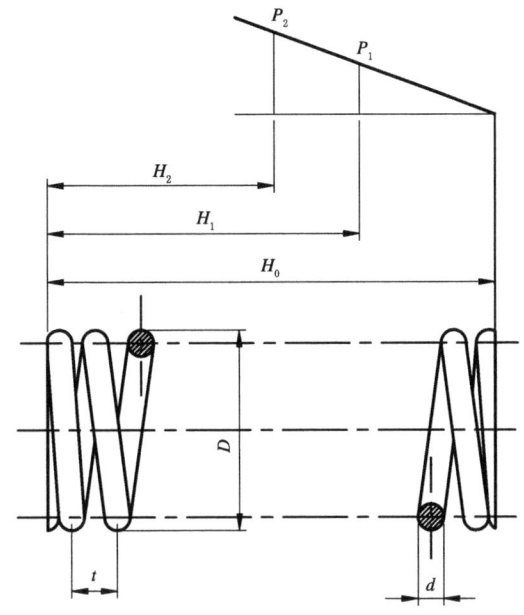

说明：
- d ——弹簧丝直径；
- D ——弹簧外径；
- t ——节距；
- H_0——弹簧自由高度；
- H_1——弹簧高度1；
- P_1——弹簧高度为H_1时所受的力；
- H_2——弹簧高度2；
- P_2——弹簧高度为H_2时所受的力。

图 B.1 圆柱螺旋压缩弹簧示意图

B.2 圆柱螺旋压缩弹簧技术数据一览表（见表B.1）。

表 B.1 圆柱螺旋压缩弹簧技术数据

零件名称	件号	直径 mm	弹簧尺寸 mm		节距 mm	总圈数	有效圈数	弹簧高度1 mm	荷重1 N	弹簧高度2 mm	荷重2 N	安装部位
			外径	自由高度								
闭锁器弹簧	$\frac{01\text{-}9}{WA702}$	5	28	193±5	8.7	22	20	165	686.00	125	1675	炮身

表 B.1 圆柱螺旋压缩弹簧技术数据（续）

零件名称	件号	直径 mm	弹簧尺寸 mm		节距 mm	总圈数	有效圈数	弹簧高度1 mm	荷重1 N	弹簧高度2 mm	荷重2 N	安装部位
			外径	自由高度								
击发卡锁簧	01-24/WA702	1	8	40±2	2.75	17	15	24	34.30	19	44	炮闩
击针簧	01-30/WA702	2.5	15	72.3±3.6	4.6	17±1	15	60	173.50	46	370	炮闩
卡锁簧	01-63/WA702	1	8	30±2	3.3	11	9	22.5	16.66	13.5	49	炮闩
夹锁簧	01-128/WA702	1.2	9	31.8±2.0	3.75	10	8	22	51.94	14.5	93	炮身
输弹钩簧	03-17/WA702	1.8	10.8	58.3±3.0	3.3	19	17	46	112.70	38	182.3	输弹机
卡板簧	03-25/WA702	1	8	27.6±1.4	2.6	12	10	21	20.28	15	38.8	输弹机
制转器簧	04-38/WA702	1.8	16.8	61.7±3.0	5.9	12	10	40	71.05	12.8	120.5	压弹机
保险簧	04-52/WA702	3.6	14.6	162.3±8.0	4.76	35	33	140	803.60	26.5	1234	压弹机

附 录 C
（资料性附录）
高炮专用检测工具

C.1 直度径规（见图C.1）：用于检查身管弯曲。

单位为毫米

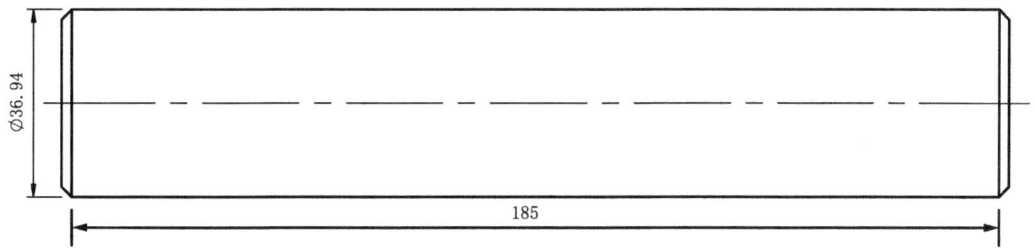

图 C.1 直度径规

C.2 身管检测仪（见图C.2）：用于检查炮膛膨胀、磨损及内表面烧蚀、挂铜、阳线损坏等。

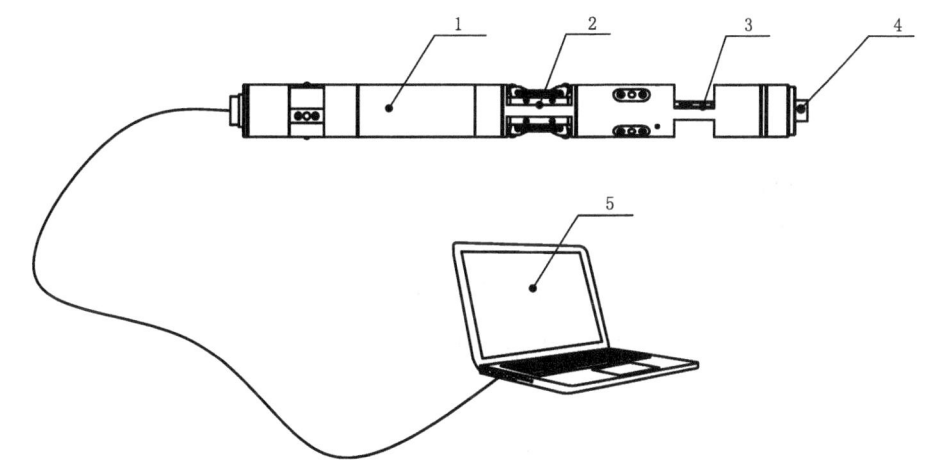

说明：
1——动力部分；
2——行走部分；
3——激光测量窗口；
4——前置成像摄像头；
5——数据处理器。

图 C.2 身管检测仪

C.3 闩体镜面间隙与闩体下垂量组合量规（见图C.3）：用于检查身管后端面与闩体镜面之间隙和闩体下垂量。

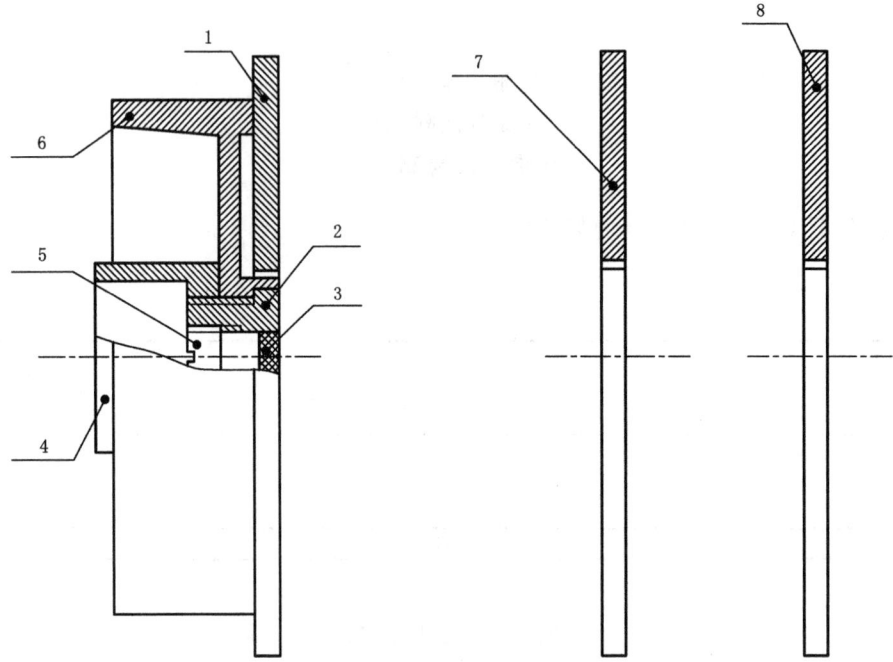

说明：
1——药筒垫片；
2——铅底火；
3——铅块；
4——滚纹螺母；
5——调整螺栓；
6——药筒座；
7——通过药筒垫片(5.12 mm)；
8——故障药筒垫片(6.25 mm)。

图 C.3 闩体镜面间隙与闩体下垂量组合量规

C.4 药室增长量测量器(见图 C.4)：用于检查身管药室部位增长量。

单位为毫米

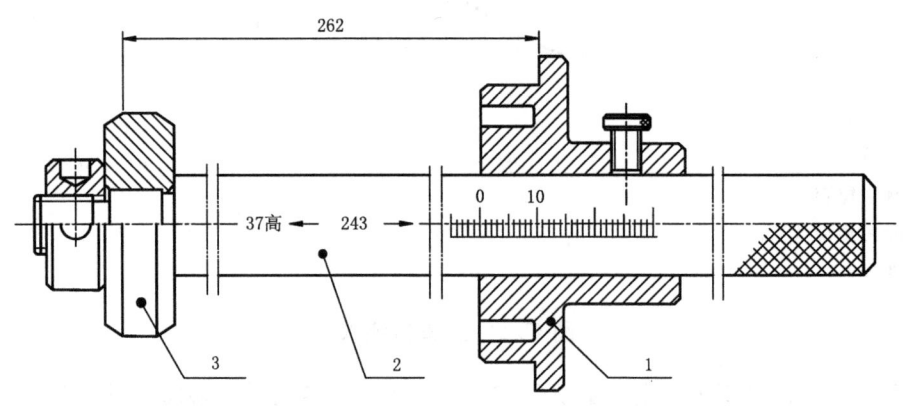

说明：
1——定向环；
2——尺杆；
3——测量环。

图 C.4 药室增长量测量器

C.5 击针突出量检查规(见图C.5):用于检查击针突出量。

单位为毫米

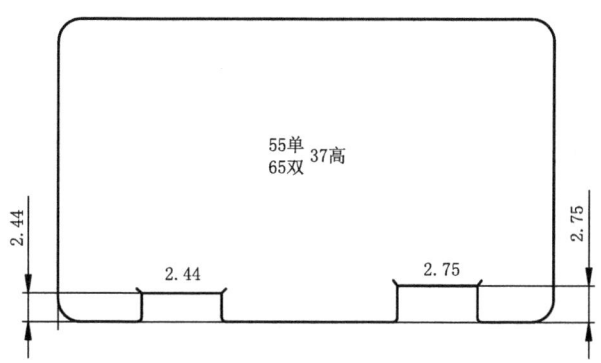

图 C.5 击针突出量检查规

C.6 压弹机前后壁距离量杆(见图C.6):用于检查压弹机前、后壁之距离。

单位为毫米

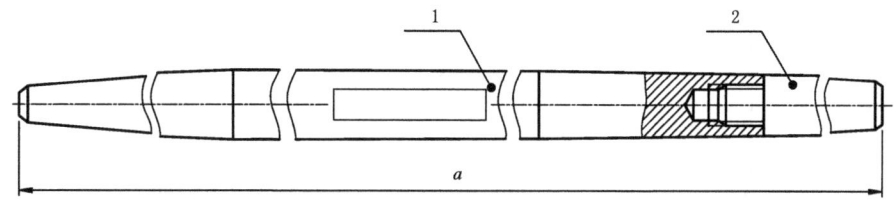

说明:
1——测量杆;
2——测量头。

a 尺寸范围 386.5 mm~388 mm。

图 C.6 压弹机前后壁距离量杆

C.7 输弹槽检查径规(见图C.7):用于检查压弹机前壁定向板与输弹机体弧面间的距离。

单位为毫米

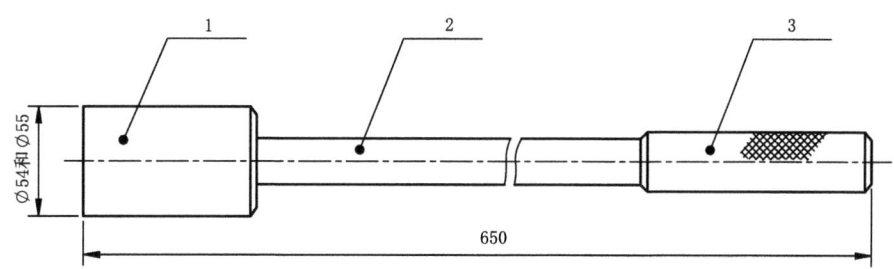

说明:
1——径规体;
2——接杆;
3——接杆柄。

图 C.7 输弹槽检查径规

C.8 输弹钩张开量及中卡锁与发射卡锁工作面高度检查规(见图C.8):用于检查输弹钩的张开量及中卡锁高出发射卡锁的尺寸及左、右输弹钩张开量的检查。

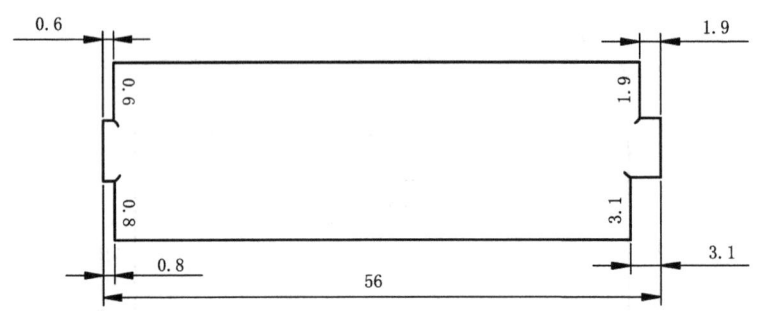

图 C.8 输弹钩张开量及中卡锁与发射卡锁工作面高度检查规

C.9 驻退机活塞杆露出长度检查规(见图 C.9):用于检查活塞杆螺帽的安装位置。

单位为毫米

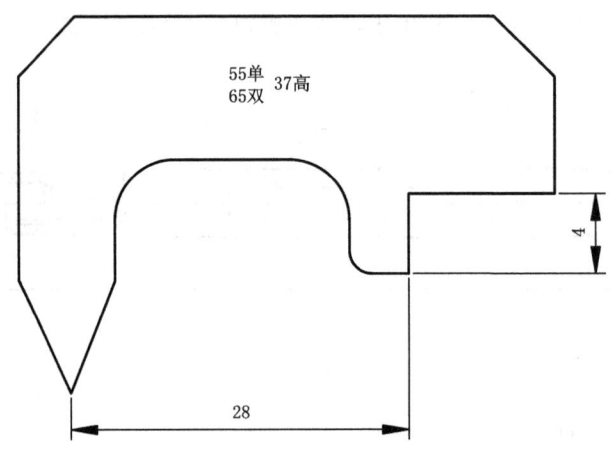

图 C.9 驻退机活塞杆露出长度检查规

C.10 后坐标尺检查板(见图 C.10):用于检查后坐标尺的零位安装是否正确。

单位为毫米

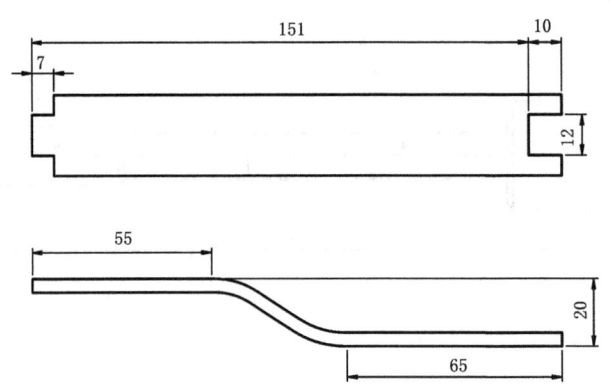

图 C.10 后坐标尺检查板

C.11 方位角零位检查卡板见图 C.11。

单位为毫米

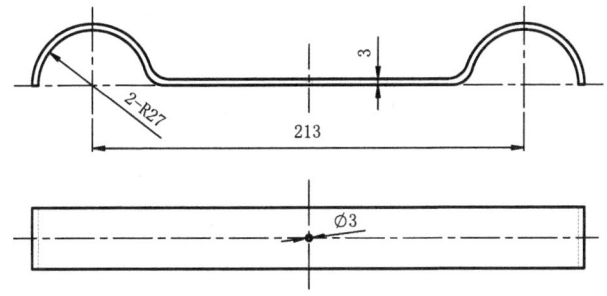

图 C.11 方位角零位检查卡板

C.12 37 mm 高炮人工后坐器(见图 C.12):用于高炮做人工后坐。

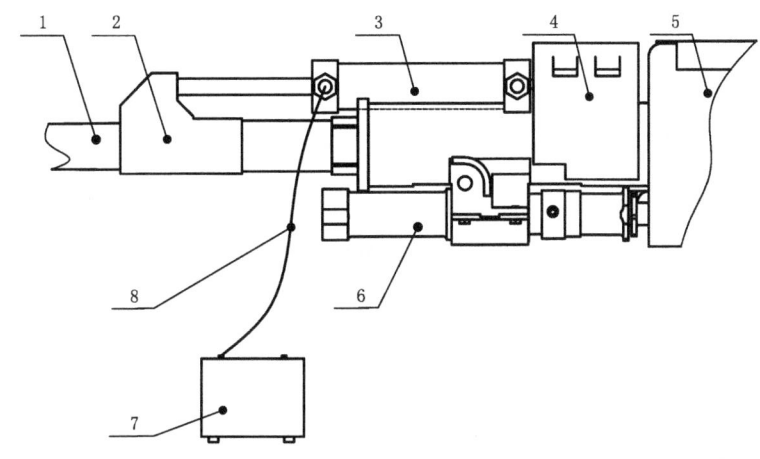

说明：
1——身管；
2——前锁紧箍；
3——活塞；
4——后锁紧箍；
5——摇架；
6——驻退机；
7——油泵；
8——油管。

图 C.12 37 mm 高炮人工后坐器

附 录 D
(资料性附录)
高炮通用检查工具、仪表一览表

表 D.1 高炮通用检查工具、仪表一览表

序号	名称	单位	规格型号	用途
1	钢直尺	把	150 mm	一般用途
2	钢卷尺	把	2 m	一般用途
3	游标卡尺	把	150 mm	一般用途
4	塞尺	把	0.02 mm~1.00 mm	测量间隙
5	拉力计	个	100 N	测量拉力
6	拉力计	个	500 N	测量拉力
7	象限仪	个	/	规正高炮射角零位
8	铅锤(线)	个	0.24 kg	规正高炮方位角零位
9	万用电表	个	MF-47C	测量电阻、电压、电流
10	兆欧表	个	500 V/0~500 MΩ	测量元件、线路之间及对地的绝缘电阻
11	接地电阻测试仪	个	0~10 Ω、0~100 Ω	测量接地线及接地桩的接地电阻

QX/T 18—2020

附 录 E
（规范性附录）
各类检测项目的检测内容

表E.1 各类检测项目的检测内容一览表

条款/分类	出厂/大修	年检	自动化改造	加装供弹机	自动机修理/更换	装填机修理/更换	复进机修理/更换	驻退机修理/更换	作业前	作业后
3.1	√	√			√					
3.2	√	√			√				√	√
3.3	√	√			√				√	√
3.4	√	√			√				√	√
3.5	√	√			√				√	√
3.6	√	√			√				√	√
3.7	√	√			√					
3.8	√	√			√					
3.9	√	√			√					
3.10	√	√			√					
3.11	√	√			√					
3.12	√	√			√					
3.13	√	√			√					
3.14	√	√			√					
3.15	√	√			√					
3.16	√	√			√					
3.17	√	√			√					
3.18	√	√			√				√	√
3.19	√	√			√					
3.20	√	√				√				
3.21	√	√				√				
3.22	√	√				√				
3.23	√	√				√				
3.24	√	√				√				
3.25	√	√				√				
3.26	√	√				√				
3.27	√	√				√				
3.28	√	√				√				

表 E.1 各类检测项目的检测内容一览表（续）

条款/分类	出厂/大修	年检	自动化改造	加装供弹机	自动机修理/更换	装填机修理/更换	复进机修理/更换	驻退机修理/更换	作业前	作业后
3.29	√	√				√				
3.30	√	√				√				
3.31	√	√				√				
3.32	√	√								
3.33	√	√								
3.34	√	√								
3.35	√	√			√	√	√			
3.36	√	√								
3.37	√	√							√	√
3.38	√	√						√		
3.39	√	√						√		
3.40	√	√								
3.41	√	√								
3.42	√	√								
3.43	√	√								
3.44	√	√								
3.45	√	√								
3.46	√	√								
3.47	√	√								
3.48	√	√								
3.49	√	√								
3.50			√							
3.51				√						

ICS 07.060
A 47
备案号：78197—2020

中华人民共和国气象行业标准

QX/T 37—2020
代替 QX/T 37—2005

气象台站历史沿革数据文件格式

Data format of meteorological station history

2020-11-05 发布　　　　　　　　　　　　　　　　2021-02-01 实施

中国气象局　发布

前　言

本标准按照GB/T 1.1—2009给出的规则起草。

本标准代替QX/T 37—2005《气象台站历史沿革数据文件格式》，与QX/T 37—2005相比，除编辑性修改外，主要技术变化如下：

——增加了对本次修订的描述（见引言）。

——修改了对"本标准规定"范围的描述（见第1章，2005年版的第1章）。

——修改了对"区站号"（见2.2，2005年版的2.2）、"障碍物"（见2.4，2005年版的2.4）的描述。

——增加了对"气象台站历史沿革"（见2.5）、"气象台站历史沿革数据文件"（见2.6）、"XML模式"（见2.7）、"类"（见2.8）的定义。

——修改了"3.2　类型"的位置，改为第3章"3　L文件类型"，内容修改为"气象台站历史沿革数据文件使用XML格式。"（见第3章，2005年版的3.2）。

——修改了第3章"3　文件命名"的位置，改为第4章"4　L文件命名"，内容由介绍文本格式的文件命名修改为XML格式的文件命名（见第4章，2005年版的第3章）。

——修改了"4　文件结构"与"5　文件格式"，将这两章合并为"5　L文件结构"一章，内容修改为描述XML格式L文件的文件结构（见第5章，2005年版的第4章、第5章）。增加了"图1　XML实体构成图"（见5.1图1）。

——增加了"6　XML实体数据内容细则"节，将"表2　首部项目内容"和"表3　沿革数据项目内容"中相关内容并入"表2　XML实体数据内容细则"，用以说明XML实体数据内容中各元素的内容详情（见第6章表2，2005年版的表2、表3）。

——增加了表2的"标签""约束""出现次数""备注"列，说明XML格式L文件中元素标签的定义、使用方法及新增元素的来源（见第6章表2）。

——修改了台站位置中纬度和经度的描述精度，由"分"级增加到"秒"级（见第6章表2序号6.3、6.4，2005年版的表3序号20、21）。

——增加了以下元素（见第6章中表2）："子站号"（见表2序号1.3），"地级市（地区、自治州、盟）名称"（见表2序号1.5），"县（市辖区、县级市、自治县、旗、自治旗、特区、林区）名称"（见表2序号1.6），"详细地址（'地址'）"（见表2序号1.7），"观测层"（见表2序号4.4），"台站类别"（见表2序号4.5），"通用站名"（见表2序号4.6），"管理层级"（见表2序号4.7），"台站运行状态"（见表2序号4.10），"气候区"（见表2序号6.6），"位置是否属于地面沿革文件"（见表2序号6.10），"位置是否属于高空沿革文件"（见表2序号6.11），"位置是否属于辐射沿革文件"（见表2序号6.12），"位置是否属于其他沿革文件"（见表2序号6.13），"要素是否属于地面沿革文件"（见表2序号8.5），"要素是否属于高空沿革文件"（见表2序号8.6），"要素是否属于辐射沿革文件"（见表2序号8.7），"要素是否属于其他沿革文件"（见表2序号8.8），"地球系统圈层"（见表2序号8.9），"观测软件"（见表2序号8.10），"仪器设备规格型号"（见表2序号8.11.6），"仪器设备供应商"（见表2序号8.11.7），"台站周边环境（开始年月日、终止年月日、下垫面状况、探测环境评估总分、探测环境评估结论、土地利用情况、土地利用方位、0 km～0.5 km土地利用、0.5 km～1 km土地利用、1 km～5 km土地利用、台站周围干扰源、人为干扰源名称、人为干扰源类型、人为干扰源方位、人为干扰源距离、人为干扰源波段、台站周围污染源、污染源名称、污染源方位、污染源距离、污染源建成（或出现）时间）"（见表1序号12，表2序号12—12.8.4）。

——增加了"是否考核"(见表 2 序号 4.8),"考核期"(见表 2 序号 4.9),"观测方式"(见表 2 序号 8.4),这些元素参考气象资料业务系统(MDOS)的相关业务增加。

——增加了"首部"(见表 2 序号 1)以满足 XML 格式的需求;增加了"测量方法"(见表 2 序号 8.11.5)、"生产时间"(见表 2 序号 8.11.10),按专家意见更切合实际业务需求。

——修改了"要素名称"的注释(见表 2 序号 8.3,2005 年版的表 3 序号 37);增加了对"自动反演"项目的描述,增加了"观测方式"(见表 2 序号 8.4)注释中对"自动反演"的描述;修改了"观测仪器"(见表 2 序号 8.11,2005 年版的表 3 序号 38)中与"观测方式"增加"自动反演"后相关的注释和约束(见表 2 序号 8.11.3—8.11.10,2005 年版的表 3 序号 41—44)。

——修改了"文件扩展名"的标识与注释,改为对".xml"格式的描述(见附录 A 中表 A.1 序号 6, 2005 年版的表 1 序号 7);修改了"台站档案号"的注释(见表 2 序号 1.1,2005 年版的表 2 序号 1);增加了"台站地理环境"的"注释"内容(见表 2 序号 6.8,2005 年版的表 3 序号 24),参考气象行业标准《气象台站元数据》。

——修改了以下字符型项目的最大长度(见第 6 章表 2,2005 版的表 2、表 3):"台站名称"(见表 2 序号 2.3,2005 年版的表 3 序号 4)由 36 修改为 100,"台站级别"(见表 2 序号 4.3,2005 年版的表 3 序号 12)由 10 修改为 100,"所属机构"(见表 2 序号 5.3,2005 年版的表 3 序号 16)由 30 修改为 100,"地址"(见表 2 序号 6.7,2005 年版的表 3 序号 23)由 42 修改为 100,"台站地理环境"(见表 2 序号 6.8,2005 年版的表 3 序号 24)由 20 修改为 100,"要素名称"(见表 2 序号 8.11.3,2005 年版的表 3 序号 37)由 14 修改为 60,"仪器设备名称"(见表 2 序号 8.11.4,2005 年版的表 3 序号 42)由 60 修改为 100,"观测时间"(见表 2 序号 8.13.5,2005 年版的表 3 序号 54)由 72 修改为 100,"观测记录载体名称"(见表 2 序号 8.14.3,2005 年版的表 3 序号 69)由 60 修改为 100,"观测规范名称及版本"(见表 2 序号 8.15.3,2005 年版的表 3 序号 73)由 60 修改为 100,"事项说明"(见表 2 序号 10.3,2005 年版的表 3 序号 62)由 60 修改为 200,"图像文件名"(见表 2 序号 11.3,2005 年版的表 3 序号 64)由 18 修改为 19,"图像文字说明"(见表 2 序号 11.5,2005 年版的表 3 序号 65)由 60 修改为 200,"沿革数据来源"(见表 2 序号 13.7,2005 年版的表 3 序号 75)由 60 修改为 100。

——修改了图像文件顺序号的位数设置(第 6 章表 2 序号 11.3,2005 年版的表 3 序号 64);增加了"图像文件记录的日期"(见第 6 章表 2 序号 11.1),"图像文件主题"(见第 6 章表 2 序号 11.2),"图像文件大小"(见第 6 章表 2 序号 11.4)。

——合并"19:沿革数据来源"与"20:文件编报人员"为"编报人员及沿革数据来源"(见第 6 章表 2 序号 13—13.7,2005 年版的表 3 序号 75—79),增加了"编报人员及沿革数据来源(开始年月日、终止年月日、负责单位名称)"(见表 2 序号 13.1、13.2、13.5)。

——修改了"表 1 文件名项目内容"位置,置于"附录 A 文件名细则"(见附录 A,2005 年版的表 1)。

——增加了"附录 B XML 模式""附录 C L 文件示例""附录 D 英文缩写对照表""附录 E 代码表"(见附录 B、附录 E,参见附录 C、附录 D)。

本标准由全国气象基本信息标准化技术委员会(SAC/TC 346)提出并归口。

本标准起草单位:国家气象信息中心。

本标准主要起草人:刘一鸣、蔡健、臧海佳、王颖、谭婷婷、高静、韩瑞、吴增祥。

本标准所代替标准的历次版本发布情况为:

——QX/T 37—2005。

引 言

气象台站历史沿革信息是气象观测记录数据的重要背景信息,是了解气象数据、管理气象数据、应用气象数据所应有的基础信息。世界气象组织(WMO)和许多国家都十分重视气象台站历史沿革信息的收集、存档和利用,并成为国际气象数据交换所必要提供的元数据重要内容之一。

为适应气象数据管理现代化建设和数据共享服务的需要,有必要对现有气象台站历史沿革信息整理、归档、检索、应用的业务流程加以完善。研究和设计实用、可行的中国气象台站历史沿革数据文件格式标准,是实现这个目标任务的前提和基础。本次标准修订在覆盖2005年版本全部内容的基础上按业务发展新增了一些内容,并用XML格式的气象台站历史沿革数据文件取代原文本格式,使涵盖内容与可扩展性得到显著提升。

QX/T 37—2020

气象台站历史沿革数据文件格式

1 范围

本标准规定了气象台站历史沿革数据文件的类型、命名、结构以及 XML 实体数据的内容细则。
本标准适用于中国地面、高空、辐射气象台站历史沿革数据的编报、存档和应用。

2 术语和定义

下列术语和定义适用于本文件。

2.1
台站档案号 station archive index number
按国家行政区划分方法,对气象台站进行的编号。
注:用五位数字组成,其中前两位为台站所在的省、自治区、直辖市代码,后三位为台站的代码。

2.2
区站号 station identity number
按照世界气象组织(WMO)和国务院气象主管机构规定,对各种气象观测站确定的编号。
注:用五位数字或字母组成。其中,五位数字的情况下,前两位为区号,后三位为站号。有字母组成的情况下,区域站通过前两位(第一位为字母、第二位为数字)确定其所在省。

2.3
观测要素 observation element
表示一定地点、一定时间天气状况特征的大气变量或现象。
注:气温、气压、湿度、风等。

2.4
障碍物 obstacle
气象台站观测场周围对观测有影响的物体。
注:不同观测可根据观测规范来获取具体定义。

2.5
气象台站历史沿革 meteorological station history
气象台站沿袭、发展、变化的历史过程。

2.6
气象台站历史沿革数据文件 meteorological station history data
L 文件
记录某个气象台站自建站以来有关台站名称、台站级别、隶属机构、台站位置、台站环境、观测要素、观测仪器、观测时制,以及对观测记录有影响的其他事项变动情况的电子文件。

2.7
XML 模式 XML schema
一种用于限定文档结构(如元素的顺序、出现次数、属性等)的机制,用于描述一类实例文档的结构。解析器可以根据 schema 来验证文档。
注1:XML(Extensible markup language),可扩展置标语言。是标准通用置标语言[ISO 8879](简称:SGML)的一个子集。这种语言描述了一类称为 XML 文档的数据对象,同时也部分地描述了处理这些数据对象的计算机程

序的行为。1998年，由W3C发布XML1.0规范。

注2：改写GB/Z 21025—2007,定义3.8。

2.8

类 class

对拥有相同的属性、操作、方法、关系和语义的一组对象的描述。

[GB/T 33674—2017,定义3.6]

3 L文件类型

气象台站历史沿革数据文件使用XML格式。

4 L文件命名

气象台站历史沿革数据文件按站点划分，每个站点有一个文件，文件名格式为：

$LIIiiixY_1Y_1Y_1Y_1Y_2Y_2Y_2Y_2.xml$

其中：

L ——文件标识符；

IIiii ——区站号；

x ——专用识别码；

$Y_1Y_1Y_1Y_1$——文件数据的开始年份；

$Y_2Y_2Y_2Y_2$——文件数据的终止年份；

xml ——文件扩展名。

关于文件名细则的详细规定见附录A。

5 L文件结构

5.1 文件组成

L文件由XML声明和XML实体两部分构成，具体模式见附录B，文件示例参见附录C。XML实体的构成见图1。

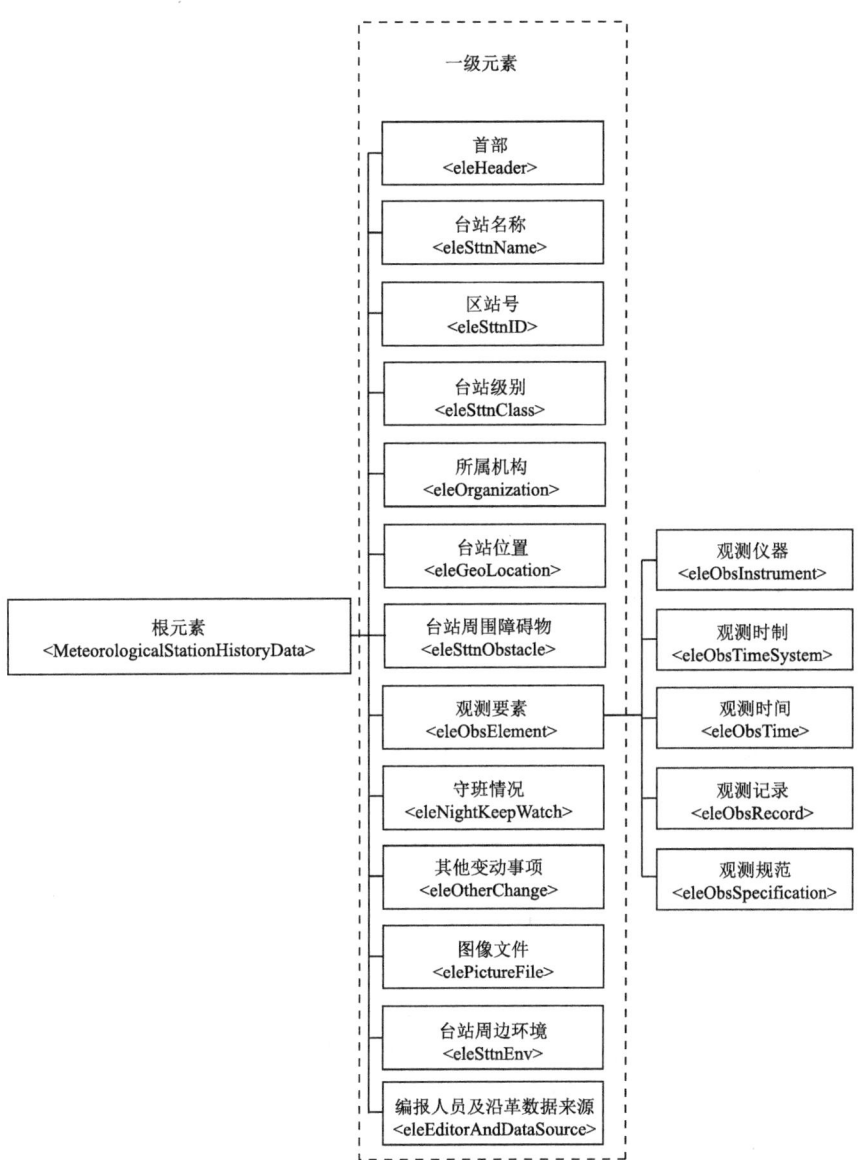

图 1 XML 实体构成图

5.2 XML 声明

XML 声明位于 L 文件的第一行,在一份 L 文件中有且仅有一个,表示 L 文件的开始。

XML 声明定义 XML 语言的版本和所使用的语言字符集。内容为＜?xml version＝"1.0" encoding＝"UTF-8"?＞。其中 version＝"1.0"代表 XML 文档符合 XML 1.0 规范;encoding＝"UTF-8"代表所使用的语言字符集为 UTF-8(8 位元)。

5.3 XML 实体

5.3.1 根元素

XML 格式数据文件中应有且仅有一个根元素。

L 文件的根元素标签为:＜MeteorologicalStationHistoryData＞。

5.3.2 数据内容描述方法

5.3.2.1 名称

L 文件中元素的中文名称。

5.3.2.2 注释

L 文件中元素的具体涵义。

5.3.2.3 长度

描述 L 文件元素允许的长度范围。如为确定数字,则代表该元素为固定长度;如为区间,则代表该元素的长度可在区间内变化。

5.3.2.4 类型

说明表示数据元素的一组不同的值。

注: 例如整数、实数、逻辑、字符、日期以及由简单类型组成的类等。

5.3.2.5 标签

L 文件中元素使用的标签。命名规则:
——首个单词的首字母小写;后续单词的首字母大写,其他字母小写;有特殊涵义的固定缩写全部字母大写;省略英文词组中的介词、代词、连词、空格符;不使用下划线"_"、句号"."等连接字符;
——所有"类"的标签名以"type"开头;所有"开始年月日"的标签名为"begin";所有结束年月日的标签名为"end";
——标签名长度一般不超过 20 个英文字符;如果英文名称不超过 20 个字符,可直接采用英文名称;当英文名称超过 20 个字符时,如果英文名称由单个单词组成,则取该单词的音节缩写作为标签名称;如果英文名称由多个单词组成,则取每个单词的音节缩写作为英文短名。标签名涉及的英文缩写参见附录 D。

5.3.2.6 约束

说明一个元素是否应当选用或有时选用。包括必选(M)、条件必选(C)和可选(O)。

5.3.2.7 出现次数

说明元素可以出现的数目。只出现一次用"1"表示;可多次出现用"N"表示;不出现用"0"表示。

5.3.2.8 备注

说明类所包含的行数、元素的取值范围、出处等具体情况。

5.3.2.9 一级元素

XML 文件中根元素的子元素。

5.3.3 数据内容

数据内容位于根元素之下,应包括 13 类一级元素,每个一级元素的名称、标签类型、标签、出现次数详见表1。表1中的元素可按需扩展,以便对数据内容扩充使用。

每个一级元素所包含的元素集合、每个元素的名称、注释、长度、类型、标签、约束、出现次数、备注等见第6章,元素代码表见附录E。

基本规则为:元素缺测编"999999";第6章或附录E中有特殊说明或相应代码时按相关说明编制。

表1 一级元素属性表

序号	名称	标签类型	标签	出现次数
1	首部	typeHeader	eleHeader	1
2	台站名称	typeSttnName	eleSttnName	1－N
3	区站号	typeSttnID	eleSttnID	1－N
4	台站级别	typeSttnClass	eleSttnClass	1－N
5	所属机构	typeOrganization	eleOrganization	1－N
6	台站位置	typeGeoLocation	eleGeoLocation	1－N
7	台站周围障碍物	typeSttnObstacle	eleSttnObstacle	1－N
8	观测要素	typeObsElement	eleObsElement	1－N
9	守班情况	typeNightKeepWatch	eleNightKeepWatch	1－N
10	其他变动事项	typeOtherChange	eleOtherChange	0－N
11	图像文件	typePictureFile	elePictureFile	0－N
12	台站周边环境	typeSttnEnv	eleSttnEnv	1－N
13	编报人员及沿革数据来源	typeEditorAndDataSource	eleEditorAndDataSource	1－N
…	…	…	…	…

6 XML 实体数据内容细则

表2给出了XML实体数据内容中各元素的内容详情。

表 2 XML 实体数据内容细则

序号	名称	注释	长度	类型	标签	约束	出现次数	备注
1	**首部**	气象台站基本信息。		类	eleHeader	M	1	1.1 行—1.10 行
1.1	台站档案号	文件数据终止年的台站档案号，前 2 位为省（自治区、直辖市）编号，后 3 位为台站编号。对于未编档案号的台站（如：区域站），编报"99999"。	5	字符	archiveNumber	C	1	
1.2	区站号	文件数据终止年的台站区站号，见"附录 A 表 A.1 中的区站号注释"。1949 年以前或已撤销没有区站号的气象台站，用该台站所在市（县）现有的气象台站区站号代替。	5	字符	stationID	M	1	
1.3	子站号	台站的子站号，用于在相同或附近地点并使用相同区站号的观测数据。	2	字符	subIndex	O	1	
1.4	省（自治区、直辖市）名简称	文件数据终止年气象台站所在省（自治区、直辖市）名简称，如："北京""新疆"。如果在文件编报时原气象台站所在省（自治区、直辖市）行政区划已改变，按现行气象台站所在省（自治区、直辖市）名称编报。	≤10	字符	provinceShortName	M	1	参考 GB/T 2260—2007 中表 1
1.5	地级市（地区、自治州、盟）名称	气象台站所在地级市（地区、自治州、盟）名称。	≤30	字符	prefecture	M	1	参考 GB/T 2260—2007 中表 2—表 32
1.6	县（市辖区、县级市、自治县、旗、自治旗、特区、林区）名称	气象台站所在县（市辖区、县级市、自治县、旗、自治旗、特区、林区）名称。	≤30	字符	county	M	1	参考 GB/T 2260—2007 中表 2—表 32
1.7	详细地址（"地址"）	气象台站所在地行政地名，所属的省（自治区、直辖市）名称省略。	≤100	字符	address	M	1	

表2 XML实体数据内容细则（续）

序号	名称	注释	长度	类型	标签	约束	出现次数	备注
1.8	站名简称	文件数据止年的台站简称，如："沈阳""呼和浩特"。	≤20	字符	sttnShortName	M	1	
1.9	建站时间	台站开始观测时间的年月日。"月""日"不足位，前位补"0"。若"月""日"不明，分别用"88"表示。	8	整数	sttnBeginningDate	M	1	
1.10	撤站时间	台站终止观测时间的年月日。"月""日"不足位，前位补"0"。若"月""日"不明，分别用"88"表示。未终止观测的台站，编报"99999999"。	8	整数	sttnEndingDate	M	1	
2	台站名称	编报台站名称变动情况，标识码属性值为"01"。		类	eleSttnName	M	1—N	
2.1	开始年月日	"月""日"不足位，前位补"0"。若"月""日"不明，分别用"88"表示。	8	整数	begin	M	1	2.1行—2.3行
2.2	终止年月日	"月""日"不足位，前位补"0"。若"月""日"不明，分别用"88"表示。文件数据终止年仍保持不变的项目，其"终止年月日"编报"99999999"。	8	整数	end	M	1	
2.3	台站名称	对外称谓的台站名。1949年以前台站，若台站名称不明，可以用"地名+台站类型"表示，如："宁波海关测候所"。	≤100	字符	sttnName	M	1	
3	区站号	编报区站号变动情况，标识码属性值为"02"。		类	eleSttnID	M	1—N	
3.1	开始年月日	同第2.1行。	8	整数	begin	M	1	3.1行—3.3行
3.2	终止年月日	同第2.2行。	8	整数	end	M	1	
3.3	区站号	区站号不明，编报"?"；无区站号，编报"—"。	≤5	字符	stationID	M	1	

表 2 XML 实体数据内容细则（续）

序号	名称	注释	长度	类型	标签	约束	出现次数	备注
4	台站级别	编报台站级别变动情况，标识码属性值为"03"。		类	eleSttnClass	M	1~N	4.1行~4.10行
4.1	开始年月日	同第 2.1 行。	8	整数	begin	M	1	
4.2	终止年月日	同第 2.2 行。	8	整数	end	M	1	
4.3	台站级别	分别按当时观测规范或有关正式文件对气象台站的级别划分的称谓编报。	≤100	字符	sttnClass	M	1	
4.4	观测层	按当时对于台站所处观测业务规定予以填报。自 2018 年 5 月 8 日起，对于"高空"站，填写"地面观测层"、"辐射"站，填写"地面观测层"。以最新业务规定为准。	≤20	字符	obsLevel	M	1	
4.5	台站类别	按当时对于台站类别的划分予以填报。自 2018 年 5 月 8 日起，地面观测层包括：综合观测站、基准气候站、基本气象站三类；高空观测层包括：观测平台和观测站两类。以最新业务规定为准。	≤20	字符	sttnType	M	1	
4.6	通用站名	按当时对于通用站名的业务规定予以填报。	≤50	字符	commonName	M	1	
4.7	管理层级	按气象观测站的布局设计及所承担的观测项目的归口管理分为国家和省两级。分别填写："国家"、"省级"。	≤10	字符	manLevel	M	1	
4.8	是否考核	是否为国家级考核站。	1	逻辑	isAsmnt	M	1	
4.9	考核期	降水要素的考核期。由 8 位数字（$M_1M_1D_1D_1$ $M_2M_2D_2D_2$）组成，$M_1M_1D_1D_1$ 为起始月日，$M_2M_2D_2D_2$ 为终止月日。	8	整数	asmntTime	M	1	
4.10	台站运行状态	台站运行状态说明。	2	整数	oprtStatus	M	1	代码见附录 E 的表 E.1

表 2 XML 实体数据内容细则（续）

序号	名称	注 释	长度	类型	标签	约束	出现次数	备注
5	**所属机构**	编报台站业务主管部门变动情况，标识码属性值为"04"。		类	eleOrganization	M	1—N	5.1行—5.3行
5.1	开始年月日	同第2.1行。	8	整数	begin	M	1	
5.2	终止年月日	同第2.2行。	8	整数	end	M	1	
5.3	所属机构	气象部门所属气象台站，编报所属省（自治区、直辖市、计划单列市）气象局。其他部门所属台站，编报所属部、局级机构名称；地方政府所属台站，编报所属省级政府机构名称；军队系统所辖的台站，编报所属军区级机构名称。1949年以前气象台站，按隶属的主管机构名称编报。民国各级政府所属机构，所属机构名称应注明"民国"，如："民国中央气象局"；伪政权所属机构名称应注明"伪"字，如："伪满中央气象台"；外国殖民者管辖的台站，所属机构名称应注明国家简称，如："日本中央气象台""法国天主教会"。	≤100	字符	organization	M	1	
6	**台站位置**	编报台站位置变动情况，标识码属性值为"05"或"55"。		类	eleGeoLocation	M	1—N	6.1行—6.13行
6.1	开始年月日	同第2.1行。	8	整数	begin	M	1	
6.2	终止年月日	同第2.2行。	8	整数	end	M	1	
6.3	纬度	南、北分别用英文大写字母"S""N"表示，"度""分""秒"分别占两个符号，"度""分""秒"不足位，前面补"0"。如：北纬9°2'5"，编报"090205N"。	7	字符	latitude	M	1	

表 2 XML 实体数据内容细则（续）

序号	名称	注释	长度	类型	标签	约束	出现次数	备注
6.4	经度	东、西经分别用英大写字母"E""W"表示，"度"占3个符号，"分""秒"分别占2个字符。"度""分""秒"不足位，前面补"0"。如：东经7°6′2″，编报"0070602E"。	8	字符	longitude	M	1	
6.5	观测场海拔高度	单位为米(m)，精度为0.1，小数点省略。第1位为海拔高度参数，位数不足，实测为"0"，约测为"1"。后5位为海拔高度，位数不足，高位补"0"。如：某站海拔高度约测为85.6 m，编报"100856"；若海拔高度实测为海平面以下，第2位用"-"表示。如：某站海拔高度实测为-21.4 m，编报"0-0214"。	6	字符	elevationSttn	M	1	
6.6	气候区	台站所处的气候区。	≤20	字符	climateZone	M	1	按《中华人民共和国气候图集》气候区划编报
6.7	地址	台站所在地行政地名，所属的省（自治区、直辖市）名称省略。	≤100	字符	location	M	1	
6.8	台站地理环境	台站周围的地理环境，如："市区""郊外""集镇""农田""山顶""山区""平原""森林""海岛""湖泊""水库""高原""沙漠""草泽""沼泽""荒地""冰川""盆地""丘陵""乡村""山腰""河谷"等，据情选择编报。台站若同时处于2个以上环境，则并列编报，其间用"；"分隔，如："市区；山顶"。高空气象台站历史沿革数据文件此项不编报。	≤100	字符	sttnGeoEnvironment	M	1	

表 2 XML 实体数据内容细则（续）

序号	名称	注 释	长度	类型	标签	约束	出现次数	备注
6.9	距原址距离方向	台站迁址后新观测场距原观测场直线距离和方向。其中"距离"为5个字符，单位为米（m），不足前面补"0"；"方向"最多3个字符，按16方位用大写英文字母表示。"距离"和"方向"用";"分隔，占1个字符。建站时的站址，"距离距原址方向"统一用"-"表示。台站位置变动（标识为"05"），"距原址距离方向"应有数据；若台站位置不变（标识为"55"），而经纬度、海拔高度、地址或地理环境有变动，其"距原址距离方向"应为"00000;000"。	≤9	字符	distAndDircOrgnLctn	M	1	高空气象台站历史沿革数据文件此项不编报。
6.10	位置是否属于地面沿革文件	"是"或"否"，代表该位置是否进行"地面"观测。	1	逻辑	isInSURF	M	1	
6.11	位置是否属于高空沿革文件	"是"或"否"，代表该位置是否进行"高空"观测。	1	逻辑	isInTEMP	M	1	
6.12	位置是否属于辐射沿革文件	"是"或"否"，代表该位置是否进行"辐射"观测。	1	逻辑	isInRADI	M	1	
6.13	位置是否属于其他文件	"是"或"否"，代表该位置是否进行"其他"观测。	1	逻辑	isInOther	M	1	
7	**台站周围障碍物**	编报台站周围障碍物变动情况，标识码属性值为"06"。		类	eleSttnObstacle	M	1~N	7.1行~7.7行
7.1	开始年月日	同第2.1行。	8	整数	begin	M	1	
7.2	终止年月日	同第2.2行。	8	整数	end	M	1	

QX/T 37—2020

表 2 XML 实体数据内容细则（续）

序号	名称	注 释	长度	类型	标签	约束	出现次数	备注
7.3	方位	按16方位用大写英文字母表示。各方位障碍物用标识码"06"分别编报。同一方位若有2个以上障碍物编报时，选对观测记录影响较大的障碍物编报。若同一障碍物影响几个方位，按方位大的方位分别编报。若某方位无障碍物，则省略不编报。	≤3	字符	obtcDir	M	1	
7.4	障碍物名称	障碍物名称分"建筑物""树木""山体""其他"四类。	≤6	字符	obtcName	M	1	
7.5	仰角	单位为度（°），编报各方位障碍物的高度角，以观测场中心位置测量为准。各方位障碍物的仰角应≤90°。	2	字符	obtcElvtnAngle	M	1	
7.6	宽度角	单位为度（°），编报各方位障碍物的宽度，以观测场中心位置测量为准。各方位障碍物的宽度角为23°。	2	字符	obtcWidthAngle	M	1	
7.7	距离	单位为米（m），不足前面补"0"。编报各方位障碍物距观测场中心的距离。	5	字符	obtcDistance	M	1	
8	观测要素	编报观测要素变动情况，标识码属性值为"07"。		类	eleObsElement	M	1—N	8.1行—8.15.4行
8.1	开始年月日	同第2.1行。	8	整数	begin	M	1	
8.2	终止年月日	同第2.2行。	8	整数	end	M	1	
8.3	要素名称	包括定时器测、目测和自动观测气象观测规范所用的名称编报。	≤60	字符	obsEleName	M	1	
8.4	观测方式	包括"人工目测""人工器测""自动观测""自动反演"四种。	≤20	字符	obsMethod	M	1	

表2 XML实体数据内容细则(续)

序号	名称	注释	长度	类型	标签	约束	出现次数	备注
8.5	要素是否属于地面沿革文件	"是"或"否",代表该要素是否包涵在"地面"气象合站历史沿革数据文件中。	1	逻辑	isInSURF	M	1	
8.6	要素是否属于高空沿革文件	"是"或"否",代表该要素是否包涵在"高空"气象合站历史沿革数据文件中。	1	逻辑	isInTEMP	M	1	
8.7	要素是否属于辐射沿革文件	"是"或"否",代表该要素是否包涵在"辐射"气象合站历史沿革数据文件中。	1	逻辑	isInRADI	M	1	
8.8	要素是否属于其他文件	"是"或"否",代表该要素是否包涵在"其他"气象合站历史沿革数据文件中。	1	逻辑	isInOther	M	1	
8.9	地球系统圈层	观测要素所在的地球系统圈层。如该要素属于多个圈层,则为多选,以半角";"分隔。	≤20	字符	earthCircle	M	1	代码见附录E的表E.2
8.10	观测软件	观测软件名称及版本信息。	≤100	字符	obsSoftwareName	M	1	
8.11	观测仪器	编报各观测要素使用仪器设备变动情况,目测报不编报。标识码属性值为"08"。		类	eleObsInstrument	M	1—N	8.11.1行—8.11.10行
8.11.1	开始年月日	同第2.1行。	8	整数	begin	M	1	
8.11.2	终止年月日	同第2.2行。	8	整数	end	M	1	
8.11.3	要素名称	包括定时器测、目测和自动观测,目测和自动观测项目,按气象观测规范所用的名称编报。	≤60	字符	obsEleName	M	1	
8.11.4	仪器设备名称	定时器测和自动观测方式为"人工器测"或"自动观测",则应填;如果"观测方式"为"人工器测"或"自动观测",选填。	≤100	字符	instrumentName	C	1	

表 2 XML 实体数据内容细则（续）

序号	名称	注 释	长度	类型	标签	约束	出现次数	备注
8.11.5	测量方法	获取观测要素数值所采用的测量方法，或计算自动反演数值所采用的计算方法。如土壤水分观测"烘干称重法"，如积雪深度反演值判识法"综合判识法"。	≤100	字符	instrumentMethod	M	1	
8.11.6	仪器设备规格型号	定时器测和自动观测项目的观测仪器设备规格型号。如果"观测方式"为"人工器测"或"自动观测"，则应填；否则，选填。	≤50	字符	instrumentType	C	1	
8.11.7	仪器设备供应商	定时器测和自动观测项目的观测仪器设备供应商和国别。如果"观测方式"为"人工器测"或"自动观测"，则应填；否则，选填。	≤100	字符	instrumentSplr	C	1	
8.11.8	仪器距地或平台高度	单位为米（m），精度为 0.1，小数点省略。指观测仪器，包括自动站使用的传感器（感应部分）安装距观测场或观测平台地面高度（注：气压表或传感器高度为海拔高度）。地面气象台历史沿革数据文件，只选填气压、气温、湿度、风、降水、蒸发、日照等气象要素的观测仪器安装高度。其他气象要素的观测仪器距地或平台高度此项不编报"-"。高空气象台站历史沿革数据文件此项不编报。如果"观测方式"为"人工器测"或"自动观测"，则应填；否则，选填。	≤6	字符	instrumentHeight	C	1	

表2 XML实体数据内容细则(续)

序号	名称	注释	长度	类型	标签	约束	出现次数	备注
8.11.9	平台距观测场地面高度	单位为米(m),精度为0.1,小数点省略。无观测平台或在观测场观测历史沿革观测文件此项不编报,编报高空气象台站观测的气象要素。如果"观测方式"为"人工器测"或"自动观测",则应填;否则,选填。	≤4	字符	platformHeight	C	1	
8.11.10	生产时间	仪器设备生产时间。如果"观测方式"为"人工器测"或"自动观测",则应填;否则,选填。	8	日期	manTime	C	1	
8.12	观测时制	编报观测时制变动情况,标识码属性值为"09"。		类	eleObsTimeSystem	M	1-N	8.12.1行-8.12.3行
8.12.1	开始年月日	同第2.1行。	8	整数	begin	M	1	
8.12.2	终止年月日	同第2.2行。	8	整数	end	M	1	
8.12.3	观测时制	定时气象观测采用的时制。	≤10	字符	obsTimeSystem	M	1	
8.13	观测时间	编报观测时间,次数变动情况,标识码属性值为"10"。		类	eleObsTime	M	1-N	8.13.1行-8.13.5行
8.13.1	开始年月日	同第2.1行。	8	整数	begin	M	1	
8.13.2	终止年月日	同第2.2行。	8	整数	end	M	1	
8.13.3	观测项目	仅编报高空气象台站历史沿革数据文件不编报。	≤4	字符	obsItem	C	1	
8.13.4	观测次数	指每日定时观测的次数。地面自记录代替观测次数以编报"自动"。自动或遥测台站、观测次数、辐射气象观测台站的"测风""探空",地面,不包括辅助观测次数或编报。若某台站人工观测与自动观测同时进行,则分别编报。	≤4	字符	timesOfObs	M	1	

表 2 XML 实体数据内容细则（续）

序号	名称	注 释	长度	类型	标签	约束	出现次数	备注
8.13.5	观测时间	指每日定时观测的具体时间，各时次之间用";"分隔。正点观测，只需编报各次的"时"，非正点观测，需编报各次的"时"和"分"，其中"时""分"各占两个字符，"时""分"之间用":"分隔，如："02;08;14;20"；非正点观测，需编报各次的"时"和"分"，其中"时""分"各占两个字符，"时""分"之间用":"分隔，如："06:30;09:30;12:30;15:30;18:30"。若每小时观测一次，编报"逐时观测"；若连续观测，编报"某时一某时连续观测"或"自动观测"。	≤100	字符	obsTime	M	1	
8.14	观测记录	编报气象观测记录情况，标识码属性值为"14"。		类	eleObsRecord	M	1—N	8.14.1 行—8.14.4 行
8.14.1	开始年月日	同第 2.1 行。	8	整数	begin	M	1	
8.14.2	终止年月日	同第 2.2 行。	8	整数	end	M	1	
8.14.3	观测记录载体名称	包括观测形成的各种记录簿、记录报表、数据文件及自记或自动观测原始记录载体全称。	≤100	字符	obsRecordVector	M	1	
8.14.4	观测记录数据格式	编报观测数据的数据格式，内容包括：格式规范发文的全称、文号等相关内容。	≤100	字符	obsDataFormate	M	1	
8.15	观测规范	编报使用的观测规范（或观测规程、指南）情况，标识码属性值为"15"。		类	eleObsSpecification	M	1—N	8.15.1 行—8.15.4 行
8.15.1	开始年月日	同第 2.1 行。	8	整数	begin	M	1	
8.15.2	终止年月日	同第 2.2 行。	8	整数	end	M	1	
8.15.3	观测规范名称及版本	编报当时执行的观测规范（或观测规程、指南）全称及版本（或执行日期）。	≤100	字符	obsSpecification	M	1	

表 2 XML 实体数据内容细则（续）

序号	名称	注 释	长度	类型	标签	约束	出现次数	备注
8.15.4	颁发机构	指颁发观测规范的机构名称。	≤30	字符	obsSpcnOrganization	M	1	
9	守班情况	编报地面气象观测夜间守班变动情况，标识码属性值为"11"。高空、辐射气象台站历史沿革数据文件此项不编报。		类	eleNightKeepWatch	M	1—N	9.1行—9.3行
9.1	开始年月日	同第2.1行。	8	整数	begin	M	1	
9.2	终止年月日	同第2.2行。	8	整数	end	M	1	
9.3	夜间守班情况	按"守班""不守班"，照实编报。	≤6	字符	nightKeepWatch	M	1	
10	其他变动事项	编报台站所属行政地名改变和对记录质量有直接影响的其他事项，标识码属性应在此项编报。以下几种情况应在此项编报： a) 两个台站合并。 b) 台站观测任务互换，如某基本气象观测站承担另一基本气象站移交给另一常规气象观测站的任务或某常规气象观测站所进行的对比，并行观测情况。 c) 由于台站迁址或仪器变动所进行的对比，并行观测情况。 d) 台站档案号变动。 e) 台站中断观测时间在一个月以上的原因情况说明。		类	eleOtherChange	O	0—N	10.1行—10.3行
10.1	开始年月日	同第2.1行。	8	整数	begin	M	1	
10.2	终止年月日	同第2.2行。	8	整数	end	M	1	
10.3	事项说明	其他变动事项说明。	≤200	字符	changeNote	M	1	

表2 XML实体数据内容细则（续）

序号	名称	注释	长度	类型	标签	约束	出现次数	备注
11	**图像文件**	作为附件编报,存档的与气象台站历史沿革有关的环境、仪器等图像(含照片)文件。标识码属性值为"13"。		类	elePictureFile	O	0—N	11.1行—11.5行
11.1	图像文件记录的日期	图像(或照片)文件记录的日期。格式为"YYYY-MDD",若月日不明,月日分别用"88"表示。	8	字符	pictureFileDate	O	1	
11.2	图像文件主题	图像(或照片)文件主题。	≤50	字符	pictureFileTitle	M	1	
11.3	图像文件名	图像文件名格式: LDIiii[x]YYYYnnn.JPG(或 TIF/GIF/AVI/JPEG) LGIiii[x]YYYYnnn.JPG(或 TIF/GIF/AVI/JPEG) LRIiii[x]YYYYnnn.JPG(或 TIF/GIF/AVI/JPEG) 其中:"D""G""R"分别为地面、高空、辐射气象台站的识别码;"x"见附录A序号3"专用识别码";"YYYY"为图像文件形成年份;"nnn"为图像文件顺序号。	=19	字符	pictureFileName	M	1	
11.4	图像文件大小	图像(或照片)文件的大小,单位为千字节(KB)。	11	实数	pictureFileSize	M	1	
11.5	图像文字说明	文字说明的内容包括:图像主题、拍摄时间、地点、方位、责任者(拍摄单位与人员)。	≤200	字符	pictureFileRfrn	M	1	
12	**台站周边环境**	编报台站周边环境情况,标识码属性值为"16"。		类	eleSttnEnv	M	1—N	12.1行—12.8.4行
12.1	开始年月日	同第2.1行。	8	整数	begin	M	1	
12.2	终止年月日	同第2.2行。	8	整数	end	M	1	

QX/T 37—2020

表 2 XML 实体数据内容细则（续）

序号	名称	注释	长度	类型	约束	出现次数	备注
12.3	下垫面状况	观测场下垫面状况文字描述。	≤10	字符	O	1	代码见附录 E 的表 E.3
12.4	探测环境评估总分	在"气象观测站探测环境调查评估报告"中的探测环境评估评估总分。如当年做了探测环境调查评估，应填；否则，不应填。	8	实数	C	1	参考国家标准 GB/T 35219—2017
12.5	探测环境评估结论	在"气象观测站探测环境调查评估报告"中的探测环境评估结论。如当年做了探测环境调查评估，应填；否则，不应填。	≤200	字符	C	1	参考国家标准 GB/T 35219—2017
12.6	土地利用情况	台站周边 5 km 以内各方位土地利用情况。		类	O	8	12.6.1 行—12.6.4 行
12.6.1	土地利用方位	台站周边东、东南、南、西南、西、西北、北、东北 8 个方位。用方位的大写英文字母表示：E、SE、S、SW、W、NW、N、NE。	≤10	字符	O	1	
12.6.2	0 km～0.5 km 土地利用	0 km～0.5 km 范围内的土地利用情况文字描述。	≤20	字符	O	1	代码见附录 E 的表 E.4
12.6.3	0.5 km～1 km 土地利用	0.5 km～1 km 范围内的土地利用情况文字描述。	≤20	字符	O	1	代码见附录 E 的表 E.4
12.6.4	1 km～5 km 土地利用	1 km～5 km 范围内的土地利用情况文字描述。	≤20	字符	O	1	代码见附录 E 的表 E.4
12.7	台站周围干扰源	台站周围人为干扰源体，包括干扰源名称、类型、方位、距离、建成（或出现）时间。		类	M	N	12.7.1 行—12.7.5 行
12.7.1	人为干扰源名称	人为干扰源体的名称。如果没有人为干扰源，则填"无"。	≤50	字符	M	1	

77

表 2 XML 实体数据内容细则（续）

序号	名称	注释	长度	类型	标签	约束	出现次数	备注
12.7.2	人为干扰源类型	人为干扰源体的类型。如果"人为干扰源名称"为"无"，则不应填；否则，应填。	≤10	字符	intrfrmcSourceType	C	1	代码见附录 E 的表 E.5
12.7.3	人为干扰源方位	人为干扰源影响的方位。若同一干扰源影响几个方位时，为所影响的方位。如果"人为干扰源名称"为"无"，则不应填；否则，应填。	≤10	字符	intrfrmcSourceDir	C	1	
12.7.4	人为干扰源距离	各方位人为干扰源距观测场中心的距离，单位为米(m)，保留1位小数。如果"人为干扰源名称"为"无"，则不应填；否则，应填。	10	实数	intrfrmcSourceDis	C	1	
12.7.5	人为干扰源波段	各方位电磁干扰的波段，如果是电磁干扰，应填；否则，不应填。	≤50	字符	intrfrmcSourceWB	C	1	
12.8	台站周围污染源	台站周围污染源情况，包括污染源名称、方位和距离。		类	pollutionSource	M	N	12.8.1 行—12.8.4 行
12.8.1	污染源名称	台站周围 20 km 内的污染源，如"化肥厂""农药厂""石油化工厂""火力发电厂""炼焦厂""水泥厂"等大型污染源和 50 km 内的锅炉烟囱等污染源。如果没有台站周围污染源，则填"无"。	≤30	字符	pltnSourceName	M	1	参考 QX/T 115—2010 中的表 3
12.8.2	污染源方位	按 16 方位用大写英文字母表示污染源的方位。同一方位有 2 个以上污染源时，分别列出；同一污染源影响几个方位时，按所影响的方位分别列出。如果"污染源名称"为"无"，则不应填；否则，应填。	≤3	字符	pltnSourceDir	C	1	参考 QX/T 115—2010 中的表 3

QX/T 37—2020

表 2 XML 实体数据内容细则（续）

序号	名称	注释	长度	类型	标签	约束	出现次数	备注
12.8.3	污染源距离	单位为米（m），不足位，高位补"0"，编报各方位污染源距离观测场中心的距离。如果"污染源名称"为"无"，则不应填；否则，应填。	6	实数	pltnSourceDis	C	1	参考 QX/T 115—2010 中的表 3
12.8.4	污染源建成（或出现）时间	污染源建成或出现的日期。格式为"YYYYMM-DD"，若月日不明，月日分别用"88"表示。如果"污染源名称"为"无"，则不应填；否则，应填。	8	字符	pltnSourceOccuTime	C	1	
13	编报人员及沿革数据来源	标识码属性值为"1920"。		类	eleEditorAndDataSource	M	1—N	13.1 行—13.7 行
13.1	开始年月日	同第 2.1 行。	8	整数	begin	M	1	
13.2	终止年月日	同第 2.2 行。	8	整数	end	M	1	
13.3	文件编报人员	气象台站历史沿革数据文件的编报人员姓名。如多人参加编报工作，选报其中一名负责者。	≤18	字符	documentEditor	M	1	
13.4	审核人员	气象台站历史沿革数据文件的审核人员姓名。如多人参加审核工作，选报其中一名负责者。	≤18	字符	documentAuditor	M	1	
13.5	负责单位名称	对气象台站历史沿革数据文件信息负责的单位名称。	≤100	字符	rspnbOrgName	M	1	
13.6	编报日期	气象台站历史沿革数据文件编报的具体年、月、日。其中"年"4 个字符，"月""日"各 2 个字符，"月""日"不足位，前位补"0"。	8	日期	documentEditTime	M	1	
13.7	沿革数据来源	编报气象台站历史沿革数据文件信息的出处和依据。标识码属性值为"19"。	≤100	字符	historyDataSource	M	1	

附 录 A
（规范性附录）
文件名细则

文件名细则见表A.1。

表 A.1 文件名细则

序号	数据名称	标识码	注 释	长度	类型	约束	出现次数
1	文件类别标识	L	气象台站历史沿革数据文件简称"L文件"。	1	字符	M	1
2	区站号	IIiii	按照世界气象组织（WMO）和国务院气象主管机构规定，对各种气象观测站确定的编号。 1949年以前或已撤销的没有区站号的气象台站，用该台站所在市（县）现有的气象台站区站号代替。	5	字符	M	1
3	专用识别码	x	1949年以前或已撤销的没有区站号的气象台站识别码，用"A""B"……英文字母表示。如某市（县）1949年以前或已撤销的、未编区站号的气象台站有多个，则以建站时间为序，分别按"A""B"……英文字母顺序选用。 有区站号的气象台站，"x"为"0"。	1	字符	M	1
4	开始年	$Y_1Y_1Y_1Y_1$	文件数据的开始年份。	4	整型	M	1
5	结束年	$Y_2Y_2Y_2Y_2$	文件数据的终止年份。	4	整型	M	1
6	文件扩展名	.xml	气象台站历史沿革数据文件为XML文件。	4	字符	M	1

附 录 B
（规范性附录）
XML 模式

```xml
<?xml version="1.0" encoding="UTF-8"?>

<xs:schema xmlns:xs="http://www.w3.org/2001/XMLSchema"
targetNamespace="http://data.cma.cn/DataFormatOfMeteorologicalStationHistory"
xmlns="http://data.cma.cn/DataFormatOfMeteorologicalStationHistory"
elementFormDefault="qualified">

<xs:element name="MeteorologicalStationHistoryData"
type="typeMeteorologicalStationHistoryData"/>

<xs:complexType name="typeMeteorologicalStationHistoryData" mixed="true">
    <xs:sequence>
        <!--header -->
        <xs:element name="eleHeader"            type="typeHeader"/>
        <!--itemSeq 01 -->
        <xs:element name="eleSttnName"          type="typeSttnName"/>
        <!--itemSeq 02 -->
        <xs:element name="eleSttnID"            type="typeSttnID"/>
        <!--itemSeq 03 -->
        <xs:element name="eleSttnClass"         type="typeSttnClass"/>
        <!--itemSeq 04 -->
        <xs:element name="eleOrganization"      type="typeOrganization"/>
        <!--itemSeq 05[55] -->
        <xs:element name="eleGeoLocation"       type="typeGeoLocation"/>
        <!--itemSeq 06 -->
        <xs:element name="eleSttnObstacle"      type="typeSttnObstacle"/>
        <!--itemSeq 07 -->
        <xs:element name="eleObsElement"        type="typeObsElement"/>
        <!--itemSeq 08 -->
        <!--<xs:element name="eleObsInstrument"   type="typeObsInstrument"/> -->
        <!--itemSeq 09 -->
        <!--<xs:element name="eleObsTimeSystem"   type="typeObsTimeSystem"/> -->
        <!--itemSeq 10 -->
        <!--<xs:element name="eleObsTime"         type="typeObsTime"/> -->
        <!--itemSeq 11 -->
        <xs:element name="eleNightKeepWatch"    type="typeNightKeepWatch"/>
        <!--itemSeq 12 -->
        <xs:element name="eleOtherChange"       type="typeOtherChange"/>
```

```xml
            <!--itemSeq 13 -->
            <xs:element name="elePictureFile"        type="typePictureFile"/>
            <!--itemSeq 14 -->
            <!-- <xs:element name="eleObsRecord"        type="typeObsRecord"/> -->
            <!--itemSeq 15 -->
            <!-- <xs:element name="eleObsSpecification"   type="typeObsSpecification"/> -->
            <!--itemSeq 16 -->
            <xs:element name="eleSttnEnv" type="typeSttnEnv"/>
            <!--itemSeq 19+20 -->
            <xs:element name="eleEditorAndDataSource"    type="typeEditorAndDataSource"/>

    </xs:sequence>
</xs:complexType>

<xs:complexType name="typeHeader" mixed="true">
    <xs:sequence>
        <xs:element name="archiveNumber"      type="xs:string"/>
        <xs:element name="stationID"          type="xs:string"/>
        <xs:element name="subIndex"           type="xs:string"/>
        <xs:element name="provinceShortName"  type="xs:string"/>
        <xs:element name="prefecture"         type="xs:string"/>
        <xs:element name="county"             type="xs:string"/>
        <xs:element name="address"            type="xs:string"/>
        <xs:element name="sttnShortName"      type="xs:string"/>
        <xs:element name="sttnBeginningDate"  type="xs:integer"/>
        <xs:element name="sttnEndingDate"     type="xs:integer"/>
    </xs:sequence>
</xs:complexType>

<xs:complexType name="typeSttnName">
    <xs:attribute name="itemSeq" type="xs:unsignedByte" fixed="1"/>
    <xs:sequence>
        <xs:element name="begin" type="xs:integer"/>
        <xs:element name="end"   type="xs:integer"/>
        <xs:element name="isInSURF"  type="xs:xs:boolean"/>
        <xs:element name="isInTEMP"  type="xs:xs:boolean"/>
        <xs:element name="isInRADI"  type="xs:xs:boolean"/>
        <xs:element name="isInOther" type="xs:xs:boolean"/>
        <xs:element name="sttnName" type="xs:string"/>
    </xs:sequence>
</xs:complexType>

<xs:complexType name="typeSttnID">
```

```xml
        <xs:attribute name="itemSeq" type="xs:unsignedByte" fixed="2"/>
        <xs:sequence>
            <xs:element name="begin" type="xs:integer"/>
            <xs:element name="end"   type="xs:integer"/>
            <xs:element name="stationID" type="xs:string"/>
        </xs:sequence>
    </xs:complexType>

    <xs:complexType name="typeSttnClass">
        <xs:attribute name="itemSeq" type="xs:unsignedByte" fixed="3"/>
        <xs:sequence>
            <xs:element name="begin" type="xs:integer"/>
            <xs:element name="end"   type="xs:integer"/>
            <xs:element name="isInSURF"   type="xs:xs:boolean"/>
            <xs:element name="isInTEMP"   type="xs:xs:boolean"/>
            <xs:element name="isInRADI"   type="xs:xs:boolean"/>
            <xs:element name="isInOther"  type="xs:xs:boolean"/>
            <xs:element name="sttnClass" type="xs:string"/>
            <xs:element name="obsLevel" type="xs:string"/>
            <xs:element name="sttnType" type="xs:string"/>
            <xs:element name="commonName" type="xs:string"/>
            <xs:element name="manLevel" type="xs:string"/>
            <xs:element name="isAsmnt" type="xs:boolean"/>
            <xs:element name="asmntTime" type="xs:integer"/>
            <xs:element name="oprtStatus" type="xs:unsignedByte"/>

        </xs:sequence>
    </xs:complexType>

    <xs:complexType name="typeOrganization">
        <xs:attribute name="itemSeq" type="xs:unsignedByte" fixed="4"/>
        <xs:sequence>
            <xs:element name="begin" type="xs:integer"/>
            <xs:element name="end"   type="xs:integer"/>
            <xs:element name="organization" type="xs:string"/>
        </xs:sequence>
    </xs:complexType>

    <xs:complexType name="typeGeoLocation">
        <xs:attribute name="itemSeq" type="itemSeqTypeGeoLocation"/>
        <xs:sequence>
            <xs:element name="begin" type="xs:integer"/>
            <xs:element name="end"   type="xs:integer"/>
```

```xml
            <xs:element name="isInSURF"     type="xs:xs:boolean"/>
            <xs:element name="isInTEMP"     type="xs:xs:boolean"/>
            <xs:element name="isInRADI"     type="xs:xs:boolean"/>
            <xs:element name="isInOther"    type="xs:xs:boolean"/>
            <xs:element name="latitude"         type="typeDegreeMinuteSecond"/>
            <xs:element name="longitude"        type="typeDegreeMinuteSecond"/>
            <xs:element name="elevationSttn"    type="xs:float"/>
            <xs:element name="climateZone"      type="xs:float"/>
            <xs:element name="location"         type="xs:string"/>
            <xs:element name="sttnGeoEnvironment"  type="xs:string"/>
            <xs:element name="distAndDircOrgnLctn" type="typeDistAndDirc"/>
    </xs:sequence>
</xs:complexType>

<xs:simpleType name="itemSeqTypeGeoLocation">
    <xs:restriction base="xs:unsignedByte">
        <xs:enumeration value="5"/>
        <xs:enumeration value="55"/>
    </xs:restriction>
</xs:simpleType>

<xs:complexType name="typeDistAndDirc">
    <xs:sequence>
        <xs:element name="distance"  type="xs:positiveInteger"/>
        <xs:element name="direction" type="xs:string"/>
        <!-- restriction maybe 4 more -->
    </xs:sequence>
</xs:complexType>

<xs:complexType name="typeDegreeMinuteSecond">
    <xs:sequence>
        <xs:element name="degree"  type="xs:byte"/>
        <xs:element name="minute"  type="xs:unsignedByte"/>
        <xs:element name="second"  type="xs:unsignedByte"/>
        <!-- restriction maybe 4 more -->
    </xs:sequence>
</xs:complexType>

<xs:complexType name="typeSttnObstacle">
    <xs:attribute name="itemSeq" type="xs:unsignedByte" fixed="6"/>
    <xs:sequence>
        <xs:element name="begin" type="xs:integer"/>
        <xs:element name="end"   type="xs:integer"/>
```

```xml
        <xs:element name="isInSURF"    type="xs:xs:boolean"/>
        <xs:element name="isInTEMP"    type="xs:xs:boolean"/>
        <xs:element name="isInRADI"    type="xs:xs:boolean"/>
        <xs:element name="isInOther"   type="xs:xs:boolean"/>
        <xs:element name="obtcDir" type="xs:string"/>
        <xs:element name="obtcName"    type="xs:string"/>
        <xs:element name="obtcElvtnAngle"    type="xs:unsignedByte"/>
        <xs:element name="obtcWidthAngle"    type="xs:unsignedByte"/>
        <xs:element name="obtcDistance"    type="xs:nonNegativeInteger"/>
    </xs:sequence>
</xs:complexType>

<xs:complexType name="typeObsElement">
    <xs:sequence> <!--Oginial is "xs:choice"-->
        <xs:element name="eleObsElement" type="typeObsElementCommon" maxOccurs='unbounded'/>

    </xs:sequence>
</xs:complexType>

<xs:complexType name="typeObsElementCommon">
    <xs:attribute name="itemSeq" type="itemSeqTypeObsElement"/>
    <xs:sequence>
        <xs:element name="begin" type="xs:integer"/>
        <xs:element name="end"   type="xs:integer"/>
        <xs:element name="obsEleName" type="xs:string"/>
        <xs:element name="obsMethod"  type="xs:string"/>
        <xs:element name="isInSURF"   type="xs:xs:boolean"/>
        <xs:element name="isInTEMP"   type="xs:xs:boolean"/>
        <xs:element name="isInRADI"   type="xs:xs:boolean"/>
        <xs:element name="isInOther"  type="xs:xs:boolean"/>
        <!-- xs:element name="isInAGMT"    type="xs:xs:boolean"/-->
        <!-- xs:element name="isInACRN"    type="xs:xs:boolean"/-->
        <xs:element name="earthCircle"   type="xs:string"/>
        <!--itemSeq 08 -->
        <xs:element name="eleObsInstrument"   type="typeObsInstrument"/>
        <!--itemSeq 09 -->
        <xs:element name="eleObsTimeSystem"   type="typeObsTimeSystem"/>
        <!--itemSeq 10 -->
        <xs:element name="eleObsTime"         type="typeObsTime"/>
        <!--itemSeq 14 -->
        <xs:element name="eleObsRecord"       type="typeObsRecord"/>
        <!--itemSeq 15 -->
```

```
            <xs:element name="eleObsSpecification" type="typeObsSpecification"/>
    </xs:sequence>
</xs:complexType>

<xs:simpleType name="itemSeqTypeObsElement">
    <xs:restriction base="xs:unsignedByte">
        <xs:enumeration value="7"/>
    </xs:restriction>
</xs:simpleType>

<xs:complexType name="typeObsInstrument">
    <xs:attribute name="itemSeq" type="xs:unsignedByte" fixed="8"/>
    <xs:sequence>
        <xs:element name="begin" type="xs:integer"/>
        <xs:element name="end"   type="xs:integer"/>
        <xs:element name="obsEleName"        type="xs:string"/>
        <xs:element name="instrumentName"    type="xs:string"/>
        <xs:element name="instrumentMethod" type="xs:string"/>
        <xs:element name="instrumentType"    type="xs:string"/>
        <xs:element name="instrumentSplr"    type="xs:string"/>
        <xs:element name="instrumentHeight" type="xs:float"/>
        <xs:element name="platformHeight"   type="xs:float"/>
        <xs:element name="manTime"           type="xs:date"/>
    </xs:sequence>
</xs:complexType>

<xs:complexType name="typeObsTimeSystem">
    <xs:attribute name="itemSeq" type="xs:unsignedByte" fixed="9"/>
    <xs:sequence>
        <xs:element name="begin" type="xs:integer"/>
        <xs:element name="end"   type="xs:integer"/>
        <xs:element name="obsTimeSystem" type="xs:string"/>
    </xs:sequence>
</xs:complexType>

<xs:complexType name="typeObsTime">
    <xs:attribute name="itemSeq" type="xs:unsignedByte" fixed="10"/>
    <xs:sequence>
        <xs:element name="begin" type="xs:integer"/>
        <xs:element name="end"   type="xs:integer"/>
        <xs:element name="obsItem"     type="xs:string"/>
        <xs:element name="timesOfObs" type="xs:string"/>
```

```xml
        <xs:element name="obsTime"    type="xs:string"/>
    </xs:sequence>
</xs:complexType>

<xs:complexType name="typeNightKeepWatch">
    <xs:attribute name="itemSeq" type="xs:unsignedByte" fixed="11"/>
    <xs:sequence>
        <xs:element name="begin" type="xs:integer"/>
        <xs:element name="end"   type="xs:integer"/>
        <xs:element name="nightKeepWatch" type="xs:boolean"/>
    </xs:sequence>
</xs:complexType>

<xs:complexType name="typeOtherChange">
    <xs:attribute name="itemSeq" type="xs:unsignedByte" fixed="12"/>
    <xs:sequence>
        <xs:element name="begin" type="xs:integer"/>
        <xs:element name="end"   type="xs:integer"/>
        <xs:element name="isInSURF"   type="xs:xs:boolean"/>
        <xs:element name="isInTEMP"   type="xs:xs:boolean"/>
        <xs:element name="isInRADI"   type="xs:xs:boolean"/>
        <xs:element name="isInOther"  type="xs:xs:boolean"/>
        <xs:element name="changeNote" type="xs:string"/>
    </xs:sequence>
</xs:complexType>

<xs:complexType name="typePictureFile">
    <xs:attribute name="itemSeq" type="xs:unsignedByte" fixed="13"/>
    <xs:sequence>
        <xs:element name="pictureFileDate" type="xs:string"/>
        <xs:element name="isInSURF"    type="xs:xs:boolean"/>
        <xs:element name="isInTEMP"    type="xs:xs:boolean"/>
        <xs:element name="isInRADI"    type="xs:xs:boolean"/>
        <xs:element name="isInOther"   type="xs:xs:boolean"/>
        <xs:element name="pictureFileTitle" type="xs:string"/>
        <xs:element name="pictureFileName"  type="xs:string"/>
        <xs:element name="pictureFileSize"  type="xs:integer"/>
        <xs:element name="pictureFileRfrn"  type="xs:string"/>
    </xs:sequence>
</xs:complexType>

<xs:complexType name="typeObsRecord">
    <xs:attribute name="itemSeq" type="xs:unsignedByte" fixed="14"/>
```

```xml
    <xs:sequence>
        <xs:element name="begin" type="xs:integer"/>
        <xs:element name="end"   type="xs:integer"/>
        <xs:element name="obsRecordVector" type="xs:string"/>
    </xs:sequence>
</xs:complexType>

<xs:complexType name="typeObsSpecification">
    <xs:attribute name="itemSeq" type="xs:unsignedByte" fixed="15"/>
    <xs:sequence>
        <xs:element name="begin" type="xs:integer"/>
        <xs:element name="end"   type="xs:integer"/>
        <xs:element name="obsSpecification"    type="xs:string"/>
        <xs:element name="obsSpcnOrganization" type="xs:string"/>
    </xs:sequence>
</xs:complexType>

<xs:complexType name="typeSttnEnv">
    <xs:attribute name="itemSeq" type="xs:unsignedByte" fixed="16"/>
    <xs:sequence>
        <xs:element name="begin" type="xs:integer"/>
        <xs:element name="end"   type="xs:integer"/>
        <xs:element name="sttnEnvClass"     type="xs:string"/>
        <xs:element name="surfCover"        type="xs:string"/>
        <xs:element name="soilProperty"     type="xs:string"/>
        <xs:element name="sttnEnvAsmntScore"  type="xs:decimal"/>
        <xs:element name="sttnEnvAsmntCnlsn"  type="xs:string"/>
        <xs:element name="landUse"          type="typeLandUse"/>
        <xs:element name="intrfrncSource"   type="typeIntrfrncSource"/>
        <xs:element name="pollutionSource"  type="typePollutionSource"/>
    </xs:sequence>
</xs:complexType>

<xs:complexType name="typeLandUse">
    <xs:sequence>
        <xs:element name="landUseDir"   type="xs:string"/>
        <xs:element name="landUse500"   type="xs:string"/>
        <xs:element name="landUse1000"  type="xs:string"/>
        <xs:element name="landUse5000"  type="xs:string"/>
    </xs:sequence>
</xs:complexType>
```

```xml
<xs:complexType name="typeIntrfrncSource">
  <xs:sequence>
      <xs:element name="intrfrncSourceName"   type="xs:string"/>
      <xs:element name="intrfrncSourceType"   type="xs:string"/>
      <xs:element name="intrfrncSourceDir"    type="xs:string"/>
      <xs:element name="intrfrncSourceDis"    type="xs:decimal"/>
      <xs:element name="intrfrncSourceWB"     type="xs:string"/>
  </xs:sequence>
</xs:complexType>

<xs:complexType name="typePollutionSource">
  <xs:sequence>
      <xs:element name="pltnSourceName"     type="xs:string"/>
      <xs:element name="pltnSourceDir"      type="xs:string"/>
      <xs:element name="pltnSourceDis"      type="xs:decimal"/>
      <xs:element name="pltnSourceOccuTime" type="xs:string"/>
  </xs:sequence>
</xs:complexType>

<xs:complexType name="typeEditorAndDataSource">
    <xs:attribute name="itemSeq" type="xs:unsignedByte" fixed="1920"/>
  <xs:sequence>
      <xs:element name="begin" type="xs:integer"/>
      <xs:element name="end"   type="xs:integer"/>
      <xs:element name="isInSURF"   type="xs:xs:boolean"/>
      <xs:element name="isInTEMP"   type="xs:xs:boolean"/>
      <xs:element name="isInRADI"   type="xs:xs:boolean"/>
      <xs:element name="isInOther"  type="xs:xs:boolean"/>
      <xs:element name="documentEditor"   type="xs:string"/>
      <xs:element name="documentAuditor"  type="xs:string"/>
      <xs:element name="rspnbOrgName"     type="xs:string"/>
      <xs:element name="documentEditTime" type="xs:string"/>
      <xs:element name="historyDataSource" type="xs:string"/>
  </xs:sequence>
</xs:complexType>

<!--maxOccurs="unbounded"-->

</xs:schema>
```

附 录 C
（资料性附录）
L 文件示例

示例文件名称：L57333019582018.xml
示例文件内容：
```xml
<?xml version="1.0" encoding="UTF-8"?>
<MeteorologicalStationHistoryData xmlns="http://www.w3.org/"
xmlns:xsi="http://www.w3.org/2001/XMLSchema-instance"
xsi:schemaLocation="http://data.cma.cn/DataFormatOfMeteorologicalStationHistory/MeteorologicalStationHistoryData.xsd">

    <!--header -->
    <eleHeader>
        <archiveNumber>32027</archiveNumber>
        <stationID>57333</stationID>
        <subIndex>1</subIndex>
        <provinceShortName>重庆</provinceShortName>
        <prefecture>城口</prefecture>
        <county>葛城</county>
        <address>城口县葛城镇文化路7号</address>
        <sttnShortName>城口</sttnShortName>
        <sttnBeginningDate>19580101</sttnBeginningDate>
        <sttnEndingDate>99999999</sttnEndingDate>
    </eleHeader>

    <!--itemSeq 01 -->
    <eleSttnName>
        <begin>19580101</begin>
        <end>19601031</end>
        <isInSURF>1</isInSURF>
        <isInTEMP>0</isInTEMP>
        <isInRADI>0</isInRADI>
        <isInOther>0</isInOther>
    <sttnName>城口气候站</sttnName>
    </eleSttnName>
    <eleSttnName>
        <begin>19601101</begin>
        <end>19641130</end>
        <isInSURF>1</isInSURF>
        <isInTEMP>0</isInTEMP>
        <isInRADI>0</isInRADI>
```

```
                <isInOther>0</isInOther>
        <sttnName>城口县气候服务站</sttnName>
    </eleSttnName>
    <eleSttnName>
            <begin>19641201</begin>
            <end>19651231</end>
            <isInSURF>1</isInSURF>
            <isInTEMP>0</isInTEMP>
            <isInRADI>0</isInRADI>
            <isInOther>0</isInOther>
        <sttnName>城口气候站</sttnName>
    </eleSttnName>
    <eleSttnName>
            <begin>19660101</begin>
            <end>19681009</end>
            <isInSURF>1</isInSURF>
            <isInTEMP>0</isInTEMP>
            <isInRADI>0</isInRADI>
            <isInOther>0</isInOther>
        <sttnName>城口县气象站</sttnName>
    </eleSttnName>
    <!-- …… -->

<!-- itemSeq 02 -->
<eleSttnID>
        <begin>19580101</begin>
        <end>99999999</end>
        <stationID>57333</stationID>
</eleSttnID>

<!-- itemSeq 03 -->
<eleSttnClass>
        <!-- …… -->
</eleSttnClass>
<!-- itemSeq 04 -->
<eleOrganization>
        <!-- …… -->
</eleOrganization>
<!-- itemSeq 05[55] -->
<eleGeoLocation>
        <!-- …… -->
</eleGeoLocation>
```

```xml
<!--itemSeq 06 -->
<eleSttnObstacle>
    <!-- ...... -->
</eleSttnObstacle>
<!--itemSeq 07 -->
<eleObsElement>
    <!-- ...... -->
</eleObsElement>

<!--itemSeq 11 -->
<eleNightKeepWatch>
    <!-- ...... -->
</eleNightKeepWatch>

<!--itemSeq 12 -->
<eleOtherChange>
    <!-- ...... -->
</eleOtherChange>

<!--itemSeq 13 -->
<elePictureFile>
    <!-- ...... -->
</elePictureFile>

<!--itemSeq 16 -->
<eleSttnEnv>
    <!-- ...... -->
</eleSttnEnv>

<!--itemSeq 19+20 -->
<eleEditorAndDataSource>
    <!-- ...... -->
</eleEditorAndDataSource>

</MeteorologicalStationHistoryData>
```

附 录 D
（资料性附录）
英文缩写对照表

英文单词与英文缩写的对照表见表 D.1。

表 D.1 英文缩写对照表

序号	英文缩写	英文单词	中文涵义
1	asmnt	assessment	评估考核
2	cnlsn	conclusion	结论
3	dir	direction	方向
4	ele	element	元素
5	elvtn	elevation	仰角
6	env	environment	环境
7	geo	geography	地理
8	man	management	管理
9	splr	supplier	供应商
10	obs	observation	观测
11	obtc	obstacle	障碍物
12	oprt	operate	业务
13	pltn	pollution	污染
14	RADI	radiation	辐射
15	rfrn	reference	说明
16	rspnb	responsible	负责的
17	spcn	specification	规范
18	sttn	station	台站
19	SURF	surface	地面
20	TEMP	upper-air	探空

附 录 E
（规范性附录）
代 码 表

E.1 台站运行状态代码

台站运行状态代码见表E.1。

表 E.1 台站运行状态代码

序号	名称	域代码
1	试运行	02
2	正式运行	03
3	暂停使用	05
4	停止运行	06
5	不明	99

E.2 地球系统圈层代码

地球系统圈层代码见表E.2。

表 E.2 地球系统圈层代码

序号	名称	域代码
1	大气圈	01
2	水圈	02
3	岩石圈	03
4	生物圈	04
5	冰雪圈	05

E.3 下垫面状况代码

下垫面状况代码见表E.3。

表E.3 下垫面状况代码

序号	名称	域代码
1	裸露土地	01
2	裸露岩石	02
3	草地	03
4	水面(湖、海)	04
5	水下潮	05
6	雪	06
7	冰	07
8	硬化地面	08
9	船舶或平台的钢甲板	09
10	船舶或平台的木甲板	10
11	船舶或平台局部覆盖橡胶垫的甲板	11
12	建筑物屋顶	12
13	保留	13～30
14	空缺值	31

E.4 土地利用代码

土地利用代码见表E.4。

表E.4 土地利用代码

序号	名称	域代码
1	城市居民区	01
2	村庄居民区	02
3	厂区	03
4	矿区	04
5	农田	05
6	山区	06
7	林区	07
8	草原	08
9	沙漠	09
10	湖泊	10
11	水库	11
12	河流	12
13	海洋	13
14	不明	99
…	…	…

E.5 人为干扰源类型代码

人为干扰源类型代码见表E.5。

表E.5 人为干扰源类型代码

序号	名称	域代码
1	大型锅炉	01
2	废水	02
3	废气	03
4	垃圾场	04
5	铁路	05
6	公路	06
7	大型水体	07
8	无线电发射设备	08
9	工业、科学、医疗(ISM)设备	09
10	电力设备	10
11	电网干扰	11
12	不明	99
…	…	…

参 考 文 献

[1] GB/T 2260—2007　中华人民共和国行政区划代码
[2] GB/T 18793—2002　信息技术　可扩展置标语言(XML)1.0
[3] GB 31221—2014　气象探测环境保护规范　地面气象观测站
[4] GB 31222—2014　气象探测环境保护规范　高空气象观测站
[5] GB/T 33674—2017　气象数据集核心元数据
[6] GB/T 35219—2017　地面气象观测站气象探测环境调查评估方法
[7] GB/T 35221—2017　地面气象观测规范　总则
[8] GB/T 35222—2017　地面气象观测规范　云
[9] GB/T 35223—2017　地面气象观测规范　气象能见度
[10] GB/T 35224—2017　地面气象观测规范　天气现象
[11] GB/T 35225—2017　地面气象观测规范　气压
[12] GB/T 35226—2017　地面气象观测规范　空气温度和湿度
[13] GB/T 35227—2017　地面气象观测规范　风向和风速
[14] GB/T 35228—2017　地面气象观测规范　降水量
[15] GB/T 35229—2017　地面气象观测规范　雪深与雪压
[16] GB/T 35230—2017　地面气象观测规范　蒸发
[17] GB/T 35231—2017　地面气象观测规范　辐射
[18] GB/T 35232—2017　地面气象观测规范　日照
[19] GB/T 35233—2017　地面气象观测规范　地温
[20] GB/T 35234—2017　地面气象观测规范　冻土
[21] GB/T 35235—2017　地面气象观测规范　电线积冰
[22] GB/T 35236—2017　地面气象观测规范　地面状态
[23] GB/T 35237—2017　地面气象观测规范　自动观测
[24] GB/Z 21025—2007　XML使用指南
[25] QX/T 115—2010　酸雨气象台站历史沿革数据文件格式
[26] 国家气象局.地面气象台站历史沿革填写规定[Z],1988
[27] 中国气象局.关于印发《扩充气象观测站区站号管理办法》(试行)的通知:气发〔2004〕249号[Z],2004
[28] 中国气象局.地面气象观测数据文件和记录簿表格式[Z],2005
[29] 中国气象局.全国气象台站观测环境调查评估报告[Z],2007
[30] 中国气象局.常规高空气象观测业务规范[Z],2010
[31] 中国气象局.全国国家级地面气象观测站和高空观测站探测环境调查评估报告[Z],2013
[32] 中国气象局.关于印发《气象观测站分类及命名规则》的通知:气发〔2018〕35号[Z],2018
[33] W3C. Extensible Markup Language (XML)1.0[Z],1998
[34] WMO. Data Format and Supporting Documentation for WMO Members to Use When Providing Digital Historical Data for GCOS Surface Network Sites to the National Climatic Data Center[Z],1999
[35] Enric Aguilar and Inge Auer,et al. Guidelines on Climate Metadata and Homogenization:WMO/TD No.1186[Z],2003

[36] WMO. WIGOS Metadata Standard: WMO-No. 1192 [Z], 2017

ICS 07.060
A 47
备案号：78198—2020

中华人民共和国气象行业标准

QX/T 96—2020
代替 QX/T 96—2008

卫星遥感监测技术导则　积雪覆盖

Technical guidelines on monitoring by satellite remote sensing—Snow cover

2020-11-05 发布　　　　　　　　　　　　　　　　2021-02-01 实施

中　国　气　象　局　发　布

QX/T 96—2020

前　言

本标准按照 GB/T 1.1—2009 给出的规则起草。

本标准代替 QX/T 96—2008《积雪遥感监测技术导则》。与 QX/T 96—2008 相比，除编辑性修改外主要技术内容变化如下：

——将标准名称改为"卫星遥感监测技术导则　积雪覆盖"；
——修改了本标准的范围（见第 1 章，2008 年版的第 1 章）；
——删除了规范性引用文件（2008 年版的第 2 章）；
——删除了以下术语及其定义：遥感制图（见 2008 年版的 3.1）、专题图（见 2008 年版的 3.2）、图像处理（见 2008 年版的 3.3）、积雪（见 2008 年版的 3.5）、雪水当量（见 2008 年版的 3.7）、数据质量控制（见 2008 年版的 3.15）、数字影像数据质量（见 2008 年版的 3.16）、路线验证（见 2008 年版的 3.17）、图斑验证（见 2008 年版的 3.18）、R1（见 2008 年版的 3.8）、R2（见 2008 年版的 3.9）、T3（见 2008 年版的 3.10）、T4（见 2008 年版的 3.11）、R6（见 2008 年版的 3.12）；
——增加了以下术语及其定义：地表反射率（见 2.1）、空间分辨率（见 2.2）、二值雪盖（见 2.5）；
——修改了以下术语及其定义：监测区域（见 2.3，2008 年版的 3.4）、雪盖（见 2.4，2008 年版的 3.6）、归一化差值积雪指数（见 2.6，2008 年版的 3.13）、归一化差值植被指数（见 2.8，2008 年版的 3.14）；
——增加了以下符号：AGRI（见第 3 章）、AVHRR（见第 3 章）、$B_{0.55}$（见第 3 章）、$B_{0.66}$（见第 3 章）、$B_{0.86}$（见第 3 章）、$B_{1.65}$、EOS（见第 3 章）、FY（见第 3 章）、NOAA（见第 3 章）、NPP（见第 3 章）、MERSI（见第 3 章）、MERSI-II（见第 3 章）、MODIS（见第 3 章）、VIRR（见第 3 章）、VIIRS（见第 3 章）、VISSR（见第 3 章）、R_{NIR}（见第 3 章）、R_{RED}（见第 3 章）、R_{SIR}（见第 3 章）、T_{FIR}（见第 3 章）、T_{MIR}（见第 3 章）；
——删除了"基本原则"（见 2008 年版的第 4 章），增加了"数据准备"（见第 4 章）；
——修改了"积雪覆盖监测处理流程"（见第 6 章，2008 年版的第 5 章）；
——修改了"积雪覆盖监测方法"名称（见第 5 章，2008 年版的第 6 章）、"多光谱阈值法"（见 5.2，2008 年版的 6.1.1）和"归一化差值积雪指数（I_{NDS}）法"（见 5.3，2008 年版的 6.1.2）；
——增加了"概述"（见 5.1）和"薄雪判识方法"（见 5.4）；
——删除了"气象卫星遥感监测"（见 2008 年版的 6.1）、"概率结合阈值的积雪判识方法"（见 2008 年版的 6.1.3）、"辅助判识方法"（见 2008 年版的 6.1.4）、"EOS/MODIS 遥感监测"（见 2008 年版的 6.2）、"资源卫星监测"（见 2008 年版的 6.3）；
——删除了"外业调查"（见 2008 年版的第 7 章）、"验证"（见 2008 年版的第 8 章）、"积雪监测产品制作"（见 2008 年版的第 9 章）、"质量控制"（见 2008 年版的第 10 章）；
——修改了"附录 A"（见附录 A 的表 A.1 至表 A.8，2008 年版的附录 A 至附录 E），删除了"附录 B""附录 C""附录 D"（见 2008 年版的附录 B—附录 D），删减了"附录 E"（见 2008 年版的附录 E）；
——增加了参考文献。

本标准由全国卫星气象与空间天气标准化技术委员会气象遥感应用分技术委员会（SAC/TC 347/SC 2）提出并归口。

本标准起草单位：新疆维吾尔自治区气象局、国家卫星气象中心。

本标准主要起草人：肖继东、武胜利、刘诚、沙依然·外力、陈爱京、石玉、杨志华、镨拉提·阿布都热合曼、邢文渊、李聪、冯志敏、曹孟磊、梁凤超、马丽云、程红霞、崔宇。

本标准所代替标准的历次版本发布情况为：
——QX/T 96—2008。

QX/T 96—2020

卫星遥感监测技术导则 积雪覆盖

1 范围

本标准规定了卫星遥感积雪覆盖监测的数据准备、监测方法和监测处理流程等内容。
本标准适用于利用星载光学传感器的卫星遥感积雪覆盖监测处理。

2 术语和定义

下列术语和定义适用于本文件。

2.1
地表反射率 land surface reflectance
陆地表面的反射能量与到达地物表面的入射能量的比值。
注：改写GB/T 30115—2013，定义3.9。

2.2
空间分辨率 spatial resolution
在扫描成像过程中一个光敏探测单元通过望远镜系列投射到地面上的直径或对应的视场角度。
注：改写GB/T 14950—2009，定义4.104。

2.3
监测区域 monitoring area
监测范围。分行政区域和非行政区域。
注：监测区域代码表参见GB/T 2260—2007中的表1—表35。

2.4
雪盖 snow cover
寒冷地区气温接近或低于0℃时，大气固态降水在地面的覆盖。

2.5
二值雪盖 binary snow cover；BSC
以布尔型方式，记录像元是否为雪盖的标记方法。
注：在卫星遥感积雪覆盖监测结果中是否被积雪覆盖，0表示无雪，1表示有雪。

2.6
归一化差值积雪指数 normalized difference snow index
I_{NDS}
利用光谱中不同谱段数据的线性组合而形成的能反映积雪在可见光高反射和短波红外低反射特征的指数。

$$I_{NDS}=(R_{RED}-R_{SIR})/(R_{RED}+R_{SIR})$$

2.7
归一化差值植被指数 normalized difference vegetation index
I_{NDV}
近红外波段与红光波段反射率之差和这两个波段反射率之和的比值。

$$I_{NDV}=(R_{NIR}-R_{RED})/(R_{NIR}+R_{RED})$$

注1：取值范围为[-1,1]。

注2：改写 GB/T 34814—2017,定义 2.10。

3 符号

下列符号适用于本文件。

AGRI：多通道扫描成像辐射计。

AVHRR：改进的甚高分辨率扫描辐射计。

$B_{0.55}$：EOS/MODIS 第 4 通道、NPP/VIIRS 的 M4 通道、FY-3/VIRR 第 9 通道、FY-3D/MERSI-II 的第 2 通道的(绿光)波段的反射率,以百分比(%)表示。

$B_{0.66}$：EOS/MODIS 第 1 通道、NPP/VIIRS 的 I1(B)通道、FY-3/VIRR 第 1 通道、FY-3D/MERSI-II 第 3 通道的(红光)波段的反射率,以百分比(%)表示。

$B_{0.86}$：EOS/MODIS 第 2 通道、NPP/VIIRS 的 I2(G)通道、FY-3/VIRR 第 2 通道、FY-3/MERSI-II 的第 4 通道的(近红外)波段的反射率,以百分比(%)表示。

$B_{1.65}$：EOS/MODIS 第 6 通道、NPP/VIIRS 的 I3(R)通道、FY-3/VIRR 第 6 通道、FY-3/MERSI-II 的第 6 通道的(短波红外)波段的反射率,以百分比(%)表示。

EOS：地球观测极轨卫星。

FY：中国风云系列气象卫星。

NOAA：美国 NOAA 系列气象卫星。

NPP：美国 NPP 气象卫星。

MERSI：中分辨率光谱成像仪。

MERSI-II：中分辨率光谱成像仪 II 型。

MODIS：中分辨率成像光谱仪。

VIRR：可见光红外扫描辐射计。

VIIRS：可见光红外成像辐射仪。

VISSR：可见光红外自旋扫描辐射计。

R_{NIR}：0.84 μm～0.875 μm(近红外)波段的地表反射率,以百分比(%)表示。

R_{RED}：0.62 μm～0.67 μm(红光)波段的地表反射率,以百分比(%)表示。

R_{SIR}：1.62 μm～1.65 μm(短波红外)波段的地表反射率,以百分比(%)表示。

T_{FIR}：10.3 μm～11.3 μm(远红外)波段的地表亮度温度,以百分比(%)表示。

T_{MIR}：3.5 μm～4.0 μm(中波红外)波段的地表亮度温度,以百分比(%)表示。

4 数据准备

4.1 数据源要求

积雪覆盖遥感监测主要以 FY 系列气象卫星、EOS/MODIS、NPP/VIIRS、NOAA/AVHRR 资料为主,资源卫星数据为辅。

用来反演地表雪盖的光学卫星遥感影像为地表反射率数据,所有数据需要预处理成为具有相同的空间分辨率。

卫星数据通道应覆盖短波红外、中波红外、远红外、近红外、可见光等波段。可用于积雪覆盖监测的常用卫星有关通道的主要参数参见附录 A。

4.2 数据前期处理要求

4.2.1 预处理

卫星原始数据应经过定位、定标、质量检查和太阳高度角订正等预处理。

4.2.2 局地数据文件的生成

用预处理后的数据投影生成图像大小不小于监测区域范围,并包含所有通道的局地数据文件。

4.2.3 定位精度

检查局域投影图像的定位精度,若定位不准确,应进行几何校正,精度误差应在1个像元以内。

5 积雪覆盖监测方法

5.1 概述

积雪覆盖光谱具有可见光波段高反射和短波红外波段低反射的特性,是卫星遥感判识雪盖、区分云及非积雪地物类型的基础特性。根据不同传感器通道数量和波长差异,宜使用以下几种积雪覆盖监测方法:

a) 多光谱阈值法,主要用于对NOAA 15极轨气象卫星之前的NOAA系列AVHRR数据,以及FY-2系列数据等不具备R_{SIR}资料条件下的积雪覆盖判识;

b) 归一化差值积雪指数法,主要用于对FY-3系列数据、NOAA 15极轨气象卫星以后的NOAA系列AVHRR数据,以及EOS/MODIS中分辨率成像光谱仪、NPP/VIIRS、FY-4A数据等具备R_{SIR}资料条件下的积雪覆盖判识;

c) 薄雪判识方法,针对MODIS、NPP/VIIRS、FY-3系列极轨卫星使用归一化差值积雪指数法的补充,主要针对薄雪覆盖误判问题进行修正。

5.2 多光谱阈值法

当不具备R_{SIR}资料条件时,积雪判识使用多光谱阈值法。具体步骤如下:

a) 云判识:

$R_{RED}>R_{REDth}$,且$I_{NDVth}<I_{NDV}<I_{NDVmaxth}$,且$D_{34}>D_{34th}$,且$D_{34}/T_{FIR}>D_{34}/T_{FIRth}$或者
$R_{RED}>R_{REDth}$,且$I_{NDVth}<I_{NDV}<I_{NDVmaxth}$,且$T_{FIR}<T_{FIRth}$,且$D_{12}>D_{12th}$。

式中:

$D_{12} = R_{RED} - R_{NIR}$,
$D_{34} = T_{MIR} - T_{FIR}$。

b) 植被、水体、裸地等地物判识:

$R_{REDth}<R_{RED}<R_{REDmaxth}$,且$I_{NDV}>I_{NDVth}$(植被判识);
$R_{REDth}<R_{RED}<R_{REDmaxth}$,且$I_{NDV}<I_{NDVmaxth}$,且$R_{NIR}<R_{NIRth}$,且$T_{FIR}>T_{FIRth}$(水体判识);
$R_{REDth}<R_{RED}<R_{REDmaxth}$,且$I_{NDVth}<I_{NDV}<I_{NDVmaxth}$,且$D_{34}>D_{34th}$,且$T_{FIR}>T_{FIRth}$(裸地判识)。

c) 积雪判识:

$D_{34}>D_{34th}$,且$R_{RED}>R_{REDth}$,且$T_{FIRmaxth}>T_{FIR}>T_{FIRth}$。

其中,带下标th的变量均为相应变量的判识阈值,带下标maxth的变量均为相应变量极大值的判识阈值。

示例：
以冬季新疆北部地区1月份的NOAA/AVHRR 12极轨气象卫星资料为例：

a) 云判识：
$R_{RED}>25\%$，且 $0.02<I_{NDV}<0.1$，且 $D_{34}>15$ K，且 $D_{34}/T_{FIR}>0.06$ 或者
$R_{RED}>25\%$，且 $0.02<I_{NDV}<0.1$，且 $T_{FIR}<240$ K 且 $D_{12}>0$。

b) 植被、水体、裸地等地物的判识：
满足：$5\%<R_{RED}<15\%$，且 $NDVI>0.15$，判识为植被；
满足：$0<R_{RED}<15\%$，且 $NDVI<0.0$，且 $0<R_{NIR}<15\%$，且 $T_{FIR}>271$ K，判识为水体；
满足：$15\%<R_{RED}<30\%$，且 $0.05<NDVI<0.15$，且 $D_{34}>5$ K，且 $T_{FIR}>250$ K，判识为裸地。

c) 积雪判识：
满足 $R_{RED}>25\%$，且 $D_{34}<15$ K，且 275 K$>T_{FIR}>250$ K，且目标物未被判识为云、植被、水体、裸地时，判识为积雪。

5.3 归一化差值积雪指数（I_{NDS}）法

当具有 R_{SIR} 资料时的积雪监测可使用归一化差值积雪指数法。具体步骤如下：

a) 剔云方法：
$C_{11}<R_{NIR}/R_{RED}<C_{12}$ 且 $R_{RED}>C_{13}$。C_{11}、C_{12}、C_{13} 均为阈值，参考值可取 $C_{11}=0.85$、$C_{12}=1.15$、$C_{13}=0.3$。

b) 消除云阴影方法：
$R_{RED}<C_{21}$ 且 $R_{SIR}<C_{22}$ 并且 $R_{RED}>R_{NIR}$ 且 $R_{NIR}>R_{SIR}$。其中 C_{21}、C_{22} 均为经验阈值，参考值可取 $C_{21}=0.205$、$C_{22}=0.05$。

c) 积雪判识方法：当满足以下条件时，则监测为积雪：
$I_{NDS}>I_{NDSth}$，且 $R_{SIR}<R_{SIRth}$，且 $R_{RED}>R_{REDth}$，且 $T_{FIR}>T_{FIRth}$。其中，带下标th的变量为各变量的监测阈值，其参考值：$NDSI_{th}=0.20$、$R_{SIRth}=25\%$、$R_{REDth}=10\%$、$T_{FIRth}=244$ K。

5.4 薄雪判识方法

采用卫星MODIS、NPP、FY-3传感器的 $B_{0.55}$、$B_{0.66}$、$B_{0.86}$、$B_{1.65}$ 波段反射率数据，用如下方法和模式对薄雪进行监测。

$$I_{DBV}=B_{0.66}-B_{1.65}$$
$$I_{NDS}=(B_{0.55}-B_{1.65})/(B_{0.55}+B_{1.65})$$

当满足以下条件时，判识为薄雪：

$$((I_{DBV})<f_1) 且 ((I_{DBV})>f_2) 且 (B_{0.66}>f_3)$$
$$且 (I_{NDS}<f_4) 且 (I_{NDS}>f_5) 且 (B_{0.86}>f_6) 且 (B_{0.55}>f_7)$$

其中，f_1、f_2、f_3、f_4、f_5、f_6、f_7 为阈值。其初始参考值如下：
$f_1=0.3$、$f_2=0.08$、$f_3=0.27$、$f_4=0.54$、$f_5=0.20$、$f_6=0.27$、$f_7=0.10$。

6 积雪覆盖监测处理流程

卫星遥感积雪覆盖监测处理流程：读入经预处理的局域图像及地理标记、行政边界、土地利用等辅助数据，逐像元读取数据，判识积雪（见图1）。

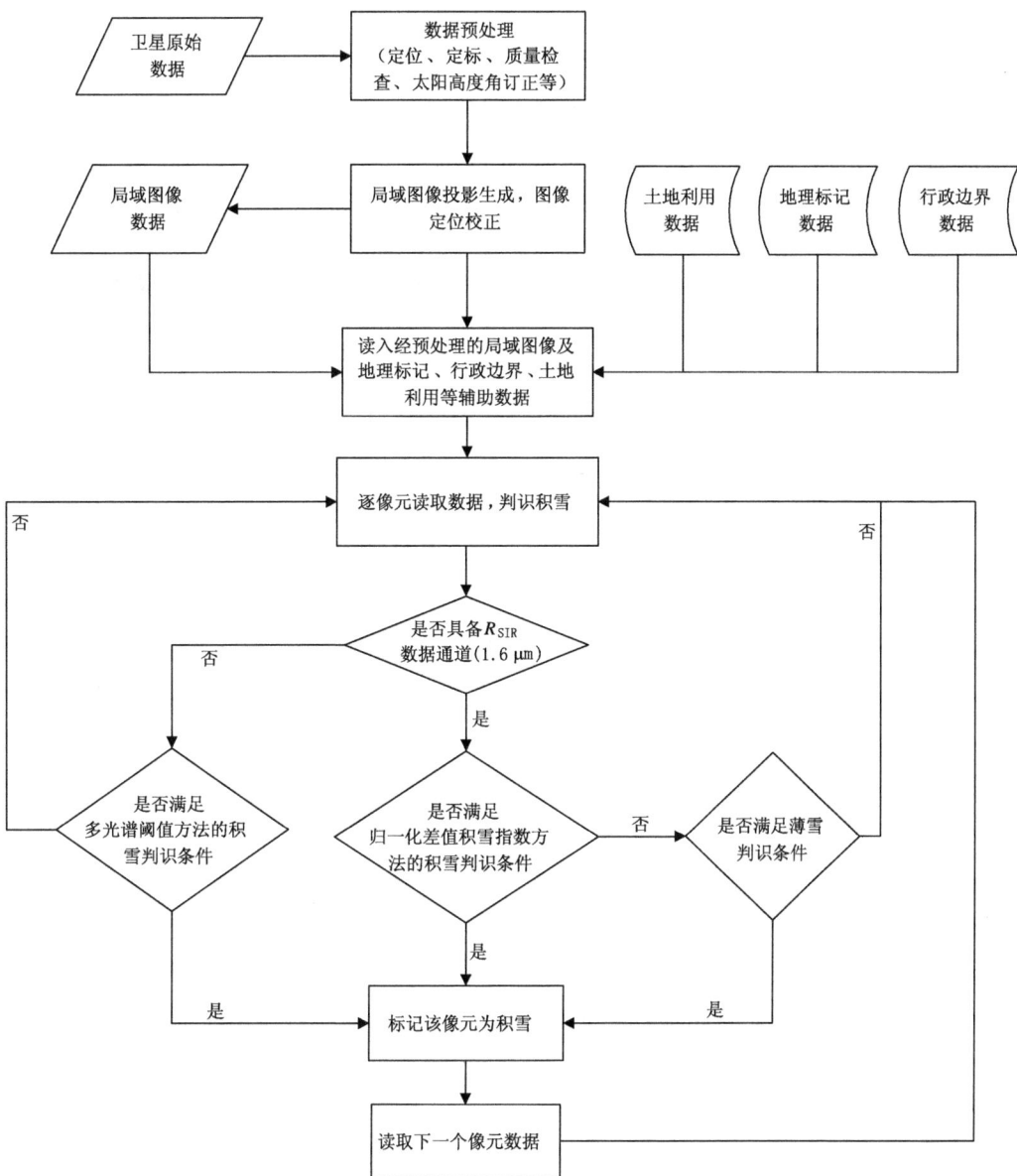

图 1 卫星遥感积雪监测处理流程

附 录 A
（资料性附录）
常用卫星有关通道的主要参数

表A.1—表A.8列出了可用于积雪覆盖监测的常用卫星有关通道的主要参数。

表 A.1 FY-3A/B/C 极轨气象卫星 VIRR（可见光红外扫描辐射计）通道参数

通道	中心波长 μm	波长范围 μm	星下点分辨率 km
1	**0.630**	**0.58～0.68**	1.1
2	**0.865**	**0.84～0.89**	1.1
3	3.740	3.55～3.93	1.1
4	10.80	10.3～11.3	1.1
5	12.00	11.5～12.5	1.1
6	**1.600**	**1.55～1.64**	1.1
7	0.455	0.43～0.48	1.1
8	0.505	0.48～0.53	1.1
9	**0.555**	**0.53～0.58**	1.1
10	1.360	1.325～1.395	1.1

注：表中加粗字体的通道优先使用。

表 A.2 FY-3A/B/C 极轨气象卫星 MERSI（中分辨率光谱成像仪）通道参数

通道	中心波长	波段宽度	星下点分辨率 m
1	412 nm	20 nm	1000
2	**443 nm**	**20 nm**	**1000**
3	**470 nm**	**50 nm**	**250**
4	**490 nm**	**20 nm**	**1000**
5	**520 nm**	**20 nm**	**1000**
6	**550 nm**	**50 nm**	**250**
7	565 nm	20 nm	1000
8	**650 nm**	**50 nm**	**250**
9	650 nm	20 nm	1000
10	685 nm	20 nm	1000
11	765 nm	20 nm	1000
12	865 nm	20 nm	1000

表 A.2 FY-3A/B/C 极轨气象卫星 MERSI(中分辨率光谱成像仪)通道参数(续)

通道	中心波长	波段宽度	星下点分辨率 m
13	**865 nm**	**50 nm**	**250**
14	905 nm	20 nm	1000
15	940 nm	20 nm	1000
16	980 nm	20 nm	1000
17	1030 nm	20 nm	1000
18	**1640 nm**	**50 nm**	**1000**
19	2130 nm	50 nm	1000
20	**11.5 μm**	**2.5 μm**	**250**
注:表中加粗字体的通道优先使用。			

表 A.3 EOS/MODIS(中分辨率成像光谱仪)通道参数

通道	中心波长	波段宽度	星下点分辨率 km
1	**645 nm**	**50 nm**	**0.25**
2	**858 nm**	**35 nm**	**0.25**
3	469 nm	20 nm	0.5
4	**555 nm**	**20 nm**	**0.5**
5	1240 nm	20 nm	0.5
6	**1640 nm**	**24 nm**	**0.5**
7	2130 nm	50 nm	0.5
8	412 nm	15 nm	1
9	443 nm	10 nm	1
10	488 nm	10 nm	1
11	531 nm	10 nm	1
12	551 nm	10 nm	1
13	667 nm	10 nm	1
14	678 nm	10 nm	1
15	748 nm	10 nm	1
16	870 nm	15 nm	1
17	905 nm	30 nm	1
18	936 nm	10 nm	1
19	940 nm	50 nm	1

表 A.3 EOS/MODIS(中分辨率成像光谱仪)通道参数(续)

通道	中心波长	波段宽度	星下点分辨率 km
20	1375 nm	30 nm	1
21	**3.750 μm**	**0.180 μm**	**1**
22	3.959 μm	0.060 μm	1
23	3.959 μm	0.060 μm	1
24	4.050 μm	0.060 μm	1
25	4.515 μm	0.165 μm	1
26	4.515 μm	0.067 μm	1
27	6.715 μm	0.360 μm	1
28	7.325 μm	0.300 μm	1
29	8.550 μm	0.300 μm	1
30	9.730 μm	0.300 μm	1
31	**11.030 μm**	**0.500 μm**	**1**
32	**12.020 μm**	**0.500 μm**	**1**
33	13.335 μm	0.300 μm	1
34	13.635 μm	0.300 μm	1
35	13.935 μm	0.300 μm	1
36	14.235 μm	0.300 μm	1
注:表中加粗字体的通道优先使用。			

表 A.4 NOAA/AVHRR(改进的甚高分辨率扫描辐射计)通道参数

通道	中心波长 μm	波长范围 μm	星下点分辨率 km
1	0.630	0.58～0.68	1.1
2	0.862	0.725～1.00	1.1
3A	1.61	1.58～1.64	1.1
3B	3.74	3.55～3.93	1.1
4	10.80	10.3～11.3	1.1
5	12.00	11.5～12.5	1.1
注:表中加粗字体的通道优先使用。			

表 A.5 FY-3D 极轨气象卫星 MERSI-Ⅱ(中分辨率光谱成像仪Ⅱ型)通道参数

通道	中心波长	波段宽度	星下点分辨率 km
1	**470 nm**	**50 nm**	**0.25**
2	**550 nm**	**50 nm**	**0.25**
3	**650 nm**	**50 nm**	**0.25**
4	**865 nm**	**50 nm**	**0.25**
5	1240 nm/1030 nm	20 nm	1
6	**1640 nm**	**20 nm**	**1**
7	2130 nm	20 nm	1
8	412 nm	20 nm	1
9	443 nm	20 nm	1
10	490 nm	20 nm	1
11	555 nm	20 nm	1
12	670 nm	20 nm	1
13	709 nm	20 nm	1
14	746 nm	20 nm	1
15	865 nm	20 nm	1
16	905 nm	20 nm	1
17	936 nm	20 nm	1
18	940 nm	50 nm	1
19	1380 nm	20 nm	1
20	**3.80 μm**	**0.18 μm**	**1**
21	4.05 μm	0.155 μm	1
22	7.20 μm	0.5 μm	1
23	8.55 μm	0.30 μm	1
24	**10.8 μm**	**1 μm**	**0.25**
25	12.0 μm	1 μm	0.25
注:表中加粗字体的通道优先使用。			

表 A.6 FY-2C/D/E/F/G/H 静止气象卫星 VISSR(可见光红外自旋扫描辐射计)通道参数

通道	波长范围 μm	星下点分辨率 km
1	0.55~0.99	1.25
2	10.3~11.3	5

表 A.6 FY-2C/D/E/F/G/H 静止气象卫星 VISSR(可见光红外自旋扫描辐射计)通道参数(续)

通道	波长范围 μm	星下点分辨率 km
3	**11.5～12.5**	5
4	**3.50～4.00**	5
5	6.30～7.60	5

注:表中加粗字体的通道优先使用。

表 A.7 FY-4A 静止气象卫星 AGRI(多通道扫描成像辐射计)通道参数

通道	中心波长 μm	波长范围 μm	星下点分辨率 km
1	0.47	0.45～0.49	1
2	**0.65**	**0.55～0.75**	**0.5**
3	0.825	0.75～0.90	1
4	1.375	1.36～1.39	2
5	**1.61**	**1.58～1.64**	**2**
6	2.25	2.1～2.35	2
7	**3.75**	**3.5～4.0**	**2**
8	3.75	3.5～4.0	4
9	6.25	5.8～6.7	4
10	7.1	6.9～7.3	4
11	8.5	8.0～9.0	4
12	**10.7**	**10.3～11.1**	**4**
13	**12.0**	**11.5～12.5**	**4**
14	13.5	13.2～13.8	4

注:表中加粗字体的通道优先使用。

表 A.8 NPP/VIIRS(可见光红外成像辐射仪)通道参数

通道	中心波长	波段宽度	星下点分辨率 km
1	412 nm	20 nm	0.75
2	445 nm	18 nm	0.75
3	488 nm	20 nm	0.75
4	**555 nm**	**20 nm**	**0.75**
5	**672 nm**	**20 nm**	**0.75**

表 A.8 NPP/VIIRS(可见光红外成像辐射仪)通道参数(续)

通道	中心波长	波段宽度	星下点分辨率 km
6	746 nm	15 nm	0.75
7	**865 nm**	**39 nm**	**0.75**
8	1240 nm	20 nm	0.75
9	1378 nm	15 nm	0.75
10	**1610 nm**	**60 nm**	**0.75**
11	2250 nm	50 nm	0.75
12	**3.70 μm**	**0.18 μm**	**0.75**
13	4.05 μm	0.155 μm	0.75
14	8.55 μm	0.30 μm	0.75
15	10.763 μm	1.00 μm	0.75
16	12.013 μm	0.95 μm	0.75
17	0.7 μm (day/night)	0.5 μm～0.9 μm	0.375
18	**0.64 μm**	**0.60 μm～0.68 μm**	**0.375**
19	0.865 μm	0.845 μm～0.884 μm	0.375
20	1.61 μm	1.58 μm～1.64 μm	0.375
21	3.74 μm	3.55 μm～3.93 μm	0.375
22	11.45 μm	10.5 μm～12.4 μm	0.375
注:表中加粗字体的通道优先使用。			

参 考 文 献

[1] GB/T 2260—2007 中华人民共和国行政区划代码
[2] GB/T 14950—2009 摄影测量与遥感术语
[3] GB/T 30115—2013 卫星遥感影像植被指数产品规范
[4] GB/T 34814—2017 草地气象监测评价方法
[5] 陈述彭.遥感大辞典[M].北京:科学出版社,1990
[6] 蒋玲梅,王培,张立新,等.FY3B-MWRI中国区域雪深反演算法改进[J].中国科学:地球科学,2014(03):531-547
[7] 李三妹,傅华,黄镇,等.用EOS/MODIS资料反演积雪深度参量[J].干旱区地理,2006,29(5):718-725
[8] 傅华,李三妹,黄镇,等.MODIS雪深反演数学模型验证及分析[J].干旱区地理,2007,30(6):907-914
[9] 张旭,杨志华,杨昌军,等.基于FY3/VIRR数据的积雪遥感监测分析[J].沙漠与绿洲气象,2016,10(3):83-88
[10] 李三妹,闫华,刘诚.FY-2C积雪判识方法研究[J].遥感学报,2007,11(3):406-413
[11] 李良序,黄镇,傅华.新疆雪盖特征分析[J].新疆气象,2002,6:21-23
[12] 魏文寿,秦大河,刘明哲.中国西北地区季节性积雪的性质与结构[J].干旱区地理,2001,24(4):310-313
[13] 冯学智,陈贤章.雪冰遥感20年的进展与成果[J].冰川冻土,1998,20(3):245-248
[14] 冯学智,李文君.雪盖卫星遥感信息的提取方法探讨[J].中国图像图形学报,2000,5(10):836-839
[15] 刘玉洁,袁秀卿,张红.用气象卫星资料监测积雪[J].环境遥感,1991,7(1):24-31
[16] 郑照军,刘玉洁,张病川.中国地区冬季积雪遥感监测方法改进[J].应用气象学报,2004,15(增刊):75-84
[17] 黄镇,崔彩霞.基于EOS/MODIS的新疆积雪监测[J].冰川冻土,2006,28(3):343-347
[18] 延昊.NOAA16卫星积雪识别和参数提取[J].冰川冻土,2004,26(3):369-373
[19] 延昊.利用MODIS和AMSR-E进行积雪制图的比较分析[J].冰川冻土,2005,27(4):515-519
[20] 沙依然,王茂新.气象卫星遥感资料在积雪监测中的应用[J].气象,30(4):33-35
[21] 沙依然.基于新一代先进卫星遥感AMSR2、VIIRS数据融合积雪监测模型及应用研究[D].南京:南京信息工程大学,2017
[22] 沙依然,毛炜峄.基于AMSR2被动微波积雪参量高精度反演方法研究[J].冰川冻土,2016,38(1):145-158
[23] 王建.卫星遥感雪盖制图方法对比与分析[J].遥感技术与应用,1999,14(4):29-36
[24] Andersen, Tom. Operational snow mapping by satellites[J]. Hydrological Aspects of Alpine and High Mountain Areas. IAHS Publ,1982:138
[25] Akyürek, Zuhal, Sorman A ünal. Monitoring snow-covered areas using NOAA-AVHRR data in the eastern part of Turkey[J]. Hydrological Sciences Journal-des Sciences Hydrologiques, 2002, 472(2):243-252
[26] Dozier J. Spectral signature of alpine snow cover from the Landsat Thematic Mapper[J]. Remote Sens Environ, 1989,28: 9-22

[27] Hall D K, Riggs G A, Salomonson V V. Development of methods for mapping global snow cover using moderate resolution imaging spectroradiometer data[J]. Remote Sensing of Environment, 1995,54: 127-140

[28] Hall D K, Riggs G A, Salomonson V V, et al. MODIS snow-cover products[J]. Remote Sensing of Environment, 2002,83: 181-194

[29] Klein A G, Hall D K, Riggs G A. Improving snow cover mapping in forests through the use of a canopy reflectance model[J]. Hydrological Processes,1998,12:1723-1744

ICS 07.060
A 47
备案号：73190—2020

中华人民共和国气象行业标准

QX/T 117—2020
代替 QX/T 117—2010

气象观测资料质量控制　地面气象辐射

Quality control of meteorological observation data—Surface radiation

2020-04-14 发布　　　　　　　　　　　　　　　　2020-07-01 实施

中国气象局　发布

前言

本标准按照GB/T 1.1—2009给出的规则起草。

本标准代替QX/T 117—2010《地面气象辐射观测资料质量控制》。与QX/T 117—2010相比,除编辑性修改外主要技术变化如下:

——修改了规范性引用文件,删除了引用标准QX/T 55—2007《地面气象观测规范 第11部分:辐射观测》(见第2章、第3章,2010版的第2章、第3章);

——修改了"值域检查"和"气候学界限值检查"(见4.2.3、附录A,2010年版的4.2.3.1、4.2.3.2);

——修改了作用层情况编码界限值范围"0~7"(见附录A的表A.1,2010年版的4.2.3.1 a));

——修改了总辐射日曝辐量界限值范围上限值"1.25R_{Dg}"(见附录A的表A.1,2010年版的4.2.3.1 a));

——增加了大气浑浊度以及12项辐射量数据界限值检查(见附录A的表A.1);

——增加了15项辐射量数据间的内部一致性检查(见附录B的l)—z));

——增加了质量控制步骤章节(见第5章)。

本标准由全国气象基本信息标准化技术委员会(SAC/TC 346)提出并归口。

本标准起草单位:国家气象信息中心。

本标准主要起草人:任芝花、刘娜。

本标准所代替标准的历次版本发布情况为:

——QX/T 117—2010。

QX/T 117—2020

气象观测资料质量控制 地面气象辐射

1 范围

本标准规定了地面气象辐射观测资料质量控制的内容、方法和步骤。
本标准适用于气象行业对地面气象辐射观测资料的质量控制,太阳能应用领域也可参照执行。

2 规范性引用文件

下列文件对于本文件的应用是必不可少的。凡是注日期的引用文件,仅注日期的版本适用于本文件。凡是不注日期的引用文件,其最新版本(包括所有的修改单)适用于本文件。
QX/T 118—2020 气象观测资料质量控制 地面

3 术语和定义

QX/T 118—2020界定的以及下列术语和定义适用于本文件。

3.1
地面气象辐射观测资料 surface meteorological radiation observation data
地面观测中用于表征到达地球表面以及从地球表面发射的各种辐射量数据。
注:本标准涉及的辐射是指光谱在 $0.3\ \mu m \sim 100\ \mu m$ 波段的辐射。

4 质量控制内容和方法

4.1 质量控制内容

包括格式检查、缺测检查、界限值检查、主要变化范围检查、内部一致性检查、质量控制综合分析和数据质量标识。

4.2 质量控制方法

4.2.1 格式检查

见 QX/T 118—2020 中 3.2.1。

4.2.2 缺测检查

见 QX/T 118—2020 中 3.2.2。

4.2.3 界限值检查

超越界限值的资料为错误资料。相关要素界限值参见附录 A。

4.2.4 主要变化范围检查

见 QX/T 118—2020 中 3.2.4。

4.2.5 内部一致性检查

有观测任务时,相应要素观测资料应进行内部一致性检查,未通过某一项检查时,相应数据为可疑资料。内部一致性检查条款参见附录B。

4.2.6 质量控制综合分析

见QX/T 118—2020中3.2.8。

4.2.7 数据质量标识

见QX/T 118—2020中3.2.9。

5 质量控制步骤

质量控制可按下列步骤进行:格式检查、缺测检查、界限值检查、主要变化范围检查、内部一致性检查、质量控制综合分析,最后为数据质量标识。质量控制过程中,可根据应用需求的差异对上述环节进行增减。

附 录 A
（资料性附录）
要素界限值

表 A.1 给出了各要素界限值。

表 A.1 要素界限值

要 素	界限值范围	备 注
作用层情况编码	0～7	作用层情况编码的含义参见 QX/T 93—2017 中 4.4.2.1。
作用层状况编码	0～7	作用层状况编码的含义参见 QX/T 93—2017 中 4.4.2.1。
极值出现时间	00:00～23:59	
反射比	1%～100%	
小时日照时数	0 h～1 h	
每日日照时数	0 h 至该日可照时数	当一日中存在太阳高度低于日照观测仪器安装高度的情况时，观测的当日日照时数有可能大于该日可照时数。
总辐射日曝辐量	0～1.25R_{Dg}	R_{Dg}——表 A.2 中最大可能的总辐射日曝辐量，各站可根据纬度线性内插求得。
直接辐射日曝辐量	0～R_{Ds}	R_{Ds}——表 A.3 中最大可能的直接辐射日曝辐量，各站可根据纬度线性内插求得。
总辐射辐照度	0 W/m² ～2000 W/m²	
直接辐射辐照度	0 W/m² ～1374 W/m²	
净辐射辐照度	−400 W/m² ～1500 W/m²	
散射辐射辐照度	0 W/m² ～1300 W/m²	
反射辐射辐照度	0 W/m² ～1100 W/m²	
大气长波辐射辐照度	40 W/m² ～700 W/m²	
地面长波辐射辐照度	40 W/m² ～900 W/m²	
紫外辐射辐照度	0 W/m² ～100 W/m²	
总辐射小时曝辐量	0 MJ/m² ～6.0 MJ/m²	
直接辐射小时曝辐量	0 MJ/m² ～5.2 MJ/m²	
净辐射小时曝辐量	−1.5 MJ/m² ～4.5 MJ/m²	
散射辐射小时曝辐量	0 MJ/m² ～4.0 MJ/m²	
反射辐射小时曝辐量	0 MJ/m² ～4.0 MJ/m²	
紫外辐射小时曝辐量	0 MJ/m² ～0.36 MJ/m²	
大气浑浊度	1%～1000%	

表 A.2 给出了各纬度带最大可能的总辐射日曝辐量。

表 A.2 各纬度带各月最大可能的总辐射日曝辐量 R_{Dg}

单位：兆焦每平方米

北纬(°)	1月	2月	3月	4月	5月	6月	7月	8月	9月	10月	11月	12月
90	0.0	0.0	0.2	14.0	30.7	36.6	33.3	18.1	3.3	0.0	0.0	0.0
85	0.0	0.0	1.0	14.3	30.6	36.1	32.9	18.4	4.3	0.0	0.0	0.0
80	0.0	0.0	2.9	15.1	30.1	35.4	32.2	18.7	6.0	0.6	0.0	0.0
75	0.0	0.8	5.6	16.4	29.5	34.4	31.0	19.4	8.2	1.9	0.0	0.0
70	0.0	2.2	8.5	18.4	28.8	33.0	29.9	20.5	10.6	3.8	0.7	0.0
65	1.0	3.9	11.3	20.4	28.7	32.1	29.5	26.2	13.3	6.1	1.9	0.3
60	2.5	6.1	13.9	22.5	29.2	32.2	30.0	23.5	15.8	8.5	3.6	1.6
55	4.4	8.7	16.4	24.3	30.2	32.8	30.8	25.2	18.1	11.0	5.7	3.0
50	6.8	11.5	18.7	26.0	31.1	33.3	31.7	26.8	20.2	13.6	8.1	5.6
45	9.4	14.5	21.6	27.4	31.9	33.6	32.1	28.3	22.2	14.4	10.9	8.2
40	12.4	17.2	23.0	28.5	32.4	33.7	33.0	29.0	23.9	18.5	13.6	11.1
35	15.0	19.6	24.8	29.4	32.6	33.6	33.1	30.1	25.4	20.6	16.0	13.7
30	17.5	21.7	26.2	30.0	32.5	33.3	32.9	30.6	26.8	22.6	18.4	16.1
25	19.8	23.6	27.3	30.3	32.2	32.8	32.5	30.7	27.9	24.4	20.6	18.4
20	21.8	25.2	28.3	30.3	31.6	32.0	31.7	30.6	28.7	26.0	22.6	20.7
15	23.7	26.6	29.1	30.1	30.8	30.9	30.8	30.3	29.4	27.2	24.4	22.6
10	25.4	27.8	29.7	29.8	29.7	29.5	29.6	29.8	29.8	28.2	26.0	24.6
5	27.7	28.7	30.1	29.4	28.5	28.0	28.3	29.0	29.9	29.1	27.5	26.4
0	28.4	29.4	30.2	28.7	27.1	26.4	26.8	28.2	29.7	29.7	28.7	28.0

表 A.3 给出了各纬度带最大可能的直接辐射日曝辐量。

表 A.3 各纬度带各月最大可能的直接辐射日曝辐量 R_{Ds}

单位：兆焦每平方米

北纬(°)	1月	2月	3月	4月	5月	6月	7月	8月	9月	10月	11月	12月
80	0.0	0.0	25.7	62.6	78.3	81.3	80.2	74.1	39.5	6.8	0.0	0.0
70	0.0	15.8	32.7	49.3	67.0	78.0	76.0	56.7	39.9	23.8	4.9	0.0
60	16.3	25.9	36.1	46.9	56.1	61.6	59.4	51.2	40.8	30.3	19.8	13.4
50	24.6	31.0	38.2	45.8	52.0	55.3	54.0	48.8	41.6	34.1	26.9	22.8
40	30.0	34.5	39.7	45.1	49.4	51.6	50.8	47.2	42.1	36.7	31.5	28.7
30	33.9	37.1	40.7	44.5	47.4	48.9	47.3	45.9	42.4	38.7	35.0	33.0
20	37.0	39.1	41.5	43.9	45.6	46.5	46.1	44.7	42.6	40.2	37.7	36.4
10	39.6	40.8	42.0	43.1	43.9	44.2	44.0	43.5	42.6	41.3	40.0	39.3
0	41.9	42.2	42.3	42.2	42.0	41.8	41.9	42.1	42.3	42.3	42.0	41.8

附 录 B
（资料性附录）
要素内部一致性检查条款

要素内部一致性检查条款如下：

a) 当反射辐射日曝辐量、总辐射日曝辐量均大于 0 时，反射比等于反射辐射日曝辐量与总辐射日曝辐量之比；当反射辐射日曝辐量、总辐射日曝辐量中有一方为 0，则反射比为缺测；

b) 各辐射要素的日曝辐量等于该日时曝辐量之和；

c) 水平面直接辐射时（日）曝辐量与散射辐射时（日）曝辐量之和等于总辐射时（日）曝辐量；

d) 散射辐射时（日）曝辐量不大于总辐射时（日）曝辐量；

e) 反射辐射时（日）曝辐量不大于总辐射时（日）曝辐量；

f) 水平面直接辐射时（日）曝辐量不大于总辐射时（日）曝辐量；

g) 净全辐射日曝辐量不大于总辐射日曝辐量；

h) 水平面直接辐射时（日）曝辐量不大于直接辐射时（日）曝辐量；

i) 总辐射辐照度不小于散射辐射辐照度；

j) 总辐射辐照度不小于反射辐射辐照度；

k) 净全辐射日最大辐照度不小于净全辐射日最小辐照度；

l) 直接辐射辐照度不小于总辐射辐照度与散射辐射辐照度之差；

m) 直接辐射曝辐量不小于总辐射曝辐量与散射辐射曝辐量之差；

n) 紫外辐射辐照度不大于总辐射辐照度；

o) 紫外辐射时（日）曝辐量不大于总辐射时（日）曝辐量；

p) 各辐射要素正点辐照度不大于小时内最大辐照度；

q) 各辐射要素小时平均辐照度不大于小时内最大辐照度；各辐射要素小时内最大辐照度不大于日最大辐照度；

r) 净辐射正点辐照度不小于小时内净辐射最小辐照度；

s) 净辐射小时平均辐照度不小于小时内净辐射最小辐照度；小时内净辐射最小辐照度不小于净辐射日最小辐照度；

t) 小时日照时数为 0 时，直接辐射小时曝辐量不大于 0.5 MJ/m²；

u) 小时日照时数为 0 时，总辐射小时曝辐量与散射辐射小时曝辐量之差不大于 0.5 MJ/m²；

v) 净辐射量等于总辐射量与大气长波辐射量之和减去反射辐射量与地面长波辐射量之和；

w) 日出日落之间，当某段时间内总云量始终为 0 时，该时间段日照时数应为该时间段时长；

x) 日出日落之间，当某小时内总云量始终小于 2 成（满成为 10 成，下同）时，该小时日照时数应不小于 0.1 h；

y) 日出日落之间，当某时刻总云量为 0 时，该时刻直接辐射辐照度应大于 120 W/m²；

z) 日出日落之间，当某小时内总云量始终小于 2 成时，该小时直接辐射最大辐照度应不小于 120 W/m²。

参 考 文 献

[1] GB/T 36744—2018　紫外线指数预报方法

[2] QX/T 66—2007　地面气象观测规范　第 22 部分：观测记录质量控制

[3] QX/T 93—2017　气象数据归档格式　地面气象辐射

[4] 中国气象局. 气象辐射观测方法[M]. 北京：气象出版社，1996

[5] 中国气象局. 地面气象观测规范[M]. 北京：气象出版社，2003

[6] 中国气象局. 基准辐射观测业务规范(试行)[Z]，2007

[7] 国家气象信息中心. 地面自动站观测资料三级质量控制方案[Z]，2006

[8] 国家气象信息中心. 地面气象辐射数据实时质量控制方案[Z]，2014

[9] WMO-No. 8. Guide to Meteorological Instrument and Methods of Observation[Z]，2014

[10] WMO. Guide on Quality Control Procedures for Data from Automatic Weather Stations[Z]，2004

[11] WMO/TD. No. 149. Revised Instruction Manual on Radiation Instruments and Measurements[Z]，1986

ICS 07.060
A 47
备案号：73191—2020

中华人民共和国气象行业标准

QX/T 118—2020
代替 QX/T 118—2010

气象观测资料质量控制　地面

Quality control of meteorological observation data—Surface

2020-04-14 发布　　　　　　　　　　　　　　　2020-07-01 实施

中　国　气　象　局　发布

QX/T 118—2020

前　言

本标准按照 GB/T 1.1—2009 给出的规则起草。

本标准代替 QX/T 118—2010《地面气象观测资料质量控制》。与 QX/T 118—2010 相比，除编辑性修改外主要技术变化如下：
——删除了 QX/T 66—2007 相应术语定义的引用（见 2010 年版的第 2 章）；
——删除了术语"值域检查""气候学界限值""气候学界限值检查"和"修改数据"（见 2010 年版的 2.4—2.6、2.13）；
——增加了术语"界限值"和"界限值检查"（见 2.4、2.5）；
——修改了"订正数据"的定义，将对 QX/T 93—2008 定义 3.4 的引用修改为改写（见 2.11，2010 年版的 2.12）；
——修改了界限值检查的内容（见 3.2.3、附录 A，2010 年版的 3.2.3、附录 A）；
——增加了主要变化范围获得途径（见 3.2.4）；
——删除了原标准 3.2.5 引导语中有至少有一个数据为错误资料的说明；按照人工观测和自动观测两种方式对能见度范围进行了区分（见附录 B 的 w)、x)）；对导线直径进行了明确说明，增加了导线直径为 26.8 mm 时的电线积冰检查（见附录 B 的 bb)）；增加了 13 项数据间的内部一致性检查（见附录 B 的 d)、n)—r)、ff)—ll)）；
——删除了空间一致性检查只进行气温值检查的限制（见 3.2.7，2010 年版的 3.2.7）；
——将"质量控制标识"修改为"数据质量标识"（见 3.2.9，2010 年版的 3.2.9）；
——删除了质量控制标识"修改数据"（见 2010 年版的 3.2.9）；
——增加了"无观测任务"标识（见 3.2.9）；
——修改了质量控制码的含义，质量控制码 3 的含义改为"预留"，质量控制码 4 的含义改为"订正数据"（见 3.2.9 的表 1，2010 年版 3.2.9 的表 1）；
——增加了质量控制步骤章节（见第 4 章）；
——增加了草面温度、40 cm(80 cm、160 cm、320 cm)地温时间变化时间一致性检查阈值和各要素小时数据时间一致性检查阈值（见附录 C 的表 C.1）；
——删除了附录 C，将相应内容移至第 4 章（见 2010 年版附录 C）；

本标准由全国气象基本信息标准化技术委员会（SAC/TC 346）提出并归口。

本标准起草单位：国家气象信息中心、黑龙江省气象局。

本标准主要起草人：任芝花、袁湘玲、余予、许艳。

本标准所代替标准的历次版本发布情况为：
——QX/T 118—2010。

气象观测资料质量控制 地面

1 范围

本标准规定了地面气象观测资料质量控制的内容、方法和步骤。
本标准适用于对地面气象观测资料的质量控制。

2 术语和定义

下列术语和定义适用于本文件。

2.1
地面气象观测资料 surface meteorological observation data
反映距离地球陆面一定范围内的气象状况及其变化过程的观测数据。
注：主要包括云、能见度、天气现象、气压、空气温度和湿度、风向和风速、降水、日照、蒸发、地表温度、草面（雪面）温度、浅层和深层地温、雪深和雪压、冻土、电线积冰等。

2.2
质量控制 quality control
观测记录达到所要求质量的操作技术和活动。

2.3
格式检查 format check
数据是否符合规定格式的检查。

2.4
界限值 limited range
从物理意义和气候学角度不可能出现的临界值。

2.5
界限值检查 limited range check
气象记录是否超越其界限值的检查。

2.6
主要变化范围检查 main change range check
在指定的地域和时域范围内，要素数据是否在其主要变化范围内的检查。

2.7
内部一致性检查 internal consistency check
同一时间观测的气象要素记录之间的关系符合一定物理联系的检查。

2.8
时间一致性检查 temporal consistency check
气象记录在一定时间范围内的变化是否具有特定规律的检查。

2.9
空间一致性检查 spatial consistency check
气象记录在一定空间范围内的变化是否符合其空间规律的检查。

2.10

质量控制码 quality control flag

标识观测资料质量状况的数字。

[QX/T 93—2017,定义3.2]

2.11

订正数据 corrected data

当原始观测数据疑误或缺测时,通过一定方式获取的可用以代替原疑误或缺测数据的数据。

注:改写QX/T 93—2017,定义3.3。

3 质量控制内容和方法

3.1 质量控制内容

包括格式检查、缺测检查、界限值检查、主要变化范围检查、内部一致性检查、时间一致性检查、空间一致性检查、质量控制综合分析和数据质量标识。

3.2 质量控制方法

3.2.1 格式检查

应对观测数据的结构以及每条数据记录的长度进行检查。

3.2.2 缺测检查

检查某个观测数据是否为缺测数据,若为缺测数据,不再进行其他检查。

3.2.3 界限值检查

超越界限值的资料为错误资料。相关要素界限值参见附录A。

3.2.4 主要变化范围检查

在指定地域和时域范围内,超出要素主要变化范围的数据为可疑资料,应做进一步检查,以判断资料正确与否。

要素主要变化范围可依据台站历史资料计算获得。

3.2.5 内部一致性检查

有观测任务时,相应要素观测资料应进行内部一致性检查,未通过某一项检查时,相应数据为可疑资料。内部一致性检查条款参见附录B。

3.2.6 时间一致性检查

不符合要素时间变化规律的数据为可疑资料。各要素分钟数据和小时数据时间一致性检查阈值参见附录C。

3.2.7 空间一致性检查

利用与被检站下垫面及周围环境相似的一个或多个邻近站观测数据计算被检站要素值,对被检站观测值和计算值进行比较。比较结果超出给定的阈值,即认为被检站观测数据为可疑资料。

3.2.8 质量控制综合分析

对上述检查后的可疑资料进行综合分析,辨别正确与否;对检查为错误的资料进行原因分析,便于错误资料的纠正及今后数据质量的提高。

3.2.9 数据质量标识

表示数据质量的标识有:正确、可疑、错误、订正数据、无观测任务、缺测、未做质量控制。数据质量标识用质量控制码表示。质量控制码及含义见表1。

表 1 质量控制码及其含义

质量控制码	含义
0	正确
1	可疑
2	错误
3	预留
4	订正数据
5	预留
6	预留
7	无观测任务
8	缺测
9	未作质量控制

4 质量控制步骤

质量控制可按下列步骤进行:格式检查、缺测检查、界限值检查、主要变化范围检查、内部一致性检查、时间一致性检查、空间一致性检查、质量控制综合分析,最后为数据质量标识。质量控制过程中,可根据应用需求的差异对上述环节进行增减。

附 录 A
（资料性附录）
要素界限值

表 A.1 给出了各要素界限值。

表 A.1 要素界限值

要　素	界限值范围
海平面气压	870 hPa～1100 hPa
本站气压	300 hPa～1100 hPa
水汽压	0 hPa～70 hPa
气温	−80 ℃～60 ℃
露点温度	−80 ℃～35 ℃
草面温度	−80 ℃～80 ℃
地面温度	−80 ℃～80 ℃
土壤温度（5 cm～320 cm 各层地温）	−50 ℃～50 ℃
风速（2 min 或 10 min 平均）	0 m/s～75 m/s
瞬时风速	0 m/s～150 m/s
风向	0～360°或用十六方位和静风的缩写：NNE、NE、ENE、E、ESE、SE、SSE、S、SSW、SW、WSW、W、WNW、NW、NNW、N、C
降水强度	0 mm/min～40 mm/min
小时降水量	0 mm～240 mm
相对湿度	0 %～100 %
总（低）云量	0 成～10 成
小时日照时数	0 h～1 h
每日日照时数	0 h 至该日可照时数

附 录 B
（资料性附录）
要素内部一致性检查条款

要素内部一致性检查条款如下：
- a) 日最低气压不大于定时气压；定时气压不大于日最高气压；
- b) 日最低气温不大于定时气温；定时气温不大于日最高气温；
- c) 日最低地面温度不大于定时地面温度；定时地面温度不大于日最高地面温度；
- d) 日最低草面（雪面）温度不大于定时草面（雪面）温度；定时草面（雪面）温度不大于日最高草面（雪面）温度；
- e) 日最小相对湿度不大于定时相对湿度；
- f) 干球温度不小于湿球温度（湿球结冰时例外）；
- g) 气温不小于露点温度；
- h) 10 min 平均风速不大于最大风速；
- i) 2 min 平均风速不大于极大风速；
- j) 极大风速不小于最大风速；
- k) 极大风速不小于 17.0 m/s 时，应有大风天气现象；有大风天气现象时，极大风速应不小于 17.0 m/s；
- l) 海拔高度大于 0 m 时，海平面气压大于本站气压；海拔高度等于 0 m 时，海平面气压等于本站气压；海拔高度小于 0 m 时，海平面气压小于本站气压；
- m) 总云量不小于低云量；
- n) 日蒸发量应等于各时蒸发量之和；
- o) 日降水量应等于各时降水量之和；
- p) 日日照时数应等于各时日照时数之和；
- q) 日最小能见度不大于定时能见度；
- r) 同一时期内，上层地温变化幅度不低于其下的任何一层地温变化幅度；
- s) 有非 0 的总云量记录时，则应有云状记录；
- t) 有非 0 的低云量记录时，则应有低云状记录；
- u) 云状记录中有吹雪、雪暴、雾或轻雾时，总云量、低云量均应为 10 成；
- v) 云状记录中有烟幕、霾、浮尘、沙尘暴或扬沙时，则总云量、低云量因不明而不观测；
- w) 人工观测能见度小于 1.0 km（自动观测能见度小于 750 m）时，应有雾或沙尘暴、雪暴、吹雪、浮尘、烟幕、霾、降水天气现象；
- x) 人工观测能见度小于 10.0 km 且不小于 1.0 km（自动观测能见度小于 7500 m 且不小于 750 m）时，应有轻雾或吹雪、扬沙、浮尘、烟幕、霾、降水天气现象；
- y) 降水量大于 0.0 mm 或为微量时，应有降水或雪暴天气现象；当有降水或雪暴天气现象时，降水量应大于 0.0 mm 或为微量；
- z) 积雪深度不小于 0 cm 时，应有积雪天气现象；
- aa) 每月 5、10、15、20、25 日和月末最后 1 天积雪深度不小于 5 cm 时，应有雪压值；
- bb) 电线积冰观测中，导线直径为 4 mm，雨凇（雾凇）直径不小于 8(15) mm 时，应有重量值；导线直径为 26.8 mm，雨凇（雾凇）直径不小于 31(38) mm 时，应有重量值；
- cc) 电线积冰直径不小于导线直径时，应有雨凇或雾凇天气现象；
- dd) 电线积冰厚度不大于电线积冰直径；

ee) 冻土深度上限小于下限（冻土微量时除外）；
ff) 风向为静风时，风速不大于 0.2 m/s；
gg) 当发生吹雪、浮尘、烟幕或霾天气现象时，人工观测能见度应小于 10.0 km（自动观测能见度应小于 7500 m）；
hh) 当发生雾、沙尘暴或雪暴天气现象时，人工观测能见度应小于 1.0 km（自动观测能见度应小于 750 m）；
ii) 当发生轻雾或扬沙天气现象时，人工观测能见度应小于 10.0 km 且不小于 1.0 km（自动观测能见度应小于 7500 m 且不小于 750 m）；
jj) 日出日落之间，当某段时间内总云量始终为 0 时，该时间段日照时数应为该时间段时长；
kk) 日出日落之间，当某小时内总云量始终小于 2 成（满成为 10 成）时，该小时日照时数应不小于 0.1 h；
ll) 当积雪深度增大时，降水量应大于 0.0 mm 或为微量。

附 录 C
（资料性附录）
要素时间一致性检查阈值

表 C.1 给出了各要素分钟数据和小时数据时间一致性检查阈值。

表 C.1 要素时间一致性检查阈值

要素	分钟数据		小时数据	
	连续 2 min 最大变化幅度	最小变化幅度（时间范围）	连续 2 h 最大变化幅度	最长连续无变化时长
气压	1.0 hPa	0.1 hPa（过去 60 min 内）	10 hPa	12 h
气温	3 ℃	0.1 ℃（过去 60 min 内）	8 ℃	12 h
露点温度	2 ℃	0.1 ℃（过去 60 min 内）	15 ℃	12 h
地面（草面）温度	5 ℃	0.1 ℃（过去 60 min 内）	15 ℃	12 h（传感器无积雪覆盖时）
5 cm 地温	1 ℃	0.1 ℃（过去 120 min 内）	10 ℃	/
10 cm 地温	1 ℃	0.1 ℃（过去 120 min 内）	3 ℃	/
15 cm 地温	1 ℃	0.1 ℃（过去 120 min 内）	3 ℃	/
20 cm 地温	1 ℃	0.1 ℃（过去 120 min 内）	2 ℃	/
40 cm、50 cm 地温	0.5 ℃	0.1 ℃（过去 120 min 内）	2 ℃	/
80 cm、100 cm 地温	0.1 ℃	0.1 ℃（过去 240 min 内）	1 ℃	/
160 cm、320 cm 地温	0.1 ℃	0.1 ℃（过去 240 min 内）	0.5 ℃	/
相对湿度	10%	1%（过去 60 min 内）	70%	48 h（相对湿度小于 95%）
2 min 平均风速	20 m/s	0.1 m/s（过去 60 min 内）	/	18 h（非静风条件下）

参 考 文 献

[1] QX/T 66—2007 地面气象观测规范 第22部分:观测记录质量控制
[2] QX/T 93—2017 气象数据归档格式 地面气象辐射
[3] 中国气象局.地面气象观测规范[M].北京:气象出版社,2003
[4] 任芝花,许松,孙化南,等.全球地面天气报历史资料质量检查与分析[J].应用气象学报,2006,17(4):412-420
[5] 任芝花,熊安元.地面自动站观测资料三级质量控制业务系统的研制[J].气象,2007,33(1):19-24
[6] 任芝花,赵平,张强,等.适用于全国自动站小时降水资料的质量控制方法[J].气象,2010,36(7):123-132
[7] 任芝花,张志富,孙超,等.全国自动气象站实时观测资料三级质量控制系统研制[J].气象,2015,41(10):1268-1277
[8] 中国气象局综合观测司.地面气象观测业务技术规定[Z],2016
[9] 中国气象局预报与网络司.地面气象资料实时统计处理业务规定(2017版)[Z],2017
[10] 国家气象信息中心.地面自动站观测资料三级质量控制方案[Z],2006
[11] 国家气象信息中心.全国自动站多要素小时实时资料质量控制方案[Z],2012
[12] WMO-No.8. Guide to Meteorological Instrument and Methods of Observation[Z],2014
[13] WMO-No.305. Guide on the Global Data-Processing System[Z],1993
[14] WMO-No.488. Guide to the Global Observing System[Z],2007
[15] WMO. Guide on Quality Control Procedures for Data from Automatic Weather Stations[Z],2004

ICS 07.060
A 47
备案号：72741—2020

中华人民共和国气象行业标准

QX/T 139—2020
代替 QX/T 139—2011

极轨气象卫星大气垂直探测资料 L1C 数据格式 辐射率

Level 1C data format of polar orbiting meteorological satellite atmospheric vertical sounding data—Radiance

2020-01-21 发布　　　　　　　　　　　　　　2020-05-01 实施

中国气象局　发布

QX/T 139—2020

前　言

本标准按照 GB/T 1.1—2009 给出的规则起草。

本标准代替 QX/T 139—2011《卫星大气垂直探测资料的格式和文件命名》。与 QX/T 139—2011 相比,除编辑性修改外,主要技术变化如下:

——修改了标准名称,限定标准适用的资料类型为极轨气象卫星大气垂直探测 L1C 数据格式中的辐射率(见标准名称和第 1 章,2011 年版的标准名称和第 1 章);

——删除了文件命名的内容(见 2011 年版的标准名称和第 1 章,第 3 章,第 4 章的 c)项,附录 A 和附录 B);

——修改了范围(见第 1 章,2011 年版的第 1 章);

——增加了以下的术语和定义:卫星大气垂直探测、辐射率、L1C 数据和八位组(见第 2 章);

——修改了术语亮度温度的定义(见 2.3,2011 年版的 2.1);

——删除了 EUMETSAT、EUMETCast、NPOSESS(见 2011 年版的 2.2),修改了除 NOAA 以外的其他缩略语的中文解释(见第 3 章,2011 年版的 2.2),增加了仪器缩略语 ATMS、CrIS、MWHS-Ⅱ、MWRI、MWTS-Ⅱ、MWTS-Ⅲ,增加了气象卫星相关的组织机构和气象卫星计划缩略语 EOS-Aqua、SNPP,增加了预报系统缩略语 GRAPES,增加了卫星缩略语 MetOp、MetOP-SG、FY-3RM、NOAA-N,增加了 BUFR 编码相关的缩略语 BUFR、CCITT IA5、UTC、WMO 和 WMO FM-94(见第 3 章);

——修改"文件内容"为"数据内容"(见第 4 章,2011 年版的第 4 章);

——删除了数据格式说明中的数据内容的文字,修改合并到数据内容部分(见第 4 章,2011 年版的 6.1);

——删除了原文件内容 a)中的"一条"(见第 4 章的 a)项,2011 年版第 4 章的 a)项);

——修改了原文件内容中的记录描述方式,并将其分为基本信息和扩展信息分别加以说明(见第 4 章的 b)、c)、d)项,2011 年版第 4 章的 b)、c)项);

——增加了扩展信息内容和相应的数据格式(见第 4 章的 d)项,5.1 的表 1);

——修改了数据格式中的卫星大气垂直探测数据格式,增加了备注列,并与记录数据质量标记合并(见 5.1 表 1,2011 年版第 5 章的表 4 和 6.1.2);

——删除了数据格式中的仪器标识(见 2011 年版第 5 章的表 5);

——删除了数据格式说明中的观测时间,并合并数据格式(见 5.1 表 1,2011 年版的 6.1.4);

——增加极轨气象卫星大气垂直探测辐射率 L1C 数据 BUFR 编码(见 5.2,附录 C);

——删除了数据格式说明中的扫描点质量标识(见 2011 年版的 6.1.3 的表 7);

——修改了数据格式中的仪器标识,增加内容并移入附录(见附录 A 的表 A.1,2011 年版的第 5 章);

——删除了数据格式说明中的记录长度和通道数,将卫星标识、仪器标识、通道及扫描点数作增补后移入附录(见附录 A,2011 版的 6.1.1);

——增加了一部分卫星仪器的卫星标识、仪器标识、通道数及扫描点数(见附录 A);

——增加了 L1C 数据部分要素含义(见附录 B);

——增加了 L1C 数据 BUFR 编码代码表含义(见附录 C)。

本标准由全国卫星气象与空间天气标准化技术委员会(SAC/TC 347)提出并归口。

本标准起草单位:国家卫星气象中心、国家气象信息中心。

本标准主要起草人:希爽、贾松林、马刚、薛蕾。

本标准所代替标准的历次版本发布情况为:

——QX/T 139—2011。

引 言

为规范应用于数值预报资料同化的极轨气象卫星大气垂直探测辐射率 L1C 数据的处理、交换和应用,制定统一和规范的极轨气象卫星 L1C 数据的格式至关重要。

QX/T 139—2011《卫星大气垂直探测资料的格式和文件命名》参考 NESDIS 在同化系统中使用的 ATOVS Level1b 数据结构,规范了二进制 L1C 数据的信息格式、信息内容。

随着 SNPP、FY-3 等极轨气象卫星的发射及其辐射率资料在数值预报上的业务应用,本标准扩展了标准 QX/T 139—2011 中适用的卫星范围和数据内容,并补充卫星大气垂直探测辐射率 L1C 数据 BUFR 编码。

极轨气象卫星大气垂直探测资料 L1C 数据格式 辐射率

1 范围

本标准规定了极轨气象卫星大气垂直探测的辐射率 L1C 数据的数据内容和数据格式。

本标准适用于国内外极轨气象卫星大气垂直探测的辐射率 L1C 数据的处理、交换和应用。FY-3 MWRI 辐射率 L1C 数据的格式可参照本标准执行。

2 术语和定义

下列术语和定义适用于本文件。

2.1
卫星大气垂直探测 satellite atmospheric vertical sounding

能够提供气象要素垂直分布(廓线)的卫星观测。

2.2
辐射率 radiance

辐射源在单位投影面积上单位立体角内的辐射通量。

注:单位为瓦每平方米单位立体角($W \cdot m^{-2} \cdot sr^{-1}$)。

2.3
亮度温度 brightness temperature

当某灰体辐射功率等于某一黑体辐射功率时,该黑体的绝对温度。

注:单位为开尔文(K)。

2.4
L1C 数据 Level 1C,L1C

我国为了数值天气预报需求而加工处理的气象卫星大气垂直探测的辐射率数据,包含亮度温度、扫描点观测时间、扫描点地理信息、观测几何信息、质量标识、云覆盖和降水标识等信息。

2.5
八位组 octet

计算机领域里 8 个比特位作为一组的单位制,编码时从高位到低位依次进行。

注:改写 QX/T 235—2014,定义 2.1。

3 缩略语

下列缩略语适用于本文件。

AIRS:EOS-Aqua 星载仪器先进红外高光谱大气垂直探测仪(Atmospheric Infrared Sounder)

AMSU-A:NOAA 及 MetOp 星载仪器先进微波探测器-A(Advanced Microwave Sounding Unit-A)

AMSU-B:NOAA 星载仪器先进微波探测器-B(Advanced Microwave Sounding Unit-B)

ATMS:NPP 及 NOAA 星载仪器先进微波大气探测器(Advanced Technology Microwave Sounder)

ATOVS:NOAA 及 MetOp 星载仪器先进的泰罗斯业务垂直探测仪,由先进微波探测器-A、先进微波探测器-B/微波湿度探测仪和高分辨率红外辐射探测仪组成(Advanced TIROS Operational Vertical

Sounder)

BUFR：气象数据的二进制通用表示格式(Binary Universal Form for Representation of meteorological data)

CCITT IA5：国际电话电报咨询委员会国际字母5号码(Consultative Committee on International Telephone and Telegraph International Alphabet No.5)

CrIS：NPP及NOAA星载仪器跨轨扫描大气红外探测仪(Cross-track Infrared Sounder)

EOS-Aqua：美国地球观测系统计划水卫星(Earth Observation System-Aqua)

FY-3：风云三号气象卫星

FY-3RM：风云三号降水测量卫星(Feng Yun 3- Rainfall Measurement)

GRAPES：中国气象局开发的全球区域一体化同化预报系统(Global/Regional Assimilation and Prediction Enhanced System)

HIRS：NOAA星载仪器高分辨率红外辐射探测仪(High Resolution Infrared Sounder)

HIRAS：FY-3星载仪器红外高光谱大气探测仪(Hyper-spectral Infrared Atmospheric Sounder)

IASI：MetOp星载仪器红外大气探测干涉仪(Infrared Atmospheric Sounding Interfermeter)

IRAS：FY-3星载仪器红外分光计(Infrared Atmospheric Sounder)

MetOp：欧洲气象卫星组织的极轨气象业务卫星(Meteorological Operational Satellite)

MetOp-SG：第二代Metop卫星(Meteorological Operational Satellite-Second Generation)

MHS：NOAA及MetOp星载仪器微波湿度计(Microwave Humidity Sounding)

MWHS：FY-3星载仪器微波湿度计(Microwave Humidity Sounder)

MWHS-Ⅱ：FY-3星载仪器微波湿度计-Ⅱ型(Microwave Hunmidity Sounder-Ⅱ)

MWRI：FY-3星载仪器微波成像仪(Mircowave Radiation Imager)

MWTS：FY-3星载仪器微波温度计(Microwave Temperature Sounder)

MWTS-Ⅱ：FY-3星载仪器微波温度计-Ⅱ型(Microwave Temperature Sounder-Ⅱ)

MWTS-Ⅲ：FY-3星载仪器微波温度计-Ⅲ型(Microwave Temperature Sounder-Ⅲ)

NASA：美国国家航空航天局(National Aeronautics and Space Administration)

NESDIS：美国国家环境卫星数据和信息局(National Enviromental Satellite, Data, and Information Service)

NOAA：美国国家海洋大气局(National Oceanic and Atmospheric Administration)

NOAA-N：美国NOAA发射的极轨卫星系列(National Oceanic and Atmospheric Administration-N)

NPP：美国国家极轨业务环境卫星系统预备项目(National Polar-orbiting Operational Environmental Satellite System Preparatory Project)

SNPP：美国NASA发射的极轨卫星(Suomi National Polar-orbiting Partnership)

UTC：世界协调时(Universal Time Coordinated)

VASS：FY-3大气垂直探测系统，由微波温度计、微波湿度计和红外分光计/红外高光谱探测仪组成(Vertical Atmospheric Sounding System)

WMO：世界气象组织(World Meteorological Organization)

WMO FM-94：世界气象组织定义的第94号编码格式(the World Meteorological Organization code form FM 94 BUFR)

4 数据内容

如下：

a) 每个文件包含轨道观测数据；

b) 文件数据以观测点资料形式存在,由每个有效卫星观测像元的基本信息内容和扩展信息内容组成;
c) 基本信息内容应包含该像元的观测时间(UTC)、投影的地理信息、下垫面类型、观测几何信息、海拔高度、预处理质量标识、该仪器全部有效通道的亮度温度数值;
d) 扩展信息内容应包含但不限于该像元的云覆盖、降水标识等。

5 数据格式

5.1 极轨气象卫星大气垂直探测的辐射率L1C数据格式

本数据文件采用直接存取方式,探测仪器每个扫描点为一个数据记录,每个数据记录的数据内容和格式见表1。卫星标识用数字表示,每颗卫星对应的卫星标识、仪器标识、通道数和每根扫描线的扫描点数见附录A的表A.1。

L1C数据部分要素的含义见附录B。表1中1—21为基本信息内容,22以后的为扩展信息内容。例如:FY-3极轨卫星大气垂直探测VASS的三个仪器的L1C数据,均包含表1里的基本信息内容1—21和扩展信息内容22、23。

表1 极轨气象卫星大气垂直探测的辐射率L1C数据格式

序号	变量名	数据类型	数据单位	比例因子	说明	备注
1	Sat_id	整型,32位	—	1	卫星标识	见附录A表A.1
2	instrument_id	整型,32位	—	1	仪器标识	见附录A表A.1
3	Scan_line	整型,32位	—	1	扫描线序号	
4	Scan_fov	整型,32位	—	1	扫描点序号	
5	obs_year	整型,32位	—	1	扫描线/点的年计数	世界时
6	obs_mon	整型,32位	—	1	扫描线/点的月计数	世界时
7	obs_day	整型,32位	—	1	扫描线/点的日计数	世界时
8	obs_hor	整型,32位	—	1	扫描线/点的时计数	世界时
9	obs_min	整型,32位	—	1	扫描线/点的分计数	世界时
10	obs_sec	整型,32位	—	1	扫描线/点的秒计数	世界时
11	obs_lat	整型,32位	°	100	纬度	[−9000,9000]
12	obs_lon	整型,32位	°	100	经度	[−18000,18000]
13	surface_mark	整型,32位	—	1	陆表标识	见附录B
14	surface_height	整型,32位	m	1	海拔高度	[−400,10000]
15	Local_zenith	整型,32位	°	100	卫星天顶角	见附录B
16	Local_azimuth	整型,32位	°	100	卫星方位角	见附录B
17	Solar_zenith	整型,32位	°	100	太阳天顶角	见附录B
18	Solar_azimuth	整型,32位	°	100	太阳方位角	见附录B
19	Sat_scalti	整型,32位	m	1	卫星轨道高度	
20	Obs_dataqual	整型,32位	—	1	质量标识	见附录B

表 1 极轨气象卫星大气垂直探测的辐射率 L1C 数据格式（续）

序号	变量名	数据类型	数据单位	比例因子	说明	备注
21	Obs_BT(nCh)	整型,32位	K	100	星载仪器光谱通道辐射亮度温度（通道数 nCh[a]）	见附录A的表A.1
22	Cld_frac	整型,32位	%	1	云覆盖	见附录B
23	Pre_mark	整型,32位	—	1	降水标识	见附录B
24	Cld_water	整型,32位	kg·m^{-2}	100	云水含量	
25	Pre_surface	整型,32位	mm·h^{-1}	100	地面降水率	
26	Wind speed	整型,32位	m·s^{-1}	100	洋面风速	
27	Tem_surface	整型,32位	K	100	洋面/陆面温度	
28	Wind_dir	整型,32位	°	100	洋面风向	
29	Emissivity	整型,32位	%	1	地表发射率	

各要素缺测值定义为999999。

[a] 对于星载仪器红外高光谱大气探测仪（如 AIRS、CrIS、IASI 和 HIRAS 等），nCh 为经过通道选择后的通道数。

5.2 极轨气象卫星大气垂直探测辐射率 L1C 数据 BUFR 编码

5.2.1 编码构成

编码由指示段、标识段、选编段、数据描述段、数据段和结束段构成，如图1所示。

其中选编段在本格式中不使用；其他各段的编码规则见5.2.2，编码中使用的时间除特殊说明外，全部为UTC。

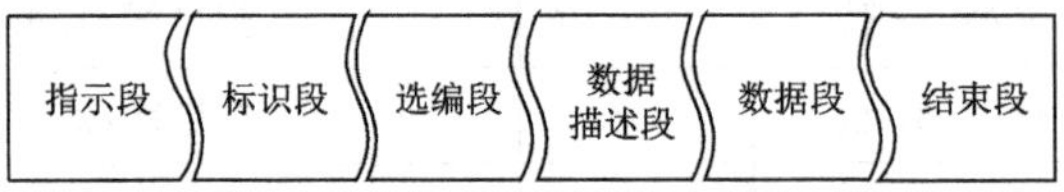

指示段 — 标识段 — 选编段 — 数据描述段 — 数据段 — 结束段

图 1 极轨气象卫星大气垂直探测辐射率 L1C 数据 BUFR 编码结构

5.2.2 编码规则

5.2.2.1 指示段

指示段由8个八位组组成，包括BUFR数据的起始标志、BUFR数据长度和BUFR版本号。具体编码见表2。

表 2 指示段编码说明

八位组序号	含义	值	备注
1	BUFR 数据的起始标志	B	按照 CCITT IA5 编码
2		U	
3		F	
4		R	
5—7	BUFR 数据长度	实际取值	以八位组为单位
8	BUFR 版本号	4	WMO 2015 年发布版本 4

5.2.2.2 标识段

标识段由 23 个八位组组成,包括标识段段长、主表号、数据加工中心、数据加工子中心、更新序列号、选编段指示、数据类型、国际数据子类型、本地数据子类型、主表版本号、本地表版本号、数据编码时间等信息。具体编码见表 3。

表 3 标识段编码说明

八位组序号	含义	值	备注
1—3	标识段段长(以八位组为单位)	23	标识段的长度
4	BUFR 主表标志	0	使用标准的 WMO FM-94 BUFR 表
5—6	数据源中心	代码值	取值见附录 C 的表 C.1,如 39 表示国家卫星气象中心
7—8	数据源子中心	0	未被子中心加工过
9	更新序列号	非负整数	原始编号为 0,其后随资料更新编号逐次增加
10	选编段指示	0	表示此数据不包含选编段
11	数据类型	3	表示本资料为卫星垂直探测资料
12	国际数据子类型	代码值	取值见附录 C 的表 C.2,如 8 表示 VASS 数据
13	本地数据子类型	0	未定义本地数据子类型
14	主表版本号	30	BUFR 主表的版本号
15	本地表版本号	0	本地表版本号
16—17	年	实际取值	数据编报时间:年(4 位公元年)
18	月	实际取值	数据编报时间:月
19	日	实际取值	数据编报时间:日
20	时	实际取值	数据编报时间:时
21	分	实际取值	数据编报时间:分
22	秒	实际取值	数据编报时间:秒
23	自定义	0	保留
表中数据编报时间使用 UTC。			

5.2.2.3 数据描述段

数据描述段长度根据编码的传感器要素内容而定,包括数据描述段段长、保留字段、观测记录数、数据性质和压缩方式以及描述符序列。具体编码见表4。

表4 数据描述段编码说明

八位组序号	含义	值	备注
1—3	数据描述段段长	实际取值	表示数据描述段的长度
4	保留字段	0	保留
5—6	数据记录数	实际取值	非负整数,表示报文中包含的观测记录数(卫星扫描点数)
7	数据性质和压缩方式	128 或 192	128:表示本数据采用BUFR非压缩方式编码; 192:表示本数据采用BUFR压缩方式编码
8—33	描述符序列	3 10 068,1 10 000, 0 31 002,2 01 134, 0 05 042,2 01 000, 2 01 139,0 02 155, 2 01 000,0 25 077, 0 25 078,0 33 007, 0 12 163	卫星垂直探测资料描述符序列

5.2.2.4 数据段

数据段长度不固定,具体长度与实际观测相关。数据段包括数据段段长、保留字段,并包含数据描述段第8八位组后编码的描述符序列展开后各个要素对应的编码值。具体编码见表5和表6。

不同的传感器通道数的差异主要是通过延迟重复描述符 1 10 000 和延迟重复因子 0 31 002 来表达:1 10 000 表示其后的 10 个(不包括 0 31 002)描述符延迟重复,具体重复的次数(也就是传感器的通道数)由延迟重复因子 0 31 002 来确定,如 MWTS、MWHS、IRAS 分别编 13、15、26,HIRAS 可根据具体情况编相应的通道数。

数据段宜采用压缩编码的格式,具体压缩编码规则如下:
a) 数据按要素顺序依次编码。
b) 对于每个要素:
  1) 首先计算多次观测(多个扫描点)的该要素最小值,根据比例因子和基准值计算出最小值的编码值,将该编码值根据该要素的位宽进行编码。
  2) 然后根据最大编码值与最小编码值差值加1后的值,计算出编码差值时所应占用的位宽(bit count),将该值以6个位宽进行编码。
  3) 按多次观测的顺序,依次计算该要素编码值与最小值编码的差值,并将该差值以 bit count 的位宽进行编码;如果该要素缺测,则全编1。
  4) 如果各个观测值缺测,则最小值以要素位宽编码为缺测(全编1),标识 bit count 的 6 个位宽编 0,后续多次观测的差值不用编。
  5) 如果各个观测值相同,则最小值以要素宽度编码为观测值的编码值,标识 bit count 的 6 个位宽编 0,后续多次观测的差值不用编。

表 5 数据段编码说明

内容	含义	单位	比例因子[a]	基准值[b]	数据宽度[c] bit	备注
数据段段长	数据段长度	—	—	—	24	以八位组为单位
保留字段	置 0	—	—	—	8	
3 10 068	扫描点要素序列描述符,具体展开见表 6	—	—	—	—	—
1 10 000	以下 10 个(不包括 0 31 002)描述符延迟重复	—	—	—	—	—
0 31 002	延迟重复因子,表示通道数	—	0	0	16	数字
2 01 134	改变宽度,增加 6 bit	—	—	—	—	—
0 05 042	通道号	—	0	0	6→12[d]	数字
2 01 000	取消改变宽度	—	—	—	—	—
2 01 139	改变宽度,增加 11 bit	—	—	—	—	—
0 02 155	卫星通道波长	m	9	0	16→27	数字
2 01 000	取消改变宽度	—	—	—	—	—
0 25 077	波宽矫正系数 1	—	5	−100000	18	数字
0 25 078	波宽矫正系数 2	—	5	0	17	数字
0 33 007	亮度温度质量分数	‰	0	0	7	数字
0 12 163	亮度温度	K	2	0	16	数字

数据段每个要素的编码值＝原始观测值×10^比例因子−基准值。
要素编码值转换为二进制,并按照数据宽度所定义的比特位数顺序写入数据段,位数不足高位补 0。
当某要素缺测时,将该要素数据宽度内每个比特置为 1,即为缺测值。

[a] 比例因子用于规定要素观测值的数据精度。要求数据精度等于 $10^{-比例因子}$。例如,比例因子为 2,数据精度等于 10^{-2},即 0.01。
[b] 基准值用于保证要素编码值非负,即要求:要素观测值×10^比例因子≥基准值。
[c] 数据宽度用于规定二进制的要素编码值在数据段所占用的比特位数,编码值位数不足数据宽度时在高(左)位补 0。
[d] $a→b$ 的表述形式,表示经过操作描述符(2 XX YYY)的修改,将 2 XX YYY 与 2 XX 000 之间各要素的比例因子或数据宽度由原始值 a 修改为新值 b,下同。

表6 3 10 068 扫描点要素序列描述符展开

内容		含义	单位	比例因子	基准值	数据宽度bit	备注
0 08 070		垂直探测产品限定符	—	0	0	4	数字,含义见附录C的表C.3
0 01 033		数据生产中心标识	—	0	0	8	数字,含义见附录C的表C.1
0 01 034		数据生产子中心标识	—	0	0	8	数字,编码0时表示无子中心
0 01 007		卫星标识符	—	0	0	10	数字,含义见附录C的表C.4
0 02 019		卫星仪器标识符	—	0	0	11	数字,含义见附录C的表C.5
0 12 064		仪器温度	K	1	0	12	数字
0 05 040		轨道号	—	0	0	24	数字
2 01 136		改变宽度,增加8 bit	—	—	—	—	—
0 05 041		扫描线号	—	0	0	8→16	数字
2 01 000		取消改变宽度	—	—	—	—	—
0 05 043		扫描点序号	—	0	0	8	数字
3 01 011	0 04 001	年	—	0	0	12	数字
	0 04 002	月	—	0	0	4	数字
	0 04 003	日	—	0	0	6	数字
3 01 012	0 04 004	时	—	0	0	5	数字
	0 04 005	分	—	0	0	6	数字
2 01 138		改变宽度,增加10 bit	—	—	—	—	—
2 02 131		改变比例因子,增加3	—	—	—	—	—
0 04 006		秒	s	0→3	0	6→16	数字
2 02 000		取消改变比例因子	—	—	—	—	—
2 01 000		取消改变宽度	—	—	—	—	—
0 05 001		纬度	°	5	−9000000	25	数字
0 06 001		经度	°	5	−18000000	26	数字
2 02 126		改变比例因子,减少2	—	—	—	—	—
0 07 001		卫星高度	m	0→−2	−400	15	数字
2 02 000		取消改变比例因子	—	—	—	—	—
0 10 007		扫描点高度	m	0	−1000	17	数字

表6 3 10 068 扫描点要素序列描述符展开（续）

内容	含义	单位	比例因子	基准值	数据宽度 bit	备注
0 07 024	卫星天顶角	°	2	−9000	15	数字
0 05 021	卫星方位角	°(degree true)	2	0	16	数字
0 07 025	太阳天顶角	°	2	−9000	15	数字
0 05 022	太阳方位角	°(degree true)	2	0	16	数字
0 30 040	陆表标识	—	0	0	4	数字,含义见附录C表C.6
0 12 101	温度	K	2	0	16	数字,陆面或洋面温度
2 01 131	改变宽度	—	—	—	—	—
2 02 129	改变比例因子	—	—	—	—	—
0 11 011	10 m 高风向	°(degree true)	0→1	0	9→12	数字,洋面风向;风速为静风时,风向编码值为0;风向为北风时编码值为360
2 02 000	取消改变比例因子	—	—	—	—	—
2 01 000	取消改变宽度	—	—	—	—	—
2 01 130	改变宽度	—	—	—	—	—
2 02 129	改变比例因子	—	—	—	—	—
0 11 012	10 m 高风速	m·s^{-1}	1→2	0	12→14	数字,洋面风速
2 02 000	取消改变比例因子	—	—	—	—	—
2 01 000	取消改变宽度	—	—	—	—	—
0 20 029	降水标识	—	0	0	2	数字,含义见附录C表C.7
0 20 010	云覆盖	%	0	0	7	数字
0 13 162	云水含量	kg·m^{-2}	2	0	8	数字
0 14 050	地表发射率	%	1	0	10	数字

5.2.2.5 结束段

结束段由 4 个八位组组成,各个八位组编码均为字符"7",如表 7 所示。

表 7 结束段编码说明

八位组序号	含义	值	备注
1	结束段	7	固定取值,按照 CCITT IA5 编码
2		7	
3		7	
4		7	

附 录 A
（规范性附录）
卫星标识、仪器标识、通道数及扫描点数

表 A.1 卫星标识、仪器标识、通道数及扫描点数

序号	卫星名称	卫星标识	仪器名	仪器标识	通道数	每条扫描线的扫描点数
1	EOS-Aqua	784	AIRS	420	2378[a]	90
2	NOAA-15/16/17/18/19	NA15/16/17/18/19	AMSU-A	570	15	30
3	NOAA-15/16/17/	NA15/16/17	AMSU-B	574	5	90
4	NOAA-18/19	NA18/19	MHS	203	5	90
5	NOAA-15/16/17/	NA15/16/17	HIRS/3	606	20	56
6	NOAA-18/19，MetOp-A/B	NA18/19，MP01/02	HIRS/4	607	20	56
7	MetOp-A/B/C	MP02/01/03	IASI	221	8461[a]	30
8	MetOp-SG-A1/A2/A3	TBD	IASI-NG	TBD	16920[a]	20
9	SNPP,NOAA-20,JPSS-2/3/4	224,NOAA-20,JPSS-2/3/4	ATMS	621	22	96
10	SNPP,NOAA-20,JPSS-2/3/4	224,NOAA-20,JPSS-2/3/4	CrIS	620	1305[a]	32
11	FY-3A/B/C	FY-3A/B/C	IRAS	31	26	56
12	FY-3D/E/F/G/H	FY-3D/E/F/G/H	HIRAS	955	1370[a]	58
13	FY-3A/B	FY-3A/B	MWHS-Ⅰ	33	5	98
14	FY-3C/D/E/F/G/H	FY-3C/D/E/F/G/H	MWHS-Ⅱ	953	15	98
15	FY-3RM-1/2	FY-3RM-1/2	MWHS-Ⅱ	953	15	98
16	FY-3A/B	FY-3A/B	MWTS-Ⅰ	32	4	15
17	FY-3C/D	FY-3C/D	MWTS-Ⅱ	954	13	30
18	FY-3E/F/G/H	FY-3E/F/G/H	MWTS-Ⅲ	TBD	15	30
19	FY-3RM-1/2	FY-3RM-1/2	MWTS-Ⅱ	954	13	30
20	FY-3A/B/C/D/F	FY-3A/B/C/D/F	MWRI	43	10	254
21	FY-3RM-1/2	FY-3RM-1/2	MWRI（FY-3RM）	TBD	10	254
[a] 表示对于高光谱红外大气探测仪，L1C数据中的通道数应为经过通道选择后的通道数。						

附 录 B
（规范性附录）
L1C数据部分要素含义

B.1 质量标识

代表观测时刻该仪器观测扫描点上各通道的质量情况。

B.2 降水标识

该时刻该仪器观测扫描点上的降水有或无的标识。
注：无量纲，0＝无强降水；1＝强降水；999999＝缺测。

B.3 云覆盖

代表观测时刻该仪器观测扫描点上的天空被云覆盖的情况，有效值域[0,100]，以百分号（％）表示。

B.4 方位角

球极坐标系定位，指水平面内的方向角，以北为零度。
卫星方位角，有两种定义：
a) 以北为准，沿顺时针转为正，沿逆时针转为负，值域[－18000,18000]，如FY-3C；
b) 以北为准，顺时针转一圈依次是从0°到360°，值域[0,36000]，如FY-3D。
太阳方位角，有两种定义：
a) 以北为准，沿顺时针转为正，沿逆时针转为负，值域[－18000,18000]，如FY-3C；
b) 以北为准，顺时针转一圈，值域[0,36000]，如FY-3D。

B.5 天顶角

目标物所在方向与天顶方向间的夹角。
卫星/太阳天顶：目标物所在方向与天顶方向间的夹角。值域为[0,18000]，天顶角是测点到卫星/太阳的视向量与测地天顶方向的夹角，天顶方向朝上（测地法方向）为0°，从天顶朝下（与测地法方向相反）为180°，地平线的方向为90°。

B.6 陆表标识

有两种定义：
a) 1＝陆地，2＝陆地水，3＝海，5＝分界线，如FY-3C；
b) 0＝海洋，1＝海陆交界，2＝陆地，3＝内陆水，如GRAPES中使用的国外卫星L1C数据。
陆表标识宜使用附录C表C.6中WMO统一定义，并与之同步滚动更新。

B.7 数值扩大100倍的要素

包括经度、纬度、局地/太阳天顶角、局地/太阳方位角、辐射亮度温度、扫描点云覆盖,以及扩展要素中的云水含量、地面降水率、海面风速等。

附 录 C
（规范性附录）
L1C 数据 BUFR 编码代码表含义

表 C.1 数据生产中心(0 01 033)(部分内容)

代码值	含 义	代码值	含 义	代码值	含 义
0	WMO 秘书处	16	达尔贝达(RSMC[a])	93	伦敦(WAFC[b])
1	墨尔本	38	北京(RSMC)	98	欧洲中期天气预报中心(RSMC)
4	莫斯科	39	国家卫星气象中心	110	中国香港
7	美国国家环境预报中心	78	奥芬巴赫(RSMC)	123	中国澳门

注：全部内容参见参考文献[15]的 PART C.c 的 COMMON CODE TABLE C-1，有修改。

[a] RSMC 代表世界气象组织的区域专业气象中心(Regional Specialized Meteorological Centre)。
[b] WAFC 代表世界气象组织的世界区域预报中心(World Area Forecast Centre)。

表 C.2 卫星垂直探测资料国际数据子类型

代码值	含 义	代码值	含 义	代码值	含 义
0	温度	5	HIRS	30	高光谱温、湿探测
1	TIROS	6	MHS	40	微波温、湿探测
2	ATOVS	7	IASI	50	无线电掩星探测
3	AMSU-A	8	VASS		
4	AMSU-B	20	红外温、湿探测		

注：参见参考文献[15]的 COMMON CODE TABLE C-13：Data sub-categories of categories defined by entries in BUFR Table A 中 3 Vertical soundings (satellite)。

表 C.3 垂直探测产品限定符(0 08 070)

代码值	含 义
0—1	预留
2	地球定位的原始观测计数值,定标系数和仪器遥测(1b 级)
3	地球定位、定标后的辐射率(1c 级)
4	匹配到公共像元,地球定位、定位后的辐射率(1d 级)
5—14	预留
15	缺测值

注：参见参考文献[15]的 Code tables and flag tables associated with BUFR/CREX Table B(0 08 070)。

表 C.4 卫星标识符(0 01 007)(部分内容)

代码值	含义	代码值	含义	代码值	含义
3	MetOp-B	208	NOAA-17	520	FY-3A
4	MetOp-A	209	NOAA-18	521	FY-3B
5	MetOp-C	223	NOAA-19	522	FY-3C
206	NOAA-15	224	SNPP	523	FY-3D
207	NOAA-16	225	NOAA-20	—	—

注：全部内容参见参考文献[15]的PART C.c的COMMON CODE TABLE C-5。

表 C.5 卫星仪器(0 02 019)(部分内容)

代码值	代理	仪器简称
203	EUMETSAT[a]	MHS
570	NOAA	AMSU-A
574	NOAA	AMSU-B
606	NOAA	HIRS/3
607	NOAA	HIRS/4
620	NOAA	CrIS
621	NOAA	ATMS
933	NRSCC[b]	IRAS
936	NRSCC	MWHS
938	NRSCC	MWRI
953	CMA[c]	MWHS-Ⅱ
954	CMA	MWTS-Ⅱ
955	CMA	HIRAS

注：全部内容参见参考文献[15]的PART C.c的COMMON CODE TABLE C-8；

[a] EUMETSAT 代表欧洲气象卫星组织(European Organisation for the Exploitation of Meteorological Satellites)。
[b] NRSCC 代表中国国家遥感中心(National Remote Sensing Center of China)。
[c] CMA 代表中国气象局(China Meteorological Administration)。

表 C.6 陆表标识(0 13 040)

代码值	含义	代码值	含义	代码值	含义	代码值	含义
0	陆地	4	可能是冰	8	雪覆盖	12—14	预留
1	预留	5	海洋	9	海冰	15	缺测值
2	近海	6	海岸线	10	积水	—	—
3	冰	7	内陆水	11	雪		

注：参见参考文献[15]的 Code tables and flag tables associated with BUFR/CREX Table B(0 13 040)。

表 C.7 降水标识(0 20 029)

代码值	含义	代码值	含义	代码值	含义	代码值	含义
0	无雨	1	雨	2	预留	3	缺测值
注：参见参考文献[15]的 Code tables and flag tables associated with BUFR/CREX Table B(0 20 029)。							

参 考 文 献

[1] QX/T 19—2008　气象卫星数据文件名命名规范
[2] QX/T 39—2005　气象数据集核心元数据
[3] QX/T 129—2011　气象数据传输文件命名
[4] QX/T 133—2011　气象要素分类与编码
[5] QX/T 137—2011　气象卫星产品分层数据格式
[6] QX/T 158—2012　气象卫星数据分级
[7] QX/T 235—2014　商用飞机气象观测资料 BUFR 编码
[8] QX/T 250—2014　气象卫星产品术语
[9] QX/T 327—2016　气象卫星数据分类与编码规范
[10] QX/T 427—2018　地面气象观测数据格式　BUFR 编码
[11] QX/T 428—2018　高空气象观测数据格式　BUFR 编码
[12] 陈述彭.遥感大辞典[M].北京:科学出版社,1990
[13] 杨军,董超华,等.新一代风云极轨气象卫星业务产品应用[M].北京:科学出版社,2011
[14] Tiphaine Labrot, Lydie Lavanant, Keith Whyte. NWPSAF-MF-UD-003. AAPP documentation data formats[Z]. NWP SAF document
[15] WMO. Manual on Codes International Codes Volume 1.2:WMO-No.306[Z]. WMO,2015 edition,updated in 2018
[16] https://www.wmo-sat.info/oscar

ICS 07.060
A 47
备案号：78188—2020

中华人民共和国气象行业标准

QX/T 148—2020
代替 QX/T 148—2011

气象领域高性能计算机系统测试与评估规范

Specification for high performance computer system
test and evaluation in the meteorological field

2020-07-31 发布　　　　　　　　　　　　　　　　2020-12-01 实施

中国气象局　发布

QX/T 148—2020

前　言

本标准按照 GB/T 1.1—2009 给出的规则起草。

本标准代替 QX/T 148—2011《气象领域高性能计算机系统测试与评估规范》。与 QX/T 148—2011 相比，除编辑性修改外，主要技术变化如下：
—— 修改了标准适用范围，由"采购"扩展为"采购或租用"（见第 1 章，2011 年版的第 1 章）；
—— 修改了高性能计算机系统术语定义（见 2.1，2011 年版的 2.1）；
—— 增加了加速比术语和定义（见 2.3）；
—— 将核心测试术语改为基准测试术语（见 2.5，2011 年版的 2.4）；
—— 删除了再现性测试术语和定义（见 2011 年版的 2.7）；
—— 增加了输入输出（I/O）及消息传递接口（MPI）通信性能测试（见 3.2.3）；
—— 删除了断点/重起和分时调度功能测试（见 2011 年版的 3.2.3）；
—— 增加了作业管理调度等功能测试（见 3.2.4）；
—— 增加了合理性评估指标（见 4.1.4）；
—— 删除了管理软件效率分析（见 2011 年版的 4.2.5）；
—— 增加了定量评估方法（见 4.2.5）；
—— 修改了《高性能计算机系统总体测试说明》（见附录 A，2011 年版的附录 A）、《高性能计算机系统分项测试说明》（见附录 B，2011 年版的附录 B、C），增加了《高性能计算机系统测试评分示例》（见附录 C）、《高性能计算机系统测试评估报告大纲》（见附录 D）。

本标准由全国气象基本信息标准化技术委员会（SAC/TC 346）提出并归口。

本标准起草单位：国家气象信息中心。

本标准主要起草人：魏敏、孙婧、沈瑜、李娟、肖华东、王彬、洪文董、曹燕、田浩。

本标准所代替标准的历次版本发布情况为：
—— QX/T 148—2011。

引 言

QX/T 148—2011《气象领域高性能计算机系统测试与评估规范》规定了气象领域高性能计算机在采购过程中的测试要求、内容和方法,以及对测试结果的评估方法。随着气象数值模式及高性能计算技术的发展,气象数值模式对高性能计算机系统的需求不断变化,高性能计算机系统的规模不断扩展,系统复杂性不断增加,高性能计算机系统测试结果评估需求进一步精细化。

为更全面、规范地对高性能计算机系统进行测试与评估,特对 QX/T 148—2011《气象领域高性能计算机系统测试与评估规范》进行修订。

QX/T 148—2020

气象领域高性能计算机系统测试与评估规范

1 范围

本标准规定了气象行业运行气象数值模式的高性能计算机系统的测试与评估规范。

本标准适用于气象行业采购或租用运行气象数值模式的高性能计算机系统的测试与评估。

2 术语和定义

下列术语和定义适用于本文件。

2.1
高性能计算机系统 high performance computer system；HPCS

由一定数量高性能计算节点、高速低延迟互联网络和大容量存储子系统及配套软件构成的,以科学与工程计算为主要应用目标的大规模并行计算机系统。

2.2
峰值性能 peak performance

高性能计算机系统的最高理论性能值。

2.3
加速比 speedup ratio

给定气象数值模式程序在高性能计算机系统单节点或处理器核(CPU核)上的运行时间与在多个这种节点或处理器核(CPU核)上的运行时间之比。

2.4
应用测试 application test

使用实际业务或科研气象数值模式程序对高性能计算机系统进行的测试。

2.5
基准测试 benchmark test

选择国际上通用、公开的基准测试程序,测试高性能计算机系统的相关性能。

2.6
非优化测试 un-optimized test

不对程序源代码进行运算性能优化型修改,并可得到合理结果的测试。

2.7
优化测试 optimized test

对程序源代码进行运算性能优化型修改,并可得到合理结果的测试。

3 测试规范

3.1 测试要求

3.1.1 筛选气象数值模式

应从已有的业务或科研气象数值模式中筛选出稳定运行的具有计算、访存、通信及I/O等特点的模式。

3.1.2 设定测试时效要求

根据业务或科研气象数值模式的运行时效要求来设定模式测试的运行时间要求,也可用缩短运行时间的要求来测更大规模的系统。

3.1.3 测试用例

应对选定的气象数值模式程序设置约束条件,确定测试数据及计算规模,形成测试用例。

3.1.4 测试用机

应使用一套具有完整硬件配置、完整软件配置,且配置已全部安装的独立的高性能计算机为测试用机。测试用机应是 UNIX 或 LINUX 环境和 64 位精度及以上的高性能计算机系统,测试节点的计算单元应满配置,内存容量可按需配置。

3.1.5 综合测试

应采用应用测试、基准测试和功能测试等方法,对高性能计算机系统的计算性能、内存性能、内部互联网络性能、I/O 性能、可靠性及软件功能等进行全面测试。对于租用的远程访问的高性能计算机系统应对访问带宽和访问性能等进行测试。

3.1.6 测试方法

应以应用测试为主、基准测试为辅。应用测试可分非优化和优化两种方式。各项测试均应由厂商或服务商自测试。

3.1.7 运行方式

所有测试相关的脚本应以批作业的方式运行。

3.2 测试内容

3.2.1 测试题目

一道测试题目(Test)可对应一个气象数值模式程序的测试或对应某个基准程序的测试,也可对应多个气象数值模式程序的组合测试或多个基准程序的组合测试。测试题目以 Test1,Test2,Test3 等顺序编号。

3.2.2 应用测试

3.2.2.1 系统配置测试

在规定时间内运行完给定气象数值模式程序所需的 CPU 核资源、内存资源等最小配置。

3.2.2.2 加速比测试

加速比测试中节点数或 CPU 核数系列值的选取可根据采购或租用系统的规模调整,宜至少选取 8 个阶梯,尽量接近或大于等于采购或租用系统的节点数或 CPU 核数。

3.2.2.3 性能测试

性能测试应包含:

——单CPU核应用性能测试；

——单节点应用性能测试；

——多节点应用性能测试。

3.2.3 基准测试

基准测试应包含：

——I/O性能测试；

——MPI通信性能测试；

——内存带宽测试。

3.2.4 功能测试

功能测试可包含：

——作业管理调度测试；

——软件开发工具测试；

——科学计算库测试。

3.3 测试准备

3.3.1 程序、数据及相关文档准备

包括以下内容：

a) 气象数值模式程序及相关数据准备应在UNIX或LINUX操作系统环境下进行，生成的目录结构应以测试程序名开始，下级目录为源程序、数据；

   示例：

   全球与区域同化预报系统（GRAPES）程序目录结构：

   GRAPES/src/

   GRAPES/data/

b) 可在存放气象数值模式程序及相关数据主目录下用tar命令打包、压缩，并以该程序名命名；

   示例：

   GRAPES程序文件名：

   GRAPES.tar.gz 或 GRAPES.tar.Z

c) 应准备《高性能计算机系统总体测试说明》《高性能计算机系统分项测试说明》等文档；

d) 基准测试程序、相关数据与文档可由厂商或服务商自行获取。

3.3.2 介质准备

包括以下步骤：

a) 介质选择：存储介质宜选轻便易传递的移动硬盘或光盘。

b) 数据记录：把在UNIX或LINUX环境下准备的气象数值模式程序、数据及文档传输到移动存储介质。存储介质制作之后应进行可用性读出检查。

c) 贴标签：存储介质制作完成后，应统一对每件介质编号、贴标签。标志样例可包括以下3行：

   • 编号：单位名称缩写名-1(1/4)；

   • 模式名称：GRAPES.tar.Z；

   • 制作日期：××××年××月××日。

制作完成后应加密封标志，加盖公章。

3.4 测试结果

3.4.1 输出结果

包括以下步骤：
a) 筛选输出结果。应包括以下内容：
   - 测试过程所使用的所有源程序、头文件、库文件、目标文件、可执行文件、输入输出数据、配置脚本、作业提交脚本、标准输出、标准错误输出及日志文件等；
   - 优化时修改过的最终版本的源文件，不应包括优化过程中的中间文件；
   - 应对作业主要部分的开始和结束打上墙钟时间标志；
   - 测试的结果文件。
b) 存放路径与打包：在程序测试运行过程中所使用的气象数值模式目录层次不变，为区分不同厂商或服务商各测试题目非优化和优化结果，应在原模式目录层次增加若干目录。可按示例的目录结构存放，打包返回结果。
   示例：
   厂商或服务商 A 的目录结构：
   A/Test1/GRAPES/un-optimized/
   A/Test1/GRAPES/optimized/

上述路径表明是厂商或服务商 A 基于 GRAPES 进行的 Test1 测试结果，分为优化和非优化两种。可打包成 A-Test1-GRAPES.tar.gz 文件，表明是厂商或服务商 A 完成的 Test1 测试结果，采用 tar 命令打包并压缩后的文件。

3.4.2 填写测试报告表

各测试题目应分别对应一份测试报告表，内容包含测试结果和相应的测试环境。由采购或租用单位提供，由测试人填写并签字，标明日期，厂商或服务商盖章，用纸质形式和电子文档（PDF 或 WORD 格式）提交。

3.4.3 撰写分析报告

应包括对测试的总体描述，测试环境和关键系统参数调整对性能的影响，测试题目自身存在的问题，优化过程中主要修改部分，测试结果分析等。基于部分实测结果进行推算的测试题目，其结果分析中应给出推算理由、推算方法、公式和说明。

应包含保证结果的真实性和测试的可再现性，推算结果视同承诺的文字。

应使用中文，用纸质形式和电子文档（PDF 或 WORD 格式）提交，纸质形式文档应有撰写人签字，并标明日期，厂商或服务商盖章。

3.5 测试说明

3.5.1 总体测试说明

应准备一份总体测试说明，说明的书写应清楚、严谨。说明的大纲宜包含：概述、说明文档与程序、测试要求、测试结果、测试题目和联系方式等。总体测试说明参见附录 A。

3.5.2 分项测试说明

分项测试说明可包括但不限于以下内容：
a) 气象数值模式名称，主要参数，程序目录结构等；

b) 编译、链接源程序,修改文件参数,运行程序的方法等;
c) 模式输入、输出数据存放目录及其文件集,数据格式等;
d) 模式运行结果,结果合理性检查方法等。

分项测试说明参见附录B。

4 评估规范

4.1 定性评估

4.1.1 完成情况

应对所有厂商或服务商完成的测试及结果提交情况进行统计,填写测试完成情况定性评估表,见表1。该表应涵盖所有参测厂商或服务商和所有测试题目,表项可按实际情况增减。

表 1 测试完成情况定性评估表

测试题目		厂商或服务商			
		测试完成情况	测试方法正确性	测试结果合理性	优化百分比 %
Test1	非优化				—
	优化				

测试完成情况:√ 完成测试,○ 未完成测试;
测试方法正确性:√ 正确,× 错误,? 部分正确,○ 未完成测试;
测试结果合理性:√ 合理,× 不合理,? 部分合理,○ 未完成测试;
优化百分比:优化后相对优化前计算性能提升百分比,○ 未完成测试。

4.1.2 测试环境分析

对测试环境进行分析,至少应包括以下内容:
a) 测试系统是 UNIX 或 LINUX;
b) 测试系统精度是 64 位或 64 位以上;
c) 测试系统 CPU、节点、内部网络互联、存储系统等硬件配置与采购或租用系统差异;
d) 测试系统操作系统、编译器、作业管理调度等软件配置与采购或租用系统差异。

4.1.3 测试方法正确性分析

对测试方法进行分析,至少应包括以下内容:
a) 测试使用采购或租用方提供(或指定来源)的源代码;
b) 测试使用采购或租用方提供(或指定来源)的数据;
c) 非优化测试没有对程序源代码进行运算性能优化型修改;
d) 优化测试真正做过源代码优化,使用的预编译器、编译选项及链接库;
e) 没有通过减少输出数据而减少墙钟时间等;
f) 功能测试按规定的方法测试;
g) 测试的真伪性,检查批作业运行的标准输出、运行结果等;
h) 测试的完成程度,测试结果是全部实测、全部推算或部分实测部分推算。

4.1.4 测试结果合理性分析

4.1.4.1 模式运行结果的合理性

测试过程中,因修改了部分程序代码(例如在优化方式测试时)或调整了气象数值模式的参数,可能造成模式运行结果的差异或预报预测的错误。可通过运算结果与标准结果的典型气象要素场分布形势和相关系数等模式模拟结果合理性指标来检验。

4.1.4.2 输出结果被人为修改的检验

气象数值模式运行过程中,标准输出、标准错误输出等文件输出时具有关联的时间标志序列。当输出结果(如敏感的运行时间等)被人为修改,其文件的时间属性会发生变化。可通过对模式运行输出的系列文件的创建、修改等时间关联性来检查。

4.1.5 问题清单

应在问题清单上列出妨碍定量评估的问题,以测试题目为单位,逐个厂商或服务商分析登记,见表2。该表应涵盖所有参测厂商或服务商和所有测试题目,表项可按实际情况增减。

表 2 测试结果问题清单

测试题目	厂商或服务商
Test1	

4.2 定量评估

4.2.1 总则

表3至表5中各表项可按实际情况增减。

4.2.2 配置分析

对涉及测量最小配置规模的测试题目,宜统计分析CPU核数(或CPU数、或节点数)、单CPU核峰值性能及内存配置和总功耗等内容,计算得到峰值性能,内存容量和每瓦峰值性能,见表3。

表 3 最小系统配置统计表

测试题目		厂商或服务商							
		运行时间 s	CPU核数	单CPU核峰值性能 GFLOPS	峰值性能 GFLOPS	单CPU核内存配置 GB	内存容量 GB	总功耗 W	性能功耗比 GFLOPS/W
Test1	非优化								
	优化								

峰值性能=单CPU核峰值性能×CPU核数;
内存容量=单CPU核内存配置×CPU核数;
性能功耗比=峰值性能/总功耗。

4.2.3 测量时间分析

对涉及测量时间的测试题目,应统计分析作业使用的编译选项和运行时间等内容,见表4。

表4 运行时间统计表

测试题目		厂商或服务商	
		编译选项	运行时间 s
Test1	非优化		
	优化		

4.2.4 加速比分析

对涉及加速比的测试题目,应统计分析不同并行规模作业运行时间,计算加速比,见表5。表中计算单元可为节点或CPU核,根据实际情况确定。

表5 加速比统计表

测试题目		厂商或服务商		
		运行时间 s	峰值性能 GFLOPS	加速比
CPU核	128			
	256			
	512			
	1024			
	2048			
	4096			
	8192			
	16384			

4.2.5 评分方法

每厂商或服务商测试满分可分为测试总体情况分值和测试题目分值两部分,见式(1)。

$$S = S_s + S_t \quad \quad \quad (1)$$

式中:

S ——测试满分,$S \geqslant 0$;

S_s ——测试总体情况满分,$S_s \geqslant 0$;

S_t ——测试题目满分,$S_t \geqslant 0$。

测试总体情况应主要考虑测试厂商或服务商是否按照要求完成测试及提交文档情况,可分为"优""良""一般"3个级别,为3个级别设定分值,按此顺序分值依次递减,"优"级别分值最高,"一般"级别分值最低。根据厂商或服务商实际测试情况给出测试总体情况得分 $S_{sa}(0 \leqslant S_{sa} \leqslant S_s)$。

测试题目得分应为厂商或服务商各测试题目总得分,见式(2)。

$$S_{ta} = \sum_{i=1}^{n}(S_{bi} + (S_{mi} - S_{bi}) \times R_i) \qquad\qquad (2)$$

式中:
S_{ta} ——测试题目总得分,$0 \leqslant S_{ta} \leqslant S_t$;
n ——测试题目总数,$n > 0$ 的整数;
i ——测试题目个数,$i \leqslant n$ 的正整数;
S_{bi} ——第 i 题目基础分,$0 \leqslant S_{bi} \leqslant S_{mi}$;
S_{mi} ——第 i 题目满分,$S_{mi} > 0$ 且 $\sum_{i=1}^{n} S_{mi} = S_t$;
R_i ——第 i 题目得分因子,$0 \leqslant R_i \leqslant 1$。

测试总得分应为厂商或服务商测试总体情况得分与测试题目总得分之和,见式(3)。

$$S_a = S_{sa} + S_{ta} \qquad\qquad (3)$$

式中:
S_a ——测试总得分,$0 \leqslant S_a \leqslant S$;
S_{sa} ——测试总体情况得分,$0 \leqslant S_{sa} \leqslant S_s$。

按要求完成测试即可获得该题目基础分。测试未完成、测试不符合测试要求或测试结果不合理该测试题目不得分。

各部分分值分配,基础分分值设置及得分因子的计算方法应根据实际测试需求及测试内容确定。测试评分示例参见附录C。

4.3 测试评估报告

测试评估报告应包括概述、定性评估、定量评估和总体评估,但不限于这些内容。测试评估报告大纲参见附录D。

附 录 A
（资料性附录）
高性能计算机系统总体测试说明

A.1 概述

测试分为应用测试、基准测试和功能测试三类。参与测试的厂商或服务商依据测试说明按照要求完成各项测试，并提交测试结果及测试文档。采购或租用单位提供气象数值模式源程序、数据和文档。基准测试的测试程序和数据由厂商或服务商自行获取。所有测试工作由参测厂商或服务商独立完成。测试文档采用中文。

A.2 说明文档、程序及数据

A.2.1 说明文档

包括测试整体情况说明及各气象数值模式程序说明：
a) 总体测试说明；
b) GRAPES模式程序说明；
c) 天气研究与预报模式（WRF）程序说明；
d) 北京气候中心气候系统模式（BCC_CSM）程序说明；
e) 北京气候中心大气环流模式（BCC_AGCM）程序说明。

A.2.2 程序及数据

包括测试所用各气象数值模式程序及数据：
a) Test1-a-GRAPES_GFS.tar.gz：GRAPES全球模式；
b) Test1-b-GRAPES_MESO.tar.gz：GRAPES区域模式；
c) Test1-c-WRF.tar.gz：WRF模式；
d) Test1-d-BCC_CSM.tar.gz：BCC_CSM模式；
e) Test1-e-BCC_AGCM.tar.gz：BCC_AGCM模式。

A.3 测试要求

所有测试在与厂商或服务商即将提供的采购或租用系统相同或相近的系统配置规模环境下运行，一般是UNIX或LINUX环境和64位或以上精度的机器。

应用测试应采用采购或租用单位提供的气象数值模式源程序和数据。所有输入和输出数据应存储于全局共享文件系统。程序运行时应以单作业方式占用节点。所有测试相关的脚本应以批作业的方式运行，不用交互方式，如只能用交互方式运行，应说明原因。

应用测试可分为非优化和优化两种方式，应提交非优化测试结果，否则此测试题目视为无效。可对应用测试题目进行优化，同时提交优化测试结果。具体如下：
a) 非优化测试代码修改应遵循下列条件：
　1) 不影响模式的预报预测结果；
　2) 不影响代码的通用性，修改的代码重新运行能产生再现的结果，即使用完全相同的输入数

据和参数,作业重新运行能得到二进制位逐位相同的结果;
3) 各模式的参数修改限制参见各自的说明文件;
4) 在代码和脚本文件中所做修改的地方,标注 UNOPTMOD 字符串。
b) 优化测试代码修改应遵循上述非优化测试 1)－3)条件与以下条件:
1) 编译前源代码可使用预编译器;
2) 为指导编译器完成某种功能而在源代码中插入编译指导语句;
3) 各模式说明文件中指明的可修改部分;
4) 所做的代码修改不能影响程序的可读性和代码的可移植性;
5) 在代码和脚本文件中做修改的地方,标注 OPTMOD 字符串,并提供汇集所有修改内容及修改目的的描述性电子文档。

应用测试未标明"实测"的要求,可进行推算,推算应在实测结果基础上进行,推算结果视为正式承诺,对于推算的结果,应给出具体推算方法和公式及相关必要说明。功能测试应实测,不允许推算。

对未按照测试要求完成的测试题目,即使提交了测试结果,该测试题目视为未完成。气象数值模式各测试结果应具有合理性,采购或租用单位对测试结果进行合理性检查。

厂商或服务商应确保提交的所有数据、文档内容真实、可靠。各项测试结果应在采购或租用系统均可再现。

测试结果数据应采用移动存储设备存储,该设备应能在指定环境识别,需提供硬件连接方式及系统挂载命令。如测试结果数据不能够被正确读取,则视为未提交数据。

A.4 测试结果

A.4.1 输出结果

A.4.1.1 内容

应包括但不限于以下内容:
a) 实际作业运行时所使用的源程序和编译后对应的目标程序,库函数,可执行文件,编译链接选项配置文件,参数文件,数据文件及日志文件等;
b) 优化及非优化程序源代码及编译链接选项配置文件;
c) 提交作业脚本和作业主要部分的开始和结束墙钟时间日志;
d) 运行过程中各进程的标准输出日志、标准错误输出日志和作业运行信息;
e) 每道测试题目每个并行规模测试结果文件。

A.4.1.2 文件说明

为保证测试结果数据的正确读取,应对每一道测试题目的每一个测试结果文件说明其存放目录、文件格式(二进制文件应明确大端或小端存储)及读取方法,对各测试结果数据来源进行明确说明。

A.4.1.3 存放路径与打包

在测试过程中所使用的气象数值模式目录层次不变,为区分不同厂商或服务商各测试题目非优化和优化结果,应在原模式目录层次增加若干目录。可按下述目录结构存放,以厂商或服务商 A 为例:

厂商或服务商 A 的目录结构:

A/Test1/GRAPES/un-optimized/

A/Test1/GRAPES/optimized/

上述路径表明是厂商或服务商 A 基于 GRAPES 进行的 Test1 测试结果,分成优化和非优化两种。

打包成 A-Test1-GRAPES.tar.gz 返回结果,这表明是厂商或服务商 A 完成的 Test1 测试结果。如果文件太大,可分成几个包,如 A-Test1-GRAPES-1.tar.gz,A-Test1-GRAPES-2.tar.gz 等。

A.4.2 填写测试报告表

各测试题目分别对应一份测试报告表,包含测试结果和相应的测试环境。由测试人填写并签字,标明日期,厂商或服务商盖章,用纸质形式和电子文档提交。

A.4.3 撰写分析报告

A.4.3.1 概述

主要包括对测试情况的总体描述,运行环境和关键系统参数调整对性能的影响,优化过程中主要修改部分,结果的性能分析等。用纸质形式和电子文档提供,纸质形式文档要有撰写人签字,厂商或服务商盖章。

厂商或服务商应保证测试结果的真实性和测试的可再现性,明确说明推算结果作为正式承诺。

A.4.3.2 测试系统信息

厂商或服务商应针对每道测试题目提交相关测试系统的详细信息。

A.4.3.3 测试结果分析

应包括但不限于以下内容:
a) 详细说明测试系统与采购或租用系统的区别;
b) 比较分析所有优化代码和原始代码的差别;
c) 详细说明使用到的脚本、命令和提供的各类文档;
d) 详细说明使用到的优化方法、工具及软件等;
e) 分析测试结果,包括图形、表格和文字表述等;
f) 对测试结果进行推算的测试题目,给出实测结果、推算理由、推算公式和推算可行性分析。

A.5 测试题目

测试题目包括 Test1、Test2 和 Test3。
Test1 为应用测试,可包括但不限于表 A.1 的内容。
Test2 为基准测试,可包括但不限于表 A.2 的内容。
Test3 为作业管理调度功能测试,可包括但不限于表 A.3 的内容。

表 A.1 应用测试题目

序号	测试题目	测试名称	测试要求
1	Test1-a	GRAPES_GFS 模式测试	完成分辨率为 0.25 度的 8 d 预报,4096 核实测所需最短时间,同时应推算同等并行规模在采购或租用系统的最短时间。
2	Test1-b	GRAPES_MESO 模式测试	完成分辨率为 0.03 度的 1 d 预报,8192 核实测所需最短时间,同时应推算同等并行规模在采购或租用系统的最短时间。

表 A.1 应用测试题目(续)

序号	测试题目	测试名称	测试要求
3	Test1-c	WRF 模式测试	完成分辨率为 3 km 的 12 h 预报,每小时一次输出,每次输出单独一个文件。应提供 128、256、512、1024、2048、4096、8192、16384 核的最短时间,建议测试到尽可能多的核数,并尽量提供密集的测试结果。同时应推算同等并行规模在采购或租用系统的最短时间。
4	Test1-d	BCC_CSM 模式测试	在 1 d 内完成 10 个模式年的积分,至少使用 512 核测试所需的最短时间,要求至少输出连续积分 5 个模式年的实测结果数据。同时应推算在采购或租用系统的最短时间。
5	Test1-e	BCC_AGCM 模式测试	在 1 d 内完成 5 个模式年的积分,至少使用 512 核测试所需的最短时间,要求至少输出连续积分 1 个模式年的实测结果数据。同时应推算在采购或租用系统的最短时间。

注:"核"指处理器核(CPU 核)。

表 A.2 基准测试题目

序号	测试题目	测试名称	测试要求
1	Test2-a	I/O 性能测试（IOzone）	测试要求实测,针对系统 I/O 通路设计,选择具有代表性的计算节点(如通路最长,中等,最短),依次在每节点采用单进程完成测试。给出节点选择依据,填写测试表格。应推算各测试结果在采购或租用系统的对应结果。
			测试要求实测,针对系统 I/O 通路设计,分别选择 64、128、256、512 进程(每进程运行在一个核),每节点满配运行,并发执行测试。给出节点选择依据,填写测试表格。应推算各测试结果在采购或租用系统的对应结果。
2	Test2-b	MPI 通信性能测试（IMB）	测试要求实测,针对系统计算网络通信拓扑结构,完成 MPI 各类点到点通信测试,包括一个节点内、跳数为 1、跳数为 3 直至跳数最大节点等,测试 MPI 带宽和延迟。给出节点选择依据,填写测试表格。应推算各测试结果在采购或租用系统的对应结果。
			测试要求实测,针对系统计算网络通信拓扑结构,至少对 64、128、256、512 进程(每进程运行在一个核),每节点满配运行,完成 MPI 各类集合通信测试,测试 MPI 的带宽和延迟。给出节点选择依据,填写测试表格。应推算各测试结果在采购或租用系统的对应结果。
3	Test2-c	内存性能测试（Stream）	测试要求实测,系统每节点配置 n 个核,完成 $1、n/4、n/2、n$ 个核规模测试,测试所用数组的大小分别设为所用到最后一级 cache(如 L3)总和的 2、4、6、8 倍,给出详细说明,填写测试表格。应推算各测试结果在采购或租用系统的对应结果。

注:"核"指处理器核(CPU 核)。

表 A.3 作业管理调度功能测试题目

序号	测试题目	测试名称	测试要求
1	Test3-a	高优先级作业抢占功能测试（采用 Test1-a 中 GRAPES_GFS 模式和 Test1-b 中 GRAPES_MESO 模式）	提交低优先级的 GRAPES_GFS 模式作业之后，提交高优先级的 GRAPES_MESO 模式作业抢占 GRAPES_GFS 模式作业计算资源，GRAPES_GFS 模式作业被挂起（保留在内存），GRAPES_MESO 模式作业运行结束后，GRAPES_GFS 模式作业可正常继续运行。
2	Test3-b		高优先级作业抢占低优先级作业资源，作业被抢占后能够自动重新提交的功能。
3	Test3-c	多级作业抢占功能测试（采用 Test1-a 中 GRAPES_GFS 模式和 Test1-b 中 GRAPES_MESO 模式）	测试不同优先级队列的作业按照级别进行计算资源挂起方式抢占的功能。 如有 A、B、C 三个队列，优先级顺序为 A＞B＞C。多个研发作业同时运行（C 队列），当较高级别的作业提交（B 队列）后，在资源不满足时抢占研发作业（C 队列）的资源，当最高级别作业提交（A 队列）后，在资源不满足时可以抢占较高级别的作业（B 队列）和研发作业（C 队列）的资源，目标是保证最高优先级作业的时效性。在高级别作业结束后，低级别作业恢复运行。

A.6 联系方式

分别给出不同测试题目联系人信息，包括姓名、联系电话及邮箱等。

A.7 测试报告表

图 A.1 给出系统环境配置表格式，可包括但不限于表中内容。图 A.2—图 A.6 给出 Test1-a 至 Test1-e 测试报告表格式，可包括但不限于表中内容。

管理节点	服务器型号		
	主板芯片组型号		
	CPU	型号	
		数量	
	内存	型号	
		数量	
	磁盘	型号	
		数量	
	计算网络接口	型号	
		数量	
	管理网络接口	型号	
		数量	

图 A.1 系统环境配置表

登录节点	服务器型号		
	主板芯片组型号		
	CPU	型号	
		数量	
	内存	型号	
		数量	
	磁盘	型号	
		数量	
	计算网络接口	型号	
		数量	
	管理网络接口	型号	
		数量	
计算节点	服务器型号		
	主板芯片组型号		
	CPU	型号	
		数量	
	内存	型号	
		数量	
	磁盘	型号	
		数量	
	计算网络接口	型号	
		数量	
	管理网络接口	型号	
		数量	
存储节点	服务器型号		
	主板芯片组型号		
	CPU	型号	
		数量	
	内存	型号	
		数量	
	磁盘	型号	
		数量	
	计算网络接口	型号	
		数量	
	管理网络接口	型号	
		数量	

图 A.1 系统环境配置表（续）

QX/T 148—2020

计算网络	网络类型	
	网络拓扑	
	阻塞比	
	任意两个节点最远跳数	
	核心交换机型号	
	核心交换机数量	
管理网络	网络类型	
	网络拓扑	
	核心交换机型号	
	核心交换机数量	
存储网络	网络类型	
	网络拓扑	
	核心交换机型号	
	核心交换机数量	
监控网络	网络类型	
	网络拓扑	
	核心交换机型号	
	核心交换机数量	
软件	操作系统版本	
	操作系统内核版本	
	并行文件系统版本	
	作业调度系统版本	
	集群管理软件版本	
	系统监控软件版本	
	并行环境版本	
	编译调试环境版本	
	数学函数库版本	
散热方式	计算节点	
	管理节点	
	登录节点	
	存储节点	
	存储系统	
	网络交换机	
能耗	功耗	
	能效	
测试系统安装地点		
测试系统安装时间		

图 A.1 系统环境配置表（续）

报告表1:Test1-a 测试结果

第1部分:Test1-a 运行时间

测试题目	测试系统			采购或租用系统	
	采用处理器核（CPU核)数（理论峰值）	非优化实测时间（s）	优化实测时间（s）	采用处理器核（CPU核)数（理论峰值）	推算时间（s）
GRAPES_GFS					

第2部分:Test1-a 运行环境

机型	
CPU	
标量时钟/向量时钟(GHz)	
每时钟指令数	
单处理器核(CPU核)峰值性能(GFLOPS)	
每CPU核数	
单CPU峰值性能(GFLOPS)	
总节点数	
每节点CPU数	
缓存与寄存器大小	
每节点实际使用内存(GB)	
每节点内存配置(GB)	
互联网速(GB/s)	
互联网硬件延迟	
操作系统版本	
编译器版本	
编译命令及选项	

厂商或服务商:＿＿＿＿＿＿＿＿＿＿
测试者姓名:＿＿＿＿＿＿＿＿＿＿
测试者签名:＿＿＿＿＿＿＿＿＿＿
时间:＿＿＿＿＿＿＿＿＿＿

图 A.2 Test1-a 测试报告表

报告表2：Test1-b测试结果

第1部分：Test1-b运行时间

测试题目	测试系统			采购或租用系统	
	采用处理器核（CPU核）数（理论峰值）	非优化实测时间（s）	优化实测时间（s）	采用处理器核（CPU核）数（理论峰值）	推算时间（s）
GRAPES_MESO					

第2部分：Test1-b运行环境

机型	
CPU	
标量时钟/向量时钟（GHz）	
每时钟指令数	
单处理器核（CPU核）峰值性能（GFLOPS）	
每CPU核数	
单CPU峰值性能（GFLOPS）	
总节点数	
每节点CPU数	
缓存与寄存器大小	
每节点实际使用内存（GB）	
每节点内存配置（GB）	
互联网速（GB/s）	
互联网硬件延迟	
操作系统版本	
编译器版本	
编译命令及选项	

厂商或服务商：＿＿＿＿＿＿＿＿＿＿

测试者姓名：＿＿＿＿＿＿＿＿＿＿

测试者签名：＿＿＿＿＿＿＿＿＿＿

时间：＿＿＿＿＿＿＿＿＿＿

图A.3 Test1-b测试报告表

报告表 3：Test1-c 测试结果

第 1 部分：Test1-c 加速比

采用处理器核 (CPU 核)数	测试系统			采购或租用系统		
	理论峰值 (GFLOPS)	运行时间 (s)	加速比	理论峰值 (GFLOPS)	运行时间 (s)	加速比
128						
256						
512						
1024						
2048						
4096						
8192						
16384						

第 2 部分：Test1-c 运行环境

机型	
CPU	
标量时钟/向量时钟(GHz)	
每时钟指令数	
单处理器核(CPU 核)峰值性能(GFLOPS)	
每 CPU 核数	
单 CPU 峰值性能(GFLOPS)	
总节点数	
每节点 CPU 数	
缓存与寄存器大小	
每节点实际使用内存(GB)	
每节点内存配置(GB)	
互联网速(GB/s)	
互联网硬件延迟	
操作系统版本	
编译器版本	
编译命令及选项	

厂商或服务商：_____
测试者姓名：_____
测试者签名：_____
时间：_____

图 A.4　Test1-c 测试报告表

报告表4：Test1-d 测试结果

第1部分：Test1-d 运行时间

BCC_CSM						
非优化实测	总处理器核（CPU核）数（理论峰值）	处理器核（CPU核）数最优配置				非优化实测时间（s）
		atm	ocn	lnd	ice	cpl	
优化实测	总处理器核（CPU核）数（理论峰值）	处理器核（CPU核）数最优配置				优化实测时间（s）
		atm	ocn	lnd	ice	cpl	
测试系统推算	总处理器核（CPU核）数（理论峰值）	处理器核（CPU核）数最优配置				测试系统推算时间（s）
		atm	ocn	lnd	ice	cpl	
采购或租用系统推算	总处理器核（CPU核）数（理论峰值）	处理器核（CPU核）数最优配置（可以不填）				采购或租用系统推算时间（s）
		atm	ocn	lnd	ice	cpl	

第2部分：Test1-d 运行环境

机型	
CPU	
标量时钟/向量时钟（GHz）	
每时钟指令数	
单处理器核（CPU核）峰值性能（GFLOPS）	
每CPU核数	
单CPU峰值性能（GFLOPS）	
总节点数	
每节点CPU数	
缓存与寄存器大小	
每节点实际使用内存（GB）	
每节点内存配置（GB）	
互联网速（GB/s）	
互联网硬件延迟	
操作系统版本	
编译器版本	
编译命令及选项	

厂商或服务商：_____
测试者姓名：_____
测试者签名：_____
时间：_____

图 A.5 Test1-d 测试报告表

报告表5:Test1-e 测试结果

第1部分:Test1-e 运行时间

测试题目	测试系统				采购或租用系统	
	采用处理器核（CPU核）数（理论峰值）	非优化实测时间（s）	优化实测时间（s）	推算时间（s）	采用处理器核（CPU核）数（理论峰值）	推算时间（s）
BCC_AGCM						

第2部分:Test1-e 运行环境

机型	
CPU	
标量时钟/向量时钟(GHz)	
每时钟指令数	
单处理器核(CPU核)峰值性能(GFLOPS)	
每CPU核数	
单CPU峰值性能(GFLOPS)	
总节点数	
每节点CPU数	
缓存与寄存器大小	
每节点实际使用内存(GB)	
每节点内存配置(GB)	
互联网速(GB/s)	
互联网硬件延迟	
操作系统版本	
编译器版本	
编译命令及选项	

厂商或服务商：＿＿＿＿＿＿＿＿＿＿
测试者姓名：＿＿＿＿＿＿＿＿＿＿
测试者签名：＿＿＿＿＿＿＿＿＿＿
时间：＿＿＿＿＿＿＿＿＿＿

图 A.6　Test1-e 测试报告表

附 录 B
（资料性附录）
高性能计算机系统分项测试说明

B.1 GRAPES 模式

B.1.1 概述

GRAPES 模式测试包括全球与区域预报模式测试。PPI 是全球预报模式的并行驱动,支持单、双精度。

B.1.2 全球预报模式

B.1.2.1 编译 PPI

进入 PPI/src 目录;根据需要修改 Makefile 文件;执行 make 命令编译 PPI。

B.1.2.2 编译模式

进入 MODEL/src 目录;根据需要修改 configure.grapes_r4.INTEL 文件、physics/CoLM/build/Makefile 文件和 physics/RRTMG/build/Makefile 文件;执行 compile.sh INTEL r4 命令编译模式;编译成功后在 MODEL/RUN 目录下生成 grapes_global_4.exe 可执行文件。

B.1.2.3 运行模式

进入 RUN_0.25 目录;链接可执行文件 ln-s ../RUN/grapes_global_4.exe ./grapes_global.exe;修改 namelist.input 文件的 nproc_x 和 nproc_y 参数,二者相乘与 MPI 进程数相等;运行 grapes_global.exe。

B.1.2.4 数据文件说明

全球预报模式数据为大端二进制数据。

B.1.2.5 模式运行结果

返回全部源程序、编译选项文件、计算结果文件 modelvar2013050106_2304 和日志文件 std.out.0000。结果文件为单精度二进制流文件。测试运行时间以 std.out.0000 中最后的模式运行时间为准,即以"in main model use ×××××.×××××××××× second"一行为准。

modelvar2013050106_2304-org 为标准计算结果,是大端二进制流文件,std.out.0000-org 为标准日志文件。编译运行 cor.f,读取 modelvar2013050106_2304-org 和 modelvar2013050106_2304,选取其中部分信息计算相关系数,若相关系数≥0.98 为通过。可根据实际需要对程序进行修改,如读取文件名、文件路径、大小端等,但计算的要素场不可变更。

B.1.3 区域预报模式

B.1.3.1 编译和运行步骤

进入 grapes_model-no-rsl-new 目录;根据需要修改 config/configure.grapes.INTEL.p 文件;执行 ./comp.sh INTEL 命令编译模式,编译成功后在 run 目录下生成 grapes.exe 可执行文件;运行

grapes.exe。

B.1.3.2 数据文件说明

有限区域预报模式数据为小端二进制数据。

B.1.3.3 模式运行结果

返回全部源程序、编译选项文件、计算结果文件rmf.hgra2016052300024.grb2和日志文件。结果文件为双精度二进制流文件。测试运行时间以作业日志文件输出的"all_time=××××××"为准。

rmf.hgra2016052300024.grb2-from-yh为标准计算结果,rsurm-xxxxxx.out-2048-2880为标准日志文件。编译运行cor.f,读取rmf.hgra2016052300024.grb2-from-yh和rmf.hgra2016052300024.grb2,选取其中部分信息计算相关系数,若相关系数≥0.98为通过。可根据实际需要对程序进行修改,如读取文件名、文件路径、大小端等,但计算的要素场不可变更。

B.2 WRF模式

B.2.1 概述

WRF模式水平分辨率采用3 km,水平范围基本覆盖中国地区。

B.2.2 编译和运行步骤

进入WRFV3目录;设置NETCDF、WRFIO_NCD_LARGE_FILE_SUPPORT环境变量;修改configure.wrf配置文件;执行configure命令配置模式;执行compile em_real 1>log.txt 2>&1命令编译模式,编译成功后在main目录下生成real.exe和wrf.exe两个可执行文件;进入WRFV3/test/em_real目录,执行llsubmit wrf.cmd命令提交作业。

B.2.3 数据文件说明

模式初始场文件名为wrfinput_d01,边界条件文件名为wrfbdy_d01,均为NETCDF格式。

B.2.4 模式运行结果

模式预报结果时间由2011_06_13_00时到2011_06_13_12时,预报时效共12 h,模式预报结果文件格式为NETCDF格式。返回WRF V3.3的完整目录,包含所有源程序、编译选项文件、目标文件、库函数、可执行文件及模式每次运行的namelist.input、namelist.output、rsl.out.*、rsl.error.*、作业提交脚本、执行信息、预报结果和日志等文件。运行时间以日志文件rsl.out.0000文件尾部的"Analysis spending time:××××× seconds"为准。

用于对比结果的文件为Test1-c-WRF-result.tar.gz。编辑grads数据描述文件control.ctl和experiment.ctl。进入control.ctl和experiment.ctl所在目录,在grads环境中运行pressure.gs脚本程序,计算两个结果文件中的部分场(p+pb)的相关统计量,生成pressure.gif文件,若相关系数≥0.98为通过。可根据实际需要对程序进行修改,如读取文件名、文件路径、大小端等,但计算的要素场不可变更。

B.3 BCC_CSM模式

B.3.1 概述

北京气候中心气候系统模式BCC_CSM包含5个主要模块:大气分量模式、海洋分量模式、陆面分量模式、海冰分量模式和耦合器。

B.3.2 编译和运行步骤

BCC_CSM模式编译设置在各个分量模式的脚本文件中,编译参数在models/bld/目录的Makefile文件中指定。修改BCC_CSM/bcccsm.build.csh脚本,设置MODEL_PATH、DATA_PATH和WORK_PATH参数,执行bcccsm.build.csh脚本编译模式。修改BCC_CSM/bcccsm.submit.csh脚本,设置MODEL_PATH、DATA_PATH和WORK_PATH参数,执行bcccsm.submit.csh脚本提交作业。

B.3.3 数据文件说明

模式运行所需要的数据文件在BCC_CSM/INIDATA/目录,atm、ocn、lnd、ice和cpl子目录分别存放大气、海洋、陆面、海冰和耦合器需要的数据,数据为NETCDF格式或ASCII文本格式。

B.3.4 模式运行结果

模式运行输出结果存放在output目录,后缀为".err"和".out"的文件记录模式的部分输出信息。atm、ocn、lnd、ice和cpl子目录分别存放各分量模式的输出结果,每个目录下文件名中包含".out"和".log."的文件为输出的日志文件。模式输出结果需要返回的数据如表B.1所示。

表B.1 BCC_CSM模式输出结果需要返回数据

大气	海洋	陆面	海冰	耦合器
timing.*文件	无	无	无	无
至少连续积分5年月平均模式结果(*h0*.nc)	至少连续积分5年模拟结果(默认月平均)	无	无	至少连续积分5年模拟结果(默认月平均)
参数文件	参数文件	参数文件	参数文件	参数文件
日志文件	日志文件	日志文件	日志文件	日志文件
目标文件	目标文件	目标文件	目标文件	目标文件

atm子目录文件名中包含".h0."的NETCDF文件为大气模式的主要运行结果,还需要返回atm.stdin、timing.*、atm.log.*等文件。ocn子目录返回ocean_****_**.nc、*_table、*.out、*.log.*文件。测试运行时间以大气模式分量下文件timing.0中总的模式运行时间为准,即以"total ×××× ×××× ×××× ××××"一行中的Wallclock时间为准。

用于对比结果的相关文件存放于压缩文件Test1-d-BCC_CSM-result.tar.gz中,可主要对比分量模式atm的运行结果。执行plot_test1-d.ncl脚本,读取标准结果和测试结果,选取其中部分信息计算相关系数,若相关系数≥0.98为通过。可根据实际需要对程序进行修改,如读取文件名、文件路径等,但计算的要素场不可变更。

B.4 BCC_AGCM模式

B.4.1 概述

北京气候中心大气环流模式BCC_AGCM包含大气和陆面两个分量模式。

B.4.2 编译和运行步骤

修改 test 目录 t266.csh 脚本，设置 INC_NETCDF、LIB_NETCDF、CSMDATA、camroot 环境变量，设置 case、runtype、wrkdir、blddir、rundir 参数，执行 gmake 命令编译，编译过程中在与个例有关的运行目录下建立子目录 bld，在其中生成可执行文件 bccam。在运行子目录 rundir 下生成 namelist 文件，执行 llsubmit bccam.cmd 命令提交作业。

B.4.3 数据文件说明

模式运行所需要的数据在 inputdata 目录，数据格式以 NETCDF 为主。

B.4.4 模式运行结果

模式运行输出结果存放在 output 目录，后缀为".err"和".out"的文件记录模式的部分输出信息。文件名中包含".log."的文件为输出的日志文件。模式输出结果需要返回的数据如表 B.2 所示。

表 B.2 BCC_AGCM 模式输出结果需要返回数据

timing.*文件
至少连续积分1年的月平均结果(*h0*.nc)
参数文件
日志文件
目标文件

文件名中包含".h0."的 NETCDF 格式文件为主要运行结果，还需要返回 atm.stdin、timing.*、atm.log.*等文件。测试运行时间以文件 timing.0 中总的模式运行时间为准，即以"total ××××××× ×××× ××××"一行中的 Wallclock 时间为准。

用于对比结果的相关文件存放于压缩文件 Test1-e-BCC_AGCM-result.tar.gz 中。执行 plot_test1-e.ncl 脚本，读取标准结果和测试结果，选取其中部分信息计算相关系数，若相关系数≥0.98 为通过。可根据实际需要对程序进行修改，如读取文件名、文件路径等，但计算的要素场不可变更。

B.5 I/O 性能测试

IOZone 测试程序可由 http://www.iozone.org 网址获得。

B.6 MPI 通信性能测试

IMB 测试程序可由 https://software.intel.com/en-us/articles/intel-mpi-benchmarks 网址获得。

B.7 内存带宽测试

STREAM 测试程序可由 http://www.cs.virginia.edu/stream/ 网址获得。

QX/T 148—2020

附 录 C
（资料性附录）
高性能计算机系统测试评分示例

C.1 概述

结合附录 A 中表 A.1 至表 A.3 测试题目相关内容，假设有 A、B 和 C 三家厂商或服务商参加测试，对分值权重设置及评分方法进行举例说明。

C.2 分值设置示例

测试满分 100 分，包括测试总体情况分值和测试题目分值两部分。依据测试的重要程度，设定权重与分值。如表 C.1 所示。

表 C.1 分值设置

类别				权重/%	分值	
					基础分	满分
测试总体情况分值 S_s				3	—	3
测试题目分值 S_t	应用测试	Test1-a	测试系统结果	9	1	9
			采购或租用系统推算结果	9	1	9
		Test1-b	测试系统结果	8	1	8
			采购或租用系统推算结果	8	1	8
		Test1-c	测试系统结果	7	1	7
			采购或租用系统推算结果	7	1	7
		Test1-d	测试系统结果	7	1	7
			采购或租用系统推算结果	9	1	9
		Test1-e	测试系统结果	7	1	7
			采购或租用系统推算结果	9	1	9
		合计		80	10	80
	基准测试	Test2-a	测试系统结果	2	0.5	2
			采购或租用系统推算结果	2	0.5	2
		Test2-b	测试系统结果	2	0.5	2
			采购或租用系统推算结果	2	0.5	2
		Test2-c	测试系统结果	2	0.5	2
			采购或租用系统推算结果	2	0.5	2
		合计		12	3	12
	作业管理调度功能测试	Test3-a	测试系统结果	1	0	1
		Test3-b	测试系统结果	2	0	2
		Test3-c	测试系统结果	2	0	2
		合计		5	0	5
总计				100	13	100

C.3 测试总体情况评分示例

测试总体情况满分3分,参照4.2.5评分方法,分"优""良""一般"3个级别,"优"为3分,"良"为2分,"一般"为1分。根据测试总体情况,厂商或服务商A完成情况最好得3分,厂商或服务商B完成情况一般得1分,厂商或服务商C完成情况较好得2分。如表C.2所示。

表 C.2 测试总体情况评分表

类别	分值	厂商或服务商 A	厂商或服务商 B	厂商或服务商 C
优	3	√	—	—
良	2	—	—	√
一般	1	—	√	—

C.4 测试题目评分示例

以应用测试测试题目Test1-a为例,参照4.2.5评分方法,计算厂商或服务商A、B和C该项测试题目得分。

对厂商或服务商A、B和C的Test1-a的测试结果进行分类统计。如表C.3所示。

表 C.3 Test1-a 测试结果统计表

类别	厂商或服务商 A		厂商或服务商 B		厂商或服务商 C	
	CPU 核数	最短时间/s	CPU 核数	最短时间/s	CPU 核数	最短时间/s
测试系统结果	4096	913.35	4096	896.98	4096	940.97
采购或租用系统推算结果	4096	802.45	4096	809.21	4096	865.19

根据采购或租用需求,对Test1-a测试题目设定得分因子,见式(C.1)。

$$R = \frac{T_{\min}}{T} \quad \cdots\cdots\cdots\cdots\cdots (C.1)$$

式中:

R ——Test1-a 测试题目得分因子;

$T_{\min}$ ——Test1-a 测试题目所有厂商或服务商某类测试结果中的最短时间;

T ——某厂商或服务商 Test1-a 测试题目与 $T_{\min}$ 同类测试结果的时间。

测试系统结果中,厂商或服务商B时间最短,即 $T_{\min}=896.98$,

依据4.2.5中公式(2)可得

厂商或服务商 A Test1-a 测试题目测试系统结果得分:

$1+(9-1)\times(896.98/913.35)=8.857$;

厂商或服务商 B Test1-a 测试题目测试系统结果得分:

$1+(9-1)\times(896.98/896.98)=9$;

厂商或服务商 C Test1-a 测试题目测试系统结果得分:

$1+(9-1)\times(896.98/940.97)=8.626$。

采购或租用系统推算结果中,厂商或服务商 A 时间最短,即 $T_{min}=802.45$,

厂商或服务商 A Test1-a 测试题目采购或租用系统推算结果得分:

$1+(9-1)×(802.45/802.45)=9$;

厂商或服务商 B Test1-a 测试题目采购或租用系统推算结果得分:

$1+(9-1)×(802.45/809.21)=8.933$;

厂商或服务商 C Test1-a 测试题目采购或租用系统推算结果得分:

$1+(9-1)×(802.45/865.19)=8.420$。

各厂商或服务商 Test1-a 测试系统结果与采购或租用系统推算结果之和即为该厂商或服务商 Test1-a 测试题目得分。

厂商或服务商 A Test1-a 测试题目得分:$8.857+9=17.857$;

厂商或服务商 B Test1-a 测试题目得分:$9+8.933=17.933$;

厂商或服务商 C Test1-a 测试题目得分:$8.626+8.420=17.046$。

以此类推,可得厂商或服务商各测试题目得分,厂商或服务商各测试题目得分之和即为该厂商或服务商测试题目总得分,该厂商或服务商测试总体情况得分与测试题目总得分之和即为测试总得分。

附 录 D
（资料性附录）
高性能计算机系统测试评估报告大纲

D.1 概述

测试情况概要性描述，包括参测厂商或服务商、分析评估的测试题目等。

D.2 定性评估

每道测试题目测试结果的定性分析评估。

D.3 定量评估

每道测试题目测试结果的定性分析评估。

D.4 总体评估

综合各测试题目、各厂商或服务商的评估结果得出总体评估。

ICS 07.060
A 47
备案号：79897—2021

中华人民共和国气象行业标准

QX/T 157—2020
代替 QX/T 157—2012

气象视频会商系统技术规范

Technical specification for meteorological video conference system

2020-12-29 发布　　　　　　　　　　　　　　　　　2021-04-15 实施

中 国 气 象 局　发 布

前 言

本标准按照 GB/T 1.1—2009 给出的规则起草。

本标准代替 QX/T 157—2012《气象电视会商系统技术规范》。与 QX/T 157—2012 相比,除编辑性修改外主要技术变化如下:

——修改了气象视频会商系统主要组成部分的要求,改为由接入及传输子系统、信号切换控制子系统、会议调度子系统、终端子系统、显示及扩音子系统等组成(见 5.1,2012 年版的 4.1.1);

——增加了接入及传输子系统、信号切换控制子系统、会议调度子系统、终端子系统、显示及扩音子系统、视频点播子系统的定义及包括的主要内容(见 5.2、5.3、5.4、5.5、5.6、5.7);

——删除了控制系统及终端系统组成的相关内容(见 2012 年版的 4.1.2、4.1.3);

——删除了组网方式的相关内容(见 2012 年版的 4.2);

——增加了系统布局的相关要求(见第 6 章);

——增加了县级以上各级气象视频会商系统结构图(见图 1);

——修改了基本要求的相关内容,改为应具有各会场间视讯信号的互动交流功能(见 7.1,2012 年版的 4.3、4.4.1);

——修改了接入及传输子系统的功能要求(见 7.2,2012 年版的 4.4.2 a));

——增加了信号接口、基于 IP 网络方式传输及使用视音频电缆、网线或光纤等介质直接传输的技术要求(见 7.2.1 至 7.2.3);

——修改了信号切换控制子系统的功能要求(见 7.3,2012 年版的 4.4.2 b));

——增加了对于矩阵、模拟调音台、数字调音台等设备的技术要求(见 7.3.1 至 7.3.3);

——修改了会议调度子系统的功能要求(见 7.4,2012 年版的 4.4.2 c));

——增加了 MCU 会议调度、网守、视频会商云端平台的技术要求以及符合 ITU-T H.239 规定使用第二视频信道进行计算机信号传输的技术要求(见 7.4.1 至 7.4.5);

——修改了终端子系统的功能要求(见 7.5.1,2012 年版的 4.4.3 a));

——增加了对不同类型终端支持的信号输入输出数量及接口要求(见 7.5.1);

——删除了终端控制方式的技术要求(见 2012 年版的 4.4.3 b));

——修改了终端所使用的话筒的技术要求(见 7.5.2,2012 年版的 4.4.3 c));

——删除了终端镜头调整方式的技术要求(见 2012 年版的 4.4.3 d));

——修改了终端显示设备同时显示信号数量的技术要求(见 7.6.1,2012 年版的 4.4.3 e));

——删除了采用大屏幕显示系统时,对拼接系统的技术要求(见 2012 年版的 4.4.3 f));

——增加了终端子系统容错能力、拼接墙服务器信号解码和输出、使用第二视频信道进行计算机信号传输的技术要求以及终端子系统功能应符合 GB/T 28499.1—2012 的要求(见 7.5.3、7.5.5、7.5.6、7.5.7);

——增加了显示及扩声子系统功能要求(见 7.6.1 至 7.6.3);

——增加了视频点播子系统功能要求(见 7.7.1 至 7.7.3);

——修改了传输网络性能要求(见 8.1.1、8.1.2,2012 年版的 4.5 a));

——修改了信号分辨率性能要求,增加视讯服务质量相关技术要求(见 8.2,2012 年版的 4.5 b)、4.5 c)、4.5 d));

——删除了 MCU 对于多画面、混音、级联等性能要求,修改为会议调度子系统功能要求(见 7.4.1,2012 年版的 4.5 e)、f)、g));

——修改了终端摄像头性能要求(见7.5.4,2012年版的4.5 i)、4.5 j));
——修改了MCU和终端稳定运行的性能要求(见8.3.1,2012年版的4.5 k));
——增加了MCU及视频会商云端平台平均无故障时间及备份要求(见8.3.1至8.3.3);
——增加了系统安全性要求(见第9章);
——修改了会商环境要求,增加对会场标识的要求,对会场装修、环境温湿度、灯光、摄像头、显示设备及音响系统布设要求符合GB 50635—2010的规定(见10.1,2012年版的4.6);
——增加了会商机房环境的要求,要求符合GB 50635—2010的规定(见10.2)。

本标准由全国气象基本信息标准化技术委员会(SAC/TC 346)提出并归口。

本标准起草单位:国家气象信息中心。

本标准主要起草人:刘然、陈永涛、路鸿、陈文琴、李小汝、刘红梅、梁小雨、宋之光、郭栋、贺俊彦、朱玲玲。

本标准所代替标准的历次版本发布情况为:
——QX/T 157—2012。

QX/T 157—2020

气象视频会商系统技术规范

1 范围

本标准规定了气象视频会商系统的系统组成、系统布局、功能要求、性能要求、安全性要求和环境要求。

本标准适用于气象视频会商系统的建设和升级改造。

2 规范性引用文件

下列文件对于本文件的应用是必不可少的。凡是注日期的引用文件,仅注日期的版本适用于本文件。凡是不注日期的引用文件,其最新版本(包括所有的修改单)适用于本文件。

GB/T 14198—2012　传声器通用规范

GB/T 15640　调音台通用技术条件

GB/T 21639—2008　基于IP网络的视讯会议系统总技术要求

GB/T 21640　基于IP网络的视讯会议系统设备互通技术要求

GB/T 21642.3—2012　基于IP网络的视讯会议系统设备技术要求　第3部分:多点控制单元(MCU)

GB/T 21642.4　基于IP网络的视讯会议系统设备技术要求　第4部分:网守(GK)

GB/T 28181—2016　公共安全视频监控联网系统信息传输、交换、控制技术要求

GB/T 28499.1—2012　基于IP网络的视讯会议终端设备技术要求　第1部分:基于ITU-T H.323协议的终端

GB 50635—2010　会议电视会场系统工程设计规范

GY/T 253　数字切换矩阵技术要求和测量方法

SJ/T 11331　数字电视接收设备接口规范　第5部分:模拟音频信号接口

SJ/T 11524　数字调音台通用规范

ITU-R BT.601　标准4:3和宽屏幕16:9数字电视的演播编码参数(Studio encoding parameters of digital television for standard 4:3 and wide-screen 16:9 aspect ratios)

ITU-R BT.656　运行在ITU-R BT.601建议4:2:2水平上的525线和625线电视系统中数字成分视频信号的接口(Interface for digital component video signals in 525-line and 625-line television systems operating at the 4:2:2 level of Recommendation ITU-R BT.601)

ITU-T H.239　用于H.300系列终端的角色管理与附加媒体信道(Role management and additional media channels for H.300-series terminals)

3 术语和定义

下列术语和定义适用于本文件。

3.1

气象视频会商系统　meteorological video conference system

为气象预报预测业务提供交互视讯服务的系统。

3.2

多点控制单元 multipoint control unit；MCU

网络中一个端点,它为3个或更多终端及网关参加一个多点会议服务。它也可以连接两个终端构成点对点会议,随后再扩展为多点会议。

[GB/T 21642.3—2012,定义3.1.7]

3.3

视频会商云端平台 video conference cloud platform

基于云计算架构部署的,以软件方式实现的MCU云端平台。

3.4

终端 terminal

位于会场或用户端,用于完成会场或用户视音频信号采集、处理和播放,并相应完成其他控制功能的设备。本标准中的终端都指IP终端。

4 缩略语

下列缩略语适用于本文件。

CIF：公共中间格式（Common Intermediate Format）
DVI：数字视频接口（Digital Visual Interface）
HDMI：高分辨率多媒体接口（High Definition Mulitimedia Interface）
IP：网际互连协议（Internet Protocol）
ITU：国际电信联盟（International Telecommunication Union）
MPEG：动态图像专家组（Moving Picture Experts Group）

5 系统组成

5.1 气象视频会商系统应包括接入及传输子系统、信号切换控制子系统、会议调度子系统、终端子系统、显示及扩音子系统,可根据需要选择配置视频点播子系统。

5.2 接入及传输子系统指为实现会场内或各会场间视音频及计算机图像等视讯信号双向传输所需的系统或设备,可基于IP网络方式传输或通过视音频电缆、网线、光纤等传输介质直接传输,可由编解码器、光端机等组成。

5.3 信号切换控制子系统指为实现视讯信号的分配、切换、监视监听及控制所需的系统或设备,一般由矩阵、调音台、切换器、分配器等组成。

5.4 会议调度子系统指为实现会议调度和管理所需的系统或设备,主要由MCU、网守等组成,也可包含视频会商云端平台。

5.5 终端子系统指在各会场用于完成视讯信号采集、处理和输出的系统或设备,由终端、摄像头、麦克风组成,也可包含拼接墙（电视墙）服务器。终端分为会议室型终端、桌面型终端、软终端和移动终端;会议室型、桌面型及软终端的定义参见GB/T 28499.1—2012中第6章的规定;移动终端特指安装在移动设备上的软终端。

5.6 显示及扩音子系统指在各会场实现视讯信号的显示和收听的系统或设备,可由拼接显示墙、电视、显示器、音响等组成。

5.7 视频点播子系统指为实现会商视讯信号的录制和存储,并提供直播和点播所需的设备或系统,应包含服务器及其软件等。

6 系统布局

6.1 气象视频会商系统分为国家级、省级、地市级和县级,包括控制中心和会场。控制中心实现本级会商系统的控制,会场则指参加会商的场所。

6.2 县级以上各级气象视频会商系统结构如图1所示,其中箭头方向为发起呼叫方向,其余连接线未注明的均表示信号传输。气象局域网与互联网安全区之间网络为单向访问。县级系统结构如图1中会场1所示。

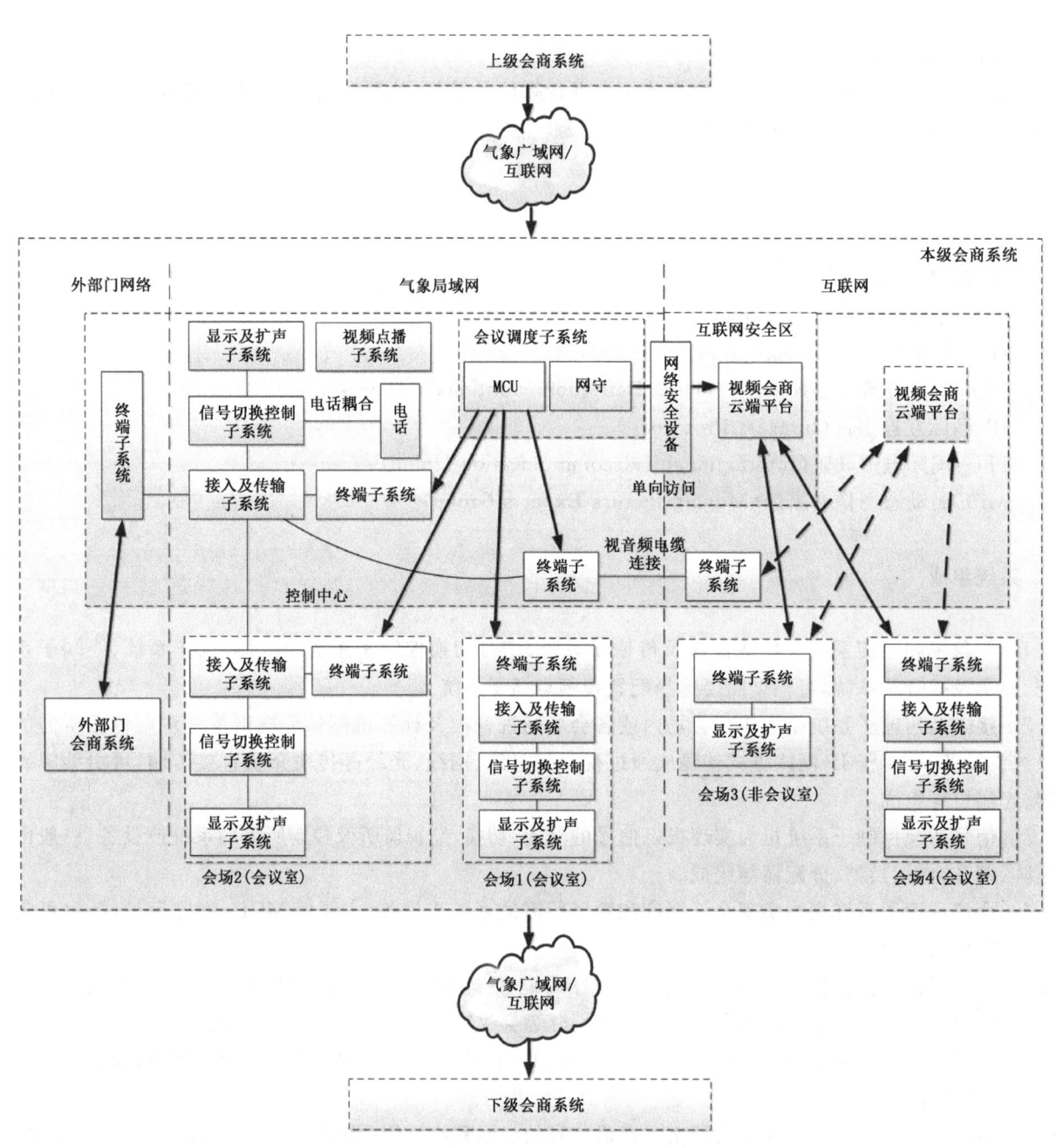

图1 县级以上各级气象视频会商系统结构

6.3 视频会商云端平台可部署在本级的互联网安全区内,与气象局域网之间为单向访问。此时只允许由 MCU 呼叫视频会商云端平台,邀请互联网会场加入会商。

6.4 视频会商云端平台也可部署在互联网,此时应在控制中心部署两台终端,分别加入 MCU 和云端平台发起的会议,并将两台终端采用视讯信号背靠背方式连接,实现互联网会场加入会商。此时呼叫方式如图1中虚线箭头所示。

6.5 地市(含)以上各级应设置控制中心,气象局域网内各会场应使用会议室型终端。控制中心与会场之间可通过接入及传输子系统进行信号交换。互联网内会场所用终端类型不限,如非会议室型终端,则其显示及扩声子系统集成在终端子系统内部(如图1中会场3)。

6.6 外部门会商接入时,应在气象部门控制中心或会场放置外部门视频终端,通过接入及传输子系统与其他终端对接。

6.7 各级会商系统间对接应符合 GB/T 21640 的要求。

7 功能要求

7.1 基本要求

气象视频会商系统应具有各会场间视讯信号的互动交流功能。

7.2 接入及传输子系统

7.2.1 应支持 DVI 或 HDMI 数字信号接口及符合 SJ/T 11331 要求的模拟信号接口。

7.2.2 基于 IP 网络方式传输时,可使用 ITU-T H.261、ITU-T H.263、ITU-T H.264、ITU-T H.265、ISO/IEC 14496(MPEG-4)等对视频或计算机图像信号编解码,可使用 ITU-T G.711、ITU-T G.722、ITU-T G.723、ITU-T G.728、ITU-T G.729 等对音频信号编解码,音频编解码信号与视频或计算机图像编解码信号相对延迟不应大于 40 ms。

7.2.3 使用视音频电缆、网线或光纤等介质直接传输时,应符合 ITU-R BT.601 及 ITU-R BT.656 的要求。

7.3 信号切换控制子系统

7.3.1 使用的矩阵设备应符合 GY/T 253 的要求。

7.3.2 使用的模拟调音台应符合 GB/T 15640 的要求。

7.3.3 使用的数字调音台应符合 SJ/T 11524 的要求。

7.4 会议调度子系统

7.4.1 MCU 会议调度功能应符合 GB/T 21642.3—2012 中第5章的规定。

7.4.2 网守功能应符合 GB/T 21642.4 的规定。

7.4.3 视频会商云端平台应支持 GB/T 21642.3—2012 中第5章及第10章的内容。

7.4.4 视频会商云端平台应能与 MCU 之间实现视讯信号的联通,其联通性应符合 GB/T 21640 的要求。

7.4.5 会议调度子系统应支持使用第二视频信道(second video channel)进行计算机信号传输,其传输应符合 ITU-T H.239 的规定。

7.5 终端子系统

7.5.1 会议室型和桌面型终端应同时提供各不少于一路的视频、计算机图像信号和音频输入及输出,支持的接口类型应符合7.2.1的要求;软终端和移动终端应同时提供各不少于一路视频和音频输入及输出。

7.5.2 会议室型终端应使用符合GB/T 14198—2012中4.2所规定的话筒要求。话筒应具有静音开关,其电声性能应符合GB/T 14198—2012中5.5的要求。

7.5.3 终端容错能力及网络丢包情况下的视讯信号质量应符合GB/T 21639—2008中14的规定。

7.5.4 会议室型终端摄像头应具有水平旋转、俯仰角调整功能,水平旋转应可达到±100°及其以上,俯仰角调整应可达到正负25°及其以上。

7.5.5 拼接墙(电视墙)服务器应支持不少于4路视频或计算机图像信号的解码和输出,图像解码及输出分辨率应不低于会议室型终端要求。

7.5.6 会议室型终端、桌面型终端及软终端均应支持使用第二视频信道进行计算机信号传输,其传输应符合ITU-T H.239的规定。

7.5.7 除在本文件中给出要求的,会议室型终端、桌面型终端及软终端功能均应符合GB/T 28499.1—2012中第7章至第14章的要求。

7.6 显示及扩声子系统

7.6.1 使用拼接显示墙作为显示设备时,应可同时显示视频和计算机图像信号。

7.6.2 扩声系统功能应符合GB 50635—2010中3.2的要求。

7.6.3 显示及扩声子系统接口应与信号切换控制子系统匹配。

7.7 视频点播子系统

7.7.1 信号录制及存储应符合GB/T 28181—2016中第5章传输和第6章交换的要求。

7.7.2 视频点播子系统应具有会商信号的直播、点播功能,并符合GB/T 28181—2016中第7章控制要求的规定。

7.7.3 视频点播子系统提供的会商信号点播时间范围宜不少于最近12个月。

8 性能要求

8.1 传输网络

8.1.1 气象广域网及气象部门局域网端对端时延应不超过200 ms、端对端时延抖动不应超过50 ms、端对端丢包率不应超过0.1%,每个连接的会场网络带宽不应低于2 Mbps,会议调度子系统带宽应不低于所连接的会场带宽的总和。

8.1.2 互联网端对端时延应不超过400 ms、端对端时延抖动应不超过50 ms、端对端丢包率应不超过1%。

8.2 视讯服务质量

8.2.1 接入及传输子系统IP编解码延迟应小于150 ms。

8.2.2 会议室型终端视频信号最大分辨率应不低于1920×1080,且帧率不低于30帧/秒;计算机图像信号最大分辨率应不低于1280×1024,帧率应不低于30帧/秒。

8.2.3 桌面型终端视频信号最大分辨率应不低于1280×720,帧率应不低于30帧/秒,计算机图像信号最大分辨率应不低于1280×1024,帧率应不低于30帧/秒。

8.2.4 软终端视频信号最大分辨率应不低于4CIF,帧率应不低于30帧/秒,计算机图像信号最大分辨率应不低于1024×768,帧率应不低于10帧/秒。

8.2.5 移动终端视频信号最大分辨率不应低于320×180,帧率不应低于10帧/秒。

8.3 可靠性要求

8.3.1 MCU平均无故障时间应符合GB/T 21642.3—2012中12.4的要求；终端平均无故障时间应符合GB/T 28499.1—2012中15.7的规定；视频会商云端平台平均无故障时间不应低于MCU的要求。
8.3.2 MCU及视频会商云端平台宜配备热备份设备。
8.3.3 可使用电话或软终端作为备份会商手段。

9 安全性要求

9.1 MCU安全性应符合GB/T 21642.3—2012中第11章的要求。
9.2 视频会商云端平台与终端之间的所有信令及媒体流数据均应采用加密方式。
9.3 视频会商云端平台对用户信息应采用加密方式进行存储。
9.4 终端安全性应符合GB/T 28499.1—2012中第8章的要求。

10 环境要求

10.1 会场环境要求

10.1.1 会场装修及桌椅应符合GB 50635—2010中5.1和5.2的规定。
10.1.2 会场应设置清晰可辨的会场标识。
10.1.3 环境温度及湿度应符合GB 50635—2010中5.2的规定。
10.1.4 灯光系统应符合GB 50635—2010中3.4的规定。
10.1.5 会场内摄像头、显示设备、灯光布置应符合GB 50635—2010中3.5的规定。
10.1.6 会场内音响系统布设应符合GB 50635—2010中3.2的规定。

10.2 机房环境要求

会商机房环境应符合GB 50635—2010中5.2的规定。

参 考 文 献

［1］ GB 50034—2004　建筑照明设计规范
［2］ GB 50174—2017　数据中心设计规范
［3］ YD/T 5032—2005　会议电视系统工程设计规范
［4］ YD/T 5135—2005　IP视讯会议系统工程设计暂行规定
［5］ ISO/IEC 14496-1　Information technology—Coding of audio-visual objects—Part 1：Systems
［6］ ISO/IEC 14496-2　Information technology—Coding of audio-visual objects—Part 2：Visual
［7］ ISO/IEC 14496-3　Information technology—Coding of audio-visual objects—Part 3：Audio
［8］ ISO/IEC 14496-8　Information technology—Coding of audio-visual objects—Part 8：Carriage of ISO/IEC 14496 Contents over IP networks
［9］ ISO/IEC 14496-10　Information technology—Coding of audio-visual objects—Part 10：Advanced video coding
［10］ ITU-T G.711　Pulse code modulation (PCM) of voice frequencies
［11］ ITU-T G.722　7 kHz audio-coding within 64 kbit/s
［12］ ITU-T G.723　Extensions of Recommendation G.721 adaptive differential pulse code modulation to 24 and 40 kbit/s for digital circuit multiplication equipment application
［13］ ITU-T G.728　Coding of speech at 16 kbit/s using low-delay code excited linear prediction
［14］ ITU-T G.729　Coding of speech at 8 kbit/s using conjugate-structure algebraic-code-excited linear prediction (CS-ACELP)
［15］ ITU-T H.261　Video codec for audiovisual services at p x 64 kbit/s
［16］ ITU-T H.263　Video coding for low bit rate communication
［17］ ITU-T H.264　Advanced video coding for generic audiovisual services
［18］ ITU-T H.265　High efficiency video coding
［19］ ITU-T Y.1541　Network performance objectives for IP-based services

ICS 07.060
CCS A 47
备案号：79896—2021

中华人民共和国气象行业标准

QX/T 255—2020
代替 QX/T 255—2015

供暖气象等级

Weather grade of heating system management

2020-12-29 发布　　　　　　　　　　　　　　　　2021-04-15 实施

中　国　气　象　局　发　布

QX/T 255—2020

前　言

本文件按照GB/T 1.1—2020《标准化工作导则　第1部分：标准化文件的结构和起草规则》的规定起草。

本文件代替QX/T 255—2015《供暖气象等级》，与QX/T 255—2015相比，除结构调整和编辑性改动外，主要技术变化如下：
——增加了规范性引用文件（见第2章）；
——增加了部分专业术语和定义（见3.2、3.3）；
——修改了等级划分方法和服务指南内容（见第4章，2015年版的第3章）；
——修改了节能温度计算方法（见第5章，2015年版的第5章）；
——修改了节能温度阈值计算方法（见第6章，2015年版的第4章）；
——修改了供暖气象等级的确定方法（见第7章，2015年版的第6章）；
——删除了附录A（见2015年版的附录A）。

本文件由全国气象防灾减灾标准化技术委员会（SAC/TC 345）提出并归口。

本文件起草单位：北京市气象局。

本文件主要起草人：尤焕苓、高锋、张迪、袁闪闪、闵晶晶。

本文件于2015年首次发布，本次为第一次修订。

供暖气象等级

1 范围

本文件给出了供暖气象等级及其划分方法。

本文件适用于北方地区集中供暖气象服务和相关研究。

2 规范性引用文件

下列文件中的内容通过文中的规范性引用而构成本文件必不可少的条款。其中,注日期的引用文件,仅该日期对应的版本适用于本文件;不注日期的引用文件,其最新版本(包括所有的修改单)适用于本文件。

GB 50736—2012 民用建筑供暖通风及空气调节设计规范

3 术语和定义

下列术语和定义适用于本文件。

3.1

节能温度 energy efficiency temperature

综合考虑气温、太阳辐射、风速等环境因子得出的温度指标。

注:单位为摄氏度(℃)。

3.2

供暖负荷率 heating load rate

供热系统实际负荷与设计负荷的比值(即实际室内外温差与设计温差的比值)。

注:以百分率表示(%)。

3.3

供暖室外计算温度 outdoor calculated temperature for heating

用于计算供暖设计负荷时所采用的室外温度,为历年年平均不保证5天时的日平均温度。

注1:单位为摄氏度(℃)。

注2:历年使用的是1971年1月1日至2000年12月31日的30年数据。

[来源:GB 50736—2012,4.1.2,有修改]

4 等级划分

根据节能温度所处的阈值范围,将北方集中供暖不同区域供暖气象等级由低到高分为1级、2级、3级、4级,详见表1。

表 1 供暖气象等级划分及供暖负荷指南

供暖气象等级	节能温度(T_J) ℃	含义	服务指南	供暖负荷率(r) %
1 级	$T_J \geqslant T_{50}$	低	少量供暖	$r \leqslant 50$
2 级	$T_{75} \leqslant T_J < T_{50}$	中等	适度供暖	$50 < r \leqslant 75$
3 级	$T_{100} \leqslant T_J < T_{75}$	高	充分供暖	$75 < r \leqslant 100$
4 级	$T_J < T_{100}$	超高	全力供暖,启动应急预案	$r > 100$

T_{50}为供暖负荷率为50%时对应的节能温度值,T_{75}为供暖负荷率为75%时对应的节能温度值,T_{100}为供暖负荷率为100%时的节能温度值,单位为摄氏度(℃)。不同等级节能温度阈值应按照第6章进行计算。

注：供暖气象等级划分示例见附录A。

5 节能温度的计算

节能温度应按照公式(1)进行计算。

$$T_J = T + T_R + T_V \qquad \qquad (1)$$

式中：

T ——日平均气温值,单位为摄氏度(℃)；

T_R ——太阳辐射对气温的修正值,单位为摄氏度(℃),修正参考值：晴天、少云、轻度霾为1℃～2℃,多云、阴天、中度霾、重度霾为0℃,雨雪天气为－1℃～－2℃；

注：霾的等级参见 QX/T 113—2010。

T_V ——风速对气温的修正值,单位为摄氏度（℃）,每 1 m/s 风速对温度影响为－0.2℃。

6 节能温度阈值计算

根据供暖气象等级对应的供暖负荷率,计算得出不同等级节能温度阈值：

$$T_{50} = T_{in} - (T_{in} - T_w) \times 50\% \qquad \qquad (2)$$
$$T_{75} = T_{in} - (T_{in} - T_w) \times 75\% \qquad \qquad (3)$$
$$T_{100} = T_{in} - (T_{in} - T_w) \times 100\% \qquad \qquad (4)$$

式中：

T_{in}——室内温度值,单位为摄氏度(℃),按照18℃计算。

T_w——供暖室外计算温度值,单位为摄氏度(℃)。不同地区供暖室外计算温度见 GB 50736—2012 的附录A。

附 录 A
（资料性）
供暖气象等级划分示例

不同地区供暖气象等级的确定，以北京地区为例，假设某日预报气象参数为：平均气温为0℃，晴，西北风4级~5级，其供暖气象等级确定过程如下。

A.1 按照第5章计算供暖日的节能温度

根据公式(1)，太阳辐射修正量为2℃；风力/级与风速对应关系见GB/T 28591—2012中的表1，按照取最大值原则，本示例取10.7 m/s，风速修正量为−2.14℃。因此，上述某日的节能温度为−0.14℃。

A.2 按照第6章计算出该地区不同等级的节能温度阈值

根据GB 50736—2012的附录A，北京地区T_w为−7.6℃，代入公式(2)—公式(4)，则：
$T_{50}=18-[18-(-7.6)]×50\%=5.2$
$T_{75}=18-[18-(-7.6)]×75\%=-1.2$
$T_{100}=18-[18-(-7.6)]×100\%=-7.6$

A.3 根据节能温度所处阈值范围确定所在地的供暖气象等级

根据A.1和A.2可知，上述某日节能温度$T_J=-0.14$℃，$T_{75}≤T_J<T_{50}$。根据表1，上述某日气象等级处于2级，应适度供暖，供暖负荷率$50\%<r≤75\%$。

参 考 文 献

[1] GB/T 28591—2012 风力等级
[2] QX/T 113—2010 霾的观测和预报等级
[3] 张德山,王保民,陈正洪,等.北京市城市集中供热节能气象预报系统的应用[J].煤气与热力,2008(11):23-25
[4] 王志斌,张德山,王保民,等.北京城市集中供热节能气象预报系统研制[J].气象,2005(1):75-78
[5] 高昆生,吕晓玲,张瑞平.呼市地区近二十年采暖室外温度参数及城市规划供热指标的分析研究[J].区域供热,2000(6):22-26
[6] 霍秀英,王锋.温度预报在集中供热采暖中的应用[J].气象,1990(2):51-54
[7] 王保民,张德山,汤庆国,等.节能温度、供热气象指数及供热参数研究[J].气象,2002(1):72-74
[8] 陈正洪,胡江林,张德山,等.城市热岛强度订正与供热量预报[J].气象,2002(1):69-71

ICS 07.060
CCS A 47
备案号：79895—2021

中华人民共和国气象行业标准

QX/T 314—2020
代替 QX/T 314—2016

气象信息服务单位备案规范

Specifications for meteorological information service unit registration

2020-12-29 发布　　　　　　　　　　　　　　　2021-04-15 实施

中 国 气 象 局　发 布

QX/T 314—2020

前　言

本文件按照GB/T 1.1—2020《标准化工作导则　第1部分：标准化文件的结构和起草规则》的规定起草。

本文件代替QX/T 314—2016《气象信息服务单位备案规范》。与QX/T 314—2016相比，除编辑性改动外主要技术变化如下：
——增加了规范性引用文件（见2,2016年版的2）；
——修改了术语的定义的引导语（见3,2016年版的3）；
——修改了备案需要提交的单位证明材料（见4.1.2,2016年版的4.1.2）；
——修改了备案提交材料的要求（见表1,2016年版的表1）；
——增加了备案有效期（见表2,2016年版的表2）；
——增加了动态备案管理的要求（见4.2.3）；
——修改了备案公示内容（见5.1,2016年版的5.1）；
——修改了公示渠道（见5.2,2016年版的5.2）；
——增加了公示时间的要求（见5.3）；
——修改了气象信息服务单位备案表及填写说明：以统一社会信用代码代替原组织机构代码，增加了注册资本、加入行业协会、信用评价结果、气象资料来源和气象服务范围填写项目，简化了联系方式填写要求，修改了主要技术负责人员信息采集内容（见附录A,2016年版的附录A）；
——修改了备案号位数，扩容了每年可备案单位数量（见附录B,2016年版的附录B）。

本文件由全国气象防灾减灾标准化技术委员会（SAC/TC 345）提出并归口。

本文件起草单位：广东省气象局。

本文件主要起草人：朱平、陆伟、许艾米、庞子琴。

本文件于2016年首次发布，本次为第一次修订。

QX/T 314—2020

气象信息服务单位备案规范

1 范围

本文件规定了气象信息服务单位备案办理和备案公示的要求。

本文件适用于气象信息服务单位的备案。

2 规范性引用文件

下列文件中的内容通过文中的规范性引用而构成本文件必不可少的条款。其中，注日期的引用文件，仅该日期对应的版本适用于本文件；不注日期的引用文件，其最新版本（包括所有的修改单）适用于本文件。

GB/T 2260　中华人民共和国行政区划代码
GB/T 7027　信息分类和编码的基本原则与方法
QX/T 313　气象信息服务基础术语

3 术语和定义

QX/T 313 界定的术语和定义适用于本文件。

3.1
气象信息服务单位　meteorological information service unit；MISU

依法设立并从事气象信息服务的法人和其他组织。

注：包括事业单位、企业和其他社会组织。

[来源：QX/T 313—2016，2.12]

3.2
气象信息服务单位备案　MISU registration

气象信息服务单位向其注册地或登记地的省、自治区、直辖市气象主管机构告知本单位基本情况，由气象主管机构登记在案以备查考的过程。

[来源：QX/T 313—2016，2.25]

4 备案办理

4.1 材料提交

4.1.1 通过注册地或登记地的省、自治区、直辖市气象主管机构行政服务窗口或网上办事大厅提交备案材料。

4.1.2 备案材料应包括气象信息服务单位备案表、法定代表人身份证明，具体要求见表1。备案表样式及填写要求见附录A。

表 1 提交的备案材料要求

序号	材料名称	网上提交要求	窗口提交要求	数量
1	备案表	原件的扫描件	原件或复印件	1份
2	法定代表人身份证明	原件的扫描件	原件或加盖公章的复印件	1份
注1:备案表可从中国气象局和省、自治区、直辖市气象主管机构官方网站、网上办事大厅等信息公开平台下载。				
注2:为适应各省、自治区、直辖市简政放权优化服务的持续深入,可通过信息共享,获得序号2材料的单位,只需提供序号1材料。				

4.2 备案受理

4.2.1 提交的备案材料符合表1规定的,省、自治区、直辖市气象主管机构予以备案,并出具备案回执(见表2)。

表 2 备案回执

气象信息服务单位备案回执	
省、自治区、直辖市气象主管机构意见	已备案。 （单位盖章） 年 月 日
备案号	
备案时间	
备案有效期	
备案号编码规则应符合附录B要求。	

4.2.2 提交的备案材料种类、数量、格式不符合表1规定的,省、自治区、直辖市气象主管机构出具要求补正材料意见的回执(见表3)。

表 3 补正材料回执

气象信息服务单位备案补正材料回执	
省、自治区、直辖市气象主管机构意见	你单位需补充以下备案材料,请补正。 （单位盖章） 年 月 日
备案表	
法定代表人身份证明	

4.2.3 气象信息服务单位法定代表人、经营业务、服务范围等重要事项发生变更,应及时向省、自治区、直辖市气象主管机构更新备案信息。

5 备案公示

5.1 公示内容

备案公示信息应包括以下内容：
- ——备案号和备案时间；
- ——单位名称、社会信用代码、法定代表人姓名；
- ——单位加入的相关行业协会信息。

5.2 公示渠道

省、自治区、直辖市气象主管机构在其官方网站及本级信用管理、市场监管部门公示备案信息。

5.3 公示时间

公示时间不少于7个工作日。

附 录 A
(规范性)
备案表样式及填写要求

A.1 备案表样式

气象信息服务单位备案表样式见表 A.1。

表 A.1 备案表样式

<table>
<tr><td colspan="3" align="center">气象信息服务单位备案表</td></tr>
<tr><td>单位名称</td><td></td><td>统一社会信用代码</td><td></td></tr>
<tr><td>法定代表人</td><td></td><td>法定代表人身份证号</td><td></td></tr>
<tr><td>住所</td><td></td><td>注册资本</td><td></td></tr>
<tr><td>经济类型</td><td></td><td>行业领域</td><td>□信息传播 □软件开发 □技术服务
其他：_____</td></tr>
<tr><td>加入行业协会</td><td></td><td>信用评价结果（选填）</td><td></td></tr>
<tr><td>联系人</td><td></td><td>联系方式</td><td></td></tr>
<tr><td>气象资料来源</td><td></td><td>气象服务范围</td><td></td></tr>
<tr><td>气象信息服务提供方式说明</td><td colspan="3">□电视 □广播 □报纸 □声讯电话 □传真 □显示屏 □大喇叭
□网站 □微博 □微信 □手机客户端 □电子邮件 □短信
□其他（请具体说明：_____）
气象信息服务渠道名称：_____</td></tr>
<tr><td rowspan="4">气象信息服务主要技术负责人员信息</td><td colspan="3">序号 | 姓名 | 学历/职称 | 本单位担任职位及主要工作内容 | 从事气象信息服务经历及年限</td></tr>
<tr><td colspan="3">1</td></tr>
<tr><td colspan="3">2</td></tr>
<tr><td colspan="3">3</td></tr>
<tr><td>气象信息服务单位承诺</td><td colspan="3">本单位承诺：
一、我单位使用合法渠道获得气象资料、建立了完备的业务规范和管理制度开展气象信息服务。
二、我单位对所提交的备案材料的真实性、合法性、有效性负责。
三、我单位遵守气象有关法律法规、技术标准、规范和规程。

单位法定代表人签字：
（单位盖章）
年 月 日</td></tr>
<tr><td colspan="4">注：表格不够填写处可按样式增加附页。</td></tr>
</table>

A.2 备案表填写要求

备案表填写要求如下：
——单位名称：填写营业执照（或事业单位法人证书或社会团体法人登记证书）上的"名称"。
——统一社会信用代码：填写统一社会信用代码。
——住所：填写营业执照（或事业单位法人证书或社会团体法人登记证书）上的"住所"。
——注册资本：填写单位的注册资本或开办资金。
——经济类型：企业填写营业执照公司类型，如：有限责任公司、股份有限责任公司、个人独资企业、合伙企业等；事业单位填写"事业单位"。
——行业领域：填写单位细分领域，勾选或文字说明。
——加入行业协会：填写加入的气象相关行业协会。
——信用评价结果：填写政府部门、行业协会、信用评级机构作出的信用评价结果。
——联系人：填写单位内部负责办理备案的人员姓名。
——联系方式：填写单位的联系电话和电子邮箱。
——气象资料来源：填写获取气象数据的来源，如中国气象数据网等。
——气象服务范围：填写服务的主要范围，如广东省、全国等。
——气象信息服务提供方式说明：勾选，并列出提供气象信息服务的具体渠道名称。如：勾选了微博，则在"气象信息服务的具体渠道"中填写微博名称。

附 录 B
（规范性）
备案号编码规则

备案号以 11 位阿拉伯数字表示。其中：
——前 2 位表示气象信息服务单位所在省、自治区、直辖市，以 GB/T 2260 中行政区划数字代码前两位表示，如广东以"44"表示。
——第 3 至第 6 位表示年份，以 4 位阿拉伯数字表示，如"2020"。
——第 7 至第 11 位表示本省本年度通过备案的单位编号，以 GB/T 7027 中规定的顺序码表示，如 1 以"00001"表示。

参 考 文 献

[1] 中国气象局.气象预报发布与传播管理办法:中国气象局令第26号[Z],2015年3月12日发布

[2] 中国气象局.气象信息服务管理办法:中国气象局令第27号[Z],2015年3月12日发布

[3] 中国气象局.中国气象局关于印发《气象预报传播质量评价管理办法》和《气象信息服务企业备案管理办法》的通知:气发〔2016〕92号[Z],2016年12月23日发布

ICS 07.060
A 47
备案号:78199—2020

中华人民共和国气象行业标准

QX/T 344.3—2020

卫星遥感火情监测方法 第3部分:火点强度估算

The method of fire monitoring by satellite remote sensing—Part 3: Fire spot intensity evaluating

2020-11-05 发布　　　　　　　　　　　　　　2021-02-01 实施

中国气象局　发布

前　言

QX/T 344《卫星遥感火情监测方法》分为6个部分：
——第1部分：总则；
——第2部分：火点判识；
——第3部分：火点强度估算；
——第4部分：过火区面积估算；
——第5部分：火点时空分布统计；
——第6部分：火情监测产品。

本部分为QX/T 344的第3部分。

本部分按照GB/T 1.1—2009给出的规则起草。

本部分由全国卫星气象与空间天气标准化技术委员会(SAC/TC 347)提出并归口。

本部分起草单位：国家卫星气象中心。

本部分主要起草人：闫华、刘诚、李亚君、郑伟、陈洁、高浩、赵长海。

引 言

为保证卫星遥感火情监测业务产品质量,便于遥感应用部门在森林草原防火服务中对卫星遥感火情监测信息的充分应用和会商交流,有必要建立卫星遥感火情监测数据处理方法、监测信息内容、产品形式及格式的统一规范和标准,以提高气象系统和有关行业遥感部门对卫星遥感火情监测技术的服务水平和应用效益。

本部分制定的卫星遥感火点强度估算方法,包括基于具有中红外和远红外通道的多种卫星(极轨、静止气象卫星)资料的亚像元火点面积和温度估算方法,基于亚像元火点估算结果的火点强度分级方法和处理规范,将为开展卫星遥感火情监测应用和研究提供技术方法和处理规范。

卫星遥感火情监测方法　第3部分：火点强度估算

1　范围

本部分规定了卫星遥感火点强度估算的数据要求、亚像元火点面积和温度估算方法、火点强度估算和等级划分、火点强度估算处理流程。

本部分适用于卫星遥感森林草原火灾、秸秆焚烧等火情监测中估算火点强度及火势的数据处理和信息分析。

2　规范性引用文件

下列文件对于本文件的应用是必不可少的。凡是注日期的引用文件，仅注日期的版本适用于本文件。凡是不注日期的引用文件，其最新版本（包括所有的修改单）适用于本文件。

QX/T 344.1—2016　卫星遥感火情监测方法　第1部分：总则
QX/T 344.2—2019　卫星遥感火情监测方法　第2部分：火点判识

3　术语和定义

QX/T 344.1—2016、QX/T 344.2—2019 界定的术语和定义适用于本文件。为了便于使用，以下重复列出了 QX/T 344.1—2016 中的某些术语和定义。

3.1
火点像元　fire pixel
卫星图像中含有火情的像元。
[QX/T 344.1—2016,定义2.5]

3.2
火点强度　fire spot intensity
卫星观测到的火点像元明火辐射发射功率程度等级。
[QX/T 344.1—2016,定义2.13]

3.3
亚像元　sub pixel
目标物占像元的部分面积。
[QX/T 344.1—2016,定义2.4]

4　符号

下列符号适用于本文件。

C_1：常数，其值为：1.1910659×10^{-5} mW/(m² · sr · cm⁻⁴)。
C_2：常数，其值为：1.438833 K/cm⁻¹。
EOS：地球观测极轨卫星。
N_{FIR}：远红外通道辐亮度，单位为毫瓦每平方米球面度负一次方厘米(mW/(m² · sr · cm⁻¹))。

N_{FIRBG}：远红外通道背景辐亮度，单位为毫瓦每平方米球面度负一次方厘米（mW/(m²·sr·cm⁻¹))。

N_{FIRt}：远红外通道亚像元火点辐亮度，单位为毫瓦每平方米球面度负一次方厘米（mW/(m²·sr·cm⁻¹))。

N_{MIR}：中红外通道辐亮度，单位为毫瓦每平方米球面度负一次方厘米（mW/(m²·sr·cm⁻¹))。

N_{MIRBG}：中红外通道背景辐亮度，单位为毫瓦每平方米球面度负一次方厘米（mW/(m²·sr·cm⁻¹))。

N_{MIRCA}：中红外通道定标系数截距对应的辐射率，单位为毫瓦每平方米球面度负一次方厘米（mW/(m²·sr·cm⁻¹))。

N_{MIRt}：中红外通道亚像元火点辐亮度，单位为毫瓦每平方米球面度负一次方厘米（mW/(m²·sr·cm⁻¹))。

NPP：美国 NPP 气象卫星。

P：亚像元火点面积比例。

P_0：牛顿迭代法公式中变量 P 的迭代初值。

T：亚像元火点温度，单位为开尔文（K）。

T_0：牛顿迭代法公式中变量 T 的迭代初值。

T_{FIR}：远红外通道亮度温度，单位为开尔文（K）。

T_{FIRBG}：远红外通道背景区亮度温度平均值，单位为开尔文（K）。

T_{MIR}：中红外通道亮度温度，单位为开尔文（K）。

T_{MIRBG}：中红外通道背景区亮度温度平均值，单位为开尔文（K）。

T_{MIRth}：中红外通道亮度温度上限，单位为开尔文（K）。

V_{FIR}：远红外通道中心波数。

V_{MIR}：中红外通道中心波数。

5 数据准备

5.1 数据源

要求见 QX/T 344.1—2016 的第 3 章。可用于火点强度估算的常用卫星有关通道的主要参数参见附录 A。

5.2 数据前期处理

5.2.1 预处理

见 QX/T 344.1—2016 的 4.1.1。

5.2.2 火点判识

见 QX/T 344.2—2019。

6 火点强度估算方法

6.1 火点强度计算公式

火点强度由公式（1）得到：

$$P_{FR} = S_f \times \sigma T^4 \quad \cdots\cdots\cdots\cdots\cdots(1)$$

式中：
P_{FR}——像元内明火辐射功率，即火点强度，单位为瓦（W）；
S_f——亚像元火点面积，单位为平方米（m²）；
σ——斯蒂芬·玻尔兹曼常数，$\sigma=5.6704\times10^{-8}$（W/(m²·K⁴)）；
T——亚像元火点温度，单位为开尔文（K）。

$$S_f = P \times S \qquad\qquad\qquad (2)$$

式中：
P——亚像元火点面积比例；
S——火点像元面积。

6.2 亚像元火点面积比例和火点温度估算方法

6.2.1 红外通道选择

若$T_{MIR} \geqslant T_{MIRth}$，则中红外通道亮度温度已饱和，选择远红外通道数据估算。否则，选择中红外和远红外通道（即双通道）数据，利用牛顿迭代法估算；若牛顿迭代法不收敛，选择中红外通道数据估算。

T_{MIRth}计算见公式（3）：

$$T_{MIRth} = \frac{C_2 V_{MIR}}{\ln(1+\frac{C_1 V_{MIR}^3}{N_{MIRCA}})} \qquad\qquad\qquad (3)$$

6.2.2 双通道资料估算方法

将N_{MIR}、N_{MIRBG}、N_{MIR}、N_{FIRBG}、P_0、T_0代入牛顿迭代法公式，估算P和T（见附录B）。

其中，N_{MIR}、N_{MIRBG}、N_{FIR}、N_{FIRBG}按照式（4）—式（7）计算；P_0、T_0使用二分法计算（见附录C）。

$$N_{MIRBG} = \frac{C_1 V_{MIR}^3}{e^{C_2 V_{MIR}/T_{MIRBG}} - 1} \qquad\qquad\qquad (4)$$

$$N_{FIRBG} = \frac{C_1 V_{FIR}^3}{e^{C_2 V_{FIR}/T_{FIRBG}} - 1} \qquad\qquad\qquad (5)$$

$$N_{MIR} = \frac{C_1 V_{MIR}^3}{e^{C_2 V_{MIR}/T_{MIR}} - 1} \qquad\qquad\qquad (6)$$

$$N_{FIR} = \frac{C_1 V_{FIR}^3}{e^{C_2 V_{FIR}/T_{FIR}} - 1} \qquad\qquad\qquad (7)$$

6.2.3 单通道资料估算方法

中红外通道估算见公式（8），远红外通道估算见公式（10），其中T设置为750 K。

$$P = (N_{MIR} - N_{MIRBG})/(N_{MIRt} - N_{MIRBG}) \qquad\qquad\qquad (8)$$

$$N_{MIRt} = \frac{C_1 V_{MIR}^3}{e^{C_2 V_{MIR}/T} - 1} \qquad\qquad\qquad (9)$$

$$P = (N_{FIR} - N_{FIRBG})/(N_{FIRt} - N_{FIRBG}) \qquad\qquad\qquad (10)$$

$$N_{FIRt} = \frac{C_1 V_{FIR}^3}{e^{C_2 V_{FIR}/T} - 1} \qquad\qquad\qquad (11)$$

7 火点强度等级划分

火点强度等级划分见表1。

表 1 火点强度等级划分

单位为兆瓦(10^6 W)

火点强度等级	火点强度	火点强度等级	火点强度
1 级	$P_{FR}<5$	6 级	$150 \leqslant P_{FR}<250$
2 级	$5 \leqslant P_{FR}<15$	7 级	$250 \leqslant P_{FR}<350$
3 级	$15 \leqslant P_{FR}<50$	8 级	$350 \leqslant P_{FR}<700$
4 级	$50 \leqslant P_{FR}<100$	9 级	$700 \leqslant P_{FR}<1200$
5 级	$100 \leqslant P_{FR}<150$	10 级	$P_{FR} \geqslant 1200$

8 火点强度估算处理流程

卫星遥感火点强度处理步骤如下：

a) 获取火点像元和背景亮温。

b) 进行亚像元火点面积比例和火点温度估算，具体如下：

    1) 选择红外通道，若中红外通道亮温达到亮温上限，使用远红外通道估算 P。

    2) 若中红外通道亮温未达到亮温上限，使用双通道数据，利用牛顿迭代法估算 P 和 T；若牛顿迭代法迭代不收敛，使用中红外通道估算 P。

c) 计算亚像元火点面积 S_f。

d) 计算火点强度 P_{FR}。

e) 根据 P_{FR} 划分火点强度等级。

卫星遥感火点强度处理流程图见图 1。

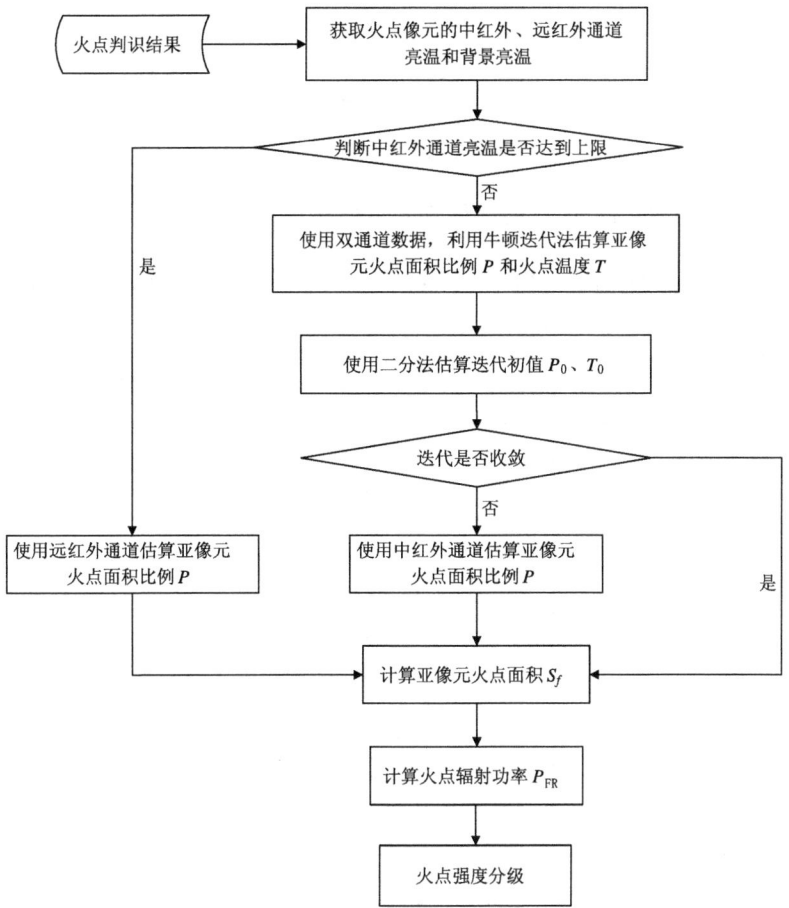

图 1　卫星遥感火点强度估算处理流程图

附 录 A
（资料性附录）
常用卫星有关通道的主要参数

表 A.1—表 A.8 列出了可用于火点强度估算的主要在轨运行卫星有关通道的主要参数。

表 A.1 FY-1C/D 极轨气象卫星 MVISR（多通道可见光与红外扫描辐射计）通道参数

通道	中心波长 μm	波长范围 μm	星下点分辨率 km
1	**0.630**	**0.580～0.680**	**1.1**
2	**0.865**	**0.840～0.890**	**1.1**
3	**3.750**	**3.55～3.95**	**1.1**
4	**10.80**	**10.30～11.30**	**1.1**
5	12.00	11.50～12.50	1.1
6	1.610	1.58～1.64	1.1
7	0.455	0.430～0.480	1.1
8	0.505	0.480～0.530	1.1
9	0.555	0.530～0.580	1.1
10	0.932	0.900～0.965	1.1
注：表中加粗字体的通道优先使用。			

表 A.2 NOAA 极轨气象卫星 AVHRR（改进的甚高分辨率扫描辐射计）通道参数

通道	中心波长 μm	波长范围 μm	星下点分辨率 km
1	**0.630**	**0.58～0.68**	**1.1**
2	**0.862**	**0.725～1.00**	**1.1**
3A	1.61	1.58～1.64	1.1
3B	**3.74**	**3.55～3.93**	**1.1**
4	**10.80**	**10.3～11.3**	**1.1**
5	12.00	11.5～12.5	1.1
注：表中加粗字体的通道优先使用。			

表 A.3 FY-3A/B/C 极轨气象卫星 VIRR(可见光红外扫描辐射计)通道参数

通道	中心波长 μm	波长范围 μm	星下点分辨率 km
1	**0.630**	**0.58～0.68**	**1.1**
2	**0.865**	**0.84～0.89**	**1.1**
3	**3.740**	**3.55～3.93**	**1.1**
4	**10.80**	**10.3～11.3**	**1.1**
5	12.00	11.5～12.5	1.1
6	1.600	1.55～1.64	1.1
7	0.455	0.43～0.48	1.1
8	0.505	0.48～0.53	1.1
9	0.555	0.53～0.58	1.1
10	1.360	1.325～1.395	1.1
注:表中加粗字体的通道优先使用。			

表 A.4 FY-3D 极轨气象卫星 MERSI-Ⅱ(中分辨率光谱成像仪Ⅱ型)通道参数

通道	中心波长	波段宽度	星下点分辨率 km
1	470 nm	50 nm	0.25
2	550 nm	50 nm	0.25
3	**650 nm**	**50 nm**	**0.25**
4	**865 nm**	**50 nm**	**0.25**
5	1240 nm/1030 nm	20 nm	1
6	1640 nm	20 nm	1
7	2130 nm	20 nm	1
8	412 nm	20 nm	1
9	443 nm	20 nm	1
10	490 nm	20 nm	1
11	555 nm	20 nm	1
12	670 nm	20 nm	1
13	709 nm	20 nm	1
14	746 nm	20 nm	1
15	865 nm	20 nm	1
16	905 nm	20 nm	1
17	936 nm	20 nm	1

表 A.4 FY-3D 极轨气象卫星 MERSI-Ⅱ(中分辨率光谱成像仪Ⅱ型)通道参数(续)

通道	中心波长	波段宽度	星下点分辨率 km
18	940 nm	50 nm	1
19	1380 nm	20 nm	1
20	**3.80 μm**	**0.18 μm**	**1**
21	**4.05 μm**	**0.155 μm**	**1**
22	7.20 μm	0.5 μm	1
23	8.55 μm	0.30 μm	1
24	**10.8 μm**	**1 μm**	**0.25**
25	12.0 μm	1 μm	0.25

注:表中加粗字体的通道优先使用。

表 A.5 EOS/MODIS(中分辨率成像光谱仪)通道参数

通道	中心波长	波段宽度	星下点分辨率 km
1	**645 nm**	**50 nm**	**0.25**
2	**858 nm**	**35 nm**	**0.25**
3	469 nm	20 nm	0.5
4	555 nm	20 nm	0.5
5	1240 nm	20 nm	0.5
6	1640 nm	24 nm	0.5
7	2130 nm	50 nm	0.5
8	412 nm	15 nm	1
9	443 nm	10 nm	1
10	488 nm	10 nm	1
11	531 nm	10 nm	1
12	551 nm	10 nm	1
13	667 nm	10 nm	1
14	678 nm	10 nm	1
15	748 nm	10 nm	1
16	870 nm	15 nm	1
17	905 nm	30 nm	1
18	936 nm	10 nm	1
19	940 nm	50 nm	1

表 A.5 EOS/MODIS(中分辨率成像光谱仪)通道参数(续)

通道	中心波长	波段宽度	星下点分辨率 km
20	1375 nm	30 nm	1
21	**3.750 μm**	**0.180 μm**	**1**
22	3.959 μm	0.060 μm	1
23	3.959 μm	0.060 μm	1
24	**4.050 μm**	**0.060 μm**	**1**
25	4.515 μm	0.165 μm	1
26	4.515 μm	0.067 μm	1
27	6.715 μm	0.360 μm	1
28	7.325 μm	0.300 μm	1
29	8.550 μm	0.300 μm	1
30	9.730 μm	0.300 μm	1
31	**11.030 μm**	**0.500 μm**	**1**
32	12.020 μm	0.500 μm	1
33	13.335 μm	0.300 μm	1
34	13.635 μm	0.300 μm	1
35	13.935 μm	0.300 μm	1
36	14.235 μm	0.300 μm	1
注:表中加粗字体的通道优先使用。			

表 A.6 FY-2C/D/E/F/G/H 静止气象卫星 VISSR(可见光红外自旋扫描辐射计)通道参数

通道	波长范围 μm	星下点分辨率 km
1	**0.55~0.99**	**1.25**
2	10.3~11.3	5
3	11.5~12.5	5
4	**3.50~4.00**	**5**
5	6.30~7.60	5
注:表中加粗字体的通道优先使用。		

表 A.7 FY-4A 静止气象卫星 AGRI(多通道扫描成像辐射计)通道参数

通道	中心波长 μm	波长范围 μm	星下点分辨率 km
1	0.47	0.45~0.49	1
2	**0.65**	**0.55~0.75**	**0.5**
3	**0.825**	**0.75~0.90**	**1**
4	1.375	1.36~1.39	2
5	1.61	1.58~1.64	2
6	2.25	2.1~2.35	2
7	**3.75**	**3.5~4.0**	**2**
8	3.75	3.5~4.0	4
9	6.25	5.8~6.7	4
10	7.1	6.9~7.3	4
11	8.5	8.0~9.0	4
12	**10.7**	**10.3~11.1**	**4**
13	12.0	11.5~12.5	4
14	13.5	13.2~13.8	4

注:表中加粗字体的通道优先使用。

表 A.8 NPP/VIIRS(可见光红外成像辐射仪)通道参数

通道	中心波长	波段宽度	星下点分辨率 km
1	412 nm	20 nm	0.75
2	445 nm	18 nm	0.75
3	488 nm	20 nm	0.75
4	555 nm	20 nm	0.75
5	672 nm	20 nm	0.75
6	746 nm	15 nm	0.75
7	865 nm	39 nm	0.75
8	1240 nm	20 nm	0.75
9	1378 nm	15 nm	0.75
10	1610 nm	60 nm	0.75
11	2250 nm	50 nm	0.75
12	3.70 μm	0.18 μm	0.75
13	4.05 μm	0.155 μm	0.75

表 A.8 NPP/VIIRS(可见光红外成像辐射仪)通道参数(续)

通道	中心波长	波段宽度	星下点分辨率 km
14	8.55 μm	0.30 μm	0.75
15	10.763 μm	1.00 μm	0.75
16	12.013 μm	0.95 μm	0.75
17	0.7 μm (day/night)	0.5 μm~0.9 μm	0.375
18	**0.64 μm**	**0.60 μm~0.68 μm**	**0.375**
19	**0.865 μm**	**0.845 μm~0.884 μm**	**0.375**
20	1.61 μm	1.58 μm~1.64 μm	0.375
21	**3.74 μm**	**3.55 μm~3.93 μm**	**0.375**
22	**11.45 μm**	**10.5 μm~12.4 μm**	**0.375**
注:表中加粗字体的通道优先使用。			

附 录 B
（规范性附录）
牛顿迭代法估算 P、T 方法

B.1 建立双通道火点像元方程组

$$\begin{cases} N_{\text{MIR}}(P,T) = P \times N_{\text{MIRt}} + (1-P) \times N_{\text{MIRBG}} - N_{\text{MIR}} = 0 \\ N_{\text{FIR}}(P,T) = P \times N_{\text{FIRt}} + (1-P) \times N_{\text{FIRBG}} - N_{\text{FIR}} = 0 \end{cases} \quad \cdots\cdots (B.1)$$

式中：

$$N_{\text{MIRt}} = \frac{C_1 V_{\text{MIR}}^3}{e^{C_2 V_{\text{MIR}}/T} - 1}, \quad N_{\text{FIRt}} = \frac{C_1 V_{\text{FIR}}^3}{e^{C_2 V_{\text{FIR}}/T} - 1}。$$

B.2 建立方程组式(B.1)的近似线性方程组

$$\begin{cases} N_{\text{MIR}}(P_0,T_0) + \frac{\partial N_{\text{MIR}}}{\partial P}(P-P_0) + \frac{\partial N_{\text{MIR}}}{\partial T}(T-T_0) = 0 \\ N_{\text{FIR}}(P_0,T_0) + \frac{\partial N_{\text{FIR}}}{\partial P}(P-P_0) + \frac{\partial N_{\text{FIR}}}{\partial T}(T-T_0) = 0 \end{cases} \quad \cdots\cdots (B.2)$$

式中：

$\dfrac{\partial N_{\text{MIR}}}{\partial P}$、$\dfrac{\partial N_{\text{FIR}}}{\partial P}$ 分别为 $N_{\text{MIR}}(P,T)$、$N_{\text{FIR}}(P,T)$ 对 P 的偏导数，$\dfrac{\partial N_{\text{MIR}}}{\partial T}$、$\dfrac{\partial N_{\text{FIR}}}{\partial T}$ 分别为 $N_{\text{MIR}}(P,T)$、$N_{\text{FIR}}(P,T)$ 对 T 的偏导数，P_0,T_0 为公式(B.1)的一组近似解。

B.3 建立迭代公式

$$P_{n+1} = P_n + \frac{1}{J_n} \begin{vmatrix} \dfrac{\partial N_{\text{MIR}}(P_n,T_n)}{\partial T} & N_{\text{MIR}}(P_n,T_n) \\ \dfrac{\partial N_{\text{FIR}}(P_n,T_n)}{\partial T} & N_{\text{FIR}}(P_n,T_n) \end{vmatrix}$$

$$T_{n+1} = T_n + \frac{1}{J_n} \begin{vmatrix} N_{\text{MIR}}(P_n,T_n) & \dfrac{\partial N_{\text{MIR}}(P_n,T_n)}{\partial P} \\ N_{\text{FIR}}(P_n,T_n) & \dfrac{\partial N_{\text{FIR}}(P_n,T_n)}{\partial P} \end{vmatrix} \quad \cdots\cdots (B.3)$$

式中：

P_n,T_n,P_{n+1},T_{n+1} 为迭代公式的第 n 次和第 $n+1$ 次解。

J_n 为公式(B.3)的系数行列式，偏导数取函数在 P_n,T_n 点的值。

$$J_n = \begin{vmatrix} \dfrac{\partial N_{\text{MIR}}(P_n,T_n)}{\partial P} & \dfrac{\partial N_{\text{MIR}}(P_n,T_n)}{\partial T} \\ \dfrac{\partial N_{\text{FIR}}(P_n,T_n)}{\partial P} & \dfrac{\partial N_{\text{FIR}}(P_n,T_n)}{\partial T} \end{vmatrix} \quad \cdots\cdots (B.4)$$

B.4 判断牛顿迭代法是否收敛

若达到迭代次数后,$P_{n+1}<0$,或 $T_{n+1}<0$,或未达到迭代精度,表明迭代不收敛,迭代停止,使用单通道估算。迭代次数设为30。

B.5 判断是否达到迭代精度

若:
$|P_{n+1}-P_1|<10^{-6}$ 且 $|T_{n+1}-T_1|<10^{-6}$

表明达到迭代精度,停止迭代,获得亚像元火点面积比例 P 和火点温度 T。

附 录 C
（规范性附录）
迭代公式初值计算方法

迭代公式的初始值 P_0 和 T_0 利用 Prins 和 Menzel 提出的二分法（bisection technique）给出。

设迭代公式求解的方程组的中波红外和远红外混合像元公式分别为公式(C.1)和公式(C.2)：

$$N_{MIR}(P,T) = P \times N_{MIRt} + (1-P) \times N_{MIRBG} - N_{MIR} = 0 \quad \quad (C.1)$$

$$N_{FIR}(P,T) = P \times N_{FIRt} + (1-P) \times N_{FIRBG} - N_{FIR} = 0 \quad \quad (C.2)$$

P 初值的中间结果由公式(C.3)给出：

$$P_{intermediary} = 10^{\lg P_{lower} + (\lg P_{upper} - \lg(P_{lower})/2)} \quad \quad (C.3)$$

$P_{intermediary}$ 为 P 初值的中间结果，P_{lower}，P_{upper} 分别为某次中波红外和远红外混合像元公式中的中间结果。

由于 P 的值域为 $(0,1]$，将 $P_{lower} = 10^{-6}$，$P_{upper} = 1$，分别代入公式(C.3)，得到 $P_{intermediary}$ 的初值，设公式(C.1)中亚像元火点温度为 T_{4ft}。将公式(C.1)整理得到公式(C.4)：

$$N_{MIRt} = (N_{MIR} - (1-P) \times N_{MIRBG})/P \quad \quad (C.4)$$

将 $P_{intermediary}$ 的初值带入公式(C.4)，可解得 N_{MIRt}，进而解得亚像元火点温度 T_{4ft}，将得到的 T_{4ft} 代入公式(C.2)，并将公式(C.2)整理得：

$$P = (N_{FIR} - N_{FIRBG})/(N_{FIRt} - N_{FIRBG}) \quad \quad (C.5)$$

其中 N_{FIRt} 的计算见公式(C.6)：

$$N_{FIRt} = C_1 V_{FIR}^3 / (e^{C_2 V_{FIR}/T_{4ft}} - 1) \quad \quad (C.6)$$

将由公式(C.1)和公式(C.2)得到的 P 值分别作为 P_{lower}，P_{upper} 代入公式(C.3)，得到的 $P_{intermediary}$ 迭代值，再代入公式(C.4)继续循环。迭代 10 次后，可作为 Dozier 方法的初始值进行亚像元火点面积和温度的迭代计算。

参 考 文 献

[1] 刘诚,李亚军,赵长海,等.气象卫星亚像元火点面积和亮温估算方法[J].应用气象学报,2004,15(3):273-280

[2] Dozier J. A method for satellite identification of surface temperature fields of sub-pixel resolution[J]. Remote Sensing of Environment,1981,11:221-229

ICS 07.060
A 47
备案号：72733—2020

中华人民共和国气象行业标准

QX/T 534—2020

气象数据元　总则

Data element for meteorology—General

2020-01-21 发布　　　　　　　　　　　　　　　　2020-05-01 实施

中　国　气　象　局　发　布

QX/T 534—2020

前言

本标准按照GB/T 1.1—2009给出的规则起草。

本标准由全国气象基本信息标准化技术委员会(SAC/TC 346)提出并归口。

本标准起草单位:国家气象信息中心。

本标准主要起草人:王颖、张芳、王琦、韩鑫强、王佳强、战云健。

气象数据元　总则

1　范围

本标准规定了气象数据元的确定规则、类型和描述方法、属性以及编制规则。
本标准适用于规范气象数据元的编制、注册和维护管理。

2　规范性引用文件

下列文件对于本文件的应用是必不可少的。凡是注日期的引用文件，仅注日期的版本适用于本文件。凡是不注日期的引用文件，其最新版本（包括所有的修改单）适用于本文件。
GB/T 7408—2005　数据元和交换格式　信息交换　日期和时间表示法
GB/T 19488.1—2004　电子政务数据元　第1部分：设计和管理规范
QX/T 133—2011　气象要素分类与编码

3　术语和定义

下列术语和定义适用于本文件。

3.1
数据元　data element；DE
由一组属性规定其定义、标识、表示和允许值的数据单元。
［GB/T 18391.1—2009，定义 3.3.8］

3.2
气象数据元　meteorological data element
气象领域中涉及的所有数据元。

3.3
对象　object
可感知或可想象的任何事物。

3.4
特性　property
一个对象类所有成员所共有的特征。
［GB/T 18391.1—2009，定义 3.3.29］

3.5
表示　representation
值域、数据类型的组合。
注：必要时也包含计量单位或字符集。

4　气象数据元确定规则

气象数据元由三部分组成：

a) 对象:气象领域研究和业务中、采集和存储相关数据的事物和概念,如气温、气压、降水、风、台风、气象测站、观测设备等;
b) 特性:用来描述一类对象的特征,如速度、方向、总量等;
c) 表示:包括值域和数据类型。表示与数据元的值域关系密切,一个数据元的值域指数据元的所有允许值的集合。对象和特性相同,但表示不同,就是两个不同的数据元。

气象数据元的划分粒度由上述三部分确定,当对象、特性和表示相同时,定义为一个数据元。计量单位、数据精度、空间位置、时间属性等不用于区分数据元。

示例:
"风向度数"和"风向方位"数据元,"风"是对象,"向(即方向)"是特性,"度数"和"方位"是表示。同样是风向,由于表示方式不同形成两个数据元,各自有不同的值域。"风向度数"用度数表示,值域是 0 至 359 的非负整数;"风向方位"用十六个方位表示,值域是 1 至 17 的非负整数。

5 气象数据元类型与描述方法

5.1 类型

气象数据元类型见表1。

表 1 气象数据元类型

数据元类型	类型码	说明
识别	01	与数据来源和标识相关的数据元,应符合 QX/T 133—2011 中的表3。
仪器	02—03	与观测设备相关的数据元,应符合 WMO 发布的 23 版 BUFR 码表和 QX/T 133—2011 中的表4。
时间	04、26	与标识时间位置和时间要素相关的数据元,应符合 QX/T 133—2011 中的表5和表22。
位置	05—07、27—28	与标识空间位置和空间位置要素相关的数据元,应符合 QX/T 133—2011 中的表6、表7、表8、表23、表24。
垂直要素与气压	10	与垂直高度、气压相关的数据元,应符合 QX/T 133—2011 中的表10。
风与湍流	11	包括风向、风速、风分量、最大风向、最大风速等与风相关的数据元,应符合 QX/T 133—2011 中的表11。
温度	12	与温度相关的数据元,应符合 QX/T 133—2011 中的表12。
湿度/降水/蒸发	13	与湿度、降水、蒸发等相关的数据元,应符合 QX/T 133—2011 中的表13。
辐射	14	与太阳、地球和大气辐射相关的数据元,应符合 QX/T 133—2011 中的表14。
大气成分	15	与大气成分相关的数据元,应符合 QX/T 133—2011 中的表15。
天气特征	19	与热带气旋等相关的数据元,应符合 QX/T 133—2011 中的表16。
天气现象	20	与天气现象相关的数据元,应符合 QX/T 133—2011 中的表17。
雷达气象	21	与雷达遥感和反演产品相关的数据元,应符合 QX/T 133—2011 中的表18。
海洋气象	22	与海洋气象相关的数据元,应符合 QX/T 133—2011 中的表19。
地图数据	29	与地图位置相关的数据元,应符合 QX/T 133—2011 中的表25。

表 1 气象数据元类型（续）

数据元类型	类型码	说明
卫星气象	40	与卫星气象遥感和反演产品相关的数据元，应符合 QX/T 133—2011 中的表 27。
空间天气	48	与空间天气遥感和反演产品相关的数据元。
气象灾害	49	与气象灾害相关的数据元（除农业气象灾害）。
农业与生态气象	71	与农业气象和生态气象相关的数据元，应符合 QX/T 133—2011 中的表 29。
大气诊断物理量	72	与数值模式输出的大气诊断物理量相关数据元，应符合 QX/T 133—2011 中的表 30。

注：类型码 8、9、16—18、23—25、30—39、41—47、50—70、73—99 为保留的类型码。

5.2 描述方法

气象数据元用 15 个属性描述，包括中文名称、编码、同义编码、英文名称、简称、版本、定义、关系、数据类型、计量单位、数据精度、特征值、提交机构、状态、备注。各属性的描述方式示例参见附录 A。

6 气象数据元属性

6.1 属性分类

气象数据元属性包括以下六个方面的类别：
a) 标识类属性：适用于气象数据元标识的属性：
——中文名称；
——编码；
——同义编码；
——英文名称；
——简称；
——版本。
b) 定义类属性：描述气象数据元语义方面的属性：
——定义。
c) 关系类属性：描述各气象数据元之间相互关联的属性：
——关系。
d) 表示类属性：描述气象数据元表示方面的属性：
——数据类型；
——计量单位；
——数据精度；
——特征值。
e) 管理类属性：描述气象数据元管理与控制方面的属性：
——提交机构；
——状态。
f) 备注类属性：上述未能详细描述的其他属性：

——备注。

6.2 描述方法

数据元属性的描述方法应符合 GB/T 19488.1—2004 中 5.1 的规定。气象数据元属性应依照一种标准方式来描述。下面的描述符只对数据元属性的描述有效(对数据元的描述无效)：

a) 名称:赋予数据元属性的标记,名称是唯一的。名称以字符串形式表示。
b) 定义:属性的描述,应使一种属性与其他属性清晰地区别开来。定义以字符串形式表示。
c) 约束:显示一个属性是始终还是有时出现的描述符。该描述符可以有三个取值:必选、条件可选、可选。"必选"表示该属性应出现,"条件可选"后者表示该属性在一定条件下应出现,"可选"表示该属性可以出现,也可以不出现。
d) 出现次数:显示一个属性出现多少次的描述符。该描述符有以下四种情况:0∶1(表示不出现或出现1次),0∶n(表示不出现或出现n次),1∶1(表示出现且仅出现1次),1∶n(表示出现1次或多次)。
e) 数据类型:描述属性的所有取值的类型。属性值的数据类型示例有:"字符串""数字"。
f) 备注:与属性应用有关的注释。

6.3 标识类属性描述

6.3.1 中文名称

名称:中文名称。
定义:赋予数据元的单个或多个中文字词的指称,在一个特定语境内确定并唯一。
约束:必选。
出现次数:1∶1。
数据类型:字符串。
备注:中文名称的命名规则见7.1。

6.3.2 编码

名称:编码。
定义:与语言无关的数据元的唯一标识。
约束:必选。
出现次数:1∶1。
数据类型:字符串。
备注:编码的编制规则见7.2。

6.3.3 同义编码

名称:同义编码。
定义:数据元在其他特定语境内的不同编码。
约束:可选。
出现次数:0∶n。
数据类型:字符串。
备注:同义编码表示格式:"语境标识符:编码",多个同义编码之间用","分隔。

注:语境标识符是其他语境或规范的缩写,可由大写英文字母和阿拉伯数字组成,不定长,一般不超过8个字符。

示例：

《WMO. Manual on Codes》(WMO-No.306)的 GRIB 格式中,气温数据元的同义编码为"000.000.000",写为"GRIB：000.000.000",其中同义编码从左至右前三位数字为学科种类,中间三位数字为参数种类,最后三位数字为参数编号,学科种类、参数种类、参数编号之间用"."分隔,位数不足,高位补"0"。

6.3.4 英文名称

名称：英文名称。
定义：赋予数据元的单个或多个英文字词的指称。
约束：必选。
出现次数：1：1。
数据类型：字符串。
备注：英文名称的命名规则见7.3。

6.3.5 简称

名称：简称。
定义：数据元英文名称的缩写,在一个特定语境内确定并唯一。
约束：必选。
出现次数：1：1。
数据类型：字符串。
备注：简称的命名规则见7.4。

6.3.6 版本

名称：版本。
定义：在一系列逐渐完善的数据元规范中,某个数据元规范发布的标识。
约束：必选。
出现次数：1：1。
数据类型：字符串。
备注：版本用版本号表示,版本号格式规则见7.5。

6.4 定义类属性描述

名称：定义。
定义：表达一个数据元的本质特性并使其区别于所有其他数据元的唯一描述。
约束：必选。
出现次数：1：1。
数据类型：字符串。
备注：数据元定义的编写规则见7.6。

6.5 关系类属性描述

名称：关系。
定义：当前数据元与其他相关的数据元之间关系的一种描述。
约束：可选。
出现次数：0：n,n 表示大于1的整数,不固定(下同)。
数据类型：字符串。

备注：数据元的几种基本关系标识格式见表2，多个关系中间用","分隔。

表 2　数据元基本关系的标识格式

关系中文名称	关系表示符	关系描述
派生关系	derive-from	描述了数据元之间的继承关系，一个较为专用的数据元是由一个较为通用的数据元加上某些限定词派生而来，例如"derive-from B"（B是数据元编码，下同），表明当前数据元由数据元B派生而来。
替代关系	replace-of	描述了数据元之间的替代关系，例如"replace-of B"表明当前数据元替代了数据元B。
连用关系	link-with	描述了一个数据元与另外若干数据元一起使用的情况，例如"link-with B、C、D"，表明当前数据元应和数据元B、C、D一起使用。

6.6　表示类属性描述

6.6.1　数据类型

名称：数据类型。
定义：表示数据元值的不同值的一个集合。
约束：必选。
出现次数：1∶1。
数据类型：字符串。
备注：表3包括了数据类型可能的取值列表，但不限于表3中所列。

表 3　数据类型可能的取值列表

数据类型	说明
字符型（string）	通过字符形式表达的值的类型
数值型（number）	通过从"0"到"9"数字形式表达的值的类型
日期型（date）	通过YYYYMMDD的形式表达的值的类型，应符合GB/T 7408—2005中的5.2.1
日期时间型（datetime）	通过YYYYMMDDhhmmss的形式表达的值的类型
时间型（time）	通过hhmmss的形式表达的值的类型，应符合GB/T 7408—2005中的5.3.1
布尔型（boolean）	两个且只有两个表明条件的值，如On/Off、True/False
二进制（binary）	上述无法表示的其他数据类型，比如图像、音频等

6.6.2　计量单位

名称：计量单位。
定义：用于数值型的数据元值的计量单位。
约束：条件必选。
出现次数：0∶1。
数据类型：字符串。
备注：可参考但不限于《WMO-No.306　编码手册（Manual on Codes）》公共代码表 C-6 TDCF 的

单位表。当数据元常用的计量单位有多个时,多个计量单位之间用","分隔。

6.6.3 数据精度

名称:数据精度。

定义:用于规定数值型数据元值的特异性程度。

约束:条件必选。

出现次数:0∶1。

数据类型:字符串。

备注:用10的整数指数幂表示。如:10E-2,表示数据元精度为百分位。当数据元常用的数据精度有多个时,多个精度之间用","分隔。

6.6.4 特征值

名称:特征值。

定义:数据元在特殊情况下的表示值。

约束:必选。

出现次数:1∶n。

数据类型:字符串。

备注:多个特征值之间用","分隔。通用特征值示例见表4。

表4 气象数据元通用特征值取值列表

数据类型	含义	特征值	特殊情况说明
数值型	缺测	999999	应当观测而实际未观测的数据表示。
	不观测	999998	按照业务规定不进行观测的数据表示。
	无数据	999996	进行观测但未观测到有效结果的数据表示。
字符型	缺测	/	应当观测而实际未观测的数据表示,固定长度字符串,用规定长度的"/"表示;非固定长度字符串,以1位字符"/"表示。
	不观测	♯	按照业务规定不进行观测的数据表示,固定长度字符串,用规定长度的"♯"表示;非固定长度字符串,以1位字符"♯"表示。
	无数据	-	进行观测但未观测到有效结果的数据表示,固定长度字符串,用规定长度的"-"表示;非固定长度字符串,以1位字符"-"表示。

6.7 管理类属性描述

6.7.1 提交机构

名称:提交机构。

定义:提出对数据元进行增补、更改或注销的单位或单位内的部门。

约束:必选。

出现次数:1∶1。

数据类型:字符串。

备注:填写提交机构单位全称。

6.7.2 状态

名称:状态。
定义:数据元在注册系统的生存期内状态的标识。
约束:必选。
出现次数:1:1。
数据类型:字符串。
备注:数据元状态用状态名称(草案、试用、标准、废止)表示,状态名称包括:
- ——草案:代码为"1",表示数据元的内容处在草案阶段,相关单位和部门可以广泛提出意见和建议;
- ——试用:代码为"2",表示数据元的内容可以在一定范围内进行试用,并反馈试验意见;
- ——标准:代码为"3",表示数据元的所有内容已经成为行业标准或技术规范;
- ——废止:代码为"4",表示数据元的内容已从标准中删去。

6.8 备注类属性描述

名称:备注。
定义:数据元的附加注释。
约束:可选。
出现次数:0:1。
数据类型:字符串。
备注:上述属性未能描述的其他注释。

7 气象数据元属性编制规则

7.1 中文名称

7.1.1 基本规则

数据元中文名称应与数据元编码一一对应,应能正确反映数据元的含义,一般不超过20个中文字。名称中宜包括对象词、特性词和表示词,格式如下:

[特性词]对象词[表示词]

7.1.2 语义规则

对象词、特性词和表示词的定义和语义规则的描述如下:
a) 对象词用于表示数据元所属的事物或概念,它表示某一语境下一个活动或对象,是数据元中占支配地位的部分。数据元名称中应有一个且仅有一个对象词。
b) 特性词用于表示数据元对象类的显著的、有区别的特征。特性词是可选的。
c) 表示词是数据元名称中描述数据元表示形成的一个成分,描述数据元有效集合的格式。表示词是可选的。

示例:
在下面的数据元中:
——极端最高气温;
——北风风向出现频率。
"极端""北风"为特性词,"最高气温""风向"为对象词,"出现频率"为表示词。

7.2 编码

7.2.1 基本规则

数据元编码应与数据元中文名称一一对应。

7.2.2 语义规则

数据元编码由5位数字组成,格式为 xxyyy。xx 为要素类型码,yyy 为要素码,编码方法见 QX/T 133—2011 中第3章。

7.3 英文名称

7.3.1 基本规则

数据元英文名称应与数据元编码一一对应。

7.3.2 语法规则

英文名称的语法规则应符合英文语法。

7.3.3 词法规则

词法规则如下:
a) 名词使用单数形式,动词使用现在时;
b) 名称的各个成分之间用空格分隔,不允许使用字母和数字以外的特殊字符;
c) 允许使用缩写词、首字母缩略词和大写首字母。

7.4 简称

7.4.1 基本规则

数据元简称应与数据元编码一一对应。

简称中应包含要素简称,也可包含扩展简称,要素简称和扩展简称之间用"_"分隔,格式如下:要素简称[_扩展简称]。

7.4.2 语义规则

要素简称、扩展简称的编写细则如下:
a) 简称允许使用缩写词、首字母缩略词、数字和字母,不允许用字母和数字以外的特殊字符。简称首位应为大写字母,长度不定,一般不超过10个字符。
b) 要素简称应与数据元编码中的要素代码对应,有一个且仅有一个。
c) 扩展简称用于表示数据元对象类的非计量单位的其他显著区别的特征,扩展简称是可选的,可多个,也可没有,扩展简称应按照a)简称规则编写。

7.4.3 句法规则

要素简称应位于数据元简称的最前面,之后依次为空间位置简称、时间属性简称、时间变量简称、计量单位简称、数据精度简称、扩展简称,如某简称无,后面的简称前移,多个扩展简称无顺序要求。

7.5 版本

数据元版本用版本号表示,版本号格式为:$Vi.j$,其中"V"为固定字符,"i""j"用阿拉伯数字表示。

"i"表示主版本号,在数学上应是具有意义的正整数。小数点字符后的"j"表示次版本号,在数学上应是具有意义的正整数和"0"。第一版数据元的版本号为"V1.0"。

当数据元的某些属性发生变化时,其版本应进行相应的改变,版本数据元值由数据元提交机构决定,可参考以下基本规则:

a) 如果当前数据元和后续数据元之间可以进行有效的数据交换,即后续数据元属性是对当前数据元属性继承和增加时,则可以只改变后续数据元的次版本号。

b) 如果当前数据元和后续数据元之间无法进行有效的数据交换,即后续数据元属性对当前数据元属性改动时,应改变后续数据元的主版本号。

c) 当一个数据元版本发生改变时,其后续版本(表示为"$p.q$")和当前版本(表示为"$i.j$")之间应遵循以下原则:

  1) 若数据元版本字符串的次版本号发生变动,而主版本号不发生变动,则从数学意义上来看,应满足:$q=j+1$。

  2) 若数据元版本字符串的主版本号发生变动,则从数学意义上来看,应满足:$p=i+1, q=0$。

7.6 定义

气象数据元定义应能够阐述概念的基本含义,应能够体现数据元中文名称的各组成部分,简练、准确而不含糊,能单独成立。在表述中不得加入理论说明、功能说明、范围信息或程序信息,避免相互依存,相关定义使用相同的术语和一致的逻辑结构。规则如下:

a) 具有唯一性;
b) 应阐述其概念是什么,不应阐述其概念不是什么;
c) 应使用描述性的短语或句子阐述;
d) 仅可使用人们普遍理解的缩略语;
e) 表述中不得包括其他数据定义或者其他内涵概念。

附 录 A
（资料性附录）
气象数据元示例

A.1 气温

中文名称：气温。

编码：12001。

同义编码：GRIB：000.000.000。

英文名称：Temperature/air temperature。

简称：TEMP。

版本：V1.0。

定义：空气冷热程度的物理量。

关系：无。

数据类型：数值型。

计量单位：℃，K。

数据精度：10E-1。

特征值：999999,999998,999996。

提交机构：国家气象信息中心。

状态：草案。

备注：无。

A.2 地温

中文名称：地温。

编码：12030。

同义编码：无。

英文名称：ground temperature/soil temperature。

简称：GST。

版本：V1.0。

定义：直接暴露于天空之下裸露土地表面的温度或者距离地表各深度层的土壤温度。

关系：无。

数据类型：数值型。

计量单位：℃，K。

数据精度：10E-1。

特征值：999999,999998,999996。

提交机构：国家气象信息中心。

状态：草案。

备注：无。

A.3 总降水量/总水当量

中文名称:总降水量/总水当量。
编码:13011。
同义编码:GRIB:000.001.008。
英文名称:Total precipitation/total water equivalent。
简称:PRE。
版本:V1.0。
定义:某一时段内的未经蒸发、渗透、流失的降水,在水平面上积累的深度。
关系:无。
数据类型:数值型。
计量单位:mm,$kg \cdot m^{-2}$。
数据精度:10E-1。
特征值:999999,999998,999996,999990,999997。
提交机构:国家气象信息中心。
状态:草案。
备注:无。

A.4 风向

中文名称:风向。
编码:11001。
同义编码:无。
英文名称:Wind direction。
简称:WIND。
版本:V0.1。
定义:风的来向。
关系:无。
数据类型:数值型。
计量单位:°。
数据精度:10E0。
特征值:999999,999998,999996,999997。
提交机构:国家气象信息中心。
状态:草案。
备注:无。

A.5 风速

中文名称:风速。
编码:11002。
同义编码:无。
英文名称:Wind speed。

简称:WINS。
版本:V0.1。
定义:单位时间内空气移动的水平距离。
关系:无。
数据类型:数值型。
计量单位:$m \cdot s^{-1}$,$km \cdot h^{-1}$,kt。
数据精度:10E-1,10E-2。
特征值:999999,999998,999996,998xxx.x。
提交机构:国家气象信息中心。
状态:草案。
备注:无。

A.6 风向频率

中文名称:风向频率。
编码:11350。
同义编码:无。
英文名称:Wind direction frequency。
简称:WINDF。
版本:V0.1。
定义:给定时段内某一个风向出现的次数与该时段内所出现的各种风向(含静风)的总次数之比,以百分率(%)表示。
关系:无。
数据类型:数值型。
计量单位:以百分率(%)表示。
数据精度:10E0。
特征值:999999,999998,999996,99xxxx。
提交机构:国家气象信息中心。
状态:草案。
备注:无。

A.7 最多风向频率

中文名称:最多风向频率。
编码:11298。
同义编码:无。
英文名称:Prevailing winds frequency。
简称:WINDF_PRE。
版本:V0.1。
定义:给定时段内最多风向出现的次数与该时段内所出现的各种风向(含静风)的总次数之比,用百分率(%)表示。
关系:derive-from 11350。
数据类型:数值型。

计量单位:%。
数据精度:10E0。
特征值:999999,999998,999996,99xxxx。
提交机构:国家气象信息中心。
状态:草案。
备注:无。

A.8 次多风向频率

中文名称:次多风向频率。
编码:11300。
同义编码:无。
英文名称:Secondary winds frequency。
简称:WINDF_SEC。
版本:V0.1。
定义:如果给定时段内出现频率最多的为静风,仅次于静风的风向出现的次数与该时段内所出现的各种风向(含静风)的总次数之比,以百分率(%)表示。
关系:derive-from 11350。
数据类型:数值型。
计量单位:以百分率(%)表示。
数据精度:10E0。
特征值:999999,999998,999996,99xxxx。
提交机构:国家气象信息中心。
状态:草案。
备注:无。

参 考 文 献

[1] GB/T 18391.1—2009　信息技术　元数据注册系统(MDR)　第1部分:框架
[2] GB/T 18391.3—2009　信息技术　元数据注册系统(MDR)　第3部分:注册系统元模型与基本属性
[3] GB/T 21984—2017　短期天气预报
[4] GB/T 31724—2015　风能资源术语
[5] JT/T 697.1—2013　交通信息基础数据元　第一部分:总则
[6] QX/T 102—2009　气象资料分类与编码
[7] WMO. Manual on Codes:WMO-No. 306. Volume I.2[Z]. Geneva,Switzerland:WMO,2011UP2013

ICS 07.060
A 47
备案号：72734—2020

中华人民共和国气象行业标准

QX/T 535—2020

气候资料统计方法　地面气象辐射

Statistical method for climate data—Surface radiation

2020-01-21 发布　　　　　　　　　　　　　　　　2020-05-01 实施

中国气象局　发布

前　言

本标准按照 GB/T 1.1—2009 给出的规则起草。
本标准由全国气象基本信息标准化技术委员会(SAC/TC 346)提出并归口。
本标准起草单位：国家气象信息中心。
本标准主要起草人：江慧、杨溯、曹丽娟。

QX/T 535—2020

气候资料统计方法 地面气象辐射

1 范围

本标准规定了地面气象辐射气候资料统计采用的观测数据、统计时段、统计项目、统计方法以及不完整记录的统计规定。

本标准适用于地面气象辐射历年值和累年值的统计。

2 规范性引用文件

下列文件对于本文件的应用是必不可少的。凡是注日期的引用文件,仅注日期的版本适用于本文件。凡是不注日期的引用文件,其最新版本(包括所有的修改单)适用于本文件。

GB/T 34412—2017 地面标准气候值统计方法
GB/T 35231—2017 地面气象观测规范 辐射
QX/T 37—2005 气象台站历史沿革数据文件格式
QX/T 93—2017 气象数据归档格式 地面气象辐射

3 术语和定义

下列术语和定义适用于本文件。

3.1
累年统计值 multi-year statistics
基于历年观测和统计资料计算的统计值。
注1:包括多年平均值、极值等。
注2:改写 GB/T 34412—2017,定义 3.1。

3.2
气候值 climate normals
至少包含连续 30 年期间的气象要素累年统计值。
[GB/T 34412—2017,定义 3.2]

3.3
标准气候值 standard climate normals
世界气象组织规定的 30 年期间的气象要素累年统计值。
注:30 年通常指 1901 年—1930 年、1931 年—1960 年、1961 年—1990 年……
[GB/T 34412—2017,定义 3.3]

3.4
临时气候值 provisional climate normals
在不满足标准气候值和气候值的统计要求时,连续 10 年及其以上的气象要素累年统计值。
注:改写 GB/T 34412—2017,定义 3.4。

3.5
质量控制 quality control
观测记录达到所要求质量的操作技术和活动。

[QX/T 118—2010,定义2.2]

4 观测数据

4.1 数据源

参加统计的观测数据应为经过质量控制后的小时曝辐量和辐照度,其中质量控制为错误的数据按缺测数据对待。

4.2 均一性检验和处理

计算气候值和标准气候值时,按照GB/T 34412—2017中4.2.2和4.2.3的规定对参加统计的观测数据进行均一性检验和处理。

4.3 辅助信息

观测数据的辅助信息应符合QX/T 37—2005中4.1的规定。

统计经过均一性订正后的观测数据时,应提供断点时间和订正量的订正信息。

5 统计时段

遵循如下规定:
a) 日:地面平均太阳时,以24时为日界,一日等于一天;
b) 候:5 d为1候,一个月分为6候,第6候为26日至当月最后一天;
c) 旬:10 d为1旬,一个月分为3旬,第3旬为21日至当月最后一天;
d) 月:按公历法,每月由28 d~31 d组成,1年分为12个月;
e) 季:一年分为4季,每季由3个月组成,其中,3月—5月为春季,6月—8月为夏季,9月—11月为秋季,12月及次年1月、2月为冬季;
f) 年:按公历法,每年由365 d或366 d组成,为1月1日—12月31日。

6 统计项目

历年(累年)统计值统计项目参见附录A,其中,总辐射和反射辐射同时观测时,应导出反射比。

统计项目的单位及精度按照QX/T 93—2017中4.4的规定。

7 统计方法

7.1 历年统计值

7.1.1 曝辐量统计

7.1.1.1 日曝辐量

各辐射要素日曝辐量为该日观测时段内各小时曝辐量合计值。

7.1.1.2 候(旬、月)曝辐量

候(旬、月)曝辐量的统计见式(1):

$$S = \frac{\sum_{i=1}^{n_1} X_i}{n_1} \times n \quad \cdots\cdots\cdots\cdots(1)$$

式中：
S ——某辐射要素在某候（旬、月）的曝辐量；
X_i ——该要素在该候（旬、月）第 i 天的日曝辐量，i 取值为 $1,2,\cdots,n_1$，n_1 为实有观测天数；
n ——该候（旬、月）的天数。

7.1.1.3 季（年）曝辐量

各辐射要素季（年）曝辐量为该季（年）各月曝辐量合计值。

7.1.2 辐照度极值

辐照度日（候、旬、月、季、年）极值统计方法如下：
a) 辐照度日极值，从该日观测时段内的各小时极值和正点辐照度中挑取，并记录极值第一次出现的日期；

注：净全辐射、地面长波辐射、大气长波辐射日最大辐照度为 0 时，记录第一次出现的时间；其他各辐射要素日最大辐照度为 0 时，出现时间按缺测处理。

b) 辐照度候（旬、月）极值，从该候（旬、月）各日极值中挑取，并记录极值第一次出现的日期；
c) 辐照度季（年）极值，从该季（年）各月极值中挑取，并记录极值第一次出现的日期。

7.1.3 反射比

日（候、旬、月、季、年）反射比计算方法如下：
a) 日反射比为反射辐射日曝辐量占总辐射日曝辐量的百分比；
b) 候（旬、月）反射比为该候（旬、月）各日反射比的算术平均值；
c) 季（年）反射比为该季（年）各月反射比的算术平均值。

7.2 累年统计值

7.2.1 累年候（旬、月、季、年）平均曝辐量

累年候（旬、月、季、年）平均曝辐量计算见公式（2）：

$$\overline{X} = \frac{1}{n_2} \times \sum_{j=1}^{n_2} X_j \quad \cdots\cdots\cdots\cdots(2)$$

式中：
$\overline{X}$ ——某要素的累年候（旬、月、季、年）平均曝辐量；
X_j ——第 j 年的候（旬、月、季、年）曝辐量，j 取值为 $1,2,\cdots,n_2$，n_2 为实有年数。

7.2.2 辐照度累年极值

7.2.2.1 辐照度累年候（旬、月、季）极值，从历年候（旬、月、季）极值中挑取，并记录极值第一次出现的日期。

7.2.2.2 辐照度累年年极值，从累年月极值中挑取，并记录极值第一次出现的日期。

8 不完整记录的统计规定

8.1 曝辐量

时(日、候、旬、月、季、年)曝辐量缺测的统计规定如下：
a) 若某时次时曝辐量缺测，应按照 GB/T 35231—2017 中 6.1 的处理方法计算出该时次的时曝辐量；
b) 若某日时曝辐量连续 2 h 或以上(含跨日界)缺测，则该日曝辐量按缺测处理；
c) 若某候日曝辐量缺测大于或等于 2 d，则该候曝辐量按缺测处理；
d) 若某旬日曝辐量缺测大于或等于 4 d，则该旬曝辐量按缺测处理；
e) 若某月日曝辐量缺测大于或等于 10 d，则该月曝辐量按缺测处理；
f) 若某季(年)月曝辐量缺测大于或等于 1 个月，则该季(年)曝辐量按缺测处理。

8.2 反射比

日(候、旬、月、季、年)反射比缺测的统计规定如下：
a) 若反射辐射日曝辐量或总辐射日曝辐量缺测，则日反射比按缺测处理；若总辐射日曝辐量小于 0.5 MJ/m^2，且反射辐射日曝辐量大于或等于总辐射日曝辐量，则日反射比按缺测处理。
b) 若某候日反射比缺测大于或等于 2 d，则该候反射比按缺测处理。
c) 若某旬日反射比缺测大于或等于 4 d，则该旬反射比按缺测处理。
d) 若某月日反射比缺测大于或等于 10 d，则该月反射比按缺测处理。
e) 若某季(年)月反射比缺测大于或等于 1 个月，则该季(年)反射比按缺测处理。

8.3 累年值

气候值、标准气候值和临时气候值统计的有效数据量应符合 GB/T 34412—2017 中 4.1 的规定。

附 录 A
（资料性附录）
统计项目

表A.1给出了日（候、旬、月、季、年）历年和累年统计值统计项目。

表A.1 历年（累年）统计值统计项目

要素	统计项目
总辐射	总辐射日（候、旬、月、季、年）曝辐量
	总辐射日（候、旬、月、季、年）最大辐照度及出现时间
净全辐射	净全辐射日（候、旬、月、季、年）曝辐量
	净全辐射日（候、旬、月、季、年）最大辐照度及出现时间
	净全辐射日（候、旬、月、季、年）最小辐照度及出现时间
散射辐射	散射辐射日（候、旬、月、季、年）曝辐量
	散射辐射日（候、旬、月、季、年）最大辐照度及出现时间
垂直面直接辐射	垂直面直接辐射日（候、旬、月、季、年）曝辐量
	垂直面直接辐射日（候、旬、月、季、年）最大辐照度及出现时间
水平面直接辐射	水平面直接辐射日（候、旬、月、季、年）曝辐量
反射辐射	反射辐射日（候、旬、月、季、年）曝辐量
	反射辐射日（候、旬、月、季、年）最大辐照度及出现时间
	日（候、旬、月、季、年）反射比
紫外辐射	紫外辐射日（候、旬、月、季、年）曝辐量
	紫外辐射日（候、旬、月、季、年）最大辐照度及出现时间
	紫外辐射A波段日（候、旬、月、季、年）曝辐量
	紫外辐射A波段日（候、旬、月、季、年）最大辐照度及出现时间
	紫外辐射B波段日（候、旬、月、季、年）曝辐量
	紫外辐射B波段日（候、旬、月、季、年）最大辐照度及出现时间
地面长波辐射	地面长波辐射日（候、旬、月、季、年）曝辐量
	地面长波辐射日（候、旬、月、季、年）最大辐照度及出现时间
	地面长波辐射日（候、旬、月、季、年）最小辐照度及出现时间
大气长波辐射	大气长波辐射日（候、旬、月、季、年）曝辐量
	大气长波辐射日（候、旬、月、季、年）最大辐照度及出现时间
	大气长波辐射日（候、旬、月、季、年）最小辐照度及出现时间
光合有效辐射	光合有效辐射日（候、旬、月、季、年）曝辐量
	光合有效辐射日（候、旬、月、季、年）最大辐照度及出现时间
注：水平面直接辐射曝辐量为总辐射曝辐量减去散射辐射曝辐量。	

参 考 文 献

[1] QX/T 65—2007 地面气象观测规范 第21部分:缺测记录的处理和不完整记录的统计
[2] QX/T 118—2010 地面气象观测资料质量控制
[3] 中国气象局.气象辐射观测方法[M].北京:气象出版社,1996
[4] 中国气象局.地面气象观测规范[M].北京:气象出版社,2003
[5] 国家气象信息中心.气象辐射资料实时统计处理业务规定[Z],2016

ICS 07.060
A 47
备案号：72735—2020

中华人民共和国气象行业标准

QX/T 536—2020

前向散射式能见度仪测试方法

Test method for foreword scattering visibility meter

2020-01-21 发布　　　　　　　　　　　　　　　　　2020-05-01 实施

中　国　气　象　局　　发　布

前　言

本标准按照 GB/T 1.1—2009 给出的规则起草。

本标准由全国气象仪器与观测方法标准化技术委员会(SAC/TC 507)提出并归口。

本标准起草单位：安徽省大气探测技术保障中心、中国气象局上海物资管理处。

本标准主要起草人：王敏、张世国、方海涛、褚进华、汪玮、王毛翠、吕刚、葛雪萍。

前向散射式能见度仪测试方法

1 范围

本标准规定了前向散射式能见度仪的测试项目、测试条件、仪器设备、测试步骤、数据处理及测试报告等。

本标准适用于前向散射式能见度仪的实验室测试。

2 术语和定义

下列术语和定义适用于本文件。

2.1
气象光学视程 meteorological optical range

白炽灯发出色温为2700 K的平行光束的光通量在大气中削弱至初始值的5％时所通过的路径长度。
[GB/T 37467—2019,定义3.1.7.3]

注1：单位为米(m)。

注2：在本标准中又叫能见度。

2.2
前向散射式能见度仪 forward scatter visibility meter

应用测量大气中气溶胶和微粒对入射光的前向散射能量原理制成的测量能见度的仪器。
[GB/T 37467—2019,定义3.1.7.11]

2.3
透射仪 transmissometer

透射式能见度仪

通过测量光束在穿过已知长度的路径后透过或衰减的程度来测定气象能见度的仪器。
[GB/T 37467—2019,定义3.1.7.13]

3 测试项目

前向散射式能见度仪测试项目见表1。

表1 前向散射式能见度仪测试项目

序号	测试项目	技术要求
1	测量范围	10 m～30000 m
2	响应时间	/
3	示值误差	±50 m(能见度≤500 m) ±10％(500 m＜能见度≤1500 m) ±20％(能见度＞1500 m)
4	分辨力	1 m

4 测试条件

实验室的环境条件要求如下：
——温度：(20±5) ℃；
——湿度：不大于85%RH。

5 仪器设备

5.1 测量标准器

测量标准器采用透射仪或准确度相当的其他设备，测量性能要求如下：
——测量范围：10 m～35000 m；
——最大允许误差：±5%（能见度不大于1500 m），±7%（能见度大于1500 m）。

5.2 试验舱

试验舱可模拟能见度高低变化过程，一般由相对密闭的舱体构成。能见度模拟介质可以是便于清洁、无毒无害的气体或悬浮颗粒物，并对被测前向散射式能见度仪不造成污染或损坏。试验舱的技术指标应满足表2要求。

表 2 试验舱的技术要求

项目	技术指标
能见度模拟范围	10 m～35000 m
能见度均匀性	30 m（能见度≤500 m） 5%（能见度>500 m）
能见度波动度	±50 m/10 min（能见度≤500 m） ±10%/10 min（能见度>500 m）

注1：能见度均匀性指试验舱有效工作区内各点能见度值与测量标准器示值之间在任一瞬间的差值绝对值的最大值。

注2：能见度波动度指试验舱有效工作区内各点能见度值与测量标准器示值之间在10 min内最大值与最小值之差的正负二分之一。

5.3 散射板

可在两个表面均产生强烈光散射现象的玻璃材质光学器件，A光源雾度值(96±1)%。

5.4 遮光板

可使前向散射式能见度仪接收单元无法接收到由发射单元产生的光散射信号和环境背景光信号的辅助配件，其光学透过率为0。

5.5 温湿度传感器

用于测量实验室的温度、湿度等气象要素值，技术指标应满足表3要求。

表 3　温湿度传感器的技术要求

项目	技术要求
温度	测量范围：−50 ℃～+50 ℃ 最大允差：±0.2 ℃
湿度	测量范围：0%RH～100%RH 最大允差：±4%RH（≤80%RH） ±8%RH（>80%RH）

5.6　电子秒表

用于记录时间间隔和数据采集时间，技术指标应满足表4要求。

表 4　电子秒表的最大允许误差

测量间隔	最大允许误差
10 s	±0.05 s
10 min	±0.07 s
1 h	±0.10 s
1 d	±0.5 s（即日差）

6　测试步骤

6.1　测试准备

将被测前向散射式能见度仪固定安装在试验舱有效工作区域内，并使其正常运行。测试过程中不受其他光辐射和电磁干扰影响。

6.2　信息记录

主要记录内容如下：
——整体结构是否完整，外壳有无扭曲或变形，镜头是否有污染或者破损等；
——制造厂家（或商标）、型号、出厂编号、出厂日期等。

6.3　测量范围测试

6.3.1　测量下限测试：使试验舱内能见度持续保持在10 m（以测量标准器示值为准）以下。当被测前向散射式能见度仪输出示值稳定后，读取并记录最小示值，作为其测量下限值。

6.3.2　测量上限测试：使试验舱内能见度达到被测前向散射式能见度仪标称测量上限（以测量标准器示值为准）以上。当被测前向散射式能见度仪输出示值稳定后，读取并记录最大示值，作为其测量上限值。

6.3.3　被测前向散射式能见度仪测量范围测试也可结合示值误差的最低测试点和最高测试点进行测试。

6.4 示值误差测试

6.4.1 测试点宜选取50 m、200 m、500 m、750 m、1000 m、1250 m、5000 m、10000 m和30000 m点。也可根据实际需要选择测试点。如果结合示值误差进行测量范围测试，则被测前向散射式能见度仪的测量下限和测量上限为必选测试点。

6.4.2 开启测量标准器，并使试验舱内能见度持续保持在10 m（以测量标准器示值为准）以下。当被测前向散射式能见度仪输出示值稳定后，保持试验舱内空气样本自然沉降，实时连续采集测量标准器和被测前向散射式能见度仪输出示值。当试验舱内能见度升至所选测试点最高值（以测量标准器示值为准）30 min后，停止数据采集，完成示值误差测试。

6.4.3 当能见度不大于500 m时，被测前向散射式能见度仪的示值误差以绝对误差表示；当能见度大于500 m时，被测前向散射式能见度仪的示值误差以相对误差表示。

6.5 响应时间测试

6.5.1 上升响应时间

按照被测前向散射式能见度仪技术手册要求，在被测设备上安装散射板。当示值稳定后，再按照被测设备技术手册要求加装遮光板，同时利用电子秒表开始计时。当被测仪器示值达到测量上限后，停止计时，记录时间间隔，并以此作为上升响应时间。

6.5.2 下降响应时间

按照被测前向散射式能见度仪技术手册要求，在被测设备上先安装遮光板，当示值稳定后，再加装散射板并移除遮光板，同时使用电子秒表计时。当示值达到散射板所对应的模拟值后，停止计时，记录时间间隔，并以此作为下降响应时间。

6.6 分辨力测试

被测前向散射式能见度仪正常观测时，查看其能有效辨别的显示示值间的最小差值。

示例：被测前向散射式能见度仪最低位数字显示变化一个数值的示值差为1 m，则分辨力为1 m。

7 数据处理

7.1 计算被测前向散射式能见度仪示值误差时，在各测试点附近连续选取不少于6组测量标准器和对应时间点被测前向散射式能见度仪输出示值。

7.2 测量标准器示值选取范围：
——测试点不大于500 m时，测试点±50 m；
——测试点大于500 m时，测试点±10%×测试点。

7.3 分别计算测量标准器和被测前向散射式能见度仪在各测试点的示值平均值，计算公式如式(1)所示。

$$\bar{L} = \frac{1}{n}\sum_{i=1}^{n}L_i \qquad\qquad\qquad (1)$$

式中：
$\bar{L}$ ——能见度示值平均值，单位为米(m)；
L_i ——第i个测试点的能见度示值，单位为米(m)；
n ——选取的数据组数。

7.4 当能见度不大于 500 m 时，由公式(2)计算被测前向散射式能见度仪的示值绝对误差。

$$\Delta L = \overline{L}' - \overline{L}_0 \quad \cdots\cdots\cdots\cdots(2)$$

式中：

ΔL ——示值绝对误差，单位为米(m)；

$\overline{L}'$ ——被测前向散射式能见度仪示值均值，单位为米(m)；

$\overline{L}_0$ ——参考标准器示值均值，单位为米(m)。

7.5 当能见度大于 500 m 时，用公式(3)计算被测前向散射式能见度仪的示值相对误差。

$$M = \frac{\overline{L}' - \overline{L}_0}{\overline{L}_0} \times 100\% \quad \cdots\cdots\cdots\cdots(3)$$

式中：

M ——示值相对误差，以百分数表示(%)。

8 测试报告

经测试的前向散射式能见度仪出具测试报告。测试报告包括但不限于测试时间、测试方法、测试环境、测试结果、测试曲线和异常现象等。

参 考 文 献

[1] GB/T 35223—2017 地面气象观测规范 气象能见度
[2] GB/T 37467—2019 气象仪器术语
[3] GJB 6298—2008 前向散射能见度仪通用规范
[4] JJF 1094—2002 测量仪器特性评定

ICS 07.060
A 47
备案号：72736—2020

中华人民共和国气象行业标准

QX/T 537—2020

高分辨率对地观测卫星草地面积变化监测技术导则

Technical directive for the area change monitoring of grassland by using China High-Resolution Earth Observation System satellite

2020-01-21 发布　　　　　　　　　　　　　　2020-05-01 实施

中 国 气 象 局　发 布

QX/T 537—2020

前言

本标准按照 GB/T 1.1—2009 给出的规则起草。

本标准由全国卫星气象与空间天气标准化技术委员会(SAC/TC 347)提出并归口。

本标准起草单位:中国气象局沈阳大气环境研究所、国家卫星气象中心、辽宁省气象局。

本标准主要起草人:于文颖、张玉书、纪瑞鹏、李贵才、陈洪伟、冯锐、武晋雯、沈秋宇、关惠戈、陈凯奇。

QX/T 537—2020

高分辨率对地观测卫星草地面积变化监测技术导则

1 范围

本标准规定了高分辨率对地观测(以下简称"高分")卫星草地面积变化监测的数据准备、草地信息提取方法、监测方法及流程。

本标准适用于利用国产高分一号、高分二号或具有类似通道设计的高分卫星数据,开展草地面积变化遥感监测和评价工作。

2 术语和定义

下列术语和定义适用于本文件。

2.1
归一化差值植被指数 normalized difference vegetation index;NDVI

近红外、红光两个波段的反射率之差除以二者之和。

[GB/T 34814—2017,定义 2.10]

2.2
纹理 texture

遥感影像地物轮廓内色调变化的频率。

2.3
草地覆盖度 grassland coverage

某一区域内草地植被的垂直投影面积占该区域面积的百分比。

2.4
面向对象法 object oriented method

通过对影像的分割,使同质像元组成大小不同对象的方法。

3 数据准备

3.1 时相要求

按不同区域草地生长季节确定数据时相,应选择草地生长最旺盛时期评价草地面积变化,一般选择7月—8月。

3.2 数据要求

应利用最新的土地利用数据产品,对草地覆盖区域进行空间属性的判断。高分一号主要参数参见附录A、高分二号主要参数参见附录B。

3.3 数据处理

应对高分卫星数据进行大气校正、几何校正、正射校正、太阳高度角订正、拼接等处理。

4 草地信息提取方法

4.1 一般原则

结合土地利用数据和处理后的高分卫星遥感数据,应对草地信息进行提取后,计算归一化差值植被指数、草地覆盖度和草地面积。

4.2 草地信息提取

应采用面向对象法对处理后的高分卫星遥感数据进行分割、合并,并根据草地的光谱和纹理等特征,提取草地类型信息。卫星影像分割应采用基于边缘检测的对象分割方法,见附录C;卫星影像合并应采用基于全局优化的对象合并方法,见附录D;纹理均值应采用基于概率统计的纹理滤波计算方法,见附录E;主要草地类型信息提取参考阈值见附录F。

4.3 归一化差值植被指数

依式(1)计算归一化差值植被指数:

$$NDVI = \frac{R_{nir} - R_{red}}{R_{nir} + R_{red}} \quad \cdots\cdots\cdots\cdots(1)$$

式中:
$NDVI$ ——归一化差值植被指数;
R_{nir} ——近红外波段反射率;
R_{red} ——红光波段反射率。

4.4 草地覆盖度

依式(2)计算监测区内各像元草地覆盖度:

$$f_c = \frac{NDVI - NDVI_{min}}{NDVI_{max} - NDVI_{min}} \times 100\% \quad \cdots\cdots\cdots\cdots(2)$$

式中:
f_c ——草地覆盖度,以百分率(%)表示;
$NDVI_{max}$ ——归一化差值植被指数的最大值;
$NDVI_{min}$ ——归一化差值植被指数的最小值。

将草地覆盖度分为5个等级:高覆盖度($f_c \geq 80\%$)、较高覆盖度($60\% \leq f_c < 80\%$)、中覆盖度($40\% \leq f_c < 60\%$)、较低覆盖度($20\% \leq f_c < 40\%$)、低覆盖度($0 \leq f_c < 20\%$)。

4.5 草地面积计算

依式(3)计算草地面积:

$$S = \sum_{i=1}^{n} S_i \quad \cdots\cdots\cdots\cdots(3)$$

式中:
S ——草地面积,单位为平方千米(km^2);
i ——草地区内像元序号;
n ——草地区内像元总数;
S_i ——第i像元面积,单位为平方千米(km^2)。

5 草地面积变化监测方法

5.1 一般要求

5.1.1 应选择评价期和对照期开展草地面积变化监测,包括草地面积绝对变化和相对变化、不同草地覆盖等级面积绝对变化和相对变化。

5.1.2 评价期为草地生长季,对照期为往年草地生长季。

5.1.3 草地面积评价时,应采用相近时相数据比较。

5.2 草地面积绝对变化

依式(4)计算草地面积绝对变化:

$$\Delta S = S_m - S_b \quad \quad \quad \quad \quad (4)$$

式中:

ΔS ——草地面积绝对变化,单位为平方千米(km^2);

S_m ——评价期草地面积,单位为平方千米(km^2);

S_b ——对照期草地面积,单位为平方千米(km^2)。

5.3 草地面积绝对变化占评价区域面积比例

依式(5)计算草地面积绝对变化占评价区域面积比例:

$$P = \frac{S_m - S_b}{S_{Am}} \times 100\% \quad \quad \quad \quad \quad (5)$$

式中:

P ——草地面积绝对变化占评价区域面积比例,以百分率(%)表示;

S_{Am}——评价区域面积,单位为平方千米(km^2)。

5.4 不同草地覆盖等级面积绝对变化

依式(6)计算不同草地覆盖等级面积绝对变化:

$$\Delta S_j = S_{m,j} - S_{b,j} \quad \quad \quad \quad \quad (6)$$

式中:

ΔS_j ——j 覆盖等级草地面积绝对变化,单位为平方千米(km^2);

j ——分别对应高、较高、中、较低、低草地覆盖等级;

$S_{m,j}$ ——评价期高、较高、中、较低、低草地覆盖等级面积,单位为平方千米(km^2);

$S_{b,j}$ ——对照期高、较高、中、较低、低草地覆盖等级面积,单位为平方千米(km^2)。

5.5 不同草地覆盖等级面积绝对变化占评价区域面积比例

依式(7)计算不同草地覆盖等级面积绝对变化占评价区域面积比例:

$$P_j = \frac{S_{m,j} - S_{b,j}}{S_{Am}} \times 100\% \quad \quad \quad \quad \quad (7)$$

式中:

P_j——j 覆盖等级草地面积绝对变化占评价区域面积比例,以百分率(%)表示。

6 草地面积变化监测流程

监测流程如下：
a) 选择确定高分卫星数据；
b) 数据处理；
c) 影像分割、合并；
d) 提取草地信息；
e) 计算归一化差值植被指数、草地覆盖度；
f) 计算评价期和对照期草地面积；
g) 评价草地面积变化。

附 录 A
（资料性附录）
高分一号主要参数

表 A.1 列出了高分一号主要参数。

表 A.1 高分一号主要参数

载荷	谱段号	谱段范围 μm	空间分辨率 m	幅宽 km	侧摆能力	重访时间 d
全色多光谱相机	1	0.45～0.90	2	60 （2台相机组合）	±35°	4
	2	0.45～0.52	8			
	3	0.52～0.59				
	4	0.63～0.69				
	5	0.77～0.89				
多光谱相机	6	0.45～0.52	16	800 （4台相机组合）		2
	7	0.52～0.59				
	8	0.63～0.69				
	9	0.77～0.89				

附 录 B
（资料性附录）
高分二号主要参数

表B.1列出了高分二号主要参数。

表B.1 高分二号主要参数

载荷	谱段号	波长范围 μm	空间分辨率 m	幅宽 km	侧摆能力	重访周期 d
全色多光谱相机	1	0.45~0.90	1	45 （2台相机组合）	±35°	5
	2	0.45~0.52	4			
	3	0.52~0.59				
	4	0.63~0.69				
	5	0.77~0.89				

附 录 C
(规范性附录)
基于边缘检测的对象分割方法

C.1 方法介绍

图像的边缘点是指图像中周围像素灰度有阶跃变化的像素点,边缘检测可以保留图像的结构属性,采用Sobel算子剔除不相干边缘点。

C.2 边缘检测基本步骤

包括:
a) 平滑滤波:去除噪声影响;
b) 锐化滤波:锐化邻域中的灰度变化;
c) 边缘判定:应用二值化处理判定边缘,通常采用Sobel算子;
d) 边缘连接:将间断的边缘连接成为有意义的完整边缘,同时去除假边缘。

C.3 Sobel算子

Sobel算子是一种离散性差分算子。
采用2个卷积核(见图C.1),进行图像中每一个像素点的水平和垂直方向卷积计算。

−1	0	1
−2	0	2
−1	0	1

1	2	1
0	0	0
−1	−2	−1

a) 水平梯度方向　　　b) 垂直梯度方向

图 C.1 Sobel算子

水平方向的卷积运算(G_x)见式(C.1),垂直方向的卷积运算(G_y)见式(C.2):

$$G_x = \{f(x-1,y-1)+2\times f(x-1,y)+f(x-1,y+1)\} - \\ \{f(x+1,y-1)+2\times f(x+1,y)+f(x+1,y+1)\} \quad \cdots\cdots\cdots\cdots(C.1)$$

$$G_y = \{f(x-1,y-1)+2\times f(x,y-1)+f(x+1,y-1)\} - \\ \{f(x-1,y+1)+2\times f(x,y+1)+f(x+1,y+1)\} \quad \cdots\cdots\cdots\cdots(C.2)$$

将2个卷积的最大值作为像素点的输出值($f(x,y)$),设定阈值,输出值大于或等于阈值的点为边缘点,反之则不是边缘点,从而实现边缘检测。

附　录　D
（规范性附录）
基于全局优化的对象合并方法

采用基于全局优化的对象合并方法，计算方法见式(D.1)，迭代合并邻近的小斑块。如果邻近地区 O_i 和 O_j 的 t_{ij} 比设定的阈值小则进行合并，阈值设定范围为 $0\sim100$。

$$t_{ij} = \frac{|O_i| \cdot |O_j|/(|O_i|+|O_j|) \cdot \|u_i - u_j\|^2}{L_{\partial(O_i,O_j)}} \quad\cdots\cdots\cdots\cdots(D.1)$$

式中：
t_{ij} ——区域 i 与区域 j 的合并值；
O_i ——区域 i 的影像；
O_j ——区域 j 的影像；
$|O_i|$ ——区域 i 的面积；
$|O_j|$ ——区域 j 的面积；
u_i ——区域 i 的像元灰度平均值；
u_j ——区域 j 的像元灰度平均值；
$\|u_i - u_j\|$ ——区域 i 和 j 的光谱值的欧式距离；
$L_{\partial(O_i,O_j)}$ ——区域 O_i 和 O_j 的共同边界长度。

附 录 E
（规范性附录）
基于概率统计的纹理滤波计算方法

灰度共生矩阵（GLCM）是被广泛应用的纹理提取算法。其算法描述如下：(p,q)为图像中任取的一点，$(p+\Delta p,q+\Delta q)$为图像中移动后的另一点，形成一个点对，(m,n)为该点对的灰度值，即 m 为点(p,q)的灰度值，n 为点$(p+\Delta p,q+\Delta q)$的灰度值。然后固定 Δp 和 Δq，通过点(p,q)的移动，来确定相应的(m,n)值，计算(m,n)值的出现频率，化积分为1，其概率为 P_{mn}，则灰度共生矩阵为$[P_{mn}]_{L\times L}$。其中，纹理均值的计算公式见式(E.1)：

$$M_P = \sum_{n=1}^{L-1} P_{mn} \quad\quad\quad\quad\quad\quad (E.1)$$

式中：
L ——矩阵阶数；
M_P ——纹理均值；
P_{mn} ——(m,n)值的出现频率。

附 录 F
（规范性附录）
主要草地类型信息提取参考阈值

主要草地类型信息提取参考阈值见表 F.1。

表 F.1 主要草地类型信息提取参考阈值

草地类型	最佳分割尺度	最佳合并阈值	红光波段均值	红光波段纹理均值	NDVI
温性草原	40~50	70~80	0.026~0.150	0~0.230	>0.20
荒漠草原	50~55	80~90	0.015~0.290	0~0.270	>0.10
高寒草甸	50~55	80~85	0.042~0.180	0~0.160	>0.20
高寒草原	55~60	80~85	0.055~0.270	0~0.300	>0.10

参 考 文 献

[1] GB/T 34814—2017 草地气象监测评价方法
[2] 陈云浩,冯通,史培军,等.基于面向对象和规则的遥感影像分类研究[J].武汉大学学报(信息科学版),2006,31(4):316-320
[3] 邓书斌.ENVI遥感图像处理方法:第二版[M].北京:高等教育出版社,2014
[4] 李建龙.草地退化遥感监测[M].北京:科学出版社,2012
[5] 刘玉杰,邓福英,赵文娟.草地退化遥感评价与检测研究进展[J].云南地理环境研究,2013,25(1):14-17
[6] 沈海花,朱言坤,赵霞,等.中国草地资源的现状分析[J].科学通报,2016,61(2):139-154
[7] 苏大学.中国草地资源的区域分布与生产力结构[J].草地学报,1994,2(1):71-77
[8] 王志瑞,闫彩良.图像特征提取方法的综述[J].吉首大学学报(自然科学版),2011,32(5):43-47
[9] 周伟,刚成诚,李建龙,等.1982—2010年中国草地覆盖度的时空动态及其对气候变化的响应[J].地理学报,2014,69(1):15-30
[10] 朱敬芳,邢白灵,居为民,等.内蒙古草原植被覆盖度遥感估算[J].植物生态学报,2011,35(6):615-622

ICS 07.060
A 47
备案号：72737—2020

中华人民共和国气象行业标准

QX/T 538—2020

高分辨率对地观测卫星森林覆盖面积变化监测技术导则

Technical directive for the area change monitoring of forest cover by using China High-Resolution Earth Observation System satellite

2020-01-21 发布　　　　　　　　　　　　　　　　　　　　2020-05-01 实施

中国气象局　发布

QX/T 538—2020

前　言

本标准按照 GB/T 1.1—2009 给出的规则起草。

本标准由全国卫星气象与空间天气标准化技术委员会(SAC/TC 347)提出并归口。

本标准起草单位：中国气象局沈阳大气环境研究所、国家卫星气象中心、辽宁省气象局。

本标准主要起草人：武晋雯、张玉书、李贵才、于文颖、冯锐、纪瑞鹏、孙龙彧、陈洪伟、关惠戈、陈凯奇、沈秋宇。

高分辨率对地观测卫星森林覆盖面积变化监测技术导则

1 范围

本标准规定了高分辨率对地观测(以下简称"高分")卫星森林覆盖面积变化监测的数据准备、森林覆盖判识方法、监测方法及流程。

本标准适用于利用高分一号、高分二号或具有类似通道设计的高分卫星数据,开展森林覆盖面积变化遥感监测和评价工作。

2 术语和定义

下列术语和定义适用于本文件。

2.1
归一化差值植被指数 normalized difference vegetation index;NDVI

近红外、红光两个波段的反射率之差除以二者之和。

[GB/T 34814—2017,定义2.10]

2.2
纹理 texture

遥感影像地物轮廓内色调变化的频率。

2.3
森林覆盖度 forest coverage

区域内森林植被(包括叶、茎、枝)在地面的垂直投影面积占区域面积的百分比。

3 数据准备

3.1 时相要求

根据森林覆盖监测区域的不同,选择森林生长季的高分卫星数据。

3.2 数据要求

应选择满足时相要求的晴空多光谱数据,高分一号主要参数和高分二号主要参数分别参见附录A和附录B,空间分辨率应保持评价序列前后一致。

3.3 数据处理

对高分卫星数据进行大气校正、正射校正、镶嵌、裁剪等处理。

4 森林覆盖判识方法

4.1 影像分割、合并

影像分割应采用基于边缘检测的对象分割方法,见附录C;影像合并应采用基于全局优化的对象合并方法,见附录 D,根据监测区域及时相选择分割和合并阈值。

4.2 特征提取

4.2.1 归一化差值植被指数计算

依式(1)计算归一化差值植被指数:

$$NDVI = \frac{R_{nir} - R_{red}}{R_{nir} + R_{red}} \qquad (1)$$

式中:
$NDVI$ ——归一化差值植被指数;
R_{nir} ——近红外波段反射率;
R_{red} ——红光波段反射率。

4.2.2 纹理计算

依式(2)计算纹理:

$$G_{mean} = \sum_{i=0}^{N-1}\sum_{j=0}^{N-1} p(i,j) \times i \qquad (2)$$

式中:
G_{mean} ——纹理平均值;
$p(i,j)$ ——以 i 为始点,出现灰度级 j 的概率;
N ——矩阵阶数;
i,j ——矩阵坐标。

4.3 判识规则

北方和南方地区像元分别符合式(3)、式(4)规则的逻辑关系判识为森林覆盖:
北方地区:$NDVI \geqslant NDVI_{th}$ 且 $G_{b,min} \leqslant G_b \leqslant G_{b,max}$ 且 $R_{b,min} \leqslant R_b \leqslant R_{b,max}$ ……………(3)
南方地区:$NDVI \geqslant NDVI_{th}$ 且 $G_{r,min} \leqslant G_r \leqslant G_{r,max}$ 且 $R_{r,min} \leqslant R_r \leqslant R_{r,max}$ ……………(4)
式中:
$NDVI$ ——归一化差值植被指数;
$NDVI_{th}$ ——归一化差值植被指数对应的参考阈值;
G_b ——可见光蓝光波段纹理平均值;
$G_{b,min}$ —— G_b 对应的下限阈值;
$G_{b,max}$ —— G_b 对应的上限阈值;
R_b ——可见光蓝光波段反射率平均值;
$R_{b,min}$ —— R_b 对应的下限阈值;
$R_{b,max}$ —— R_b 对应的上限阈值;
G_r ——可见光红光波段纹理平均值;
$G_{r,min}$ —— G_r 对应的下限阈值;
$G_{r,max}$ —— G_r 对应的上限阈值;
R_r ——可见光红光波段反射率平均值;
$R_{r,min}$ —— R_r 对应的下限阈值;
$R_{r,max}$ —— R_r 对应的上限阈值;
根据监测区域及时相选择阈值,森林覆盖提取参考阈值季节变化参见附录 E。

4.4 森林覆盖等级划分与森林覆盖面积计算

4.4.1 森林覆盖等级划分

依式(5)计算森林覆盖度：

$$f_c = \frac{NDVI - NDVI_{\min}}{NDIV_{\max} - NDVI_{\min}} \times 100\% \quad \quad \quad (5)$$

式中：
f_c ——森林覆盖度；
$NDVI_{\max}$ ——归一化差值植被指数的最大值；
$NDVI_{\min}$ ——归一化差值植被指数的最小值。

依据森林覆盖度数值大小将森林覆盖等级划分为3级：低覆盖等级($f_c \leqslant 40\%$)、中覆盖等级($40\% < f_c < 70\%$)、高覆盖等级($f_c \geqslant 70\%$)。

4.4.2 森林覆盖面积计算

依式(6)计算森林覆盖面积：

$$S = \sum_{i=1}^{n} S_i \quad \quad \quad (6)$$

式中：
S ——森林覆盖面积，单位为平方千米(km^2)；
i ——森林覆盖区内像元序号；
n ——森林覆盖区内像元总数；
S_i ——第i像元面积，单位为平方千米(km^2)。

5 森林覆盖面积变化监测方法

5.1 一般要求

5.1.1 应选择评价期和对照期开展森林覆盖面积变化监测，包括森林覆盖面积绝对变化和相对变化、不同森林覆盖等级面积绝对变化和相对变化。

5.1.2 评价期为当年森林生长季，对照期为往年森林生长季。

5.1.3 森林覆盖面积变化评价时，应采用相近时相数据比较。

5.2 森林覆盖面积绝对变化

依式(7)计算森林覆盖面积绝对变化：

$$\Delta S = S_m - S_b \quad \quad \quad (7)$$

式中：
ΔS ——森林覆盖面积绝对变化，单位为平方千米(km^2)；
S_m ——评价期森林覆盖面积，单位为平方千米(km^2)；
S_b ——对照期森林覆盖面积，单位为平方千米(km^2)。

5.3 森林覆盖面积绝对变化占评价区域面积比例

依式(8)计算森林覆盖面积绝对变化占评价区域面积比例：

$$P = \frac{\Delta S}{S_{Am}} \times 100\% \quad \quad \quad (8)$$

式中：
P ——森林覆盖面积绝对变化占评价区域面积比例，以百分率（%）表示；
S_{Am} ——评价区域面积，单位为平方千米（km^2）。

5.4 不同森林覆盖等级面积绝对变化

依式（9）计算不同森林覆盖等级面积绝对变化：

$$\Delta S_j = S_{m,j} - S_{b,j} \quad\quad\quad\quad (9)$$

式中：
ΔS_j —— j 覆盖等级森林面积绝对变化，单位为平方千米（km^2）；
j ——分别对应高、中、低森林覆盖等级；
$S_{m,j}$ ——评价期高、中、低森林覆盖等级面积，单位为平方千米（km^2）；
$S_{b,j}$ ——对照期高、中、低森林覆盖等级面积，单位为平方千米（km^2）。

5.5 不同森林覆盖等级面积绝对变化占评价区域面积比例

依式（10）计算不同森林覆盖等级面积绝对变化占评价区域面积比例：

$$P_j = \frac{\Delta S_j}{S_{Am}} \times 100\% \quad\quad\quad\quad (10)$$

式中：
P_j —— j 覆盖等级森林面积绝对变化占评价区域面积比例，以百分率（%）表示。

6 森林覆盖面积变化监测流程

监测流程如下：
a) 选择确定高分卫星数据；
b) 数据处理；
c) 影像分割、合并；
d) 计算光谱、纹理特征以及归一化差值植被指数；
e) 森林覆盖遥感判识；
f) 森林覆盖面积变化监测。

附 录 A
（资料性附录）
高分一号主要参数

表 A.1 列出了高分一号主要参数。

表 A.1 高分一号主要参数

载荷	谱段号	谱段范围 μm	空间分辨率 m	幅宽 km	侧摆能力	重访时间 d
全色多光谱相机	1	0.45～0.90	2	60 (2台相机组合)	±35°	4
	2	0.45～0.52	8			
	3	0.52～0.59				
	4	0.63～0.69				
	5	0.77～0.89				
多光谱相机	6	0.45～0.52	16	800 (4台相机组合)		2
	7	0.52～0.59				
	8	0.63～0.69				
	9	0.77～0.89				

附 录 B
（资料性附录）
高分二号主要参数

表B.1列出了高分二号主要参数。

表 B.1 高分二号主要参数

载荷	谱段号	波长范围 μm	空间分辨率 m	幅宽 km	侧摆能力	重访周期 d
全色多光谱相机	1	0.45～0.90	1	45 （2台相机组合）	±35°	5
	2	0.45～0.52	4			
	3	0.52～0.59				
	4	0.63～0.69				
	5	0.77～0.89				

附 录 C
（规范性附录）
基于边缘检测的对象分割方法

C.1 方法介绍

图像的边缘点是指图像中周围像素灰度有阶跃变化的像素点，边缘检测可以保留图像的结构属性，采用 Sobel 算子检测边缘点。

C.2 边缘检测基本步骤

包括：
a) 平滑滤波：去除噪声影响；
b) 锐化滤波：锐化邻域中的灰度变化；
c) 边缘判定：应用二值化处理判定边缘，通常采用 Sobel 算子；
d) 边缘连接：将间断的边缘连接成为有意义的完整边缘，同时去除假边缘。

C.3 Sobel 算子

Sobel 算子是一种离散性差分算子。

采用 2 个卷积核（见图 C.1），进行图像中每一个像素点的水平和垂直方向卷积计算。

−1	0	1
−2	0	2
−1	0	1

1	2	1
0	0	0
−1	−2	−1

a) 水平梯度方向　　　　b) 垂直梯度方向

图 C.1 Sobel 算子模块

水平方向的卷积运算（G_x）见式（C.1），垂直方向的卷积运算（G_y）见式（C.2）：

$$G_x = \{f(x-1,y-1) + 2 \times f(x-1,y) + f(x-1,y+1)\} - \{f(x+1,y-1) + 2 \times f(x+1,y) + f(x+1,y+1)\} \quad \cdots\cdots(C.1)$$

$$G_y = \{f(x-1,y-1) + 2 \times f(x,y-1) + f(x+1,y-1)\} - \{f(x-1,y+1) + 2 \times f(x,y+1) + f(x+1,y+1)\} \quad \cdots\cdots(C.2)$$

将 2 个卷积的最大值作为像素点的输出值（$f(x,y)$），设定阈值，输出值大于或等于阈值的点为边缘点，反之则不是边缘点，从而实现边缘检测。

分割参考阈值为 40～50。

附 录 D
（规范性附录）
基于全局优化的对象合并方法

采用基于全局优化的对象合并方法，计算方法见式（D.1），迭代合并邻近的小斑块。如果邻近地区 O_i 和 O_j 的 t_{ij} 比设定的阈值小则进行合并，阈值设定范围为 0～100。

$$t_{ij} = \frac{|O_i| \cdot |O_j|/(|O_i|+|O_j|) \cdot \|u_i - u_j\|^2}{L_{\partial(O_i,O_j)}} \quad \cdots\cdots\cdots\cdots (D.1)$$

式中：
- t_{ij} ——区域 i 与区域 j 的合并值；
- O_i ——区域 i 的影像；
- O_j ——区域 j 的影像；
- $|O_i|$ ——区域 i 的面积；
- $|O_j|$ ——区域 j 的面积；
- u_i ——区域 i 的像元灰度平均值；
- u_j ——区域 j 的像元灰度平均值；
- $\|u_i - u_j\|$ ——区域 i 和 j 的光谱值的欧式距离；
- $L_{\partial(O_i,O_j)}$ ——区域 O_i 和 O_j 的共同边界长度。

合并参考阈值为 70～90。

附 录 E
（资料性附录）
森林覆盖提取参考阈值季节变化

森林覆盖提取参考阈值季节变化见表 E.1。

表 E.1 森林覆盖提取参考阈值季节变化

样本	特征	5月	8月	11月
东北地区	$NDVI_{th}$	0.46	0.74	—
	$G_{b,min}$	1	1.3	—
	$G_{b,max}$	5.14	7.38	—
	$R_{b,min}$	0.012	0.041	—
	$R_{b,max}$	0.043	0.055	—
西北地区	$NDVI_{th}$	0.57	0.60	—
	$G_{b,min}$	7	6.5	—
	$G_{b,max}$	10.55	8.52	—
	$R_{b,min}$	0.026	0.037	—
	$R_{b,max}$	0.049	0.069	—
东南地区	$NDVI_{th}$	0.78	0.76	0.71
	$G_{r,min}$	1	1	1
	$G_{r,max}$	4.21	5.21	4.80
	$R_{r,min}$	0.012	0.027	0.017
	$R_{r,max}$	0.030	0.044	0.054
西南地区	$NDVI_{th}$	0.45	0.59	0.37
	$G_{r,min}$	6.67	3.67	3
	$G_{r,max}$	10.85	9.30	8.14
	$R_{r,min}$	0.012	0.034	0.006
	$R_{r,max}$	0.022	0.085	0.016

注：东北地区、西北地区11月非生长季。

参 考 文 献

[1]　GB/T 34814—2017　草地气象监测评价方法

[2]　崔一娇,朱琳,赵力娟.基于面向对象及光谱特征的植被信息提取与分析[J].生态学报,2013,33(3):867-875

[3]　董士伟.林地信息提取与精度评价空间抽样方法研究[J].测绘学报,2018,47(10):139

[4]　董心玉.基于面向对象的高分一号遥感影像森林分类研究[D].哈尔滨:东北林业大学,2016

[5]　姜洋,李艳.浙江省森林信息提取及其变化的空间分布[J].生态学报,2014,34(24):7261-7270

[6]　李国清.南方山地丘陵森林主要树种遥感信息提取研究[D].福州:福建农林大学,2009

[7]　李伟涛.高分辨率遥感森林植被分类提取研究[D].北京:北京林业大学,2016

[8]　李晓红,陈尔学,李增元,等.综合应用多源遥感数据的面向对象土地覆盖分类方法[J].林业科学,2018,54(2):68-80

[9]　林雪.面向林地信息的高分一号遥感影像融合与分类研究[D].北京:北京林业大学,2016

[10]　凌春丽.面向对象的森林覆盖信息提取研究[D].昆明:昆明理工大学,2010

[11]　陆超.基于 WorldView-2 影像的面向对象信息提取技术研究[D].杭州:浙江大学,2012

[12]　裴欢,孙天娇,王晓妍.基于 Landsat 8 OLI 影像纹理特征的面向对象土地利用/覆盖分类[J].农业工程学报,2018,34(2):248-255

[13]　王鹤霖,范文义,赵妍,等.基于纹理信息的森林类型遥感识别技术[J].东北林业大学学报,2013(6):50-54

[14]　王婧.面向对象的林业遥感信息提取方法研究[D].北京:北京林业大学,2013

[15]　王荣,江东,韩惠,等.高分辨率遥感影像天然林与人工林植被覆盖信息提取[J].资源科学,2013,35(4):868-874

[16]　王婷婷,李山山,李安,等.基于 Landsat8 卫星影像的北京地区土地覆盖分类[J].中国图象图形学报,2015,20(9):1275-1284

[17]　许盼盼.基于高时空分辨率数据的湿地精细分类研究[D].北京:中国科学院大学,2018.

[18]　闫敏,李增元,陈尔学,等.内蒙古大兴安岭根河森林保护区植被覆盖度变化[J].生态学杂志,2016,35(2):508-515

[19]　张百平.中国南北过渡带研究的十大科学问题[J].地理科学进展,2019,38(03):3-9

[20]　张猛,曾永年,朱永森.面向对象方法的时间序列 MODIS 数据湿地信息提取——以洞庭湖流域为例[J].遥感学报,2017(3):479-492

[21]　张学玲,张莹,牛德奎,等.基于 TM NDVI 的武功山山地草甸植被覆盖度时空变化研究[J].生态学报,2018,38(7):2414-2424

[22]　朱永森,曾永年,张猛.基于 HJ 卫星数据与面向对象分类的土地利用/覆盖信息提取[J].农业工程学报,2017(14):266-273

[23]　竺可桢.中国的亚热带[J].科学通报,1958,3(17):524-528

[24]　Kim M,Madden M,Warner T T A. Forest type mapping using object-specific texture measures from multispectral ikonos imagery:Segmentation quality and image classification issues[J]. Photogrammetric Engineering & Remote Sensing,2009,75(7):819-829

[25]　Marpu P R,Niemeyer I,Nussbaum S,et al. A procedure for automatic object-based classification[M]// Object-Based Image Analysis. Spatial Concepts for Knowledge-Driven Remote Sensing Applications,2008

[26] Van Niel T G, Mcvicar T R, Datt B. On the relationship between training sample size and data dimensionality: Monte Carlo analysis of broadband multi-temporal classification[J]. Remote Sensing of Environment,2005,98(4):468-480

ICS 07.060
A 47
备案号：72738—2020

中华人民共和国气象行业标准

QX/T 539—2020

高分辨率对地观测卫星沙地面积变化监测技术导则

Technical directive for the area change monitoring of sand land by using China High-Resolution Earth Observation System satellite

2020-01-21 发布　　　　　　　　　　　　　　　　2020-05-01 实施

中 国 气 象 局 发 布

QX/T 539—2020

前　言

本标准按照 GB/T 1.1—2009 给出的规则起草。

本标准由全国卫星气象与空间天气标准化技术委员会(SAC/TC 347)提出并归口。

本标准起草单位：中国气象局沈阳大气环境研究所、国家卫星气象中心、辽宁省气象局。

本标准主要起草人：冯锐、张玉书、武晋雯、李贵才、于文颖、纪瑞鹏、陈凯奇、沈秋宇、关惠戈、陈洪伟。

高分辨率对地观测卫星沙地面积变化监测技术导则

1 范围

本标准规定了高分辨率对地观测(以下简称"高分")卫星沙地面积变化监测的数据准备、沙地判识方法、监测方法及流程。

本标准适用于利用国产高分一号、高分二号或具有类似通道设计的高分卫星数据,开展沙地面积变化遥感监测和评价工作。

2 术语和定义

下列术语和定义适用于本文件。

2.1
沙地　sand land

分布在半干旱区及部分亚湿润区的沙质土地。

注:代表性的地貌为固定程度不同的沙丘和沙片。

2.2
形状指数　shape index;SI

影像中特征地物的 4π 倍面积与地物边界总长度平方的比值。

2.3
归一化差值植被指数　normalized difference vegetation index;NDVI

近红外、红光两个波段的反射率之差除以二者之和。

[GB/T 34814—2017,定义 2.10]

3 数据准备

3.1 时相要求

根据评价目的、监测区域宜筛选晴空少云的高分卫星数据。

3.2 数据要求

应选择满足时相要求的晴空多光谱数据,高分一号主要参数和高分二号主要参数分别参见附录 A 和附录 B,空间分辨率应保持评价序列前后一致。

3.3 数据处理

应对高分卫星数据进行大气校正、几何校正、正射校正、太阳高度角订正、拼接等处理。

4 沙地判识方法

4.1 影像分割、合并

影像分割应采用基于边缘检测的对象分割方法,见附录C;影像合并应采用基于全局优化的对象合并方法,见附录D。

4.2 特征提取

4.2.1 归一化差值植被指数

依式(1)计算归一化差值植被指数:

$$NDVI = \frac{R_{nir} - R_{red}}{R_{nir} + R_{red}} \quad \cdots\cdots\cdots\cdots(1)$$

式中:
$NDVI$ ——归一化差值植被指数;
R_{nir} ——近红外波段反射率;
R_{red} ——红光波段反射率。

4.2.2 绿光波段反射率平均值

依式(2)计算绿光波段反射率平均值:

$$R_{mean} = \frac{\sum_{i=1}^{n} R_{green,i}}{n} \quad \cdots\cdots\cdots\cdots(2)$$

式中:
R_{mean} ——绿光波段反射率平均值;
i ——像元序号;
n ——元数目;
$R_{green,i}$ ——i 像元绿光波段反射率。

4.2.3 形状指数

依式(3)计算形状指数:

$$I_S = \frac{4\pi S}{L^2} \quad \cdots\cdots\cdots\cdots(3)$$

式中:
I_S ——形状指数;
S ——特征地物的面积,单位为平方千米(km^2);
L ——特征地物的边界总长度,单位为千米(km)。

4.3 判识规则

若像元符合式(4)的逻辑关系则判识为沙地:

$$T_0 < NDVI < T_1 \text{ 且 } R_{mean} > T_2 \text{ 且 } I_S < T_3 \quad \cdots\cdots\cdots\cdots(4)$$

式中:
T_0 —— $NDVI$ 下限阈值;
T_1 —— $NDVI$ 上限阈值;

T_2——绿光波段反射率平均值阈值；
T_3——形状指数阈值。
沙地判识规则各项指标阈值参考值见附录E。

4.4 沙地面积计算

依式(5)计算沙地面积：

$$S = \sum_{i=1}^{n} S_i \quad \quad \quad (5)$$

式中：
S——沙地面积，单位为平方千米(km^2)；
i——沙地区内像元序号；
n——沙地区内像元总数；
S_i——第i像元面积，单位为平方千米(km^2)。

5 沙地面积变化监测方法

5.1 一般要求

5.1.1 应选择评价期和对照期开展沙地面积变化监测，包括沙地面积绝对变化和相对变化。
5.1.2 评价期为当年适当季节。对照期为往年适当季节。
5.1.3 沙地面积评价时，应采用相近时相数据比较。

5.2 沙地面积绝对变化

依式(6)计算沙地面积绝对变化：

$$\Delta S = S_m - S_b \quad \quad \quad (6)$$

式中：
ΔS——沙地面积绝对变化，单位为平方千米(km^2)；
S_m——评价期沙地面积，单位为平方千米(km^2)；
S_b——对照期沙地面积，单位为平方千米(km^2)。

5.3 沙地面积相对变化

依式(7)计算沙地面积相对变化：

$$P = \frac{S_m - S_b}{S_b} \times 100\% \quad \quad \quad (7)$$

式中：
P——沙地面积相对变化，以百分率(%)表示。

6 沙地面积变化监测流程

监测流程如下：
a) 选择确定高分卫星数据；
b) 数据处理；
c) 影像分割、合并；
d) 计算归一化差值植被指数、绿光波段反射率平均值、形状指数；

e) 提取沙地信息；
f) 计算评价期和对照期沙地面积；
g) 评价沙地面积变化。

附 录 A
（资料性附录）
高分一号主要参数

表A.1列出了高分一号主要参数。

表A.1 高分一号主要参数

载荷	谱段号	谱段范围 μm	空间分辨率 m	幅宽 km	侧摆能力	重访时间 d
全色多光谱相机	1	0.45～0.90	2	60 （2台相机组合）	±35°	4
	2	0.45～0.52	8			
	3	0.52～0.59				
	4	0.63～0.69				
	5	0.77～0.89				
多光谱相机	6	0.45～0.52	16	800 （4台相机组合）		2
	7	0.52～0.59				
	8	0.63～0.69				
	9	0.77～0.89				

附 录 B
（资料性附录）
高分二号主要参数

表B.1列出了高分二号主要参数。

表 B.1 高分二号主要参数

载荷	谱段号	波长范围 μm	空间分辨率 m	幅宽 km	侧摆能力	重访周期 d
全色多光谱相机	1	0.45～0.90	1	45 （2台相机组合）	±35°	5
	2	0.45～0.52	4			
	3	0.52～0.59				
	4	0.63～0.69				
	5	0.77～0.89				

附 录 C
（规范性附录）
基于边缘检测的对象分割方法

C.1 方法介绍

图像的边缘点是指图像中周围像素灰度有阶跃变化的像素点，边缘检测可以保留图像的结构属性，采用Sobel算子检测边缘点。

C.2 边缘检测基本步骤

包括：
a) 平滑滤波：去除噪声影响；
b) 锐化滤波：锐化邻域中的灰度变化；
c) 边缘判定：应用二值化处理判定边缘，通常采用Sobel算子；
d) 边缘连接：将间断的边缘连接成为有意义的完整边缘，同时去除假边缘。

C.3 Sobel算子

Sobel算子是一种离散性差分算子。

采用2个卷积核（见图C.1），进行图像中每一个像素点的水平和垂直方向卷积计算。

−1	0	1
−2	0	2
−1	0	1

1	2	1
0	0	0
−1	−2	−1

a) 水平梯度方向　　b) 垂直梯度方向

图C.1 Sobel算子

水平方向的卷积运算（G_x）见式(C.1)，垂直方向的卷积运算（G_y）见式(C.2)：

$$G_x = \{f(x-1,y-1) + 2 \times f(x-1,y) + f(x-1,y+1)\} - \\ \{f(x+1,y-1) + 2 \times f(x+1,y) + f(x+1,y+1)\} \quad \cdots\cdots(C.1)$$

$$G_y = \{f(x-1,y-1) + 2 \times f(x,y-1) + f(x+1,y-1)\} - \\ \{f(x-1,y+1) + 2 \times f(x,y+1) + f(x+1,y+1)\} \quad \cdots\cdots(C.2)$$

将2个卷积的最大值作为像素点的输出值（$f(x,y)$），设定阈值，输出值大于或等于阈值的点为边缘点，反之则不是边缘点，从而实现边缘检测。

分割参考阈值为40～50。

附 录 D
（规范性附录）
基于全局优化的对象合并方法

采用基于全局优化的对象合并方法，计算方法见式（D.1），迭代合并邻近的小斑块。如果邻近地区 O_i 和 O_j 的 t_{ij} 比设定的阈值小则进行合并，阈值设定范围为 0～100。

$$t_{ij} = \frac{|O_i| \cdot |O_j|/(|O_i|+|O_j|) \cdot \|u_i - u_j\|^2}{L_{\partial(O_i, O_j)}} \quad \cdots\cdots\cdots\cdots (D.1)$$

式中：
- t_{ij} ——区域 i 与区域 j 的合并值；
- O_i ——区域 i 的影像；
- O_j ——区域 j 的影像；
- $|O_i|$ ——区域 i 的面积；
- $|O_j|$ ——区域 j 的面积；
- u_i ——区域 i 的像元灰度平均值；
- u_j ——区域 j 的像元灰度平均值；
- $\|u_i - u_j\|$ ——区域 i 和 j 的光谱值的欧式距离；
- $L_{\partial(O_i, O_j)}$ ——区域 O_i 和 O_j 的共同边界长度。

合并参考阈值为 90。

附 录 E
（规范性附录）
沙地判识规则各项指标阈值参考值

沙地判识规则各项指标阈值参考值见表 E.1。

表 E.1 沙地判识规则各项指标阈值参考值

指标名称	指标标识	参考值
NDVI 下限阈值	T_0	0
NDVI 上限阈值	T_1	0.18～0.30
绿光波段反射率平均值阈值	T_2	0.23～0.30
形状指数阈值	T_3	0.40～0.50

参 考 文 献

[1] GB/T 34814—2017 草地气象监测评价方法

[2] 崔林丽.遥感影像解译特征的综合分析与评价[D].北京:中国科学院研究生院(遥感应用研究所),2005

[3] 丁相元,高志海,孙斌,等.基于高分一号时间序列数据的沙化土地分类[J].国土资源遥感,2017,29(3):196-202

[4] 冯益明,郑冬梅,智长贵,等.面向对象的沙化土地信息提取[J].林业科学,2013,49(1):126-132

[5] 姜炳旭,刘杰,孙可.Sobel边缘检测的细化[J].沈阳师范大学学报(自然科学版),2010,28(4):503-506

[6] 李宝林,周成虎.东北平原西部沙地沙质荒漠化的遥感监测研究[J].遥感学报,2002,6(2):117-122

[7] 李长龙,高志海,吴俊君,等.基于分形网络进化分割和对象特征提取的GF-1卫星数据沙化土地分类识别研究[J].干旱区资源与环境,2015,29(11):152-157

[8] 李怀霄.基于面向对象的西双版纳橡胶林提取[J].江西农业学报,2014,26(8):96-100

[9] 李晶莹.基于面向对象的高分辨率遥感影像土地沙化调查——以青海省玛多县典型区为例[D].西宁:青海师范大学,2011

[10] 沙莎,彭丽,罗三定.边缘信息引导的阈值图像分割算法[J].中国图象图形学报,2010,15(3):490-494

[11] 王志波,高志海,王琫瑜,等.基于面向对象方法的沙化土地遥感信息提取技术研究[J].遥感技术与应用,2012,27(5):770-777

[12] 闫峰,丛日春.中国沙地分类进展及编目体系[J].地理研究,2015,34(3):455-465

[13] 张国平,刘纪远,张增祥,等.1995—2000年中国沙地空间格局变化的遥感研究[J].生态学报,2002,22(9):1500-1506

[14] Robinson D J,Redding N J,Crisp D J. Implementation of a fast algorithm for segmenting SAR imagery[R]. Scientific and Technical Report. Australia:Defense Science and Technology Organization,2002

[15] Szantoi Z,Simonetti D. Fast and robust topographic correction method for medium resolution satellite imagery using a stratified approach[J]. IEEE Journal of Selected Topics in Applied Earth Observations and Remote Sensing,2013,6(4):1921-1933

ICS 07.060
A 47
备案号：72739—2020

中华人民共和国气象行业标准

QX/T 540—2020

高分辨率对地观测卫星陆地水体面积变化监测技术导则

Technical directive for the area change monitoring of inland water body by using China High-Resolution Earth Observation System satellite

2020-01-21 发布　　　　　　　　　　　　　　　　2020-05-01 实施

中　国　气　象　局　发　布

前 言

本标准按照 GB/T 1.1—2009 给出的规则起草。

本标准由全国卫星气象与空间天气标准化技术委员会(SAC/TC 347)提出并归口。

本标准起草单位：中国气象局沈阳大气环境研究所、国家卫星气象中心、辽宁省气象局。

本标准主要起草人：纪瑞鹏、张玉书、李贵才、陈洪伟、冯锐、于文颖、武晋雯、陈凯奇、沈秋宇、关惠戈。

高分辨率对地观测卫星陆地水体面积变化监测技术导则

1 范围

本标准规定了高分辨率对地观测(以下简称"高分")卫星陆地水体面积变化监测的数据准备、陆地水体信息提取方法、监测方法及流程。

本标准适用于利用国产高分一号、高分二号或具有类似通道设计的高分卫星数据,开展陆地水体面积变化遥感监测和评价工作。

2 术语和定义

下列术语和定义适用于本文件。

2.1
归一化差值水体指数 normalized difference water body index;NDWI

绿光波段与近红外波段反射率之差与这两个波段反射率之和的比值。

2.2
阴影水体指数 shade water body index;SWI

近红外波段反射率小于某一阈值时的蓝光波段反射率与绿光波段反射率之和减去近红外波段反射率的值。

2.3
太阳高度角 solar elevation

太阳所在方向与地平线方向间的夹角。

注:改写 GB/T 31163—2014,定义3.18。

2.4
陆地水体 inland water body

陆地表面的江河、湖泊、水库等天然或人工水体。

3 数据准备

3.1 时相要求

按评价目的选择适当年份、适当季节或丰枯水季的高分卫星遥感数据,应确保影像中水体最大限度出露,保证监测评价的延续性和可比性。

3.2 数据要求

应选择满足时相要求的晴空多光谱(蓝光波段、绿光波段、近红外波段)数据,确保监测评价使用高分卫星数据空间分辨率的一致性。高分一号主要参数参见附录A,高分二号主要参数参见附录B。

3.3 数据处理

对高分卫星数据进行大气校正、几何校正、正射校正、太阳高度角订正、配准、拼接、裁剪等处理。其中,太阳高度角订正见式(1):

$$R' = R/\sin Z \quad \quad \quad \quad (1)$$

式中：

R'——太阳高度角订正后的反射率；

R ——太阳高度角订正前的反射率；

Z ——成像时刻的太阳高度角，单位为度（°）。

4 陆地水体信息提取方法

4.1 一般原则

地势平坦区的水体信息宜利用归一化差值水体指数提取，丘陵区、山区的水体信息宜利用阴影水体指数提取。

4.2 地势平坦区水体

依式（2）计算归一化差值水体指数：

$$NDWI = \frac{R_{green} - R_{nir}}{R_{green} + R_{nir}} \quad \quad \quad \quad (2)$$

式中：

$NDWI$ ——归一化差值水体指数；

R_{green} ——绿光波段反射率；

R_{nir} ——近红外波段反射率。

归一化差值水体指数参考阈值为0，当 $NDWI \geqslant 0$ 时，则为水体。

4.3 丘陵区、山区水体

4.3.1 依式（3）提取水体和阴影混合体信息：

$$R'_{nir} \leqslant C_1 \quad \quad \quad \quad (3)$$

式中：

R'_{nir} ——太阳高度角订正后的近红外波段反射率；

C_1 ——经验阈值，参考取值为0.17。

4.3.2 在水体和阴影混合体背景上，依式（4）计算阴影水体指数，区分水体和阴影信息：

$$SWI = R'_{blue} + R'_{green} - R'_{nir} \quad \quad \quad \quad (4)$$

式中：

SWI ——阴影水体指数；

R'_{blue} ——太阳高度角订正后的蓝光波段反射率；

R'_{green} ——太阳高度角订正后的绿光波段反射率。

4.3.3 当满足式（5）判识条件标示为水体，满足式（6）判识条件标示为阴影：

$$SWI \geqslant C_2 \quad \quad \quad \quad (5)$$
$$SWI < C_2 \quad \quad \quad \quad (6)$$

式中：

C_2——经验阈值，参考取值为0.015。

5 陆地水体面积变化监测方法

5.1 一般要求

5.1.1 应选择评价期和对照期开展陆地水体面积变化监测,包括陆地水体面积计算、陆地水体面积绝对变化和相对变化、陆地水体面积绝对变化占评价区域面积比例。

5.1.2 评价期为当年适当季节或丰枯水季。对照期为往年适当季节或丰枯水季。

5.1.3 陆地水体面积评价时,应采用相近时相数据比较。

5.2 陆地水体面积计算

依式(7)计算陆地水体面积:

$$S = \sum_{i=1}^{n} S_i \quad \quad \quad (7)$$

式中:

S ——陆地水体面积,单位为平方千米(km^2);

i ——陆地水体区内像元序号;

n ——陆地水体区内像元总数;

S_i ——第 i 像元面积,单位为平方千米(km^2)。

5.3 陆地水体面积变化评价

5.3.1 依式(8)计算陆地水体面积绝对变化:

$$\Delta S = S_m - S_b \quad \quad \quad (8)$$

式中:

ΔS ——陆地水体面积绝对变化,单位为平方千米(km^2);

S_m ——评价期陆地水体面积,单位为平方千米(km^2);

S_b ——对照期陆地水体面积,单位为平方千米(km^2)。

5.3.2 依式(9)计算陆地水体面积相对变化:

$$P_1 = \frac{S_m - S_b}{S_b} \times 100\% \quad \quad \quad (9)$$

式中:

P_1 ——陆地水体面积相对变化,以百分率(%)表示。

5.3.3 依式(10)计算陆地水体面积绝对变化占评价区域面积比例:

$$P_2 = \frac{S_m - S_b}{S_{Am}} \times 100\% \quad \quad \quad (10)$$

式中:

P_2 ——陆地水体面积绝对变化占评价区域面积比例,以百分率(%)表示;

S_{Am} ——评价区域面积,单位为平方千米(km^2)。

6 陆地水体面积变化监测流程

监测流程如下:
a) 选择确定高分卫星数据;
b) 数据处理;

c) 计算归一化差值水体指数、阴影水体指数；
d) 提取水体信息；
e) 计算陆地水体面积；
f) 评价陆地水体面积变化。

附 录 A
（资料性附录）
高分一号主要参数

表 A.1 列出了高分一号主要参数。

表 A.1 高分一号主要参数

载荷	谱段号	谱段范围 μm	空间分辨率 m	幅宽 km	侧摆能力	重访时间 d
全色多光谱相机	1	0.45～0.90	2	60 （2台相机组合）	±35°	4
	2	0.45～0.52	8			
	3	0.52～0.59				
	4	0.63～0.69				
	5	0.77～0.89				
多光谱相机	6	0.45～0.52	16	800 （4台相机组合）		2
	7	0.52～0.59				
	8	0.63～0.69				
	9	0.77～0.89				

附 录 B
(资料性附录)
高分二号主要参数

表B.1列出了高分二号主要参数。

表B.1 高分二号主要参数

载荷	谱段号	波长范围 μm	空间分辨率 m	幅宽 km	侧摆能力	重访周期 d
全色多光谱相机	1	0.45~0.90	1	45 (2台相机组合)	±35°	5
	2	0.45~0.52	4			
	3	0.52~0.59				
	4	0.63~0.69				
	5	0.77~0.89				

参 考 文 献

[1] GB/T 31163—2014 太阳能资源术语

[2] 陈述彭.遥感大辞典[M].北京:科学出版社,1990

[3] 陈文倩,丁建丽,李艳华,等.基于国产GF-1遥感影像的水体提取方法[J].资源科学,2015,37(6):1166-1172

[4] 段秋亚,孟令奎,樊志伟,等.GF-1卫星影像水体信息提取方法的适用性研究[J].国土资源遥感,2015,27(4):79-84

[5] 廖安平,陈利军,陈军,等.全球陆表水体高分辨率遥感制图[J].中国科学:地球科学,2014,44(8):1634

[6] 刘桂林,张落成,刘剑,等.基于Landsat TM影像的水体信息提取[J].中国科学院大学学报,2013,30(5):644-650

[7] 李艳华,丁建丽,闫人华.基于国产GF-1遥感影像的山区细小水体提取方法研究[J].资源科学,2015,37(2):408-416

[8] 莫伟华,孙涵,钟仕全,等.MODIS水体指数模型(CIWI)研究及其应用[J].遥感信息,2007,(5):16-21

[9] 裴浩,范一大,敖艳青.极轨气象卫星资料太阳高度角订正方法[J].内蒙古气象,1998(2):22-24

[10] 徐涵秋.利用改进的归一化差异水体指数(MNDWI)提取水体信息的研究[J].遥感学报,2005,9(5):589-595

[11] 许章华,刘健,余坤勇,等.阴影植被指数SVI的构建及其在四种遥感影像中的应用效果[J].光谱学与光谱分析,2013,33(12):3359-3365

[12] 王浩,傅抱璞.陆地水体对周围空气比湿影响的初步研究[J].湖泊科学,1993,5(4):289-298

[13] 张树誉,王钊,李星敏.提高卫星遥感资料利用率的方法[J].测绘学院学报,2004,21(1):30-33

[14] Marpu P R, Niemeyer I, Nussbaum S, et al. A procedure for automatic object-based classification[M]// Object-Based Image Analysis. Spatial Concepts for Knowledge-Driven Remote Sensing Applications,2008

[15] Van Niel T G, Mcvicar T R, Datt B. On the relationship between training sample size and data dimensionality: Monte Carlo analysis of broadband multi-temporal classification[J]. Remote Sensing of Environment,2005,98(4):468-480

ICS 07.060
A 47
备案号:72740—2020

中华人民共和国气象行业标准

QX/T 541—2020

热带大气季节内振荡(MJO)事件判别

Identification for the Madden-Julian Oscillation

2020-01-21 发布　　　　　　　　　　　　　　2020-05-01 实施

中国气象局　发布

前　言

本标准按照 GB/T 1.1—2009 给出的规则起草。

本标准由全国气候与气候变化标准化技术委员会(SAC/TC 540)提出并归口。

本标准起草单位：国家气候中心。

本标准主要起草人：贾小龙、任宏利、吴捷、赵崇博、武于洁、周放。

引 言

热带大气季节内振荡(MJO)是热带大气环流的重要模态,目前已成为次季节预测业务和研究关注的焦点,可以填补天气预报和季节预测之间的"缝隙",有助于提高两周到月尺度的气候预测能力。

我国和国际上多个国家都已开展MJO的监测和预测业务,但其监测方法和指标并不完全一致。为了规范MJO的监测指标和判别方法,制定本标准。

QX/T 541—2020

热带大气季节内振荡(MJO)事件判别

1 范围

本标准规定了热带大气季节内振荡(MJO)的监测方法和事件判别方法。
本标准适用于热带大气季节内振荡的监测、预测及其影响等工作。

2 术语和定义

下列术语和定义适用于本文件。

2.1
热带大气季节内振荡 Madden-Julian Oscillation；MJO
热带行星尺度对流和环流相互耦合并向东传播的 30 d~80 d 准周期振荡现象。

2.2
气候平均值 climatological normal
气候态
常年值
最近连续 3 个整年代的气象要素平均值。
注：按照世界气象组织(WMO)的相关规定，每个年代更新一次，即 2011 年—2020 年期间，采用 1981 年—2010 年的平均值作为其气候平均值，依次类推。

2.3
向外长波辐射 outgoing longwave radiation；OLR
地球-大气系统从大气顶部向外发射出的、能量主要在波长 4 μm~120 μm 的长波热辐射。
注：单位为瓦每平方米(W/m²)

3 MJO 事件监测方法

3.1 监测关键区

全球热带地区，即经度 0°—360°，纬度 15°S—15°N。

3.2 监测指标

将 850 hPa 纬向风、200 hPa 纬向风和向外长波辐射计算得到的两个实时多变量 MJO 指数(I_{RMM1})和(I_{RMM2})作为 MJO 的监测指标。

3.3 计算方法

3.3.1 将 850 hPa 纬向风场(U_{850})、200 hPa 纬向风场(U_{200})和向外长波辐射(OLR)场三个变量的气候态进行谐波分析，按式(1)展开，再按式(2)计算其逐日气候态的 0 波~3 波。

$$\overline{X}(t) = a_0 + \sum_{n=1}^{\infty}(a_n\cos(n\omega t) + b_n\sin(n\omega t)) \quad\cdots\cdots\cdots\cdots(1)$$

$$\overline{X}^3(t) = a_0 + \sum_{n=1}^{3}(a_n\cos(n\omega t) + b_n\sin(n\omega t)) \quad\cdots\cdots\cdots\cdots(2)$$

式中：

$\overline{X}(t)$ ——U_{850}、U_{200} 和 OLR 中某一变量的逐日气候平均值；

t ——时间变量，单位为天(d)；

a_0 ——常数，为时间序列 $\overline{X}(t)$ 的平均值；

a_n ——第 n 波的余弦函数系数；

n ——谐波数；

ω ——圆频率，单位为每天(d^{-1})；

b_n ——第 n 波的正弦函数系数。

$\overline{X}^3(t)$ ——U_{850}、U_{200} 和 OLR 中某一变量的逐日气候平均值的 0 波~3 波；

3.3.2 对每个要素按式(3)减去其逐日气候态谐波分析的 0 波~3 波，并按式(4)减去之前 120 d 的平均值。

$$X^A(t) = X(t) - \overline{X}^3(t) \quad\quad\quad\quad (3)$$

$$X'(t) = X^A(t) - (\sum_{i=1}^{120} X^A(t-i))/120 \quad\quad\quad\quad (4)$$

式中：

$X^A(t)$ ——U_{850}、U_{200} 和 OLR 中某一变量的去掉气候态 0 波~3 波的异常场；

$X(t)$ ——U_{850}、U_{200} 和 OLR 中某一变量的逐日值；

$X'(t)$ ——U_{850}、U_{200} 和 OLR 中某一变量的去掉气候态 0 波~3 波和年际变率后的异常场。

3.3.3 将 U_{850}、U_{200} 和 OLR 三个要素进行经向平均(15°S—15°N)，按式(5)进行标准化。

$$X'^*(t) = X'(t)/std \quad\quad\quad\quad (5)$$

式中：

$X'^*(t)$ ——U_{850}、U_{200} 和 OLR 中某一变量标准化后的逐日值；

std ——U_{850}、U_{200} 和 OLR 的标准差，参见附录 A 的表 A.1。

3.3.4 标准化的 U_{850}、U_{200} 和 OLR 三个要素逐日值 X'^* 的组成数组 M'^*。按式(6)和式(7)投影到两个联合经验正交分解(EOF)模态上(参见附录 A 的图 A.1)，即可得到 I_{RMM1} 和 I_{RMM2}。

$$I_{RMM1} = M'^* \cdot V_1/\sqrt{\lambda_1} \quad\quad\quad\quad (6)$$

$$I_{RMM2} = M'^* \cdot V_2/\sqrt{\lambda_2} \quad\quad\quad\quad (7)$$

式中：

M'^* ——标准化的 U_{850}、U_{200} 和 OLR 三个要素逐日值的组合数组；

V_1 ——EOF 分解得到的第一个特征向量，参见附录 A 的图 A.1；

V_2 ——EOF 分解得到的第二个特征向量，参见附录 A 的图 A.1；

λ_1 ——EOF 分解得到的第一个特征向量的特征值，参见附录 A 的表 A.2；

λ_2 ——EOF 分解得到的第二个特征向量的特征值，参见附录 A 的表 A.2。

3.4 位相判别

以 I_{RMM1} 指数为横坐标，以 I_{RMM2} 指数为纵坐标，组成二维空间位相图，见图1。该二维空间位相图划分为 8 个空间位相，用于表征 MJO 的主要对流区所处位置，见表1。将逐日的指数在空间位相图中对应点连接起来，即可表征 MJO 的逐日活动轨迹，通常情况下轨迹逆时针旋转，代表 MJO 向东传播。

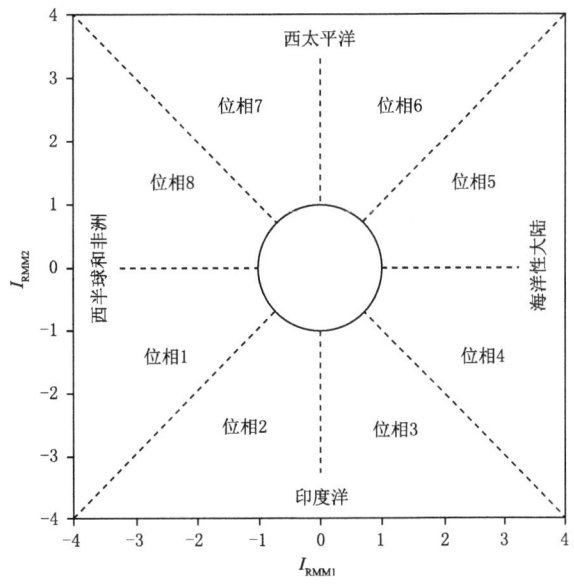

图 1　I_{RMM1} 和 I_{RMM2} 确定的 MJO 空间位相图（圆圈半径为 1）

表 1　MJO 位相划分

位相	位相定义	主要对流区
位相 1	$I_{RMM1}<0$，$I_{RMM2}<0$，$\|I_{RMM1}\|>\|I_{RMM2}\|$	西半球和非洲
位相 2	$I_{RMM1}<0$，$I_{RMM2}<0$，$\|I_{RMM1}\|<\|I_{RMM2}\|$	印度洋
位相 3	$I_{RMM1}>0$，$I_{RMM2}<0$，$\|I_{RMM1}\|<\|I_{RMM2}\|$	印度洋
位相 4	$I_{RMM1}>0$，$I_{RMM2}<0$，$\|I_{RMM1}\|>\|I_{RMM2}\|$	海洋性大陆
位相 5	$I_{RMM1}>0$，$I_{RMM2}>0$，$\|I_{RMM1}\|>\|I_{RMM2}\|$	海洋性大陆
位相 6	$I_{RMM1}>0$，$I_{RMM2}>0$，$\|I_{RMM1}\|<\|I_{RMM2}\|$	西太平洋
位相 7	$I_{RMM1}<0$，$I_{RMM2}>0$，$\|I_{RMM1}\|<\|I_{RMM2}\|$	西太平洋
位相 8	$I_{RMM1}<0$，$I_{RMM2}>0$，$\|I_{RMM1}\|>\|I_{RMM2}\|$	西半球和非洲

3.5　强度指数

用 I_{AMP} 表示 MJO 强度指数，计算方法见式（8）。

$$I_{AMP} = \sqrt{I_{RMM1}^2 + I_{RMM2}^2} \quad\quad\quad (8)$$

4　MJO 事件判别

4.1　判别条件

I_{AMP} 的 3 d 滑动平均值（保留 3 位小数，下同）达到或超过 1.0，持续至少 15 d，中间不出现间断，且至少经过两个位相，判定为一次 MJO 事件。

4.2　持续时间

起始时间：I_{AMP} 的 3 d 滑动平均值满足事件判别条件的最早日期为事件的起始日。

结束时间：I_{AMP} 的 3 d 滑动平均值满足事件判别条件的最晚日期为事件的结束日。
持续时间：事件起始直至结束的总日数。

4.3 强度等级

以整个事件期间中 I_{AMP} 的平均值代表事件强度，并依据其平均值将 MJO 事件强度分为 4 个等级：
—— 达到或超过 1.0 但小于 1.4 定义为弱事件；
—— 达到或超过 1.4 但小于 1.7 定义为中等事件；
—— 达到或超过 1.7 但小于 2.0 定义为强事件；
—— 达到或超过 2.0 定义为超强事件。

附 录 A
（资料性附录）
特征量参考值

A.1 计算资料

U_{200} 和 U_{850} 采用美国国家环境预报中心（NCEP）第二套再分析资料，分辨率为 2.5°×2.5°。OLR 采用美国国家海洋大气局（NOAA）的 OLR 资料，分辨率为 2.5°×2.5°。时间范围为 1981 年—2010 年，共 30 a。

A.2 平均标准差

参考值见表 A.1。

表 A.1 热带（15°S—15°N）U_{200}、U_{850} 和 OLR 经向平均标准差（std）

变量	U_{200} m/s	U_{850} m/s	OLR W/m²
标准差	5.019	1.943	15.410
注：均保留 3 位小数。			

A.3 MJO 模态及其特征值

模态见图 A.1，参考值见表 A.2。

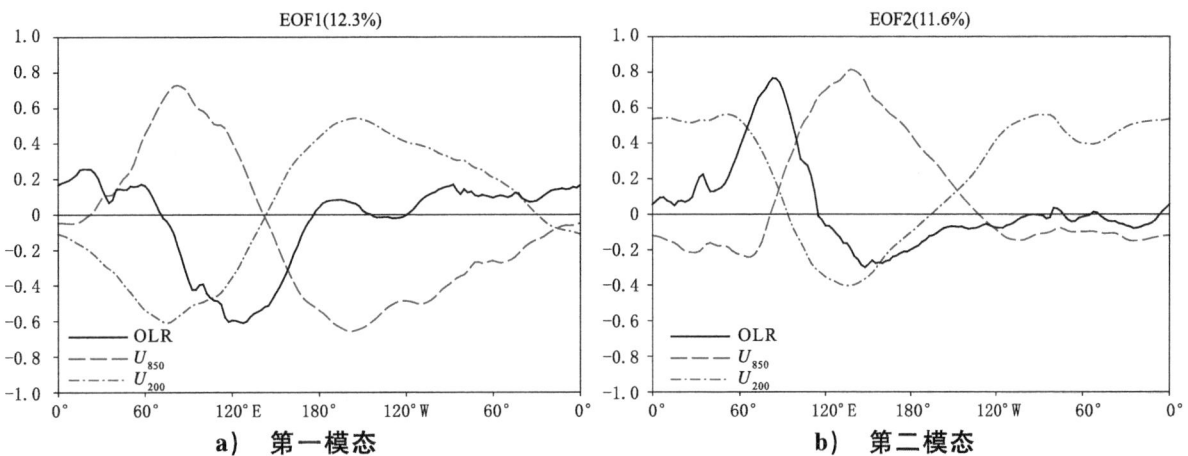

注：图中的值为乘上各自模态的特征值的开方 $\sqrt{\lambda_k}$，其中第一模态的解释方差为 12.3%，第二模态的解释方差为 11.6%。

图 A.1 热带经向平均（15°S—15°N）的 OLR、U_{850} 和 U_{200} 的前两个联合 EOF 模态

表 A.2 热带经向平均(15°S—15°N)的 U_{200}、U_{850} 和 OLR 的前两个联合 EOF 模态的特征值(λ)

模态	EOF1	EOF2
特征值	53.068	50.258
注:均保留 3 位小数。		

参 考 文 献

[1] QX/T 187—2013 射出长波辐射产品标定校准方法

[2] 贾小龙,袁媛,任富民,等.热带大气季节内振荡(MJO)实时监测预测业务[J].气象,2012,38(4):425-431

[3] 任宏利,吴捷,赵崇博,等.MJO预报研究进展[J].应用气象学报,2015,26(6):658-668

[4] 吴捷,任宏利,赵崇博,等.国家气候中心MJO监测预测业务产品研发及应用[J].应用气象学报,2016,27(6):641-653

[5] Kanamitsu M,Ebisuzaki W,Woollen J,et al. NCEP-DOE AMIP-Ⅱ Reanalysis (R-2)[J]. Bull Amer Meteor Soc,2002,83(11):1631-1643

[6] Lafleur D M,Barrett B S,Henderson G R. Some climatological aspects of the Madden-Julian Oscillation (MJO)[J]. J Clim,2015,28:6039-6053

[7] Lin H,Brunet G,Derome J. Forecast skill of the Madden-Julian Oscillation in two Canadian atmospheric models[J]. Mon Wea Rev,2008,136:4130-4149

[8] Madden R A,Julian P R. Detection of a 40—50 day oscillation in the zonal wind in the tropical Pacific[J]. J Atmos Sci,1971,28:702-708

[9] Madden R A,Julian P R. Detection of global-scale circulation cells in the tropics with a 40—50 day period[J]. J Atmos Sci,1972,29:1109-1123

[10] Wheeler M C,Hendon H H. An all-season real-time multivariate MJO index:Development of an index for monitoring and prediction[J]. Mon Wea Rev,2004,132:1917-1932

ICS 07.060
A 47
备案号:73183—2020

中华人民共和国气象行业标准

QX/T 542—2020

中小河流洪水和山洪致灾阈值雨量等级

Levels of disaster-causing critical rainfall for flood in small and medium-sized river basin and flash flood

2020-04-14 发布　　　　2020-07-01 实施

中国气象局　发布

QX/T 542—2020

前　言

本标准按照 GB/T 1.1—2009 给出的规则起草。

本标准由全国气象防灾减灾标准化技术委员会(SAC/TC 345)提出并归口。

本标准起草单位：国家气候中心、福建省气候中心、武汉区域气候中心、安徽省气候中心。

本标准主要起草人：高歌、张容焱、李兰、卢燕宇。

中小河流洪水和山洪致灾阈值雨量等级

1 范围

本标准规定了中小河流洪水和山洪致灾阈值雨量等级的划分。

本标准适用于暴雨诱发的中小河流洪水和山洪灾害的监测、风险预警、风险评估及风险区划等气象业务、服务和科研工作。

2 术语和定义

下列术语和定义适用于本文件。

2.1

中小河流 small and medium-sized river basin

流域面积大于或等于 200 km^2 且小于 3000 km^2 的河流。

[QX/T 428—2018,定义 3.1]

2.2

山洪 flash flood

因暴雨造成历时很短而洪峰流量较大的山区骤发性洪水。

注:改写 GB/T 50095—2014,定义 2.3.24.5。

2.3

山洪沟 flash-flood-prone valley

山丘区小流域溪河洪水通道。流域面积一般小于 200 km^2,汇流历时一般小于 12 h。

[SL/T 778—2019,定义 2.0.1]

2.4

水位 stage

自由水面相对于某一基面的高程。

[GB/T 50095—2014,定义 2.6.13]

2.5

警戒水位 warning stage

可能造成防洪工程或防护区出现险情的河流和其他水体的水位。

[GB/T 50095—2014,定义 6.1.16]

2.6

保证水位 highest safety stage

能保证防洪工程或防护区安全运行的最高洪水位。

[GB/T 50095—2014,定义 6.1.17]

2.7

防洪高水位 upper water level for flood control

水库或其他水工建筑物遇到下游防护对象设防洪水时,在坝前或建筑物前达到的最高水位。

[GB/T 50095—2014,定义 2.9.17.4]

2.8
设计洪水位 design flood level

水库或其他水工建筑物遇到设计洪水时,在坝前或建筑物前达到的最高水位。

[GB/T 50095—2014,定义 2.9.17.5]

2.9
校核洪水位 check flood level

水库或其他水工建筑物遇到校核洪水时,在坝前或建筑物前达到的最高水位。

[GB/T 50095—2014,定义 2.9.17.6]

2.10
淹没水深 depth of submergence

洪水淹没区域,水体的自由水面到下垫面的垂直距离。

3 中小河流洪水致灾阈值雨量等级

3.1 河道上有堤防情况

有堤防的中小河流洪水致灾阈值雨量,由流域降雨导致的水文控制站水位达到可能致灾水位时所对应的雨量来确定。致灾阈值雨量划分为3级,分别为:极度危险(1级)、重度危险(2级)、中度危险(3级)三个等级,见表1。

表 1 中小河流洪水致灾阈值雨量等级(有堤防)

等级	名称	划分指标	可能影响
1级	极度危险	导致水位达到堤顶高程的雨量	降雨导致水位上涨,洪水漫堤,堤坝浸泡,造成周边区域受淹
2级	重度危险	导致水位达到保证水位的雨量	降雨导致水位上涨,达到保证水位,易对堤防及其附属工程安全运行造成威胁,堤内区域出现内涝
3级	中度危险	导致水位达到警戒水位的雨量	降雨导致水位上涨,达到警戒水位,水浸堤脚,堤防开始出现险情,排水不畅的堤内区域易出现内涝
注:致灾阈值雨量确定的具体技术方法参见参考文献[4]。			

3.2 河道上有水库情况

有水库的中小河流洪水致灾阈值雨量,由流域降雨导致的水库水位达到的可能致灾水位所对应的雨量来确定。致灾阈值雨量划分为4级,分别为:极度危险(1级)、重度危险(2级)、中度危险(3级)、轻度危险(4级),见表2。

表 2 中小河流洪水致灾阈值雨量等级(有水库)

等级	名称	划分指标	可能影响
1级	极度危险	导致水库水位达到坝顶高程的雨量	降雨导致水位上涨,洪水漫过水库大坝,造成周边及其下游区域被淹

表 2 中小河流洪水致灾阈值雨量等级(有水库)(续)

等级	名称	划分指标	可能影响
2 级	重度危险	导致水库水位达到校核洪水位的雨量	降雨导致水位上涨,达到校核洪水位,易对水库大坝安全和对水库下游防护对象安全产生威胁
3 级	中度危险	导致水库水位达到设计洪水位的雨量	降雨导致水位上涨,达到设计洪水位,易影响水库正常运行及对水库下游防护对象安全产生威胁
4 级	轻度危险	导致水库水位达到防洪高水位的雨量	降雨导致水位上涨,达到防洪高水位,易对水库下游防护对象安全产生威胁
注:致灾阈值雨量确定的具体技术方法参见参考文献[4]。			

4 山洪致灾阈值雨量等级

山洪致灾阈值雨量,由流域降雨导致的洪水漫出山洪沟或达到的可能致灾淹没水深所对应的雨量来确定。山洪致灾阈值雨量划分为 4 级,分别为:极度危险(1 级)、重度危险(2 级)、中度危险(3 级)、轻度危险(4 级),见表 3。

表 3 山洪致灾阈值雨量等级

等级	名称	划分指标	对人的可能影响
1 级	极度危险	导致淹没水深达到 1.8 m 的雨量	降雨导致预警点受淹,绝大多数人员水中行动困难,人体上浮,生命安全受到较大威胁
2 级	重度危险	导致淹没水深达到 1.2 m 的雨量	降雨导致预警点受淹,青少年或成年女性行动困难,生命安全受到威胁
3 级	中度危险	导致淹没水深达到 0.6 m 的雨量	降雨导致预警点受淹,儿童行动困难,生命安全受到威胁
4 级	轻度危险	导致洪水漫出山洪沟的雨量	降雨导致洪水漫出山洪沟,预警点受淹,人的行动不稳,受到影响
注:致灾阈值雨量确定的具体技术方法参见参考文献[5]。			

参 考 文 献

[1] GB/T 50095—2014 水文基本术语和符号标准
[2] QX/T 428—2018 暴雨诱发灾害风险普查规范 中小河流洪水
[3] SL/T 778—2019 山洪沟防洪治理工程技术规范
[4] 周月华,田红,李兰.暴雨诱发的中小河流洪水风险预警服务业务技术指南[M].北京:气象出版社,2015
[5] 张容焱,章国材,章毅之.暴雨诱发的山洪风险预警服务业务技术指南[M].北京:气象出版社,2015

ICS 07.060
A 47
备案号：73184—2020

中华人民共和国气象行业标准

QX/T 543—2020

气象台站元数据

Metadata of meteorological station

2020-04-14 发布　　　　　　　　　　　　　　　　2020-07-01 实施

中 国 气 象 局　发 布

前　言

本标准按照 GB/T 1.1—2009 给出的规则起草。

本标准由全国气象基本信息标准化技术委员会(SAC/TC 346)提出并归口。

本标准起草单位：国家气象信息中心、北京市气象局、湖北省气象局。

本标准主要起草人：王颖、徐文静、仰美霖、杨志彪。

QX/T 543—2020

气象台站元数据

1 范围

本标准规定了气象台站元数据的描述方法和内容。

本标准适用于地面、高空、气象辐射、农业气象、大气成分、酸雨等气象台站元数据的采集、存储、服务和交换。

2 规范性引用文件

下列文件对于本文件的应用是必不可少的。凡是注日期的引用文件,仅注日期的版本适用于本文件。凡是不注日期的引用文件,其最新版本(包括所有的修改单)适用于本文件。

GB/T 2260—2007　中华人民共和国行政区划代码
GB/T 2659—2000　世界各国和地区名称代码
GB/T 4880.3—2009　语种名称代码　第3部分:所有语种的3字母代码
QX/T 37—2005　气象台站历史沿革数据文件格式
QX/T 115—2010　酸雨气象台站历史沿革数据文件格式
QX/T 485—2019　气象观测站分类及命名规则

3 术语和定义

下列术语和定义适用于本文件。

3.1
元数据　metadata
关于数据的数据。
[GB/T 33674—2017,定义3.2]

3.2
气象台站　meteorological station
为开展气象观测而设立的观测设施及场所的总称。
[QX/T 485—2019,定义3.1]

3.3
台站元数据　station metadata
描述气象台站属性的数据。
注:即台站标识、地理位置、周边环境、所属站网、观测要素和设备、建站和撤站时间等数据。

3.4
元数据元素　metadata element
元数据的基本单元。
注:元数据元素在元数据实体中是唯一的。
[GB/T 33674—2017,定义3.3]

3.5

元数据实体　metadata entity

一组说明数据相同特征的元数据元素。

注：可以包含一个或一个以上元数据元素。

[GB/T 33674—2017,定义3.4]

3.6

类　class

对拥有相同的属性、操作、方法、关系和语义的一组对象的描述。

[GB/T 33674—2017,定义3.6]

4 元数据描述方法

4.1 概述

采用规范化方式定义和描述气象台站元数据实体和元数据元素，包括中文名称、英文名称、短名、定义、约束/条件、最大出现次数、数据类型和域。

4.2 中文名称

元数据实体或元数据元素的中文名称。

4.3 英文名称

元数据实体或元数据元素的英文名称，宜用英文全称组合。

4.4 短名

元数据实体或元数据元素的英文缩写名称，命名规则：

——短名在本标准范围内应唯一。

——长度一般不超过20个英文字符。

——采用与国际标准类似的英文名称作为短名。

——如果元数据实体或元数据元素的英文名称不超过8个英文字符，短名直接采用英文名称。

——对于元数据实体或元数据元素英文名称超过8个英文字符的，如果英文名称由单个单词组成，则取该单词的各音节缩写作为英文短名；如果英文名称由多个单词组成，则取每个单词的第一音节缩写作为英文短名。

4.5 定义

描述元数据实体或元数据元素的基本内容。

4.6 约束/条件

元数据实体或元数据元素是否应选取的属性。包括必选（M）、条件必选（C）和可选（O）。

4.7 最大出现次数

元数据实体或元数据元素可以具有的最大实例数目。只出现一次的用"1"表示，重复出现的用"N"表示。允许不为1的固定出现次数用相应的数字表示，如"2""3""4"等。

4.8 数据类型

定义元数据元素及实体的取值类型,如整型、数值型、字符串、类(表示多种数据类型的复合体)等。

4.9 域

可以取值的范围。

5 元数据内容

气象台站元数据元素和实体见附录A。

附录A完整定义了气象台站元数据的实体和元数据元素,其中通过对域的分析可以明确各元数据元素及实体之间的关系。

附 录 A
（规范性附录）
气象台站元数据元素和实体

A.1 元数据实体信息

元数据实体信息见表 A.1。

表 A.1 元数据实体信息

行号	中文名称	英文名称	短名	定义	约束/条件	最大出现次数	数据类型	域
1	元数据实体信息	metadataEntity	Metadata	定义有关台站信息的元数据的根实体	—	—	类	2 行—8 行
2	元数据标识符	fileIdentifier	mdFileID	元数据文件的唯一标识	O	1	字符串	自由文本
3	元数据语种	language	mdLang	元数据采用的语种	M	1	字符串	按照 GB/T 4880.3—2009 中第 5 章
4	元数据字符集	characterSet	MdChar	元数据采用的字符编码标准	M	1	类	见附录 B 的表 B.1
5	元数据创建日期	dateStamp	mdDateSt	元数据创建的日期	M	1	字符串	YYYYMMDD
6	元数据标准名称	metadataStandardName	mdStanName	执行的元数据标准名称	O	1	字符串	自由文本
7	元数据标准版本	metadataStandardVersion	mdStanVer	执行的元数据标准版本	O	1	字符串	自由文本
8	元数据负责方	contact	MdContact	对元数据信息负责的单位或个人	M	1	类	见表 A.3

A.2 元数据标识信息

气象台站元数据标识信息见表 A.2。

表 A.2 气象台站元数据标识信息

行号	中文名称	英文名称	短名	定义	约束/条件	最大出现次数 N	数据类型	域
9	标识	dataIdentification	Ident	描述气象台站的基本信息	M	1	类	10 行—31 行
10	区站号	station identifier number	stationID	按照世界气象组织（WMO）和本地规定，为各种气象观测站确定的编号	M	1	字符串	按照 QX/T 37—2005 中表 1
11	子站号	sub-index number	subIndex	台站的子站号，用于区分建立在相同或附近地点并使用相同区站号的观测数据	O	1	整型	2 位数字
12	WIGOS 区站号	WIGOS station identifier	WIGOSID	WIGOS 台站标识	O	1	字符串	按照 WMO-No. 1160，格式为：WIGOS 标识符序列—标识符发布者—发布号—本地标识符
13	台站档案号	archive number	archive	按国家行政区划分方法，对气象台站进行编号；如果是国家站，为必选项	C	1	字符串	按照 QX/T 37—2005 中表 2
14	台站名称（中文）	station name(Chinese)	CHName	气象台站的中文名称，当所属国家为中国时，为必选项	M	1	字符串	按照 QX/T 485—2019 中 5.1
15	台站名称（英文）	station name(English)	ENName	气象台站的英文名称	O	1	字符串	自由文本
16	站名简称	station another name	anoName	气象台站的简称	O	1	字符串	按照 QX/T 37—2005 中表 2

表 A.2 气象台站元数据标识信息（续）

行号	中文名称	英文名称	短名	定义	约束/条件	最大出现次数	数据类型	域
17	WMO区协	WMO region association	WMORegion	世界气象组织划分的区协	M	1	字符串	WMO区协代码见附录B的表B.2
18	国家或地区名称	country or territory	country	气象台站所在国家或地区名称	M	1	字符串	按照GB/T 2659—2000中表1
19	省、自治区、直辖市、特别行政区名称	province	province	气象台站所在省、自治区、直辖市、特别行政区名称，当所属国家为中国时必选	C	1	字符串	按照GB/T 2260—2007中表1
20	地级市（地区、自治州、盟）名称	prefecture-level city	prefecture	气象台站所在地级市（地区、自治州、盟）名称	O	1	字符串	按照GB/T 2260—2007中表2-表32
21	县（市辖区、县级市、自治县、旗、自治旗、特区、林区）名称	county	county	气象台站所在县（市辖区、县级市、自治县、旗、自治旗、特区、林区）名称，当所属国家为中国时必选	C	1	字符串	按照GB/T 2260—2007中表2-表32
22	详细地址	address	address	气象台站所在地行政省名、所属的省（自治区、直辖市）名称省略；当所属国家为中国时必选	C	1	字符串	自由文本
23	所属机构	organization	organization	气象台站所属机构名称，当所属国家为中国时必选	C	1	字符串	按照QX/T 37—2005中表3
24	台站地理位置	geolocation	Geolocation	台站所在地理位置数据	M	1	类	见表A.4
25	台站周边环境	environment	Environment	台站周边环境信息	M	1	类	见表A.5
26	台站所属气象站类别	networks	Networks	在一个国家或地区内，按统一的规范，并按一定原则布点的气象台站的总体	M	N	类	见表A.6

表 A.2 气象台站元数据标识信息（续）

行号	中文名称	英文名称	短名	定义	约束/条件	最大出现次数	数据类型	域
27	传输方式	communication method	communication	观测数据向资料汇集中心传输的方式，当所属国家为中国时必选	C	1	整型	见附录 B 的表 B.3
28	建站时间	beginning date	beginDate	气象台站建站时间，当所属国家为中国时必选	C	1	字符串	按照 QX/T 37—2005 中表 2
29	撤站时间	ending date	endDate	气象台站撤销时间，当所属国家为中国时必选	C	1	字符串	按照 QX/T 37—2005 中表 2
30	台站运行状态	operating status	status	台站运行及数据上传状态说明	O	1	字符串	见附录 B 的表 B.4
31	元数据更新时间	updated date	upDate	元数据最新的更新日期	M	1	字符串	YYYYMMDD
32	其他	appendix	appendix	需要说明的其他信息	O	1	字符串	自由文本

A.3 负责方信息

负责方信息见表 A.3。

表 A.3 负责方信息

行号	中文名称	英文名称	短名	定义	约束/条件	最大出现次数	数据类型	域
33	负责人姓名	individualName	rpIndName	对台站信息负责的人的姓名	O	1	字符串	自由文本
34	负责单位名称	organisationName	rpOrgName	对台站信息负责的单位名称	M	1	字符串	自由文本
35	职务	positionName	rpPosName	台站信息负责人的职务	O	1	字符串	自由文本
36	职责	role	Role	负责人的职务和角色	M	1	类	见附录 B 的表 B.5
37	联系信息	contactInformation	RpCntInfo	与负责单位或负责人的联系方式	O	N	类	38 行—40 行

表 A.3 负责方信息（续）

行号	中文名称	英文名称	短名	定义	约束/条件	最大出现次数	数据类型	域
38	电话	voicephone	cntPhone	负责单位或负责人的联系电话	O	N	字符串	自由文本
39	传真	facsimile	faxPhone	负责单位或负责人的联系传真电话	O	N	字符串	自由文本
40	地址	address	RpAddress	负责单位或负责人的地址	O	1	类	41行—45行
41	详细地址	deliveryPoint	delPoint	负责单位或负责人的详细地址	O	N	字符串	自由文本
42	城市	city	city	负责单位或负责人所在的城市	O	1	字符串	自由文本
43	行政区	administrativeArea	adminArea	负责单位或负责人所在的省、自治区、直辖市	O	1	字符串	自由文本
44	邮政编码	postalCode	postCode	负责单位或负责人的邮政编码	O	1	字符串	自由文本
45	国家	country	country	负责单位或负责人所在国家	O	1	字符串	自由文本
46	电子邮件	electronicMailAddress	eMailAdd	负责单位或负责人的e-mail地址	O	1	字符串	自由文本
47	在线资源	onLineResource	cntOnlineRes	与负责单位或负责人联系的在线信息	O	1	字符串	自由文本

A.4 台站地理位置

台站地理位置信息见表A.4。

表 A.4 台站地理位置信息

行号	中文名称	英文名称	短名	定义	约束/条件	最大出现次数	数据类型	域
48	纬度	latitude	latitude	台站所在纬度	M	1	字符串	按照QX/T 37—2005中表3

表 A.4 台站地理位置信息（续）

行号	中文名称	英文名称	短名	定义	约束/条件	最大出现次数	数据类型	域
49	经度	longitude	longitude	台站所在经度	M	1	字符串	按照 QX/T 37—2005 中表3
50	观测场海拔高度	elevation above mean sea level	seaElevation	观测场所在平均海平面以上的高度	M	1	数值型	按照 QX/T 37—2005 中表3
51	气压表海拔高度	elevation of the pressure reference level	preElevation	测量本站气压的气压表所在的高度	O	1	数值型	同观测场海拔高度，按照 QX/T 37—2005 中表3
52	气候区	climate province	climProvince	根据地球气候特征而划分区域	O	1	字符串	自由文本
53	地形特征	topography	topography	台站所处位置的地形特征，当所属国家为中国时必选	C	1	字符串	见附录 B 的表 B.6

A.5 台站周边环境

台站周边环境信息见表 A.5。

表 A.5 台站周边环境信息

行号	中文名称	英文名称	短名	定义	约束/条件	最大出现次数	数据类型	域
54	台站环境分类	environment type	envirType	根据观测设备所在环境和位置对台站的分类	M	1	字符串	见附录 B 的表 B.7
55	地理环境	environment	environment	台站周围的地理环境特征，当所属国家为中国时必选	C	1	字符串	见附录 B 的表 B.8，各项之间用";"分隔

表 A.5 台站周边环境信息（续）

行号	中文名称	英文名称	短名	定义	约束/条件	最大出现次数	数据类型	域
56	下垫面	underlying surface	underSurf	观测场下垫面状况	O	1	字符串	见附录 B 的表 B.9
57	土壤性质	soil	soil	台站所处位置的土壤性质	O	1	字符串	见附录 B 的表 B.10
58	台站环境等级	exposure of instruments	exposure	仪器受外部影响的程度	O	1	字符串	见附录 B 的表 B.11
59	土地利用情况	land use	LandUse	台站周边 5 km 以内各方位土地利用情况	O	8	类	60 行—63 行
60	方位	direction	direction	台站周边：东、东南、南、西南、西、西北、北、东北 8 个方位	O	1	字符串	E、SE、S、SW、W、NW、N、NE
61	0 km～0.5 km 土地利用	land use in 500 m	500M	0 km～0.5 km 范围内的土地利用情况	O	1	字符串	见附录 B 的表 B.12
62	0.5 km～1 km 土地利用	land use in 1000 m	1000M	0.5 km～1 km 范围内的土地利用情况	O	1	字符串	见附录 B 的表 B.12
63	1 km～5 km 土地利用	land use in 5000 m	5000M	1 km～5 km 范围内的土地利用情况	O	1	字符串	见附录 B 的表 B.12
64	台站周围障碍物	obstacles	Obstacles	台站周围障碍物情况，包括障碍物名称、方位、仰角、宽度角、距离	O	N	类	65 行—69 行
65	障碍物方位	obstacle direction	obsDir	台站周边障碍物所在方位	M	1	字符串	按照 QX/T 37—2005 中表 3
66	障碍物名称	obstacle Name	obsName	各方位障碍物的名称，包括建筑物、树木、山体或其他	M	1	字符串	按照 QX/T 37—2005 中表 3
67	障碍物仰角	obstacle elevation angle	obsEA	各方位障碍物的高度角，从观测场中心位置测量，仰角应小于 90°	O	1	数值型	按照 QX/T 37—2005 中表 3

QX/T 543—2020

表 A.5 台站周边环境信息（续）

行号	中文名称	英文名称	短名	定义	约束/条件	最大出现次数	数据类型	域
68	障碍物宽度角	obstacle width angle	obsWA	各方位障碍物的宽度角，从观测场中心位置测量，各方位障碍物最大的宽度角为23°	O	1	数值型	按照 QX/T 37—2005 中表3
69	障碍物距离	distance from obstacles	obsDis	各方位障碍物距观测场中心的距离	O	1	数值型	按照 QX/T 37—2005 中表3
70	台站周围干扰源	interference source	InterSource	台站周围人为的干扰源体，包括干扰源名称、类型、方位、距离、建成(或出现)时间	O	N	类	71行—75行
71	人为干扰源名称	interference source name	interName	人为干扰源体的名称	M	1	字符串	自由文本
72	人为干扰源类型	interference source type	interType	人为干扰源体的类型	O	1	字符串	见附录B的表B.13
73	人为干扰源方位	interference source direction	interDir	人为干扰源影响的方位，若同一干扰源影响几个方位，为所影响方位	O	1	字符串	按照 QX/T 37—2005 中表3 障碍物方位
74	人为干扰源距离	distance from interference source	interDis	各方位人为干扰源距观测场中心的距离，单位为米(m)	O	1	数值型	保留1位小数
75	人为干扰源波段	wave band of interference source	interWB	各方位电磁干扰的波段，如果是电磁干扰为必选	C	1	字符串	自由文本
76	台站周围污染源	source of pollution	PollSource	台站周围污染源情况，包括污染源名称、方位和距离	O	N	类	77行—80行
77	污染源名称	pollution source name	pollName	台站周围20 km内的污染源，如"化肥厂""农药厂""石油化工厂""火力发电厂""水泥厂""炼焦厂"等大型污染源和50 km内的锅炉烟囱等污染源为必选	C	1	字符串	按照 QX/T 115—2010 中表3

334

表 A.5 台站周边环境信息（续）

行号	中文名称	英文名称	短名	定义	约束/条件	最大出现次数	数据类型	域
78	污染源方位	pollution source direction	pollDir	污染源的方位。同一方位有两个以上污染源时，分别列出；同一污染源影响几个方位时，按所影响的方位分别列出	O	1	字符串	按照 QX/T 115—2010 中表3
79	污染源距离	distance from pollution source	pollDis	各方位污染源距离观测场中心的距离	O	1	数值型	按照 QX/T 115—2010 中表3
80	污染源建成（或出现）时间	pollution source completion(appeared) time	pollCT	污染源建成或出现的日期	O	1	字符串	YYYYMMDD，若月日不明，月日分别用"88"表示
81	台站环境图像文件	images file	ImagesFile	有关台站环境的图像（含照片）文件	O	N	类	82行—85行
82	图像文件记录的日期	image date	imageDate	图像（或照片）文件记录的日期	O	1	字符串	YYYYMMDD，若月日不明，月日分别用"88"表示
83	图像文件主题	image title	imageTitle	图像（或照片）文件主题	M	1	字符串	自由文本
84	图像文件名	image filename	imageFN	图像文件名	M	1	字符串	按照 QX/T 37—2005 中表3
85	图像其他说明	image note	imageNote	文字说明的内容包括：拍摄时间、地点、方位、责任者（拍摄单位或个人）	O	1	字符串	按照 QX/T 37—2005 中表3

A.6 台站所属气象站类别

台站所属气象站类别见表 A.6。

表 A.6 台站所属气象站类别

行号	中文名称	英文名称	短名	定义	约束/条件	最大出现次数	数据类型	域
86	类型	network type	networkType	气象观测站网分类	M	1	字符串	自由文本
87	台站级别	station class	staClass	按照当时观测规范或有关正式文件对台站的级别划分	O	1	字符串	按照 QX/T 37—2005 中表 3
88	观测时制	observation time system	timeSystem	气象观测采用的时制	O	1	字符串	按照 QX/T 37—2005 中表 3
89	夜间守班情况	keep watch at night	keepWatch	夜间是否守班,用"守班""不守班"表示	O	1	字符串	按照 QX/T 37—2005 中表 3
90	观测规范名称及版本	observing specifications	obsSpe	当时执行的观测规范(或观测规程、指南)全称及版本(或执行日期)	O	1	字符串	按照 QX/T 37—2005 中表 3
91	观测规范颁发机构	organization of observing Specifications	speOrgan	颁发观测规范的机构名称	O	1	字符串	按照 QX/T 37—2005 中表 3
92	开始观测时间	active date	activeDate	气象台站开始该类观测的日期	O	1	字符串	YYYYMMDD,若月日不明,月日分别用"88"表示
93	终止观测时间	closed date	closedDate	气象台站终止该类观测的日期	O	1	字符串	YYYYMMDD,若月日不明,月日分别用"88"表示,未终止观测,用"99999999"表示

表 A.6 台站所属气象站类别（续）

行号	中文名称	英文名称	短名	定义	约束/条件	最大出现次数	数据类型	域
94	观测要素	observation elements	ObsEle	表示一定地点，一定时间天气状况特征的大气变量或现象	O	N	类	95行—100行
95	要素名称	element	element	包括定时器测、目测和自动观测项目，按气象观测规范所用的名称	M	1	字符串	自由文本
96	观测次数	frequency	frequency	每日定时观测的次数，不包括辅助观测次数或以地面自动记录代替的时次	O	1	字符串	按照 QX/T 37—2005 中表 3
97	观测时间	observation time	obsTime	每日定时观测的具体时间，当所属国家为中国时必选	C	1	字符串	按照 QX/T 37—2005 中表 3
98	仪器设备名称	Instrument	instrument	定时器测和自动观测项目的观测仪器设备名称，当所属国家为中国测和自动观测时必选	C	1	字符串	按照 QX/T 37—2005 中表 3
99	仪器设备规格型号	instrument type	instruType	定时器测和自动观测项目的观测仪器设备规格型号，当所属国家为中国，定时器测和自动观测时必选	C	1	字符串	自由文本
100	仪器设备生产厂家	instrument manufacturer	instruMan	定时器测和自动观测项目的观测仪器设备生产厂家和国别，当所属国家为中国，定时器测和自动观测时必选	C	1	字符串	自由文本

附 录 B
（规范性附录）
代码表

B.1 字符集代码

字符集代码见表 B.1。

表 B.1 字符集代码

序号	名称	域代码	定义
1	通用字符集 2	01	基于 ISO 10646 的 16 位定长通用字符集
2	通用字符集 4	02	基于 ISO 10646 的 32 位定长通用字符集
3	通用字符集转换格式 7	03	基于 ISO 10646 的 7 位变长通用字符集转换格式
4	通用字符集转换格式 8	04	基于 ISO 10646 的 8 位变长通用字符集转换格式
5	通用字符集转换格式 16	05	基于 ISO 10646 的 16 位变长通用字符集转换格式
6	繁体汉字	24	中国香港、台湾、澳门等地区使用的传统汉字代码集
7	简体汉字	25	简化汉字代码集

[GB/T 33674—2017,表 B.1]

B.2 WMO 区协代码

WMO 区协代码见表 B.2。

表 B.2 WMO 区协代码

序号	名称	域代码	站号范围
1	非洲	Ⅰ	60001～69998
2	亚洲	Ⅱ	20001～20099、20200～21998、23001～25998、28001～32998、35001～36998、38001～39998、40350～48599、48800～49998、50001～59998
3	南美洲	Ⅲ	80001～88998
4	中北美洲	Ⅳ	70001～79998
5	西南太平洋	Ⅴ	48600～48799、90001～98998
6	欧洲	Ⅵ	00001～19998、20100～20199、22001～22998、26001～27998、33001～34998、37001～37998、40001～40349
7	南极洲	Ⅶ	88963、88968、89001～89998
8	固定船舶	Ⅷ	

B.3 传输方式代码

传输方式代码见表 B.3。

表 B.3 传输方式代码

序号	名称	域代码
1	国际海事卫星通信	01
2	ARGOS 卫星通信	02
3	蜂窝移动通信	03
4	Globalstar 卫星通信	04
5	日本 GMS 卫星通信	05
6	Iridium 铱星通信	06
7	ORBCOMM 卫星通信	07
8	VSAT 卫星通信	08
9	有线电话	09
10	电子邮件	10
11	预留	11～49
12	莫尔斯电报	50
13	电传	51
14	无线传真	52
15	计算机网络通信	53
16	短波通信	54
17	FY2 或 FY4 DCP 数据收集平台	55
18	北斗卫星短报文通信	56
19	其他卫星通信	57
20	预留	58～98
21	不明	99

B.4 台站运行状态代码

台站运行状态代码见表 B.4。

表 B.4 台站运行状态代码

序号	名称	域代码
1	计划运行	01
2	试运行	02
3	正式运行	03
4	暂停使用	05
5	停止运行	06
6	不明	99

B.5 负责人职责代码

负责人职责代码见表B.5。

表 B.5 负责人职责代码

序号	名称	域代码	定义
1	元数据提供者	01	提供该气象站基本信息的单位或个人
2	管理者	02	承担经营和责任,并保障台站元数据信息适当管理和维护的单位或个人
3	拥有者	03	拥有该信息的单位或个人
4	用户	04	使用该信息的单位或个人
5	分发者	05	分发该信息的单位或个人
6	生产者	06	生产该信息的单位或个人
7	联系人	07	为获取台站元数据信息,可以联系的单位或个人
8	调查者	08	负责收集信息和进行研究的主要负责单位或个人
9	处理者	09	用修改数据的方法处理该信息的单位或个人
10	出版者	10	出版该信息的单位或个人

[GB/T 33674—2017,表B.3]

B.6 地形特征代码

地形特征代码见表B.6。

表 B.6 地形特征代码

序号	名称	域代码
1	平原	01
2	高原	02
3	盆地	03
4	丘陵	04
5	山地	05
6	海岛	06
7	不明	99

B.7 台站环境分类代码

台站环境分类代码见表B.7。

表 B.7 台站环境分类代码

序号	名称	域代码
1	空气环境(固定监测类)	01
2	空气环境(移动监测类)	02
3	湖泊/河流环境(固定监测类)	03
4	湖泊/河流环境(移动监测类)	04
5	土地环境(固定监测类)	05
6	土地环境(移动监测类)	06
7	土地环境(冰面监测类)	07
8	海洋环境(固定监测类)	08
9	海洋环境(移动监测类)	09
10	海洋环境(冰面监测类)	10
11	水下环境(固定监测类)	11
12	水下环境(移动监测类)	12
13	不明	99

B.8 地理位置特征代码

地理位置特征代码见表 B.8。

表 B.8 地理位置特征代码

序号	名称	域代码
1	郊外	01
2	乡村	02
3	市区	03
4	海岛	04
5	滨海	05
6	集镇	06
7	山顶	07
8	山腰	08
9	河谷	09
10	沙漠	10
11	草原	11
12	不明	99

B.9 下垫面代码

下垫面代码见表B.9。

表 B.9 下垫面代码

序号	名称	域代码
1	裸露土地	01
2	裸露岩石	02
3	草地	03
4	水面(湖、海)	04
5	水下潮	05
6	雪	06
7	冰	07
8	跑道或道路	08
9	船舶或平台的钢甲板	09
10	船舶或平台的木甲板	10
11	船舶或平台局部覆盖橡胶垫的甲板	11
12	建筑物屋顶	12
13	保留	13～30
14	空缺值	31

B.10 土壤性质代码

土壤性质代码见表B.10。

表 B.10 土壤性质代码

序号	名称	域代码
1	沙壤土	01
2	壤土	02
3	沙土	03
4	黏土	04
5	不明	99

B.11 台站环境等级代码

台站环境等级代码见表B.11。

表 B.11 台站环境等级代码

序号	名称	域代码	定义
1	1级	01	仪器的安置方位允许基准水平测量
2	2级	02	仪器的安置方位对测量的影响小或罕有影响
3	3级	03	仪器的安置方位导致更多的不确定性或偶发无效测量
4	4级	04	仪器的安置方位导致高不确定性或频发无效测量
5	5级	05	仪器的安置方位导致无效测量

B.12 土地利用代码

土地利用代码见表 B.12。

表 B.12 土地利用代码

序号	名称	域代码
1	城市居民区	01
2	村庄居民区	02
3	厂区	03
4	矿区	04
5	农田	05
6	山区	06
7	林区	07
8	草原	08
9	沙漠	09
10	湖泊	10
11	水库	11
12	河流	12
13	海洋	13
14	不明	99

B.13 人为干扰源类型代码

人为干扰源类型代码见表 B.13。

表 B.13 人为干扰源类型代码

序号	名称	域代码
1	大型锅炉	01
2	废水	02
3	废气	03
4	垃圾场	04
5	铁路	05
6	公路	06
7	大型水体	07
8	无线电发射设备	08
9	工业、科学、医疗(ISM)设备	09
10	电力设备	10
11	电网干扰	11
12	不明	99

参 考 文 献

[1] GB/T 33674—2017 气象数据集核心元数据

[2] 中国气象局. 地面气象观测数据文件和记录簿表格式[M]. 北京:气象出版社,2005

[3] 《中国气象百科全书》总编委会. 中国气象百科全书·气象观测与信息网络卷[M]. 北京:气象出版社,2016

[4] 国家气象信息中心. 国内气象观测站号表[Z],2007

[5] 中国气象局监测网络司. 全国气象台站观测环境调查评估报告[R],2007

[6] 国家气象信息中心. 2008年国际气象观测站号表[Z],2008

[7] WMO. Manual on the WMO Integrated Global Observing System:WMO-No. 1160[M]. WMO,2017

[8] WMO. WIGOS Metadata Standard:WMO-No. 1192[M]. WMO,2017

ICS 07.060
A 47
备案号：73185—2020

中华人民共和国气象行业标准

QX/T 544—2020

气象数据发现元数据

Discovery metadata for meteorological data

2020-04-14 发布　　　　　　　　　　　　　　　　　2020-07-01 实施

中　国　气　象　局　发　布

QX/T 544—2020

前言

本标准按照 GB/T 1.1—2009 给出的规则起草。

本标准由全国气象基本信息标准化技术委员会(SAC/TC 346)提出并归口。

本标准起草单位:国家气象信息中心。

本标准主要起草人:祝婷、李湘、薛蕾、王鹏、王博、戴晴、韩鑫强、张来恩、贾松林。

气象数据发现元数据

1 范围

本标准规定了气象数据发现元数据的描述方法、内容与结构、XML 格式元数据编码规则以及扩展原则与方法。

本标准适用于气象数据服务与交换、气象数据集汇编与管理。

注：使用本标准对气象数据进行描述，便于数据的发现、访问和获取。

2 规范性引用文件

下列文件对于本文件的应用是必不可少的。凡是注日期的引用文件，仅注日期的版本适用于本文件。凡是不注日期的引用文件，其最新版本（包括所有的修改单）适用于本文件。

GB/T 19710—2005 地理信息 元数据

GB/T 33674—2017 气象数据集核心元数据

3 术语和定义

下列术语和定义适用于本文件。

3.1

气象数据 meteorological data

为开展气象业务布设的各类气象台站（含气象卫星）观测、积累的，以及利用各种途径收集、存档的各种载体形式的气象资料及其整编、分析成果等。

3.2

元数据 metadata

关于数据的数据。

注1：即数据的标识、覆盖范围、质量、空间和时间模式、空间参照系和分发等信息。

注2：改写 GB/T 19710—2005，定义 4.5。

3.3

发现元数据 discovery metadata

用于支撑数据发现、访问、获取功能的元数据。

3.4

元数据元素 metadata element

元数据的基本单元。

注1：元数据元素在元数据实体中是唯一的。

注2：与 UML 术语中的属性同义。

[GB/T 19710—2005，定义 4.6]

3.5

元数据实体 metadata entity

一组说明数据相同特性的元数据元素。

注1：可以包含一个或一个以上元数据元素。

注2：与UML术语中的类同义。

[GB/T 19710—2005,定义4.7]

3.6

UML 模型 UML model

使用统一建模语言描述出的某个对象的结构和基础。

4 缩略语

下列缩略语适用于本文件。

UML：统一建模语言（Unified Modeling Language）

URI：统一资源标识符（Uniform Resource Identifier）

URL：统一资源定位符（Uniform Resource Locator）

UTF：Unicode转换格式（Unicode Transformation Format）

XML：可扩展标记语言（Extensible Markup Language）

XSD：XML Schema定义语言（XML Schema Definition）

5 描述方法

5.1 组成

5.1.1 发现元数据包含两个层次：元数据实体和元数据元素。元数据实体是同类元数据元素的集合。元数据元素是元数据最基本的信息单元；实体包含简单实体和复合实体，简单实体只包含元素，复合实体既包含简单实体又包含元素。

5.1.2 发现元数据由一个或多个元数据实体构成。

5.2 性质

定义了两种性质的元数据实体和元数据元素如下：

a) 必选（M）：适用于各种被描述对象，元数据中应包含的实体或元素。

b) 可选（O）：由用户决定是否采用，元数据中可以包含也可以不包含的实体或元素。

5.3 属性

5.3.1 属性描述

通过中文名称/角色名称、英文名称/角色名称、短名、定义、约束/条件、最大出现次数、数据类型、域/域值八个属性对元数据实体和元数据元素的特征进行描述。

5.3.2 中文名称/角色名称

5.3.2.1 中文名称/角色名称是元数据实体或元数据元素的中文标签。

5.3.2.2 角色名称用以标识元数据抽象模型关联，并由"角色名称："开头，将其与其他元数据元素进行区分。

5.3.3 英文名称/角色名称

5.3.3.1 英文名称/角色名称是元数据实体或元数据元素的英文标签。

5.3.3.2 元数据实体英文名称以一个大写字母开头。

5.3.3.3 元数据实体名称中没有空格,而是多个单词连写,其中每个新的单词开头为大写字母。
5.3.3.4 元数据实体名称在本标准的元数据字典中是唯一的。
5.3.3.5 元数据元素英文名称以一个小写字母开头。
5.3.3.6 元数据元素名称中没有空格,而是多个单词连写,其中每个新的单词开头为大写字母。
5.3.3.7 元数据元素名称在元数据实体中是唯一的,但在本文件的元数据字典中并不是唯一的。
5.3.3.8 通过元数据实体和元数据元素名称的组合,可使元数据元素名称在一个应用中唯一。

5.3.4 短名

元数据实体或元数据元素的英文缩写名称。

5.3.5 定义

描述元数据实体或元数据元素的基本内容。

5.3.6 约束/条件

元数据实体或元数据元素是否应选取的属性,包括必选(M)或可选(O)。

5.3.7 最大出现次数

5.3.7.1 元数据实体或元数据元素可以具有的最大实例数目。
5.3.7.2 只出现一次的用"1"表示,重复出现的用"N"表示。
5.3.7.3 允许不为1的固定出现次数用相应的数字表示,如"2""3"等。

5.3.8 数据类型

元数据的有效值域和允许对该值域内的值进行有效操作的规定。例如,整型、实型、字符串、日期时间型、布尔型。也使用数据类型属性定义元数据实体,例如关联、类。

5.3.9 域/域值

5.3.9.1 就元数据实体而言,域说明该实体包含的元数据元素范围。
5.3.9.2 对一个元数据元素而言,域值说明元数据元素允许的取值范围。
5.3.9.3 "自由文本"表明对元数据元素的取值没有限制。

6 内容与结构

6.1 内容

6.1.1 发现元数据包含必选的和可选的元数据实体和元数据元素。
6.1.2 气象数据发现元数据字典见附录 A。
6.1.3 除必选元数据实体和元数据元素外,使用可选的元数据实体和元数据元素能提高元数据的可读性和互操作能力,便于用户准确理解生产者和发布者提供的气象数据和相应的发现元数据。
6.1.4 发现元数据主要包含以下几类内容:
——对元数据自身的描述:包括元数据的标识、语言、制作日期、标准名、版本、负责方、维护情况等。
——对数据内容的描述:包括名称、摘要、分类、关键词、来源、更新频率、时空覆盖范围和参考系等。
——对数据知识产权的相关描述:包括法律限制、使用限制和安全限制等。
——对数据外形的描述:包括数据标识、数据语种、数据字符集、数据格式、数据完成日期和分发格式等。
——对数据应用描述：包括数据质量、应用指南等。

6.2 结构

6.2.1 说明

6.2.1.1 通过发现元数据UML模型说明了发现元数据的结构以及各实体和元素间的关系。

6.2.1.2 UML模型中的类对应元数据字典中的实体；UML模型中的属性和关联对应元数据字典中的元素。

6.2.1.3 UML模型中主要使用了聚合关联，在该关系中，一个类担当容器角色（菱形符号端），一个类担当容器的构件角色（箭头符号端），即整体与组成的关系。

6.2.2 元数据实体集信息

6.2.2.1 MD_元数据是元数据的根实体，除了包含元数据标识符、元数据语种、元数据字符集等必选和可选的元数据元素外，还包含数据标识、数据质量、数据分发、数据应用和元数据维护5个实体内的所有实体和元素。

6.2.2.2 实体集信息的UML模型见图1，对应的实体和元素属性见附录A。

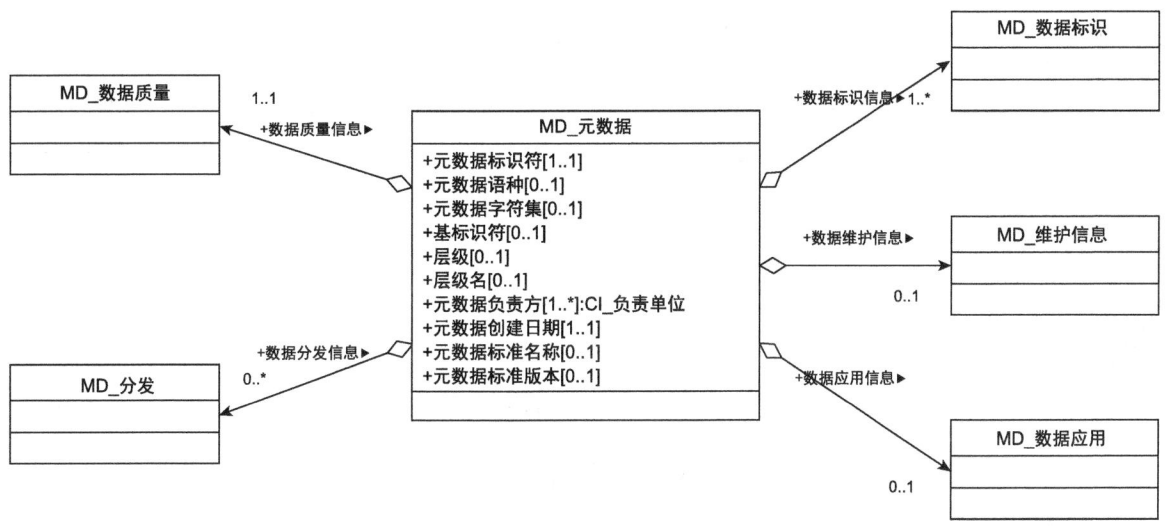

图1 元数据实体集信息

6.2.3 数据标识信息

数据标识信息的UML模型见图2，对应的实体和元素属性见附录A。

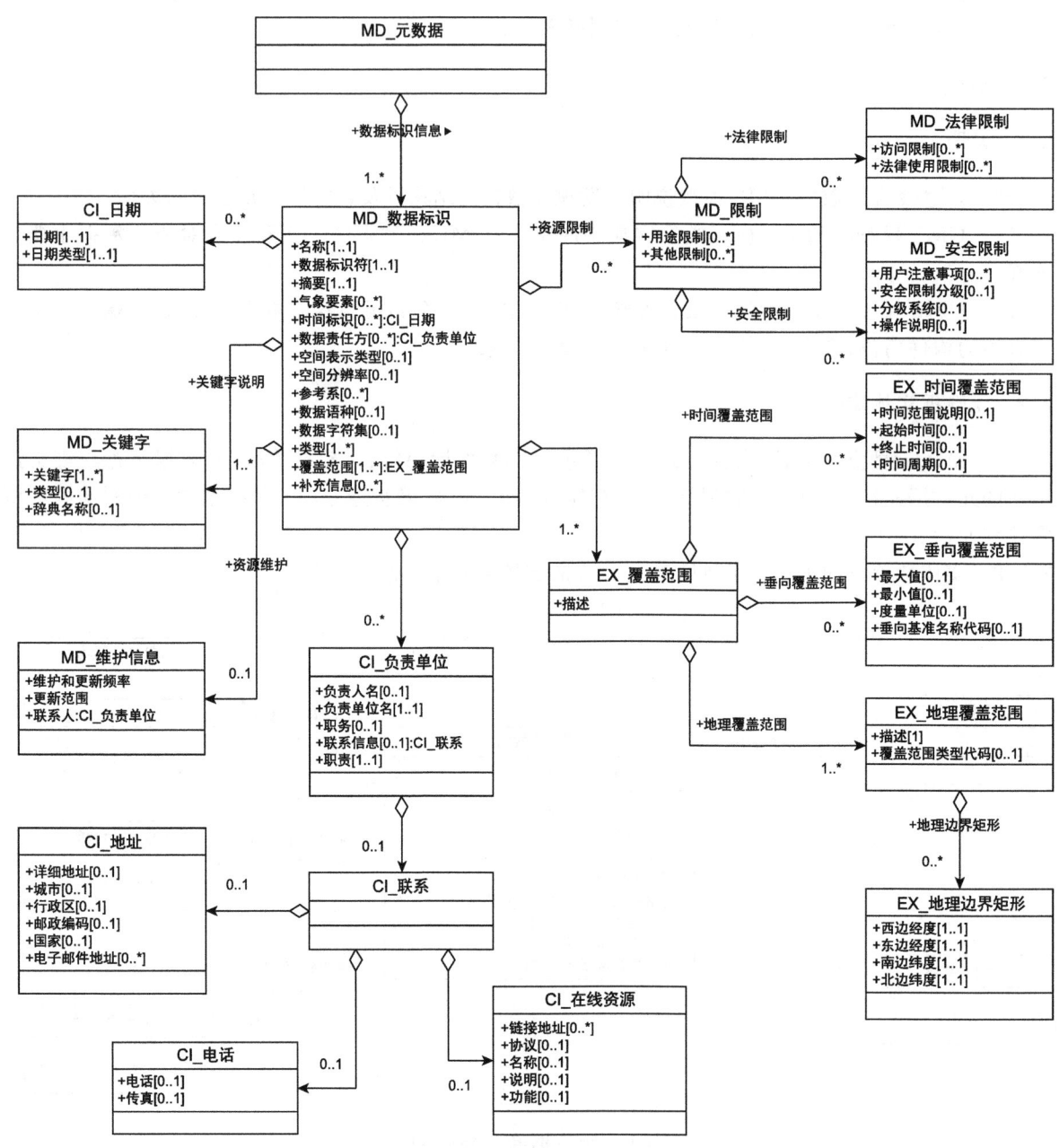

图 2 数据标识信息

6.2.4 数据分发信息

数据分发信息的 UML 模型见图 3,对应的实体和元素属性见附录 A。

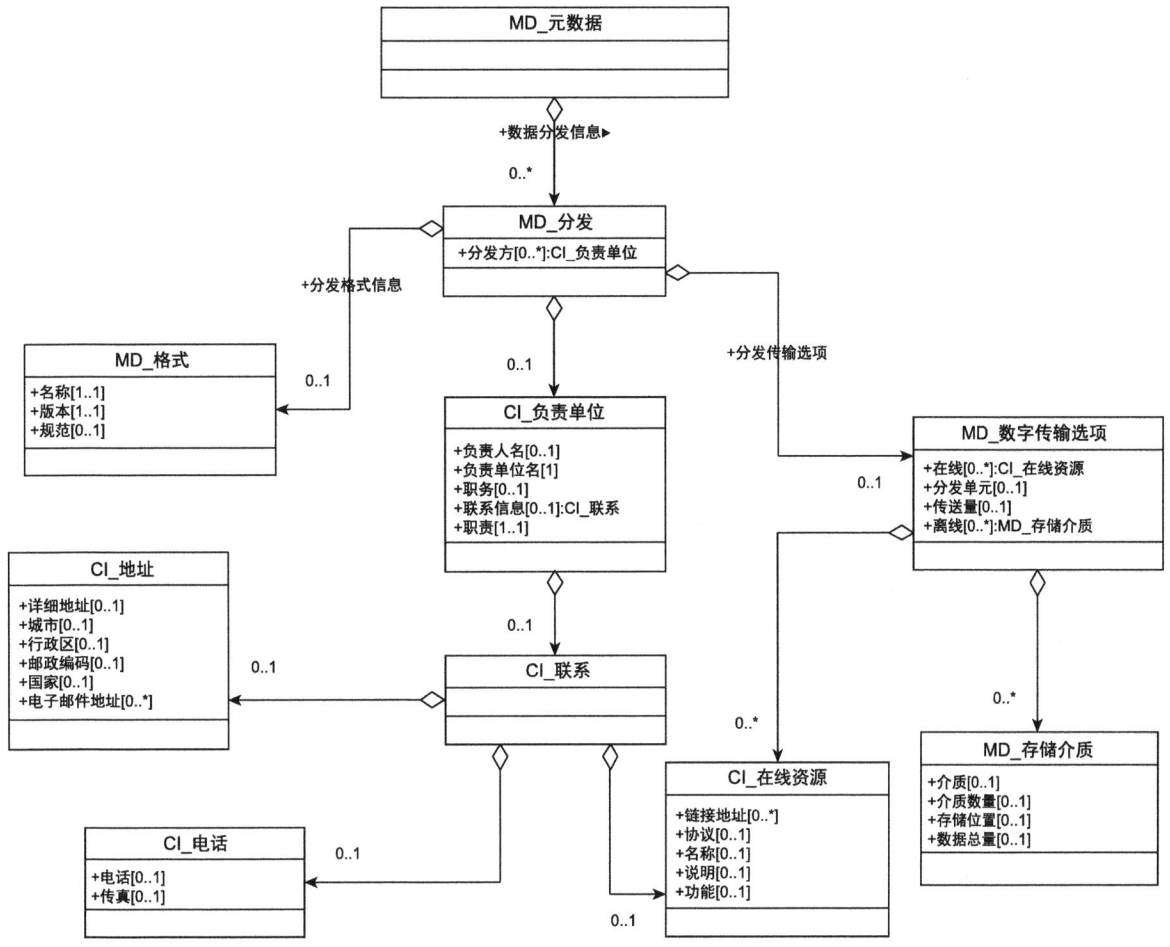

图 3 数据分发信息

6.2.5 数据质量信息

数据质量信息的 UML 模型见图 4,对应的实体和元素属性见附录 A。

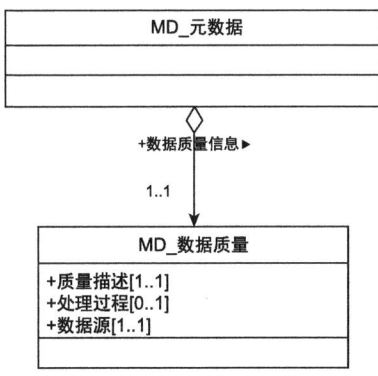

图 4 数据质量信息

6.2.6 数据应用信息

数据应用信息的 UML 模型见图 5,对应的实体和元素属性见附录 A。

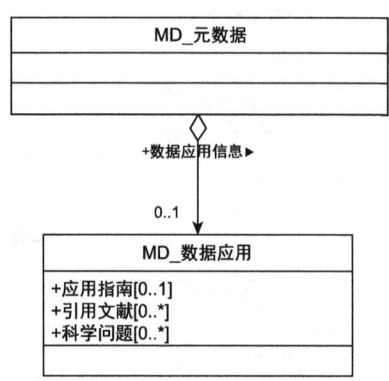

图 5 数据应用信息

6.2.7 元数据维护信息

元数据维护信息的 UML 模型见图 6,对应的实体和元素属性见附录 A。

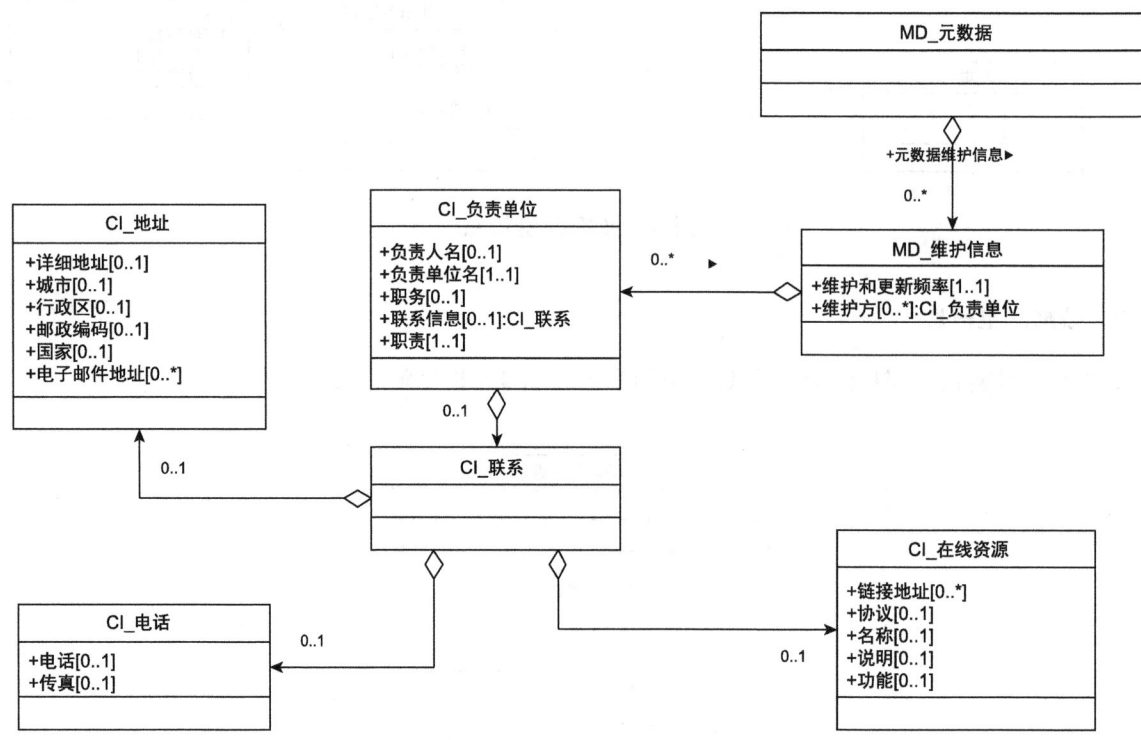

图 6 元数据维护信息

7 XML格式元数据编码规则

7.1 说明

提供使用XML格式实现气象数据发现元数据的具体编码方法。

7.2 XML格式定义

7.2.1 使用XML schema描述XML文档的合法结构,采用XSD语言对XML的内容和结构进行定义,见附录B。

7.2.2 XML Schema中使用xs:complexType对UML类(元数据字典中的实体)进行实现,使用xs:element对UML类的属性和关联(元数据字典中的元素)进行实现。

7.2.3 XSD中定义的XML要素名与元数据字典中实体和元素的英文名称/角色名称一致。

7.2.4 使用附录B中XSD文件对XML格式元数据进行合法性验证,以判断该元数据是否符合本标准要求。

7.3 XML格式示例

参见附录C。

8 扩展原则与方法

8.1 说明

在发现元数据内容不能满足某种应用需求时,可以按照本条款规定的原则和方法进行扩充。

8.2 扩展类型

扩展的元数据类型包括:
——扩展元数据元素的值域;
——增加新的元数据元素;
——增加新的元数据实体类型;
——对已有元数据元素增加更严格的限定。

8.3 扩展原则

应按照以下原则定义扩展的元数据:
——扩展的元数据元素不应是现有元数据元素改名、改定义或改数据类型;
——扩展的元数据可以定义为实体,而且可以包含扩展的和现有的元数据元素,被包含的现有元数据元素特征不能改变;
——允许扩展现有元数据元素的域值(如:本文件规定元数据元素域值有四个可用的值,可在这四个值以外扩展另外的两个值);
——允许对现有元数据元素施加更严格的限定(如:元数据元素在本文件中是可选的,在扩展后可以是必选的);
——允许对现有元数据元素域值施加更严格的限定(如:域值为"任意文本"的元数据元素,扩展后可限定为一个闭合的取值范围);
——允许对本文件规定域值的使用范围加以限制(如:元数据元素的域值有五个可用的值,扩展后可以规定只使用其中三个值,要求用户从三个中选择一个使用)。

8.4 扩展方法

应按照以下方法进行扩展：
——检查元数据内容,确定不适合具体应用的部分或需扩展补充的部分；
——按照8.2和8.3规定的扩展类型和扩展原则确定扩展的实体和/或元素；
——定义每一个扩展实体和/或元素的特征；
——对扩展内容进行一致性测试。

附 录 A
（规范性附录）
气象数据元数据字典

表A.1至表A.24给出了气象数据发现元数据实体和元数据元素属性的完整描述。

表 A.1 元数据实体信息

行号	中文名称/角色名称	英文名称/角色名称	短名	定义	约束/条件	最大出现次数	数据类型	域/域值
1	MD_元数据	MD_Metadata	Metadata*	定义有关资源的元数据的根实体	M	1	类	第2行—16行
2	元数据标识符	fileIdentifier	mdFileID*	元数据文件的唯一标识符	M	1	字符串	自由文本
3	元数据语种	language	mdLang*	元数据采用的语言	O	1	字符串	ISO 639-2 语种编码（推荐）
4	元数据字符集	characterSet	mdChar*	元数据采用的字符编码标准的全名	O	1	类	《字符集代码表》（参见附录D的表D.1）
5	元数据基标识符	parentIdentifier	mdParentID	当元数据是子集（子），其父元数据的文件标识符	O	1	字符串	自由文本
6	层级	hierarchyLevel	mdHrLv	元数据应用范围	O	1	类	《范围代码表》（参见附录D的表D.2）
7	层级名	hierarchyLevelName	mdHrLvName	提供元数据的层级名称	O	1	字符串	自由文本
8	元数据负责方	contact	mdContact*	对元数据信息负责的单位	M	N	类	CI_负责单位（见表A.8）
9	元数据创建日期	dateStamp	mdDateSt*	元数据创建的日期	M	1	日期时间	YYYY-MM-DD 或 YYYY-MM-DDThh:mm:ss。其中，YYYY是年份，MM是月份，DD是日期，hh是小时，mm是分钟，ss是秒，时间与日期之间以字符"T"分隔

表 A.1 元数据实体信息（续）

行号	中文名称/角色名称	英文名称/角色名称	短名	定义	约束/条件	最大出现次数	数据类型	域/域值
10	元数据标准名称	metadataStandardName	mdStanName*	执行的元数据标准名称	O	1	字符串	自由文本
11	元数据标准版本	metadataStandardVersion	mdStanVer*	执行的元数据标准版本	O	1	字符串	自由文本
12	角色名称：数据标识信息	Role name: identificationInfo	dataIdInfo	描述数据的基本信息	M	N	关联	MD_数据标识（见表 A.2）
13	角色名称：数据分发信息	Role name: distributionInfo	disInfo	描述数据分发方、资源获取方式等信息	O	N	关联	MD_数据分发（见表 A.3）
14	角色名称：数据质量信息	Role name: dataQualityInfo	dqInfo	描述数据质量状况和已知的问题	M	1	关联	MD_数据质量（见表 A.4）
15	角色名称：数据应用信息	Role name: dataApplicationInfo	dAppInfo	提供面向数据使用者的数据应用指南信息和辅助信息	O	1	关联	MD_数据应用（见表 A.5）
16	角色名称：元数据维护	Role name: metadataMaintenance	mdMaint	描述元数据更新频率及更新范围的信息	O	1	关联	MD_维护信息（见表 A.6）

注：短名处"*"表示引自 GB/T 33674—2017；短名处未标任何"*"表示引自 GB/T 19710—2005。

表 A.2 数据标识信息

行号	中文名称/角色名称	英文名称/角色名称	短名	定义	约束/条件	最大出现次数	数据类型	域/域值
1	MD_数据标识	MD_Identification	Ident*	描述数据的基本信息	M	1	聚集类（MD_元数据）	第 2 行—18 行

QX/T 544—2020

表 A.2 数据标识信息（续）

行号	中文名称/角色名称	英文名称/角色名称	短名	定义	约束/条件	最大出现次数	数据类型	域/域值
2	名称	title	title*	数据名称	M	1	字符串	自由文本
3	数据标识符	dataIdentifier	dsID*	命名空间中唯一标识	M	1	字符串	自由文本
4	摘要	abstract	idabs*	资源内容的简单说明	M	1	字符串	自由文本
5	气象要素	elements	metEle**	数据中包含的气象要素	O	N	字符串	自由文本
6	时间标识	referanceDate	refDate	数据时间标识	O	N	类	CI_日期（见表 A.7）
7	数据负责方	pointOfContact	idPoC	与数据有关的负责人和单位标识及联系方式	O	N	类	CI_负责单位（见表 A.8）
8	角色名称：资源维护	Role name: resourceMaintenance	resMaint	有关数据更新频率和更新范围的信息	O	1	关联	MD_维护信息（见表 A.6）
9	角色名称：关键字说明	Role name: descriptiveKeywords	desKeys	描述数据的关键字及其类型和参考文献等信息	M	N	关联	MD_关键字（见表 A.10）
10	角色名称：资源限制	Role name: resourceConstraints	resConst	关于使用、访问、获取数据的限制信息	O	N	关联	MD_限制（见表 A.11）
11	空间表示类型	spatialRepresentationType	spatRpType	数据在空间上的表示方式类型	O	1	类	《空间表示类型代码表》（参见附录 D 的表 D.3）
12	空间分辨率	spatialResolution	dataScale	用比例因子、地面距离或有效范围内的采样数表示资源详细分布程度	O	1	字符串	自由文本
13	参考系	referenceSystem	refSystem	数据采用的时间和空间参考系统	O	N	字符串	自由文本
14	数据语种	language	dataLang*	数据集采用的语言	O	1	字符串	参见 ISO 639-2 语种编码

359

表 A.2 数据标识信息（续）

行号	中文名称/角色名称	英文名称/角色名称	短名	定义	约束/条件	最大出现次数	数据类型	域/值域
15	数据字符集	characterSet	dataChar*	数据集使用的字符编码标准全名	O	1	类	《字符集代码表》(参见附录D的表D.1)
16	类型	topicCategory	tpCat*	数据集所属的主题类型	M	N	类	《专题类型代码表》(参见附录D的表D.4)
17	覆盖范围	extent	dataExt	覆盖范围信息，包括数据集的边界矩形、边界多边形、垂直方向覆盖范围和时间覆盖范围等	M	N	类《数据类型》	EX_覆盖范围(见表A.12)
18	补充信息	supplementalInformation	suppInfo	有关数据集的其他任何说明信息	O	N	字符串	自由文本

注：短名处标"*"为本标准扩展元数据实体或元数据要素；短名处未标任何"*"表示引自 GB/T 19710—2005。

表 A.3 数据分发信息

行号	中文名称/角色名称	英文名称/角色名称	短名	定义	约束/条件	最大出现次数	数据类型	域/值域
1	MD_分发	MD_Distribution	Distrib	资源的分发和获取方式的选项信息	O	N	聚集类(MD_元数据)	第2行-4行
2	角色名称：分发格式信息	Role name: distributionFormat	distFormat*	分发数据的格式说明	O	1	关联	MD_格式(见表A.13)
3	分发方	distributor	distorCont*	能够获取数据的单位信息	O	1	类	CI_负责单位(见表A.8)
4	角色名称：分发传输选项	Role name: transferOptions	distorTran	分发方使用的技术方法和介质信息	O	1	类	MD_数字传输选项(见表A.23)

注：短名处标"*"为本标准扩展元数据实体或元数据要素；短名处未标任何"*"表示引自 GB/T 19710—2005。

表 A.4 数据质量信息

行号	中文名称/角色名称	英文名称/角色名称	短名	定义	约束/条件	最大出现次数	数据类型	域/域值
1	DQ_数据质量	DQ_DataQuality	DataQual	数据质量信息	M	1	聚集类（MD_元数据）	第2行—4行
2	质量描述	statement	statement*	描述数据质量状况和已知的问题，包括说明数据质量的特定数据或参数、范围确定的数据的定量和定性质量问题	M	1	字符串	自由文本
3	处理过程	lineage	lineage*	描述数据处理过程中发生的事件	O	1	字符串	自由文本
4	数据源	source	source*	生产范围确定的数据所用的数据源信息	O	1	字符串	自由文本

注：短名处标"*"表示引自 GB/T 33674—2017；短名处未标任何""表示引自 GB/T 19710—2005。

表 A.5 数据应用信息

行号	中文名称/角色名称	英文名称/角色名称	短名	定义	约束/条件	最大出现次数	数据类型	域/域值
1	MD_数据应用	MD_DataApplication	dataAppl	提供面向数据使用者的数据应用指南信息和辅助信息	O	1	聚集类（MD_元数据）	第2行—4行

表 A.5 数据应用信息（续）

行号	中文名称/角色名称	英文名称/角色名称	短名	定义	约束/条件	最大出现次数	数据类型	域/域值
2	应用指南	applicationGuide	applGuide**	数据的适用范围、应用领域、时效等	O	1	字符串	自由文本
3	引用文献	citationLiterature	citaLite**	在数据处理、质量控制等环节中使用的算法和方法所引用的参考文献	O	N	字符串	自由文本
4	科学问题	scientificQuestion	sciQues**	描述数据相关的科学问题	O	N	字符串	自由文本

注：短名处标"**"为本标准扩展元数据实体或元数据要素；短名处未标任何"*"表示引自GB/T 19710—2005。

表 A.6 元数据维护信息

行号	中文名称/角色名称	英文名称/角色名称	短名	定义	约束/条件	最大出现次数	数据类型	域/域值
1	MD_维护信息	MD_MaintenanceInformation	MaintInfo	有关更新范围和频率的信息	O	N	聚集类（MD_元数据和MD_数据标识）	第2行—3行
2	维护和更新频率	maintenanceAndUpdateFrequency	maintFreq*	在数据初次发布后，对其进行修改和补充的频率	M	1	类	《维护频率代码表》（参见附录D的表D.5）
3	维护方	contact	maintCont	维护元数据的责任人和单位联系的标识及方式	O	N	类	CI_负责单位（见表A.8）

注：短名处标"*"表示引自GB/T 33674—2017；短名处未标任何"*"表示引自GB/T 19710—2005。

QX/T 544—2020

表 A.7 日期信息

行号	中文名称/角色名称	英文名称/角色名称	短名	定义	约束/条件	最大出现次数	数据类型	域/域值
1	CI_日期	CI_Date	Date	说明有关日期和事件	O	N	类《数据类型》	第2行—3行
2	日期	date	refDate*	数据生命史相关日期信息，如生产、出版、修订的日期	M	1	日期时间	YYYY-MM-DD 或 YYYY-MM-DDThh:mm:ss。其中，YYYY 是年份，MM 是月份，DD 是日期，hh 是小时，mm 是分钟，ss 是秒，时间与日期之间以字符"T"分隔
3	日期类型	dateType	refDate-Type*	与日期相关的事件	M	1	类	《日期类型代码表》(参见附录 D 的表 D.6)

注：短名处标"*"表示引自 GB/T 33674—2017；短名处未标任何"*"表示引自 GB/T 19710—2005。

表 A.8 负责单位信息

行号	中文名称/角色名称	英文名称/角色名称	短名	定义	约束/条件	最大出现次数	数据类型	域/域值
1	CI_负责单位	CI_ResponsibleParty	RespParty	与数据集有关的负责人和单位的标识及联系方法	O	N	类《数据类型》	第2行—6行
2	负责人名	individualName	rpIndName*	负责人姓名、头衔，用分隔符隔开	O	1	字符串	自由文本
3	负责单位名	organisationName	rpOrgName*	负责单位名	M	1	字符串	自由文本
4	职务	positionaName	rpPosName*	负责人角色或职务	O	1	字符串	自由文本
5	联系信息	contactInfo	cntInfo	与负责人或负责单位联系的信息	O	1	类	CI_联系(见表 A.18)

表 A.8 负责单位信息（续）

行号	中文名称/角色名称	英文名称/角色名称	短名	定义	约束/条件	最大出现次数	数据类型	域/域值
6	职责	role	role*	负责单位职责和角色	M	1	类	《职责代码表》（参见附录 D 的表 D.7）

注：短名处标"*"表示引自 GB/T 33674—2017；短名处未标任何"*"表示引自 GB/T 19710—2005。

表 A.9 地理边界矩形信息

行号	中文名称/角色名称	英文名称/角色名称	短名	定义	约束/条件	最大出现次数	数据类型	域/域值
1	EX_地理边界矩形	EX_GeographicBoundingBox	GeoBndBox*	数据地理范围的矩形框描述	O	N	聚集类（EX_地理覆盖范围）	第 2 行—5 行
2	西边经度	westBoundLongitude	westBL*	数据集覆盖范围最西边坐标，用十进制度表示的经度（东半球为正）	M	1	小数	经度 −180.0≤西边界经度值≤180.0
3	东边经度	eastBoundLongitude	eastBL*	数据集覆盖范围最东边坐标，用十进制度表示的经度（东半球为正）	M	1	小数	经度 −180.0≤东边界经度值≤180.0
4	南边纬度	southBoundLatitude	southBL*	数据集覆盖范围最南边坐标，用十进制度表示的纬度（北半球为正）	M	1	小数	纬度 −90.0≤南边界纬度值≤90.0；南边界纬度值≤北边界纬度值
5	北边纬度	northBoundLatitude	northBL*	数据集覆盖范围最北边坐标，用十进制度表示的纬度（北半球为正）	M	1	小数	纬度 −90.0≤北边界纬度值≤90.0；北边界纬度值≥南边界纬度值

注：短名处标"*"表示引自 GB/T 33674—2017。

QX/T 544—2020

表 A.10 关键字信息

行号	中文名称/角色名称	英文名称/角色名称	短名	定义	约束/条件	最大出现次数	数据类型	域/域值
1	MD_关键字	MD_Keywords	Keywords	关键字,关键字类型和参考文件信息	M	N	聚集类（MD_数据标识）	第2行—4行
2	关键字	keyword	keyword*	用于描述主题的通用词、形式化词或短语	M	N	字符串	自由文本
3	类型	type	keyTyp*	用于将相似关键字分组的主题内容	O	1	类	《关键字类型代码表》（参见附录D的表D.8）
4	辞典名称	thesaurusName	thesaName*	正式注册的关键字辞典名,或类似权威资料的名称	O	1	字符串	自由文本

注：短名处标"*"表示引自GB/T 33674—2017；短名处未标任何"*"表示引自GB/T 19710—2005。

表 A.11 限制信息

行号	中文名称/角色名称	英文名称/角色名称	短名	定义	约束/条件	最大出现次数	数据类型	域/域值
1	MD_限制	MD_Constraints	Consts	访问和使用数据的限制	O	N	聚集类（MD_数据标识）	第2行—5行
2	用途限制	useLimitation	useLimit*	影响数据适用性的一般限制,如"不可用于导航"	O	N	字符串	自由文本
3	角色名称：法律限制	Role name: legalConstraints	LegConsts*	访问和使用数据的限制和法律上的先决条件	O	N	类	MD_法律限制（见表A.21）

表 A.11 限制信息（续）

行号	中文名称/角色名称	英文名称/角色名称	短名	定义	约束/条件	最大出现次数	数据类型	域/域值
4	角色名称：安全限制	Role name: securityConstraints	SecConsts*	未来国家安全或类似的安全考虑，对数据施加的安全限制	O	N	类	MD_安全限制（见表 A.22）
5	其他限制	otherConstraints	othConsts	访问和使用数据的其他限制和法律上的先决条件	O	N	字符串	自由文本

注：短名处标"*"表示引自 GB/T 33674—2017；短名处未标任何"*"表示引自 GB/T 19710—2005。

表 A.12 覆盖范围信息

行号	中文名称/角色名称	英文名称/角色名称	短名	定义	约束/条件	最大出现次数	数据类型	域/域值
1	EX_覆盖范围	EX_Extent	Extent	有关平面、垂向和时间覆盖范围信息	M	N	聚集类（MD_数据标识）	第 2 行—5 行
2	描述	description	exDesc	相关空间和时间覆盖范围描述	O	1	字符串	自由文本
3	角色名称：地理覆盖范围	Role name: geographicElement	geoEle*	相关对象覆盖范围的地理组成部分	M	N	关联	EX_地理覆盖范围（见表 A.15）
4	角色名称：时间覆盖范围	Role name: temporalElement	tempEle*	相关对象覆盖范围的时间组成部分	O	N	关联	EX_时间覆盖范围（见表 A.16）
5	角色名称：垂向覆盖范围	Role name: verticalGeographicElement	vertEle*	相关对象覆盖范围的地理组成部分	O	N	关联	EX_垂向覆盖范围（见表 A.17）

注：短名处标"*"表示引自 GB/T 33674—2017；短名处未标任何"*"表示引自 GB/T 19710—2005。

表 A.13 格式信息

行号	中文名称/角色名称	英文名称/角色名称	短名	定义	约束/条件	最大出现次数	数据类型	域/域值
1	MD_格式	MD_Format	Format	计算机语言结构说明,确定数据对象在记录、文件、信息存储设备和传输通道中的表示方法	O	N	聚集类 (MD_分发, MD_存储模式)	第2行—4行
2	名称	name	formatName	数据传输格式名称	M	1	字符串	自由文本
3	版本	version	formatVer	格式版本(日期、版本号等)	M	1	字符串	自由文本
4	规范	specification	formatSpec	格式的子集、专用标准或产品规范名称	O	1	字符串	自由文本

注：短名处未标任何"*"表示引自 GB/T 19710—2005。

表 A.14 在线资源信息

行号	中文名称/角色名称	英文名称/角色名称	短名	定义	约束/条件	最大出现次数	数据类型	域/域值
1	CI_在线资源	CI_OnlineResource	OnlineRes	可以获取数据的在线资源信息	O	N	类《数据类型》	第2行—6行
2	链接地址	linkage	linkage	使用URL地址或类似的地址模式进行在线访问的地址,例如:http://…,ftp://…等	M	N	字符串	自由文本
3	协议	protocol	protocol	访问链接所用协议	O	1	字符串	自由文本

表 A.14 在线资源信息（续）

行号	中文名称/角色名称	英文名称/角色名称	短名	定义	约束/条件	最大出现次数	数据类型	域/域值
4	名称	name	orName	在线资源名称	O	1	字符串	自由文本
5	说明	description	orDesc	在线资源是什么、做什么的详细文字说明	O	1	字符串	自由文本
6	功能	function	orFunct	在线资源功能代码	O	1	类	《在线功能代码表》参见附录 D 的表 D.9

注：短名处未标任何"*"表示引自 GB/T 19710—2005。

表 A.15 地理覆盖范围信息

行号	中文名称/角色名称	英文名称/角色名称	短名	定义	约束/条件	最大出现次数	数据类型	域/域值
1	EX_地理覆盖范围	EX_GeographicExtent	GeoExtent	数据集覆盖的地理区域	O	N	聚集类（MD_数据标识）	第 2 行—4 行
2	描述	geographicDescription	GeoDesc*	有关地理范围的描述	M	1	字符串	自由文本
3	覆盖范围类型代码	extentTypeCode	exTypeCode	说明边界是环绕数据覆盖的区域还是数据不覆盖的区域	O	1	布尔型	0=不包含 1=包含
4	角色名称：地理边界矩形	Role name: geographicBoundingBox	GeoBndBox*	数据地理范围的矩形框描述	O	N	类	EX_地理边界矩形信息（见表 A.9）

注：短名处标"*"表示引自 GB/T 33674—2017；短名处未标任何"*"表示引自 GB/T 19710—2005。

表 A.16 时间覆盖范围信息

行号	中文名称/角色名称	英文名称/角色名称	短名	定义	约束/条件	最大出现次数	数据类型	域/域值
1	EX_时间覆盖范围	EX_TemporalExtent	TempExtent	数据内容跨越的时间段	O	N	聚集类(EX_覆盖范围)	第2行～5行
2	时间范围说明	description	TempDesc	数据集相关时间范围描述信息	O	1	字符串	自由文本
3	起始时间	beginDateTime	begin*	起始时间	O	1	日期时间	YYYY-MM-DD 或 YYYY-MM-DDThh:mm:ss。其中,YYYY是年份,MM是月份,DD是日期,hh是小时,mm是分钟,ss是秒,时间与日期之间以字符"T"分隔
4	终止时间	endDateTime	end*	终止时间	O	1	日期时间	YYYY-MM-DD 或 YYYY-MM-DDThh:mm:ss。其中,YYYY是年份,MM是月份,DD是日期,hh是小时,mm是分钟,ss是秒,时间与日期之间以字符"T"分隔
5	时间周期	timeInterval	TimeInte	时间范围内可描述的频率周期	O	1	字符串	《维护频率代码表》参见附录D的表D.5)

注:短名处标"*"表示引自GB/T 33674—2017;短名处未标任何"*"表示引自GB/T 19710—2005。

表 A.17 垂向覆盖范围信息

行号	中文名称/角色名称	英文名称/角色名称	短名	定义	约束/条件	最大出现次数	数据类型	域/域值
1	EX_垂向覆盖范围	EX_VerticalExtent	VertExtent	数据的垂向域	O	N	聚集类（EX_覆盖范围）	第2行一5行
2	最大值	maximumValue	vertMaxVal*	数据集包含的垂向范围最高值	O	1	字符串	自由文本
3	最小值	minimumValue	vertMinVal*	数据集包含的垂向范围最低值	O	1	字符串	自由文本
4	度量单位	unitOfMeasure	vertUoM*	用于垂向单位,例如:米、英尺、厘米、百帕	O	1	字符串	自由文本
5	垂向基准名称代码	verticalDatumName	vertDatum*	提供垂向最大值和最小值的原点信息。说明重力与地球关系的参数集	O	1	字符串	参考《ISO 19111 地理信息 基于坐标的空间参照》

注:短名处标"*"表示引自 GB/T 33674—2017;短名处未标任何"*"表示引自 GB/T 19710—2005。

表 A.18 联系信息

行号	中文名称/角色名称	英文名称/角色名称	短名	定义	约束/条件	最大出现次数	数据类型	域/域值
1	CI_联系信息	CI-Contact	cntInfo	与负责人或负责单位联系的信息	O	1	类《数据类型》	第2行一4行
2	电话	phone	cntPhone	与负责人或负责单位联系的电话号码	O	N	类	CI_电话(见表 A.19)

表 A.18 联系信息（续）

行号	中文名称/角色名称	英文名称/角色名称	短名	定义	约束/条件	最大出现次数	数据类型	域/域值
3	地址	address	CntAddress	与负责人和/或负责单位联系的物理地址和电子邮件地址	O	N	类	CI_地址（见表 A.20）
4	在线资源	onLineResource	cntOnlineRes	与负责人和/或负责单位联系的在线信息	O	N	类	CI_在线资源（见表 A.14）

注：短名处未标任何"*"表示引自 GB/T 19710—2005。

表 A.19 电话信息

行号	中文名称/角色名称	英文名称/角色名称	短名	定义	约束/条件	最大出现次数	数据类型	域/域值
1	CI_电话	CI_Telephone	Telephone	与负责人或负责单位联系的信息	O	N	类《数据类型》	第 2 行—3 行
2	电话	voice	vocie*	与负责人或负责单位联系的电话号码	O	1	字符串	自由文本
3	传真	facsimile	faxNum*	负责人或负责单位的传真号码	O	1	字符串	自由文本

注：短名处标"*"表示引自 GB/T 33674—2017；短名处未标任何"*"表示引自 GB/T 19710—2005。

QX/T 544—2020

表 A.20 地址信息

行号	中文名称/角色名称	英文名称/角色名称	短名	定义	约束/条件	最大出现次数	数据类型	域/域值
1	CI_地址	CI_Address	CntAddress	与负责人和/或负责单位联系的物理地址和电子邮件地址	O	N	类《数据类型》	第2行—7行
2	详细地址	deliveryPoint	delPoint*	所在位置的详细地址,包括路名、门牌号等	O	1	字符串	自由文本
3	城市	city	city*	所在城市名	O	1	字符串	自由文本
4	行政区	administrativeArea	adminArea*	所在省(自治区、直辖市)名	O	1	字符串	自由文本
5	邮政编码	postalCode	postCode*	邮政编码	O	1	字符串	自由文本
6	国家	country	country*	所在国家名	O	1	字符串	自由文本
7	电子邮件地址	electronicMailAddress	eMailAdd*	负责人或负责单位电子邮件地址	O	N	字符串	自由文本

注:短名处标"*"表示引自 GB/T 33674—2017;短名处未标任何"*"表示引自 GB/T 19710—2005。

表 A.21 法律限制信息

行号	中文名称/角色名称	英文名称/角色名称	短名	定义	约束/条件	最大出现次数	数据类型	域/域值
1	MD_法律限制	MD_LegalConstraints	LegConsts	访问和使用数据的限制和法律上的先决条件	O	N	聚合类(MD_限制)	第2行—3行
2	访问限制	accessConstraints	accessConsts*	为确保隐私或保护知识产权,对获取数据施加的访问限制,以及任何特殊约束或限制	O	N	字符串	自由文本

表 A.21 法律限制信息（续）

行号	中文名称/角色名称	英文名称/角色名称	短名	定义	约束/条件	最大出现次数	数据类型	域/域值
3	法律使用限制	useConstraints	useConsts*	为确保隐私或保护知识产权，对使用数据施加的使用限制，以及任何特殊的约束或限制声明	O	N	字符串	自由文本

注：短名处标""表示引自 GB/T 33674—2017；短名处未标任何""表示引自 GB/T 19710—2005。

表 A.22 安全限制信息

行号	中文名称/角色名称	英文名称/角色名称	短名	定义	约束/条件	最大出现次数	数据类型	域/域值
1	MD_安全限制	MD_SecurityConstraints	SecConsts	未来国家安全或类似的安全考虑，对数据施加的处理限制	O	N	聚合类（MD_限制）	第 2 行—5 行
2	用户注意事项	userNote	userNote*	从国家安全或类似的安全考虑，使用者要遵守的条款	O	N	字符串	自由文本
3	安全限制分级	classification	class*	对数据处理限制的名称	O	1	字符串	自由文本
4	分级系统	classificationSystem	classSys*	所采用的分级规范和系统	O	1	字符串	自由文本
5	操作说明	operation	operation*	分级系统的操作说明	O	1	字符串	自由文本

注：短名处标""表示引自 GB/T 33674—2017；短名处未标任何""表示引自 GB/T 19710—2005。

QX/T 544—2020

表 A.23 数字传输选项信息

行号	中文名称/角色名称	英文名称/角色名称	短名	定义	约束/条件	最大出现次数	数据类型	域/域值
1	MD_数字传输选项	MD_DigitalTransferOptions	DigTranOps	从分发方获取资源的技术方法和介质	O	N	聚集类（MD_数据分发）	第2行—5行
2	在线	onLine	onLineSrc	可以获取资源的在线资源信息	O	N	类	CI_在线资源（见表A.20）
3	分发单元	unitsOfDistribution	unitsODist	可以使用数据的数据块、数据层、地理范围等	O	1	字符串	自由文本
4	传送量	transferSize	transSize	按确定的传送格式估算，一个分发单元的传送量	O	1	字符串	自由文本
5	离线	offline	OffLine	说明数据集离线存储方式	O	N	类	MD_存储介质（见表A.26）

注：短名处未标任何"*"表示引自 GB/T 19710—2005。

表 A.24 存储介质信息

行号	中文名称/角色名称	英文名称/角色名称	短名	定义	约束/条件	最大出现次数	数据类型	域/域值
1	MD_存储介质	MD_StorageMedium	StorMedi	数据存储介质、位置等信息	O	N	聚集类（MD_数据存储）	第2行—5行
2	介质	mediumName	medName	数据存储所采用的介质	O	1	字符串	自由文本
3	介质数量	mediumNumbers	medNum	存储介质的数量	O	1	字符串	自由文本
4	存储位置	storageLocation	storLoc	数据实体存储位置说明	O	N	字符串	自由文本
5	数据总量	dataVolume	dataVolm	存储数据总容量	O	1	字符串	自由文本

注：短名处未标任何"*"表示引自 GB/T 19710—2005。

附 录 B
（规范性附录）
气象数据发现元数据——XML格式定义（XML_SCHEMA.xsd）

```xml
<?xml version="1.0" encoding="UTF-8"?>
<xs:schema xmlns:xs="http://www.w3.org/2001/XMLSchema"
    <?xml version="1.0" encoding="UTF-8"?>
    <xs:schema xmlns:xs="http://www.w3.org/2001/XMLSchema"
    xmlns="MetadataStandardforSharingMeteorologicalData1.0"
    targetNamespace="MetadataStandardforSharingMeteorologicalData1.0"
    elementFormDefault="qualified" attributeFormDefault="unqualified" version="1.0">
    <!--附录A表A.1元数据实体信息 MD_Identification-->
        <xs:element name="MD_Metadata" type="MD_Metadata_Type"/>
        <xs:annotation>
            <xs:documentation>气象数据发现元数据标准</xs:documentation>
        </xs:annotation>
        <xs:complexType name="MD_Metadata_Type">
            <xs:annotation>
                <xs:documentation>元数据实体</xs:documentation>
            </xs:annotation>
            <xs:sequence>
                <xs:element name="fileIdentifier" type="xs:string"/>
                <xs:element name="language" type="xs:string" minOccurs="0"/>
                <xs:element name="characterSet" type="xs:string" minOccurs="0"/>
                <xs:element name="parentIdentifier" type="xs:string" minOccurs="0"/>
                <xs:element name="hierarchyLevel" type="MD_ScopeCode_Type" minOccurs="0"/>
                <xs:element name="hierarchyLevelName" type="xs:string" minOccurs="0"/>
                <xs:element name="contact" type="CI_ResponsibleParty_Type" maxOccurs="unbounded"/>
                <xs:element name="dateStamp" type="xs:dateTime"/>
                <xs:element name="metadataStandardName" type="xs:string" minOccurs="0"/>
                <xs:element name="metadataStandardVersion" type="xs:string" minOccurs="0"/>
                <xs:element name="identificationInfo" type="MD_Identification_Type" maxOccurs="unbounded"/>
                <xs:element name="distributionInfo" type="MD_Distribution_Type" minOccurs="0" maxOccurs="unbounded"/>
                <xs:element name="dataQualityInfo" type="DQ_DataQuality_Type"/>
                <xs:element name="dataApplicationInfo" type="MD_DataApplication_Type" minOccurs="0"/>
                <xs:element name="metadataMaintenance" type="MD_MaintenanceInformation_Type" minOccurs="0"/>
            </xs:sequence>
```

```xml
        </xs:complexType>
     <!--附录A 表A.2 数据标识信息 MD_Identification-->
     <xs:complexType name="MD_Identification_Type">
        <xs:sequence>
           <xs:element name="title" type="xs:string"/>
           <xs:element name="dataIdentifier" type="xs:string"/>
           <xs:element name="abstract" type="xs:string"/>
           <xs:element name="elements" type="xs:string" minOccurs="0"/>
           <xs:element name="referanceDate" type="CI_Date_Type" minOccurs="0" maxOccurs="unbounded"/>
           <xs:element name="pointOfContact" type="CI_ResponsibleParty_Type" minOccurs="0" maxOccurs="unbounded"/>
           <xs:element name="resourceMaintenance" type="MD_MaintenanceInformation_Type" minOccurs="0"/>
           <xs:element name="descriptiveKeywords" type="MD_Keywords_Type" maxOccurs="unbounded"/>
           <xs:element name="resourceConstraints" type="MD_Constraints_Type" minOccurs="0" maxOccurs="unbounded"/>
           <xs:element name="spatialRepresentationType" type="MD_SpatialRepresentationTypeCode_Type" minOccurs="0"/>
           <xs:element name="spatialResolution" type="xs:string" minOccurs="0"/>
           <xs:element name="referenceSystem" type="xs:string" minOccurs="0" maxOccurs="unbounded"/>
           <xs:element name="language" type="xs:string" minOccurs="0"/>
           <xs:element name="characterSet" type="MD_CharacterSetCode_Type" minOccurs="0"/>
           <xs:element name="topicCategory" type="MD_TopicCategoryCode_Type" maxOccurs="unbounded"/>
           <xs:element name="extent" type="EX_Extent_Type" maxOccurs="unbounded"/>
           <xs:element name="supplementalInformation" type="xs:string" minOccurs="0" maxOccurs="unbounded"/>
        </xs:sequence>
     </xs:complexType>
     <xs:element name="MD_Identification" type="MD_Identification_Type"/>
     <!--附录A 表A.3 数据分发信息 MD_Distribution-->
     <xs:complexType name="MD_Distribution_Type">
        <xs:sequence>
           <xs:element name="distributionFormat" type="MD_Format_Type" minOccurs="0"/>
           <xs:element name="distributor" type="CI_ResponsibleParty_Type" minOccurs="0"/>
           <xs:element name="transferOptions" type="MD_DigitalTransferOptions_Type" minOccurs="0"/>
```

```
        </xs:sequence>
      </xs:complexType>
      <xs:element name="MD_Distribution" type="MD_Distribution_Type"/>
    <!--附录 A 表 A.4 数据质量信息 DQ_DataQuality -->
      <xs:complexType name="DQ_DataQuality_Type">
        <xs:sequence>
          <xs:element name="statement" type="xs:string"/>
          <xs:element name="lineage" type="xs:string" minOccurs="0"/>
          <xs:element name="source" type="xs:string" minOccurs="0"/>
        </xs:sequence>
      </xs:complexType>
      <xs:element name="DQ_DataQuality" type="DQ_DataQuality_Type"/>
    <!--附录 A 表 A.5 数据应用信息 MD_DataApplication -->
      <xs:complexType name="MD_DataApplication_Type">
        <xs:sequence>
          <xs:element name="applicationGuide" type="xs:string" minOccurs="0"/>
          <xs:element name="citationLiterature" type="xs:string" minOccurs="0" maxOccurs="unbounded"/>
          <xs:element name="scientificQuestion" type="xs:string" minOccurs="0" maxOccurs="unbounded"/>
        </xs:sequence>
      </xs:complexType>
      <xs:element name="MD_DataApplication" type="MD_DataApplication_Type"/>
    <!--附录 A 表 A.6 维护信息 MD_MaintenanceInformation -->
      <xs:complexType name="MD_MaintenanceInformation_Type">
        <xs:sequence>
          <xs:element name="maintenanceAndUpdateFrequency" type="MD_MaintenanceFrequencyCode_Type"/>
          <xs:element name="contact" type="CI_ResponsibleParty_Type" minOccurs="0" maxOccurs="unbounded"/>
        </xs:sequence>
      </xs:complexType>
      <xs:element name="MD_MaintenanceInformation" type="MD_MaintenanceInformation_Type"/>
    <!--附录 A 表 A.7 日期信息 CI_Date -->
      <xs:complexType name="CI_Date_Type">
        <xs:sequence>
          <xs:element name="date" type="xs:date"/>
          <xs:element name="dateType" type="CI_DateTypeCode_Type"/>
        </xs:sequence>
      </xs:complexType>
      <xs:element name="CI_Date" type="CI_Date_Type"/>
    <!--附录 A 表 A.8 负责单位信息 CI_ResponsibleParty -->
```

```xml
<xs:complexType name="CI_ResponsibleParty_Type">
    <xs:sequence>
        <xs:element name="individualName" type="xs:string" minOccurs="0"/>
        <xs:element name="organisationName" type="xs:string"/>
        <xs:element name="positionName" type="xs:string" minOccurs="0"/>
        <xs:element name="contactInfo" type="CI_Contact_Type" minOccurs="0"/>
        <xs:element name="role" type="CI_RoleCode_Type"/>
    </xs:sequence>
</xs:complexType>
<!--附录A 表A.9 地理边界矩形信息 EX_GeographicBoundingBox -->
<xs:complexType name="EX_GeographicBoundingBox_Type">
    <xs:sequence>
        <xs:element name="westBoundLongitude" type="xs:decimal"/>
        <xs:element name="eastBoundLongitude" type="xs:decimal"/>
        <xs:element name="southBoundLatitude" type="xs:decimal"/>
        <xs:element name="northBoundLatitude" type="xs:decimal"/>
    </xs:sequence>
</xs:complexType>
<xs:element name="EX_GeographicBoundingBox" type="EX_GeographicBoundingBox_Type"/>
<!--附录A 表A.10 关键字信息 MD_Keywords -->
<xs:complexType name="MD_Keywords_Type">
    <xs:sequence>
        <xs:element name="keyword" type="xs:string" maxOccurs="unbounded"/>
        <xs:element name="type" type="MD_KeywordTypeCode_Type" minOccurs="0"/>
        <xs:element name="thesaurusName" type="xs:string" minOccurs="0"/>
    </xs:sequence>
</xs:complexType>
<xs:element name="MD_Keywords" type="MD_Keywords_Type"/>
<!--附录A 表A.11 限制信息 MD_Constraints -->
<xs:complexType name="MD_Constraints_Type">
    <xs:sequence>
        <xs:element name="useLimitation" type="xs:string" minOccurs="0" maxOccurs="unbounded"/>
        <xs:element name="legalConstraints" type="MD_LegalConstraints_Type" minOccurs="0" maxOccurs="unbounded"/>
        <xs:element name="securityConstraints" type="MD_SecurityConstraints_Type" minOccurs="0" maxOccurs="unbounded"/>
        <xs:element name="otherConstraints" type="xs:string" minOccurs="0" maxOccurs="unbounded"/>
    </xs:sequence>
</xs:complexType>
<xs:element name="MD_Constraints" type="MD_Constraints_Type"/>
```

```xml
<!--附录A表A.12 覆盖范围信息 EX_Extent -->
    <xs:complexType name="EX_Extent_Type">
        <xs:sequence>
            <xs:element name="description" type="xs:string" minOccurs="0"/>
            <xs:element name="geographicElement" type="EX_GeographicExtent_Type" maxOccurs="unbounded"/>
            <xs:element name="temporalElement" type="EX_TemporalExtent_Type" minOccurs="0" maxOccurs="unbounded"/>
            <xs:element name="verticalGeographicElement" type="EX_VerticalExtent_Type" minOccurs="0" maxOccurs="unbounded"/>
        </xs:sequence>
    </xs:complexType>
    <xs:element name="EX_Extent" type="EX_Extent_Type"/>
<!--附录A表A.13 格式信息 MD_Format -->
    <xs:complexType name="MD_Format_Type">
        <xs:sequence>
            <xs:element name="name" type="xs:string"/>
            <xs:element name="version" type="xs:string"/>
            <xs:element name="specification" type="xs:string" minOccurs="0"/>
        </xs:sequence>
    </xs:complexType>
    <xs:element name="MD_Format" type="MD_Format_Type"/>
<!--附录A表A.23 数字传输选项信息 MD_DigitalTransferOptions -->
    <xs:complexType name="MD_DigitalTransferOptions_Type">
        <xs:sequence>
            <xs:element name="onLine" type="CI_OnlineResource_Type" minOccurs="0" maxOccurs="unbounded"/>
            <xs:element name="unitsOfDistribution" type="xs:string" minOccurs="0"/>
            <xs:element name="transferSize" type="xs:string" minOccurs="0"/>
            <xs:element name="offline" type="MD_StorageMedium_Type" minOccurs="0" maxOccurs="unbounded"/>
        </xs:sequence>
    </xs:complexType>
    <xs:element name="MD_DigitalTransferOptions" type="MD_DigitalTransferOptions_Type"/>
<!--附录A表A.14 在线资源信息 CI_OnlineResource -->
    <xs:complexType name="CI_OnlineResource_Type">
        <xs:sequence>
            <xs:element name="linkage" type="xs:string" maxOccurs="unbounded"/>
            <xs:element name="protocol" type="xs:string" minOccurs="0"/>
            <xs:element name="name" type="xs:string" minOccurs="0"/>
            <xs:element name="description" type="xs:string" minOccurs="0"/>
            <xs:element name="function" type="CI_OnLineFunctionCode_Type" minOccurs="0"/>
```

```xml
      </xs:sequence>
    </xs:complexType>
    <xs:element name="CI_OnlineResource" type="CI_OnlineResource_Type"/>
<!--附录A 表A.15 地理覆盖范围信息 EX_GeographicExtent -->
    <xs:complexType name="EX_GeographicExtent_Type">
      <xs:sequence>
        <xs:element name="geographicDescription" type="xs:string"/>
        <xs:element name="extentTypeCode" type="xs:boolean" minOccurs="0"/>
        <xs:element name="geographicBoundingBox" type="EX_GeographicBoundingBox_Type" minOccurs="0" maxOccurs="unbounded"/>
      </xs:sequence>
    </xs:complexType>
    <xs:element name="EX_GeographicExtent" type="EX_GeographicExtent_Type"/>
<!--附录A 表A.16 时间覆盖范围信息 EX_TemporalExtent -->
    <xs:complexType name="EX_TemporalExtent_Type">
      <xs:sequence>
        <xs:element name="description" type="xs:string" minOccurs="0"/>
        <xs:element name="beginPosition" type="xs:date" minOccurs="0"/>
        <xs:element name="endPosition" type="xs:date" minOccurs="0"/>
        <xs:element name="timeInterval" type="MD_MaintenanceFrequencyCode_Type" minOccurs="0"/>
      </xs:sequence>
    </xs:complexType>
    <xs:element name="EX_TemporalExtent" type="EX_TemporalExtent_Type"/>
<!--附录A 表A.17 垂向覆盖范围信息 EX_VerticalExtent -->
    <xs:complexType name="EX_VerticalExtent_Type">
      <xs:sequence>
        <xs:element name="maximumValue" type="xs:string" minOccurs="0"/>
        <xs:element name="minimumValue" type="xs:string" minOccurs="0"/>
        <xs:element name="unitOfMeasure" type="xs:string" minOccurs="0"/>
        <xs:element name="verticalDatumName" type="xs:string" minOccurs="0"/>
      </xs:sequence>
    </xs:complexType>
    <xs:element name="EX_VerticalExtent" type="EX_VerticalExtent_Type"/>
<!--附录A 表A.24 存储介质信息 MD_StorageMedium -->
    <xs:complexType name="MD_StorageMedium_Type">
      <xs:sequence>
        <xs:element name="mediumName" type="xs:string" minOccurs="0"/>
        <xs:element name="mediumNumbers" type="MD_Format_Type" minOccurs="0"/>
        <xs:element name="storageLocation" type="xs:string" minOccurs="0" maxOccurs="unbounded"/>
        <xs:element name="dataVolume" type="xs:string" minOccurs="0"/>
      </xs:sequence>
```

```xml
    </xs:complexType>
    <xs:element name="MD_StorageMedium" type="MD_StorageMedium_Type"/>
<!--附录A 表A.18 联系信息 CI_Contact -->
    <xs:complexType name="CI_Contact_Type">
      <xs:sequence>
        <xs:element name="phone" type="CI_Telephone_Type" minOccurs="0" maxOccurs="unbounded"/>
        <xs:element name="address" type="CI_Address_Type" minOccurs="0" maxOccurs="unbounded"/>
        <xs:element name="onlineResource" type="CI_OnlineResource_Type" minOccurs="0" maxOccurs="unbounded"/>
      </xs:sequence>
    </xs:complexType>
    <xs:element name="CI_Contact" type="CI_Contact_Type"/>
<!--附录A 表A.19 电话信息 CI_Telephone -->
    <xs:complexType name="CI_Telephone_Type">
      <xs:sequence>
        <xs:element name="voice" type="xs:string" minOccurs="0"/>
        <xs:element name="facsimile" type="xs:string" minOccurs="0"/>
      </xs:sequence>
    </xs:complexType>
    <xs:element name="CI_Telephone" type="CI_Telephone_Type"/>
<!--附录A 表A.20 地址信息 CI_Address -->
    <xs:complexType name="CI_Address_Type">
      <xs:sequence>
        <xs:element name="deliveryPoint" type="xs:string" minOccurs="0"/>
        <xs:element name="city" type="xs:string" minOccurs="0"/>
        <xs:element name="administrativeArea" type="xs:string" minOccurs="0"/>
        <xs:element name="postalCode" type="xs:string" minOccurs="0"/>
        <xs:element name="country" type="xs:string" minOccurs="0"/>
        <xs:element name="electronicMailAddress" type="xs:string" minOccurs="0" maxOccurs="unbounded"/>
      </xs:sequence>
    </xs:complexType>
    <xs:element name="CI_Address" type="CI_Address_Type"/>
<!--附录A 表A.21 法律限制信息 MD_LegalConstraints -->
    <xs:complexType name="MD_LegalConstraints_Type">
      <xs:sequence>
        <xs:element name="accessConstraints" type="xs:string" minOccurs="0" maxOccurs="unbounded"/>
        <xs:element name="useConstraints" type="xs:string" minOccurs="0" maxOccurs="unbounded"/>
      </xs:sequence>
```

```xml
    </xs:complexType>
    <xs:element name="MD_LegalConstraints" type="MD_LegalConstraints_Type"/>
<!--附录A 表A.22 安全限制信息 MD_SecurityConstraints -->
    <xs:complexType name="MD_SecurityConstraints_Type">
      <xs:sequence>
        <xs:element name="userNote" type="xs:string" minOccurs="0" maxOccurs="unbounded"/>
        <xs:element name="classification" type="xs:string" minOccurs="0"/>
        <xs:element name="classificationSystem" type="xs:string" minOccurs="0"/>
        <xs:element name="operation" type="xs:string" minOccurs="0"/>
      </xs:sequence>
    </xs:complexType>
    <xs:element name="MD_SecurityConstraints" type="MD_SecurityConstraints_Type"/>
<!--附录D 表D.1 字符集代码 MD_CharacterSetCode -->
    <xs:simpleType name="MD_CharacterSetCode_Type">
      <xs:restriction base="xs:string">
        <xs:enumeration value="ucs2"/>
        <xs:enumeration value="ucs4"/>
        <xs:enumeration value="ucs7"/>
        <xs:enumeration value="utf8"/>
        <xs:enumeration value="utf16"/>
        <xs:enumeration value="big5"/>
        <xs:enumeration value="GB2312"/>
      </xs:restriction>
    </xs:simpleType>
<!--附录D 表D.2 范围代码 MD_ScopeCode -->
    <xs:simpleType name="MD_ScopeCode_Type">
      <xs:restriction base="xs:string">
        <xs:enumeration value="feature"/>
        <xs:enumeration value="features"/>
        <xs:enumeration value="dataset"/>
        <xs:enumeration value="series"/>
      </xs:restriction>
    </xs:simpleType>
<!--附录D 表D.3 空间表示类型代码 MD_SpatialRepresentationTypeCode -->
    <xs:simpleType name="MD_SpatialRepresentationTypeCode_Type">
      <xs:restriction base="xs:string">
        <xs:enumeration value="vector"/>
        <xs:enumeration value="grid"/>
      </xs:restriction>
    </xs:simpleType>
<!--附录D 表D.4 专题类型代码 MD_TopicCategoryCode -->
    <xs:simpleType name="MD_TopicCategoryCode_Type">
```

```xml
    <xs:restriction base="xs:string">
      <xs:enumeration value="surfaceMeteorology"/>
      <xs:enumeration value="upperAirMeteorology"/>
      <xs:enumeration value="marineMeteorology"/>
      <xs:enumeration value="meteorologicalRadiation"/>
      <xs:enumeration value="agriculturalMeteorology"/>
      <xs:enumeration value="numericalAnalysisForecast"/>
      <xs:enumeration value="atmosphericComposition"/>
      <xs:enumeration value="historicalClimatProxy"/>
      <xs:enumeration value="meteorologicalDisaster"/>
      <xs:enumeration value="meteorologicalRadar"/>
      <xs:enumeration value="meteorologicalSatellite"/>
      <xs:enumeration value="meteorologicalService"/>
      <xs:enumeration value="spaceWeather"/>
      <xs:enumeration value="environment"/>
      <xs:enumeration value="others"/>
    </xs:restriction>
  </xs:simpleType>
<!--附录D 表D.5 维护频率代码 MD_MaintenanceFrequencyCode -->
  <xs:simpleType name="MD_MaintenanceFrequencyCode_Type">
    <xs:restriction base="xs:string">
      <xs:enumeration value="continual"/>
      <xs:enumeration value="daily"/>
      <xs:enumeration value="weekly"/>
      <xs:enumeration value="fortnightly"/>
      <xs:enumeration value="monthly"/>
      <xs:enumeration value="quarterly"/>
      <xs:enumeration value="biannually"/>
      <xs:enumeration value="annually"/>
      <xs:enumeration value="asNeeded"/>
      <xs:enumeration value="irregular"/>
      <xs:enumeration value="notPlanned"/>
      <xs:enumeration value="unknown"/>
      <xs:enumeration value="Hourly"/>
      <xs:enumeration value="3-Hourly"/>
      <xs:enumeration value="6-Hourly"/>
      <xs:enumeration value="12-Hourly"/>
    </xs:restriction>
  </xs:simpleType>
<!--附录D 表D.6 日期类型代码 CI_DateTypeCode -->
  <xs:simpleType name="CI_DateTypeCode_Type">
    <xs:restriction base="xs:string">
      <xs:enumeration value="creation"/>
```

```xml
            <xs:enumeration value="publication"/>
            <xs:enumeration value="revision"/>
            <xs:enumeration value="reference"/>
        </xs:restriction>
    </xs:simpleType>
    <!--附录D 表D.7 职责代码 CI_RoleCode -->
    <xs:simpleType name="CI_RoleCode_Type">
        <xs:restriction base="xs:string">
            <xs:enumeration value="resourceProvider"/>
            <xs:enumeration value="custodian"/>
            <xs:enumeration value="owner"/>
            <xs:enumeration value="user"/>
            <xs:enumeration value="distributor"/>
            <xs:enumeration value="originator"/>
            <xs:enumeration value="pointOfContact"/>
            <xs:enumeration value="investigator"/>
            <xs:enumeration value="processor"/>
            <xs:enumeration value="publisher"/>
        </xs:restriction>
    </xs:simpleType>
    <!--附录D 表D.8 关键字类型 MD_KeywordTypeCode -->
    <xs:simpleType name="MD_KeywordTypeCode_Type">
        <xs:restriction base="xs:string">
            <xs:enumeration value="discipline"/>
            <xs:enumeration value="place"/>
            <xs:enumeration value="stratum"/>
            <xs:enumeration value="temporal"/>
            <xs:enumeration value="theme"/>
        </xs:restriction>
    </xs:simpleType>
    <!--附录D 表D.9 在线功能代码 CI_OnLineFunctionCode -->
    <xs:simpleType name="CI_OnLineFunctionCode_Type">
        <xs:restriction base="xs:string">
            <xs:enumeration value="download"/>
            <xs:enumeration value="information"/>
            <xs:enumeration value="offlineAccess"/>
            <xs:enumeration value="order"/>
            <xs:enumeration value="search"/>
        </xs:restriction>
    </xs:simpleType>
</xs:schema>
```

附 录 C
（资料性附录）
使用 XML 格式实现气象数据发现元数据的示例

```xml
<?xml version="1.0" encoding="UTF-8"?>
<MD_Metadata
xmlns="MetadataStandardforSharingMeteorologicalData1.0"
xmlns:xsi="http://www.w3.org/2001/XMLSchema-instance"
xsi:schemaLocation="MetadataStandardforSharingMeteorologicalData1.0 XML_SCHEMA.xsd">
  <fileIdentifier>RADR.DOR.O_RAW.BEZZ.Z9999</fileIdentifier>
  <language>eng</language>
  <characterSet>UTF-8</characterSet>
  <parentIdentifier>RADR.DOR.O_RAW.BEZZ</parentIdentifier>
  <hierarchyLevel>dataset</hierarchyLevel>
  <hierarchyLevelName>雷达资料-多普勒雷达-基数据-河南省</hierarchyLevelName>
  <!--以下联系方式便于联系到该条元数据负责人-->
  <contact>
    <individualName>李明</individualName>
    <organisationName>XX局XX中心</organisationName>
    <positionName>处长</positionName>
    <contactInfo>
      <phone>
        <voice>0371-65922900</voice>
        <facsimile>0371-65922900</facsimile>
      </phone>
      <address>
        <deliveryPoint>金水路110号</deliveryPoint>
        <city>郑州</city>
        <administrativeArea>金水区</administrativeArea>
        <postalCode>450003</postalCode>
        <country>中国</country>
        <electronicMailAddress>liming@cma.gov.cn</electronicMailAddress>
      </address>
    </contactInfo>
    <role>pointOfContact</role>
  </contact>
  <dateStamp>2016-10-29T17:52:30</dateStamp>
  <metadataStandardName>气象数据发现元数据标准</metadataStandardName>
  <metadataStandardVersion>1.0</metadataStandardVersion>
  <identificationInfo>
    <title>河南郑州站(Z9999)多普勒雷达基数据</title>
    <dataIdentifier>Z_RADR_I_Z9999_[0-9]{14}_O_DOR_SA_.*.bin.*</dataIdentifier>
```

```xml
<abstract>河南郑州站SA型多普勒雷达(敏视达)观测基数据,郑州站(Z9999)位于北纬34.704度,东经113.69度。多普勒天气雷达基数据是雷达采集回来的原始数据。与常规天气雷达相比,多普勒天气雷达除了能够利用云雨目标物对雷达所发射电磁波的散射回波来测定其空间位置、强弱分布、垂直结构等之外,还可以利用物理学上的多普勒效应来测定降水粒子的径向运动速度,推断降水云体的移动速度、风场结构特征、垂直气流速度分布以及湍流情况等,这对研究降水的形成、分析中小尺度天气系统、警戒强对流天气等具有重要意义。</abstract>
    <elements>反射率因子/平均径向速度/速度谱宽</elements>
    <referanceDate>
        <date>2001-10-28</date>
        <dateType>publication</dateType>
    </referanceDate>
    <!--以下联系方式便于联系到该条元数据对应数据提供方负责人-->
    <pointOfContact>
        <individualName>张晓</individualName>
        <organisationName>河南省郑州市气象局</organisationName>
        <positionName>科员</positionName>
        <contactInfo>
            <phone>
                <voice>0371-6666666</voice>
                <facsimile>0371-7777777</facsimile>
            </phone>
            <address>
                <deliveryPoint>中州大道2号</deliveryPoint>
                <city>郑州</city>
                <administrativeArea>二七区</administrativeArea>
                <postalCode>450048</postalCode>
                <country>中国</country>
                <electronicMailAddress>zhangxiao@cma.gov.cn</electronicMailAddress>
            </address>
        </contactInfo>
        <role>originator</role>
    </pointOfContact>
    <resourceMaintenance>
        <maintenanceAndUpdateFrequency>continual</maintenanceAndUpdateFrequency>
    </resourceMaintenance>
    <descriptiveKeywords uuidref="主题">
        <keyword>多普勒雷达</keyword>
        <keyword>散射回波</keyword>
        <keyword>反射率因子</keyword>
        <keyword>平均径向速度</keyword>
        <keyword>速度谱宽</keyword>
        <type>theme</type>
        <thesaurusName>主题关键字来源:XX文件</thesaurusName>
```

```xml
    </descriptiveKeywords>
    <descriptiveKeywords uuidref="地点">
      <keyword>中国</keyword>
      <keyword>河南</keyword>
      <keyword>郑州</keyword>
      <type>place</type>
    </descriptiveKeywords>
  <resourceConstraints>
    <useLimitation>内部数据</useLimitation>
    <legalConstraints>
      <accessConstraints>仅限授权用户访问数据</accessConstraints>
      <useConstraints>授权用户</useConstraints>
    </legalConstraints>
    <securityConstraints>
      <userNote>未经气象部门同意禁止商用</userNote>
      <classification>01</classification>
      <classificationSystem>数据开放程度分级标准</classificationSystem>
      <operation>根据XX标准对数据开放程度进行级别标识</operation>
    </securityConstraints>
    <otherConstraints>无</otherConstraints>
  </resourceConstraints>
  <spatialRepresentationType>vector</spatialRepresentationType>
  <spatialResolution>径向分辨率110KM</spatialResolution>
  <referenceSystem>World Geodetic System(WGS 84)</referenceSystem>
  <characterSet>utf8</characterSet>
  <topicCategory>meteorologicalRadar</topicCategory>
  <extent>
    <description>数据覆盖地理范围。(纬度：-90至90度 北纬;经度：-180至180度 东经)</description>
    <geographicElement>
      <geographicDescription>河南省境内</geographicDescription>
      <geographicBoundingBox>
        <westBoundLongitude>110.88</westBoundLongitude>
        <eastBoundLongitude>116.45</eastBoundLongitude>
        <southBoundLatitude>31.6</southBoundLatitude>
        <northBoundLatitude>36.08</northBoundLatitude>
      </geographicBoundingBox>
    </geographicElement>
    <temporalElement>
      <description>该数据从beginPosition开始持续观测和发布</description>
      <beginPosition>2001-10-28</beginPosition>
      <timeInterval>continual</timeInterval>
    </temporalElement>
```

```xml
    <verticalGeographicElement>
      <maximumValue>26100</maximumValue>
      <minimumValue>1500</minimumValue>
      <unitOfMeasure>m</unitOfMeasure>
    </verticalGeographicElement>
  </extent>
  <supplementalInformation>补充信息：该雷达2019年5月完成双偏振雷达升级。
</supplementalInformation>
</identificationInfo>
<distributionInfo>
  <distributionFormat>
    <name>BZIP2压缩文件（解压后为二进制格式）</name>
    <version></version>
  </distributionFormat>
  <!--以下联系方式便于联系到该条元数据对应数据分发系统的负责人-->
  <distributor>
    <individualName>李晓</individualName>
    <organisationName>国家气象信息中心运行控制室</organisationName>
    <positionName>科长</positionName>
    <contactInfo>
      <phone>
        <voice>010-68408501</voice>
        <facsimile>010-68408501</facsimile>
      </phone>
      <onlineResource>
        <linkage>http：//mmm.cma.cn/RADR/DOR/O_RAW/BEZZ/Z9999</linkage>
      </onlineResource>
    </contactInfo>
    <role>distributor</role>
  </distributor>
  <transferOptions>
    <onLine>
      <linkage>ftp：// mmm.cma.cn/ RADR/DOR/O_RAW/BEZZ/Z9999</linkage>
      <protocol>ftp</protocol>
      <name>部门间气象资料共享服务平台下载地址</name>
      <description>授权用户可通过以上地址访问及下载数据</description>
      <function>download</function>
    </onLine>
  </transferOptions>
</distributionInfo>
<dataQualityInfo>
  <statement>经过台站级质控，数据仍存在距离折叠和速度模糊等质量问题</statement>
  <lineage>处理过程中无特殊事件</lineage>
```

QX/T 544—2020

```
    <source>多普勒雷达脉冲回波</source>
  </dataQualityInfo>
  <metadataMaintenance>
    <maintenanceAndUpdateFrequency>asNeeded</maintenanceAndUpdateFrequency>
  </metadataMaintenance>
</MD_Metadata>
```

附 录 D
（资料性附录）
代码表

表 D.1 字符集代码

序号	中文名称	英文名称	域代码	说明
1	通用字符集2	ucs2	001	基于ISO10646的十六位定长通用字符集
2	通用字符集4	ucs4	002	基于ISO10646的三十二位定长通用字符集
3	通用字符集转换格式7	utf7	003	基于ISO10646的七位变长通用字符集转换格式
4	通用字符集转换格式8	utf8	004	基于ISO10646的八位变长通用字符集转换格式
5	通用字符集转换格式16	utf16	005	基于ISO10646的十六位变长通用字符集转换格式
6	繁体汉字	big5	024	用于中国台湾、香港及其他地区的传统汉字代码集
7	简体汉字	GB2312	025	简化汉字代码集

表 D.2 范围代码

序号	中文名称	英文名称	域代码	说明
1	要素	feature	001	元数据描述的气象数据范围为要素
2	要素组	features	002	元数据描述的气象数据范围为要素组
3	数据集	dataset	005	元数据描述的气象数据范围为数据集
4	数据集序列	series	006	元数据描述的气象数据范围为数据集系列

表 D.3 空间表示类型代码

序号	中文名称	英文名称	域代码	说明
1	矢量	vector	001	矢量数据表示，包括不规则空间点，例如气象观测站点
2	格网	grid	002	格网数据表示

表 D.4 专题类型代码

序号	中文名称	英文名称	域代码	说明
1	地面气象	surfaceMeteorology	001	地面观测台站、地面边界层观测站、闪电定位系统等获得的资料及其综合分析加工产品，以及地面气象要素气候统计及再分析产品等
2	高空气象	upperAirMeteorology	002	高空观测台站、飞机、火箭、GPS、风廓仪等手段获得的高空气象探测资料及其加工产品，以及高空气象要素气候统计及再分析产品等

表 D.4 专题类型代码(续)

序号	中文名称	英文名称	域代码	说明
3	海洋气象	marineMeteorology	003	海洋船舶、浮标等获得的海洋观测及其统计资料
4	气象辐射	meteorologicalRadiation	004	常规地面辐射台站、大气本地站、南极站等台站地面观测取得的辐射资料,不含卫星、科考等方式获得的辐射资料
5	农业气象	agriculturalMeteorology	005	农业气象台站等取得的农业气象相关资料
6	数值分析预报	numericalAnalysisForecast	006	数值分析预报模式获得的各种分析和预报产品
7	大气成分	atmosphericComposition	007	大气本底观测站、酸雨观测站、大气臭氧观测站获得的有关反映大气环境状况的大气物理、大气化学、大气光学资料
8	历史气候代用	historicalClimateProxy	008	可反映历史气候条件的非器测资料
9	气象灾害	meteorologicalDisaster	009	记录各种天气气候灾害的气象实况
10	气象雷达	meteorologicalRadar	010	通过气象雷达(不包括卫星或飞机搭载雷达)探测获得的资料和产品
11	气象卫星	meteorologicalSatellite	011	通过各种卫星探测获得的气象资料和产品
12	气象服务	meteorologicalService	012	直接用于决策服务、公众服务的各类产品
13	空间天气	spaceWeather	014	空间天气
14	环境	environment	015	环境
15	其他	others	016	除上述外的其他类别

表 D.5 维护频率代码

序号	中文名称	英文名称	域代码	说明
1	连续	continual	001	数据重复地和频繁地进行更新
2	按日	daily	002	数据每天更新一次
3	按周	weekly	003	数据每周更新一次
4	按两周	fortnightly	004	数据每两周更新一次
5	按月	monthly	005	数据每月更新一次
6	按季	quarterly	006	数据每季更新一次
7	按半年	biannually	007	数据每半年更新一次
8	按年	annually	008	数据每年更新一次
9	按需要	asNeeded	009	数据按需更新
10	不固定	irregular	010	数据不定期更新
11	无计划	notPlanned	011	尚无更新计划
12	未知	unknown	012	数据维护频率未知
13	每小时	Hourly	013	数据每小时更新一次

表 D.5 维护频率代码（续）

序号	中文名称	英文名称	域代码	说明
14	每 3 小时	3-hourly	014	数据每 3 小时更新一次
15	每 6 小时	6-hourly	015	数据每 6 小时更新一次
16	每 12 小时	12-hourly	016	数据每 12 小时更新一次

表 D.6 日期类型代码

序号	中文名称	英文名称	域代码	说明
1	生产	creation	001	标识资源完成的日期
2	出版	publication	002	标识资源开始发布的日期
3	修订	revision	003	标识资源检查、重新检查、改善或更新的日期
4	引用	reference	004	标识资源被引用或访问的日期

表 D.7 职责代码

序号	中文名称	英文名称	域代码	说明
1	提供者	resourceProvider	001	提供数据源的单位
2	管理者	custodian	002	对数据承担责任和义务，并保证对其进行管理和维护的单位
3	拥有者	owner	003	拥有数据的单位
4	用户	user	004	使用数据的单位
5	分发者	distributor	005	分发数据的单位
6	生产者	originator	006	生产数据的单位
7	联系方	pointOfContact	007	可以了解情况或获取数据的联系单位
8	调查者	investigator	008	收集信息和进行研究的主要负责单位
9	处理者	processor	009	用某种方法处理数据，以改善数据的单位
10	出版者	publisher	010	发布数据的单位

表 D.8 关键字类型代码

序号	中文名称	英文名称	域代码	说明
1	学科	discipline	001	标识数据所属学科的概念和术语
2	地点	place	002	标识数据相关位置的关键字
3	地层	stratum	003	标识任何沉积层的关键字
4	时间	temporal	004	标识数据相关时间的关键字
5	主题	theme	005	标识数据相关的特别的主题或论题的关键字

表 D.9 在线功能代码

序号	中文名称	英文名称	域代码	说明
1	下载	download	001	将数据从一个存储设备或系统在线传输到另一个的在线指令
2	提供信息	information	002	资源的在线信息
3	离线访问	offlineAccess	003	向分发方索取资源的在线指令
4	预订	order	004	获得资源的在线订购过程
5	检索	search	005	查询有关资源信息的在线检索界面

参 考 文 献

[1] ISO 639-2:1998　Codes for the representation of names of languages-Part 2:Alpha-3 code
[2] ISO/IEC 10646:2017　Information technology—Universal Coded Character Set(UCS)
[3] ISO 19111:2019　Geographic information-Referencing by coordinates

ICS 07.060
A 47
备案号：73186—2020

中华人民共和国气象行业标准

QX/T 545—2020

风云系列极轨气象卫星可见光红外扫描辐射计在轨星上红外辐射定标方法

Calibration method for in-orbit infrared radiometry of visible and infrared radiometer of FY series polar orbiting meteorological satellite

2020-04-14 发布　　　　　　　　　　　　2020-07-01 实施

中 国 气 象 局　发 布

前　言

本标准按照 GB/T 1.1—2009 给出的规则起草。

本标准由全国卫星气象与空间天气标准化技术委员会气象卫星数据分技术委员会（SAC/TC 347/SC 1）提出并归口。

本标准起草单位：国家卫星气象中心。

本标准主要起草人：张里阳、郑照军。

引　言

可见光红外扫描辐射计(VIRR)是风云系列极轨气象卫星携带的光学遥感仪器之一,拥有覆盖可见光、近红外、短波红外、中波红外和长波红外波谱范围(0.43 μm～12.5 μm)的10个探测波段(参见附录A),星下点空间分辨率为1.1 km。在轨星上红外辐射定标处理实现的功能就是对扫描辐射计的零级数据进行质量检验和红外(中波红外、长波红外)辐射定标计算,是资料处理、应用研究和产品开发的基础。

本标准根据遥感仪器技术特点,基于VIRR红外辐射在轨定标算法制订业务化技术方法,其主要设计原则是根据数据预处理系统的业务应用要求,标准化数据处理节点,每一步均制订相应的操作规程,使预处理红外定标结果具有良好的准确性、稳定性和实效性,并且整体处理流程清晰明确,有利于用户理解和使用。

QX/T 545—2020

风云系列极轨气象卫星可见光红外扫描辐射计在轨星上红外辐射定标方法

1 范围

本标准规定了风云系列极轨气象卫星可见光红外扫描辐射计在轨星上红外辐射定标方法。

本标准适用于风云系列极轨气象卫星可见光红外扫描辐射计数据预处理一级产品生成流程中的红外辐射定标。

2 术语和定义

下列术语和定义适用于本文件。

2.1
可见光红外扫描辐射计 visible and infrared radiometer；VIRR

探测云参数、植被指数、射出长波辐射、云层、植被、积雪、海冰、气溶胶、地面反照率，监测多种自然灾害和生态环境的仪器。

注：搭载在极轨气象卫星风云一号气象卫星和风云三号气象卫星（前三颗）上。

2.2
发射前定标 pre-launch calibration

卫星发射前遥感器在实验室或外场进行的定标。

2.3
在轨定标 in-orbit calibration

卫星发射后开展的遥感器定标，包括星上定标和各种替代定标。

2.4
斜坡校准 ramp calibration

电定标

遥感器每个通道的斜坡计数值和测量电压之间关系的校准。

2.5
铂丝电阻温度计 platinum resistance thermometer；PRT

嵌入在星上参考黑体中，用于测量黑体温度的设备。

3 技术流程

见附录B。

4 数据准备

4.1 0级数据源

输入数据采用风云一号气象卫星(FY-1)和风云三号气象卫星(FY-3)VIRR 0级数据格式。

用于预处理的扫描辐射计0级数据应大于15条扫描线。

4.2 发射前定标

应提供如下参数：
a) PRT温度转换系数和权重系数；
b) 红外通道冷空辐射值；
c) 红外通道中心波数和带宽订正系数；
d) 红外通道辐射非线性订正系数。

红外通道发射前定标原理参见附录C的C.1。

5 数据质量检验

5.1 扫描线筛选

满足定标要求的扫描线筛选规则如下：
a) 前后两帧时间差的实际值与理论值(六分之一秒)相差不超过5 ms；
b) 前后两帧的帧序号连续；
c) 帧同步码正确。

5.2 定标数据提取

星上定标数据提取规则如下：
a) 每5条连续的扫描线为1个定标周期，定标系数每个定标周期计算1次；
b) 从1个定标周期中可提取30个参考黑体观测计数值(C_{BB})和50个冷空间观测计数值(C_S)；
c) 两个铂丝电阻温度计计数值(C_{T1}和C_{T2})从3个连续的定标周期中提取，由本定标周期和前后各1个定标周期组成，每个铂丝温度计各有30个测值。

5.3 定标数据检验

定标数据计数值C(包括C_{BB}、C_S、C_{T1}和C_{T2})应按照以下步骤检验：
a) 粗筛选：
$$C_{min} \leqslant C \leqslant C_{max} \quad \cdots\cdots\cdots\cdots\cdots(1)$$

式中：
C_{min}——计数值下限；
C——定标数据计数值；
C_{max}——计数值上限。

b) 精筛选：
$$|\overline{C} - 2 \cdot std| \leqslant C \leqslant |\overline{C} + 2 \cdot std| \quad \cdots\cdots\cdots\cdots\cdots(2)$$

$$\overline{C} = \frac{1}{n}\sum_{i=1}^{n} C_i \quad \cdots\cdots\cdots\cdots\cdots(3)$$

$$std = \sqrt{\frac{1}{n}\sum_{i=1}^{n}(C_i - \overline{C})^2} \quad \cdots\cdots\cdots\cdots\cdots(4)$$

式中：
$\overline{C}$——定标数据计数值算术平均值；
std——计数值标准差；

C ——定标数据计数值；

n ——粗筛选后样本数量；

C_i ——定标数据第 i 个样本的计数值。

c) 取平均值：当精筛选后的合格数据不少于总数的 25% 时，平均后得到 $\overline{C}_{BB}$、$\overline{C}_S$、$\overline{C}_{T1}$ 和 $\overline{C}_{T2}$。

6 斜坡校准处理

$$\overline{x} = \frac{1}{N}\sum_{i=1}^{N} x_i \quad \cdots\cdots\cdots\cdots (5)$$

$$\overline{y} = \frac{1}{N}\sum_{i=1}^{N} y_i \quad \cdots\cdots\cdots\cdots (6)$$

$$a = \frac{\sum_{i=1}^{N}(x_i y_i - \overline{xy})}{\sum_{i=1}^{N}(x_i^2 - \overline{x}^2)} \quad \cdots\cdots\cdots\cdots (7)$$

$$b = \overline{y} - a\overline{x} \quad \cdots\cdots\cdots\cdots (8)$$

$$R_{xy} = \frac{\sum_{i=1}^{N}(x_i y_i - \overline{xy})}{\sqrt{\sum_{i=1}^{N}(x_i^2 - \overline{x}^2)\sum_{i=1}^{N}(y_i^2 - \overline{y}^2)}} \quad \cdots\cdots\cdots\cdots (9)$$

$$F = \frac{(N-2)R_{xy}^2}{1 - R_{xy}^2} \quad \cdots\cdots\cdots\cdots (10)$$

式中：

$\overline{x}$ ——扫描线计数平均值；

N ——样本数量；

x_i ——扫描线第 i 个样本计数值；

$\overline{y}$ ——斜坡数据计数平均值；

y_i ——斜坡数据第 i 个样本计数值；

a ——斜率；

b ——截距；

R_{xy} ——相关系数；

F ——线性度检验值。

7 红外通道定标计算

7.1 计算星上参考黑体温度

$$T_{BB} = W_1 T_1 + W_2 T_2 \quad \cdots\cdots\cdots\cdots (11)$$

$$T_1 = c_{10} + c_{11}\overline{C}_{T1} + c_{12}\overline{C}_{T1}^2 \quad \cdots\cdots\cdots\cdots (12)$$

$$T_2 = c_{20} + c_{21}\overline{C}_{T2} + c_{22}\overline{C}_{T2}^2 \quad \cdots\cdots\cdots\cdots (13)$$

式中：

T_{BB} ——星上参考黑体温度；

W_1 ——第一个 PRT 的权重系数，发射前定标时给出；

T_1 ——第一个 PRT 的温度；

W_2——第二个PRT的权重系数,发射前定标时给出;
T_2——第二个PRT的温度;
c_{1i}——第一个PRT的温度转换系数,发射前定标时给出,$i=0,1,2$;
$\bar{C}_{T1}$——第一个PRT的平均计数值,取值见5.3;
c_{2i}——第二个PRT的温度转换系数,发射前定标时给出,$i=0,1,2$;
$\bar{C}_{T2}$——第二个PRT的平均计数值,取值见5.3。

7.2 计算星上参考黑体光谱辐亮度

$$R_{BB} = \frac{C_1 \nu_c^3}{e^{\frac{C_2 \nu_c}{T_{BB}^*}} - 1} \quad \cdots\cdots(14)$$

$$T_{BB}^* = A + B T_{BB} \quad \cdots\cdots(15)$$

式中:
R_{BB}——星上参考黑体红外通道光谱辐亮度;
C_1——辐射常数,$C_1 = 1.1910427 \times 10^{-5}$ mW/(m² · sr · cm⁻⁴);
ν_c——红外通道中心波数,发射前定标时给出;
C_2——辐射常数,$C_2 = 1.4387752$ cm · K;
T_{BB}^*——"有效"黑体温度;
A——红外通道带宽订正系数,发射前定标时给出;
B——红外通道带宽订正系数,发射前定标时给出;
T_{BB}——星上参考黑体温度,计算公式见式(11)。

7.3 线性定标

$$R_{LIN} = G C_E + I \quad \cdots\cdots(16)$$

$$G = \frac{R_{BB} - R_S}{\bar{C}_{BB} - \bar{C}_S} \quad \cdots\cdots(17)$$

$$I = R_{BB} - G \bar{C}_{BB} \quad \cdots\cdots(18)$$

式中:
R_{LIN}——红外通道线性定标光谱辐亮度;
G——增益;
C_E——对地观测计数值,从0级数据中读取;
I——截距;
R_{BB}——星上参考黑体红外通道光谱辐亮度,计算公式见式(14);
R_S——红外通道冷空辐射值,发射前定标时给出;
$\bar{C}_{BB}$——星上参考黑体观测计数平均值,取值见5.3;
$\bar{C}_S$——冷空观测计数平均值,取值见5.3。

7.4 非线性定标

$$R_E = R_{LIN} + R_{COR} \quad \cdots\cdots(19)$$

$$R_{COR} = b_0 + b_1 R_{LIN} + b_2 R_{LIN}^2 \quad \cdots\cdots(20)$$

式中:
R_E——红外通道对地观测光谱辐亮度;
R_{LIN}——红外通道线性定标光谱辐亮度,计算公式见式(16);
R_{COR}——红外通道非线性辐射订正量;

b_i ——红外通道辐射非线性订正系数,发射前定标时给出,$i=0,1,2$。

7.5 计算对地观测像元黑体温度

$$T_E = \frac{T_E^* - A}{B} \quad\quad\quad\quad\quad (21)$$

$$T_E^* = \frac{C_2 \nu_c}{\ln(1 + \frac{C_1 \nu_c^3}{R_E})} \quad\quad\quad\quad\quad (22)$$

式中:

T_E ——对地观测像元黑体温度;

T_E^* ——对地观测像元"有效"黑体温度;

A ——红外通道带宽订正系数,发射前定标时给出;

B ——红外通道带宽订正系数,发射前定标时给出;

C_2 ——辐射常数,取值见 7.2;

ν_c ——红外通道中心波数,发射前定标时给出;

C_1 ——辐射常数,取值见 7.2;

R_E ——红外通道对地观测光谱辐亮度,计算公式见式(19)。

红外通道在轨定标原理参见附录C的C.2。

附 录 A
(资料性附录)

风云系列极轨气象卫星可见光红外扫描辐射计通道参数

FY-1和FY-3系列极轨气象卫星可见光红外扫描辐射计通道参数见表A.1和表A.2。

表A.1 FY-1系列极轨气象卫星可见光红外扫描辐射计通道参数

通道	波段	波长 μm	星下点分辨率 m
1	可见光(Visible)	0.58～0.68	1100
2	近红外(Near infrared)	0.84～0.89	1100
3	中波红外(Middle wave infrared)	3.55～3.95	1100
4	长波红外(Long wave infrared)	10.3～11.3	1100
5	长波红外(Long wave infrared)	11.5～12.5	1100
6	短波红外(Short wave infrared)	1.58～1.64	1100
7	可见光(Visible)	0.43～0.48	1100
8	可见光(Visible)	0.48～0.53	1100
9	可见光(Visible)	0.53～0.58	1100
10	近红外(Near infrared)	0.900～0.985	1100

表A.2 FY-3系列极轨气象卫星可见光红外扫描辐射计通道参数

通道	波段	波长 μm	星下点分辨率 m
1	可见光(Visible)	0.58～0.68	1100
2	近红外(Near infrared)	0.84～0.89	1100
3	中波红外(Middle wave infrared)	3.55～3.95	1100
4	长波红外(Long wave infrared)	10.3～11.3	1100
5	长波红外(Long wave infrared)	11.5～12.5	1100
6	短波红外(Short wave infrared)	1.58～1.64	1100
7	可见光(Visible)	0.43～0.48	1100
8	可见光(Visible)	0.48～0.53	1100
9	可见光(Visible)	0.53～0.58	1100
10	短波红外(Short wave infrared)	1.325～1.395	1100

附 录 B
（规范性附录）
风云系列极轨气象卫星可见光红外扫描辐射计红外通道在轨星上辐射定标技术流程

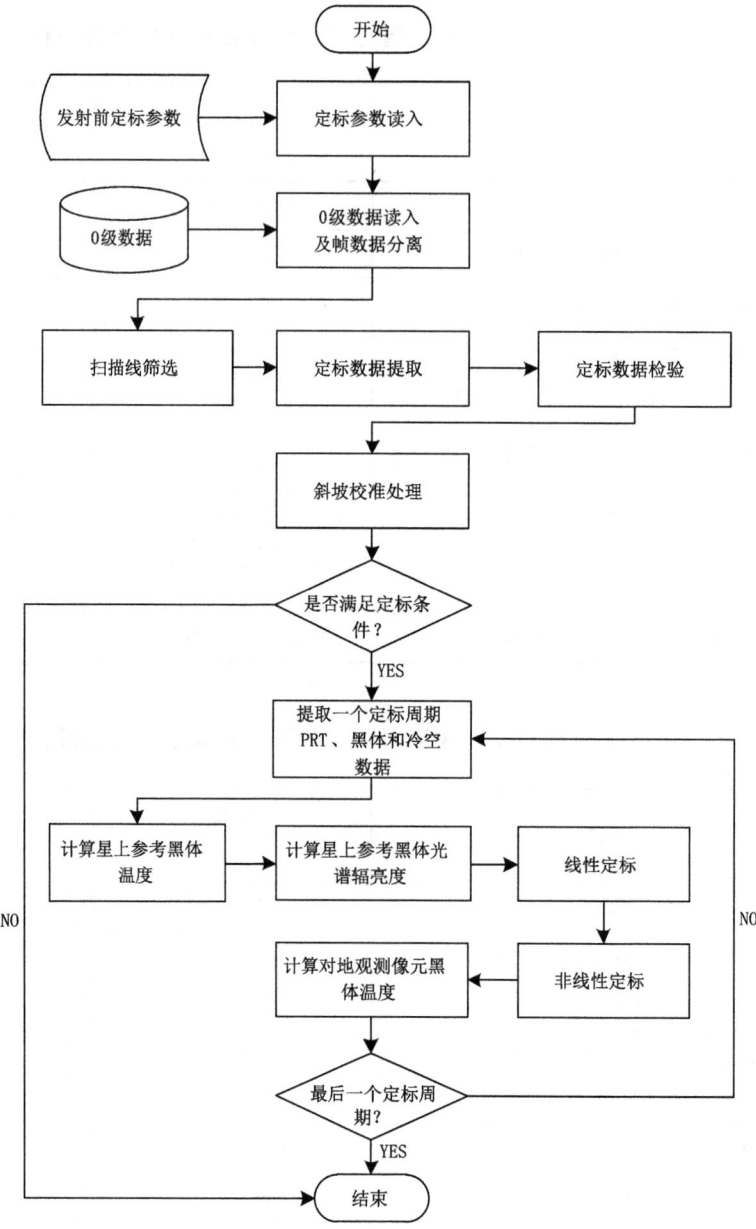

图 B.1 风云系列极轨气象卫星可见光红外扫描辐射计红外通道在轨星上辐射定标技术流程

附 录 C
（资料性附录）
风云系列极轨气象卫星可见光红外扫描辐射计红外通道在轨星上辐射定标原理

C.1 发射前定标

红外通道的发射前定标在热红外真空罐中进行，以模拟太空中的真实环境。主要目的是检验VIRR 红外通道工作是否正常，检测系统探测灵敏度等性能是否达到规定指标，确定红外通道的放大倍数，设定通道探测动态范围。

VIRR 红外定标利用深冷黑体作为空间零辐射基准，标准面源黑体为目标辐射基准，系统输出信号值与面源黑体辐亮度成固定的函数关系，改变面源黑体温度（辐射发射量），系统输出对应的计数信号，得到这一函数关系。同时通过测得扫描辐射计内参考黑体信号和测温传感器输出的电压，建立测温电压计数值与参考黑体等效黑体温度之间的另一函数关系，把面源黑体标准引渡到内参考黑体上，入轨后若系统信号衰减时，根据测温电压下对应信号计数值变化而重新给出参考黑体等效黑体温度，实现飞行中辐射校准。

在进行 VIRR 辐射定标时，辐射计进行恒温控制，用面源黑体模拟地球的辐射，用深冷黑体模拟冷空间的辐射基准。当辐射计工作时，通过扫描镜依次接收深冷黑体（冷空间）、面源黑体（地球目标）、辐射计内参考黑体的辐射，并同步采集标准面源黑体、内参考黑体的温度数据。通过对采集数据处理，获得定标结果。定标误差有面源黑体比辐射率误差、测温不确定度误差、面源黑体表面非均一性误差、系统噪声、量化误差以及定标非线性误差，综合结果等效定标温度误差（270 K 时）应小于 1 K。

C.2 在轨定标

卫星发射以后，由于传感器性能的变化，需要进行在轨定标。在每一个扫描线周期，VIRR 各通道传感器观测三种不同类型的目标：冷空间（10 个测值）、地球（2048 个测值）和内部黑体（6 个测值），可以用于定标计算。

内部黑体温度 T_{BB} 由两个嵌入其中的 PRT 测量得到，VIRR 各通道接收到来自内部黑体的辐射值 R_{BB} 由 T_{BB} 和光谱响应函数（发射前推导出带宽订正系数）计算得到，冷空间辐射值 R_S 由发射前定标试验确定。这两个辐射值连同冷空间观测计数值 C_S 和黑体观测计数值 C_{BB} 是辐射值－计数值关系曲线中的两个点 (C_{BB}, R_{BB}) 和 (C_S, R_S)，连接这两个点的直线提供了辐射值与计数值的线性函数关系。将地球观测计数值代入到此线性方程中，可计算出红外通道线性定标光谱辐亮度 R_{LIN} 值。发射前的测量试验表明实际的辐射值－计数值关系曲线是二次性的，因此 R_{LIN} 应输入到一个二次项方程（发射前测量得到）中，得到非线性辐射订正量 R_{COR}。红外通道对地观测光谱辐亮度 R_E 值（其对应的对地观测计数值为 C_E）是通过将 R_{COR} 和 R_{LIN} 两者相加得到。对地观测像元"有效"黑体温度 T_E^* 便可以利用 R_E 通过 Plank 定律逆变换计算出来，最后经过光谱通道带宽订正计算，即得到对地观测像元黑体温度 T_E。

ICS 07.060
A 47
备案号：73187—2020

中华人民共和国气象行业标准

QX/T 546—2020

空间高能粒子辐射效应术语

Terminology for space energetic particle radiation effects

2020-04-14 发布　　　　　　　　　　　　　　　　2020-07-01 实施

中国气象局　发布

QX/T 546—2020

前　言

本标准按照GB/T 1.1—2009和GB/T 20001.1—2001给出的规则起草。

本标准由全国卫星气象与空间天气标准化技术委员会空间天气监测预警分技术委员会(SAC/TC 347/SC 3)提出并归口。

本标准起草单位：国家卫星气象中心（国家空间天气监测预警中心）。

本标准主要起草人：唐云秋、薛炳森、闫小娟。

QX/T 546—2020

空间高能粒子辐射效应术语

1 范围

本标准界定了空间天气保障中涉及的空间高能粒子辐射效应相关的术语。
本标准适用于空间天气保障，以及空间高能粒子辐射效应研究与应用。

2 粒子辐射环境

2.1
地球辐射带 radiation belts of the earth
地球空间中被地磁场捕获而形成的相对稳定的高能带电粒子聚集区。
注：包括内辐射带（范艾伦带）和外辐射带。

2.2
银河宇宙线 galactic cosmic rays;GCRs
源于银河系的高能带电粒子流。

2.3
太阳宇宙线 solar cosmic rays;SCRs
太阳活动产生的高能带电粒子流。

2.4
空间高能粒子辐射环境 space energetic particle radiation environment
空间中能量高于几十千电子伏的带电粒子环境。
注1：主要包括**银河宇宙线**(2.2)、**太阳宇宙线**(2.3)和**地球辐射带**(2.1)高能带电粒子。
注2：改写 GB/T 30114.2—2014，定义7.4。

2.5
空间高能粒子辐射效应 space energetic particle radiation effects
空间高能粒子辐射环境(2.4)对在轨航天系统及生物体产生的影响。
注：主要包括**辐射剂量效应**(3.1)、**单粒子效应**(4.1)、**深层充电效应**(5.1)和**辐射生物效应**(6.1)等。

3 航天器辐射剂量效应

3.1
辐射剂量效应 radiation dose effect
空间高能粒子造成的电离作用和原子位移作用使得航天器材料、电子器件的性能变差，甚至损坏的现象。
注：单指对航天器材料和电子器件的影响，不包括**辐射生物效应**(6.1)。

3.2
电离总剂量效应 total ionizing dose effect
空间高能粒子通过电离（激发）过程，引起航天器材料状态改变的现象。

3.3
位移效应 displacement effect

当空间高能粒子辐照半导体材料时,使其原子产生位移,造成缺陷,改变其原有电学性能,导致器件性能下降的现象。

3.4
总电离剂量 total ionizing dose;TID

空间高能粒子通过电离(激发)过程,在材料中传递的能量总额。

3.5
非电离能损 non-ionizing energy loss;NIEL

空间高能粒子造成半导体材料原子位移所对应的能量传递。

3.6
线性能量输送 linear energy transfer;LET

带电粒子通过材料单位长度时输送的能量。

注：单位为兆电子伏特平方厘米每克($MeV \cdot cm^2/g$)。

4 航天器单粒子效应

4.1
单粒子效应 single event effect;SEE

单粒子事件

由于单个高能粒子撞击微电子器件敏感区域而引起的器件异常。

4.2
单粒子翻转 single event upset;SEU

由单个高能粒子引起的系统或设备中逻辑电路单元状态改变的现象。

4.3
单粒子锁定 single event latch-up;SEL

由单个高能粒子引起的系统或设备中逻辑电路单元丧失功能的现象。

4.4
单粒子烧毁 single event burnout;SEB

由单个高能粒子轰击引起的系统或设备中元器件损坏的现象。

4.5
单粒子门击穿 single event gate rupture;SEGR

单粒子门断裂

单粒子栅击穿

单粒子栅极击穿

由单个高能粒子轰击引起的系统或设备中功率器件的破坏性失效的现象。

4.6
单粒子功能中断 single event functional interrupt;SEFI

由单个高能粒子轰击引起的系统或设备中元器件丧失功能的现象。

4.7
多位翻转 multiple bit upset;MBU

单个高能粒子击中微电子器件敏感部位,引发多个逻辑单元状态同时发生改变的现象。

4.8
单粒子瞬变 single event transient；SET

单个高能粒子轰击引起的电路中产生瞬时电流脉冲的现象。

5 航天器深层充电效应

5.1
深层充电效应 deep charging effect

由空间高能电子在介质内部沉积所形成的电场，影响航天器设备正常工作的现象。

5.2
深层介质充电 deep dielectric charging

内部介质充电 internal dielectric charging；IDC

体充电 bulk charging

浸入充电 buried charging

空间高能电子穿透介质表面，在介质内部传输积累生成电场的现象。

5.3
静电放电 electrostatic discharge；ESD

深层充电所致的最大电场达到或超过介质材料的**击穿**(5.4)阈值时，产生的电荷瞬间释放现象。

5.4
击穿 breakdown

绝缘物质在电场的作用下发生剧烈放电，导致绝缘性能下降甚至失效的现象。

6 航天生物体辐射效应

6.1
辐射生物效应 biological effect of radiation

空间高能粒子或其次级粒子通过与生物体相互作用，导致包括航天员在内的生物体的结构和机能发生改变的现象。

6.2
随机性辐射效应 stochastic radiation effect

发生概率与剂量成正比而严重程度与剂量无关的辐射效应。一般认为，在辐射防护范围内，这种效应的发生不存在剂量阈值。

6.3
确定性辐射效应 deterministic radiation effect

通常情况下存在剂量阈值的一种辐射效应，超过阈值时，剂量愈高则效应的严重程度愈大。

6.4
辐射剂量 radiation dose

空间高能粒子与生物体相互作用，通过电离作用，被生物体所吸收，并影响生物体的能量。

6.5
吸收剂量 absorbed dose

单位质量的物质吸收的电离辐射平均能量。

注：其 SI 基本单位为焦耳每千克(J/kg)，SI 导出单位为戈[瑞](Gy)。1 Gy=1 J/kg。

6.6

吸收剂量率 absorbed dose rate

单位时间内**吸收剂量**(6.5)的增量。

注:单位是戈[瑞]每秒(Gy/s)。

6.7

[辐射]品质因数 radiation quality factor

表征相同的**辐射剂量**(6.4)对不同生物体或器官造成的影响程度的无量纲参数。

6.8

剂量当量 dose equivalent

H

生物组织中某处的**吸收剂量**(6.5)D、**品质因数**(6.7)Q 和其他一切修正因数 N 的乘积,见式(1):

$$H = DQN \quad\quad\quad\quad\quad (1)$$

注1:H 为国际辐射单位与测量委员会(ICRU)使用的一个量,其 SI 基本单位为焦耳每千克(J/kg),SI 导出单位为希[沃特](Sv)。1 Sv=1 J/kg。

注2:改写 GB/T 30114.6—2014,定义 4.30。

参 考 文 献

[1] GB/T 3102.10—1993　核反应和电离辐射的量和单位
[2] GB 18871—2002　电离辐射防护与辐射源安全基本标准
[3] GB/T 30114.2—2014　空间科学及其应用术语　第2部分:空间物理
[4] GB/T 30114.6—2014　空间科学及其应用术语　第6部分:航天医学
[5] 徐龙道等.物理学词典[M].北京:科学出版社,2004
[6] 中国大百科全书总编辑委员会.中国大百科全书[M].北京:中国大百科全书出版社,2002
[7] 全国科学技术名词审定委员会.航天科学技术名词[M].北京:科学出版社,2005
[8] 都亨,叶宗海.低轨道航天器空间环境手册[M].北京:国防工业出版社,1996
[9] 焦维新.空间天气学[M].北京:气象出版社,2003
[10] 王劲松,焦维新.空间天气灾害[M].北京:气象出版社,2009
[11] 王劲松,吕建永.空间天气[M].北京:气象出版社,2009
[12] 刘振兴,等.太空物理学[M].哈尔滨:哈尔滨工业大学出版社,2005
[13] 丁义刚.空间辐射环境单粒子效应研究[J].航天器环境工程,2007,24(5):283-290
[14] 黄建国,陈东,师立勤.卫星介质深层充电中的主要物理问题[J].空间科学学报,2004,24(5):346-352
[15] Holmes-Siedle A, Adams L. Handbook of radiation effects:2nd ed[M]. Oxford:Oxford University Press,2002

QX/T 546—2020

索 引

汉语拼音索引

D

单粒子翻转	4.2
单粒子功能中断	4.6
单粒子门断裂	4.5
单粒子门击穿	4.5
单粒子烧毁	4.4
单粒子事件	4.1
单粒子瞬变	4.8
单粒子锁定	4.3
单粒子效应	4.1
单粒子栅击穿	4.5
单粒子栅极击穿	4.5
地球辐射带	2.1
电离总剂量效应	3.2
多位翻转	4.7

F

非电离能损	3.5
辐射剂量	6.4
辐射剂量效应	3.1
［辐射］品质因数	6.7
辐射生物效应	6.1

J

击穿	5.4
剂量当量	6.8
浸入充电	5.2
静电放电	5.3

K

| 空间高能粒子辐射环境 | 2.4 |
| 空间高能粒子辐射效应 | 2.5 |

N

| 内部介质充电 | 5.2 |

Q

| 确定性辐射效应 | 6.3 |

S

深层充电效应	5.1
深层介质充电	5.2
随机性辐射效应	6.2

T

| 太阳宇宙线 | 2.3 |

| 体充电 | 5.2 |

W

| 位移效应 | 3.3 |

X

吸收剂量	6.5
吸收剂量率	6.6
线性能量输送	3.6

Y

| 银河宇宙线 | 2.2 |

Z

| 总电离剂量 | 3.4 |

英文对应词索引

A

| absorbed dose rate | 6.6 |
| absorbed dose | 6.5 |

B

biological effect of radiation	6.1
breakdown	5.4
bulk charging	5.2
buried charging	5.2

D

deep charging effect	5.1
deep dielectric charging	5.2
deterministic radiation effect	6.3
displacement effect	3.3
dose equivalent	6.8

E

| electrostatic discharge | 5.3 |
| ESD | 5.3 |

G

| galactic cosmic rays | 2.2 |
| GCRs | 2.2 |

I

| IDC | 5.2 |
| internal dielectric charging | 5.2 |

L

| LET | 3.6 |
| linear energy transfer | 3.6 |

M

| MBU | 4.7 |
| multiple bit upset | 4.7 |

N

NIEL	3.5
non-ionizing energy loss	3.5

R

radiation belts of the earth	2.1
radiation dose effect	3.1
radiation dose	6.4
radiation quality factor	6.7

S

SCRs	2.3
SEB	4.4
SEE	4.1
SEFI	4.6
SEGR	4.5
SEL	4.3
SET	4.8
SEU	4.2
single event burnout	4.4
single event effect	4.1
single event functional interrupt	4.6
single event gate rupture	4.5
single event latch-up	4.3
single event transient	4.8
single event upset	4.2
solar cosmic rays	2.3
space energetic particle radiation effects	2.5
space energetic particle radiation environment	2.4
stochastic radiation effect	6.2

T

TID	3.4
total ionizing dose effect	3.2
total ionizing dose;TID	3.4

ICS 07.060
A 47
备案号：73188—2020

中华人民共和国气象行业标准

QX/T 547—2020

人工影响天气安全　地面作业空域申请和使用规范

Weather modification safety—Specifications for airspace application and use for ground-based operation

2020-04-14 发布　　　　　　　　　　　　　　　　　2020-07-01 实施

中　国　气　象　局　发　布

前　言

本标准按照 GB/T 1.1—2009 给出的规则起草。

本标准由全国人工影响天气标准化技术委员会（SAC/TC 538）提出并归口。

本标准起草单位：河南省人民政府人工影响天气领导小组办公室、中国人民解放军 95028 部队、北京市人工影响天气办公室、陕西省人工影响天气办公室。

本标准主要起草人：鲍向东、孟宪国、孙锐、杜春丽、郭献林、田显、黄梦宇、丁建芳、高金刚、冯景、程博、张磊、梁谷。

引 言

近年来,随着我国航空经济的快速发展,空中航空器不断增多,空域使用供需矛盾日益突出。人工影响天气地面高炮、火箭对空射击作业具有点多、面广、时效性强、安全风险大和实施标准高等诸多特点。每年初省、自治区、直辖市气象主管机构应向有关空域管理机构上报人工影响天气地面作业年度空域使用方案。每次地面作业实施前,作业点所在地县级以上气象主管机构应向有关空域管理机构申请作业空域,得到批准后方可实施。

目前,由于各地空域申报的内容和方式不统一,加上各级空域管理机构的审批要求差别较大,不利于地面高炮和火箭对空射击作业的空域申请和批复,容易产生空域使用安全隐患,并影响到作业任务的顺利完成。

按照国家关于进一步加强对空射击管理工作的相关要求,为规范人工影响天气地面作业空域申请和使用工作,提高空域使用效率和作业效果,保证空中航空器飞行安全和地面作业安全,经征求空军参谋部和中国民用航空局意见,制定本标准。

人工影响天气安全　地面作业空域申请和使用规范

1　范围

本标准规定了人工影响天气地面作业空域申请和使用的基本要求、空域使用方案、作业空域申请和批准、作业空域使用。

本标准适用于人工影响天气地面高炮、火箭对空射击作业空域申请和使用。

2　规范性引用文件

下列文件对于本文件的应用是必不可少的。凡是注日期的引用文件，仅注日期的版本适用于本文件。凡是不注日期的引用文件，其最新版本（包括所有的修改单）适用于本文件。

QX/T 151—2012　人工影响天气作业术语

QX/T 422—2018　人工影响天气地面高炮、火箭作业空域申报信息格式

3　术语和定义

QX/T 151—2012、QX/T 422—2018 界定的以及下列术语和定义适用于本文件。

3.1

空域管理机构　airspace management authority

对在空域内的一切活动实施统一监督、管理和控制的军民航空域管制单位。

3.2

对空射击　ground-to-air shooting

使用人工影响天气地面高炮、火箭作业装备，向空中发射炮弹、火箭弹的活动。

注：改写 QX/T 422—2018，定义 3.3。

4　基本要求

4.1　空域使用通信保障

4.1.1　县级以上气象主管机构、空域管理机构、地面作业点之间应采取有线通信、无线通信、网络通信等两个以上互为备份的通信方式，确保通信联络畅通。作业期间通信设备应有专人值守。

4.1.2　参与人工影响天气地面作业和空域管理的各单位应统一采用北京时间，并使用 24 时计时法。

4.1.3　通过电话申请和传达作业空域指令的县级以上气象主管机构及其授权的作业点应配备电话录音设备，且电话录音的保存期应不少于 3 个月。通过计算机网络申请和批复的作业空域信息，保存期应不少于 1 年。

4.2　空域安全保障

4.2.1　省、自治区、直辖市气象主管机构应定期召开本省、自治区、直辖市的空域协调会议。会议纪要内容应包括会议时间、地点、参会单位、参会人员、记录人及会议形成的共识、注意事项等。

4.2.2　省、自治区、直辖市气象主管机构应每年组织一次本省、自治区、直辖市的人工影响天气管理人

员对空射击安全教育培训、考核,由空域管理专业人员授课,并记录存档;地(市)、县(市)两级气象主管机构应每年组织一次基层人工影响天气作业人员对空射击安全教育培训,并记录存档。

4.2.3 人工影响天气对空射击作业单位应制定人工影响天气地面作业对空射击安全事故处置预案。当对空射击作业发生空中安全事故时应立即停止作业,及时封存所有作业装备、作业记录,并配合空域管理机构的调查处理。

5 空域使用方案

5.1 年度空域使用方案

5.1.1 利用高炮、火箭实施人工影响天气地面作业的省、自治区、直辖市气象主管机构应制定人工影响天气地面作业年度空域使用方案,并在每年开展地面人工影响天气作业前报有关空域管理机构批准或备案。

5.1.2 人工影响天气地面作业年度空域使用方案应包括作业点代码、作业点名称、所属县级行政区、地理位置、海拔高度、装备种类、作业点类型等,其中作业点代码应为9位,编码格式应符合QX/T 422—2018附录C,作业点名称应注明乡(镇)和村庄名称。年度空域使用方案表格式见附录A。

5.1.3 县级以上气象主管机构收到人工影响天气地面作业年度空域使用方案批复或回复后,应按照空域管理机构的管辖范围,与相应的空域管理机构签订年度空域使用和安全保障协议。

5.1.4 人工影响天气地面作业需要调整年度空域使用方案时,应按照人工影响天气地面作业年度空域使用方案申请程序,申请批准或备案。人工影响天气地面作业年度空域使用方案调整应在每年的第一季度进行。

5.1.5 省、自治区、直辖市气象主管机构应将人工影响天气地面作业年度空域使用方案调整的批复或回复结果及时通报有关县级以上气象主管机构。

5.2 专项空域使用方案

5.2.1 遇有重大活动、大规模人工影响天气对空射击作业或对空域使用有特殊需求时,省、自治区、直辖市气象主管机构应至少提前5个工作日向有关空域管理机构提出专项空域使用申请。

5.2.2 省、自治区、直辖市气象主管机构应主动与有关空域管理机构充分协商,制定人工影响天气地面作业专项空域使用方案,并签订安全保障协议。

6 作业空域申请和批准

6.1 作业空域申请

6.1.1 实施地面高炮、火箭对空射击作业前,县级以上气象主管机构或其授权的作业点应按照空域使用和安全保障协议的要求向有关空域管理机构提出作业空域申请。

6.1.2 作业空域申请可通过电话或网络等方式进行,具体要求如下:

a) 通过电话申请作业空域时,县级以上气象主管机构或其授权的作业点应使用规范用语,通话内容应主要包括作业点名称、作业点代码、经纬度、作业方位、射高、起止时间等;

示例:
"您好!我是洛阳市新安县石井镇山头岭作业点,作业点代码410323049,经度113度18分29秒,纬度36度35分48秒,作业方位西南方,作业海拔高度6000米以下,现申请于15时00分至15时15分进行增雨作业,请批示。"

b) 通过网络申请作业空域时,应使用专用业务系统,其中单位地址编码、作业时间和作业方位编码、作业站点代码格式应分别符合QX/T 422—2018附录A至附录C。

6.2 作业空域批准

6.2.1 接到作业空域申请的空域管理机构,宜及时将批准决定告知申请人,并通报其他相关军民航空域管制单位,批准方式与作业空域申请方式保持一致,具体如下:

    a) 通过电话批准作业空域的,使用规范用语,通话内容主要包括作业点名称、作业起止时间等;

    示例:
"同意新安县石井镇山头岭作业点在15时05分至15时15分进行作业。"

    b) 通过网络批准作业空域的,使用专用业务系统,其中单位地址编码、作业时间和作业方位编码、作业站点代码格式见 QX/T 422—2018 附录 A 至附录 C。

6.2.2 未获得批准的作业空域申请,县级以上气象主管机构或其授权的作业点可重新申请。

7 作业空域使用

7.1 作业实施

7.1.1 未获得批准的作业空域申请不得进行作业实施。

7.1.2 由县级以上气象主管机构传达空域批准指令时,县级以上气象主管机构应及时通知有关作业点按照空域批准指令开展作业。通过电话进行指令传达时,作业点应至少重复一次空域批准指令,且传达指令的气象主管机构应及时填写空域批准指令登记表,登记表格式见附录B。

7.1.3 作业点接到空域批准指令后,应严格按照空域管理机构批准的时间和空域范围实施作业。

7.2 作业中止

7.2.1 作业实施过程中,遇有特殊情况时,县级以上气象主管机构或作业点应根据空域管理机构的作业中止指令立即停止作业。

7.2.2 由县级以上气象主管机构传达作业中止指令的,应立即通知和确认所辖作业点停止作业,并报告空域管理机构。

7.2.3 被中止的作业如再实施,应重新进行空域申请。

7.3 作业撤销

7.3.1 作业实施前,县级以上气象主管机构或其授权的作业点可撤销作业,并立即报告空域管理机构。

7.3.2 被撤销的作业如需再实施,应重新进行空域申请。

7.4 作业结束报告

作业结束后,县级以上气象主管机构或其授权的作业点应立即向空域管理机构报告作业结束,空域管制机构及时向其他相关军民航管制单位进行通报。

附 录 A
（规范性附录）
人工影响天气地面高炮、火箭对空射击作业年度空域使用方案表

表 A.1 给出了人工影响天气地面高炮、火箭对空射击作业年度空域使用方案表的内容和样式。

表 A.1 人工影响天气地面高炮、火箭对空射击作业年度空域使用方案表

编制单位：_____ 省（自治区、直辖市）气象局　　　　　　　　　　　　　　　　　　年度：_____

序号	作业点代码（9位）	作业点名称	所属县（区、市、旗）	地理位置		海拔高度 m	装备种类	作业点类型	备注（新增、调整请注明）
				经度	纬度				

注1：作业点名称：注明乡（镇）和村庄名称。
注2：地理位置：以度（°）、分（′）、秒（″）格式填写。
注3：装备种类：GP 表示高炮，HJ 表示火箭。
注4：作业点类型：填写固定、机动、临时。

附 录 B
（规范性附录）

人工影响天气地面高炮、火箭对空射击作业空域批准指令登记表

表B.1给出了人工影响天气地面高炮、火箭对空射击作业空域批准指令登记表的内容和样式。

表B.1 人工影响天气地面高炮、火箭对空射击作业空域批准指令登记表

作业日期：____年____月____日　　空域管理机构名称：_____　　空域管理机构联系电话：_____

序号	空域管理机构值班员姓名	接到空域批准指令时间（时,分）	被批准作业的作业点名称或作业点代码（9位）	射击开始时间（时,分）	射击结束时间（时,分）	允许最大射击海拔高度 m	允许射击方位	登记人	备注
注：时间统一采用北京时间，并使用24时计时法。									

参 考 文 献

[1] 中华人民共和国国务院中央军事委员会.中华人民共和国飞行基本规则:中华人民共和国国务院中央军事委员会令第509号[Z],2007

[2] 国务院中央军委空中交通管制委员会.对空射击活动空域管理办法[Z],2010

[3] 全国人民代表大会常务委员会.中华人民共和国气象法[Z],1999

[4] 中华人民共和国国务院.人工影响天气管理条例:中华人民共和国国务院令第348号[Z],2002

ICS 07.060
A 47
备案号：73189—2020

中华人民共和国气象行业标准

QX/T 548—2020

太阳电池发电效率温度影响等级

Grade of solar cell temperature impact to generation efficiency

2020-04-14 发布　　　　　　　　　　　　　　　　2020-07-01 实施

中 国 气 象 局　发布

前　言

本标准按照GB/T 1.1—2009给出的规则起草。

本标准由全国气候与气候变化标准化技术委员会风能太阳能气候资源分技术委员会(SAC/TC 540/SC 2)提出并归口。

本标准起草单位：中国气象局公共气象服务中心、北京玖天气象科技有限公司、北京华新天力能源气象科技中心。

本标准主要起草人：张永山、赵晓栋、王香云、郭鹏。

QX/T 548—2020

太阳电池发电效率温度影响等级

1 范围

本标准规定了温度对太阳电池发电效率的影响等级。

本标准适用于光伏电站晶硅类太阳电池发电效率的影响评估。

2 术语和定义

下列术语和定义适用于本文件。

2.1
[太阳能]光伏电站 solar photovoltaic power plant

通过太阳能电池方阵将太阳能转为电能的发电站。

注：改写 QX/T 397—2017，定义 3.6。

2.2
[太阳电池]温度 solar cell temperature

T_c

太阳电池板表面 P-N 结的温度。

注：与环境气温、辐照度、风速等相关。单位为摄氏度(℃)。

2.3
[太阳电池]温度系数 solar cell temperature coefficient

γ

在规定的试验条件下（电池温度 25 ℃，辐照度 1000 W/m²），太阳电池温度每升高 1 ℃，输出功率变化量与温度变化前输出功率的比值。

注：单位为百分比每摄氏度(%/℃)。

2.4
太阳电池年平均温度折减系数 average annual solar cell reduction coefficient

$\overline{C}_T$

全年白天（日出至日落时段）所有时次太阳电池温度变化导致的输出功率损耗。

注：用百分数(%)表示。

3 影响等级

3.1 划分指标

太阳电池温度对发电效率的影响，采用太阳电池年平均温度折减系数($\overline{C}_T$)进行等级划分。

$\overline{C}_T$ 是环境气温、辐照度和风速的函数，计算方法见附录 A。

根据附录 A 计算的全国主要辐射站 $\overline{C}_T$ 值参见附录 B 的表 B.1。

3.2 等级划分

太阳电池温度对发电效率影响分为五个等级，分别为影响很小（Ⅰ级）、影响较小（Ⅱ级）、影响中等

(Ⅲ级)、影响较大(Ⅳ级)、影响很大(Ⅴ级)。各等级对应的 $\bar{C}_T$ 值见表1。

根据全国主要辐射站 $\bar{C}_T$ 值绘制的等级区划示意图参见附录C的图C.1(彩)和图C.2(彩)。

表 1 太阳电池发电效率温度影响等级

等级	指标		含义
	固定式光伏电站	跟踪式光伏电站	
Ⅰ级	$\bar{C}_T \leqslant 1\%$	$\bar{C}_T \leqslant 3\%$	影响很小
Ⅱ级	$1\% < \bar{C}_T \leqslant 2\%$	$3\% < \bar{C}_T \leqslant 4\%$	影响较小
Ⅲ级	$2\% < \bar{C}_T \leqslant 3\%$	$4\% < \bar{C}_T \leqslant 5\%$	影响中等
Ⅳ级	$3\% < \bar{C}_T \leqslant 4\%$	$5\% < \bar{C}_T \leqslant 6\%$	影响较大
Ⅴ级	$\bar{C}_T > 4\%$	$\bar{C}_T > 6\%$	影响很大
对于太阳电池板倾角可调的光伏电站,$\bar{C}_T$ 值介于固定式和跟踪式光伏电站之间,可根据情况适当调整 $\bar{C}_T$ 值。			

附 录 A
(规范性附录)
$\overline{C}_T$ 计算方法

A.1 太阳电池温度

太阳电池温度与环境气温、辐照度、平均风速之间的换算关系见式(A.1):

$$T_c = T_a + G \times (c + e^{a+b \times V}) \quad \quad \quad \quad (A.1)$$

式中:

T_c ——太阳电池温度,单位为摄氏度(℃);
T_a ——环境气温,单位为摄氏度(℃);
G ——辐照度观测值,单位为瓦每平方米(W/m²);
V ——平均风速,单位为米每秒(m/s);
e ——常数,为自然对数的底数;
$a、b、c$ ——参数。对于固定式光伏电站,$a=-3.66, b=-0.08, c=0.003$;对于跟踪式聚光光伏电站,$a=-3.23, b=-0.13, c=0.013$。

A.2 太阳电池年平均温度折减系数

太阳电池年平均温度折减系数计算见式(A.2):

$$\overline{C}_T = \frac{N_2 \times [(\overline{T}_c - T_{c0}) \times \gamma]}{N_1} \quad \quad \quad \quad (A.2)$$

式中:

$\overline{C}_T$ ——太阳电池年平均温度折减系数,用百分数(%)表示;
N_2 ——全年白天太阳电池温度大于 T_{c0} 的小时数,单位为小时(h);
$\overline{T}_c$ ——全年白天太阳电池温度大于 T_{c0} 对应时次的平均温度,单位为摄氏度(℃);
T_{c0} ——临界温度,即由于太阳电池温度升高发电效率开始下降时对应的电池温度,单位为摄氏度(℃);
γ ——温度系数,单位为百分比每摄氏度(%/℃);
N_1 ——全年白天小时数,单位为小时(h)。

本标准不考虑太阳电池温度和辐照度对 γ 的影响,取 $T_{c0}=25$ ℃,$\gamma=0.4\%/℃$,即在温度 25 ℃以上,温度每升高 1 ℃,太阳电池的发电效率下降 0.4%。实际应用中,可根据电池性能调整 γ。

附 录 B
（资料性附录）

全国主要辐射站 $\bar{C}_T$ 值

表 B.1 全国主要辐射站 $\bar{C}_T$ 值

地区	站名	海拔高度 m	固定式折减率 %	跟踪式折减率 %	地区	站名	海拔高度 m	固定式折减率 %	跟踪式折减率 %
北京	北京	31.3	2.29	4.04	广东	广州	70.7	3.25	5.26
天津	西青	3.5	2.23	3.88	广东	汕头	2.3	3.53	5.87
河北	乐亭	8.5	2.04	3.76	广西	桂林	164.4	2.82	4.63
山西	大同	1052.6	1.76	3.47	广西	南宁	152.0	3.42	5.55
山西	太原	776.3	2.06	3.89	广西	北海	12.8	3.64	5.78
山西	侯马	433.8	2.29	3.99	海南	琼山	9.9	3.85	5.99
内蒙古	海拉尔	649.6	1.14	2.34	海南	三亚	419.4	3.66	5.96
内蒙古	索伦	499.7	1.45	2.92	海南	西沙	4.7	4.89	7.41
内蒙古	额济纳旗	940.5	2.83	4.9	重庆	沙坪坝	259.1	2.27	3.65
内蒙古	二连浩特	963.1	2.07	3.82	四川	甘孜	3393.5	1.33	3.59
内蒙古	乌拉特中旗	1288.0	1.98	3.98	四川	红原	3491.6	0.89	2.61
内蒙古	东胜	1461.9	1.64	3.41	四川	温江	547.7	1.92	3.47
内蒙古	锡林浩特	1003.0	1.58	3.1	四川	绵阳	522.7	1.92	3.36
内蒙古	通辽	178.7	1.79	3.28	四川	攀枝花	1224.8	3.95	6.71
辽宁	朝阳	174.3	1.96	3.52	四川	纳溪	368.8	2.12	3.54
辽宁	沈阳	49.0	1.83	3.43	贵州	贵阳	1223.8	1.55	2.92
辽宁	大连	91.5	1.40	2.79	云南	丽江	2380.9	1.78	4.06
吉林	长春	236.8	1.51	2.90	云南	腾冲	1695.9	2.18	4.63
吉林	延吉	257.3	1.26	2.56	云南	昆明	1888.1	2.18	4.44
黑龙江	漠河	438.5	1.07	2.30	云南	景洪	582.0	4.55	7.52
黑龙江	爱辉	166.4	1.27	2.53	云南	蒙自	1313.6	3.16	5.69
黑龙江	富裕	162.7	1.48	2.92	西藏	那曲	4507.0	0.80	2.57
黑龙江	佳木斯	82.0	1.36	2.68	西藏	拉萨	3648.9	1.98	4.94
黑龙江	哈尔滨	118.3	1.54	2.96	西藏	昌都	3315.0	1.70	4.14
上海	宝山	5.5	2.31	3.95	陕西	延安	1180.5	2.01	3.84
江苏	淮安	12.5	2.19	3.89	陕西	泾河	410.0	2.25	3.88
江苏	南京	35.2	2.39	4.12	陕西	安康	290.8	2.31	4.01
江苏	吕泗	3.6	2.04	3.62	甘肃	敦煌	1139.0	2.95	5.28

表 B.1 全国主要辐射站 $\overline{C}_T$ 值（续）

地区	站名	海拔高度 m	固定式折减率 %	跟踪式折减率 %	地区	站名	海拔高度 m	固定式折减率 %	跟踪式折减率 %
浙江	杭州	41.7	2.59	4.35	甘肃	酒泉	1477.2	2.12	4.15
浙江	洪家	4.6	2.63	4.54	甘肃	民勤	1367.5	2.28	4.28
安徽	合肥	27.0	2.45	4.20	甘肃	榆中	1874.4	1.55	3.34
安徽	屯溪	142.7	2.72	4.71	甘肃	西峰	1421.0	1.59	3.29
福建	建瓯	154.9	3.21	5.40	青海	格尔木	2807.6	1.76	4.05
福建	福州	84.0	2.97	4.87	青海	西宁	2295.2	1.48	3.56
江西	赣县	137.5	3.02	4.93	青海	玉树	3716.9	1.10	3.08
江西	南昌	46.9	2.78	4.63	宁夏	银川	1110.9	2.27	4.30
山东	福山	53.9	1.98	3.60	宁夏	固原	1753.0	1.50	3.26
山东	济南	170.3	2.29	3.94	新疆	阿勒泰	735.3	1.91	3.77
山东	莒县	107.4	2.08	3.83	新疆	塔城	534.9	2.25	4.17
河南	郑州	110.4	2.49	4.29	新疆	伊宁	662.5	2.63	4.78
河南	南阳	180.6	2.34	4.07	新疆	乌鲁木齐	935.0	2.16	4.03
河南	固始	42.9	2.33	4.08	新疆	焉耆	1055.3	2.56	4.72
湖北	宜昌	256.5	2.38	4.05	新疆	吐鲁番	39.3	4.15	6.39
湖北	武汉	23.6	2.68	4.54	新疆	阿克苏	1107.1	2.62	4.66
湖南	吉首	254.6	2.28	3.82	新疆	喀什	1385.6	2.70	4.77
湖南	长沙	119.0	2.50	4.08	新疆	若羌	887.7	3.24	5.43
湖南	常宁	116.6	2.70	4.39	新疆	和田	1375.0	2.95	5.24
—	—	—	—	—	新疆	哈密	737.2	3.45	5.97

表中数据根据全国主要辐射站 2004—2018 年逐小时气温、辐照度和风速观测数据得到。使用时应根据当地海拔高度差异做适当修正。

QX/T 548—2020

附 录 C
（资料性附录）
太阳电池发电效率温度影响等级区划示意图

C.1 全国固定式光伏电站太阳电池发电效率温度影响等级区划示意图

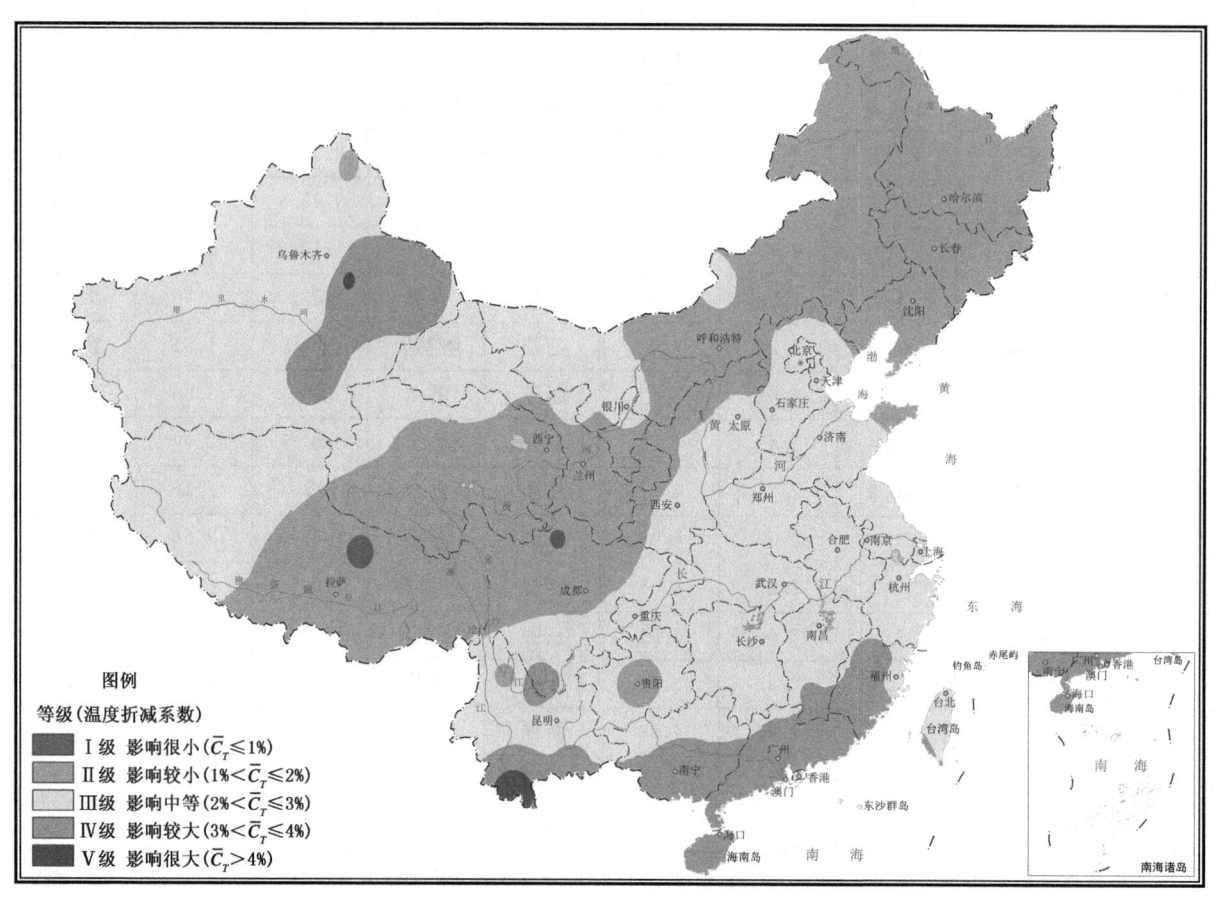

审图号：GS(2020)2835 号

图 C.1（彩） 全国固定式光伏电站太阳电池发电效率温度影响等级区划示意图

C.2 全国跟踪式光伏电站太阳电池发电效率温度影响等级区划示意图

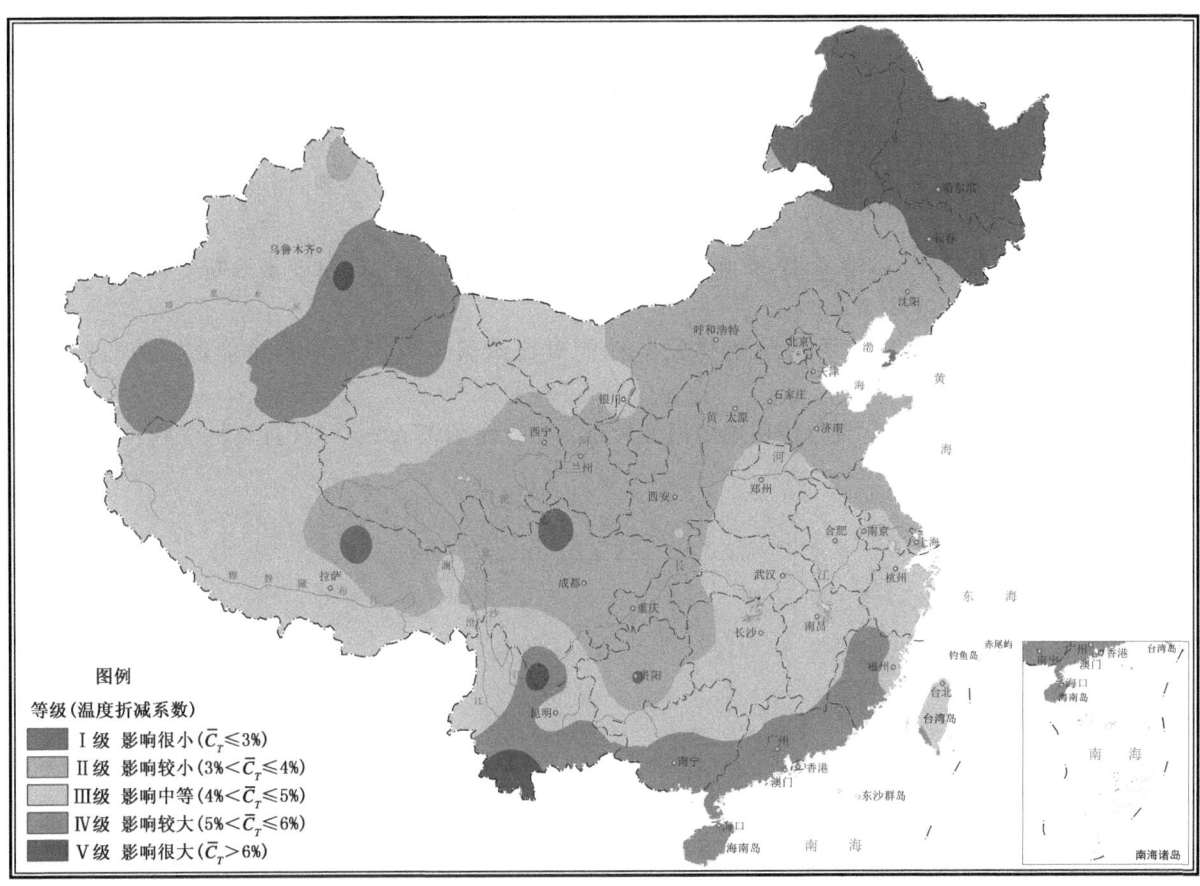

审图号：GS(2020)2835号

图 C.2(彩) 全国跟踪式光伏电站太阳电池发电效率温度影响等级区划示意图

参 考 文 献

[1] GB 2297—1989　太阳光伏能源系统术语

[2] QX/T 89—2018　太阳能资源评估方法

[3] QX/T 397—2017　太阳能光伏发电规划编制规定

[4] IEC/TS 61724-2-2016　Photovoltaic system performance—Part 2：Capacity evaluation method

[5] 潘进军,申彦波,边泽强,等.气象要素对太阳能电池板温度的影响[J].应用气象学报,2014,25(2):150-157

[6] 刘玉兰,孙银川,桑建人,等.影响太阳能光伏发电功率的环境气象因子诊断分析[J].水电能源科学,2011,29(12):200-202

[7] 张传升.北京地区多种光伏组件发电性能对比试验研究[J].可再生能源,2016,34(8):1117-1122

[8] 王建军.太阳能光伏发电应用中的温度影响[J].青海师范大学学报(自然科学版),2005(1):28-30

ICS 07.060
A 47
备案号：73296—2020

中华人民共和国气象行业标准

QX/T 549—2020

气象灾害预警信息网站传播规范

Specifications for meteorological disaster early-warning message dissemination on website

2020-06-16 发布　　　　　　　　　　　　　　　　2020-09-01 实施

中国气象局　发布

前　言

本标准按照 GB/T 1.1—2009 给出的规则起草。
本标准由全国气象基本信息标准化技术委员会(SAC/TC 346)提出并归口。
本标准起草单位：中国气象局公共气象服务中心(国家预警信息发布中心)。
本标准主要起草人：韩笑、曹之玉、白静玉、崔磊、郭杰、冯宇星、陈洋、李婷婷。

QX/T 549—2020

气象灾害预警信息网站传播规范

1 范围

本标准规定了气象灾害预警信息网站传播的网站功能、信息显示和信息一致性的要求。
本标准适用于气象灾害预警信息的网站传播。

2 规范性引用文件

下列文件对于本文件的应用是必不可少的。凡是注日期的引用文件，仅注日期的版本适用于本文件。凡是不注日期的引用文件，其最新版本（包括所有的修改单）适用于本文件。
GB/T 27962—2011 气象灾害预警信号图标
GB/T 35965.1 应急信息交互协议 第1部分：预警信息

3 术语和定义

下列术语和定义适用于本文件。

3.1
预警信息 early-warning message
预警发布责任单位根据事件可能造成的危害程度、紧急程度和发展态势而发布的预先告知或态势通告等警示类信息。
注1：一般包括预警的类别、级别、起始时间、可能影响范围、警示事项、应采取的措施和发布机关等。
注2：改写GB/T 34283—2017,定义3.1。

3.2
气象灾害预警信息 meteorological disaster early-warning message
由各级气象主管机构所属的气象台站向社会公众发布的、因气象条件引发灾害的预警信息。
注：改写QX/T 342—2016,定义3.1。

3.3
国家突发事件预警信息发布系统 national emergencies early-warning message release system
根据国家突发事件应急体系建设规划，由中央和地方共同建设的国家、省、地、县四级相互衔接的实现面向应急责任人和社会公众多手段广覆盖精确发布预警信息的突发事件预警信息发布平台。
注：改写GB/T 34283—2017,定义3.3。

4 网站功能要求

4.1 信息获取

宜具有从国家突发事件预警信息发布系统直接获取气象灾害预警信息的功能，并按照GB/T 35965.1的要求进行解析。

4.2 基于位置的播发

宜具有基于用户所在位置播发对应区域气象灾害预警信息的功能。

4.3 信息查询

应具有按照关键字等条件对正在生效的气象灾害预警信息进行查询的功能。

4.4 信息转发

宜具有气象灾害预警信息转发功能,网站用户可通过但不限于即时通信软件、社交平台等方式进行转发。

4.5 信息定制

宜具有气象灾害预警信息定制显示功能,定制选项可包括位置、预警信息的类别和级别等。

4.6 信息更新

应具有根据气象灾害预警信息的发布单位和类别更新对应预警信息的功能。

4.7 信息撤销

应具有从国家突发事件预警信息发布系统获取信息撤销指令并进行解析的功能,应在撤销指令发布10分钟内获取撤销指令并删除对应的气象灾害预警信息。

4.8 信息反馈

应具有将气象灾害预警信息接收与显示状态反馈至国家突发事件预警信息发布系统的功能。反馈内容应包括但不限于接收时间、接收结果、显示时间、显示结果、页面浏览量等。

5 信息显示要求

5.1 显示方式

5.1.1 基本要求

显示方式包括但不限于列表、全文、电子地图等,应至少使用列表和全文两种方式。其中,图标使用应符合 GB/T 27962—2011 中第 5 章的规定。

5.1.2 列表显示

应完整显示预警信息的标题和发布时间,且链接至气象灾害预警信息全文显示的页面。

5.1.3 全文显示

显示内容应包括但不限于预警信息的标题、发布单位、发布时间、预警正文、预警图标等,同时应标注信息提供来源。示例参见附录 A。

5.1.4 电子地图显示

在电子地图上显示气象灾害预警信息时,应标注预警信息发布单位所在行政区划位置或预警信息影响区域。

5.2 显示位置

宜在网站首页右上方或其他网页顶部固定位置显示。不应在网页上浮动显示。

5.3 显示顺序

5.3.1 宜按发布时间倒序逐条显示。

5.3.2 多条气象灾害预警信息发布时间相同时,应按预警信息级别由高到低显示。

5.3.3 气象灾害预警信息更新时,应仅显示更新后的气象灾害预警信息。

5.3.4 气象灾害预警信息解除时,不应再显示对应的气象灾害预警信息。

5.3.5 基于地理位置显示气象灾害预警信息时,应根据发布单位行政级别按县、地(市)、省、国家的顺序显示。

5.4 显示时限

气象灾害预警信息获取后,宜在1分钟内显示。

6 信息一致性要求

气象灾害预警信息在播发、转发、显示过程中,应与获取的原始信息一致。

附 录 A
（资料性附录）
预警信息全文显示示例

图 A.1（彩）给出了国家级预警信息全文显示的示例。

中央气象台发布台风蓝色预警[Ⅳ级／一般]

发布时间：2019-11-18 18:00:00　发布单位：中央气象台

中央气象台11月18日18时发布台风蓝色预警：今年第26号台风"海鸥"已于今天（18日）上午由热带风暴加强为强热带风暴级，下午5点钟其中心位于菲律宾马尼拉北偏东方约480公里的巴士海峡海面上，就是北纬18.5度、东经122.9度，中心附近最大风力有11级（30米/秒），中心最低气压为985百帕，七级风圈半径180～280公里，十级风圈半径50～70公里。预计，"海鸥"将以每小时10公里左右的速度向西偏北转西南方向移动，强度维持或略有增强，将于19日白天在吕宋岛北部沿海登陆（25～30米/秒，10～11级，强热带风暴级），之后移入南海，并逐渐减弱消失。大风预报：受冷空气和"海鸥"共同影响，18日20时至19日20时，东海南部海域、巴士海峡、台湾海峡、台湾以东洋面、浙江南部沿海、福建沿海、广东东部沿海、台湾岛沿海、黄岩岛、南海东北部和中东部海域将有7-8级大风，其中巴士海峡、台湾海峡、南海东北部和中东部的部分海域风力有9～10级，台风中心经过的附近海域风力可达11～12级，阵风13～14级。降雨预报：18日20时至19日20时，台湾岛东部有中雨，局地有大雨到暴雨（30～60毫米）。防御指南：政府及相关部门按照职责做好防台风抢险应急工作。相关水域水上作业和过往船舶应当回港避风，加固港口设施，防止船舶走锚、搁浅和碰撞。停止室内外大型集会和高空等户外危险作业。加固或者拆除易被风吹动的搭建物，人员切勿随意外出，应尽可能待在防风安全的地方，确保老人小孩留在家中最安全的地方，危房人员及时转移。当台风中心经过时风力会减小或者静止一段时间，切记强风将会突然吹袭，应当继续留在安全处避风，危房人员及时转换。相关地区应当注意防范强降水可能引发的山洪、地质灾害。（预警信息来源：国家预警信息发布中心）

图 A.1（彩）　国家级预警信息全文显示示例

图 A.2（彩）给出了省级预警信息全文显示的示例。

福建省气象台发布大风黄色预警[Ⅲ级／较重]

发布时间：2019-11-18 17:40:04　发布单位：福建省气象台

福建省气象台11月18日17时40分继续发布大风黄色预警信号。今天夜间到19日白天，东北风，北部沿海6～7级阵风8～9级，中南部沿海7～8级阵风9～10级，台湾海峡7～8级阵风9～10级转8～9级阵风10～11级。（预警信息来源：福建省预警信息发布中心）

图 A.2（彩）　省级预警信息全文显示示例

参 考 文 献

[1] GB/T 34283—2017　国家突发事件预警信息发布系统管理平台与终端管理平台接口规范
[2] QX/T 147—2011　基于手机客户端的气象灾害预警信息播发规范
[3] QX/T 326—2016　农村气象灾害预警信息传播指南
[4] QX/T 342—2016　气象灾害预警信息编码规范
[5] 中国气象局.气象灾害预警信号发布与传播办法:中国气象局令第 16 号[Z],2007 年 6 月 12 日
[6] 国务院办公厅秘书局.国家突发事件预警信息发布系统运行管理办法(试行):国办秘函〔2015〕32 号[Z],2015 年 7 月

ICS 07.060
A 47
备案号：73297—2020

中华人民共和国气象行业标准

QX/T 550—2020

地面气象辐射观测数据格式 BUFR

Data format for surface meteorological radiation observations—BUFR

2020-06-16 发布　　　　　　　　　　　　　　2020-09-01 实施

中国气象局　发布

QX/T 550—2020

前　言

本标准按照GB/T 1.1—2009给出的规则起草。
本标准由全国气象基本信息标准化技术委员会(SAC/TC 346)提出并归口。
本标准起草单位：国家气象信息中心。
本标准主要起草人：王颖、张芳、刘乖乖。

地面气象辐射观测数据格式 BUFR

1 范围

本标准规定了地面气象辐射观测分钟数据、小时数据的 BUFR 编码构成和规则。
本标准适用于地面气象辐射观测分钟数据、小时数据的表示和交换。

2 规范性引用文件

下列文件对于本文件的应用是必不可少的。凡是注日期的引用文件，仅注日期的版本适用于本文件。凡是不注日期的引用文件，其最新版本（包括所有的修改单）适用于本文件。
GB/T 35231—2017　地面气象观测规范　辐射
QX/T 129—2011　气象数据传输文件命名
QX/T 427—2018　地面气象观测数据格式　BUFR 编码

3 术语和定义

QX/T 427—2018 界定的术语和定义适用于本文件。

4 缩略语

QX/T 427—2018 列出的缩略语适用于本文件。

5 编码构成

编码数据按照 QX/T 427—2018 第 4 章规定，由指示段、标识段、选编段、数据描述段、数据段和结束段构成。

6 编码规则

6.1 指示段

按照 QX/T 427—2018 中 5.1 的规定，由 8 个八位组组成，包括编码数据的起始标志、编码数据总长度和 BUFR 版本号。具体编码见表1。

表 1 指示段编码及说明

八位组序号	含义	值	说明
1	编码数据的起始标志	B	按 CCITT IA5 编码
2		U	
3		F	
4		R	
5～7	编码数据总长度	实际取值	以八位组为单位
8	BUFR 版本号	4	WMO 发布的 BUFR 版本 4

6.2 标识段

由 23 个八位组组成,包括标识段段长、主表号、数据加工中心、数据加工子中心、更新序列号、选编段指示、观测数据类型、观测数据子类型、本地数据子类型、主表版本号、本地表版本号、数据编码时间等信息。具体编码见表 2。

表 2 标识段编码及说明

八位组序号	含义	值	说明
1～3	标识段段长	23	标识段段长为 23 个八位组
4	主表号	0	主表是 WMO 定义的用于表格驱动编码的科学学科分类表。主表号 0 表示 BUFR 编码使用气象学科码表
5～6	数据加工中心	38	根据 WMO 规定,38 表示数据加工中心是北京
7～8	数据加工子中心	0	表示未经数据加工子中心加工
9	更新序列号	实际取值	取值为非负整数,初始序列号为 0,随资料每次更新,该序列号逐次加 1
10	选编段指示	1	表示本数据格式包含选编段
11	观测数据类型	0	表示观测数据类型是地面资料——陆地
12	观测数据子类型	8 或 9	8 表示观测数据子类型为辐射观测小时数据,9 表示观测数据子类型为辐射观测分钟数据
13	本地数据子类型	0	表示没有定义本地数据子类型
14	主表版本号	32	表示 BUFR 编码使用的气象学科码表的版本号为 32
15	本地表版本号	3	表示本地表版本号为 3
16～17	年	实际取值	实际数据编码时间(UTC):年,四位
18	月	实际取值	实际数据编码时间(UTC):月
19	日	实际取值	实际数据编码时间(UTC):日
20	时	实际取值	实际数据编码时间(UTC):时
21	分	实际取值	实际数据编码时间(UTC):分
22	秒	实际取值	实际数据编码时间(UTC):秒
23	自定义	0	保留

6.3 选编段

由选编段段长、保留字段、国内编报中心代码以及数据加工中心或子中心自定义的内容组成。具体编码见表3。

表3 选编段编码及说明

八位组序号	含义	值	说明
1~3	选编段段长	实际取值	以八位组为单位
4	保留字段	0	
5~8	国内编报中心代码		按CCITT IA5编码，国内编报中心代码应符合QX/T 129—2011附录A中表A.13国内编报中心代码(CCCC)的规定。国内其他行业或教育、研究机构可自定义编报中心代码
9~	数据加工中心或子中心自定义		表示从第9个八位组开始，长度可根据需要进行扩展

6.4 数据描述段

由9个八位组组成，包括数据描述段段长、保留字段、观测记录数、数据性质和压缩方式以及描述符序列。具体编码见表4。

表4 数据描述段编码及说明

八位组序号	含义	值	说明
1~3	数据描述段段长	9	数据描述段段长为9个八位组
4	保留字段	0	
5~6	观测记录数	实际取值	取值为非负整数，表示数据描述段包含的观测记录条数
7	数据性质和压缩方式	128	表示本数据是观测数据，采用BUFR非压缩方式编码
8~9	描述符序列	3 07 195 或 3 07 196	3 表示该描述符为序列描述符； 07 表示地面报告序列（陆地）； 195 表示"地面报告序列（陆地）"中定义的第195个类目，即"地面气象辐射分钟观测数据的要素序列"； 196 表示"地面报告序列（陆地）"中定义的第196个类目，即"地面气象辐射小时观测数据的要素序列"

6.5 数据段

6.5.1 地面气象辐射分钟观测数据段

由数据段段长、保留字段和数据描述段中描述符3 07 195包含的气象要素序列对应的编码值组成，具体编码见表5。其中数据段段长根据编码时实际包含的气象要素确定。气象要素序列包括测站信息、总辐射、净全辐射、散射辐射、直接辐射、反射辐射、紫外辐射、大气长波辐射、地面长波辐射、光合有效辐射等。

表5 地面气象辐射分钟观测数据段编码及说明

内容		含义	单位	比例因子[a]	基准值[b]	数据宽度[c] bit	说明
数据段段长		数据段长度	—	—	—	24	数字
保留字段		置0	—	—	—	8	数字
1. 测站信息							
0 01 001		WMO区号	—	0	0	7	数字
0 01 002		WMO站号	—	0	0	10	数字
0 02 001		测站类型	—	0	0	2	数字。0表示自动观测
0 01 101		国家和地区标识符	—	0	0	10	数字。代码表见附录A中表A.1
0 01 192		本地测站标识	—	—	0	72	字符,非WMO区站号的测站使用本描述符表示站号
3 01 011	0 04 001	年(地方平均太阳时)	—	0	0	12	数字
	0 04 002	月(地方平均太阳时)	—	0	0	4	数字
	0 04 003	日(地方平均太阳时)	—	0	0	6	数字
3 01 012	0 04 004	时(地方平均太阳时)	—	0	0	5	数字
	0 04 005	分(地方平均太阳时)	—	0	0	6	数字
3 01 021	0 05 001	纬度	°	5	−9000000	25	数字,保留小数点后5位
	0 06 001	经度	°	5	−18000000	26	数字,保留小数点后5位
0 07 030		观测场海拔高度	m	1	−4000	17	数字
1 01 002		1 01 002之后的1个描述符的编码值重复2次	—	—	—	—	无编码值。第1次重复表示台站质量控制,第2次重复表示省级质量控制
0 33 035		人工/自动质量控制	—	0	0	4	数字。代码表见附录A中表A.2
2. 总辐射							
0 02 201		总辐射传感器标识	—	0	0	6	数字。代码表见附录A中表A.3
1 09 000		0 31 000之后的9个描述符的编码值重复	—	—	—	—	无编码值
0 31 000		重复次数	—	0	0	1	数字,表示以下9个描述符重复的次数
0 07 032		总辐射传感器距地高度	m	2	0	16	数字

表 5 地面气象辐射分钟观测数据段编码及说明(续)

内容	含义	单位	比例因子[a]	基准值[b]	数据宽度[c] bit	说明
0 04 015	时间增量	min	0	−2048	12	数字,表示测站编报频率。如测站 10 min 编报一次,时间增量为−10
0 04 065	短时间增量	min	0	−128	8	数字,表示观测数据的频率。如观测数据为 1 min 一条记录,短时间增量为 1
1 04 000	0 31 001 之后的 4 个描述符的编码值重复	—	—	—	—	无编码值
0 31 001	重复次数	—	0	0	8	数字,表示以下 4 个描述符重复的次数
2 04 008	2 04 008 与 2 04 000 之间除 0 31 021 以外所有要素描述符编码值前面均增加 8 bit 的附加字段作为质控码字段	—	—	—	—	无编码值
0 31 021	描述关联字段的含义	—	0	0	6	数字。代码表见附录 A 中表 A.4
0 14 194	总辐射辐照度	W/m²	0	0	16	数字
2 04 000	取消 2 04 008 的作用域	—	—	—	—	无编码值
3. 净全辐射						
0 02 201	净全辐射传感器标识	—	0	0	6	数字。代码表见附录 A 中表 A.3
1 09 000	0 31 000 之后的 9 个描述符的编码值重复	—	—	—	—	无编码值
0 31 000	重复次数	—	0	0	1	数字,表示以下 9 个描述符重复的次数
0 07 032	净全辐射传感器距地高度	m	2	0	16	数字。如果净全辐射为计算值,用缺测表示
0 04 015	时间增量	min	0	−2048	12	数字,表示测站编报频率。如测站 10 min 编报一次,时间增量为−10

表5 地面气象辐射分钟观测数据段编码及说明(续)

内容	含义	单位	比例因子[a]	基准值[b]	数据宽度[c] bit	说明
0 04 065	短时间增量	min	0	−128	8	数字,表示观测数据的频率。如观测数据为1 min一条记录,短时间增量为1
1 04 000	0 31 001之后的4个描述符的编码值重复	—	—	—	—	无编码值
0 31 001	重复次数	—	0	0	8	数字,表示以下4个描述符重复的次数
2 04 008	2 04 008与2 04 000之间除0 31 021以外所有要素描述符编码值前面均增加8 bit的附加字段作为质控码字段	—	—	—	—	无编码值
0 31 021	描述关联字段的含义	—	0	0	6	数字。代码表见附录A中表A.4
0 14 206	净全辐射辐照度	W/m²	0	−1000	16	数字
2 04 000	取消2 04 008的作用域	—	—	—	—	无编码值
4.散射辐射						
0 02 201	散射辐射传感器标识	—	0	0	6	数字。代码表见附录A中表A.3
1 09 000	0 31 000之后的9个描述符的编码值重复	—	—	—	—	无编码值
0 31 000	重复次数	—	0	0	1	数字,表示以下9个描述符重复的次数
0 07 032	散射辐射传感器距地高度	m	2	0	16	数字
0 04 015	时间增量	min	0	−2048	12	数字,表示测站编报频率。如测站10 min编报一次,时间增量为−10
0 04 065	短时间增量	min	0	−128	8	数字,表示观测数据的频率。如观测数据为1 min一条记录,短时间增量为1
1 04 000	0 31 001之后的4个描述符的编码值重复	—	—	—	—	无编码值

QX/T 550—2020

表5 地面气象辐射分钟观测数据段编码及说明(续)

内容	含义	单位	比例因子[a]	基准值[b]	数据宽度[c] bit	说明
0 31 001	重复次数	—	0	0	8	数字,表示以下4个描述符重复的次数
2 04 008	2 04 008与2 04 000之间除0 31 021以外所有要素描述符编码值前面均增加8 bit的附加字段作为质控码字段	—	—	—	—	无编码值
0 31 021	描述关联字段的含义	—	0	0	6	数字。代码表见附录A中表A.4
0 14 193	散射辐射辐照度	W/m²	0	0	16	数字
2 04 000	取消2 04 008的作用域	—	—	—	—	无编码值
5. 直接辐射						
0 02 201	直接辐射传感器标识	—	0	0	6	数字。代码表见附录A中表A.3
1 09 000	0 31 000之后的9个描述符的编码值重复	—	—	—	—	无编码值
0 31 000	重复次数	—	0	0	1	数字,表示以下9个描述符重复的次数
0 07 032	直接辐射传感器距地高度	m	2	0	16	数字
0 04 015	时间增量	min	0	−2048	12	数字,表示测站编报频率。如测站10 min编报一次,时间增量为−10
0 04 065	短时间增量	min	0	−128	8	数字,表示观测数据的频率。如观测数据为1 min一条记录,短时间增量为1
1 04 000	0 31 001之后的4个描述符的编码值重复	—	—	—	—	无编码值
0 31 001	重复次数	—	0	0	8	数字,表示以下4个描述符重复的次数
2 04 008	2 04 008与2 04 000之间除0 31 021以外所有要素描述符编码值前面均增加8 bit的附加字段作为质控码字段	—	—	—	—	无编码值

表 5 地面气象辐射分钟观测数据段编码及说明(续)

内容	含义	单位	比例因子[a]	基准值[b]	数据宽度[c] bit	说明
0 31 021	描述关联字段的含义	—	0	0	6	数字。代码表见附录A中表A.4
0 14 192	直接辐射辐照度	W/m²	0	0	16	数字
2 04 000	取消2 04 008的作用域	—	—	—	—	无编码值
6.反射辐射						
0 02 201	反射辐射传感器标识	—	0	0	6	数字。代码表见附录A中表A.3
1 09 000	0 31 000之后的9个描述符的编码值重复	—	—	—	—	无编码值
0 31 000	重复次数	—	0	0	1	数字,表示以下9个描述符重复的次数
0 07 032	反射辐射传感器距地高度	m	2	0	16	数字
0 04 015	时间增量	min	0	−2048	12	数字,表示测站编报频率。如测站10 min编报一次,时间增量为−10
0 04 065	短时间增量	min	0	−128	8	数字,表示观测数据的频率。如观测数据为1 min一条记录,短时间增量为1
1 04 000	0 31 001之后的4个描述符的编码值重复	—	—	—	—	无编码值
0 31 001	重复次数	—	0	0	8	数字,表示以下4个描述符重复的次数
2 04 008	2 04 008与2 04 000之间除0 31 021以外所有要素描述符编码值前面均增加8 bit的附加字段作为质控码字段	—	—	—	—	无编码值
0 31 021	描述关联字段的含义	—	0	0	6	数字。代码表见附录A中表A.4
0 14 195	反射辐射辐照度	W/m²	0	0	16	数字
2 04 000	取消2 04 008的作用域	—	—	—	—	无编码值

表 5 地面气象辐射分钟观测数据段编码及说明(续)

内容	含义	单位	比例因子[a]	基准值[b]	数据宽度[c] bit	说明
7.紫外辐射						
1 01 003	0 02 201 的编码值重复 3 次	—	—	—	—	无编码值。第 1 次重复表示紫外辐射传感器标识,第 2 次重复表示紫外辐射 A 波段传感器标识,第 3 次重复表示紫外辐射 B 波段传感器标识
0 02 201	紫外辐射传感器标识	—	0	0	6	数字。代码表见附录 A 中表 A.3
1 12 000	0 31 000 之后的 12 个描述符的编码值重复	—	—	—	—	无编码值
0 31 000	重复次数	—	0	0	1	数字,表示以下 12 个描述符重复的次数
1 01 003	0 07 032 的编码值重复 3 次	—	—	—	—	无编码值。第 1 次重复表示紫外辐射传感器距地高度,第 2 次重复表示紫外辐射 A 波段传感器距地高度,第 3 次重复表示紫外辐射 B 波段传感器距地高度
0 07 032	紫外辐射传感器距地高度	m	2	0	16	数字
0 04 015	时间增量	min	0	−2048	12	数字,表示测站编报频率。如测站 10 min 编报一次,时间增量为−10
0 04 065	短时间增量	min	0	−128	8	数字,表示观测数据的频率。如观测数据为 1 min 一条记录,短时间增量为 1
1 06 000	0 31 001 之后的 6 个描述符的编码值重复	—	—	—	—	无编码值
0 31 001	重复次数	—	0	0	8	数字,表示以下 6 个描述符重复的次数

表5 地面气象辐射分钟观测数据段编码及说明（续）

内容	含义	单位	比例因子[a]	基准值[b]	数据宽度[c] bit	说明
2 04 008	2 04 008 与 2 04 000 之间除 0 31 021 以外所有要素描述符编码值前面均增加 8 bit 的附加字段作为质控码字段	—	—	—	—	无编码值
0 31 021	描述关联字段的含义	—	0	0	6	数字。代码表见附录A中表A.4
0 14 207	紫外辐射辐照度	W/m²	2	0	16	数字
0 14 198	紫外辐射A波段辐照度	W/m²	2	0	16	数字
0 14 199	紫外辐射B波段辐照度	W/m²	2	0	16	数字
2 04 000	取消 2 04 008 的作用域	—	—	—	—	无编码值
8.大气长波辐射						
0 02 201	大气长波辐射传感器标识	—	0	0	6	数字。代码表见附录A中表A.3
1 09 000	0 31 000 之后的 9 个描述符的编码值重复	—	—	—	—	无编码值
0 31 000	重复次数	—	0	0	1	数字，表示以下9个描述符重复的次数
0 07 032	大气长波辐射传感器距地高度	m	2	0	16	数字
0 04 015	时间增量	min	0	−2048	12	数字，表示测站编报频率。如测站 10 min 编报一次，时间增量为−10
0 04 065	短时间增量	min	0	−128	8	数字，表示观测数据的频率。如观测数据为 1 min 一条记录，短时间增量为1
1 04 000	0 31 001 之后的 4 个描述符的编码值重复	—	—	—	—	无编码值
0 31 001	重复次数	—	0	0	8	数字，表示以下4个描述符重复的次数

表 5 地面气象辐射分钟观测数据段编码及说明(续)

内容	含义	单位	比例因子[a]	基准值[b]	数据宽度[c] bit	说明
2 04 008	2 04 008 与 2 04 000 之间除 0 31 021 以外所有要素描述符编码值前面均增加 8 bit 的附加字段作为质控码字段	—	—	—	—	无编码值
0 31 021	描述关联字段的含义	—	0	0	6	数字。代码表见附录 A 中表 A.4
0 14 196	大气长波辐射辐照度	W/m²	0	0	16	数字
2 04 000	取消 2 04 008 的作用域	—	—	—	—	无编码值
9. 地面长波辐射						
0 02 201	地面长波辐射传感器标识	—	0	0	6	数字。代码表见附录 A 中表 A.3
1 09 000	0 31 000 之后的 9 个描述符的编码值重复	—	—	—	—	无编码值
0 31 000	重复次数	—	0	0	1	数字,表示以下 9 个描述符重复的次数
0 07 032	地面长波辐射传感器距地高度	m	2	0	16	数字
0 04 015	时间增量	min	0	−2048	12	数字,表示测站编报频率。如测站 10 min 编报一次,时间增量为−10
0 04 065	短时间增量	min	0	−128	8	数字,表示观测数据的频率。如观测数据为 1 min 一条记录,短时间增量为 1
1 04 000	0 31 001 之后的 4 个描述符的编码值重复	—	—	—	—	无编码值
0 31 001	重复次数	—	0	0	8	数字,表示以下 4 个描述符重复的次数
2 04 008	2 04 008 与 2 04 000 之间除 0 31 021 以外所有要素描述符编码值前面均增加 8 bit 的附加字段作为质控码字段	—	—	—	—	无编码值

表5 地面气象辐射分钟观测数据段编码及说明(续)

内容	含义	单位	比例因子[a]	基准值[b]	数据宽度[c] bit	说明
0 31 021	描述关联字段的含义	—	0	0	6	数字。代码表见附录A中表A.4
0 14 197	地面长波辐射辐照度	W/m^2	0	0	16	数字
2 04 000	取消2 04 008的作用域	—	—	—	—	无编码值
10. 光合有效辐射						
0 02 201	光合有效辐射传感器标识	—	0	0	6	数字。代码表见附录A中表A.3
1 09 000	0 31 000之后的9个描述符的编码值重复	—	—	—	—	无编码值
0 31 000	重复次数	—	0	0	1	数字,表示以下9个描述符重复的次数
0 07 032	光合有效辐射传感器距地高度	m	2	0	16	数字
0 04 015	时间增量	min	0	−2048	12	数字,表示测站编报频率。如测站10 min编报一次,时间增量为−10
0 04 065	短时间增量	min	0	−128	8	数字,表示观测数据的频率。如观测数据为1 min一条记录,短时间增量为1
1 04 000	0 31 001之后的4个描述符的编码值重复	—	—	—	—	无编码值
0 31 001	重复次数	—	0	0	8	数字,表示以下4个描述符重复的次数
2 04 008	2 04 008与2 04 000之间除0 31 021以外所有要素描述符编码值前面均增加8 bit的附加字段作为质控码字段	—	—	—	—	无编码值
0 31 021	描述关联字段的含义	—	0	0	6	数字。代码表见附录A中表A.4
0 14 200	光合有效辐射辐照度	$\mu mol/(s \cdot m^2)$	0	0	16	数字
2 04 000	取消2 04 008的作用域	—	—	—	—	无编码值

表 5 地面气象辐射分钟观测数据段编码及说明(续)

注1:数据段每个要素的编码值 = 原始观测值 × $10^{比例因子}$ − 基准值。
注2:要素编码值转换为二进制,并按照数据宽度所定义的比特位数顺序写入数据段,位数不足高位补0。
注3:当某要素缺测时,将该要素数据宽度内每个比特置为1,即为缺测值。

^a 比例因子用于规定要素观测值的数据精度。要求数据精度等于 $10^{-比例因子}$。例如,比例因子为2,数据精度等于 10^{-2},即0.01。
^b 基准值用于保证要素编码值非负,即要求:要素观测值×$10^{比例因子}$不小于基准值。
^c 数据宽度用于规定二进制的要素编码值在数据段所占用的比特位数,编码值位数不足数据宽度时在高(左)位补0。

6.5.2 地面气象辐射小时观测数据段

由数据段段长、保留字段和数据描述段中描述符 3 07 196 包含的气象要素序列对应的编码值组成,具体编码见表6。其中数据段段长根据编码时实际包含的气象要素确定。气象要素序列包括测站信息、总辐射、净全辐射、散射辐射、直接辐射、反射辐射、紫外辐射、大气长波辐射、地面长波辐射、光合有效辐射等。

表 6 地面气象辐射小时观测数据段编码及说明

内容		含义	单位	比例因子[a]	基准值[b]	数据宽度[c] bit	备注
数据段段长		数据段长度	—	—	—	24	数字
保留字段		置0	—	—	—	8	数字
1.测站/平台标识							
0 01 001		WMO区号	—	0	0	7	数字
0 01 002		WMO站号	—	0	0	10	数字
0 02 001		测站类型	—	0	0	2	数字。0表示自动观测
0 01 101		国家和地区标识符	—	0	0	10	数字。代码表见附录A中表A.1
0 01 192		本地测站标识	—	—	0	72	字符,非WMO区站号的测站使用本描述符表示站号
3 01 011	0 04 001	年(地方平均太阳时)	—	0	0	12	数字
	0 04 002	月(地方平均太阳时)	—	0	0	4	数字
	0 04 003	日(地方平均太阳时)	—	0	0	6	数字
0 04 004		时(地方平均太阳时)	—	0	0	5	数字
3 01 021	0 05 001	纬度	°	5	−9000000	25	数字,保留小数点后5位
	0 06 001	经度	°	5	−18000000	26	数字,保留小数点后5位

QX/T 550—2020

表 6 地面气象辐射小时观测数据段编码及说明（续）

内容	含义	单位	比例因子[a]	基准值[b]	数据宽度[c] bit	说明
0 07 030	观测场海拔高度	m	1	−4000	17	数字
0 20 209	作用层情况	—	0	0	4	数字，每日地平时 09 时观测，定时编报。代码表见附录 A 中表 A.6
0 20 210	作用层状况	—	0	0	4	数字，每日地平时 09 时观测，定时编报。代码表见附录 A 中表 A.7
1 01 002	1 01 002 之后的 1 个描述符的编码值重复 2 次	—	—	—	—	无编码值。第 1 次重复表示台站质量控制，第 2 次重复表示省级质量控制
0 33 035	质量控制标识	—	0	0	4	数字，代码表见附录 A 中表 A.2
2.总辐射						
0 02 201	总辐射传感器标识	—	0	0	6	数字。代码表见附录 A 中表 A.3
1 15 000	0 31 000 之后的 15 个描述符的编码值重复	—	—	—	—	无编码值
0 31 000	重复次数	—	0	0	1	数字，表示以下 15 个描述符重复的次数
0 07 032	总辐射传感器距地高度	m	2	0	16	数字
2 04 008	2 04 008 与 2 04 000 之间除 0 31 021 以外所有要素描述符编码值前面均增加 8 bit 的附加字段作为质控码字段	—	—	—	—	无编码值
0 31 021	描述关联字段的含义	—	0	0	6	数字。代码表见附录 A 中表 A.4
0 14 194	总辐射辐照度	W/m²	0	0	16	数字
0 14 213	过去 1 h 总辐射曝辐量	MJ/m²	2	0	15	数字
2 04 000	取消 2 04 008 的作用域	—	—	—	—	无编码值
0 08 023	一级统计	—	0	0	6	数字，2 表示最大值。代码表见附录 A 中表 A.5

表6 地面气象辐射小时观测数据段编码及说明(续)

内容	含义	单位	比例因子[a]	基准值[b]	数据宽度[c] bit	说明
0 04 024	时间周期	h	0	−2048	12	数字。如果统计时段为1 h,时间周期为−1
2 04 008	2 04 008与2 04 000之间除0 31 021以外所有要素描述符编码值前面均增加8 bit的附加字段作为质控码字段	—	—	—	—	无编码值
0 31 021	描述关联字段的含义	—	0	0	6	数字。代码表见附录A中表A.4
0 14 194	过去1 h总辐射辐照度最大值	W/m²	0	0	16	数字
0 26 195	极值出现时(地方平均太阳时)	—	0	0	5	数字
0 26 196	极值出现分(地方平均太阳时)	—	0	0	6	数字
2 04 000	取消2 04 008的作用域	—	—	—	—	无编码值
0 08 023	一级统计	—	0	0	6	数字,63表示取消0 08 023作用域。代码表见附录A中表A.5
3.净全辐射						
0 02 201	净全辐射传感器标识	—	0	0	6	数字。代码表见附录A中表A.3
1 24 000	0 31 000之后的24个描述符的编码值重复	—	—	—	—	无编码值
0 31 000	重复次数	—	0	0	1	数字,表示以下24个描述符重复的次数
0 07 032	净全辐射传感器距地高度	m	2	0	16	数字。如果净全辐射为计算值,用缺测表示
2 04 008	2 04 008与2 04 000之间除0 31 021以外所有要素描述符编码值前面均增加8 bit的附加字段作为质控码字段	—	—	—	—	无编码值

表 6 地面气象辐射小时观测数据段编码及说明(续)

内容	含义	单位	比例因子[a]	基准值[b]	数据宽度[c] bit	说明
0 31 021	描述关联字段的含义	—	0	0	6	数字。代码表见附录A中表A.4
0 14 206	净全辐射辐照度	W/m²	0	−1000	16	数字
0 14 214	过去1 h净全辐射曝辐量	MJ/m²	2	−1000	15	数字
2 04 000	取消2 04 008的作用域	—	—	—	—	无编码值
0 08 023	一级统计	—	0	0	6	数字,2表示最大值。代码表见附录A中表A.5
0 04 024	时间周期	h	0	−2048	12	数字。如果统计时段为1 h,时间周期为−1
2 04 008	2 04 008与2 04 000之间除0 31 021以外所有要素描述符编码值前面均增加8 bit的附加字段作为质控码字段	—	—	—	—	无编码值
0 31 021	描述关联字段的含义	—	0	0	6	数字。代码表见附录A中表A.4
0 14 206	过去1 h净全辐射辐照度最大值	W/m²	0	−1000	16	数字
0 26 195	极值出现时(地方平均太阳时)	—	0	0	5	数字
0 26 196	极值出现分(地方平均太阳时)	—	0	0	6	数字
2 04 000	取消2 04 008的作用域	—	—	—	—	无编码值
0 08 023	一级统计	—	0	0	6	数字,63表示取消0 08 023作用域。代码表见附录A中表A.5
0 08 023	一级统计	—	0	0	6	数字,3表示最小值。代码表见附录A中表A.5
0 04 024	时间周期	h	0	−2048	12	数字。如果统计时段为1 h,时间周期为−1
2 04 008	2 04 008与2 04 000之间除0 31 021以外所有要素描述符编码值前面均增加8 bit的附加字段作为质控码字段	—	—	—	—	无编码值

表 6 地面气象辐射小时观测数据段编码及说明(续)

内容	含义	单位	比例因子[a]	基准值[b]	数据宽度[c] bit	说明
0 31 021	描述关联字段的含义	—	0	0	6	数字。代码表见附录A中表A.4
0 14 206	过去1 h净全辐射辐照度最小值	W/m²	0	−1000	16	数字
0 26 195	极值出现时(地方平均太阳时)	—	0	0	5	数字
0 26 196	极值出现分(地方平均太阳时)	—	0	0	6	数字
2 04 000	取消2 04 008的作用域	—	—	—	—	无编码值
0 08 023	一级统计	—	0	0	6	数字,63表示取消0 08 023作用域。代码表见附录A中表A.5
4. 散射辐射						
0 02 201	散射辐射传感器标识	—	0	0	6	数字。代码表见附录A中表A.3
1 15 000	0 31 000之后的15个描述符的编码值重复	—	—	—	—	无编码值
0 31 000	重复次数	—	0	0	1	数字。表示以下15个描述符重复的次数
0 07 032	散射辐射传感器距地高度	m	2	0	16	数字
2 04 008	2 04 008与2 04 000之间除0 31 021以外所有要素描述符编码值前面均增加8 bit的附加字段作为质控码字段	—	—	—	—	无编码值
0 31 021	描述关联字段的含义	—	0	0	6	数字。代码表见附录A中表A.4
0 14 193	散射辐射辐照度	W/m²	0	0	16	数字
0 14 212	过去1 h散射辐射曝辐量	MJ/m²	2	0	15	数字
2 04 000	取消2 04 008的作用域	—	—	—	—	无编码值
0 08 023	一级统计	—	0	0	6	数字,2表示最大值。代码表见附录A中表A.5

QX/T 550—2020

表6 地面气象辐射小时观测数据段编码及说明（续）

内容	含义	单位	比例因子[a]	基准值[b]	数据宽度[c] bit	说明
0 04 024	时间周期	h	0	−2048	12	数字。如果统计时段为1 h，时间周期为−1
2 04 008	2 04 008与2 04 000之间除0 31 021以外所有要素描述符编码值前面均增加8 bit的附加字段作为质控码字段	—	—	—	—	无编码值
0 31 021	描述关联字段的含义	—	0	0	6	数字。代码表见附录A中表A.4
0 14 193	过去1 h散射辐射辐照度最大值	W/m²	0	0	16	数字
0 26 195	极值出现时（地方平均太阳时）	—	0	0	5	数字
0 26 196	极值出现分（地方平均太阳时）	—	0	0	6	数字
2 04 000	取消2 04 008的作用域	—	—	—	—	无编码值
0 08 023	一级统计	—	0	0	6	数字，63表示取消0 08 023作用域。代码表见附录A中表A.5
5. 直接辐射						
0 02 201	直接辐射传感器标识	—	0	0	6	数字。代码表见附录A中表A.3
1 17 000	0 31 000之后的17个描述符的编码值重复	—	—	—	—	无编码值
0 31 000	重复次数	—	0	0	1	数字，表示以下17个描述符重复的次数
0 07 032	直接辐射传感器距地高度	m	2	0	16	数字
2 04 008	2 04 008与2 04 000之间除0 31 021以外所有要素描述符编码值前面均增加8 bit的附加字段作为质控码字段	—	—	—	—	无编码值
0 31 021	描述关联字段的含义	—	0	0	6	数字。代码表见附录A中表A.4

461

表6 地面气象辐射小时观测数据段编码及说明(续)

内容	含义	单位	比例因子[a]	基准值[b]	数据宽度[c] bit	说明
0 14 192	直接辐射辐照度	W/m²	0	0	16	数字
0 14 211	过去1 h直接辐射曝辐量	MJ/m²	2	0	15	数字
0 14 210	太阳直接辐射辐照度	W/m²	0	0	16	数字。09时、12时、15时编报
0 14 031	日照计算值	min	0	0	11	数字
2 04 000	取消2 04 008的作用域	—	—	—	—	无编码值
0 08 023	一级统计	—	0	0	6	数字,2表示最大值。代码表见附录A中表A.5
0 04 024	时间周期	h	0	−2048	12	数字。如果统计时段为1 h,时间周期为−1
2 04 008	2 04 008与2 04 000之间除0 31 021以外所有要素描述符编码值前面均增加8 bit的附加字段作为质控码字段	—	—	—	—	无编码值
0 31 021	描述关联字段的含义	—	0	0	6	数字。代码表见附录A中表A.4
0 14 192	过去1 h直接辐射辐照度最大值	W/m²	0	0	16	数字
0 26 195	极值出现时(地方平均太阳时)	—	0	0	5	数字
0 26 196	极值出现分(地方平均太阳时)	—	0	0	6	数字
2 04 000	取消2 04 008的作用域	—	—	—	—	无编码值
0 08 023	一级统计	—	0	0	6	数字,63表示取消0 08 023作用域。代码表见附录A中表A.5
6. 反射辐射						
0 02 201	反射辐射传感器标识	—	0	0	6	数字。代码表见附录A中表A.3
1 16 000	0 31 000之后的16个描述符的编码值重复	—	—	—	—	无编码值
0 31 000	重复次数	—	0	0	1	数字,表示以下16个描述符重复的次数

QX/T 550—2020

表6 地面气象辐射小时观测数据段编码及说明（续）

内容	含义	单位	比例因子[a]	基准值[b]	数据宽度[c] bit	说明
0 07 032	反射辐射传感器距地高度	m	2	0	16	数字
2 04 008	2 04 008 与 2 04 000 之间除 0 31 021 以外所有要素描述符编码值前面均增加 8 bit 的附加字段作为质控码字段	—	—	—	—	无编码值
0 31 021	描述关联字段的含义	—	0	0	6	数字。代码表见附录 A 中表 A.4
0 14 195	反射辐射辐照度	W/m²	0	0	16	数字
0 14 201	过去 1 h 反射辐射曝辐量	MJ/m²	2	0	15	数字
0 14 209	大气浑浊度指标	—	2	0	12	数字。按照 GB/T 35231—2017 中的 5.5，每日地方时 09 时、12 时、15 时编报
2 04 000	取消 2 04 008 的作用域	—	—	—	—	无编码值
0 08 023	一级统计	—	0	0	6	数字，2 表示最大值。代码表见附录 A 中表 A.5
0 04 024	时间周期	h	0	−2048	12	数字。如果统计时段为 1 h，时间周期为−1
2 04 008	2 04 008 与 2 04 000 之间除 0 31 021 以外所有要素描述符编码值前面均增加 8 bit 的附加字段作为质控码字段	—	—	—	—	无编码值
0 31 021	描述关联字段的含义	—	0	0	6	数字。代码表见附录 A 中表 A.4
0 14 195	过去 1 h 反射辐射辐照度最大值	W/m²	0	0	16	数字
0 26 195	极值出现时(地方平均太阳时)	—	0	0	5	数字
0 26 196	极值出现分(地方平均太阳时)	—	0	0	6	数字
2 04 000	取消 2 04 008 的作用域	—	—	—	—	无编码值

表 6 地面气象辐射小时观测数据段编码及说明(续)

内容	含义	单位	比例因子[a]	基准值[b]	数据宽度[c] bit	说明
0 08 023	一级统计	—	0	0	6	数字,63 表示取消 0 08 023 作用域。代码表见附录 A 中表 A.5
7. 紫外辐射						
1 01 003	0 02 201 的编码值重复 3 次	—	—	—	—	无编码值。第 1 次重复表示紫外辐射传感器标识,第 2 次重复表示紫外辐射 A 波段传感器标识,第 3 次重复表示紫外辐射 B 波段传感器标识
0 02 201	紫外辐射传感器标识	—	0	0	6	数字。代码表见附录 A 中表 A.3
1 22 000	0 31 000 之后的 22 个描述符的编码值重复	—	—	—	—	无编码值
0 31 000	重复次数	—	0	0	1	数字,表示以下 22 个描述符重复的次数
1 01 003	0 07 032 的编码值重复 3 次	—	—	—	—	无编码值。第 1 次重复表示紫外辐射传感器距地高度,第 2 次重复表示紫外辐射 A 波段传感器距地高度,第 3 次重复表示紫外辐射 B 波段传感器距地高度
0 07 032	紫外辐射传感器距地高度	m	2	0	16	数字
2 04 008	2 04 008 与 2 04 000 之间除 0 31 021 以外所有要素描述符编码值前面均增加 8 bit 的附加字段作为质控码字段	—	—	—	—	无编码值
0 31 021	描述关联字段的含义	—	0	0	6	数字。代码表见附录 A 中表 A.4
0 14 207	紫外辐射辐照度	W/m²	0	0	16	数字
0 14 198	紫外辐射 A 波段辐照度	W/m²	0	0	16	数字
0 14 199	紫外辐射 B 波段辐照度	W/m²	0	0	16	数字
0 14 208	过去 1 h 紫外辐射曝辐量	MJ/m²	3	0	15	数字

表6 地面气象辐射小时观测数据段编码及说明(续)

内容	含义	单位	比例因子[a]	基准值[b]	数据宽度[c] bit	说明
0 14 204	过去1 h紫外辐射A波段曝辐量	MJ/m²	3	0	15	数字
0 14 205	过去1 h紫外辐射B波段曝辐量	MJ/m²	3	0	15	数字
2 04 000	取消2 04 008的作用域	—	—	—	—	无编码值
0 08 023	一级统计	—	0	0	6	数字,2表示最大值。代码表见附录A中表A.5
0 04 024	时间周期	h	0	−2048	12	数字。如果统计时段为1 h,时间周期为−1
2 04 008	2 04 008与2 04 000之间除0 31 021以外所有要素描述符编码值前面均增加8 bit的附加字段作为质控码字段	—	—	—	—	无编码值
0 31 021	描述关联字段的含义	—	0	0	6	数字。代码表见附录A中表A.4
0 14 207	过去1 h紫外辐射辐照度最大值	W/m²	0	0	16	数字
0 14 198	过去1 h紫外辐射A波段辐照度最大值	W/m²	0	0	16	数字
0 14 199	过去1 h紫外辐射B波段辐照度最大值	W/m²	0	0	16	数字
0 26 195	极值出现时(地方平均太阳时)	—	0	0	5	数字
0 26 196	极值出现分(地方平均太阳时)	—	0	0	6	数字
2 04 000	取消2 04 008的作用域	—	—	—	—	无编码值
0 08 023	一级统计	—	0	0	6	数字,63表示取消0 08 023作用域。代码表见附录A中表A.5
8.大气长波辐射						
0 02 201	大气长波辐射传感器标识	—	0	0	6	数字。代码表见附录A中表A.3

表 6 地面气象辐射小时观测数据段编码及说明(续)

内容	含义	单位	比例因子[a]	基准值[b]	数据宽度[c] bit	说明
1 24 000	0 31 000 之后的 24 个描述符的编码值重复	—	—	—	—	无编码值
0 31 000	重复次数	—	0	0	1	数字,表示以下 24 个描述符重复的次数
0 07 032	大气长波辐射传感器距地高度	m	2	0	16	数字
2 04 008	2 04 008 与 2 04 000 之间除 0 31 021 以外所有要素描述符编码值前面均增加 8 bit 的附加字段作为质控码字段	—	—	—	—	无编码值
0 31 021	描述关联字段的含义	—	0	0	6	数字。代码表见附录 A 中表 A.4
0 14 196	大气长波辐射辐照度	W/m²	0	0	16	数字
0 14 202	过去 1 h 大气长波辐射曝辐量	MJ/m²	2	0	15	数字
2 04 000	取消 2 04 008 的作用域	—	—	—	—	无编码值
0 08 023	一级统计	—	0	0	6	数字,2 表示最大值。代码表见附录 A 中表 A.5
0 04 024	时间周期	h	0	−2048	12	数字。如果统计时段为 1 h,时间周期为−1
2 04 008	2 04 008 与 2 04 000 之间除 0 31 021 以外所有要素描述符编码值前面均增加 8 bit 的附加字段作为质控码字段	—	—	—	—	无编码值
0 31 021	描述关联字段的含义	—	0	0	6	数字。代码表见附录 A 中表 A.4
0 14 196	过去 1 h 大气长波辐射辐照度最大值	W/m²	0	0	16	数字
0 26 195	极值出现时(地方平均太阳时)	—	0	0	5	数字
0 26 196	极值出现分(地方平均太阳时)	—	0	0	6	数字
2 04 000	取消 2 04 008 的作用域	—	—	—	—	无编码值

表 6 地面气象辐射小时观测数据段编码及说明（续）

内容	含义	单位	比例因子[a]	基准值[b]	数据宽度[c] bit	说明
0 08 023	一级统计	—	0	0	6	数字,63 表示取消 0 08 023 作用域。代码表见附录 A 中表 A.5
0 08 023	一级统计	—	0	0	6	数字,3 表示最小值。代码表见附录 A 中表 A.5
0 04 024	时间周期	h	0	−2048	12	数字。如果统计时段为 1 h,时间周期为−1
2 04 008	2 04 008 与 2 04 000 之间除 0 31 021 以外所有要素描述符编码值前面均增加 8 bit 的附加字段作为质控码字段	—	—	—	—	无编码值
0 31 021	描述关联字段的含义	—	0	0	6	数字。代码表见附录 A 中表 A.4
0 14 196	过去 1 h 大气长波辐射辐照度最小值	W/m²	0	0	16	数字
0 26 195	极值出现时(地方平均太阳时)	—	0	0	5	数字
0 26 196	极值出现分(地方平均太阳时)	—	0	0	6	数字
2 04 000	取消 2 04 008 的作用域	—	—	—	—	无编码值
0 08 023	一级统计	—	0	0	6	数字,63 表示取消 0 08 023 作用域。代码表见附录 A 中表 A.5
9. 地面长波辐射						
0 02 201	地面长波辐射传感器标识	—	0	0	6	数字。代码表见附录 A 中表 A.3
1 24 000	0 31 000 之后的 24 个描述符的编码值重复	—	—	—	—	无编码值
0 31 000	重复次数	—	0	0	1	数字,表示以下 24 个描述符重复的次数
0 07 032	地面长波辐射传感器距地高度	m	2	0	16	数字

表 6 地面气象辐射小时观测数据段编码及说明（续）

内容	含义	单位	比例因子[a]	基准值[b]	数据宽度[c] bit	说明
2 04 008	2 04 008 与 2 04 000 之间除 0 31 021 以外所有要素描述符编码值前面均增加 8 bit 的附加字段作为质控码字段	—	—	—	—	无编码值
0 31 021	描述关联字段的含义	—	0	0	6	数字。代码表见附录 A 中表 A.4
0 14 197	地面长波辐射辐照度	W/m^2	0	0	16	数字
0 14 203	过去 1 h 地面长波辐射曝辐量	MJ/m^2	2	0	15	数字
2 04 000	取消 2 04 008 的作用域	—	—	—	—	无编码值
0 08 023	一级统计	—	0	0	6	数字，2 表示最大值。代码表见附录 A 中表 A.5
0 04 024	时间周期	h	0	−2048	12	数字。如果统计时段为 1 h，时间周期为 −1
2 04 008	2 04 008 与 2 04 000 之间除 0 31 021 以外所有要素描述符编码值前面均增加 8 bit 的附加字段作为质控码字段	—	—	—	—	无编码值
0 31 021	描述关联字段的含义	—	0	0	6	数字。代码表见附录 A 中表 A.4
0 14 197	过去 1 h 地面长波辐射辐照度最大值	W/m^2	0	0	16	数字
0 26 195	极值出现时（地方平均太阳时）	—	0	0	5	数字
0 26 196	极值出现分（地方平均太阳时）	—	0	0	6	数字
2 04 000	取消 2 04 008 的作用域	—	—	—	—	无编码值
0 08 023	一级统计	—	0	0	6	数字，63 表示取消 0 08 023 作用域。代码表见附录 A 中表 A.5
0 08 023	一级统计	—	0	0	6	数字，3 表示最小值。代码表见附录 A 中表 A.5

表6 地面气象辐射小时观测数据段编码及说明（续）

内容	含义	单位	比例因子[a]	基准值[b]	数据宽度[c] bit	说明
0 04 024	时间周期	h	0	−2048	12	数字。如果统计时段为1 h,时间周期为−1
2 04 008	2 04 008与2 04 000之间除0 31 021以外所有要素描述符编码值前面均增加8 bit的附加字段作为质控码字段	—	—	—	—	无编码值
0 31 021	描述关联字段的含义	—	0	0	6	数字。代码表见附录A中表A.4
0 14 197	过去1 h地面长波辐射辐照度最小值	W/m^2	0	0	16	数字
0 26 195	极值出现时(地方平均太阳时)	—	0	0	5	数字
0 26 196	极值出现分(地方平均太阳时)	—	0	0	6	数字
2 04 000	取消2 04 008的作用域	—	—	—	—	无编码值
0 08 023	一级统计	—	0	0	6	数字,63表示取消0 08 023作用域。代码表见附录A中表A.5
10. 光合有效辐射						
0 02 201	光合有效辐射传感器标识	—	0	0	6	数字。代码表见附录A中表A.3
1 15 000	0 31 000之后的15个描述符的编码值重复	—	—	—	—	无编码值
0 31 000	重复次数	—	0	0	1	数字,表示以下15个描述符重复的次数
0 07 032	光合有效辐射传感器距地高度	m	2	0	16	数字
2 04 008	2 04 008与2 04 000之间除0 31 021以外所有要素描述符编码值前面均增加8 bit的附加字段作为质控码字段	—	—	—	—	无编码值
0 31 021	描述关联字段的含义	—	0	0	6	数字。代码表见附录A中表A.4

表6 地面气象辐射小时观测数据段编码及说明(续)

内容	含义	单位	比例因子[a]	基准值[b]	数据宽度[c] bit	说明
0 14 200	光合有效辐射辐照度	μmol/(s·m²)	0	0	16	数字
0 14 215	过去1h光合有效辐射曝辐量	mol/m²	2	0	15	数字
2 04 000	取消2 04 008的作用域	—	—	—	—	无编码值
0 08 023	一级统计	—	0	0	6	数字,2表示最大值。代码表见附录A中表A.5
0 04 024	时间周期	h	0	−2048	12	数字。如果统计时段为1 h,时间周期为−1
2 04 008	2 04 008与2 04 000之间除0 31 021以外所有要素描述符编码值前面均增加8 bit的附加字段作为质控码字段	—	—	—	—	无编码值
0 31 021	描述关联字段的含义	—	0	0	6	数字。代码表见附录A中表A.4
0 14 200	过去1h光合有效辐射辐照度最大值	μmol/(s·m²)	0	0	16	数字
0 26 195	极值出现时(地方平均太阳时)	—	0	0	5	数字
0 26 196	极值出现分(地方平均太阳时)	—	0	0	6	数字
2 04 000	取消2 04 008的作用域	—	—	—	—	无编码值
0 08 023	一级统计	—	0	0	6	数字,63表示取消0 08 023作用域。代码表见附录A中表A.5

注1:数据段每个要素的编码值 = 原始观测值 × 10^比例因子 − 基准值。
注2:要素编码值转换为二进制,并按照数据宽度所定义的比特位数顺序写入数据段,位数不足高位补0。
注3:当某要素缺测时,将该要素数据宽度内每个比特置为1,即为缺测值。

[a] 比例因子用于规定要素观测值的数据精度。要求数据精度等于10^−比例因子。例如,比例因子为2,数据精度等于10^−2,即0.01。
[b] 基准值用于保证要素编码值非负,即要求:要素观测值×10^比例因子不小于基准值。
[c] 数据宽度用于规定二进制的要素编码值在数据段所占用的比特位数,编码值位数不足数据宽度时在高(左)位补0。

6.6 结束段

按照 QX/T 427—2018 中 5.6 的规定,由 4 个八位组组成,分别编码为 4 个字符"7"。具体编码见表 7。

表 7 结束段编码及说明

八位组序号	含义	值	说明
1	结束段	7	固定取值。按照 CCITT IA5 编码
2		7	
3		7	
4		7	

附 录 A
（规范性附录）
代 码 表

表 A.1　0 01 101 国家和地区标识符代码表

代码值	含义
0～99	保留
205	中国
207	中国香港
216	中国澳门
235～299	区协Ⅱ保留

表 A.2　0 33 035 质量控制标识代码表

代码值	含义
0	通过自动质量控制但没有人工检测
3	未通过自动质量控制，也没有人工检测
15	缺测

表 A.3　0 02 201 传感器标识代码表

代码值	含义
0	无观测任务
1	自动观测
2	人工观测
3	加盖期间
4	仪器故障期间
5	仪器维护期间
6	保留
7	计算值
8～62	保留
63	缺测

表 A.4　0 31 021 关联字段含义代码表

代码值	含义
62	8 bit 质量控制指示码： 　　由高至低(从左到右)1～4位,表示省级质控码;5～8位,表示台站质控码。 质控码的值均按如下含义： 　　0＝正确； 　　1＝可疑； 　　2＝错误； 　　3＝预留； 　　4＝订正数据； 　　5＝预留； 　　6＝预留； 　　7＝无观测任务； 　　8＝缺测； 　　9＝未作质量控制
63	缺测

表 A.5　0 08 023 一级统计代码表

代码值	含义
2	最大值
3	最小值
4	平均值
63	缺测

表 A.6　0 02 209 作用层情况代码表

代码值	含义
0	青草
1	枯(黄)草
2	裸露黏土
3	裸露沙土
4	裸露硬(石子)土
5	裸露黄(红)土
6	水面
7	其他
8～14	保留
15	缺测

表 A.7　0 02 210 作用层状况代码表

代码值	含义
0	干燥
1	潮湿
2	积水
3	泛碱(盐碱)
4	新雪
5	陈雪
6	融化雪
7	结冰
8～14	保留
15	缺测

参 考 文 献

[1] QX/T 418—2018　高空气象观测数据格式　BUFR编码
[2] 国家气象信息中心通信台编写组.表格驱动码编码手册[M].北京:气象出版社,2010
[3] WMO. Manual on Codes：WMO-No. 306. Volume I. 2[M]. Geneva，Switzerland：WMO，2011UP2013

ICS 07.060
A 47
备案号：73298—2020

中华人民共和国气象行业标准

QX/T 551—2020

气象观测资料质量控制　土壤水分

Quality control of meteorological observation data—Soil moisture

2020-06-16 发布　　　　　　　　　　　　　　　2020-09-01 实施

中国气象局　发布

QX/T 551—2020

前　言

本标准按照 GB/T 1.1—2009 给出的规则起草。

本标准由全国气象基本信息标准化技术委员会(SAC/TC 346)提出并归口。

本标准起草单位：国家气象信息中心。

本标准主要起草人：任芝花、王佳强、余予、高静、赵煜飞。

QX/T 551—2020

气象观测资料质量控制　土壤水分

1　范围

本标准规定了土壤水分观测资料质量控制的内容、方法和步骤。

本标准适用于频域反射法土壤水分小时观测资料的质量控制，烘干法土壤水分观测资料也可参照执行。

2　规范性引用文件

下列文件对于本文件的应用是必不可少的。凡是注日期的引用文件，仅注日期的版本适用于本文件。凡是不注日期的引用文件，其最新版本（包括所有的修改单）适用于本文件。

QX/T 118—2020　气象观测资料质量控制　地面

3　术语和定义

QX/T 118—2020 界定的以及下列术语和定义适用于本文件。

3.1

土壤水分观测资料　soil moisture observation data

表征土壤中水分含量的数据。

注：主要包括各深度层土壤体积含水量、土壤相对湿度、土壤重量含水率、土壤有效水分贮存量等，土壤体积含水量、土壤相对湿度、土壤重量含水率用百分数表示，土壤有效水分贮存量用毫米（mm）表示。

4　质量控制内容和方法

4.1　质量控制内容

对土壤体积含水量、土壤相对湿度、土壤重量含水率、土壤有效水分贮存量等要素数据进行格式检查、缺测检查、界限值检查、内部一致性检查、时间一致性检查、质量控制综合分析以及数据质量标识。

4.2　质量控制方法

4.2.1　格式检查

按照 QX/T 118—2020 中 3.2.1 的规定对观测数据的结构以及每条数据记录的长度进行检查。

4.2.2　缺测检查

按照 QX/T 118—2020 中 3.2.2 的规定检查某个观测数据是否为缺测数据，若为缺测数据，不再进行其他检查。

4.2.3　界限值检查

对观测数据是否超越其界限值进行检查。超越界限值的资料为错误资料。土壤体积含水量界限值取值见表1；土壤相对湿度、土壤重量含水率、土壤有效水分贮存量界限值参见附录A。

表 1 土壤体积含水量界限值（用百分数表示）

界限值下限	界限值上限
$\dfrac{w_k}{1.5} \times \dfrac{\rho_v}{\rho_w}$	$(1-\dfrac{\rho_v}{\rho_s})\times 100$

若土壤体积含水量理论上限计算值大于60%，则取60%为上限；
w_k：土壤凋萎湿度（采用重量含水率（%）表示）；
ρ_v：土壤容重，单位为克每立方厘米（g/cm³）；
ρ_w：水的密度，采用定值1.0 g/cm³；
ρ_s：土粒密度，采用定值2.8 g/cm³。

4.2.4 内部一致性检查

内部一致性检查包括：
a) 当土壤冻结时，则对应深度的土壤体积含水量数据不可用，数据视为错误；
b) 各层土壤体积含水量均相等，则相应土壤体积含水量数据可疑；
c) 若某层土壤体积含水量数据错误（可疑），则相应层通过界限值检查的土壤相对湿度、土壤重量含水率、土壤有效水分贮存量数据错误（可疑）。

4.2.5 时间一致性检查

时间一致性检查包括：
a) 观测前2小时内无降水、无灌溉发生时，若表层土壤体积含水量1小时内绝对增量超过0.5%，则该层相关时次土壤体积含水量数据可疑；
b) 观测前2小时内无灌溉，但有降水量值R(mm)时，若表层土壤体积含水量1小时内绝对增量值超过R(%)，则该层相关时次土壤体积含水量数据可疑；
c) 前一时次某层土壤相对湿度小于95%时，该层土壤体积含水量1小时内绝对减量超过0.5%，则该层相关时次土壤体积含水量数据可疑；
d) 当某层连续N个时次土壤体积含水量相等，且其中至少有1个时次土壤体积含水量数据已判错误（可疑），则N个时次土壤体积含水量数据均为错误（可疑）。

4.2.6 质量控制综合分析

按照QX/T 118—2020中3.2.8的规定对上述检查后的可疑资料进行综合分析，辨别其正确与否；对检查为错误的资料进行原因分析。

4.2.7 数据质量标识

见QX/T 118—2020中3.2.9。

5 质量控制步骤

质量控制可按下列步骤进行：格式检查、缺测检查、界限值检查、内部一致性检查、时间一致性检查、质量控制综合分析，最后为数据质量标识。质量控制过程中，可根据应用需求的差异对上述环节进行增减。

附 录 A
（资料性附录）
要素界限值

表A.1给出了各要素界限值。

表A.1 要素界限值

要素	界限值范围
土壤相对湿度	7%～180%
土壤重量含水率	1.2%～50%
土壤有效水分贮存量	0 mm～50 mm

参 考 文 献

[1] GB/T 33705—2017 土壤水分观测 频域反射法

[2] 国家气象局.农业气象观测规范(上卷)[M].北京:气象出版社,1993

[3] 中国气象局综合观测司.自动土壤水分观测规范(试行)[Z],2010

[4] 耿增超,戴伟.土壤学[M].北京:科学出版社,2011

[5] 国家气象信息中心.土壤水分自动站逐小时资料质量控制方案[Z],2016

[6] 张志富.自动站土壤水分资料质量控制方案的研制[J].干旱区地理,2013,36(1):101-108

[7] 王良宇,何延波.自动土壤水分观测数据异常值阈值研究[J].气象,2015,41(8):1017-1022

[8] 王佳强,赵煜飞,任芝花,等.中国自动土壤水分观测资料质量控制方法设计与效果检验[J].气象,2018,44(2):244-257

[9] 陈海波.DZN2型自动土壤水分观测仪器常见问题分析[J].气象与环境科学,2013,36(3):54-57

[10] Dorigo W A, Xaver A, Vreugdenhil M, et al. Global automated quality control of in situ soil moisture data from the international soil moisture network[J]. Vadose Zone Journal, 2013, 12(3): 918-924

[11] Xia Y, Ford T W, Wu Y, et al. Automated quality control of in situ soil moisture from the North American soil moisture database using NLDAS-2 products[J]. Journal of Applied Meteorology & Climatology, 2015, 54

ICS 07.060
A 47
备案号：73299—2020

中华人民共和国气象行业标准

QX/T 552—2020

空间天气预警等级

Scales for space weather warning

2020-06-16 发布　　　　　　　　　　　　　　　2020-09-01 实施

中 国 气 象 局　发 布

前　言

本标准按照GB/T 1.1—2009给出的规则起草。

本标准由全国卫星气象与空间天气标准化技术委员会空间天气监测预警分技术委员会(SAT/TC 347/SC 3)提出并归口。

本标准起草单位：国家卫星气象中心(国家空间天气监测预警中心)。

本标准主要起草人：杨光林、王传宇、杜丹。

空间天气预警等级

1 范围

本标准规定了空间天气预警的等级划分。
本标准适用于空间天气预警业务和服务。

2 术语和定义

下列术语和定义适用于本文件。

2.1
空间天气 space weather
日地空间中可影响天基和地基技术系统正常运行和可靠性的条件或状态。
[GB/T 30114.2—2014,定义7.9]

2.2
太阳耀斑 solar flare
太阳大气局部区域突然变亮的活动现象,常伴有增强的电磁辐射和粒子发射。
[GB/T 31157—2014,定义2.1]

2.3
太阳软 X 射线耀斑 solar soft X-ray flare
在软 X 射线波段发生的太阳耀斑现象。
[GB/T 31157—2014,定义2.2]

2.4
太阳软 X 射线耀斑强度 intensity of solar soft X-ray flare
在地球大气层外,距太阳 1 个天文单位处,太阳软 X 射线耀斑在 1×10^{-10} m～8×10^{-10} m 波段范围内电磁辐射流量的峰值。

注1:用符号 F_X 表示,单位为 $J/(m^2 \cdot s)$。
注2:1 个天文单位=149 598 000 km。
[GB/T 31157—2014,定义2.3]

2.5
太阳质子事件 solar proton event
太阳活动导致地球静止轨道处,能量大于 10 MeV 的质子流强度连续 15 min 达到或超过 10 pfu 的事件。

注:质子流强度用 I_p 表示,单位为 pfu,1 pfu=1 $proton/(cm^2 \cdot sr \cdot s)$。
[GB/T 31161—2014,定义2.2]

2.6
地磁暴 geomagnetic storm
全球范围内地磁场持续的剧烈扰动。

注:扰动持续的时间在几小时到几天之间,地磁水平分量的扰动幅度通常在几十纳特(用 nT 表示)到几百纳特间,极端情况下可超过一千纳特。
[GB/T 31160—2014,定义2.3]

2.7

K_p 指数　K_p index

时间间隔为 3 h 的全球地磁活动性指数。

注：改写 GB/T 31160—2014，定义 2.9。

2.8

高能电子暴　high-energy electron enhancement

高能电子增强事件

地球外辐射带高能电子大幅度增加的现象。通常以地球静止轨道大于 2 MeV 的电子通量来判定。

2.9

电子日积分强度　electron daily integrated intensity

地球静止轨道处，每平方厘米、每球面度、每日能量在 2 MeV 以上的电子总数。

注：电子日积分强度用 I_e 表示，单位为：$1/(cm^2 \cdot sr \cdot d)$。

[QX/T 367—2016，定义 2.2]

2.10

电离层　ionosphere

地球大气中高度范围大约在 60 km～1000 km、存在着大量的自由电子、足以显著影响无线电波传播的区域。

[QX/T 252—2014，定义 2.1]

2.11

电子总含量　total electron content

TEC

电子数密度沿高度的积分。

注1：单位为 TECU。1 TECU = $10^{16}/m^2$。

注2：改写 GB/T 31158—2014，定义 2.2。

3　等级划分

空间天气预警按照类别分为太阳耀斑预警、太阳质子事件预警、地磁暴预警、高能电子暴预警、电离层状态预警，按照强度分为四个等级，由低到高分别为蓝色预警、黄色预警、橙色预警和红色预警。

太阳耀斑预警等级按照太阳软 X 射线耀斑强度 F_x 划分；太阳质子事件预警等级按照能量大于 10 MeV 太阳质子流强度 I_p 划分；地磁暴预警等级按照 K_p 指数大小划分；高能电子暴预警等级按照电子日积分强度 I_e 划分；电离层状态预警等级按照 *TEC* 值大小划分。

空间天气预警等级见表 1。当发生表 1 中的某一事件时，即达到对应的空间天气预警等级。

表 1　空间天气预警等级

级别	太阳耀斑预警	太阳质子事件预警	地磁暴预警	高能电子暴预警	电离层状态预警
红色	$F_x \geqslant 2\times10^{-3} J/(m^2 \cdot s)$	$I_p \geqslant 10000\ pfu$	$K_p = 9$	$I_e \geqslant 5\times10^9/(cm^2 \cdot sr \cdot d)$	$TEC \geqslant 200\ TECU$
橙色	$1\times10^{-3} J/(m^2 \cdot s) \leqslant F_x < 2\times10^{-3} J/(m^2 \cdot s)$	$1000\ pfu \leqslant I_p < 10000\ pfu$	$K_p = 8$	$3\times10^9/(cm^2 \cdot sr \cdot d) \leqslant I_e < 5\times10^9/(cm^2 \cdot sr \cdot d)$	$175\ TECU \leqslant TEC < 200\ TECU$

表 1 空间天气预警等级(续)

级别	太阳耀斑预警	太阳质子事件预警	地磁暴预警	高能电子暴预警	电离层状态预警
黄色	$1\times10^{-4} \text{J}/(\text{m}^2\cdot\text{s}) \leqslant F_x < 1\times10^{-3} \text{J}/(\text{m}^2\cdot\text{s})$	$100 \text{ pfu} \leqslant I_p < 1000 \text{ pfu}$	$K_p = 7$	$10^9/(\text{cm}^2\cdot\text{sr}\cdot\text{d}) \leqslant I_e < 3\times10^9/(\text{cm}^2\cdot\text{sr}\cdot\text{d})$	$125 \text{ TECU} \leqslant TEC < 175 \text{ TECU}$
蓝色	$5\times10^{-5} \text{J}/(\text{m}^2\cdot\text{s}) \leqslant F_x < 1\times10^{-4} \text{J}/(\text{m}^2\cdot\text{s})$	$10 \text{ pfu} \leqslant I_p < 100 \text{ pfu}$	$K_p = 5$ 或 6	$10^8/(\text{cm}^2\cdot\text{sr}\cdot\text{d}) \leqslant I_e < 10^9/(\text{cm}^2\cdot\text{sr}\cdot\text{d})$	$100 \text{ TECU} \leqslant TEC < 125 \text{ TECU}$

参 考 文 献

[1] GB/T 30114.2—2014　空间科学及其应用术语　第2部分:空间物理
[2] GB/T 31157—2014　太阳软X射线耀斑强度分级
[3] GB/T 31158—2014　电离层电子总含量(TEC)扰动分级
[4] GB/T 31160—2014　地磁暴强度等级
[5] GB/T 31161—2014　太阳质子事件强度分级
[6] QX/T 252—2014　电离层术语
[7] QX/T 367—2016　地球静止轨道处能量2 MeV以上的电子日积分强度分级

ICS 07.060
A 47
备案号：73300—2020

中华人民共和国气象行业标准

QX/T 553—2020

风云三号气象卫星用户直收系统技术规范

Technical specifications for user direct receiving system of FY-3

2020-06-16 发布　　　　　　　　　　　　　　　　2020-09-01 实施

中　国　气　象　局　发布

QX/T 553—2020

前　　言

本标准按照 GB/T 1.1—2009 给出的规则起草。

本标准由全国卫星气象与空间天气标准化技术委员会气象卫星数据分技术委员会(SAC/TC 347/SC 1)提出并归口。

本标准起草单位：国家卫星气象中心、北京华云星地通科技有限公司、陕西省气象局。

本标准主要起草人：贾树波、梁永楼、沙金、王钗、彭朝巍。

风云三号气象卫星用户直收系统技术规范

1 范围

本标准规定了风云三号气象卫星用户直收系统的功能和组成,技术要求,试验方法,检验规则,标志、标签和随行文件,包装、运输、贮存及产品成套性等内容。

本标准适用于针对风云三号B/C/D卫星的接收处理系统的设计集成、安装调试、检验及维护工作,同时也适用于针对AQUA、TERRA、NOAA18、NOAA19、NPP、METOP及NOAA20等卫星的接收处理系统的相关工作。

2 规范性引用文件

下列文件对于本文件的应用是必不可少的。凡是注日期的引用文件,仅注日期的版本适用于本文件。凡是不注日期的引用文件,其最新版本(包括所有的修改单)适用于本文件。

GB 8898—2011 音频、视频及类似电子设备 安全要求
GB/T 11298.1—1997 卫星电视地球接收站测量方法 系统测量
GB/T 11298.2—1997 卫星电视地球接收站测量方法 天线测量
GB/T 11298.3—1997 卫星电视地球接收站测量方法 室外单元测量
GB/T 11298.4—1997 卫星电视地球接收站测量方法 室内单元测量
GB/T 11442—2017 C频段卫星电视接收站通用规范
GB/T 12649—2017 天气雷达参数测试方法
GB 13615—2009 地球站电磁环境保护要求
GB/T 13837—2012 声音和电视广播接收机及有关设备无线电骚扰特性 限值和测量方法
QX/T 175—2012 风云二号静止气象卫星S-VISSR数据接收系统
QX/T 238—2019 风云三号B/C/D气象卫星数据广播和接收技术规范
CCSDS 102.0-B-3 分包遥测(Packet telemetry)

3 术语和定义

下列术语和定义适用于本文件。

3.1
L1级数据文件 L1 level data file
L0数据经过质量检验和图像定位、辐射定标处理得到的基础数据。

3.2
预处理 data pre-processing
对卫星观测数据定标、定位、几何校正、配准等工作过程。

3.3
轨道根数 orbital elements
表征卫星轨道和确定卫星位置所需要的参数。

注:包含轨道偏心率、轨道半长轴、轨道倾角、升交点赤经、近地点辐角和平近点角六个参数。

3.4

天线跟踪控制文件 antenna tracking control file

根据轨道根数所计算出的天线跟踪轨迹文件。

3.5

定标 calibration

建立星上探测仪器观测值与所测物理量之间的转换关系。

3.6

图像定位 image navigation

利用卫星轨道和姿态确定卫星观测图像像元精确地理位置的方法。

3.7

极轨卫星原始数据 raw data from polar orbiting satellite

由地面站直接接收到,未经过任何处理的极轨气象卫星观测数据。

注:原始数据中除了有效观测数据以外,还包含同步码、数据头记录以及校验码等数据。

4 缩略语

下列缩略语适用于本文件。

AVHRR:甚高分辨率扫描辐射计(Advanced Very High Resolution Radiometer)
BPSK:二相相移键控(Binary Phase Shift Keying)
$Eb/N0$:比特能量对噪声密度(BitEnergy To Noise Density)
HIRAS:红外高光谱大气探测仪(Hyper-spectral Infrared Atmospheric Sounder)
LNA:低噪声放大器(Low Noise Amplifier)
MERSI:中分辨率光谱成像仪(Medium Resolution Spectral Imager)
MERSI(Ⅱ):中分辨率光谱成像仪Ⅱ型(Medium Resolution Spectral Imager Ⅱ)
MODIS:中分辨率成像光谱仪(Moderate-resolution Imaging Spectroradiometer)
MWHS:微波湿度计(Microwave Humidity Sounder)
MWRI:微波成像仪(Microwave Radiation Imager)
MWTS:微波温度计(Microwave Temperature Sounder)
OQPSK:偏移四相相移键控(Offset Quaternary Phase Shift Keying)
QPSK:四相相移键控(Quaternary Phase Shift Keying)
UQPSK:非平衡四相相移控键(Unbalanced Quaternary Phase Shift Keying)
VIIRS:可见光红外成像辐射仪(Visible Infrared Imaging Radiometer)
VIRR:可见光红外扫描辐射计(Visible and Infrared Radiometer)

5 功能和组成

5.1 功能

应具有如下功能:
a) 根据输入轨道根数,自动生成作业时间表和天线跟踪控制文件,自动跟踪气象卫星,接收实时播发的卫星信号;
b) 对卫星信号进行放大、滤波、下变频、解调及译码同步后生成原始数据文件;
c) 对原始数据文件进行预处理,生成L1级数据文件,并记录存储。

5.2 组成

5.2.1 硬件部分

分室外单元和室内单元,组成框图见图1。

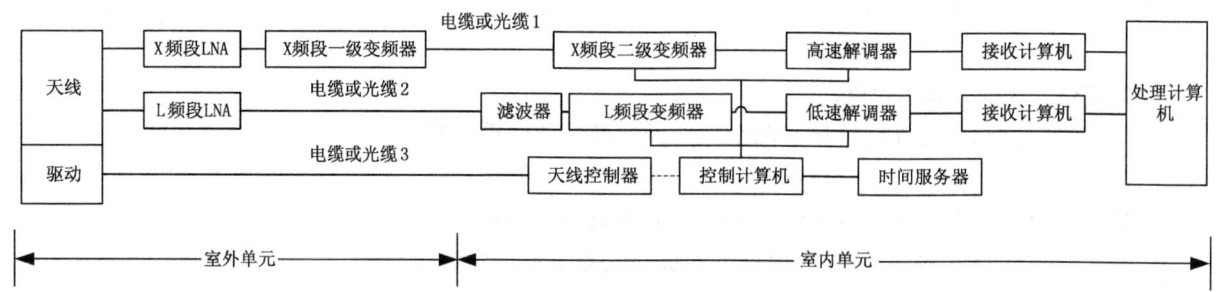

图1 硬件部分组成框图

室外单元包含天线罩及罩内设备。其中,罩内设备包括:天线、驱动、X频段LNA、L频段LNA、X频段一级变频器等。

室内单元包括:X频段二级变频器、滤波器、L频段变频器、高速解调器、低速解调器、接收计算机、处理计算机、天线控制器、控制计算机、时间服务器等。

室外单元与室内单元通过电缆或光缆进行连接。

5.2.2 软件部分

包括运行管理、数据接收、数据传输(含异地传输)、数据处理、数据存档软件。

6 技术要求

6.1 一般要求

6.1.1 电性能要求

电性能要求见表1。

表1 电性能要求

序号	技术参数	单位	要求	备注
1	接收频段	GHz	L频段:1.68~1.71	—
2			X频段:7.7~8.4	—
3	品质因数(G/T)	dB/K	L频段不小于10.7	L:$G/T \geqslant 10.7+20\lg(f/1.698)$ 式中: G——天线接收增益,单位为分贝(dB); T——天线等效噪声温度,单位为开尔文(K); f——频率,单位为吉赫兹(GHz)
4			X频段不小于27.1	X:$G/T \geqslant 27.1+20\lg(f/7.75)$

表 1 电性能要求（续）

序号	技术参数	单位	要求	备注
5	解调方式	—	L 频段：BPSK、QPSK	—
6			X 频段：BPSK、QPSK、OQPSK、UQPSK	—
7	译码方式	—	L 频段：3/4	—
8			X 频段：1/2	—
9	解调码速率	Mbits/s	L 频段 不小于 10	—
10			X 频段 不小于 90	—
11	误码率	—	不大于 1.0×10^{-6}	天线仰角不小于 5°

6.1.2 跟踪性能要求

天线跟踪性能要求见表 2。

表 2 跟踪性能要求

序号	技术参数	要求	备注
1	跟踪方式	程序跟踪	通过轨道预报参数引导天线跟踪卫星
2		步进自动跟踪	通过主动调整天线指向，根据接收到的信号强度变化，自动控制天线跟踪卫星
3	跟踪速度	X 轴≥2.5(°)/s	—
4		Y 轴≥2.5(°)/s	—
5	跟踪加速度	X 轴≥2.5(°)/s²	—
6		Y 轴≥2.5(°)/s²	—
7	跟踪精度	优于 0.1 倍接收天线波束主瓣宽度	—
8	跟踪范围	方位：0°～360° 俯仰：5°～90°	—

6.1.3 主要设备接口要求

主要设备接口要求见表 3。

表 3 主要设备接口要求

序号	设备名称		输入接口	输出接口	控制接口
1	天线馈源	L 频段	振子馈源	N-50K	—
2		X 频段	同轴馈源	BJ-84 波导	—
3	L 频段 LNA		N-50J	SMA-50K	—

表 3 主要设备接口要求(续)

序号	设备名称	输入接口	输出接口	控制接口
4	X 频段 LNA	BJ-84 波导	SMA-50K	—
5	L 频段变频器	N-50K	BNC-50K	DB9-K
6	X 频段一级变频器	N-50K	N-50K	DB9-K
7	X 频段二级变频器	N-50K	BNC-50K	DB9-K
8	高速解调器	BNC-50K	RJ45	DB9-K
9	低速解调器	BNC-50K	RJ45	DB9-K

6.1.4 系统设计寿命

系统设计寿命为 15 年。

6.2 主要设备技术指标

6.2.1 天线罩

具体技术指标要求如下：
a) 工作频率：
   1) L 频段 1.698 GHz～1.710 GHz；
   2) X 频段 7.7 GHz～8.4 GHz。
b) 传输损耗：
   1) 整罩(L 频段)小于或等于 0.6 dB，单元件(L 频段)小于或等于 0.5 dB；
   2) 整罩(X 频段)小于或等于 0.9 dB，单元件(X 频段)小于或等于 0.6 dB。
c) 工作区域：全方位，俯仰 5°～90°，在该范围内满足指标要求。
d) 抗风性能：相对风速不大于 67 m/s 时不破坏。
e) 环境要求：
   1) 工作温度：－45 ℃～+75 ℃；
   2) 相对湿度：0～100%。

6.2.2 天线

天线部分技术指标应满足 QX/T 238—2019 中 6.5.1 的要求。

6.2.3 L 频段接收信道

L 频段接收信道设备技术指标如下：
a) L 频段 LNA 指标：
   1) 增益：大于或等于 45 dB；
   2) 增益平坦度：±0.5 dB/12 MHz；
   3) 增益稳定性：±1 dB/－40 ℃～+55 ℃；
   4) 输入驻波比：小于 1.3；
   5) 输出 1dB 压缩点：大于或等于 +15 dBm。
b) L 频段变频器指标：

1) 输入信号频率：1.698 GHz～1.71 GHz；
2) 输入信号电平：－80 dBm～－45 dBm；
3) 输出信号频率：70 MHz 或 140 MHz；
4) 输出信号电平：－35 dBm～－10 dBm；
5) 中频抑制：大于或等于 60 dB；
6) 镜像抑制：大于或等于 60 dB；
7) 本振泄漏（输入端）：小于或等于－60 dB；
8) 杂波输出：折合到输入端，杂波电平小于或等于－90 dBm；
9) 相位噪声见表 4；

表 4 相位噪声

频偏 KHz	相位噪声 dBc/Hz
0.1	＜－65
1	＜－75
10	＜－85
100	＜－93

10) 杂散：小于或等于－40 dBc；
11) 带内平坦度：小于或等于±0.5 dB/12 MHz；
12) 本振频率稳定度：$1×10^{-6}/a$；
13) 噪声系数：小于或等于 15 dB；
14) 三阶交调：小于或等于－40 dBc。

c) 低速解调器指标：
1) 输入频率：70 MHz 或 140 MHz；
2) 输入信号动态范围：－55 dBm～－15 dBm；
3) 解调方式：QPSK、BPSK 含分相码（PCM-P）±67.5°；
4) 时钟捕获范围：±（码速率×0.2%）；
5) 载波捕获范围：±120 kHz；
6) 维特比译码采用（3 bits 软判决）；
7) 码速率：0.5 Mbps～10 Mbps 可调，最小步长：0.1 kbps；
8) 数据格式：符合 CCSDS 102.0-B-3 的要求；
9) 总误码率：
——QPSK+3/4 维特比译码+RS：小于 $1×10^{-6}$（Eb/N0＝5.5 dB）；
——QPSK+1/2 维特比译码+RS：小于 $1×10^{-6}$（Eb/N0＝4.5 dB）。
10) BPSK、QPSK（无编码增益）解调误码率：
——Eb/N0＝8.3 dB 时误码率 Pe 小于 $1×10^{-3}$；
——Eb/N0＝12.5 dB 时误码率 Pe 小于 $1×10^{-6}$。

d) 数据进机：
1) 总线标准：进机卡或网络接口的形式进行数据接收；
2) 码速率不得低于 10 Mbps。

6.2.4 X频段接收信道

X频段接收信道设备技术指标如下：
a) X频段LNA指标：
 1) 增益：大于或等于50 dB；
 2) 增益平坦度性：±1 dB/7750 MHz～8400 MHz；
 3) 增益稳定性：±1 dB/－40～+55 ℃；
 4) 输入驻波比：小于1.3；
 5) 输出1 dB压缩点：大于或等于+15 dBm。
b) X频段一级变频器指标：
 1) 输入信号频率：7.7 GHz～8.4 GHz；
 2) 输入信号电平：－85 dBm～－50 dBm；
 3) 输出信号频率：1.0 GHz～1.7 GHz或2.0 GHz～2.7 GHz；
 4) 镜频抑制：大于或等于60 dB；
 5) 噪声系数：小于或等于5 dB；
 6) 带内平坦度：在各工作频点带宽内不大于1dBp-p；
 7) 输入接口：N-50K；
 8) 工作温度：－40 ℃～+60 ℃。
c) X频段二级变频器指标：
 1) 输入信号频率：1.0 GHz～1.7 GHz或2.0 GHz～2.7 GHz；
 2) 输出中频频率：140 MHz或720 MHz；
 3) 输出信号电平：－35 dBm～－10 dBm；频综步进间隔：100 kHz；
 4) AGC范围：大于或等于40 dB；
 5) 中频抑制：大于或等于60 dB；
 6) 镜象抑制：大于或等于60 dB；
 7) 本振泄漏：输入端小于－60 dBm；
 8) 杂波输出：折合到输入端，杂波电平小于或等于－80 dBm；
 9) 相位噪声见表5；

表5 相位噪声

频偏 kHz	相位噪声 dBc/Hz
0.1	<－65
1	<－75
10	<－85
100	<－93

 10) 杂散：小于或等于－40 dBc；
 11) 带内平坦度：1dBp-p /各工作频点带宽内；
 12) 本振频率稳定度：1×10^{-6}/a；
 13) 噪声系数：小于或等于13 dB；
 14) 三阶交调：小于或等于－40 dBc。

d) 高速解调器指标：
   1) 输入频率：140 MHz 或 720 MHz；
   2) 输入信号动态范围：-5 dBm～-50 dBm；
   3) 解调方式：BPSK、QPSK、UQPSK 或 OQPSK；
   4) 比特同步捕获范围：符号率的±0.3%；
   5) 载波捕获范围：±300 kHz（大于或等于 5 Mbps）；±100 kHz（小于 5 Mbps）；
   6) 载波多普勒变化率：小于或等于 10 kHz/s；
   7) 码范围：0.1 Mbps～90 Mbps，1 bps 步进；
   8) 数据格式：应符合 CCSDS 102.0-B-3 的要求；
   9) 总误码率：
      ——QPSK+3/4 维特比译码+RS：小于 1×10^{-7}(Eb/N0=6.0dB)；
      ——QPSK+1/2 维特比译码+RS：小于 1×10^{-7}(Eb/N0=4.5dB)。
   10) 同步门限：小于或等于 1.5 dB(Eb/N0)。
e) 数据进机：
   1) 总线标准：进机卡或网络接口的形式数据接收；
   2) 码速率不得低于 90 Mbps。

6.2.5 时间服务器

通过网络和其他接口输出给站内其他设备进行校时，确保各设备的时间在网络输出方式下，误差不超过 100 ms。

6.2.6 软件要求

软件要求如下：
a) 一般要求：
   1) 平均无故障时间在 8000 h 以上；
   2) 软件运行成功率优于 98.9%；
   3) 平均故障恢复时间不大于 1 h；
   4) 对操作员命令响应时间不大于 2 s；
   5) 实时监视显示屏幕刷新响应时间不大于 5 s；
   6) 信息检索的平均时间不大于 10 s；
   7) 数据本地落盘后 30 min 内完成数据处理。
b) 运行管理要求：
   1) 系统运行的自动调度，包括根据轨道根数生成轨道预报数据、制定作业时间表，将调度命令下达给各设备等工作；
   2) 进行全站的时间校准；
   3) 进行全系统核心设备状态的监视。

   其中获取轨道根数的时间应控制在 3 d 以内。获取方式如下：
   1) 从互联网下载；
   2) 通过专用 FTP 服务器下载获取；
   3) 根据积累的天线测角数据进行自主改进。
c) 数据接收要求：
   1) 完成各个卫星相应载荷数据的比特变换、帧同步、CCSDS 解析等处理；
   2) 生成相应原始数据文件，并进行保存；

3) 进行相应载荷数据的快视显示。
d) 数据传输要求：
   1) 按照路径设置要求，完成各个卫星相应载荷数据的传输工作；
   2) 对数据传输过程具有日志或图形监视。
e) 数据处理要求：
   1) 包含 FY-3B/C 卫星 VIRR、MERSI、MWHS、MWRI、MWTS、HIRAS 仪器数据的预处理；
   2) 包含 FY-3D 卫星 MERSI(Ⅱ)仪器数据的预处理；
   3) 包含 TERRA、AQUA 卫星 MODIS 仪器数据的预处理；
   4) 包含 NOAA 18、NOAA 19 卫星 AVHRR 数据的预处理；
   5) 包含 NPP、NOAA20 卫星 VIIRS 仪器数据的预处理；
   6) 数据进行预处理后生成具有标准文件名称的数据文件，数据应能满足科学研究和生产应用，数据格式应为 HDF5/HDF4/1A5/1B 等国内通用数据格式；
   7) 一条轨道处理时间不大于 8 min；
   8) 硬盘满足不小于 10 d 存储。
f) 数据存档软件要求：依据存档规则及存档要求，对利用站的各类数据进行存档管理。

6.3 其他要求

6.3.1 选址要求

所选站址的电磁环境要求应满足 QX/T 238—2019 中 6.1.1 的要求。
所选站址的净空环境要求应满足 QX/T 238—2019 中 6.1.2 的要求。

6.3.2 外观、结构和工艺

外观、结构和工艺应符合 QX/T 175—2012 中 5.1.1.1 的要求。

6.3.3 环境适应性

系统环境适应性应满足下列条件：
a) 天线的环境适应性按 GB/T 11442—2017 的 4.2.1 的要求；
b) 室外单元环境适应性按 GB/T 11442—2017 的 4.3.1 的要求；
c) 室内单元环境适应性按 GB/T 11442—2017 的 4.4.6 的要求；
d) 室外单元电磁兼容应符合 GB/T 11442—2017 中的 4.3.7 的要求；
e) 室内单元电磁兼容应符合 GB/T 11442—2017 中的 4.4.4 的要求；
f) 天线端骚扰电压应符合 GB/T 13837—2012 中 4.3 表 2 的规定；
g) 射频输出端有用信号和骚扰信号电压应符合 GB/T 13837—2012 中 4.4 表 3 的规定；
h) 辐射骚扰应符合 GB/T 13837—2012 中 4.6 表 5 的规定。

6.3.4 基建要求

天线基础的谐振频率大于 4 Hz，非均匀沉降小于 1 mm。

6.3.5 网络环境

采用网速不低于 10 Mbit/s 的以太网，保证实现每天从互联网下载卫星轨道根数文件。

6.3.6 可靠性

室外单元和室内单元的可靠性应满足如下条件：
a) 室外单元可靠性符合 GB/T 11442—2017 中的 4.3.9 的要求；
b) 室内单元可靠性符合 GB/T 11442—2017 中的 4.4.7 的要求。

6.3.7 安全性

应符合 GB 8898—2011 中第 3 章至第 20 章中的有关规定。

7 试验方法

7.1 技术指标测量

7.1.1 一般要求及主要设备技术指标的测量

一般要求及主要设备技术指标的测量要求如下：
a) 系统整体技术指标测量应按照 GB/T 11298.1—1997 规定进行；
b) 天线部分技术指标测量应按照 GB/T 11298.2—1997 规定进行；
c) 天线罩衰减测量方法应按照 GB/T 12649—2017 中 5.5 规定进行；
d) 室外单元信道部分设备的技术指标测量应按照 GB/T 11298.3—1997 规定进行；
e) 室内单元信道部分设备的技术指标测量应按照 GB/T 11298.4—1997 规定进行。

7.1.2 跟踪性能检查

跟踪性能检查要求如下：
a) 天线角度范围测量宜参照 GJB 1377.1—92 中 5.1 规定进行；
b) 天线跟踪速度测量宜参照 GJB 1377.1—92 中 5.2 规定进行；
c) 天线加速度测量宜参照 GJB 1377.1—92 中 5.3 规定进行；
d) 天线指向精度测量宜参照 GJB 1377.1—92 中 5.5 规定进行；
e) 天线载荷能力测量宜参照 GJB 1377.1—92 中 5.7 规定进行。

7.1.3 电磁兼容测量

电磁兼容测量要求如下：
a) 一本振泄漏电平测量应按照 GB/T 11298.3—1997 中 4.7 规定进行；
b) 二本振泄漏电平测量应按照 GB/T 11298.4—1997 中 4.5 规定进行。

7.2 站址环境测量

站址环境测量要求如下：
a) 站址净空环境测量，应按照 GB 13615—2009 中第 6 章规定进行；
b) 站址电磁环境测量，应按照 GB 13615—2009 中第 8 章规定进行。

7.3 外观、结构及工艺检查

针对外观检查，应用目视法进行。
针对结构及工艺检查，应用目视和手感法进行。

7.4 环境适应性测量

按照低温、高温、湿热、振动和运输等项进行试验。

室外单元和室内单元设备的环境试验应按照 GB/T 11442—2017 中 5.8.2 规定进行。

7.5 可靠性试验

系统可靠性试验应按照 GB/T 11442—2017 中 5.8 规定进行。

7.6 安全性试验

安全试验应按照 GB 8898—2011 中第 3 章至第 20 章中的规定进行。

8 检验规则

8.1 出厂检验

产品出厂前,必须逐套按照本文件第 6 章的要求检验,检验合格后方能出厂。

8.2 交付检验

交付检验标准如下:
a) 系统建设完成后,所有功能及性能均满足本文件第 6 章要求;
b) 系统中所涉及的软硬件设备均能正常工作,满足本文件第 6 章要求;
c) 所提供相应技术资料满足本文件第 9 章要求。

9 标志、标签和随行文件

应有清楚和牢固标志,内容可包括如下:
a) 生产厂家及其商标;
b) 设备名称和型号;
c) 设备合格证;
d) 出厂日期;
e) 操作指示按钮。

10 包装、运输和贮存

应按照 GB/T 11442—2017 中第 7 章要求执行。

11 产品成套性

生产厂家在交付时应该提供装箱的产品设备清单见表 6。

表6 产品设备清单

序号	产品	单位	数量
1	跟踪天线	部	1
2	馈源：X/L双频段左右旋极化	套	1
3	伺服控制器	台	1
4	天线罩	套	1
5	X频段LNA	个	2
6	L频段LNA	个	2
7	X频段一级变频器	台	1
8	X频段二级变频器	台	1
9	L频段变频器	台	1
10	低速解调器	台	1
11	高速解调器	台	1
12	信号传输及控制线缆	套	1
13	预处理设备	套	1
14	数据接收设备	套	2
15	时间服务器	台	1
16	交换机	台	1
17	串口服务器	台	1
18	标准机柜	台	1
19	软件使用手册	套	1
20	设备使用手册	套	1
21	系统维护手册	套	1
22	出厂合格证	份	1
23	装箱清单	份	1
24	备份光盘	套	1

参 考 文 献

[1] GJB 1377.1—92　雷达天线控制和同步分系统性能测试方法
[2] QX/T 205—2013　中国气象卫星名词术语

ICS 07.060
A 47
备案号：73301—2020

中华人民共和国气象行业标准

QX/T 554—2020

风云三号气象卫星业务运行成功率统计方法

Statistical method for FY-3 operational success rate

2020-06-16 发布　　　　　　　　　　　　　　　　2020-09-01 实施

中国气象局　发布

前言

本标准按照 GB/T 1.1—2009 给出的规则起草。

本标准由全国卫星气象与空间天气标准化技术委员会(SAC/TC 347)提出并归口。

本标准起草单位:国家卫星气象中心。

本标准主要起草人:赵磊、林维夏、贾树泽、张媛媛、田思维。

引 言

我国风云系列气象卫星遥感和应用技术已达到国际先进水平。目前业务运行的极轨气象卫星为风云三号气象卫星,其业务运行成功与否直接关系到地面系统的运行情况及可提供的数据服务情况。为了提高风云三号气象卫星业务运行的质量和效率,制定统一的业务运行成功率统计方法对科学有效评估不同批次气象卫星业务运行情况具有十分重要的规范作用。

本标准制定了风云三号气象卫星业务运行成功率统计方法,建立了极轨气象卫星业务运行成功率的统计指标,弥补了国内同类业务技术标准的空白,对规范极轨气象卫星业务运行成功率统计工作,提高其统计业务的质量和效率将发挥积极作用。

风云三号气象卫星业务运行成功率统计方法

1 范围

本标准规定了风云三号气象卫星业务运行成功率统计指标与计算方法。

本标准适用于风云三号气象卫星业务运行成功率统计与计算。

2 术语和定义

下列术语和定义适用于本标准。

2.1
风云三号气象卫星 FY-3

采用三轴稳定姿态控制方式的第二代中国极轨气象卫星。

注：星上携带多种有效载荷，具备全球、全天候、多光谱、三维、定量对地观测的能力。

2.2
地面系统 ground segment

由气象卫星数据处理中心、运行控制中心和多个气象卫星地面站组成，用于卫星管理和卫星观测数据接收、处理、存档和分发的信息系统。

2.3
气象卫星地面站 meteorological satellite ground station

承担气象卫星与地面系统之间交换指令和数据交换的地面系统。

2.4
高分辨率图像传输 high resolution picture transmission；HRPT

通过L波段数传信道实现极轨气象卫星高分辨率图像数据的传输。

2.5
延迟图像传输 delayed picture transmission；DPT

通过X波段数传信道实现极轨气象卫星星上缓存数据的传输。

2.6
中分辨率图像传输 medium resolution picture transmission；MPT

通过X波段数传信道实现极轨气象卫星中分辨率光谱成像仪等探测数据的传输。

2.7
计划接收轨道 planned receiving orbits

未受星上异常等特殊事件影响，卫星按时间表成功下传数据的轨道。

2.8
达到标准轨道 meeting standard orbits

数据可用率大于或等于85%的轨道。

2.9
原始数据 raw data

由地面站直接接收到，未经过任何处理的极轨气象卫星观测数据。

注：原始数据中除了有效观测数据以外，还包含同步码、数据头记录以及校验码等数据。

2.10

风云三号气象卫星数据 FY-3 data

将风云三号气象卫星下发的原始数据进行汇集、处理生成的 L0～L3 数据。

2.11

L0 数据 level 0 data

由地面系统接收的直接从星载探测仪器探测得到的、未经过处理的数据。

注：由原始数据按照星载探测仪器进行分类汇集生成。

[QX/T 251—2014,定义 2.1]

2.12

L1 数据 level 1 data

L0 数据经过质量检验和图像定位、辐射定标处理得到的基础数据。

[QX/T 251—2014,定义 2.2]

2.13

L2 数据 level 2 data

L1 数据经过投影变换、反演或其他计算得到的各种应用数据。

2.14

L3 数据 level 3 data

L2 数据经过时间平均、累加等运算得到的统计数据或者通过人机交互处理得到的分析数据。

3 统计指标与计算方法

3.1 统计指标

3.1.1 风云三号气象卫星业务运行成功率是衡量地面系统业务运行质量的关键指标,并由风云三号气象卫星原始数据接收成功率和数据处理成功率组成。

3.1.2 业务运行成功率按规定周期(月、年等)统计,纳入业务运行成功率统计的星载仪器参见附录 A,典型应用数据参见附录 B,其统计内容将随着星载仪器在轨工作的状态进行调整。

3.2 计算方法

3.2.1 风云三号气象卫星业务运行成功率

计算见式(1)：

$$A = A_1 \times A_2 \quad \quad \quad \quad (1)$$

式中：

A——风云三号气象卫星业务运行成功率；

A_1——风云三号气象卫星原始数据接收成功率；

A_2——风云三号气象卫星数据处理成功率。

3.2.2 风云三号气象卫星原始数据接收成功率

计算见式(2)、式(3)、式(4)：

$$A_1 = B_1/B_2 \times 100\% \quad \quad \quad \quad (2)$$

$$B_1 = \alpha_1 MPT_1 + \alpha_2 HRPT_1 + \alpha_3 DPT_1 \quad \quad \quad \quad (3)$$

$$B_2 = \alpha_1 MPT_2 + \alpha_2 HRPT_2 + \alpha_3 DPT_2 \quad \quad \quad \quad (4)$$

式中：

B_1 ——气象卫星地面站实际接收风云三号气象卫星数据时达到标准轨道的数量,为 MPT 达到标准轨道的数量、HRPT 达到标准轨道的数量和 DPT 达到标准轨道的数量之和;

B_2 ——气象卫星地面站应接收风云三号气象卫星数据时计划接收轨道的数量,为 MPT 计划接收轨道的数量、HRPT 计划接收轨道的数量和 DPT 计划接收轨道的数量之和;

MPT_1 ——气象卫星地面站实际接收风云三号气象卫星 MPT 数据时达到标准轨道的数量;

$HRPT_1$——气象卫星地面站实际接收风云三号气象卫星 HRPT 数据时达到标准轨道的数量;

DPT_1 ——气象卫星地面站实际接收风云三号气象卫星 DPT 数据时达到标准轨道的数量;

MPT_2 ——气象卫星地面站应接收风云三号气象卫星 MPT 数据的计划接收轨道的数量;

$HRPT_2$——气象卫星地面站应接收风云三号气象卫星 HRPT 数据的计划接收轨道的数量;

DPT_2 ——气象卫星地面站应接收风云三号气象卫星 DPT 数据的计划接收轨道的数量;

$\alpha_1,\alpha_2,\alpha_3$——权重系数,其设定值为 0 或 1,0 表示不对该项进行统计,1 表示该项进行统计,默认值均为 1;FY-3D 无 HRPT 数据,故不对该项进行统计,在公式(3)、式(4)的计算中,$\alpha_2 = 0$。

3.2.3 风云三号气象卫星数据处理成功率

计算见式(5)、式(6):

$$A_2 = \beta_0 C_0 + \beta_1 C_1 + \beta_2 C_2 + \beta_3 C_3 \quad \cdots\cdots\cdots\cdots(5)$$

$$C_i = \frac{1}{N_i} \sum_{n=1}^{N_i} w_{i,n} \frac{R_{i,n}}{P_{i,n}} \times 100\% \quad \cdots\cdots\cdots\cdots(6)$$

式中:

C_i ——风云三号气象卫星 Li 数据处理成功率,$i=0,1,2,3$;

β_i ——权重系数,$i=0,1,2,3$,其设定值满足 $\beta_0+\beta_1+\beta_2+\beta_3=1$,权重系数根据各项的重要程度进行设定和调整,鉴于目前 L3 作为反演产品会作经常性的调整,不能科学地反应运行成功率,故暂不纳入统计,默认值为 $\beta_0=0.4,\beta_1=0.4,\beta_2=0.2,\beta_3=0$,若不对 L2 数据进行统计,则默认值可调整为 $\beta_0=0.5,\beta_1=0.5,\beta_2=0,\beta_3=0$;

N_i ——纳入风云三号气象卫星数据处理成功率统计的 Li 数据种类数,$i=0,1,2,3$;

$w_{i,n}$——风云三号气象卫星 Li 数据中第 n 种数据的权重系数,$i=0,1,2,3,n=1,2,\cdots N_i$,所有权重系数默认值均为 1,当对某种数据不进行统计时,其对应的权重系数设为 0;

$R_{i,n}$——风云三号气象卫星 Li 数据中第 n 种实际生成的数据数,$i=0,1,2,3,n=1,2,\cdots N_i$,具体数据参见附录 B;

$P_{i,n}$——风云三号气象卫星 Li 数据中第 n 种计划生成的数据数,$i=0,1,2,3,n=1,2,\cdots N_i$,具体数据参见附录 B。

附 录 A
（资料性附录）
星载仪器

A.1 星载仪器

A.1.1 可见光红外扫描辐射计 visible and infrared radiometer；VIRR

探测云参数、植被指数、射出长波辐射、云层、植被、积雪、海冰、气溶胶、地面反照率，监测多种自然灾害和生态环境的仪器。
注：搭载在风云三号气象卫星B、C星上业务运行。

A.1.2 红外分光计 infrared atmospheric sounder；IRAS

在红外波段对地球的大气温、湿度廓线、臭氧总含量、二氧化碳浓度、气溶胶及云参数等物理参数进行三维探测的仪器。
注：搭载在风云三号气象卫星B、C星上业务运行。

A.1.3 微波温度计 microwave temperature sounder；MWTS

在微波波段对地球的大气温度廓线、水汽、降水、云中含水量、表面特征等物理参数进行探测的仪器。
注：搭载在风云三号气象卫星D星上业务运行。

A.1.4 微波湿度计 microwave humidity sounder；MWHS

在微波波段对地球的大气湿度廓线、水汽、降水、云中含水量、表面特征等物理参数进行探测的仪器。
注：搭载在风云三号气象卫星B、C、D星上业务运行。

A.1.5 中分辨光谱成像仪 medium resolution spectral imager；MERSI

探测地球百米级空间分辨率的表面特征、海洋水色、云和气溶胶、表面温度、冰雪等物理参数的仪器。
注：搭载在风云三号气象卫星B、D星上业务运行。

A.1.6 微波成像仪 microwave radiation imager；MWRI

在微波波段对地球的雨率、云含水量、水汽总量、土壤湿度、海冰、海温以及冰雪覆盖量等物理参数进行探测的仪器。
注：搭载在风云三号气象卫星C、D星上业务运行。

A.1.7 紫外臭氧垂直探测仪 solar backscatter ultraviolet sounder；SBUS

在紫外波段对地球大气层中臭氧垂直分布状况进行探测的仪器。
注：搭载在风云三号气象卫星B、C星上业务运行。

A.1.8 紫外臭氧总量探测仪 total ozone unit；TOU

利用测量地球大气对太阳紫外辐射的后向散射探测大气层中臭氧的总含量的仪器。

注：搭载在风云三号气象卫星B、C星上业务运行。

A.1.9 地球辐射探测仪 earth radiation measurement；ERM

在短波和全波通道对地球的辐射总量、辐射亮度及辐射收支进行探测的仪器。

注：搭载在风云三号气象卫星B、C星上业务运行。

A.1.10 太阳辐射监测仪 solar irradiation monitor；SIM

在 $0.2~\mu m \sim 50~\mu m$ 波段，通过观测太阳宽带辐射探测太阳辐射照度和地球辐射收支的仪器。

注：搭载在风云三号气象卫星B、C星上业务运行。

A.1.11 空间环境监测器 space environment monitor；SEM

由高能粒子（离子和电子）探测器、辐射剂量仪、表面电位探测器和单粒子事件探测器组成，用于探测空间中离子、高能质子、中高能电子、辐射剂量，以及监测卫星表面电位与单离子翻转等空间环境。

注：搭载在风云三号气象卫星D星上业务运行。

A.1.12 全球导航卫星掩星探测仪 global navigation satellite system occultation sounder；GNOS

利用无线电掩星技术，接收GPS、北斗等导航卫星信号，对全球范围中性大气和电离层大气进行探测的仪器。

注：搭载在风云三号气象卫星C、D星上业务运行。

A.1.13 红外高光谱大气探测仪 hyper-spectral infrared atmospheric sounder；HIRAS

利用傅里叶干涉探测技术，在红外波段，对地气系统进行高光谱分辨率三维探测的仪器。

注：搭载在风云三号气象卫星D星上业务运行。

A.1.14 温室气体吸收光谱仪 greenhouse gases absorption spectrometer；GAS

利用近红外高光谱探测技术，探测二氧化碳、甲烷、一氧化碳等主要温室气体的全球浓度分布的仪器。

注：搭载在风云三号气象卫星D星上业务运行。

A.1.15 广角极光成像仪 wide-field aurora imager；WAI

获取紫外波段大范围极光图像的探测仪器。

注：搭载在风云三号气象卫星D星上业务运行。

A.1.16 电离层光度计 ionospheric photometer；IPM

通过测量氧气原子和氮气分子的极紫外波段气辉辐射强度，获取电离层状态及其变化的仪器。

注：搭载在风云三号气象卫星D星上业务运行。

QX/T 554—2020

附 录 B
（资料性附录）
典型应用数据

表 B.1 风云三号气象卫星典型应用数据

序号	数据名称	数据类型
1	MERSI L0 数据	L0 数据
2	VIRR L0 数据	L0 数据
3	MWHS L0 数据	L0 数据
4	IRAS L0 数据	L0 数据
5	MWHS L0 数据	L0 数据
6	MWRI L0 数据	L0 数据
7	TOU L0 数据	L0 数据
8	ERM L0 数据	L0 数据
9	SBUS L0 数据	L0 数据
10	HIRAS L0 数据	L0 数据
11	IPM L0 数据	L0 数据
12	SEM L0 数据	L0 数据
13	MWTS L0 数据	L0 数据
14	GAS L0 数据	L0 数据
15	MERSI 250 m L1 数据	L1 数据
16	MERSI 1000 m L1 数据	L1 数据
17	VIRR L1 数据	L1 数据
18	MWHS L1 数据	L1 数据
19	GNOS 大气附加相位	L1 数据
20	GNOS 电离层附加相位	L1 数据
21	GNOS 精密轨道	L1 数据
22	IRAS L1 数据	L1 数据
23	MWHS L1 数据	L1 数据
24	MWRI 升轨 L1 数据	L1 数据
25	MWRI 降轨 L1 数据	L1 数据
26	TOU L1 数据	L1 数据
27	ERM L1 数据	L1 数据
28	SBUS L1 数据	L1 数据
29	HIRAS L1 数据	L1 数据

表 B.1 风云三号气象卫星典型应用数据(续)

序号	数据名称	数据类型
30	IPM L1 数据	L1 数据
31	SEM L1 数据	L1 数据
32	MWTS L1 数据	L1 数据
33	GAS L1 数据	L1 数据
34	VIRR 射出长波辐射日产品	L2 数据
35	VIRR 海上气溶胶日产品	L2 数据
36	VIRR 海面温度日产品	L2 数据
37	VIRR 陆表反射比反演日产品	L2 数据
38	VIRR 总云量/云分类日产品	L2 数据
39	VIRR 云顶温度/云光学厚度日产品	L2 数据
40	MERSI 1000 m 陆表反射比轨道数据	L2 数据
41	TOU 臭氧总量等经纬度日产品	L2 数据
42	TOU 臭氧总量极射赤面投影产品	L2 数据
43	TOU 臭氧总量轨道产品	L2 数据
44	大气顶辐射通量轨道数据	L2 数据
45	GNOS 大气密度廓线	L2 数据
46	GNOS 低层大气湿度廓线	L2 数据
47	GNOS 大气折射率廓线	L2 数据
48	GNOS 大气温度廓线	L2 数据
49	GNOS 电子密度廓线	L2 数据
50	MWHS 降水检测轨道产品	L2 数据
51	MWRI 云水轨道产品(降轨)	L2 数据
52	VIRR 火点判识	L2 数据

参 考 文 献

[1] QX/T 158—2012 气象卫星数据分级
[2] QX/T 205—2013 中国气象卫星名词术语
[3] QX/T 251—2014 风云三号气象卫星 L0 和 L1 数据质量等级
[4] QX/T 374—2017 风云二号卫星地面应用系统成功率统计方法
[5] 杨军,董超华. 新一代风云极轨气象卫星业务产品及应用[M].北京:科学出版社,2011

ICS 07.060
N 95
备案号:73302—2020

中华人民共和国气象行业标准

QX/T 555—2020

便携式叶面积观测仪

Portable leaf area measuring instrument

2020-06-16 发布

2020-09-01 实施

中国气象局 发布

前　言

本标准按照GB/T 1.1—2009给出的规则起草。

本标准由全国气象仪器与观测方法标准化技术委员会(SAC/TC 507)提出并归口。

本标准起草单位：河南中原光电测控技术有限公司、中国气象局气象探测中心、河南省气象科学研究所。

本标准主要起草人：王艳斌、张雪芬、胡树贞、李翠娜、陈海波、师丽魁、胡锦涛、牛素军、张振强。

QX/T 555—2020

便携式叶面积观测仪

1 范围

本标准规定了便携式叶面积观测仪的技术要求、测试方法、检验规则、标志和随行文件、包装、运输和贮存。

本标准适用于便携式叶面积观测仪的设计、生产、检验和验收。

2 规范性引用文件

下列文件对于本文件的应用是必不可少的。凡是注日期的引用文件，仅注日期的版本适用于本文件。凡是不注日期的引用文件，其最新版本（包括所有的修改单）适用于本文件。

GB/T 191—2008　包装储运图示标志
GB/T 2423.1—2008　电工电子产品环境试验　第2部分：试验方法　试验A：低温
GB/T 2423.2—2008　电工电子产品环境试验　第2部分：试验方法　试验B：高温
GB/T 2423.3—2016　环境试验　第2部分：试验方法　试验Cab：恒定湿热试验
GB/T 2423.5—2019　环境试验　第2部分：试验方法　试验Ea和导则：冲击
GB/T 2423.10—2019　环境试验　第2部分：试验方法　试验Fc：振动（正弦）
GB/T 2828.1—2012　计数抽样检验程序　第1部分：按接收质量限（AQL）检索的逐批检验抽样计划
GB/T 17626.3—2016　电磁兼容　试验和测量技术　射频电磁场辐射抗扰度试验
GB/T 18185—2014　水文仪器可靠性技术要求
GB/T 18268.1—2010　测量、控制和实验室用的电设备　电磁兼容性要求　第1部分：通用要求
GB/T 37467—2019　气象仪器术语

3 术语和定义

GB/T 37467—2019界定的以及下列术语和定义适用于本文件。

3.1

便携式叶面积观测仪　portable leaf area measuring instrument

方便携带、便于单人操作的利用投影或扫描等方法测定植物叶片面积的仪器。

4 组成

一般由手持扫描单元、数据处理单元、数据通信单元、显示单元和供电单元组成。

5 技术要求

5.1 一般要求

应符合下列要求：

——满电量连续工作时间不小于 8 h；
——能够测量厚度 8 mm(含)以下的叶片；
——最高扫描速度不低于 0.5 m/s；
——手持扫描单元质量不大于 1 kg；
——便于单人携带、拆装。

5.2 外观

应符合下列要求：
——外表整洁、无损伤和形变；
——金属件无锈蚀，表面棱角光滑，涂层无气泡、开裂、脱落现象；
——标志和字符清晰、完整和醒目。

5.3 测量性能

5.3.1 叶面积

指标如下：
——测量范围：0 cm²～1500 cm²。
——最大允许误差：±1 cm²，叶面积＜50 cm²；±2%，叶面积≥50 cm²。
——分辨力：0.01 cm²。

5.3.2 叶片长度

指标如下：
——测量范围：0 cm～100 cm；
——最大允许误差：±1%FS；
——分辨力：0.1 cm。
注：FS(full-scale)表示满量程。

5.3.3 叶片最大宽度

指标如下：
——范围：0 cm～15 cm；
——最大允许误差：±1%FS；
——分辨力：0.1 cm。

5.4 功能

应具有如下功能：
——能够输出单片叶面积，并可累加；
——数据下载。

5.5 环境适应性

5.5.1 工作环境

要求如下：
——温度：−10 ℃～50 ℃；
——湿度：0%RH～95%RH(无水汽凝结)。

5.5.2 贮存环境

要求如下：
- 温度：-30 ℃～50 ℃；
- 湿度：0%RH～90%RH（无水汽凝结）。

5.5.3 冲击

在非工作状态下，非包装状态的产品应能通过如下严酷等级的冲击试验：
- 脉冲波形：半正弦波；
- 峰值加速度：150 m/s^2；
- 脉冲持续时间：6 ms；
- 冲击次数：6个方向各3次。

5.5.4 振动

在非工作状态下，非包装状态的产品应能通过如下严酷等级的正弦振动试验：
- 频率范围：10 Hz～55 Hz；
- 峰值加速度：10 m/s^2；
- 扫频循环次数：5次；
- 危险频率持续时间：10 min±0.5 min。

5.6 电磁兼容性

射频电磁场辐射抗扰度应达到如下要求：
- 频率范围：80 MHz～1000 MHz；
- 电场强度极限值：满足 GB/T 17626.3—2016 中等级 2 的规定；
- 性能判据：满足 GB/T 18268.1—2010 中 6.4.3 的规定。

5.7 可靠性

产品可靠度 $R(1000)$：≥0.90。

注：$R(1000)$指产品在规定的条件下及规定的时间 1000 h 内，完成规定功能的概率。

6 测试方法

6.1 一般要求

方法如下：
- 满电量开机，保持正常工作状态，记录运行至停机所用时间；
- 对厚度为 8 mm 的样本进行测量；
- 对长度为 50 cm 的样本进行测量，记录最快扫描时间，计算出扫描速度；
- 用电子天平等衡器测定手持扫描单元的质量；
- 实际操作检查。

6.2 外观

目视方法检查。

6.3 测量性能

6.3.1 标准样本

应由不易变形的硬质非透明材料制成,形状为片状矩形,且经过国家法定计量部门或其他法定授权组织检定。制作精度不低于0.1‰,每年应进行重新检定,出现磨损时应及时更换。

6.3.2 叶面积

室温条件下,对面积为 10 cm²、125 cm²、500 cm²、1500 cm² 的样本分别进行 4 次重复测量,平均值应符合5.3.1的要求。

6.3.3 叶片长度

室温条件下,对长度为 10 cm、25 cm、50 cm、100 cm 的样本分别进行 4 次重复测量,平均值应符合5.3.2的要求。

6.3.4 叶片最大宽度

室温条件下,对宽度为 1 cm、5 cm、10 cm、15 cm 的样本分别进行 4 次重复测量,平均值应符合5.3.3的要求。

6.4 功能

方法如下:
——分别对6.3.2中4件样本的面积进行测量,输出单件及累加结果,结果应符合5.3的要求;
——利用有线或无线方式连接待接收数据的计算机,执行数据下载或导出等操作,数据应与产品测量值一致。

6.5 环境适应性

6.5.1 高温工作

按 GB/T 2423.2—2008 中5.4规定的方法进行。

6.5.2 低温工作

按 GB/T 2423.1—2008 中5.4规定的方法进行。

6.5.3 高温贮存

按 GB/T 2423.2—2008 中5.2规定的方法进行。

6.5.4 低温贮存

按 GB/T 2423.1—2008 中5.2规定的方法进行。

6.5.5 相对湿度

按 GB/T 2423.3—2016 中第7章规定的方法进行。

6.5.6 冲击

按 GB/T 2423.5—2019 的有关规定进行试验。试验结束后,结构件应无破裂、明显变形和松动等现象,通电后能正常工作。

6.5.7 振动

按 GB/T 2423.10—2019 的有关规定进行试验。试验结束后,结构件应无破裂、明显变形和松动等现象,通电后能正常工作。

6.6 电磁兼容性

按 GB/T 17626.3—2016 中第 8 章规定的方法进行。

6.7 可靠性

按 GB/T 18185—2014 中 7.2.3 规定的方法进行。

7 检验规则

7.1 检验分类

检验分为：
——型式检验；
——出厂检验。

7.2 检验项目

检验项目见表1。

表 1 检验项目

序号	检验项目	型式检验	出厂检验	技术要求条文	测试方法条文
1	一般要求	●	○	5.1	6.1
2	外观	●	●	5.2	6.2
3	性能	●	●	5.3	6.3
4	功能	●	●	5.4	6.4
5	环境适应性	●	○	5.5	6.5
6	电磁兼容性	●	○	5.6	6.6
7	可靠性	●	○	5.7	6.7
●表示应进行检验的项目。 ○表示需要时进行检验的项目。					

7.3 型式检验

7.3.1 检验时机

在以下任一情况下,应进行型式检验：
——新产品定型投产；
——产品在结构、工艺、电路、主要零部件等方面有较大改动,可能影响产品性能；

——停产一年以上再恢复生产；
——上级质量监督部门提出要求。

7.3.2 受检样品数

由生产方和使用方协商确定，一般不少于3台。

7.3.3 合格判定

在型式检验中，若有不合格项，则判该批产品不合格。

7.4 出厂检验

7.4.1 受检样品数

全数检验。

7.4.2 合格判定

按表1规定的项目进行出厂检验，无缺陷者判定为合格。若受检产品的任一项出现不合格，则判该产品为不合格品。

7.4.3 不合格处理

处理如下：
——若导致不合格的为表1中项目2和项目4，可纠正后重新进行检验。
——若导致不合格的为表1中项目3，则终止本次检验。批量产品整改后，按GB/T 2828.1—2012中表2-B的加严检验一次抽样方案重新进行检验。

8 标志和随行文件

8.1 标志

8.1.1 产品标志

应包括以下内容并形成条形码：
——制造厂名；
——产品名称和型号；
——出厂编号；
——出厂日期。

8.1.2 包装标志

应包括以下内容：
——产品名称、型号和数量；
——制造厂名；
——外形尺寸；
——毛重；
——"易碎物品""向上""怕雨""堆码层数极限"等符合GB/T 191—2008规定的图示标志。

8.2 随行文件

应包括以下内容：
——使用说明书或用户手册；
——检验报告；
——合格证；
——保修单；
——装箱单。

9 包装、运输和贮存

9.1 包装

应符合以下要求：
——产品包装前，对于产品的易锈部位，应涂防锈油脂等，并用防锈纸包敷，防锈期应不少于 1 a；
——包装箱应牢固，内有防震动等措施；
——包装箱内应有随行文件；
——每个包装箱内都应有装箱单。

9.2 运输

应符合以下要求：
——运输过程中应防止剧烈震动、挤压、雨淋及化学物品侵蚀；
——搬运应轻拿轻放，码放整齐，不应滚动和抛掷。

9.3 贮存

应符合以下要求：
——包装好的产品应贮存在环境温度-30 ℃～50 ℃，空气相对湿度小于 90% 的室内，且周围无腐蚀性挥发物，无强烈的机械震动、冲击、强电磁场作用；
——包装好的产品宜单独存放；
——贮存期限达到半年，应检查产品的电量是否充足。

参 考 文 献

[1] 国家气象局.农业气象观测规范:上卷[M].北京:气象出版社,1993:28-29

[2] 中国农业百科全书总编辑委员会农业气象卷编辑委员会.中国农业百科全书:农业气象卷[M].北京:中国农业出版社,1986:349-350

[3] 于浩.便携式活体叶面积测量仪的研制[D].哈尔滨:哈尔滨工业大学,2009

[4] 冯冬霞.便携式叶面积仪的研制[D].北京:中国农业大学,2005

[5] 石光.台式叶面积测量仪的研制[D].哈尔滨:哈尔滨工业大学,2010

[6] 王二虎,冶林茂,乔长城,等.叶面积测量试验数据对比分析[J].气象与环境科学,2011(11):59-62

[7] 吴志刚,韩振宇,胡锦涛,等.基于FPGA和STM32的便携式叶面积仪的设计[J].电子技术,2016(11):95-98

ICS 07.060
A 47
备案号：73303—2020

中华人民共和国气象行业标准

QX/T 556—2020

飞机人工增雨（雪）作业流程

Specifications for aircraft precipitation enhancement operation

2020-06-16 发布　　　　　　　　　　　　　　　　2020-09-01 实施

中国气象局　发布

QX/T 556—2020

前　言

本标准按照 GB/T 1.1—2009 给出的规则起草。

本标准由全国人工影响天气标准化技术委员会(SAC/TC 538)提出并归口。

本标准起草单位：山西省人工降雨防雹办公室。

本标准主要起草人：孙鸿娉、李培仁、李义宇、申东东、封秋娟、蔡兆鑫、杨俊梅、尚倩、杨晓、任晓霞。

QX/T 556—2020

飞机人工增雨(雪)作业流程

1 范围

本标准规定了飞机人工增雨(雪)作业的计划制订、装备物资确定、业务协调、方案制订、实施及效果评估的流程。

本标准适用于飞机人工增雨(雪)作业。

2 规范性引用文件

下列文件对于本文件的应用是必不可少的。凡是注日期的引用文件,仅注日期的版本适用于本文件。凡是不注日期的引用文件,其最新版本(包括所有的修改)适用于本文件。

QX/T 151—2012 人工影响天气作业术语
QX/T 421—2018 飞机人工增雨(雪)宏观记录规范
QX/T 505—2019 人工影响天气作业飞机通用技术要求

3 术语和定义

QX/T 151—2012 界定的以及下列术语和定义适用于本文件。为了便于使用,以下重复列出了QX/T 151—2012 中的某些术语和定义。

3.1
飞机人工增雨(雪)作业 aircraft precipitation enhancement operation

利用飞机在云体的适当部位,选择适当的时机,播撒适合的催化剂,以增加地面降水量的科学技术措施。

注1:简称飞机作业。
注2:改写 QX/T 151—2012,定义 6.1。

3.2
作业空域 operational airspace

经飞行管制部门和航空管理部门批准,飞机、高炮、火箭在规定时限内实施作业的空间范围。

注:改写 QX/T 151—2012,定义 8.8。

3.3
常备飞行计划 standby flight plan

当年或当月作业时段内的空域使用计划。

3.4
具体飞行计划 specific flight plan

飞机作业实施单位向飞行管制部门申请的具体作业计划。

3.5
机载设备 airborne equipment

安装在飞机上,用于飞机人工增雨(雪)作业和探测的设备。

注:包括空地通信设备、大气探测设备、催化剂播撒设备等。

3.6
作业指挥中心 operational command center
飞机作业实施单位设立的指挥飞机作业的场所和部门。

3.7
效果评估 effect evaluation
检验人工影响天气作业后是否有效果，并评价其效果大小的工作。

4 制订作业计划

4.1 年度工作计划

4.1.1 组织实施飞机人工增雨（雪）的单位应根据当地年度气候趋势预测，综合分析农业生产、森林防火、水库蓄水、生态修复以及重大活动保障等需求，在年初或上年末，制订年度工作计划，报省级人民政府批准，并向行业主管机构备案。

4.1.2 年度工作计划应包含作业时段、作业区域、作业飞机机型、作业起降机场、作业备降机场、机载设备、催化剂、作业组织实施及预期效果、后勤保障、安全管理措施、对协作单位的保障要求等内容。

4.2 常备飞行计划

4.2.1 作业飞机初次调机进驻作业起降机场后，机组或指定人员应在飞机进驻当天通过进驻机场航空管制部门向军民航空管部门申报常备飞行计划，并说明本地区开展飞机增雨（雪）作业使用机型及飞机所属单位，作业起止日期，作业使用空域范围、高度，作业飞行方法，以及使用的起降和备降机场等。

4.2.2 作业单位应在月初或月末向空管部门申请常备飞行计划备案。年度飞机人工增雨（雪）工作协调会纪要中有明确规定的，也可在纪要生效后，一次性申请年度常备飞行计划。

5 确定作业装备物资

5.1 作业飞机

5.1.1 作业飞机选型应按 QX/T 505—2019 中的第 3 章、第 4 章、第 5 章执行。

5.1.2 作业单位与作业飞机所有人签订飞机使用合同，并明确提出对机组飞行技术的要求。

5.2 作业起降机场

5.2.1 按照机场的净空条件、跑道规格、机场起降标准、夜航条件、指挥调度、油料及机务后勤保障能力以及交通等情况确定作业飞机起降机场。

5.2.2 作业飞机初次进驻作业起降机场应提前 7 天向军民航空管部门申请调机计划。

5.2.3 作业飞机在执行任务期间因工作需要发生的作业起降机场改变，应按规定申请转场飞行计划。

5.3 作业耗材与证件办理

5.3.1 作业耗材

储备相应型号的催化物资及其他耗材。

5.3.2 证件办理

飞机人工增雨（雪）作业应按起降机场相关规定办理人员、保障车辆和特殊物资及大型工具进场证件。

6 协调作业

6.1 年度协调

6.1.1 常年不间断开展飞机人工增雨(雪)工作的,组织实施飞机人工增雨(雪)工作的主管机构应每年组织召开一次年度工作协调会议。

6.1.2 季节性开展飞机人工增雨(雪)工作的,组织实施飞机人工增雨(雪)工作的主管机构应在作业飞机初次调机进驻起降机场后,组织召开一次工作协调会议。

6.2 单次作业协调

6.2.1 组织实施飞机人工增雨(雪)工作的主管机构应按要求召开飞机人工增雨(雪)工作协调会议。

6.2.2 协调会议应重点研究确定作业飞机使用的空域范围、飞行方法、计划申报审批、调配避让原则、飞机转场、备降、穿越航路、通信联络、气象保障、地面保障等多方面的工作内容,并协调形成相应规定和制度措施。

7 制订作业方案

7.1 作业天气过程预报和作业计划制订

7.1.1 作业前 72 h～24 h,作业单位分析大范围天气环流形势,判别天气系统性质,选择适宜作业的天气系统,并根据天气系统的降水性质、云系云状结构、水汽输送条件、预报未来天气系统发展趋势。

7.1.2 作业单位应根据天气系统发展趋势预报,制订作业计划。

7.2 作业条件潜力预报和作业预案制订

7.2.1 作业前 24 h～3 h,作业单位应分析当前及未来作业目标区的云宏微观特征及热力、动力特征,及时做出作业天气条件潜力预报。

7.2.2 作业单位应根据作业天气条件潜力预报,提出实施飞机人工增雨(雪)的初步计划方案。

7.3 作业条件监测预报和作业方案设计

7.3.1 飞机作业前 3 h～0 h,作业单位应当密切监测飞机作业区域内天气系统的发生发展及短时内变化趋势,根据可能影响飞机作业区的天气时空范围、云层条件、降水特征、催化潜力,预报确定飞行航线和作业的区域等。

7.3.2 根据作业飞行航线和作业区域预报,研究提出具体作业飞行方案,拟定具体飞行计划,并上报上级业务主管部门与空管部门。

7.4 具体飞行计划申报

作业组织单位或机组应按当地空管部门要求提前申报飞行计划。

8 实施作业

8.1 作业指挥

作业指挥中心值班人员应密切监测天气形势和作业目标区云系演变,并与作业人员保持通信联系。

8.2 作业操作

8.2.1 机组和作业人员应按规定时间进入机场待命,做好起飞前机务和作业仪器设备地面通电检查及催化剂装载工作。

8.2.2 飞机起飞后,机上作业人员应按机载仪器设备操作规程,依序通电开启机载仪器设备,并按 QX/T 421—2018 中的第 3 章、第 4 章要求记录宏观记录。

8.2.3 机上作业人员应在预定作业空域和作业位置实施作业条件探测。

8.2.4 机上作业人员依据探测结果实施催化作业。

8.2.5 催化作业完毕后,机上作业人员应在飞机降落前做好所有作业信息存储和备份,并依序关闭机载仪器设备。

8.3 信息收集上报

每次天气过程作业结束后,作业组织单位应对作业信息进行收集,并按规定上报主管部门。

9 评估作业效果

9.1 单次作业评估

每次作业结束后,作业组织单位应及时开展作业效果评估,评估内容包括作业影响区域面积、增雨(雪)量以及物理响应等。

9.2 年度评估

每年飞机增雨(雪)作业结束后,作业组织单位应对全年的作业效果进行评估,并撰写年度飞机增雨(雪)作业效果评估报告。

参 考 文 献

[1] 大气科学辞典编委会.大气科学辞典[M].北京:气象出版社,1994
[2] 朱炳海,王鹏飞,束家鑫.气象学词典[M].上海:上海辞书出版社,1985
[3] 中国气象局科技教育司.飞机人工增雨作业业务规范(试行)[Z],2000
[4] 盛裴轩,毛节泰,李建国,等.大气物理学[M].北京:北京大学出版社,2003
[5] 李大山,章澄昌,许焕斌,等.人工影响天气现状与展望[M].北京:气象出版社,2002
[6] 曹康泰,许小峰.人工影响天气管理条例释义[M].北京:气象出版社,2002
[7] 中国气象局科技发展司.人工影响天气岗位培训教材[M].北京:气象出版社,2003
[8] 郭学良,杨军,章澄昌,等.大气物理与人工影响天气[M]//现代气象业务丛书.北京:气象出版社,2009

气象标准汇编

2020

（下）

中国气象局政策法规司 编

目 录

前言

上 册

QX/T 16—2020	温湿度仪检定箱	(1)
QX/T 18—2020	人工影响天气作业用 37 mm 高炮检测规范	(15)
QX/T 37—2020	气象台站历史沿革数据文件格式	(55)
QX/T 96—2020	卫星遥感监测技术导则　积雪覆盖	(99)
QX/T 117—2020	气象观测资料质量控制　地面气象辐射	(114)
QX/T 118—2020	气象观测资料质量控制　地面	(122)
QX/T 139—2020	极轨气象卫星大气垂直探测资料 L1C 数据格式　辐射率	(132)
QX/T 148—2020	气象领域高性能计算机系统测试与评估规范	(152)
QX/T 157—2020	气象视频会商系统技术规范	(183)
QX/T 255—2020	供暖气象等级	(193)
QX/T 314—2020	气象信息服务单位备案规范	(199)
QX/T 344.3—2020	卫星遥感火情监测方法　第 3 部分:火点强度估算	(208)
QX/T 534—2020	气象数据元　总则	(226)
QX/T 535—2020	气候资料统计方法　地面气象辐射	(243)
QX/T 536—2020	前向散射式能见度仪测试方法	(251)
QX/T 537—2020	高分辨率对地观测卫星草地面积变化监测技术导则	(259)
QX/T 538—2020	高分辨率对地观测卫星森林覆盖面积变化监测技术导则	(272)
QX/T 539—2020	高分辨率对地观测卫星沙地面积变化监测技术导则	(285)
QX/T 540—2020	高分辨率对地观测卫星陆地水体面积变化监测技术导则	(297)
QX/T 541—2020	热带大气季节内振荡(MJO)事件判别	(306)
QX/T 542—2020	中小河流洪水和山洪致灾阈值雨量等级	(316)
QX/T 543—2020	气象台站元数据	(322)
QX/T 544—2020	气象数据发现元数据	(346)
QX/T 545—2020	风云系列极轨气象卫星可见光红外扫描辐射计在轨星上红外辐射定标方法	(395)
QX/T 546—2020	空间高能粒子辐射效应术语	(406)
QX/T 547—2020	人工影响天气安全　地面作业空域申请和使用规范	(416)
QX/T 548—2020	太阳电池发电效率温度影响等级	(425)
QX/T 549—2020	气象灾害预警信息网站传播规范	(435)
QX/T 550—2020	地面气象辐射观测数据格式　BUFR	(442)
QX/T 551—2020	气象观测资料质量控制　土壤水分	(476)
QX/T 552—2020	空间天气预警等级	(482)
QX/T 553—2020	风云三号气象卫星用户直收系统技术规范	(488)
QX/T 554—2020	风云三号气象卫星业务运行成功率统计方法	(503)
QX/T 555—2020	便携式叶面积观测仪	(514)

标准号	标准名称	页码
QX/T 556—2020	飞机人工增雨(雪)作业流程	(524)

下 册

标准号	标准名称	页码
QX/T 557—2020	农产品气候品质评价 酿酒葡萄	(531)
QX/T 558—2020	气候指数 低温	(538)
QX/T 559—2020	风能资源观测系统 测风塔观测技术要求	(543)
QX/T 560—2020	雷电防护装置检测作业安全规范	(563)
QX/T 561—2020	卫星遥感监测产品规范 湖泊蓝藻水华	(581)
QX/T 562—2020	周地磁活动整体水平分级	(601)
QX/T 563—2020	气象卫星地面系统实时数据传输通信包格式	(608)
QX/T 564—2020	地基导航卫星遥感气象观测系统数据格式	(616)
QX/T 565—2020	激光滴谱式降水现象仪	(647)
QX/T 566—2020	场磨式大气电场仪	(661)
QX/T 567—2020	自动土壤水分观测仪	(681)
QX/T 568—2020	自动气候站	(700)
QX/T 569—2020	人工增雨(雪)地面催化剂发生器选址安装技术要求	(724)
QX/T 570—2020	气候资源评价 气候宜居城镇	(730)
QX/T 571—2020	气候可行性论证报告质量评价	(745)
QX/T 572—2020	农产品气候品质评价 青枣	(760)
QX/T 573—2020	气候公报编写规范	(766)
QX/T 574—2020	气候指数 台风	(781)
QX/T 575—2020	气候指数 雨涝	(792)
QX/T 576—2020	接地装置冲击接地电阻检测技术规范	(798)
QX/T 577—2020	防雷接地电阻在线监测技术要求	(804)
QX/T 578—2020	气象科普教育基地创建规范	(813)
QX/T 579—2020	人工影响天气安全 炮弹、火箭弹残骸坠落现场技术调查	(821)
QX/T 580—2020	气象卫星地面系统计算机硬件维护规范	(835)
QX/T 581—2020	轻便三杯风向风速表	(849)
QX/T 582—2020	气象观测专用技术装备测试规范 地面气象观测仪器	(861)
QX/T 583—2020	夏玉米涝渍等级	(874)
QX/T 584—2020	海上风能资源遥感调查与评估技术导则	(879)
QX/T 585—2020	气象卫星数据编目规则	(899)
QX/T 586—2020	船舶气象观测数据格式 BUFR	(909)
QX/T 587—2020	气象观测专用技术装备测试规范 高空气象观测仪器	(958)
QX/T 588—2020	天气雷达钢塔技术要求	(975)
QX/T 589—2020	自动雪深观测仪	(984)
QX/T 590—2020	气象计量标准装置期间核查导则	(1002)
QX/T 591—2020	树轮密度资料采集技术方法	(1025)
QX/T 592—2020	农产品气候品质评价 柑橘	(1032)
QX/T 593—2020	气候资源评价 通用指标	(1038)
QX/T 594—2020	地面大气电场观测规范	(1046)

ICS 07.060
B 18
备案号：73304—2020

中华人民共和国气象行业标准

QX/T 557—2020

农产品气候品质评价 酿酒葡萄

Assessment for climate quality of agricultural products—Wine grape

2020-06-16 发布　　　　　　　　　　　　　　　2020-09-01 实施

中国气象局　发布

前 言

本标准按照 GB/T 1.1—2009 给出的规则起草。

本标准由全国农业气象标准化技术委员会(SAC/TC 539)提出并归口。

本标准起草单位：宁夏回族自治区气象科学研究所、国家气象中心、宁夏贺兰山东麓葡萄产业园区管理委员会办公室、宁夏回族自治区气候中心、陕西省农业遥感与经济作物气象服务中心、宁夏大学。

本标准主要起草人：张晓煜、崔萍、何延波、李红英、王静、王景红、李文超、苏丽、郑广芬、徐蕊、张磊、刘春泉、杨豫、李芳红、刘兆宇、胡宏远、陈仁伟、马国飞、李娜、冯蕊、张婍、李媛媛。

QX/T 557—2020

农产品气候品质评价　酿酒葡萄

1　范围

本标准规定了中国北方酿酒葡萄气候品质评价要求、方法和等级划分。
本标准适用于中国北方酿酒葡萄年份气候品质的分析和定量化评价。

2　规范性引用文件

下列文件对于本文件的应用是必不可少的。凡是注日期的引用文件，仅注日期的版本适用于本文件。凡是不注日期的引用文件，其最新版本（包括所有的修改单）适用于本文件。
NY/T 857—2004　葡萄产地环境技术条件
NY/T 2682—2015　酿酒葡萄生产技术规程
QX/T 486—2019　农产品气候品质认证技术规范

3　术语和定义

下列术语和定义适用于本文件。

3.1
酿酒葡萄　wine grape
果穗完整、成熟，具有一定色泽及芳香，用于酿酒发酵的新鲜葡萄。

3.2
酿酒葡萄气候品质　climate quality of wine grape
由天气气候条件决定的酿酒葡萄成熟浆果品质。

3.3
葡萄含糖量　sugar content of grape
葡萄果实压榨后测定的总糖含量。
注：主要包括葡萄糖、果糖等，以葡萄糖计，单位为克每升（g/L）。

3.4
葡萄含酸量　acid content of grape
葡萄果实压榨后测定的总酸含量。
注：主要包括酒石酸、苹果酸等，以酒石酸计，单位为克每升（g/L）。

3.5
糖酸比　ratio of sugar to acid
葡萄含糖量与葡萄含酸量的比值。

3.6
葡萄生长期　growing period of grape
葡萄出土（萌芽）到果实成熟（采收）的时期。

3.7
工艺成熟度 process maturity

葡萄含糖量、含酸量、pH值、单宁以及其感官等指标达到该品种最佳成熟状态的质量要求。

3.8
有效温度 effective temperature

农业生物生育期间高于最低生育温度的日平均气温减去最低生育温度的差值。

注1：单位为摄氏度（℃）。

注2：改写QX/T 381.1—2017，定义3.48。

3.9
有效积温 effective temperature integration

有效温度对时间的积分。

注1：通常采用逐日有效温度的累加得出，单位为摄氏度日（℃·d），本标准采用日平均气温≥10 ℃的有效积温。

注2：改写QX/T 381.1—2017，定义3.52。

3.10
水热值 water heating value

葡萄生长期各月平均气温与月降水量的乘积之和。

注：记录取1位小数，单位为摄氏度毫米（℃·mm）。

4 评价要求

4.1 评价的酿酒葡萄应来源于申请评价的生产区域范围内，种植面积宜不小于1 hm²。

4.2 产地环境技术条件应符合NY/T 857—2004中3.1—3.5的规定；种植在适宜的光温区内，在生长期降水量不足400 mm的地区，应有灌溉条件保障。

4.3 葡萄栽培管理应符合NY/T 2682—2015中3.1—3.8的规定；葡萄果实采收应达到酿制相应葡萄酒种类规定的工艺成熟度。

4.4 葡萄生产过程中不应受到严重的病虫害和气象灾害影响。

4.5 评价所用气象资料应符合QX/T 486—2019中3.2的规定。

5 评价方法

5.1 评价模型

酿酒葡萄气候品质评价模型见式（1）：

$$I_Q = \sum_{i=1}^{5} a_i M_i \quad \cdots\cdots\cdots\cdots（1）$$

式中：

I_Q ——酿酒葡萄气候品质评价指数；

a_i ——第 i 个气候品质指标的权重系数，$a_1 \sim a_5$ 分别为葡萄生长期水热值、有效积温、日照时数，采收前30天降水量，以及采收前30天平均气温的权重系数，取值宜分别为0.3,0.2,0.2，0.2,0.1；

M_i ——第 i 个气候品质指标的分级赋值，具体见表1。

5.2 评价指标分级赋值与指标计算

5.2.1 评价指标分级赋值

酿酒葡萄气候品质评价指标由葡萄生长期水热值、有效积温、日照时数,采收前30天降水量,以及采收前30天平均气温组成,其分级赋值见表1。

表1 评价指标分级赋值

M_i赋值	葡萄生长期水热值(I_{RT}) ℃·mm	葡萄生长期有效积温(A_e) ℃·d	葡萄生长期日照时数(S) h	采收前30天降水量(R_{30}) mm	采收前30天平均气温(T_{30}) ℃
3	I_{RT}≤3000	1550≤A_e<2000	S≥1550	R_{30}≤30.0	18.0<T_{30}≤20.0
2	3000<I_{RT}≤4000	1450≤A_e<1550 或 2000≤A_e<2200	1400≤S<1550	30.0<R_{30}≤50.0	20.0<T_{30}≤22.0 或 16.0<T_{30}≤18.0
1	4000<I_{RT}≤5000	1350≤A_e<1450 或 2200≤A_e<2400	1250≤S<1400	50.0<R_{30}≤100.0	22.0<T_{30}≤24.0 或 14.0<T_{30}≤16.0
0	I_{RT}>5000	A_e<1350 或 A_e≥2400	S<1250	R_{30}>100.0	T_{30}>24.0 或 T_{30}≤14.0

5.2.2 水热值计算

葡萄生长期水热值计算方法见式(2):

$$I_{RT} = \sum_{j=m}^{n}(P_j \cdot T_j) \qquad\qquad (2)$$

式中:

I_{RT}——葡萄生长期水热值,单位为摄氏度毫米(℃·mm);

j ——月份序号。

m ——葡萄出土(萌芽)月份;

n ——葡萄果实成熟(采收)月份;

P_j ——生产区域内葡萄生长期内第j月降水量,单位为毫米(mm),在葡萄生长期开始和结束月份,葡萄生长天数不足一个月的,以当月葡萄实际生长天数的降水量之和为当月降水量;

T_j ——生产区域内葡萄生长期内第j月平均气温,单位为摄氏度(℃),在葡萄生长期开始和结束月份,葡萄生长天数不足一个月的,以当月葡萄实际生长天数的平均气温为当月平均气温。

5.2.3 有效积温计算

生产区域内葡萄生长期日平均气温≥10 ℃有效积温计算方法见式(3):

$$A_e = \sum_{k=p}^{q}(T_k - 10) \qquad\qquad (3)$$

式中:

A_e——葡萄生长期内日平均气温≥10 ℃有效积温,单位为摄氏度日(℃·d);

T_k——葡萄生长期内稳定通过10 ℃的日平均气温,单位为摄氏度(℃);

p ——葡萄生长期内日平均气温稳定通过10 ℃的起始日期日序;

q ——葡萄生长期内日平均气温稳定通过 10 ℃ 的终止日期日序。

6 等级划分

按酿酒葡萄气候品质评价指数,将酿酒葡萄气候品质划分为:特优、优、良、一般 4 个等级。等级划分与评价指数见表 2。

表 2 等级划分与评价指数

等级	气候品质评价指数(I_Q)	品质等级对应的参考值	
		葡萄含糖量(G) g/L	糖酸比(H)
特优	$I_Q \geqslant 2.7$	$220 \leqslant G < 240$	$40 \leqslant H < 50$
优	$2.5 \leqslant I_Q < 2.7$	$200 \leqslant G < 220$ 或 $240 \leqslant G < 260$	$32 \leqslant H < 40$ 或 $50 \leqslant H < 55$
良	$1.5 \leqslant I_Q < 2.5$	$180 \leqslant G < 200$ 或 $260 \leqslant G < 280$	$25 \leqslant H < 32$ 或 $55 \leqslant H < 60$
一般	$I_Q < 1.5$	$G < 180$ 或 $G \geqslant 280$	$H < 25$ 或 $H \geqslant 60$

参 考 文 献

[1] QX/T 381.1—2017 农业气象术语 第1部分:农业气象基础

[2] QX/T 411—2017 茶叶气候品质等级评价

[3] T/CBJ 4101—2019 酿酒葡萄

[4] 陈卫平,尚红莺,周军,等.贺兰山东麓酿酒葡萄的生态适应性[J].西北植物学报,2007,27(9):1855-1860

[5] 李记明.关于葡萄品质的评价指标[J].中外葡萄与葡萄酒,1999(1):54-57

[6] 李玉鼎,张军翔,王战斗,等.宁夏贺兰山东麓葡萄年份酒与气候[J].中外葡萄与葡萄酒,2004(2):54-57

[7] 张军翔,李玉鼎,王战斗,等.气象因子对葡萄酒质量影响的研究[J].山西果树,2004,98(2):3-5

[8] 张晓煜,刘玉兰,张磊,等.气象条件对酿酒葡萄若干品质因子的影响[J].中国农业气象,2007,28(3):326-330

[9] 张晓煜,亢艳莉,袁海燕,等.酿酒葡萄品质评价及其对气象条件的响应[J].生态学报,2007,27(2):740-745

[10] Coombe B G. Influence of temperature on composition and quality of grape[J]. Acta Horticulture,1987(206):23-35

[11] Winkler A J, Cook J A, Kliewer W M, et al. General Viticulture[M]. Berkely and Los Angeles: University of California Press,1974

ICS 07.060
A 47
备案号：73305—2020

中华人民共和国气象行业标准

QX/T 558—2020

气候指数　低温

Climate index—Low temperature

2020-06-16 发布　　　　　　　　　　　　　　2020-09-01 实施

中国气象局　发布

前　言

本标准按照 GB/T 1.1—2009 给出的规则起草。

本标准由全国气候与气候变化标准化技术委员会(SAC/TC 540)提出并归口。

本标准起草单位：国家气候中心、南京信息工程大学、财新智库。

本标准主要起草人：廖要明、叶殿秀、王玉洁、高荣、宋连春、王遵娅、尹宜舟、王喆。

QX/T 558—2020

气候指数　低温

1　范围

本标准规定了低温气候指数的计算方法。
本标准适用于低温监测、评估、服务等业务和科研。

2　规范性引用文件

下列文件对于本文件的应用是必不可少的。凡是注日期的引用文件，仅注日期的版本适用于本文件。凡是不注日期的引用文件，其最新版本（包括所有的修改单）适用于本文件。
GB/T 35226—2017　地面气象观测规范　空气温度和湿度

3　术语和定义

下列术语和定义适用于本文件。

3.1
低温　low temperature
一定时段内平均气温较常年同期偏低的现象。
注：本标准中将平均气温较常年同期偏低一个标准差及以上作为低温标准。

3.2
低温气候指数　low temperature climate index
表征低温强度特征的量。

4　计算方法

4.1　资料要求

符合 GB/T 35226—2017 规定的气温观测要求，且具有30年以上连续观测记录的逐日平均气温资料。

4.2　单站候低温气候指数

单站候低温气候指数按式(1)计算：

$$I_p = \begin{cases} \left|\dfrac{t-\bar{t}}{\sigma}\right| & （当 t-\bar{t} \leqslant -\sigma 时）\\ 0 & （当 t-\bar{t} > -\sigma 时）\end{cases} \quad\cdots\cdots\cdots\cdots\cdots(1)$$

式中：
I_p——单站候低温气候指数；
t——单站候平均气温，单位为摄氏度（℃）；
$\bar{t}$——单站候平均气温的常年值，单位为摄氏度（℃）；
σ——常年值统计时段内候平均气温的标准差，单位为摄氏度（℃）。

4.3 单站月低温气候指数

单站月低温气候指数按式(2)计算：

$$I_m = \sum_{i=1}^{6} I_p(i) \quad \cdots\cdots\cdots\cdots\cdots(2)$$

式中：

I_m ——单站月低温气候指数；

$I_p(i)$ ——单站月内第 i 候低温气候指数。

4.4 区域月低温气候指数

区域月低温气候指数按式(3)计算：

$$I_{rm} = \frac{1}{N} \sum_{j=1}^{N} I_{m,j} \quad \cdots\cdots\cdots\cdots\cdots(3)$$

式中：

I_{rm} ——区域月低温气候指数；

N ——区域内气象观测站点数；

$I_{m,j}$ ——区域内第 j 站月低温气候指数。

4.5 指数归一化

为便于比较和应用,对单站月低温气候指数和区域月低温气候指数按公式(4)进行归一化处理：

$$I_s = \frac{I_k - I_{\min}}{I_{\max} - I_{\min}} \quad \cdots\cdots\cdots\cdots\cdots(4)$$

式中：

I_s ——归一化的单站月低温气候指数或区域月低温气候指数；

I_k ——归一化前某一站的月低温气候指数或某一年的区域月低温气候指数；

$I_{\min}$ ——1961年—2010年低温气候指数序列的最小值；

$I_{\max}$ ——1961年—2010年低温气候指数序列的最大值。

参 考 文 献

[1] 毛裕定,吴利红,苗长明,等.浙江省柑桔冻害气象指数保险参考设计[J].中国农业气象,2007(2):226-230

[2] 娄伟平,吴利红,倪沪平,等.柑橘冻害保险气象理赔指数设计[J].中国农业科学,2009(4):1339-1347

[3] 刘映宁,贺文丽,李艳莉,等.陕西果区苹果花期冻害农业保险风险指数的设计[J].中国农业气象,2010(1):125-129

[4] 郑小琴,赖焕雄,徐宗焕.台湾热带优良水果(寒)冻害气象保险指数设计[J].西南农业学报,2011(24):1598-1603

[5] 殷剑敏,缪启龙,李迎春,等.南丰蜜桔冻害的气候指标及风险评估[J].中国农业气象,2008(4):507-510

[6] 易泳泺,王季薇,王铸,等.草原牧区雪灾天气指数保险设计——以内蒙古东部地区为例[J].保险研究,2015(5):69-77

[7] 王艳华,任传友,黄瑞冬,等.中国近45年低温指数时空持续变化分析[J].自然灾害学报,2013(2):116-123

[8] Wang Yujie, Song Lianchun, Ye Dianxiu, et al. Construction and application of a climate risk index for China [J]. Journal of Meteorological Research,2018,32(6):937-949

ICS 07.060
A 47
备案号：73306—2020

中华人民共和国气象行业标准

QX/T 559—2020

风能资源观测系统　测风塔观测技术要求

Wind energy resource observation system—Meteorological mast observation technical requirements

2020-06-16 发布　　　　　　　　　　　　　　　　2020-09-01 实施

中　国　气　象　局　　发　布

前　言

本标准按照 GB/T 1.1—2009 给出的规则起草。

本标准由全国气候与气候变化标准化技术委员会风能太阳能气候资源分技术委员会(SAC/TC 540/SC 2)提出并归口。

本标准起草单位：中国华云气象科技集团公司、中国气象局气象探测中心、甘肃省气象局、华云升达（北京）气象科技有限责任公司、湖南省气象技术装备中心。

本标准主要起草人：刘钧、王平、郭亚田、郑新芙、杨志勇、王亚静、毕楠、袁志鹏、张宏伟、李建宇、于晋。

风能资源观测系统 测风塔观测技术要求

1 范围

本标准规定了测风塔系统组成，塔体、数据测量采集系统技术要求，测风塔观测站系统传感器检定、环境适应性及可靠性，观测数据处理等要求。

本标准适用于基于测风塔的风能资源观测系统的设计、建设和使用。

2 规范性引用文件

下列文件对于本文件的应用是必不可少的。凡是注日期的引用文件，仅注日期的版本适用于本文件。凡是不注日期的引用文件，其最新版本（包括所有的修改单）适用于本文件。

GB/T 2423.17—2008 电工电子产品环境试验 第2部分：试验方法 试验Ka：盐雾
GB 4793.1—2007 测量、控制和实验室用电气设备的安全要求 第1部分：通用要求
GB/T 6587—2012 电子测量仪器通用规范
GB/T 9254—2008 信息技术设备的无线电骚扰限值和测量方法
GB/T 18268.1—2010 测量、控制和实验室用的电设备电磁兼容性要求 第1部分：通用要求
GB/T 18709—2002 风电场风能资源测量方法
GB/T 31724 风能资源术语
QX 4—2015 气象台（站）防雷技术规范

3 术语和定义

GB/T 18709 和 GB/T 31724 界定的以及下列术语和定义适用于本文件。

3.1
风能资源观测系统 wind energy resource observation system
对风能资源的时空分布进行立体、连续和定量观测的设备及软件。

3.2
时间常数 response time
测量仪器输出量响应被测量阶跃变化的63.2%（1−1/e）所需要的时间。

3.3
导出量 derived quantity
用被试产品直接测量的参数，通过计算或判断得出的其他所需气象量。
注：如由温度和湿度计算的露点温度，由观测点气压计算的海平面气压，由瞬时风速挑选的极大风速等。

4 系统组成

4.1 组成

由测风塔观测站系统和数据中心站系统组成。

4.2 测风塔观测站系统

4.2.1 系统构成

包括传感器、数据采集器、供电系统、通信模块、塔体结构和安装附件等硬件及具有采集、处理、通信和控制等功能的嵌入式软件系统组成。

4.2.2 传感器

应至少配置满足业务要求的风向、风速、温度、湿度、气压等传感器。宜符合下列要求：
a) 风向、风速传感器宜符合下列要求：
   ——风向、风速传感器推荐选用机械式测风传感器，其中风速传感器宜选用三杯式风速传感器、风向传感器宜选用单翼式风向传感器；
   ——台风影响地区宜在轮毂高度处加装强风仪；
   ——覆冰多发地区，风向、风速传感器宜加装具有加热功能的传感器；
   ——其他特殊情况，可根据环境条件及应用要求选择合适的风向、风速传感器。
b) 温度传感器宜选用铂电阻式传感器。
c) 湿度传感器宜选用湿敏电容式传感器；低温高湿地区，湿度传感器宜加装具有轮换加热退湿功能的传感器。
d) 气压传感器宜选用硅压式传感器。

4.2.3 数据采集器

数据采集器应包括下列单元：
a) 对传感器测量数据的采样单元；
b) 数据质量控制及数据计算处理单元；
c) 本地数据通信单元；
d) 数据存储单元；
e) 系统运行控制单元；
f) 与远程数据中心的交互处理单元。

4.2.4 供电系统

宜选用蓄电池加太阳能辅助的供电方式。其中，蓄电池容量应在无日照的情况下，保证系统正常运行15天。

4.2.5 通信模块

远程数据传输宜选用无线数据通信方式。

4.3 数据中心站系统

由计算机软硬件和网络设备组成，应具有实时接收、数据存储、质量检查、数据统计、数据分发和远程监控管理等功能。

5 塔体技术要求

5.1 塔体结构

应符合下列要求：
a) 结构设计应满足应用要求，使用安全且便于仪器安装和维护；
b) 宜选择桁架型；
c) 矗立方式宜采用拉线式；
d) 塔架应与水平面保持垂直，塔体垂直度应小于或等于1/1000；
e) 结构应能承受当地30年一遇的最大风荷载的冲击。

5.2 外观与工艺

应符合下列要求：
a) 外观整洁、无损伤和形变，金属件无锈蚀，涂层无气泡、开裂、脱落等现象；
b) 各零部件应安装正确、牢固可靠、无机械变形、断裂、弯曲等，运动部件不应有迟滞、卡死、松脱等；
c) 机箱内所有部件、连接器及针脚应有编号或标识，编号或标识应完整、清晰且不易脱落；
d) 表面应进行涂、敷、镀等工艺处理，能耐潮、防霉、防盐雾等。

5.3 仪器安装

应符合下列要求：
a) 风向、风速、温度和湿度传感器均应安装在测风塔各观测层侧向伸出的横臂上。
b) 横臂伸出长度宜为塔体边长的3倍以上，增加斜向支撑结构，提高强度。
c) 观测仪器分层安装时，应考虑大气近地层气象参数的垂直分布规律，以获取有代表性的数据。
d) 同一个塔体上，不同层高度的相同类型气象要素传感器，应选择同型号的传感器和相同的安装方式。
e) 需要比较相关的气象要素时，可选择在相同高度安装多种不同型号的测量传感器。
f) 传感器安装高度符合下列要求：
   ——应在10 m高度设计安装1套风速传感器，在初拟风电机组轮毂高度处设计安装2套风速传感器；
   ——宜在接近风电机组叶轮扫掠面最低高度10 m的整倍数高度处设计安装1套风速传感器，可在接近风电机组叶轮扫掠面最大高度10 m的整倍数高度处设计安装1套风速传感器；
   ——其余风速传感器宜安装在风电机组叶轮扫掠面内10 m的整倍数高度处；
   ——风向传感器安装高度：应在10 m高度及初拟风电机组轮毂高度处附近各安装1套风向传感器；
   ——温、湿、压传感器安装高度：应在8 m～10 m高度处安装1套温度、湿度和气压传感器；
   ——宜在测风塔初拟风电机组轮毂高度安装1套温度和湿度传感器。
g) 传感器安装位置符合下列要求：
   ——风向、风速传感器安装横臂应与本地主风向成90°角，安装时应进行水平校正和确定0°(北向)的位置；
   ——温度和湿度传感器应安置在通风防辐射罩内；
   ——气压传感器一般安置在密闭的机箱内，经静压连通管与外界大气相连通。

h) 太阳能电池板应安装在测风塔上,且不应影响气象要素传感器的正常测量。
i) 避雷针顶端应与最高观测层保持塔直径15倍以上的距离。

5.4 防雷

测风塔塔顶应设置引雷器,接地电阻不宜大于 4 Ω,对于土壤电阻率较高的岩石地基接地电阻不应大于 10 Ω。

5.5 电缆

测风塔使用的电缆包括模拟信号电缆、数字通信电缆和电源电缆。应符合下列要求:
a) 根据电缆的使用功能应选择符合相关工业标准的电缆;
b) 具有电磁屏蔽功能并能够满足野外应用环境要求;
c) 接入数据采集器端口应具有防雷功能;
d) 电缆接入应满足防雷技术要求,符合 QX 4—2015 中 7.4 的要求。

5.6 安全性

应符合下列要求:
a) 存在安全隐患的地方应有危险警示标志,应悬挂有"请勿攀登"的明显安全标志,标志耐久性应符合 GB 4793.1—2007 的 5.3 条要求;
b) 测风塔位于航线下方时,应根据航空部门的要求决定是否安装航空信号灯;
c) 有牲畜出没的地方,应设防护围栏;
d) 电池电极应有绝缘保护装置并完全遮盖电极及连接线的导电部分,电池应有防止电解液泄漏侵蚀到带电部件的技术措施;
e) 结构件棱缘或拐角应进行倒圆和磨光处理,便于安全安装和维护。

6 数据测量采集系统技术要求

6.1 构成

由传感器、数据采集器和数据中心站系统组成。

6.2 传感器技术指标

气象测量要素宜包括:风向、风速、温度、湿度、气压等。各传感器的技术性能应符合表1要求。

表 1 传感器技术性能指标

测量要素	测量范围	分辨力	测量准确度	时间常数
风速	0 m/s～ 60 m/s (强风仪:0 m/s ～ 90 m/s)	0.1 m/s	±(0.5 m/s+0.03V m/s) (V 为实际风速值); 启动风速≤0.5 m/s	5 m[a]
风向	0°～ 360°	3°	±5°	0.3～0.7[b]
温度	−50 ℃～50 ℃	0.1 ℃	±0.2 ℃	20 s
湿度	5%RH～100%RH	1%RH	±3% RH(≤80%RH) ±5% RH(>80%RH)	20 s

表 1 传感器技术性能指标（续）

测量要素	测量范围	分辨力	测量准确度	时间常数
气压	450 hPa～1100 hPa	0.1 hPa	±0.3 hPa	20 s

ª 距离常数。
ᵇ 阻尼比。

6.3 数据采集器技术要求

应符合下列要求：
a) 可将采集到的电信号转换成可读信号，得到气象变量测量值序列数据；
b) 可根据规定的数据质量判定方法，对采样值进行质量检查并标识；
c) 可存储原始数据、统计数据及设备状态等信息；
d) 可进行远程无线数据传输；
e) 可通过业务软件在本地进行参数设置，实现观测系统的现场管理；
f) 能与远程数据中心进行交互，实现远程控制和管理。

6.4 数据中心站系统技术要求

应符合下列要求：
a) 能够实时接收各个测风塔观测站系统传输来的数据文件；
b) 具有数据质量检查、数据存储、数据分发的能力；
c) 具有远程监控管理各个测风塔观测站系统运行状态的功能。

7 测风塔观测站系统传感器检定、环境适应性及可靠性要求

7.1 传感器检定要求

应符合下列要求：
a) 测量传感器应经过业务主管部门测试考核，同意用于观测业务。
b) 所有观测传感器安装前，应经国家授权的计量检定机构检定或校准，取得合格证并在有效期内。
c) 按照业务主管部门传感器计量检定的要求，定期对传感器进行检定。
d) 如出现以下情况，应立即进行检定或校准：
——经历过可能影响仪器性能的极端气象事件；
——经过拆卸修理；
——遭到人为损坏；
——对仪器的示值有疑问。

7.2 环境适应性

7.2.1 气候环境

观测站系统中的所有设备应符合下列要求：
a) 工作环境温度：-50 ℃～+50 ℃；

b) 工作环境湿度：0%RH～100%RH；
c) 工作环境气压：500 hPa～1100 hPa。

7.2.2 机械环境

观测站系统中的仪器设备应符合下列要求：
a) 振动：选用GB/T 6587—2012的4.7.1中表1第III组严酷等级；通过规定试验后，机械结构件无破裂、明显变形或者坚固件松动等现象，仪器能够正常使用。
b) 冲击：选用GB/T 6587—2012的4.7.1中表1第III组严酷等级；通过规定试验后，机械结构件无破裂、明显变形或者坚固件松动等现象，仪器能够正常使用。

7.2.3 电磁兼容性

观测站系统中的所有电气设备应符合下列要求：
a) 工作时，不应影响系统使用场合中其他仪器设备的正常工作；
b) 系统在使用场合的电磁环境下应能正常工作；
c) 电磁兼容性抗扰度指标满足GB/T 18268.1—2010的6.2中表1的抗扰度试验的基本要求和性能判据；
d) 电磁兼容性骚扰度指标满足GB/T 9254—2008中A级的要求。

7.2.4 抗腐蚀

观测站系统中的所有设备应符合下列要求：
a) 具有防腐、防尘、防盐雾的能力；
b) 设备在非包装情况下，应能通过GB/T 2423.17—2008中的48 h盐雾试验，不产生腐蚀损坏及影响正常工作。

7.3 可靠性

观测站系统中的所有电气设备应满足平均故障间隔时间（MTBF）不小于3000 h。

8 观测数据处理要求

8.1 数据采样时间

应符合下列要求：
a) 风向、风速观测数据采样时间：每1 s采样一次；
b) 温度、湿度和气压观测数据采样时间：每10 s采样一次。

8.2 数据质量控制

应符合下列要求：
a) 采集器的嵌入式软件中需对各观测要素的采集数据进行质量控制；
b) 观测数据存储时需要标识数据质量控制码，数据质量控制码见表2；

表2 数据质量标识

标识代码值	描述
0	"正确":数据没有超过给定界限。
1	"存疑":不可信。
2	"错误":数据超过给定界限。
3	"不一致":不同要素的关系不满足规定标准。
4	"校验正确":数据原标记为存疑、错误或不一致,后来利用其他检查程序确认为正确。
5、6、7	保留。
8	"没有检查":数据没有经过任何质量控制检查。
9	"缺失":数据缺测或丢失,相应数据置为99999。

c) 对各观测要素测量数据是否超出最大允许上、下限值的检查依据见表3;

表3 要素极值范围

序号	气象变量	下限值	上限值
1	风向	0°	360°
2	风速	0 m/s	60 m/s(强风仪为90 m/s)
3	温度	−50 ℃	50 ℃
4	湿度	5%	100%
5	气压	450 hPa	1100 hPa

d) 对各观测要素连续两次的测量数据是否超出最大允许变化速率的检查依据见表4;

表4 最大允许变化速率

序号	气象变量	最大允许变化速率
1	气压	0.3 hPa
2	气温	2 ℃
3	相对湿度	5%
4	风向	—
5	风速	20 m/s

e) 数据合理范围应符合GB/T 18709—2002中8.3.1的要求;
f) 数据相关性应符合GB/T 18709—2002中8.3.2的要求;
g) 数据变化趋势应符合GB/T 18709—2002中8.3.3的要求。

8.3 数据计算处理

8.3.1 数据平均值

应包含下列数据:

a) 3 s 的平均风向、风速观测数据；
b) 1 min 的平均风向、风速观测数据；
c) 2 min 的平均风向、风速观测数据；
d) 1 min 平均温度、湿度和气压的观测数据；
e) 10 min 的平均风向、风速、温度、湿度和气压观测数据。

8.3.2 数据统计值

应包含下列要素：
a) 极大风速；
b) 最大风速；
c) 10 min 的风速标准差。

8.4 数据计算及统计处理方法

应符合下列要求：
a) 3 s 平均风向、风速计算方法：在整 3 s 的时间，使用 3 个 1 s 的风向、风速采集数据为样本，采用算术平均值方法计算出 3 s 平均风向、风速数据；
b) 1 min 平均风向、风速计算方法：在整分钟的时间，使用 60 个 1 s 的风向、风速采集数据为样本，采用算术平均值方法计算出 1 min 平均风向、风速数据；
c) 2 min 平均风向、风速计算方法：在整 2 min 的时间，使用 120 个 1 s 的风向、风速采集数据为样本，采用算术平均值方法计算出 2 min 平均风向、风速数据；
d) 10 min 平均风向、风速计算方法：在整 10 min 的时间，使用 10 个 1 min 的风向、风速平均数据为样本，采用算术平均值方法计算出 10 min 平均风向、风速数据；
e) 极大风速计算方法：在整 10 min 的时间段内，选取 3s 平均风速中的最大值即为极大风速；为了更加准确地测量到极大风速，也可用 1 s 为步长，以滑动的处理方法，计算 3 s 平均风速，其中的最大值为极大风速；
f) 最大风速计算方法：在整 10 min 的时间段内，统计 10 min 平均风速中的最大值为最大风速，为了更加准确地测量最大风速，用 1 min 为步长，以滑动的处理方法，计算 10 min 平均风速，其中最大值为最大风速；
g) 10 min 风速标准偏差计算方法：见 GB/T 18709—2002 中 8.6 风速标准偏差的计算公式；
h) 10 min 温度观测数据计算方法：在整 10 min 的时间，使用 60 个温度采集数据为样本，剔除掉最大值和最小值，计算的算术平均值为温度的 10 min 平均观测数据；
i) 10 min 湿度、气压观测数据计算方法：与温度观测数据计算方法一致。

8.5 数据存储方法

观测数据文件类型包含原始采集数据文件和 10 min 观测数据文件两种数据文件类型。存储符合下列要求：

a) 原始采集数据文件存储风向、风速、温度、湿度、气压的原始采集数据，原始采集数据文件格式见附录 A 的 A.1。
b) 10 min 观测数据文件存储 10 min 的风向、风速观测数据及统计数据（包括：10 min 风速标准差、10 min 极大风速、10 min 最大风速）和整 10 min 时的温度、湿度、气压观测数据等，10 min 观测数据文件格式见附录 A 的 A.2。

8.6 数据通信方式

应符合下列要求：
a) 数据通信方式优先选择远程无线数据通信方式；
b) 不具备远程通信能力的站点，可把数据存储在卡中，定期更换卡，从卡读取数据文件；
c) 能够按照规定时次对 10 min 观测数据文件进行传输；
d) 10 min 观测数据文件传输间隔可设置，默认为 24 h 一次。

附 录 A
（规范性附录）
风能资源观测系统数据格式

A.1 原始采集数据文件格式

A.1.1 文件格式结构

原始采集数据文件采用二进制存储方式，包括文件头记录块（见表 A.1）和数据记录块（见表 A.2）两个部分，其中数据记录块为每分钟一个，该文件每日生成一个。

表 A.1 原始采集数据文件基本参数记录块（文件头）

序号	参数	字长 Byte	说 明
1	文件标识符	8	字符串型，固定为"WNDRSC"，代表风能资源。
2	文件种类	4	整型，001，代表风温湿压原始数。
3	格式版本	4	浮点型。
4	参数记录块长度（字节数）	4	整型，$(106+N_1\times4+N_2\times4+N_3\times4+N_4\times4+N_5\times4)$； 其中：$N_1$ 风向观测层数； N_2 风速观测层数； N_3 温度观测层数； N_4 湿度观测层数； N_5 气压观测层数。
5	每次观测记录长度（字节数）	4	整型，$(12+N_1\times300+N_2\times300+N_3\times30+N_4\times30+N_5\times30)$； 其中：$N_1$ 风向观测层数； N_2 风速观测层数； N_3 温度观测层数； N_4 湿度观测层数； N_5 气压观测层数。
6	其他信息	4	整型，保留。
7	其他信息	4	整型，保留。
8	测风塔高度	4	整型（m）。
9	区站号或序列号	4	整型，由主管部门统一规定。
10	年	2	整型。
11	月	2	整型，1—12。
12	日	2	整型，1—31。
13	时	2	整型，0—23。
14	分	2	整型，0—59。

表A.1 原始采集数据文件基本参数记录块(文件头)(续)

序号	参数	字长 Byte	说明
15	秒	2	整型，0—59。
16	经度	4	浮点型，东经为正，西经为负，单位为°。
17	纬度	4	浮点型，北纬为正，南纬为负，单位为°。
18	观测场海拔高度	4	浮点型，代表测风塔基点高度，单位为m。
19	测站观测数据种类数 M	2	整型，$M=5$(风向、风速、温度、湿度、气压)。
20	风向数据类型	2	整型，风向数据类型为1。
21	风向传感器类型	2	整型(未知0、单翼1、螺旋桨2、混合9)。
22	风向数据存储标识	2	整型(未存0、存储1)，缺省为1。
23	风向观测层数 N_1	2	整型。
24	风向观测第1层高度	4	浮点型，代表观测高度，单位为m。
25	……	4	
26	风向观测第 N_1 层高度	4	浮点型，代表观测高度，单位为m。
27	风速数据类型	2	整型，风速数据类型为2。
28	风速传感器类型	2	整型(未知0、轴式1、螺旋桨2、混合9)。
29	风速数据存储标识	2	整型(未存0、存储1)，缺省为1。
30	风速观测层数 N_2	2	整型。
31	风速观测第1层高度	4	浮点型，代表观测高度，单位为m。
32	……	4	
33	风速观测第 N_2 层高度	4	浮点型，代表观测高度，单位为m。
34	温度数据类型	2	整型温度数据类型为3。
35	温度传感器类型	2	整型(未知0、铂电阻1)。
36	温度数据存储标识	2	整型(未存0、存储1)，缺省为1。
37	温度观测层数 N_3	2	整型。
38	温度观测第1层高度	4	浮点型，代表观测高度，单位为m。
39	……	4	
40	温度观测第 N_3 层高度	4	浮点型，代表观测高度，单位为m。
41	湿度数据类型	2	整型，湿度数据类型为4。
42	湿度传感器类型	2	整型(未知0、湿敏电容1、湿敏电阻2)。
43	湿度数据存储标识	2	整型(未存0、存储1)，缺省为1。
44	湿度观测层数 N_4	2	整型。
45	湿度观测第1层高度	4	浮点型，代表观测高度，单位为m。
46	……	4	
47	湿度观测第 N_4 层高度	4	浮点型，代表观测高度，单位为m。

表 A.1 原始采集数据文件基本参数记录块(文件头)(续)

序号	参 数	字长 Byte	说 明
48	气压数据类型	2	整型,气压数据类型为5。
49	气压传感器类型	2	整型(未知0、硅压式1)。
50	气压数据存储标识	2	整型(未存0、存储1),缺省为1。
51	气压观测层数 N_5	2	整型。
52	气压观测第1层高度	4	浮点型,代表观测高度,单位为m。
53	……	4	
54	气压观测第 N_5 层高度	4	浮点型,代表观测高度,单位为m。
文件记录时间为第一个记录的观测时间; 风温湿压观测数据的存储时间间隔为1 min; 当观测要素增加时,该文件格式同样适用,可通过文件版本号指示数据记录块的变化。			

表 A.2 原始采集数据的每分钟数据记录块(可重复添加在文件尾部)

序号	观测要素		字长 Byte	说 明
1	年		2	整型。
2	月		2	整型,1—12。
3	日		2	整型,1—31。
4	时		2	整型,0—23。
5	分		2	整型,0—59。
6	秒		2	整型,0—59。
7	风向	第1层60个风向采样值和质量控制码	300	采样值为4 Byte浮点型,单位为°; 质量控制码为1 Byte整型; 数据按观测次序存放; N_1 为风向观测层数。
8		……	300	
9		第 N_1 层60个风向采样值和质量控制码	300	
10	风速	第1层60个风速采样值和质量控制码	300	采样值为4 Byte浮点型,单位为m/s; 质量控制码为1 Byte整型; 数据按观测次序存放; N_2 为风速观测层数。
11		……	300	
12		第 N_2 层60个风速采样值和质量控制码	300	
13	温度	第1层6个温度采样值和质量控制码	30	采样值为4 Byte浮点型,单位为℃; 质量控制码为1 Byte整型; 数据按观测次序存放; N_3 为温度观测层数。
14		……	30	
15		第 N_3 层6个温度采样值和质量控制码	30	

表 A.2 原始采集数据的每分钟数据记录块(可重复添加在文件尾部)(续)

序号	观测要素		字长 Byte	说明
16	湿度	第1层6个湿度采样值和质量控制码	30	采样值为 4 Byte 浮点型,单位为%; 质量控制码为 1 Byte 整型; 数据按观测次序存放; N_4 为湿度观测层数。
17		……	30	
18		第 N_4 层6个湿度采样值和质量控制码	30	
19	气压	第1层6个气压采样值和质量控制码	30	采样值为 4 Byte 浮点型,单位为 hPa;质量控制码为 1 Byte 整型; 数据按观测次序存放; N_5 为气压观测层。
20		……	30	
21		第 N_5 层6个气压采样值和质量控制码	30	
……	……	……		每分钟重复添加以上观测内容。
文件记录时间为每分钟观测起始时间; 风温湿压观测数据的存储时间间隔为 1 min; 质量标志紧接在每个观测值之后。				

A.1.2 文件说明

文件命名:WT_L01_IIiii_YYYYMMDDHH.BIN,其中 WT 为固定编码,代表风塔观测资料;L01 为固定编码,代表风塔基本气象要素的原始数据文件;IIiii 为测风塔编号、YYYY 为年份;MM 为月份,两位表示,不足填 0;DD 为日期,两位表示,不足填 0;HH 为 h,两位表示,不足填 0。时间为观测起始时间。

生成间隔为每日生成 1 个文件。

A.2 10 min 观测数据文件格式

A.2.1 文件格式结构

10 min 观测数据文采用二进制存储方式,包括文件头记录块(见表 A.3)和数据记录块(见表 A.4)两个部分,其中数据记录块为每 10 min 一个,该文件每日生成一个。

表 A.3 10 min 观测数据文件基本参数记录块(文件头)

序号	参数	字长 Byte	说明
1	文件标识符	8	字符串型,固定为"WNDRSC",代表风能资源。
2	文件种类	4	整型,004,代表风温湿压 10 min 观测数据。
3	格式版本	4	浮点型。

表 A.3 10 min 观测数据文件基本参数记录块（文件头）（续）

序号	参数	字长 Byte	说明
4	参数记录块长度（字节数）	4	整型，$(114+N_1\times4+N_2\times4+N_3\times4+N_4\times4+N_5\times4)$ 其中：N_1 风向观测层数； 　　　N_2 风速观测层数； 　　　N_3 温度观测层数； 　　　N_4 湿度观测层数； 　　　N_5 气压观测层数。
5	每次观测记录长度（字节数）	4	整型，$(12+N_1\times5+N_2\times20+N_3\times5+N_4\times5+N_5\times5)$ 其中：N_1 风向观测层数； 　　　N_2 风速观测层数； 　　　N_3 温度观测层数； 　　　N_4 湿度观测层数； 　　　N_5 气压观测层数。
6	其他信息	4	整型，保留。
7	其他信息	4	整型，保留。
8	测风塔高度	4	整型(m)。
9	区站号或序列号	4	整型，由主管部门统一规定。
10	年	2	整型。
11	月	2	整型，1—12。
12	日	2	整型，1—31。
13	时	2	整型，0—23。
14	分	2	整型，0—59。
15	秒	2	整型，0—59。
16	经度	4	浮点型，东经为正，西经为负，单位为°。
17	纬度	4	浮点型，北纬为正，南纬为负，单位为°。
18	观测场海拔高度	4	浮点型，代表测风塔基点高度，单位为 m。
19	测站观测数据种类数 M	2	整型，$M=5$（风向、风速、温度、湿度、气压）。
20	风向数据类型	2	整型，风向数据类型为1。
21	风向传感器类型	2	整型，（未知0、单翼1、螺旋桨2、混合9）。
22	风向数据存储标识	2	整型，（未存0、存储1），缺省为1。
23	风向观测层数 N_1	2	整型。
24	风向观测第1层高度	4	浮点型，代表观测高度，单位为 m。
25	……	4	
26	风向观测第 N_1 层高度	4	浮点型，代表观测高度，单位为 m。
27	风速数据类型	2	整型，风速数据类型为2。

表 A.3 10 min 观测数据文件基本参数记录块（文件头）（续）

序号	参数	字长Byte	说 明
28	风速传感器类型	2	整型（未知0、轴式1、螺旋桨2、混合9）。
29	风速数据存储标识	2	整型（未存0、存储1），缺省为1。
30	风速观测层数 N_2	2	整型。
31	风速观测第1层高度	4	浮点型，代表观测高度，单位为m。
32	……	4	
33	风速观测第 N_2 层高度	4	浮点型，代表观测高度，单位为m。
34	温度数据类型	2	整型，温度数据类型为3。
35	温度传感器类型	2	整型（未知0、铂电阻1）。
36	温度数据存储标识	2	整型（未存0、存储1），缺省为1。
37	温度观测层数 N_3	2	整型。
38	温度观测第1层高度	4	浮点型，代表观测高度，单位为m。
39	……	4	
40	温度观测第 N_3 层高度	4	浮点型，代表观测高度，单位为m。
41	湿度数据类型	2	整型，湿度数据类型为4。
42	湿度传感器类型	2	整型（未知0、湿敏电容1、湿敏电阻2）。
43	湿度数据存储标识	2	整型（未存0、存储1），缺省为1。
44	湿度观测层数 N_4	2	整型。
45	湿度观测第1层高度	4	浮点型，代表观测高度，单位为m。
46	……	4	
47	湿度观测第 N_4 层高度	4	浮点型，代表观测高度，单位为m。
48	气压数据类型	2	整型，气压数据类型为5。
49	气压传感器类型	2	整型（未知0、硅压式1）。
50	气压数据存储标识	2	整型（未存0、存储1），缺省为1。
51	气压观测层数 N_5	2	整型。
52	气压观测第1层高度	4	浮点型，代表观测高度，单位为m。
53	……	4	
54	气压观测第 N_5 层高度	4	浮点型，代表观测高度，单位为m。
文件记录时间为数据观测时间。			

表 A.4 10 min 观测数据文件观测记录块(可重复添加在文件尾部)

序号	观测要素		字长 Byte	说 明
1	年		2	整型。
2	月		2	整型,1—12。
3	日		2	整型,0—31。
4	时		2	整型,0—23。
5	分		2	整型,0—59。
6	秒		2	0
7	风向	第1层风向10 min平均值和质量控制码	5	10 min 平均风向为 4 Byte 浮点型,单位为°; 质量控制码为 1 Byte 整型; 数据按次序存放; N_1 为风向观测层数。
8		……	5	
9		第 N_1 层风向10 min平均值和质量控制码	5	
10	风速	第1层 风速10 min平均值和质量控制码、10 min 风速标准偏差值和质量控制码、10 min 风速极大值和质量控制码、10 min 风速最大值和质量控制码	20	10 min 风速平均值等均为 4 Byte 浮点型, 单位为 m/s; 质量控制码为 1 Byte 整型; 数据按次序存放; N_2 为风速观测层数。
11		……	20	
12		第 N_2 层 风速10 min平均值和质量控制码、10 min 风速标准偏差值和质量控制码、10 min 风速极大值和质量控制码、10 min 风速最大值和质量控制码	20	
13	温度	第1层温度10 min平均值和质量控制码	5	温度 10 min 平均值为 4 Byte 浮点型,单位为度;质量控制码为 1 Byte 整型; N_3 为温度观测层数。
14		……	5	
15		第 N_3 层温度10 min平均值和质量控制码	5	
16	湿度	第1层湿度10 min平均值和质量控制码	5	湿度 10 min 平均值为 4 Byte 浮点型,单位为%;质量控制码为 1 Byte 整型; N_4 为湿度观测层数。
17		……	5	
18		第 N_4 层湿度10 min平均值和质量控制码	5	
19	气压	第1层气压10 min平均值和质量控制码	5	气压 10 min 平均值为 4 Byte 浮点型,单位为 hPa;质量控制码为 1 Byte 整型; N_5 为气压观测层数。
20		……	5	
21		第 N_5 层气压10 min平均值和质量控制码	5	
……	……	……		每 10 min 重复添加以上观测内容。
文件记录时间为数据观测时间。风向、风速数据为观测时间前 10 min 观测数据的统计平均值;温度、湿度和气压为观测时间前 1 min 观测数据的平均值。				

A.2.2 文件说明

文件命名:WT_L12_IIiii_YYYYMMDDHH.BIN,其中WT为固定编码,代表风塔观测资料;L12为固定编码,代表风塔观测的10 min数据;IIiii为测风塔编号、YYYY为年份;MM为月份,两位表示,不足填0;DD为日期,两位表示,不足填0;HH为时,两位表示,不足填0。时间为观测起始时间。

生成间隔为每日生成1个文件。

参 考 文 献

[1] GB/T 18710—2002　风电场风能资源评估方法
[2] QX/T 369—2016　核电厂气象观测规范
[3] NB/T 31147—2018　风电场工程风能资源测量与评估技术规范

ICS 07.060
A 47
备案号：73307—2020

中华人民共和国气象行业标准

QX/T 560—2020

雷电防护装置检测作业安全规范

Specifications for operation safety on inspection of lightning protection system

2020-06-16 发布　　　　　　　　　　　　2020-09-01 实施

中国气象局　发布

前　言

本标准按照 GB/T 1.1—2009 给出的规则起草。

本标准由全国雷电灾害防御行业标准化技术委员会提出并归口。

本标准起草单位：北京市气象灾害防御中心、黑龙江省气象灾害防御技术中心、安徽省气象灾害防御技术中心、福建省气象灾害防御技术中心、湖北省防雷中心、北京市通雷防雷装置安全检测有限公司、河北宇翔雷电灾害防御科技有限公司。

本标准主要起草人：李京校、李如箭、吕东波、程向阳、曾金全、王学良、韩孟磊、张磊、肖再励、朱传林、朱浩、张春龙、陈晨、冯鹤、魏德君、张华明、鞠晓雨、张小兵。

QX/T 560—2020

雷电防护装置检测作业安全规范

1 范围

本标准规定了雷电防护装置检测作业安全的基本要求，以及高处危险场所、爆炸和火灾危险场所、配电室、数据中心机房、建筑施工现场的雷电防护装置检测作业安全要求。

本标准适用于高处危险场所、爆炸和火灾危险场所、配电室、数据中心机房、建筑施工现场雷电防护装置检测的作业安全。

2 规范性引用文件

下列文件对于本文件的应用是必不可少的。凡是注日期的引用文件，仅注日期的版本适用于本文件。凡是不注日期的引用文件，其最新版本（包括所有的修改单）适用于本文件。

GB 2811—2016　安全帽
GB/T 3608—2008　高处作业分级
GB 6095—2009　安全带
QX/T 406—2017　雷电防护装置检测专业技术人员职业要求

3 术语和定义

下列术语和定义适用于本文件。

3.1
雷电防护装置 lightning protection system；LPS
防雷装置
用于减少闪击击于建（构）筑物上或建（构）筑物附近造成的物质性损害和人身伤亡，由外部雷电防护装置和内部雷电防护装置组成。
[QX/T 406—2017，定义3.1]

3.2
防雷装置检测 lightning protection system check up and measure
按照建筑物防雷装置的设计标准确定防雷装置满足标准要求而进行的检查、测量及信息综合分析处理全过程。
[GB/T 21431—2015，定义3.23]

3.3
高处作业 working at height
在坠落高度基准面2 m及以上有可能坠落的高处进行的作业。
[JGJ 80—2016，定义2.1.1]

3.4
攀登作业 climb operation
借助登高用具或登高设施进行的高处作业。
[JGJ 80—2016，定义2.1.4]

3.5

高处危险场所 dangerous site at height

进行高处作业、临边作业、攀登作业等的场所。

注：临边作业指工作面边沿无围护设施或围护设施高度低于0.8 m时的高处作业，包括楼板边、楼梯段边、屋面边、阳台边以及各类坑、沟、槽等边沿的高处作业。

3.6

爆炸和火灾危险场所 explosive and fire hazardous place

凡用于生产、加工、存储和运输爆炸品、压缩气体、液化气体、易燃气体、易燃液体和易燃固体等物质的场所。

[GB/T 32937—2016,定义3.1]

3.7

数据中心 data center

为集中放置的电子信息设备提供运行环境的建筑场所，可以是一栋或几栋建筑物，也可以是一栋建筑物的一部分，包括主机房、辅助区、支持区和行政管理区等。

[GB 50174—2017,定义2.1.1]

4 基本要求

4.1 防雷装置检测作业应坚持"安全第一、预防为主"的原则。

4.2 防雷装置检测机构应制定检测作业安全管理和应急处置预案，实行检测作业安全岗位责任制，明确安全负责人，建立健全检测作业安全制度和监督机制。

4.3 防雷装置检测机构所用的仪器、仪表和测量工具应符合计量技术法规要求，并处于正常状态。

4.4 检测人员：

  a) 身体素质应符合QX/T 406—2017第4.2条规定要求；
  b) 疲劳过度、视力不佳、心理状态不佳时不应进行检测作业；
  c) 自身安全防护基本要求见附录A。

4.5 检测现场应设有检测安全员，负责安全指导和监督等，确保作业人员严格遵守安全作业规程和仪器操作规程。

4.6 现场检测应在受检单位专人配合下进行，检测人员就现场作业方案与受检单位做好沟通，并进行安全交底。

4.7 在检测过程中，宜在现场设置安全警示牌，检测完毕后检测人员应检查、清理、恢复现场。

4.8 检测人员应根据检测场所设置的安全标志开展检测工作，遵守安全标志管理，具体标志参见附录B。

4.9 现场检测时应严格遵守受检单位的安全管理规定，听从安全指挥，未经同意不应私自接电源，私自进工作区间。

4.10 布放检测用线和布设接地极安全要求见附录C。

4.11 户外作业应符合下列要求：

  a) 在雷暴、暴雨、冰雹、浓雾、超过40 ℃高温等恶劣天气下不进行作业；
  b) 在6级以上大风时不进行高处作业；
  c) 高温作业安全要求符合附录D。

4.12 检测现场发生安全事故时，应立即启动检测作业应急处置预案，并执行有关生产安全事故报告的规定，应急处置预案参见附录E。

5 高处危险场所作业安全要求

5.1 检测人员：
   a) 身体状况应符合高处危险场所作业安全要求，患有恐高症的人员不应进行高处危险场所检测作业；
   b) 应按规定正确佩戴和使用高处作业安全防护用品、用具，具体要求见附录A。

5.2 高处作业和攀登作业人员：
   a) 不应乘坐吊车、塔式起重机、龙门架升降机至检测点；
   b) 不应在阳台间或非正规通道处进行登高、跨越；
   c) 不应利用吊车臂架进行攀登；
   d) 不宜利用脚手架杆件进行攀登；
   e) 使用梯子时安全要求见附录F。

5.3 检测人员在高处作业时应按下列要求进行：
   a) 在屋面隔热层上行走时，以隔热层的支撑点为落脚点；
   b) 在承重能力不确定的屋面作业时，先向受检单位人员咨询确认承重情况；
   c) 攀爬无栏杆、无女儿墙或女儿墙低于0.8 m保护的屋面时，采取系安全带措施或其他保护措施，不在楼顶屋面倒退行走。

5.4 对于大桥、烟囱、塔（杆）等特殊建（构）筑物的检测，应由具备登高作业证的人员登高检测。

5.5 检测人员作业活动范围与危险电压带电体的距离应符合GB/T 3608—2008表1规定的要求。

5.6 高处作业区域下方不应有行人通过，传递工具材料的下方也不应有行人逗留。

5.7 检测所需的仪器、工具和辅材，应使用绳子传递或装入工具袋（包）随身携带，不应抛掷，使用绳子传递时应避开架空供电线路。

5.8 作业过程中不应将检测仪器或所用工具放置在女儿墙、房檐上等地方。

6 爆炸和火灾危险场所作业安全要求

6.1 检测人员在进入爆炸和火灾危险场所作业应接受受检单位的培训，遵守该场所的安全规定。

6.2 现场检测时应使用防爆型通信工具、防爆型检测仪器。

6.3 在爆炸性气体或粉尘场所检测前，应使用气体或粉尘浓度测试仪测量现场的可燃气体或粉尘浓度，或者查询受检单位的可燃气体或粉尘测试仪实时数据，当检测区域内可燃气体或粉尘浓度在安全范围内时，方可进行检测。

6.4 在起爆药、雷管、导火索、黑火药、导爆药、延期药等生产、加工、存储房间以及爆炸性粉尘、爆炸性气体等场所检测前，检测人员应在场所入口处按要求做静电泄放处理。

6.5 进入化工储存库、化工车间、油漆车间等有毒、有害气体或粉尘场所检测时，检测人员应配备必要的且符合国家标准的防中毒或窒息器具（如过滤式防毒面具、空气呼吸器、口罩和护目镜等），每次在库（车间）内检测作业时间不宜超过30 min。

6.6 现场检测时：
   a) 使用的锤子和锉刀，应采取防止火花产生的措施；
   b) 打入接地极时应采用橡胶锤、木质锤或在接地极上垫湿布，现场不应随意敲打金属物；
   c) 除锈或清除表层覆盖物应使用铜质锉刀，锉刀应紧贴被检对象缓慢推拉；
   d) 检测用线除两端外不宜离开地面，检测用线接头应与被测对象紧密接触后再开始测试，每点测试结束后应使仪器退出测试状态；

e) 非防爆检测仪器应放置于该场所的非爆炸性危险区域或放置于被检测场所上风向区域。

7 配电室作业安全要求

7.1 检测人员应具有低压电工作业证，遵守电工安全技术操作规程。

7.2 检测人员进入配电室检测时应戴绝缘手套，使用带绝缘手柄的工具。

7.3 遇配电室进水、漏雨和桥架电缆渗水等情况，检测人员不应进入配电室检测。

7.4 当发现被检配电柜内部有异味、异声时，应立即停止检测，撤出检测人员，并告知值班人员。

7.5 在进行低压配电柜的检测作业时，应按下列要求进行：
   a) 先确认配电柜不漏电；
   b) 由受检单位人员配合打开柜门，不自行打开柜门；
   c) 先检测进线柜的接地，然后检测金属桥架的等电位。

7.6 在对电气设备机柜进行等电位检测时，应选取设备裸露点或者受检单位人员指定的点，不宜损坏设备机柜的漆。

7.7 在使用验电器前应先检查验电器外观有无损坏，再在带电部分进行试验，确认验电器完好后方可使用。

7.8 检测电涌保护器性能时：
   a) 由受检单位人员操作断开电涌保护器前端过流保护器，经确认无电后再进行检测；
   b) 可热插拔电涌保护器宜从底座上拔出后再进行检测。

7.9 对TN-S方式供电系统的检测时应注意先确认PE线、N线后再进行检测。

7.10 在检测配电柜时，应明确带电部位及相应额定电压等级，确保安全距离，不应把手伸进配电柜指点，不应把头伸进配电柜查看。

7.11 检测过程中需要断电时应提前告知受检单位，由受检单位人员操作断、送电。开关处应挂"禁止合闸、有人作业"等警示牌。

8 数据中心机房作业安全要求

8.1 检测人员应严格遵守数据中心机房的作业安全管理规定。

8.2 使用的对讲机发射功率不宜大于0.5 W。

8.3 对于防静电地板下的等电位或接地电阻检测，应使用专用地板吸盘打开防静电地板。

8.4 对于低压配电系统的电涌保护器检测时，应按7.7和7.8规定执行。

8.5 在检测各机柜接地或等电位连接时，不应用力触碰信号线，不应触碰其他开关、按钮。

8.6 当发现机柜、设备外壳、桥架、管道等金属体带电时，应停止对其检测。

8.7 当需要对被测物进行开启、移动、分离等时，应由受检单位人员操作完成。

9 建筑施工现场作业安全要求

9.1 在进入建筑施工现场前应遵守该建筑工程作业安全要求。

9.2 在建筑施工现场应从规定的通道出入、上下，不应在未固定的横梁、构件上行走，不应从正在起吊、运吊中的物件下通过。

9.3 在施工层面检测作业时检测人员应沿着梁、板筋马镫附近行走。

9.4 在建筑施工现场应注意头部和脚部的安全，应注意露出的钢筋头、锚杆头以及铁钉、铁丝等尖锐物。

9.5 在以下位置处应先确认安装的防护栏或者架设的安全网牢固后再进行检测,避免检测人员和检测仪器坠落:
   a) 沟、坑、槽、深基础周边;
   b) 楼梯口、电梯口、预留洞口、通道口、出入口;
   c) 楼层周边、楼梯侧边、平台或阳台边、屋面周边。

9.6 在施工现场的车辆、机械、设备等下面或有倒塌危险的地点附近不应摆放检测仪器。

9.7 检测用线不宜在水平面悬空或架空,尽量沿地面铺设,同时避免施工现场车辆、机械、设备碾压。

9.8 当建筑物内光线较暗或夜间作业时,应使用有效光源照明。

9.9 对于线缆、电气设备等,应先确认不带电后,再接触作业,同时电源开关处应挂"禁止合闸,有人作业"等警示牌。

9.10 对于施工现场配电室及配电箱的电涌保护器检测,应按7.7和7.8规定执行。

附 录 A
（规范性附录）
检测人员自身安全防护基本要求

A.1 安全帽防护要求

A.1.1 佩戴的安全帽应符合 GB 2811—2016 第 4 章要求。

A.1.2 佩戴安全帽前应检查：
   a) 安全帽是否超过使用期限；
   b) 帽顶、帽衬是否有破损和裂痕；
   c) 下颏带是否完好。

A.1.3 佩戴安全帽时应：
   a) 戴正，不斜戴、歪戴；
   b) 调节好后箍，系紧下颏带，防止晃动和脱落；
   c) 将长发放进帽衬内。

A.2 安全带防护要求

A.2.1 穿戴的安全带应符合 GB 6095—2009 第 5 章要求。

A.2.2 穿戴前先检查安全带有无双保险、有无破损现象、有无实验合格标签及标签是否在有效期内。

A.2.3 使用安全带时：
   a) 安全带应挂在结实牢固的构件上，不应系挂在移动物体上；
   b) 应采用高挂低用方式；
   c) 在高处危险场所作业需要转位时，不应解除安全带保护。

A.3 衣服和鞋子等要求

A.3.1 宜穿长衣、长裤，穿戴整齐，系好衣扣或拉链，不应穿背心、短裤、裙子等进入现场。

A.3.2 在有车辆穿过的场所检测作业时应穿反光背心。

A.3.3 应穿带盖、带帮、防滑的绝缘鞋，不应穿拖鞋、凉鞋、高跟鞋、钉鞋等进入现场，在新建施工场所时应穿防砸、防刺穿的绝缘鞋。

A.3.4 进入爆炸和火灾危险场所时应一直穿防静电服、绝缘鞋，佩戴防静电帽、防静电手套。

A.3.5 现场噪声太大影响检测作业安全或检测人员难以忍受时，应佩戴防护耳塞或耳罩、防噪声帽或采取隔离措施。

附 录 B
（资料性附录）
安全标志

B.1 安全标志分类

安全标志分禁止标志、警告标志、指令标志和提示标志四大类型。

B.2 禁止标志

禁止标志的基本形式是带斜杠的圆边框。防雷装置检测场所可见的禁止标志见图 B.1(彩)。

图 B.1(彩) 禁止标志

B.3 警告标志

警告标志的基本型式是正三角形边框。防雷装置检测场所可见的警告标志见图 B.2(彩)。

图 B.2(彩) 警告标志

B.4 指令标志

指令标志的基本形式是圆形边框。防雷装置检测场所可见的指令标志见图 B.3(彩)。

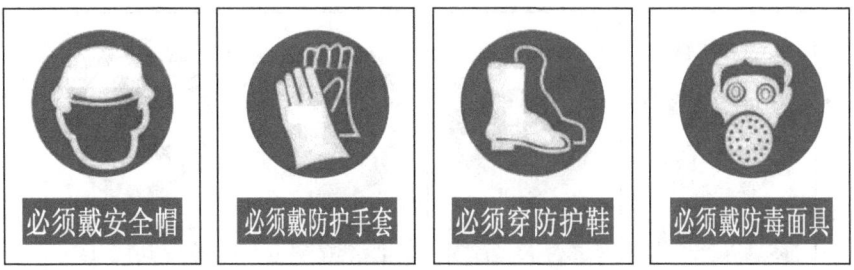

图 B.3(彩) 指令标志

B.5 提示标志

提示标志的基本形式是方形边框。防雷装置检测场所可见的提示标志见图 B.4(彩)。

图 B.4(彩) 提示标志

附 录 C
（规范性附录）
布放检测用线和布设接地极安全要求

C.1 检测用线放线和收线安全要求

C.1.1 放线前，确定检测用线的布放路径应符合下列要求：
  a) 观察周边环境，远离所有架空布设的高、低压电力线缆以及不明线缆（充分考虑当时的风向、风力等因素）；
  b) 附近有电视台、广播发射台、微波站等大功率发射装置时，使用屏蔽线作为检测用线，或者选择在被检测的建筑物内布线；
  c) 检测用线的布放路径在屋面或者地面检测人员的视野范围内，避开车辆、行人的通道、出入口。

C.1.2 到达建（构）筑物屋面后，应按下列要求进行：
  a) 观察屋面装置、设备，接着再次观察建（构）筑物的周边环境；
  b) 按照 C.1.1 确定检测用线的布放路径；
  c) 通知地面或者下层工作人员，确认无危险后方可布放；
  d) 如果有下层平台或裙楼，到下层或裙楼查明情况，确定布线路径。

C.1.3 布放检测用线过程中，应按下列要求进行：
  a) 在确保安全情况下，靠近屋顶外沿，使检测用线沿建筑物外墙缓慢下放，并沿外墙布设，不抛放或凌空斜拉，也不在检测用线的末端系重物；
  b) 布放检测用线时分段操作，注意观察，协调指挥，发现危险情况立即叫停；
  c) 检测用线到达地面或者下层后，地面或者下层检测人员及时接应，及时叫停；
  d) 布设完成后检测用线垂直段的上下两端固定；
  e) 检测用线水平段紧贴地面或建筑物屋面，可能影响行人过往时，预先设置警告标志。

C.1.4 收检测用线时，地面或者下层检测人员应注意观察，缓慢收线，发现危险情况时立即停止作业。

C.1.5 放线和收线时不应强力拖拽检测用线。

C.2 布设电压极、电流极安全要求

C.2.1 布设电压极、电流极前，应按下列要求进行：
  a) 向受检单位了解受检测对象周围电力、通信、燃气等线缆或管道的分布情况；
  b) 详细勘察作业区域及周边环境；
  c) 注意各种警示标志，确认电压极、电流极位置对应的地下无电力、通信、燃气等线缆或管道。

C.2.2 在地面观察受检对象特征，最终确定布设电压极、电流极的位置。

C.2.3 打入电压极、电流极遇有不明障碍物时应停止作业，另选合适位置。

C.2.4 布设电压极、电流极时应防范恶犬、猛猫、野蜂（蜂窝）、毒蛇、毒蚁等可能造成人身伤害的动物袭击。

C.3 大型接地装置特性参数测量安全要求

C.3.1 测量大型接地装置特性参数进行布线时应按下列要求进行：

a) 检测用线尽可能远离居民区、工厂、学校、医院等人员密集区域;
   b) 当检测用线需要穿过道路时,采取合理的防碾压措施;
   c) 安排专门人员在道路过线处值守。

C.3.2 检测用线通电操作期间安全应按下列要求进行:
   a) 电流极、电压极检测用线安排专人值守,设置安全警示牌;
   b) 实时注意检测用线的物理状态,当发生冒烟、电火花时,立即通知相关人员采取断电措施。

C.3.3 电流极、电压极位置安全应符合下列要求:
   a) 安排专门人员值守或巡查;
   b) 设置安全警示牌,看护人员在通电操作间不得靠近电流极、电压极 3 m 范围内;
   c) 阻止其他人员靠近该区域。

C.3.4 电流极、电压极值守人员应在接到明确断电指令后,方可进行拆卸操作。

附 录 D
（规范性附录）
高温作业安全要求

D.1 一般要求

在夏季高温天气下开展防雷装置检测户外作业，或检测地点所在区域有生产性热源时，应注意高温作业的安全防护。

D.2 高温作业外出前安全准备要求

要求如下：
a) 生理不适的员工不得安排或强行要求外出检测；
b) 做好外出检测工作量的预算；
c) 当预计户外高温环境下工作时间超过 45 min 时，对检测工作进行分期或优化处理；
d) 外出检测出发前应携带藿香正气水、清凉油、饮用水等防中暑与救治用品。

D.3 高温天气下作业安全要求

要求如下：
a) 检测仪器仪表应避免在阳光下长时间直晒，放在背阴处；
b) 攀爬太阳直晒的金属爬梯时，戴手套。

D.4 高温作业发生中暑现象解暑方法

方法如下：
a) 迅速把患者移到阴凉、通风处，坐下或是躺下，宽松衣服，安静休息；
b) 迅速降低患者体温，可用冷水擦身，在前额、腋下和大腿根处用浸了冷水的毛巾或海绵冷敷；
c) 给患者饮用加糖的淡盐水或是清凉饮料，补充因大量出汗而失去的盐和水分；
d) 患者病情严重时要注意其呼吸、脉搏，并尽快呼叫急救车送医院救治。

QX/T 560—2020

附 录 E
（资料性附录）
雷电防护装置检测作业应急处置预案范本

××单位雷电防护装置检测应急处置预案

1 编制目的

为了协调、有序和高效地开展雷电防护装置检测作业安全管理和应急处置工作，防止或最大限度减少作业安全事故造成的损失，保障人员生命和财产安全以及社会稳定，结合本单位实际，制定本预案。

2 编制依据

依据《中华人民共和国气象法》《中华人民共和国突发事件应对法》《中华人民共和国安全生产法》等法律法规。

3 适用范围

本预案适用于本检测机构作业安全管理和事故应急处置工作。

4 机构与职责

成立应急保障机构，其工作职责如下：
——负责向当地人民政府应急管理机构、气象主管机构等报告检测作业事故应急处理工作情况；
——负责组织开展检测作业人员安全培训；
——负责检测作业事故预案的编制和演练；
——负责检测作业事故的应急救援工作；
——负责协助检测作业事故的调查和鉴定工作；
——负责组织检测作业事故的善后工作。

5 安全培训

应对检测作业人员进行安全培训，主要内容如下：
——有关作业的安全规章制度；
——作业现场和作业过程中可能存在的危险、有害因素及应采取的具体安全措施；
——作业过程中所用的个体防护器具的使用方法及注意事项；
——事故的预防、避险、逃生、自救、互救等知识；
——相关作业事故案例和经验、教训等。

6 应急处置

6.1 事故报告

检测作业事故发生后，应根据事故不同情况向当地人民政府应急管理机构、气象主管机构等报告。

6.2 应急响应

当检测作业事故发生后,当事人或发现人应立即报本单位应急保障机构,紧急情况下应报警。应根据下列情况采取不同的应急措施:

——当发生摔伤、砸伤、扎伤、擦伤、动物伤害时应立即开展急救(自救或互救),并视情况送医院救治;
——当发生骨折、电击、中毒、突发疾病等时除现场急救外,应及时送往医院救治;
——当发生重大人员伤亡、火灾、爆炸时,除及时开展人员抢救外,应当保护现场并迅速组织抢救人员和财产;
——当出现意外情况导致受检单位设备故障或现场工作中断时,应立即停止检测作业并查找事故原因。

6.3 应急保障

确保检测作业事故处置的应急人员、车辆、救治物品和设备等,并确保应急人员通信畅通。

6.4 调查鉴定

应急保障机构积极配合当地人民政府应急管理、气象主管机构等部门对重大检测作业事故起因、性质、影响等问题进行调查、鉴定和评估。

7 应急事件总结

应急响应工作结束后,应急指挥保障机构应及时对检测作业事故处置工作进行全面总结,分析经验教训,查找问题,提出解决问题的措施和建议,不断提高应急工作水平和作业安全水平。

8 预案管理

本预案由应急保障机构负责管理和组织实施,视情况变化及时修订完善。
本预案自印发之日起实施。

附 录 F
（规范性附录）
高处危险场所使用梯子作业安全要求

F.1 使用梯子的一般要求

F.1.1 应使用现状完好的梯子，使用前应重点检查梯子是否腐朽、松弛、断裂、弯曲变形或防滑垫脱落等。

F.1.2 梯子的选择与支撑物应符合下列要求：
  a) 根据预定使用中的最大工作载荷，选择适当额定载荷的梯子，确保梯子在使用中不会过载；
  b) 梯子支撑物坚固、可靠，不放置在不稳定基础上获得附加高度。

F.1.3 在有架空电线和其他障碍物的地方，举梯移动时应注意安全，金属梯不应在可能与电线接触的场所使用。

F.1.4 使用梯子时应至少两人同时作业，梯子上方只允许一人作业，另一人在下方进行监护和协助。

F.1.5 上下梯子时应符合下列要求：
  a) 面向梯子，始终保持与梯子三点接触（双手和双脚四点中的三点）状态；
  b) 不从一部梯子攀到另一部梯子，也不从晃动平面攀登梯子。

F.1.6 在梯子上作业时应符合下列要求：
  a) 身子直立，不探身使重心偏移，没有推、拉梯子的动作；
  b) 不用腿脚移动梯子；
  c) 不一脚踩梯，另一脚踩在其他物件上面；
  d) 潮湿天气有防手脚打滑措施。

F.2 对不同类型梯子的要求

F.2.1 使用立梯作业前：
  a) 应检查梯子是否牢固、梯脚底部是否坚实，不垫高使用；
  b) 应采取加包扎、钉胶皮、锚固或夹牢等防滑措施，踏板（踏棍）无缺失；
  c) 立梯与水平面应倾斜75°架设。

注：将梯子架设为75°倾角方法是使梯子底部到墙或顶部支撑面的水平距离等于梯子有效工作长度的1/4（即1/4长度规则）。

F.2.2 使用折叠梯检测作业时：
  a) 铰链应牢固，应有整体的金属撑杆或可靠的锁定装置；
  b) 宜有专人扶梯，梯上有人时不应移动梯子；
  c) 折叠梯不应作为单梯（直梯）使用或在合拢状态下使用；
  d) 双面折叠梯张开到工作位置时，两梯段与水平面的倾角均不应大于77°。

F.2.3 使用固定式直爬梯攀登作业前要检查梯子特别是踏板（踏棍）是否牢固，检查埋设与焊接是否牢固。

参 考 文 献

[1] GB 2890—2009　呼吸防护　自吸过滤式防毒面具
[2] GB/T 2893.1—2013　安全色和安全标志　第1部分:安全标志和安全标记的设计原则
[3] GB 4053.1—2009　固定式钢梯及平台安全要求
[4] GB 7059—2007　便携式木梯安全要求
[5] GB 12142—2007　便携式金属梯安全要求
[6] GB/T 21431—2015　建筑物防雷装置检测技术规范
[7] GB/T 32937—2016　爆炸和火灾危险场所防雷装置检测技术规范
[8] GB/T 32938—2016　防雷装置检测服务规范
[9] GB/T 34312—2017　雷电灾害应急处置规范
[10] GB 50174—2017　数据中心设计规范
[11] JGJ 80—2016　建筑施工高处作业安全技术规程
[12] QX/T 317—2016　防雷装置检测质量考核通则
[13] 中华人民共和国劳动法[Z],2018年12月29日发布
[14] 国家安全生产监督管理总局.特种作业人员安全技术培训考核管理规定:国家安全生产监督管理总局令第30号[Z],2010年5月24日发布
[15] 国家安全生产监督管理总局、卫生部、人力资源社会保障部、全国总工会.防暑降温措施管理办法:安监总厅安健〔2012〕89号[Z],2012年6月29日发布
[16] 中华人民共和国信息产业部.关于公众对讲机管理有关问题的通知:信部无〔2001〕869号[Z],2001年10月23日发布

ICS 07.060
A 47
备案号: 78170—2020

中华人民共和国气象行业标准

QX/T 561—2020

卫星遥感监测产品规范 湖泊蓝藻水华

Specifications for monitoring products by satellite remote sensing—
Cyanobacterial blooms in lakes

2020-07-31 发布　　　　　　　　　　　　　　　2020-12-01 实施

中 国 气 象 局 发 布

前　言

本标准按照 GB/T 1.1—2009 给出的规则起草。
本标准由全国卫星气象与空间天气标准化技术委员会(SAC/TC 347)提出并归口。
本标准起草单位：国家卫星气象中心。
本标准主要起草人：王萌、韩秀珍、郑伟、刘诚。

引 言

蓝藻水华污染水质,破坏景观,对生态环境造成严重影响。21世纪以来,研发了多种卫星遥感蓝藻水华监测产品,开展了对太湖、巢湖、滇池等湖泊的蓝藻水华监测服务,为蓝藻水华应急防控、治理和评估等工作提供了大量信息。长期以来,由于缺乏统一标准,蓝藻水华监测产品各不相同,对湖泊蓝藻水华监测的应用推广和技术交流造成不便。为了促进湖泊蓝藻水华卫星遥感监测产品制作的规范化,特制定本标准。

QX/T 561—2020

卫星遥感监测产品规范 湖泊蓝藻水华

1 范围

本标准规定了湖泊蓝藻水华卫星遥感监测数据要求、产品类型和产品制作要求。

本标准适用于湖泊蓝藻水华卫星遥感监测产品的制作。

2 规范性引用文件

下列文件对于本文件的应用是必不可少的。凡是注日期的引用文件，仅注日期的版本适用于本文件。凡是不注日期的引用文件，其最新版本（包括所有的修改单）适用于本文件。

GB/T 2260 中华人民共和国行政区域代码

GB/T 15968 遥感影像平面图制作规范

GB/T 17278 数字地形图产品基本要求

QX/T 207—2013 湖泊蓝藻水华卫星遥感监测技术导则

QX/T 460—2018 卫星遥感产品图布局规范

3 术语和定义

下列术语和定义适用于本文件。

3.1

蓝藻水华监测多通道合成图 multiple-channel composite image of cyanobacterial blooms monitoring

针对蓝藻水华敏感波段，对卫星多个通道数据分别赋予不同颜色而生成的合成图像。

3.2

蓝藻水华监测专题图 thematic map of cyanobacterial blooms monitoring

赋予蓝藻水华专题信息特定颜色形成的图像。

3.3

蓝藻水华空间分布图 cyanobacterial blooms spatial distribution map

赋予蓝藻水华信息特定颜色，反映蓝藻水华空间分布的图像。

3.4

蓝藻水华覆盖度分级 cyanobacterial blooms coverage classification

反映蓝藻水华覆盖程度等级，是蓝藻水华覆盖程度的划分标准。

3.5

蓝藻水华覆盖度分级图 cyanobacterial blooms classification map

赋予蓝藻水华覆盖度信息不同颜色形成的图像。

3.6

蓝藻水华监测频次 cyanobacterial blooms monitoring frequency

一定时间段内监测到蓝藻水华的天数。

3.7

蓝藻水华监测频次空间分布图 cyanobacterial blooms monitoring spatial frequency distribution map

赋予蓝藻水华监测频次信息特定颜色、反映蓝藻水华监测频次空间分布的图像。

4 数据要求

4.1 遥感数据

遥感数据应源自携带有可见光、近红外、红外波段等探测仪器的卫星。

4.2 辅助数据

行政区划边界数据、湖泊边界数据。

4.3 数据预处理

见 QX/T 207—2013 的 3.2。

5 产品类型

5.1 图像产品

图像产品分为以下两类：
a) 蓝藻水华监测多通道合成图（影像图），包括真彩色合成图像和假彩色合成图像；
b) 蓝藻水华监测专题图，包括蓝藻水华空间分布图、蓝藻水华覆盖度分级图、蓝藻水华监测频次空间分布图。

5.2 图形产品

图形产品包括蓝藻水华面积统计图和蓝藻水华频次统计图。

5.3 列表产品

列表产品为蓝藻水华面积统计表。

6 产品制作要求

6.1 图像产品制作要求

6.1.1 内容及分布

6.1.1.1 概述

图像产品应包含标题、遥感产品获取时间、影像图/专题图、图例、卫星标识、比例尺、指北针、制图单位、外图廓线和内图廓线，坐标网线及注记为图像可选要素。分布见图1，布局见 QX/T 460—2018 的 4.2。

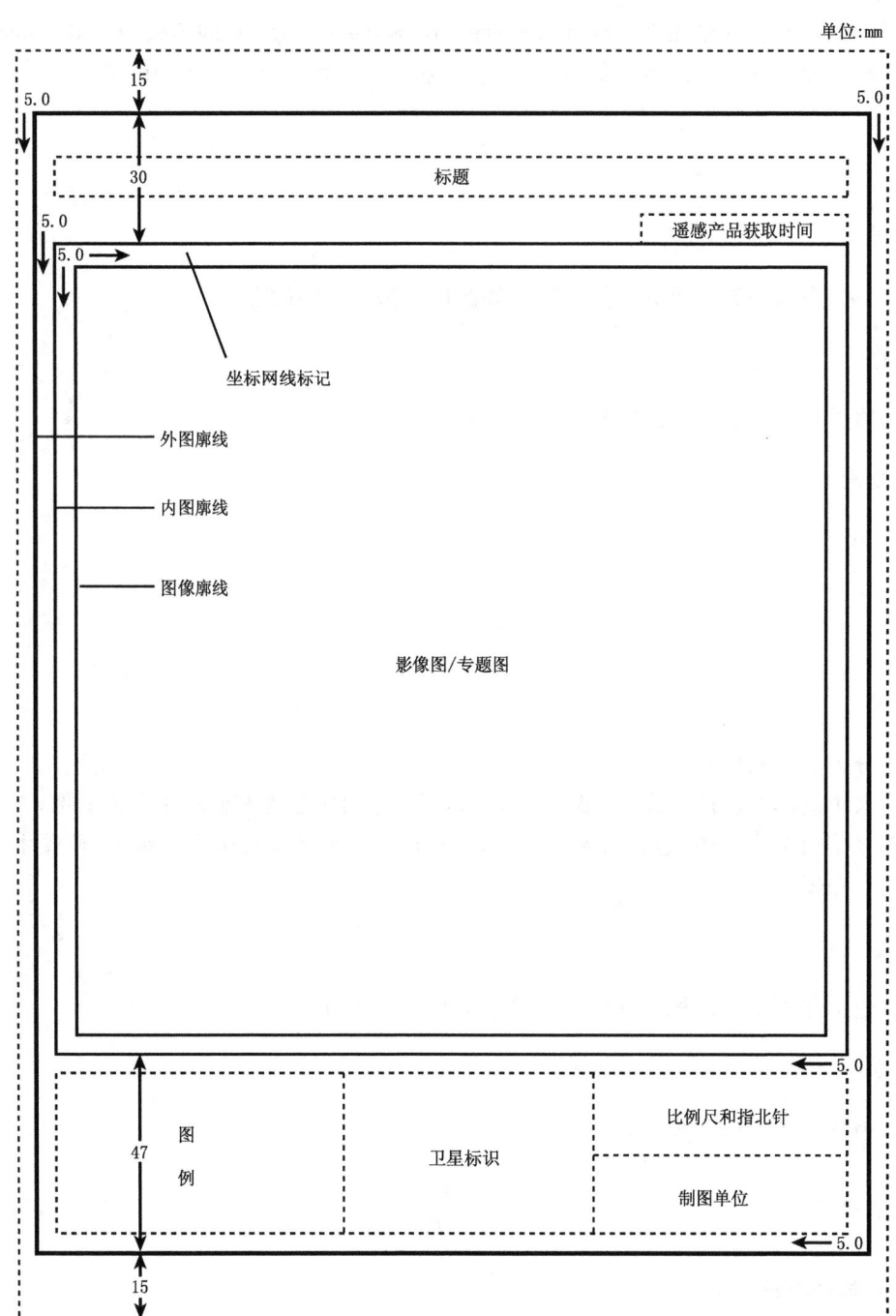

图 1 图像产品内容分布

6.1.1.2 标题

标题位于图像产品上部中间位置,简明扼要地说明图像内容。标题内容按顺序包括卫星类型(气象卫星、高分卫星等)、监测区域、监测图像类型,如:气象卫星太湖蓝藻水华监测多通道合成图。详见 QX/T 460—2018 的 4.3。

6.1.1.3 遥感产品获取时间

见 QX/T 460—2018 的 4.4。

6.1.1.4 影像图/专题图

影像图/专题图位于产品图像的中间。

6.1.1.5 图例

图例位于产品图像左下方,包括国界线、省界线、地市界线、县界线、海岸线、湖泊边界等,以及对蓝藻水华、云、水体、陆地等可能出现视觉混淆区域的注释标记;其中蓝藻水华覆盖度分级图、蓝藻水华监测频次空间分布图还应包含反映不同分级和频次的色标。同类物体的注释标记应有一致的形式和色彩,文字以外的图像注释应配合图例说明。

6.1.1.6 卫星标识

卫星标识位于产品图像的下方,图例的右侧,包括:
——卫星/仪器:××卫星/××传感器,以通用的简写英文表示,如:FY-3B/MERSI;
——空间分辨率:××米,通常以数字表示,如:250 米;
——投影方式:××投影,以汉字或通用的简写英文表示,如:等经纬度投影、Lambert 投影;
——合成通道:R(X1)、G(X2)、B(X3),X1、X2、X3 分别表示仪器的通道号。

6.1.1.7 比例尺和指北针

比例尺和指北针位于产品图像右下方,制作单位的上方,比例尺在左,指北针在右。详见 QX/T 460—2018 的 4.10 和 4.11。

6.1.1.8 制图单位

制图单位位于产品图像右下方,比例尺和指北针的下方,包含单位图标和单位名称,且为正式批准的单位图标和名称。详见 QX/T 460—2018 的 4.12。

6.1.1.9 外图廓线和内图廓线

见 QX/T 460—2018 的 4.5。

6.1.1.10 坐标网线及注记

见 QX/T 460—2018 的 4.7。

6.1.2 图像产品赋色要求

6.1.2.1 蓝藻水华监测多通道合成图

赋色要求为:
a) 真彩色合成图像:可见光波段的红光、绿光、蓝光分别赋予红(0.62 μm~0.68 μm)、绿(0.52 μm~0.58 μm)、蓝(0.44 μm~0.50 μm)色合成,示例参见附录 A;
b) 假彩色合成图像:根据突出蓝藻水华信息需要对不同通道增强后分别赋予红、绿、蓝色合成。合成方式如下:
   1) 合成方式 1:采用可见光红光(0.62 μm~0.68 μm)、近红外(0.83 μm~0.89 μm)、可见光

蓝光(0.44 μm～0.50 μm)合成,示例参见附录 B;

2) 合成方式2:采用短波红外(1.61 μm～1.67 μm)、近红外(0.83 μm～0.89 μm)、可见光红光(0.62 μm～0.68 μm)合成,示例参见附录 C。

6.1.2.2 蓝藻水华监测专题图

蓝藻水华空间分布图赋色要求见表1(彩),示例参见附录 D。

表 1(彩) 蓝藻水华空间分布图赋色要求

专题信息	R	G	B	示例
蓝藻水华	60	245	85	
水体	18	109	220	
云区	255	255	255	
陆地	202	201	182	

注:红(R)、绿(G)、蓝(B)3种基色取值范围从 0 到 255,下文同。

蓝藻水华覆盖度分级赋色要求见表2(彩),示例参见附录 E。

表 2(彩) 蓝藻水华覆盖度分级赋色要求

蓝藻水华强度 %	R	G	B	示例
(0,30]	60	245	85	
(30,60]	255	192	0	
(60,100]	255	0	0	

蓝藻水华监测频次空间分布图赋色要求见表3(彩),示例参见附录 F。

表 3(彩) 蓝藻水华监测频次空间分布图赋色要求

蓝藻水华频次 次	R	G	B	示例
(0,5]	145	250	160	
(5,10]	60	245	85	
(10,15]	20	200	45	
(15,20]	10	150	30	
(20,25]	5	90	15	
(25,∞)	1	60	8	

6.1.3 图像产品附加地理标记

按照 GB/T 15968、GB/T 17278 和 GB/T 2260 的要求叠加地理标记,包括行政边界、湖区边界等。

6.2 图形产品制作要求

6.2.1 内容及分布

6.2.1.1 概述

图形产品内容应包含标题、统计时间、统计图形、坐标轴标签等,分布见图2。

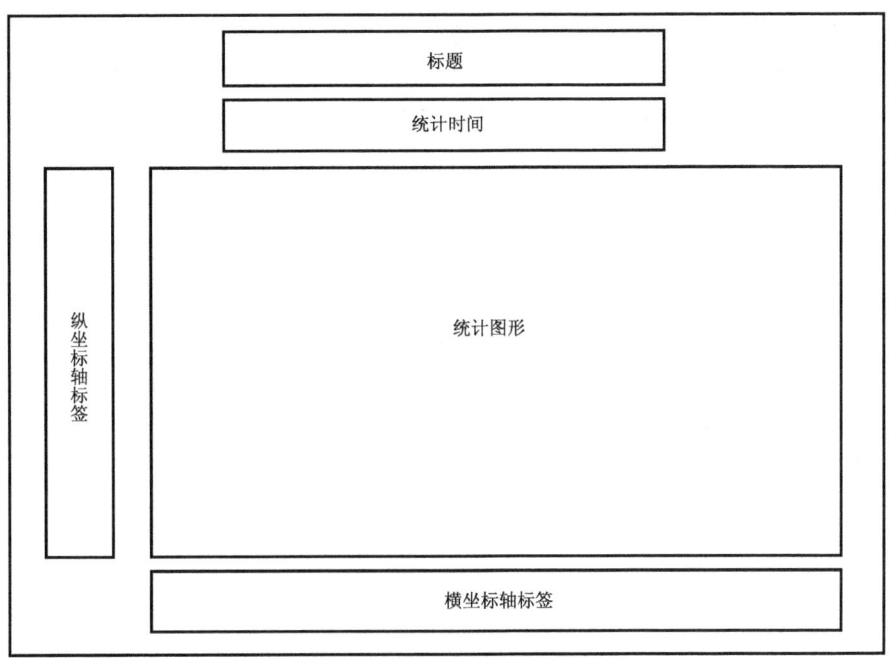

图 2 图形产品内容分布

6.2.1.2 标题

标题位于统计图形上部中间位置,简明扼要的说明统计内容。标题内容按顺序包括卫星类型(气象卫星、高分卫星等)、监测区域、统计信息,如:气象卫星太湖蓝藻水华累计面积统计。

6.2.1.3 统计时间

统计信息的起始时间和终止时间,用"YYYY年MM月DD日"的格式标注,在不引起歧义的情况下可以适当缩减。

6.2.1.4 统计图形

以柱状或曲线形式显示时间序列的蓝藻水华统计信息,如蓝藻水华频次,蓝藻水华累计面积等。

6.2.1.5 坐标轴标签

统计信息物理量、统计时间等。

6.2.2 图形产品赋色要求

见表4(彩),示例参见附录G。

表 4(彩)　图形产品赋色要求

R	G	B	示例
46	116	181	

6.3 列表产品制作要求

见表5,示例参见附录H。其中卫星标识用卫星/仪器名称的格式标注,以通用的简写英文表示(如:FY-3D/MERSI,EOS/MODIS,GF-1/WFV等);统计日期和轨道日期用"YYYY/MM/DD"的格式标注(如2018/12/5);湖区名称为气象部门常用的该湖各湖区的名称,如太湖各湖区划分及名称参见附录I;蓝藻水华覆盖程度、蓝藻水华影响总面积和蓝藻水华实际覆盖总面积的计算分别见 QX/T 207—2013 的 4.4、4.2、4.3。

表 5　蓝藻水华面积统计表

蓝藻水华面积统计			
卫星标识:		统计日期:	轨道日期:
湖区名称	蓝藻水华覆盖程度	蓝藻水华影响总面积/km²	蓝藻水华实际覆盖总面积/km²

附 录 A
（资料性附录）
湖泊蓝藻水华卫星遥感监测真彩色合成图像示例

湖泊蓝藻水华卫星遥感监测真彩色合成图像示例参见图 A.1(彩)。

图 A.1(彩) 湖泊蓝藻水华卫星遥感监测真彩色合成图像示例

附 录 B
（资料性附录）
湖泊蓝藻水华卫星遥感监测假彩色合成图像(合成方式1)示例

湖泊蓝藻水华卫星遥感监测假彩色合成图像(合成方式1)示例参见图B.1(彩)。

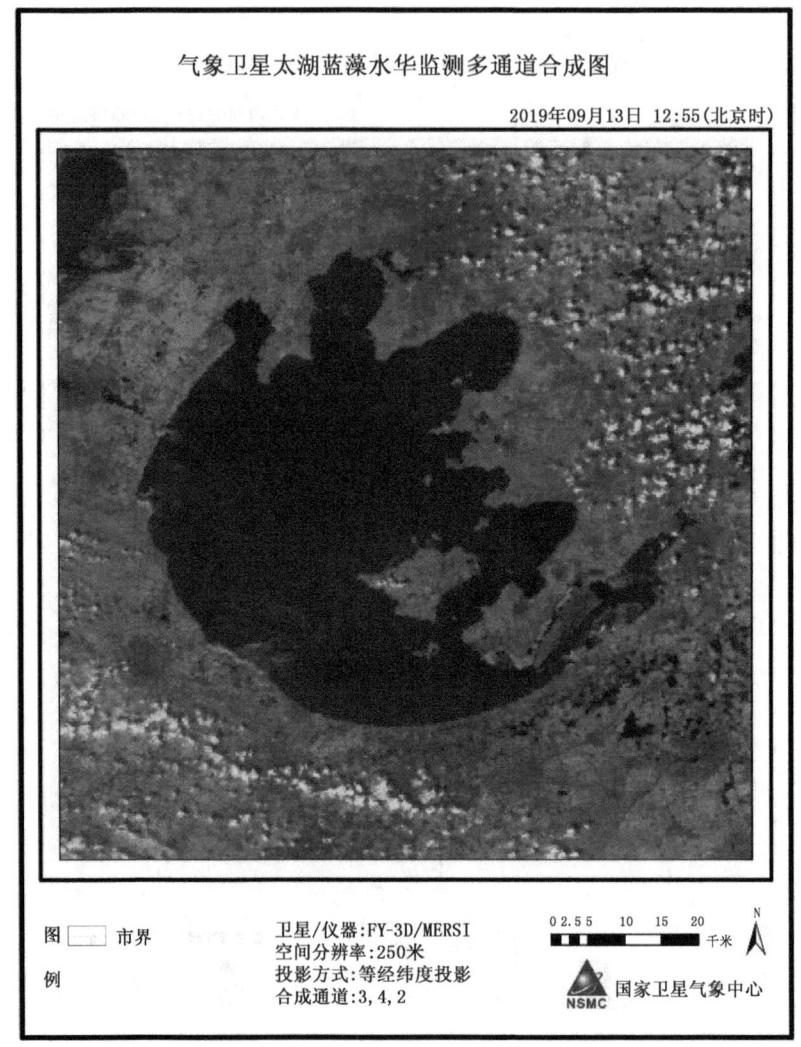

图 B.1(彩) 湖泊蓝藻水华卫星遥感监测假彩色合成图像(合成方式1)示例

附 录 C
（资料性附录）
湖泊蓝藻水华卫星遥感监测假彩色合成图像（合成方式2）示例

湖泊蓝藻水华卫星遥感监测假彩色合成图像（合成方式2）示例参见图C.1（彩）。

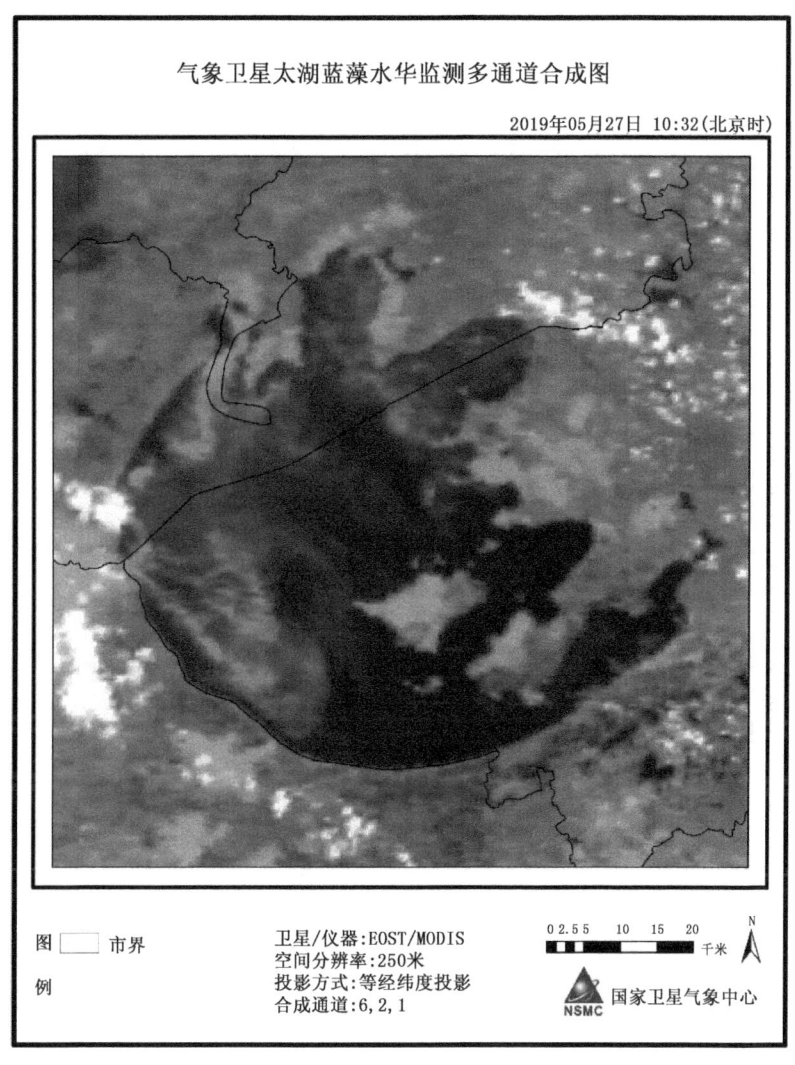

图C.1（彩） 湖泊蓝藻水华卫星遥感监测假彩色合成图像（合成方式2）示例

附 录 D
（资料性附录）
蓝藻水华空间分布图示例

蓝藻水华空间分布图示例参见图 D.1(彩)。

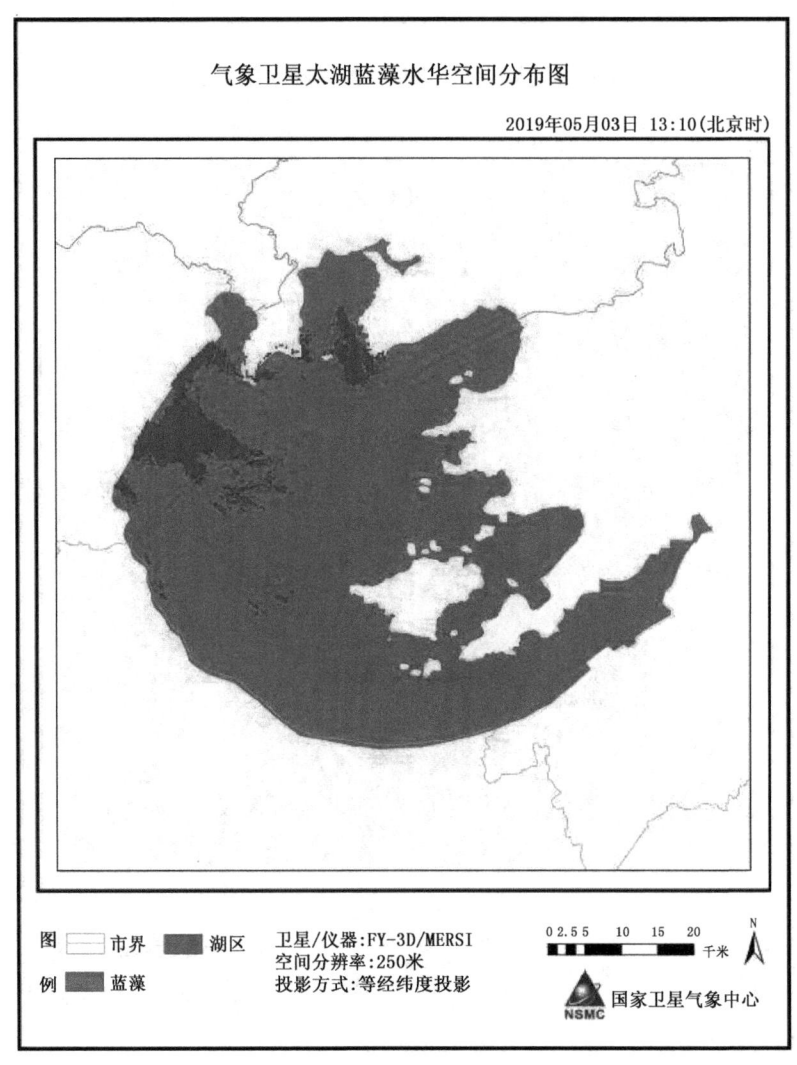

图 D.1(彩) 蓝藻水华空间分布图示例

附 录 E
（资料性附录）
蓝藻水华覆盖度分级图示例

蓝藻水华覆盖度分级图示例参见图 E.1（彩）。

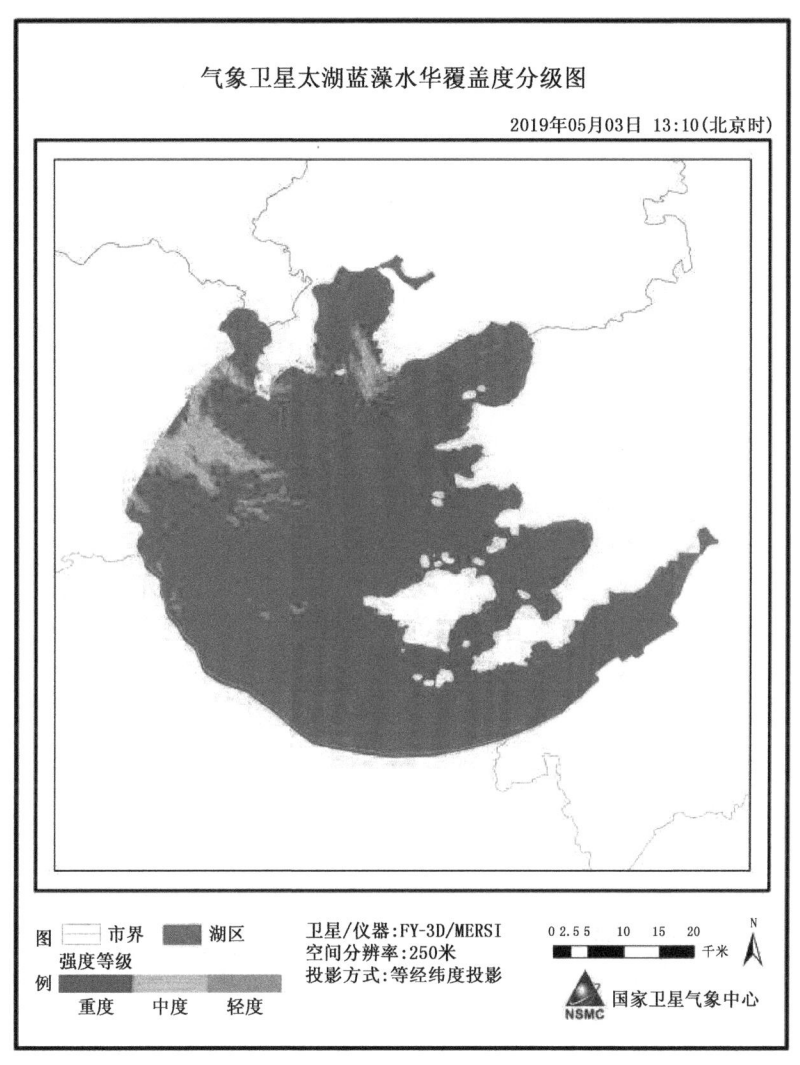

图 E.1（彩） 蓝藻水华覆盖度分级图示例

QX/T 561—2020

附 录 F
（资料性附录）
蓝藻水华监测频次空间分布图示例

蓝藻水华监测频次空间分布图示例参见图 F.1（彩）。

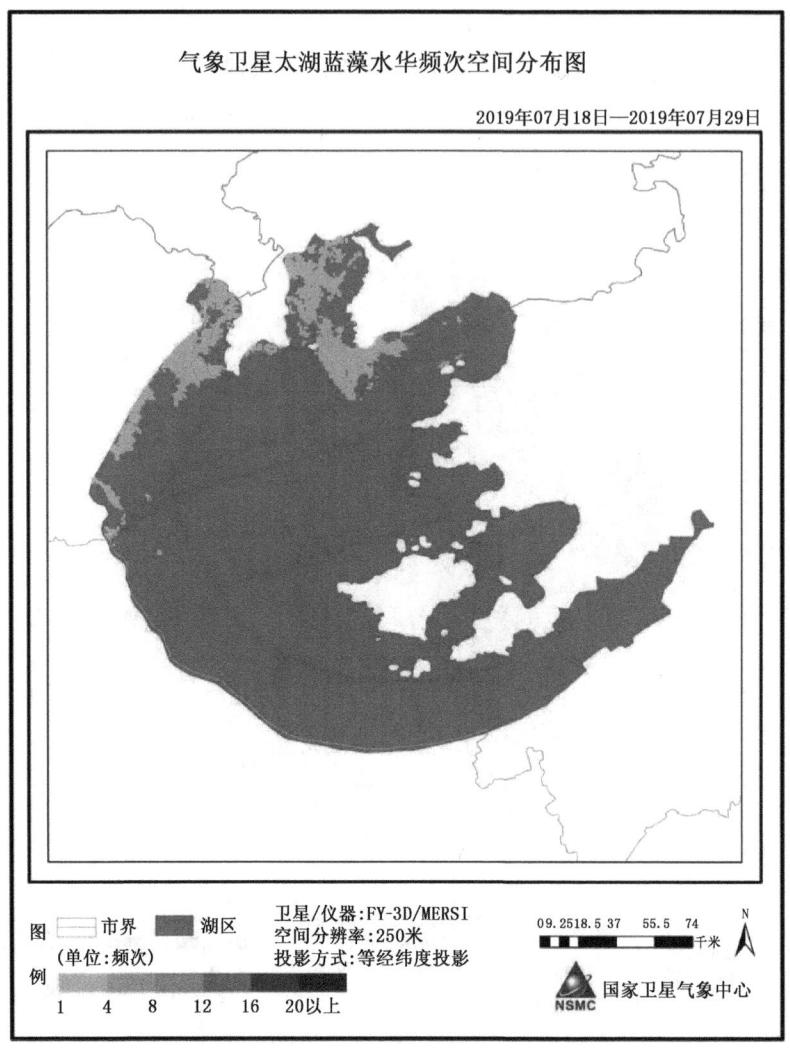

图 F.1（彩） 蓝藻水华监测频次空间分布图示例

QX/T 561—2020

附 录 G
（资料性附录）
蓝藻水华面积统计图示例

蓝藻水华面积统计图像示例参见图 G.1（彩）。

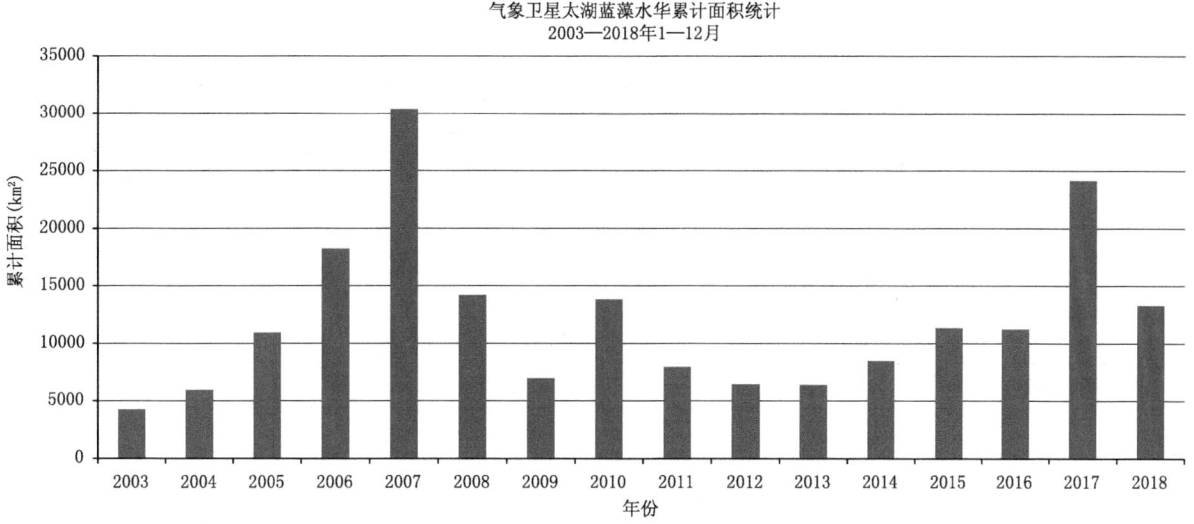

图 G.1（彩） 蓝藻水华面积统计图像示例

附 录 H
（资料性附录）
蓝藻水华面积统计表示例

蓝藻水华面积统计表示例参见表 H.1。

表 H.1 蓝藻水华面积统计表示例

蓝藻水华面积统计			
卫星标识:FY-3D/MERSI	统计日期:2018/12/6		轨道日期:2018/5/13
湖区名称	蓝藻水华覆盖程度	蓝藻水华影响总面积/km²	蓝藻水华实际覆盖总面积/km²
湖心中区	0%～30%	98.71	6.56
	30%～60%	49.35	20.58
	60%～100%	0.86	0.52
	合计	148.92	27.66
西北部沿岸区	0%～30%	59.53	3.28
	30%～60%	41.89	18.75
	60%～100%	12.35	8.18
	合计	113.77	30.21
湖心北区	0%～30%	58.87	2.69
	30%～60%	19.69	8.64
	60%～100%	3.7	2.35
	合计	82.26	13.68
五里湖	0%～30%	0	0
	30%～60%	0	0
	60%～100%	0	0
	合计	0	0
梅梁湖	0%～30%	32.77	1.55
	30%～60%	3.77	1.47
	60%～100%	0	0
	合计	36.54	3.02
贡湖	0%～30%	22	0.45
	30%～60%	3.5	1.32
	60%～100%	0	0
	合计	25.5	1.76
整个湖区	0%～30%	308.48	11.34
	30%～60%	119.73	51.35
	60%～100%	16.91	11.05
	合计	445.12	73.74

附 录 I
(资料性附录)
太湖水域分区图

太湖水域分区参见图 I.1(彩)。

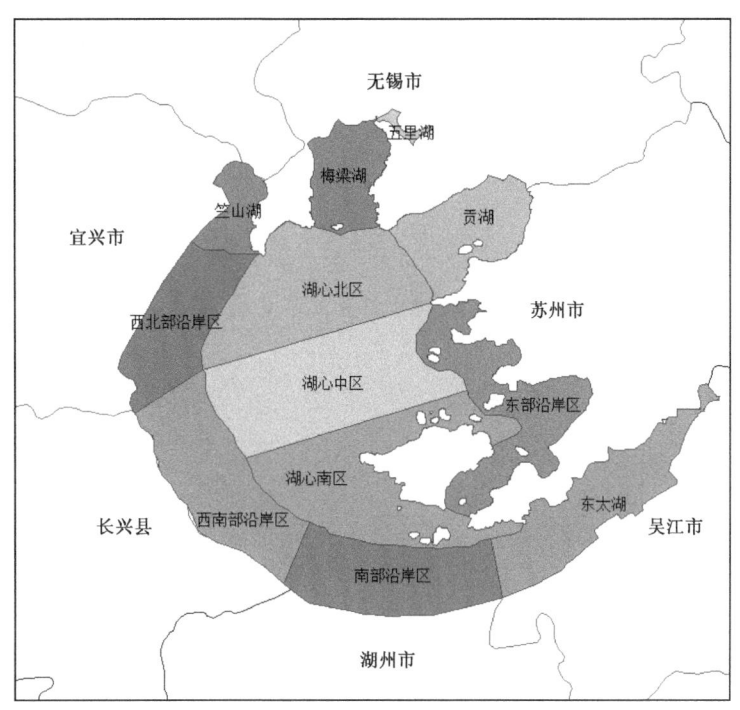

图 I.1(彩) 太湖水域分区图

参 考 文 献

[1] QX/T 180—2013 气象服务图形产品色域

ICS 07.060
A 47
备案号：78171—2020

中华人民共和国气象行业标准

QX/T 562—2020

周地磁活动整体水平分级

Classification of weekly geomagnetic activity based on planetary K index

2020-07-31 发布　　　　　　　　　　　　　　　　2020-12-01 实施

中　国　气　象　局　发　布

前 言

本标准按照 GB/T 1.1—2009 给出的规则起草。

本标准由全国卫星气象与空间天气标准化技术委员会空间天气监测预警分技术委员会(SAC/TC 347/SC 3)提出并归口。

本标准起草单位:国家卫星气象中心(国家空间天气监测预警中心)。

本标准主要起草人:陈博、杜丹、赵海娟。

QX/T 562—2020

周地磁活动整体水平分级

1 范围

本标准规定了全球一周地磁活动整体水平的分级。
本标准适用于地磁活动的监测和预警。

2 术语和定义

下列术语与定义适用于本文件。

2.1
地磁场矢量 geomagnetic field vector
地球磁场的磁感应强度矢量。
[GB/T 31160—2014,定义 2.1]

2.2
地磁水平分量 geomagnetic horizontal component
地磁场矢量在水平面内的投影。
[GB/T 31160—2014,定义 2.2]

2.3
地磁扰动幅度 amplitude of geomagnetic disturbance
地磁场某一分量(通常为地磁水平分量或磁偏角)相对于平静时期背景场的变化值,变化的幅度可以描述地磁活动强弱。

2.4
地磁指数 geomagnetic index
描述每一时间段内地磁扰动的总体强度或某类磁扰强度的分级指标。

2.5
K 指数 K index
时间间隔为 3 h 的单个台站地磁活动性指数。
注1:按格林尼治时间,从零点开始,每 3 个小时为一个时段,每天共 8 个数据。每一地磁台站的地磁三分量的记录中,以每一时段内的地磁扰动幅度最大的分量为依据,按地磁活动强弱分成 0~9 级,共 10 个等级。
注2:K 指数大小与 3 小时段磁扰幅度有近似对数的关系。不同纬度地磁台的 K 指数对应的磁扰幅度参见附录 A。
注3:改写 GB/T 31160—2014,定义 2.8。

2.6
K_p 指数 K_p index
时间间隔为 3 h 的全球地磁活动性指数。
注1:K_p 指数由位于地磁纬度 47°和 63°之间的 13 个地磁台站的 K 指数平均而得。13 个台站的信息参见附录 B。
注2:K_p 指数共分为 28 级:0_o、0_+、1_-、1_o、1_+、2_-、2_o、2_+、…、8_-、8_o、8_+、9_-、9_o。
[GB/T 31160—2014,定义 2.9]

3 周地磁活动整体水平分级

3.1 等级划分

依据一周加权 K_p 指数值之和(K_w)将周地磁活动整体水平划分4级,见表1。

表1 周地磁活动整体水平等级

周地磁活动整体水平	K_w
平静	<1961
微扰	[1961,3331)
中扰	[3331,6595)
强扰	≥6595

3.2 一周加权 K_p 指数值计算

对一周连续的56个 K_p 指数值进行加权求和:

$$K_w = \sum \lambda_{Kp} K_p$$

式中:

λ_{Kp}——单个 K_p 指数的加权值。

注:这里的一周定义为世界时间周一00:00至周日24:00。

3.3 单个 K_p 指数的加权值

针对不同的 K_p 指数,采用不同的加权,不同的 K_p 指数及对应的加权值见表2。

表2 不同的 K_p 指数及对应的加权值

K_p	λ_{Kp}
0_0、0_+	10.05
1_-、1_0、1_+	3.90
2_-、2_0、2_+	3.97
3_-、3_0、3_+	4.95
4_-、4_0、4_+	8.76
5_-、5_0、5_+	20.33
6_-、6_0、6_+	58.58
7_-、7_0、7_+	161.55
8_-、8_0、8_+	408.16
9_-、9_0	1754.39

注:不同 K_p 指数对应的加权值不同,例如 K_p 为 4_- 时,对应权重值为8.76,其两者乘积3.7×8.76,约为32.41;K_p 为 8_+ 时,对应权重值为408.16,其两者乘积8.3×408.16,约为3387.73。

附 录 A
（资料性附录）
不同纬度地磁台的 K 指数对应的磁扰幅度

不同纬度地磁台的 K 指数对应的磁扰幅度参见表 A.1。

表 A.1 不同纬度地磁台的 K 指数对应的磁扰幅度

单位：nT

	Honolulu 21.3°N	Tucson 32.3°N	Niemegk 52.1°N	Sitka 57.1°N	Godhavn 69.2°N
$K=0$	0～2	0～3	0～4	0～9	0～14
$K=1$	3～5	4～7	5～9	10～19	15～29
$K=2$	6～11	8～15	10～19	20～39	30～59
$K=3$	12～23	16～29	20～39	40～79	60～119
$K=4$	24～39	30～49	40～69	80～139	120～209
$K=5$	40～69	50～84	70～119	140～239	210～359
$K=6$	70～119	85～139	120～199	240～399	360～599
$K=7$	120～199	140～229	200～329	400～659	600～999
$K=8$	200～299	230～349	330～499	660～999	1000～1499
$K=9$	≥300	≥350	≥500	≥1000	≥1500

附 录 B
（资料性附录）
用于 K_p 指数计算的 13 个地磁台站

用于 K_p 指数计算的 13 个地磁台站的地理坐标参见表 B.1。

表 B.1 用于 K_p 指数计算的 13 个地磁台站

序号	台站名称				地理坐标	
	缩写	全称	所属国家或地区	入选时间	地理纬度	地理经度
1	LER	Lerwick	Scotland	1932—目前	60°08′N	358°49′
2	MEA	Meanook	Canada	1932—目前	54°37′N	246°40′
3	SIT	Sitka	Alaska(US)	1932—目前	57°03′N	224°40′
4	ESK	Eskdalemuir	Scotland	1932—目前	55°19′N	356°48′
5	LOV	Lovö	Sweden	1954—目前	59°21′N	17°50′
6	AGN	Agincourt	Canada	1932—1969	43°47′N	280°44′
	OTT	Ottawa	Canada	1969—目前	45°24′N	284°27′
7	RSV	Rude Skov	Denmark	1932—1984	55°51′N	12°27′
	BFE	Brorfelde	Denmark	1984—目前	55°37′N	11°40′
8	ABN	Abinger	England	1932—1957	51°11′N	359°37′
	HAD	Hartland	England	1957—目前	50°58′N	355°31′
9	WNG	Wingst	Germany	1938—目前	53°45′N	9°04′
10	WIT	Witteveen	Netherland	1932—1988	52°49′N	6°40′
	NGK	Niemegk	Germany	1988—目前	52°04′N	12°41′
11	CLH	Cheltenham	USA	1932—1957	38°42′N	283°12′
	FRD	Fredericksburg	USA	1957—目前	38°12′N	282°38′
12	TOO	Toolangi	Australia	1972—1981	37°32′S	145°28′
	CNB	Canberra	Australia	1981—目前	35°18′S	149°00′
13	AML	Amberley	New Zealand	1932—1978	43°09′S	172°43′
	EYR	Eyrewell	New Zealand	1978—目前	43°25′S	172°21′

参 考 文 献

[1] GB/T 31160—2014 地磁暴强度等级

[2] QX/T 239—2014 地磁活动水平分级

[3] 中国空间科学学会. 空间科学词典[M]. 北京:科学出版社,1987

[4] 徐文耀. 地磁学[M]. 北京:地震出版社,2003

[5] Mayaud P N. Derivation, Meaning and Use of Geomagnetic Indices[M]. Washington: American Geophysical Union(AGU), 1980

ICS 07.060
A 47
备案号：78172—2020

中华人民共和国气象行业标准

QX/T 563—2020

气象卫星地面系统实时数据传输通信包格式

Packet format of real-time data transmission for meteorological satellite ground segment

2020-07-31 发布　　　　　　　　　　　　　　　　　　2020-12-01 实施

中 国 气 象 局 发 布

QX/T 563—2020

前 言

本标准按照GB/T 1.1—2009给出的规则起草。

本标准由全国卫星气象与空间天气标准化技术委员会(SAC/TC 347)提出并归口。

本标准起草单位：国家卫星气象中心。

本标准主要起草人：冯小虎、郭强、谢利子、彭艺、张媛媛。

QX/T 563—2020

气象卫星地面系统实时数据传输通信包格式

1 范围

本标准规定了气象卫星地面系统的实时数据传输通信包格式、数据类型与数据标识。
本标准适用于气象卫星地面系统的实时数据传输管理。

2 规范性引用文件

下列文件对于本文件的应用是必不可少的。凡是注日期的引用文件，仅注日期的版本适用于本文件。凡是不注日期的引用文件，其最新版本（包括所有的修改单）适用于本文件。
GB/T 7408 数据元和交换格式 信息交换 日期和时间表示法
QX/T 205 中国气象卫星名词术语

3 术语和定义

下列术语和定义适用于本文件。

3.1
传输通信包 data transmission packet
实时数据网络通信传输的信息单元。

3.2
数据源 information source
信息的发送方。

3.3
数据宿 information sink
信息的接收方。

3.4
数据域 data field
传输通信包中通信内容部分。

3.5
校验码 check code
用于校验数据内容正确性的数据字段。

3.6
大端法 big endian
计算机数据高字节保存在低地址中、低字节保存在高地址中。

3.7
通用数据单元 general data unit
卫星实时数据的常规单元标志。

3.8

载荷数据单元 satellite payload data unit

卫星载荷相关数据的单元标志。

3.9

载荷广播数据 broadcast data

通过卫星广播系统传输的载荷数据。

4 通信包格式

实时数据传输通信包格式见表1,包含通信包头、通信内容和通信包尾。通信包头用于描述传输数据的关键信息,包含卫星代号、数据源、数据宿、发送时间、包序号、数据类型、数据标识、数据域长度等信息。通信内容为实际传输的数据域部分,通信包尾用于通信包差错校验。

卫星代号说明当前通信包所属的卫星系统;数据源和数据宿依据数据传输方向填充,其中系统名称和分系统名称依据地面系统工程的系统命名填充;发送时间为通信包从数据源发出的时间,精确到毫秒级;包序号用于通信包序控制;数据域长度表示数据域字段包含的字节数。

表 1 实时数据传输通信包格式

通信包头									通信内容	通信包尾
卫星代号	数据源	数据宿	发送时间	包序号	数据类型	数据标识	数据域长度	备用	数据域	校验码

实时数据传输通信包头中的数据类型代表通信包数据域的类型,详见第5章。实时数据传输通信包头中的数据标识为某数据类型中具体的数据种类,详见第6章。实时数据传输通信包说明见表2,对实时数据传输通信包中各字段的数据类型、字节长度、字节顺序、字段含义进行说明。

表 2 实时数据传输通信包说明

字段名称	数据类型	字节长度(/字节)	字节顺序	描述
卫星代号	无符号字符	8	0—7	当前数据所属的卫星,卫星代号见 QX/T 205
数据源	无符号字符	8	8—15	系统名称,例如:MCS(任务管理与控制系统)
	无符号字符	8	16—23	分系统名称,例如:TMS(任务管理分系统)
	无符号字符	32	24—55	进程名,例如:MCSSatSecurityFY4A
	无符号字符	4	56—59	IP 版本,IPv4 或 IPv6
	无符号字符	46	60—105	IP 地址,IPv6 内嵌 IPv4 表示法,例如:0000:0000:0000:0000:0000:0000:10.24.2.100
数据宿	无符号字符	8	106—113	系统名称
	无符号字符	8	114—121	分系统名称
	无符号字符	32	122—153	进程名
	无符号字符	4	154—157	IP 版本,IPv4 或 IPv6

表 2 实时数据传输通信包说明（续）

字段名称	数据类型	字节长度(/字节)	字节顺序	描述
数据宿	无符号字符	46	158－203	IP 地址，IPv6 内嵌 IPv4 表示法，例如：0000:0000:0000:0000:0000:0000:10.24.2.101
发送时间	无符号字符	24	204－227	数据发送时间统一为协调世界时（UTC）时间，应符合 GB/T 7408 中规定的格式
包序号	无符号整型	4	228－231	数据包发送计数，字节序为大端法（循环加 1，软件每次启动后，初始值设为 0）数据范围：0 到 $2^{32}-1$
数据类型	无符号整型	4	232－235	表示数据域的类型，字节序为大端法，见第 5 章
数据标识	无符号整型	4	236－239	表示具体的数据种类，字节序为大端法，见第 6 章
数据域长度	无符号整型	4	240－243	表示数据域字段包含的字节数，字节序为大端法
备用	字节	6	244－249	备用字段
数据域	字节流	由数据域长度指定	250－(N－2)	发送的数据内容
校验码	无符号整型	2	(N－1)－N	校验码采用 16 位循环冗余校验（Cyclic Redundancy Check,CRC）(CRC-16)，字节序为大端法，检验范围为数据域

注：N 表示通信包总长度。

5 数据类型

在气象卫星地面系统中，实时数据传输通信包的数据域内容包含不同类别的各种数据。通信包中数据类型分为控制类、状态类和科学类三种，数据类型见表 3。

表 3 实时数据传输通信包数据类型

序号	数据类型（4 字节）	数据类型（16 进制）
1	控制类数据	00000001
2	状态类数据	00000002
3	科学类数据	00000003

6 数据标识

根据系统应用需求，每种数据类型划分为不同的数据种类，以不同的数据标识进行区分，数据标识包括单元标志和数据标志，见表 4。数据标识的首字节代表单元标志，说明数据标识的所属单元，通用数据的单元标志填00H,载荷数据的单元标志依据各卫星载荷定义,见附录A。

表4 实时数据传输通信包数据标识

所属数据类型	数据标识（4字节）			
	单元标志 （1字节）	单元标志 （16进制）	数据标志 （3字节）	数据标志 （16进制）
控制类数据	通用数据单元	00	调度令	010001
			调度令接收通信返回	010002
			时间表到达返回	010003
			遥控指令包	020001
			遥控指令接收返回	020002
			遥控指令确认	020003
			遥控指令确认返回	020004
			遥控指令执行状态返回	020005
状态类数据	通用数据单元	00	运行平台状态	030001
			应用软件状态	030002
			专业设备状态	030003
			任务开始状态	040001
			任务输入就绪状态	040002
			任务结束状态	040003
			任务作业状态	040004
			产品分发状态	050001
			数据存档状态	050002
			其他故障状态	050003
科学类数据	通用数据单元	00	卫星遥测数据	060001
			定位与配准数据	060002
			定标数据	060003
	载荷数据单元	见表A.1	载荷L0数据	070001
			载荷L1数据	070002
			载荷广播数据	070003

附 录 A
（规范性附录）
气象卫星载荷数据单元标志

在气象卫星地面系统实时数据传输通信包数据标识中，气象卫星载荷数据对应的单元标志见表A.1。

表A.1 风云卫星载荷数据单元标志

气象卫星系列	载荷名称	单元标志（16进制）
风云二号气象卫星	可见光红外自旋扫描辐射仪	01
	空间环境监测仪器包	02
风云三号气象卫星	中分辨率光谱成像仪	10
	可见光红外扫描辐射计	11
	红外分光计	12
	微波湿度计	13
	微波温度计	14
	微波成像仪	15
	地球辐射探测仪	16
	太阳辐射监测仪	17
	紫外臭氧总量探测仪	18
	紫外臭氧垂直探测仪	19
	全球导航卫星掩星探测仪	1A
	红外高光谱大气探测仪	1B
	广角极光成像仪	1C
	电离层光度计	1D
	温室气体吸收光谱仪	1E
	空间环境监测仪器包	1F
	风场测量雷达	20
	降水测量雷达	21
	太阳辐照度光谱仪	22
	太阳X-EUV成像仪	23
风云四号气象卫星	多通道辐射成像仪	40
	干涉式大气垂直探测仪	41
	闪电成像仪	42
	快速成像仪	43
	空间环境监测仪器包	44

参 考 文 献

[1] QX/T 158—2012 气象卫星数据分级
[2] 通信科学技术名词[M]. 北京:科学出版社,2007

ICS 07.060
A 47
备案号：78173—2020

中华人民共和国气象行业标准

QX/T 564—2020

地基导航卫星遥感气象观测系统数据格式

Data format for the ground-based GNSS/Met observation system

2020-07-31 发布　　　　　　　　　　　　　　　2020-12-01 实施

中　国　气　象　局　发　布

QX/T 564—2020

前言

本标准按照 GB/T 1.1—2009 给出的规则起草。
本标准由全国气象仪器与观测方法标准化技术委员会(SAC/TC 507)提出并归口。
本标准起草单位:中国气象局气象探测中心、北京城市气象研究院。
本标准主要起草人:郭志梅、张京江、楚艳丽、涂满红、陈怡羽。

QX/T 564—2020

地基导航卫星遥感气象观测系统数据格式

1 范围

本标准规定了地基导航卫星遥感气象观测系统的观测数据、导航数据和气象数据的文件命名、文件结构、文件内容和文件格式。

本标准适用于地基导航卫星遥感气象观测系统数据的采集、存储、传输和处理。

2 规范性引用文件

下列文件对于本文件的应用是必不可少的。凡是注日期的引用文件，仅注日期的版本适用于本文件。凡是不注日期的引用文件，其最新版本（包括所有的修改单）适用于本文件。

GB/T 19391　全球定位系统(GPS)术语及定义

3 术语和定义

GB/T 19391 界定的以及下列术语和定义适用于本文件。

3.1
年积日　day of the year
从当年的1月1日开始计算的天数。

3.2
载波相位　carrier phase
由全球导航卫星系统(Global Navigation Satellite System，GNSS)接收机锁定载波信号后测得的GNSS信号载波的累积相位。

3.3
多普勒频移　doppler frequency shift
多普勒效应造成发射和接收频率之差。
注：它揭示了波的属性在运动中发生变化的规律。

3.4
北斗时　BeiDou time；BDT
北斗卫星导航系统建立和保持的时间基准，采用国际单位制秒的无闰秒连续时间。
注1：BDT 的起始历元是国际协调时间(UTC) 2006 年1月1日的00:00:00，用周计数和周内秒表示。
注2：BDT 与 UTC 之间的跳秒信息在卫星播放的导航电文中播报，由于存在着闰秒的影响，BDT 与 GPST(GPS time)周秒间存在着14 s 的差异。

4 文件命名

4.1 由英文字母和阿拉伯数字组成，分为主文件名和扩展名两部分，主文件名表示文件的归属，扩展名表示文件类型。格式如下：

　　ssssdddf[mm].yyt

注：方括号"[ ]"内字段可根据需要进行取舍。

4.2 各字段含义如下：
a) ssss:标识地基导航卫星遥感气象观测系统的站点代码,4 个字符长度；
b) ddd:标识数据文件中第一个记录对应的年积日,3 个字符长度；
c) f:标识 UTC 一天内的文件序号,1 个字符长度,取值见表 1；

表 1　f 字段的取值

字段取值	含义
数字 0	表示文件包含了当天所有的数据
英文字母 a—x	表示一天中 24 个小时每 1 小时内的数据 　　a:00:00:00—00:59:59 　　b:01:00:00—01:59:59 　　…… 　　x:23:00:00—23:59:59

d) mm:标识记录时长为 15 min 的高频数据文件记录的起始分钟,2 个字符长度,取值为 00,15,30,45；
e) yy:标识数据文件记录的年份,取年份的后两位数字,2 个字符长度,取值为 80—99,代表 1980 年—1999 年；取值为 00—79,代表 2000 年—2079 年；
f) t:标识文件的类型,取值见表 2。

表 2　t 字段的取值

字段取值	含义
o	观测数据文件
n	GPS 导航数据文件
g	GLONASS 导航数据文件
l	Galileo 导航数据文件
c	BDS 导航数据文件
p	混合导航数据文件
m	气象数据文件

示例 1:文件名为 bjfs1410.04o 的地基导航卫星遥感气象观测系统的数据文件,表示为 bjfs(北京房山)测站 2004 年 5 月 20 日(年积日为 141)全天的观测数据文件。

示例 2:文件名为 bjfs141a00.04n 的地基导航卫星遥感气象观测系统的数据文件,表示为 bjfs(北京房山)测站 2004 年 5 月 20 日 00:00:00—00:14:59 的 GPS 导航数据文件。

5　文件结构

5.1　按节、记录(行)、字段和列为单位逐级组织,见图 1。

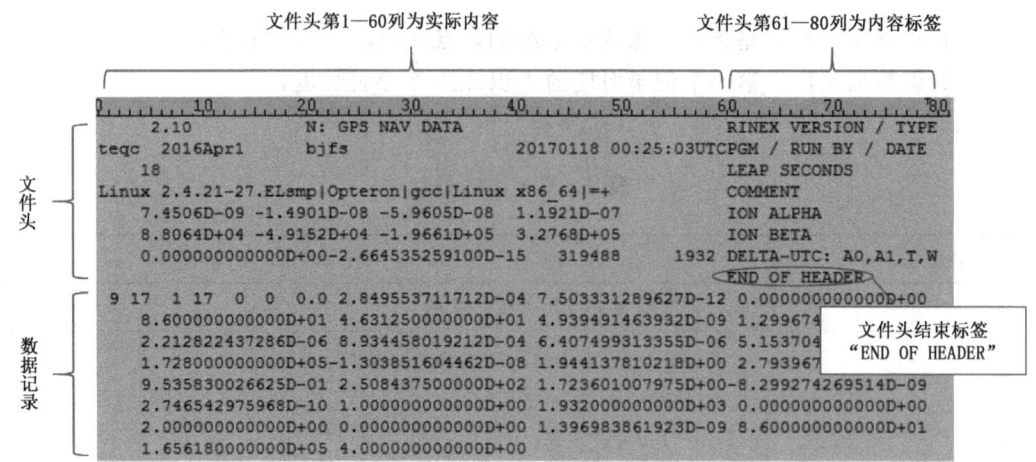

图 1 文件结构

5.2 所有文件均由文件头和数据记录两节组成。

5.3 节的组成应符合下列要求：

a) 每一节中含有若干记录,每一记录通常为一行,由若干字段组成；

b) 文件头每行最大字符为80,当一个记录的内容超过80个字符时,可续行；

c) 字段在行中所处的位置及宽度(起始列和列宽)不能错位。

5.4 文件头用于存放与整个文件有关的基本参数和数据记录的说明,文件头从第1个记录开始,以 "END OF HEADER"记录结束。

5.5 文件头中每个记录的第61列—80列为该行记录的标签,用于说明相应行上第1列—60列中所表示的内容；文件头标签用简明的英文全称或缩略语表示,若一行中有多种内容,则在标签中用"/"分隔。

5.6 数据记录紧跟在文件头的后面,随文件类型的不同,所存放数据的内容和具体格式也不同。

6 文件内容

6.1 观测数据文件

6.1.1 文件头存放文件的创建日期、单位名、测站名、天线信息、测站近似坐标、观测值数量及类型、观测历元间隔等信息。

6.1.2 数据体中存放的是观测过程中每个观测历元所观测到的卫星及载波相位、伪距和多普勒频移等观测值数据,所包含的实际观测值类型与接收机所记录的类型及格式转换时的参数设置有关。

6.1.3 观测数据文件中所记录载波相位的单位是周,伪距的单位是米(m)。观测值所对应的时标(即观测时刻)是依据接收机钟的读数所生成的,而不是GPST或BDT。

6.2 导航数据文件

6.2.1 文件头存放文件的创建日期、单位及其他一些相关信息,还可包含电离层模型的参数以及说明各卫星系统时间与UTC关系的参数和跳秒等。

6.2.2 数据体存放的是所观测卫星钟差改正模型参数及卫星轨道数据等。各卫星系统的导航数据文件中常用的参数见表3。

表3 导航数据文件常用参数

参数	说明	单位符号
Toc	卫星钟参考时刻	s
A0	钟差	s
A1	钟漂(速)	s/s
IODC	时钟数据期号	—
IODN	导航数据期号	—
Toe[a]	星历参考时刻(周内秒)	s
a	卫星轨道长半轴	m
e	轨道偏心率	—
i_0	TOE时刻的卫星轨道倾角	rad
Ω_0	TOE时刻的卫星轨道升交点赤径	rad
omega	TOE时刻的卫星轨道近地点角距	rad
M_0	TOE时刻的卫星轨道平近点角	rad
Delta n	平近点角速度改正值	rad/s
OMEGA DOT	升交点赤径变化率	rad/s
I DOT	轨道倾角变化率	rad/s
Cus,Cuc	纬度幅角的正弦和余弦调和项改正的振幅	rad
is,Cic	轨道倾角的正弦和余弦调和项改正的振幅	rad
Crs,Crc	轨道半径的正弦和余弦调和项改正的振幅	m
IODE	星历数据期号	—
AODC	时钟数据龄期(Age of Data,Clock)	—
AODE	星历数据龄期(Age of Data,Ephemeris)	—
TGD	载波L1、L2的通道延迟差(GPS)	s
WN	周(星期)数	w

注:"—"表示无量纲。

[a] 从星期日零时开始。

6.3 气象数据文件

6.3.1 文件头存放文件创建日期、观测值类型、传感器信息和气象传感器的位置及其他一些相关信息。

6.3.2 数据体存放观测过程中每隔一段时间在测站天线附近所测定的气温、相对湿度和气压等数据。

7 文件格式

7.1 观测数据文件

观测数据文件可遵循2个版本,V2.10和V3.00,格式及说明见附录A,示例参见附录B。

7.2 导航数据文件

7.2.1 对于所有卫星系统来说,其导航数据文件的文件头格式都是相同的。在多系统组合的导航数据文件中,除可以统一定义的内容外,对于依系统而定的头记录应对每一卫星系统重复记录。

7.2.2 导航数据文件可遵循2个版本,V2.10和V3.00,格式及说明见附录C,示例参见附录D。

7.3 气象数据文件

气象数据文件可遵循2个版本,V2.10和V3.00,格式及说明见附录E,示例参见附录F。

附 录 A
（规范性附录）
观测数据文件格式

A.1 观测数据文件 V2.10 格式

观测数据文件 V2.10 格式及说明见表 A.1 和表 A.2。

表 A.1 观测数据文件格式及说明(RENIX V2.10)——文件头

文件头标签(61—80列)	说明	格式[a]
RINEX VERSION/TYPE	— 格式版本 — 文件类型（O：观测数据文件） — 卫星系统：(空格或 G：GPS；R：GLONASS；C：BDS；S：静止卫星信号载荷；T：NNSS 子午仪卫星；M：混合)	F9.2, 11X A1, 19X A1, 19X
PGM/RUN BY/DATE	创建目前文件的程序名/机构名/日期	3A20
* COMMENT	注释行	A60
MARKER NAME	天线标记名称	A60
MARKER NUMBER	天线标记序号	A20
OBSERVER/AGENCY	观测者/机构名称	A20, A40
REC♯/TYPE/VERS	接收机序号/类型/版本(指机内软件版本)	3A20
ANT♯/TYPE	天线序号/类型	2A20
APPROX POSITION XYZ	测点的大约位置(WGS84)	3F14.4,18X
ANTENNA：DELTA H/E/N	天线高(测点之上天线底面高)/天线中心相对测点在东和北方向的偏离	3F14.4,18X
WAVELENGTH FACT L1/2	L1 和 L2 和默认波长因子(1：整周模糊度；2：半周模糊度；0：单频设备)、列表的接下来的卫星数量(0：默认波长因子数，最大为7，若多于7颗卫星重复记录)必须出现在各个卫星说明波长因子之前	2I6,I6
* WAVELENGTH FACT L1/2	根据卫星号(或 PRNs)列出波长因子(如果其值与默认值不同)、赋值 L1/2 波长因子的卫星数目、卫星号	2I6,I6,7(3X,A1,I2)
♯/TYPE OF OBSERV	文件中的观测类型的数目及观测类型	I6,9(4X,A2)
* INTERVAL	以秒为单位的观测间隔	F10.3
TIME OF FIRST OBS	— 首次观测记录时间（4位数的年月日时分秒） — 时间系统 GPS（=GPS 时间系统） GLO（=UTC 系统）	5I6,F13.7, 5X,A3
* TIME OF LAST OBS	— 最后观测记录时间（4位数的年月日时分秒） — 时间系统：同首次观测记录	5I6,F13.7 5X,A3

表 A.1 观测数据文件格式及说明(RENIX V2.10)——文件头(续)

文件头标签(61—80 列)	说明	格式[a]
* RCV CLOCK OFFS APPL	是否应用了实时得到的接收机钟偏差来改正历元、码元和相位(1=是,0=否;默认:0=否)	I6
LEAP SECONDS	从 1980 年 1 月 6 日以来的闰秒数在 GPS/GLONASS 文件中推荐	I6
# OF SATELLITES	文件中存储的观测到的卫星数量	I6
* PRN/# OF OBS	—PRN(卫星号码) —在"#/TYPE OF OBSERV"记录中标注的每种观测类型的观测数	3X,A1,I2 9I6
END OF HEADER	文件头结束标识	60X

注:表中带 * 号的记录是可选的。
[a] 采用 Fortran 程序设计语言的格式描述符。

表 A.2 观测数据文件格式及说明(RENIX V2.10)——数据记录

观测记录	说明	格式[a]
历元开始的记录	—历元:2 位数表示年、月、日、时、分;小数点后保留 7 位浮点数表示秒 —历元标记:0:完好;1:现在和以前的历元之间出现断电;>1:对应事件标记 —当前历元中的卫星数/PRN(卫星号)列表(多余 12 个则需换行) —接收机钟差(秒,可选)	1X,5(1X,I2),F11.7 2X,I1 I3,12(A1,I2) F12.9
观测数据	—分行列出记录到的每颗卫星的观测数据(每行观测数据类型按照文件头中给出的观测类型次序),若观测类型超过 5 个(80 个字符)则换行记录这组观测数据 —LLI(失锁标记,0~7) —信号强度(分为 1~9)	m(F14.3,) I1 I1

[a] 采用 Fortran 程序设计语言的格式描述符。

A.2 观测数据文件 V3.00 格式

观测数据文件 V3.00 格式及说明见表 A.3 和表 A.4。

表A.3 观测数据文件格式及说明(RENIX V3.00)——文件头

文件头标签(61—80列)	说明	格式[a]
RINEX VERSION/TYPE	— 格式版本 — 文件类型(O:观测数据文件) — 卫星系统(C:BDS;E:Galileo;G:GPS;R:GLONASS;Z:QZSS;S:SBAS;M:多系统)	F9.2,11X A1,19X A1,19X
PGM/RUN BY/DATE	— 生成当前文件的程序名称 — 生成当前文件的机构名称 — 文件生成的时间	A20 A20 A20
* COMMENT	注释行	A60
MARKER NAME	观测站点名称	A60
* MARKER NUMBER	观测站点编号	A20

MARKER TYPE	观测站点类型
	    GEODETIC:固定高精度测站点
	    NON_GEODETIC:固定低精度测站点
	    NON_PHYSICAL:通过联网处理得到的测站点(后处理时虚拟的测站点)
		A20,40X

OBSERVER/AGENCY	观测者/机构名称	A20,A40
REC#/TYPE/VERS	接收机编号,型号和版本(接收机内置软件的版本)	3A20
ANT#/TYPE	天线编号和类型	2A20
APPROX POSITION XYZ	测量标记点(测站点)的近似位置坐标(单位:m) 对于运动物体上的测站点,该项可选	3F14.4
ANTENNA:DELTA H/E/N	— 天线高 H:天线参考点(ARP)相对于测站点的高度 — 天线中心相对于测站点东向偏(离)E — 天线中心相对于测站点北向偏(离)N (均以米(m)为单位)	F14.4 F14.4 F14.4
* ANTENNA:DELTA X/Y/Z	运动物体上的天线参考点的位置(单位:m):载体坐标系下的 XYZ 矢量	3F14.4
* ANTENNA:PHASECENTER	天线参考点的平均相位中心的位置(单位:m) — 卫星系统(C/E/G/J/R/S) — 观测值代码 — 北/东/天(固定测站点)或载体坐标系下的 $X/Y/Z$(运动物体上的测站点)	 A1 1X,A3 F9.4,2F14.4
* ANTENNA:B. SIGHT XYZ	指向GNSS卫星的天线垂直轴的方向 运动物体上的天线:载体坐标系下的单位矢量 固定站的倾斜天线:北/东/天手坐标系下的单位矢量	3F14.4
* ANTENNA: ZERODIR AZI	固定天线的起始方位角(单位:度,以北向为零方向)	F14.4
* ANTENNA: ZERODIR XYZ	天线的起始方位 运动物体上的天线:载体坐标系下的单位矢量 固定站的倾斜天线:北/东/天左手坐标系下的单位矢量	3F14.4

表 A.3 观测数据文件格式及说明(RENIX V3.00)——文件头(续)

文件头标签(61—80 列)	说明	格式[a]
* CENTER OF MASS:XYZ	载体坐标系下运动物体的当前质心(X,Y,Z,单位:m)	3F14.4
SYS/♯/OBS TYPES	— 卫星系统(C/E/G/J/R/S) — 对于该卫星系统的不同观测量的数量 — 观测量描述符:(观测类型、频段、属性) 如果超过 13 个观测量:采用续行解决 组合文件:对每一类卫星系统重复记录,这些记录应置于 SYS/SCALE FACTOR 记录之前 观测量的单位(相位:整周;伪距:m;多普勒变化量:Hz; 信噪比等:依接收机而定;电离层相位延迟:整周) 观测数据记录中观测值的顺序应与本记录中各卫星系统的观测量的顺序一致	A1, 2X,I3, 13(1X,A3) 6X,13(1X,A3)
* SIGNAL STRENGTH UNIT	— 信号强度的单位 　DBHZ:C/N0　单位:dBHz	A20,40X
* INTERVAL	观测间隔(s)	F10.3
TIME OF FIRST OBS	— 第一条观测记录的时间 　年(4 位数字),月、日、时、分、秒(2 位数字) — 时间系统 　BDT:北斗时间系统 　GAL:Galileo 时间系统 　GPS:GPS 时间系统 　GLO:UTC 系统 　QZS:QZSS 时间系统	5I6,F13.7 5X,A3
* TIME OF LAST OBS	— 最后观测记录的时间:年,月,日,时,分,秒 — 时间系统:同"TIME OF FIRST OBS"记录	5I6,F13.7 5X,A3
* RCV CLOCK OFFS APPL	是否进行了实时的接收机钟差修正(1:是;0:否;缺省:无需修正)	I6
* SYS/DCBS APPLIED	— 卫星系统(C/E/G/J/R/S) — 进行码间偏差修正的程序名 — 修正源(URL):对于每一卫星系统重复该记录,未修正:空白或缺省此条记录	A1, 1X,A17 1X,A40
* SYS/PCVS APPLILED	— 卫星系统(C/E/G/J/R/S) — 进行天线相位中心偏差修正的程序名 — 修正源(URL):对于每一卫星系统重复该记录。未修正:空白或缺省此条记录	A1 1X,A17 1X,A40

表 A.3 观测数据文件格式及说明(RENIX V3.00)——文件头(续)

文件头标签(61—80列)	说明	格式[a]
* SYS/SCALE FACTOR	— 卫星系统(C/E/G/J/R/S) — 比例因子(1,10,100,1000) — 应用比例因子的观测量数量(0 或空格:所有观测量的观测值记录均应用) — 观测值代码列表(如果超过 12 个观测量,采用续行方式解决,不同的比例因子应用于不同的观测量时,重复该条头记录)	A1 1X,I4 2X,I2 12(1X,A3) 10X,12(1X,A3)
SYS/PHASE SHIFTS	相位校正值:RINEX 文件产生前的校正原始观测相位的校正值 — 卫星系统标识(C/E/G/R/S) — 载波相位观测值代码伪距(Type、Band、Attribute) — 校正值(单位:周) — 所含的卫星总数(0 或空格:所有卫星) — 卫星列表(当多于 10 颗卫星,使用续行所有受影响的卫星重复记录)	 A1,1X A3,1X F8.5 2X,I2 10(1X,A3) 18X,10(1X,A3)
* LEAP SECONDS	— 闰秒数(相应系统星历书播发的) — 新润秒生效(瞬间)前后的润秒值 — 新闰秒生效的周计数 WN_LSF(连续周计数) — 新闰秒生效的周内天计数如果未知则为 0 或留空	I6 I6 I6 I6
* # OF SATELLITES	卫星数	I6
* PRN/ # OF OBS	— 卫星编号 — 在"SYS/ # /OBS TYPES"中列出的每一种观测类型的观测数(如果超过 9 种观测类型,采用续行方式解决。对于观测数据中出现的每颗卫星都将重复该条头记录)	3X,A1,I2 9I6 6X,9I6
END OF HEADER	文件头的结束标记	60X

注:表中带 * 的记录是可选的。

[a] 采用 Fortran 程序设计语言的格式描述符。

表 A.4 观测数据文件格式及说明(RENIX V3.00)——数据记录

观测记录	说明	格式[a]
历元开始的记录	— 历元:(记录标识符:＞;年、月、日、时、分;小数点后保留 7 位浮点数表示秒) — 历元标记:(0:完好;1:现在和以前的历元之间出现断电;＞1:对应事件标记) — 当前历元中的卫星数/PRN(卫星号)列表 — 接收机钟差(秒,可选)	1A,1X,I4,4(1X,I2),F11.7 2X,I1 I3 F15.12

表 A.4 观测数据文件格式及说明(RENIX V3.00)——数据记录(续)

观测记录	说明	格式[a]
观测数据	—卫星编号 —分行列出记录到的每颗卫星的观测数据、LLI(失锁标记,0~7)、信号强度(分为1~9) (每行观测数据类型按照文件头"SYS/♯/TYPES"中给定出的观测类型次序)	A1,I2 m(F14.3,I1,I1)
[a] 采用 Fortran 程序设计语言的格式描述符。		

附 录 B
（资料性附录）
观测数据文件示例

B.1 观测数据文件 V2.10 示例

观测数据文件 V2.10 示例见图 B.1。

```
     0         10        20        30        40        50        60        70        80
     2.10           OBSERVATION DATA    G (GPS)              RINEX VERSION / TYPE
teqc  2006Jun29                         20180416 00:58:00UTCPGM / RUN BY / DATE
MSXP|IAx86-PII|bcc32 5.0|MSWin95->XP|486/DX+                 COMMENT
BIT 2 OF LLI FLAGS DATA COLLECTED UNDER A/S CONDITION        COMMENT
sdzz                                                         MARKER NAME
                                                             MARKER NUMBER
    WLZX             BEPK                                    OBSERVER / AGENCY
                     TPSLEGACY             3.3 Dec,22,2008 p6 REC # / TYPE / VERS
                     TOPCR3_GGD                              ANT # / TYPE
 -2208292.3507    4313151.6406    4133913.6576               APPROX POSITION XYZ
        0.0000          0.0000          0.0000               ANTENNA: DELTA H/E/N
        1     1                                              WAVELENGTH FACT L1/2
        5    C1    P1    P2    L1    L2                      # / TYPES OF OBSERV
       30.0000                                               INTERVAL
Forced Modulo Decimation to 30 seconds                       COMMENT
 SNR is mapped to RINEX snr flag value [0-9]                 COMMENT
 L1 & L2: min(max(int(snr_dBHz/6), 0), 9)                    COMMENT
teqc windowed:  start @ 2018 Apr 16 00:00:00.000             COMMENT
teqc windowed:  end   @ 2018 Apr 16 00:29:59.000             COMMENT
teqc edited: all GLONASS satellites excluded                 COMMENT
pseudorange smoothing corrections not applied                COMMENT
   2018     4    16     0     0    0.0000000     GPS         TIME OF FIRST OBS
                                                             END OF HEADER
 18  4 16  0  0  0.0000000  0  9G25G12G10G31G14G 1G18G24G32
   21003034.061     21003033.349     21003036.930      110371719.36548     86003927.66848
   21569451.730     21569450.884     21569450.705      113348223.23048     88323293.62247
   20665293.963     20665293.618     20665296.308      108596849.32048     84620926.26248
   21873663.281     21873663.025     21873662.599      114946875.24347     89568999.35547
   21958183.244     21958182.467     21958182.494      115391040.66947     89915098.15445
   24816586.181     24816589.909     24816592.383      130412063.20345    101619785.33142
   24229060.491     24229062.320     24229061.493      127324565.63345     99213950.47141
   23946011.656     23946013.140     23946015.100      125837140.35346     98054902.64545
   20625668.978     20625668.954     20625670.705      108388638.17848     84458674.92449
 18  4 16  0  0 30.0000000  0  8G25G12G10G31G14G18G24G32
   20992492.334     20992491.640     20992495.106      110316322.67047     85960761.42548
   21574510.476     21574510.058     21574510.062      113374809.52247     88344010.20747
   20674307.794     20674307.385     20674309.771      108644216.16748     84657835.47748
   21858031.389     21858031.137     21858031.155      114864730.95247     89504990.83247
   21944558.949     21944558.213     21944558.065      115319445.00047     89859309.32345
   24233151.517     24233151.412     24233155.832      127346068.32445     99230705.76442
   23962934.813     23962936.169     23962937.793      125926070.81846     98124199.06245
   20618237.720     20618237.679     20618239.569      108349587.01248     84428245.44849
 18  4 16  0  1  0.0000000  0  8G25G12G10G31G14G18G24G32
   20982063.517     20982063.015     20982066.131      110261518.20647     85918056.65148
   21579687.964     21579687.979     21579687.385      113402016.87747     88365210.73547
   20683420.048     20683419.900     20683422.350      108692102.80148     84695149.72448
   21842460.393     21842459.600     21842459.839      114782904.04247     89441229.61347
```

图 B.1 观测数据文件（RENIX V2.10）示例

B.2　观测数据文件 V3.00 示例

观测数据文件 V3.00 示例见图 B.2。

```
0         10        20        30        40        50        60        70        80        90        100       110       120       130       140       150       160
     3.00           OBSERVATION DATA    M (MIXED)           RINEX VERSION / TYPE
NetR9 4.85          IGN-RGP                09-OCT-14 00:00:00 PGM / RUN BY / DATE
BRST                                                        MARKER NAME
10004M004                                                   MARKER NUMBER
GEODETIC                                                    MARKER TYPE
Automatic           IGN                                     OBSERVER / AGENCY
5046K71749          TRIMBLE NETR9       4.85                REC # / TYPE / VERS
1441017048          TRM59800.00     SCIS                    ANT # / TYPE
  4231162.7930  -332746.9230  4745130.7040                  APPROX POSITION XYZ
        2.0431        0.0000        0.0000                  ANTENNA: DELTA H/E/N
G   12 C1C L1C S1C C2W L2W S2W C2X L2X S2X C5X L5X S5X      SYS / # / OBS TYPES
R   12 C1C L1C S1C C1P L1P S1P C2C L2C S2C C2P L2P S2P      SYS / # / OBS TYPES
E   12 C1X L1X S1X C5X L5X S5X C7X L7X S7X C8X L8X S8X      SYS / # / OBS TYPES
C    9 C2I L2I S2I C7I L7I S7I                              SYS / # / OBS TYPES
    30.000                                                  INTERVAL
  2014    10     9     0     0    0.0000000     GPS         TIME OF FIRST OBS
    G L2X -0.25000            SYS / PHASE SHIFTS
R L1P  0.25000                                              SYS / PHASE SHIFTS
R L2C -0.25000                                              SYS / PHASE SHIFTS
J L2X  -0.25000                                             SYS / PHASE SHIFTS
GIOVE-A  if present is mapped  to satellite  ID 51          COMMENT
GIOVE-B  if present  is mapped  to satellite ID 52          COMMENT
DBHZ                                                        SIGNAL STRENGTH UNIT
    18                                                      LEAP SECONDS
smtt on  - smooth time tag (ms jumps in phase and range)    COMMENT
                                                            END OF HEADE

> 2014 10  9  0  0  0.0000000  0 17   .000000000000
G28  21757195.992 8 114334904.654 8 49.700  21757199.129 6  89092165.819 6  36.900
G15  21466334.328 8 112806388.628 8 51.500  21466338.145 6  87901150.176 6  40.700  21466338.121 7  87901143.168 7  46.900
G30  22842149.930 7 120036552.917 7 45.200  22842157.008 5  93535074.174 5  31.900  22842157.160 7  93535092.177 7  44.000  22842157.969 7  89637844.366 7  47.000
G21  24710172.992 6 129852782.179 6 41.300  24710176.078 3 101184017.724 3  20.400
G26  19771192.102 8 103898322.820 8 51.400  19771196.434 7  80959870.772 7  42.100
R07  20849143.148 8 111607125.810 8 49.300  20849142.152 7 111607092.823 7  47.500  20849146.859 7  86805554.860 7  46.700  20849146.660 7  86805545.863 7  46.700
R05  22334773.117 7 119391966.385 7 45.500  22334773.199 7 119392157.383 7  44.000  22334778.043 7  92860696.947 7  43.000  22334778.355 6  92860701.935 6  41.900
R24  23715307.984 6 126816527.668 6 39.200  23715305.824 6 126816394.650 6  37.800  23715310.199 5  98635012.309 5  31.900  23715310.027 5  98634995.371 5  32.900
R16  19165613.672 7 102380174.819 7 47.300  19165612.797 7 102379623.827 7  46.800  19165617.223 7  79628477.960 7  47.400  19165616.477 7  79628481.958 7  46.900
G24  24118842.430 6 126745414.745 6 40.100  24118851.965 4  98762699.912 4  25.800  24118851.457 7  98762703.928 7  42.200  24118851.363 7  94647598.820 7  44.100
G18  24924862.430 7 130981033.814 7 43.100  24924866.574 3 102063144.501 3  21.500
R06  19192943.406 8 102417178.514 8 51.200  19192941.949 8 102417224.528 8  49.300  19192944.492 7  79657943.098 7  47.200  19192944.734 7  79657953.089 7  45.800
G05  22144008.023 8 116367685.546 8 48.300  22144012.840 6  90676156.170 6  37.800  22144013.207 7  90676164.165 7  45.300
R15  21987536.883 7 117494913.377 7 45.100  21987537.262 7 117494904.371 7  44.100  21987542.070 6  91385042.696 6  41.700  21987542.047 6  91385039.700 6  41.200
E19  25097252.164 7 131887152.171 7 46.600  25097256.598 7  98487282.308 7  43.100  25097253.691 7 101056496.681 7  43.700  25097255.707 7  99771896.101 7  47.400
C05  40634892.273 6 211596620.549 6 36.000  40634887.070 6 163619924.181 6  37.000
C08  40649369.523 6 211671939.384 6 39.500  40649363.461 6 163678143.938 6  36.800
> 2014 10  9  0  0 30.0000000 0 17  .000000000000
G28  21757349.141 8 114335709.792 8 49.900  21757352.270 6  89092793.211 6  37.400
G15  21453893.844 8 112741014.235 8 51.900  21453898.102 6  87850209.104 6  40.700  21453897.855 7   87850202.097 7 46.700
G30  22859412.461 7 120127265.935 7 46.700  22859418.973 5  93605759.637 5  32.400  22859419.199 7   93605777.645 7 44.300  22859419.523 7  89705584.596 7  46.900
G21  24711280.688 6 129858604.887 6 37.600  24711285.098 3 101188554.893 3  20.900
G26  19772728.414 8 103906394.852 8 50.900  19772732.906 7  80966160.664 7  42.300
R07  20831846.742 8 111514541.243 8 48.700  20831846.801 7 111514508.249 7  47.800  20831851.625 7   86733544.669 7 47.200  20831851.270 7  86733535.665 7  46.400
R05  22357488.125 7 119513388.018 7 45.900  22357486.797 7 119513579.010 7  45.100  22357492.852 7   92955135.864 7 42.400  22357493.172 6  92955140.882 6  41.000
R24  23712333.570 6 126800620.802 6 39.800  23712332.938 6 126800487.832 6  38.400  23712335.043 5   98622640.432 5 34.800  23712334.762 5  98622623.404 5  32.400
R16  19166637.555 8 102385645.352 8 48.300  19166636.914 7 102385094.339 7  46.900  19166641.121 7   79632732.831 7 47.800  19166640.836 7  79632736.827 7  46.800
G24  24099707.688 6 126644857.498 6 41.300  24099714.922 4  98684343.720 4  24.200  24099715.441 6   98684347.725 6 40.700  24099717.777 7  94572507.518 7  44.900
G18  24906722.430 6 130885705.586 6 41.900  24906726.570 3 101988862.728 3  23.500
R06  19197623.758 8 102442154.688 8 51.000  19197622.535 8 102442200.703 8  49.900  19197625.051 7   79677368.991 7 47.000  19197625.371 7  79677378.985 7  45.700
G05  22161130.914 8 116457667.429 8 49.100  22161135.469 6  90746271.885 6  37.800  22161135.625 7   90746279.893 7 45.500
R15  22008754.688 7 117608296.770 7 44.600  22008755.301 7 117608287.764 7  43.300  22008760.168 6   91473229.770 6 41.700  22008759.809 6  91473226.761 6  40.600
E19  25111232.141 7 131960615.155 7 45.900  25111235.375 7  98542140.991 7  42.400  25111234.906 7  101112786.472 7 44.100  25111235.402 7  99827470.338 7  47.400
C05  40634811.109 5 211596203.627 5 35.900  40634807.363 6 163619601.782 6  37.000
C08  40642640.125 6 211636896.045 6 39.000  40642633.957 6 163651046.228 6  36.700
> 2014 10  9  0  1  0.0000000 0 17  .000000000000
G28 21757607.203 8 114337064.271 8  49.100  21757610.512 6  89093848.659 6  37.800
G15 21441506.180 8 112675917.344 8  51.100  21441510.078 6  87799484.266 6  40.500  21441510.000 7  87799477.260 7  47.200
G30 22876706.820 7 120218149.716 7  46.900  22876713.730 5  93676578.156 5  33.000  22876713.676 7  93676596.159 7  44.700  22876714.047 7  89773452.333 7  46.300
G21 24712478.813 6 129864897.341 6  38.700  24712483.141 3 101193458.077 3  21.800
G26 19774354.859 8 103914941.904 8  50.300  19774358.453 6  80972820.702 6  41.800
R07 20814631.906 8 111422384.871 8  48.700  20814631.262 7 111422351.876 7  47.500  20814635.891 7  86661867.518 7  47.700  20814635.613 7  86661858.515 7  46.600
R05 22380254.664 7 119635089.384 7  46.000  22380253.102 7 119635280.375 7  43.800  22380259.406 7  93049792.494 7  43.000  22380260.711 6  93049797.489 6  41.400
R24 23709499.594 6 126785468.296 6  38.900  23709497.785 6 126785335.273 6  36.700  23709500.805 5  98610855.096 5  32.700  23709501.480 5  98610838.135 5  32.200
R16 19167785.086 8 102391771.422 8  48.400  19167783.273 7 102391220.419 7  46.800  19167787.730 8  79637497.563 8  48.500  19167787.508 7  79637501.559 7  47.200
G24 24080598.938 6 126544445.476 6  40.000  24080608.059 4  98606100.670 4  24.600  24080607.719 7  98606104.683 7  42.900  24080609.566 7  94497524.606 7  45.300
G18 24888614.813 7 130790546.432 7  42.400  24888618.402 3 101914712.687 3  22.500
R06 19202440.570 8 102467855.549 8  51.600  19202439.113 8 102467901.557 8  50.300  19202441.730 7  79697358.532 7  47.100  19202441.934 7  79697368.528 7  45.800
G05 22178318.500 7 116547989.423 7  47.400  22178323.137 6  90816652.624 6  37.700  22178323.211 7  90816660.619 7  45.400
R15 22030008.445 7 117721867.016 7  44.600  22030008.590 7 117721858.030 7  43.600  22030013.707 7  91561562.184 7  42.800  22030013.434 6  91561559.181 6  41.100
E19 25125255.422 7 132034311.806 7  45.600  25125259.449 7  98597174.186 7  42.100  25125257.664 7  101169255.306 7 43.500  25125259.430 7  99883221.353 7  47.400
C05 40634732.398 6 211595788.631 6  36.100  40634727.945 6 163619280.875 6  37.500
C08 40635943.484 6 211602024.084 6  39.700  40635936.953 6 163624081.040 6  37.500
```

图 B.2　观测数据文件(RENIX V3.00)示例

QX/T 564—2020

附 录 C
（规范性附录）
导航数据文件格式

C.1 导航数据文件 V2.10 格式

导航数据文件 V2.10 格式及说明见表 C.1 至表 C.3。

表 C.1 导航数据文件格式及说明（RENIX V2.10）——文件头

文件头标签（61—80 列）	说明	格式[a]
RINEX VERSION/TYPE	— 版本格式 — 文件类型 N：GPS 导航文件 G：GLONASS 导航文件	F9.2,11X A1,19X
PGM/RUN BY/DATE	创建当前文件的程序名/机构名/日期	3A20
＊COMMENT	注释行	A60
＊ION ALPHA	历书 A0—A3 的电离层参数（此项用于 GPS 导航文件）	2X,4D12.4
＊ION BETA	历书 B0—B3 的电离层参数（此项用于 GPS 导航文件）	2X,4D12.4
＊DELTA-UTC：A0,A1,T,W	计算 UTC 时间的历书参数（A0,A1：多项式项； T：UTC 数据参考时间；W：UTC 参考周数） （此项用于 GPS 导航文件）	3X,2D19.12,2I9
＊CORR TOSYSTEM TIME	参考时间系统订正（年、月、时） 系统时间改正量纲（改正 GLONASS 系统时间到 UTC） （此项用于 GLONASS 导航文件）	3I6,3X,D19.12
＊LEAP SECONDS	由于闰秒产生的时间增量	I6
＊END OF HEADER	文件头的结束标记	60X

注：表中带 ＊ 的记录是可选的。

[a] 采用 Fortran 程序设计语言的格式描述符。

表 C.2 导航数据文件格式及说明（RENIX V2.10）——GPS 数据记录

观测记录	说明	格式[a]
PRN/EPOCH/SV CLK	卫星 PRN 号码/历元（年（2 位）、月、日、时、分、秒）/卫星钟差、卫星钟漂、卫星钟漂速率	I2,1X,5（1X,I2），F5.1,3D19.12
BROADCAST ORBIT-1	IODE,数据期号（星历）、Crs、Delta n、M0	3X,4D19.12
BROADCAST ORBIT-2	Cuc、e、Cus、sqrt(A)	3X,4D19.12
BROADCAST ORBIT-3	Toe、Cic、Ω_0、CIS	3X,4D19.12
BROADCAST ORBIT-4	i_0、Crc、omega、OMEGA DOT	3X,4D19.12

表 C.2 导航数据文件格式及说明（RENIX V2.10）——GPS 数据记录（续）

观测记录	说明	格式[a]
BROADCAST ORBIT-5	I DOT、L2 码、GPS 周数、L2 P 码标记	3X,4D19.12
BROADCAST ORBIT-6	卫星精度、卫星状况、TGD、IODC	3X,4D19.12
BROADCAST ORBIT-7	信息传输时间(GPS 周秒)[b]、拟合间隔、空、空	3X,4D19.12
注：为了照顾不同的编译器，导航数据文件中，字母 E、e、D 和 d 允许出现在所有浮点数的小数和指数之间，但是要求不足补 0 的 2 位数字的指数；角度和角速度是以半周和半周/秒为单位的。		
[a] 采用 Fortran 程序设计语言的格式描述符。 [b] 如果需要,减掉 604800 来调整信息传输时间以便和文件记录的 GPS 周保持一致。		

表 C.3 导航数据文件格式及说明（RENIX V2.10）——GLONASS 数据记录

观测记录	说明	格式[a]
PRN/EPOCH/SV CLK	卫星 PRN 号码/历元(年(2 位)、月、日、时、分、秒)/卫星钟差、频偏、电文时间(tk)	I2,1X,5 (1X,I2),F5.1,3D19.12
BROADCAST ORBIT-1	卫星位置 X(km)、X 速度(km/s)、X 加速度(km/s^2)、健康(0=完好)	3X,4D19.12
BROADCAST ORBIT-2	卫星位置 Y(km)、Y 速度(km/s)、Y 加速度(km/s^2)、频度编号(1~24)	3X,4D19.12
BROADCAST ORBIT-3	卫星位置 Z(km)、Z 速度(km/s)、Z 加速度(km/s^2)、运行时间信息(d)	3X,4D19.12
[a] 采用 Fortran 程序设计语言的格式描述符。		

C.2 导航数据文件 V3.00 格式

导航数据文件 V3.00 格式及说明见表 C.4 至表 C.7。

表 C.4 导航数据文件格式及说明（RENIX V3.00）——文件头

文件头标签(61—80 列)	说明	格式[a]
RINEX VERSION/TYPE	— 版本格式 — 文件类型（N：导航数据文件） — 卫星系统 (C：BDS；E：Galileo；G：GPS；R：GLONASS；Z：QZSS；S：SBAS；M：多系统)	F9.2,11X A1,19X A1,19X
PGM/RUN BY/DATE	创建当前文件的程序名/机构名/日期	3A20
*COMMENT	注释行	A60

表C.4 导航数据文件格式及说明(RENIX V3.00)——文件头(续)

文件头标签(61—80列)	说明	格式[a]

* IONOSPHERIC CORR	电离层校正参数
	— 校正类型
	  GAL＝Galileo ai0~ai2
	  GPSA＝GPS alpha0~alpha3
	  GPSB＝GPS beta0~beta3
	  BDSA＝BeiDou alpha0~alpha3
	  BDSB＝BeiDou beta0~beta3
	— 参数
	  GPS：alpha0~alpha3 or beta0~beta3
	  GAL：ai0,ai1,ai2,zero
	  BDS：alpha0~alpha3 or beta0~beta3
	— 时间标记(此字段仅应用于北斗导航星历文件)
	  a：第1小时：00：00—00：59
	  b：第2小时：01：00—01：59
	  ……
	  x：第24小时：23：00—23：59
	— 获得电离层8参数的BDS SV ID(此字段仅应用于北斗导航星历文件)
		A4,1X
		
		4D12.4
		
		1X,A1
		
		1X,I2

* TIME SYSTEM CORR	将系统时间转换为UTC或其他时间系统的改正值
	— 改正类型
	  GAUT＝GAL 转换为 UTC a0,a1
	  GPUT＝GPS 转换为 UTC a0,a1
	  SBUT＝SBAS 转换为 UTC a0,a1
	  GLUT＝GLO 转换为 UTC a0＝TauC,a1＝0
	  GPGA＝GPS 转换为 GAL a0＝A0G,a1＝A1G
	  GLGP＝GLO 转换为 GPS a0＝TauGPS,a1＝0
	  BDUT＝BDT 转换为 UTC a0＝A0UTC,a1＝A1UTC
	  QZGP＝QZS 转换为 GPS a0,a1
	  QZUT＝QZS 转换为 UTC a0,a1
	  (TauC、A0G、A1G、TauGPS 为相应电文参数)
	参数
	— A0,A1：一阶多项式系数(a0:s,a1:s/s)
	— T：参考时刻(GPS/GAL 周内秒)
	— W：参考周数(GPS/GAL 周,连续累计周数)
	(对于GLONASS系统,在GLONASS观测数据需要以周累计描述的情况下,其累计周数与GPS相同)
	— S：系统标识。如 EGNOS,WAAS 或 MSAS…(左对齐),如果未知是何种系统,则该位置用SBAS的卫星系统及编号 snn 表示
	— U：UTC 标识符(如果未知则为 0)
	  1＝UTC(NIST),2＝UTC(USNO),3＝UTC(SU),4＝UTC(BIPM),5＝UTC(Europe Lab),6＝UTC(CRL),7＝UTC(NTSC);
	  ＞7＝留作以后定义　S 和 U 仅适用于SBAS
		A4,1X
		
		D17.10,D16.9
		I7
		I5
		
		1X,A5,1X
		
		I2,1X

表C.4 导航数据文件格式及说明(RENIX V3.00)——文件头(续)

文件头标签(61—80列)	说明	格式[a]
* LEAP SECONDS[b]	— 闰秒数 — 新润秒生效(瞬间)前后的润秒值 — 新闰秒生效的周计数(连续累计周数) — 新闰秒生效的周内天计数 如留余位则为0或留空	I6 I6 I6 I6
END OF HEADER	头部分的最后一条记录	60X

注:表中带*号的记录行是可选的。

[a] 采用Fortran程序设计语言的格式描述符。
[b] LEAP SECONDS一栏给出的闰秒数、新润秒生效(瞬间)前后的润秒值、新闰秒生效的周计数以及新闰秒生效的周内天计数,描述的符号对于GPS和BDS是相同的,但是数值是不等的。

表C.5 导航数据文件格式及说明(RENIX V3.00)——GPS数据记录

观测记录	说明	格式[a]
PRN/EPOCH/SV CLK	卫星系统、卫星PRN号/历元(年(4位)、月、日、时、分、秒)/卫星钟差、钟漂、钟漂率	A1,I2,1X,I4,5(1X,I2),3D19.12
BROADCAST ORBIT-1	IODE、Crs、Delta n、M_0	4X,4D19.12
BROADCAST ORBIT-2	Cuc、e、Cus、sqrt(a)	4X,4D19.12
BROADCAST ORBIT-3	Toe、Cic、Ω_0、CIS	4X,4D19.12
BROADCAST ORBIT-4	i_0、Crc、omega、OMEGA DOT	4X,4D19.12
BROADCAST ORBIT-5	I DOT、L2码、GPS周数、L2 P码标记	4X,4D19.12
BROADCAST ORBIT-6	卫星精度、SV状况、TGD、IODC	4X,4D19.12
BROADCAST ORBIT-7	信息传输时间(GPS周秒)[b]、拟合间隔、空、空	4X,4D19.12

注:为了照顾不同的编译器,导航文件中,字母E、e、D和d允许出现在所有浮点数的小数和指数之间,但是要求不足补0的2位数字的指数;角度和角速度是以半周和半周/秒为单位的。

[a] 采用Fortran程序设计语言的格式描述符。
[b] 如果需要,减掉604800来调整信息传输时间以便和文件记录的GPS周保持一致。

表C.6 导航数据文件格式及说明(RENIX V3.00)——GLONASS数据记录

观测记录	说明	格式[a]
PRN/EPOCH/SV CLK	卫星系统、卫星PRN号/历元(年(4位)、月、日、时、分、秒)/卫星钟差、频偏、电文时间(tk)	A1,I2,1X,I4,5(1X,I2),3D19.12
BROADCAST ORBIT-1	卫星位置X(km)、X速度(km/s)、X加速度(km/s^2)、健康(0=完好)	4X,4D19.12

表C.6 导航数据文件格式及说明(RENIX V3.00)——GLONASS数据记录(续)

观测记录	说明	格式[a]
BROADCAST ORBIT-2	卫星位置Y(km)、Y速度(km/s)、Y加速度(km/s^2)、频度编号(1—24)	4X,4D19.12
BROADCAST ORBIT-3	卫星位置Z(km)、Z速度(km/s)、Z加速度(km/s^2)、运行时间信息(d)	4X,4D19.12

[a] 采用Fortran程序设计语言的格式描述符。

表C.7 导航数据文件格式及说明(RENIX V3.00)——BDS数据记录

观测记录	说明	格式[a]
PRN/EPOCH/SV CLK	卫星系统、卫星PRN号/历元(年(2位)、月、日、时、分、秒)/卫星钟差、钟漂、钟漂率	A1,I2.2,1X,I4,5(1X,I2.2),3D19.12
BROADCAST ORBIT-1	AODE、Crs、Delta n、M_0	4X,4D19.12
BROADCAST ORBIT-2	Cuc、e、Cus、sqrt(a)	4X,4D19.12
BROADCAST ORBIT-3	Toe、Cic、Ω_0、Cis	4X,4D19.12
BROADCAST ORBIT-4	i_0、Crc、omega、OMEGA DOT	4X,4D19.12
BROADCAST ORBIT-5	I DOT、空、BDT周数、空	4X,4D19.12
BROADCAST ORBIT-6	卫星精度、卫星H1、TGD1、TGD2	4X,4D19.12
BROADCAST ORBIT-7	信息传输时间(GPS周秒)[b]、AODC、空、空	4X,4D19.12

注:导航文件中,字母E、e、D和d允许出现在所有浮点数的小数和指数之间,但是要求不足补0的2位数字的指数;角度和角速度是以半周和半周/秒为单位的;BDT周数是一个连续数值。导航电文中播发的13位BDT周数在每大于8191后重新归零,它的起始点是2006年1月1日,因此,BDT周(记录值)=BDT周(BRD)+(n×8192),其中(n:卫星导航电文中BDT周数归零的次数)。

[a] 采用Fortran程序设计语言的格式描述符。
[b] 为将电文传输时间与BROADCAST ORBIT-5给出的周数相对应,必要时可用+604800s或-604800s的方法进行调整,未知时应将该值置为0.9999E9。

附 录 D
（资料性附录）
导航数据文件示例

D.1 导航数据文件 V2.10 示例

导航数据文件 V2.10 示例见图 D.1 和图 D.2。

```
     2.10           N: GPS NAV DATA                       RINEX VERSION / TYPE
teqc  2016Apr1      bjfs                20170118 00:25:03UTCPGM / RUN BY / DATE
    18                                                    LEAP SECONDS
Linux 2.4.21-27.ELsmp|Opteron|gcc|Linux x86_64|=+         COMMENT
     7.4506D-09 -1.4901D-08 -5.9605D-08  1.1921D-07       ION ALPHA
     8.8064D+04 -4.9152D+04 -1.9661D+05  3.2768D+05       ION BETA
     0.000000000000D+00-2.664535259100D-15    319488  1932 DELTA-UTC: A0,A1,T,W
                                                          END OF HEADER
 9 17  1 17  0  0  0.0 2.849553711712D-04 7.503331289627D-12 0.000000000000D+00
     8.600000000000D+01 4.631250000000D+01 4.939491463932D-09 1.299674795872D-01
     2.212822437286D-06 8.934458019212D-04 6.407499313355D-06 5.153704317093D+03
     1.728000000000D+05-1.303851604462D-08 1.944137810218D+00 2.793967723846D-08
     9.535830026625D-01 2.508437500000D+02 1.723601007975D+00-8.299274269514D-09
     2.746542975968D-10 1.000000000000D+00 1.932000000000D+03 0.000000000000D+00
     2.000000000000D+00 0.000000000000D+00 1.396983861923D-09 8.600000000000D+01
     1.656180000000D+05 4.000000000000D+00
 2 17  1 16 23 59 44.0 4.923595115542D-04-6.480149750132D-12 0.000000000000D+00
     3.800000000000D+01-8.293750000000D+01 4.921633577222D-09-1.802452367056D+00
    -4.194676876068D-06 1.648082828615D-02 5.055218935013D-06 5.153713710785D+03
     1.727840000000D+05 3.147870302200D-07-1.857033695765D-01-3.911554813385D-08
     9.455274106119D-01 2.706875000000D+02-2.037863617085D+00-8.207127574092D-09
    -1.685784505406D-10 1.000000000000D+00 1.932000000000D+03 0.000000000000D+00
     2.000000000000D+00 0.000000000000D+00-2.048909664154D-08 3.800000000000D+01
     1.656180000000D+05 4.000000000000D+00
25 17  1 17  0  0  0.0-3.191758878529D-04-6.707523425575D-12 0.000000000000D+00
     3.000000000000D+01 4.321875000000D+01 3.962307903171D-09 2.294752418015D+00
     2.171844244003D-06 5.979027482681D-03 1.118890941143D-05 5.153651147842D+03
     1.728000000000D+05-1.098960638046D-07-2.233383216713D+00-1.247972249985D-07
     9.778857906969D-01 1.702187500000D+02 7.502384575746D-01-7.718178635977D-09
    -5.214502919263D-11 1.000000000000D+00 1.932000000000D+03 0.000000000000D+00
     2.000000000000D+00 0.000000000000D+00 5.587935447693D-09 3.000000000000D+01
     1.656180000000D+05 4.000000000000D+00
 7 17  1 17  0  0  0.0 3.918963484466D-04-3.637978807092D-12 0.000000000000D+00
     5.300000000000D+01-1.759375000000D+01 4.616620872219D-09-2.856292599640D+00
    -9.853392839432D-07 1.008796005044D-02 7.217749953270D-06 5.153611951828D+03
     1.728000000000D+05-8.754432201386D-08 3.022605706906D+00-2.104789018631D-07
     9.640277330417D-01 2.440625000000D+02-2.614285408944D+00-7.992832933574D-09
    -3.489431063096D-10 1.000000000000D+00 1.932000000000D+03 0.000000000000D+00
     2.000000000000D+00 0.000000000000D+00-1.117587089539D-08 5.300000000000D+01
     1.700160000000D+05 4.000000000000D+00
```

图 D.1 GPS 导航数据文件（RENIX V2.10）示例

```
     2.10           G: GLONASS NAV DATA                 RINEX VERSION / TYPE
teqc  2016Apr1      bjfs              20170118 00:25:03UTCPGM / RUN BY / DATE
    18                                                  LEAP SECONDS
Linux 2.4.21-27.ELsmp|Opteron|gcc|Linux x86_64|=+       COMMENT
    2017    1   16    -6.984919309616D-09               CORR TO SYSTEM TIME
                                                        END OF HEADER
23 17  1 16 23 45  0.0 4.586204886436D-05 1.818989403546D-12 8.637000000000D+04
    1.407594824219D+04-2.187892913818D+00 9.313225746155D-10 0.000000000000D+00
    2.241606445312D+02 1.928529739380D+00 1.862645149231D-09 3.000000000000D+00
    2.126875976562D+04 1.427466392517D+00-1.862645149231D-09 0.000000000000D+00
 7 17  1 16 23 45  0.0 1.137889921665D-05-9.094947017729D-13 8.637000000000D+04
   -1.842828613281D+03-3.258619308472D-01 2.793967723846D-09 0.000000000000D+00
    2.120482031250D+04-1.901679039001D+00 9.313225746155D-10 5.000000000000D+00
    1.410540869141D+04 2.818491935730D+00-9.313225746155D-10 0.000000000000D+00
 6 17  1 16 23 45  0.0 1.033795997500D-04 0.000000000000D+00 8.637000000000D+04
   -9.715466796875D+03-7.407751083374D-01 9.313225746155D-10 0.000000000000D+00
    6.417841308594D+03-3.019264221191D+00-0.000000000000D+00-4.000000000000D+00
    2.267963232422D+04 5.339059829712D-01-2.793967723846D-09 0.000000000000D+00
22 17  1 16 23 45  0.0 2.245726063848D-04 9.094947017729D-13 8.637000000000D+04
   -1.214434570312D+03-2.045397758484D+00 2.793967723846D-09 0.000000000000D+00
    1.436382714844D+04 2.035085678101D+00 9.313225746155D-10-3.000000000000D+00
    2.108710937500D+04-1.492524147034D+00-1.862645149231D-09 0.000000000000D+00
 8 17  1 16 23 45  0.0-2.693384885788D-05-0.000000000000D+00 8.637000000000D+04
    6.999284667969D+03 2.270851135254D-01 2.793967723846D-09 0.000000000000D+00
    2.441155078125D+04 2.792577743530D-01 2.793967723846D-09 6.000000000000D+00
   -2.325580566406D+03 3.549676895142D+00 9.313225746155D-10 0.000000000000D+00
21 17  1 16 23 45  0.0 9.907223284245D-05 1.818989403546D-12 8.637000000000D+04
   -1.513344726562D+04-6.428279876709D-01 1.862645149231D-09 0.000000000000D+00
    1.902267431641D+04 8.561601638794D-01-0.000000000000D+00 4.000000000000D+00
    7.695241210938D+03-3.385051727295D+00-9.313225746155D-10 0.000000000000D+00
 7 17  1 17  0 15  0.0 1.137703657150D-05-9.094947017729D-13 0.000000000000D+00
   -2.859535156250D+03-8.200426101685D-01 2.793967723846D-09 0.000000000000D+00
    1.729309521484D+04-2.401059150696D+00 0.000000000000D+00 5.000000000000D+00
    1.856976171875D+04 2.109823226929D+00-1.862645149231D-09 0.000000000000D+00
22 17  1 17  0 15  0.0 2.245754003525D-04 1.818989403546D-12 0.000000000000D+00
   -4.345614257812D+03-1.419955253601D+00 2.793967723846D-09 0.000000000000D+00
    1.799361230469D+04 1.950489044189D+00 0.000000000000D+00-3.000000000000D+00
    1.762384814453D+04-2.330445289612D+00-1.862645149231D-09 0.000000000000D+00
21 17  1 17  0 15  0.0 9.907502681017D-05 1.818989403546D-12 0.000000000000D+00
   -1.566234179688D+04 3.250122070312D-02 9.313225746155D-10 0.000000000000D+00
    2.006930029297D+04 2.711811065674D-01-9.313225746155D-10 4.000000000000D+00
    1.383046875000D+03-3.582892417908D+00-0.000000000000D+00 0.000000000000D+00
 6 17  1 17  0 15  0.0 1.033805310726D-04 0.000000000000D+00 0.000000000000D+00
   -1.144755126953D+04-1.168380737305D+00 0.000000000000D+00 0.000000000000D+00
    1.053631835938D+03-2.891995429993D+00-9.313225746155D-10-4.000000000000D+00
    2.275003613281D+04-4.562740325928D-01-2.793967723846D-09 0.000000000000D+00
```

图 D.2 GLONASS 导航数据文件(RENIX V2.10)示例

D.2 导航数据文件 V3.00 示例

导航数据文件 V3.00 示例见图 D.3 至图 D.6。

```
     3.00           N: GNSS NAV DATA     G: GPS              RINEX VERSION / TYPE
sbf2rin-8.1.0                            20120501 030119 LCL PGM / RUN BY / DATE
EXAMPLE OF VERSION 3.00 FORMAT                               COMMENT
GPSA   1.6764E-08  2.2352E-08 -1.1921E-07 -1.1921E-07        IONOSPHERIC CORR
GPSB   1.1059E+05  9.8304E+04 -1.3107E+05 -1.9661E+05        IONOSPHERIC CORR
GPUT   4.6566128731E-09 1.154631946E-14 405504 1686          TIME SYSTEM CORR
    15                                                       LEAP SECONDS
                                                             END OF HEADER
G01 2012 05 01 02 00 00 2.533947117627E-04 3.183231456205E-12 0.000000000000E+00
     2.600000000000E+01 2.284375000000E+01 4.440542109260E-09 1.614659432589E-01
     1.104548573494E-06 6.534036947414E-04 1.114606857300E-05 5.153658830643E+03
     1.800000000000E+05 9.313225746155E-09-7.323608159848E-01 3.911554813385E-08
     9.601789959950E-01 1.601250000000E+02 3.731983968684E-01-8.010690820284E-09
     3.928735076157E-11 1.000000000000E+00 1.686000000000E+03 0.000000000000E+00
     2.000000000000E+00 0.000000000000E+00 8.381903171539E-09 2.600000000000E+01
     1.765320000000E+05 4.000000000000E+00
G02 2012 04 30 22 00 00 3.885962069035E-04 1.364242052659E-12 0.000000000000E+00
     6.900000000000E+01 1.771875000000E+01 4.922705050425E-09-8.859910276883E-01
     8.828938007355E-07 1.116976898629E-02 1.011602580547E-05 5.153687252045E+03
     1.656000000000E+05 3.054738044739E-07-7.453875499605E-01-8.381903171539E-08
     9.387225023373E-01 1.745312500000E+02-2.800322486226E+00-8.246414924853E-09
     8.143196339671E-11 1.000000000000E+00 1.686000000000E+03 0.000000000000E+00
     2.000000000000E+00 0.000000000000E+00-1.722946763039E-08 6.900000000000E+01
     1.584180000000E+05 4.000000000000E+00
G03 2012 05 01 02 00 00 4.291860386729E-05 5.002220859751E-12 0.000000000000E+00
     1.110000000000E+02-6.453125000000E+01 5.569874864788E-09 1.381088733924E+00
    -3.507360816002E-06 1.520251168404E-02 7.333233952522E-06 5.153713415146E+03
     1.800000000000E+05-3.855675458908E-07-1.909350327808E+00-9.313225746155E-08
     9.307341123545E-01 2.278750000000E+02 1.182654815692E+00-8.749293014601E-09
    -2.496532562031E-10 1.000000000000E+00 1.686000000000E+03 0.000000000000E+00
     2.000000000000E+00 0.000000000000E+00-4.656612873077E-09 1.110000000000E+02
     1.728180000000E+05 4.000000000000E+00
G04 2012 04 30 19 59 44 1.693675294518E-04 1.159605744760E-11 0.000000000000E+00
     1.000000000000E+00 2.250000000000E+01 4.929848205109E-09 1.215146065311E+00
     1.270323991776E-06 9.993965853937E-03 1.060217618942E-05 5.153595718384E+03
     1.583840000000E+05-1.676380634308E-07-7.283954273133E-01-5.587935447693E-09
     9.377904860065E-01 1.674687500000E+02 8.483343181981E-01-8.319275102629E-09
     5.214502919263E-11 1.000000000000E+00 1.686000000000E+03 0.000000000000E+00
     2.000000000000E+00 0.000000000000E+00-6.053596735001E-09 1.000000000000E+00
     1.527480000000E+05 4.000000000000E+00
```

图 D.3 GPS 导航数据文件(RENIX V3.00)示例

```
     3.00           N: GNSS NAV DATA    G: GLONASS           RINEX VERSION / TYPE
ViewLB2   v1.3.7.0    LEICA GEOSYSTEMS    20120502 064502 LCL PGM / RUN BY / DATE
GLUT -1.9744038582D-07 0.000000000D+00         0     0       TIME SYSTEM CORR
GLGP -4.3027102947D-07 0.000000000D+00         0     0       TIME SYSTEM CORR
    15                                                        LEAP SECONDS
                                                              END OF HEADER
R13 2012 05 01 00 15 00-3.454303368926D-04-9.094947017729D-13 1.728000000000D+05
    -4.987906250000D+03-2.186527252197D+00-9.313225746155D-10 0.000000000000D+00
     1.482528320313D+04 1.687005043030D+00 1.862645149231D-09-2.000000000000D+00
    -2.017196337891D+04 1.781908035278D+00 1.862645149231D-09 0.000000000000D+00
R04 2012 05 01 00 15 00 1.005642116070D-05 0.000000000000D+00 1.728000000000D+05
     2.220140332031D+04 1.543511390686D+00-0.000000000000D+00 0.000000000000D+00
     4.023345703125D+03 5.455312728882D-01-9.313225746155D-10 6.000000000000D+00
    -1.188754931641D+04 3.063529014587D+00 0.000000000000D+00 0.000000000000D+00
R05 2012 05 01 00 15 00-1.725433394313D-04 0.000000000000D+00 1.728000000000D+05
     9.928042968750D+03 2.792113304138D+00 9.313225746155D-10 0.000000000000D+00
    -7.212031250000D+03 1.252497673035D+00-9.313225746155D-10 1.000000000000D+00
    -2.237210937500D+04 8.360853195190D-01 2.793967723846D-09 0.000000000000D+00
R06 2012 05 01 00 15 00 1.492258161306D-05 0.000000000000D+00 1.728000000000D+05
    -8.174028320313D+03 2.400005340576D+00 9.313225746155D-10 0.000000000000D+00
    -1.413158007813D+04 1.197700500488D+00-0.000000000000D+00-4.000000000000D+00
    -1.960491845703D+04-1.868236541748D+00 2.793967723846D-09 0.000000000000D+00
R14 2012 05 01 00 15 00 1.170262694359D-04 2.728484105319D-12 1.728000000000D+05
     1.060375488281D+04-2.561998367310D+00-0.000000000000D+00 0.000000000000D+00
     4.934687988281D+03 1.756015777588D+00 0.000000000000D+00-7.000000000000D+00
    -2.268064453125D+04-8.231697082520D-01 1.862645149231D-09 0.000000000000D+00
R15 2012 05 01 00 15 00 9.102374315262D-05 1.818989403546D-12 1.728000000000D+05
     2.144881396484D+04-1.225227355957D+00 9.313225746155D-10 0.000000000000D+00
    -9.857272460938D+03 5.913896560669D-01-2.793967723846D-09 0.000000000000D+00
    -9.801486328125D+03-3.265205383301D+00 9.313225746155D-10 0.000000000000D+00
R20 2012 05 01 00 15 00-8.139573037624D-05-0.000000000000D+00 1.728000000000D+05
    -2.283231933594D+03-1.861486434937D-01 1.862645149231D-09 0.000000000000D+00
    -2.536030859375D+04-9.238719940186D-02-2.793967723846D-09 2.000000000000D+00
    -7.607993164063D+02 3.582725524902D+00 0.000000000000D+00 0.000000000000D+00
R21 2012 05 01 00 15 00-6.948504596949D-05 1.818989403546D-12 1.728000000000D+05
    -9.169253417969D+03-3.177642822266D-01 1.862645149231D-09 0.000000000000D+00
    -1.736790820313D+04-2.214423179626D+00-0.000000000000D+00 4.000000000000D+00
    -1.632747265625D+04 2.524799346924D+00 2.793967723846D-09 0.000000000000D+00
```

图 D.4 GLONASS 导航数据文件(RENIX V3.00)示例

```
     3.00           N: GNSS NAV DATA   C: BDS              RINEX VERSION / TYPE
CONVERTER                              20140801 235959 UTC PGM / RUN BY / DATE
EXAMPLE OF VERSION 3.00 FORMAT                             COMMENT
BDSA   1.3970E-08  3.8743E-07 -3.0398E-06  5.5432E-06 a C01 IONOSPHERIC CORR
BDSB   1.3722E+05 -1.1141E+06  8.3231E+06 -8.9661E+06 a C01 IONOSPHERIC CORR
       2     2    338     6                                LEAP SECONDS
                                                           END OF HEADER
C01 2014 08 21 00 00 00 5.024819402024E-04 2.365307949503E-11 0.000000000000E+00
     1.000000000000E+00 4.992343750000E+02 5.689879863478E-09-1.613773808317E+00
     1.615658402443E-05 5.243904888630E-04 1.105945557356E-05 6.493421495438E+03
     3.456000000000E+05-8.847564458847E-09 3.008665376201E+00-2.933666110039E-08
     6.478461762508E-02-3.369687500000E+02 1.118472813522E+00-4.681623579842E-09
     5.435940714464E-10 0.000000000000E+00 4.500000000000E+02 0.000000000000E+00
     2.000000000000E+00 0.000000000000E+00 1.420000000000E-08-1.040000000000E-08
     3.456000000000E+05 0.000000000000E+00
C02 2014 08 21 00 00 00 8.496907539666E-04-2.003730514843E-12 0.000000000000E+00
     1.000000000000E+00 6.099843750000E+02 6.828855877829E-09-1.916526028762E+00
     1.977989450097E-05 2.970470814034E-04 5.043577402830E-06 6.493412302017E+03
     3.456000000000E+05 6.472691893578E-08-3.004728751425E+00-1.224689185619E-07
     8.188405701679E-02-1.582968750000E+02 1.044071803381E-01-5.880602093539E-09
     5.068068248242E-10 0.000000000000E+00 4.500000000000E+02 0.000000000000E+00
     2.000000000000E+00 0.000000000000E+00 5.500000000000E-09-1.370000000000E-08
     3.456000000000E+05 0.000000000000E+00
C03 2014 08 21 00 00 00 7.187499431893E-04 4.656630636646E-11 0.000000000000E+00
     2.000000000000E+00 4.091718750000E+02 4.329108896191E-09 1.842290451249E+00
     1.315446570516E-05 2.130337525159E-04 1.695146784186E-05 6.493284706116E+03
     3.456000000000E+05 6.565824151039E-08 2.883806084704E+00 6.519258022308E-09
     7.887163805174E-02-5.225625000000E+02-2.731137573402E+00-3.255849904932E-09
     5.468084910542E-10 0.000000000000E+00 4.500000000000E+02 0.000000000000E+00
     2.000000000000E+00 0.000000000000E+00 5.000000000000E-09-8.800000000000E-09
     3.456000000000E+05 0.000000000000E+00
C04 2014 08 21 00 00 00-8.560738060623E-04-7.975220484013E-11 0.000000000000E+00
     1.000000000000E+00 5.101875000000E+02 4.891989485284E-09-1.142377484493E+00
     1.661479473114E-05 7.886065868661E-04 7.921364158392E-06 6.493433956146E+03
     3.456000000000E+05 1.275911927223E-07 3.056856899640E+00-1.308508217335E-07
     8.514908097243E-02-2.366093750000E+02 9.467416428581E-01-3.943735700993E-09
     5.539516457381E-10 0.000000000000E+00 4.500000000000E+02 0.000000000000E+00
     2.000000000000E+00 0.000000000000E+00 6.500000000000E-09-8.100000000000E-09
     3.456000000000E+05 0.000000000000E+00
C05 2014 08 21 00 00 00-2.081736456603E-04-4.069633519066E-12 0.000000000000E+00
     1.000000000000E+00 5.005781250000E+02 5.160929259133E-09-2.175785175375E+00
     1.625763252378E-05 2.359382342547E-04 1.324107870460E-05 6.493413242340E+03
     3.456000000000E+05 1.061707735062E-07 3.085478542223E+00-1.429580152035E-07
     7.475233723204E-02-4.117343750000E+02 1.819285069668E-01-4.240176620376E-09
     4.885917803802E-10 0.000000000000E+00 4.500000000000E+02 0.000000000000E+00
     2.000000000000E+00 0.000000000000E+00 2.700000000000E-09-8.400000000000E-09
     3.456000000000E+05 0.000000000000E+00
```

图 D.5 BDS 导航数据文件(RENIX V3.00)示例

```
     3.00           N: GNSS NAV DATA    M: MIXED           RINEX VERSION / TYPE
XXRINEXN V3         AIUB                20061002 000123 UTC PGM / RUN BY / DATE
EXAMPLE OF VERSION 3.00 FORMAT                             COMMENT
GPSA   0.1025E-07   0.7451E-08 -0.5960E-07 -0.5960E-07     IONOSPHERIC CORR
GPSB   0.8806E+05   0.0000E+00 -0.1966E+06 -0.6554E+05     IONOSPHERIC CORR
GPUT   0.2793967723E-08 0.000000000E+00 147456 1395        TIME SYSTEM CORR
GLUT   0.7823109626E-06 0.000000000E+00      0 1395        TIME SYSTEM CORR
    14                                                     LEAP SECONDS
                                                           END OF HEADER
G01 2006 10 01 00 00 00 0.798045657575E-04 0.227373675443E-11 0.000000000000E+00
     0.560000000000E+02-0.787500000000E+01 0.375658504827E-08 0.265129935612E+01
    -0.411644577980E-06 0.640150101390E-02 0.381097197533E-05 0.515371852875E+04
     0.000000000000E+00 0.782310962677E-07 0.188667086536E+00-0.391155481338E-07
     0.989010441512E+00 0.320093750000E+03-0.178449589759E+01-0.775925177541E-08
     0.828605943335E-10 0.000000000000E+00 0.139500000000E+04 0.000000000000E+00
     0.200000000000E+01 0.000000000000E+00-0.325962901115E-08 0.560000000000E+02
    -0.600000000000E+02 0.400000000000E+01
G02 2006 10 01 00 00 00 0.402340665460E-04 0.386535248253E-11 0.000000000000E+00
     0.135000000000E+03 0.467500000000E+02 0.478269921862E-08-0.238713891022E+01
     0.250712037086E-05 0.876975362189E-02 0.819191336632E-05 0.515372778320E+04
     0.000000000000E+00-0.260770320892E-07-0.195156738598E+01 0.128522515297E-06
     0.948630520258E+00 0.214312500000E+03 0.215165003775E+01-0.794140221985E-08
    -0.437875382124E-09 0.000000000000E+00 0.139500000000E+04 0.000000000000E+00
     0.200000000000E+01 0.000000000000E+00-0.172294676304E-07 0.391000000000E+03
    -0.600000000000E+02 0.400000000000E+01
R01 2006 10 01 00 15 00-0.137668102980E-04-0.454747350886E-11 0.900000000000E+02
     0.157594921875E+05-0.145566368103E+01 0.000000000000E+00 0.000000000000E+00
    -0.813711474609E+04 0.205006790161E+01 0.931322574615E-09 0.700000000000E+01
     0.183413398438E+05 0.215388488770E+01-0.186264514923E-08 0.100000000000E+01
R02 2006 10 01 00 15 00-0.506537035108E-04 0.181898940355E-11 0.300000000000E+02
     0.155536342773E+05-0.419384956360E+00 0.000000000000E+00 0.000000000000E+00
    -0.199011298828E+05 0.324192047119E+00-0.931322574615E-09 0.100000000000E+01
     0.355333544922E+04 0.352666091919E+01-0.186264514923E-08 0.100000000000E+01
```

图 D.6 GPS 和 GLONASS 混合导航数据文件(RENIX V3.00)示例

附 录 E
（规范性附录）
气象数据文件格式

气象数据文件 V2.10 和 V3.00 格式及说明见表 E.1 和表 E.2。

表 E.1 气象数据文件格式及说明（RENIX V2.10、V3.00）——文件头

文件头标签（61—80 列）	说明	格式[a]
RINEX VERSION/TYPE	— 格式版本 — 文件类型（M：气象数据文件）	F9.2,11X, A1,39X
PGM/RUN BY/DATE	创建当前文件的程序名/机构名/日期	3A20
*COMMENT	注释行	A60
*MARKER NAME	站点名称	A60
MARKER NUMBER	站点序号	A20

♯/TYPES OF OBSERV	— 文件中不同观测类型数量
	— 观测类型
	  PR：气压（hPa）；TD：干温度（℃）
	  HR：相对湿度（％）；ZW：天顶湿延迟（mm）
	  ZD：天顶干延迟（mm）；ZT：总路径延迟（mm）
	  WD：风向（°）；WS：风速（m/s）
	  **RI：雨增量（1/10mm），自最近一次测量以来的积雨量
	  **HI：冰雹标识符（非 0：自最近一次测量以来的冰雹量）
	这一记录中的类型顺序必须与数据记录观测顺序一致，如果使用了超过 9 个观测类型，使用连续行
		I6
		9(4X,A2)

SENSOR MOD/TYPE/ACC	气象仪器说明
	  — 型号（制造商）
	  — 传感器类型
	  — 精度（与观测值单位相同）
	  — 观测类型
	对♯/TYPES OF OBSERV 记录中的每一个类型，记录是可重复的。
		A20,
		A20,6X,
		F7.1,4X,
		A2,1X

SENSOR POS XYZ/H	气象仪器近似位置（地心坐标 X,Y,Z（ITRF 或 WGS-84）；椭球高度；观测类型） 如果未知，设置 X,Y,Z 等于 0（确保 H 参考 ITRF 或者 WGS-84）	3F14.4, 1F14.4, 1X,A2,1X
END OF HEADER	文件头结束标记	60X

注 1：表中带*号的记录行是可选的。
注 2：表中带**号的记录 RENIX 3.00 版本增加的观测变量。

[a] 采用 Fortran 程序设计语言的格式描述符。

表 E.2 气象数据文件格式及说明(RENIX V2.10、V3.00)——数据记录

观测记录	说明	格式[a]
EPOCH/MET	— GPS 历元:年(2位)、月、日、时、分、秒 — 气象数据(与头文件中顺序一致)	1X,I2.2,5(1X,I2), mF7.1

[a] 采用 Fortran 程序设计语言的格式描述符。

附 录 F
（资料性附录）
气象数据文件示例

气象数据文件 V2.10 示例见图 F.1，V3.00 示例见图 F.2。

```
     2.10           METEOROLOGICAL DATA                    RINEX VERSION / TYPE
metdata   2006Jul20                  20180416 01:10:00UTCPGM / RUN BY / DATE
MSWin2000|MSWinXP|                                       COMMENT
AWS 3 A1456                                              COMMENT
xcdd                                                     MARKER NAME
                                                         MARKER NUMBER
          3    PR    TD    HR                            # / TYPES OF OBSERV
                                               0.0    PR SENSOR MOD/TYPE/ACC
                                               0.0    TD SENSOR MOD/TYPE/ACC
                                               0.0    HR SENSOR MOD/TYPE/ACC
              0.0000       0.0000       0.0000   587.0000 PR SENSOR POS XYZ/H
                                                         END OF HEADER
      18  4 16  0 30  0   957.4    9.0    45.0
      18  4 16  0 31  0   957.4    9.2    46.0
      18  4 16  0 32  0   957.4    9.3    45.0
      18  4 16  0 33  0   957.4    9.4    42.0
      18  4 16  0 34  0   957.4    9.6    41.0
      18  4 16  0 35  0   957.4    9.7    42.0
      18  4 16  0 36  0   957.4    9.9    41.0
      18  4 16  0 37  0   957.3   10.0    41.0
      18  4 16  0 38  0   957.3   10.1    40.0
      18  4 16  0 39  0   957.3   10.2    41.0
      18  4 16  0 40  0   957.3   10.3    41.0
      18  4 16  0 41  0   957.4   10.4    39.0
      18  4 16  0 42  0   957.3   10.5    37.0
      18  4 16  0 43  0   957.3   10.6    35.0
      18  4 16  0 44  0   957.3   10.7    35.0
      18  4 16  0 45  0   957.3   10.9    36.0
      18  4 16  0 46  0   957.3   11.0    33.0
      18  4 16  0 47  0   957.3   11.1    34.0
      18  4 16  0 48  0   957.3   11.3    33.0
      18  4 16  0 49  0   957.3   11.3    33.0
      18  4 16  0 50  0   957.3   11.4    32.0
      18  4 16  0 51  0   957.3   11.6    33.0
      18  4 16  0 52  0   957.2   11.7    33.0
      18  4 16  0 53  0   957.2   11.8    33.0
      18  4 16  0 54  0   957.2   12.1    33.0
      18  4 16  0 55  0   957.2   12.3    34.0
      18  4 16  0 56  0   957.2   12.4    31.0
      18  4 16  0 57  0   957.2   12.6    29.0
      18  4 16  0 58  0   957.2   12.8    28.0
      18  4 16  0 59  0   957.2   13.1    28.0
```

图 F.1 气象数据文件（RENIX V2.10）示例

```
     3.00           METEOROLOGICAL DATA                    RINEX VERSION / TYPE
teqc  2016Nov7      GEOSCIENCE AUSTRALIA20170119 00:57:22UTCPGM / RUN BY / DATE
Solaris x86 5.10|AMD64|cc SC5.8 -xarch=amd64|=+|=+        COMMENT
ALIC                                                      MARKER NAME
50137M001                                                 MARKER NUMBER
     8   PR   TD   HR   ZW   ZT   WS   WD   RI           # / TYPES OF OBSERV
PAROSCIENTIFIC       MET3A                         0.1    PR SENSOR MOD/TYPE/ACC
PAROSCIENTIFIC       MET3A                         0.5    TD SENSOR MOD/TYPE/ACC
PAROSCIENTIFIC       MET3A                         2.0    HR SENSOR MOD/TYPE/ACC
RADIOMETRICS, USA    TP/WVP-300                    5.0    HR SENSOR MOD/TYPE/ACC
RADIOMETRICS, USA    TP/WVP-300                    6.0    HR SENSOR MOD/TYPE/ACC
VAISALA, SWEDEN      WAV151                        0.3    WS SENSOR MOD/TYPE/ACC
VAISALA, SWEDEN      WAV151                        3.0    WD SENSOR MOD/TYPE/ACC
                                                   0.0    RI SENSOR MOD/TYPE/ACC
 -4052051.7670   4212836.2150  -2545106.0270    2.4000 PR SENSOR POS XYZ/H
 -4052051.7670   4212836.2150  -2545106.0270    2.4000 TD SENSOR POS XYZ/H
 -4052051.7670   4212836.2150  -2545106.0270    2.4000 HR SENSOR POS XYZ/H
 -4052050.9685   4212846.2159  -2545116.0298    2.4178 ZW SENSOR POS XYZ/H
 -4052050.9685   4212846.2159  -2545116.0298    2.4178 ZT SENSOR POS XYZ/H
 -4052051.7670   4212836.2150  -2545106.0270    2.4000 WS SENSOR POS XYZ/H
 -4052051.7670   4212836.2150  -2545106.0270    2.4000 WD SENSOR POS XYZ/H

                                                          END OF HEADER
 17  1 17  0  0  0    941.2   30.5   57.9   15.5 2178.0  123.0   1.5    0.0
 17  1 17  0  0 30    941.2   30.5   57.9   15.5 2178.0  123.0   1.4    0.0
 17  1 17  0  1  0    941.2   30.5   58.1   15.5 2178.0  123.0   1.7    0.0
 17  1 17  0  1 30    941.2   30.5   58.1   15.5 2178.0  112.0   1.8    0.0
 17  1 17  0  2  0    941.2   30.5   58.4   15.5 2178.0  129.0   1.9    0.0
 17  1 17  0  2 30    941.3   30.5   58.3   15.5 2178.0  123.0   1.7    0.0
 17  1 17  0  3  0    941.3   30.5   58.6   15.5 2178.0  129.0   1.5    0.0
 17  1 17  0  3 30    941.3   30.5   58.1   15.5 2178.0  112.0   1.9    0.0
 17  1 17  0  4  0    941.3   30.6   59.1   15.5 2178.0  123.0   1.7    0.0
 17  1 17  0  4 30    941.3   30.6   58.8   15.5 2178.0  112.0   1.7    0.0
 17  1 17  0  5  0    941.3   30.6   59.3   15.5 2178.0  118.0   1.6    0.0
 17  1 17  0  5 30    941.3   30.6   58.8   16.1 2178.6  123.0   1.5    0.0
 17  1 17  0  6  0    941.3   30.6   57.9   16.1 2178.6  123.0   1.7    0.0
 17  1 17  0  6 30    941.3   30.6   57.3   16.1 2178.6  123.0   1.6    0.0
 17  1 17  0  7  0    941.4   30.6   56.8   16.1 2178.6  106.0   1.3    0.0
 17  1 17  0  7 30    941.4   30.6   57.8   15.5 2178.0  123.0   1.5    0.0
 17  1 17  0  8  0    941.4   30.6   58.5   15.5 2178.0  123.0   1.4    0.0
 17  1 17  0  8 30    941.4   30.6   58.0   15.5 2178.0  123.0   1.7    0.0
 17  1 17  0  9  0    941.3   30.6   57.3   15.5 2178.0  112.0   1.8    0.0
 17  1 17  0  9 30    941.3   30.6   57.1   15.5 2178.0  129.0   1.9    0.0
 17  1 17  0 10  0    941.3   30.6   57.2   15.5 2178.0  123.0   1.7    0.0
 17  1 17  0 10 30    941.3   30.6   57.7   15.5 2178.0  129.0   1.5    0.0
 17  1 17  0 11  0    941.3   30.6   58.0   15.5 2178.0  112.0   1.9    0.0
 17  1 17  0 11 30    941.3   30.6   57.7   15.5 2178.0  123.0   1.7    0.0
```

图 F.2 气象数据文件(RENIX V3.00)示例

参 考 文 献

[1] Werner Gurtner. RINEX：The Receiver Independent Exchange Format Version 2.10[M]. Astronomical Institute, University of Berne, 2001

[2] Werner Gurtner. RINEX：The Receiver Independent Exchange Format Version 3.00[M]. Astronomical Institute, University of Berne, 2007

ICS 07.060
N 95
备案号：78174—2020

中华人民共和国气象行业标准

QX/T 565—2020

激光滴谱式降水现象仪

Laser raindrop spectral precipitation phenomenon instrument

2020-07-31 发布　　　　　　　　　　　　　　2020-12-01 实施

中 国 气 象 局　发布

前　言

本标准按照 GB/T 1.1—2009 给出的规则起草。

本标准由全国气象仪器与观测方法标准化技术委员会(SAC/TC 507)提出并归口。

本标准起草单位：华云升达(北京)气象科技有限责任公司、北京中科宇天科技发展有限公司、湖南省气象技术装备中心、中国气象局气象探测中心、江西新余国科科技股份有限公司、中国气象局上海物资管理处。

本标准主要起草人：王亚静、刘钧、杨宁、陈建学、李旭光、李建宇、张少夫、张鑫、郑海欣、朱科平、朱忠鹏、褚进华。

QX/T 565—2020

激光滴谱式降水现象仪

1 范围

本标准规定了激光滴谱式降水现象仪的组成和功能，技术要求，试验方法，检验规则，标识、包装、运输和成套性。

本标准适用于激光滴谱式降水现象仪的设计、生产和验收。

2 规范性引用文件

下列文件对于本文件的应用是必不可少的。凡是注日期的引用文件，仅注日期的版本适用于本文件。凡是不注日期的引用文件，其最新版本（包括所有的修改单）适用于本文件。

GB/T 191—2008　包装储运图示标志
GB/T 2423.1—2008　电工电子产品环境试验　第2部分：试验方法　试验A：低温
GB/T 2423.2—2008　电工电子产品环境试验　第2部分：试验方法　试验B：高温
GB/T 2423.4—2008　电工电子产品环境试验　第2部分：试验方法　试验Db：交变湿热
GB/T 2423.5—2019　电工电子产品环境试验　第2部分：试验方法　试验Ea和导则：冲击
GB/T 2423.10—2019　电工电子产品环境试验　第2部分：试验方法　试验Fc：振动（正弦）
GB/T 2423.17—2008　电工电子产品环境试验　第2部分：试验方法　试验Ka：盐雾
GB/T 2828.1—2012　计数抽样检验程序　第1部分：按接收质量限（AQL）检索的逐批检验抽样计划
GB/T 4208—2017　外壳防护等级（IP代码）
GB/T 4793.1—2007　测量、控制和实验用电器设备的安全要求　第1部分　通用要求
GB/T 6587—2012　电子测量仪器通用规范
GB 7274.1—2001　激光产品的安全　第1部分：设备分类、要求和用户指南
GB 9254—2008　信息技术设备的无线电骚扰限值和测量方法
GB/T 11463—1989　电子测量仪器可靠性试验
GB/T 17626.2—2018　电磁兼容　试验和测量技术　静电放电抗扰度试验
GB/T 17626.3—2016　电磁兼容　试验和测量技术　射频电磁场辐射抗扰度试验
GB/T 17626.4—2018　电磁兼容　试验和测量技术　电快速瞬变脉冲群抗扰度试验
GB/T 17626.5—2019　电磁兼容　试验和测量技术　浪涌（冲击）抗扰度试验
GB/T 18268.1—2010　测量、控制和实验室用的电设备　电磁兼容性要求　第1部分：通用要求

3 术语和定义

下列术语和定义适用于本文件。

3.1

激光滴谱式降水现象仪　laser raindrop spectral precipitation phenomenon instrument

采用激光光源，测量采样空间中降水粒子的下落速度、直径及其分布，判识出降水类天气现象的仪器。

3.2
降水现象模拟装置 precipitation phenomenon simulator

模拟降水粒子大小和下降速度的一种专用装置。

4 组成和功能

4.1 组成

4.1.1 激光滴谱式降水现象仪由光学测量单元、信号处理单元、嵌入式软件和其他配件组成。

4.1.2 光学测量单元由激光光源发射部分、接收部分、驱动电路等组成。光源宜选择 1 类激光器，其波长的选择、安全防护、标识等应满足 GB 7274.1—2001 的要求。

4.1.3 信号处理单元由信号调理、MCU 系统、时钟及存储、状态检测等部件组成。

4.1.4 嵌入式软件应包含数据采集、数据处理、数据存储、状态检测及通信等功能。

4.1.5 其他配件包括电源、接口转换器、防雷模块、防溅护罩、安装结构件及线缆等。

4.2 功能

激光滴谱式降水现象仪应具备下列功能：

a) 能测量降水粒子的下落速度、直径及其分布，并能按照规定数据格式输出；
b) 能对毛毛雨、雨、雪、雨夹雪、冰雹 5 类降水天气现象进行判识；
c) 能接收指令，并反馈信息和数据；
d) 具有时间同步、程序在线升级等功能。

5 技术要求

5.1 一般要求

5.1.1 外观

应符合下列要求：

a) 表面涂层均匀、无脱落，表面结构件无裂痕或其他机械损伤；
b) 各零部件应安装正确、牢固可靠，操作部分不应有迟滞、卡死、松脱等现象；
c) 各零部件应有防盐雾、防潮湿、防霉菌措施；
d) 标识和字符应清晰、正确、醒目。

5.1.2 设计寿命

应不低于 10 年。

5.2 安全要求

5.2.1 交流电源机箱门、交流电源端子旁应有危险警示标识，标识应符合 GB 4793.1—2007 中表 1 的符号 12；标识耐久性应符合 GB 4793.1—2007 的要求。

5.2.2 交流断路器上应当标示"通（ON）"位和"断（OFF）"位。

5.2.3 仪器各独立部件和极板应具有防雷和接地措施，仪器信号传输线应采用屏蔽电缆，接地电阻应小于 4 Ω。

5.2.4 仪器主电源为市电，应设置过流保护装置。

5.3 测量性能要求

应符合下列要求：
a) 粒子速度测量范围：0.2 m/s～20 m/s，最大允许误差：±10%；
b) 粒子直径测量范围：0.125 mm～20 mm，最大允许误差：±10%；
c) 降水类天气现象识别准确率：不小于90%。

5.4 环境适应性要求

5.4.1 气候环境

应符合下列要求：
a) 温度：-40 ℃～50 ℃；
b) 湿度：10%RH～100%RH；
c) 气压：450 hPa～1060 hPa；
d) 最大抗阵风能力：75 m/s。

5.4.2 防盐雾

设备在非包装情况下，应能通过GB/T 2423.17—2008中的48 h盐雾试验，不产生腐蚀损坏及影响正常工作。

5.4.3 抗振动

在非工作状态下，包装状态的产品应能通过下列严酷等级的振动试验（正弦稳态振动试验），模拟产品在运输、安装、使用环境下所遭遇到的各种振动环境影响。正弦稳态振动试验参数：
a) 振幅：1.5 mm(2 Hz～9 Hz)；
b) 加速度：5 m/s²(9 Hz～200 Hz)；
c) 测试时间：20 min。

5.4.4 抗冲击

在非工作状态下，包装状态的产品应能通过下列严酷等级的冲击试验：
a) 脉冲波形：半正弦波；
b) 峰值加速度：50 m/s²；
c) 脉冲持续时间：30 ms；
d) 冲击次数：正反各3次。

5.5 电源要求

5.5.1 激光滴谱式降水现象仪采用交流单相电源，电源适应性应符合下列要求：
a) 稳态电压范围：220×(1±20%)V；
b) 稳态频率范围：50×(1±5%)Hz。

5.5.2 蓄电池应具有充放电功能。在断电的情况下，机箱内蓄电池应满足仪器正常工作时间不小于24 h。

5.6 电磁兼容要求

5.6.1 静电放电抗扰度

电源端口、数据端口、外壳端口的静电放电抗扰度应符合下列要求：

a) 接触放电：满足 GB/T 17626.2—2018 中等级 2 的规定；
b) 空气放电：满足 GB/T 17626.2—2018 中等级 3 的规定；
c) 性能判据：满足 GB/T 18268.1—2010 中 6.4.2 的规定。

5.6.2 浪涌(冲击)抗扰度

应符合下列要求：
a) 交流电源端口：满足 GB/T 17626.5—2019 中等级 3 的规定；
b) 直流电源端口：满足 GB/T 17626.5—2019 中等级 3 的规定；
c) 数据端口：满足 GB/T 17626.5—2019 中等级 3 的规定；
d) 性能判据：满足 GB/T 18268.1—2010 中 6.4.2 的规定。

5.6.3 电快速瞬变脉冲群抗扰度

应符合下列要求：
a) 交流电源端口：满足 GB/T 17626.4—2018 中等级 2 的规定；
b) 直流电源端口：满足 GB/T 17626.4—2018 中等级 1 的规定；
c) 数据端口：满足 GB/T 17626.4—2018 中等级 1 的规定；
d) 性能判据：满足 GB/T 18268.1—2010 中 6.4.2 的规定。

5.6.4 射频电磁场辐射抗扰度

应符合下列要求：
a) 满足 GB/T 17626.3—2016 中等级 2 级的规定；
b) 性能判据：满足 GB/T 18268.1—2010 中 6.4.2 的规定。

5.6.5 传导骚扰限值

电源端口传导骚扰限值和信号端口传导共模骚扰限值应满足 GB 9254—2008 的 B 级 ITE 设备的要求。

5.6.6 辐射骚扰限值

辐射骚扰限制应满足 GB 9254—2008 中 B 级 ITE 设备的要求。

5.7 外壳防护等级要求

应不低于 GB/T 4208—2017 的 IP65 等级。

5.8 可靠性要求

平均故障间隔时间（mean time between failures,MTBF）不小于 3000 h。

6 试验方法

6.1 试验环境条件

应符合下列要求：
a) 工作温度：10 ℃～30 ℃；
b) 相对湿度：30%RH～80%RH；

c) 大气压力:860 hPa～1060 hPa。

6.2 试验仪器仪表

所用的试验仪器仪表和设备应满足本产品的试验要求,并在计量检定有效期内。

6.3 一般要求检查

6.3.1 外观

通过目测或者器具检验和验证。

6.3.2 设计寿命

定型检验时检查设计资料中关于设计寿命的说明。

6.4 整机测试

6.4.1 整套设备组装好后,一般拷机不小于72 h,如有更严格要求,拷机时间应按照指定时间执行。

6.4.2 测试期间系统运行稳定,数据采样、存储和处理,数据格式输出符合要求。

6.5 性能测试

6.5.1 实验室模拟测试

6.5.1.1 测试仪器

降水现象模拟装置。

6.5.1.2 测试点选择及测试要求

6.5.1.2.1 采用降水现象模拟装置模拟降水粒子直径和速度方法进行测试。

6.5.1.2.2 根据产品雨滴谱分布特征,选择不少于5种的粒子直径和速度组合,组合至少可包括毛毛雨、雨、雪、雨夹雪和冰雹等滴谱特征值中的3种。

6.5.1.2.3 粒子直径和速度的选择,宜增加仪器可测量粒子直径和速度的极值。

6.5.1.2.4 将选好的粒子固定在降水现象模拟装置适当的位置,保证模拟装置转盘面与仪器激光带垂直,粒子处于激光测量区域内,调整模拟装置转速,待转盘速度稳定后,记录粒子粒径和速度的输出数据。

6.5.1.2.5 每个组合重复测试不少于5次,用测试结果的算术平均值和标准值计算测量误差。

6.5.1.3 合格判定

粒子直径和速度最大允许误差不超过±10%,则为合格。

6.5.2 外场比对测试

6.5.2.1 试验要求

根据气候特点,将仪器安装在适宜的观测场地,在一定测试时间内将仪器测试结果与人工观测结果进行比对。

6.5.2.2 合格判定

降水类天气现象判识准确率≥90%,判定为合格。

6.6 安全试验

6.6.1 安全标志

应按下列规定进行：
a) 目测检查标志是否齐全、完整；
b) 按 GB 4793.1—2007 中 5.3 进行标志耐久性检查。

6.6.2 防电击危险

应按下列规定进行：
a) 测量可触及零部件对试验参考地的电压；
b) 按照 GB/T 4793.1—2007 中 6.8 进行介电强度试验，电源输入端如有防雷器件，应拆除后测试；
c) 目视和人工检查交流电源输入处是否具有断开装置，工作是否正常。

6.7 环境条件试验

6.7.1 低温

6.7.1.1 按照 GB/T 2423.1—2008 中试验 Ad 的有关规定进行，试验参数如下：
a) 试验温度：−40 ℃±2 ℃；
b) 持续时间：2 h；
c) 温度变化速率：不大于 1 ℃/min。

6.7.1.2 恢复采用自然回温到正常温度，恢复后进行外观和电气性能检测。

6.7.2 高温

6.7.2.1 按照 GB/T 2423.2—2008 中试验 Bd 的有关规定进行，试验参数如下：
a) 试验温度：50 ℃±2 ℃；
b) 持续时间：2 h；
c) 温度变化速率：≤1 ℃/min。

6.7.2.2 恢复采用自然回温到正常温度，恢复后进行外观和电气性能检测。

6.7.3 交变湿热

6.7.3.1 按照 GB/T 2423.4—2008 的有关规定进行，试验参数如下：
a) 高温温度：按照产品的气候环境条件所规定的温度上限；
b) 循环次数：2 次；
c) 相对湿度：下限为 85%（降温阶段）；
d) 恢复时间：24 h（正常大气条件下）；
e) 电气性能的中间检测次数：不少于 3 次。

6.7.3.2 恢复后进行外观、电气性能和电气安全检测。

6.7.4 防盐雾

应满足下列要求：
a) 按照 GB/T 2423.17—2008 的有关规定，连续喷雾 48 h；
b) 样品用清水冲洗恢复 1 h～2 h 后，外观完好，加电表面无明显腐蚀、斑点，加电后应能正常工作。

6.7.5 正弦稳态振动

6.7.5.1 按照 GB/T 2423.10—2019 的有关规定进行,在互相垂直的三个轴线方向进行振动试验,试验参数如下:
   a) 振幅:1.5 mm(2 Hz～9 Hz);
   b) 加速度:5 m/s²(9 Hz～200 Hz);
   c) 测试时间:20 min。

6.7.5.2 试验结束后,被测试产品结构件无破裂、明显变形和松动现象,通电后能正常工作。

6.7.6 冲击

6.7.6.1 按照 GB/T 2423.5—2019 的有关规定进行,脉冲波形选用半正弦波,参数如下:
   a) 峰值加速度:50 m/s²;
   b) 脉冲持续时间:30 ms;
   c) 冲击次数:正反各 3 次。

6.7.6.2 试验结束后,被测试产品结构件无破裂、明显变形和松动现象,通电后能正常工作。

6.8 电源适应性

按照 GB/T 6587—2012 中 5.12 的规定进行电源适应性试验,试验电压的下限为 176 V,上限为 264 V。

6.9 电磁兼容性

应按照下列要求进行:
   a) 静电放电抗扰度:对电源端口、数据端口、外壳端口按照 GB/T 17626.2—2018 中接触放电等级 2、空气放电等级 3 的试验方法进行;
   b) 浪涌(冲击)抗扰度:电源端口和数据端口按照 GB/T 17626.5—2019 中等级 3 的试验方法进行;
   c) 电快速瞬变脉冲群抗扰度:直流电源端口和数据端口按照 GB/T 17626.4—2018 中等级 1 规定的试验方法进行;交流电源端口按照 GB/T 17626.4—2018 中等级 2 规定的试验方法进行;
   d) 射频电磁场辐射抗扰度:按照 GB/T 17626.3—2016 中等级 2 规定的试验方法进行;
   e) 电源端口传导扰限值、信号端口传导共模(不对称)骚扰限值、辐射骚扰限值(10 m):应按照 GB 9254—2008 中 B 级的试验方法进行。

6.10 外壳防护等级

按照 GB/T 4208—2017 中 IP65 的有关规定进行试验。

6.11 可靠性

按照 GB/T 11463—1989 中定时定数截尾试验方案 1—2 进行。

7 检验规则

7.1 检验设备

所用的试验仪器仪表和设备应满足本产品试验要求并在计量检定有效期内。

7.2 检验分类

检验分2类：
a) 定型检验；
b) 出厂检验。

7.3 检验分组

检验分下列五组：
a) A组检验：由外观、功能检验和基本安全检验等组成；
b) B组检验：测量性能检验；
c) C组检验：环境适应性检验；
d) D组检验：由电磁兼容、防护等级和电源适应性等组成；
e) E组检验：可靠性检验。

7.4 检验项目

检验项目见表1。

表 1 检验项目

序号	检验项目	定型检验	出厂检验	技术要求条文	试验方法条文
A组检验					
1	一般要求	●	●	5.1	6.3
2	产品功能要求	●	●	4.2	6.4
3	基本安全要求	●	●	5.2	6.6
B组检验					
4	试验室模拟测试	●	●	5.3	6.5.1
5	外场比对测试	●	—	5.3	6.5.2
C组检验					
6	低温检验	●	—	5.4.1	6.7.1
7	高温检验	●	—	5.4.1	6.7.2
8	交变湿热检验	●	—	5.4.1	6.7.3
9	防盐雾	●	—	5.4.2	6.7.4
10	抗振动	●	—	5.4.3	6.7.5
11	冲击	●	—	5.4.4	6.7.6
D组检验					
12	电源适应性	●	—	5.5	6.8
13	电磁兼容性	●	—	5.6	6.9
14	外壳防护等级	●	—	5.7	6.10
E组检验					
15	可靠性	△	—	5.8	6.11
●表示应该检验的项目；△表示需要时，进行检验的项目；—表示不进行检验的项目。					

7.5 缺陷的判定

7.5.1 致命缺陷

对人身安全构成危险或严重损坏仪器基本功能的缺陷应判为致命缺陷。

7.5.2 重缺陷

有下列性质缺陷之一的,应判为重缺陷:
a) 测量性能误差超过规定的范围;
b) 突然的电气或结构失效引起仪器不能正常工作。

7.5.3 轻缺陷

发生故障时,无须更换元器件、零部件,仅作简单处理即能恢复仪器正常工作,这类故障判为轻缺陷。

7.6 定型检验

7.6.1 检验条件

有下列情况之一,应进行定型检验:
a) 新产品定型检验时;
b) 定型生产后,如设计、工艺、材料及元器件有重大变更,可能影响产品性能时;
c) 停产二年以上再生产时。

7.6.2 检验项目

见表1中定型检验栏规定的项目。

7.6.3 抽样方案

应按照下列方法抽样:
a) A组和B组检验从经过出厂检验合格的产品中随机抽取,一般数量为3台,少于3台时全部检验;
b) C组和D组检验从A组和B组检验合格样本中随机抽取一台进行检验;
c) E组检验按照GB/T 11463—1989的有关规定进行抽样。

7.6.4 合格判定

同时满足下列要求的,可判定定型检验合格:
a) A组和B组检验中,允许出现重缺陷和轻缺陷的次数之和不超过2次,且不得出现致命缺陷;
b) 出现重缺陷或者轻缺陷时,应查明原因,排除故障,再次检验合格后,才能进行下一个检验;
c) C组、D组、E组各项检验都应合格。

7.7 出厂检验

7.7.1 检验项目

见表1中出厂检验栏规定的项目。

7.7.2 A组检验

应按照下列要求进行：
a) A组检验是全数检验；
b) A组检验中不允许出现致命缺陷，若出现则判 A 组检验不合格；
c) A组检验中出现的重缺陷或轻缺陷经返修再检验合格后，判 A 组检验合格。

7.7.3 B组检验

B组检验为抽样检验，并应按照下列要求进行：
a) 在 A 组检验合格的产品中，按照 GB/T 2828.1—2012 的一般检验水平 II 标准，AQL＝1.0 抽样检验；
b) 若在样本中发现的不合格数小于或等于合格判定数，则判定 B 组检验合格；
c) 若在样本中发现的不合格数大于或等于不合格判定数，则判定 B 组检验不合格。

8 标识、包装、运输和成套性

8.1 标识

8.1.1 产品标识

应标识下列内容：
a) 制造厂商名或商标或识别标识；
b) 制造厂商规定的产品型号、名称或型号标志；
c) 出厂编号及日期。

8.1.2 外包装箱标识

应符合 GB/T 191—2008 中的规定，标识下列内容：
a) 制造厂商名或商标或识别标识；
b) 产品型号及名称；
c) 符合标准号；
d) 箱体尺寸(mm)：长×宽×高；
e) 箱体毛重(kg)；
f) 运输中必需的作业安全标识。

8.2 包装

应符合下列要求：
a) 设备的包装应模块化，易于搬运和存放；
b) 包装箱应经济、牢固，并有防振动措施；
c) 每个包装箱内都有装箱清单。

8.3 运输

应符合下列要求：
a) 包装后的产品无特殊要求时，应适合各种运输工具运输；
b) 运输过程中应防止剧烈振动、挤压、雨淋及化学品侵蚀；

c) 搬运应轻拿轻放,码放整齐,不应滚动和抛掷。

8.4 成套性

应包括下列材料：

a) 激光滴谱式降水现象仪一套；
b) 安装工具一套；
c) 使用说明书或用户手册；
d) 合格证等。

参 考 文 献

[1] 中国气象局. 地面气象观测规范[M]. 北京:气象出版社,2003
[2] 中国气象局综合观测司. 降水现象仪功能规格需求书(试行版)[Z],2013

ICS 07.060
N 95
备案号：78175—2020

中华人民共和国气象行业标准

QX/T 566—2020

场磨式大气电场仪

Rotating-vane atmospheric electric field meter

2020-07-31 发布　　　　　　　　　　　　2020-12-01 实施

中国气象局　发布

QX/T 566—2020

前言

本标准按照 GB/T 1.1—2009 给出的规则起草。

本标准由全国气象仪器与观测方法标准化技术委员会(SAC/TC 507)提出并归口。

本标准起草单位：江苏省无线电科学研究所有限公司、中国科学院国家空间科学中心、中国气象局气象探测中心、北京华云东方探测技术有限公司、江苏省气象探测中心。

本标准主要起草人：徐明、姜秀杰、朱庆春、包坤、周琦、张伟华、张旭、刘达新、郭伟、刘银锋、罗福山、李庆申、李龙威、周红根。

QX/T 566—2020

场磨式大气电场仪

1 范围

本标准规定了场磨式大气电场仪的产品组成、技术要求、试验方法、检验规则、标志和随行文件、包装、运输和贮存等。

本标准适用于场磨式大气电场仪(以下简称电场仪)的设计、生产和验收。

2 规范性引用文件

下列文件对于本文件的应用是必不可少的。凡是注日期的引用文件，仅注日期的版本适用于本文件。凡是不注日期的引用文件，其最新版本(包括所有的修改单)适用于本文件。

GB/T 191—2008 包装储运图示标志

GB/T 2423.1 电工电子产品环境试验 第2部分:试验方法 试验A:低温

GB/T 2423.2 电工电子产品环境试验 第2部分:试验方法 试验B:高温

GB/T 2423.3 电工电子产品环境试验 第2部分:试验方法 试验Cab:恒定湿热试验(12h+12h循环)

GB/T 2423.4 电工电子产品环境试验 第2部分:试验方法 试验Db:交变湿热(12h+12h循环)

GB/T 2423.5 电工电子产品环境试验 第2部分:试验方法 试验Ea和导则:冲击

GB/T 2423.7—2018 环境试验 第2部分:试验方法 试验Ec:粗率操作造成的冲击(主要用于设备型样品)

GB/T 2423.10 电工电子产品环境试验 第2部分:试验方法 试验Fc和导则:振动(正弦)

GB/T 2423.17 电工电子产品环境试验 第2部分:试验方法 试验Ka:盐雾

GB/T 2423.21—2008 电工电子产品环境试验 第2部分:试验方法 试验M:低气压

GB/T 2828.1—2012 计数抽样检验程序 第1部分:按接收质量限(AQL)检索的逐批检验抽样计划

GB/T 4208 外壳防护等级(IP代码)

GB 4793.1—2007 测量、控制和实验室用电气设备的安全要求 第1部分:通用要求

GB/T 6587—2012 电子测量仪器通用规范

GB 9254—2008 信息技术设备的无线电骚扰限值和测量方法

GB/T 11463—1989 电子测量仪器可靠性试验

GB/T 17626.2 电磁兼容 试验和测量技术 静电放电抗扰度试验

GB/T 17626.3 电磁兼容 试验和测量技术 射频电磁场辐射骚扰抗扰度

GB/T 17626.4 电磁兼容 试验和测量技术 电快速瞬变脉冲群抗扰度试验

GB/T 17626.5 电磁兼容 试验和测量技术 浪涌(冲击)抗扰度试验

GB/T 17626.6 电磁兼容 试验和测量技术 射频场感应的传导骚扰抗扰度

GB/T 18268.1—2010 测量、控制和实验室用的电设备 电磁兼容性要求 第1部分:通用要求

3 术语和定义

下列术语和定义适用于本文件。

3.1

大气电场 atmospheric electric field

存在于大气中而与带电物质产生电力相互作用的物理场。

注：用表征大气电场强弱和方向的电场强度来描述，方向垂直向下的大气电场规定为正电场，方向垂直向上的大气电场规定为负电场。

3.2

场磨式大气电场仪 rotating-vane atmospheric electric field meter

通过测量金属转子旋转引起的定子对大气电场感应的电荷变化的方法测量大气电场的仪器。

4 产品组成

4.1 电场仪由电场传感器、数据采集器、通信单元、供电单元及结构部件等组成。

4.2 电场传感器由转子、定子、屏蔽片、电机、信号处理电路等部件组成。

4.3 数据采集器由模数转换电路、中央处理器、数据存储器、控制电路和接口等组成。

5 技术要求

5.1 一般要求

5.1.1 外观和工艺

5.1.1.1 表面涂层应均匀、无脱落，结构件无机械损伤，表面无裂痕。

5.1.1.2 标志、标识应清晰、正确。

5.1.1.3 各零部件应安装正确，牢固可靠，操作部分不应有迟滞、卡死、松脱等现象。

5.1.1.4 应有防潮、防盐雾、防霉措施。

5.1.2 设计寿命

应不少于 5 a。

5.2 安全

5.2.1 安全标志

5.2.1.1 交流电源机箱门上、交流电源端子旁应具有危险警示标志，标志应符合 GB 4793.1—2007 中表 1 的序号 12 的符号。

5.2.1.2 交流电源断开装置上应具有通断标志。

5.2.1.3 标志耐久性应符合 GB 4793.1—2007 的 5.3 要求。

5.2.2 防电击危险

5.2.2.1 可触及零部件（包括机箱门打开后的可触及零部件）对地（机壳）的直流电压应不大于 50 V，交流电压应不大于 30 V。

5.2.2.2 交流电源输入与地（机壳）之间应能承受交流 1500 V 电压。

5.2.2.3 交流电源输入处应具有断开装置。

5.2.3 防机械危险

5.2.3.1 机械结构上的棱缘或拐角应倒圆和磨光。

5.2.3.2 对于在产品寿命期内无法始终保持足够的机械强度而需要定期维护或更换的部件,应在产品说明书中醒目地载明更换周期并注明其危险性。

5.2.4 蓄电池

5.2.4.1 电极应有绝缘保护装置,并完全遮盖电极以及连接线的导电部分。

5.2.4.2 应有防止电解液泄漏侵蚀到带电部件的技术措施。

5.3 测量性能

电场强度测量性能应符合下列要求:
- ——测量范围:$-100\ kV/m \sim 100\ kV/m$;
- ——最大允许误差:$\pm(20\ V/m + 3\% \times E)$;
- ——分辨力:$10\ V/m$;
- ——零点偏移:$\pm 20\ V/m$;
- ——线性度:1%。

注1:E表示被测电场强度实际值,单位为伏特每米(V/m)。

注2:线性度指最小二乘线度。

5.4 采样和算法

5.4.1 采样频率应不小于1 Hz。

5.4.2 应以1分钟内的采样值按算术平均法计算分钟平均值。

5.4.3 应挑选每分钟内采样值的最大值和最小值及其对应时间。

5.5 数据存储和传输

5.5.1 应可存储不少于7 d的采样值、分钟平均值、分钟内最大值和最小值及对应时间、状态信息等。

5.5.2 应具有有线或无线数据通信接口,对采样值、分钟平均值、分钟内最大值和最小值及对应时间、状态信息等进行传输。

5.6 时钟

应有时钟同步功能,内部时钟每30 d累计最大允许误差应不超过±15 s。

5.7 设备状态信息

应采集、存储和输出下列设备状态信息:
a) 外接电源、蓄电池、主板工作电压和状态;
b) 机箱温度、主板工作温度;
c) 通信状态;
d) 机箱门开关状态;
e) 外部存储器状态;
f) 累计工作时间;
g) 电机转速。

5.8 自校准和远程控制

5.8.1 自校准

数据采集器应具有自校准功能,并给出校准结果信息。

5.8.2 远程控制

应具有以下远程控制功能：
a) 系统复位；
b) 参数配置；
c) 嵌入式软件升级。

5.9 功耗

应小于 4 W。

5.10 电源

5.10.1 交流电源

应符合下列要求：
a) 电压：220 V×(1±20%)；
b) 频率：50 Hz×(1±10%)。

5.10.2 蓄电池

5.10.2.1 应采用 12 V 的蓄电池，并具有交流电、太阳能或风力发电等充电系统。

5.10.2.2 蓄电池单独供电时，电场仪连续工作时间应不少于 7 d。

5.11 环境条件

5.11.1 气候条件

应适应下列气候条件：
a) 温度：−40 ℃～60 ℃；
b) 相对湿度：10%～100%；
c) 大气压力：500 hPa～1100 hPa。

5.11.2 机械条件

应适应表 1 所列机械条件。

表 1 机械条件

环境参数		严酷程度
正弦稳态振动	位移	1.5 mm(2 Hz～9 Hz)
	加速度	5 m/s²(9 Hz～200 Hz)
冲击	冲击响应谱Ⅰ峰值加速度	150 m/s²
自由跌落（包装状态）	高度	按 GB/T 2423.7—2018 的 5.2 的自由跌落试验方法一的由质量范围所确定的跌落高度系列中的第一个优选值
倾跌与翻倒（包装状态）	倾跌角度	30°

5.11.3 外壳防护等级

应不低于 GB/T 4208 的 IP55 等级(传感器部分按安装姿态放置且不受向上的水淋)。

5.11.4 抗盐雾要求

应能通过 GB/T 2423.17 的 48 h 盐雾试验。

5.12 电磁兼容性

5.12.1 电磁骚扰限值

5.12.1.1 传导骚扰限值

交流电源端口、直流电源端口的传导骚扰限值应符合表2要求。

表 2 电源端口传导骚扰限值

频率范围 MHz	限值 dB(μV)	
	准峰值	平均值
0.15～0.5[a,b]	66～56	56～46
0.5～5[a]	56	46
5～30[a]	60	50
[a] 在过渡频率(0.5 MHz 和 5 MHz)点应采用较低的限值。		
[b] 在 0.15 MHz～0.50 MHz 频率范围内,限值随频率的对数呈线性减小。		

数据端口的传导共模骚扰限值应符合表3的要求(采用光通信技术的数据端口除外)。

表 3 数据端口传导共模骚扰限值

频率范围 MHz	电压限值 dB(μV)		电流限值 dB(μA)	
	准峰值	平均值	准峰值	平均值
0.15～0.5[a]	84～74	74～64	40～30	30～20
0.5～30	74	64	30	20
注:电流和电压的骚扰限值是在使用了规定阻抗稳定网络(ISN)的条件下导出的,该阻抗稳定网络相对于受试的信号端口呈现 150 Ω 的共模(非对称)阻抗(转换因子为 20lg150＝44(dB))。				
[a] 在 0.15 MHz～0.50 MHz 频率范围内,限值随频率的对数呈线性减小。				

5.12.1.2 辐射发射限值

电磁辐射发射限值应符合表4的要求。

表 4 在 10 m 距离测量的辐射发射限值

频率范围 MHz	限值 dB(μV/m)
30～230[a]	30
230～1000[a]	37
[a] 在过渡频率 230 MHz 点应采用较低的限值。	

5.12.2 电磁抗扰度要求

5.12.2.1 静电放电抗扰度

电源端口、数据端口、外壳端口的静电放电抗扰度应符合下列要求：
a) 接触放电：满足 GB/T 17626.2 中等级 2 的规定；
b) 空气放电：满足 GB/T 17626.2 中等级 3 的规定；
c) 性能判据：满足 GB/T 18268.1—2010 中 6.4.2 的规定。

5.12.2.2 电快速瞬变脉冲群抗扰度

应符合下列要求：
a) 直流电源端口：满足 GB/T 17626.4 中等级 1 的规定；
b) 交流电源端口：满足 GB/T 17626.4 中等级 2 的规定；
c) 数据端口：满足 GB/T 17626.4 中等级 1 的规定；
d) 性能判据：满足 GB/T 18268.1—2010 中 6.4.2 的规定。

5.12.2.3 浪涌(冲击)抗扰度

应符合下列要求：
a) 直流电源端口：满足 GB/T 17626.5 中等级 3 的规定；
b) 交流电源端口：满足 GB/T 17626.5 中等级 3 的规定；
c) 数据端口：满足 GB/T 17626.5 中等级 3 的规定；
d) 性能判据：满足 GB/T 18268.1—2010 中 6.4.2 的规定。

5.12.2.4 射频场感应的传导骚扰抗扰度

电源端口、数据端口的射频场感应的传导骚扰抗扰度应符合下列要求：
a) 满足 GB/T 17626.6 中等级 2 的规定；
b) 性能判据：满足 GB/T 18268.1—2010 中 6.4.2 的规定。

5.12.2.5 射频电磁场辐射抗扰度

应符合下列要求：
a) 满足 GB/T 17626.3 中等级 3 的规定；
b) 性能判据：满足 GB/T 18268.1—2010 中 6.4.2 的规定。

5.13 可靠性

平均故障间隔时间应不小于 5000 h。

6 试验方法

6.1 试验环境条件

应符合下列要求：
a) 环境温度：15 ℃～35 ℃；
b) 相对湿度：20％～80％。

6.2 试验仪器仪表

所用的试验仪器仪表和设备应满足本试验要求，所用标准器应在计量检定有效期内。

6.3 一般检查

6.3.1 外观和工艺

目测和手工检查。

6.3.2 设计寿命

定型检验时检查设计资料中有关设计寿命的说明。

6.4 安全

6.4.1 安全标志

6.4.1.1 目测检查标志是否齐全、完整。
6.4.1.2 按 GB 4793.1—2007 的 5.3 进行标志耐久性检查。

6.4.2 防电击危险

6.4.2.1 测量可触及零部件对试验参考地的电压。
6.4.2.2 按 GB 4793.1—2007 的 6.8 进行介电强度试验，电源输入端如有防雷器件，应拆除后试验。
6.4.2.3 目视和人工检查交流电源输入处是否具有断开装置，工作是否正常。

6.4.3 防机械危险

6.4.3.1 人工检查机械结构上的棱缘或拐角。
6.4.3.2 人工检查设计资料中有关机械强度的设计说明，以及产品说明书中对机械危险的说明。

6.4.4 蓄电池

6.4.4.1 目视检查电池电极绝缘保护装置。
6.4.4.2 目视检查防止电解液泄漏侵蚀到带电部件的措施。

6.5 测量性能

6.5.1 试验仪器仪表

试验仪器为大气电场发生器，应符合下列要求：
a) 电场强度输出范围：－100 kV/m～100 kV/m；
b) 最大允许误差：小于 1.2％。

6.5.2 测量范围和最大允许误差

按以下步骤进行：
a) 将被测仪器固定在大气电场发生器的测试窗口上，传感器感应面与大气电场发生器的上极板下表面平齐。
b) 测试点为下列值：
   1) 正电场：0.05 kV/m、0.50 kV/m、5.00 kV/m、10.00 kV/m、20.00 kV/m、50.00 kV/m、80.00 kV/m、100.00 kV/m；
   2) 负电场：−0.05 kV/m、−0.50 kV/m、−5.00 kV/m、−10.00 kV/m、−20.00 kV/m、−50.00 kV/m、−80.00 kV/m、−100.00 kV/m。
c) 在每个测试点上稳定 3 min 后，每 1 s 读取 1 次大气电场发生器示值和被测仪器示值，共读取 10 次。
d) 分别计算各测试点大气电场发生器示值和被测仪器示值的平均值，作为该测试点标准值和大气电场示值。
e) 以各测试点的大气电场示值减去标准值作为该测试点大气电场测量误差。

6.5.3 分辨力

按以下步骤进行：
a) 将被测仪器固定在大气电场发生器的测试窗口上，传感器感应面与大气电场发生器的上极板下表面平齐；
b) 测试点为 0.100 kV/m、0.110 kV/m、0.120 kV/m、0.130 kV/m、0.140 kV/m、0.150 kV/m；
c) 在每个测试点上稳定 3 min 后，每 1 s 读取 1 次被测仪器示值，共读取 10 次；
d) 分别计算各测试点被测仪器示值的平均值，作为该测试点大气电场示值；
e) 对每个测试点（最后一个除外），用相邻的后一个大气电场示值减去该测试点的大气电场示值，作为该测试点的分辨力。

6.5.4 零点偏移

按以下步骤进行：
a) 将被测仪器固定在大气电场发生器的测试窗口上，传感器感应面与大气电场发生器的上极板下表面平齐；
b) 将大气电场发生器输出调节到零电场(0 kV/m)；
c) 在测试点上稳定 3 min 后，每 1 s 读取 1 次大气电场发生器示值和被测仪器示值，共读取 10 次；
d) 分别计算大气电场发生器示值和被测仪器示值的平均值，作为零电场标准值和大气电场示值；
e) 以大气电场示值减去标准值作为零点偏移。

6.5.5 线性度

按以下步骤进行：
a) 将被测仪器固定在大气电场发生器的测试窗口上，传感器感应面与大气电场发生器的上极板下表面平齐。
b) 按照 6.5.2 节给出的测试点，从 −100.00 kV/m 开始，依次递增到 100.00 kV/m 为止。
c) 将各测试点的大气电场示值与标准值采用最小二乘线性拟合得到公式(1)所示的参比直线：

$$E_{1s} = a + bE_s \qquad\qquad\qquad (1)$$

式中：
E_{ls} ——大气电场参比值；
a ——参比直线截距，按公式(2)求出；
b ——参比直线斜率，按公式(3)求出；
E_s ——大气电场标准值。

$$a = \left(\sum_{i=1}^{m}E_{s,i}^2 \cdot \sum_{i=1}^{m}\overline{E_i} - \sum_{i=1}^{m}E_{s,i} \cdot \sum_{i=1}^{m}E_{s,i}\overline{E_i}\right) \Big/ \left(m\sum_{i=1}^{m}E_{s,i}^2 - (\sum_{i=1}^{m}E_{s,i})^2\right) \quad \cdots\cdots(2)$$

$$b = \left(m\sum_{i=1}^{m}E_{s,i}\overline{E_i} - \sum_{i=1}^{m}E_{s,i} \times \sum_{i=1}^{m}\overline{E_i}\right) \Big/ \left(m\sum_{i=1}^{m}E_{s,i}^2 - (\sum_{i=1}^{m}E_{s,i})^2\right) \quad \cdots\cdots(3)$$

式(2)、式(3)中：
$\overline{E_i}$ ——测试点 i 的被测仪器大气电场示值的平均值；
$E_{s,i}$ ——测试点 i 的大气电场标准值；
m ——测试点数。

d) 按公式(4)计算各测试点上被测仪器的非线性误差(ΔE_i)：

$$\Delta E_i = \overline{E_i} - (a + bE_{s,i}) \quad \cdots\cdots(4)$$

e) 按公式(5)计算线性度(ξ)：

$$\xi = \frac{|\Delta E_{max}|}{E_{FS}} \times 100\% \quad \cdots\cdots(5)$$

式中：
ΔE_{max} ——各测试点上被测仪器的绝对值最大的非线性误差；
E_{FS} ——被测仪器的满量程输出值。

6.6 采样和算法

按以下步骤进行：
a) 电场仪运行 10 min 后，读取 1 min 的大气电场采样值、分钟平均值、分钟内最大值和最小值及对应时间；
b) 按 5.4 规定的算法对采样值进行计算，得到计算的分钟平均值、分钟内最大值和最小值及对应时间；
c) 检查 1 min 的采样值是否完整，比较电场仪读取的各项数据与计算得到相应数据是否一致。

6.7 数据存储和传输

6.7.1 数据存储

电场仪连续运行 3 d 后，检查电场仪存储的采样值、分钟平均值、分钟内最大值和最小值及对应时间、状态信息是否完整，以及剩余存储空间。

6.7.2 数据传输

根据电场仪通信接口的类型，建立电场仪与计算机的数据链路，计算机上运行通用的通信工具软件（如超级终端）并作相应配置，作如下检查：
a) 查看电场仪向计算机主动传输的采样值、分钟平均值、分钟内最大值和最小值及对应时间，以及状态信息；
b) 计算机向电场仪发出终端操作命令后，查看电场仪的反馈内容。

6.8 时钟

电场仪通电运行后,使用国家授时中心网站标准时间进行校时,再连续运行 72 h 后,检查电场仪时间与标准时间的误差。

6.9 设备状态信息

按表 5 的方法进行。

表 5 设备状态信息试验方法

序号	状态信息	试验方法
1	外接电源、蓄电池、主板工作电压和状态	试验方法如下: 1) 使用稳压电源作为外接电源接入,调节稳压电源电压,检查电场仪存贮和输出的外接电源电压值和状态; 2) 使用稳压电源代替蓄电池为电场仪供电,调节稳压电源电压,检查电场仪存贮和输出的蓄电池电压值和状态; 3) 使主板工作电压发生变化,检查电场仪存贮和输出的主板工作电压值和状态。
2	机箱温度、主板工作温度	使机箱温度、主板工作温度发生变化,检查电场仪存贮和输出的机箱温度、主板工作温度。
3	通信状态	使电场仪处于正常通信、非正常通信状态,检查电场仪存贮和输出的通信状态。
4	机箱门开关状态	进行打开、关闭机箱门的操作,检查电场仪存贮和输出的门开关状态。
5	外部存储器状态	使外部存储器处于正常、非正常状态,检查电场仪存贮和输出的外部存储器状态。
6	累计工作时间	读取并记录当前电场仪的累计工作时间,继续运行 1 d 后,再次读取电场仪的累计工作时间,比较前后 2 次的累计工作时间变化。
7	电机转速	电场仪运行 3 min 后,检查电场仪存贮和输出的电机转速数据。

6.10 自校准和远程控制

6.10.1 自校准

改变测量通道内部参考标准源的值,从电场仪读取大气电场采样瞬时值,检查是否发生相应变化。

6.10.2 远程控制

通过远程向电场仪发指令的方式,进行下列检查:
a) 发送系统复位指令,检查电场仪的响应;
b) 发送参数配置指令,检查电场仪的参数配置;
c) 发送嵌入式软件升级指令,检查电场仪嵌入式软件升级情况。

6.11 功耗

电场仪运行后,用功率计测量 1 h 内的平均功率。

6.12 电源

6.12.1 交流电源

按 GB/T 6587—2012 电源适应性试验的方法进行试验,试验电压的下限为 176 V,上限为 264 V。

6.12.2 蓄电池

按以下步骤进行：
a) 检查蓄电池的标称电压；
b) 用配备的交流电、太阳能或风力发电充电装置对蓄电池进行充电,检查蓄电池的充电情况；
c) 定型检验时：
   1) 将蓄电池充满电；
   2) 接通蓄电池,在蓄电池无充电情况下,检查电场仪是否能保持连续运行 7 d。

6.13 环境条件

6.13.1 高温

按 GB/T 2423.2 的有关规定进行。

6.13.2 低温

按 GB/T 2423.1 的有关规定进行。

6.13.3 交变湿热

按 GB/T 2423.4 的有关规定,采用以下试验参数和检测方法进行：
a) 高温温度为 70 ℃；
b) 循环次数为 2 次；
c) 降温阶段,相对湿度的下限为 85%；
d) 恢复时间为正常大气条件下 24 h；
e) 电气性能的中间检测不少于 3 次；
f) 恢复后进行外观、电气性能和电气安全检测。

6.13.4 恒定湿热

按 GB/T 2423.3 的有关规定进行。

6.13.5 低气压

在通电情况下,按 GB/T 2423.21 的有关规定试验,要求如下：
a) 按产品选定的气候条件严酷等级所规定的气压下限；
b) 试验持续时间为 2 h；
c) 恢复时间为 1 h；
d) 恢复后进行外观和电气性能检测。

6.13.6 正弦稳态振动

按 GB/T 2423.10 进行试验,要求如下:
a) 对包装状态和非包装状态的产品分别进行;
b) 非包装状态试验时,按产品正常工作时的位置紧固在振动台上,重心位于振动台面的中心区域,使激振力直接传给受试产品;
c) 严酷程度:频率 2 Hz~9 Hz 时,位移 1.5 mm;频率 9 Hz~200 Hz 时,加速度 5 m/s^2;
d) 耐久试验的持续时间为扫频耐久 1 个循环;
e) 对 3 个互相垂直的轴线,在 3 个轴向上进行振动试验;
f) 恢复时间为 1 h;
g) 恢复后进行外观和电气性能检测。

6.13.7 冲击

按 GB/T 2423.5 进行试验,要求如下:
a) 产品处于包装状态;
b) 冲击波形为半正弦波,峰值加速度为 150 m/s^2;
c) 对 3 个互相垂直的轴线,每个面连续冲击 3 次,共 18 次;结构完全对称的试验样品,允许减少 1 个相应的面;因重力作用只有 1 个受试面时可只做 1 个面,但总冲击次数仍为 18 次;
d) 恢复时间为 30 min;
e) 恢复后进行外观和电气性能检测。

6.13.8 自由跌落

按 GB/T 2423.7—2018 的自由跌落试验方法一进行,要求如下:
a) 产品处于包装状态;
b) 跌落高度为对应被试产品的质量范围的跌落高度系列中的第一个优选值;
c) 最后进行外观和电气性能检测。

6.13.9 倾跌与翻倒

按 GB/T 2423.7—2018 的倾倒与翻倒试验方法进行,要求如下:
a) 产品处于包装状态;
b) 面倾跌和角倾跌的角度为 30°;
c) 倾跌角度为 30°;
d) 最后进行外观和电气性能检测。

6.13.10 外壳防护等级

按 GB/T 4208 的 IP55 试验的有关规定进行,对传感器试验时其感应面应朝下且不进行向上方向的淋水。

6.13.11 盐雾

按 GB/T 2423.17 的有关规定进行。

6.14 电磁兼容性

6.14.1 电磁骚扰限值

6.14.1.1 传导骚扰限值

按 GB 9254—2008 第 9 章的试验方法进行。

6.14.1.2 辐射发射限值

按 GB 9254—2008 第 10 章的试验方法进行。

6.14.2 电磁抗扰度

6.14.2.1 静电放电抗扰度

对电源端口、数据端口、外壳端口按 GB/T 17626.2 的接触放电等级 2、空气放电等级 3 的试验方法进行。

6.14.2.2 电快速瞬变脉冲群抗扰度

对直流电源端口和数据端口按 GB/T 17626.4 中等级 1 的试验方法进行,对交流电源端口按 GB/T 17626.4 中等级 2 的试验方法进行。

6.14.2.3 浪涌(冲击)抗扰度

对电源端口、数据端口按 GB/T 17626.5 中等级 3 的试验方法进行。

6.14.2.4 射频场感应的传导骚扰抗扰度

对电源端口、数据端口按 GB/T 17626.6 中等级 2 的试验方法进行。

6.14.2.5 射频电磁场辐射抗扰度

按 GB/T 17626.3 中等级 3 的试验方法进行。

6.15 可靠性

按 GB/T 11463—1989 的定时定数截尾试验方案 1—2 进行。

7 检验规则

7.1 检验分类

检验分为:
a) 定型检验;
b) 出厂检验。

7.2 检验项目

表 6 检验项目

序号	检验项目		定型检验	出厂检验	技术要求章条号	试验方法章条号
	一般要求		●	●	5.1	6.3
1	安全	安全标志	●	●	5.2.1	6.4.1
2		防电击危险	●	●	5.2.2	6.4.2
3		防机械危险	●	●	5.2.3	6.4.3
4		蓄电池	●	●	5.2.4	6.4.4
5	测量性能	测量范围和最大允许误差	●	●	5.3	6.5.2
6		分辨力	●	●	5.3	6.5.3
7		零点偏移	●	●	5.3	6.5.3
8		线性度	●	●	5.3	6.5.3
9	采样和算法		●	●	5.4	6.6
10	数据存储		●	●	5.5.1	6.7.1
11	数据传输		●	●	5.5.2	6.7.2
12	时钟误差		●	●	5.5.1	6.8
13	设备状态信息		●	●	5.7	6.9
14	自校准		●	●	5.8.1	6.10.1
15	远程控制		●	●	5.8.2	6.10.2
16	功耗		●	●	5.9	6.11
17	电源	交流电源	●	●	5.10.1	6.12.1
18		蓄电池	●	●	5.10.2	6.12.2
19	环境条件	高温	●	—	5.11.1	6.13.1
20		低温	●	—	5.11.1	6.13.2
21		交变湿热	●	—	5.11.1	6.13.3
22		恒定湿热	●	—	5.11.1	6.13.4
23		冲击	●	—	5.11.2	6.13.5
24		正弦稳态振动	●	—	5.11.2	6.13.6
25		自由跌落	●	—	5.11.2	6.13.7
26		倾跌与翻倒	●	—	5.11.2	6.13.8
27		外壳防护	●	—	5.11.3	6.13.9
28		盐雾	●	—	5.11.4	6.13.10

表 6 检验项目（续）

序号	检验项目		定型检验	出厂检验	技术要求章条号	试验方法章条号
29	电磁兼容	传导骚扰限值	●	—	5.12.1.1	6.14.1.1
30		辐射发射限值	●	—	5.12.1.2	6.14.1.2
31		静电放电抗扰度	●	—	5.12.2.1	6.14.2.1
32		电快速瞬变脉冲群抗扰度	●	—	5.12.2.2	6.14.2.2
33		浪涌（冲击）抗扰度	●	—	5.12.2.3	6.14.2.3
34		射频场感应的传导骚扰抗扰度	●	—	5.12.2.4	6.14.2.4
35		射频电磁场辐射抗扰度	●	—	5.12.2.5	6.14.2.5
36	可靠性		○	—	5.13	6.15
注：●表示应进行检验的项目；○表示需要时，进行检验的项目；—不进行检验的项目。						

7.3 缺陷的判定

7.3.1 致命缺陷

对人身安全构成危险或严重损坏产品基本功能的缺陷应判为致命缺陷。

7.3.2 重缺陷

下列性质的缺陷应判为重缺陷：
a) 测量性能误差超过规定的范围；
b) 突然的电气或结构失效引起的产品单一功能丧失，但可以通过更换部件恢复的。

7.3.3 轻缺陷

发生故障时，无须更换元器件、零部件，仅作简单处理即能恢复产品正常工作，这类故障判为轻缺陷。

7.4 定型检验

7.4.1 检验条件

在下列情况下进行：
a) 新产品定型时；
b) 主要设计、工艺、材料及元器件有重大变更，存在影响产品性能下降的风险时；
c) 停产 2 年以上再生产时。

7.4.2 检验项目

表 6 中规定的定型检验项目。

7.4.3 抽样方案

应按下列方法抽样：

a) 项目1—项目4,随机在出厂检验合格的产品中抽取5台样本,小于10台的产品全部完成后抽样,大于10台的产品完成10台后抽样;
b) 项目5—项目8,由a)中检验合格的样本中随机抽取3台进行;
c) 项目9—项目18,由a)中检验合格的样本中随机抽取1台进行;
d) 项目19—项目35,由a)中检验合格的样本中随机抽取1台进行;
e) 项目36,按GB/T 11463—1989的5.3要求从b)、c)检验合格的样本中随机抽取2台进行定时定数截尾试验。

7.4.4 合格判定

同时满足以下要求则可判定定型检验合格:
a) 项目1—项目4的检验过程中,合格样本数能满足7.4.3 b)、c)、d)所需要的样本数总和;
b) 项目1—项目35允许出现重缺陷和轻缺陷的次数之和不超过2次,且未出现致命缺陷;
c) 项目36的检验结果应达到5.13的要求。

7.5 出厂检验

7.5.1 检验项目

表6中规定的出厂检验项目。

7.5.2 抽样方案

按下列方法抽样:
a) 项目1—项目8,逐台进行;
b) 项目9—项目16,随机抽取1台;
c) 项目17—项目18,按GB/T 2828.1—2012的表1检验水平S-2,表2-A的AQL=2.5,确定检验的样本数。

7.5.3 合格判定

同时满足以下要求则可判定出厂检验合格:
a) 项目1—项目16的检验过程中,均未出现缺陷;
b) 项目17—项目18的检验过程中,样本中发现的缺陷数小于或等于接收数。

7.5.4 不合格处理

7.5.4.1 若出现的不合格为轻缺陷时,可纠正后继续进行检验。

7.5.4.2 若导致不合格的为重缺陷时,终止本次检验。批量产品整改后,按GB/T 2828.1—2012的表2-B的加严检验一次抽样方案重新进行检验。

7.5.4.3 若导致不合格的为致命缺陷,终止本次检验。批量产品整改后,按定型检验抽样方案进行定型检验。

8 标志和随行文件

8.1 标志

8.1.1 产品标志

应包括以下内容:

a) 制造厂名；
b) 产品名称和型号；
c) 出厂编号；
d) 出厂日期。

8.1.2 包装标志

应包括以下内容：
a) 产品名称型号和数量；
b) 制造厂名；
c) 包装箱编号；
d) 外形尺寸；
e) 毛重；
f) "易碎物品""向上""怕雨""堆码层数极限"等符合 GB/T 191—2008 规定的标志。

8.2 随行文件

随行文件包括：
a) 使用说明书或用户手册；
b) 检验报告；
c) 合格证；
d) 传感器测试证书；
e) 保修单；
f) 装箱单。

9 包装、运输和贮存

9.1 包装

9.1.1 包装箱应牢固,内有防振动等措施。
9.1.2 包装箱内应有随行文件。
9.1.3 每个包装箱内都应有装箱单。

9.2 运输

9.2.1 运输过程中应防止剧烈振动、挤压、雨淋及化学物品侵蚀。
9.2.2 搬运应轻拿轻放,码放整齐,不应滚动和抛掷。

9.3 贮存

包装好的产品应贮存在环境温度-10℃～40℃,相对湿度小于80%的室内,且周围无腐蚀性挥发物,无强电磁作用。

参 考 文 献

[1] GB/T 4365　电磁兼容术语
[2] GB/T 6592—2010　电工和电子测量设备性能表示
[3] GJB 7359—2011　航天发射大气电场环境要求
[4] IEEE 1227—1990　直流电场强度和离子相关量的测量指南

ICS 07.060
N 95
备案号：78176—2020

中华人民共和国气象行业标准

QX/T 567—2020

自动土壤水分观测仪

Automatic soil moisture observation instrument

2020-07-31 发布　　　　　　　　　　　　　　2020-12-01 实施

中 国 气 象 局　发布

QX/T 567—2020

前　言

本标准按照 GB/T 1.1—2009 给出的规则起草。

本标准由全国气象仪器与观测方法标准化技术委员会(SAC/TC 507)提出并归口。

本标准起草单位：河南中原光电测控技术有限公司、华云升达（北京）气象科技有限公司、上海气象仪器厂有限公司、水利部南京水利水文自动化研究所、中国气象局气象探测中心、河南省气象科学研究所、中国气象局上海物资管理处、北京华云东方探测技术有限公司。

本标准主要起草人：余国河、惠俭、许殿义、智永明、李鹏、王艳斌、李翠娜、董克非、吴东丽、陈涛、康凯、陈海波、韦伟。

QX/T 567—2020

自动土壤水分观测仪

1 范围

本标准规定了自动土壤水分观测仪(以下简称土壤水分仪)的组成,技术要求,试验方法,检验规则,标志、包装、运输和贮存。

本标准适用于土壤水分仪的设计、生产和验收。

2 规范性引用文件

下列文件对于本文件的应用是必不可少的。凡是注日期的引用文件,仅注日期的版本适用于本文件。凡是不注日期的引用文件,其最新版本(包括所有的修改单)适用于本文件。

GB/T 191—2008　包装储运图示标志
GB/T 2423.1—2008　电工电子产品环境试验　第2部分:试验方法　试验A:低温
GB/T 2423.2—2008　电工电子产品环境试验　第2部分:试验方法　试验B:高温
GB/T 2423.4—2008　电工电子产品环境试验　第2部分:试验方法　试验Db:交变湿热(12h+12h循环)
GB/T 2423.5—2019　电工电子产品环境试验　第2部分:试验方法　试验Ea和导则:冲击
GB/T 2423.10—2019　电工电子产品环境试验　第2部分:试验方法　试验Fc:振动(正弦)
GB/T 2423.17—2008　电工电子产品环境试验　第2部分:试验方法　试验Ka:盐雾
GB/T 4208—2017　外壳防护等级(IP代码)
GB/T 5080.1—2012　可靠性试验　第1部分:试验条件和统计检验原理
GB/T 13384—2008　机电产品包装通用技术条件
GB/T 17626.2—2018　电磁兼容　试验和测量技术　静电放电抗扰度试验
GB/T 17626.3—2016　电磁兼容　试验和测量技术　射频电磁场辐射抗扰度试验
GB/T 17626.4—2018　电磁兼容　试验和测量技术　电快速瞬变脉冲群抗扰度试验
GB/T 17626.5—2019　电磁兼容　试验和测量技术　浪涌(冲击)抗扰度试验
GB 18523—2001　水文仪器安全要求

3 术语和定义

下列术语和定义适用于本文件。

3.1

土壤体积含水量　soil volumetric water content

土壤中水的体积与其总体积的比值。

注1:用百分数形式表示。

注2:改写GB/T 33705—2017,定义3.3。

3.2

土壤重量含水量　soil gravimetric water content

土壤质量含水率　soil mass water content

土壤中水的质量与干土质量的比值。

注1：用百分数形式表示。

注2：改写 GB/T 33705—2017,定义 3.4。

3.3

土壤相对湿度 soil relative moisture

重量含水量占田间持水量的比值。

注1：用百分数形式表示。

注2：改写 GB/T 33705—2017,定义 3.5。

3.4

土壤有效水分贮存量 soil effective water storage capacity

土壤中含有的大于凋萎湿度的水分贮存量。

注：以水层深度(mm)表示,取整数记载。

4 组成

土壤水分仪主要由传感器、采集器、供电单元、通信模块和软件等组成。

5 技术要求

5.1 结构和外观

5.1.1 结构

土壤水分仪结构应满足以下要求：
   a) 各部件的连接电缆应柔软屏蔽,接口部分做防水设计；
   b) 各零部件和支架连接可靠、安装正确、符合产品图纸要求。

5.1.2 外观

土壤水分仪外观应满足以下要求：
   a) 外观整洁、无损伤和变形,表面涂层无开裂、脱落现象；
   b) 各机械部件、零件表面无污染、无毛刺、无锈蚀,弯曲部位无裂纹或褶皱；
   c) 产品的标志和字符清晰、完整和醒目。

5.2 功能

5.2.1 数据采集

采集器分别对挂接的传感器按1次/min的采样频率进行扫描,并将获得的电信号转换成土壤体积含水量的瞬时值。

5.2.2 数据处理

满足以下要求：
   a) 对10 min内的瞬时值作质量控制后求算术平均,得出土壤体积含水量的10 min平均值；
   b) 小时正点前10 min的平均值记为正点瞬时值；
   c) 对前1 h内的6个10 min平均值作质量控制后求算术平均,得出土壤体积含水量的小时平均值；

d) 超过2次10 min平均值丢失,则当前小时平均值标识为"缺失";
e) 根据土壤水文物理常数和相关公式可由土壤体积含水量计算出土壤重量含水量(％)、土壤相对湿度(％)和土壤有效水分贮存量(mm),具体计算公式参见附录A。

5.2.3 数据存储

记录间隔为1 h,应存储不小于31 d的土壤体积含水量数据,断电时贮存数据不丢失。

5.2.4 数据传输

土壤水分仪应同时具有以下两种传输方式:
a) 定时传输,即在设定时间间隔下的自动传输观测数据;
b) 响应命令的传输,即通过通信服务器软件或调试软件发送命令获取观测数据。

5.2.5 状态监控

每小时上传一次土壤水分仪工作状态参数集,或随时接收通信服务器软件下达的指令上传设备当前工作状态信息集。至少包括:蓄电池电压、采集器工作状态、传感器工作状态、通信状态参数。

5.2.6 远程参数设置

可以设置和读取时钟、网络参数、观测站基本参数、传感器标定参数和采集器标定参数。

5.2.7 远程升级

通过通信服务器软件对土壤水分仪程序实现远程在线升级。

5.3 性能

5.3.1 测量范围

土壤体积含水量:0％～60％。

5.3.2 分辨力

土壤体积含水量:0.1％。

5.3.3 最大允许误差

分两种情况:
a) 实验室条件下土壤体积含水量:±2.5％;
b) 田间土壤体积含水量:±5％。

5.3.4 稳定性

一年后复测土壤体积含水量最大允许误差:±2.5％。

5.4 环境适应性

5.4.1 环境条件

土壤水分仪在以下环境条件下应能正常工作:
a) 空气温度:－40 ℃～60 ℃;
b) 土壤温度:－10 ℃～55 ℃;

c) 空气相对湿度:5%～100%;
d) 抗盐雾腐蚀:承受5%盐雾溶液浓度。

5.4.2 机械条件

土壤水分仪应满足以下机械条件要求:
a) 在非工作状态下,包装状态的土壤水分仪应能通过如下条件正弦振动试验:
   1) 位移:1.5 mm;
   2) 加速度:5 m/s²;
   3) 频率:1 Hz～100 Hz;
   4) 持续时间:10 min。
b) 在非工作状态下,包装状态的土壤水分仪应能通过如下条件冲击试验:
   1) 峰值加速度:50 m/s²;
   2) 脉冲持续时间:30 ms;
   3) 冲击波形:半正弦波;
   4) 冲击次数:6个方向各3次。

5.4.3 电磁兼容性

5.4.3.1 静电放电抗扰度

在下面条件下,土壤水分仪应能正常工作:
a) 接触放电:±4 kV;
b) 空气放电:±8 kV。

5.4.3.2 射频电磁场辐射抗扰度

在下面条件下,土壤水分仪应能正常工作:
a) 频率范围:0.15 MHz～80 MHz;
b) 电场强度极限值:3 V/m。

5.4.3.3 电快速瞬变脉冲群抗扰度

在下面条件下,土壤水分仪应能正常工作:
a) 输出电压峰值:±2 kV(交流(AC)),±1 kV(直流(DC));
b) 重复频率:5 kHz。

5.4.3.4 浪涌(冲击)抗扰度

在下面条件下,土壤水分仪应能正常工作:
a) 电压波形:1.2/50 μS;
b) 电流波形:8/20 μS;
c) 浪涌幅值:线对地±2 kV(AC),线对地±1 kV(DC)。

5.5 电源适应性

5.5.1 工作电压

土壤水分仪供电可采用AC或DC供电:
a) AC:187 V～242 V(频率:50 Hz±2 Hz);

b) DC:10.8 V～13.8 V。

5.5.2 功耗

土壤水分仪功耗应不大于 2 W。

5.5.3 蓄电池

土壤水分仪在使用蓄电池供电的情况下,应能连续工作不小于 7 d。

5.6 时钟要求

每 2 天时钟误差应不大于 1 s。

5.7 接口要求

土壤水分仪应具有有线和无线网络通信接口,采集器应具有模拟/RS485、RS232/蓝牙/USB 接口。

5.8 可靠性

土壤水分仪的平均故障间隔时间(mean time between failures,MTBF)应不小于 16000 h。

5.9 安全性

5.9.1 绝缘电阻

土壤水分仪采用交流供电时,绝缘电阻不小于 2 MΩ。

5.9.2 泄漏电流

土壤水分仪采用交流供电时,泄漏电流不大于 3.5 mA。

5.9.3 介电强度

土壤水分仪采用交流供电时,应能承受冲击耐压试验,试验参数如下：
a) 电压:1500 V;
b) 频率:50 Hz;
c) 电流:5 mA;
d) 时间:1 min。

5.10 外壳防护

土壤水分仪埋入土壤部分的外壳防护等级应达到 IP68,浸水压力不低于 0.01 MPa;其他部分的外壳防护等级应达到 IP65。

6 试验方法

6.1 结构和外观

6.1.1 结构

通过实际操作和目测进行检查。

6.1.2 外观

采用目测方法进行检查。

6.2 功能

6.2.1 数据采集

通过软件查看被测土样土壤体积含水量瞬时值。

6.2.2 数据处理

通过软件查看土壤体积含水量的 10 min 平均值、正点瞬时值和土壤小时平均值、土壤重量含水量、土壤相对湿度和土壤有效水分贮存量。

6.2.3 数据存储

通过 1 h 数据大小，计算存储 31 d 数据所需空间，与存储器容量比较，检验数据存储功能。对土壤水分仪进行断电再上电，读取历史存储数据。

6.2.4 数据传输

通过通信服务器软件即时读取或根据设定传输间隔时间定时查看观测数据。

6.2.5 状态监控

通过通信服务器软件查看每小时上传一次土壤水分仪工作状态参数集。

6.2.6 远程参数设置

通过通信服务器软件远程设置时钟、网络参数、观测站基本参数、传感器标定参数和采集器标定参数后，远程即时读取并查看设置参数。

6.2.7 远程升级

通过通信服务器软件对土壤水分仪发出升级指令，将升级的程序从通信服务器传到土壤水分仪，更新土壤水分仪上的嵌入式程序，并自动重启土壤水分仪，土壤水分仪上线后，远程查看土壤水分仪程序版本号。

6.3 性能

6.3.1 测量范围

将传感器置于干燥的空气桶中，测量体积含水量的下限。将传感器置于装满纯水的水桶中，测量体积含水量的上限。

6.3.2 分辨力

与 6.3.3 合并进行，观测采集到的体积含水量示值。

6.3.3 最大允许误差

分两种情况：
    a) 实验室条件下最大允许误差测量：将传感器分别置于 5%（±2.5%）、15%（±2.5%）、25%（±

2.5%)和饱和点(±2.5%)的测试土样(测试土样制作方法参见附录B)中进行测量,每隔1 min采集1次测量值,共采集4次测量值,测量值减去标称值(用烘干法获得)得出测量误差,取4次测量误差的绝对值进行平均作为最大允许误差的结果;

b) 田间最大允许误差测量:按附录C规定的方法进行。

6.3.4 稳定性

按照6.3.3实验室条件下最大允许误差测量方法进行。

6.4 环境适应性

6.4.1 环境条件

土壤水分仪环境条件试验应按如下方法进行:

a) 低温试验,按GB/T 2423.1—2008中试验Ae规定的方法进行。试验参数如下:
   1) 试验温度:−40 ℃±2 ℃;
   2) 持续时间:2 h;
   3) 温度变化率:不大于1 ℃/min;
   4) 恢复时间:2 h。

b) 高温试验,按GB/T 2423.2—2008中试验Be规定的方法进行。试验参数如下:
   1) 试验温度:60 ℃±2 ℃;
   2) 持续时间:2 h;
   3) 温度变化率:不大于1 ℃/min;
   4) 恢复时间:2 h。

c) 湿热试验,按GB/T 2423.4—2008中规定的方法进行。试验参数如下:
   1) 高温温度:40 ℃;
   2) 循环次数:2次;
   3) 降温方法:温度应在3 h~6 h内降到25 ℃±3 K,相对湿度应不小于80%。

d) 盐雾腐蚀按GB/T 2423.17—2008中规定的方法进行。试验参数如下:
   1) 试验温度:35 ℃±2 ℃;
   2) 盐雾溶液浓度:5%±0.1%;
   3) 试验时间:48 h。

6.4.2 机械条件

土壤水分仪机械条件试验应按如下方法进行:

a) 振动试验,按GB/T 2423.10—2019中试验Fc规定的方法进行。试验参数如下:
   1) 位移:1.5 mm;
   2) 峰值加速度:5 m/s^2;
   3) 下限频率:1 Hz;
   4) 上限频率:100 Hz;
   5) 持续时间:10 min。

b) 冲击试验,按GB/T 2423.5—2019中试验Ea规定的方法进行。试验参数如下:
   1) 峰值加速度:50 m/s^2;
   2) 脉冲持续时间:30 ms;
   3) 冲击波形:半正弦波;

4) 冲击次数:6个方向各3次。

6.4.3 电磁兼容性

6.4.3.1 静电放电抗扰度

分接触放电和空气放电2种情况,其中:
a) 接触放电按 GB/T 17626.2—2018 中试验等级2规定的试验方法进行检测;
b) 空气放电按 GB/T 17626.2—2018 中试验等级3规定的试验方法进行检测。

6.4.3.2 射频电磁场辐射抗扰度

按 GB/T 17626.3—2016 中规定的试验方法进行检测。

6.4.3.3 电快速瞬变脉冲群抗扰度

按 GB/T 17626.4—2018 中规定的试验方法进行检测。

6.4.3.4 浪涌(冲击)抗扰度

按 GB/T 17626.5—2019 规定的试验方法进行检测。

6.5 电源适应性

6.5.1 工作电压

在交流电频率为 50 Hz±2 Hz 下,使用交流电压调压器调整输出电压分别为 187 V、220 V 和 242 V,保持时间 10 min。直流电压用可调直流稳压电源,调整输出电压分别为 10.8 V、12 V 和 13.8 V,保持时间 10 min。

6.5.2 功耗

在工作状态下,使用功率测量仪器测量土壤水分仪一小时内的平均功率。

6.5.3 蓄电池

蓄电池充满电后,脱离充电装置,检测土壤水分仪在只有蓄电池供电情况下的正常工作时间。

6.6 时钟要求

使用时钟测试仪,测量土壤水分仪时钟的误差漂移量。

6.7 接口要求

采用目测方法检查土壤水分仪和采集器的接口,通过调试软件检测土壤水分仪和采集器通信情况。

6.8 可靠性

按 GB/T 5080.1—2012 中定时/定数截尾试验规定的试验方法进行。

6.9 安全性

6.9.1 绝缘电阻

按 GB 18523—2001 中 7.3.2 规定的试验方法进行。

6.9.2 泄漏电流

按 GB 18523—2001 中 7.3.3 规定的试验方法进行。

6.9.3 介电强度

按 GB 18523—2001 中 7.3.4 规定的试验方法进行。

6.10 外壳防护

土壤水分仪应按 GB/T 4208—2017 的 13.1、13.4、13.6、14.1、14.2.5、14.2.8、14.3 的要求在外壳防护试验台上进行。

7 检验规则

7.1 检验分类

检验分类如下：
a) 型式检验；
b) 出厂检验。

7.2 检验项目

检验项目见表1。

表 1 检验项目

序号	检验项目	技术要求条章号	试验方法条章号	型式检验	出厂检验
1	结构和外观	5.1	6.1	●	●
2	功能	5.2	6.2	●	●
3	性能	5.3	6.3	●	●
4	环境适应性	5.4	6.4	●	○
5	电源适应性	5.5	6.5	●	●
8	时钟要求	5.6	6.6	●	●
9	接口要求	5.7	6.7	●	●
10	可靠性	5.8	6.8	●	○
11	安全性	5.9	6.9	●	○
12	外壳防护	5.10	6.10	●	○
●表示应检验的项目；○表示需要时检验的项目。					

7.3 型式检验

7.3.1 检验时机

在以下任一情况下，应进行型式检验。
a) 新产品定型投产时；

b) 产品在结构、工艺、电路、主要零部件等方面有较大改动,可能影响产品性能时;
c) 停产一年以上再恢复生产时;
d) 正常生产时,每两年进行一次;
e) 上级质量监督部门提出要求时。

7.3.2 受检样品数

由生产方和使用方协商确定,一般不少于3台。

7.3.3 合格判定

在型式检验中,若有不合格项,允许加倍进行复检,若仍有不合格项,则判该批产品不合格。安全项目不允许复检。

7.4 出厂检验

7.4.1 受检样品数

全数检验。

7.4.2 合格判定

按表1规定的项目进行出厂检验,无缺陷者判定为合格。若受检产品的任一项出现不合格,则判该产品为不合格品。

8 标志、包装、运输和贮存

8.1 标志

8.1.1 产品标志

产品上明显位置应有以下内容:
a) 产品型号及名称;
b) 制造单位;
c) 产品出厂编号。

8.1.2 包装标志

包装箱的储运图示标志应符合GB/T 191—2008的规定,并应有以下内容:
a) 产品型号及名称;
b) 制造单位;
c) 联系电话。

8.2 包装

应符合GB/T 13384—2008的规定,附有随机文件和附件。随机文件包括装箱单、检验合格证、使用说明、保修单及维修承诺书。附件包括安装使用零部件和系统软件包。

8.3 运输

产品在运输过程中应防水、防潮、防震,搬运中应防止机械损伤。

8.4 贮存

产品应以原包装贮存在洁净、通风、干燥和周围无腐蚀性物质的场所内。

附 录 A
（资料性附录）
土壤含水量相关要素计算公式

A.1 土壤重量含水量

土壤重量含水量计算见式(A.1)：

$$w = \frac{Q \times \rho_{水}}{\rho} \quad\quad\quad\quad (A.1)$$

式中：
w ——土壤重量含水量，用百分数表示(%)；
Q ——土壤体积含水量，用百分数表示(%)；
$\rho_{水}$ ——水的密度，按照 1 g/cm³ 来计算；
ρ ——土壤容重，单位为克每立方厘米(g/cm³)。

A.2 土壤相对湿度

土壤相对湿度计算见式(A.2)：

$$R = \frac{w}{f_c} \times 100\% \quad\quad\quad\quad (A.2)$$

式中：
R ——土壤相对湿度，用百分数表示(%)；
f_c ——田间持水量，用百分数表示(%)。

A.3 土壤有效水分贮存量

土壤有效水分贮存量计算见式(A.3)：

$$u = \rho \times h \times (w - w_k) \times 10 \quad\quad\quad\quad (A.3)$$

式中：
u ——土壤有效水分贮存量，单位为毫米(mm)；
h ——土层厚度，单位为厘米(cm)；
w_k——土壤凋萎湿度，用百分数表示(%)。

附　录　B
（资料性附录）
土壤水分仪实验室条件下测试土样的制作方法

B.1 所需仪器设备

所需仪器设备如下：
a) 电子天平：1台，精度0.01 g，满量程不小于1000 g。
b) 电子秤：1台，精度10 g，满量程不小于30 kg。
c) 标准容器：8个，直径24 cm，高度12 cm，亚克力材质。
d) 烘箱：1个，控温温度为105 ℃，内部容积大于0.06 m³。
e) 取样及烘干用器具：
   1) 铝盒：至少35个，直径不小于50 mm；
   2) 环刀：8个，体积100 cm³；
   3) 取土器2个。
f) 搅拌容器：4个。
g) 土壤固结装置：1个。

B.2 测试土样制作

B.2.1 基本要求

基本要求包括：
a) 制作过程中需使用的容器及工具均应洗涤干净，并烘干后保持干燥；
b) 制作过程中使用的电子天平等计量仪器，选用在检定周期内的标准器；
c) 非饱和点测试土样制作完成后放置时间不超过12 h，否则测试土样的含水量变得不均匀，影响检验的准确性。

B.2.2 制作过程

选取180目～240目玻璃砂（晾晒或用烘箱烘干，保证玻璃砂中无水分）和蒸馏水（或纯净水），按照一定比例（其中玻璃砂的重量计算见B.2.3，纯净水重量的计算见B.2.4）配制成玻璃砂混合物，将该混合物均匀装满标准容器，制成4个体积含水量分别为5%（±2.5%）、15%（±2.5%）、25%（±2.5%）和饱和点（±2.5%）的测试土样。

B.2.3 玻璃砂的重量计算

按公式(B.1)计算标准容器干玻璃砂的重量：

$$W_{干} = V \times \rho \quad \quad \quad (B.1)$$

式中：

$W_{干}$——标准容器中干玻璃砂的重量；

V——标准容器的体积；

ρ——玻璃砂的容重，按照1.5 g/cm³来计算。

B.2.4 纯净水的重量计算

按公式(B.2)计算测试土样中水的重量：

$$W_{水} = V \times (\theta_{水} - \theta_{原}) \times \rho_{水} \quad\quad\quad\quad\quad (B.2)$$

式中：

$W_{水}$ ——标准容器中水的重量；

$\theta_{水}$ ——测试点的体积含水量；

$\theta_{原}$ ——原玻璃砂体积含水量(如果是干砂,此项为0%)；

$\rho_{水}$ ——水的密度,按照 1 g/cm³ 来计算。

附 录 C
（规范性附录）
土壤水分仪田间误差测试方法

C.1 土壤水分仪标定

土壤水分仪田间标定以土壤水分仪观测的各层体积含水量变化为判断标准，人工取土烘干后测量的土壤体积含水量应涵盖小于10%、10%～15%、15%～20%、20%～25%、25%～30%、30%～35%和大于35% 7个不同区间。原则上每一个土壤体积含水量等级的样本数不少于4个，总样本数不少于30个。对各层人工取土后，用烘干法测量值与土壤水分仪测量值进行分析比较，利用幂函数或多项式函数进行拟合，确定标定参数方程。

进行人工取土对比观测时，获得的样本应分布均匀、能够代表当地土壤水分含量的变化范围并验证土壤水分仪的适应性。人工取土钻孔的位置应分布在传感器埋设位置四周半径2 m～10 m之间的范围内，完成取土观测后取土孔要立即分层回填，不得在回填孔中再次取土进行对比观测，取土时记录每个钻孔取不同深度土样时的详细时间。人工对比观测记录簿包括人工取土观测各层土样的数据，格式见表C.1。

由相关技术人员利用人工测量值和同时次土壤水分仪观测数据进行拟合，分别计算不同层次的标定参数，完成对土壤水分仪的田间标定。

表C.1 人工对比观测记录簿

台站号								
观测地段						烘干时间		
层次(cm)	观测时间	重量含水量(0.1%)					土壤容重	体积含水量(0.1%)	
		土样1	土样2	土样3	土样4	人工平均		人工平均	土壤水分仪测量值
0～10									
10～20									
20～30									
30～40									
40～50									
50～60									
70～80									
90～100									
观测		记录		审核			签发		

C.2 误差测试

土壤水分仪田间标定结束后，再连续人工对比观测1个月（不少于6次，遇0 cm～10 cm土壤冻结顺延)用于田间误差测试。如果地下水位比较高,在人工取土过程中,如发现某一层已渗水,则该层及以下层次不再对人工取土烘干法测量数据与土壤水分仪观测数据进行误差评价,在人工对比观测时注意观测和记录。

若土壤水分仪田间误差测试未通过,分析查找原因,排除土壤水分仪故障原因后,对建立的标定方程的参数进行优化,补充对比观测1个月后再次进行测试;若仍达不到标准,应对仪器进行更换。

对比时间应不少于6个月,土壤水分仪田间标定与误差测试应在1年内完成。

C.3 误差评价

误差评价指标:人工取土烘干后观测的土壤体积含水量与土壤水分仪测量的土壤体积含水量之差的多次平均值的绝对误差 $\bar{\sigma}$ 不大于5%。

$$\bar{\sigma} = \frac{\sum_{i=1}^{N} |x_i - a_i|}{N} \qquad \cdots\cdots\cdots\cdots(C.1)$$

式中:
x_i ——土壤水分仪观测值;
a_i ——人工观测值;
N ——对比观测次数;
$\bar{\sigma}$ ——人工对比观测土壤体积含水量多次平均值的绝对误差。

参 考 文 献

[1] GB/T 33705—2017 土壤水分观测 频域反射法

ICS 07.060
N 95
备案号：78177—2020

中华人民共和国气象行业标准

QX/T 568—2020

自动气候站

Automatic climatological station

2020-07-31 发布　　　　　　　　　　　　　2020-12-01 实施

中　国　气　象　局　发　布

前 言

本标准按照 GB/T 1.1—2009 给出的规则起草。

本标准由全国气象仪器与观测方法标准化技术委员会(SAC/TC 507)提出并归口。

本标准起草单位：华云升达(北京)气象科技有限责任公司、中国华云气象科技集团公司、中国气象局气象探测中心、江苏省无线电科学研究所有限公司、湖南省气象技术装备中心。

本标准主要起草人：刘钧、王柏林、白陈祥、王亚静、金佳宁、李建宇、陶法、杨志勇、金红伟、曲鹏飞、卢聪聪、王建佳。

QX/T 568—2020

自动气候站

1 范围

本标准规定了自动气候站的产品组成、技术要求、试验方法、检验规则、标志和随行文件，以及包装、运输和贮存等。

本标准适用于自动气候站的设计、生产和验收。

2 规范性引用文件

下列文件对于本文件的应用是必不可少的。凡是注日期的引用文件，仅注日期的版本适用于本文件。凡是不注日期的引用文件，其最新版本（包括所有的修改单）适用于本文件。

GB/T 191 包装储运图示标志
GB/T 2423.5—2019 环境试验 第2部分:试验方法 试验 Ea 和导则:冲击
GB/T 2423.10—2019 环境试验 第2部分:试验方法 试验 Fc:振动（正弦）
GB/T 2423.17—2008 电工电子产品环境试验 第2部分:试验方法 试验 Ka:盐雾
GB/T 2828.1—2012 计数抽样检验程序 第1部分:按接收质量限（AQL）检索的逐批检验抽样计划
GB/T 4208—2017 外壳防护等级（IP 代码）
GB 4793.1—2007 测量、控制和实验室用电气设备的安全要求 第1部分:通用要求
GB/T 11463—1989 电子测量仪器可靠性试验
GB/T 17626.2—2018 电磁兼容 试验和测量技术 静电放电抗扰度试验
GB/T 17626.4—2018 电磁兼容 试验和测量技术 电快速瞬变脉冲群抗扰度试验
GB/T 17626.5—2019 电磁兼容 试验和测量技术 浪涌（冲击）抗扰度试验
GB/T 17626.6—2017 电磁兼容 试验和测量技术 射频场感应的传导骚扰抗扰度
GB/T 18268.1—2010 测量、控制和实验室用的电设备 电磁兼容性要求 第1部分:通用要求
GB/T 19565—2017 总辐射表
GB/T 33694—2017 自动气候站观测规范
GB/T 33695—2017 地面气象要素编码与数据格式
JJG 856—2015 工作用辐射温度计
QX/T 288—2015 翻斗式自动雨量站
QX/T 320—2016 称重式降水测量仪
QX/T 520—2019 自动气象站

3 术语和定义

下列术语和定义适用于本文件。

3.1

自动气候站 automatic climatological station

用于地面气候观测的高精度、高稳定度的自动观测仪器。

[GB/T 33694—2017,定义3.2]

3.2
智能气象传感器 intelligence meteorological sensor

具有气象要素信息处理功能的数字化传感器。

注：信息处理功能包括信号采集、数据处理、质量控制、自检测、自校准、自诊断、在线升级等。

3.3
气象智能集成处理器 meteorological intelligence integrated processor

能够实现对各种智能气象传感器数据的采集、质量控制、计算、存储和传输的一种装置。

4 产品组成

4.1 概述

自动气候站由智能气象传感器、气象智能集成处理器、外围设备和配套附件等组成。

4.2 智能气象传感器

应配置气温、降水量（翻斗式、称重式）智能气象传感器；宜配置气压、湿度、风向、风速等智能气象传感器；可配置地温、总辐射、蒸发、日照、土壤水分和积雪深度等智能气象传感器。传感器数量参照GB/T 33694—2017中表1的规定执行。

4.3 气象智能集成处理器

由硬件和软件组成。硬件包括高性能嵌入处理器、时钟电路、存储器、通信接口、外存储接口、检测电路、供电接口和指示灯等。软件包括嵌入式操作系统软件和应用软件等。

4.4 外围设备

由供电单元、外存储器、近远程通信模块等组成。

4.5 配套附件

由百叶箱、防风圈、立杆、支架等组成。

5 技术要求

5.1 一般要求

5.1.1 外观与工艺

5.1.1.1 外观整洁、无损伤和形变，金属件无锈蚀，涂层无气泡、开裂、脱落等现象。

5.1.1.2 各零部件应安装正确、牢固可靠，操作部分不应有迟滞、卡死、松脱等。

5.1.1.3 机箱内所有部件、连接器及其针脚应有标志，标志应完整、清晰且不易脱落。

5.1.1.4 应有防潮、防霉、防盐雾等措施。

5.1.2 设计寿命

应不少于8 a。

5.2 功能要求

5.2.1 基本功能要求

5.2.1.1 至少实现对气温、降水量两个气象要素数据的采集、计算、质量控制、存储和传输。

5.2.1.2 应能实现软件在线升级。

5.2.1.3 气象智能集成处理器的工作模式应能自适应各种采集、通信和数据传输方式。

5.2.1.4 温度测量通道应具有自校准功能。

5.2.1.5 应能自动生成智能气象传感器和气象智能集成处理器的状态信息,并能诊断自动气候站工作状态是否正常;故障排除后应能自动恢复到用户最新设置或出厂设置。

5.2.2 数据采样、算法及质量控制要求

5.2.2.1 采样与算法应符合 GB/T 33694—2017 中 5.4 的规定。

5.2.2.2 质量控制应符合 GB/T 33694—2017 中 5.5 的规定。

5.2.3 数据传输要求

5.2.3.1 通信接口应采用 RS-232 接口,可扩展连接 Zigbee、移动通信、北斗卫星等通信模块,实现数据传输和组网观测。

5.2.3.2 数据输出协议包含状态要素编码、测量要素处理要求、数据帧格式、通信命令格式等,其中,状态要素编码应符合附录 A 的规定,测量要素处理要求应符合附录 B 的规定,数据帧格式应符合 GB/T 33695—2017 中第 6 章的规定,通信命令格式应符合 GB/T 33695—2017 中第 7 章的规定。

5.2.3.3 智能气象传感器应在每整分钟的 3 s 内完成上一分钟数据采集处理;气象智能集成处理器应在每整分钟的 25 s 内完成全部智能气象传感器上一分钟数据的收集、计算、质量控制等。

5.2.3.4 智能气象传感器和气象智能集成处理器均可根据设置的时间和间隔发送数据,也可按读取指令输出数据。

5.2.4 数据存储要求

5.2.4.1 数据存储由智能气象传感器存储和气象智能集成处理器存储组成。

5.2.4.2 智能气象传感器存储容量应不低于 4 MB,且应满足 10 天分钟观测要素及状态要素存储要求。

5.2.4.3 气象智能集成处理器存储容量应不低于 1 GB,且应满足不低于 12 个月的数据存储要求,数据以分钟数据文件、5 分钟数据文件和小时数据文件的形式存储,存储格式应符合附录 C 的规定。

5.3 测量性能指标要求

总辐射智能气象传感器测量性能指标应符合 GB/T 19565—2017 中 5.2 的规定;其余气象要素智能气象传感器测量性能指标应符合表 1 的规定。

表 1 测量性能指标

气象要素	测量范围	分辨力	最大允许误差
气温	−50 ℃~50 ℃	0.01 ℃	±0.1 ℃
降水量	翻斗式:>0.1 mm	0.1 mm	±0.4 mm(≤10 mm) ±4%(>10 mm)
降水量	称重式:0 mm~400 mm	0.1 mm	±0.4 mm(≤10 mm) ±4%(>10 mm)
气压	基本型:500 hPa~1100 hPa 高原型:450 hPa~900 hPa	0.1 hPa	±0.2 hPa
相对湿度	5%~100%	1%	±2%(≤80%) ±3%(>80%)
风向	0°~360°	3°	±5° (启动风速:≤0.5 m/s)
风速	0 m/s~60 m/s	0.1 m/s	±(0.5 m/s+0.03V^a) (启动风速:≤0.5 m/s)
地温	−50 ℃~80 ℃	0.1 ℃	±0.5 ℃
[a] V 为实际风速,单位为米每秒(m/s)。			

5.4 安全要求

5.4.1 安全标志

5.4.1.1 交流电源机箱门上、交流电源端子应有危险警示标志,标志符号应与 GB 4793.1—2007 的表 1 中序号 12 一致。

5.4.1.2 交流断路器上应有通断标志。

5.4.1.3 标志耐久性应符合 GB 4793.1—2007 中 5.3 的规定。

5.4.2 防电击危险

5.4.2.1 可触及零部件(包括机箱门打开后的可触及零部件)对地(机壳)的直流电压应不大于 50 V,交流电压应不大于 30 V。

5.4.2.2 交流电源输入与地(机壳)之间应能承受 1500 V 交流电压。

5.4.2.3 交流电源输入处应具有断开装置。

5.4.3 防机械危险

机械结构上的棱缘或拐角应倒圆和磨光。

5.5 时钟要求

5.5.1 气象智能集成处理器应每小时定时校时一次,校时误差不大于 1 s。

5.5.2 智能气象传感器应与气象智能集成处理器时钟同步,时差不超过 1 s。

5.5.3 采用北京时制,北京时 20 时为日界。

5.6 电源要求

5.6.1 应采用外置直流电源进行供电,外接电源供电电压为 9 V～15 V,电源应具有防反接功能。

5.6.2 宜配置电池和太阳能板,电池充满电后至少维持设备正常工作 7 d。

5.6.3 电极应有绝缘保护装置,并完全遮盖电极以及连接线的导电部分。

5.6.4 蓄电池若有电解液泄漏,不应侵蚀到带电部件。

5.7 环境条件要求

5.7.1 气候条件

应符合下列要求:
a) 温度:−60 ℃～+60 ℃;
b) 相对湿度:0%～100%;
c) 气压:450 hPa～1060 hPa;
d) 最大抗阵风能力:75 m/s。

5.7.2 防盐雾

设备在非包装情况下,应能通过 GB/T 2423.17—2008 规定的 48 h 盐雾试验,不产生腐蚀损坏及不影响正常工作。

5.7.3 外壳防护等级条件

不应低于 GB/T 4208—2017 规定的 IP65 防护等级。

5.7.4 机械条件

在非工作状态下,包装状态的产品应能通过表 2 条件下的振动试验和冲击试验。

表 2 振动、冲击试验条件

振动试验条件		冲击试验条件	
参数	严酷程度	参数	严酷程度
振幅	1.5 mm(2 Hz～9 Hz)	脉冲波形	半正弦波
加速度	5 m/s²(9 Hz～200 Hz)	峰值加速度	50 m/s²
测试时间	20 min	脉冲持续时间	30 ms
—		冲击次数	正反各 3 次

5.8 电磁兼容性要求

5.8.1 静电放电抗扰度

电源端口、数据端口、外壳端口的静电放电抗扰度应符合下列要求:
a) 接触放电:满足 GB/T 17626.2—2018 中等级 2 的规定;
b) 空气放电:满足 GB/T 17626.2—2018 中等级 3 的规定;
c) 性能判据:满足 GB/T 18268.1—2010 中 6.4.2 的规定。

5.8.2 电快速瞬变脉冲群抗扰度

应符合下列要求：
a) 交流电源端口：满足 GB/T 17626.4—2018 中等级 2 的规定；
b) 直流电源端口：满足 GB/T 17626.4—2018 中等级 1 的规定；
c) 数据端口：满足 GB/T 17626.4—2018 中等级 1 的规定；
d) 性能判据：满足 GB/T 18268.1—2010 中 6.4.2 的规定。

5.8.3 浪涌(冲击)抗扰度

应符合下列要求：
a) 交流电源端口：满足 GB/T 17626.5—2019 中等级 3 的规定；
b) 直流电源端口：满足 GB/T 17626.5—2019 中等级 3 的规定；
c) 数据端口：满足 GB/T 17626.5—2019 中等级 3 的规定；
d) 性能判据：满足 GB/T 18268.1—2010 中 6.4.2 的规定。

5.8.4 射频场感应的传导骚扰抗扰度

电源端口、数据端口的射频场感应的传导骚扰抗扰度应符合下列要求：
a) 满足 GB/T 17626.6—2017 中等级 2 的规定；
b) 性能判据：满足 GB/T 18268.1—2010 中 6.4.2 的规定。

5.9 可靠性要求

平均故障间隔时间(mean time between failures,MTBF)应不小于 8000 h。

6 试验方法

6.1 试验环境条件

应符合下列要求：
a) 温度：15 ℃～35 ℃；
b) 相对湿度：25%～75%；
c) 气压：860 hPa～1060 hPa。

6.2 试验仪器仪表

所用的试验仪器仪表和设备应满足 6.4 测试要求，所用标准器应在计量检定有效期内。

6.3 一般检查

6.3.1 外观与工艺

目测检查，必要时可采用计量器具。

6.3.2 设计寿命

定型检验时检查设计资料中有关寿命的设计说明，应符合 5.1.2 的规定。

6.3.3 功能

将自动气候站各主要组成部件上电，调试连通，对照产品说明书或产品企业标准，对各功能点逐项核查,也可采用计算机等辅助设备,检查结果应满足5.2的要求。

6.4 测量性能测试

6.4.1 气温

6.4.1.1 试验用仪器仪表

试验用仪器仪表见表3。

表3 试验用仪器仪表

序号	仪器仪表	性能指标要求
1	自动测温电桥(标准器)	准确度等级:0.0001级
2	恒温槽(配套设备)	温度范围:−50 ℃~80 ℃ 温度均匀性:0.02 ℃ 温度波动性:±0.04 ℃(10 min 内)

6.4.1.2 试验方法

试验方法如下:

a) 测试点选择温度测量范围的下限、上限以及−20 ℃、0 ℃、20 ℃共5个温度点;

b) 将被测温度传感器与自动测温电桥插入恒温槽中足够深度,使二者感温部分尽可能处于同一水平面;

注:足够的深度是指插入深度再增加1 cm,被测温度传感器测量误差不超过0.02 ℃。

c) 在每个测试点上,当恒温槽温度达到设定温度并稳定后方可进行读数,每隔30 s读取一次自动测温电桥示值和被测温度传感器测量结果,共读取4次;

d) 分别计算各测试点自动测温电桥温度计示值和被测温度传感器示值的算术平均值,作为该测试点的标准值和温度示值;

e) 以各测试点的温度示值减去标准值作为该测试点温度测量误差。

6.4.2 地温

自动气候站中,地温主要测量地面温度和土壤温度,其中地面温度的测量可选用铂电阻温度传感器或红外温度传感器,土壤温度的测量宜选用铂电阻温度传感器。铂电阻温度传感器测试按照6.4.1执行。红外温度传感器测试规定如下:

a) 选择黑体辐射源和铂电阻温度计组合作为试验用标准器;

b) 铂电阻温度计测量范围为−50 ℃~100 ℃,不确定度符合JJG 856—2015中表2的要求;

c) 黑体辐射源测量范围为−50 ℃~100 ℃,其余技术要求符合JJG 856—2015中表3的要求;

d) 测试点选择−50 ℃、−20 ℃、0 ℃、20 ℃和80 ℃等;

e) 试验方法按照JJG 856—2015中7.3、7.4、7.5的要求进行。

6.4.3 降水量

6.4.3.1 降水量(翻斗式)

按QX/T 288—2015中第5章的要求进行。

6.4.3.2 降水量(称重式)

按 QX/T 320—2016 中 6.3 的要求进行。

6.4.4 气压

试验仪器按照 QX/T 520—2019 中 6.5.1 要求选择,试验方法按 QX/T 520—2019 中 6.5.2 的要求进行。

6.4.5 相对湿度

试验仪器按照 QX/T 520—2019 中 6.5.1 要求选择,试验方法按 QX/T 520—2019 中 6.5.4 的要求进行。

6.4.6 风向

试验仪器按照 QX/T 520—2019 中 6.5.1 要求选择,试验方法按 QX/T 520—2019 中 6.5.5 的要求进行。

6.4.7 风速

试验仪器按照 QX/T 520—2019 中 6.5.1 要求选择,试验方法按 QX/T 520—2019 中 6.5.6 的要求进行。

6.5 基本安全试验

6.5.1 安全标志

6.5.1.1 目测检查标志是否齐全、完整。
6.5.1.2 按 GB 4793.1—2007 中 5.3 的规定进行标志耐久性检查。

6.5.2 防电击危险

6.5.2.1 测量可触及零部件对试验参考地的电压。
6.5.2.2 按 GB 4793.1—2007 中 6.8 的规定进行介电强度试验,电源输入电路端如有防雷器件,应拆除后测试。
6.5.2.3 目视和人工检查交流电源输入处是否具有断开装置,工作是否正常。

6.5.3 防机械危险

人工检查机械结构上的棱缘或拐角。

6.6 时钟试验

6.6.1 试验以国家授时中心网站标准时间为标准时间。
6.6.2 自动气候站通电运行后使用标准时间进行校时,再连续运行 72 h 后,检查气象智能集成处理器和智能气象传感器的时间与标准时间的误差。

6.7 电源测试

按下列方法检查:
    a) 检查设备供电标称电压。

b) 用配备的太阳能充电装置对电池进行充电,检查电池的充电情况。
c) 目视检查电池安装方式,检查电极绝缘保护装置。
d) 定型检验时:
   1) 按产品说明书的说明配置传感器;
   2) 将电池充满电;
   3) 接通电池,在电池无充电情况下,检查设备是否能保持连续运行 168 h。

6.8 环境适应性试验

6.8.1 高低温

按 QX/T 520—2019 中 6.12.1 的有关规定进行试验,按 5.7.1 中的规定确定试验温度范围。

6.8.2 交变湿热

按 QX/T 520—2019 中 6.12.2 的有关规定进行试验,按 5.7.1 中的规定确定试验温度的上限。

6.8.3 低气压

按 QX/T 520—2019 中 6.12.3 的有关规定进行试验,按 5.7.1 中的规定确定试验气压的下限。

6.8.4 盐雾

按 GB/T 2423.17—2008 的规定进行试验,具体要求如下:
a) 试验时间为 48 h;
b) 恢复时间为 1 h;
c) 最后进行外观检查。

6.8.5 防护等级

按 GB/T 4208—2017 中 IP65 的试验方法进行试验。

6.8.6 正弦稳态振动

按 GB/T 2423.10—2019 的规定进行试验,要求如下:
a) 对包装状态和非包装状态的产品分别进行;
b) 对三个互相垂直的轴线,在三个轴向上进行振动试验;
c) 非包装状态试验时,按产品正常工作时的位置紧固在振动台上,重心位于振动台面的中心区域,使激振力直接传给受试产品,避免紧固装置在振动试验中产生自身共振;
d) 按照表 2 的试验条件进行试验;
e) 恢复时间为 1 h;
f) 恢复后进行外观和电气性能检测。

6.8.7 冲击

按 GB/T 2423.5—2019 的规定进行试验,要求如下:
a) 产品处于包装状态。
b) 对三个互相垂直的轴线,每个面连续冲击 3 次,共 18 次;结构完全对称的试验样品,可减少一个相应的面,因重力作用只有一个受试面时可只做一个面,但总冲击次数仍为 18 次。
c) 按照表 2 的试验条件进行试验。

d) 恢复时间为 30 min。
e) 恢复后进行外观和电气性能检测。

6.9 电磁兼容性试验

6.9.1 静电放电抗扰度

对电源端口、数据端口、外壳端口应按 GB/T 17626.2—2018 规定的接触放电等级 2、空气放电等级 3 的试验方法进行。

6.9.2 电快速瞬变脉冲群抗扰度

对直流电源端口和数据端口应按 GB/T 17626.4—2018 规定的等级 1 的试验方法进行，对交流电源端口应按 GB/T 17626.4—2018 规定的等级 2 的试验方法进行。

6.9.3 浪涌(冲击)抗扰度

对交流电源端口、直流电源端口和数据端口应按照 GB/T 17626.5—2019 规定的等级 3 的试验方法进行。

6.9.4 射频场感应的传导骚扰抗扰度

对电源端口、数据端口按 GB/T 17626.6—2017 规定的等级 2 的试验方法进行。

6.10 可靠性试验

按 GB/T 11463—1989 规定的定时定数截尾试验方案 1—2 进行。

7 检验规则

7.1 检验分类

检验分为：
a) 定型检验；
b) 出厂检验。

7.2 检验分组

定型检验和出厂检验均分为下列六个检验组：
a) A组检验：由一般检查、功能检查和基本安全试验等组成；
b) B组检验：测量性能试验；
c) C组检验：电气性能试验；
d) D组检验：环境适应性试验；
e) E组检验：电磁兼容性试验；
f) F组检验：可靠性试验。

7.3 检验项目

检验项目见表4。

表 4 检验项目

序号	检验项目	定型检验	出厂检验	技术要求条文	试验方法条文
A 组检验					
1	一般要求	●	●	5.1	6.3.1 和 6.3.2
2	功能要求	●	●	5.2	6.3.3
3	安全要求	●	●	5.4	6.5
4	时钟要求	●	●	5.5	6.6
B 组检验					
5	气温	●	●	5.3	6.4.1
6	地温	●	●	5.3	6.4.2
7	降水量	●	●	5.3	6.4.3
8	气压	●	●	5.3	6.4.4
9	相对湿度	●	●	5.3	6.4.5
10	风向	●	●	5.3	6.4.6
11	风速	●	●	5.3	6.4.7
C 组检验					
12	电源	●	●	5.6	6.7
D 组检验					
13	高低温试验	●	○	5.7.1	6.8.1
14	交变湿热	●	○	5.7.1	6.8.2
15	低气压	●	○	5.7.1	6.8.3
16	盐雾	●	○	5.7.2	6.8.4
17	防护等级	●	○	5.7.3	6.8.5
18	振动	●	○	5.7.4	6.8.6
19	冲击	●	○	5.7.4	6.8.7
E 组检验					
20	电磁兼容性	●	○	5.8	6.9
F 组检验					
21	可靠性	●	⊙	5.9	6.10
●表示应进行检验的项目;○表示需要时进行检验的项目;⊙表示客户指定时才进行的项目。					

7.4 检验设备

所使用的试验与检验设备,应在检定有效期内。

7.5 缺陷的判定

7.5.1 致命缺陷

对人身安全构成危险或严重损坏仪器基本功能的缺陷应判为致命缺陷。

7.5.2 重缺陷

下列性质的缺陷应判为重缺陷：
a) 性能特性的误差超过规定的极限；
b) 突然的电气失效或结构失效引起产品单一功能丧失，但可以通过更换部件恢复的。

7.5.3 轻缺陷

发生故障时，无须更换元器件、零部件，仅作简单处理即能恢复正常工作，这类故障判为轻缺陷。

7.6 定型检验

7.6.1 检验条件

按 QX/T 520—2019 中 7.4.1 的规定执行。

7.6.2 检验项目

表 4 中定型检验栏规定的项目。

7.6.3 抽样

7.6.3.1 A 组检验

随机抽取 3 套仪器进行 A 组检验。
新产品定型时，样机如少于 3 套，则全数检验。

7.6.3.2 B 组检验

用 A 组检验合格的 3 套仪器进行 B 组检验。
新产品定型时，样机如少于 3 套，则可用 A 组检验合格的设备进行检验。

7.6.3.3 C 组检验

用 B 组检验合格的 3 套仪器进行 C 组检验。
新产品定型时，样机如少于 3 套，则可用 B 组检验合格的设备进行检验。

7.6.3.4 D 组检验

在 C 组检验合格的 3 套仪器中随机抽取 1 套进行 D 组检验。

7.6.3.5 E 组检验

在 C 组检验合格的仪器中另外随机抽取 1 套与 7.6.3.4 中不同的仪器进行 E 组检验。
样本较少时，也可在 D 组检验合格的样本上进行。

7.6.3.6 F 组检验

F 组检验按 GB/T 11463—1989 中 5.3 的要求确定试验样本，进行定时定数截尾试验。

F组检验仅在用户要求时进行。

7.6.3.7 合格判据

在A—D组检验中,允许出现重缺陷和轻缺陷的次数之和不超过2次且未出现致命缺陷时为合格。出现重缺陷或轻缺陷时,应查明原因,排除故障,再次检验全部合格后,才能进行下一个检验。

在A—F组检验全部合格后才能判定定型检验合格。

7.7 出厂检验

7.7.1 检验项目

表4中出厂检验栏规定的项目。

7.7.2 A组检验

A组检验是全数检验。

A组检验中不应出现致命缺陷,若出现则判A组检验不合格。

A组检验中出现重缺陷或轻缺陷经返修再检验合格后判A组检验合格。

7.7.3 B组检验

B组检验是全数检验。

B组检验中不应出现致命缺陷,若出现则判B组检验不合格。

B组检验中出现重缺陷或轻缺陷经返修再检验合格后判B组检验合格。

7.7.4 C组检验

按GB/T 2828.1—2012检验水平S-2、表2-A的接收质量限(AQL)等于2.5确定检验的样本数;如在样本中发现的不合格数小于或等于合格判定数,则判定该组项目合格。

7.7.5 D组检验

D组检验的抽样数量、合格判定同C组检验。

7.7.6 E组检验

E组检验的抽样数量、合格判定同C组检验。

7.7.7 F组检验

F组检验仅在顾客要求时进行。

7.7.8 出厂检验的合格判定

各组检验全部合格的产品才能判定为检验合格。

出厂检验中任一组检验不合格时,应终止检验,查明原因,整批采取改正措施。

7.7.9 受试样本的处置

经A、B、C组非破坏性试验检验判为合格的(检验批中发现有缺陷的产品经返修和校正,并经再次检验合格后)可以交付。

经D组环境试验的样本不应作合格品交付。

经F组可靠性试验的样本对其寿命终了和接近终了的元器件给予更换,并经A、B组检验合格后可以交付。

8 标志和随行文件

8.1 标志

8.1.1 产品标志

应包括以下内容:
a) 型号和名称;
b) 制造厂名称和(或)注册商标;
c) 出厂编号;
d) 生产日期;
e) 二维码或条码。

8.1.2 包装标志

应包括以下内容:
a) 产品名称、型号和数量;
b) 包装箱编号;
c) 外形尺寸;
d) 毛重;
e) 制造厂名;
f) "易碎物品""向上""怕雨""堆码层数极限"等符合GB/T 191规定的标志;
g) 二维码或条码。

8.2 随行文件

应包括以下内容:
a) 使用说明书或用户手册;
b) 检验报告;
c) 合格证;
d) 传感器测试证书;
e) 保修单;
f) 装箱清单。

9 包装、运输和贮存

9.1 包装

9.1.1 包装箱应牢固,内有防震动等措施。
9.1.2 每个包装箱内都应有装箱单。
9.1.3 包装箱内应有随行文件。

9.2 运输

9.2.1 运输过程中应防止剧烈震动、挤压、雨淋及化学物品侵蚀。

9.2.2 搬运应轻拿轻放,码放整齐,严禁滚动和抛掷。

9.3 贮存

包装好的产品应贮存在环境温度-10 ℃~40 ℃、空气相对湿度小于80%的室内,且周围无腐蚀性挥发物,无强电磁作用。

附 录 A
（规范性附录）
智能气象传感器与气象智能集成处理器状态要素编码

智能气象传感器状态要素编码见表A.1，气象智能集成处理器状态要素编码见表A.2。

表 A.1 智能气象传感器状态要素编码

状态要素变量名称	状态要素变量名称编码	长度/byte	取值
自检状态	z	1	0——正常或1——异常
内部电路温度状态	wA	1	0——正常、3——偏高或4——偏低
外接电源	xA	1	6——交流、7——直流或8——未接外部电源
内部电路电压状态	xB	1	0——正常、3——偏高或4——偏低
内部电路电流状态	xH	1	0——正常、3——偏高、4——偏低或5——停止
外接电源电压状态	xJ	1	0——正常、3——偏高或4——偏低
注1：当检测外接电源xA时，状态一直输出。			
注2：超出上限10%为"偏高"，低于下限10%为"偏低"。			

表 A.2 气象智能集成处理器状态要素编码

状态要素变量名称	状态要素变量名称编码	长度/byte	取值
自检状态	z	1	0——正常或1——异常
电路板温度状态	wA	1	0——正常、3——偏高或4——偏低
外接电源	xA	1	6——交流、7——直流或8——未接外部电源
电路板电压状态	xB	1	0——正常、3——偏高或4——偏低
蓄电池电压状态	xD	1	0——正常、3——偏高、4——偏低或5——停止
设备工作电流状态	xH	1	0——正常、3——偏高、4——偏低或5——停止
机箱门状态	rL	1	0——正常、1——异常或2——故障
总线状态（设备与分观测器的总线状态指示）	tB	1	0——正常、1——异常或2——故障
RS232/485/422状态	tC	1	0——正常、1——异常或2——故障
RJ45/LAN通信状态	tD	1	0——正常、1——异常或2——故障
卫星通信状态	tE	1	0——正常、1——异常或2——故障
无线通信状态	tF	1	0——正常、1——异常或2——故障
光纤通信状态	tG	1	0——正常、1——异常或2——故障
注1：当检测外接电源xA时，状态一直输出。			
注2：挂接多个智能气象传感器时，状态变量名称通过添加设备对应的观测要素变量编码作为后缀来表示。			
注3：智能气象传感器输出的数值合理时，为"正常"；智能气象传感器不能工作，为"故障"；智能气象传感器能输出数值，但数值超出合理值范围，为"异常"。			

附 录 B
（规范性附录）
测量要素处理要求

B.1 气温测量要素

气温测量要素名称及编码见表 B.1。

表 B.1 气温测量要素名称及编码

观测要素名称	要素名称编码	单位	比例因子	长度/byte
1分钟值	AAA	℃	1	4
1分钟标准差	AAAl		4	4
5分钟值	AAA5i	℃	1	4
5分钟标准差	AAAl5i		4	4
注1：标准差超过位数时用"字节长度"个"/"表示。				
注2：为了使观测要素变量值变为整数输出，将原值乘以 10 的 n 次幂，定义 n 为比例因子，取值大于或等于0。				

B.2 气压测量要素

气压测量要素名称及编码见表 B.2。

表 B.2 气压测量要素名称及编码

观测要素名称	要素名称编码	单位	比例因子	长度/byte
本站气压	AGA	hPa	1	5
本站气压分钟标准差	AGAl		4	6
注1：标准差超过位数时用"字节长度"个"/"表示。				
注2：为了使观测要素变量值变为整数输出，将原值乘以 10 的 n 次幂，定义 n 为比例因子，取值大于或等于0。				

B.3 湿度测量要素

湿度测量要素名称及编码见表 B.3。

表 B.3 湿度测量要素名称及编码

观测要素名称	要素名称编码	单位	比例因子	长度/byte
相对湿度	ADA	%	0	3
相对湿度分钟标准差	ADAl		2	4

表 B.3 湿度测量要素名称及编码（续）

观测要素名称	要素名称编码	单位	比例因子	长度/byte
露点温度	ADP	℃	1	4
露点温度分钟标准差	ADPl		4	4

注1：标准差超过位数时用"字节长度"个"/"表示。
注2：为了使观测要素变量值变为整数输出，将原值乘以10的n次幂，定义n为比例因子，取值大于或等于0。

B.4 风测量要素

风测量要素名称及编码见表 B.4。

表 B.4 风测量要素名称及编码

观测要素名称	要素名称编码	单位	比例因子	长度/byte
10 m 高				
瞬时风向（1 s 采样）	AEA	°	0	3
1 min 平均风向	AEB	°	0	3
1 min 风向分钟标准差	AEBl		2	5
2 min 平均风向	AEC	°	0	3
10 min 平均风向	AED	°	0	3
分钟内极大风速（瞬时风速）对应风向	AEF	°	0	3
瞬时风速（3 s 平均）	AFA	m/s	1	3
1 min 内极大风速	AFAa	m/s	1	3
1 min 平均风速	AFB	m/s	1	3
1 min 风速分钟标准差	AFBl		2	4
2 min 平均风速	AFC	m/s	1	3
10 min 平均风速	AFD	m/s	1	3
1.5 m 高				
瞬时风向（1 s 采样）	AEA150	°	0	3
1 min 平均风向	AEB150	°	0	3
1 min 风向分钟标准差	AEBl150		2	5
2 min 平均风向	AEC150	°	0	3
10 min 平均风向	AED150	°	0	3
分钟内极大风速（瞬时风速）对应风向	AEF150	°	0	3
瞬时风速（3 s 平均）	AFA150	m/s	1	3
1 min 内极大风速	AFA150a	m/s	1	3
1 min 平均风速	AFB150	m/s	1	3
1 min 风速分钟标准差	AFBl150		2	4
2 min 平均风速	AFC150	m/s	1	3
10 min 平均风速	AFD150	m/s	1	3

注1：标准差超过位数时用"字节长度"个"/"表示。
注2：为了使观测要素变量值变为整数输出，将原值乘以10的n次幂，定义n为比例因子，取值大于或等于0。

B.5 称重式降水量测量要素

称重式降水量测量要素名称及编码见表 B.5。

表 B.5 称重式降水量测量要素名称及编码

观测要素名称	要素名称编码	单位	比例因子	长度/byte
分钟降水(称重式)	AHC	mm	1	3
5 min 累计降水(称重式)	AHC5	mm	1	4
注:为了使观测要素变量值变为整数输出,将原值乘以 10 的 n 次幂,定义 n 为比例因子,取值大于或等于 0。					

B.6 翻斗式雨量测量要素

翻斗式雨量测量要素名称及编码见表 B.6。

表 B.6 翻斗式雨量测量要素名称及编码

观测要素名称	要素名称编码	单位	比例因子	长度/byte
分钟降水(翻斗式)	AHA	mm	1	3
5 min 累计降水(翻斗式)	AHA5	mm	1	4
注:为了使观测要素变量值变为整数输出,将原值乘以 10 的 n 次幂,定义 n 为比例因子,取值大于或等于 0。					

附 录 C
（规范性附录）
数据文件要求

C.1 文件组成

自动气候站数据文件包括分钟数据文件和小时数据文件。

C.2 分钟数据文件

C.2.1 数据文件内容

气象智能集成处理器将智能气象传感器上传的分钟数据，以及质量控制后的分钟数据进行存储。温度传感器存储的计算、质量控制后数据应为3支温度传感器综合质量控制后的数据。

C.2.2 文件名

1 min 数据文件名为 AAAA_YYYYMMDD_1min.txt，5 min 数据文件名为 AAAA_YYYYMMDD_5min.txt，其中：AAAA 为设备标识符，表示为气候站气象要素；YYYY 为年份，MM 为月份，DD 为日期，月份和日期不足两位时，前面补"0"；txt 为固定编码。

C.2.3 文件形成

该文件每日一个，在每日的20时生成，每行按照每条数据长度进行存储，记录尾以回车换行结束，ASCII 字符写入。

文件第一次生成时应进行初始化，初始化的过程：检测分钟气象要素数据文件是否存在，如无该日分钟气象要素数据文件，则生成该文件时，要素数据位置一律存储相应长度的"一"字符（即减号）。

文件内容按北京时计时。

C.3 小时数据文件

C.3.1 数据文件内容

气象智能集成处理器将智能气象传感器上传的要素数据进行计算和统计后整合存储。存储内容包括极值和累计值等。

C.3.2 文件名

小时数据文件名为 AAAA_YYYYMMDD_Hour.txt。其中：AAAA 为设备标识符，表示为气候站气象要素；YYYY 为年份，MM 为月份，DD 为日期，月份和日期不足两位时，前面补"0"；txt 为固定编码。

C.3.3 文件形成

该文件每日一个，在每日的20时生成，每行按照每条数据长度进行存储，采用固定偏移地址不定长方式写入，记录尾以回车换行结束，ASCII 字符写入。

文件第一次生成时应进行初始化,初始化的过程:检测小时气象要素数据文件是否存在,如无该日小时气象要素数据文件,则生成该文件时,要素位置一律存相应长度的"－"字符(即减号)。

文件内容按北京时计时。

参 考 文 献

[1] JJF 1001—2011 通用计量术语及定义
[2] JJG(气象)002—2015 自动气象站铂电阻温度传感器
[3] JJG(气象)003—2011 自动气象站湿度传感器
[4] JJG(气象)004—2011 自动气象站风向风速传感器
[5] JJG(气象)005—2015 自动气象站翻斗式雨量传感器
[6] WMO. Guide to Meteorological Instruments and Methods of Observation:WMO-No. 8[Z],2014

ICS 07.060
A 47
备案号：78178—2020

中华人民共和国气象行业标准

QX/T 569—2020

人工增雨(雪)地面催化剂发生器选址安装技术要求

Technical requirements for site selection and installation of ground-based catalyst generator on artificial precipitation enhancement

2020-07-31 发布　　　　　　　　　　　　　　　　　　2020-12-01 实施

中 国 气 象 局　发 布

前　言

本标准按照 GB/T 1.1—2009 给出的规则起草。

本标准由全国人工影响天气标准化技术委员会(SAC/TC 538)提出并归口。

本标准起草单位：海南省人工影响天气中心、陕西中天火箭技术股份有限公司、安徽省人工影响天气办公室、山西省人工降雨防雹办公室、天津市人工影响天气办公室。

本标准主要起草人：黄彦彬、武玉忠、袁野、敖杰、裴真、孟辉、孙永涛、毛志远、李光伟、邢峰华。

QX/T 569—2020

人工增雨(雪)地面催化剂发生器选址安装技术要求

1 范围

本标准规定了人工增雨(雪)地面催化剂发生器的选址、安装、验收归档等要求。
本标准适用于人工增雨(雪)地面催化剂发生器的选址、安装。

2 规范性引用文件

下列文件对于本文件的应用是必不可少的。凡是注日期的引用文件，仅注日期的版本适用于本文件。凡是不注日期的引用文件，其最新版本(包括所有的修改单)适用于本文件。

GB 50057　建筑物防雷设计规范
GB 50343　建筑物电子信息系统防雷技术规范
JGJ 116　民用建筑电气设计规范
QX/T 151—2012　人工影响天气术语
QX/T 226—2013　人工影响天气作业站点防雷技术规范

3 术语和定义

QX/T 151—2012 界定的以及下列术语和定义适用于本文件。

3.1

地面催化剂发生器 ground-based catalyst generator

通过燃烧催化剂方式，实施人工增雨(雪)的地面作业装置。

4 选址

4.1 基本要求

4.1.1 环境

选址地点环境应符合以下条件：
a) 有利于地形云或对流云形成、发展和气流上升的区域；
b) 远离易燃易爆场所；
c) 避开洪水、泥石流、山体滑坡等自然灾害频发地；
d) 符合森林、草原防火要求。

4.1.2 布局

地面催化剂发生器间隔距离以 10 km～30 km 为宜。

4.1.3 场地

选址地点的场地应能保证相关设施合理布局，互不影响，一般不小于 4 m×4 m。

4.1.4 通信

选址地点应有良好的无线通信信号,保证遥控作业。

4.1.5 供电

选址地点应具备可靠的供电系统。无市电供电的,应采用太阳能、风能等其他供电系统供电,且确保设备7天以上用电需求。

4.2 气象条件要求

4.2.1 上升气流

4.2.1.1 对地形云人工增雨(雪),依据现场观测或周边气象站数据、数值模式产品资料,分析选址地点盛行风向与山体关系,估算垂直气流分布情况,综合考虑作业季节,应选择最大上升气流区。

4.2.1.2 对夏季对流云,依据多普勒雷达、风廓线雷达等历史或现场观测数据、数值模式产品资料,分析选址地点上升气流分布情况,综合考虑作业季节,应选择最大上升气流区。

4.2.2 云和降水

统计作业季节雷达观测资料,分析选址地点周边云系的活动规律和特征,找出最有利的云的移动轨迹,选址地点应在当地降水云移动发展的主要路径上。

4.2.3 催化剂影响区域

使用人工影响天气模式计算和分析选址地点催化剂扩散、输送及核化规律,催化剂应满足核化条件,影响区域应覆盖人工增雨(雪)的主要目标区。

5 安装

5.1 基本要求

5.1.1 安装地点周围应除去树木、草丛等易燃物,并设置防火等警示标志。
5.1.2 安装地点应砌围墙或安装铁栅栏予以保护,高度不低于1.8 m高围栏。
5.1.3 地面催化剂发生器的炉体距离围栏的最近距离应不小于2 m,与监控立竿之间的距离宜在7 m~8 m之间,应确保监控无死角。
5.1.4 采用太阳能供电的太阳能杆应布设在炉体正南方。

5.2 地基土建

5.2.1 基座

地面催化剂发生器的炉体安装位置应水平,基座硬化工程建设应按照JGJ 116的要求执行。

5.2.2 预埋

在地面催化剂发生器炉体安装位置预埋地脚螺栓和钢钎,根据炉体尺寸要求,做好供电设施和监控系统的管线预埋。

5.3 雷电防护

5.3.1 地面催化剂发生器雷电防护应符合GB 50057和GB 50343的相关技术要求。

5.3.2 安装防直击雷装置应符合 QX/T 226—2013 中第 7 章规范要求。

5.3.3 防雷接地、电气设备的保护接地等公共接地电阻应满足使用要求。如接地电阻不能满足使用要求，应适当增大接地极，直至满足接地电阻值要求为准。

5.3.4 凡正常不带电，而绝缘破坏有可能呈现电压的一切电气设备金属外壳应可靠接地。

5.3.5 建筑物的金属结构如果设置人工接地，也包括其接地极引线。

5.4 其他要求

5.4.1 如需进行本标准以外的施工，应符合建筑电气施工及验收规范的规定。

5.4.2 安装所选设备、材料应具备国家级检测中心的检测合格证书（3C 认证），满足与产品相关的国家标准；供电产品、消防产品具有入网许可证。

6 验收归档

6.1 安装完成后，应由该项目气象主管机构组织验收，报省级气象主管机构备案。

6.2 该项目气象主管机构负责本辖区内作业点的基本建设资料的收集和归档。

参 考 文 献

[1] 何媛,黄彦彬,李春鸾,等.海南省暖云烟炉设置及人工增雨作业条件分析[J].气象科技,2016,44(6):1043-1052

[2] 黄彦彬,毛志远,邢峰华,等.海南岛西部山区人工催化暖底积云随机化效果检验[J].气象科技,2019,47(3):486-494

[3] Manton M J, Warren L, Kenyon S L, et al. A confirmatory snowfall enhancement project in the Snowy Mountains of Australia. Part I: Project design and response variables[J]. Journal of Applied Meteorology and Climatology,2011, 50: 1432-1447

[4] Pokharel B, Geerts B A. Multi-sensor study of the impact of ground-based glaciogenic seeding on clouds and precipitation over mountains in Wyoming. Part I: Project description atmospheric Research[J]. Elsevier Science Inc,2016, 182:269-281

[5] Flossmann A I, Manton M, Abshaev A, et al. Review of advances in precipitation enhancement research[J]. Bulletin of the American Meteorological Society,2019, 100:1463-1480

[6] Jing X, Geerts B. Boe B. The extra-Area effect of orographic cloud seeding: Observational evidence of precipitation enhancement downwind of the target mountain[J]. Journal of Applied Meteorology and Climatology,2016, 55:1409-1424

[7] Qun M, Geerts B. Airborne measurements of the impact of ground-based glaciogenic cloud seeding on orographic precipitation[J]. Advances in Atmospheric Sciences,2013, 30:1025-1038

ICS 07.060
A 47
备案号：78179—2020

中华人民共和国气象行业标准

QX/T 570—2020

气候资源评价　气候宜居城镇

Climate resource assessment—Climate livable cities

2020-07-31 发布　　　　　　　　　　　　　　　2020-10-01 实施

中国气象局　发布

QX/T 570—2020

前　言

本标准按照GB/T 1.1—2009给出的规则起草。

本标准由全国气候与气候变化标准化技术委员会(SAC/TC 540)提出并归口。

本标准起草单位：国家气候中心、福建省气候中心。

本标准主要起草人：陈峪、肖潺、王长科、艾婉秀、赵珊珊、朱蓉、邹燕。

QX/T 570—2020

气候资源评价 气候宜居城镇

1 范围

本标准规定了气候宜居的评价内容、资料要求、评价指标和评价方法。

本标准适用于城镇的气候宜居性评价及服务。

2 规范性引用文件

下列文件对于本文件的应用是必不可少的。凡是注日期的引用文件,仅注日期的版本适用于本文件。凡是不注日期的引用文件,其最新版本(包括所有的修改单)适用于本文件。

GB/T 34299—2017 大气自净能力等级

QX/T 152—2012 气候季节划分

3 术语和定义

下列术语和定义适用于本文件。

3.1
气候宜居 climate livability

气候及与之相关联的生态环境等条件适宜人类居住,其适宜性具有全年和长期特征。

3.2
气候平均值 climatological normal

常年值

最近连续3个整年代的气象要素平均值。

注:按照世界气象组织(WMO)的相关规定,每年代更新一次,即2011年—2020年期间,采用1981年—2010年的平均值作为其气候平均值,依此类推。

3.3
参证气象站 reference meteorological station

气象分析计算所参照或引用的具有长年代气象观测数据的国家气象观测站。

[QX/T 469—2018,定义3.2]

3.4
气候季节 climatic season

从天气气候角度,按照日平均气温的不同将一年划分为不同的时段,通常分为春季、夏季、秋季和冬季四个季节。

注:改写QX/T 152—2012,定义2.1。

4 评价内容和资料要求

4.1 评价内容

4.1.1 气候条件

包括气温、降水、风、湿度、日照、气压等基本气象要素和沙尘、霾、强对流等天气现象及其统计量。

4.1.2 环境条件

包括与气候相关联的并可影响人居舒适性的植被、空气、水、自然景观等。

4.2 资料要求

4.2.1 气象资料

评价地域应具有近10年及以上的气象资料,其中气温、降水资料年代应不少于30年。若无法获取所需气象资料时,可使用能够代表该地域气候特征的参证气象站的气象资料代替。

4.2.2 非气象资料

非气象资料可通过向地方政府征集、调查等方式获取,应核实其准确性、代表性、合法性。根据获得情况,宜构建最近不少于5年的资料序列。

5 评价指标及确定方法

5.1 评价指标

5.1.1 评价指标由5项一级指标、19项二级指标、42项三级指标构成,见附录A中的表A.1。

5.1.2 一级指标评价目的和内容如下:
   a) 气候宜居禀赋:评价一地气候的宜居性优势,由气温、降水、风、湿度、日照、气压和气候季节等二级指标构成;
   b) 气候不利条件:评价一地气候对宜居性的不利影响,由气温、降水、风和天气现象等二级指标构成;
   c) 气候生态环境:评价一地与气候相关的生态环境,由大气环境、植被和水环境等二级指标构成;
   d) 气候舒适性:评价一地人体对居住、度假、旅游气候条件的舒适感受,由人体舒适度指数、气候度假指数和气候旅游指数二级指标构成;
   e) 气候景观:评价一地在一定天气气候条件下形成的以及可形成当地独特气候的自然景观,由气象景观和地形地貌景观二级指标构成。

5.2 指标值确定

5.2.1 气象类指标的确定应符合下列要求:
   a) 涉及气象要素的评价指标,以常年值作为指标值;
   b) 资料年代不满足常年值计算要求的,以多年平均值作为指标值;
   c) 常年值、多年平均值计算方法见附录B中的B.1。

5.2.2 非气象类指标的确定应符合下列要求:
   a) 可根据资料情况,以最近5年的平均值作为指标值;

b) 少于5年的,按实际资料长度计算指标值。

5.2.3 非计算类指标的确定,以实际获取结果作为指标值。

5.3 时段划分

5.3.1 日历年为1月—12月。

5.3.2 固定时段的季节,冬季按上年12月至当年2月、春季按3月—5月、夏季按6月—8月、秋季按9月—11月划分。

5.3.3 气候季节的春、秋季按QX/T 152—2012第3章和第4章的规定划分。

5.4 指标值计算

5.4.1 降水变差系数计算方法见附录B中的B.3。

5.4.2 春、秋季长度计算方法见QX/T 152—2012的3.1、3.3和第4章。

5.4.3 大气自净能力计算方法见附录B中的B.4、GB/T 34299—2017的3.2。

5.4.4 人体舒适度指数、气候度假指数和气候旅游指数计算方法见附录C。

6 评价方法

6.1 等级划分

6.1.1 气候宜居禀赋、气候生态环境和气候舒适性的三级指标划分为A(优)、B(良)、C(一般)三个等级。

6.1.2 气候不利条件的三级指标划分为A(低影响)、B(中等影响)、C(高影响)三个等级。

6.1.3 气候景观的三级指标划分为A(优)、B(良)两个等级。

6.2 指标统计

6.2.1 优良率

三级指标为A和B的总计项数除以参与统计的总项数。

6.2.2 优率

三级指标为A的总计项数除以A、B的合计项数。

6.3 综合评价

6.3.1 评价指标、等级阈值和评价等级见附录A。

6.3.2 若表A.1中所有三级指标的合计优良率大于或等于70%且优率大于或等于50%,即符合气候宜居城镇评价条件。

附 录 A
（规范性附录）
气候宜居评价指标、阈值和评价等级表

气候宜居各级评价指标、指标等级阈值和评价等级见表 A.1。

表 A.1 气候宜居评价指标、阈值和评价等级表

一级指标	二级指标	序号	三级指标	单位名称（符号）	阈值	评价等级
气候宜居禀赋	气温	1	年适宜温度（15 ℃≤T≤25 ℃）日数	天(d)	≥150	优
					[120,150)	良
					<120	一般
		2	7月平均最低气温	摄氏度(℃)	[10,20]	优
					(20,24]	良
					<10 或>24	一般
		3	1月平均最高气温	摄氏度(℃)	≥10	优
					[5,10)	良
					<5	一般
		4	年平均气温日较差	摄氏度(℃)	[8,10]	优
					[6,8)或(10,14]	良
					<6 或>14	一般
		5	夏季平均气温日较差	摄氏度(℃)	≥10	优
					[8,10)	良
					<8	一般
		6	冬季平均气温日较差	摄氏度(℃)	≤8	优
					(8,12]	良
					>12	一般
	降水	7	年降水量	毫米(mm)	[800,1200]	优
					[400,800)或(1200,1600]	良
					<400 或>1600	一般
		8	年降水变差系数	/	≤0.18	优
					(0.18,0.22]	良
					>0.22	一般
		9	降水季节均匀度（冬季降水量与夏季降水量之比）	/	≥0.15	优
					[0.05,0.15)	良
					<0.05	一般
		10	年适宜降水(0.1 mm≤R<10.0 mm)日数	天(d)	[90,120]	优
					[60,90)或(120,150]	良
					<60 或>150	一般
	湿度	11	年平均相对湿度	百分率(%)	[65,75]	优
					[50,65)或(75,80]	良
					<50 或>80	一般
		12	夏季平均相对湿度	百分率(%)	≤70	优
					(70,80]	良
					>80	一般
		13	年适宜湿度(50%≤H≤80%)日数	天(d)	≥210	优
					[180,210)	良
					<180	一般

表 A.1 气候宜居评价指标、阈值和评价等级表（续）

一级指标	二级指标	序号	三级指标	单位名称(符号)	阈值	评价等级
气候宜居禀赋	风	14	年平均风速	米/秒(m/s)	[1.5,2.5]	优
					[1,1.5)或(2.5,3.3]	良
					<1 或 >3.3	一般
		15	年适宜风(0.3 m/s≤V≤3.3 m/s)日数	天(d)	≥300	优
					[240,300)	良
					<240	一般
	日照	16	夏季日照时数	小时(h)	[500,700]	优
					[400,500)或(700,800]	良
					<400 或 >800	一般
		17	冬季日照时数	小时(h)	≥450	优
					[250,450)	良
					<250	一般
	气压	18	大气含氧量(本站年平均大气压与标准大气压之比)	百分率(%)	≥85	优
					[75,85)	良
					<75	一般
	气候季节	19	春秋季总长(一年中春季日数与秋季日数之和)	天(d)	≥150	优
					[120,150)	良
					<120	一般
气候不利条件	气温	20	年高温(T_{max}≥35 ℃)日数	天(d)	≤3	低
					(3,15]	中
					>15	高
		21	年寒冷(T_{min}≤-10 ℃)日数	天(d)	≤5	低
					(5,60]	中
					>60	高
	降水	22	年大雨(R≥25.0 mm)以上日数	天(d)	≤3	低
					(3,15]	中
					>15	高
		23	年无雨(R<0.1 mm)日数	天(d)	≤210	低
					(210,270]	中
					>270	高
	风	24	年强风(V_{max}≥10.8 m/s)日数	天(d)	≤3	低
					(3,15]	中
					>15	高
		25	年静风(V≤0.2 m/s)日数	天(d)	≤3	低
					(3,15]	中
					>15	高
	天气现象	26	年沙尘(扬沙及以上等级)日数	天(d)	≤2	低
					(2,5]	中
					>5	高
		27	年霾日数	天(d)	≤3	低
					(3,15]	中
					>15	高
		28	年强对流(冰雹、雷暴、龙卷、飑线合计)日数	天(d)	≤15	低
					(15,30]	中
					>30	高

表A.1 气候宜居评价指标、阈值和评价等级表(续)

一级指标	二级指标	序号	三级指标	单位名称(符号)	阈值	评价等级
气候生态环境	大气环境	29	大气自净能力	吨每平方千米天 (t/(km²·d))	≥4.1	优
					[2.5,4.1)	良
					<2.5	一般
		30	年优良以上空气质量达标率	百分率(%)	≥90	优
					[80,90)	良
					<80	一般
		31	负氧离子平均浓度	个每立方厘米(个/cm³)	≥1000	优
					[500,1000)	良
					<500	一般
	植被	32	森林覆盖率	百分率(%)	≥50	优
					[30,50)	良
					<30	一般
	水环境	33	人均占有水资源量	立方米(m³)	≥2000	优
					[1000,2000)	良
					<1000	一般
		34	主要河流湖泊水质	/	Ⅱ类(含)以上	优
					Ⅲ类(含)以上	良
					Ⅲ类以下	一般
		35	主要水库水质	/	Ⅱ类(含)以上	优
					Ⅲ类(含)以上	良
					Ⅲ类以下	一般
气候舒适性	人体舒适度指数	36	最舒适月数	月	≥4	优
					[3,4)	良
					<3	一般
		37	舒适以上月数	月	≥8	优
					[6,8)	良
					<6	一般
	气候度假指数	38	适宜以上月数	月	≥10	优
					[8,10)	良
					<8	一般
	气候旅游指数	39	舒适以上月数	月	≥8	优
					[6,8)	良
					<6	一般
气候景观	气象景观	40	种类数量(雾凇、雪凇、雨凇、云雾、云海等)	项	≥3	优
					<3	良
		41	出现频率	/	全年性	优
					季节性	良
	地形地貌景观	42	种类数量(海洋、草原、森林、湖泊、山地等)	项	≥2	优
					<2	良

注:T表示日平均气温;R表示日降水量;H表示日平均相对湿度;V表示日平均风速;T_{max}表示日最高气温;T_{min}表示日最低气温;V_{max}表示日最大风速;[,]表示左包含和右包含;(,)表示左不包含和右不包含;/表示无单位。

附　录　B
（规范性附录）
部分统计值、指标值计算方法

B.1　常年值、多年平均值

常年值或多年平均值计算见式（B.1）：

$$\bar{x} = \frac{1}{n} \times \sum_{i=1}^{n} x_i \qquad\qquad\qquad (B.1)$$

式中：
$\bar{x}$ ——常年值或多年平均值；
i ——年序号，$i=1,2,\cdots,n$；
n ——资料年数，常年值 n 取 30，多年平均值 n 取所需计算的年数；
x_i ——第 i 年的值。

B.2　标准差

标准差计算见式（B.2）：

$$\sigma = \sqrt{\frac{1}{n-1} \sum_{i=1}^{n} (x_i - \bar{x})^2} \qquad\qquad\qquad (B.2)$$

式中：
σ——标准差。

B.3　变差系数

变差系数计算见式（B.3）：

$$C_v = \frac{\sigma}{\bar{x}} \qquad\qquad\qquad (B.3)$$

式中：
C_v——变差系数。

B.4　大气自净能力

大气自净能力指标值计算见式（B.4）：

$$I_{AS} = 0.0274 \times \frac{I_A \times C_{PM_{2.5}} \times \sqrt{S}}{S} \qquad\qquad\qquad (B.4)$$

式中：
I_{AS} ——大气自净能力，单位为吨每平方千米天（t/(km²·d)）；
I_A ——大气自净能力指数，单位为万平方千米每年（10^4 km²/a）；
$C_{PM_{2.5}}$ ——$PM_{2.5}$ 浓度，取 75 μg/m³；
S ——单位面积，取 100 km²。

附 录 C
（规范性附录）
气候舒适指数计算方法

C.1 人体舒适度指数

C.1.1 计算方法

人体舒适度指数计算见式(C.1)。

$$I_{BC} = (1.8 \times T + 32) - 0.55 \times \left(1 - \frac{H}{100}\right) \times (1.8 \times T - 26) - 3.2 \times \sqrt{V} \quad \cdots\cdots\cdots\cdots\cdots(C.1)$$

式中：
I_{BC}——人体舒适度指数，四舍五入取整；
T ——日平均气温，单位为摄氏度(℃)；
H ——日平均相对湿度，用百分数(%)表示；
V ——日平均风速，单位为米/秒(m/s)。

C.1.2 等级划分

人体舒适度等级划分及程度描述见表 C.1。

表 C.1 人体舒适度指数分级表

I_{BC}	等级	感觉程度
≥90	10	酷热，很不舒适
86～89	9	暑热，不舒适
80～85	8	炎热，大部分人不舒适
76～79	7	闷热，少部分人不舒适
71～75	6	偏热，大部分人舒适
59～70	5	最为舒适
51～58	4	偏凉，大部分人舒适
39～50	3	清凉，少部分人不舒适
26～38	2	较冷，大部分人不舒适
≤25	1	寒冷，不舒适

C.2 气候度假指数

C.2.1 计算方法

气候度假指数计算见式(C.2)、式(C.3)。

$$I_{HC} = (4 \times ST_E) + (2 \times SC) + (3 \times SR + SV) \quad \cdots\cdots\cdots\cdots\cdots(C.2)$$

$$T_{\mathrm{E}} = T_{\max} - 0.55 \times \left(1 - \frac{H}{100}\right) \times (T_{\max} - 14.4) \qquad\cdots\cdots\cdots\cdots(C.3)$$

式中：

I_{HC} ——气候度假指数，四舍五入取整；

ST_{E} ——有效温度分值；

SC ——日总云量分值；

SR ——日降水量分值；

SV ——日平均风速分值；

T_{E} ——有效温度，单位为摄氏度（℃）；

$T_{\max}$ ——日最高气温，单位为摄氏度（℃）。

C.2.2 赋分方案

气候度假指数变量赋分方案见表 C.2。

表 C.2 气候度假指数变量赋分表

分值	有效温度 ℃	云覆盖率 %	日降水量 mm	风速 km/h
10	23～25	11～20	0	1～9
9	20～22、26	1～10、21～30	<3	10～19
8	27～28	0、31～40	3～5	0、20～29
7	18～19、29～30	41～50	—	—
6	15～17、31～32	51～60	—	30～39
5	11～14、33～34	61～70	6～8	—
4	7～10、35～36	71～80	—	—
3	0～6	81～90	—	40～49
2	−5～−1、37～39	≥90	9～12	—
1	<−5	—	—	—
0	>39	—	>12	50～70
−1	—	—	>25	—
−10	—	—	—	>70

注：云覆盖率由总云量成数换算为百分数。

C.2.3 等级划分

气候度假指数等级划分及程度描述见表 C.3。

表 C.3 气候度假指数分级表

I_{HC}	等级	描述
≥90	9	理想状态
80～89	8	特别适宜

QX/T 570—2020

表 C.3 气候度假指数分级表（续）

I_{HC}	等级	描述
70～79	7	很适宜
60～69	6	适宜
50～59	5	可以接受
40～49	4	一般
30～39	3	不适宜
20～29	2	很不适宜
≤19	1	特别不适宜

C.3 气候旅游指数

C.3.1 计算方法

气候旅游指数计算见式(C.4)。

$$I_{TC} = 2 \times (4 \times ST_{Ed} + ST_{Ea} + 2 \times SR + 2 \times SE + SV) \quad\quad\quad (C.4)$$

式中：
I_{TC} ——气候旅游指数，四舍五入取整；
ST_{Ed} ——白天有效温度分值，白天有效温度按公式(C.3)采用日最高气温和日最小相对湿度计算；
ST_{Ea} ——全天有效温度分值，全天有效温度按公式(C.3)采用日平均气温和日平均相对湿度计算；
SE ——日照时数分值。

C.3.2 赋分方案

气候旅游指数变量赋分方案见表 C.4。当日最高气温低于 15℃ 且日平均风速大于 8 km/h 时，采用风寒指数(I_K)代替日平均风速进行赋分。风寒指数计算见式(C.5)。

$$I_K = (12.1452 + 11.6222\sqrt{V} - 1.1622 \times V) \times (33 - T) \quad\quad\quad (C.5)$$

表 C.4 气候旅游指数变量赋分表

分值	有效温度 ℃	日降水量 mm	日照时数 h/d	日平均风速 km/h			风寒指数 W/(m²·h)
				日最高气温 ℃			
				15～23.9	24～33	>33	<15
5.0	20～26	<0.5	≥10	<2.88	12.24～19.79	—	—
4.5	19、27	0.5～0.9	9	2.88～5.75	—	—	—
4.0	18、28	1.0～1.4	8	5.76～9.03	9.04～12.23, 19.80～24.29	—	<500
3.5	17、29	1.5～1.9	7	9.04～12.23	—	—	—

表 C.4 气候旅游指数变量赋分表（续）

分值	有效温度 ℃	日降水量 mm	日照时数 h/d	日平均风速 km/h 日最高气温 ℃			风寒指数 W/(m²·h)
				15～23.9	24～33	>33	<15
3.0	16、30	2.0～2.4	6	12.24～19.79	5.76～9.03、24.30～28.79	—	500～625
2.5	10～15、31	2.5～2.9	5	19.80～24.29	2.88～5.75	—	—
2.0	5～9、32	3.0～3.4	4	24.30～28.79	<2.88、28.80～38.52	<2.88	625～750
1.5	0～4、33	3.5～3.9	3	28.80～38.52	—	2.88～5.75	750～875
1.0	−5～1、34	4.0～4.4	2	—	—	5.76～9.03	875～1000
0.5	35	4.5～4.9	1	—	—	9.04～12.23	1000～1125
0.25	—	—	—	—	—	—	1125～1250
0	>36、−10～−6	≥5.0	<1	>38.52	>38.52	>12.23	≥1250
−1.0	−15～−11	—	—	—	—	—	—
−2.0	−20～−16	—	—	—	—	—	—
−3.0	<−20	—	—	—	—	—	—

C.3.3 等级划分

气候旅游指数等级划分及程度描述见表 C.5。

表 C.5 气候旅游指数分级表

I_{TC}值	等级	描述
≥90	9	特别舒适
80～89	8	非常舒适
70～79	7	很舒适
60～69	6	舒适
50～59	5	较舒适
40～49	4	一般舒适
30～39	3	不舒适
20～29	2	不太舒适
10～19	1	非常不舒适
≤9	0	极度不舒适

C.4 指数月值计算和分级

将指数日值相加求月平均值,并分别按表 C.1、表 C.3 和表 C.5 划分等级。

参 考 文 献

[1] GB/T 3095—2012 环境空气质量标准
[2] GB/T 3838—2002 地表水环境质量标准
[3] GB/T 13201—1991 制定地方大气污染物排放标准的技术方法
[4] GB/T 20480—2006 沙尘暴天气等级
[5] GB/T 27963—2011 人居环境气候舒适度评价
[6] GB/T 28591—2012 风力等级
[7] GB/T 28592—2012 降水量等级
[8] GB/T 31221—2014 气象探测环境保护规范 地面气象观测站
[9] GB/T 34412—2017 地面标准气候值统计方法
[10] GB/T 35221—2017 地面气象观测规范 总则
[11] GB/T 35222—2017 地面气象观测规范 云
[12] GB/T 50280—1998 城市规划基本术语标准
[13] QX/T 380—2017 空气负(氧)离子浓度等级
[14] QX/T 416—2018 强对流天气等级
[15] QX/T 469—2018 气候可行性论证规范 总则
[16] 中华人民共和国住房和城乡建设部.宜居城市科学评价标准[Z],2007年5月30日
[17] 李雪铭,刘敬华.我国主要城市人居环境适宜居住的气候因子综合评价[J].经济地理,2003,23(5):656-660
[18] 刘子豪,黄建武,孔德亚,等.近50年武汉市人体舒适度指数变化特征分析[J].安徽师范大学学报,2018,41(5):468-473
[19] 朱蓉,张存杰,梅梅.大气自净能力指数的气候特征与应用研究[J].中国环境科学,2018,38(10):3601-3610
[20] 高绍凤,等.应用气候学[M].北京:气象出版社,2001
[21] 中国气象局.地面气象观测规范[M].北京:气象出版社,2003
[22] Mantao Tang. Comparing the 'Tourism Climate Index' and 'Holiday Climate Index' in Major European Urban Destinations [J]. University of Waterloo in fulfillment of the thesis requirement for the degree of Master of Environmental Studies, 2013
[23] Daniel Scott, et al. An inter-comparison of the Holiday Climate Index (HCI) and the Tourism Climate Index (TCI) in Europe [J]. Atmosphere, 2016, 7: 80
[24] Mieczkowski, Z. The tourism climatic index: A method of evaluating world climates for tourism [J]. Canadian Geographer, 1985, 29(3): 220-233

ICS 07.060
A 47
备案号：78180—2020

中华人民共和国气象行业标准

QX/T 571—2020

气候可行性论证报告质量评价

Quality evaluation for climatic feasibility demonstration reports

2020-07-31 发布　　　　　　　　　　　　　　　　2020-10-01 实施

中 国 气 象 局　发布

前　言

本标准按照GB/T 1.1—2009给出的规则起草。

本标准由全国气候与气候变化标准化技术委员会(SAC/TC 540)提出并归口。

本标准起草单位：中国气象局公共气象服务中心、沈阳区域气候中心、河北省气候中心。

本标准主要起草人：龚强、宋丽莉、顾正强、汪宏宇、朱玲、晁华、徐红、沈历都、全利红、顾光芹、蔺娜、王香云、曹倩。

QX/T 571—2020

气候可行性论证报告质量评价

1 范围

本标准规定了气候可行性论证报告质量评价的要求、内容、等级、指标和程序。

本标准适用于对气候可行性论证机构编制的气候可行性论证报告质量的评价。

2 规范性引用文件

下列文件对于本文件的应用是必不可少的。凡是注日期的引用文件，仅注日期的版本适用于本文件。凡是不注日期的引用文件，其最新版本（包括所有的修改单）适用于本文件。

QX/T 423 气候可行性论证规范 报告编制
QX/T 426 气候可行性论证规范 资料收集
QX/T 449 气候可行性论证规范 现场观测
QX/T 457 气候可行性论证规范 气象观测资料加工处理
QX/T 469 气候可行性论证规范 总则

3 术语和定义

下列术语和定义适用于本文件。

3.1
气候可行性论证 climate feasibility demonstration

对与气候条件密切相关的规划和建设项目进行气候适宜性、气象灾害风险性以及可能对局地气候产生影响的分析、评估活动。

3.2
气候可行性论证机构 climatic feasibility demonstration institution

从事气候可行性论证的机构。

注：本文件中简称为论证机构。

3.3
质量评价机构 quality evaluation institution

从事气候可行性论报告质量评价的中介机构。

注1：改写QX/T 318—2016，定义2.4。
注2：本文件中简称为评价机构。

4 评价要求

4.1 质量评价应遵循公开、公正、公平、客观、科学的原则。
4.2 论证机构应自愿参加质量评价。
4.3 评价机构应符合国务院气象主管机构相关要求，并制定评价相关实施细则。
4.4 评价机构和专家组成员应对质量评价相关材料的保密负责任。

5 评价内容

5.1 编制的规范性

5.1.1 按照QX/T 423的气候可行性论证报告结构要求,评价气候可行性报告编制格式的规范性。

5.1.2 按照QX/T 423、QX/T 469的气候可行性论证报告内容要求或相应的气候可行性论证专项技术标准内容要求,评价气候可行性论证报告编制内容的完整性。

5.2 资料的合规性

按照QX/T 426、QX/T 449、QX/T 457的要求,评价采用的气象资料、参证气象站选取、现场气象观测设置以及气象资料质量控制、加工处理情况是否符合标准。

5.3 内容的合理性

评价内容包括:
a) 引用技术标准的适用性和全面性情况;
b) 技术方法的科学性和适用性情况;
c) 论证分析翔实性和图表的规范性情况;
d) 论证结论的合理性和适用性情况;
e) 技术创新或解决重大问题情况。

6 评价等级

按照气候可行性论证报告质量的优劣,将其质量分为:优秀、良好、合格、不合格四个等级,气候可行性论证报告质量等级评定标准见表1。

表 1 气候可行性论证报告质量等级评定标准

质量等级	评分范围
优秀	≥90
良好	[75,90)
合格	[60,75)
不合格	<60
注:评分取专家组所有专家评分的平均值。专家评分标准见附录A。	

7 评价指标

7.1 对气候可行性论证报告编制的规范性、资料的合规性和内容的合理性进行评分,满分100分,评分指标见附录A。

7.2 当出现以下情况之一时,应采取一票否决,直接判定为不合格等级:
a) 使用虚假资料;
b) 关键论证结论有错误;

c) 出具虚假气候可行性论证报告或涂改、伪造书面评审意见。

8 评价程序

8.1 发布公告

评价机构向社会发布开展质量评价的公告,明确评价时间、适用范围和有关要求。

8.2 自愿申请

论证机构按照发布公告的要求自愿申请参加质量评价,申请时应提供下列材料：
——论证机构按照公告要求在规定时间内向评价机构提交申请材料,申请表见附录B；
——提交申请质量评价的气候可行性论证报告(近两年内完成且签字盖章的正式出具版)和专家评审意见复印件,并对其真实性负责。

8.3 报告评价

8.3.1 评价机构应根据论证机构提交的申请情况,制定质量评价实施方案,组建专家组对气候可行性论证报告质量进行审查评分。

8.3.2 评价机构应根据气候可行性论证报告的专业领域,对每份气候可行性论证报告组建不少于5人的专家组。

8.3.3 专家组每位专家应通过查阅论证机构上报材料,填写《气候可行性论证报告质量评价专家评分表》,评分表见附录A。

8.3.4 评价机构应对专家评分情况进行汇总,对同一气候可行性论证报告的评分取平均值,并按表1确定的质量等级,填写《气候可行性论证报告质量等级评价表》,评价表见附录C。

8.3.5 将《气候可行性论证报告质量等级评价表》反馈给论证机构,论证机构对评价结论有异议,可在5个工作日内向评价机构书面申请复评,《复评申请书》见附录D,复评最多进行1次。

8.3.6 质量评价过程结束后,评价机构应对质量评价情况进行汇总、分类,相关材料归档备查。

8.4 结果公布

评价机构向社会公布质量评价过程和评价结果。

8.5 工作流程

质量评价工作流程见图1。

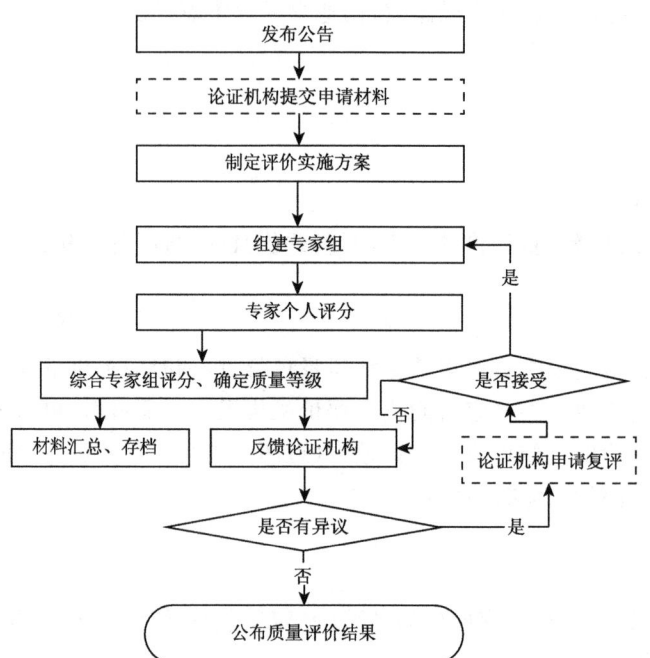

图 1 质量评价工作流程图

QX/T 571—2020

附 录 A
（规范性附录）
气候可行性论证报告质量评价专家评分表

图 A.1 给出了气候可行性论证报告质量评价专家评分表。

气候可行性论证报告质量评价专家评分表（满分 100 分）

专家信息	姓名		职称		电话	
	工作单位					
	E-mail					
气候可行性论证报告（简称报告）相关信息	报告名称					
	编制单位					
	委托单位					
	编制时间					
	论证项目名称					
一票否决项							
一票否决项内容		是否启用一票否决			启用理由或依据	
1.使用虚假资料		□是　　□否				
2.关键论证结论有错误		□是　　□否				
3.出具虚假报告		□是　　□否				
4.涂改、伪造书面评审意见		□是　　□否				
存在上述 1～4 项内容任何一项，评分计为 0 分，无需再填写以下 1～10 项。					
评分内容		评分标准		分值	得分	扣分原因
编制的规范性（10 分）	1.报告结构、格式完整情况（5 分）	报告封面、封二、目录、正文结构完整,封面、封二内容规范,编制单位公章和相关责任人、编制人手签名齐全,缺一项扣 1 分,直至不得分		5		
	2.报告正文章节内容完整情况（5 分）	按照 QX/T 423、QX/T 469 要求设置章节,缺一项扣 3 分,直至不得分		5		
资料的合规性（35 分）	3.气象站资料说明情况（10 分）	资料来源	注明所使用的气象站资料来源,未注明来源或来源不符合要求的不得分	4		
		台站沿革	列明详细的气象台站沿革信息,未列明的不得分,列不完整的扣 0～3 分	3		
		资料清单	列明所使用的气象资料清单（包括要素和时段）,未列明的不得分,列不完整的扣 0～3 分	3		

图 A.1 气候可行性论证报告质量评价专家评分表

资料的合规性(35分)	4.参证气象站选取和数据处理情况(15分)	选取依据	说明参证气象站选取依据(下垫面特征、距离、关键气象要素代表性等),未说明的不得分,依据不充分的扣0~7分	7		
		数据处理	数据质量控制、插补、均一化订正、统计计算等符合技术标准规范要求,未进行质量控制的不得分,数据处理不规范的扣0~8分	8		
	5.现场气象观测设置及数据处理情况(10分) 注:无现场观测的,此处不扣分	代表性	分析说明现场气象观测站位置设置的代表性情况,未说明的不得分,说明不完善的扣0~3分	3		
		合理性	分析说明现场气象观测站观测气象要素设置的合理性情况,未说明的不得分,说明不完善的扣0~3分	3		
		数据处理	分析说明观测数据质量情况,数据质量控制、插补、与参证气象站的相关性和一致性分析、统计计算等符合技术标准规范要求,未进行质量控制的不得分,数据处理不规范的扣0~4分	4		
内容的合理性(55分)	6.引用标准规范情况(5分)		引用的技术标准适用、全面,不适用或不全面的,扣0~5分	5		
	7.技术方法科学性(20分)	满足规范要求	采用的技术方法科学、准确,满足相关标准、规范要求,有一项不满足要求的扣5~15分,直至不得分	15		
		可靠性检验	对关键工程气象参数进行验证分析,未进行验证分析的不得分,验证分析不全面的扣0~5分	5		
	8.论证分析情况(15分)	分析	论证分析描述详细、重点突出,文字表达清晰简明,分析不翔实、重点不突出、文字表达繁琐含糊的,扣0~12分	12		
		图表	图表、计量单位等表达规范、完整、准确,有一项不准确或不规范的,扣0~3分	3		
	9.结论合理性、适用性(10分)	合理性和充分性	论证结论合理,具有支撑结论的依据分析,有一项分析不充分的,扣0~5分,直至不得分	5		
		适用性	对关键工程气象参数适用性进行分析说明,未说明的不得分,分析不完善的扣0~5分	5		

图 A.1 气候可行性论证报告质量评价专家评分表(续)

内容的合理性(55分)	10.技术创新或解决重大问题情况(5分)	报告在技术创新、解决重大问题等方面有突出表现的加0～5分	5		
评分合计：					
专家确认签字： （签名）　　　　　　　　　　　　　　　　　　　年　　月　　日					

图 A.1　气候可行性论证报告质量评价专家评分表(续)

附 录 B
（规范性附录）
气候可行性论证报告质量评价申请表

图 B.1 给出了气候可行性论证报告质量评价申请表。

气候可行性论证报告质量评价

申请表

（　　年）

申请单位：_____（盖章）

填表日期：　　年　　月　　日

××××制

a) 封面

图 B.1 气候可行性论证报告质量评价申请表

承诺书

本单位自愿参加××××组织的气候可行性论证报告质量评价。

本单位承诺,在申请本质量评价中所提交的材料全部真实、合法、有效,复印件或扫描件和原件内容一致,并对因材料虚假所引发的一切后果负责。

法人代表:_____(签字)

单位:_____(公章)

年　　月　　日

b)　承诺页

图 B.1　气候可行性论证报告质量评价申请表(续)

一、基本情况			
(一)申请情况			
初次申请 □		非初次申请 □	
(二)单位基本信息			
单位名称			
单位地址			
法定代表人		法定代表人身份证号码	
成立时间		联系人	
联系电话		联系人职务	
邮箱		邮政编码	
备案气象主管机构名称		备案时间	
在气象主管机构备案的气候可行性论证领域范围:			

二、近三年质量评价情况			
气候可行性论证报告名称	评价等级	评价时间	评价机构名称

三、本年度申请质量评价的气候可行性论证报告情况			
气候可行性论证报告名称	委托单位名称	完成时间	备注

c) 申请表主表

图 B.1 气候可行性论证报告质量评价申请表(续)

QX/T 571—2020

附 录 C
（规范性附录）
气候可行性论证报告质量等级评价表

图 C.1 给出了气候可行性论证报告质量等级评价表。

气候可行性论证报告质量等级评价表

被评单位名称	
被评气候可行性论证报告（简称报告）名称	
评价时间	

一票否决项			
一票否决项内容	是否启用一票否决		理由或依据
1.使用虚假资料	□是	□否	
2.关键论证结论有错误	□是	□否	
3.出具虚假报告	□是	□否	
4.涂改、伪造书面评审意见	□是	□否	

	评分内容	满分	得分	扣分原因
编制的规范性	1.报告结构、格式完整性	5		
	2.报告正文章节内容完整性	5		
资料的合规性	3.气象站资料说明情况	10		
	4.参证气象站选取和数据处理情况	15		
	5.现场气象观测设置及数据处理情况	10		
内容的合理性	6.引用标准规范情况	5		
	7.技术方法科学性	20		
	8.论证分析情况	15		
	9.结论合理性、适用性	10		
	10.技术创新或解决重大问题情况	5		
最终评分		100		
质量等级				

图 C.1 气候可行性论证报告质量等级评价表

附 录 D
（规范性附录）
《复评申请书》格式

《复评申请书》格式见图 D.1。

××单位：

我单位对贵单位于××年××月××日对《××气候可行性论证报告》质量评价结果存在异议。异议项和理由如下：

1. 对一票否决项的第×条有异议。理由：
2. 对评分内容中的第×条有异议。理由：

……

特申请对此论证报告进行复评。

单位法定代表人(签名)：
论证报告编制负责人(签名)：
单位(公章)
年　　月　　日

图 D.1　《复评申请书》格式

参 考 文 献

[1] GB/T 23793—2009　合格供应商信用评价规范
[2] QX/T 313—2016　气象信息服务基础术语
[3] QX/T 317—2016　防雷装置检测质量考核通则
[4] QX/T 316—2016　气象预报传播质量评价方法及等级划分
[5] QX/T 318—2016　防雷装置检测机构信用评价规范
[6] 中国气象局.气候可行性论证管理办法:中国气象局令第18号[Z],2008

ICS 07.060
B 18
备案号：78181—2020

中华人民共和国气象行业标准

QX/T 572—2020

农产品气候品质评价 青枣

Assessment for climate quality of agricultural products—Indian jujube

2020-07-31 发布　　　　　　　　　　　　　　　　2020-12-01 实施

中 国 气 象 局 发 布

QX/T 572—2020

前 言

本标准按照 GB/T 1.1—2009 给出的规则起草。

本标准由全国农业气象标准化技术委员会(SAC/TC 539)提出并归口。

本标准起草单位:福建省气象科学研究所、福建省漳州市热带作物气象试验站、福建省农业科学院果树研究所、厦门至诚标准化服务有限公司。

本标准主要起草人:陈惠、林晶、杨凯、陈涛、李丽纯、陈惠玲、杨飞跃、李丽容、陈福梓、李政、薛卫东、许玲、蔡鸿星。

QX/T 572—2020

农产品气候品质评价 青枣

1 范围

本标准规定了青枣（Ziziphus mauritiana Lam.）气候品质的评价要求、方法和等级划分。
本标准适用于青枣鲜果气候品质的分析和定量化评价。

2 规范性引用文件

下列文件对于本文件的应用是必不可少的。凡是注日期的引用文件，仅注日期的版本适用于本文件。凡是不注日期的引用文件，其最新版本（包括所有的修改单）适用于本文件。
QX/T 486—2019　农产品气候品质认证技术规范

3 术语和定义

下列术语和定义适用于本文件。

3.1
青枣鲜果　fresh fruit of Indian jujube
成熟采摘后未经加工、理化指标未发生改变的青枣果实。

3.2
青枣气候品质　climatic quality of Indian jujube
由天气气候条件决定的青枣鲜果品质。

3.3
日平均气温　average temperature
一日内各次定时观测的气温平均值。
注1：单位为摄氏度（℃）。
注2：改写 QX/T 101—2009,定义 2.2。

3.4
气温日较差　daily range of temperature
一昼夜间的最高气温和最低气温之差。
[QX/T 200—2013,定义 3.1]

3.5
日照时数　sunshine duration
在一给定时段内太阳直射辐照度大于或等于 120 W/m² 的各分段时间的总和。
注1：单位为小时（h）。
注2：改写 GB/T 35232—2017,定义 3.1。

3.6
可溶性固形物　soluble solid
果实中所有溶解于水的化合物（包括糖、酸、维生素、矿物质等）的总称。
注1：以百分率（％）表示。
注2：改写 QX/T 298—2015,定义 2.4。

4 评价要求

4.1 评价的青枣应来源于申请评价的生产区域内。
4.2 评价的青枣宜为集中采摘期(12月—翌年2月)的鲜果。
4.3 青枣生产过程中不应受到严重的病虫害和气象灾害影响。
4.4 青枣果实采收应达到相应青枣品种固有的果形、风味等成熟特征。
4.5 评价所用气象资料应符合 QX/T 486—2019 中 3.2 的规定。

5 评价方法

5.1 评价模型

青枣气候品质评价模型见式(1):

$$I_Q = \sum_{i=1}^{3} a_i M_i \quad\quad\quad\quad (1)$$

式中:

I_Q ——青枣气候品质评价指数;
a_i ——第 i 个气候品质指标的权重系数,a_1,a_2,a_3 分别为采收前 90 天日平均气温、采收前 30 天平均气温日较差和采收前 30 天平均日照时数的权重系数,取值宜分别为 0.4,0.3,0.3;
M_i ——第 i 个气候品质指标的分级赋值。

5.2 评价指标

5.2.1 青枣气候品质评价指标由青枣采收前 90 天日平均气温、采收前 30 天平均气温日较差和采收前 30 天平均日照时数组成。
5.2.2 青枣气候品质评价指标的分级赋值见表 1。

表 1 评价指标分级赋值

M_i 赋值	采收前 90 天日平均气温(T_{avg}) ℃	采收前 30 天平均气温日较差(ΔT) ℃	采收前 30 天平均日照时数(S) h
3	$T_{avg} \geq 18.5$	$\Delta T \geq 9.0$	$S \geq 5.0$
2	$15.5 \leq T_{avg} < 18.5$	$6.5 \leq \Delta T < 9.0$	$3.5 \leq S < 5.0$
1	$13.0 \leq T_{avg} < 15.5$	$4.0 \leq \Delta T < 6.5$	$2.0 \leq S < 3.5$
0	$T_{avg} < 13.0$	$\Delta T < 4.0$	$S < 2.0$

6 等级划分

按青枣气候品质评价指数,将青枣气候品质划分为:特优、优、良、一般 4 个等级。等级划分与评价指数见表 2。

表 2 等级划分与评价指数

评价等级	气候品质评价指数(I_Q)	品质等级对应的参考值	
		单果重(W) g	可溶性固形物含量(S_S) %
特优	$I_Q \geqslant 2.5$	$W \geqslant 100$	$S_S \geqslant 12.0$
优	$1.5 \leqslant I_Q < 2.5$	$75 \leqslant W < 100$	$10.5 \leqslant S_S < 12.0$
良	$0.5 \leqslant I_Q < 1.5$	$50 \leqslant W < 75$	$9.0 \leqslant S_S < 10.5$
一般	$I_Q < 0.5$	$W < 50$	$S_S < 9.0$

参 考 文 献

[1] GB/T 35232—2017 地面气象观测规范 日照
[2] QX/T 101—2009 水稻、玉米冷害等级
[3] QX/T 200—2013 生态气象术语
[4] QX/T 298—2015 农业气象观测规范 柑橘
[5] QX/T 411—2017 茶叶气候品质等级评价
[6] 金志凤,王治海,姚益平,等.浙江省茶叶气候品质等级评价[J].生态学杂志,2015,34(5):1456-1463
[7] 聂继云,李志霞,李海飞,等.苹果理化品质评价指标研究[J].中国农业科学,2012,45(14):2895-2903
[8] 王菱,尹思明.气象条件对苹果品质影响分析[J].中国农业气象,1992,13(4):15-18
[9] 许玲,薛卫东,陈天佑,等.脆蜜毛叶枣在福建热区引种表现及栽培要点[J].中国果树,2015(4):68-70
[10] 杨凯,陈惠,李丽纯,等.引种台湾青枣的寒冻害等级指标研究[J].自然灾害学报,2017,26(4):91-97
[11] 陈惠,杨凯,李政,等.3种热带特色果树寒冻害低温等级指标的确定[J].果树学报,2018,35(1):82-93

ICS 07.060
A 47
备案号：78182—2020

中华人民共和国气象行业标准

QX/T 573—2020

气候公报编写规范

Specifications for compiling climate bulletin

2020-07-31 发布　　　　　　　　　　　　　　　　　2020-12-01 实施

中 国 气 象 局　发 布

QX/T 573—2020

前　言

本标准按照 GB/T 1.1—2009 给出的规则起草。

本标准由全国气候与气候变化标准化技术委员会(SAC/TC 540)提出并归口。

本标准起草单位：国家气候中心。

本标准主要起草人：陈峪、曾红玲、赵琳、高荣、王遵娅。

QX/T 573—2020

气候公报编写规范

1 范围

本标准规定了气候公报编写的基本要求、主要内容、统计和评价方法等。
本标准适用于气候公报的编写。

2 规范性引用文件

下列文件对于本文件的应用是必不可少的。凡是注日期的引用文件,仅注日期的版本适用于本文件。凡是不注日期的引用文件,其最新版本(包括所有的修改单)适用于本文件。

GB/T 19201　热带气旋等级
GB/T 20480　沙尘天气等级
GB/T 20481　气象干旱等级
GB/T 20484　冷空气等级
GB/T 21983　暖冬等级
GB/T 21987　寒潮等级
GB/T 24438.1　自然灾害灾情统计　第1部分:基本指标
GB/T 28591　风力等级
GB/T 28592　降水量等级
GB/T 29457　高温热浪等级
GB/T 33666　厄尔尼诺/拉尼娜事件判别方法
GB/T 33669　极端降水监测指标
GB/T 33670　气候年景评估方法
GB/T 33671　梅雨监测指标
GB/T 33675　冷冬等级
GB/T 33680　暴雨灾害等级
GB/T 34293　极端低温和降温监测指标
GB/T 34306　干旱灾害等级
GB/T 34412—2017　地面标准气候值统计方法
GB/T 35562　气温评价等级
GB/T 36109　中国气象产品地理分区
QX/T 144　东亚冬季风指数
QX/T 152　气候季节划分
QX/T 170　台风灾害影响评估技术规范
QX/T 228　区域性高温天气过程等级划分
QX/T 280　极端高温监测指标
QX/T 304　西北太平洋副热带高压监测指标
QX/T 341　降雨过程强度等级
QX/T 371　阻塞高压监测指标

QX/T 395　中国雨季监测指标　华南汛期
QX/T 396　中国雨季监测指标　西南雨季
QX/T 495　中国雨季监测指标　华北雨季
QX/T 496　中国雨季监测指标　华西秋雨

3 术语和定义

下列术语和定义适用于本文件。

3.1
气候公报　climate bulletin
评述某地过去一段时间气候状况及其影响的总结性报告。

3.2
年　year
公历年的1月—12月。

3.3
季节　season
以日历或温度界限值划分的时段。日历划分的季节,冬季为上年12月至当年2月、春季为3月—5月、夏季为6月—8月、秋季为9月—11月;温度界限值划分的季节即气候季节,其划分见QX/T 152的规定。

3.4
统计值　statistic
通过数学统计得到的气候要素值,如累计值、平均值、极值等。

3.5
极值　extremum
观测值在其所有历史记录中或统计值在其历史序列中的最大或最小值。

3.6
气候平均值　climatological normal
常年值
最近连续3个整年代的气象要素平均值。
注:按照世界气象组织(WMO)的相关规定,每年代更新一次,即2011年—2020年期间,采用1981年—2010年的平均值作为其气候平均值,依此类推。

3.7
多年平均值　multiyear values
气象要素观测值或统计值连续5年(包括)以上的平均值。

3.8
同期　corresponding period
历史上与评述时段相同的时期。

3.9
区域　region
某一地理范围,如行政区、流域等地理分区或给定的任意范围,也包括全国范围。

3.10
区域平均　regional average
给定区域内某一要素的空间平均。

3.11
时段平均 period average

给定时间长度内某一要素累计值除以该时段的时间单位数。

4 基本要求

4.1 气候公报编写应遵循科学准确、客观定量和通俗易懂的原则。

4.2 气候公报应对区域内评价时段的气候状况及其影响进行全面总结和评述。

4.3 气候公报正文宜由基本气候概况、气候系统监测、重大天气气候事件和气象灾害、气候影响评估等部分组成。

4.4 全国年气候公报应具有4.3的完整结构，年以下时段或省（自治区、直辖市）及以下区域的气候公报可作适当调整。

4.5 气候公报正文除4.3的内容外，也可增加与气候相关并有必要编写的其他内容。

4.6 气候公报编排应由封面、目录、摘要、正文及封底构成。

5 编写内容要求

5.1 基本气候概况

5.1.1 主要气候要素统计项目

主要气候要素统计项目包括：
a) 给定统计时段和区域范围的平均气温、最高气温、最低气温，给定界限值的累计值或日数，极值和极端事件等；
b) 给定统计时段和区域范围的降水量，给定界限值的累计量或日数，极值和极端事件等；
c) 给定统计时段和区域范围的日照时数，给定界限值的累计量或日数，极值和极端事件等。

5.1.2 气候要素评价内容

气候要素评价内容包括：
a) 评价气候要素的总体特征；
b) 评价气候要素的时间差异和空间差异；
c) 评价气候要素的历史排位情况和极值情况等。

5.1.3 气候事件评价内容

气候事件评价内容包括：
a) 评价暖冬、冷冬、凉夏等气候事件；
b) 评价华南前汛期、西南雨季、梅雨、华北雨季、华西秋雨等雨季特征；
c) 评价气候季节、气候年景等。

5.2 气候系统监测

5.2.1 评述大气环流监测情况，主要包括冬季风、夏季风、西太平洋副热带高压等。

5.2.2 评述海洋监测情况，主要包括全球或关键区域海洋温度、对流状况等。

5.2.3 评述陆地监测情况，主要包括北半球、欧亚和中国的积雪状况等。

5.3 重大天气气候事件和气象灾害

5.3.1 评价时段内极端或产生较大影响的天气气候事件发生时间、范围、强度及其影响等。

5.3.2 评价时段内重大气象灾害的发生时间、范围、强度及其影响等。

5.4 气候影响评估

评估气候条件对主要行业(农业、交通、能源等)、自然资源(水资源、植被等)、环境(大气、生态)及人体健康等方面的影响,评估当年的气候年景。

6 统计和评价方法

6.1 气候要素评价方法

6.1.1 总体特征用评价时段内气候要素统计值的空间平均状况来表征,通过与其同期的常年值、历年值等的比较及历史排位等进行评价。

6.1.2 时间差异用同一气候要素统计值不同时段间的比较来表征,通过相同时长(如:旬、月、季或给定时段等)的气候要素统计值或其距平、距平百分率等的比较进行评价。

6.1.3 空间差异用同一气候要素统计值区域内或区域间的比较来表征,区域内空间差异通过各站点量值或距平、距平百分率等进行评述,区域间空间差异通过区域总量、区域平均值或距平、距平百分率等进行评价。

6.2 时段和空间统计

6.2.1 部分统计值计算方法见附录A、GB/T 34412—2017 第 7 章。

6.2.2 气温评价等级见附录B的B.1、GB/T 35562。

6.2.3 降水量评价等级见附录B的B.2。

6.2.4 日照时数评价等级见附录B的B.3。

6.2.5 时段累计值采用统计时段内气候要素逐时间单位(分钟、小时、日)的数据累计,统计时段规定见GB/T 34412—2017 第 5 章。

6.2.6 时段平均值、区域平均值保留2位小数,计算方法见附录A的A.4、A.5和A.6。

6.2.7 全国区域的平均值采用面积加权平均计算,其他给定区域的平均值采用算术平均计算,但也可根据需要采用面积加权平均计算。

6.3 常年值计算

6.3.1 资料年代长度满足常年值要求的,计算方法见附录A的A.1。

6.3.2 资料年代长度不满足要求的,采用多年平均值代替常年值,计算方法见附录A的A.1,表述中须标明资料年份。

6.3.3 区域常年值计算顺序,应先计算区域内各站点的常年值或多年平均值,再计算区域平均值。

6.4 极值、排位及比较

6.4.1 极值统计,给定时段内单站观测值(如日降水量)的极值从其所有历史记录中挑选,给定区域或时段统计值的极值从其所计算的历史序列中挑选。

6.4.2 历史排位,将历年序列按由大到小或由小到大排序,评价时一般列前三位,如"最大(小)""次大(小)""历史第三"。

6.4.3 历史同期比较,除年值外,时段统计值比较结果均应有"(历史)同期"的表述。

6.5 监测、评价

6.5.1 降水量等级监测、评价见 GB/T 28592,风力等级监测、评价见 GB/T 28591。

6.5.2 气候季节评价见 QX/T 152。

6.5.3 气候年景评价见 GB/T 33670。

6.5.4 暖冬气候事件评价见 GB/T 21983,冷冬气候事件评价见 GB/T 33675。

6.5.5 高温极端事件评价见 QX/T 280,低温极端事件评价见 GB/T 34293,降水极端事件评价见 GB/T 33669。

6.5.6 雨季监测评价见 GB/T 33671、QX/T 395、QX/T 396、QX/T 495、QX/T 496。

6.5.7 台风评价见 GB/T 19201、QX/T 170。

6.5.8 暴雨灾害评价见 GB/T 33680、QX/T 341。

6.5.9 干旱评价见 GB/T 20481、GB/T 34306。

6.5.10 高温(热浪)评价见 GB/T 29457、QX/T 228。

6.5.11 寒潮(冷空气)评价见 GB/T 21987、GB/T 20484。

6.5.12 沙尘天气评价见 GB/T 20480。

6.5.13 气象灾情统计见 GB/T 24438.1。

6.5.14 厄尔尼诺、拉尼娜事件监测评述见 GB/T 33666。

6.5.15 大气环流监测评述见 QX/T 371、QX/T 304、QX/T 144。

6.5.16 对尚无标准或规范的,参照现行业务规定进行评价;如有相关新标准实施或修订的,应参考使用。

7 其他要求

7.1 地理信息

7.1.1 各级行政区划单位名称和简称参见《中华人民共和国行政区划手册》。

7.1.2 气象地理分区及名称表述应符合 GB/T 36109 的规定(可参考《中国气象地理区划手册》的相关内容)。

7.1.3 全国流域划分可根据编写需要选择七大江河或十大流域分区,其中:
 a) 七大江河:黄河、长江、珠江、淮河、海河、松花江、辽河;
 b) 十大流域:松花江流域、辽河流域、海河流域、黄河流域、淮河流域、长江流域、珠江流域及东南诸河流域、西南诸河流域、西北诸河流域。

7.2 资料

7.2.1 气象资料应经过质量控制,非气象资料应来源可靠、数据可信。

7.2.2 公报中应有资料来源与缺测等完整性说明。

7.2.3 计算区域平均值历史序列的站数应每年保持基本稳定。

7.3 图表

7.3.1 空间分布图应有图题、统计时段及图例、要素单位等信息,时间序列图应有横坐标、纵坐标及标记、坐标说明及其单位等信息。

7.3.2 图题位于图形下方,表题位于表格上方,插图和表格编号应在文中相关内容处标明。

7.4 单位

常用气候要素单位见附录C。

附 录 A
（规范性附录）
部分统计值计算方法

A.1 常年值、多年平均值

计算见公式（A.1）：

$$\bar{x} = \frac{1}{n} \times \sum_{i=1}^{n} x_i \qquad\qquad (A.1)$$

式中：
$\bar{x}$——要素的常年值或多年平均值；
i——年序号，$i=1,2,\cdots,n$；
n——资料年数，常年值 n 取 30，多年平均值 n 取所需计算的年数；
x_i——第 i 年的要素值。

A.2 距平、距平百分率

计算见式（A.2）、式（A.3）：

$$d_i = x_i - \bar{x} \qquad\qquad (A.2)$$

$$dv_i = \frac{1}{\bar{x}} \times d_i \times 100\% \qquad\qquad (A.3)$$

式（A.2）、式（A.3）中：
d_i——要素的第 i 年距平；
dv_i——要素的第 i 年距平百分率，用百分数（％）表示。

A.3 标准差

计算见公式（A.4）：

$$\sigma = \sqrt{\frac{1}{n-1}\sum_{i=1}^{n}(x_i-\bar{x})^2} \qquad\qquad (A.4)$$

式中：
σ——要素的标准差。

A.4 时段平均

计算见公式（A.5）：

$$Y_t = \sum_{j=1}^{l} y_j / l \qquad\qquad (A.5)$$

式中：
Y_t——要素的某一时段平均值；
l——时段长度，如小时数、天数、月数、年数等；

j ——时段序号，$j=1,2,\cdots,l$；
y_j ——第 j 时段的要素值。

A.5 算术平均

计算见公式（A.6）：

$$Y_a = \sum_{j=1}^{m} y_j / m \qquad\qquad\cdots\cdots\cdots\cdots\cdots(A.6)$$

式中：
Y_a ——要素的区域算术平均值；
m ——区域内参与统计的气象站点总数；
j —— 站点序号，$j=1,2,\cdots,m$；
y_j ——第 j 站的要素值。

A.6 面积加权平均

计算见公式（A.7）：

$$Y_s = \sum_{k=1}^{N} S_k \times Y_{a,k} / \sum_{k=1}^{N} S_k \qquad\qquad\cdots\cdots\cdots\cdots\cdots(A.7)$$

式中：
Y_s ——要素的面积加权平均值；
N ——给定空间范围内划分的区域个数；
k ——区域序号，$k=1,2,\cdots,N$；
S_k ——面积权重，取第 k 区域的面积；
$Y_{a,k}$ ——第 k 区域的 Y_a。

附 录 B
（规范性附录）
气温、降水量、日照时数统计值评价等级

B.1 气温评价

固定值气温评价等级与指标见表B.1，标准差气温评价等级与指标见表B.2。

表B.1 固定值气温评价等级

等级	指标		
	旬	月	季、年
异常偏低	$d_i < -6.0$	$d_i < -4.0$	$d_i < -2.0$
明显偏低	$-6.0 \leqslant d_i < -4.0$	$-4.0 \leqslant d_i < -2.0$	$-2.0 \leqslant d_i < -1.0$
偏低	$-4.0 \leqslant d_i < -2.0$	$-2.0 \leqslant d_i < -1.0$	$-1.0 \leqslant d_i < -0.5$
正常（接近常年）	$-2.0 \leqslant d_i \leqslant 2.0$	$-1.0 \leqslant d_i \leqslant 1.0$	$-0.5 \leqslant d_i \leqslant 0.5$
偏高	$2.0 < d_i \leqslant 4.0$	$1.0 < d_i \leqslant 2.0$	$0.5 < d_i \leqslant 1.0$
明显偏高	$4.0 < d_i \leqslant 6.0$	$2.0 < d_i \leqslant 4.0$	$1.0 < d_i \leqslant 2.0$
异常偏高	$d_i > 6.0$	$d_i > 4.0$	$d_i > 2.0$
距平（d_i）的计算见公式(A.2)。			

表B.2 标准差气温评价等级

等级	指标
异常偏低	$d_i < -2.0\sigma$
明显偏低	$-2.0\sigma \leqslant d_i < -1.5\sigma$
偏低	$-1.5\sigma \leqslant d_i < -0.5\sigma$
正常（接近常年）	$-0.5\sigma \leqslant d_i \leqslant 0.5\sigma$
偏高	$0.5\sigma < d_i \leqslant 1.5\sigma$
明显偏高	$1.5\sigma < d_i \leqslant 2.0\sigma$
异常偏高	$d_i > 2.0\sigma$
标准差（σ）的计算见公式(A.4)。	

B.2 降水量评价

单站降水量统计值评价等级与指标见表B.3，区域平均降水量统计值评价等级与指标见表B.4。

表 B.3　单站降水量统计值评价等级

等级	指标		
	月	季	年
异常偏少	$dv_i < -80\%$	$dv_i < -80\%$	$dv_i < -50\%$
明显偏少	$-80\% \leq dv_i < -50\%$	$-80\% \leq dv_i < -50\%$	$-50\% \leq dv_i < -30\%$
偏少	$-50\% \leq dv_i < -30\%$	$-50\% \leq dv_i < -20\%$	$-30\% \leq dv_i < -10\%$
正常(接近常年)	$-30\% \leq dv_i \leq 30\%$	$-20\% \leq dv_i \leq 20\%$	$-10\% \leq dv_i \leq 10\%$
偏多	$30\% < dv_i \leq 50\%$	$20\% < dv_i \leq 50\%$	$10\% < dv_i \leq 30\%$
明显偏多	$50\% < dv_i \leq 100\%$	$50\% < dv_i \leq 80\%$	$30\% < dv_i \leq 50\%$
异常偏多	$dv_i > 100\%$	$dv_i > 80\%$	$dv_i > 50\%$
距平百分率(dv_i)计算见公式(A.3)。			

表 B.4　区域平均降水量统计值评价等级

等级	指标				
	月	季			年
		春秋季	夏季	冬季	
异常偏少	$dv_i < -50\%$	$dv_i < -20\%$	$dv_i < -10\%$	$dv_i < -40\%$	$dv_i < -8\%$
明显偏少	$-50\% \leq dv_i < -30\%$	$-20\% \leq dv_i < -10\%$	$-10\% \leq dv_i < -5\%$	$-40\% \leq dv_i < -30\%$	$-8\% \leq dv_i < -5\%$
偏少	$-30\% \leq dv_i < -10\%$	$-10\% \leq dv_i < -5\%$	$-5\% \leq dv_i < -3\%$	$-30\% \leq dv_i < -10\%$	$-5\% \leq dv_i < -3\%$
正常(接近常年)	$-10\% \leq dv_i \leq 10\%$	$-5\% \leq dv_i \leq 5\%$	$-3\% \leq dv_i \leq 3\%$	$-10\% \leq dv_i \leq 10\%$	$-3\% \leq dv_i \leq 3\%$
偏多	$10\% < dv_i \leq 30\%$	$5\% < dv_i \leq 10\%$	$3\% < dv_i \leq 5\%$	$10\% < dv_i \leq 30\%$	$3\% < dv_i \leq 5\%$
明显偏多	$30\% < dv_i \leq 50\%$	$10\% < dv_i \leq 20\%$	$5\% < dv_i \leq 10\%$	$30\% < dv_i \leq 40\%$	$5\% < dv_i \leq 8\%$
异常偏多	$dv_i > 50\%$	$dv_i > 20\%$	$dv_i > 10\%$	$dv_i > 40\%$	$dv_i > 8\%$
距平百分率(dv_i)计算见公式(A.3)。					

B.3　日照时数评价

日照时数统计值评价等级与指标见表 B.5。

表 B.5 日照时数统计值评价等级

等级	评价指标		
	月	季	年
异常偏少	$d_i < -50$	$d_i < -80$	$d_i < -150$
明显偏少	$-50 \leqslant d_i < -30$	$-80 \leqslant d_i < -50$	$-150 \leqslant d_i < -100$
偏少	$-30 \leqslant d_i < -10$	$-50 \leqslant d_i < -30$	$-100 \leqslant d_i < -50$
正常(接近常年)	$-10 \leqslant d_i \leqslant 10$	$-30 \leqslant d_i \leqslant 30$	$-50 \leqslant d_i \leqslant 50$
偏多	$10 < d_i \leqslant 30$	$30 < d_i \leqslant 50$	$50 < d_i \leqslant 100$
明显偏多	$30 < d_i \leqslant 50$	$50 < d_i \leqslant 80$	$100 < d_i \leqslant 150$
异常偏多	$d_i > 50$	$d_i > 80$	$d_i > 150$
距平(d_i)计算见公式(A.2)。			

附 录 C
（规范性附录）
常用气候要素、统计值单位

常用气候要素、统计值单位名称和符号见表C.1。

表C.1 常用气候要素、统计值单位名称和符号

要素、统计值	单位名称	单位符号
气温	摄氏度	℃
降水量	毫米	mm
日照时数	小时	h
相对湿度	百分率	%
风力	级	/
风速	米每秒	m/s
蒸发量	毫米	mm
雪深	厘米	cm
冻土深度	厘米	cm
日数	天	d
积温	度日	℃·d
降水资源量	立方米	m^3
变率	百分率	%
面积	平方千米	km^2
过程	次	/
事件	站日、站次	/
注："/"表示无单位符号。		

参 考 文 献

[1] QX/T 45—2007 地面气象观测规范 第1部分:总则
[2] QX/T 62—2007 地面气象观测规范 第18部分:月地面气象资料处理和报表编制
[3] QX/T 64—2007 地面气象观测规范 第20部分:年地面气象资料处理和报表编制
[4] DB13/T 1270—2010 气候状况公报编写规范
[5] 中国地图出版社.中华人民共和国行政区划手册[M].北京:中国地图出版社,2016
[6] 中国气象局.地面气象观测规范[M].北京:气象出版社,2003
[7] 水利部水资源研究及区划办公室.中国水资源初步评价[M].北京:水利部水资源研究及区划办公室,全国水资源初步成果汇总技术小组,1981
[8] 中国气象局预测减灾司,中国气象局国家气象中心.中国气象地理区划手册[M].北京:气象出版社,2006
[9] 丁一汇.中国气候[M].北京:科学出版社,2013
[10] 王秀荣.全国气象服务规范技术手册[M].北京:气象出版社,2013
[11] 中国气象局应急减灾与公共服务司.气象服务常用语手册[Z],2013—2017

ICS 07.060
A 47
备案号：78183—2020

中华人民共和国气象行业标准

QX/T 574—2020

气候指数　台风

Climate index—Typhoon

2020-07-31 发布　　　　　　　　　　　　2020-12-01 实施

中国气象局　发布

前　言

本标准按照 GB/T 1.1—2009 给出的规则起草。

本标准由全国气候与气候变化标准化技术委员会(SAC/TC 540)提出并归口。

本标准起草单位：国家气候中心、南京信息工程大学、财新智库。

本标准主要起草人：尹宜舟、叶殿秀、王玉洁、高荣、宋连春、王遵娅、廖要明、王喆。

QX/T 574—2020

气候指数 台风

1 范围

本标准规定了台风指数的计算方法。
本标准适用于陆地上台风灾害监测、评估、服务等业务和科研。

2 规范性引用文件

下列文件对于本文件的应用是必不可少的。凡是注日期的引用文件,仅注日期的版本适用于本文件。凡是不注日期的引用文件,其最新版本(包括所有的修改单)适用于本文件。
GB/T 35227—2017 地面气象观测规范 风向和风速
GB/T 35228—2017 地面气象观测规范 降水量

3 术语和定义

下列术语和定义适用于本文件。

3.1
台风指数 typhoon index
某地(区域)在一段时间内,表征由台风引起的风雨综合强度的指数。

3.2
日最大风速 daily maximum wind speed
一日内10分钟平均风速的最大值。
注1:通常以北京时20时为日界,一日是指前一日20时至当日20时。
注2:单位为米每秒(m/s)。

3.3
日降水量 daily precipitation
一日内的累计降水量。
注1:通常以北京时20时为日界,一日是指前一日20时至当日20时。
注2:单位为毫米(mm)。

4 资料要求及处理

4.1 资料要求

使用符合GB/T 35227—2017、GB/T 35228—2017要求且具有30年以上观测记录的逐日降水量和日最大风速资料;台风资料采用中国气象局热带气旋最佳路径数据集(http://tcdata.typhoon.org.cn/)。

4.2 资料处理

为确保指数计算的均一性,对统计时段内有缺测值的气象站点采用反距离加权插值方法进行插补,计算公式见附录 A。

采用客观分离方法,获取由台风引起的降水和风速资料,降水分离方法见附录 B,风速分离方法见附录 C。为计算方便,非台风引起的降水或风速统一赋值为 0。

5 计算方法

5.1 单站要素处理

对单站由台风引起的日最大风速(w)、日降水量(p)分别作如下加权处理:

$$D_w = \alpha \times I_w \quad \cdots\cdots\cdots\cdots(1)$$
$$D_p = \beta \times I_p \quad \cdots\cdots\cdots\cdots(2)$$

式(1)、式(2)中:

D_w ——单站台风日最大风速指标;
α ——单站台风日最大风速权重系数,根据其所处区间确定,见表 1;
I_w ——单站台风日最大风速无量纲化后的数值,计算见式(3);
D_p ——单站台风日降水量指标;
β ——单站台风日降水量权重系数,根据其所处区间确定,见表 1;
I_p ——单站台风日降水量无量纲化后的数值,计算见式(4)。

$$I_w = \frac{w}{w_{\max}} \quad \cdots\cdots\cdots\cdots(3)$$
$$I_p = \frac{p}{p_{\max}} \quad \cdots\cdots\cdots\cdots(4)$$

式(3)、式(4)中:

$w_{\max}$ ——统计时段及区域范围内,由台风引起的单站日最大风速最大值;
$p_{\max}$ ——统计时段及区域范围内,由台风引起的单站日降水量最大值。

表 1 风、雨因子权重系数

日最大风速区间 m/s	风因子权重系数(α)	日降水量区间 mm	雨因子权重系数(β)
[9.0,10.8)	0.084	[50,100)	0.090
[10.8,17.2)	0.147	[100,150)	0.183
[17.2,24.5)	0.281	[150,200)	0.295
[24.5,32.7)	0.488	[200,250)	0.432
≥32.7	1	≥250	1

5.2 单站月台风指数

单站月台风指数(I_m)计算公式为:

$$I_m = \sum_{i=1}^{N} [D_{w,i} + D_{p,i}] \quad \cdots\cdots\cdots\cdots(5)$$

式中:

N ——统计月份内的总天数;
$D_{w,i}$ ——统计月第 i 日单站台风日最大风速指标(D_w);

$D_{p,i}$ ——统计月第 i 日单站台风日降水量指标(D_p)。

5.3 单站年台风指数

单站年台风指数(I_y)计算公式为：

$$I_y = \sum_{i=1}^{M} [D_{w,i} + D_{p,i}] \quad \cdots\cdots\cdots\cdots(6)$$

式中：

M ——统计年份内的总天数；
$D_{w,i}$ ——统计年第 i 日单站台风日最大风速指标(D_w)；
$D_{p,i}$ ——统计年第 i 日单站台风日降水量指标(D_p)。

5.4 区域月台风指数

区域月台风指数(I_{rm})计算公式为：

$$I_{rm} = \sum_{i=1}^{L} I_{m,i} \quad \cdots\cdots\cdots\cdots(7)$$

式中：

L ——统计区域内气象站点总数；
$I_{m,i}$ ——统计区域内第 i 单站月台风指数(I_m)。

5.5 区域年台风指数

区域年台风指数(I_{ry})计算公式为：

$$I_{ry} = \sum_{i=1}^{K} I_{y,i} \quad \cdots\cdots\cdots\cdots(8)$$

式中：

K ——统计区域内气象站点总数；
$I_{y,i}$ ——统计区域内第 i 单站年台风指数(I_y)。

附　录　A
（规范性附录）
反距离加权插值方法

反距离加权插值方法计算公式如下：

$$Z_0 = \sum_{i=1}^{A} [Z_i \times \lambda_i] \quad\quad\quad\quad\quad (A.1)$$

式中：
Z_0 ——待插值点（缺测站点）插值后的值；
A ——待插值点周围站点数；
Z_i ——待插值点周围第 i 个站点的观测值；
λ_i ——待插值点周围第 i 个站点的权重，计算见式（A.2）。

$$\lambda_i = d_{0,i}^{-2} \Big/ \sum_{i=1}^{A} d_{0,i}^{-2} \quad\quad\quad\quad\quad (A.2)$$

式中：
$d_{0,i}$ ——待插值点与周围第 i 个站点之间的距离。

附 录 B
（规范性附录）
台风引起的降水分离方法

B.1 不同雨带分离

B.1.1 邻站降水率计算

邻站降水率计算公式为：

$$r_i = \begin{cases} B/C, & \text{当 } p_i > 0 \text{ 时} \\ 0, & \text{当 } p_i = 0 \text{ 时} \end{cases} \quad\quad\quad\quad\quad\quad (B.1)$$

式中：
r_i——第 i 站点的邻站降水率，如检查站点数为 Q，i 取 $1,2,\cdots,Q$；
B——邻站降水量大于 0 的站点数；
C——第 i 站点的邻站总数，邻站定义为与当前站点距离小于 200 km 的站点；
p_i——第 i 站降水量。

B.1.2 潜在雨带中心选取

按以下步骤操作，选取潜在雨带中心（假定符合要求的站点数为 E）：
a) 将 r_i 降序排列；
b) 选择 r_i 最大的站点为第一个潜在雨带中心；
c) 检查另外 $Q-1$ 个站点，当（且仅当）满足关系式(B.2)时，可被选定为潜在雨带中心。

$$p_i > 0, r_i > R_0, \text{且 } d \geqslant d_c \quad\quad\quad\quad\quad\quad (B.2)$$

式中：
R_0——常数，本文件中取为 0.4；
d——检查的第 i 站点与已入选为潜在雨带中心之间距离的最小值，单位为千米(km)；
d_c——距离常数，一般取值为 300 km。

B.1.3 雨带及其站点识别

对入选潜在雨带中心的站点（总数为 E）依次进行以下步骤，共得到 $G(G \leqslant E)$ 个相互独立的雨带：
a) 当且仅当该站点未隶属于任何已定义雨带时，它隶属于一个新的雨带 l。
b) 如果站点 i 隶属于雨带 l，则对于它的任何一个未隶属于任何已定义雨带的邻站，当它满足下列条件之一时，则该邻站隶属于雨带 l：
    1) $p_i \geqslant 5$，且 $r_i \geqslant R_0$；
    2) $p_i > 0$，且 $r_i \geqslant 0.5$。
c) 对新入选雨带 l 的站点，重复步骤 b)，直至找不到任何满足条件的邻站时，回到步骤 a)。

B.1.4 雨带边缘确定

雨带边缘确定仅限于所有未隶属于任何已定义雨带的有降水站点进行，对这样的站点分别做如下处理：
a) 统计出各已识别的雨带中的站点为其邻站的站数；
b) 找出站数最大的雨带，当站数大于或等于 1 时，则认为站点属于这个雨带，否则为离散降水站点；

c) 上述两步骤重复一次或多次,将 G 个相互独立的雨带和一些离散的降水站点分离开来。

B.2 台风雨带识别

B.2.1 潜在台风雨带筛选

对于雨带 l,满足式(B.3)、式(B.4)任意一个关系式时,可以定义为潜在台风雨带。

$$D_{tb} < D_0 + D_{min} \quad \cdots\cdots\cdots\cdots\cdots(B.3)$$

$$\sum_{i=1}^{M_l} v_i \geqslant 8.0 \quad \cdots\cdots\cdots\cdots\cdots(B.4)$$

式(B.3)、式(B.4)中:
D_{tb} ——台风中心与雨带 l 的加权重心之间的距离;
D_0 ——绝对台风降水距离控制阈值,见表 B.1;
D_{min} ——台风中心与所有站点之间距离的最小距离,当台风登陆时取为 0;
M_l ——雨带 l 所拥有的站点数;
v_i ——距离的函数,取值见式(B.5)。

表 B.1 台风引起的降水分离方法参数设定

分类	台风中心附近最大风速 m/s	绝对台风降水距离控制阈值(D_0) km	台风范围控制阈值(D_1) km
远距离台风点	< 17.2	200	500
	[17.2, 24.5)	300	700
	[24.5, 32.7)	400	900
	≥ 32.7	500	1100
近距离台风点	< 17.2	300	700
	≥ 17.2	500	1100
注:当台风中心距离中国大陆或台湾岛、海南岛 300 km 以内时,定义为近距离台风点,否则为远距离台风点。			

$$v_i = \begin{cases} 4.0, & \text{当 } d_{l,i} \leqslant 300 + D_{min} \\ 2.0, & \text{当 } 300 + D_{min} < d_{l,i} \leqslant 400 + D_{min} \\ 1.0, & \text{当 } 400 + D_{min} < d_{l,i} \leqslant 500 + D_{min} \\ 0.5, & \text{当 } 500 + D_{min} < d_{l,i} \leqslant 600 + D_{min} \\ 0.0, & \text{其他} \end{cases} \quad \cdots\cdots\cdots\cdots(B.5)$$

式中:
$d_{l,i}$ ——台风中心与雨带 l 中站点 i 之间的距离。

B.2.2 完整的台风雨带确定

对于任一有降水的站点 i,如果它满足下列条件之一,则该站点隶属于台风雨带:
a) $D_{T,i} < D_0$($D_{T,i}$ 为台风中心与站点 i 之间的距离);

b)　$D_{T,i} < D_1$,且站点 i 率属于某一潜在台风雨带（D_1 为台风范围控制阈值，见表 B.1）。

通过上述过程，得到完整的台风雨带，若整条台风雨带的站点数不超过 3 个时，则认为无台风降水。

附 录 C
(规范性附录)
台风引起的风速分离方法

根据台风6小时路径段对应的平均强度等级确定扫描半径,见表C.1。

若气象站点在扫描范围内,则认为该站风速受到台风影响;另外,若某站降水由台风引起,则自动认为该站风速也是由台风引起。

表 C.1 台风引起的风速分离扫描半径

台风平均强度 m/s	扫描半径 km
<17.2	100
[17.2,24.5)	150
[24.5,32.7)	200
[32.7,41.5)	250
[41.5,51.0)	300
≥51.0	350

参 考 文 献

[1] 朱志存,尹宜舟,黄建斌,等. 我国沿海主要省份热带气旋风雨因子危险性分析Ⅰ:基本值[J]. 热带气象学报,2018,34(2):145-152

[2] 尹宜舟,黄建斌,朱志存,等. 我国沿海主要省份热带气旋风雨因子危险性分析Ⅱ:年代际变化特征[J]. 热带气象学报,2018,34(2):153-161

[3] 任福民,吴国雄,王小玲,等. 2011. 近60年影响中国之热带气旋[M]. 北京:气象出版社:15-30

ICS 07.060
A 47
备案号：78184—2020

中华人民共和国气象行业标准

QX/T 575—2020

气候指数　雨涝

Climate index—Waterlogging

2020-07-31 发布　　　　　　　　　　　　　　　　2020-12-01 实施

中 国 气 象 局　发 布

前 言

本标准按照GB/T 1.1—2009给出的规则起草。

本标准由全国气候与气候变化标准化技术委员会(SAC/TC 540)提出和归口。

本标准起草单位：国家气候中心、南京信息工程大学、财新智库。

本标准主要起草人：叶殿秀、高荣、王玉洁、王遵娅、宋连春、廖要明、尹宜舟、王喆。

QX/T 575—2020

气候指数 雨涝

1 范围

本标准规定了雨涝指数的计算方法。

本标准适用于单站和区域雨涝监测、评估与服务等业务和科研。

2 规范性引用文件

下列文件对于本文件的应用是必不可少的。凡是注日期的引用文件,仅注日期的版本适用于本文件。凡是不注日期的引用文件,其最新版本(包括所有的修改单)适用于本文件。

GB/T 35228—2017 地面气象观测规范 降水量

3 术语和定义

下列术语和定义适用于本文件。

3.1

日降雨量 daily rainfall

一日内的累计降雨量。

注1:通常以北京时20时为日界,一日是指前一日20时至当日20时。

注2:单位为毫米(mm)。

3.2

雨涝 waterlogging

由强降雨或持续性强降雨引起的积水和淹没的现象。

3.3

雨涝指数 waterlogging index

可能造成雨涝的强降水强度的特征量。

4 计算方法

4.1 资料要求

符合GB/T 35228—2017观测要求且具有30年以上连续观测记录的观测站的逐日降雨量资料。

4.2 强降雨阈值

根据单站常年平均年降雨量大小,分区域采用不同日降雨量做为强降雨阈值(R_t),见表1。

表1 分区强降雨阈值 R_t

常年平均年降雨量 mm	强降雨阈值 R_t mm/d
≤200	25
(200,400]	38
>400	50

4.3 单站日雨涝指数

单站日雨涝指数计算公式如下：

$$I_d = \begin{cases} \dfrac{R}{R_t} \times R_d^{0.5}, & R \geqslant R_t \\ 0, & R < R_t \end{cases} \quad \cdots\cdots\cdots\cdots(1)$$

式中：

I_d ——单站日雨涝指数；

R ——日降雨量，单位为毫米(mm)；

R_t ——强降雨阈值，单位为毫米每天(mm/d)；

R_d ——计算日及其之前达到强降雨阈值的连续日数，单位为天(d)。

4.4 单站月雨涝指数

单站月雨涝指数为单站某月平均日雨涝指数的归一化值。计算公式如下：

$$I_m = \frac{(X - X_{min})}{(X_{max} - X_{min})} \quad \cdots\cdots\cdots\cdots(2)$$

式中：

I_m ——单站月雨涝指数；

X ——单站某月平均日雨涝指数，计算见式(3)；

X_{min} ——1961年—2010年区域内所有站点1月—12月的 X 的最小值；

X_{max} ——1961年—2010年区域内所有站1月—12月的 X 的最大值。

$$X = \frac{\sum_{i=1}^{n_d} I_d(i)}{n_d} \quad \cdots\cdots\cdots\cdots(3)$$

式中：

n_d ——某月总日数；

$I_d(i)$ ——某月第 i 日的单站日雨涝指数。

4.5 单站年雨涝指数

单站年雨涝指数为某年单站各月雨涝指数累计值的归一化值。计算公式如下：

$$I_y = \frac{(Y - Y_{min})}{(Y_{max} - Y_{min})} \quad \cdots\cdots\cdots\cdots(4)$$

式中：

I_y ——单站年雨涝指数；

Y ——某年单站各月雨涝指数累计值，计算见式(5)；

$Y_{\min}$ ——1961年—2010年区域内所有站点的 Y 的最小值；
$Y_{\max}$ ——1961年—2010年区域内所有站点的 Y 的最大值。

$$Y = \sum_{j=1}^{12} I_m(j) \quad\quad\quad\quad (5)$$

式中：

$I_m(j)$ ——某年第 j 月的单站月雨涝指数。

4.6 区域月雨涝指数

区域月雨涝指数为某月区域内所有站点的月雨涝指数累计值的归一化值。计算公式如下：

$$I_{rm} = \frac{(W - W_{\min})}{(W_{\max} - W_{\min})} \quad\quad\quad\quad (6)$$

式中：

I_{rm} ——区域月雨涝指数；
W ——某月区域所有站点的月雨涝指数累计值，计算见式(7)；
$W_{\min}$ ——1961年—2010年区域所有月份的 W 的最小值；
$W_{\max}$ ——1961年—2010年区域所有月份的 W 的最大值。

$$W = \sum_{k=1}^{N} I_m(k) \quad\quad\quad\quad (7)$$

式中：

N ——区域总站点数；
$I_m(k)$ ——某月第 k 站的月雨涝指数。

4.7 区域年雨涝指数

区域年雨涝指数为某年区域各月雨涝指数累计值的归一化值。计算公式如下：

$$I_{ry} = \frac{(Z - Z_{\min})}{(Z_{\max} - Z_{\min})} \quad\quad\quad\quad (8)$$

式中：

I_{ry} ——区域年雨涝指数；
Z ——某年区域各月雨涝指数累计值，计算见式(9)；
$Z_{\min}$ ——1961年—2010年区域所有年份 Z 值的最小值；
$Z_{\max}$ ——1961年—2010年区域所有年份 Z 值的最大值。

$$Z = \sum_{l=1}^{12} I_{rm}(l) \quad\quad\quad\quad (9)$$

式中：

$I_{rm}(l)$ ——某年第 l 月的区域月雨涝指数。

参 考 文 献

[1] Lu Er, Zhao Wei, et al. Temporal-spatial monitoring of an extreme precipitation event: Determining simultaneously the time period it lasts and the geographic region it affects[J]. Journal of Climate, 2017, 30:6123-6132

[2] WangYujie, SongLianchun, Ye Dianxiu, et al. Construction and application of a climate risk index for China[J]. Journal of Meteorological Research. 2018, 32(6):937-949

ICS 07.060
A 47
备案号：78185—2020

中华人民共和国气象行业标准

QX/T 576—2020

接地装置冲击接地电阻检测技术规范

Technical specification for inspection of impulse earthing resistance in earth-termination system

2020-07-31 发布　　　　　　　　　　　　　　　　2020-12-01 实施

中国气象局　发布

前言

本标准按照 GB/T 1.1—2009 给出的规则起草。

请注意本文件的某些内容可能涉及专利。本文件的发布机构不承担识别专利的责任。

本标准由全国雷电灾害防御行业标准化技术委员会提出并归口。

本标准起草单位：山西省大气探测技术保障中心、山西德智科技有限公司、新疆维吾尔自治区气象灾害防御技术中心。

本标准主要起草人：郝孝智、李芳、郝泽超、侯晋华、李云飞、刘璞、付亚平、叶文军、马俊超、李妍、胡俊卿、王倩、王焱、王聪亮、卜春阳、李瑞雄。

QX/T 576—2020

接地装置冲击接地电阻检测技术规范

1 范围

本标准规定了接地装置冲击接地电阻检测的一般规定、检测要求和方法、检测数据等。
本标准适用于建(构)筑物、发电厂、变电站等接地装置冲击接地电阻的检测。
本标准不适用于投入使用的危险化学品和爆炸、火灾危险场所。

2 规范性引用文件

下列文件对于本文件的应用是必不可少的。凡是注日期的引用文件,仅注日期的版本适用于本文件。凡是不注日期的引用文件,其最新版本(包括所有的修改单)适用于本文件。
GB/T 21431—2015 建筑物防雷装置检测技术规范
DL/T 266—2012 接地装置冲击特性参数测试导则

3 术语和定义

下列术语和定义适用于本文件。

3.1
接地装置 earth-termination system
接地体与接地线的总合,用于传导雷电流并将其流散入大地。
[GB 50057—2010,定义2.0.10]

3.2
冲击接地电阻 impulse earthing resistance
根据通过接地极流入地中冲击电流求得的接地电阻(接地极上对地电压的峰值与电流的峰值之比)。
[GB/T 50065—2011,定义2.0.14]

3.3
接地线 earthing conductor
从引下线断接卡或换线处至接地体的连接导体;或从接地端子、等电位连接带至接地体的连接导体。
[GB 50057—2010,定义2.0.12]

3.4
接地体 earth electrode
埋入土壤中或混凝土基础中作散流用的导体。
[GB 50057—2010,定义2.0.11]

3.5
电流极 current electrode
为形成测试接地装置冲击接地电阻的电流回路而设置的供冲击电流通过而散流入大地的接地极。
注:改写DL/T 266—2012,定义3.9。

3.6

电压极 potential electrode

在测试接地装置的冲击接地电阻时,为测试所选的参考电位而布置入地中的导体。

注:改写 DL/T 266—2012,定义 3.10。

4 一般规定

4.1 现场检测前应先对接地装置进行勘查和问询,包括接地装置结构形式、尺寸及周边的地上、地下情况及是否受到破坏,检查接地线有无损坏、锈蚀、断开情况。

4.2 现场检测宜在非雨天和土壤未冻结时进行。

4.3 现场检测应有三人以上完成,并严格遵守安全管理规定。详细检测作业要求见 GB/T 21431—2015 的 5.9。

4.4 检测仪器、仪表应符合国家计量技术法规的规定。

5 检测要求和方法

5.1 检测点选定

5.1.1 应选择与接地装置连接良好的接地线为检测点。

5.1.2 检测点位置宜靠近接地装置几何中心。

5.2 检测仪器

5.2.1 宜选用专用的冲击接地电阻检测仪器进行检测。仪器的相关参数要求为:输出电压 1000 V～5000 V,冲击电压波头/波长时间 1 μs～10 μs/50 μs～100 μs,冲击电流峰值为 3 A～500 A。

5.2.2 测试输出电压 110 kV 及以上变电站宜为 3000 V～5000 V,其他小型接地装置宜为 1000 V～3000 V。

5.2.3 检测宜选用专用的仪器,仪器的分辨力应为 1 mΩ,准确度不应低于 1.0 级。

5.3 检测方法

5.3.1 接地装置冲击接地电阻的检测宜采用直线法。

5.3.2 直线法的三极布置方式见图 1。电流极与被测接地装置边缘的距离宜为接地装置对角线长度 D 的 3～4 倍,即 d_{GC}。当布线有困难时,在土壤电阻率均匀地区可以取 2D,不均匀地区至少取 3D。

5.3.3 电压极与接地装置边缘的距离 d_{GP} 应为 $(0.5～0.6)d_{GC}$,此时电压极 P 所处的区域为零电位区。为了较准确找到实际零电位区,可把电压极沿电流线的电流极 C 方向移动 3 次,每次移动距离约为 d_{GC} 的 5%,检测结果之间的相对误差不超过 5% 时,可把中间的位置作为测试用电压极位置。精确度要求较高时,每次移动的距离约为 d_{GC} 的 2%,描点画出变化曲线,取平滑段作为测试用电压极位置。

5.3.4 直线法测试回路的电压极测试线与电流极测试线宜平行布设,并宜大于 5 m 的水平距离。电压极测试线宜选用屏蔽线,双层屏蔽线优于单层屏蔽线。

5.3.5 测试回路的测试电流极宜采用 3 根以上钢管或角钢,电压极宜采用 2 根或 3 根钢管或角钢,打入地下 500 mm～800 mm。测试线为 2.5 mm² 以上的多股铜线。

5.3.6 电流极接地电阻较高和测试极难以打入地下时,可采用增加测试电流极的数量或周围浇水等方式降低接触电阻。

5.3.7 测试期间电流线不得断开,电流线全程和电流极处应有专人看护。

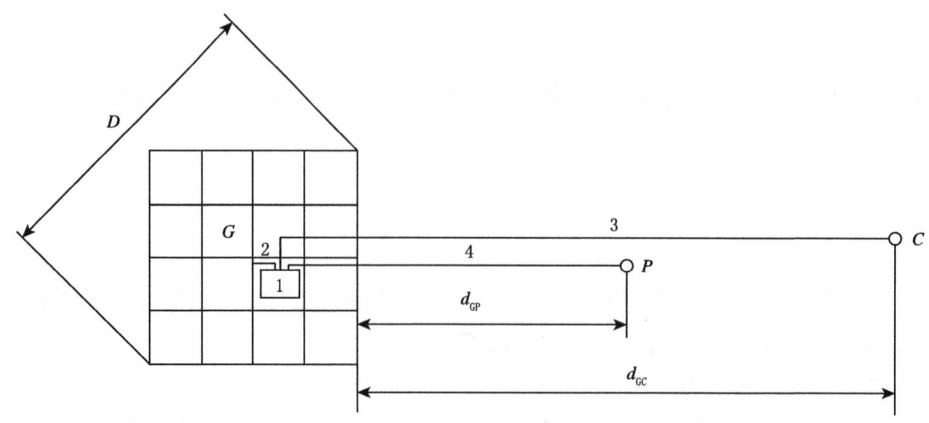

说明：
G——被测接地装置；
D——被测接地装置的最大对角线长度；
P——测试用电压极；
C——测试用电流极；
1——测试用仪器；
2——与接地装置连接线；
3——测试用电流线；
4——测试用电压线。

图1 冲击接地电阻检测接线图

5.3.8 根据对检测精度的要求，通过布置不同方位的测试回路取平均值，调整放线长度取平滑段的方法测试。

5.3.9 测试回路的布线和测试极应避开河流、湖泊、沟壑等区域；远离地下金属管道和运行中的输电线路，避免与之长距离并行，与之交叉时应垂直跨越。测试干扰的消除应按照DL/T 266—2012的6.6。

5.3.10 现场检测步骤和要求如下：
  a) 根据图纸和现场确定地网的结构和尺寸，计算出地网的对角线长度；
  b) 现场踏勘，选择地形平坦、土壤电阻率均匀的区域，确定电流极和电压极的位置；
  c) 现场布线及测试极的布置，仪器与接地装置连接线、电流线、电压线不应交错布置；
  d) 电压线屏蔽层应在设备端接地，电压极端应悬空；
  e) 冲击接地电阻测试；
  f) 收线和恢复现场。

6 检测数据

6.1 检测数据应经复核无误后填入原始记录表。检测数据应经现场检测员、校核员校核后方可使用。

6.2 检测数据应严格依据原始记录填入检测报告，报告编制人员不得随意更改原始记录表中的任何数据。如果发现记录有明显的错漏或疑误，应经当事检测人员确认后，方能更正。不能确认的，技术负责人应随原检测组一起到现场重测。

6.3 检测技术报告中的数据均应采用国家法定计量单位，所使用的符号应符合相关技术规范。

参 考 文 献

[1] GB/T 17949.1—2000 接地系统的土壤电阻率、接地阻抗和地面电位测量导则 第1部分：常规测量

[2] GB 50057—2010 建筑物防雷设计规范

[3] GB/T 50065—2011 交流电气装置的接地设计规范

[4] DL/T 475—2017 接地装置特性参数测量导则

ICS 07.060
A 47
备案号:78186—2020

中华人民共和国气象行业标准

QX/T 577—2020

防雷接地电阻在线监测技术要求

Technical requirements for online monitoring of lightning protection grounding resistance

2020-07-31 发布　　　　　　　　　　　　　　2020-12-01 实施

中国气象局 发布

前 言

本标准按照 GB/T 1.1—2009 给出的规则起草。

本标准由全国雷电灾害防御行业标准化技术委员会提出并归口。

本标准起草单位：成都信息工程大学、四川雷特宁科技有限公司、四川省气象灾害防御技术中心、新疆维吾尔自治区雷电防护技术开发中心、四川雷盾科技有限公司、吉林省泰华电子股份有限公司、江西省气象科技服务中心、奎屯市气象局、河南益之润科技有限公司、陕西省气象灾害防御技术中心。

本标准主要起草人：郭在华、侯春燕、靳小兵、杜军、王琳莉、王树武、余建华、刘喜苹、赵文治、李桂锋、张淑霞、杨碧轩。

QX/T 577—2020

防雷接地电阻在线监测技术要求

1 范围

本标准规定了防雷接地电阻在线监测系统的组成、技术要求及安装等。

本标准适用于等效面积小于 5000 m² ,且不存在异常高的交、直流杂散电流环境的接地装置的接地电阻在线监测。

2 规范性引用文件

下列文件对于本文件的应用是必不可少的。凡是注日期的引用文件,仅注日期的版本适用于本文件。凡是不注日期的引用文件,其最新版本(包括所有的修改单)适用于本文件。

GB/T 17949.1—2000 接地系统的土壤电阻率、接地阻抗和地面电位测量导则 第1部分:常规测量

GB/T 21431—2015 建筑物防雷装置检测技术规范

3 术语和定义

下列术语和定义适用于本文件。

3.1
接地极 grounding electrode
构成地的一种导体。
[GB/T 17949.1—2000,定义4.6]

3.2
接地网 grounding grid
由埋在地中的互相连接的裸导体构成的一组接地极,用以为电气设备和金属结构提供共同的地。
[GB/T 17949.1—2000,定义4.8]

3.3
接地电阻在线监测系统 grounding resistance online monitoring system;GROMS
通过接地电阻自动测量装置,按照一定时间间隔进行防雷接地电阻实时在线监测和数据处理的系统。

注:由测量与数据采集子系统、通信与网络子系统和终端显示子系统三部分组成。

3.4
接地装置 earth-termination system
接地体和接地线的总合,用于传导雷电流并将其流散入大地。
[GB 50057—2010,定义2.0.10]

3.5
校准 calibration
用标准装置或标准物质对监测仪器进行校零/跨、线性误差和响应时间等的检测。

注:校准的对象是属于强制性检定之外的测量装置。

[JJF 1001—2011,定义 4.10]

4 系统组成

4.1 测量与数据采集子系统

4.1.1 由测量电路、存储器、恒定电流源、显示器、操作面板等组成。

4.1.2 实现接地电阻测量与数据采集,本机存储与显示、操作与控制等功能。

4.2 通信与网络子系统

4.2.1 由通信接口及其电路模块、无线通信单元、通信与数据传输协议等组成。

4.2.2 实现与数据服务器之间的无线通信与报文传输,或通过不同电路接口实现与数据存储设备之间的有线通信功能。

4.3 终端显示子系统

4.3.1 由数据服务器、监控与显示软件、数据库、地理信息系统等组成。

4.3.2 实现监测数据的显示,历史数据的查询、统计、分析。

5 系统技术要求

5.1 性能指标

5.1.1 测量方法应符合 GB/T 17949.1—2000 的要求。

5.1.2 测试电流宜采用直流脉冲电流或正弦交流电流。

5.1.3 测量值应是多次采样数据的优化处理结果。

5.1.4 接地电阻测量精度不低于 $2\%\pm2\,d$,测量范围应在 $0\,\Omega\sim2000\,\Omega$ 之间。

注:2 d 是数字表测量中的量化误差,测量值从模拟量到数字量转换后,数字量的最后有效位±2。

5.2 功能要求

5.2.1 具有阈值设定并进行报警提示功能。

5.2.2 具有显示、查询、统计、控制及相关功能。

5.2.3 具有自检与定期自校准功能,自校准时间间隔不超过 3 个月,误差超过设定值时进行状态报警。

5.2.4 具有自动定时测量功能,时间间隔人工可调。

5.2.5 具有数据存储功能,实现实时监测数据自动保存。

5.2.6 具有多点监测组网功能,并基于地图进行用户与数据管理。

5.2.7 具有现场操作功能,实现接地电阻测量的现场操作。

5.2.8 具有漏电与防雷保护措施。

5.3 网络与通信

5.3.1 网络结构如图 1 所示。

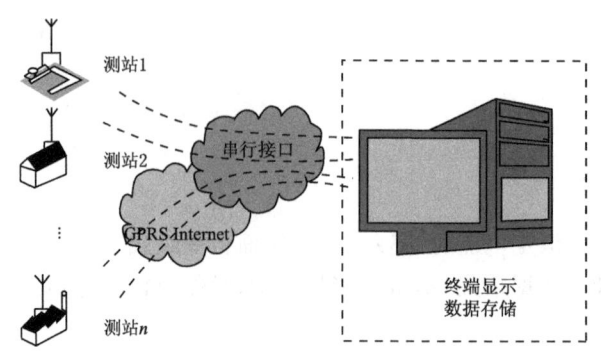

说明：
1——测站 1~n 是有接地电阻监测仪工作的测量现场；
2——串行接口与 GRPS-Internet 是系统数据传输通道，可以是接地电阻监测仪通过有线方式与计算机串口连接，也可以是通过 GPRS 接入 Internet；
3——终端显示与数据存储是数据中心进行数据接收、处理、存储、显示设备。

图 1 网络结构图

5.3.2 系统组网宜采用独立的服务器。

5.3.3 系统数据应包含时间、站点、通信应答、报警、工作状态等信息。

5.3.4 应留有以太网通信接口或其他数据接口，以满足有线联网或数据通信要求。

5.4 数据处理与存储

5.4.1 应实现数据实时传输或定期集中数据传输，能够断点续传。

5.4.2 报警应包括时间、站点、接地电阻值等信息。

5.4.3 本机数据存储器应满足至少 1 年的监测数据的存储。

5.5 显示与控制软件

5.5.1 显示与控制软件宜采用地理信息系统（GIS）为基础平台，实现网络化、可视化应用。

5.5.2 对于异常情况，应通过声、光等方式进行提醒。

6 系统安装

6.1 安装要求

6.1.1 系统应取得检定或校准证书。

6.1.2 系统安装应符合 GB/T 21431—2015 第 5.4.2.9 条的要求。

6.1.3 易燃易爆及火灾危险场所的接地电阻在线监测系统，应满足其行业防火防爆要求。

6.1.4 系统安装后不影响与接地装置相连接设施的正常运行。

6.1.5 测试电极的安装位置应避开人员或牲畜频繁活动场所，并选择地质条件相对稳定的地点。

6.1.6 测试电极宜采用镀锌圆钢或不锈钢棒、铜棒等耐腐蚀材料，测试电极埋深不小于 20 cm。

6.1.7 测试导线截面积不应小于 1.5 mm²，宜穿金属管沿地沟走线，并扣除测试导线电阻影响。

6.1.8 测试电极与测试导线接线应保持可靠连接，并采取防腐蚀措施。

6.1.9 测试电极与埋地管线附近应有安全警示标识。

6.1.10 监测仪在墙挂或支柱安装时，安装高度宜在 1.5 m~1.8 m，在室外安装，应安装在具有防风防雨功能的箱体内,安装示意图参见附录 A 的图 A.1 和图 A.2。

6.2 调试

6.2.1 监测系统的测试电极的布置应进行最优化选择。
6.2.2 系统安装或改造后应至少连续正常稳定运行 168 h,再进行对比性试验。

附　录　A
（资料性附录）
接地电阻监测仪安装

A.1 接地电阻检测仪室内安装见图 A.1。

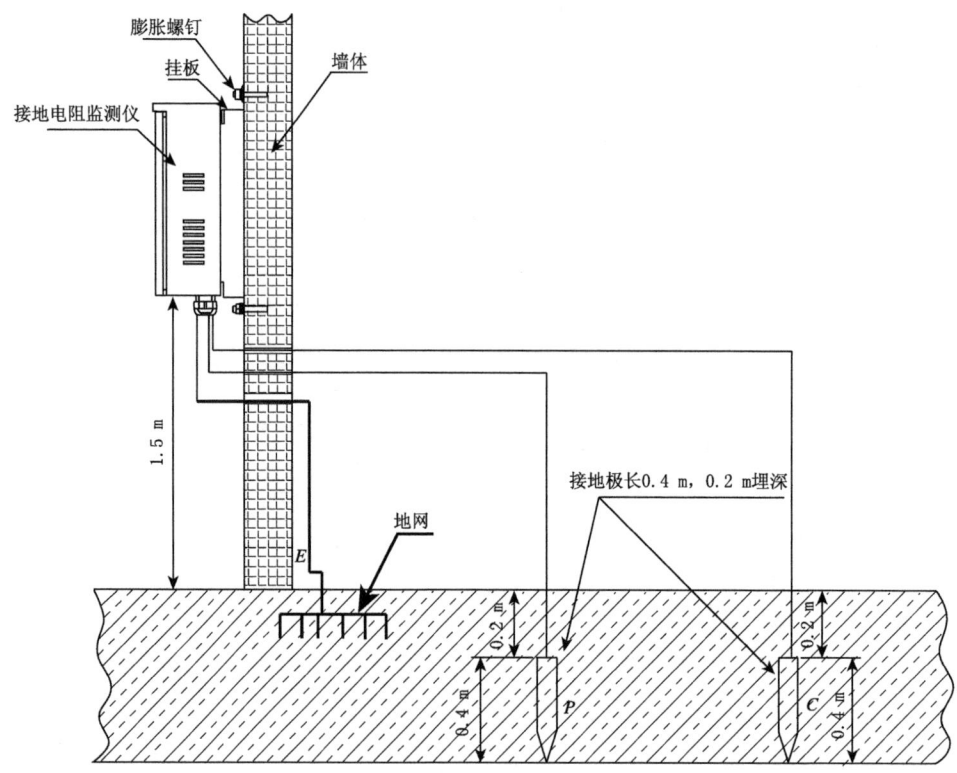

图 A.1　接地电阻监测仪室内安装示意图

A.2 接地电阻检测仪室外安装见图A.2。

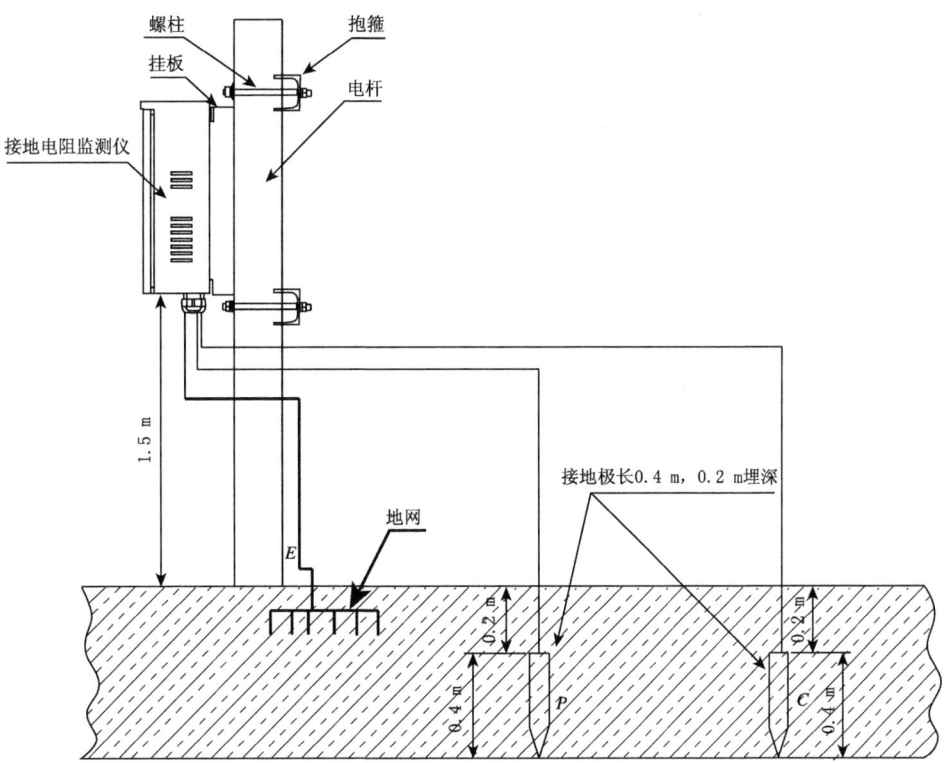

图 A.2 接地电阻监测仪室外安装示意图

参 考 文 献

[1] GB 50057—2010　建筑物防雷设计规范
[2] GB 50058—2014　爆炸危险环境电力装置设计规范
[3] GB 50601—2010　建筑物防雷工程施工与质量验收规范
[4] JJF 1001—2011　通用计量术语及定义

ICS 07.060
A 47
备案号:78187—2020

中华人民共和国气象行业标准

QX/T 578—2020

气象科普教育基地创建规范

Specifications for the establishment of meteorological science popularization and education base

2020-07-31 发布　　　　　　　　　　　　　　　　2020-12-01 实施

中国气象局　发布

前　言

本标准按照GB/T 1.1—2009给出的规则起草。
本标准由全国气象防灾减灾标准化技术委员会(SAC/TC 345)提出并归口。
本标准起草单位：中国气象学会秘书处、中国气象局办公室、中国气象局气象干部培训学院。
本标准主要起草人：冯雪竹、张伟民、林方曜、陈烨、成秀虎、黄潇、薛建军。

QX/T 578—2020

气象科普教育基地创建规范

1 范围

本标准规定了气象科普教育基地的分类及创建要求。
本标准适用于气象科普教育基地的建设、验收、评选和检查。

2 术语和定义

下列术语和定义适用于本文件。

2.1
气象科普教育基地 meteorological science popularization and education base

为社会组织和公众提供学习气象科学知识、开展气象科普活动、传播气象科学技术和方法、树立科学思想、弘扬科学精神的机构或场所。

3 基地分类

按照气象科普教育基地的功能定位和气象科普教育的不同对象,将气象科普教育基地分为如下3种类型:

a) 综合类气象科普教育基地:独立兴建或联合社会力量共建形成的具有气象科普展示与教育功能的科技、文化、教育类公共活动场所或气象业务、科研、教育(大学)机构,如气象科普馆、气象公园、气象台(站)、观测场(站)、雷达站、实验室、陈列室、科研中心、野外观测站、试验站等,面向全社会普及气象科学知识,开展气象科普活动,提高全社会气象科学素质和气象防灾减灾能力。

b) 校园类气象科普教育基地:设有气象观测场地和设施并定期开展气象观测的中小学校和幼儿园、青少年活动中心和中小学教育基地等,面向青少年普及气象科学知识,开展气象科普活动,提高青少年气象科学素质和自主探究能力。

c) 基层类气象科普教育基地:设有气象科普橱窗或专栏和气象科普活动场所的街道(乡镇)、社区(村)等基层组织,面向基层普及气象科学知识,促进气象科学知识、气象防灾减灾知识、气候资源利用知识的传播,提高基层组织和个人应用气象信息和防灾减灾能力。

4 综合类气象科普教育基地创建要求

4.1 基本条件

4.1.1 应建有面积不小于200 m²的气象科普活动场所,具备开展经常性科普活动的条件和设施。
4.1.2 每年开放天数应不少于40天,有条件的气象科普教育基地可常年开放。
4.1.3 年接待参观人数应不少于2000人次;走出基地开展科普活动,年惠及人群应不少于2000人次。
4.1.4 展示内容应包括天气气候、气象防灾减灾、气候变化等气象科学知识,科学准确、通俗生动;展示形式应生动形象、图文并茂,注重体现当地的天气气候特点。
4.1.5 场所内设置的展项应不少于10项,每年至少更新1项。

4.1.6 应配有科普基地解说词和讲解员。

4.2 组织管理

4.2.1 应有专人负责,配备专(兼)职气象科普人员;招募并培训志愿者提供讲解、引导、咨询等服务,志愿者人数应不少于10人。

4.2.2 应有专项科普经费保障。

4.2.3 应有完善的气象科普教育基地管理规章制度,在显著位置设有公告栏,公告开放时间、活动内容、联系方式等。

4.2.4 应制定气象科普教育基地发展规划和年度工作计划,每年定期总结气象科普工作。

4.2.5 每年应开展或参加不少于2次的经验交流、工作培训和理论研讨等活动。

4.2.6 应主动与媒体合作,加强对气象科普教育基地及科普活动的宣传,每年相关新闻报道应不少于4次。

4.2.7 推进气象科普教育基地的信息化、网络化和数字化建设。

4.3 活动开展

4.3.1 应参加世界气象日、全国防灾减灾日、科技活动周、全国科普日等主题活动,并参与当地组织的其他科普活动。

4.3.2 应自主组织多种形式的气象科普活动。

5 校园类气象科普教育基地创建要求

5.1 基本条件

5.1.1 应建有校园气象观测场地和设施,其建设要求见附录A。

5.1.2 应定期开展气象观测,观测方式包括自动观测和人工观测。

5.1.3 气象观测应包括6个或以上气象要素,宜包括温度、湿度、风向、风速、气压、降水量等。人工观测应包括温度、湿度、降水量。

5.2 组织管理

5.2.1 应有分管校长负责校园气象科普工作,配备不少于1名专(兼)职教师和1名校外辅导员。

5.2.2 应有专项经费保障。

5.2.3 应有完善的校园气象科普基地管理规章制度。

5.2.4 应制定校园气象科普发展规划与年度工作计划,每年定期总结校园气象科普工作。

5.3 活动开展

5.3.1 应参加世界气象日、全国防灾减灾日、科技活动周、全国科普日等全国性气象科普活动,并结合校园文化,开展特色鲜明、成效显著的气象科普教育活动,发挥示范引领作用。

5.3.2 应成立气象科技兴趣活动小组,每学年应开展不少于10次的气象科普讲座、培训等活动。

5.3.3 应组织学生定期开展气象观测,并做到:
   a) 气象观测资料应存档;
   b) 如开展物候观测,应将气象观测数据和物候观测数据分别记录在气象观测记录簿或物候观测记录簿上;
   c) 人工气象观测记录簿、物候观测记录簿应长期保存。

5.3.4 学校宜与当地气象机构建立联络沟通机制,在当地气象机构或气象专家指导下,利用气象观测资料,开展简单的气象数据分析与研究;宜与邻近建有气象观测场地和设施的学校开展定期交流、数据比对研究等互动活动。

5.3.5 每学年开展气象科普教学应不少于20学时,制作相应的教案和课件。

5.3.6 通过人工观测和自动观测获得的气象数据可供教学使用,人工观测和自动观测数据可互为对比。

5.3.7 应在校园设有气象科普宣传栏,利用黑板报、广播、网站等形式开展气象科普宣传,内容应定期更新,营造气象科普教育氛围。

6 基层类气象科普教育基地创建要求

6.1 基本条件

6.1.1 应建有长度不少于5 m的气象科普橱窗或专栏,每年至少应更换2次。

6.1.2 应建有面积不小于30 m^2的气象科普活动场所,应存有不少于50种的气象科普读物。

6.2 组织管理

6.2.1 应有专人负责,有专(兼)职气象科普人员。每年应参加不少于1次的气象科普培训或交流等活动;气象科普志愿者应不少于5人。

6.2.2 有专项气象科普经费,争取社会力量多元化投入。

6.2.3 应制定气象科普发展规划和年度工作计划,每年定期总结气象科普工作。

6.3 活动开展

6.3.1 应利用微博、微信等新媒体手段开展气象科普传播。

6.3.2 每年应开展不少于4次的气象科普讲座或培训等活动。

6.3.3 宜组织或配合气象专家开展气象防灾减灾调查及科普活动。

附 录 A
（规范性附录）
校园气象观测场地和设施建设要求

A.1 观测场

A.1.1 观测场的选择

选址应尽量避免搬迁，以保证气象观测数据的连续性；四周环境宜以不影响观测值准确、客观为准。

A.1.2 观测场的建设

规定如下：
a) 观测场可建在地面或楼顶平台，占地面积不小于 20 m²；
b) 建在地面的观测场下垫面宜为自然植被；
c) 观测场应具备安全供电条件，并加装防雷电设备；
d) 各种仪器之间留出空间，互不影响；
e) 观测场宜安装围栏。

A.2 气象工作室

应为气象科技兴趣活动小组开展气象科普活动提供气象工作室，面积应不小于 20 m²，用于采集自动观测数据、保存人工观测记录簿和观测资料、开展观测数据分析和教学实践等。

气象工作室应配备气象科普图书、挂图、光盘、多媒体设备等。

A.3 观测

A.3.1 人工观测

规定如下：
a) 人工观测应在观测场中进行；
b) 应用干湿球温度表观测空气温度、湿度；
c) 应用雨量筒、量杯观测降水量；
d) 宜用水银气压表或空盒气压表观测气压；
e) 宜用电接式风向风速仪或手持测风仪观测风向、风速；
f) 天气现象可目测；
g) 选用玻璃钢材质百叶箱用来放置干湿球温度表，在百叶箱支架前安装适当高度木制脚蹬以便于学生进行人工观测。

A.3.2 自动观测

规定如下：
a) 可通过自动观测获得温度、湿度、风向、风速、气压、降水量等数据；
b) 可根据场地环境和当地气候特点增加地温、辐射、日照、雪深等要素的自动观测，增加要素的选

择应考虑仪器的易维护性;
c) 风杆高度可依据校园环境确定,不低于3 m,风杆有配套支架用来安装风向、风速传感器,风杆应安装合格的避雷针和接地装置;
d) 通信系统可选用有线或无线方式传输数据,将自动观测数据发送至校园气象工作室,并使用相应的软件接收处理;
e) 选用玻璃钢材质百叶箱,用来放置温度、湿度传感器;
f) 应安装电子化的观测数据发布设备(电子屏或电视)。

A.4 维护

规定如下:
a) 保护好观测环境,经常检查百叶箱、风向杆、围栏是否牢固并保持洁白,大风和降雨(雪)等天气之后应及时检查、清洁仪器;
b) 严格执行仪器的操作规程,保证仪器状态良好、运转正常,仪器发生故障应及时查明原因,不能排除的应尽快更换;
c) 保持观测场内及周围整洁,在围栏上不应爬蔓生植物和晾晒衣物等,沙漠地区应及时清除围栏周围的堆沙;
d) 应有专人负责观测场地和设施的定期维护工作;
e) 应注意网络维护和管理,定期检查计算机及网络病毒,确保网络通信传输通畅;
f) 相关仪器应制作完善的说明牌,如仪器操作方法、使用注意事项等,内容应科学准确、通俗易懂,竖立于仪器旁。

参 考 文 献

[1] LY/T 2251—2014 林业科普基地评选规范
[2] 中国气象局,中国气象学会.全国气象科普教育基地管理办法:气发〔2014〕43号[Z],2014
[3] 中国科协办公厅.全国科普教育基地认定与管理试行办法:科协办发普字〔2014〕39号[Z],2014
[4] 中国气象局.地面气象观测规范[M].北京:气象出版社,2011

ICS 07.060
A 47
备案号：78190—2020

中华人民共和国气象行业标准

QX/T 579—2020

人工影响天气安全　炮弹、火箭弹残骸坠落现场技术调查

Weather modificationg safety—Technical investigation of falling spots of
bullet and rocket debris

2020-11-05 发布　　　　　　　　　　　　　　　2021-02-01 实施

中 国 气 象 局　发 布

前言

本标准按照 GB/T 1.1—2009 给出的规则起草。

本标准由全国人工影响天气标准化技术委员会(SAC/TC 538)提出并归口。

本标准起草单位:山东省人民政府人工影响天气办公室。

本标准主要起草人:郭建、龚佃利、王晓立、李胜利、刘昭武、卢培玉。

QX/T 579—2020

人工影响天气安全 炮弹、火箭弹残骸坠落现场技术调查

1 范围

本标准规定了对人工影响天气炮弹、火箭弹残骸坠落现场技术调查的程序和要求、分析和结论、资料存档备案的要求。

本标准适用于有报告的人工影响天气炮弹、火箭弹残骸坠落现场技术调查。

2 规范性引用文件

下列文件对于本文件的应用是必不可少的。凡是注日期的引用文件，仅注日期的版本适用于本文件。凡是不注日期的引用文件，其最新版本（包括所有的修改单）适用于本文件。

QX/T 151 人工影响天气作业术语

3 术语和定义

QX/T 151界定的以及下列术语和定义适用于本文件。

3.1
炮弹残骸 bullet debris

炮弹弹丸发射出炮膛后坠落到地面的部分。

3.2
火箭弹残骸 rocket debris

火箭弹发射后坠落到地面的部分。

3.3
自毁式火箭弹 self-explosive rocket

采用自身爆炸方式处理残骸的火箭弹。

3.4
伞降式火箭弹 rocket with parachute

采用伞降方式处理残骸的火箭弹。

4 调查程序和要求

4.1 成立调查组

调查组成员应不少于3人，其中应包括人工影响天气管理人员，可包括作业、弹药生产、承保等单位的人员。

4.2 现场调查

4.2.1 安全性确认

调查时应首先确认炮弹残骸或火箭弹残骸（以下简称残骸）安全性，若安全性无法确认则应交由专

业人员判断处理。

4.2.2 残骸坠落点现场信息

应按照下列要求获取相应信息：
a) 应获取残骸坠落点的地名、坐标和海拔高度；
a) 应多角度获取残骸的图像和影像资料；
b) 应获取残骸坠落造成附带损伤情况的图像和影像资料；
c) 应记录现场调查过程并了解人员伤亡和财产损失情况；
d) 应问询残骸目击人或报告人，做好笔录，宜同步录音、摄像；
e) 应记录发现残骸的数量和类型并将残骸编号、拍照后收集带回；
f) 应记录现场调查过程、调查资料清单、调查组织单位、调查组成员、负责人、记录人。

4.2.3 残骸信息

应获取和记录下列残骸信息：
a) 残骸上留存的产品编号（批号）或二维码信息；
b) 每块残骸的质量；
c) 最大残骸的长宽尺寸；
d) 伞降式火箭弹降落伞开伞情况，以及伞衣最大破损长度、伞绳断裂数量等破损情况；
e) 调查组成员、负责人。

4.2.4 作业点信息

根据残骸坠落点现场信息和残骸信息等，查找确定拟调查作业点，确定作业点后应获取和记录下列信息：
a) 作业点的地名、海拔高度和经纬度；
b) 发射时地面风向、风速和降水情况（以邻近气象观测站记录为准）；
c) 经批准的作业空域、时段；
d) 发射时的仰角、方位角；
e) 作业点安全射界范围；
f) 作业人员姓名、年度培训记录；
g) 安装监控设备的作业点，复制作业当日的监控记录；
h) 发射炮弹或火箭弹的型号、批号和数量；
i) 炮弹、自毁式火箭弹出厂时设定的自毁时间；
j) 伞降式火箭弹出厂时设定的开伞时间；
k) 发射装置的年检记录和技术状况；
l) 调查组成员、负责人。

4.3 填写调查信息

4.3.1 残骸坠落点现场信息和残骸信息、作业点信息的填写应符合附录A的要求。

4.3.2 人工影响天气炮弹、火箭弹残骸坠落点现场信息调查表见附录A中图A.1，人工影响天气炮弹、火箭弹残骸信息调查表见附录A中图A.2，人工影响天气作业点信息调查表见附录A中图A.3。

5 分析和结论

5.1 炮弹、火箭弹自毁情况分析

分析调查信息,确定炮弹、火箭弹型号和自毁状况,并应符合下列要求:
a) 炮弹、火箭弹型号和编号(批号)。
b) 自毁情况:
 1) 正常自毁,残骸质量符合产品技术要求;
 2) 自毁不充分,残骸质量不符合产品技术要求;
 3) 未自毁。

5.2 伞降式火箭弹开伞情况分析

分析调查信息,确定伞降式火箭弹型号和开伞情况,并应符合下列要求:
a) 伞降式火箭弹型号和编号(批号)。
b) 开伞情况:
 1) 正常开伞;
 2) 异常开伞,出现伞衣破损及伞绳扯断情况;
 3) 未开伞。

5.3 残骸坠落点与作业点的距离、方位角偏差计算

根据残骸坠落点与作业点坐标做下列计算:
a) 计算炮弹、火箭弹残骸坠落点与作业点之间的方位角和距离,计算方法参见附录B中的B.1和B.2;
b) 未自毁炮弹、火箭弹残骸及未开伞火箭弹残骸坠落点与理论落点的偏差比较和计算示例参见附录B中B.3。

5.4 调查分析结论

应根据调查信息分析,并作出下列结论:
a) 残骸自毁或开伞情况是否符合产品技术要求;
b) 未自毁炮弹、火箭弹及未开伞火箭弹坠落点是否在安全射界内;
c) 未自毁炮弹、火箭弹及未开伞火箭弹坠落点与理论落点偏差的原因;
d) 作业是否符合安全射界要求;
e) 发射装置状况是否符合技术要求;
f) 炮弹、火箭弹是否超过使用期限。

5.5 调查分析表填写

调查分析及结论应按附录C的要求填写,人工影响天气炮弹、火箭弹残骸坠落现场技术调查分析表见图C.1。

5.6 提交调查分析材料

按要求向调查组织单位提交调查分析材料。

6 资料存档备案

6.1 建立台账

调查组织单位应建立调查台账,台账格式及内容参见附录D中的图D.1。

6.2 资料存档和备案

调查工作结束后,参加调查的单位应将收集的音像资料及填写的表格等资料按档案管理要求存档和备案,并应符合下列要求:

a) 按附录A、附录C要求填写的表格原件由调查牵头单位保存,其他参加调查单位可保存复印件;
b) 照片、录音和摄像等资料可通过光盘或电子存储介质保存;
c) 调查结束后残骸由生产厂家负责处理。

QX/T 579—2020

附 录 A
（规范性附录）
人工影响天气炮弹、火箭弹残骸坠落现场技术调查表

A.1 残骸坠落点现场信息调查表见图A.1。

人工影响天气炮弹、火箭弹残骸坠落点现场信息调查表

调查组织单位	
调查组成员	
报告(目击)人	姓名：　　　　　住址(单位)：　　　　　联系方式：
发现残骸时间	＿＿＿年＿＿＿月＿＿＿日＿＿＿时＿＿＿分
现场调查时间	＿＿＿年＿＿＿月＿＿＿日＿＿＿时＿＿＿分
坠落点地名	＿＿＿市＿＿＿县(市、区)＿＿＿镇(乡)＿＿＿村
坠落点坐标	＿＿＿°＿＿＿′＿＿＿″N　＿＿＿°＿＿＿′＿＿＿″E
坠落点海拔高度	＿＿＿＿米
残骸数量	
残骸类型	炮弹□　　　自毁式火箭弹□　　　伞降式火箭弹□
现场调查过程	
人员伤亡及财产损失情况	
调查资料清单	笔录：　　(份)　　录像：　　(份)　　照片：　　(份)
负责人(签字)：	记录人(签字)：
注：本表由现场调查人员现场记录。	

图 A.1 人工影响天气炮弹、火箭弹残骸坠落点现场信息调查表

A.2 炮弹、火箭弹残骸信息调查表见图 A.2。

人工影响天气炮弹、火箭弹残骸信息调查表

炮弹、自毁式火箭弹残骸信息	
残骸型号、批号	型号：_____ 批号：_____
二维码编码	
每块残骸质量(g)	
最大残骸的长宽尺寸(cm)	长_____(cm) 宽_____(cm)
伞降式火箭弹残骸信息	
残骸型号、批号	型号：_____ 批号：_____
二维码编码	
降落伞破损面最大长度(cm)	
断裂伞绳数量(根)	
负责人(签字)：	调查组成员(签字)：

图 A.2 人工影响天气炮弹、火箭弹残骸信息调查表

A.3 作业点信息调查表见图 A.3。

人工影响天气作业点信息调查表

作业点地名及编号	作业点编号：_____ _____市_____县(市、区)_____镇(乡)_____村
作业点坐标及海拔高度	海拔高度_____米 _____°_____′_____″N　　_____°_____′_____″E
作业时间	_____年_____月_____日_____时_____分
发射仰角、方位角(°)	仰角_____°　方位角_____°
作业点安全射界范围	仰角范围_____　　方位角范围_____
炮弹、自毁式火箭弹出厂时设定的自毁时间	
伞降式火箭弹出厂时设定的开伞时间	
发射时地面风向、风速、降水情况	
作业人员姓名	
作业人员年度培训记录	有□　　无□　　成绩：理论_____　操作_____
发射弹药型号、批号、数量	型号：　　批号：　　数量：
发射装置年检情况	已年检□　未年检□　年检时间_____年_____月_____日
作业空域、时段	_____时_____分至_____时_____分
现场视频监控情况	有□　　无□
负责人(签字)：	调查组成员(签字)：
有多个发射仰角、方位角的,应分别记录发射仰角、方位角,并按发射顺序标记序号。	

图 A.3　人工影响天气作业点信息调查表

附　录　B
（资料性附录）
残骸坠落点和作业点的方位角、距离的计算方法与理论落点的偏差计算方法

B.1 残骸坠落点方位角计算方法

图 B.1 给出了残骸坠落点、作业点和理论落点在坐标系中的位置示意图。

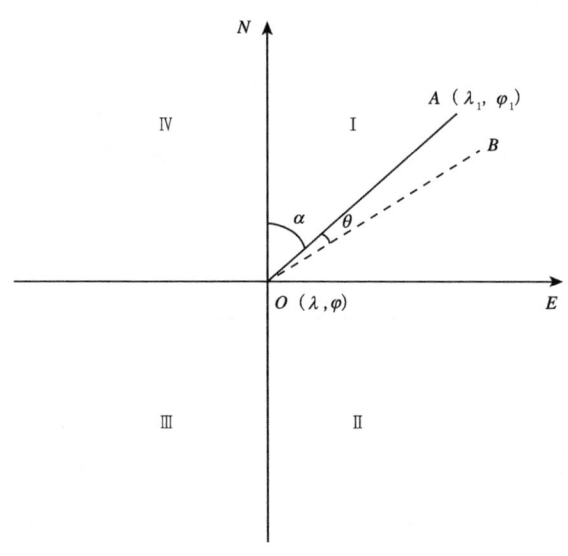

说明：

O——人工影响天气高炮或火箭作业点，其 2000 国家大地坐标系的坐标为 (λ,φ)，λ 为经度、φ 为纬度；

A——残骸坠落点，其经纬度为 (λ_1,φ_1)；

B——残骸理论落点；

α——OA 与 ON 经线之间小于 90°的夹角；

θ——OB 与 OA 的方位角偏差；

$\angle NOA$——OA 的方位角；

$\angle NOB$——OB 的方位角，作业装置实际发射时的方位角。

注：ON 为作业点的正北方向，OE 为正东方向，方位角自正北 0°开始，按顺时针增加。

图 B.1 残骸坠落点、作业点和理论落点在坐标系中位置示意图

按公式(B.1)计算残骸坠落点的 α 值。

$$\alpha = \tan^{-1} \frac{|\lambda_1 - \lambda|\cos\varphi}{|\varphi_1 - \varphi|} \quad\quad\quad\quad\quad (B.1)$$

式中：

α——OA 与 ON 之间形成的小于 90°的夹角，单位为度（°），小数点后保留 2 位数字；

λ_1——坠落点经度，单位为度（°），小数点后保留 4 位数字；

λ——作业点经度，单位为度（°），小数点后保留 4 位数字；

φ_1——坠落点纬度，单位为度（°），小数点后保留 4 位数字；

φ——作业点纬度，单位为度（°），小数点后保留 4 位数字。

残骸坠落点在第Ⅰ、Ⅱ、Ⅲ、Ⅳ象限时，方位角 $\angle NOA$ 与 α 的计算关系参见表 B.1。

表 B.1 方位角计算表

方位角	象限			
	Ⅰ	Ⅱ	Ⅲ	Ⅳ
∠NOA	α	180−α	180+α	360−α

B.2 残骸坠落点与作业点之间距离的计算方法

按公式(B.2)计算作业点与残骸坠落点距离($|OA|$)。

$$|OA| = 111\sqrt{|\varphi_1-\varphi|^2 + (|\lambda_1-\lambda|\cos\varphi)^2} \quad\quad\quad (B.2)$$

式中：

$|OA|$ ——坠落点与作业点之间的距离，单位为千米(km)，小数点后保留3位数字；

φ_1 ——坠落点纬度，单位为度(°)，小数点后保留4位数字；

φ ——作业点纬度，单位为度(°)，小数点后保留4位数字；

λ_1 ——坠落点经度，单位为度(°)，小数点后保留4位数字；

λ ——作业点经度，单位为度(°)，小数点后保留4位数字。

B.3 未自毁炮弹、火箭弹残骸及未开伞火箭弹残骸落点与理论落点的偏差计算示例

理论落点的方位角∠NOB为作业装置实际发射时的方位角，理论落点距离$|OB|$可根据实际发射仰角查算厂家提供的弹道数据表得到。由此与公式(B.1)、式(B.2)计算结果对比，可得出残骸坠落点距离、方位角偏差。

示例：

某高炮作业点O的坐标为(119.3980°E,36.9500°N)，发射的一枚未自毁炮弹残骸坠落点A位于第Ⅲ象限，坐标为(119.3573°E,36.9407°N)。该炮弹发射方位角为251°、仰角为75°。

计算如下：

a) 残骸坠落点的方位角计算：

本例中$\lambda_1=119.3573°$，$\lambda=119.3980°$，$\varphi_1=36.9407°$，$\varphi=36.9500°$，

由公式(B.1) $\alpha=\tan^{-1}\dfrac{|119.3573-119.3980|\cos36.9500°}{|36.9407-36.9500|}=74.04°$，A位于第Ⅲ象限，由图B.2计算残骸坠落点的方位角∠NOA=180°+74.04°=254.04°。

b) 残骸坠落点的与发射点的距离计算：

由公式(B.2) $|OA|=111\sqrt{|36.9407-36.9500|^2+(|119.3573-119.3980|\cos36.95°)^2}=3.755$ km。

c) 残骸落点与理论落点的偏差计算：

炮弹发射方位角251.0°，残骸坠落点方位角为254.04，方位角偏差为3.04°。通过弹道数据表查得75°发射仰角对应的理论射程$|OB|=4.614$ km，实际为3.755 km，距离偏差为0.859 km。

附 录 C
（规范性附录）
人工影响天气炮弹、火箭弹残骸坠落现场技术调查分析表

残骸坠落现场技术调查应填写调查分析表（见图 C.1），内容应包括炮弹火箭弹自毁和开伞情况、残骸坠落点与理论落点的偏差、调查分析结论，调查负责人、记录人等。

人工影响天气炮弹、火箭弹残骸坠落现场技术调查分析表

____年__月__日____市____县____镇（乡）炮弹、火箭弹残骸坠落现场技术调查分析表			
调查分析	炮弹火箭弹自毁和开伞情况	弹药类型	炮弹□　　自毁式火箭弹□　　伞降式火箭弹□
^	^	型号、编号（批号）	型号：　　　　　　生产单位：
^	^	炮弹、自毁式火箭弹自毁情况	正常自毁□　　自毁不充分□　　未自毁□
^	^	伞降式火箭弹开伞情况	正常开伞□　　异常开伞□　　未开伞□
^	残骸坠落点与理论落点的偏差情况	坠落点与作业点之间的距离、方位角	距离：_____km　方位角：_____°
^	^	未自毁炮弹、火箭弹残骸及未开伞火箭弹坠落点与理论落点的距离、方位角偏差	距离偏差：_____km　方位角偏差：_____°
调查分析结论	残骸自毁或开伞情况是否符合产品技术要求		是□　　　　　　　否□
^	未自毁炮弹、火箭弹残骸及未开伞火箭弹残骸坠落点与理论落点偏差的原因		
^	未自毁残骸、未开伞火箭弹残骸坠落点是否在安全射界内		是□　　　　　　　否□
^	作业是否符合安全射界要求		是□　　　　　　　否□
^	炮弹、火箭弹是否超过使用期限		是□　　　　　　　否□
负责人（签字）		调查组成员（签字）	

图 C.1　人工影响天气炮弹、火箭弹残骸坠落现场技术调查分析表

附 录 D
（资料性附录）

人工影响天气炮弹、火箭弹残骸坠落现场技术调查台账

调查组织单位应建立调查台账，台账格式及内容参见图 D.1。

人工影响天气炮弹、火箭弹残骸坠落现场技术调查台账

序号	调查时间	坠落时间	坠落地点	作业点	炮弹、火箭弹信息				调查单位	调查人员	人员伤亡财产损失
					类型	型号	生产单位	自毁和开伞情况			

图 D.1 炮弹、火箭弹残骸坠落现场技术调查台账示例

参 考 文 献

[1] GB/T 37274—2018　火箭人工影响天气作业点安全射界图绘制规范
[2] QX/T 17—2003　37 mm高炮防雹增雨作业安全技术规范
[3] QX/T 103—2009　雷电灾害调查技术规范
[4] QX/T 445—2018　人工影响天气用火箭弹验收通用规范

ICS 07.060
A 47
备案号：78191—2020

中华人民共和国气象行业标准

QX/T 580—2020

气象卫星地面系统计算机硬件维护规范

Maintenance specification for computer devices of meteorological satellite ground segment

2020-11-05 发布　　　　　　　　　　　　　　　　2021-02-01 实施

中国气象局　发布

前言

本标准按照 GB/T 1.1—2009 给出的规则起草。

本标准由全国卫星气象与空间天气标准化技术委员会(SAC/TC 347)提出并归口。

本标准起草单位：国家卫星气象中心。

本标准主要起草人：赵现纲、林曼筠、林维夏、谢利子、卫兰、张宇、贾树泽。

QX/T 580—2020

气象卫星地面系统计算机硬件维护规范

1 范围

本标准规定了气象卫星地面系统计算机硬件设备入场、管理和维护的方法。

本标准适用于气象卫星地面系统计算机硬件设备及相关系统软件的维护管理。

2 规范性引用文件

下列文件对于本文件的应用是必不可少的。凡是注日期的引用文件,仅注日期的版本适用于本文件。凡是不注日期的引用文件,其最新版本(包括所有的修改单)适用于本文件。

GB/T 22239　信息安全技术网络安全等级保护基本要求

YD/T 5227—2015　云计算资源池系统设备安装工程设计规范

3 术语和定义

下列术语和定义适用于本文件。

3.1
地面系统　ground segment

由气象卫星、数据处理中心、运行控制中心和多个气象卫星地面站组成,用于卫星管理和卫星观测数据接收、处理、存档和分发的信息系统。

3.2
冗余　redundancy

系统中为了共同承担负荷并减少故障时间而重复配置的具有相同功能的设备或者部件。

3.3
主动维护　active maintenance

针对设备隐患或针对设备冗余部件异常情况发起的修复操作,以有效地防止设备故障,保持设备正常运行。

3.4
停机维护　downtime maintenance

定期对气象卫星地面系统计算机硬件进行的主动性维护,对设备进行关机重启、更换异常部件、更新软件版本等操作,消除系统运行隐患,提升地面系统运行稳定性。

4 设备入场

4.1 设备登记

4.1.1 审批信息登记

经过审批后的设备可以入场,入场前应提交审批信息登记表复印件,并登记如下审批信息:

a)　审批表编号;

b) 项目名称、项目负责人；
c) 设备负责人；
d) 申请人、最终批准日期、审批表批准人。

审批登记表内容和样式见附录A。

4.1.2 设备信息登记

设备信息登记内容应包括：
a) 设备维修保养(以下简称维保)厂家名称、联系人姓名及联系方式；
b) 设备维保起止时间，时间应精确到日；
c) 设备类型、品牌型号、数量、设备用途；
d) 设备部署物理位置信息；
e) 设备网络配置信息；
f) 存储资源配置信息；
g) 设备管理员信息。

设备信息登记表内容和样式见附录B。

4.1.3 相关文档收集

设备登记时，应提供设备采购合同复印件及其电子版和设备维护手册。

4.2 设备上架

设备上架除满足YD/T 5227—2015中9.2、9.3、9.4的要求外，还应满足以下要求：
a) 设备在机房上架时有指定人员在场监督；
b) 设备安装在登记位置；
c) 强电弱电分离，分别捆扎在机柜两侧，外观整齐；
d) 接入交换机安装在机柜顶部，其他设备从机柜下方由下向上依次放置，中间不留空隙；
e) 服务器、存储设备的进出风方向与机房冷热通道设计匹配；
f) 机柜空闲位置安装挡风板；
g) 设备正面或者醒目位置、线缆近两端处贴标签；
h) 设备上架操作时进行防静电保护。

4.3 设备入网

4.3.1 设备接入业务网前应进行配置检查，检查合格后方可接入网络。

4.3.2 设备的配置检查应满足下述各项要求：
a) 主机名唯一；
b) 网络地址按规划地址配置正确；
c) 对时服务配置正确；
d) 系统更新服务配置正确，系统安全补丁更新至最新；
e) 防病毒软件及病毒库版本最新；
f) 系统账户口令长度不少于10位，且同时包含大小写字母、数字和特殊字符；
g) 存储资源按规划配置正确。

5 设备维护

5.1 设备巡检

5.1.1 设备巡检方式

定期对硬件设备进行现场或者远程检查，及时发现设备异常，保证设备所承载的业务能够稳定运行。设备巡检包括下面两种方式：
a) 现场巡检：巡检人员到达设备所在位置，现场检查设备外观、指示灯、显示屏、声响等，判断设备运行状态是否正常并记录；
b) 远程巡检：巡检人员通过远程连接方式登录到设备的操作系统、管理工具或监控平台等，检查和收集设备运行状态和日志信息，判断设备运行状态是否正常并记录。

5.1.2 巡检频次

根据以下情况进行相应巡检：
a) 一般工作日巡检：应进行1次现场巡检和1次远程巡检，巡检应在北京时间16时前完成。
b) 节假日巡检：应进行1次远程巡检，巡检应在当日北京时间16时前完成。
c) 应急状态巡检：当接收到中国气象局签发的进入应急响应状态的命令时，按照应急响应启动等级应增加远程巡检频次。其中，三级应急响应状态时，每天远程巡检2次，分别在当日北京时间11时和16时前完成巡检。二级及以上应急响应状态时，每天远程巡检4次，分别在当日北京时间8时、12时、16时和21时前完成巡检。
d) 必要时增加巡检次数。

5.1.3 巡检内容

5.1.3.1 现场巡检

现场巡检应检查以下内容：
a) 检查设备外观有无损伤、部件是否齐全，标签是否清晰、是否脱落，设备灰尘滤网是否洁净等，若需要补充部件或标签、清理灰尘，应及时记录并处理；
b) 检查设备各状态指示灯是否正常，是否有异响，设备显示屏是否有异常提示信息；
c) 检查设备线缆、电源插座是否松动。

5.1.3.2 远程巡检

远程巡检应检查以下内容：
a) 检查设备登录状态；
b) 检查设备网络状态；
c) 查看系统日志信息；
d) 查看设备文件系统空间使用情况；
e) 查看设备CPU使用率、内存使用率情况；
f) 检查交换机端口或链路带宽使用率；
g) 检查设备风扇状态、设备温度；
h) 查看系统时间。

5.1.4 巡检记录

5.1.4.1 完成当日巡检后应将巡检的内容和结果以纸质或电子形式记录，记录内容及样式可参照附录C进行填写。

5.1.4.2 巡检过程中发现设备异常情况应上报，并将异常现象以纸质或电子形式记录。

5.2 停机维护

5.2.1 停机频次

每年应至少完成一次停机维护，停机维护过程中更换异常部件、更新软件版本，并对设备除尘，消除系统运行隐患。

5.2.2 停机准备

停机维护前，应完成下列准备工作：
a) 应按照维护计划编制停机维护方案，明确维护范围和工作内容；
b) 停机维护方案应以书面形式提前一周向管理部门上报，由管理部门审批后，确定停机维护操作时间；
c) 停机维护前一工作日应完成对主要设备操作系统、配置等重要信息的备份；
d) 在停机维护前应完成设备工作状态确认。

5.2.3 停机公告

停机维护方案获得审批后，应将停机维护的具体时间及业务影响范围以公告、通知等形式告知相关部门和人员。

5.2.4 停机操作

停机维护应在规定的时间按照停机维护方案实施操作。

5.2.5 恢复确认

停机维护操作完成后，设备重新启动后应对设备运行状态进行观察确认，持续观察时间应在1小时以上。

6 配置变更

6.1 配置变更准备

6.1.1 变更方案

对已经处于业务运行状态的设备或软件进行配置变更时，应制定设备配置变更方案，变更方案应包含下列内容：
a) 变更原因；
b) 变更影响范围和风险评估；
c) 变更操作需要时长；
d) 变更计划安排；
e) 变更失败回退预案。

6.1.2 变更审批

配置变更应填写设备软硬件配置变更审批单,由管理部门批准后实施变更。设备软硬件配置变更审批单内容参见附录D。

6.1.3 变更信息备份

6.1.3.1 软硬件配置变更操作实施前应对变更设备相关配置信息进行备份。

6.1.3.2 软硬件配置变更操作实施前应对变更所涉及的设备状态指标进行记录。

6.2 变更操作

6.2.1 应按照变更方案实施变更操作。

6.2.2 涉及相同或相关设备的多项变更操作应统一进行。

6.3 变更确认

6.3.1 配置变更完成后,应对比变更前、后相关指标,确认变更完成。

6.3.2 配置变更完成后,应观察并确认设备运行状态正常,持续观察1小时以上。

6.3.3 变更完成后,应根据实际变更结果修正设备登记信息。

7 安全与备份

7.1 设备安全管理要求

气象卫星地面系统计算机硬件安全维护应满足GB/T 22239相应要求。

7.2 设备备份要求

设备操作系统和配置信息应至少每月增量备份一次。

7.3 关键核心设备管理

7.3.1 应根据承载业务情况,制定关键核心设备清单。

7.3.2 关键核心设备的系统软件及配置文件应每周备份,配置文件应同时异地备份。

7.3.3 核心设备配置备份应保留一年内的全部版本。

7.3.4 核心设备的关键或易损耗部件应在设备现场预留更换备件。

8 隐患和故障处理

8.1 隐患和故障发现

8.1.1 隐患包括现场巡检、远程巡检或系统相关用户发现的,不影响业务运行的设备负载异常、冗余设备异常或设备冗余部件异常等。

8.1.2 故障包括现场巡检、远程巡检或系统相关用户发现的影响业务运行的设备异常。

8.2 隐患和故障处置及上报

8.2.1 设备巡检中发现设备隐患时,应及时维护,消除故障隐患。

8.2.2 对设备隐患的处理应填写维护工单,参见附录E。对设备故障进行处理应填写故障报告单,参见附录 F。

8.2.3 维护工单和故障报告单应在处理完成后 3 个工作日内提交。

8.2.4 接到故障报告时应立即处理并上报。

8.2.5 故障处理应在故障发现后 4 小时内完成,恢复业务正常运行。4 小时内不能恢复业务时,应提出应急方案报请上级主管部门批准后实施。

8.2.6 故障处理遵循先恢复业务、后进行故障定位和分析的原则。

9 设备退出

9.1 年限

设备使用年限宜设置如下:
a) 服务器、网络设备、存储设备使用年限最低为 7 年;
b) 个人计算机、工作站使用年限最低为 5 年。

9.2 退出

在设备达到建议使用年限前一年,提出设备退出申请,经评估并批准后实施应用迁移、设备退出。

附 录 A
（规范性附录）
审批信息登记表

表 A.1 给出了审批信息登记表的内容和样式。

表 A.1 审批信息登记表

审批表编号		项目名称	
项目负责人		设备负责人	
申请人		最终批准日期	
审批表批准人			

附 录 B
（规范性附录）
设备信息登记表

表B.1给出了设备信息登记表的内容和样式。

表 B.1 设备信息登记表

设备信息						维护信息（设备网络配置、存储资源配置以附件形式提供）				
设备类型	品牌型号	设备数量	审批表编号	设备用途	物理位置	管理员	维保厂商	维保厂商联系人及联系方式	维保日期起止时间（精确到日）	所属项目	项目负责人	备注

附 录 C
（资料性附录）
设备巡检记录表

表 C.1 给出了设备巡检记录表的内容和参考样式。

表 C.1 设备巡检记录表

巡检设备类别/编号	巡检对象	现场巡检结果				远程巡检结果					
		外观（设备有无损伤，是否清洁，部件是否齐全，标签是否完整清晰）	指示灯、屏显和提示音	电源和线缆	设备登录状态	网络状态	日志报错	文件系统使用率	CPU和内存使用率	端口链路带宽使用率	温度、风扇、系统时间
设备巡检结果											
网络安全类/设备1	网络安全设备名1/IP										
网络安全类/设备2	核心交换机设备名1/IP										
网络安全类/设备3	交换机设备名1/IP										
网络安全类/设备4	网络设备1/IP										
网络安全类/设备5	网络设备2/IP										
……	……										
主机类/设备1	主机1设备名/IP										
主机类/设备2	主机2设备名/IP										
主机类/设备3	主机3设备名/IP										
……	……										
存储类/设备1	磁盘阵列附属交换机/IP										
存储类/设备2	分布式存储附属交换机/IP										
存储类/设备3	光盘库1设备名/IP										
存储类/设备3	磁带库1设备名/IP										
其他设备1	其他设备1设备名/IP										
其他设备2	其他设备2设备名/IP										
……	……										
巡检人							巡检时间				

附 录 D
（资料性附录）
设备软硬件配置变更审批单

表 D.1 给出了设备软硬件配置变更审批填写的内容和参考格式。

表 D.1 设备软硬件配置变更审批单

申请人		日期	
申请变更原因			
变更影响范围与需要时长			
变更期实施方案与细则（若内容过多可以附件方式提供）			
变更风险及规避措施			
变更失败回退预案			
技术主管审批			
业务主管审批			
执行结果确认	执行时间：		
	执行结果：		
	执行人确认：		
	技术主管确认：		

注：本单据由业务主管部门留存一年。

QX/T 580—2020

附 录 E
（资料性附录）
维护工单

表E.1给出了硬件维护填写的维护工单的内容和参考格式。

表E.1 维护工单

主动维护对象及其现象、主动维护原因			
主动维护起始时间		主动维护结束时间	
处理人员			
处理过程	时间节点	完成的操作	
处理结果及建议			

附 录 F
（资料性附录）
故障报告单

表 F.1 给出了硬件设备故障处置应填写的故障报告单的内容和参考格式。

表 F.1 故障报告单

故障发现时间		故障发生时间	
故障恢复时间		处理人员	
故障现象			
业务影响范围			
处理过程和故障原因			
处理结果及建议			
故障处理主管签字			
故障级别			

ICS 07.060
A 47
备案号：78192—2020

中华人民共和国气象行业标准

QX/T 581—2020

轻便三杯风向风速表

Portable Three-cup Anemometer

2020-11-05 发布　　　　　　　　　　　　　　　2021-02-01 实施

中　国　气　象　局　发布

前 言

本标准按照 GB/T 1.1—2009 给出的规则起草。

本标准由全国气象仪器与观测方法标准化技术委员会(SAC/TC 507)提出并归口。

本标准起草单位:中环天仪(天津)气象仪器有限公司、天津市气象局、中国气象局气象探测中心。

本标准主要起草人:马剑哲、潘军、边泽强、崇伟、刘昕、张志堃、董猛、史静、徐妍。

QX/T 581—2020

轻便三杯风向风速表

1 范围

本标准规定了轻便三杯风向风速表的分类及组成、要求、试验方法、检验规则等。
本标准适用于指针式和数显式轻便三杯风向风速表的设计、生产和验收等。

2 规范性引用文件

下列文件对于本文件的应用是必不可少的。凡是注日期的引用文件，仅注日期的版本适用于本文件。凡是不注日期的引用文件，其最新版本（包括所有的修改单）适用于本文件。

GB/T 2423.1　电工电子产品环境试验　第2部分：试验方法　试验A：低温
GB/T 2423.2　电工电子产品环境试验　第2部分：试验方法　试验B：高温
GB/T 2423.4　电工电子产品环境试验　第2部分：试验方法　试验Db：交变湿热（12h+12h循环）
GB/T 2423.17　电工电子产品环境试验　第2部分：试验方法　试验Ka：盐雾
QX/T 84　气象低速风洞性能测试规范

3 术语和定义

下列术语和定义适用于本文件。

3.1
风杯　wind cup
测量风速用一种感应器件。
注：通常采用半球状或锥状空杯制成，其转速与气流速度（风速）成函数关系。
[GB/T 37467—2019，定义3.1.4.18]

3.2
风向标　wind vane
用于风向测量的感应器件。
注：通常由转轴、尾翼、平衡锤组成。
[GB/T 37467—2019，定义3.1.4.21]

3.3
指针式轻便三杯风向风速表　pointer portable three-cup anemometer
测量结果以在固定标度尺上移动的指针作为示值装置进行显示的轻便三杯风向风速表。

3.4
数显式轻便三杯风向风速表　digital display portable three-cup anemometer
测量结果以在某种介质上用数字形式显示作为示值装置的轻便三杯风向风速表。

4 分类及组成

4.1 分类

按照轻便三杯风向风速表的性能和特点,将轻便三杯风向风速表分为下列两种类型:
——指针式轻便三杯风向风速表;
——数显式轻便三杯风向风速表。

4.2 组成

4.2.1 指针式轻便三杯风向风速表

主要由风杯、风向标、风向盘、示值指示装置以及相应连接部件等组成。

4.2.2 数显式轻便三杯风向风速表

主要由风杯、风向标、转换电路、数字显示器、电源模块以及相应连接部件等组成。

5 要求

5.1 结构与外观

5.1.1 指针式和数显式轻便三杯风向风速表的风杯、风向标应符合下列要求:
  a) 风杯旋转平稳,无不规则跳动;
  b) 风杯在水平位置旋转时能随遇平衡;
  c) 风向标转动应灵活、平稳,定位牢固。

5.1.2 指针式轻便三杯风向风速表的机械传递及指示部分应符合下列要求:
  a) 机械传动装置各零部件连接部分相互之间安装准确到位、工作可靠;
  b) 风速指针转动应平稳,与时间指针、风速度盘、保护外壳等零部件无相互碰撞;
  c) 风速指针尖端应盖住短刻线的1/2~3/4,回零线的偏移不超过一个刻度的1/5;
  d) 风向指针轴线与风向标指针轴线应在同一垂直平面内;
  e) 保护外壳应无色透明光亮,无影响读数的缺陷;
  f) 表盘表面颜色均匀,所有标字、标线应清晰、均匀、整齐,标线宽为0.2 mm~0.5 mm,无影响读数的斑点、划痕等缺陷。

5.1.3 数显式轻便三杯风向风速表的指示部分数字显示应清晰,在风速平稳的情况下,其数字指示无不规则的跳动。

5.1.4 轻便三杯风向风速表各零部件安装应正确牢固,壳体接缝处应密合,各转动件转动应灵活、平稳,在正常使用条件下,应耐腐蚀,所有涂覆的保护层应牢固均匀、光洁。

5.1.5 轻便三杯风向风速表的风向指示部件应有方向指示标志。

5.2 性能指标

5.2.1 风速测量性能应符合下列要求:
  a) 起动风速:不大于0.8 m/s;
  b) 测量范围:1 m/s~30 m/s;
  c) 最大允许误差:$\pm(0.5+0.02v)$ m/s(v为实际风速(m/s)的值)。

5.2.2 风向测量性能应符合下列要求：
   a) 起动风速：不大于 1 m/s；
   b) 测量范围：0°～360°(16 个方位)；
   c) 最大允许误差：±22.5°(1 个方位)。

5.2.3 轻便三杯风向风速表有定时装置时其控制工作时间为 60 s，误差不超过±1 s。

5.3 电源

数显式轻便三杯风向风速表宜采用电池供电，常温下连续工作时间不小于 24 h。

5.4 环境适应性

应符合下列要求：
  a) 工作温度：-40 ℃～+50 ℃；
  b) 工作湿度：不大于 100%RH；
  c) 工作气压：550 hPa～1060 hPa；
  d) 抗盐雾腐蚀：应符合 GB/T 2423.17 的有关要求。

6 试验方法

6.1 结构与外观

目测结合手动调整进行。

6.2 性能试验

6.2.1 风速试验

6.2.1.1 试验设备

应符合下列要求：
  a) 气象低速风洞：其性能、结构、尺寸应符合 QX/T 84 的有关规定；
  b) 皮托静压管：k 值(校准系数值)为 0.99～1.01，最大允许误差为±0.5%；
  c) 微差压计：测量上限不低于 700 Pa，最大允许误差为±0.5 Pa；
  d) 温度计：测量范围为 0 ℃～45 ℃，最大允许误差为±0.5 ℃；
  e) 湿度计：测量范围为 10%RH～90%RH，最大允许误差为±8%RH；
  f) 气压计：测量范围为 800 hPa～1060 hPa，最大允许误差为±3 hPa；
  g) 数字或机械式秒表：经检验合格，精度为 0.01 s。

6.2.1.2 起动风速

将轻便三杯风向风速表安装在风洞的试验段，启动风洞，从零逐渐增大风速，风杯开始持续转动时的风速值记为起动风速。

注：机械式轻便三杯风向风速表测试时需按下起动按钮。

6.2.1.3 测量范围和最大允许误差

6.2.1.3.1 测试点拟定风速(v_0)及顺序为 2 m/s，5 m/s，10 m/s，15 m/s，20 m/s，25 m/s 和 30 m/s。

6.2.1.3.2 每个测试点拟定风速(v_0)的调整范围应符合下列规定：

a) 2 m/s 点范围：1 m/s～2 m/s；
b) 30 m/s 点范围：28 m/s～30 m/s；
c) 其他各点范围：$v_0 \pm 1$ m/s。

6.2.1.3.3 每个测试点风速在风洞调节好后，应稳定 1 min，分别读取轻便三杯风向风速表的风速值 v' 与微差压计测量值 P_V。

6.2.1.3.4 根据各测试点微差压计测量值和当时的温度、气压、湿度测量值计算出实际风速值 v，计算方法见附录 A。

6.2.1.3.5 各测试点实际风速值和轻便三杯风向风速表的风速值 v' 应满足 5.2.1 要求。

6.2.2 风向试验

6.2.2.1 试验设备

低速风洞及相关测试仪器、方位度盘，风洞及相关测试仪器、标准度盘必须经过校准。

6.2.2.2 起动风速

静风时将风向标分别转动至与风洞试验段轴线成 20°及 340°的位置，缓慢增加风洞流场风速并测出实际风速值，当实际风速为 1.0 m/s 时停止增加风速，观察风向标是否转动至气流方向相一致并保持平衡。

6.2.2.3 测量范围和最大允许误差

在方位校准刻度盘上进行风向误差试验，旋转方向盘正、反方向八个方位观察误差不超过 10°。

6.2.3 控制工作时间试验

控制工作时间用秒表测量三次，取其平均值作为测量结果。

6.3 电源

按照数显式轻便三杯风向风速表的电压标称值供电，在常温下，用可调直流稳压电源给轻便三杯风向风速表供电，在电压标称值±10％范围内变化，同时进行 6.2.1 和 6.2.2 的试验。当实验结果满足 5.2.1 的要求，则表明电源符合要求。

6.4 环境适应性

6.4.1 低温试验

按 GB/T 2423.1 的有关规定进行，试验参数应符合下列要求：
a) 试验温度：−40 ℃±2 ℃；
b) 持续时间：2 h；
c) 温度变化速率：不大于 1 ℃/min。

6.4.2 高温试验

按 GB/T 2423.2 的有关规定进行，试验参数应符合下列要求：
a) 试验温度：+50 ℃±2 ℃；
b) 持续时间：2 h；
c) 温度变化速率不大于 1 ℃/min。

6.4.3 交变湿热

按 GB/T 2423.4 的有关规定进行,试验参数应符合下列要求:
a) 高温温度:40 ℃;
b) 相对湿度:92%～98%;
c) 试验周期 24 h。

6.4.4 盐雾试验

6.4.4.1 试验应采用连续喷雾法,持续时间不应小于 48 h,具体按 GB/T 2423.17 的有关规定进行。
6.4.4.2 试验结束后应按下列程序进行:
a) 用流动水轻轻洗掉试验样品表面盐沉积物,再用蒸馏水漂洗;
b) 放入(40±2)℃的烘箱中干燥 2 h;
c) 然后在正常大气条件下恢复 1 h～2 h;
d) 恢复后的产品应能够正常工作。

7 检验规则

7.1 检验分类

检验分为下列两类:
a) 型式检验;
b) 出厂检验。

7.2 检验分组

型式检验和出厂检验分下列三组检验:
a) A组检验:由外观检查,结构检查等组成;
b) B组检验:以性能试验为主;
c) C组检验:环境条件试验。

7.3 检验项目

检验项目见表1。

表 1 检验项目

序号	检验项目	型式检验	出厂检验	技术要求	试验方法
A组检验					
1	结构与外观	●	●	5.1	6.1
B组检验					
2	起动风速	●	●	5.2.1 a)	6.2.1.2
3	测量范围	●	●	5.2.1 b)	6.2.1.3
4	最大允许误差	●	●	5.2.1 c)	6.2.1.3
5	起动风速	●	●	5.2.2 a)	6.2.2.2

表 1 检验项目（续）

序号	检验项目	型式检验	出厂检验	技术要求	试验方法
B 组检验					
6	测量范围	●	●	5.2.2 b)	6.2.2.3
7	最大允许误差	●	●	5.2.2 c)	6.2.2.3
8	控制工作时间	●	●	5.2.3	6.2.3
C 组检验					
9	低温试验	●	○	5.4.1	6.4.1
10	高温试验	●	○	5.4.1	6.4.2
11	交变湿热试验	●	○	5.4.2	6.4.3
12	盐雾试验	●	○	5.4.4	6.4.4
●:应进行检验的项目；○:需要时进行检验的项目。					

7.4 检验标准与设备

检验标准应具有可溯源性，检验设备应在检定有效期内。

7.5 缺陷的判定

7.5.1 分类

分重缺陷和轻缺陷。

7.5.2 重缺陷

检测的性能指标误差超过规定的范围。

7.5.3 轻缺陷

只有外观有缺陷，但不影响仪器的性能。

7.6 型式检验

7.6.1 检验条件

在下列情况下进行型式检验：
a) 新产品定型时；
b) 主要设计、工艺、材料及元器件有重大改变时；
c) 停产两年以上再次生产时；
d) 成批生产进行定期抽检时。

7.6.2 检验项目

表 1 中的全部项目。

7.6.3 抽样

7.6.3.1 A组检验

7.6.3.1.1 随机抽取三台仪器进行A组检验。

7.6.3.1.2 新产品定型时,样机如少于三台,则全数检验。

7.6.3.2 B组检验

用A组检验合格的三台仪器进行B组检验。

7.6.3.3 C组检验

在B组检验合格的三台仪器中随机抽取两台进行C组检验。

7.6.4 合格判断

应满足下列要求：
a) 在A组—C组检验中不应出现重缺陷,但可出现三个以内轻缺陷；
b) 出现轻缺陷时,应排除故障,再次检验合格后,才能进行下一个检验；
c) 在A组—C组检验全部合格后才能判定检验合格。

7.7 出厂检验

7.7.1 检验目的

出厂检验是对每台仪器在出厂前进行的一系列检验,以判定是否符合产品标准的要求。

7.7.2 A组检验

7.7.2.1 A组检验是全部检验。

7.7.2.2 A组检验不应出现重缺陷,若出现判定A组检验不合格。

7.7.2.3 A组检验出现轻缺陷,经返修再检验合格后判A组检验合格。

7.7.3 B组检验

7.7.3.1 B组检验是全部检验。

7.7.3.2 B组检验不应出现重缺陷,若出现判定B组检验不合格。

7.7.3.3 B组检验出现轻缺陷,经返修再检验合格后判B组检验合格。

7.7.4 出厂检验的合格判定

A、B各组检验合格的产品,才能判定为出厂检验合格。

8 标识、包装与贮存

8.1 标识

8.1.1 产品标识

至少包含下列内容：
a) 制造厂名称、地址；

b) 产品名称及型号；
c) 出厂日期及编号。

8.1.2 包装标识

至少包含下列内容：
a) 制造厂名称及地址；
b) 产品名称及型号；
c) 产品执行标准编号；
d) 标有"易碎物品""向上""怕雨"等字样及相应图案。

8.2 包装

8.2.1 轻便三杯风向风速表应装在包装盒内，再装入包装箱，并采用一般防震措施。
8.2.2 每只轻便三杯风向风速表随机应附带下列文件：
a) 使用说明书一份；
b) 检定证一份；
c) 合格证一份；
d) 风速校准曲线图一份。

8.3 贮存

轻便三杯风向风速表应贮存在环境温度－40 ℃～60 ℃，湿度不大于95％RH的室内，室内空气不应含有腐蚀性气体。

QX/T 581—2020

附 录 A
（规范性附录）
空气流速计算方法

A.1 标准状态下空气流速的计算

将微差压计读数值减去初始零位读数，得出实测动压值，然后按公式（A.1）计算标准状态下的空气流速值。

$$v_1 = 1.278\sqrt{P_V} \quad \cdots\cdots\cdots\cdots\cdots (A.1)$$

式中：
v_1 ——标准状态下的空气流速值，单位为米每秒（m/s）；
P_V ——实测动压值，单位为帕（Pa）。

A.2 空气密度修正系数的计算

根据测试过程中的空气温度、相对湿度和大气压值，按公式（A.2）计算空气密度修正系数。

$$K_\rho = \sqrt{\frac{1013.25(273.15+t)}{288.15(P-0.378ue_W)}} \quad \cdots\cdots\cdots\cdots\cdots (A.2)$$

式中：
K_ρ ——空气密度修正系数；
t ——空气温度，单位为摄氏度（℃）；
P ——大气压，单位为百帕（hPa）；
u ——空气相对湿度；
e_W ——温度为 t 时的饱和水汽压，单位为百帕（hPa）。

A.3 总修正系数的计算

总修正系数的计算见公式（A.3）。

$$K = K_\rho\sqrt{r_t\xi} \quad \cdots\cdots\cdots\cdots\cdots (A.3)$$

式中：
K ——总修正系数；
r_t ——微差压计工作液体的密度修正系数（工作液体为蒸馏水时，r_t 为1.000）；
ξ ——皮托管校准系数。

A.4 空气流速的计算

实际的空气流速的计算见公式（A.4）。

$$v = Kv_1 \quad \cdots\cdots\cdots\cdots\cdots (A.4)$$

式中：
v ——实际空气流速。

参 考 文 献

[1] GB/T 37467—2019 气象仪器术语

ICS 07.060
A 47
备案号：78193—2020

中华人民共和国气象行业标准

QX/T 582—2020

气象观测专用技术装备测试规范 地面气象观测仪器

Specifications for tests of technical equipment specialized for meteorologic observation—Surface meteorological observing instrument

2020-11-05 发布　　　　　　　　　　　　　　　　2021-02-01 实施

中国气象局　发布

前　言

本标准按照 GB/T 1.1—2009 给出的规则起草。

本标准由全国气象仪器和观测方法标准化技术委员会(SAC/TC 507)提出并归口。

本标准起草单位：中国气象局气象探测中心。

本标准主要起草人：王小兰、莫月琴、赵旭、丁蕾、巩娜、王天天、任晓毓、王毛翠。

气象观测专用技术装备测试规范 地面气象观测仪器

1 范围

本标准规定了地面气象观测专用技术装备的外观与结构检查、安全性试验、功能检测、电气性能测试、测量性能测试、环境试验、电磁兼容试验、动态比对试验、可靠性试验、维修性试验和测试结果与评定等测试要求与方法。

本标准适用于单要素或多要素地面气象测量仪器、设备和系统等的测试或评定。

2 规范性引用文件

下列文件对于本文件的应用是必不可少的。凡是注日期的引用文件，仅注日期的版本适用于本文件。凡是不注日期的引用文件，其最新版本（包括所有的修改单）适用于本文件。

GB 4793.1—2007 测量、控制和实验室用电气设备的安全要求 第1部分：通用要求
GB/T 6587—2012 电子测量仪器通用规范
GB/T 35221—2017 地面气象观测规范 总则
GB/T 35225—2017 地面气象观测规范 气压
QX/T 526—2019 气象观测专用技术装备测试规范 通用要求

3 术语和定义

QX/T 526—2019界定的术语和定义适用于本文件。

4 测试要求

4.1 测试项目

应包括以下项目：
——外观和结构检查；
——安全性试验；
——功能检测；
——电气性能测试；
——测量性能测试；
——环境试验；
——电磁兼容试验；
——动态比对试验；
——可靠性试验；
——维修性试验。

4.2 测试方案

按照QX/T 526—2019第6章的要求进行。

4.3 被试样品

4.3.1 样品类型应符合 QX/T 526—2019 中 4.1.1 的要求。

4.3.2 应按照 QX/T 526—2019 中 4.1.2 的方法进行抽样,被试样品数量一般不少于 3 台,且其中至少 1 台应进行功能检测和环境试验。

4.4 测试流程

应符合 QX/T 526—2019 第 7 章的要求。

4.5 记录

按照 QX/T 526—2019 中 4.2.1 进行。

4.6 试验的终止/中止和恢复

试验的终止/中止和恢复,应符合 QX/T 526—2019 中 4.4 的规定。

4.7 测试条件

按照 QX/T 526—2019 第 5 章进行。

4.8 测试报告

按照 QX/T 526—2019 第 11 章进行。

4.9 资料的整理和归档

按照 QX/T 526—2019 第 12 章进行。

5 外观和结构检查

按照 QX/T 526—2019 中 8.1 的规定进行。

6 安全性试验

6.1 项目

安全性测试项目应包括:
— 接触电流;
— 介电强度;
— 保护接地;
— 绝缘电阻。

6.2 要求和方法

6.2.1 接触电流

6.2.1.1 在正常条件下,电压值超过 30 V(交流有效值)或直流 60 V,应进行安全性试验。

6.2.1.2 按照 GB 4793.1—2007 附录 A 的方法进行试验,电流限值应符合 GB 4793.1—2007 中 6.3.1 b)的要求或产品安全技术要求的规定,取两者中较小的限值。

6.2.2 介电强度

6.2.2.1 被试样品处于非工作状态,开关接通,按 GB/T 6587—2012 中表3规定的试验电压值对其进行电压试验。

6.2.2.2 按照 GB/T 6587—2012 中 5.8.2 的要求和方法进行试验。

6.2.2.3 试验中不应出现击穿和重复飞弧,但允许出现电晕效应及类似现象。

6.2.3 保护接地

6.2.3.1 按照 GB/T 6587—2012 中 5.8.3 的要求和方法进行试验。

6.2.3.2 如果设备电源正负极均有安装过流保护装置,以及如果在单一故障条件下过流保护装置电源一侧的导线不可能与可触及导电的零部件相连,则试验电流可不大于内部过流保护装置额定电流的2倍。

6.2.4 绝缘电阻

6.2.4.1 被试样品处于非工作状态,开关接通,用绝缘电阻测量仪进行测量。

6.2.4.2 绝缘电阻检测前,应断开整台设备的外部供电电路,应断开被测电路与保护接地电路之间的连接。

6.2.4.3 若测试方案中无特殊要求,绝缘电阻的检测范围应包括整台设备的电源开关的电源输入端子和输出端子,以及所有动力电路导线。

6.2.5 结果与评定

6.2.5.1 若技术指标规定了电气安全性的具体要求,应按照技术指标判定是否合格。

6.2.5.2 测试结果表明其安全性能可能损坏被试样品或危及操作人员安全,应判定为整体性能不合格,试验终止。

7 功能检测

7.1 项目

宜包括但不限于以下项目:
- ——观测要素;
- ——初始化和参数设置;
- ——数据采集、处理和存储;
- ——数据接口和传输;
- ——数据质量控制;
- ——数据采集处理软件;
- ——远程配置和软件升级;
- ——数据显示和打印;
- ——故障判断和报警;
- ——时钟同步;
- ——可配置及可扩展性;
- ——互换性;
- ——有关标准或规定的技术要求中的其他功能。

7.2 要求和方法

7.2.1 若被试产品要求某一气象要素用不同单位表征,或有导出量的,应分别检查。

7.2.2 极值挑选、阈值设定和判断检查,宜采用模拟条件进行检测,统计各项的错误率或正确率。

7.2.3 通过终端操作命令等进行参数配置检查,包括基本参数、传感器参数、通信参数、质量控制参数、状态参数等。

7.2.4 对被试样品生成的平均或平滑计算后的结果,应用原始数据重新编制相应的程序进行计算,检查计算方法的正确性。

7.2.5 应通过多次存储试验检查数据存储功能的可靠性,必要时,结合环境适应性检查各种环境条件的影响。

7.2.6 数据接口和传输,所用附属设备和传输距离应符合技术指标要求。必要时,编制数据文件进行模拟传输试验,并确定数据传输的错误率。

7.2.7 采样瞬时值和瞬时气象值的数据质量控制(极限范围、变化速率和内部一致性检查)以及综合质量控制,应模拟相应的气象条件进行测试。

7.2.8 被试方应提供数据处理软件和各种应用的计算方法,检查所用计算公式或原理是否正确。

7.2.9 远程控制和软件升级,应进行远程参数设置、修改和软件升级,变更传输方式试验等。

7.2.10 数据显示、打印功能,在测试和试验中观察,对于如图形、曲线等要显示或打印的应用文件,应检查其正确性及是否符合有关规范或业务使用要求。

7.2.11 故障判断和报警功能,应在测试和试验中检查。必要时,人为设置判断阈值和报警条件进行测试并统计其错误率。

7.2.12 时钟同步,被试样品独立运行时,由实时时钟芯片提供系统时钟,需检查校时功能是否能将时钟改变为当前标准时间;当被试样品接入业务软件时,被试样品应支持网络时间协议的自动校时。

7.2.13 可配置及可扩展性,观测项目、通信方式、辅助电源等应进行可配置和可扩展性检查和实际操作。

7.2.14 只有技术指标规定了互换性要求,才进行互换性检查。被试方至少应提供三台被试样品,并另外提供要求互换的同样数量的替换部件。若替换传感器、数据采集器或其他影响被试样品测试性能的部件,替换前应通过检查和测试并合格。

7.2.15 若被试样品配有计算机或单片机,替换后应允许重新输入替换件的计量检定结果。传感器替换后应重新进行性能测试,其他部件替换后至少应进行功能检查。

7.2.16 替换后可能影响环境适应性的部件,应重新进行相应项目的环境试验。

7.2.17 数据采集处理软件应按下列要求进行:
— 对软件的数据采集时序进行检查,确定气象要素的测量时间与赋时之间是否有延迟,并确定延迟时间的具体数值。
— 检查气象数据原始文件的小数位,应符合原始数据文件中的数值的小数位输出结果至少多一位。
— 运行软件系统,检查菜单、对话框以及其他控件的文字、计量单位表达是否符合要求。检查文字图片组合是否合理、操作界面是否准确、设备运行提示和帮助信息等是否完备。
— 软件安装至少重复安装和卸载三次,检查其可靠性及其与计算机操作系统兼容性。
— 根据软件的技术要求,用实际操作的方法检查各项功能,包括提供的显示图形,数据文件,数据传输、存储及业务应用文件是否齐全,是否符合技术要求。
— 对数据处理软件提供的气象要素的平均/平滑值、极值、图形、图表、导出量或测量结果,应独立编程进行验证计算,并给出计算误差。
— 独立计算的各要素数据应考虑到被试样品不同测量范围,不同环境条件的情况,每种要素计算的数据应不少于10组。

7.3 结果与评定

符合有关标准或规定的技术要求,该项目评定为合格;不符合的项目,按照测试方案规定处理。

8 电气性能测试

8.1 测试内容和项目

应符合QX/T 526—2019中8.3.1的要求。

8.2 要求和方法

8.2.1 功耗

8.2.1.1 市电供电的平均功率小于1 kW的被试产品,使用测试总电源输入电压和电流的方法计算平均耗电功率。

8.2.1.2 被试样品的平均耗电功率较大或为电感、电容负载时,使用电度表记录的耗电度数(kW·h)除以时间计算平均耗电功率。测试时应采用技术指标规定的额定电压,测试时间持续2 h以上。

8.2.1.3 若技术指标规定了分机电源的耗电功率,或为了分析分机电源的特性,则测量分机的耗电功率。

8.2.1.4 若被试样品规定了不同工作状态的耗电功率,应分别在不同工作状态下测试。

8.2.2 蓄电池的续航时间测量

应符合QX/T 526—2019中8.3.3的要求。

8.2.3 数据传输

8.2.3.1 技术指标规定了传输性能和参数时,则应对每一规定参数进行测试。可预先编制传输代码,以规定的速率进行传输,观察传输情况并统计数据传输的错误概率。至少测试5次,每次至少连续传输10分钟的代码。

8.2.3.2 在技术方案中没有明确要求的,以动态比对试验的实际传输效果作为评定的依据,不进行专项测试。

8.2.4 结果与评定

8.2.4.1 符合有关标准或规定的技术要求,该项目评定为合格;不符合的项目,按照测试方案规定处理。

8.2.4.2 耗电功率不符合技术指标要求时,若影响被试样品整体的测试性能,或在工作时有明显的过热现象,则被试产品整体性能评定为不合格。

9 测量性能测试

9.1 测试项目

根据仪器特性选取测试项目,宜包括但不限于表1所列项目。

表 1 测量性能测试项目

测试项目	要素示例							
	温度	气压	湿度	风速风向	降水量	太阳辐射	土壤水分	能见度
测量范围	●	●	●	●	●	●	●	●
允许误差	●	●	●	●	●	●	●	●
分辨力	●	●	●	●	●	●	●	●
阈值	—	—	—	○	—	○	—	—
灵敏度	—	—	—	—	—	●	—	—
时间常数（或响应时间）	○	○	○	○	○	●	○	○
阻尼	—	—	—	○	—	—	—	—
非线性	○	○	○	○	○	○	○	○
迟滞	—	○	○	—	—	—	—	—
稳定性	○	○	○	○	○	○	○	○
影响特性（影响量）	○	○	○	○	○	○	○	○
●：表示应进行检测的项目；○：表示需要时，进行检测的项目；—：表示不进行检测的项目。								

9.2 一般要求

9.2.1 测试仪器仪表与设备应有有效的检定、校准或检测证书。

9.2.2 测量性能测试的环境条件应符合 QX/T 526—2019 中 5.1 的要求。

9.2.3 测试要求应符合 QX/T 526—2019 中 8.5.2 的规定。

9.3 测试方法

9.3.1 测试点

9.3.1.1 按以下方式选取测试点：
——仪器规定测量范围的上限和下限；
——全程的测试点数量不应少于 5 个；
——对于有明确非线性指标的，在曲率较大部分应适当增加测试点。

9.3.1.2 对于不需要进行迟滞误差测试的被试样品，采用定点测试的方法。可在各测试点连续录取该点所需的所有样本，然后再进行下一个测试点测试。每次录取数据前，都应确保每次的测试数据具有独立性。

9.3.1.3 对于有明确迟滞误差指标的，采用多循环测试法。测试时从被试产品测试范围的上限或下限测试点开始，依次达到各测试点并在各测试点录取一次数据。一个上升和下降的过程为一个循环。

9.3.2 测试点稳定时间和样本大小

9.3.2.1 测试点的稳定时间根据被试样品和标准器的时间常数确定，稳定时间应大于时间常数的 5 倍。当不同时间常数的几种被试样品同时测试时，应以其中时间常数最大的确定稳定时间。同时应考虑测试设备稳定所需时间。

9.3.2.2 各测试点的数据录取次数通常应不少于 10 次。

9.4 温度

9.4.1 温度测量的标准器可为标准铂电阻温度计,测试设备为恒温槽。通常测温元件应置于恒温槽的液体中。若测温元件在恒温槽的液体中不能正常测量,可用套管将测温元件与液体隔绝,并适当增加稳定时间;或将测温元件放于空气介质的恒温箱内进行测试。

9.4.2 按照8.3.1选取测试点,按照8.3.2确定测量次数,0 ℃为必选测试点。

9.4.3 采用定点测试法进行测试。测试中,测温元件所经受的温度突变应不大于30 ℃,否则应采取预处理或过渡措施。

9.4.4 如果需要,应进行时间常数的测定。

9.5 气压

9.5.1 气压测量的标准器采用数字气压仪和配套的压力控制系统等。

9.5.2 被试样品能够提供压力接嘴的,应直接连接在气压标准测试设备的压力管路密封系统中。如果没有压力接嘴,测试应在气压测试箱中进行。测试前应检查压力系统的密封性。

9.5.3 按照8.3.1选取测试点,按照8.3.2确定测量次数,1013 hPa为必选测试点。

9.5.4 被测气压元件应在测试前进行1013 hPa点的校准,全部测试后应在1013 hPa点进行复测,以确定测量性能测试的应力作用是否对被测元件的基点产生了影响。

9.5.5 通常采用循环测试的方法,根据被试样品的迟滞特性确定压力变化速率,通常应不超过20 hPa/min。每两个测试点间的压力变化速率应相同。

9.5.6 对于容积很小的压力系统,可采用接入稳定容器的方法,控制压力变化率不致过大,并使增压和降压时压力变化均匀、无脉动,同时减小漏气率。

9.5.7 气压传感器都应进行风向风速的影响特性测试。特别是要求在野外安装且没有静压平滑装置气压传感器。测试应在风洞中进行,风速取其实际测量时的适应范围上限,至少要在气流正对、背向和垂直于采样口的方向上确定其影响量值。

9.6 湿度

9.6.1 湿度测量的标准器可为数字式标准通风干湿表、冷镜式露点仪或标准湿度发生器等。在采用通风干湿表和冷镜式露点仪时,应将标准器和被试样品置于调温调湿箱中。若采用标准湿度发生器,应在使用前,用冷镜式露点仪对湿度值进行校准,验证符合技术指标要求。

9.6.2 按照8.3.1选取测试点,按照8.3.2确定测量次数。

9.6.3 若被试样品为通风干湿表应:
——先进行温度传感器的测试和通风速度的测试,还应给出干球和湿球的温度差;
——测试的温度环境不应低于5 ℃,通常选择在5 ℃、20 ℃和30 ℃的温度环境下进行测试;
——通过在调温调湿箱中与标准湿度值比较,计算被试样品的干湿表系数。

9.6.4 若被试样品为吸附式、露点式、光学非接触式湿度测量器件,测试时的温度点设置应为其温度适应范围的下限和上限,其间再增加两个温度点。温度测试点通常应不低于−30 ℃。

9.6.5 如果需要,应进行时间常数的测定。

9.7 风向风速

9.7.1 风向风速传感器的测量性能应在风洞中进行测试,标准度盘、皮托静压管和微差压计作为标准器。

9.7.2 机械旋转式被试样品,应进行下列测试:
——起动风速测试,开始并维持转动的最小风速值(当风杯由静止变为连续转动时,3次读数的平均值)为测量结果。风向风速传感器的起动风速测试,应在不同的迎风面积上进行,至少应取三个方向,取其最大值为测量结果。
——风向传感器应在指标规定的三倍起动风速条件下测量动态偏移角。若无特殊要求,风向传感器起动风速测试的初始偏移角取±15°,风向从0°开始,每间隔60°为一个测试点。
——按照8.3.1选取测试点,按照8.3.2确定测量次数。风速传感器的起动风速应作为一个测试点;风向传感器的0°和180°应作为测试点。
——若被试样品拟纳入气象观测网使用,应测量风速传感器的距离常数和风向传感器的阻尼比。

9.7.3 非旋转式被试样品,应进行下列测试:
——风速的零点检查,即将传感器置于密闭环境中,检查其风速输出结果是否为零;
——风速测量的阈值测试,以被试样品能够稳定显示的最小风速显示值作为阈值,在0°、45°、90°等方向上都应进行测试;
——若被试产品有垂直气流分量的测量,可将其垂直气流分量方向上的器件顺风洞气流方向放置,分别进行顺向和逆向风洞气流的测试,作为垂直气流上升和下降气流分量的测量结果;
——被试样品应以不同方向(如0°、45°、90°方向)对准风向,以测试不同风向对测试结果的影响。

9.8 降水

9.8.1 降水测量的标准器为容量标准球或精密流量测量控制设备及其配套的加水、存水装置。若有条件,也可采用质量法进行测试。

9.8.2 测量性能测试前,应首先测量被试样品传感器承水口面积等。

9.8.3 按照8.3.1选取测试点,按照8.3.2确定测量次数。各测试点都应在不同的模拟降水强度条件下进行测试。若无特殊要求,取四个降水强度进行测量误差测试,最大值通常不超过4 mm/min,最小值取0.1 mm/min。

9.8.4 对于降雪测量传感器,可将降雪量换算为降雨量进行测量性能的测试。

9.9 太阳辐射

9.9.1 被试样品为直接辐射传感器,采用工作级标准或标准直接辐射表作为比对标准器;总辐射传感器采用工作级标准总辐射表或标准总辐射表或标准直接辐射表作为比对标准器;净全辐射传感器采用2台工作级标准总辐射表或2台标准总辐射表和2台工作级标准长波辐射表作为比对标准器。

9.9.2 太阳直接辐射、总辐射、净全辐射等被试样品的灵敏度在室外自然环境条件下进行,其他测量性能在辐射仪器室内检测设备上进行。

9.10 土壤水分

9.10.1 土壤水分的标准值由烘干称重法给出。应对被试样品不同含水量时的土壤进行实际测量,测量后取测量位置的适量土壤称重后进行烘干处理,以烘干前后的样本质量计算重量含水量,经换算后的体积含水量作为标准值。

9.10.2 测试前,被试样品应先进行两个特定环境的校准。首先将被试样品传感器置于干燥空气中,测量其体积含水量,应小于0.3%;然后置于蒸馏水中,测量其体积含水量,应接近100%。两个环境条件的校准合格后才能进行示值误差测试。

9.11 能见度

9.11.1 能见度测量仪器的比对标准为透射仪或准确度相当的其他设备。采用比对测试的方法实验室进行,实验室应能产生不同能见度的环境条件。被试样品配有透射衰减校准板或散射校准板的可先用校准板校准后再进行测试。

9.11.2 若被试样品的技术指标规定了光学性能参数,应按照相关标准或规范进行测试。

9.11.3 能见度的量值应用气象光学视程表示,若被试样品的输出值不符合气象光学视程的定义应进行换算。

9.11.4 被试样品与透射表在实验室的比对结果,主要用于被试样品测量特性的分析。

9.12 其他地面气象要素

按照8.3.1选取测试点,按照8.3.2确定测量次数。结合被试样品测量传感器的技术特点和要求确定测试方法。测试的项目和方法应在测试方案中明确。

9.13 稳定性

9.13.1 测量性能的静态复测按照QX/T 526—2019中8.5.3的要求进行。

9.13.2 被试样品测量性能的稳定性数据用初始测试和复测的被试样品的误差计算,按照QX/T 526—2019中C.4.3的要求和方法进行。

9.13.3 对于技术指标中规定了长期稳定性或检定/校准周期的被试样品,应进行测量性能的静态复测。复测的时间由规定的稳定时间或检定周期决定,应在测试方案中明确复测时间和截止时间。

9.13.4 若对稳定性无明确规定,且试验时间较长,则可选一稳定的被测对象,每隔一段时间(大于一个月),用该被试样品进行一组 n 次的测量,取其算术平均值作为该组的测量结果。共观测 m 组($m \geqslant 4$)。取 m 组测量结果中的最大值和最小值之差,作为被试样品在该时间段内的稳定性。其值应小于被试产品的扩展不确定度($k=2$)或允许误差的绝对值。

9.14 影响特性

9.14.1 按照被试产品给出的测量性能与环境适用范围的关系,进行测量性能试验。若被试样品测量性能测试所处的环境条件不能涵盖技术指标规定的环境适用范围,可进行影响特性的测试。

9.14.2 在规定的任一条件下,若被试产品的测量性能不合格,则被试产品的总体测量性能处理为不合格。

9.15 数据处理与评定

按照QX/T 526—2019中C.3的要求进行。

10 环境试验

按照QX/T 526—2019中8.7和附录B的要求进行。

11 电磁兼容试验

按照QX/T 526—2019中8.8的要求和方法进行。

12 动态比对试验

12.1 试验项目

应符合QX/T 526—2019中8.6的要求。

12.2 动态比对试验环境条件

应符合 QX/T 526—2019 中 5.2 的要求。

12.3 试验时间

应符合 QX/T 526—2019 中 5.3 的要求。

12.4 比对标准器

12.4.1 应符合 QX/T 526—2019 中 5.4 中关于动态比对试验的比对标准器的要求。

12.4.2 在动态比对试验中,宜选用下述比对标准器:
- ——温度和湿度传感器,首选标准通风干湿表,也可采用数字式铂电阻通风干湿表;
- ——气压传感器,采用石英振梁气压仪;
- ——机械旋转式风向风速传感器,采用符合世界气象组织动态特性要求的传感器;
- ——非旋转式风向风速传感器,采用采样频率不小于 40 Hz 的超声风速仪;
- ——雨量传感器,首选坑式雨量计,也可采用双栅式雨量计;
- ——太阳辐射的标准器按照 8.9.1 进行选择;
- ——前向散射和摄像式光学能见度仪,采用透射式能见度仪。

12.5 仪器布局与安装

12.5.1 被试样品与比对标准器应安装在同一观测场内,并应符合 QX/T 526—2019 中 8.6.3 的要求。

12.5.2 被试样品和比对标准器的布置及安装高度应符合 GB/T 35221—2017 中 5.4 的要求。

12.6 试验方法

12.6.1 应符合 QX/T 526—2019 中 8.6 的要求。

12.6.2 温度和湿度的比对试验通常一起进行,试验时应同时记录气压、风向风速和太阳辐射量。

12.6.3 被试气压传感器安装应符合 GB/T 35225—2017 中 4.4 要求,且无论被试气压传感器安装在室内还是室外,标准器应安装在符合 GB/T 35225—2017 中 4.4.1 要求的专用工作室内。若气压标准器必须置于室外,应加装静压平衡装置。

12.6.4 风向风速传感器的试验,标准器与被试样品的传感器部分应置于相同高度上。对于要求在气象观测网使用的被试样品,架设高度应为 10 m,手持式被试样品的架高应不低于 2 m,其他被试样品的架高应不低于 6 m。

12.6.5 采用坑式雨量计作为标准器时,被试雨量传感器可有一台置于坑式雨量计的陷水网格中,承水口与地面平齐。其他被试雨量器应放在坑式雨量计的陷水网的周围。

12.6.6 对于太阳辐射传感器灵敏度的测试,被试样品与标准仪器安装高度相同、方向一致。

12.6.7 被试能见度仪的试验,每次比对观测都应记录场地周围各个方向上能见度是否均匀,便于进行比对数据的质量控制。标准器的测量值,应用人工观测的结果进行验证。

12.6.8 土壤水分的试验,若用烘干称重法作为标准,应通过特定环境校准的样品用环刀取样,每个样品取四个环刀样本,进行称重、烘干。若所得四个样本的体积含水量两两之间差值在±2%以内,认为测试样品均匀,取其平均值为标准值,否则,认为测试样品不均匀,结果无效。

12.7 数据处理和评定

12.7.1 应按照 QX/T 526—2019 中附录 C 的要求和方法进行。

12.7.2 对于要求纳入气象观测网使用的被试样品,动态比对试验应给出下述结果:

——录取数据的完整性；
——同型号仪器测量结果的一致性；
——与比对标准器间的动态测量误差；
——与气象观测网同类仪器观测数据的可比较性。

12.7.3 若试验方案规定了被试样品与指定仪器的可比较性要求，还应给出与指定仪器的比对试验结果。未要求在气象观测网使用被试样品，按照技术指标的要求进行评定。

12.7.4 温度传感器的比对试验应按照不同的观测时间分别给出系统误差和标准偏差，也可用图形表示，说明被试样品的辐射特性与比对标准器之间的差异。

12.7.5 被试样品的系统误差和影响特性的统计结果都可以被修正。若无法进行修正，而导致被试样品的一致性、动态测量误差和可比较性不能在整个影响量范围内符合技术指标要求，评定为不合格。

12.7.6 若被试样品测量性能测试结果符合技术指标要求，而动态比对试验所得动态误差较大，应进行分析，必要时应进行补充试验，以确定被试样品动态与静态特性之间的差异。

12.7.7 根据动态比对试验中的操作、数据采集、显示和输出、存储数据等情况评定被试样品的使用性能。

13 可靠性试验

按照 QX/T 526—2019 中 8.9 和附录 A 的要求进行。

14 维修性试验

按照 QX/T 526—2019 中 8.10 的要求和方法进行。

15 测试结果与评定

按照 QX/T 526—2019 第 10 章的原则对被试样品进行评价，并按本标准 4.8 编制测试报告。

ICS 07.060
B 18
备案号：78194—2020

中华人民共和国气象行业标准

QX/T 583—2020

夏玉米涝渍等级

Grade of waterlogging for summer maize

2020-11-05 发布　　　　　　　　　　　　　　　2021-02-01 实施

中　国　气　象　局　发　布

QX/T 583—2020

前　言

本标准按照 GB/T 1.1—2009 给出的规则起草。

本标准由全国农业气象标准化技术委员会(SAC/TC 539)提出并归口。

本标准起草单位：河南省气象科学研究所、安徽省气象信息中心、信阳市气象局、中国气象局应急减灾与公共服务司。

本标准主要起草人：余卫东、薛昌颖、胡程达、李军玲、盛绍学、李树岩、赵辉、姜燕。

夏玉米涝渍等级

1 范围

本标准规定了夏玉米涝渍等级及划分方法。

本标准适用于我国华北和江淮地区夏玉米涝渍的调查、统计、预警和评估,其他行业在进行相关工作时也可参考使用。

2 术语和定义

下列术语和定义适用于本文件。

2.1
涝渍　waterlogging

当农田土壤相对湿度大于或等于90%时,土壤含水量处于过湿或饱和状态,土壤大孔隙充水,缺少空气,作物根部环境条件恶化,造成植株生长与发育不良、作物产量下降的一种农业气象灾害。

注:改写QX/T 107—2009,定义2.8。

2.2
田间持水量　field capacity

在地下水埋藏较深的条件下,毛管悬着水达到最大时的土壤含水量。

[QX/T 381.1—2017,定义3.85]

2.3
土壤相对湿度　relative soil moisture

实测土壤含水量与该类型土壤田间持水量的百分比。

[QX/T 381.1—2017,定义3.89]

2.4
涝渍过程　process of waterlogging

在玉米生长期内,达到该发育阶段涝渍灾害条件的一次天气事件。

3 等级划分

3.1 划分方法

根据0 cm~50 cm土壤相对湿度平均值大于或等于90%的持续天数($d_{RSM0-50}$)确定夏玉米不同发育阶段的涝渍过程等级,用涝渍过程等级组合确定涝渍等级。

3.2 涝渍过程等级

按照夏玉米出苗—拔节、拔节—抽雄、抽雄—成熟三个发育阶段,划分为轻度涝渍、中度涝渍和重度涝渍3个等级,划分等级见表1。在实际农业生产过程中,若一次涝渍过程跨越发育阶段,则以前一个发育阶段的指标进行评判。

表 1 夏玉米涝渍过程等级

单位为天

涝渍过程等级	出苗—拔节	拔节—抽雄	抽雄—成熟
轻度	$4 \leqslant d_{RSM0-50} < 9$	$6 \leqslant d_{RSM0-50} < 10$	$7 \leqslant d_{RSM0-50} < 15$
中度	$9 \leqslant d_{RSM0-50} < 15$	$10 \leqslant d_{RSM0-50} < 20$	$15 \leqslant d_{RSM0-50} < 25$
重度	$d_{RSM0-50} \geqslant 15$	$d_{RSM0-50} \geqslant 20$	$d_{RSM0-50} \geqslant 25$

3.3 涝渍等级

当某个发育阶段内出现2个以上涝渍过程时，用涝渍过程等级组合确定该发育阶段的涝渍等级，表2为涝渍等级。

表 2 夏玉米涝渍等级

涝渍等级	指标
轻	轻度涝渍过程发生1～2次
中	中度涝渍过程1次，或1次中度涝渍过程和1次轻度涝渍过程，或轻度涝渍过程发生3～4次
重	重度涝渍过程发生1次及以上，或中度涝渍过程发生2次及以上，或1次中度涝渍过程且轻度涝渍过程大于或等于2次，或轻度涝渍过程发生5次及以上

参 考 文 献

[1] GB/T 32752—2016　农田涝渍气象等级
[2] QX/T 107—2009　冬小麦、油菜涝渍等级
[3] QX/T 381.1—2017　农业气象术语　第1部分:农业气象基础
[4] 陈杰,杨京平.玉米渍水模拟模型研究及验证[J].作物学报,2003,29(3):436-440
[5] 刘祖贵,刘战东,肖俊夫,等.苗期与拔节期淹涝抑制夏玉米生长发育、降低产量[J].农业工程学报,2013,29(5):44-52
[6] 余卫东,冯利平,盛绍学,等.黄淮地区涝渍胁迫影响夏玉米生长及产量[J].农业工程学报,2014,30(13):127-136
[7] 张尚印,姚佩珍,吴虹,等.我国北方旱涝指标的确定及旱涝分布状况[J].自然灾害学报,2011,37(3):521-528
[8] 周新国,韩会玲,李彩霞,等.拔节期淹水玉米的生理性状和产量形成[J].农业工程学报,2014,30(9):119-125

ICS 07.060
A 47
备案号：78195—2020

中华人民共和国气象行业标准

QX/T 584—2020

海上风能资源遥感调查与评估技术导则

Technical guideline on investigation and assessment of offshore wind energy resource using remote sensing data

2020-11-05 发布　　　　　　　　　　　　　　　　2021-02-01 实施

中　国　气　象　局　发　布

前　言

本标准按照GB/T 1.1—2009给出的规则起草。

本标准由全国气候与气候变化标准化技术委员会风能太阳能资源分技术委员会(SAC/TC 540/SC 2)提出并归口。

本标准起草单位：浙江省气候中心、浙江大学、江苏省气候中心、山东省气候中心。

本标准主要起草人：李正泉、黄敬峰、许遐祯、张康宇、郭乔影、冯涛、肖晶晶、董旭光、徐经纬。

QX/T 584—2020

海上风能资源遥感调查与评估技术导则

1 范围

本标准规定了海上风能资源遥感调查与评估的基本资料收集、数据处理、遥感风场反演及可靠性检验、遥感数据融合与风能参数计算、分析评估图表制作等相关技术要求。

本标准适用于基于遥感资料反演的海上风能资源调查评估。

2 规范性引用文件

下列文件对于本文件的应用是必不可少的。凡是注日期的引用文件,仅注日期的版本适用于本文件。凡是不注日期的引用文件,其最新版本(包括所有的修改单)适用于本文件。

GB/T 17278—2009　数字地形图产品基本要求
GB/T 18710—2002　风电场风能资源评估方法
GB/T 31724—2015　风能资源术语
NB/T 31029—2019　海上风电场工程风能资源测量及海洋水文观测规范
NB/T 31147—2018　风电场工程风能资源测量与评估技术规范
QX/T 74—2007　风电场气象观测及资料审核、订正技术规范

3 术语和定义

GB/T 17278—2009、GB/T 18710—2002、GB/T 31724—2015、NB/T 31029—2019、NB/T 31147—2018、QX/T 74—2007界定的以及下列术语和定义适用于本文件。

3.1
海面风场 sea surface wind field
距海平面约10 m高度的水平空间格点风速和风向等要素集合。

3.2
海上站位观测 offshore in-situ observation
海上测风塔、浮标、石油平台以及小型岛礁等固定站点的气象观测。

3.3
像元 pixel
卫星传感器对地面景物扫描采样的最小单元。
注:也指遥感影像图片像素。

3.4
景 scene
一幅遥感影像或图片所覆盖地域的景象。

3.5
地球物理模式函数 geophysical model function
用于将遥感数据信息定量转化为海面风速和风向的模式函数。
注:多是指后向散射系数与海面风矢量、传感器探测参数及次地球物理变量之间的函数关系式。

3.6

遥感数据融合 remote sensing data fusion

以获取目标区全面、综合的时空信息为目的,将不同星载传感器探测(或反演)的数据信息在时空上加以整合和复合。

4 缩略语

下列缩略语适于用本文件。

AMIP-Ⅱ:大气模式交叉比较计划(Atmospheric Model Intercomparison Project-Ⅱ)

AMSR-E:高级微波扫描辐射计(Advanced Microwave Scanning Radiometer-Earth observing system)

Aqua:水观测卫星(Aqua satellite)

ASAR:高级合成孔径雷达(Advanced Synthetic Aperture Radar)

ASCAT:高级散射仪(Advanced Scatterometer)

CCMP:多平台交叉定标(Cross Calibrated Multi-Platform)

CMA:中国气象局(China Meteorological Administration)

CMOD:C波段模型(C-band Model)

Coriolis:美国科里奥利实验卫星(Coriolis experimental satellite)

CRA:CMA大气再分析数据(CMA atmospheric Reanalyses)

DMSPs:美国国防气象卫星计划系列卫星(Satellites-Defense Meteorological Satellite Program)

ECMWF:欧洲中期天气预报中心(European Centre for Medium-range Weather Forecasting)

EnviSat:欧洲环境卫星(Environmental Satellite)

ERA5:ECMWF第五代大气再分析数据(ECMWF atmospheric Reanalyses-5)

ERS:欧洲遥感卫星(European Remote sensing Satellite)

ESA:欧洲空间局(European Space Agency)

HY-2:中国海洋二号卫星(HaiYang-2 satellite)

MDA:加拿大麦克唐纳迪特维利联合有限公司(MacDonald Dettwiler and Associates Ltd)

MetOp:欧洲气象业务卫星(Meteorological Operational satellite)

NASA:美国国家航空和航天局(National Aeronautics and Space Administration)

NASA-ISS:NASA国际空间站(NASA International Space Station)

NCEP-DOE:美国国家环境预报中心和国家能源部(National Centers for Environmental Prediction and Department of Energy)

NOAA:美国国家海洋大气局(National Oceanic and Atmospheric Administration)

NSCAT:NASA散射计模型(NASA Scatterometer model)

OceanSat:印度海洋卫星(Ocean Satellite)

OSCAT:海洋卫星散射计(OceanSat Scatteromete)

QuikSCAT:快速散射计(Quick Scatterometer)

QSCAT:快速散射计模型(QuikSCAT model)

RadarSat:加拿大雷达卫星(Radar Satellite)

RapidSCAT:NASA-ISS快速散射计(NASA-ISS Rapid Scatterometer)

RNMI:荷兰皇家气象研究所(Royal Netherlands Meteorological Institute)

SAR:合成孔径雷达(Synthetic Aperture Radar)

SCAT:散射计(Scatterometer)

SeaWinds：海风散射计（Sea Wind scatterometer）
Sentinel：欧洲哨兵卫星（Sentinel satellite）
SSMIS：专用传感器微波成像仪或探测仪（Special Sensor Microwave Imager or Sounder）
TerraSAR-X：德国地球观测 X 波段雷达卫星（Terra X-SAR satellite）
TMI：TRMM 微波成像仪（TRMM Microwave Imager）
TRMM：热带测雨任务卫星（Tropical Rainfall Measuring Mission satellite）
WindSat：风观测卫星辐射计（Wind Satellite radiometer）
XMOD：X 波段模型（X-band Model）
X-SAR：X 波段合成孔径雷达（X-band SAR）

5 基本资料收集

5.1 遥感影像资料

可用于评估区遥感风场反演的微波散射计、微波辐射计和 SAR 等星载传感器的影像资料。常用的海上风场探测的星载传感器参见附录 A。

遥感影像资料观测年限应在 10 年以上，覆盖同一区域的微波散射计和微波辐射计遥感影像应不少于 8000 景，SAR 遥感影像应不少于 400 景。

5.2 遥感风场资料

已公开发布的遥感风场数据产品，主要包括：NASA 的 QuikSCAT 风场数据、NOAA 的 WindSat 风场数据、ESA 的 ERS 风场数据和 RNMI 的 ASCAT 风场数据等。

评估区内单星或多星组合的风场数据总年限应不少于 10 年，数据为卫星过境时刻海面风矢量。

5.3 海上站位观测资料

评估区内海上站位观测逐 10 min 风速、风向、气温和气压等数据，连续观测时间应不少于 1 个完整年，观测时段应与遥感资料同期。

5.4 气象要素再分析资料

气象要素再分析资料主要包括 ECMWF 的 ERA5 数据、NCEP-DOE 的 AMIP-Ⅱ 数据、NASA 的 CCMP 数据和 CMA 的 CRA 数据等，要素为风矢量、气压和气温。资料空间范围应覆盖评估区，时间年限与遥感资料相同，水平分辨率应不低于 $0.25°×0.25°$，高度约为距海平面 10 m。

5.5 地理信息资料

地理信息矢量数据比例尺宜不低于 1:25 万，数据包括评估区边界线、海陆边界线和等深线等。

6 数据处理

6.1 海上站位测风数据

按照 GB/T 18710—2002 中 5.22 至 5.23 和 QX/T 74—2007 中 8.1 至 10.2 的相关要求，对海上站位观测的测风数据进行质量检验和插补，并将其测风数据订正到距海平面 10 m 高度。

在进行小型岛礁气象站测风资料处理时，应考虑岛礁的面积、地形及测风点海拔高度等因素，并将测风数据订正到距海平面 10 m 高度。

6.2 再分析数据

使用格点内插或格点聚合方式转换气象要素场空间分辨率,使其分辨率与遥感资料相同。格点内插(空间分辨率由低向高转换)宜使用双线性插值法,参见附录 B 中 B.1,格点聚合(空间分辨率由高向低转换)宜使用平均取值法,参见附录 B 中 B.2。

6.3 遥感影像数据

6.3.1 遥感影像数据按下列步骤处理:
a) 将同日期同时次不同景的遥感影像进行图像拼接;
b) 对拼接影像进行辐射定标,即:使用传感器辐射定标参数及其算式,将遥感影像像元灰度值转化为辐射亮度值;
c) 对辐射定标影像进行几何校正,即:利用地面控制点(海陆边界矢量图等),对遥感影像进行地理坐标定位配准,校正遥感影像的几何形变。几何校正误差应小于 0.5 个像元。

6.3.2 除 6.3.1 步骤外,SAR 遥感影像还应做以下处理:
a) 使用 Lee 滤波器或小波变换滤波等方法,去除海面船只等遥感影像斑点噪声;
b) 使用高斯模型或小波变换等方法,检测并剔除遥感影像中的海洋内波;
c) 使用子网掩码陆地掩膜方法,去除遥感影像中的陆地和岛屿。

7 遥感风场反演及可靠性检验

7.1 遥感风场反演

7.1.1 空间分辨率设定

微波散射计和微波辐射计海面风场反演的空间分辨率宜设定为 12.5 km×12.5 km 或 25 km×25 km,具体根据遥感影像原始像元大小确定。

SAR 海面风场反演的空间分辨率,宜设定为 1 km×1 km。

7.1.2 风速风向反演

根据卫星传感器探测波段及遥感影像极化方式等,选择合适的地球物理模式函数(参见附录 C)或辐射传输模式函数,结合卫星过境时入射角、入射波频率等,将 6.3 处理后的遥感影像数据,定量反演为海面风场的风速和风向。

使用 SAR 影像反演海面风场风速时,还应:
a) 将 6.3 中 SAR 遥感数据的空间分辨率转换成 1 km×1 km,空间分辨率转换推荐平均取值法像元融合方式(与格点聚合方式相似,参见附录 B 中 B.2);
b) 获取目标海域参考风向作为地球物理模式函数输入风向,推荐以再分析资料(或微波散射计)的风向为参考风向。

7.2 可靠性检验

7.2.1 站位检验

使用与卫星过境最接近时刻的海上站位测风数据(10 min 观测数据),对遥感反演风速(或 5.2 中的风场产品风速)进行可靠性检验。计算实测与反演两者风速的平均偏差、平均绝对误差、平均相对误差、均方根误差和相关系数等,计算方法见附录 D 中 D.1 和 D.2.1。

7.2.2 空间检验

使用再分析资料风场数据,对遥感反演风速(或5.2中的风场产品风速)空间分布形式进行空间相关性检验,统计遥感风场与再分析风场两者年平均风速的空间分布相关系数,计算方法见附录D中D.2.2。

7.2.3 误差控制

遥感反演风速(或风场产品风速)应符合以下条件:
a) 多年份多站位的风速(卫星过境时刻)均方根误差平均值小于 2 m/s;
b) 多年份的年平均风速空间分布相关系数达到 F 检验(即方差齐性检验)99%置信度水平。

8 遥感数据融合与风能参数计算

8.1 时间整合

将不同星载平台传感器的遥感风场数据,在统一空间分辨率下进行时间整合。统一空间分辨率的确定,以数据样本量最多的传感器为主,风场数据空间分辨率转换方法参见附录B。

SAR与微波散射计(辐射计)的风场数据空间分辨率差异大,宜分成两类单独进行时间整合。

8.2 风能参数计算

以时间整合后的遥感风场数据为基础,结合再分析资料气温和气压数据,计算下列风能参数:
a) 评估时段多年平均的年和月平均风速、平均风功率密度,计算方法见附录E中E.1和E.2;
b) 评估时段风速 Weibull 分布参数 A、K 值,计算方法见附录E中E.3;
c) 评估时段风速频率和风向频率,计算方法见 GB/T 18710—2002 中 5.4.3 和 5.4.4。

8.3 空间数据拼接

将评估时段多年平均的 SAR 近海风能参数(风速和风功率密度)空间数据,与微波散射计和微波辐射计共同合成的远海风能参数空间数据,进行空间拼接,获得整个评估区风能参数空间分布图。

在空间数据拼接时,空间分辨率设定推荐为 1 km×1 km。拼接重叠区的数值宜选用两个空间图的数据平均值,空间分辨率由低向高转换推荐使用双线性插值法,参见附录B中B.1。

9 分析评估图表制作

编制遥感风能参数误差分析表、制作评估区风能资源空间分布图:
a) 将7.2.1中站位观测与遥感反演两者风场的风速误差分析数据制成表格,见附录F中F.1,将遥感风场与再分析风场两者年平均风速空间相关性检验数据制成表格,见附录F中F.2;
b) 将8.2中遥感风能参数(平均风功率密度、风速 Weibull 分布参数和风向频率)与站位观测风能参数(计算方法见 GB/T 18710—2002 中 5.4.2 至 5.4.4)进行比对,制成图表,见附录F中F.3、F.4 和 F.5;
c) 依据8.3中最终融合数据,制作评估区遥感风能参数空间分布图,包括:多年平均的年和月平均风速、平均风功率密度及年主导风向等。空间分布图上宜叠加区域边界线、海陆边界线、等深线等矢量图,图层叠加方式应符合 GB/T 17278—2009 中第14章的图示表达要求。年平均风速和年平均风功率密度的等级划分见 GB/T 18710—2002 中表4。

附 录 A
（资料性附录）
海上风场探测星载传感器

常用于海上风场探测的星载微波散射计和微波辐射计传感器信息参数见表 A.1，星载 SAR 传感器的信息参数见表 A.2。

表 A.1 微波散射计及辐射计信息参数

类型	卫星平台	传感器	重访周期 d	风场分辨率 km	卫星在轨时间
散射计	QuikSCAT	SeaWinds	2 次	12.5～25	1999 年—2009 年
	ERS-1/2	SCAT	3 次	25	1991 年—2011 年
	MetOp-A/B	ASCAT	5 次	50	2007 年至今
	OceanSat-2	OSCAT	2 次	12.5～25	2012 年—2014 年
	HY-2	SCAT	1 次	25	2012 年至今
	NASA-ISS	RapidSCAT	2 次	12.5～25	2014 年至今
辐射计	TRMM	TMI	1 次	25～50	1998 年至今
	Aqua	AMSR-E	3 次	25	2002 年至今
	Coriolis	WindSat	8 次	25	2003 年至今
	DMSPs	SSMIS	2 次	25	2003 年至今

表 A.2 SAR 信息参数

星载平台	隶属源	传感器	重访周期 d	影像像元 m	卫星在轨时间
ERS-1/2	ESA	SAR	35	30	1991 年—2001 年
EnviSat	ESA	ASAR	35	12.5～75	2002 年—2012 年
RadarSat-1/2	MDA	SAR	24	25～50	1995 年至今
TerraSAR-X	German	X-SAR	27	16～100	2007 年至今
Sentinel	ESA	SAR	12	10～40	2014 年至今

附 录 B
（资料性附录）
空间分辨率转换方法

B.1 双线性插值法

双线性插值方式（见图 B.1）及其插值计算如下。

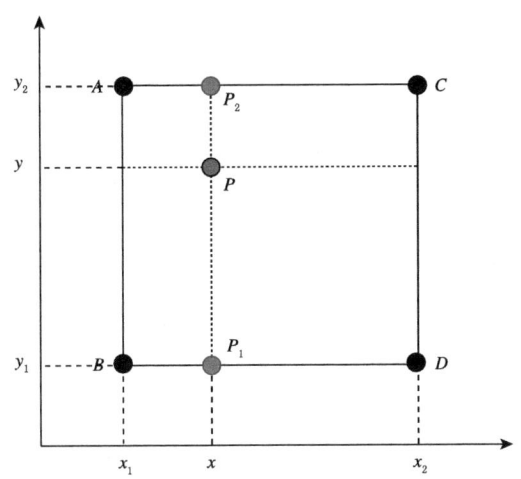

图 B.1 空间 P 点双线性插值计算示意图

假设空间上有 A、B、C、D 四个点，各点上的数据值分别为 Z_A、Z_B、Z_C 和 Z_D，则空间 P 点的数据值 Z_P 的计算见式(B.1)—式(B.3)：

$$Z_P = \frac{y - y_1}{y_2 - y_1} \times Z_{P_2} + \frac{y_2 - y}{y_2 - y_1} \times Z_{P_1} \quad\quad\cdots\cdots\cdots\cdots(B.1)$$

$$Z_{P_1} = \frac{x - x_1}{x_2 - x_1} \times Z_D + \frac{x_2 - x}{x_2 - x_1} \times Z_B \quad\quad\cdots\cdots\cdots\cdots(B.2)$$

$$Z_{P_2} = \frac{x - x_1}{x_2 - x_1} \times Z_C + \frac{x_2 - x}{x_2 - x_1} \times Z_A \quad\quad\cdots\cdots\cdots\cdots(B.3)$$

式中：
Z_P ——空间 P 点的数据值；
y ——空间 P 点的纵坐标值；
y_1 ——空间 P_1 点的纵坐标值；
y_2 ——空间 P_2 点的纵坐标值；
Z_{P_2} ——空间 P_2 点的数据值；
Z_{P_1} ——空间 P_1 点的数据值；
x ——空间 P 点的横坐标值；
x_1 ——空间 A 点或 B 点的横坐标值；
x_2 ——空间 C 点或 D 点的横坐标值；
Z_D ——空间 D 点的数据值；

Z_B ——空间 B 点的数据值；

Z_C ——空间 C 点的数据值；

Z_A ——空间 A 点的数据值。

B.2 平均取值法

平均取值法见图 B.2(彩)。

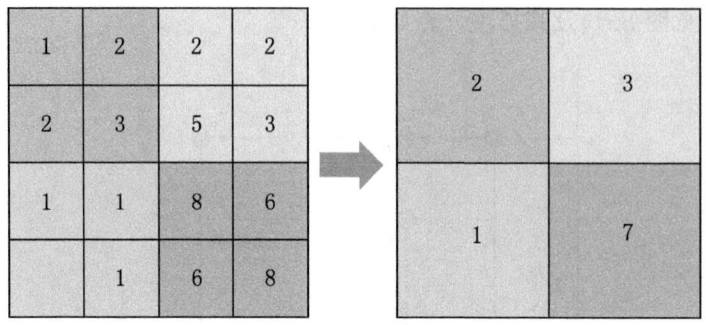

图 B.2(彩) 平均取值法格点聚合(像元融合)示意图

附 录 C
（资料性附录）
地球物理模式函数

地球物理模式函数是关于后向散射系数与海面风矢量、传感器入射角、入射波频率、极化方式以及次地球物理变量之间的关系函数，它的一般形式为式(C.1)：

$$\delta = M(\mu, \varphi, \theta, f, p, L) \quad \cdots\cdots\cdots\cdots(C.1)$$

式中：

δ ——后向散射系数；

M——函数算子；

μ ——海面 10 m 高度风速，单位为米每秒(m/s)；

φ ——相对风向，单位为度(°)；

θ ——传感器入射角，单位为度(°)；

f ——入射波频率，单位为赫兹(Hz)；

p ——极化方式；

L ——次地球物理变量(如海面长波参数、海面温度等)。

常用于遥感风场反演的地球物理模式函数见表 C.1。

表 C.1 常用的地球物理模式函数

波段	传感器	地球物理模式函数
C 波段	SCAT,ASCAT,SAR,ASAR	CMOD4,CMOD-IFR2,CMOD5 和 CMOD5.N 等
Ku 波段	RapidSCAT,SeaWinds	NSCAT,QSCAT 等
X 波段	X-SAR	XMOD1,XMOD2 等

附 录 D
（规范性附录）
遥感风速误差及相关系数计算

D.1 风速误差

遥感与站位观测两者风速的平均偏差、平均绝对误差、平均相对误差和均方根误差计算公式见式(D.1)—式(D.4)：

$$\sigma_{ME} = \frac{1}{n_w} \sum_{i=1}^{n_w} (y_i - x_i) \qquad\qquad\qquad (D.1)$$

$$\sigma_{MAE} = \frac{1}{n_w} \sum_{i=1}^{n_w} |y_i - x_i| \qquad\qquad\qquad (D.2)$$

$$\sigma_{MRE} = \frac{1}{n_w} \sum_{i=1}^{n_w} \left(\frac{|y_i - x_i|}{x_i} \times 100\% \right) \qquad\qquad\qquad (D.3)$$

$$\sigma_{RMSE} = \sqrt{\frac{1}{n_w} \sum_{i=1}^{n_w} (y_i - x_i)^2} \qquad\qquad\qquad (D.4)$$

式中：

σ_{ME} ——平均偏差；
n_w ——指定时段风速样本总数；
y_i ——第 i 个时刻站位遥感风速值，单位为米每秒(m/s)；
x_i ——第 i 个时刻站位观测风速值，单位为米每秒(m/s)；
σ_{MAE} ——平均绝对偏差；
σ_{MRE} ——平均相对偏差；
σ_{RMSE} ——均方根误差。

D.2 相关系数

D.2.1 遥感与站位观测两者风速时间变化的相关系数计算公式见式(D.5)：

$$R = \frac{\sum_{i=1}^{n_w}(x_i - \bar{x})(y_i - \bar{y})}{\sqrt{\sum_{i=1}^{n_w}(x_i - \bar{x})^2 \cdot \sum_{i=1}^{n_w}(y_i - \bar{y})^2}} \qquad\qquad\qquad (D.5)$$

式中：

R ——时间变化相关系数；
n_w ——指定时段风速样本总数；
x_i ——第 i 个时刻站位观测风速值，单位为米每秒(m/s)；
$\bar{x}$ ——指定时段站位观测风速平均值，单位为米每秒(m/s)；
y_i ——第 i 个时刻站位遥感风速值，单位为米每秒(m/s)；
$\bar{y}$ ——指定时段站位遥感风速平均值，单位为米每秒(m/s)。

D.2.2 遥感风场与再分析风场两者年平均风速的空间分布相关系数计算公式见式(D.6)：

$$C = \frac{\sum_{i=1}^{n_g}(X_i - \bar{X})(Y_i - \bar{Y})}{\sqrt{\sum_{i=1}^{n_g}(X_i - \bar{X})^2 \cdot \sum_{i=1}^{n_g}(Y_i - \bar{Y})^2}} \qquad\qquad\qquad (D.6)$$

式中：
C ——空间分布相关系数；
n_g ——评估区总空间格点数；
X_i ——第 i 个空间格点上的再分析资料年平均风速,单位为米每秒(m/s)；
$\bar{X}$ ——评估区所有空间格点再分析资料年平均风速的平均值,单位为米每秒(m/s)；
Y_i ——第 i 个空间格点上的遥感年平均风速,单位为米每秒(m/s)；
$\bar{Y}$ ——评估区所有空间格点遥感年平均风速的平均值,单位为米每秒(m/s)。

附 录 E
（规范性附录）
遥感风能参数计算

E.1 平均风速

平均风速为给定时间内所有卫星过境时刻遥感风速的平均值，其表达式见式（E.1）：

$$\overline{V} = \frac{1}{n_{rm}} \sum_{i=1}^{n_{rm}} v_i \quad \quad \quad \quad (E.1)$$

式中：
$\overline{V}$ ——平均风速，单位为米每秒（m/s）；
n_{rm} ——给定时间内遥感风速的总样本数；
v_i ——给定时间内第 i 次卫星过境时刻的遥感风速值，单位为米每秒（m/s）。

E.2 平均风功率密度

E.2.1 平均风功率密度为给定时间内单位面积上风所产生的动能，见式（E.2）：

$$E = \frac{1}{2n_{rm}} \sum_{i=1}^{n_{rm}} \rho \cdot v_i^3 \quad \quad \quad \quad (E.2)$$

式中：
E ——平均风功率密度，单位为瓦每平方米（W/m²）；
n_{rm} ——给定时间内遥感风速的总样本数；
ρ ——空气密度，单位为千克每立方米（kg/m³），由再分析资料按 GB/T 18710—2002 中附录 B 的 B.1 方法计算获得；
v_i ——给定时间内第 i 次卫星过境时刻的遥感风速值，单位为米每秒（m/s）。

E.2.2 平均风功率密度亦可选择式（E.3）计算（适合 SAR 风场）：

$$E = \frac{1}{2} \rho \cdot A^3 \cdot \Gamma(1 + \frac{3}{K}) \quad \quad \quad \quad (E.3)$$

式中：
E ——平均风功率密度，单位为瓦每平方米（W/m²）；
ρ ——空气密度，单位为千克每立方米（kg/m³），由再分析资料按 GB/T 18710—2002 中附录 B 的 B.1 方法计算获得；
A ——风速 Weibull 分布尺度参数，单位为米每秒（m/s）；
Γ ——伽马函数；
K ——风速 Weibull 分布形状参数，无量纲。

E.3 风速 Weibull 分布参数

风速 Weibull 分布参数 A 值和 K 值的计算公式见式（E.4）和式（E.5）：

$$A = \overline{v} / \Gamma(1 + \frac{1}{K}) \quad \quad \quad \quad (E.4)$$

$$K = (\sigma / \overline{v})^{-1.086} \quad \quad \quad \quad (E.5)$$

式中：

A ——风速 Weibull 分布尺度参数，单位为米每秒（m/s）；

$\bar{v}$ ——给定时间内卫星过境时刻的风速平均值，单位为米每秒（m/s）；

Γ ——伽马函数；

K ——风速 Weibull 分布形状参数，无量纲；

σ ——给定时间内卫星过境时刻的风速标准差，单位为米每秒（m/s）。

附 录 F
（规范性附录）
遥感风能参数误差分析图表

F.1 风速站位误差分析表

单星遥感风速站位误差分析表格式见表F.1。多星融合遥感风速站位误差分析表格式见表F.2。

表F.1 单星遥感风速站位误差分析表

站位	平均偏差	平均绝对误差	平均相对误差	均方根误差	时间变化相关系数（R）
站位1					
站位2					
站位3					
总平均					

表F.2 多星融合遥感风速站位误差分析表

数据源	样本量	平均偏差	平均绝对误差	平均相对误差	均方根误差	时间变化相关系数（R）
SeaWinds						
WindSat						
ASCAT						
SeaWinds＋WindSat						
SeaWinds＋ASCAT						
WindSat＋ASCAT						
SeaWinds＋WindSat＋ASCAT						

F.2 年平均风速空间分布检验表

遥感风场与再分析风场两者年平均风速空间分布相关性检验表的格式见表F.3。

QX/T 584—2020

表 F.3 年平均风速空间分布相关性检验表

<table>
<tr><th colspan="2" rowspan="2">空间分布相关系数(C)</th><th colspan="7">遥感风场传感器类型</th></tr>
<tr><th>ASCAT</th><th>SCAT</th><th>SAR</th><th>ASCAT+SCAT</th><th>ASCAT+SAR</th><th>SCAT+SAR</th><th>ASCAT+SCAT+SAR</th></tr>
<tr><td rowspan="7">数据时段</td><td>2001</td><td></td><td></td><td></td><td></td><td></td><td></td><td></td></tr>
<tr><td>2002</td><td></td><td></td><td></td><td></td><td></td><td></td><td></td></tr>
<tr><td>2003</td><td></td><td></td><td></td><td></td><td></td><td></td><td></td></tr>
<tr><td></td><td></td><td></td><td></td><td></td><td></td><td></td><td></td></tr>
<tr><td></td><td></td><td></td><td></td><td></td><td></td><td></td><td></td></tr>
<tr><td></td><td></td><td></td><td></td><td></td><td></td><td></td><td></td></tr>
<tr><td>总时段</td><td></td><td></td><td></td><td></td><td></td><td></td><td></td></tr>
</table>

F.3 年平均风功率密度误差分析表

遥感与站位观测两者年平均风功率密度误差分析表格式见表 F.4。

表 F.4 年平均风功率密度误差分析表

<table>
<tr><th rowspan="2">站位</th><th rowspan="2">遥感值</th><th colspan="2">站位观测值</th><th colspan="2">平均相对误差</th></tr>
<tr><th>过境时刻</th><th>全时刻</th><th>过境时刻</th><th>全时刻</th></tr>
<tr><td>站位1</td><td></td><td></td><td></td><td></td><td></td></tr>
<tr><td>站位2</td><td></td><td></td><td></td><td></td><td></td></tr>
<tr><td>站位3</td><td></td><td></td><td></td><td></td><td></td></tr>
<tr><td></td><td></td><td></td><td></td><td></td><td></td></tr>
<tr><td></td><td></td><td></td><td></td><td></td><td></td></tr>
<tr><td></td><td></td><td></td><td></td><td></td><td></td></tr>
<tr><td></td><td></td><td></td><td></td><td></td><td></td></tr>
<tr><td>总平均值</td><td></td><td></td><td></td><td></td><td></td></tr>
<tr><td colspan="6">站位观测数据的年平均风功率密度计算采用两种方式：一种是仅使用卫星过境时刻的风速值，另一种是使用全年观测的逐小时风速值。</td></tr>
</table>

F.4 风速 Weibull 分布参数分析表

遥感与站位观测两者风速的 Weibull 分布尺度参数 A 值和形状参数 K 值分析表格式见表 F.5。

895

表F.5 风速Weibull分布尺度参数 A 值和形状参数 K 值分析表

站位	遥感		观测(过境时刻)		观测(全时刻)	
	A 值	K 值	A 值	K 值	A 值	K 值
站位1						
站位2						
站位3						

站位观测数据的风速Weibull分布参数估算采用两种方式，一种是仅使用卫星过境时刻的风速值，另一种是使用全年观测的逐小时风速值。

F.5 风向频率与风速频率站位观测检验分析图

遥感风向与风速频率站位观测检验分析图见图F.1(彩)和图F.2。

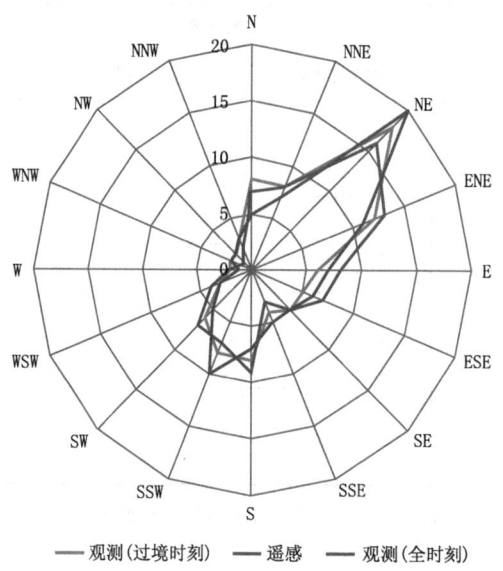

图 F.1(彩) 遥感风向频率站位观测检验分析图(静风频率1%)

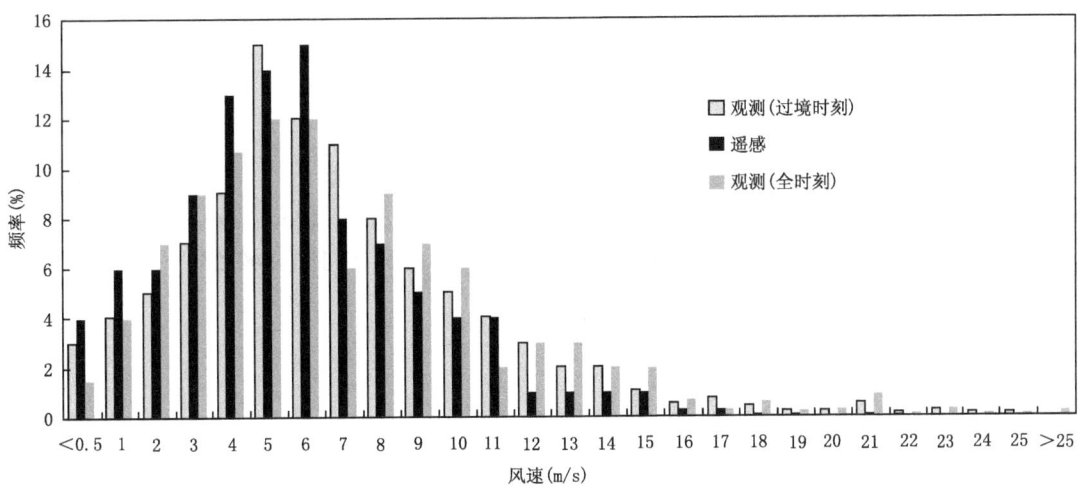

图 F.2 遥感风速频率站位观测检验分析图

参 考 文 献

[1] GJB 2700—1996 卫星遥感器术语
[2] QX/T 308—2015 分散式风力发电风能资源评估技术导则
[3] Hasager C B, Mouche A, et al. Offshore wind climatology based on synergetic use of Envisat ASAR, ASCAT and QuikSCAT[J]. Remote Sens Environ, 2015, 156:247-263

ICS 07.060
A 47
备案号: 79885—2021

中华人民共和国气象行业标准

QX/T 585—2020

气象卫星数据编目规则

Cataloguing rules for meteorological satellite data

2020-12-29 发布　　　　　　　　　　　　　　　2021-04-15 实施

中国气象局　发布

前 言

本标准按照GB/T 1.1—2009给出的规则起草。

本标准由全国卫星气象与空间天气标准化技术委员会气象卫星数据分技术委员会(SAC/TC 347/SC 1)提出并归口。

本标准起草单位:国家卫星气象中心。

本标准主要起草人:亓永刚、徐喆、崔小平、咸迪、崔鹏、范存群、卫兰。

QX/T 585—2020

气象卫星数据编目规则

1 范围

本标准规定了气象卫星数据的编目层级规则、款目命名规则。

本标准适用于气象卫星数据接收、处理、存储、归档和服务过程中对数据的管理。

2 规范性引用文件

下列文件对于本文件的应用是必不可少的。凡是注日期的引用文件，仅注日期的版本适用于本文件。凡是不注日期的引用文件，其最新版本（包括所有的修改单）适用于本文件。

GB/T 7408—2005　数据元和交换格式　信息交换　日期和时间表示法
QX/T 158—2012　气象卫星数据分级
QX/T 327—2016　气象卫星数据分类与编码规范
QX/T 387—2017　气象卫星数据文件名命名规范

3 术语和定义

下列术语和定义适用于本文件。

3.1

气象卫星数据编目　meteorological satellite data cataloguing

对气象卫星数据的特征进行分析、选择、描述，并予以记录成为款目，继而将款目按一定顺序组织成为目录的过程。

4 编目层级规则

4.1 款目

气象卫星数据编目款目分为基本款目和扩展款目。

基本款目包括：卫星系列、卫星名称、仪器名称、数据等级、数据名称、日历年、日期、数据。其中，日历年描述数据的起始观测年份，日期描述数据的起始观测日期。

扩展款目包括区域类型、投影方式、数据格式、空间分辨率、时段类型、数据版本。

4.2 编目层级结构

应优先使用基本款目编目。当仅使用基本款目不能保证数据目录中存储数据种类唯一时，使用扩展款目进行扩展。从顶层到底层的款目层级结构见表1，目录树形图见附录A，编目示例参见附录B。

表1 款目层级结构

目录层级	款目	说明	
		L0、L1级数据	L2、L3、L4级数据
1	卫星系列的父目录	可选,用户自行定义。	可选,用户自行定义。
2	卫星系列	必选,目录层数1。	必选,目录层数1。
3	卫星名称	必选,目录层数1。	必选,目录层数1。
4	仪器名称	必选,目录层数1。	必选,目录层数1。
5	数据等级	必选,目录层数1。	必选,目录层数1。
6	数据名称	无。	必选,目录层数1。
7	扩展款目	可选,可多层。	可选,可多层。
8	日历年	必选,目录层数1。	必选,目录层数1。
9	日期	时次数据、小时数据、日数据必选,目录层数1。其他时段类型的数据缺省此层。	时次数据、小时数据、日数据必选,目录层数1。其他时段类型的数据缺省此层。
10	数据	可选,最大目录层数1。	可选,最大目录层数1。

5 款目命名规则

基本款目命名规则见表2,扩展款目命名规则见表3。

表2 基本款目命名规则

款目	命名规则
卫星系列	遵循QX/T 327—2016中5.2.2规定的卫星系列编码规则命名。
卫星名称	遵循QX/T 387—2017中表1规定的卫星名称信息字段定义命名。
仪器名称	遵循QX/T 327—2016中5.2.3规定的仪器属性编码规则命名。
数据等级	遵循QX/T 158—2012中表1规定的数据分级简写命名。
数据名称	遵循QX/T 327—2016中5.2.7规定的数据名称编码规则命名。
日历年	遵循GB/T 7408—2005中5.2.1.2规定的特定的年降低精度表示法的基本格式(YYYY)编码规则命名。
日期	遵循GB/T 7408—2005中5.2.1.1规定的日历日期完全表示法的基本格式(YYYYMMDD)编码规则命名。
数据	遵循QX/T 387—2017中第3章规定的文件名构成和第4章规定的信息字段定义。

表 3 扩展款目命名规则

款目	命名规则
区域类型	遵循 QX/T 327—2016 中 5.2.5 规定的数据区域属性编码规则命名。
投影方式	遵循 QX/T 327—2016 中 5.2.8 规定的投影方式属性编码规则命名。
数据格式	遵循 QX/T 327—2016 中 5.2.9 规定的格式属性编码规则命名。
空间分辨率	遵循 QX/T 387—2017 中表 1 规定的空间分辨率信息字段定义命名。
时段类型	使用构成该时段的英文各单词首字母和数字组合命名,不定长,数字在前,字母在后;对于单个英文单词描述的时段类型,直接用该单词。示例参见附录 C 的表 C.1。
数据版本	使用不定长的字母和数字命名,首位为英文大写字母"V",第二位起为阿拉伯数字。

附 录 A
（规范性附录）
气象卫星数据编目结构树形图

A.1 L0、L1级气象卫星数据编目结构树形图

L0、L1级气象卫星数据编目结构相同，编目结构树形图见图 A.1。

```
├─ 卫星系列目录的父目录
│   ├─ 卫星系列
│   │   ├─ 卫星名称
│   │   │   ├─ 仪器名称
│   │   │   │   ├─ 数据等级
│   │   │   │   │   ├─ 扩展款目
│   │   │   │   │   │   ├─ ……
│   │   │   │   │   │   │   ├─ 扩展款目
│   │   │   │   │   │   │   │   ├─ 日历年
│   │   │   │   │   │   │   │   │   ├─ 日期
│   │   │   │   │   │   │   │   │   │   ├─ 数据
```

图 A.1 L0、L1级气象卫星数据编目结构树形图

A.2 L2、L3、L4级气象卫星数据编目结构树形图

L2、L3、L4级气象卫星数据编目结构相似，编目结构树形图见图 A.2。

```
├─ 卫星系列目录的父目录
│   ├─ 卫星系列
│   │   ├─ 卫星名称
│   │   │   ├─ 仪器名称
│   │   │   │   ├─ 数据等级
│   │   │   │   │   ├─ 数据名称
│   │   │   │   │   │   ├─ 扩展款目
│   │   │   │   │   │   │   ├─ ……
│   │   │   │   │   │   │   │   ├─ 扩展款目
│   │   │   │   │   │   │   │   │   ├─ 日历年
│   │   │   │   │   │   │   │   │   │   ├─ 日期
│   │   │   │   │   │   │   │   │   │   │   ├─ 数据
```

图 A.2 L2、L3、L4气象卫星数据编目结构树形图

QX/T 585—2020

附 录 B
（资料性附录）
气象卫星数据编目示例

B.1 L0、L1级气象卫星数据编目示例

数据 FY3D_MERSI_GBAL_L1_20180802_2355_0250M_MS.HDF 的目录为：

…\DATA\FY3\FY3D\MERSI\L1\250M\2018\20180802\FY3D_MERSI_GBAL_L1_20180802_2355_0250M_MS.HDF。

目录结构树形图示例参见图 B.1。

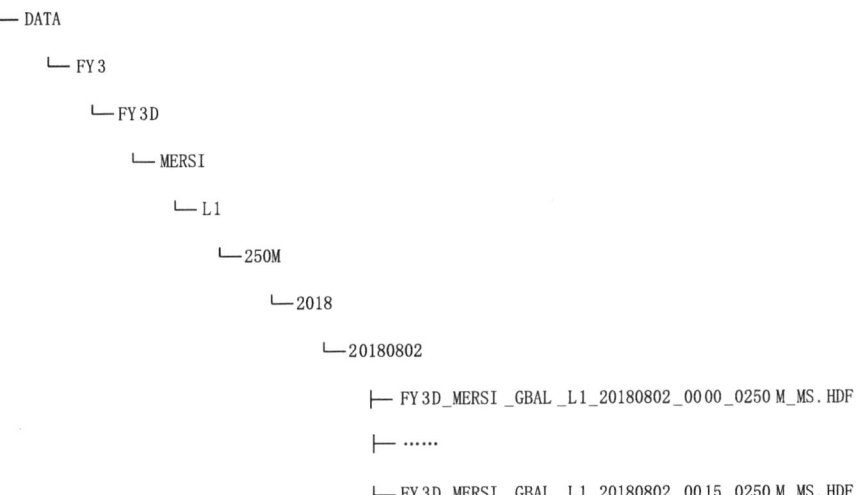

图 B.1 目录结构树形图示例

B.2 L2、L3、L4级气象卫星数据编目示例

数据 FY4A-_AGRI--_N_NHEM_1047E_L2-_SST-_MULT_NOM_20180204000000_20180204001459_4000M_V0001.NC 的目录为：

…\DATA\FY4\FY4A\AGRI\L2\SST\NHEM\NOM\2018\20180204\FY4A-_AGRI--_N_NHEM_1047E_L2-_SST-_MULT_NOM_20180204000000_20180204001459_4000M_V0001.NC。

目录结构树形图示例参见图 B.2。

```
├─DATA
    └─FY4
        └─FY4A
            └─AGRI
                └─L2
                    └─SST
                        └─NHEM
                            └─NOM
                                └─2018
                                    └─20180204
                                        └─FY4A-_AGRI--_N_NHEM_1047E_L2-_SST-_MULT_
                                          NOM_20180204000000_20180204001459_4000M_V0001.NC
```

图 B.2　目录结构树形图示例

附 录 C
（资料性附录）
时段类型款目命名示例

时段类型款目命名示例见表 C.1。

表 C.1 时段类型款目命名示例

时段类型	命名
轨道数据	ORBIT
小时数据	HOURLY
日数据	DAILY
候数据	5DAY
旬数据	10DAY
月数据	MONTHLY
年数据	ANNUAL

参 考 文 献

［1］ QX/T 205—2013　中国气象卫星名词术语
［2］ QX/T 254—2014　气象影视资料编目规范
［3］ 陈述彭.遥感大辞典[M].北京:科学出版社,1990
［4］ 董超华.气象卫星业务产品释用手册[M].北京:气象出版社,1999
［5］ 许健民,张文建,杨军,等.风云二号卫星业务产品与卫星数据格式实用手册[M].北京:气象出版社,2008
［6］ 杨军,董超华,等.新一代风云极轨气象卫星业务产品及应用[M].北京:科学出版社,2010

ICS 07.060
A 47
备案号：79886—2021

中华人民共和国气象行业标准

QX/T 586—2020

船舶气象观测数据格式 BUFR

Data format for meteorological observations from ship—BUFR

2020-12-29 发布　　　　　　　　　　　　　　2021-04-15 实施

中国气象局　发布

前 言

本标准按照 GB/T 1.1—2009 给出的规则起草。

本标准由全国气象基本信息标准化技术委员会(SAC/TC 346)提出并归口。

本标准起草单位：国家气象信息中心、华云信息技术工程有限公司。

本标准主要起草人：薛蕾、杨根录、王颖、贾松林、周峥嵘。

QX/T 586—2020

船舶气象观测数据格式 BUFR

1 范围

本标准规定了船舶气象人工和自动观测数据的BUFR编码构成和规则。
本标准适用于船舶气象观测数据的表示和交换。

2 规范性引用文件

下列文件对于本文件的应用是必不可少的。凡是注日期的引用文件,仅注日期的版本适用于本文件。凡是不注日期的引用文件,其最新版本(包括所有的修改单)适用于本文件。

QX/T 427—2018 地面气象观测数据格式 BUFR编码

3 术语和定义

QX/T 427—2018界定的术语和定义适用于本文件。

4 缩略语

QX/T 427—2018列出的缩略语适用于本文件。

5 编码构成

编码数据由指示段、标识段、选编段、数据描述段、数据段和结束段构成,见图1。

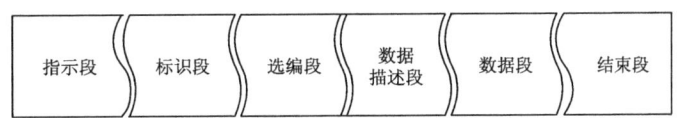

图1 BUFR编码数据结构

[QX/T 427—2018,4]
各段的编码规则见6.1—6.6,编码中使用的时间除特殊说明外,全部为UTC。

6 编码规则

6.1 指示段

指示段由8个八位组组成,包括BUFR数据的起始标志、BUFR数据长度和BUFR版本号。具体编码及说明见表1。

表 1 指示段编码及说明

八位组序号	含义	值	备注
1	BUFR 数据的起始标志	B	按照 CCITT IA5 编码。
2		U	
3		F	
4		R	
5—7	BUFR 数据长度	实际取值	以八位组为单位。
8	BUFR 版本号	4	WMO 发布的 BUFR 版本 4。

[QX/T 427—2018,5.1]

6.2 标识段

标识段由 23 个八位组组成,包括标识段段长、主表号、数据加工中心、数据加工子中心、更新序列号、选编段指示、数据类型、数据子类型、本地数据子类型、主表版本号、本地表版本号、数据编码时间等信息。具体编码及说明见表 2。

表 2 标识段编码及说明

八位组序号	含义	值	备注
1—3	标识段段长	23	标识段段长为 23 个八位组。
4	主表号	0	主表是 WMO 定义的用于表格驱动编码的科学学科分类表。主表号 0 表示 BUFR 编码使用气象学科的码表。
5—6	数据加工中心	38	根据 WMO 规定,38 表示数据加工中心是北京。
7—8	数据加工子中心	0	表示未经数据加工子中心加工。
9	更新序列号	实际取值	取值为非负整数,初始编号为 0。随资料每次更新,该序列号逐次加 1。
10	选编段指示	0 或 1	0:表示本数据格式不包含选编段。
11	数据类型	1	表示本数据为地面观测数据—海洋。
12	数据子类型	0	表示本数据为船舶气象观测数据。
13	本地数据子类型	0	表示没有定义本地数据子类型。
14	主表版本号	32	表示 BUFR 编码使用的气象学科码表的版本号为 32。
15	本地表版本号	3	表示本地表版本号为 3。
16—17	年	实际取值	实际数据编码时间(UTC):年,四位。
18	月	实际取值	实际数据编码时间(UTC):月。
19	日	实际取值	实际数据编码时间(UTC):日。

表 2 标识段编码及说明(续)

八位组序号	含义	值	备注
20	时	实际取值	实际数据编码时间(UTC):时。
21	分	实际取值	实际数据编码时间(UTC):分。
22	秒	实际取值	实际数据编码时间(UTC):秒。
23	自定义	0	保留。

6.3 选编段

选编段长度不固定,包括选编段段长、保留字段以及数据加工中心或子中心自定义的内容。具体编码及说明见表3。

表 3 选编段编码及说明

八位组序号	含义	值	备注
1—3	选编段段长	实际取值	以八位组为单位。
4	保留字段	0	—
5—	数据加工中心或子中心自定义	—	—

[QX/T 427—2018,5.3]

6.4 数据描述段

数据描述段由9个八位组组成,包括数据描述段段长、保留字段、观测记录数、数据性质和压缩方式以及描述符序列。具体编码及说明见表4。

表 4 数据描述段编码及说明

八位组序号	含义	值	备注
1—3	数据描述段段长	9	本段段长为9个八位组。
4	保留字段	0	—
5—6	观测记录数	实际取值	取值为非负整数,表示本报文包含的观测记录条数。
7	数据性质和压缩方式	128、192	128:表示本数据采用BUFR非压缩方式编码; 192:表示本数据采用BUFR压缩方式编码。
8—9	描述符序列	3 08 192	船舶气象观测数据的要素序列。 3:表示该描述符为序列描述符; 08:表示地面观测(海洋)序列; 192:表示"地面观测(海洋)序列"中定义的第192个类目,即"船舶气象观测数据的要素序列"。

6.5 数据段

船舶气象观测数据段包括数据段段长、保留字段和数据描述段中描述符 3 08 192 包含的要素序列对应的编码值,具体编码及说明见表 5。其中数据段段长根据编码时实际包含的要素确定。要素序列包括测站/平台标识、气压、气温和湿度、降水、风、云、能见度、天气现象、浪、表层水温和盐度、海冰、其他海洋要素、自动气象站状态。

表 5 数据段编码及说明

内容		意义	单位	比例因子[a]	基准值[b]	数据宽度[c]（比特位）	备注
数据段段长		数据段长度	—	—	—	24	
保留字段		置 0	—	—	—	8	
1.测站/平台标识							
0 01 011		船舶标识符	—	0	0	72	字符。船舶呼号。
0 01 015		船舶名称	—	0	0	160	字符。船舶名称。
0 01 036		负责运行观测平台的机构	—	0	0	20	数字。含义见附录 A 表 A.1。
0 01 012		船舶的运动方向	°(degree true)	0	0	9	数字。船舶航向。
0 01 013		船舶的运动速度	m·s^{-1}	0	0	10	数字。船舶航速。
0 05 063		船舶横滚角	°	2	0	16	数字。
0 05 064		船舶俯仰角	°	2	0	16	数字。
0 05 066		船舶航向角	°	2	0	16	数字。
0 11 104		船舶艏向	°(degree true)	0	0	9	数字。
0 02 001		测站类型	—	0	0	2	数字。含义见附录 A 表 A.2。
3 01 011	0 04 001	年	—	0	0	12	数字。观测时间。
3 01 011	0 04 002	月	—	0	0	4	数字。观测时间。
3 01 011	0 04 003	日	—	0	0	6	数字。观测时间。
3 01 013	0 04 004	时	—	0	0	5	数字。观测时间。
3 01 013	0 04 005	分	—	0	0	6	数字。观测时间。
3 01 013	0 04 006	秒	—	0	0	6	数字。观测时间。
0 05 001		纬度	°	5	−9000000	25	数字。船舶观测所在位置的纬度。
0 06 001		经度	°	5	−18000000	26	数字。船舶观测所在位置的经度。

表5 数据段编码及说明（续）

内容	意义	单位	比例因子[a]	基准值[b]	数据宽度[c]（比特位）	备注
0 07 030	船舶甲板的海拔高度	m	1	−4000	17	数字。
0 07 031	气压传感器的海拔高度	m	1	−4000	17	数字。
0 07 192	船舶甲板距水面高度	m	1	0	8	数字。
2. 气压						
0 02 201	气压传感器标识	—	0	0	6	数字。含义见附录A表A.3。
1 23 000	0 31 000之后的23个描述符的编码值重复	—	—	—	—	无编码值。描述符本身表示对以下23个描述符（除0 31 000)进行重复。
0 31 000	重复次数	—	0	0	1	数字。表示以下23个描述符重复的次数。
0 07 032	气压传感器离船舶甲板的高度	m	2	0	16	数字。
0 07 033	气压传感器离水面的高度	m	1	0	12	数字。
2 04 008	2 04 008与2 04 000之间所有要素描述符编码值前面均增加8 bit的附加字段作为质控码字段	—	—	—	—	无编码值。描述符本身表示2 04 000之前的描述符（除0 31 021)需要增加附加字段。
0 31 021	附加字段意义，编码值为62,表示附加字段为8 bit,从左至右，前4 bit为省级质控码字段,后4 bit作为台站质控码字段。	—	0	0	6	数字。含义见附录A表A.4。
0 10 004	本站气压	Pa	−1	0	14	数字。当前时刻的本站气压。
0 10 051	海平面气压	Pa	−1	0	14	数字。当前时刻的海平面气压。

表 5 数据段编码及说明(续)

内容	意义	单位	比例因子[a]	基准值[b]	数据宽度[c]（比特位）	备注
0 10 061	3 h 变压	Pa	−1	−500	10	数字。
0 10 063	气压倾向特征	—	0	0	4	数字。含义见附录 A 表 A.5。
0 10 062	24 h 变压	Pa	−1	−1000	11	数字。
0 04 024	时间周期(=−1 表示过去 1 h)	h	0	−2048	12	数字。
0 08 023	一级统计(=2 表示最大值)	—	0	0	6	数字。固定编码。含义见附录 A 表 A.6。
0 10 004	最高气压	Pa	−1	0	14	数字。
0 26 195	最高气压出现的时	—	0	0	5	数字。
0 26 196	最高气压出现的分	—	0	0	6	数字。
0 27 001	最高气压出现时的纬度	°	5	−9000000	25	数字。
0 28 001	最高气压出现时的经度	°	5	−18000000	26	数字。
0 08 023	一级统计(=3 表示最小值)	—	0	0	6	数字。固定编码。含义见附录 A 表 A.6。
0 10 004	最低气压	Pa	−1	0	14	数字。
0 26 195	最低气压出现的时	—	0	0	5	数字。
0 26 196	最低气压出现的分	—	0	0	6	数字。
0 27 001	最低气压出现时的纬度	°	5	−9000000	25	数字。
0 28 001	最低气压出现时的经度	°	5	−18000000	26	数字。
2 04 000	取消描述符 2 04 008 的作用域	—	—	—	—	无编码值。结束 2 04 008 的作用域,其后要素不再增加附加字段。
3. 气温和湿度						
1 01 002	以下 1 个描述符重复 2 次	—	—	—	—	

表5 数据段编码及说明（续）

内容	意义	单位	比例因子[a]	基准值[b]	数据宽度[c]（比特位）	备注
0 02 201	气温/湿度传感器标识	—	0	0	6	数字。含义见附录A表A.3。第1次重复表示气温传感器标识，第2次重复表示湿度传感器标识。
1 31 000	0 31 000之后的31个描述符的编码值重复	—	—	—	—	无编码值。描述符本身表示对以下31个描述符（除0 31 000）进行重复。
0 31 000	重复次数	—	0	0	1	数字。表示以下31个描述符重复的次数。
1 02 002	以下2个描述符重复2次	—	—	—	—	
0 07 032	气温/湿度传感器离船舶甲板的高度	m	2	0	16	第1次重复表示气温传感器离船舶甲板平台的高度，第2次重复表示湿度传感器离船舶甲板平台的高度。
0 07 033	气温/湿度传感器离水面的高度	m	1	0	12	第1次重复表示气温传感器离水面的高度，第2次重复表示湿度传感器离水面的高度。
2 04 008	2 04 008与2 04 000之间所有要素描述符编码值前面均增加8 bit的附加字段作为质控码字段	—	—	—	—	无编码值。描述符本身表示2 04 000之前的描述符（除0 31 021）需要增加附加字段。
0 31 021	附加字段意义，编码值为62，表示附加字段8 bit，从左至右，前4 bit为省级质控码字段，后4 bit作为台站质控码字段。	—	0	0	6	数字。含义见附录A表A.4。

表 5 数据段编码及说明(续)

内容	意义	单位	比例因子[a]	基准值[b]	数据宽度[c]（比特位）	备注
0 12 101	气温/干球温度	K	2	0	16	数字。当前时刻的本站气温。
0 02 039	湿球温度测量方法	—	0	0	3	数字。含义见附录A表A.7。
0 12 102	湿球温度	K	2	0	16	数字。当前时刻的本站湿球温度。
0 12 103	露点温度	K	2	0	12	数字。当前时刻的本站露点温度。
0 13 192	湿敏电容湿度值	％	0	0	7	数字。
0 13 004	水汽压	Pa	−1	0	10	数字。当前时刻的本站水汽压。
0 04 024	时间周期(＝−1表示过去1 h)	h	0	−2048	12	数字。
0 12 111	最高气温	K	2	0	16	数字。
0 26 195	最高气温出现的时	—	0	0	5	数字。
0 26 196	最高气温出现的分	—	0	0	6	数字。
0 27 001	最高气温出现时的纬度	°	5	−9000000	25	数字。
0 28 001	最高气温出现时的经度	°	5	−18000000	26	数字。
0 12 112	最低气温	K	2	0	16	数字。
0 26 195	最低气温出现的时	—	0	0	5	数字。
0 26 196	最低气温出现的分	—	0	0	6	数字。
0 27 001	最低气温出现时的纬度	°	5	−9000000	25	数字。
0 28 001	最低气温出现时的经度	°	5	−18000000	26	数字。
0 13 007	最小相对湿度	％	0	0	7	数字。
0 26 195	最小相对湿度出现的时	—	0	0	5	数字。
0 26 196	最小相对湿度出现的分	—	0	0	6	数字。

表5 数据段编码及说明(续)

内容	意义	单位	比例因子[a]	基准值[b]	数据宽度[c]（比特位）	备注
0 27 001	最小相对湿度出现时的纬度	°	5	−9000000	25	数字。
0 28 001	最小相对湿度出现时的经度	°	5	−18000000	26	数字。
0 12 197	24 h变温	K	1	0	12	数字。
0 12 016	过去24 h最高气温	K	1	0	12	数字。
0 12 017	过去24 h最低气温	K	1	0	12	数字。
2 04 000	取消描述符2 04 008的作用域	—	—	—	—	无编码值。结束2 04 008的作用域，其后要素不再增加附加字段。
4. 降水						
0 02 201	降水传感器标识	—	0	0	6	数字。含义见附录A表A.3。
1 15 000	0 31 000之后的15个描述符的编码值重复	—	—	—	—	无编码值。描述符本身表示对以下15个描述符（除0 31 000)进行重复。
0 31 000	重复次数	—	0	0	1	数字。表示以下15个描述符重复的次数。
0 07 032	降水传感器离船舶甲板的高度	m	2	0	16	数字。
0 07 033	降水传感器离水面的高度	m	1	0	12	数字。
0 02 175	降水量测量方法	—	0	0	4	数字。含义见附录A表A.8。
2 04 008	2 04 008与2 04 000之间所有要素描述符编码值前面均增加8 bit的附加字段作为质控码字段	—	—	—	—	无编码值。描述符本身表示2 04 000之前的描述符（除0 31 021)需要增加附加字段。

表 5 数据段编码及说明(续)

内容	意义	单位	比例因子[a]	基准值[b]	数据宽度[c]（比特位）	备注
0 31 021	附加字段意义,编码值为62,表示附加字段为 8 bit,从左至右,前4 bit为省级质控码字段,后4 bit作为台站质控码字段	—	0	0	6	数字。含义见附录A表A.4。
0 13 019	过去1 h降水量	kg·m^{-2}	1	−1	14	数字。
0 13 020	过去3 h降水量	kg·m^{-2}	1	−1	14	数字。
0 13 021	过去6 h降水量	kg·m^{-2}	1	−1	14	数字。
0 13 022	过去12 h降水量	kg·m^{-2}	1	−1	14	数字。
0 13 023	过去24 h降水量	kg·m^{-2}	1	−1	14	数字。
1 02 000	2个描述符延迟重复					
0 31 001	重复次数	—	0	0	8	数字。表示以下2个描述符重复的次数。
0 04 025	时间周期(=−n)	min	0	−2048	12	数字。根据加密周期确定。n表示过去n分钟。
0 13 011	总降水量	kg·m^{-2}	1	−1	14	数字。降水微量时,分钟降水量按照−0.1编报。
2 04 000	取消描述符2 04 008的作用域	—	—	—	—	无编码值。结束2 04 008 的作用域,其后要素不再增加附加字段。
5. 风						
1 01 002	以下1个描述符重复2次	—	—	—	—	
0 02 201	风向风速传感器标识	—	0	0	6	数字。含义见附录A表A.3。第1次重复表示风向传感器标识,第2次重复表示风速传感器标识。

表 5 数据段编码及说明(续)

内容	意义	单位	比例因子[a]	基准值[b]	数据宽度[c]（比特位）	备注
1 31 000	0 31 000 之后的 31 个描述符的编码值重复	—	—	—	—	无编码值。描述符本身表示对以下 31 个描述符（除 0 31 000）进行重复。
0 31 000	重复次数	—	0	0	1	数字。表示以下 31 个描述符重复的次数。
0 07 032	测风传感器离船舶甲板的高度	m	2	0	16	数字。
0 07 033	测风传感器离水面的高度	m	1	0	12	数字。
0 02 002	测风仪器类型	—	0	0	4	数字。含义见附录A 表A.9。
2 04 008	2 04 008 与 2 04 000 之间所有要素描述符编码值前面均增加 8 bit 的附加字段作为质控码字段	—	—	—	—	无编码值。描述符本身表示 2 04 000 之前的描述符（除 0 31 021）需要增加附加字段。
0 31 021	附加字段意义，编码值为 62，表示附加字段为 8 bit，从左至右，前 4 bit 为省级质控码字段，后 4 bit 作为台站质控码字段	—	0	0	6	数字。含义见附录A 表A.4。
0 11 001	瞬时风向（自动观测）	°(degree true)	0	0	9	数字。当前时刻自动观测的瞬时风向。
0 11 002	瞬时风速（自动观测）	m·s^{-1}	1	0	12	数字。当前时刻自动观测的瞬时风速。
0 11 192	瞬时风向（人工观测）	—	0	0	5	数字。含义见附录A 表A.10。
0 11 193	瞬时风力等级（人工观测）	—	0	0	4	数字。含义见附录A 表A.11。

表 5 数据段编码及说明(续)

内容	意义	单位	比例因子[a]	基准值[b]	数据宽度[c]（比特位）	备注
0 08 021	时间意义（＝2 表示平均时间）	—	0	0	5	数字。固定编码。含义见附录 A 表 A.12。
1 03 002	3 个描述符重复 2 次	—	—	—	—	
0 04 025	时间周期	min	0	−2048	12	数字。第 1 次重复时间周期为−10，表示 10 min 平均风速；第 2 次重复时间周期为−2，表示 2 min 平均风速。
0 11 001	风向	°(degree true)	0	0	9	数字。
0 11 002	风速	m·s^{-1}	1	0	12	数字。
0 08 021	时间意义（编报为缺测值，以取消之前对时间意义的定义）	—	0	0	5	数字。含义见附录 A 表 A.12。
0 04 024	时间周期（＝−1 表示过去 1 h）	h	0	−2048	12	数字。
0 11 010	最大风速的风向	°(degree true)	0	0	9	数字。
0 11 042	最大风速	m·s^{-1}	1	0	12	数字。
0 26 195	最大风速出现的时	—	0	0	5	数字。
0 26 196	最大风速出现的分	—	0	0	6	数字。
0 27 001	最大风速出现时的纬度	°	5	−9000000	25	数字。
0 28 001	最大风速出现时的经度	°	5	−18000000	26	数字。
1 07 003	7 个描述符重复 3 次	—	—	—	—	
0 04 024	时间周期（＝−n 表示过去 n h）	h	0	−2048	12	数字。第 1 次重复 n＝1，表示过去 1 h；第 2 次重复 n＝6，表示过去 6 h；第 3 次重复 n＝12，表示过去 12 h。

表5 数据段编码及说明（续）

内容	意义	单位	比例因子[a]	基准值[b]	数据宽度[c]（比特位）	备注
0 11 010	极大风速的风向	°(degree true)	0	0	9	数字。
0 11 046	极大风速	m·s^{-1}	1	0	12	数字。
0 26 195	极大风速出现的时	—	0	0	5	数字。
0 26 196	极大风速出现的分	—	0	0	6	数字。
0 27 001	极大风速出现时的纬度	°	5	−9000000	25	数字。
0 28 001	极大风速出现时的经度	°	5	−18000000	26	数字。
2 04 000	取消描述符2 04 008的作用域	—	—	—	—	无编码值。结束2 04 008的作用域，其后要素不再增加附加字段。
6.云						
0 02 201	云观测传感器标识	—	0	0	6	数字。含义见附录A表A.3。
1 08 000	0 31 000之后的8个描述符的编码值重复	—	—	—	—	无编码值。描述符本身表示对以下8个描述符（除0 31 000）进行重复。
0 31 000	重复次数	—	0	0	1	数字。表示以下8个描述符重复的次数。
2 04 008	2 04 008与2 04 000之间所有要素描述符编码值前面均增加8 bit的附加字段作为质控码字段	—	—	—	—	无编码值。描述符本身表示2 04 000之前的描述符（除0 31 021）需要增加附加字段。
0 31 021	附加字段意义，编码值为62,表示附加字段为8 bit,从左至右，前4 bit为省级质控码字段，后4 bit作为台站质控码字段	—	0	0	6	数字。含义见附录A表A.4。

表5 数据段编码及说明(续)

内容		意义	单位	比例因子[a]	基准值[b]	数据宽度[c]（比特位）	备注
3 02 004	0 20 010	总云量	%	0	0	7	数字。
	0 08 002	垂直意义	—	0	0	6	数字。含义见附录A表A.13。值为7表示低云,值为8表示中云。
	0 20 011	云量(低云或中云云量)	—	0	0	4	数字。含义见附录A表A.14。
	0 20 013	云底高度(h)	m	−1	−40	11	数字。
	0 20 012	云类型(低云 C_L)	—	0	0	6	数字。含义见附录A表A.15。
	0 20 012	云类型(中云 C_M)	—	0	0	6	数字。含义见附录A表A.15。
	0 20 012	云类型(高云 C_H)	—	0	0	6	数字。含义见附录A表A.15。
1 01 000		1个描述符延迟重复	—	—	—	—	无编码值。描述符本身表示对以下1个描述符(除0 31 001)进行重复。
0 31 001		重复次数	—	0	0	8	数字。表示以下1个描述符重复的次数。
3 02 005	0 08 002	垂直意义	—	0	0	6	数字。含义见附录A表A.13。
	0 20 011	云量	—	0	0	4	数字。含义见附录A表A.14。
	0 20 012	云类型	—	0	0	6	数字。含义见附录A表A.15。
	0 20 013	云底高度	m	−1	−40	11	数字。
0 08 002		垂直意义(编报为缺测值,以取消之前对垂直特性的定义)	—	0	0	6	数字。含义见附录A表A.13。
2 04 000		取消描述符2 04 008的作用域	—	—	—	—	无编码值。结束2 04 008的作用域,其后要素不再增加附加字段。

表 5 数据段编码及说明(续)

内容		意义	单位	比例因子[a]	基准值[b]	数据宽度[c]（比特位）	备注
7.能见度							
0 02 201		能见度传感器标识	—	0	0	6	数字。含义见附录A表A.3。
1 17 000		0 31 000 之后的 17 个描述符的编码值重复	—	—	—	—	无编码值。描述符本身表示对以下17个描述符(除0 31 000)进行重复。
0 31 000		重复次数	—	0	0	1	数字。表示以下17个描述符重复的次数。
3 02 053	0 07 032	能见度传感器离船舶甲板的高度	m	2	0	16	数字。
	0 07 033	能见度传感器离水面的高度	m	1	0	12	数字。
	0 20 001	水平能见度	m	−1	0	13	数字。自动观测的水平能见度。
2 04 008		2 04 008 与 2 04 000 之间所有要素描述符编码值前面均增加 8 bit 的附加字段作为质控码字段	—	—	—	—	无编码值。描述符本身表示2 04 000之前的描述符(除0 31 021)需要增加附加字段。
0 31 021		附加字段意义,编码值为62,表示附加字段为 8 bit,从左至右,前 4 bit 为省级质控码字段,后 4 bit 作为台站质控码字段	—	0	0	6	数字。含义见附录A表A.4。
0 20 192		海面气象能见度(人工观测)	—	0	0	3	数字。含义见附录A表A.16。
0 08 021		时间意义(=2 表示平均时间)	—	0	0	5	数字。固定编码。含义见附录A表A.12。
1 03 002		3 个描述符重复 2 次	—	—	—	—	

表 5 数据段编码及说明(续)

内容	意义	单位	比例因子[a]	基准值[b]	数据宽度[c]（比特位）	备注
0 04 025	时间周期	min	0	－2048	12	数字。第1次重复时间周期为－1,表示1 min平均水平能见度；第2次重复时间周期为－10,表示10 min平均风速。
0 20 001	水平能见度(自动观测)	m	－1	0	13	数字。
0 08 021	时间意义(编报为缺测值,以取消之前对时间意义的定义)	—	0	0	5	数字。含义见附录A 表A.12。
0 04 024	时间周期(＝－1表示过去1 h)	h	0	－2048	12	数字。
0 08 023	一级统计(＝3表示最小值)	—	0	0	6	数字。固定编码。含义见附录A 表A.6。
0 20 001	最小能见度	m	－1	0	13	数字。
0 26 195	最小能见度出现的时	—	0	0	5	数字。
0 26 196	最小能见度出现的分	—	0	0	6	数字。
0 27 001	最小能见度出现时的纬度	°	5	－9000000	25	数字。
0 28 001	最小能见度出现时的经度	°	5	－18000000	26	数字。
2 04 000	取消描述符2 04 008的作用域	—	—	—	—	无编码值。结束2 04 008的作用域,其后要素不再增加附加字段。
8.天气现象						
0 02 201	天气现象传感器标识	—	0	0	6	数字。含义见附录A 表A.3。

QX/T 586—2020

表5 数据段编码及说明（续）

内容	意义	单位	比例因子[a]	基准值[b]	数据宽度[c]（比特位）	备注
1 04 000	0 31 000之后的4个描述符的编码值重复	—	—	—	—	无编码值。描述符本身表示对以下4个描述符（除0 31 000）进行重复。
0 31 000	重复次数	—	0	0	1	数字。表示以下4个描述符重复的次数。
2 04 008	2 04 008与2 04 000之间所有要素描述符编码值前面均增加8 bit的附加字段作为质控码字段	—	—	—	—	无编码值。描述符本身表示2 04 000之前的描述符（除0 31 021）需要增加附加字段。
0 31 021	附加字段意义，编码值为62，表示附加字段为8 bit，从左至右，前4 bit为省级质控码字段，后4 bit作为台站质控码字段	—	0	0	6	数字。含义见附录A表A.4。
0 20 192	天气现象	—	0	0	7	数字。含义见附录A表A.17。
2 04 000	取消描述符2 04 008的作用域	—	—	—	—	无编码值。结束2 04 008的作用域，其后要素不再增加附加字段。
9.浪						
0 02 201	波高传感器标识	—	0	0	6	数字。含义见附录A表A.3。
1 34 000	0 31 000之后的34个描述符的编码值重复	—	—	—	—	无编码值。描述符本身表示对以下34个描述符（除0 31 000）进行重复。
0 31 000	重复次数	—	0	0	1	数字。表示以下34个描述符重复的次数。

927

表 5 数据段编码及说明(续)

内容	意义	单位	比例因子[a]	基准值[b]	数据宽度[c]（比特位）	备注
2 04 008	2 04 008 与 2 04 000 之间所有要素描述符编码值前面均增加 8 bit 的附加字段作为质控码字段	—	—	—	—	无编码值。描述符本身表示 2 04 000 之前的描述符(除 0 31 021)需要增加附加字段。
0 31 021	附加字段意义，编码值为 62，表示附加字段为 8 bit，从左至右，前 4 bit 为省级质控码字段，后 4 bit 作为台站质控码字段	—	0	0	6	数字。含义见附录 A 表 A.4。
0 22 001	海浪方向	°(degree true)	0	0	9	数字。
2 01 131	改变要素描述符 0 22 011 的数据宽度(6+3=9)	—	—	—	—	无编码值。
2 02 129	改变要素描述符 0 22 011 的比例因子(0+1=1)	—	—	—	—	无编码值。
0 22 011	海浪周期	s	0	0	6	数字。经过 2 01 131 的操作，数据宽度被临时调整为 9；经过 2 02 129 的操作，比例因子被临时调整为 1。
2 02 000	结束 0 22 011 比例因子的改变操作	—	—	—	—	无编码值。
2 01 000	结束 0 22 011 数据宽度的改变操作	—	—	—	—	无编码值。
0 22 021	海浪高度	m	1	0	10	数字。有效波高。
0 22 002	风浪方向	°(degree true)	0	0	9	数字。
2 01 131	改变要素描述符 0 22 012 的数据宽度(6+3=9)	—	—	—	—	无编码值。

表 5 数据段编码及说明(续)

内容	意义	单位	比例因子[a]	基准值[b]	数据宽度[c]（比特位）	备注
2 02 129	改变要素描述符 0 22 012 的比例因子 (0+1=1)	—	—	—	—	无编码值。
0 22 012	风浪周期	s	0	0	6	数字。经过 2 01 131 的操作，数据宽度被临时调整为9；经过 2 02 129 的操作，比例因子被临时调整为1。
2 02 000	结束 0 22 012 比例因子的改变操作	—	—	—	—	无编码值。
2 01 000	结束 0 22 012 数据宽度的改变操作	—	—	—	—	无编码值。
0 22 022	风浪高度	m	1	0	10	数字。
0 22 003	涌浪方向	°(degree true)	0	0	9	数字。
2 01 131	改变要素描述符 0 22 013 的数据宽度 (6+3=9)	—	—	—	—	无编码值。
2 02 129	改变要素描述符 0 22 013 的比例因子 (0+1=1)	—	—	—	—	无编码值。
0 22 013	涌浪周期	s	0	0	6	数字。经过 2 01 131 的操作，数据宽度被临时调整为9；经过 2 02 129 的操作，比例因子被临时调整为1。
2 02 000	结束 0 22 013 比例因子的改变操作	—	—	—	—	无编码值。
2 01 000	结束 0 22 013 数据宽度的改变操作	—	—	—	—	无编码值。
0 22 023	涌浪高度	m	1	0	10	数字。

表 5 数据段编码及说明(续)

内容	意义	单位	比例因子[a]	基准值[b]	数据宽度[c]（比特位）	备注
0 04 024	时间周期(＝－1 表示过去 1 h)	h	0	－2048	12	数字。
0 08 023	一级统计(＝2 表示最大值)	—	0	0	6	数字。固定编码。含义见附录 A 表 A.6。
0 22 021	最大海浪高度	m	1	0	10	数字。有效波高。
0 22 001	最大海浪高度对应的海浪方向	°(degree true)	0	0	9	数字。
2 01 131	改变要素描述符 0 22 011 的数据宽度(6＋3＝9)	—	—	—	—	无编码值。
2 02 129	改变要素描述符 0 22 011 的比例因子(0＋1＝1)	—	—	—	—	无编码值。
0 22 011	最大海浪高度对应的海浪周期	s	0	0	6	数字。经过 2 01 131 的操作,数据宽度被临时调整为 9;经过 2 02 129 的操作,比例因子被临时调整为 1。
2 02 000	结束 0 22 011 比例因子的改变操作	—	—	—	—	无编码值。
2 01 000	结束 0 22 011 数据宽度的改变操作	—	—	—	—	无编码值。
0 22 032	海面洋流速度	m·s^{-1}	2	0	13	数字。
2 04 000	取消描述符 2 04 008 的作用域	—	—	—	—	无编码值。结束 2 04 008 的作用域,其后要素不再增加附加字段。
10.表层水温和盐度						
1 01 002	以下 1 个描述符重复 2 次	—	—	—	—	

表 5 数据段编码及说明(续)

内容		意义	单位	比例因子[a]	基准值[b]	数据宽度[c]（比特位）	备注
0 02 201		水温/盐度传感器标识	—	0	0	6	数字。含义见附录A 表 A.3。第 1 次重复表示水温传感器标识，第 2 次重复表示盐度传感器标识。
1 19 000		0 31 000 之后的 19 个描述符的编码值重复	—	—	—	—	无编码值。描述符本身表示对以下 19 个描述符（除 0 31 000）进行重复。
0 31 000		重复次数	—	0	0	1	数字。表示以下 19 个描述符重复的次数。
2 04 008		2 04 008 与 2 04 000 之间所有要素描述符编码值前面均增加 8 bit 的附加字段作为质控码字段	—	—	—	—	无编码值。描述符本身表示 2 04 000 之前的描述符（除 0 31 021）需要增加附加字段。
0 31 021		附加字段意义，编码值为 62,表示附加字段为 8 bit,从左至右,前 4 bit 为省级质控码字段,后 4 bit 作为台站质控码字段	—	0	0	6	数字。含义见附录A 表 A.4。
3 02 056	0 02 038	水温测量方法	—	0	0	4	数字。含义见附录A 表 A.18。
	0 07 063	水面以下深度	m	2	0	20	数字。
	0 22 043	表层水温	K	2	0	15	数字。
	0 07 063	水面以下深度（置为缺测以取消前面的定义）	m	2	0	20	数字。
0 04 024		时间周期（=-1 表示过去 1 h）	h	0	-2048	12	数字。

表 5 数据段编码及说明（续）

内容		意义	单位	比例因子[a]	基准值[b]	数据宽度[c]（比特位）	备注
0 08 023		一级统计（＝2表示最大值）	—	0	0	6	数字。固定编码。含义见附录A表A.6。
0 22 043		最高表层水温	K	2	0	15	数字。
0 26 195		最高表层水温出现的时	—	0	0	5	数字。
0 26 196		最高表层水温出现的分	—	0	0	6	数字。
0 27 001		最高表层水温出现时的纬度	°	5	－9000000	25	数字。
0 28 001		最高表层水温出现时的经度	°	5	－18000000	26	数字。
0 08 023		一级统计（＝3表示最小值）	—	0	0	6	数字。固定编码。含义见附录A表A.6。
0 22 043		最低表层水温	K	2	0	15	数字。
0 26 195		最低表层水温出现的时	—	0	0	5	数字。
0 26 196		最低表层水温出现的分	—	0	0	6	数字。
0 27 001		最低表层水温出现时的纬度	°	5	－9000000	25	数字。
0 28 001		最低表层水温出现时的经度	°	5	－18000000	26	数字。
3 06 033	0 02 033	盐度测量方法	—	0	0	3	数字。含义见附录A表A.19。
	0 07 063	水面以下深度	m	2	0	20	数字。
	0 22 064	盐度	‰	3	0	17	数字。
0 22 066		海水电导率	$S \cdot m^{-1}$	6	0	26	数字。
2 04 000		取消描述符2 04 008的作用域	—	—	—	—	无编码值。结束2 04 008的作用域，其后要素不再增加附加字段。

QX/T 586—2020

表 5 数据段编码及说明（续）

内容		意义	单位	比例因子[a]	基准值[b]	数据宽度[c]（比特位）	备注
11. 海冰							
1 01 000		0 31 000 之后的 1 个描述符的编码值重复	—	—	—	—	无编码值。描述符本身表示对以下 1 个描述符(除 0 31 000)进行重复。
0 31 000		重复次数	—	0	0	1	数字。表示以下 1 个描述符重复的次数。
3 02 055	0 20 031	积冰(厚度)	m	2	0	7	数字。
	0 20 032	积冰速率	—	0	0	3	数字。含义见附录 A 表 A.20。
	0 20 033	积冰成因	—	0	0	4	数字。含义见附录 A 表 A.21。
	0 20 034	海冰密集度	—	0	0	5	数字。含义见附录 A 表 A.22。
	0 20 035	冰的总量和类型	—	0	0	4	数字。含义见附录 A 表 A.23。
	0 20 036	冰情	—	0	0	5	数字。含义见附录 A 表 A.24。
	0 20 037	冰情发展	—	0	0	5	数字。含义见附录 A 表 A.25。
	0 20 038	冰外缘线	°(degree true)	0	0	12	数字。
12. 其他海洋要素							
0 02 201		水质传感器标识	—	0	0	6	数字。含义见附录 A 表 A.3。
1 06 000		0 31 000 之后的 6 个描述符的编码值重复	—	—	—	—	无编码值。描述符本身表示对以下 6 个描述符(除 0 31 000)进行重复。
0 31 000		重复次数	—	0	0	1	数字。表示以下 6 个描述符重复的次数。

表 5 数据段编码及说明(续)

内容	意义	单位	比例因子[a]	基准值[b]	数据宽度[c]（比特位）	备注
2 04 008	2 04 008 与 2 04 000 之间所有要素描述符编码值前面均增加 8 bit 的附加字段作为质控码字段	—	—	—	—	无编码值。描述符本身表示 2 04 000 之前的描述符(除 0 31 021)需要增加附加字段。
0 31 021	附加字段意义,编码值为 62,表示附加字段为 8 bit,从左至右,前 4 bit 为省级质控码字段,后 4 bit 作为台站质控码字段	—	0	0	6	数字。含义见附录 A 表 A.4。
0 41 005	海水浊度	NTU	2	0	12	数字。
0 41 192	叶绿素浓度	mg·m^{-3}	2	0	14	数字。
2 04 000	取消描述符 2 04 008 的作用域	—	—	—	—	无编码值。结束 2 04 008 的作用域,其后要素不再增加附加字段。
0 41 193	海发光等级	—	0	0	4	数字。含义见附录 A 表 A.26。
13. 自动气象站状态						
1 02 000	0 31 002 之后的 2 个描述符的编码值重复	—	—	—	—	无编码值。描述符本身表示对以下 2 个描述符(除 0 31 002)进行重复。
0 31 002	重复次数	—	0	0	16	数字。表示以下 2 个描述符重复的次数。
0 08 192	设备状态意义	—	0	0	10	数字。含义见附录 A 表 A.27。
0 48 193	设备状态	—	0	0	4	数字。含义见附录 A 表 A.28。
1 03 000	0 31 000 之后的 3 个描述符的编码值重复	—	—	—	—	无编码值。描述符本身表示对以下 3 个描述符(除 0 31 000)进行重复。

表 5 数据段编码及说明(续)

内容	意义	单位	比例因子[a]	基准值[b]	数据宽度[c]（比特位）	备注
0 31 000	重复次数	—	0	0	1	数字。表示以下3个描述符重复的次数。
0 25 026	数据采集器电源电压	V	1	0	12	数字。
0 12 064	数据采集器主板温度	K	1	0	12	数字。
0 48 194	可移动存储器剩余容量	MB	0	0	21	数字。

注1：数据段每个要素的编码值＝原始观测值×10^{比例因子}－基准值。
注2：要素编码值转换为二进制，并按照数据宽度所定义的比特位数顺序写入数据段，位数不足高位补0。
注3：当某要素缺测时，将该要素数据宽度内每个比特置为1，即为缺测值。

[a] 比例因子用于规定要素观测值的数据精度。要求数据精度等于10$^{-比例因子}$。例如，比例因子为2，数据精度等于10^{-2}，即0.01。
[b] 基准值用于保证要素编码值非负，即要求：要素观测值×10^{比例因子}≥基准值。
[c] 数据宽度用于规定二进制的要素编码值在数据段所占用的比特位数，编码值位数不足数据宽度时在高(左)位补0。

6.6 结束段

由4个八位组组成，分别编码为4个字符"7"，具体编码及说明见表6。

表 6 结束段编码及说明

八位组序号	含义	值	备注
1	结束段	7	固定取值。按照CCITT IA5编码。
2		7	
3		7	
4		7	

[QX/T 427—2018,5.6]

附 录 A
（规范性附录）
代码表和标志表

A.1 负责运行观测平台的机构

负责运行观测平台的机构见表 A.1。

表 A.1 代码表 0 01 036 负责运行观测平台的机构（节选中国部分）

代码值	含义
……	……
156001	中国,国家海洋局
156002	中国,自然资源部第二海洋研究所
156003	中国,国家海洋技术研究所
156004	中国,远洋运输总公司（自定义）
156005—250000	保留
……	……

A.2 测站类型

测站类型见表 A.2。

表 A.2 代码表 0 02 001 测站类型

代码值	含义
0	自动站
1	人工站
2	混合站（人工和自动）
3	缺测值

[QX/T 427—2018,表 A.1]

A.3 传感器标识

传感器标识见表 A.3。

表A.3 代码表0 02 201 传感器标识

代码值	含义
0	无观测任务
1	自动观测
2	人工观测
3	加盖期间
4	仪器故障期间
5	仪器维护期间
6	日落后日出前无数据
7	缺测值

[QX/T 427—2018,表A.5]

A.4 附加字段意义

附加字段意义见表A.4。

表A.4 代码表0 31 021 附加字段意义

代码值	含义
0	保留
1	1位质量指示码,0=质量好,1=质量可疑或差
2	2位质量指示码,0=质量好,1=稍有可疑,2=高度可疑,3=质量差
3—5	保留
6	根据全球温盐剖面计划(GTSPP)的4位质量控制指示码: 　　0=不合格; 　　1=正确值(所有检测通过); 　　2=或许正确,但和统计不一致(与气候值不同); 　　3=或许不正确的(有尖峰值、梯度值等,但其他检测通过); 　　4=不正确、不可能的值(超范围、垂直不稳定、等值线恒定); 　　5=在质量控制中被修改过的值; 　　6—7=未用(保留); 　　8=内插值; 　　9=缺测值
7	置信百分比
8	0=不可疑;1=可疑;2=保留;3=非所需信息
9—20	保留
21	1位订正指示符　0=原始值,1=替代/订正值
22—61	保留供本地使用

表 A.4 代码表 0 31 021 附加字段意义（续）

代码值	含义
62	8 bit 质量控制指示码： 由高至低(从左到右)1—4位,表示省级质控码;5—8位,表示台站质控码。 省级质控码和台站质控码的值均按如下含义： 　　0＝正确； 　　1＝可疑； 　　2＝错误； 　　3＝订正数据； 　　4＝修改数据； 　　5＝预留； 　　6＝预留； 　　7＝预留； 　　8＝缺测； 　　9＝未作质量控制
63	缺测值

［QX/T 427—2018,表 A.6］

A.5 气压倾向特征

气压倾向特征见表 A.5。

表 A.5 代码表 0 10 063 气压倾向特征

代码值	含义	
0	先上升,然后下降;气压≥3 h 前的	
1	先上升,然后稳定;或先上升,然后缓慢上升	现在气压高于 3 h 前的
2	稳定或不稳定上升	
3	先下降或稳定,然后上升;或先上升,然后迅速上升	
4	稳定;气压与 3 h 前的相同	
5	先下降,然后上升;气压≤3 h 前的	
6	先下降,然后稳定;或先下降,然后缓慢下降	现在气压低于 3 h 前的
7	稳定或不稳定下降	
8	先稳定或上升,然后下降;或先下降,然后迅速下降	
9—14	保留	
15	缺测值	

［QX/T 427—2018,表 A.14］

A.6 一级统计

一级统计见表 A.6。

表 A.6 代码表 0 08 023 一级统计

代码值	含义
0—1	保留
2	最大值
3	最小值
4	平均值
5	中值
6	最常见值
7	平均绝对误差
8	保留
9	标准偏差的最优估计($N-1$)
10	标准偏差(N)
11	调和平均值
12	均方根根向量误差
13	均方根
14—31	保留
32	向量平均
33—62	保留给本地使用
63	缺测值

[QX/T 427—2018,表 A.15]

A.7 湿球温度测量方法

湿球温度测量方法见表 A.7。

表 A.7 代码表 0 02 039 湿球温度测量方法

代码值	含义
0	测量湿球温度
1	用冰球测量湿球温度
2	计算湿球温度
3	由冰球计算的湿球温度
4—6	保留
7	缺测值

A.8 降水量测量方法

降水量测量方法见表A.8。

表A.8 代码表 0 02 175 降水量测量方法

代码值	含义
0	人工测量
1	翻斗式方法
2	称重方法
3	光学方法
4	气压方法
5	漂浮方法
6	滴谱计算方法
7—13	保留
14	其他
15	缺测值

[QX/T 427—2018,表A.7]

A.9 风测量仪的类型

风测量仪器的类型见表A.9。

表A.9 标志表 0 02 002 风测量仪的类型

比特位号	含义
1	合格的仪器
2	原始测量,以节(kn,1 kn=0.514444 m/s)为单位
3	原始测量,以千米/小时(km/h)为单位
全部4位	缺测值
注:测量风所用测量仪器的类型和初始单位(风速以 m/s 计,除非另外指定)。	

[QX/T 418—2018,表A.23]

A.10 风向方位代码表

风向方位见表A.10。

表 A.10 风向方位代码表

代码值	方位	符号	记录度数 °	角度范围 °
36	北	N	360.0	348.76~11.25
2	北东北	NNE	22.5	11.26~33.75
4	东北	NE	45.0	33.76~56.25
7	东东北	ENE	67.5	56.26~78.75
9	东	E	90.0	78.76~101.25
11	东东南	ESE	112.5	101.26~123.75
14	东南	SE	135.0	123.76~146.25
16	南东南	SSE	157.5	146.26~168.75
18	南	S	180.0	168.76~191.25
20	南西南	SSW	202.5	191.26~213.75
22	西南	SW	225.0	213.76~236.25
25	西西南	WSW	247.5	236.26~258.75
27	西	W	270.0	258.76~281.25
29	西西北	WNW	292.5	281.26~303.75
32	西北	NW	315.0	303.76~326.25
34	北西北	NNW	337.5	326.26~348.75
0	静风	C	静风时,角度不定,其风速小于或等于 0.2 m/s	

A.11 蒲福风力等级表

蒲福风力等级见表 A.11。

表 A.11 蒲福风力等级表

风力等级	名称	海面大概波高 m		海面和渔船征象	陆上地物征象	相当于平地 10 m 高处的风速 m/s	
		一般	最高			范围	中数
0	静风	—	—	海面平静	静、烟直上	0.0~0.2	0.0
1	软风	0.1	0.1	微波如鱼鳞状,没有浪花。一般渔船正好能使舵	烟能表示风向,树叶略有摇动	0.3~1.5	1.0
2	轻风	0.2	0.3	小波、波长尚短,但波形显著,波峰光亮但不破裂。渔船张帆时,可随风移动每小时 1 n mile~2 n mile	人面感觉有风,树叶微响,旗子开始飘动。高的草开始摇动	1.6~3.3	2.0

表 A.11 蒲福风力等级表（续）

风力等级	名称	海面大概波高 m		海面和渔船征象	陆上地物征象	相当于平地 10 m 高处的风速 m/s	
		一般	最高			范围	中数
3	微风	0.6	1.0	小波加大，波峰开始破裂；泡沫光亮，有时有散见的白浪花。渔船开始簸动，张帆随风移动每小时 3 n mile～4 n mile	树叶及小枝摇动不息，旗子展开。高的草，摇动不息	3.4～5.4	4.0
4	和风	1.0	1.5	小浪，浪长变长；白浪成群出现。渔船满帆时，可使船身倾于一侧	能吹起地面灰尘和纸张，树枝动摇。高的草，呈波浪起伏	5.5～7.9	7.0
5	清劲风	2.0	2.5	中浪，具有较显著的长波形状；许多白浪形成（偶有飞沫）。渔船需缩帆一部分	有叶的小树摇摆，内陆的水面有小波。高的草，波浪起伏明显	8.0～10.7	9.0
6	强风	3.0	4.0	轻度大浪开始形成；到处都有更大的白沫峰（有时有些飞沫）。渔船缩帆大部分，并注意风险	大树枝摇动，电线呼呼有声，撑伞困难。高的草，不时倾伏于地	10.8～13.8	12.0
7	疾风	4.0	5.5	轻度大浪，碎浪而成白沫沿风向呈条状。渔船不再出港，在海者下锚	全树摇动，大树枝弯下来，迎风步行感觉不便	13.9～17.1	16.0
8	大风	5.5	7.5	有中度的大浪，波长较长，浪峰边缘开始破碎成飞沫片；白沫沿风向呈明显的条带。所有近海渔船都要靠港，停留不出	可折毁小树枝，人迎风前行感觉阻力甚大	17.2～20.7	19.0
9	烈风	7.0	10.0	狂浪，沿风向白沫呈浓密的条带状，波峰开始翻滚，飞沫可影响能见度。机帆船航行困难	草房遭受破坏，屋瓦被掀起，大树枝可折断	20.8～24.4	23.0
10	狂风	9.0	12.5	狂涛，波峰长而翻卷；白沫成片出现，沿风向呈白色浓密条带；整个海面呈白色；海面颠簸加大有震动感，能见度受影响，机帆船航行颇危险	树木可被吹倒，一般建筑物遭破坏	24.5～28.4	26.0
11	暴风	11.5	16.0	异常狂涛（中小船只可一时隐没在浪后）；海面完全被沿风向吹出的白沫所掩盖；波浪到处破成泡沫；能见度受影响，机帆船遇之极危险	大树可被吹倒，一般建筑物遭严重破坏	28.5～32.6	31.0

表 A.11 蒲福风力等级表（续）

风力等级	名称	海面大概波高 m		海面和渔船征象	陆上地物征象	相当于平地 10 m 高处的风速 m/s	
		一般	最高			范围	中数
12	飓风	14.0	—	空中充满了白色的浪花和飞沫；海面完全变白，能见度严重地受到影响	陆上少见，其摧毁力极大	32.7～36.9	35.0
13	—	—	—	—	—	37.0～41.4	39.0
14	—	—	—	—	—	41.5～46.1	44.0
15	—	—	—	—	—	46.2～50.9	49.0
16	—	—	—	—	—	51.0～56.0	54.0
17	—	—	—	—	—	56.1～61.2	59.0
18	—	—	—	—	—	≥61.3	—

[GB/T 35227—2017,表 A.1]

A.12 时间意义

时间意义见表 A.12。

表 A.12 代码表 0 08 021 时间意义

代码值	含义
0	保留
1	时间序列
2	时间平均
3	累积
4	预报
5	预报时间序列
6	预报时间平均
7	预报累积
8	总体均值
9	总体均值的时间序列
10	总体均值的时间平均
11	总体均值的累积
12	总体均值的预报
13	总体均值预报的时间序列

表 A.12 代码表 0 08 021 时间意义（续）

代码值	含义
14	总体均值预报的时间平均
15	总体均值预报的累积
16	分析
17	现象开始
18	探空仪发射时间
19	轨道开始
20	轨道结束
21	上升点时间
22	风切变发生时间
23	监测周期
24	报告接收平均截止时间
25	标称的报告时间
26	最新获知位置的时间
27	背景场
28	扫描开始
29	扫描结束或时间结束
30	出现时间
31	缺测值

[QX/T 427—2018,表 A.8]

A.13 垂直意义（地面观测）

垂直意义（地面观测）代码表见表 A.13。

表 A.13 代码表 0 08 002 垂直意义（地面观测）

代码值	含义
0	适用于 FM-12 SYNOP、FM-13 SHIP 的云类型和最低云底的观测规则
1	第一特性层
2	第二特性层
3	第三特性层
4	积雨云层
5	云幕
6	没有探测到低于随后高度的云
7	低云

表 A.13 代码表 0 08 002 垂直意义(地面观测)(续)

代码值	含义
8	中云
9	高云
10	底部在测站以下,顶部在测站以上的云层
11	底部和顶部都在测站以上的云层
12—19	保留
20	云探测系统没有探测到云
21	第一个仪器探测到的云层
22	第二个仪器探测到的云层
23	第三个仪器探测到的云层
24	第四个仪器探测到的云层
25—61	保留
62	没有适用的值
63	缺测值

[QX/T 427—2018,表 A.18]

A.14 云量

云量代码表见表 A.14。

表 A.14 代码表 0 20 011 云量

代码值	含义
0	0
1	≤1/8,但≠0
2	2/8
3	3/8
4	4/8
5	5/8
6	6/8
7	≥7/8,但≠8/8
8	8/8
9	由于雾和(或)其他天气现象,天空有视程障碍
10	由于雾和(或)其他天气现象,天空有部分视程障碍
11	疏云
12	多云

表 A.14 代码表 0 20 011 云量（续）

代码值	含义
13	少云
14	保留
15	未进行观测，或者由于雾或其他天气现象之外的原因，云量无法辨认

[QX/T 427—2018,表 A.19]

A.15 扩充的云类型

云类型代码表见表 A.15。

表 A.15 代码表 0 20 012 扩充的云类型

代码值	含义
0	卷云(Ci)
1	卷积云(Cc)
2	卷层云(Cs)
3	高积云(Ac)
4	高层云(As)
5	雨层云(Ns)
6	层积云(Sc)
7	层云(St)
8	积云(Cu)
9	积雨云(Cb)
10	无高云
11	毛卷云，有时呈钩状，并非逐渐入侵天空
12	密卷云，呈碎片或卷束状，云量往往并不增加，有时看起来像积雨云上部分残余部分；或堡状卷云或絮状卷云
13	积雨云衍生的密卷云
14	钩卷云或毛卷云，或者两者同时出现，逐渐入侵天空，并增厚成一个整体
15	卷云(通常呈带状)和卷层云，或仅出现卷层云，逐渐入侵天空，并增厚成一个整体；其幕前缘高度角未达到45°
16	卷云(通常呈带状)和卷层云，或只有卷层云，逐渐入侵天空，但不布满整个天空
17	整个天空布满卷层云
18	卷层云未逐渐入侵天空而且尚未覆盖整个天空
19	只出现卷积云，或卷积云在高云中占主要地位
20	无中云

表 A.15 代码表 0 20 012 扩充的云类型(续)

代码值	含义
21	透光高层云
22	蔽光高层云或雨层云
23	单层透光高积云
24	透光高积云碎片(通常呈荚状),持续变化并且出现单层或多层
25	带状透光高积云,或单层或多层透光或蔽光高积云,逐渐入侵天空;其高积云逐渐增厚成一整体
26	积云衍生(或积雨云衍生)的高积云
27	两层或多层透光或蔽光高积云或单层蔽光高积云,不逐渐入侵天空;或伴随高层云或雨层云的高积云
28	堡状或絮状高积云
29	浑乱天空中的高积云,一般出现几层
30	无低云
31	淡积云或碎积云(恶劣天气除外)或者两者同时出现
32	中积云或浓积云,塔状积云,伴随或不伴随碎积云、淡积云、层积云、所有云的底部均处于同一高度上
33	秃积雨云,有或无积云、层积云或层云
34	积云衍生的层积云
35	积云衍生的层积云以外的层积云
36	薄幕层积云或碎层云(恶劣天气除外),或者两者同时出现
37	碎层云或碎积云(恶劣天气除外)或者两者同时出现
38	积云或层积云(积云性层积云除外)各云底位于不同高度上
39	鬃状积雨云(通常呈砧状),有或无秃积雨云、积云、层积云、层云或碎片云
40	高云(C_H)
41	中云(C_M)
42	低云(C_L)
43—58	保留
59	由于昏暗、雾、尘暴、沙暴或其他类似现象而看不到云
60	由于昏暗、雾、高吹尘、高吹沙或其他类似现象,或者由于低云组成的连续云层,看不到高云
61	由于昏暗、雾、高吹尘、高吹沙或其他类似现象,或者由于低云组成的连续云层,看不到中云
62	由于昏暗、雾、高吹尘、高吹沙或其他类似现象,看不到低云
63	缺测值
注:"恶劣天气"表示在降水期间和降水前后一段时间内普遍存在的天气状况。	

[QX/T 427—2018,表 A.20]

A.16 海面气象能见度

海面气象能见度见表A.16。

表A.16 代码表 0 20 192 海面气象能见度

代码值	水天分界线清晰程度	气象能见度	
		眼高出海面≤7 m 时	眼高出海面＞7 m 时
0	十分清楚	≥50.0	—
1	清楚	20.0～50.0	≥50.0
2	勉强可以看清	10.0～20.0	20.0～50.0
3	隐约可辨	4.0～10.0	10.0～20.0
4	完全看不清	＜4.0	＜10.0
5—6	保留	—	—
7	缺测值	—	—

A.17 本地观测天气现象

本地观测天气现象见表A.17。

表A.17 代码表 0 20 192 本地观测天气现象

代码值	含义
0	无现象
1	露
2	霜
3	结冰
4	烟幕
5	霾
6	浮尘
7	扬沙
8	尘卷风
9	保留
10	轻雾
11—12	保留
13	闪电
14	极光
15	大风

表 A.17 代码表 0 20 192 本地观测天气现象（续）

代码值	含义
16	积雪
17	雷暴
18	飑
19	龙卷
20—30	保留
31	沙尘暴
32—37	保留
38	吹雪
39	雪暴
40—41	保留
42	雾
43—47	保留
48	雾凇
49	保留
50	毛毛雨
51—55	保留
56	雨凇
57—59	保留
60	雨
61—67	保留
68	雨夹雪
69	保留
70	雪
71—75	保留
76	冰针
77	米雪
78	保留
79	冰粒
80	阵雨
81—82	保留
83	阵性雨夹雪
84	保留
85	阵雪
86	保留

QX/T 586—2020

表 A.17 代码表 0 20 192 本地观测天气现象（续）

代码值	含义
87	霾
88	保留
89	冰雹
90—126	保留
127	缺测值

[QX/T 427—2018,表 A.23]

A.18 水温测量方法

水温测量方法代码表见表 A.18。

表 A.18 代码表 0 02 038 水温测量方法

代码值	含义
0	船舶通风口
1	吊杯式水温表
2	船体接触传感器
3	颠倒温度表
4	STD/CTD 传感器
5	机械式的深度温度表
6	抛弃式的深度温度表
7	数字化的深度温度表
8	热敏电阻链
9	红外扫描器
10	微波扫描器
11	红外辐射计
12	直列式温盐度计
13	拖体
14	其他
15	缺测值

A.19 盐度测量方法

盐度测量方法代码表见表 A.19。

表 A.19 代码表 0 02 033 盐度测量方法

代码值	含义
0	未测量到盐度
1	现场测量,精度大于0.02%
2	现场测量,精度小于0.02%
3	取样分析
4—6	保留
7	缺测值

A.20 积冰速率

积冰速率代码表见表 A.20。

表 A.20 代码表 0 20 032 积冰速率

代码值	含义
0	有冰,尚无积累
1	有冰,累积缓慢
2	有冰,累积迅速
3	有冰,破碎或溶解缓慢
4	有冰,破碎或溶解迅速
5—6	保留
7	缺测值

A.21 积冰成因

积冰成因代码表见表 A.21。

表 A.21 标志表 0 20 033 积冰成因

比特位号	含义
1	海洋飞沫积冰
2	雾积冰
3	雨积冰
所有4位	缺测值

A.22 海冰密集度

海冰密集度代码表见表 A.22。

表 A.22 代码表 0 20 034 海冰密集度

代码值	含义		
0	看不到海冰		
1	船舶处于 1.0 n mile 宽的畅通水道中,或在能见度限度之外的固定冰的边缘		
2	海冰密集度小于 3/10(3/8),海面宽阔,浮冰非常稀疏	在观测区内,海冰密集度均匀	船舶在冰的区域中或距冰的边缘 0.5 n mile 以内
3	海冰密集度在 4/10～6/10(3/8～6/8 以下)之间,浮冰稀疏		
4	海冰密集度在 7/10～8/10(6/8～7/8 以下)之间,浮冰密集		
5	海冰密集度 9/10 或以上,但不是 10/10(7/8～8/8 以下),浮冰非常密集		
6	浮冰带和小块浮冰区之间有开阔水面	在观测区内,海冰密集度不均匀	
7	浮冰带和密集或高度密集小块浮冰,但他们之间有空隙,或密集度较低		
8	开阔水域有固定冰,其朝向海面的边缘有稀疏或非常稀疏的浮冰群		
9	固定冰,其朝向海面的边缘有密集或非常密集的浮冰群		
10—13	保留		
14	由于昏暗、能见度低,或由于船舶与冰缘之间的距离超过 0.5 n mile,无法报告		
15—30	保留		
31	缺测值		

A.23 冰的总量和类型

冰的总量和类型代码表见表 A.23。

表 A.23 代码表 0 20 035 冰的总量和类型

代码值	含义
0	无陆源冰
1	1～5 个冰山,无碎啸冰或小冰山
2	6～10 个冰山,无碎啸冰或小冰山
3	11～20 个冰山,无碎啸冰或小冰山
4	≤10 个碎啸冰或小冰山,无冰山
5	10 个以上的碎啸冰或小冰山,无冰山
6	1～5 个冰山,并有碎啸冰和小冰山
7	6～10 个冰山,并有碎啸冰和小冰山
8	11～20 个冰山,并有碎啸冰和小冰山
9	20 个以上的冰山,并有碎啸冰和小冰山,对航行构成很大危险

表 A.23 代码表 0 20 035 冰的总量和类型（续）

代码值	含义
10—13	保留
14	由于昏暗、能见底低，或由于仅能见到海冰而无法报告
15	缺测值

A.24 冰情

冰情代码表见表 A.24。

表 A.24 代码表 0 20 036 冰情

代码值	含义
0	船舶在开阔水域航行，可看见浮冰
1	船舶在容易撞破的冰中航行，情况在好转
2	船舶在容易撞破的冰中航行，冰情没有变化
3	船舶在容易撞破的冰中航行，且情况在变坏
4	船舶在不易撞破的冰中航行，且情况在好转
5	船舶在不易撞破的冰中航行，冰情没有变化
6	船舶在不易撞破的冰中航行，情况在变坏。冰在不断形成，浮冰冻结在一起
7	船舶在不易撞破的冰中航行，且情况在变坏。冰承受着较小压力
8	船舶在不易撞破的冰中航行，且情况在变坏。冰承受着中等或较大的压力
9	船舶在不易撞破的冰中航行，船舶被冰包围
10—29	保留
30	由于昏暗或能见度低，无法报告
31	缺测值

A.25 冰情发展

冰情发展代码表见表 A.25。

表 A.25 代码表 0 20 037 冰情发展

代码值	含义
0	只有新生冰（片冰、雾冰、雪水、白松冰团）
1	尼罗冰或者冰壳厚度小于 10 cm
2	新冰（灰冰、灰白冰），10 cm～30 cm 厚
3	主要是新生冰和/或新冰，还有些是第一年冰

表 A.25 代码表 0 20 037 冰情发展（续）

代码值	含义
4	主要是薄的第一年冰,还有些是新生冰和/或新冰
5	全部是薄的第一年冰(30 cm～70 cm 厚)
6	主要是中等厚度(70 cm～120 cm 厚)和较大厚度(120 cm 厚以上)的第一年冰,还有些是较薄的(较新的)第一年冰
7	全部是中等和较大厚度的第一年冰
8	主要是中等和较大厚度的第一年冰,还有些是陈年冰(厚度通常在 2 m 以上)
9	主要是陈年冰
10—29	保留
30	由于昏暗、能见度低,或者由于只能看见陆源冰,或船距离冰缘有 0.5 n mile 以上,无法报告
31	缺测值

A.26 海发光等级

海发光等级见表 A.26。

表 A.26 代码表 0 41 193 海发光等级

代码值	含义
0	无海发光现象
1	发光勉强可见
2	发光明晰可见
3	发光显著可见
4	发光特别明亮
5—6	保留
7	缺测值

A.27 设备状态意义

设备状态意义代码表见表 A.27。

表 A.27 代码表 0 08 192 设备状态意义

代码值	含义
0	设备自检状态
1	气温传感器状态
2	气温传感器连接故障

表 A.27 代码表 0 08 192 设备状态意义(续)

代码值	含义
3	气温传感器其他故障
4	海水温度传感器状态
5	海水温度传感器连接故障
6	海水温度传感器其他故障
7	相对湿度传感器的工作状态
8	相对湿度传感器连接故障
9	相对湿度传感器湿敏电容过饱和故障
10	相对湿度传感器其他故障
11	风向传感器的工作状态
12	风向传感器连接故障
13	风向传感器被冻住或卡住
14	风向传感器其他故障
15	风速传感器的工作状态
16	风速传感器连接故障
17	风速传感器被冻住或卡住
18	风速传感器其他故障
19	气压传感器的工作状态
20	气压传感器连接故障
21	气压传感器压力超过范围
22	雨量传感器的工作状态
23	能见度仪的工作状态
24	辅助电源
25	蓄电池电压状态
26	AC-DC 电压状态
27	太阳能电池板状态
28	采集器主板环境温度状态
29	机箱温度状态
30	设备通信状态
31	RS232/485/422 状态
32	无线通信状态
33	能见度传感器窗口污染情况
34	数据采集器运行状态
35	数据采集器 AD 状态
36	数据采集器计数器状态

表 A.27 代码表 0 08 192 设备状态意义（续）

代码值	含义
37	数据采集器机箱门状态
38	可移动存储器状态
39	船舶定向定位仪器工作状态
40	船姿监测仪器工作状态
41—1022	保留
1023	缺测值

A.28 设备状态

设备状态意义代码表见表 A.28。

表 A.28 代码表 0 48 193 设备状态

代码值	含义
0	"正常"，设备状态节点检测且判断正常
1	"异常"，设备状态节点能工作，但检测值判断超出正常范围
2	"故障"，设备状态节点处于故障状态
3	"偏高"，设备状态节点检测值超出正常范围
4	"偏低"，设备状态节点检测值低于正常范围
5	"停止"，设备节点工作处于停止状态
6	"轻微"或"交流"或"未开通"，设备污染判断为轻微；或设备供电为交流方式；或设备未开通
7	"一般"或"直流"，设备污染判断为一般；或设备供电为直流方式
8	"重度"或"未接外部电源"，设备污染判断为重度；或设备供电未接外部电源
9—15	保留

参 考 文 献

[1] GB/T 17838—2017　船舶海洋水文气象辅助测报规范
[2] GB/T 35222—2017　地面气象观测规范　云
[3] GB/T 35223—2017　地面气象观测规范　气象能见度
[4] GB/T 35224—2017　地面气象观测规范　天气现象
[5] GB/T 35227—2017　地面气象观测规范　风向和风速
[6] QX/T 122—2011　船舶自动气象观测数据格式
[7] QX/T 418—2018　高空气象观测数据格式　BUFR编码
[8] 国家气象信息中心通信台编写组. 表格驱动码编码手册[Z],2010
[9] WMO. Manual On Codes:WMO-No.306[Z]. Volume I.2, Geneva, Switzerland,2015

ICS 07.060
A 47
备案号：79887—2021

中华人民共和国气象行业标准

QX/T 587—2020

气象观测专用技术装备测试规范 高空气象观测仪器

Specifications for tests of technical equipment specialized for meteorological observation—Upper-air meteorological observation instrument

2020-12-29 发布　　　　　　　　　　　　　　　　　2021-04-15 实施

中　国　气　象　局　发　布

QX/T 587—2020

前 言

本标准按照 GB/T 1.1—2009 给出的规则起草。

本标准由全国气象仪器和观测方法标准化技术委员会(SAC/TC 507)提出并归口。

本标准起草单位：中国气象局气象探测中心、内蒙古自治区气象局、云南省气象局、湖北省气象局、河北省气象局。

本标准主要起草人：郭启云、杨荣康、蔺汝罡、杨国彬、杨维发、刘立辉、杨加春、夏元彩、李欣。

QX/T 587—2020

气象观测专用技术装备测试规范 高空气象观测仪器

1 范围

本标准规定了高空气象观测仪器的测试要求与测试方法。
本标准适用于基于气球载体的高空气象观测仪器的设计、生产、试验和检验等的测试。

2 规范性引用文件

下列文件对于本文件的应用是必不可少的。凡是注日期的引用文件,仅注日期的版本适用于本文件。凡是不注日期的引用文件,其最新版本(包括所有的修改单)适用于本文件。
GB/T 37467 气象仪器术语
QX/T 222—2013 气象气球 浸渍法天然胶乳气球
QX/T 526—2019 气象观测专用技术装备测试规范 通用要求
中国气象局.常规高空气象观测业务规范[M].北京:气象出版社,2010

3 术语和定义

GB/T 37467 和 QX/T 526—2019 界定的以及下列术语和定义适用于本文件。

3.1
[无线电]探空仪　[radio]sonde
用运载工具携带升空,在空中运动中探测大气温度、气压、湿度等气象要素,并用无线电信号将探测结果传送到地面接收和处理设备,以获得所测气象要素分布的仪器。

注:改写 GB/T 37467—2019,定义 4.1.1。

3.2
探空仪地面跟踪定位设备　radiosonde ground track and position equipment
跟踪探空仪、测量其空中位置坐标的设备。

注:如测风雷达和无线电经纬仪等。

3.3
探空仪地面信号接收处理设备　radiosonde ground signal receiving and processing equipment
接收探空仪发出的信号,通过数据处理、储存和输出原始探空数据,生成业务数据文件的接收机、计算机及软件。

3.4
探空仪检测箱　radiosonde measure box
配有温度、气压和湿度标准器,在探空仪施放前对其气象要素传感器进行校准的标准设备。
[GB/T 37467—2019,定义 4.1.11]

3.5
气象气球　meteorological balloon
气象观测领域中应用的各种气球。

注:主要用作高空气象仪器的运载工具,亦可用作高空风或云底高度的示踪物。

[GB/T 37467—2019,定义4.3.4]

3.6
位势高度 geopotential height

单位质量的物体从海平面上升到某高度克服重力所作的功。

注：单位为位势米（gpm）。

3.7
稳定性 stability of equipment operation

被试产品保持其测量特性随时间或环境应力作用保持不变的能力。

4 测试要求

4.1 测试项目

探空仪、探空仪地面跟踪定位设备、探空仪地面信号接收处理设备、探空仪检测箱和气象气球的测试宜包括下列项目：
—— 外观和结构检查；
—— 功能检测；
—— 电气性能测试；
—— 安全性试验；
—— 静态测量性能测试；
—— 动态比对试验；
—— 环境适应试验；
—— 电磁兼容试验；
—— 可靠性试验；
—— 维修性试验。

4.2 测试方案

应符合QX/T 526—2019第6章的要求。

4.3 被试样品

4.3.1 样品类型应符合QX/T 526—2019中4.1.1的要求。

4.3.2 被试探空仪样品应不少于120只，其中30只用于电气性能和静态测量性能测试，60只用于动态比对试验，15只用于环境适应性试验，15只用于以上测试的备份。如需进行探空仪的辐射误差试验，应另外提供10只探空仪。

4.3.3 被试探空仪地面跟踪定位设备样品和被试探空仪地面信号接收处理设备样品分别应至少提供3台，其中2台用于发射系统测试、伺服系统测试、接收系统测试、定位误差和探测性能测试、数据采集和处理软件测试、可靠性和维修性试验、电磁兼容性测试和安全性测试，1台用于环境适应性试验。

4.3.4 被试探空仪检测箱样品应至少提供3台，其中2台用于探空仪传感器的静态测试、检测区温度场和湿度测试、检测区风速测量和数据传输测试，1台用于环境适应性试验。

4.3.5 被试气象气球样品应至少提供10只，用于外观和结构检查试验和环境适应性试验；其中，外观和结构检查试验应包括规格尺寸测量和理化性能测试。

4.3.6 仅测试某一项目时，被试样品数量应不少于4.3.2至4.3.5要求的最少样品数量。

4.4 测试流程

应符合 QX/T 526—2019 第 7 章的要求。

4.5 记录

应符合 QX/T 526—2019 中 4.2.1 的要求。

4.6 试验的终止/中止和恢复

应符合 QX/T 526—2019 中 4.4 的规定。

4.7 测试条件

应符合 QX/T 526—2019 第 5 章的要求。

4.8 测试报告

应符合 QX/T 526—2019 第 11 章的要求。

4.9 资料的整理和归档

应符合 QX/T 526—2019 第 12 章的要求。

5 外观和结构检查

5.1 探空仪

探空仪外观和结构检查除符合 QX/T 526—2019 中 8.1 的要求和方法外,还应:
a) 至少抽检 5 只探空仪。如有明显缺陷,增加 10 只抽检;仍有缺陷时,作外观或结构不合格处理,终止试验。
b) 进行探空仪放球绳抗拉强度试验时,试验拉力不小于被试探空仪施放重量的 20 倍。
c) 检查气压测量元件的采样通道和采样点,观察气压测量元件的采样通道是否畅通、采样位置是否会受气球上升引起的气流动压影响;如不能确定,可进行风洞试验。
d) 检查探空仪机壳材料和形状,观察温度和湿度测量元件是否会受机壳辐射和气流阻挡的影响。

5.2 探空仪地面跟踪定位设备和探空仪地面信号接收处理设备

被试探空仪地面跟踪定位设备和被试探空仪地面信号接收处理设备除按 QX/T 526—2019 中 8.1 的要求和方法检查外,对于具有跟踪功能的定位设备的天线,还应检查其转动灵活性和有无卡滞、阻塞现象。

5.3 探空仪检测箱

被试探空仪检测箱除按 QX/T 526—2019 中 8.1 的要求和方法检查外,如采用通风干湿表作为温度和湿度的标准器,还应检查湿球蒸发的水是否直接吹向被试温度元件和被试湿度元件。如发现湿球蒸发的水直接吹向了被试温度元件和被试湿度元件(没有经过湿度控制和调整装置),可直接评定被试探空仪检测箱整体不合格,终止试验。

5.4 气象气球

通过目测的方法检查被试气象气球外观,按 QX/T 222—2013 中附录 B 的要求和方法测量、检查被试气象气球的规格、尺寸。

6 功能检测

除按 QX/T 526—2019 中 8.2 的要求和方法检测外，还应：
a) 探空仪地面跟踪定位设备和探空仪地面信号接收处理设备中如有发射系统，则根据《常规高空气象观测业务规范》和对应的系统功能规格需求书的要求和方法测试波瓣宽度、副瓣电平、发射频率、发射脉冲频谱和发射脉冲功率等参数；
b) 探空仪地面跟踪定位设备和探空仪地面信号接收处理设备中如有伺服系统，则根据《常规高空气象观测业务规范》和对应的系统功能规格需求书的要求和方法测试跟踪范围、跟踪速度、跟踪加速度和方位角、俯仰角等参数；
c) 气象气球的理化性能测试按 QX/T 222—2013 中 5.4 的要求和方法进行。

7 电气性能测试

7.1 测试内容和项目

应符合 QX/T 526—2019 中 8.3.1 的要求。

7.2 探空仪测试要求和方法

7.2.1 载波频率

7.2.1.1 将被试探空仪的发射机置于微波暗室或宽敞的室内，用频谱仪获取感应信号直接测量，包括中心频率和频带宽度。
7.2.1.2 采用多频点的探空仪发射机，连续调整的每间隔 0.5 MHz 测量一个频点，定点调整的每个频点都应测量。

7.2.2 载波频率稳定性

7.2.2.1 应分别在环境适应性和施放试验中进行。
7.2.2.2 环境适应性试验包括低温、高温、湿热和低温-低气压工作条件试验。将被试探空仪置于试验箱中，接通电源，在没有施加环境应力的条件下，用频谱仪接收探空仪信号并测量中心频率和频带宽度；然后将环境条件调整至技术指标规定的环境参数，再次测量，以两次测量的中心频率差和频带宽度的变化作为载波频率和频带宽度的偏移量。
7.2.2.3 施放试验过程中，记录探空仪地面信号接收处理设备显示的被试探空仪载波频率的最大值和最小值，至少记录 5 次施放的结果。频率稳定性用各次施放最大值与最小值的差值表示，给出 5 次施放中最大的差值绝对值作为载波频率偏移量。

7.2.3 发射功率

7.2.3.1 直接测量法：在被试探空仪天线与发射机电路之间安装高频插件，首先用频谱仪检查探空仪信号是否正常，然后取下天线，将高频插件直接连接在功率计上测量，测量值即为发射功率。
7.2.3.2 替代法：应按下列要求和方法测量：
a) 在微波暗室或宽敞的试验室进行，将探空仪置于专用测试支架上，使接收天线和探空仪发射天线平行，两者距离保持在 0.8 m～1.0 m；
b) 接通被试探空仪发射机电源，用接收天线和检波(鉴频)器接收，在示波器上观察探空仪发射的

调制波形,调整示波器使信号波形稳定,记录信号强度;
c) 将被试探空仪发射机从测试支架上取下,将信号源输出口与被试探空仪同样的发射天线连接好后,置于测试支架上,放置位置应与被试探空仪发射电路板和天线相同;
d) 调整信号源的输出,使示波器上的信号强度与b)中记录的信号强度相同,此时信号源的输出功率即为探空仪的发射功率。

7.2.4 天线方向图

7.2.4.1 在空旷的场地上,将被试探空仪悬挂在距地面15 m以上的高度,在天线中心铅锤点安置接收天线,使接收天线中心对准被试探空仪天线。通过移动接收天线的位置改变被试探空仪天线与铅垂线的夹角,从铅锤方向开始每间隔10°取一个测试点,直至90°,分别测量各测试点的信号强度。

7.2.4.2 用各测试点的测量值制作方向图。

7.2.5 回答器触发(回答)灵敏度

7.2.5.1 将被试探空仪发射机置于专用测试支架上,使信号源的专用发射天线与探空仪发射天线平行,两者距离保持在0.8 m～1.0 m。

7.2.5.2 逐渐减小信号源输出幅度,使被试探空仪处于有回答或无回答的临界状态,随后用功率计替代信号源专用天线,并测量信号源的输出功率,此功率即为被试探空仪的触发(回答)灵敏度。

7.2.6 回答器触发(回答)延时时间

用双线示波器同时显示信号源的询问脉冲波形和被试探空仪回答器的回答脉冲波形,两个波形前沿的时间差即为触发(回答)延时时间。

7.2.7 调制信号频率

使被试空仪处于工作状态,在发射板上用数字示波器直接测量调制信号频率。

7.2.8 采样间隔和数据内容

7.2.8.1 在实际施放试验前,应检查被试探空仪的电路设计和数据采集程序,确定从探空仪气象测量传感器感应气象要素至从发射机发出并赋予时间标志的时间差。

7.2.8.2 在实际施放试验中,应检查计算机屏幕显示内容和储存原始数据文件的时间间隔、数据内容。

7.2.9 供电

7.2.9.1 在−30 ℃环境中,被试探空仪处于待施放状态,采用被试探空仪电源供电。接通电源时开始计时,并用频谱仪监测被试探空仪的发射信号,每间隔15 min测量1次电池的电压,直至被试探空仪信号不稳定或无信号输出时结束计时,此时间即为电池放电时间。

7.2.9.2 用7.2.9.1方法分别测量5只探空仪的放电时间,取平均值为最终测量结果。

7.3 探空仪地面跟踪定位设备和探空仪地面信号接收处理设备测试要求和方法

7.3.1 接收系统调幅接收机灵敏度

7.3.1.1 调幅接收机灵敏度是描述测试接收机接收微弱信号能力的特征,采用接收机输入端可检测信号的最小功率表示。对测试环境和仪表的要求如下:
a) 应在屏蔽房或微波暗室内进行测试。除信号源和被试接收机以外,无其他频率相近的干扰源或与接收机中频相近的能量源。

b) 信号源的频率测量误差应在自频控剩余误差以内,信号源输出信号幅度和衰减器的误差应不大于 0.5 dBm,信号源的漏能功率应低于接收机输入信号功率。
c) 信号源的输出信号有连续波信号、脉冲调制信号等,应按其产品使用说明进行操作。

7.3.1.2 接收机灵敏度(调幅)测试设备测试连接按图 1 布置。

图 1 接收机灵敏度(调幅)测试设备连接示意图

7.3.1.3 测试步骤应符合下列要求:
a) 将信号源输出频率调至接收机的中心频率 f_0;
b) 接收机增益置于适当位置(一般在最大增益位置),关闭信号源输出,指示器上显示接收机的噪声值 A_1 dBm;
c) 打开信号源输出,调节信号源的输出幅度或调整衰减器的衰减量,使接收机的输出值为 A_2 dBm、A_2/A_1 的比值等效于功率比值 2,此时接收机输入端的信号功率即为测量结果;
d) 重复测量数次,取平均值作为接收机灵敏度。

7.3.2 接收系统调频接收机灵敏度

7.3.2.1 接收机灵敏度(调频)测试设备测试连接按图 2 布置。

图 2 接收机灵敏度(调频)测试设备连接示意图

7.3.2.2 测试步骤应符合下列要求:
a) 将信号源输出频率设定成与接收机工作频率相同,产生标准调制测试信号,并调整信号源输出幅度。
b) 监测误码率分析仪,按公式(1)计算误码率:
$$R_{BE} = (X_{BT} - X_{RX})/X_{BT} \times 100 \quad\quad\quad\quad\quad\quad (1)$$

式中:
R_{BE} ——误码率;
X_{BT} ——传输的信息码元数;
X_{RX} ——接收到的无错误的信息码元数。

c) 当误码率接近 10^{-3}(不大于 10^{-3})时,该信号电平即为参考灵敏度电平。
d) 在接收机接收频率范围内,分别设定不同频点进行测试。
e) 重复测量数次,取平均值作为接收机灵敏度。

7.3.3 接收系统接收频率范围

7.3.3.1 应在调幅接收机测试(见 7.3.1)或调频接收机测试(见 7.3.2)的基础上测试。

7.3.3.2 根据被试接收机技术指标中所标示的频率范围,将信号源输出频率分别调至上限频率和下限频率,重新进行调幅接收机测试或调频接收机测试,得到上限灵敏度和下限灵敏度。

7.3.3.3 当上限灵敏度或下限灵敏度不符合技术指标要求时,应减小上限信号源频率或增加下限信号源频率,再重新测试,确定接收灵敏度符合要求的频率范围。

7.4 测试结果评定

7.4.1 合格评定

7.4.1.1 当所有电气参数的影响量测试结果符合要求时,应评定为合格。

7.4.1.2 当个别电气参数的影响量测试结果不符合要求而可靠性和最大探测距离、最大探测高度均符合要求时,应评定为合格,并提出改进建议。

7.4.2 不合格评定

当可靠性和最大探测距离、最大探测高度的影响量测试结果中一项不符合要求时,应评定为不合格。

8 安全性试验

按 QX/T 526—2019 中 8.4 的要求和方法进行。

9 静态测量性能测试

9.1 一般要求

应符合下列要求:
a) 测试仪表具有有效的检定证书、校准证书或检测证书;
b) 测量性能测试的环境条件符合 QX/T 526—2019 中 5.1 和 5.2 的要求;
c) 测试样本大小符合 QX/T 526—2019 中 8.5.1 的要求。

9.2 探空仪

9.2.1 测试项目

探空仪静态测量性能测试项目应包括但不限于下列项目:
——温度;
——湿度;
——气压。

9.2.2 温度

9.2.2.1 温度静态测量性能测试应采用数字式铂电阻温度计作为标准器,测试设备使用恒温槽。测试时将测量元件置于恒温槽中,测量电路板置于恒温槽外;用探空仪数据采集器采集测量电路的输出信号作为温度测量值。

9.2.2.2 温度静态测量性能测试按 9.1c)的要求选取测试点和确定测试次数。0 ℃为必选测试点;测试应从 0 ℃开始,最后再做一次 0 ℃测试。

9.2.2.3 温度测试可选用下列方法之一:
a) 定点测试法:在每个温度测试点稳定后,将被试探空仪的温度元件依次置于各定点恒温槽中,待稳定后读取数据;每个探空仪在每个测试点上连续读取 3~5 次数据,取平均值作为被试探空仪温度测量结果,同时读取标准温度值。
b) 连续测试法:在同一个恒温槽中设置目标测试点,待恒温槽在设定测试点温度恒定的情况下,用数据采集器连续读取3~5次数据,取平均值作为被试探空仪温度测量结果,同时读取标准温度值。

9.2.2.4 如需测定温度时间常数,应在室内常温条件下的风洞中进行,风速为6 m/s~7 m/s。测试过程中先用热源使温度传感器示值迅速升高20 ℃以上,然后移除热源并开始计时。温度传感器的示值下降到相当于该环境温度阶跃量的63.2%所用的时间即为温度时间常数。

9.2.3 湿度

9.2.3.1 湿度静态测量性能测试应采用满足被试样品湿度测量范围和温度适应性要求的双压法标准湿度发生装置或其他动态湿度发生器。测量时应将探空仪的湿度测量元件置于测试设备的测试室中,测量电路置于测试室外,用探空仪数据采集器采集测量电路的输出信号作为湿度传感器测量值。

9.2.3.2 按9.1c)的要求选取测试点和确定测试次数。至少应在湿度传感器温度适应范围选取3个测试温度条件进行各测试点的测试,应避免在−5 ℃~5 ℃范围选择温度测试条件。湿度传感器温度适应范围应选取上限温度点和下限温度点。如测试标准设备不能满足湿度测试的下限温度条件,测试下限温度应不高于−30 ℃。

9.2.3.3 如被试探空仪的湿度测量元件为湿敏电容,且与温度测量元件连接在一个支杆上,应另外抽取探空仪进行湿度测试,不应使用已做过温度测试的湿度传感器。

9.2.3.4 待各选定测试温度稳定后,按高湿至低湿或者低湿至高湿的顺序依次进行测试,测试过程中应待测试湿度稳定后再读取标准湿度值和被试探空仪测量值。

9.2.3.5 如需进行时间常数测定,应在双压法标准湿度发生装置中进行,测试温度条件分别为30 ℃和−30 ℃。将湿度传感器时间常数测试装置置于双压法的测试室内,给湿度传感器以阶跃的相对湿度变化ΔU,且$\Delta U \geq 40\%RH$,记录传感器达到$\Delta U \times 63.2\%$值所用的时间,分别为传感器升湿时间常数或降湿时间常数。

9.2.4 气压

9.2.4.1 气压静态测量性能测试采用数字气压计、气压调整装置和压力−温度试验箱。

9.2.4.2 气压静态测量性能测试按9.1c)的要求选取测试点和确定测试次数。1013 hPa为必选测试点;应在气压传感器温度适应范围内选取至少3个测试温度条件进行测试。气压传感器温度适应范围上限温度点和下限温度点为必选测试点。

9.2.4.3 如气压传感器在施放过程中是保温的,其下限温度点采用保温后的温度。气压传感器保温后的环境温度应通过实际施放或模拟环境试验来确定。

9.2.4.4 将被试探空仪的气压传感器置于压力-温度试验箱中,气压数据通过设备上的密封插头输出至数据采集器。待各选定测试温度稳定后,按高压至低压的顺序依次进行测试。测试过程中应待测试气压稳定后再读取标准压力值和被试探空仪测量值。

9.3 探空仪检测箱

9.3.1 测试项目

探空仪检测箱静态测量性能测试项目应包括但不限于下列项目:
——检测区温度;
——检测区湿度;
——检测区风速。

9.3.2 检测区温度

9.3.2.1 稳定性应按下列要求和方法测试：
  a) 在室内正常温度条件下，用被试探空仪检测箱温度标准器直接测量。
  b) 测试应分别在被试探空仪检测箱内湿度为33%RH和76%RH两个条件下进行，并分别用氯化镁和氯化钠饱和盐溶液控制。
  c) 开启被试探空仪检测箱的通风器，1 min后开始测试，每间隔20 s读取一次数据，持续5 min。用温度最大值减去最小值、除以2得到被试探空仪检测箱的温度稳定性。

9.3.2.2 均匀性测试分两种情况：如被试探空仪检测箱的标准器为通风干湿表，可用被试样品的干球温度表和湿球温度表进行测试；如被试探空仪检测箱的标准器为非通风干湿表，应另外配备1只数字温度计。测试应按下列要求和方法进行：
  a) 将两只温度传感器分别置于被试探空仪检测箱温度标准器测量位置和被试探空仪温度测量元件的安置位置。
  b) 在室内正常温度条件下进行；开启被试探空仪检测箱通风器，1 min后开始测试，每间隔20 s读取一次数据，持续5 min；然后交换两只温度传感器的位置进行同样的测量。
  c) 将两次测量同一位置所得温度值取平均，并计算二者间的温度差，即是检测区温度场的均匀性对应的温度值。
  d) 测试分别在被试探空仪检测箱内湿度为33%RH和76%RH两个条件下进行，测得两种湿度条件下的温度场均匀性数据。

9.3.2.3 温升应按下列要求和方法测试：
  a) 在温度稳定性测试的同时进行检测区温升测试。用最后一次测量的温度减去第一次测量的温度，所得温度差值即为检测区温升。
  b) 测试分别在被试探空仪检测箱内湿度为33%RH和76%RH两个条件下进行，测得两种湿度条件下的温升数据。

9.3.3 检测区湿度

9.3.3.1 稳定性应按下列要求和方法测试：
  a) 在室内正常温度条件下，用被测探空仪检测箱的湿度标准器直接测量。
  b) 测试分别在被测探空仪检测箱内湿度为33%RH和76%RH两个条件下进行，并分别用氯化镁和氯化钠饱和盐溶液控制。
  c) 启动被试探空仪检测箱的通风器，1 min后开始测试，每间隔20 s读取一次数据，持续5 min。用湿度最大值减去最小值、除以2得到被试探空仪检测箱内的湿度稳定性。

9.3.3.2 均匀性。应按下列要求和方法测试：
  a) 常规探空仪检测箱：
    1) 取下被试探空仪检测箱的湿度标准器，用两只经过校准的湿度传感器分别置于被试探空仪检测箱标准湿度测量位置和被试探空仪湿度测量元件的安置位置。
    2) 测试过程在室内正常温度条件下进行。启动探空仪检测箱通风器，1 min后开始测试，每间隔20 s读取一次数据，持续5 min。然后交换两只湿度传感器的位置进行同样的测量。
    3) 将同一位置两次测量所得湿度值取平均，并计算二者间的湿度差，即为检测区湿度场的均匀性对应的湿度值。
    4) 测试分别在被试探空仪检测箱内湿度为33%RH和76%RH两个条件下进行，测得两种湿度条件下的湿度场均匀性数据。
  b) 非常规探空仪检测箱：当被试探空仪检测箱为采用自然湿度不进行湿度控制、且以通风干湿表提供湿度标准值时,还需测试湿度上升值;在30%RH以下的湿度条件下,开机5 min后读取湿度上升值数据。

9.3.3.3 升湿速率和降湿速率。应按下列要求和方法测试:
a) 测试在室内正常温度和湿度条件下,将被试探测仪检测箱的测试室置于通风状态,使测试室湿度与自然大气湿度平衡。
b) 取额定值高于30%RH的饱和盐溶液控制检测箱内湿度;启动通风器,用被试探空仪检测箱的湿度标准器读取检测箱内的湿度值,记录被试探空仪检测箱内湿度区域稳定所需的时间。
c) 取额定值低于自然大气湿度且超过30%RH的饱和盐溶液控制检测箱内湿度;启动通风器,用被试探空仪检测箱的湿度标准器读取箱内的湿度值,记录箱内湿度区域稳定所需的时间。
d) 用b)和c)测试方法测得的湿度变化量分别除以自启动通风器至湿度达到稳定所需的时间为升湿速率和降湿速率。

9.3.4 检测区风速

9.3.4.1 检测区风速测试应使用数字式微差压计和专用静压管作为标准器,测量被试探空仪检测箱的温度标准器和湿度标准器所在位置的风速值。

9.3.4.2 静压管可顺向或逆向对准气流,测量被试探空仪检测箱内气流所对应的风压值,并计算风速值。计算风速所用的温度值、湿度值和气压值应分别采用铂电阻、通风干湿表和数字气压计测量。

9.4 测风模块

9.4.1 测试项目

卫星导航探空仪测风模块应测试接收天线和数据处理芯片的性能参数。测试项目应包含但不限于下列项目:
——冷启动定位时间;
——重新捕获时间;
——热启动定位时间;
——定位性能。

9.4.2 冷启动定位时间

冷启动定位时间测试可选用下列方法之一:
a) 将24 h以内未加电的被试探空仪放置在空旷处,然后给被试探空仪加电同时用秒表从零开始计时,待出现稳定定位数据时停止计时,读取秒表记录的时间作为冷启动定位时间;
b) 将24 h以内未加电的探空仪安放在卫星导航模拟器发出的信号环境中,同时用秒表从零开始计时,待出现稳定定位数据时停止计时,读取秒表记录的时间作为冷启动定位时间。

9.4.3 重新捕获时间

重新捕获时间测试可选用下列方法之一:
a) 将探空仪安放在空旷处并给探空仪加电,待导航卫星出现稳定的定位数据后,将探空仪导航接收天线屏蔽。待确定没有定位数据后,去除屏蔽同时用秒表从零开始计时;待再次出现稳定的定位数据时停止计时,读取秒表记录的时间作为重新捕获时间。
b) 将探空仪安放在卫星导航模拟器发出的信号环境中并给探空仪加电,待导航卫星出现稳定的定位数据后,关闭卫星导航模拟器。待确定没有定位数据后,打开卫星导航模拟器,同时用秒表从零开始计时;待再次出现稳定的定位数据时停止计时,读取秒表记录的时间作为重新捕获时间。

9.4.4 热启动定位时间

热启动定位时间测试可选用下列方法之一：
a) 测风模块有备电时，在卫星导航模拟器发出的信号环境中，探空仪定位 12.5 min 后，卫星导航模拟器保持工作状态，关闭探空仪等待不超过 2 h；然后给探空仪加电，同时用秒表从零开始计时，待再次出现稳定的定位数据时停止计时，读取秒表记录的时间作为热启动定位时间。
b) 测风模块无备电时，在卫星导航模拟器发出的信号环境中，探空仪通过控制线缆与计算机连接，稳定定位 12.5 min 后，探空仪保持通电工作状态，关闭模拟器信号等待不超过 2 h；然后通过线缆给探空仪发送重启指令，同时打开模拟器信号，用秒表从零开始计时，待再次出现稳定的定位数据时停止计时，读取秒表记录的时间作为热启动定位时间。

9.4.5 定位性能

9.4.5.1 应包括定位的经度、纬度和高度测量误差。

9.4.5.2 采用卫星导航探空仪测风模块接收卫星导航模拟器的信号，检验卫星导航模拟器的标准定位信息；检验结果采用批量统计方法计算卫星导航探空仪测风模块定位误差。

9.4.5.3 测试定位误差除 9.4.5.2 的方法外，可结合探空仪施放试验测试。测试时，被试探空仪由系留气球携带升空至距离地面 10 m～15 m 后，读取被试探空仪的定位信息；然后按前、后、左、右、上、下移动被试探空仪的位置，位移距离应大于被试探空仪定位允许误差的绝对值。

9.5 稳定性

应按下列要求和方法测试：
a) 稳定性测试采用周期性的静态复测进行性能检查。
b) 测量性能的静态复测按 QX/T 526—2019 中 8.5.3 的要求进行。
c) 被试样品测量性能的稳定性数据用初始测试和复测的被试样品的误差计算，按 QX/T 526—2019 中附录 C.4.3 的要求和方法进行。
d) 被试样品技术指标（产品说明书）中有长期稳定性规定或检定周期、校准周期规定的被试样品，应进行测量性能的静态复测。静态复测的时间由被试样品技术指标中规定的稳定时间或检定周期、校准周期决定，在测试方案中明确复测时间和截止时间。
e) 被试样品技术指标（产品说明书）中无长期稳定性规定且试验时间较长的被试样品，可选一稳定的被试样品每隔一段时间（大于 1 个月）进行一次测量。用被试样品 n 组测量值的平均值作为本次测量结果；用同样方法测量 m 次（$m \geqslant 4$），并用 m 次测量结果中的最大值和最小值之差，作为被试样品在该时间段内的稳定性，其值应小于被试样品允许误差的绝对值。

9.6 影响特性

当被试样品静态测量性能测试所处的环境条件不能涵盖技术指标规定的环境适用范围时，应测试影响特性。测试要求和方法如下：
a) 温度传感器的影响特性测试可分为：
　　1) 如温度传感器的测量元件与转换、计算部分是分离的，不能在同一环境中测试；应测试转换器的温度影响特性，不应在传感器温度适应范围的上限、下限和 0 ℃ 环境条件下测试；
　　2) 如温度传感器的测量元件与转换、计算部分是一体的，可在同一环境中测试。
b) 湿度传感器、气压传感器和太阳辐射传感器的影响特性测试，除进行正常温度条件的测试外，宜在其温度适应范围的上限和下限进行测试；有其他技术要求时，可在中间增加 1～2 个温度测试环境条件。
c) 其他类型的测量传感器的影响特性测试,应根据被试产品的影响特性和技术指标要求确定。
d) 在被试样品技术指标(产品说明书)规定的任一条件下,如被试产品的影响特性测试不合格,则被试产品的总体测量性能评定为不合格。

9.7 数据处理与评定

按 QX/T 526—2019 第 9 章和第 10 章的要求进行。

10 动态比对试验

10.1 试验项目

除符合 QX/T 526—2019 中 8.6.1 的要求外,至少还应得到下列比对试验结果:
——被试探空仪同球施放的一致性误差;
——被试探空仪与比对标准探空仪之间的误差;
——被试探空仪与业务探空仪之间的可比性误差。

10.2 环境条件

应符合 QX/T 526—2019 中 5.2 的要求。

10.3 试验时间

应符合 QX/T 526—2019 中 5.3 的要求。

10.4 标准器

10.4.1 应符合 QX/T 526—2019 中 5.4 中对于动态比对试验的比对标准器的要求。
10.4.2 在动态比对试验中,比对标准探空系统的数据采集间隔,应不超过被试探空系统的数据采集间隔,其输出文件的平均时段、平滑时段和模式应与被试探空系统相同,应选用下列比对标准器:
a) 评估被试探空仪的动态测量误差,应选用经定期比对试验确定较好的探空仪和相应的探测系统作为比对标准;
b) 评估被试探空仪的辐射误差,应采用温度标准探空仪或辐射误差可以忽略的其他探空仪和相应的探测系统作为比对标准;
c) 评估被试探空仪与业务探空仪是否具有可比性,应选用气象观测在用探空仪和相应的探测系统作为比对标准。

10.5 试验方法

10.5.1 多台探空仪同球施放的试验应符合 QX/T 526—2019 中 8.6 的要求和方法,还应:
a) 每次应至少施放 2 台被试探空仪。如标准探空仪和业务探空仪的自比较标准偏差未知,应增加 2 台标准探空仪参加施放试验。如被试探空仪与比对标准探空仪同球施放相互干扰,可分别组合试验。
b) 在统计被试探空仪与标准探空仪或业务探空仪之间辐射误差的差异时,试验施放时次应遵循 02 时、08 时、14 时和 20 时(北京时,下同)高空探测标准时次,每个时次有效施放次数应相同。
c) 根据数据采集的需要,可增加或减少施放时次。增加施放时次时,增加的时次应在 2 个标准时次中间;减少施放时次时,02 时和 14 时应保留。
d) 试验应在不同天气条件下施放,包括降水、穿云、高空极低温度和地面高湿等。比对试验结果

(见10.1中列项)的数据至少应有5次为在自然降水条件下的施放,达到被试探空仪技术指标(产品说明书)规定的温度和气压测量范围下限值的施放次数应不少于5次。

e) 每次试验施放前所有被试探空仪都应进行与地面气象要素瞬时观测值的相容性检验。地面气象观测仪器的允许误差应不超过被试探空仪允许误差的1/2。

f) 每次施放试验应记录施放时的地面气温、相对湿度、气压、风向、风速和主要天气现象,特别记录开始施放至入云的时刻和云的种类。

g) 如一个施放试验场不能满足被试探空仪全部施放环境条件要求,可选择不同试验场地。

h) 应记录采样时间间隔不超过1 s的原始采样数据,包括探空和定位测风原始数据等。原始数据应以电子数据文档格式存储,支持从计算机中快速导出。

10.5.2 定位误差应按下列要求和方法试验:

a) 测风雷达定位误差为方位、仰角和距离,无线电经纬仪定位误差为方位和仰角,所测位势高度误差在探空仪测量性能试验中测试;

b) 采用跟踪系统配套的探空仪与卫星导航探空仪同球施放的方法,以卫星导航探空仪所测不同时刻探空仪空间坐标作为比对标准值,将两个定位系统所测相同时刻的方位、仰角和距离进行比对;

c) 如被试样品为测风雷达或无线电经纬仪,定位误差试验前应对被试样品和标准设备进行校准,包括跟踪装置的水平、仰角、方位和三轴一致性等;

d) 比对施放试验应不少于30次,每秒读取1组比对数据;

e) 可根据秒间隔数据的波动情况进行纠错和平滑处理,比对双方的平滑时段应相同;

f) 采用规定等压面分组统计被试跟踪系统的系统误差和标准偏差,以误差区间作为定位误差的测量结果。

10.5.3 最大探测距离试验至少应有3次达到或超过技术指标要求的距离,按下列要求和方法试验:

a) 最大探测距离试验用比对施放的结果统计,用配套的探空仪地面信号接收处理设备接收探空仪信号,探空和测风数据应完整。

b) 如探空仪的比对施放试验不能满足最大探测距离试验的要求,可采用远距离施放探空仪的方法,将施放气球的地点移至探空仪地面跟踪定位设备的下风方向施放,两者间的距离根据施放地点的天气条件确定。气球达到探空仪地面跟踪定位设备的最大距离时,其仰角应大于其最低工作仰角。

10.5.4 最小探测距离按下列要求和方法试验:

a) 采用系留气球携带探空仪的方法,使被试探空仪由近至远移动,通过多次试验确定跟踪系统能够正常显示方位、仰角、距离和探空仪信号接收正常时的最小距离;

b) 探空仪在空中的仰角应大于探空仪地面跟踪定位设备的最低工作仰角。

10.5.5 最大探测高度试验应选择能够达到探空仪地面跟踪定位设备技术指标规定的最大探测高度的气球,用施放试验的数据进行统计。探测高度采用探空温度、湿度和气压计算的基于海平面的地心坐标位势高度。

10.5.6 最低工作仰角结合最大探测距离进行试验,可利用空中风较大的天气条件,也可以采用平漂气球或者远距离放球的方法,验证最低工作仰角时的探测能力。

10.5.7 数据采集和处理软件的用户界面、安装、卸载、监测、数据采集和处理功能、业务数据文件等,应符合《常规高空气象观测业务规范》的要求。

10.6 数据处理与测试结果评定

10.6.1 应按QX/T 526—2019附录C和第10章的要求和方法进行。

10.6.2 纳入气象观测网使用的被试样品,动态比对试验应给出下列结果:

——读取数据的完整性；

——同型号仪器测量结果的一致性；

——与比对标准间的动态测量误差；

——与气象观测网同类仪器观测数据的可比较性。

10.6.3 如试验方案规定了被试样品与指定仪器的可比较性要求，还应给出与指定仪器的比对试验结果。没有在气象观测网使用的被试样品，按技术指标的要求进行评定。

10.6.4 温度传感器的比对试验应按不同的观测时间分别给出系统误差和标准偏差，也可用图形表示，说明被试样品的辐射特性与比对标准器之间的差异。

10.6.5 被试样品的系统误差和影响特性的统计结果可提出修正建议。如确认无法修正，导致被试样品的一致性、动态测量误差和可比较性不能在整个影响量范围内符合技术指标要求，评定为不合格。

10.6.6 如被试样品测量性能的测试结果符合技术指标要求，而动态比对试验所得动态误差较大，应进行分析，当确定为非随机误差时应补充试验，确定被试样品动态与静态特性之间的差异。

10.6.7 根据动态比对试验中的操作和数据采集、显示、输出、存储数据等情况评定被试样品的使用性能。

11 环境适应试验

按 QX/T 526—2019 中 8.7 的要求和方法进行。

12 电磁兼容试验

按 QX/T 526—2019 中 8.8 的要求和方法进行。

13 可靠性试验

按 QX/T 526—2019 中 8.9 的要求和方法进行。

14 维修性试验

按 QX/T 526—2019 中 8.10 的要求和方法进行。

15 测试结果与评定

按 QX/T 526—2019 第 10 章的要求对被试样品进行评定。按 QX/T 526—2019 第 11 章的要求编制测试报告。

参 考 文 献

[1] GB 31222—2014 气象探测环境保护规范 高空气象观测站
[2] QX/T 36—2005 GTS1型数字探空仪
[3] World Meteorological Organization. Guide to Meteorological Instruments and Methods of Observation:WMO No.8[Z],2013

ICS 07.060
A 47
备案号：79888—2021

中华人民共和国气象行业标准

QX/T 588—2020

天气雷达钢塔技术要求

Technical requirements for steel tower of weather radar

2020-12-29 发布　　　　　　　　　　　　　　2021-04-15 实施

中国气象局　发布

前　言

本标准按照 GB/T 1.1—2009 给出的规则起草。

本标准由全国气象仪器与观测方法标准化技术委员会(SAC/TC 507)提出并归口。

本标准起草单位：上海市气象信息与技术支持中心、同济大学建筑设计研究院(集团)有限公司、中国人民解放军31010部队、中国气象局气象探测中心、北京敏视达雷达有限公司、上海邮电设计咨询研究院有限公司、中国铁塔股份有限公司上海市分公司、安徽四创电子股份有限公司、湖南宜通华盛科技有限公司。

本标准主要起草人：尹春光、梁峰、何桂荣、许晓东、夏珅宁、张自强、邵楠、龚玉永、陈浩君、张亮、钱力、郑杰、薛昊。

QX/T 588—2020

天气雷达钢塔技术要求

1 范围

本标准规定了天气雷达钢塔的设计、施工和验收的要求及试验方法。
本标准适用于天气雷达钢塔建设过程中的设计、施工和验收。

2 规范性引用文件

下列文件对于本文件的应用是必不可少的。凡是注日期的引用文件，仅注日期的版本适用于本文件。凡是不注日期的引用文件，其最新版本（包括所有的修改单）适用于本文件。

GB 50007　建筑地基基础设计规范
GB 50009—2012　建筑结构荷载规范
GB 50011　建筑抗震设计规范
GB 50017—2017　钢结构设计标准
GB 50021　岩土工程勘察规范
GB 50068　建筑结构可靠性设计统一标准
GB 50135—2019　高耸结构设计标准
GB 50153　工程结构可靠性设计统一标准
GB 50191　构筑物抗震设计规范
GB 50205　钢结构工程施工质量验收规范
GB 50755—2012　钢结构工程施工规范
GB 51203—2016　高耸结构施工质量验收规范
MH/T 6012—2015　航空障碍灯
QX/T 2—2016　新一代天气雷达站防雷技术规范

3 术语和定义

GB 50009和GB 50068界定的以及下列术语和定义适用于本文件。为了便于使用，以下重复列出了GB 50009和GB 50068中的某些术语和定义。

3.1

设计基准期　design reference period
为确定可变荷载代表值而选用的时间参数。
［GB 50009—2012，定义2.1.5］

3.2

承载能力极限状态　ultimate limit states
对应于结构或结构构件达到最大承载力或不适于继续承载的变形的状态。
［GB 50068—2018，定义2.1.14］

3.3
正常使用极限状态 serviceability limit states

对应于结构或结构构件达到正常使用的某项规定限值的状态。

[GB 50068—2018,定义 2.1.15]

3.4
标准组合 characteristic/nominal combination

正常使用极限状态计算时,采用标准值或组合值为荷载代表值的组合。

[GB 50009—2012,定义 2.1.15]

3.5
基座平台 pedestal platform

安装在钢塔柱体顶端的用于承载天气雷达设备基座的钢板平台。

3.6
塔顶安装维护平台 installment and maintenance platform

安装在钢塔柱体上用于安装维护雷达设备和附属设施的钢板网平台。

4 设计

4.1 基本规定

4.1.1 设计基准期

天气雷达钢塔设计基准期为 50 年。

4.1.2 设计使用年限

4.1.2.1 天气雷达钢塔设计使用年限为 50 年。

4.1.2.2 建于既有建筑物或构筑物上的钢塔,设计使用年限宜与既有结构的后续设计使用年限相匹配。

4.1.3 可靠性

天气雷达钢塔可靠性设计应符合 GB 50068 和 GB 50153 的规定。

4.1.4 地基基础

天气雷达钢塔地基基础设计应符合 GB 50007 和 GB 50135—2019 第 7 章的规定。设计前,应按 GB 50021 的规定进行岩土工程勘察。

4.2 结构

4.2.1 重要性系数

天气雷达钢塔安全等级为二级时,结构重要性系数应不小于 1.0。安全等级为一级时,结构重要性系数应不小于 1.1。

4.2.2 钢塔柱体

天气雷达钢塔架设计应符合 GB 50135—2019 第 5 章、GB 50017—2017 中 3.2 的规定,应采用自立式高耸空间桁架结构,结构节点处各杆件的轴线应交汇于一点,结构截面应为边数为偶数的多边形。

注：桁架为杆件通过焊接、铆接或螺栓连接而成的支撑结构。

4.2.3 荷载

天气雷达钢塔结构设计荷载应符合 GB 50135—2019 第 4 章的规定。荷载可分为：
a) 永久荷载：天气雷达天线基座、天线罩、附属设施、基座平台和塔顶安装维护平台自重；
b) 可变荷载：风荷载、雪荷载、覆冰荷载、安装检修荷载、温度作用、天气雷达运行的振动作用。

4.2.4 抗震

4.2.4.1 天气雷达钢塔的抗震设防类别一般为标准设防类（丙类）。抗震设防烈度应采用其所在地的抗震设防基本烈度，但建于建筑物上的天气雷达抗震设防烈度可采用建筑物的抗震设防烈度，并应在抗震验算时考虑建筑物的影响。

4.2.4.2 天气雷达钢塔抗震作用验算方法应符合 GB 50011 和 GB 50191 的规定。

4.2.4.3 天气雷达钢塔结构及地基基础应进行抗震验算；钢塔结构抗震性能化设计应符合 GB 50017—2017 第 17 章的规定。

4.2.4.4 应对天气雷达钢塔结构及地基基础进行抗震验算，验算方法应符合 GB 50011 和 GB 50191 的规定。

4.2.4.5 天气雷达钢塔的抗震设防类别一般为标准设防类（丙类）。抗震设防烈度应采用其所在地的抗震设防基本烈度，但建于建筑物上的天气雷达抗震设防烈度可采用建筑物的抗震设防烈度，并应在抗震验算时考虑建筑物的影响。

4.2.4.6 天气雷达钢塔结构抗震性能设计应符合 GB 50017—2017 第 17 章的规定。

4.2.5 荷载组合

天气雷达钢塔荷载应按承载能力极限状态和正常使用极限状态进行设计。承载能力极限状态设计应采用荷载效应的基本组合，组合值应符合 GB 50135—2019 的 3.0.7 和 3.0.8 的规定；正常使用极限状态应分别按荷载效应的标准组合，组合值应符合 GB 50135—2019 的 3.0.9 和 3.0.10 的规定。

4.2.6 控制条件

天气雷达钢塔结构设计荷载组合应符合 GB 50009—2012 的 3.2 的规定，在以风荷载为主的荷载标准组合作用下，天气雷达钢塔控制精度应满足下列要求：
a) 塔顶水平位移与塔高比值小于 1/300；
b) 自振频率大于 1 Hz；
c) 摇摆速度小于 1 m/s；
d) 方位角偏差小于 0.125°，俯仰角偏差小于 0.125°。

4.2.7 基础底面

在正常使用极限状态和荷载效应的标准组合的作用下，天气雷达钢塔基础底面不应出现零应力区。

4.2.8 平台

4.2.8.1 基座平台（位置参见附录 A 的图 A.1）设计应满足下列要求：
a) 采用实心钢板拼接；
b) 形状为球形，尺寸与天气雷达天线罩底部相同，半径尺寸为钢塔柱体中心点至顶点的长度。

4.2.8.2 塔顶安装维护平台（位置参见图 A.1）设计应满足下列要求：
a) 采用重型钢板网拼接；

b) 形状为圆形,半径尺寸大于雷达天线罩尺寸,尺寸差不小于 3 m[QX/T 2—2016,6.4];
c) 四周安装高度不低于 1.2 m 的护栏,护栏高度影响雷达探测时,选用不影响雷达探测性能的材质;
d) 平台支撑结构与钢塔柱体相连。

4.2.9 通行梯

基座平台至塔顶安装维护平台应设置通行步梯,塔顶安装维护平台至地面应安装通行步梯或电梯,钢塔高度超过 40 m 时,可在中间增设休息区。通行梯设计应满足下列要求:

a) 步梯:
——台阶宽度应大于 750 mm,踏步高度均匀,具备防滑功能;
——台阶两侧应设置栏杆扶手,高度不小于 900 mm;
b) 电梯:设置的电梯井道结构与钢塔柱体应抗扭连接。

4.3 布线

4.3.1 走线槽

走线槽应满足天线雷达线缆布放类型、规格、数量及走线路径要求,截面不小于 250 mm×100 mm,并与塔身连接。

4.3.2 电井

强电井和弱电井的位置、走向和尺寸应符合天气雷达走线要求。如果在同一电井内,强电电缆与弱电电缆的间距应不小于 300 mm。

4.4 安全

4.4.1 防雷

天气雷达钢塔应设置防雷设施。防雷设计应符合 QX/T 2—2016 第 6 章和第 7 章的规定。

4.4.2 航空警示

位于机场净空保护区、航路下方的天气雷达钢塔应设置航空障碍灯,并符合 MH/T 6012—2015 的规定。

5 施工

5.1 应对天气雷达钢塔结构构件和加工构件进行预拼装,钢塔设计方和雷达生产商应对预拼装进行联合检查。天气雷达钢塔的材料、焊接、紧固件连接、部件加工、构件组装和钢结构预拼装应符合 GB 50755—2012 第 4 章—第 9 章的规定。

5.2 天气雷达钢塔结构构件的运输应符合 GB 51203—2016 中 5.6 的规定。

5.3 天气雷达钢塔安装包括钢塔柱体、基座平台、雷达天线基座、雷达球罩、塔顶安装维护平台、平台支撑结构和护栏;安装塔顶维护平台的附属设施、设备时,应注意平衡平台载重。天气雷达钢塔的安装、测量与检测应符合 GB 50755—2012 第 10 章—第 14 章的规定。

5.4 天气雷达钢塔施工安全与环境保护应符合 GB 50755—2012 第 15 章的规定。

6 验收

6.1 在天气雷达钢塔安装前,应对地基基础和地脚锚栓进行验收,并符合 GB 51203—2016 第 4 章的规定。

6.2 天气雷达钢塔验收应符合 GB 50205 和 GB 51203—2016 第 3 章及第 5 章的规定。可对钢塔柱体结构安装、塔顶维护平台安装、天线安装等进行阶段验收;工程全部完成后,应进行竣工验收。

6.3 天气雷达钢塔水平精度应满足雷达测试验收要求。结构振动不符合要求时,应采取塔体振动控制措施并达到验收要求。

附 录 A
（资料性附录）
天气雷达钢塔设计图示例

图 A.1 给出了天气雷达钢塔设计图示例，基座平台和塔顶安装维护平台位置如图所示。

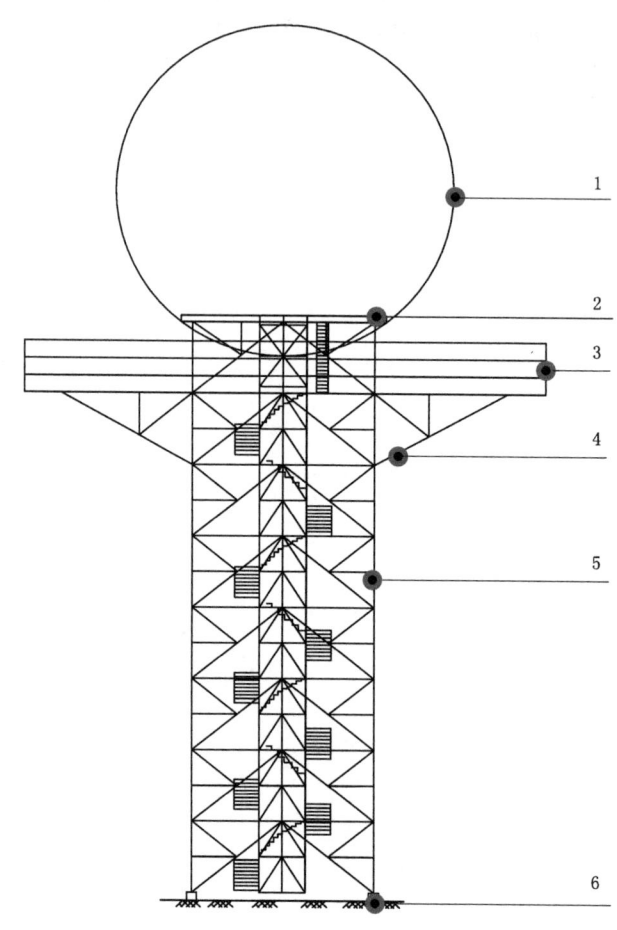

说明：
1——天线球罩；
2——基座平台；
3——塔顶安装维护平台；
4——平台支撑结构；
5——钢塔柱体；
6——地面。

图 A.1　天气雷达钢塔设计图示例

参 考 文 献

[1] GB 7588—2003 电梯制造与安装安全规范
[2] GB/T 13912—2002 金属覆盖层 钢铁制件热浸镀锌层技术要求及试验方法
[3] GB 50223—2008 建筑工程抗震设防分类标准
[4] QX/T 461—2018 C波段多普勒天气雷达
[5] QX/T 462—2018 C波段双线偏振多普勒天气雷达
[6] QX/T 463—2018 S波段多普勒天气雷达
[7] QX/T 464—2018 S波段双线偏振多普勒天气雷达
[8] YD/T 5131—2019 移动通信工程钢塔桅结构设计规范

ICS 07.060
A 47
备案号：79889—2021

中华人民共和国气象行业标准

QX/T 589—2020

自动雪深观测仪

Automatic snow depth observation instrument

2020-12-29 发布　　　　　　　　　　　　　　2021-04-15 实施

中国气象局　发布

QX/T 589—2020

前　言

本标准按照 GB/T 1.1—2009 给出的规则起草。

本标准由全国气象仪器与观测方法标准化技术委员会(SAC/TC 507)提出并归口。

本标准起草单位：河北省气象技术装备中心、航天新气象科技有限公司、中国华云气象科技集团公司。

本标准主要起草人：关彦华、刘文忠、刘宇、梁如意、张春雷、冯冬霞、花卫东、王柏林、张婷、王彦霏、张国华、刘阳、刘芳、辛小为。

QX/T 589—2020

自动雪深观测仪

1 范围

本标准规定了自动雪深观测仪的分类与组成、技术要求、试验方法、检验规则以及标志、包装、运输、贮存和产品成套性。

本标准适用于采用激光和超声波测距原理的自动雪深观测仪的设计、生产和检验。

2 规范性引用文件

下列文件对于本文件的应用是必不可少的。凡是注日期的引用文件，仅注日期的版本适用于本文件。凡是不注日期的引用文件，其最新版本（包括所有的修改单）适用于本文件。

GB/T 191—2008　包装储运图示标志
GB/T 2423.4—2008　电工电子产品环境试验　第2部分：试验方法　试验Db：交变湿热（12 h+12 h循环）
GB/T 2423.5—2019　环境试验　第2部分：试验方法　试验Ea和导则：冲击
GB/T 2423.7—2018　环境试验　第2部分：试验方法　试验Ec：粗率操作造成的冲击（主要用于设备型样品）
GB/T 2423.10—2019　环境试验　第2部分：试验方法　试验Fc：振动（正弦）
GB/T 2423.17—2008　电工电子产品环境试验　第2部分：试验方法　试验Ka：盐雾
GB/T 4208—2017　外壳防护等级（IP代码）
GB 4793.1—2007　测量、控制和实验室用电气设备的安全要求　第1部分：通用要求
GB/T 6587—2012　电子测量仪器通用规范
GB/T 11463—1989　电子测量仪器可靠性试验
GB/T 17626.2—2018　电磁兼容　试验和测量技术　静电放电抗扰度试验
GB/T 17626.4—2018　电磁兼容　试验和测量技术　电快速瞬变脉冲群抗扰度试验
GB/T 17626.5—2019　电磁兼容　试验和测量技术　浪涌（冲击）抗扰度试验
GB/T 17626.6—2017　电磁兼容　试验和测量技术　射频场感应的传导骚扰抗扰度
GB/T 18268.1—2010　测量、控制和实验室用的电设备　电磁兼容性要求　第1部分：通用要求
QX/T 434—2018　雪深自动观测规范
QX/T 520—2019　自动气象站

3 术语和定义

下列术语和定义适用于本文件。

3.1

雪深　snow depth

积雪表面到下垫面的垂直深度。

[GB/T 35229—2017，定义3.1]

3.2
自动雪深观测仪 automatic snow depth observation instrument

对雪深自动观测并进行数据处理、存储和传输的仪器。

3.3
激光测距传感器 laser ranging sensor

利用发射的激光波束遇到目标物反射特性进行距离测量的装置。

3.4
超声波测距传感器 ultrasonic ranging sensor

利用发射的超声波波束遇到目标物反射特性进行距离测量的装置。

3.5
测量盲区 measurement blind zone

测距传感器不能进行可靠测距、位于测距传感器近前方的一片区域。

注:测量盲区通常用从测距传感器感应部分到能够开始可靠测距的位置的距离来表示。

4 分类与组成

4.1 分类

按测量原理将自动雪深观测仪分为下列两类:
—— 激光自动雪深观测仪;
—— 超声波自动雪深观测仪。

4.2 组成

自动雪深观测仪由硬件和软件两部分组成:
—— 硬件部分:激光测距传感器或超声波测距传感器、采集器、通信控制器、电源和支架;
—— 软件部分:观测数据的采集软件和应用软件。

5 技术要求

5.1 结构、工艺与外观

5.1.1 结构

应符合下列要求:
—— 机械结构应利于装配、调试、检验、包装、运输、安装、维护等;
—— 各零部件间的连接电缆柔软、屏蔽;
—— 各零部件、支架和整机牢固可靠,安装方便。

5.1.2 工艺

应符合下列要求:
—— 各零部件接口部分做防水处理;
—— 各零部件进行防盐雾、防潮湿、防霉菌处理;
—— 支架、安装连接件、金属机壳表面进行防锈和耐腐蚀涂层处理。

5.1.3 外观

应符合下列要求：
——整机外观几何形状和尺寸符合产品设计要求，表面光洁，无损伤、无形变、无气泡、无开裂、无涂层脱落；
——各机械部件、零件表面无污染、无毛刺、无锈蚀，弯曲部位无裂纹或褶皱；
——产品商标印记、字符和代码完整、清晰、牢固；
——操作部分不应有迟滞、卡死、松脱等。

5.2 测量性能

应符合下列要求：
——测量范围：0 cm～150 cm（可根据服务需求或历史最大雪深情况扩展）；
——分辨力：0.1 cm；
——最大允许误差：±1 cm。

5.3 功能

5.3.1 数据采样

应符合 QX/T 434—2018 中 4.5 的要求。

5.3.2 算法和数据质量控制

应符合 QX/T 434—2018 中 4.6 的要求。

5.3.3 数据存储和传输

5.3.3.1 应能存储不少于最近 180 d 的分钟数据文件，存储的分钟数据项目见表 1。

5.3.3.2 数据传输应符合 QX/T 434—2018 的 5.1.4 的要求，传输的分钟数据文件的数据总长度为 60 个字节，包括分钟观测数据和状态信息，存储格式为 ASCII 码，由表 1 所列内容组成，各项目之间用空格分隔，每个项目采用定长方式，长度不足高位补"0"。

表 1 分钟观测数据与状态信息记录格式

序号	项目	字长 Byte	说　　明
1	雪深数据识别符	2	以"SD"表示
2	标识	5	台站编号
3	时间	12	数据采样的时间（年、月、日、时、分），格式示例：201009081610
4	初始高度	5	单位：mm，激光测距传感器或超声波测距传感器测量起始点距离基准面的垂直高度，取 1 位小数，扩大 10 倍
5	当前高度	5	单位：mm，激光测距传感器或超声波测距传感器测量起始点距离被测面的垂直高度，取 1 位小数，扩大 10 倍
6	雪深	4	单位：cm，积雪垂直深度，取 1 位小数，扩大 10 倍
7	雪深质量标识	1	按数据质量控制标识规定表示

表 1 分钟观测数据与状态信息记录格式(续)

序号	项目	字长 Byte	说明
8	采集器工作温度	4	单位:℃,取1位小数,扩大10倍,第1位为符号位,后3位为数据位
9	采集器工作电压	3	单位:V,取1位小数,扩大10倍
10	传感器工作状态	2	00——正常,其他——故障码,由具体产品规定
11	附加项	4	扩展预留
12	回车换行	2	

5.3.4 终端操作命令

基本终端操作命令应符合表2要求。

表 2 终端操作命令

命令	命令符	说明
读取分钟数据	GMSD	不带参数,下载自动雪深观测仪所记录的最新分钟观测记录数据 参数为:开始时间、结束时间,下载指定时间范围内的分钟观测记录数据 参数为:开始时间 n,下载指定时间开始的 n 条分钟观测记录数据 开始时间、结束时间格式:YYYY-MM-DD HH:MM 响应的观测数据及排列顺序见表1。
读取/设置时间	DATETIME	参数:YYYY-MM-DD HH:MM:SS(年-月-日 时-分-秒) 示例:若对自动雪深观测仪设置的日期为2020年5月6日7时04分36秒,键入命令为:DATETIME 2020-05-06 07:04:36↙ 返回值:(F)表示设置失败,(T)表示设置成功 若日期时间为2020年4月30日13时04分16秒,读取自动雪深观测仪日期和时间,直接键入命令:DATETIME↙,正确返回值为2020-04-30 13:04:16。
读取/设置台站编号	ID	参数:台站编号(5位数字或字母) 示例:若所属气象观测站的编号为58474,则键入命令为:ID 58474↙ 返回值:(F)表示设置失败,(T)表示设置成功 若自动雪深观测仪中的台站编号为B5890,直接键入命令:ID↙ 正确返回值为:<B5890>。
读取/设置通信参数	SETCOM	参数:波特率 数据位 奇偶校验 停止位 示例:若自动雪深观测仪的波特率为9600 bps,数据位为8,奇偶校验为无,停止位为1,则键入命令为:SETCOM 9600 8 N 1↙ 返回值:(F)表示设置失败,(T)表示设置成功 若为读取自动雪深观测仪的通信参数,直接键入命令:SETCOM↙ 正确返回值为:<9600 8 N 1>。
复位	RESET	示例:RESET↙ 返回值:(F)表示复位失败。

表 2 终端操作命令(续)

命令	命令符	说明
读取/设置初始高度	SENHI SD	参数:初始高度值(5位数字) 示例:若初始高度为 1555 mm,则键入命令为:SENHI SD 1555 ↙ 返回值:(F)表示设置失败,(T)表示设置成功 若为读取初始高度,直接键入命令:SENHI SD ↙ 正确返回值为:＜1555＞。

5.3.5 设备状态信息

应采集、存储和输出下列设备状态信息:
——激光测距传感器或超声波测距传感器工作状态;
——采集器工作温度;
——采集器工作电压。

5.3.6 远程控制

应具有下列功能:
——系统复位;
——参数设置;
——嵌入式软件升级。

5.4 安全

5.4.1 安全标志

应符合下列要求:
——交流电源机箱门上、交流电端子旁应标有危险警示标志,标志符号符合 GB 4793.1—2007 中表 1 的要求;
——交流电源断开装置上清晰标示"通(ON)"位和"断(OFF)"位;
——耐久性应符合 GB 4793.1—2007 中 5.3 的要求。

5.4.2 可触及零部件允许的电压限值

对地的直流电压应不大于 50 V,交流电压应不大于 30 V。

5.4.3 介电强度

交流电源输入端与地(机壳)之间应能承受 1500 V 交流电压。

5.4.4 断开装置

交流电源输入端应具有断开装置。

5.5 时钟误差

应有时钟同步功能,内部时钟每 30 d 累计最大误差应不超过 ±15 s。

5.6 电源

5.6.1 直流电源

应适应 9 V～15 V 电压范围。

5.6.2 交流电源

应符合下列要求：
- 电压：220×(1±10%) V；
- 频率：50×(1±5%) Hz。

5.6.3 蓄电池

5.6.3.1 应采用 12 V 的蓄电池,并具有交流电、太阳能、风力发电等充电系统。

5.6.3.2 续航时间应符合下列要求：
- 采用交流电充电系统时,交流断电情况下蓄电池能维持正常工作不少于 3 d；
- 采用太阳能、风力发电充电系统时,连续阴雨或无风情况下蓄电池能维持正常工作不少于 15 d。

5.7 功耗

应小于 2 W。

5.8 支架

应符合下列要求：
- 可调节激光测距传感器或超声波测距传感器安装的高度,最大高度不小于测量范围与测量盲区之和；
- 不遮挡激光测距传感器或超声波测距传感器测量波束；
- 减少对被测量雪面的影响。

5.9 环境适应性

5.9.1 气候条件

应符合下列要求：
- 工作温度：−45 ℃～+40 ℃；
- 相对湿度：5%～100%；
- 大气压力：450 hPa～1060 hPa；
- 抗风强度：75 m/s。

5.9.2 机械条件

5.9.2.1 振动

在非工作状态下,包装状态的产品应能通过下列严酷等级的振动(正弦)试验：
- 位移：1.5 mm(2 Hz～9 Hz)；
- 加速度：5 m/s^2(9 Hz～200 Hz)。

5.9.2.2 冲击

在非工作状态下,包装状态的产品应能通过下列严酷等级的冲击试验:
— 脉冲波形:半正弦波;
— 峰值加速度:150 m/s²;
— 脉冲持续时间:11 ms±1 ms;
— 冲击次数:6个方向各3次。

5.9.2.3 倾倒和翻倒、自由跌落

在非工作状态下,包装状态的产品应能通过下列试验:
— 角倾跌和面倾跌:角度30°,4次;
— 翻倒:4次;
— 自由跌落:高度100 mm。

5.9.3 盐雾

在非工作状态下,应能通过96 h连续盐雾试验。

5.9.4 防护等级

应不低于GB/T 4208—2017规定的IP65等级。

5.10 电磁抗扰度

5.10.1 静电放电

直流电源端口、控制和信号端口抗扰度水平应达到下列要求:
— 接触放电:GB/T 17626.2—2018,等级2;
— 空气放电:GB/T 17626.2—2018,等级3;
— 性能判据:GB/T 18268.1—2010中6.4.2性能判据B。

5.10.2 电快速瞬变脉冲群

应达到下列要求:
— 直流电源端口:GB/T 17626.4—2018,等级1;
— 交流辅助电源端口:GB/T 17626.4—2018,等级2;
— 数据端口:GB/T 17626.4—2018,等级1;
— 性能判据:GB/T 18268.1—2010中6.4.2性能判据B。

5.10.3 浪涌(冲击)

应达到下列要求:
— 直流电源端口:GB/T 17626.5—2019,等级3;
— 交流电源端口:GB/T 17626.5—2019,等级3;
— 数据端口:GB/T 17626.5—2019,等级3;
— 性能判据:GB/T 18268.1—2010中6.4.2性能判据B。

5.10.4 射频场感应的传导骚扰

应达到下列要求:

——电源端口：GB/T 17626.6—2017,等级2；
——数据端口：GB/T 17626.6—2017,等级2；
——性能判据：GB/T 18268.1—2010中6.4.1性能判据A。

5.11 可靠性

平均无故障工作时间(MTBF)应不小于5000 h。

5.12 设计寿命

设计寿命不少于10 a。

6 试验方法

6.1 试验室环境条件

应符合下列要求：
——温度：15 ℃～35 ℃；
——相对湿度：45%～75%；
——大气压力：860 hPa～1060 hPa。

6.2 试验仪器仪表

试验用仪器仪表名称及规格,见表3。

表3 试验用仪器仪表

序号	名称	测量误差	分辨力	规格
1	钢卷尺	±2 mm	1 mm	3 m
2	高低温湿热箱	±0.2 ℃,±3% RH	0.1 ℃,1% RH	−70 ℃～+130 ℃,20% RH～98% RH
3	稳压电源	±0.5 V	0.1 V	电压可调0 V～30 V,最大输出电流3 A
4	万用表		$3\frac{1}{2}$位	

6.3 结构、工艺与外观

目视和手工检查。

6.4 测量性能

6.4.1 测量误差、最大允许误差与测量范围

应按下列方法进行测试：
a) 模拟雪深测试点依次为0.0 cm、1.0 cm、5.0 cm、10.0 cm、30.0 cm、100.0 cm、150.0 cm、H_{max} cm；
   注：H_{max}为根据服务需求或历史最大雪深情况扩展的测量范围上限。
b) 将激光测距传感器或超声波测距传感器安装到测试台上,调整测试面到0.0 cm雪深位置,进行初始参数设置；
c) 调节测试面到各测试点,在每个测试点上,读取测试面位置所代表的雪深值作为雪深标准值,

读取自动雪深观测仪的雪深分钟值作为雪深示值；

d) 用各测试点的雪深示值减去雪深标准值，得到各测试点的测量误差；

e) 按下列方法确定自动雪深观测仪测量范围和测量误差：
   1) 测试点下限和上限的测量误差均符合最大允许误差要求时，则测试点的（下限—上限）作为自动雪深观测仪的测量范围，否则记测量范围不满足（下限—上限）；
   2) 取各测试点绝对值最大的测量误差作为雪深测量误差。

6.4.2 分辨力

应按下列方法进行测试：

a) 模拟雪深测试点依次为 0.0 cm、1.0 cm、5.0 cm、10.0 cm、30.0 cm、100.0 cm、150.0 cm；

b) 将激光测距传感器或超声波测距传感器安装到测试台上，调整测试面到 0.0 cm 雪深位置，进行基准面距离测量或作相关参数设置；

c) 按下列方法将测试面高度调节到各测试点，并在每个测试点上：
   1) 从自动雪深观测仪读取雪深分钟值，记为 D_1；
   2) 将测试点测试面高度增加 0.1 cm，从自动雪深观测仪读取雪深分钟值，记为 D_2；
   3) 将测试点测试面高度增加到 0.15 cm，从自动雪深观测仪读取雪深分钟值，记为 D_3；
   4) 若 $D_2 - D_1 = 0.1$ cm 或 $D_3 - D_1 = 0.1$ cm，则记该测试点的分辨力为"0.1 cm"，否则记该测试点分辨力为"≠0.1 cm"；

d) 各测试点的分辨力均为 0.1 cm 时，将 0.1 cm 作为自动雪深观测仪的分辨力，否则记分辨力为"≠0.1 cm"。

6.5 功能

6.5.1 采样值、算法和数据质量控制

应按下列方法进行测试：

a) 自动雪深观测仪连续运行 2 h，读取运行期间的雪深采样值和雪深分钟值；

b) 按 5.3.2 规定的算法和数据质量控制方法对采样值进行计算，得到计算的雪深分钟值、相应的数据质量控制标识以及对应的时间；

c) 比较自动雪深观测仪读取的各项数据与计算得到的相应数据是否一致。

6.5.2 数据存储

自动雪深观测仪连续运行 3 d 后，检查数据和状态信息存储完整性和剩余容量。

6.5.3 数据传输

根据自动雪深观测仪通信接口的类型，采用相应的通信电缆、通信设备，建立自动雪深观测仪与计算机的数据链路，计算机上运行通用的通信工具软件（如超级终端）并作相应配置，作以下检查：

a) 查看自动雪深观测仪向计算机主动传输的分钟数据；

b) 计算机向自动雪深观测仪发出读取分钟数据命令，查看自动雪深观测仪的反馈内容；

c) 按表 2 中的终端操作命令进行操作，应能正确设置或读取相关信息。

6.5.4 设备状态信息

应按下列方法进行测试：

a) 使激光测距传感器或超声波测距传感器的工作状态发生变化，检查自动雪深观测仪存储和输

出的传感器工作状态信息；
b) 使采集器的工作温度发生变化，检查自动雪深观测仪存储和输出的采集器工作温度；
c) 使用稳压电源作为采集器工作电源接入，调节稳压电源电压，检查自动雪深观测仪存储和输出的工作电压值。

6.5.5 远程控制

通过远程向自动气象站发送指令的方式，应按下列要求进行检查：
a) 发送系统复位指令，检查自动雪深观测仪的响应；
b) 发送参数设置指令，检查自动雪深观测仪的参数配置；
c) 发送嵌入软件升级指令，检查自动雪深观测仪嵌入式软件升级情况。

6.6 安全

6.6.1 安全标志

应按下列要求进行检查：
a) 目测检查标志是否齐全、完整；
b) 按 GB 4793.1—2007 的 5.3 进行标志耐久性检查。

6.6.2 可触及零部件的允许电压限值

使用万用表测量可触及零部件对试验参考地的电压。

6.6.3 介电强度

按 GB 4793.1—2007 的 6.8 进行介电强度试验，电源输入端如有防雷器件，应拆除后试验。

6.6.4 断开装置

目视和人工检查交流电源输入处是否具有断开装置，工作是否正常。

6.7 时钟误差

自动雪深观测仪连续运行 3 d 后，以国家授时中心标准时间为标准，检查时钟误差。

6.8 电源

6.8.1 直流电源

用稳压电源代替蓄电池接入自动雪深观测仪，将稳压电源电压分别调节在 9 V、12 V、15 V 并保持 1 min，检查自动雪深观测仪工作状态。

6.8.2 交流电源

按 GB/T 6587—2012 中 5.12.2 的方法进行，试验电压的下限为 198 V，上限为 242 V。

6.8.3 蓄电池续航时间

将蓄电池充满电，断开辅助电源，应按下列方法进行：
a) 采用交流电源作为辅助电源的，保持自动雪深观测仪连续工作 5 d，检查自动雪深观测仪分钟数据的完整性；
b) 采用太阳能、风能电源作为辅助电源的，保持自动雪深观测仪连续工作 15 d，检查自动雪深观测仪分钟数据的完整性。

6.9 功耗

用万用表测量工作电流和供电电压,计算功耗。

6.10 支架

采用目视、手动调整、卷尺测量等方法检查波束遮挡、安装支架的调整高度。

6.11 环境适应性

6.11.1 气候条件

6.11.1.1 温度

应按 QX/T 520—2019 的 6.12.1 进行。

6.11.1.2 交变湿热

应按 GB/T 2423.4—2008 试验方法,并按下列要求进行:
a) 高温温度按产品选定的气候条件严酷等级所规定的温度上限加 10 ℃;
b) 循环次数为 2 次;
c) 降温阶段,相对湿度的下限为 85%;
d) 恢复时间为正常大气条件下 24 h;
e) 电气性能的中间检测不少于 3 次;
f) 恢复后进行外观、电气性能和电气安全检测。

6.11.2 机械条件

6.11.2.1 正弦稳态振动

应按 GB/T 2423.10—2019 试验方法,并按下列要求进行:
a) 对包装状态的产品进行;
b) 严酷等级:频率 2 Hz~9 Hz 时,位移 1.5 mm,频率 9 Hz~200 Hz 时,加速度 5 m/s^2;
c) 耐久试验的持续时间为扫频耐久 1 个循环;
d) 对 3 个互相垂直的轴线,在 3 个轴向上进行振动试验;
e) 恢复时间为 1 h;
f) 试验后进行外观和电气性能检测。

6.11.2.2 冲击

应按 GB/T 2423.5—2019 试验方法,并按下列要求进行:
a) 产品处于包装状态;
b) 冲击波形为半正弦波,峰值加速度为 150 m/s^2;
c) 对 3 个互相垂直的轴线,每个面连续冲击 3 次,共 18 次;
d) 恢复时间为 30 min;
e) 试验后进行外观和电气性能检测。

6.11.2.3 倾倒与翻倒

应按 GB/T 2423.7—2018 的倾倒与翻倒试验方法,并按下列要求进行:

a) 产品处于包装状态；
b) 面倾跌和角倾跌的角度为30°；
c) 倾跌角度为30°；
d) 试验后进行外观和电气性能检测。

6.11.2.4 自由跌落

应按GB/T 2423.7—2018的自由跌落试验方法，并按下列要求进行：
a) 产品处于包装状态；
b) 跌落高度为100 mm；
c) 试验后进行外观和电气性能检测。

6.11.3 盐雾

应按GB/T 2423.17—2008试验方法，并按下列要求进行：
a) 产品处于包装状态；
b) 化学活性物质严酷等级2的试验时间为96 h；
c) 恢复时间为1 h；
d) 试验后进行外观和电气性能检测。

6.11.4 防护等级

应按GB/T 4208—2017的IP65的试验方法进行。

6.12 电磁抗扰度

6.12.1 静电放电

应按GB/T 17626.2—2018中接触放电试验等级2、空气放电试验等级3的方法进行。

6.12.2 电快速瞬变脉冲群

应按GB/T 17626.4—2018中直流电源端口试验等级2、控制和信号端口试验等级4的方法进行。

6.12.3 浪涌（冲击）

直流电源端口、控制和信号端口与保护地间应分别按照GB/T 17626.5—2019中试验等级2的方法进行。

6.12.4 射频场感应的传导骚扰

直流电源端口、控制和信号端口应按照GB/T 17626.6—2017中试验等级2的方法进行。

6.13 可靠性

应按GB/T 11463—1989规定的定时定数截尾试验方案1—2进行。

6.14 设计寿命

型式检验时检查设计资料中有关设计寿命的说明。

7 检验规则

7.1 出厂检验

批量生产的产品,应逐台进行出厂检验。出厂检验应按表4的规定逐项进行。每台产品检验合格后,应出具产品检验合格证后方可出厂。

表 4 检验项目

序号	检验项目	出厂检验	型式检验	技术要求条文	试验方法条文
1	结构、工艺与外观	●	●	5.1	6.3
2	测量性能	●	●	5.2	6.4
3	数据采样	●	●	5.3.1	6.5.1
4	算法和数据质量控制	●	●	5.3.2	6.5.1
5	数据存储和传输	●	●	5.3.3	6.5.2 6.5.3
6	终端操作命令	●	●	5.3.4	6.5.3
7	设备状态信息	●	●	5.3.5	6.5.4
8	远程控制	●	●	5.3.6	6.5.5
9	安全	●	●	5.4	6.6
10	时钟误差	●	●	5.5	6.7
11	电源	●	●	5.6	6.8
12	功耗	●	●	5.7	6.9
13	支架	●	●	5.8	6.10
14	气候条件	○	●	5.9.1	6.11.1
15	振动	○	●	5.9.2.1	6.11.2.1
16	冲击	○	●	5.9.2.2	6.11.2.2
17	倾倒和翻倒、自由跌落	○	●	5.9.2.3	6.11.2.3 6.11.2.4
18	盐雾	○	●	5.9.3	6.11.3
19	防护等级	○	●	5.9.4	6.11.4
20	静电放电	○	●	5.10.1	6.12.1
21	电快速瞬变脉冲群	○	●	5.10.2	6.12.2
22	浪涌(冲击)	○	●	5.10.3	6.12.3
23	射频场感应的传导骚扰	○	●	5.10.4	6.12.4
24	可靠性	⊙	●	5.11	6.13
25	设计寿命	○	●	5.12	6.14
注:●表示必须进行检验的项目;○表示需要时进行检验的项目;⊙表示客户指定时才进行的项目。					

7.2 型式检验

7.2.1 有下列情况之一时,应进行型式检验:
a) 新产品或老产品转厂生产的试制定型鉴定;
b) 正式批量生产后,如结构、材料、工艺等有较大改变,可能影响产品性能时;
c) 正常生产时,定期或积累一定产量后,应周期性进行一次检验;
c) 产品停产1年后恢复生产时;
d) 出厂检验结果与上次型式检验有较大差异时;
e) 国家质量技术监督机构提出或合同规定进行型式检验要求时。

7.2.2 型式检验应按表4规定的内容进行全性能检验。

7.2.3 型式检验的样品应从经出厂检验合格的产品中随机抽取,一般数量为3台,少于3台时应全部检验。

7.2.4 在型式检验中,若有2台或2台以上不合格时,则判该批型式检验不合格;若有1台不合格时,则应加倍抽样进行不合格项目复检,其后仍有不合格时,则判该批型式检验不合格,若全部检验合格,剔除样品中不合格产品后,该批型式检验应判为合格。

7.2.5 经过型式检验的产品需要更换易损件时,应在更换后再进行出厂检验,合格后方能出厂。

8 标志、包装、运输和贮存

8.1 标志

8.1.1 产品铭牌

内容至少包括制造厂名、产品名称和型号、出厂编号、出厂日期。

8.1.2 产品电子编码标签

内容至少包括状态属性、地域属性、设备基本信息。

8.1.3 包装标志

包装箱外表上应有印记标记,包括但不限于下列内容:
a) 产品名称、型号;
b) 制造厂名;
c) 包装箱编号;
d) 外形尺寸;
e) 毛重;
f) "易碎物品""向上""怕雨"等标志应符合 GB/T 191—2008 的规定。

8.2 包装

包装箱应牢固,内有防潮湿、防振动措施。

8.3 运输

包装后的产品应能适应航空、公路、铁路和水路运输方式。

8.4 贮存

包装好的产品贮存环境温度为 $-45\ ℃\sim60\ ℃$,相对湿度小于80%,且周围无腐蚀性挥发物,无强电磁作用。

9 产品成套性

产品成套性应包括但不限于下列内容：
a) 自动雪深观测仪；
b) 随机备件清单；
c) 产品说明书；
d) 检验证书；
e) 合格证；
f) 保修单；
g) 安装示意图；
h) 装箱清单。

参 考 文 献

[1] GB/T 20001.10—2014　标准编写规则　第 10 部分:产品标准
[2] GB/T 33694—2017　自动气候站观测规范
[3] GB/T 33703—2017　自动气象站观测规范
[4] GB/T 35229—2017　地面气象观测规范　雪深与雪压
[5] QX/T 1—2000　Ⅱ型自动气象站
[6] SJ/T 11385—2008　绝缘电阻测试仪通用规范
[7] WMO. Guide to Meteorological Instruments and Methods of Observation：WMO-No. 8[Z],2014
[8] 中国气象局.地面气象观测规范[M].北京:气象出版社,2004
[9] 中国气象局.自动雪深观测仪功能需求书(试验版)[Z],2010
[10] 中国气象局.雪深自动观测规范[Z],2012

ICS 07.060
A 50
备案号：79890—2021

中华人民共和国气象行业标准

QX/T 590—2020

气象计量标准装置期间核查导则

Guide for intermediate checks of meteorological measurement standard instrument and equipment

2020-12-29 发布　　　　　　　　　　　　　　　　2021-04-15 实施

中 国 气 象 局　发 布

前言

本标准按照GB/T 1.1—2009给出的规则起草。

本标准由全国气象仪器与观测方法标准化技术委员会(SAC/TC 507)提出并归口。

本标准起草单位：中国气象局气象探测中心。

本标准主要起草人：贺晓雷、沙奕卓、李建英、边泽强、崇伟、李松奎、刘宇。

QX/T 590—2020

气象计量标准装置期间核查导则

1 范围

本标准规定了气象计量标准装置期间核查的对象、指标、周期、方法、实施、核查结论报告及不合格处理。

本标准适用于气象计量标准装置的期间核查。

2 术语和定义

下列术语和定义适用于本文件。

2.1
期间核查 intermediate check

按照规定程序确定计量标准/标准物质/其他测量仪器是否保持其原有状态而进行的操作。

2.2
气象计量标准装置 meteorological measurement standard instrument and equipment

开展检定、校准或量值保持等活动所使用的气象计量标准器及其配套设备组成的系统。

2.3
被核查对象 equipment checked

被核查的气象计量标准装置。

2.4
核查标准 check standard

用于验证测量仪器或测量系统性能的装置、设备或样品。

2.5
传递标准 transfer standard

在测量标准相互比较中用作媒介的测量标准。

3 期间核查对象和指标

3.1 被核查对象

《计量标准考核证书》上所列出的"计量标准器"和"主要配套设备"所组成的气象计量标准装置。

3.2 被核查指标

当被核查对象的计量标准器测量性能采用：
a) 最大允许误差描述时，以最大允许误差为核查指标；
b) 准确度等级描述时，以其对应的最大允许误差为核查指标；
c) 稳定性描述时，以通过该稳定性折算的年稳定性为核查指标；
d) 不确定度描述时，以包含概率为95%的扩展不确定度为核查指标。

4 期间核查周期

4.1 被核查对象中的计量标准器采用检定或采用有推荐校准周期的校准方式进行量值溯源的,期间核查周期为被核查设备检定或推荐校准周期的一半,且不超过1年;采用无推荐校准周期的校准方式进行量值溯源的,期间核查周期按公式(1)计算,且不超过1年:

$$T = \frac{A - |c|}{2|a|} \quad \quad \quad \quad (1)$$

式中:

T ——核查周期,单位为年(a)。

A ——核查指标允许限度的绝对值。

c ——附加值。被核查对象在使用中,当不利用校准数据对其测量值进行修正时,c取值为上一次校准证书所给出的被核查对象的测量误差值;当利用校准数据对其测量值进行修正时,c取值为0。

注:在被核查对象的测量性能采用某一参数的稳定性描述时,测量误差为该参数的实际值相对标准值的偏离。

a ——计量标准器的年稳定性。

注:通常将上一校准周期内被核查对象实际漂移值和技术指标所给出的名义漂移值折算到年稳定性后,取2项数据中的绝对值较大的值作为a的取值。当根据连续3个校准周期的实际漂移值折算的年稳定性明显好于根据名义漂移值折算的年稳定性时,可采用连续3个校准周期内实际年稳定性中绝对值最大的值作为a的取值。

4.2 当按4.1确定的末次期间核查的时间到达或超过复检日期、复校日期时,可不开展末次期间核查。

4.3 当被核查对象的计量标准器或主要配套设备存在下列情况时,应缩短期间核查周期:

a) 使用环境严酷或使用环境发生剧烈变化;
b) 使用过程中容易受损;
c) 数据易变或对数据存疑;
d) 脱离实验室直接控制后返回;
e) 临近失效期;
f) 核查结果表明判别系数或归一化偏差在0.7~1.0之间。

5 期间核查方法

5.1 直接比较法

5.1.1 核查标准

核查标准的计量特性相对于被核查对象至少高一等级,且与被核查对象不得同时为量值复现装置。

5.1.2 核查步骤

5.1.2.1 使用核查标准和被核查对象同时测量同一被测量。

5.1.2.2 根据公式(2)计算被核查对象的测量误差:

$$\delta(x) = x - x' \quad \quad \quad \quad (2)$$

式中:

$\delta(x)$ ——被核查对象的测量误差;

x ——被核查对象的测量结果;

x' ——核查标准的测量结果。

注1：当被核查对象的测量性能用某一参数的稳定性描述时，测量结果为该参数的实际值。
注2：当使用被核查对象和核查标准对同一被测量进行多次重复测量时，可分别使用被核查对象测量结果的平均值和核查标准测量结果的平均值为 x 和 x'，$\delta(x)$ 为测量误差的平均值。

5.1.2.3 根据公式(3)计算判别系数：

$$H = \frac{\delta(x)}{A} \quad\quad\quad\quad (3)$$

式中：
H ——判别系数；
$\delta(x)$ ——被核查对象的测量误差；
A ——核查指标允许限度的绝对值。

5.1.2.4 当判别系数 H 不大于 1.0 时，被核查对象的核查结果判定为合格，否则判定为不合格。

5.2 传递比较法

5.2.1 核查标准

核查标准的计量特性相对于被核查对象至少高一等级。

5.2.2 传递标准

5.2.2.1 核查标准或被核查对象为量值复现装置时，传递标准不应为量值复现装置。

5.2.2.2 核查期间的稳定性宜不超出被核查对象核查指标允许限度绝对值的1/3。

5.2.3 核查步骤

5.2.3.1 使用核查标准和传递标准同时测量同一被测量。
5.2.3.2 计算传递标准相对于核查标准的测量误差及其标准不确定度。
5.2.3.3 使用被核查对象和传递标准同时测量同一被测量。
5.2.3.4 计算传递标准相对于被核查对象的测量误差及其标准不确定度。
5.2.3.5 根据公式(4)计算归一化偏差：

$$E_n = \frac{|y - y'|}{k_1 \times \sqrt{\mu^2(y) + \mu^2(y')}} \quad\quad\quad\quad (4)$$

式中：
E_n ——归一化偏差；
y ——传递标准相对于被核查对象的测量误差；
y' ——传递标准相对于核查标准的测量误差；
k_1 —— y 与 y' 之差对应于95%包含概率的包含因子，一般取2；
$\mu(y)$ ——传递标准相对于被核查对象测量误差的标准不确定度；
$\mu(y')$ ——传递标准相对于核查标准测量误差的标准不确定度。

注：当 $\mu(y) > 3\mu(y')$ 时，可在公式(4)中忽略 $\mu(y')$，简化计算。

5.2.3.6 当归一化偏差 E_n 不大于 1.0 时，被核查对象的核查结果判定为合格，否则判定为不合格。

5.3 直接比对法

5.3.1 核查标准

5.3.1.1 测量结果的扩展不确定度在核查中与被核查对象相同或近似。
5.3.1.2 当具备多台设备可作为核查标准时应选择增加核查标准数量。

5.3.1.3 与被核查对象不得同时为量值复现装置。

5.3.1.4 与参与比对的其他核查标准不得同时为量值复现装置。

5.3.2 核查步骤

5.3.2.1 使用核查标准和被核查对象同时测量同一被测量。

5.3.2.2 计算核查标准测量结果的标准不确定度。

5.3.2.3 计算被核查对象测量结果的标准不确定度。

5.3.2.4 根据公式(5)计算被测量参考值的标准不确定度：

$$\mu(x_{ev}) = \frac{1}{\sqrt{\frac{1}{\mu^2(x)} + \sum_{i=1}^{n} \frac{1}{\mu^2(x'_i)}}} \quad \cdots\cdots\cdots\cdots(5)$$

式中：

$\mu(x_{ev})$ ——被测量参考值的标准不确定度；

$\mu(x)$ ——被核查对象测量结果的标准不确定度；

n ——核查标准的数量；

i ——核查标准的序号；

$\mu(x'_i)$ ——第 i 个核查标准测量结果的标准不确定度。

5.3.2.5 根据公式(6)计算被测量的参考值：

$$x_{ev} = \left(\frac{x}{\mu^2(x)} + \sum_{i=1}^{n} \frac{x'_i}{\mu^2(x'_i)}\right)\mu^2(x_{ev}) \quad \cdots\cdots\cdots\cdots(6)$$

式中：

x_{ev} ——被测量的参考值；

x ——被核查对象的测量结果；

$\mu(x)$ ——被核查对象测量结果的标准不确定度；

n ——核查标准的数量；

i ——核查标准的序号；

x'_i ——第 i 个核查标准测量结果；

$\mu(x'_i)$ ——第 i 个核查标准测量结果的标准不确定度；

$\mu(x_{ev})$ ——被测量参考值的标准不确定度。

5.3.2.6 根据公式(7)计算归一化偏差：

$$E_n = \frac{|x - x_{ev}|}{k_2 \times \sqrt{\mu^2(x) - \mu^2(x_{ev})}} \quad \cdots\cdots\cdots\cdots(7)$$

式中：

E_n ——归一化偏差；

x ——被核查对象的测量结果；

x_{ev} ——被测量的参考值；

k_2 —— x 与 x_{ev} 之差对应于 95% 包含概率的包含因子，一般取 2；

$\mu(x)$ ——被核查对象测量结果的标准不确定度；

$\mu(x_{ev})$ ——被测量参考值的标准不确定度。

当仅使用 1 台核查标准进行期间核查时，可跳过 5.3.2.4 至 5.3.2.6 步骤，根据公式(8)计算归一化偏差：

$$E_n = \frac{|x - x'|}{k_3 \times \sqrt{\mu^2(x) + \mu^2(x')}} \quad \cdots\cdots\cdots\cdots(8)$$

式中：

- E_n ——归一化偏差；
- x ——被核查对象的测量结果；
- x' ——核查标准的测量结果；
- k_3 —— x 与 x' 之差对应于95%包含概率的包含因子,一般取2；
- $\mu(x)$ ——被核查对象测量结果的标准不确定度；
- $\mu(x')$ ——核查标准测量结果的标准不确定度。

5.3.2.7 当归一化偏差 E_n 不大于1时,被核查对象的核查结果判定为合格,否则判定为不合格。

5.4 间接比对法

5.4.1 核查标准

测量结果的扩展不确定度在核查中与被核查对象相同或近似。

5.4.2 传递标准

5.4.2.1 核查标准或被核查对象为量值复现装置时,传递标准不应为量值复现装置。

5.4.2.2 核查期间的稳定性宜不超出被核查对象核查指标允许限度绝对值的1/3。

5.4.3 核查步骤

5.4.3.1 使用核查标准和传递标准同时测量同一被测量。

5.4.3.2 使用传递标准和被核查对象同时测量同一被测量。

5.4.3.3 计算传递标准相对于被核查对象测量误差及其标准不确定度。

5.4.3.4 计算传递标准相对于核查标准测量误差及其标准不确定度。

5.4.3.5 根据公式(9)计算传递标准测量误差参考值的标准不确定度：

$$\mu(y_{ev}) = \frac{1}{\sqrt{\frac{1}{\mu^2(y)} + \sum_{i=1}^{n} \frac{1}{\mu^2(y_i')}}} \quad \cdots\cdots\cdots\cdots(9)$$

式中：

- $\mu(y_{ev})$ ——传递标准测量误差参考值的标准不确定度；
- $\mu(y)$ ——传递标准相对于被核查对象测量误差的标准不确定度；
- n ——核查标准的数量；
- i ——核查标准的序号；
- $\mu(y_i')$ ——传递标准相对于第 i 个核查标准测量误差的标准不确定度。

5.4.3.6 根据公式(10)计算传递标准测量误差的参考值：

$$y_{ev} = \left(\frac{y}{\mu^2(y)} + \sum_{i=1}^{n} \frac{y_i'}{\mu^2(y_i')}\right)\mu^2(y_{ev}) \quad \cdots\cdots\cdots\cdots(10)$$

式中：

- y_{ev} ——传递标准测量误差的参考值；
- y ——传递标准相对于被核查对象的测量误差；
- $\mu(y)$ ——传递标准相对于被核查对象测量误差的标准不确定度；
- n ——核查标准的数量；
- i ——核查标准的序号；
- y_i' ——传递标准相对于第 i 个核查标准的测量误差；
- $\mu(y_i')$ ——传递标准相对于第 i 个核查标准测量误差的标准不确定度；

$\mu(y_{ev})$——传递标准测量误差参考值的标准不确定度。

5.4.3.7 根据公式(11)计算归一化偏差：

$$E_n = \frac{|y - y_{ev}|}{k_4 \times \sqrt{\mu^2(y) - \mu^2(y_{ev})}} \quad\quad\quad\quad (11)$$

式中：

E_n ——归一化偏差；
y ——传递标准相对于被核查对象的测量误差；
y_{ev} ——传递标准测量误差的参考值；
k_4 —— y 与 y_{ev} 之差对应于95%包含概率的包含因子，一般取2；
$\mu(y)$ ——传递标准相对于被核查对象测量误差的标准不确定度；
$\mu(y_{ev})$——传递标准测量误差参考值的标准不确定度。

当仅使用1台核查标准进行期间核查时，可省略5.4.3.5至5.4.3.7步骤，根据公式(12)计算归一化偏差：

$$E_n = \frac{|y - y'|}{k_1 \times \sqrt{\mu^2(y) + \mu^2(y')}} \quad\quad\quad\quad (12)$$

式中：

E_n ——归一化偏差；
y ——传递标准相对于被核查对象的测量误差；
y' ——传递标准相对于核查标准的测量误差；
k_1 —— y 与 y' 之差对应于95%包含概率的包含因子，一般取2；
$\mu(y)$ ——传递标准相对于被核查对象测量误差的标准不确定度；
$\mu(y')$ ——传递标准相对于核查标准测量误差的标准不确定度。

5.4.3.8 当归一化偏差 E_n 不大于1.0时，被核查对象的核查结果判定为合格，否则判定为不合格。

6 期间核查实施

6.1 方法选择

应按下列顺序选取之一：
a) 直接比较法；
b) 传递比较法；
c) 直接比对法；
d) 间接比对法。

6.2 配套设备选择

当被核查对象与核查标准需要共用主要配套设备时，应选用被核查对象中的设备。

7 期间核查结论报告

期间核查结论应以核查报告的形式给出。报告内容至少应包括：
a) 被核查对象唯一性标识及主要技术指标；
b) 核查标准唯一性标识及主要技术指标；
c) 当采用传递比较法或间接比对法时，关于传递标准的描述；

d) 关于期间核查方法的描述；
e) 期间核查中获取的关键数据及技术信息；
f) 期间核查结论；
g) 当结论为"合格"时，下一次开展核查时间的建议；
h) 当结论为"不合格"时，应采取措施的建议；
i) 期间核查的时间；
j) 期间核查的人员信息。

直接比较法期间核查报告、传递比较法期间核查报告、直接比对法期间核查报告、间接比对法期间核查报告的示例参见附录A至附录D。

8 期间核查结论不合格处理

当核查结果为不合格时，应停止使用被核查对象，查明原因并整改。当不合格原因确定是来自被核查对象时，应对可能受到影响的时期内所开展的量值传递工作的质量可靠性进行追溯。

附 录 A
（资料性附录）
直接比较法期间核查报告示例

采用直接比较法对WWWWW01♯温度标准装置的期间核查报告（以10 ℃点为例）示例参见图A.1。

一、被核查对象基本情况

  1.计量标准器名称：铂电阻式数字温度计；
  2.计量标准器型号：NNNNA；
  3.计量标准器编号：WWW01；
  4.计量标准器最大允许误差：±0.06 ℃；
  5.计量标准器检定证书编号：WWWW01；
  6.计量标准器检定日期：2019年4月30日；
  7.计量标准器检定有效期：2020年4月29日；
  8.主要配套设备名称：液体恒温槽；
  9.主要配套设备编号：WYY01。

二、核查方法选择

  本机构拥有WWWWW02♯一等液体温度标准装置。该装置的计量性能高于被核查对象一个等级，且可以与被核查对象同时对同一介质的温度进行测量，满足采用直接比较法对被核查对象开展期间核查（以下简称核查）的条件。本次核查采用直接比较法进行。
  本次核查中核查标准与被核查对象需要共用温度控制设备。根据《气象计量标准装置期间核查导则》6.2的规定，温度控制设备选用被核查对象的主要配套设备WYY01♯液体恒温槽。

三、核查标准基本情况

  1.核查标准名称：一等液体温度标准装置；
  2.核查标准证书编号：WWWWW02；
  3.计量标准器名称：一等标准铂电阻数字测温仪；
  4.计量标准器编号：WWW02；
  5.计量标准器最大允许误差：±0.02 ℃；
  6.主要配套设备：本次核查中不使用。

四、环境条件

  环境温度：21.2 ℃；
  环境湿度：45%RH；
  环境气压：997.2 hPa。

图 A.1 采用直接比较法开展期间核查报告示例

五、试验方法

1. 在WYY01#液体恒温槽(以下简称恒温槽)内加入纯净水作为工作介质。
2. 将WWW01#铂电阻式数字温度计(以下简称数字温度计)的传感器和WWW02#一等标准铂电阻数字测温仪(以下简称数字测温仪)的传感器置于恒温槽的有效工作区域内,二者的敏感元件头部在工作介质中处于相同深度。
3. 以数字测温仪的示值为标准,控制恒温槽内工作介质的温度处于(10.00±0.10)℃的范围内,稳定3 min后,分别读取数字测温仪和数字温度计的示值,结果见表1。

表1 实验数据

单位:℃

温度点	数字温度计示值(x)	数字测温仪示值(x')
10	10.02	9.98

六、数据处理

1. 根据公式(1)计算数字温度计的测量误差。

$$\delta(x) = x - x' \quad \cdots\cdots\cdots\cdots(1)$$

式中:
$\delta(x)$ ——数字温度计的测量误差,单位:℃;
x ——数字温度计的示值,单位:℃;
x' ——数字测温仪的示值,单位:℃。
计算结果为0.04 ℃。

2. 根据公式(2)计算判别系数。

$$H = \frac{\delta(x)}{MPEV} \quad \cdots\cdots\cdots\cdots(2)$$

式中:
H ——判别系数;
$\delta(x)$ ——数字温度计的测量误差,单位:℃;
$MPEV$ ——数字温度计的最大允许误差绝对值,单位:℃。
计算结果为0.7。

七、核查结论

1. 被核查对象在10 ℃点上核查结论为合格。
2. 判别系数达到0.7,应于2020年1月29日前再次进行核查。

核查人员及日期: __N X__ (签字) 2019年10月29日

审核人员及日期: __R N__ (签字) 2019年11月01日

图 A.1 采用直接比较法开展期间核查报告示例(续)

QX/T 590—2020

附　录　B
（资料性附录）
传递比较法期间核查报告示例

采用传递比较法对XXXXX01#气压标准装置的期间核查报告(以1000 hPa点为例)示例参见图 B.1。

一、被核查对象基本情况

　　1.计量标准器名称:数字气压计;
　　2.计量标准器型号:NNNNB;
　　3.计量标准器编号:XXX01;
　　4.计量标准器准确度等级:0.01级;
　　5.计量标准器检定证书编号:XXXX01;
　　6.计量标准器检定日期:2019年4月30日;
　　7.计量标准器检定有效期:2020年4月29日;
　　8.主要配套设备名称:压力控制器;
　　9.主要配套设备编号:PYY01。

二、核查方法选择

　　被核查对象是本机构保持的最高等级的气压计量标准装置,不具备与更高等级的计量标准装置开展直接比对的条件。本次期间核查(以下简称核查)不能采用直接比较法进行。
　　上级溯源机构同意利用其所保持的一级气压标准装置配合本机构开展对被核查对象的核查。本机构所持有的XXX02#数字气压计通过试验证实,其7天稳定性优于±0.01 hPa,14天稳定性优于±0.02 hPa,具备在间隔不超过14天的两次比对试验中作为传递标准的能力。
　　本次核查采用传递比较法进行。为保证传递标准在核查中的稳定性维持在被核查对象最大允许误差的1/3以内,核查标准与传递标准的比对试验于2019年10月20日完成,与被核查对象的比对试验于10月27日完成,两次试验间隔为7日。

三、核查标准基本情况

　　1.核查标准名称:一级气压标准装置;
　　2.核查标准证书编号:XXXXX10;
　　3.计量标准器名称:气体活塞式压力计;
　　4.计量标准器型号:NNNND;
　　5.计量标准器编号:XXX10;
　　6.计量标准器不确定度:0.003%×读数($k=2$);
　　7.主要配套设备:无。

四、传递标准基本情况

　　1.仪器型号:NNNNB;

图 B.1　采用传递比较法开展期间核查报告示例

2.仪器编号:XXX02;

3.准确度等级:0.01级;

4.分辨力:0.01 hPa。

五、环境条件

环境温度:21.2 ℃;

环境湿度:45%RH;

环境气压:997.2 hPa。

六、试验方法

1.将传递标准与核查标准通过密封压力管路连接。

2.设定核查标准发生压力值为1000 hPa,待压力稳定后,读取并记录传递标准的测量值和核查标准的报告值,结果见表1。

表1 传递标准与核查标准比对数据

单位:hPa

压力点	传递标准测量值(x_T)	核查标准报告值(x')
1000	999.83	999.91

3.将传递标准,被核查对象的计量标准器XXX01#数字气压计、主要配套设备PYY01#压力控制器通过密封压力管路连接。

4.控制压力控制器输出的压力在(1000±1)hPa内。待压力稳定后,读取传递标准的测量值和XXX01#数字气压计的测量值,结果见表2。

表2 传递标准与被核查对象比对数据

单位:hPa

压力点	传递标准测量值(x_T)	被核查对象测量值(x)
1000	999.94	999.99

七、数据处理

1.以核查标准报告值为标准值,根据公式(1)计算传递标准的测量误差。

$$y' = x_T - x' \quad \quad \quad (1)$$

式中:

y'——传递标准相对于核查标准的测量误差,单位:hPa;

x_T——传递标准测量值,单位:hPa;

x'——核查标准报告值,单位:hPa。

计算结果为-0.08 hPa。

2.以被核查对象的测量值为标准值,根据公式(2)计算传递标准的测量误差。

$$y = x_T - x \quad \quad \quad (2)$$

图 B.1 采用传递比较法开展期间核查报告示例(续)

式中：
y ——传递标准相对于被核查对象的测量误差，单位：hPa；
x_T ——传递标准测量值，单位：hPa；
x ——被核查对象测量值，单位：hPa。

计算结果为-0.05 hPa。

3．确定核查标准报告值的标准不确定度。

核查标准的扩展不确定度为0.003%，按正态分布可计算得到当核查标准的报告值为999.91 hPa时：

$$\mu(x') = 0.015 \text{ hPa}$$

式中：
$\mu(x')$ ——核查标准报告值的标准不确定度，单位：hPa。

4．确定传递标准相对于核查标准测量误差的标准不确定度。

根据公式（3）计算传递标准相对于核查标准测量误差的标准不确定度。

$$\mu(y') = \sqrt{\mu^2(x') + \mu^2(q)} \quad\cdots\cdots\cdots\cdots\cdots(3)$$

式中：
$\mu(y')$ ——传递标准相对于核查标准测量误差的标准不确定度，单位：hPa；
$\mu(x')$ ——核查标准报告值的标准不确定度，单位：hPa；
$\mu(q)$ ——传递标准分辨力引入的不确定度分量，单位：hPa。

公式（3）中，估算$\mu(q)$相对于$\mu(x')$小于$1/3$，可忽略其影响简化计算，计算结果为0.015 hPa。

5．根据被核查对象的准确度等级确定其测量值的标准不确定度。

根据JJG 1084—2013《数字式气压计》国家计量检定规程的规定，0.01级数字气压计的最大允许误差为± 0.10 hPa。按均匀分布，根据公式（4）计算被核查对象测量值的标准不确定度。

$$\mu(x) = \frac{MPEV(x)}{\sqrt{3}} \quad\cdots\cdots\cdots\cdots\cdots(4)$$

式中：
$\mu(x)$ ——被核查对象测量值的标准不确定度，单位：hPa；
$MPEV(x)$ ——被核查对象的最大允许误差的绝对值，单位：hPa。

计算结果为0.058 hPa。

6．确定传递标准相对于被核查对象测量误差的标准不确定度。

根据公式（5）计算传递标准相对于被核查对象测量误差的标准不确定度。

$$\mu(y) = \sqrt{\mu^2(x) + \mu^2(q) + \mu^2(z)} \quad\cdots\cdots\cdots\cdots\cdots(5)$$

式中：
$\mu(y)$ ——传递标准相对于被核查对象测量误差的标准不确定度，单位：hPa；
$\mu(x)$ ——被核查对象测量值的标准不确定度，单位：hPa；
$\mu(q)$ ——传递标准分辨力引入的不确定度分量，单位：hPa；
$\mu(z)$ ——核查期间传递标准稳定性引入的不确定度分量，单位：hPa。

公式（5）中，估算$\mu(q)$与$\mu(z)$相对于$\mu(x)$均小于$1/3$，可忽略其影响简化计算。计算结果为0.058 hPa。

根据公式（6）计算归一化偏差。

图 B.1 采用传递比较法开展期间核查报告示例（续）

$$E_n = \frac{|y-y'|}{k \times \sqrt{\mu^2(y)+\mu^2(y')}} \quad\cdots\cdots\cdots\cdots\cdots(6)$$

式中：

E_n ——归一化偏差。

y ——传递标准相对于被核查对象的测量误差，单位：hPa；

y' ——传递标准相对于核查标准的测量误差，单位：hPa；

k —— y 与 y' 之差对应于95％包含概率的包含因子，取值为2；

$\mu(y)$ ——传递标准相对于被核查对象测量误差的标准不确定度，单位：hPa；

$\mu(y')$ ——传递标准相对于核查标准测量误差的标准不确定度，单位：hPa。

计算结果为0.3。

八、核查结论

1. 被核查对象在1000 hPa点上核查结论为合格。
2. 归一化偏差小于0.7，至下一次检定之日止，除非出现异常情况，不必再次进行核查。

核查人员及日期：___N X___（签字） 2019 年 10 月 29 日

审核人员及日期：___R N___（签字） 2019 年 11 月 01 日

图 B.1 采用传递比较法开展期间核查报告示例（续）

附 录 C
（资料性附录）
直接比对法期间核查报告示例

采用直接比对法对XXXXX01#气压标准装置的期间核查报告（以1000 hPa点为例）示例参见图C.1。

一、被核查对象基本情况

  1.计量标准器名称：数字气压计；
  2.计量标准器型号：NNNNB；
  3.计量标准器编号：XXX01；
  4.计量标准器准确度等级：0.01级；
  5.计量标准器检定证书编号：XXXX01；
  6.计量标准器检定日期：2019年4月30日；
  7.计量标准器检定有效期：2020年4月29日；
  8.主要配套设备名称：压力控制器；
  9.主要配套设备编号：PYY01。

二、核查方法选择

被核查对象是本机构保持的最高等级的气压计量标准装置之一，不具备与更高等级的计量标准装置开展直接比对的条件。本次期间核查（以下简称核查）不能采用直接比较法进行。

上级溯源机构因工作原因无法配合本机构开展对被核查对象的核查。本次核查亦不能采用传递比较法进行。

本次核查利用本机构所保持的与被核查对象同一等级的另外3套气压标准装置（信息见第三章），采用直接比对法进行。

本次核查中，被核查对象与核查标准需共用压力控制器，共用设备选用被核查对象的主要配套设备PYY01#压力控制器。

三、核查标准基本情况

本次核查采用3套核查标准，分别为XXXXX03#、XXXXX04#、XXXXX05#二等气压标准装置。对应计量标准器分别为XXX03#、XXX04#、XXX05#数字气压计。计量标准器的相关信息见表1。

表1 核查标准所涉及的计量标准器信息

序号	仪器名称	仪器型号	仪器编号	准确度等级
1	数字气压计	NNNNB	XXX03	0.01级
2	数字气压计	NNNNB	XXX04	0.01级
3	数字气压计	NNNNB	XXX05	0.01级

在本次核查中不使用核查标准的主要配套设备。

图C.1 采用直接比对法开展期间核查报告示例

四、环境条件

环境温度：21.2 ℃；

环境湿度：45%RH；

环境气压：997.2 hPa。

五、试验方法

1.将被核查对象的计量标准器XXX01♯数字气压计、主要配套设备PYY01♯压力控制器，核查标准的计量标准器XXX03♯、XXX04♯、XXX05♯数字气压计通过密封压力管路连接；

2.控制压力控制器输出的压力在(1000±1)hPa内。待压力稳定后，读取4台数字气压计的测量值，结果见表2。

表2　1000 hPa压力点核查数据

单位：hPa

序号	名称及符号	测量值
1	XXX01♯数字气压计测量值 x	999.91
2	XXX03♯数字气压计测量值 x'_1	999.94
3	XXX04♯数字气压计测量值 x'_2	999.89
4	XXX05♯数字气压计测量值 x'_3	999.87

六、数据处理

1.确定被核查对象及核查标准测量值的标准不确定度，结果见表3。

表3　被核查对象及核查标准测量结果的标准不确定度

单位：hPa

序号	名称及符号	标准不确定度
1	XXX01♯数字气压计测量的标准不确定度 $\mu(x)$	0.058
2	XXX03♯数字气压计测量的标准不确定度 $\mu(x'_1)$	0.058
3	XXX04♯数字气压计测量的标准不确定度 $\mu(x'_2)$	0.058
4	XXX05♯数字气压计测量的标准不确定度 $\mu(x'_3)$	0.058

2.根据公式(1)计算被测量参考值的标准不确定度。计算结果为0.029 hPa。

$$\mu(x_{ev}) = \frac{1}{\sqrt{\frac{1}{\mu^2(x)} + \sum_{i=1}^{3}\frac{1}{\mu^2(x'_i)}}} \quad\cdots\cdots\cdots\cdots(1)$$

式中：

x_{ev} ——被测量参考值的标准不确定度，单位：hPa；

$\mu(x)$ ——被核查对象测量值的标准不确定度，单位：hPa；

i ——核查标准的序号；

$\mu(x'_i)$——第 i 个核查标准测量值的标准不确定度，单位：hPa。

图C.1　采用直接比对法开展期间核查报告示例（续）

3.根据公式(2)计算被测量的参考值。计算结果为999.90 hPa。

$$x_{ev} = \left(\frac{x}{\mu^2(x)} + \sum_{i=1}^{3}\frac{x'_i}{\mu^2(x'_i)}\right)\mu^2(x_{ev}) \qquad \cdots\cdots\cdots\cdots\cdots (2)$$

式中：

x_{ev} ——被测量的参考值，单位：hPa；
x ——被核查对象的测量值，单位：hPa；
$\mu(x)$ ——被核查对象测量值的标准不确定度，单位：hPa；
i ——核查标准的序号；
x'_i ——第个核查标准的测量值，单位：hPa；
$\mu(x'_i)$ ——第i个核查标准测量值的标准不确定度，单位：hPa；
$\mu(x_{ev})$ ——被测量参考值的标准不确定度，单位：hPa。

4.根据公式(3)计算归一化偏差。计算结果为0.1。

$$E_n = \frac{|x - x_{ev}|}{k \times \sqrt{\mu^2(x) - \mu^2(x_{ev})}} \qquad \cdots\cdots\cdots\cdots\cdots (3)$$

式中：

E_n ——归一化偏差；
x ——被核查对象的测量值，单位：hPa；
x_{ev} ——被测量的参考值，单位：hPa；
k —— x与x_{ev}之差对应于95%包含概率的包含因子，取值为2。
$\mu(x)$ ——被核查对象测量值的标准不确定度，单位：hPa；
$\mu(x_{ev})$ ——被测量参考值的标准不确定度，单位：hPa。

七、核查结论

1.被核查对象在1000 hPa点上核查结论为合格。

2.归一化偏差小于0.7，至下一次检定之日止，除非出现异常情况，不必再次进行核查。

核查人员及日期： ____N X____（签字） 2019 年 10 月 29 日

审核人员及日期： ____R N____（签字） 2019 年 11 月 01 日

图 C.1 采用直接比对法开展期间核查报告示例（续）

附 录 D
（资料性附录）
间接比对法期间核查报告示例

采用间接比对法对XXXXX20#气体活塞式压力计标准装置的期间核查报告（以1000 hPa点为例）示例参见图D.1。

一、被核查对象基本情况

1. 计量标准器名称：气体活塞式压力计；
2. 计量标准器型号：NNNNC；
3. 计量标准器编号：XXX20；
4. 计量标准器不确定度：0.01%×读数；
5. 计量标准器检定证书编号：XXXX20；
6. 计量标准器检定日期：2019年4月30日；
7. 计量标准器检定有效期：2020年4月29日；
8. 主要配套设备名称：压力控制器；
9. 主要配套设备编号：PYY20。

二、核查方法选择

被核查对象是本机构保持的最高等级的气压计量标准装置之一，不具备与更高等级的计量标准装置开展直接比对的条件。本次期间核查（以下简称核查）不能采用直接比较法进行。

上级溯源机构因工作原因无法配合本机构开展对被核查对象的核查。本次核查亦不能采用传递比较法进行。本次核查利用本机构所保持的与被核查对象同一等级的另外3套气体活塞式压力计标准装置（信息见第三章），采用间接比对法进行。

本机构所持有的XXX02号数字气压计通过试验证实，其7天稳定性优于±0.01 hPa，14天稳定性优于±0.02 hPa，具备在间隔不超过14天的两次比对试验中作为传递标准的能力。

为保证传递标准在核查中的稳定性不超过被核查对象扩展不确定度的1/3，核查标准与传递标准的比对试验于2019年10月26日至27日完成。首末次试验间隔为2日。

三、核查标准基本情况

本次核查采用3套核查标准，分别为XXXXX30#、XXXXX40#、XXXXX50#气体活塞式压力计标准装置。技术信息如下：

1. XXXXX30#气体活塞式压力计标准装置
   - ■计量标准器名称：气体活塞式气压计；
   - ■计量标准器型号：NNNNC；
   - ■计量标准器编号：XXX30；
   - ■计量标准器不确定度：0.01%×读数；
   - ■主要配套设备名称：压力控制器；

图 D.1 采用间接比对法开展期间核查报告示例

■ 主要配套设备编号:PYY30。

2. XXXXX40♯气体活塞式压力计标准装置
■ 计量标准器名称:气体活塞式压力计;
■ 计量标准器型号:NNNNC;
■ 计量标准器编号:XXX40;
■ 计量标准器不确定度:0.01%×读数;
■ 主要配套设备名称:压力控制器;
■ 主要配套设备编号:PYY40。

3. XXXXX50♯气体活塞式压力计标准装置
■ 计量标准器名称:气体活塞式压力计;
■ 计量标准器型号:NNNNC;
■ 计量标准器编号:XXX50;
■ 计量标准器不确定度:0.01%×读数;
■ 主要配套设备名称:压力控制器;
■ 主要配套设备编号:PYY50。

四、传递标准基本情况

1. 仪器名称:数字气压计;
2. 仪器型号:NNNNB;
3. 仪器编号:XXX02;
4. 准确度等级:0.01级;
5. 分辨力:0.01 hPa。

五、环境条件

环境温度:21.2 ℃;
环境湿度:45%RH;
环境气压:997.2 hPa。

六、试验方法

1. 将被核查对象的计量标准器 XXX20♯气体活塞式压力计、主要配套设备 PYY20♯压力控制器,传递标准 XXX02♯数字气压计通过密封压力管道连接。控制压力控制器输出压力在(1000±1) hPa 内。待压力稳定后,读取被核查对象的报告值和传递标准的测量值,记入表1。

2. 将核查标准的计量标准器、主要配套设备与传递标准通过密封压力管路连接。控制压力控制器输出压力在(1000±1)hPa 内。待压力稳定后,读取核查标准的报告值和传递标准的测量值,记入表1。

表 1　1000 hPa 压力点核查数据

单位:hPa

序号	名称及符号	报告值/测量值
1	被核查对象的报告值 x	999.91
	传递标准测量值 x_T	999.85

图 D.1　采用间接比对法开展期间核查报告示例(续)

表 1　1000 hPa 压力点核查数据（续）

单位：hPa

序号	名称及符号	报告值/测量值
2	XXXXX30#核查标准的报告值 x'_1	999.94
	传递标准测量值 x_{T1}	999.96
3	XXXXX40#核查标准的报告值 x'_2	999.89
	传递标准测量值 x_{T2}	999.84
4	XXXXX50#核查标准的报告值 x'_3	999.87
	传递标准测量值 x_{T3}	999.93

3.更换核查标准，重复第 2 步骤，直至完成所有核查标准与传递标准的比对。

七、数据处理

1.计算传递标准相对于被核查对象、相对于核查标准的测量误差，及各个测量误差的标准不确定度，记入表 2。

表 2　传递标准相对被核查对象、核查标准的测量误差及标准不确定度

单位：hPa

序号	名称及符号	测量误差/标准不确定度
1	传递标准相对于被核查对象的测量误差 y	−0.06
	y 的标准不确定度 $\mu(y)$	0.05
2	传递标准相对于 XXXXX30#核查标准的测量误差 y'_1	+0.02
	y'_1 的标准不确定度 $\mu(y'_1)$	0.05
3	传递标准相对于 XXXXX40#核查标准的测量误差 y'_2	−0.05
	y'_2 的标准不确定度 $\mu(y'_2)$	0.05
4	传递标准相对于 XXXXX50#核查标准的测量误差 y'_3	+0.06
	y'_3 的标准不确定度 $\mu(y'_3)$	0.05

2.按公式（1）计算传递标准相对于被核查对象、核查标准测量误差的参考值。计算结果为 0.025 hPa。

$$\mu(y_{ev}) = \frac{1}{\sqrt{\dfrac{1}{\mu^2(y)} + \sum_{i=1}^{3}\dfrac{1}{\mu^2(y'_i)}}} \quad\quad\quad\quad\quad (1)$$

式中：

$\mu(y_{ev})$ ——传递标准测量误差参考值的标准不确定度，单位：hPa；

$\mu(y)$ ——传递标准相对于被核查对象测量误差的标准不确定度，单位：hPa；

i ——核查标准的序号；

$\mu(y'_i)$ ——传递标准相对于第 i 个核查标准测量误差的标准不确定度，单位：hPa。

图 D.1　采用间接比对法开展期间核查报告示例（续）

3.根据公式(2)计算传递标准测量误差的参考值。计算结果为0.01 hPa。

$$y_{ev} = \left(\frac{y}{\mu^2(y)} + \sum_{i=1}^{3}\frac{y'_i}{\mu^2(y'_i)}\right)\mu^2(y_{ev}) \quad\cdots\cdots\cdots\cdots\cdots(2)$$

式中：

y_{ev} ——传递标准测量误差的参考值,单位:hPa；

y ——传递标准相对于被核查对象的测量误差,单位:hPa；

$\mu(y)$ ——传递标准相对于被核查对象测量误差的标准不确定度,单位:hPa；

i ——核查标准的序号；

y'_i ——传递标准相对于第 i 个核查标准的测量误差,单位:hPa；

$\mu(y'_i)$ ——传递标准相对于第 i 个核查标准测量误差的标准不确定度,单位:hPa；

$\mu(y_{ev})$ ——传递标准测量误差参考值的标准不确定度,单位:hPa。

4.根据公式(3)计算归一化偏差。计算结果为0.6。

$$E_n = \frac{|y - y_{ev}|}{k \times \sqrt{\mu^2(y) - \mu^2(y_{ev})}} \quad\cdots\cdots\cdots\cdots\cdots(3)$$

式中：

E_n ——归一化偏差；

y ——传递标准相对于被核查对象的测量误差,单位:hPa；

y_{ev} ——传递标准测量误差的参考值,单位:hPa；

k —— y 与 y_{ev} 之差对应于95%包含概率的包含因子,取值为2。

$\mu(y)$ ——传递标准相对于被核查对象测量误差的标准不确定度,单位:hPa；

$\mu(y_{ev})$ ——传递标准测量误差参考值的标准不确定度,单位:hPa。

八、核查结论

1.被核查对象在1000 hPa点上核查结论为合格。

2.归一化偏差小于0.7,至下一次检定之日止,除非出现异常情况,不必再次进行核查。

核查人员及日期：____NX____（签字） 2019 年 10 月 29 日

审核人员及日期：____RN____（签字） 2019 年 11 月 01 日

图 D.1 采用间接比对法开展期间核查报告示例(续)

参 考 文 献

[1] JJF 1001—2011　通用计量术语及定义
[2] JJF 1033—2016　计量标准考核规范
[3] JJF 1059—2012　测量不确定度评定与表示
[4] JJF 1069—2012　法定计量技术机构考核规范
[5] JJF 1094—2002　测量仪器特性评定
[6] JJF 1117—2010　计量比对
[7] CNAS-GL 042:2019　测量设备期间核查的方法指南
[8] CNAS-CL 01:2018　测量结果的计量溯源性要求

ICS 07.060
A 47
备案号：79891—2021

中华人民共和国气象行业标准

QX/T 591—2020

树轮密度资料采集技术方法

Technology methods for tree-ring density data acquisition

2020-12-29 发布　　　　　　　　　　　　2021-04-15 实施

中国气象局　发布

前　言

本标准按照 GB/T 1.1—2009 给出的规则起草。
本标准由全国气象防灾减灾标准化技术委员会(SAC/TC 345)提出。
本标准由全国气候与气候变化标准化技术委员会(SAC/TC 540)归口。
本标准起草单位：中国气象局乌鲁木齐沙漠气象研究所。
本标准主要起草人：喻树龙、张同文、尚华明、秦莉、陈峰、魏文寿、袁玉江。

QX/T 591—2020

树轮密度资料采集技术方法

1 范围

本标准规定了获取树木年轮密度野外采样、样本预处理、数据获取、交叉定年以及年表建立等方面资料的采集技术方法。

本标准适用于气候学分析用的树木年轮密度资料采集。

2 规范性引用文件

下列文件对于本文件的应用是必不可少的。凡是注日期的引用文件，仅注日期的版本适用于本文件。凡是不注日期的引用文件，其最新版本（包括所有的修改单）适用于本文件。

QX/T 90—2008 树木年轮气候研究树轮采样规范
QX/T 153—2012 树木年轮灰度资料采集规范

3 术语和定义

QX/T 90—2008 和 QX/T 153—2012 界定的以及下列术语和定义适用于本文件。

3.1
树木年轮宽度 tree-ring width
树木一年径向生长的长度。

3.2
树木年轮密度 tree-ring density
树木年轮单位体积木材的质量。

注：细胞大小和细胞壁厚度的差异会造成树木年轮横切面X光胶片光学投影的明显颜色变化，在投影屏幕上产生不同的光密度。测量屏幕上的光密度并转化可以得到树木年轮密度。

3.3
早材 earlywood
温带和寒带树木在一年生长季早期形成的或热带树木在雨季形成的木材。

注：早材部分细胞腔大而壁薄，材质较松软，材色浅。

3.4
晚材 latewood
温带和寒带树木在一年生长季晚期形成的或热带树木在旱季形成的木材。

注：晚材部分细胞腔小而壁厚，材质较致密，材色深。

4 野外采样

4.1 采样树种选择

宜选择树龄较长、年轮纹印清晰、敏感度高、伪轮和样本断裂较少的针叶树种。

4.2 采样点选择

按 QX/T 90—2008 第 3 章的要求选择。

4.3 样本采集

4.3.1 样本采集方式为树芯取样。

4.3.2 样本采集应按选择样本树、采集样本、记录样本等步骤进行，每一步骤应分别按 QX/T 90—2008 第 4 章、第 6 章、第 8 章、第 9 章和 QX/T 153—2012 第 4 章的要求操作。

4.4 样本数量

每个采样点应选择不少于 10 株的相同树种的树木采集树芯样本。

4.5 样本运输和贮存

按 QX/T 90—2008 第 10 章的要求操作。

5 样本预处理

5.1 样本固定

将干燥后的树芯样本固定在样本板内，确保木质纤维与样本槽水平面垂直。

5.2 样本打磨

按 QX/T 153—2012 第 5 章的要求操作。

5.3 年轮标记

按 QX/T 153—2012 第 5 章的要求操作。

5.4 样本选择

应舍弃有节疤、变形和腐朽的树芯样本，木质纤维扭曲角度应小于 30°（见图 1）。

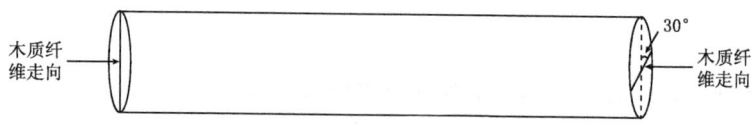

图 1 木质纤维扭曲角度示意图

5.5 样本脱糖脱脂处理

5.5.1 将标记的树芯样本在 80 ℃的水中浸泡 48 h，每间隔 8 h 换一次水。

5.5.2 应用纯度 95% 以上的乙醇萃取树芯样本 48 h。

5.6 样本分段与角度测量

5.6.1 沿树皮向髓心方向将树芯样本切成 1 cm～3 cm 长的梯形样段。切割时，木质纤维的走向应垂直于水平面，刀口与样芯垂直，刀身与样芯间的夹角为 30°（见图 2）。

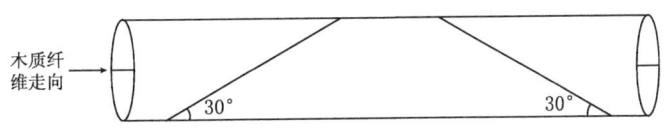

图 2 样本分段示意图

5.6.2 将切好的梯形样段按顺序做标记,将长底边固定在样本板内,木质纤维呈水平方向。

5.6.3 测量并标记梯形样段两端木质纤维与样本板的夹角。如角度差大于10°,应在中部再次测量并标记。

5.7 样本切割和厚度测量

5.7.1 按纤维角度将样段切割成厚度为1.0 mm的木质薄片,剔除木片周边的木刺。

5.7.2 测量木片厚度,精度为0.001 mm。

5.8 X光胶片拍摄和冲洗

木片在恒温恒湿(湿度约为50%、温度约为23 ℃)环境中放置48 h后,放入X光机中进行感光拍摄,冲洗X光胶片。

6 数据获取

6.1 系统校准

将X光胶片放置在树木年轮密度分析系统测量平台上,启动系统校准,输入样本的平均厚度值和校准系数,对校准影像进行测量,完成系统校准。

6.2 数据获取

6.2.1 树木年轮密度测量应利用光密度感应器测定投影屏幕上树芯样本影像的光密度值。

6.2.2 树木年轮宽度、树木年轮密度的数据获取应按最大密度与最小密度差值的百分比设定早材、晚材边界,生成树芯样本的年轮宽度、早材宽度、晚材宽度和早材平均密度、晚材平均密度、最小密度、最大密度的数据文件。

6.3 数据存储

树木年轮宽度和树木年轮密度数据应按国际年轮数据库(International Tree-Ring Data Bank)标准格式存储,标准格式见QX/T 153—2012第7章。

6.4 操作要求

6.4.1 测量前应清洁测量平台玻璃板。

6.4.2 在拍摄、冲洗X光胶片及测量过程中应严格避光。

6.4.3 测量平台移动速度应均匀缓慢,移动过程中调整感应器与年轮界线平行。在避开影像中异常的亮点和暗点的同时,尽量使用多个感应器。

6.4.4 测量过程中如发现年轮识别错误,应人工校正并调节系统灵敏度。

6.4.5 测量完一个样芯后,应检验系统精确性。如数据异常,应校准系统,直至检测数据正常。

7 交叉定年

7.1 树木年轮宽度交叉定年

树木年轮宽度数据交叉定年检验应记录样段重合点误差以及缺失年轮、伪年轮和奇异年轮的位置，舍弃与多数树木年轮样本宽度变化相异的序列数据。

7.2 树木年轮密度交叉定年

7.2.1 对照宽度交叉定年的记录进行密度交叉定年，校正密度数据的重合点误差，甄别并标注缺失年轮、伪年轮和奇异年轮，舍弃宽度变化异常序列的密度数据。

7.2.2 对照最大密度的平均值曲线，舍弃由于切割等原因造成的树芯样本最大密度值异常减小区间的密度数据。

8 年表建立

按 QX/T 153—2012 第 10 章的要求建立年表。

参 考 文 献

[1] 刘一星,赵广杰. 木材学[M]. 北京:中国林业出版社,2012
[2] 吴祥定. 树木年轮与气候变化[M]. 北京:气象出版社,1990
[3] Fritts H C. Tree Rings and Climate[M]. London:Academic Press,1976

ICS 07.060
B 18
备案号：79892—2021

中华人民共和国气象行业标准

QX/T 592—2020

农产品气候品质评价 柑橘

Assessment for climate quality of agricultural products—Citrus

2020-12-29 发布　　　　　　　　　　　　　　　2021-04-15 实施

中国气象局　发布

QX/T 592—2020

前　言

本标准按照GB/T 1.1—2009给出的规则起草。

本标准由全国农业气象标准化技术委员会(SAC/TC 539)提出并归口。

本标准起草单位：浙江省气候中心、浙江省台州市椒江区气象局、浙江省农业科学院、江西省气象科学研究所。

本标准主要起草人：金志凤、姚益平、陈聪、王治海、李时睿、梁森苗、高亮、蔡哲、谢梦赉。

QX/T 592—2020

农产品气候品质评价　柑橘

1　范围

本标准规定了柑橘气候品质评价要求、方法和等级划分。
本标准适用于柑橘鲜果气候品质的分析和定量化评价。

2　规范性引用文件

下列文件对于本文件的应用是必不可少的。凡是注日期的引用文件，仅注日期的版本适用于本文件。凡是不注日期的引用文件，其最新版本（包括所有的修改单）适用于本文件。
NY/T 1190—2006　柑橘等级规格
NY 5016—2001　无公害食品　柑橘产地环境条件
QX/T 486—2019　农产品气候品质认证技术规范

3　术语和定义

下列术语和定义适用于本文件。

3.1

柑橘鲜果　fresh fruit of citrus
成熟采摘后未经加工、理化指标未发生改变的柑橘果实。

3.2

柑橘气候品质　climate quality of citrus
由天气气候条件决定的柑橘鲜果品质。

3.3

可溶性固形物　total soluble solid;TSS
果实中所有溶解于水的化合物（包括糖、酸、维生素、矿物质等）的总称。
注1：以百分率（%）表示。
注2：改写 QX/T 298—2015，定义2.4。

4　评价要求

4.1　评价的柑橘应来源于申请评价的生产区域范围内鲜果，种植面积宜不小于 1 hm²。
4.2　产地环境技术条件应符合 NY 5016—2001 中第4章的规定；种植在适宜的光温区内，年降水量宜超过 1000 mm。
4.3　柑橘等级规格应符合 NY/T 1190—2006 中第4章的规定；柑橘采收应达到果实的成熟度。
4.4　柑橘生产过程中不应受到严重的病虫害和气象灾害影响。
4.5　评价所用气象资料应符合 QX/T 486—2019 中3.2的规定。

5 评价方法

5.1 评价模型

柑橘气候品质评价模型见式(1)：

$$I_Q = \sum_{i=1}^{5} a_i M_i \quad \cdots\cdots\cdots\cdots\cdots(1)$$

式中：

I_Q ——柑橘气候品质评价指数；

a_i ——第 i 个气候品质指标的权重系数，$a_1 \sim a_5$ 分别为全年日最高气温≥35 ℃的最长持续天数、6月下旬—10月下旬累计日照时数、9月下旬—10月下旬气温日较差的平均值、4月下旬—10月下旬日平均气温≥10 ℃活动积温、9月—10月累计降水量的权重系数，宜分别取0.10、0.20、0.25、0.20、0.25；

M_i ——第 i 个气候品质指标的分级赋值。

5.2 评价指标

5.2.1 柑橘气候品质评价指标由全年日最高气温≥35 ℃的最长持续天数、6月下旬—10月下旬累计日照时数、9月下旬—10月下旬气温日较差的平均值、4月下旬—10月下旬日平均气温≥10 ℃活动积温和9月—10月累计降水量组成。

5.2.2 柑橘气候品质评价指标的分级赋值见表1。

表1 评价指标分级赋值

M_i 赋值	全年日最高气温≥35 ℃的最长持续天数$(D)_1$ d	6月下旬—10月下旬累计日照时数$(S)_2$ h	9月下旬—10月下旬气温日较差的平均值$(\Delta T)_3$ ℃	4月下旬—10月下旬日平均气温≥10 ℃活动积温$(A)_4$ ℃·d	9月—10月累计降水量$(R)_5$ mm
3	$D \leqslant 5$	$S \geqslant 850$	$\Delta T \geqslant 7.0$	$A \geqslant 4680$	$240 < R \leqslant 340$
2	$5 < D \leqslant 8$	$770 < S < 850$	$6.0 \leqslant \Delta T < 7.0$	$4500 \leqslant A < 4680$	$200 \leqslant R \leqslant 240$ 或 $340 < R \leqslant 490$
1	$8 < D \leqslant 10$	$600 < S \leqslant 770$	$5.0 \leqslant \Delta T < 6.0$	$4000 \leqslant A < 4500$	$150 \leqslant R < 200$ 或 $490 < R \leqslant 600$
0	$D > 10$	$S \leqslant 600$	$\Delta T < 5.0$	$A < 4000$	$R < 150$ 或 $R > 600$

6 等级划分

按柑橘气候品质评价指数，将柑橘气候品质划分为：特优、优、良、一般 4 个等级。等级划分与评价指数见表2。

表 2 等级划分与评价指数

等级	气候品质评价指数(I_Q)	品质等级对应的可溶性固形物含量参考值(S_s) %
特优	$I_Q \geq 2.96$	$S_s \geq 12.0$
优	$2.50 \leq I_Q < 2.96$	$11.0 \leq S_s < 12.0$
良	$2.00 \leq I_Q < 2.50$	$10.0 \leq S_s < 11.0$
一般	$I_Q < 2.00$	$S_s < 10.0$

参 考 文 献

[1] QX/T 298—2015 农业气象观测规范 柑橘
[2] QX/T 411—2017 茶叶气候品质评价
[3] 李秀香,冯馨.加强气候品质认证,提升农产品出口质量[J].国际贸易,2016(7):32-37
[4] 黄寿波,金志凤.柑橘优质高产栽培与气象[M].北京:气象出版社,2010
[5] 许昌燊,陈琦,王领香,等.柑橘优质高产与浙江气候[M].北京:中国林业出版社,1999
[6] 胡正月.柑橘优质丰产栽培300问[M].北京:金盾出版社,2008
[7] 余颖,王玛丽,叶玮,等.金衢盆地气象条件对柑橘生产的影响研究[J].湖南农业科学,2013(7):96-99
[8] 钟仕田.影响宜昌柑橘品质的原因及提高品质的技术措施[J].中国果菜,2002(4):11-12
[9] 鲍江峰,夏仁学,彭抒昂.生态因子对柑橘果实品质的影响[J].应用生态学报,2004(1):8-15
[10] 何天富.柑橘学[M].北京:中国农业出版社,1999

ICS 07.060
A 47
备案号：79893—2021

中华人民共和国气象行业标准

QX/T 593—2020

气候资源评价　通用指标

Climate resource assessment—General indicators

2020-12-29 发布　　　　　　　　　　　　　　2021-04-15 实施

中　国　气　象　局　发布

QX/T 593—2020

前　言

本标准按照 GB/T 1.1—2009 给出的规则起草。

本标准由全国气候与气候变化标准化技术委员会(SAC/TC 540)提出并归口。

本标准起草单位：广东省生态气象中心、广东省气候中心。

本标准主要起草人：邓玉娇、谭浩波、胡猛、胡娅敏、洪莹莹、陈靖扬、陈蝶聪、徐杰、王捷纯。

气候资源评价 通用指标

1 范围

本标准规定了气候资源评价的通用指标。
本标准适用于气候资源评价业务、服务和科研工作。

2 规范性引用文件

下列文件对于本文件的应用是必不可少的。凡是注日期的引用文件，仅注日期的版本适用于本文件。凡是不注日期的引用文件，其最新版本（包括所有的修改单）适用于本文件。

GB 3095—2012 环境空气质量标准
GB 3838—2002 地表水环境质量标准
GB 15618—2018 土壤环境质量 农用地土壤污染风险管控标准（试行）
GB/T 27963—2011 人居环境气候舒适度评价
GB/T 34814—2017 草地气象监测评价方法
GB 36600—2018 土壤环境质量 建设用地土壤污染风险管控标准（试行）

3 术语和定义

下列术语和定义适用于本文件。

3.1
气候资源 climatic resource
在一定的经济技术条件下，能为人类活动提供可利用的气候要素中的物质、能量的总称。
注：包括太阳能资源、热量资源、水资源、生态气候资源和风资源。

3.2
农业气候资源 agroclimatic resource
为农业生产提供物质和能量的气候资源。

3.3
旅游气候资源 tourism climatic resource
直接或间接形成的具有观赏功能或激发旅游动机功能的气候资源。

3.4
宜居气候资源 livable climatic resource
直接或间接影响某地居住适宜性的气候资源。

3.5
气候生态环境 climatic ecological environment
与气候条件密切相关的生态环境要素，包括大气环境、生物环境、土壤环境、水环境等。

4 通用指标

4.1 气温

评价区域在给定时段(如年、季、月等,下同)的平均气温、最高气温、最低气温等,以气候平均值、距平值、极值和某阈值出现概率等指标表示。

4.2 气温日较差

评价区域在给定时段的气温日较差,以气候平均值、距平值、极值和某阈值出现概率等指标表示。

4.3 积温

评价区域在给定时段的积温,以气候平均值、距平值、极值和某阈值出现概率等指标表示。

4.4 降水量

评价区域在给定时段的累积降水量,以气候平均值、距平百分率、极值和某阈值出现概率等指标表示。

4.5 日照时数

评价区域在给定时段的累积日照时数,以气候平均值、距平百分率、极值和某阈值出现概率等指标表示。

4.6 相对湿度

评价区域在给定时段的平均相对湿度,以气候平均值、距平值、极值和某阈值出现概率等指标表示。

4.7 风速

评价区域在给定时段的平均风速,以气候平均值、距平值、极值和某阈值出现概率等指标表示。

4.8 气压比

评价区域在给定时段的平均大气压与标准大气压的比值,以气候平均值、距平值、极值和某阈值出现概率等指标表示。

4.9 台风日数

评价区域在给定时段内,发布台风蓝色及以上等级预警信号的天数,以气候平均值表示。

4.10 暴雨日数

评价区域在给定时段内,24 h 降雨量大于或等于 50 mm 或者 12 h 降雨量大于或等于 30 mm 的天数,以气候平均值表示。

4.11 暴雪日数

评价区域在给定时段内,24 h 降雪量大于或等于 10 mm 或者 12 h 降雪量大于或等于 6 mm 的天数,以气候平均值表示。

4.12 大风日数

评价区域在给定时段内,瞬时风速达到或超过 17.2 m/s 的天数,以气候平均值表示。

4.13 沙尘日数

评价区域在给定时段内,风将地面大量尘沙吹起,使空气很浑浊,水平能见度小于 1 km 的天气现象发生的天数,以气候平均值表示。

4.14 低温日数

评价区域在农作物生长期间,出现较长时期平均温度持续低于常年同期平均温度,造成农作物减产或品质、效益降低的气象灾害的天数,以气候平均值表示。

4.15 高温日数

评价区域在给定时段内,日最高气温大于或等于 35 ℃ 的天数,以气候平均值表示。

4.16 气象干旱日数

评价区域在给定时段内,由于蒸发量和降水量的收支不平衡,水分支出大于水分收入而造成地表水分短缺的现象发生的天数,以气候平均值表示。

4.17 霜冻日数

评价区域在植物生长季节里,因气温降低到 0 ℃ 或 0 ℃ 以下而使植物受害的气象灾害发生的天数,以气候平均值表示。

4.18 冰冻日数

评价区域在给定时段内,过冷水滴、雾滴或湿雪与温度低于 0 ℃ 的物体碰撞立即冻结的现象发生的天数,以气候平均值表示。

4.19 大雾日数

评价区域在给定时段内,悬浮在贴近地面的大气中的大量微细水滴(或冰晶)的可见集合体,使水平能见度降低到 1 km 以下的天气现象发生的天数,以气候平均值表示。

4.20 霾日数

评价区域在给定时段内,自然日内霾现象持续 6 h 及以上的天数,以气候平均值表示。

4.21 龙卷次数

评价区域在给定时段内,龙卷发生的次数,以气候平均值表示。

4.22 舒适温度日数

评价区域在给定时段内,日平均气温大于或等于 15 ℃、小于或等于 25 ℃ 的天数,以气候平均值表示。

4.23 舒适湿度日数

评价区域在给定时段内,日平均相对湿度大于或等于 50%、小于或等于 80% 的天数,以气候平均值表示。

4.24 舒适风日数

评价区域在给定时段内,日平均风速大于或等于 0.3 m/s、小于或等于 3.3 m/s 的天数,以气候平均值表示。

4.25 气候舒适日数

评价区域在给定时段内,气候舒适度为"舒适"等级的天数,以气候平均值表示。气候舒适度计算方法见 GB/T 27963—2011 的 3.2,等级划分见 GB/T 27963—2011 的 3.1。

4.26 无霜期

评价区域在一年内终霜、初霜之间的持续日数,以多年平均终霜日到平均初霜日之间的天数计算。

4.27 有效积温

评价区域在给定时段内,逐日有效温度的累加值,以气候平均值表示。

4.28 气候生产潜力

评价区域内,在其他条件处于最适合状况时,当地气候条件下所能达到的最高生物学产量,以单位面积可能达到的最高产量表示。

4.29 气象景观资源价值

评价区域内,能够引起人们进行审美与游览活动的大气现象及其衍生资源,所具有的科学、文化、生态、游览等方面的价值,以专家打分法进行评分,评分方法可参考 GB/T 18972—2017。

4.30 空气质量达标率

评价区域在给定时段内,空气质量达标天数占监测总天数的比例,评价标准应符合 GB 3095—2012。根据实际资料情况,以最近 1 年或 1 年以上监测数据表示。

4.31 臭氧浓度达标率

评价区域在给定时段内,臭氧日最大 8 h 滑动平均浓度小于或等于 160 μg/m³ 的日数占监测总天数的比例。根据实际资料情况,以最近 1 年或 1 年以上监测数据表示。

4.32 空气负(氧)离子浓度

评价区域在给定时段内,利用固定或移动设备监测所得空气负(氧)离子浓度的平均值。根据实际资料情况,以最近 1 年或 1 年以上监测数据表示。

4.33 森林覆盖率

评价区域内,森林面积占土地总面积的百分比。根据实际资料情况,以最近 1 年或 1 年以上监测数据表示。

4.34 植被覆盖度

评价区域内,单位面积植被的垂直投影面积占地表面积的百分比,计算方法见 GB/T 34814—2017 的附录 B。根据实际资料情况,以最近 1 年或 1 年以上监测数据表示。

4.35 土壤 pH 值

评价区域内,利用固定或移动设备监测得到的所有调查点位土壤 pH 值的平均值。根据实际资料情况,以最近 1 年或 1 年以上监测数据表示。

4.36 土壤点位超标率

评价区域内,利用固定或移动设备监测得到的土壤超标点位的数量占调查点位总数量的比例,评价标准应符合 GB 15618—2018、GB 36600—2018。根据实际资料情况,以最近 1 年或 1 年以上监测数据表示。

4.37 人均水资源占有量

评价区域内,可利用的淡水资源平均到每个人的占有量。根据实际资料情况,以最近 1 年或 1 年以上监测数据表示。

4.38 水质达标率

评价区域内,水质监测断面中达到Ⅲ类水质的监测次数占全部断面监测总次数的比例,评价标准应符合 GB 3838—2002。根据实际资料情况,以最近 1 年或 1 年以上监测数据表示。

5 指标应用

5.1 评价内容

气候资源评价内容主要包括资源质量、出现频率、独特程度、内容丰度、利弊评价等。

5.2 适用领域

各通用指标适用领域见表1。

表 1 通用指标适用领域

通用指标	适用领域
气温、气温日较差、积温、降水量、日照时数、低温日数、高温日数、气象干旱日数、霜冻日数、无霜期、有效积温、气候生产潜力	农业气候资源评价
气温、气温日较差、日照时数、相对湿度、风速、台风日数、暴雨日数、大风日数、沙尘日数、高温日数、冰冻日数、大雾日数、霾日数、龙卷次数、气候舒适日数、气象景观资源价值、空气负(氧)离子浓度、空气质量达标率	旅游气候资源评价
气温、气温日较差、日照时数、相对湿度、风速、气压比、台风日数、暴雨日数、大风日数、沙尘日数、高温日数、冰冻日数、霾日数、龙卷次数、舒适温度日数、舒适湿度日数、舒适风日数、气候舒适日数、空气质量达标率、臭氧浓度达标率、植被覆盖度、人均水资源占有量、水质达标率	宜居气候资源评价
气温、气温日较差、积温、降水量、日照时数、沙尘日数、霾日数、空气质量达标率、臭氧浓度达标率、空气负(氧)离子浓度、森林覆盖率、植被覆盖度、土壤pH值、土壤点位超标率、人均水资源占有量、水质达标率	气候生态环境评价

参 考 文 献

[1] GB/T 18972—2017 旅游资源分类、调查与评价
[2] GB/T 28591—2012 风力等级
[3] GB/T 28592—2012 降水量等级
[4] GB/T 35562—2017 气温评价等级
[5] GB/T 36542—2018 霾的观测识别
[6] HJ 192—2015 生态环境状况评价技术规范
[7] HJ 633—2012 环境空气质量指数(AQI)技术规定(试行)
[8] QX/T 116—2018 重大气象灾害应急响应启动等级
[9] QX/T 200—2018 生态气象术语
[10] QX/T 380—2017 空气负(氧)离子浓度等级
[11] QX/T 381.1—2017 农业气象术语 第1部分:农业气象基础
[12] 中华人民共和国建设部. 宜居城市科学评价标准[Z],2007
[13] 孙卫国. 气候资源学[M]. 北京:气象出版社,2008
[14] 《中国气象百科全书》总编委会. 中国气象百科全书·气象预报预测卷[M]. 北京:气象出版社,2016

ICS 07.060
A 47
备案号：79894—2021

中华人民共和国气象行业标准

QX/T 594—2020

地面大气电场观测规范

Specifications for ground atmospheric electric field observation

2020-12-29 发布　　　　　　　　　　　　　　　　2021-04-15 实施

中 国 气 象 局 发 布

QX/T 594—2020

前言

本标准按照 GB/T 1.1—2009 给出的规则起草。

本标准由全国雷电灾害防御行业标准化技术委员会提出并归口。

本标准起草单位：福建省气象灾害防御技术中心、福建省气象科学研究所、湖北省防雷中心、黑龙江气象灾害防御技术中心、福建省气象服务中心、内蒙古自治区雷电预警防护中心、安徽省气象灾害防御技术中心、新疆维吾尔自治区气象灾害防御技术中心、上海市气象灾害防御技术中心、上海晨辉科技股份有限公司、江苏省无线电科学研究所有限公司、深圳市气象服务中心、国网电力科学研究院武汉南瑞有限责任公司、漳州市气象局、江苏云脉电气有限公司。

本标准主要起草人：曾金全、朱彪、曾颖婷、肖再励、王学良、吕东波、刘晓东、陈华晖、李萍、林彬彬、张恬、吴海荣、徐明、叶文军、朱传林、张春龙、杨悦新、朱浩、严碧武、陈青娇、刘冰、张磊、王惠君。

QX/T 594—2020

地面大气电场观测规范

1 范围

本标准规定了地面大气电场观测的观测内容、观测方法、观测仪器、场地与安装、数据记录与传输及维护与检查等技术要求。

本标准适用于地面大气电场的自动观测和资料应用。

2 规范性引用文件

下列文件对于本文件的应用是必不可少的。凡是注日期的引用文件,仅注日期的版本适用于本文件。凡是不注日期的引用文件,其最新版本(包括所有的修改单)适用于本文件。

GB 4793.1 测量、控制和实验室用电气设备的安全要求 第1部分:通用要求

GB/T 17626.5 电磁兼容 试验和测量技术 浪涌(冲击)抗扰度试验

3 术语和定义

下列术语和定义适用于本文件。

3.1

大气电场 atmospheric electric field

存在于大气中与带电物质产生电力相互作用的物理场。

注:用表征大气电场强弱和方向的电场强度来描述,方向垂直向下的大气电场规定为正电场,方向垂直向上的大气电场规定为负电场。

3.2

地面大气电场 ground atmospheric electric field

大气中带电物质相互作用在地面产生的合成电场。

3.3

校准 calibration

在规定条件下,建立标示值和按参考标准的测量结果之间关系的一组操作。

注1:该术语用于"不确定度"方式。

注2:原则上,标示值与测量结果之间的关系可以用校准图表示。

[GB/T 2900.77—2008,定义311-01-09]

4 观测内容

4.1 观测内容包括地面大气电场的采样值、分钟平均值、分钟内电场强度的最大值和最小值、电场方向、变化率及对应时间。

4.2 观测流程包括数据采样、数据处理、数据记录和数据传输。

5 观测方法

观测设备利用置于电场中的导体(定子)上产生感应电荷的原理来测量地面大气电场强度和方向。

观测设备电场传感器中的感应电荷 $Q(t)$ 为时间的函数，其值与外界电场强度成正比，见公式(1)。

$$Q(t) = -\varepsilon_0 E A(t) \quad\quad\quad\quad\quad (1)$$

式中：

$Q(t)$ ——感应电荷，单位为库伦(C)；

ε_0 ——真空介电常数，数值为 $8.854187817 \times 10^{-12}$ F/m；

E ——电场强度，单位为伏每米(V/m)；

$A(t)$ ——定子暴露在电场中的表面积，单位为平方米(m^2)。

6 观测仪器

6.1 组成

地面大气电场观测设备应由电场仪和控制处理软件两部分组成，其中，电场仪应包括电场传感器、数据采集器、通信单元、供电单元及结构部件；控制处理软件应包括电场仪运行控制软件和数据自动采集处理软件。

6.2 性能要求

观测设备主要性能指标应符合表1的要求。

表 1 观测设备主要性能要求

名称	性能指标
测量量程	-100 kV/m～100 kV/m
分辨力	$\leqslant 10$ V/m
最大允许测量误差	$\pm(20$ V/m$+3\% \times E)$
平均故障间隔时间	>5000 h
采样频率	$\geqslant 1$ Hz
内部时钟	每 30 d 累计最大允许误差不超过±15 s
数据存储时间	不少于 7 d
浪涌(冲击)抗扰度	直流电源端口、交流电源端口、数据端口：符合 GB/T 17626.5 的要求
气象条件	适用环境应优于下列条件： ——温度：-40℃～60℃； ——相对湿度：10%～100%； ——大气压力：500 hPa～1100 hPa
电源	电源应符合下列条件： ——交流电源供电时，电压及频率应为：220 V$\times(1\pm20\%)$、50 Hz$\times(1\pm10\%)$。 ——直流电源供电时，电压宜为 12 V$\times(1\pm5\%)$。 ——应具备交流电、太阳能或风力发电等供电系统。蓄电池单独供电时，维持正常工作时间应不少于 7 d
注：E 表示被测电场强度实际值。	

6.3 功能要求

6.3.1 观测设备电源供电宜优先采用工频交流电源,应支持直流电源供电,供电的安全性能应符合GB 4793.1的要求。

6.3.2 观测设备的运行状态应具备远程智能监控管理和异常告警功能。

6.3.3 观测设备应能通过远程控制实现系统复位、参数配置等功能。

7 场地和安装

7.1 场地

7.1.1 安装场地应选择在无遮挡以及周边空旷的室外地带(或楼顶屋面的中间位置),观测设备的安装点与最近遮挡物的距离宜大于观测设备探头感应面与最近遮挡物高度差的2倍。

7.1.2 观测设备不宜安装在下列场所。当有特殊需求,观测设备安装在下列场所时,观测设备厂家应采取有效措施及现场对比观测试验,制定数据订正方案,保障观测数据质量:
——陡坡、洼地等场所;
——邻近有丛林、铁路、公路、工矿、高(或低)压线路可能对观测数据有影响的场所;
——电磁环境干扰严重、局地性雾、烟等大气污染严重的场所。

7.2 安装

7.2.1 观测设备基础底座的安装应稳固,探头感应面应保持水平。

7.2.2 观测设备的探头感应面与地面高度的间距应为1.5 m,设备各金属构件之间应保持可靠的电气连通,且应采取防静电接地措施。

7.2.3 观测设备宜安装在直击雷防护区域内,且应设置雷击电磁脉冲防护措施。

7.2.4 当观测设备的安装环境处于高盐雾的沿海或海岛时,应采取相应的防腐蚀措施。

7.2.5 当观测设备独立安装时,其周围应设置警示牌,或采取围栏的方式加以隔离。围栏尺寸宜采用4 m×4 m,高度宜为0.8 m,材质应采用绝缘抗静电感应材料,且不应采用尖端立柱。

7.2.6 当观测设备安装在屋面时,应考虑建筑物高度对大气电场观测数据的影响,其影响系数的修正参见附录A,观测设备厂家应开展现场对比试验订正,保障观测数据质量。

7.2.7 观测设备安装完成后应对其主要参量进行现场校准。

8 数据记录与传输

8.1 数据记录

8.1.1 观测时制应采用北京时,以00时为日界。

8.1.2 观测数据记录应包括观测时间、区站号、观测点经度、纬度、海拔高度、观测设备标识符、电场强度、电场方向和变化率等要素。

8.1.3 应至少每小时获取一次反映观测设备状况和性能的相关信息,包括观测设备自检、电场传感器状态、电源工作状态、观测设备断电告警和通信工作状态等。

8.1.4 应对观测数据文件进行备份。

8.1.5 观测数据记录格式应符合表2的要求。

表 2 观测数据记录格式

参数名称	记录格式
日期时间	以年、月、日、时、分、秒的形式表示,字符型
观测站编码	观测站编码,字符型
强度	范围为 −100 kV/m～100 kV/m,浮点型,单位为千伏每米(kV/m)
方向	用正或负表示
平均值	为分钟平均值,按1分钟内的采样值的算术平均法计算,浮点型,单位为千伏每米(kV/m)
最小值	本分钟内最小的电场采样值,浮点型,单位为千伏每米(kV/m)
最大值	本分钟内最大的电场采样值,浮点型,单位为千伏每米(kV/m)
变化率	每秒电场强度峰值的变化值,浮点型,单位为千伏每米秒(kV/(m·s))

8.2 数据传输

8.2.1 观测数据传输应具备有线和无线两种数据传输形式。

8.2.2 观测设备应具有数据传输状态的监控管理和断点续传功能,确保数据传输的完整性。

8.2.3 数据传输成功率应满足实际接收数据与应发送数据的比值不小于95%。

8.2.4 数据传输频率可根据需求设置,如预警状态,观测数据应每秒钟传输一次,其他状态可每分钟传输一次。

9 维护与检查

9.1 日常维护

宜进行下列日常维护:
——每日巡检观测设备的软、硬件运行状况,发现异常时及时处理;
——当内部时钟与标准时间的误差超过±15 s及时调整;
——当显示的电场数据出现异常时,及时查找原因并处理;
——当出现停电时,及时检查观测设备的运行状况。

9.2 定期检查

9.2.1 观测设备检测和维护的项目应不限于下列项目:
——安装场地;
——设备稳固和探头水平;
——设备电气导通性及防静电措施;
——防雷装置;
——警示牌或围栏;
——供电和通信测试;
——外观清洁;
——太阳能板擦拭(当采用太阳能供电时);
——传感器维护和防腐油漆的修补。

9.2.2 当观测设备安装于海边高盐雾或腐蚀性严重的环境,宜每6个月进行一次检测和维护,其他环境应每12个月进行一次检测和维护。

9.3 性能检测

9.3.1 每12个月应对运行中的观测设备进行现场校准核查。

9.3.2 每36个月宜对运行中的观测设备进行实验室校准。

9.3.3 观测设备启用或更换传感器后或发现观测结果长时间异常时,应对系统进行性能检测。

附 录 A
（资料性附录）
建筑物对地面大气电场测量值影响的数值模拟

A.1 数值仿真方法

观测设备安装环境中的建筑物等地面物体会造成大气电场的畸变，影响测量结果的准确性。大气中的静电场问题可归结为在给定电荷分布和边界条件下求解泊松方程，利用有限差分方法计算地面建筑物对大气电场畸变的影响，得到安装环境对观测设备测量结果造成影响的修正系数。

对于二维大气电场满足的泊松方程计算公式为：

$$\nabla^2 \varphi = -\frac{\rho}{\varepsilon} \qquad\qquad (A.1)$$

式中：
φ ——电势；
ρ ——自由电荷密度；
ε ——介电常数。

在没有自由电荷的区域里，$\rho = 0$，此时泊松方程就简化为拉普拉斯方程，在直角坐标系下拉普拉斯方程表示为：

$$\frac{\partial^2 \varphi}{\partial x^2} + \frac{\partial^2 \varphi}{\partial y^2} = 0 \qquad\qquad (A.2)$$

在求解二维拉普拉斯方程时，采用五点差分格式，假定在 x 和 y 方向上的步长均相等，且为 l，则场域内得到其差分格式为：

$$(\partial^2 \varphi / x^2)_{i,j} = \frac{\varphi_{i,j+1} - 2\varphi_{i,j} + \varphi_{i,j-1}}{l^2} \qquad\qquad (A.3)$$

$$(\partial^2 \varphi / y^2)_{i,j} = \frac{\varphi_{i+1,j} - 2\varphi_{i,j} + \varphi_{i-1,j}}{l^2} \qquad\qquad (A.4)$$

将公式(A.3)、公式(A.4)带入在直角坐标系下的拉普拉斯方程得：

$$\varphi_{i-1,j} + \varphi_{i,j-1} + \varphi_{i,j+1} + \varphi_{i+1,j} - 4\varphi_{i,j} = 0 \qquad\qquad (A.5)$$

边界条件的设定：建筑物及地面满足 Dirichlet（狄利克莱）边界条件，即此边界上的电位为常数，空气边界满足 Neumann（诺埃曼）边界条件，此边界的法向电位梯度为常数。

差分方程组的求解采用超松弛迭代法，超松弛迭代在计算每一节点时，会将之前计算得到的临近点的电势新值带入，即：

$$\varphi_{i,j}^{n+1} = \varphi_{i,j}^n + \frac{a}{4}(\varphi_{i-1,j}^{n+1} + \varphi_{i,j-1}^{n+1} + \varphi_{i,j+1}^n + \varphi_{i+1,j}^n - 4\varphi_{i,j}^n) \qquad\qquad (A.6)$$

式中：
a ——松弛因子，其取值范围一般为 1 与 2 之间。

求得每个节点的电势值之后，空间电场强度值由下式给出：

$$E = -\nabla \varphi \qquad\qquad (A.7)$$

定义大气电场测量值 E 与地面大气电场原始值 E_0 的比值为修正系数 k，即：

$$k = E/E_0 \qquad\qquad (A.8)$$

通过计算可得出模型空间不同位置处的 k，即可根据在该处地面大气电场测量结果 E 和修正系数 k 来确定地面大气电场的原始值 $E_0 = E/k$。

A.2 模型建立及计算案例

设定建立的二维建筑物及其周围电场畸变模型以地面上方 300 m×100 m 范围为研究区域，空间分辨率为 1 m×1 m。模拟区域背景电场取值为晴天大气电场的均值，即 130 V/m，晴天大气电场方向垂直指向地面，且该模拟区域内没有其他自由电荷的影响。利用软件模拟观测设备安放在不同高度的建筑物顶端，观测设备高度为 1.5 m，建筑物的宽度为 20 m，建筑物高度取值范围为 10 m～100 m 时的畸变效应。图 A.1(彩)为当建筑物高度为 70 m 时的模拟示例。

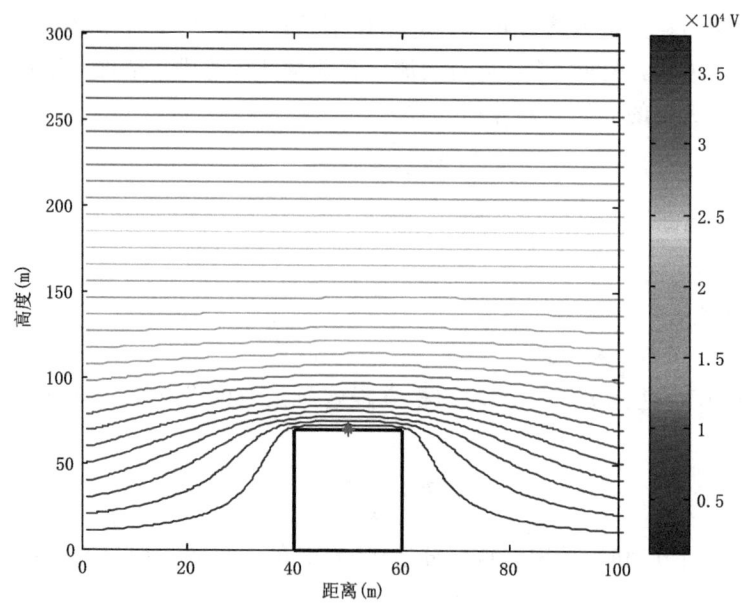

图 A.1(彩) 建筑物高度为 70 m 时对大气电场畸变效应模拟示例

当建筑高度取值范围在 10 m～100 m 时，大气电场修正系数的参考值如表 A.1 所示，大气电场修正系数与建筑物高度呈正相关，即建筑物越高，大气电场修正系数值也就越大。在实际的应用场景中，根据建筑物的宽度、高度和周围建筑物布局等，使用此方法计算获得修正系数。

表 A.1 建筑物不同高度下的大气电场修正系数

建筑物高度 H/m	修正系数 k
10	1.6960
20	2.1894
30	2.6699
40	3.1478
50	3.6249
60	4.1019
70	4.5787
80	5.0555
90	5.5322
100	6.0090

参 考 文 献

[1] GB/T 2900.77—2008 电工术语 电工电子测量和仪器仪表 第1部分:测量的通用术语
[2] GB/T 6587—2012 电子测量仪器通用规范
[3] GB/T 35221—2017 地面气象观测规范 总则
[4] GB 50057—2010 建筑物防雷设计规范
[5] QX/T 419—2018 空气负离子观测规范 电容式吸入法
[6] QX/T 566—2020 场磨式大气电场仪

QX/T 548—2020 太阳电池发电效率温度影响等级

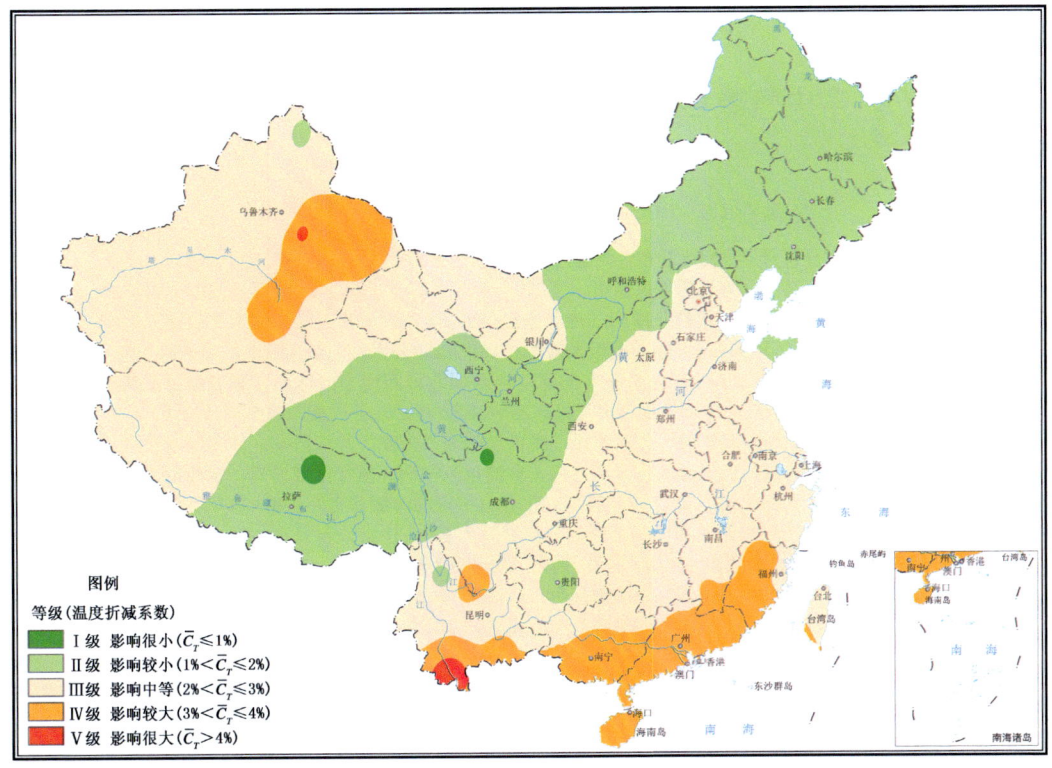

审图号：GS(2020)2835 号

图 C.1　全国固定式光伏电站太阳电池发电效率温度影响等级区划示意图

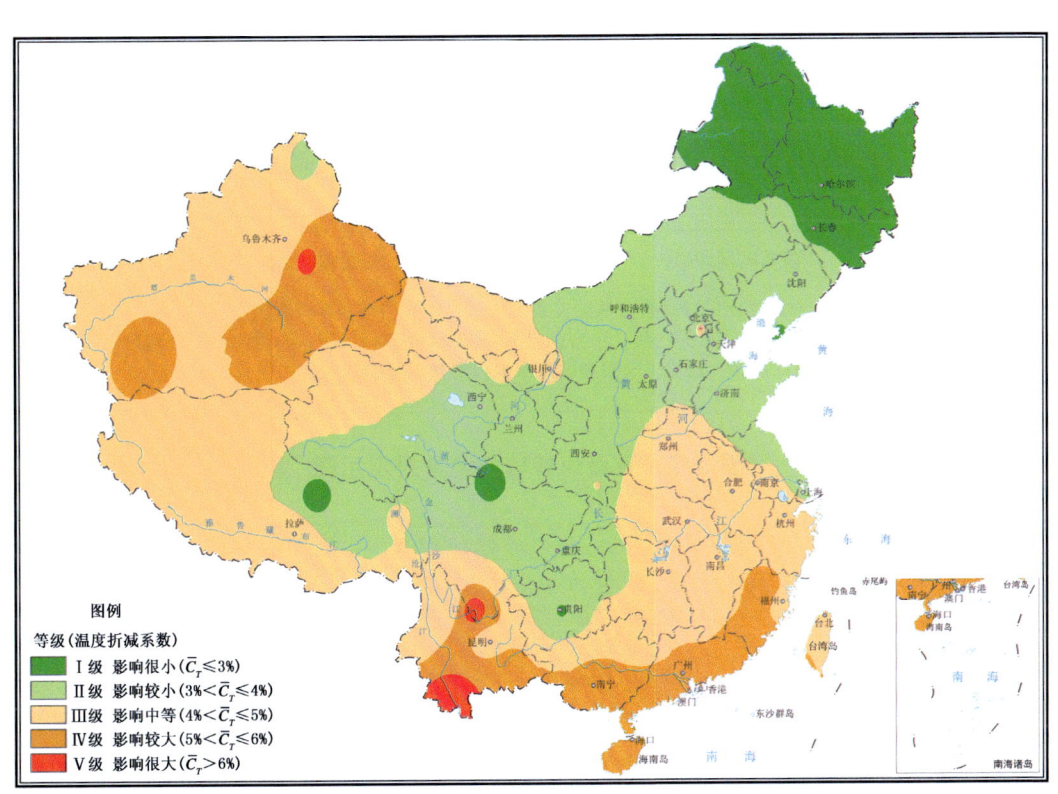

审图号：GS(2020)2835 号

图 C.2　全国跟踪式光伏电站太阳电池发电效率温度影响等级区划示意图

中央气象台发布台风蓝色预警[Ⅳ级/一般]

发布时间:2019-11-18 18:00:00　发布单位:中央气象台

　　中央气象台11月18日18时发布台风蓝色预警:今年第26号台风"海鸥"已于今天(18日)上午由热带风暴级加强为强热带风暴级,下午5点钟其中心位于菲律宾马尼拉北偏东方约480公里的巴士海峡海面上,就是北纬18.5度、东经122.9度,中心附近最大风力有11级(30米/秒),中心最低气压为985百帕,七级风圈半径180～280公里,十级风圈半径50～70公里。预计,"海鸥"将以每小时10公里左右的速度向西偏北转西南方向移动,强度维持或略有增强,将于19日白天在吕宋岛北部沿海登陆(25～30米/秒,10～11级,强热带风暴级),之后移入南海,并逐渐减弱消失。大风预报:受冷空气和"海鸥"共同影响,18日20时至19日20时,东海南部海域、巴士海峡、台湾海峡、台湾以东洋面、浙江南部沿海、福建沿海、广东东部沿海、台湾岛沿海、黄岩岛、南海东北部和中东部海域将有7-8级大风,其中巴士海峡、台湾海峡、南海东北部和中东部的部分海域风力有9～10级,台风中心经过的附近海域风力可达11～12级,阵风13～14级。降雨预报:18日20时至19日20时,台湾岛东部有中雨,局地有大雨到暴雨(30～60毫米)。防御指南:政府及相关部门按照职责做好防台风抢险应急工作。相关水域水上作业和过往船舶应当回港避风,加固港口设施,防止船舶走锚、搁浅和碰撞。停止室内外大型集会和高空等户外危险作业。加固或者拆除易被风吹动的搭建物,人员切勿随意外出,应尽可能待在防风安全的地方,确保老人小孩留在家中最安全的地方,危房人员及时转移。当台风中心经过时风力会减小或者静止一段时间,切记强风会突然吹袭,应当继续留在安全处避风,危房人员及时转换。相关地区应当注意防范强降水可能引发的山洪、地质灾害。(预警信息来源:国家预警信息发布中心)

图 A.1　国家级预警信息全文显示示例

福建省气象台发布大风黄色预警[Ⅲ级/较重]

发布时间:2019-11-18 17:40:04　发布单位:福建省气象台

　　福建省气象台11月18日17时40分继续发布大风黄色预警信号。今天夜间到19日白天,东北风,北部沿海6～7级阵风8～9级,中南部沿海7～8级阵风9～10级,台湾海峡7～8级阵风9～10级转8～9级阵风10～11级。(预警信息来源:福建省预警信息发布中心)

图 A.2　省级预警信息全文显示示例

图 B.1　禁止标志

图 B.2　警告标志

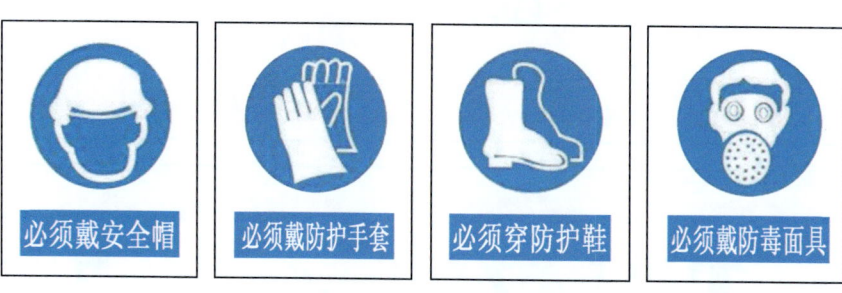

图 B.3　指令标志

图 B.4　提示标志

表1 蓝藻水华空间分布图赋色要求

专题信息	R	G	B	示例
蓝藻水华	60	245	85	
水体	18	109	220	
云区	255	255	255	
陆地	202	201	182	

注：红(R)、绿(G)、蓝(B)3种基色取值范围从0到255，下文同。

表2 蓝藻水华覆盖度分级赋色要求

蓝藻水华强度 %	R	G	B	示例
(0,30]	60	245	85	
(30,60]	255	192	0	
(60,100]	255	0	0	

表3 蓝藻水华监测频次空间分布图赋色要求

蓝藻水华频次 次	R	G	B	示例
(0,5]	145	250	160	
(5,10]	60	245	85	
(10,15]	20	200	45	
(15,20]	10	150	30	
(20,25]	5	90	15	
(25,∞)	1	60	8	

表4 图形产品赋色要求

R	G	B	示例
46	116	181	

图 A.1 湖泊蓝藻水华卫星遥感监测真彩色合成图像示例

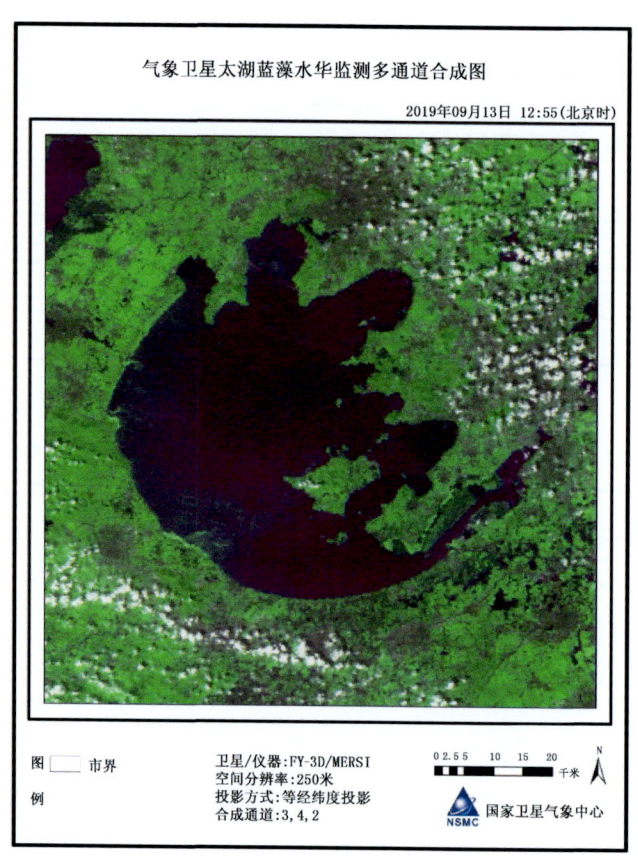

图 B.1 湖泊蓝藻水华卫星遥感监测假彩色合成图像(合成方式 1)示例

图 C.1　湖泊蓝藻水华卫星遥感监测假彩色合成图像(合成方式2)示例

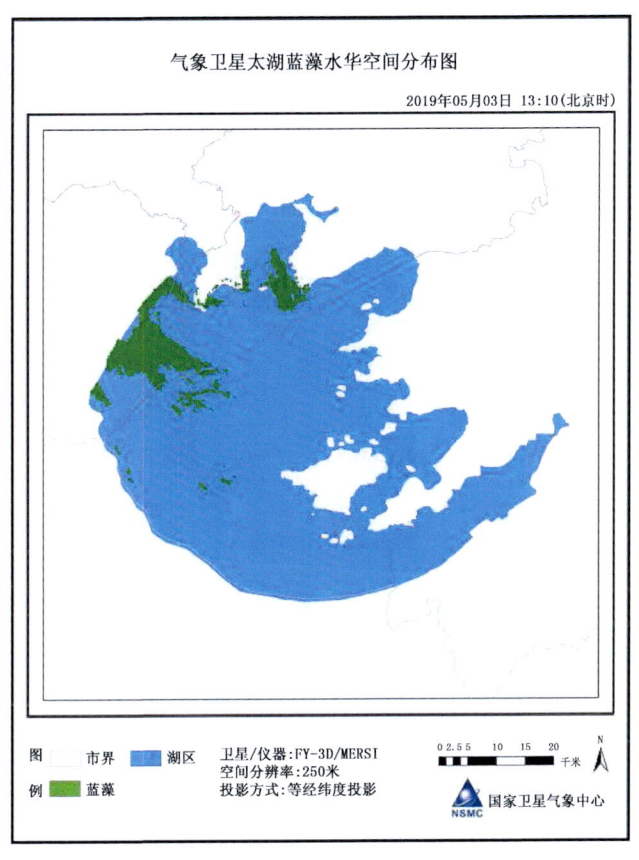

图 D.1　蓝藻水华空间分布图示例

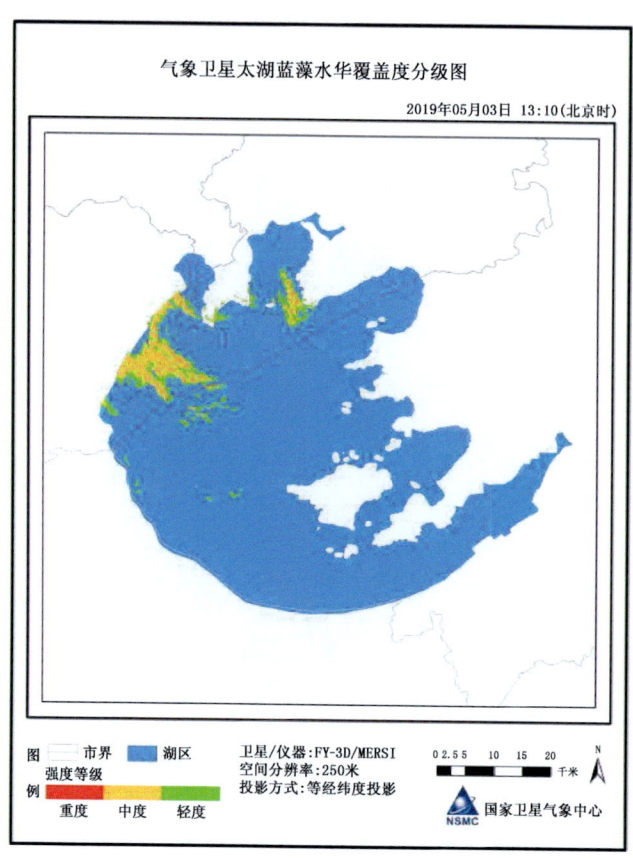

图 E.1 蓝藻水华覆盖度分级图示例

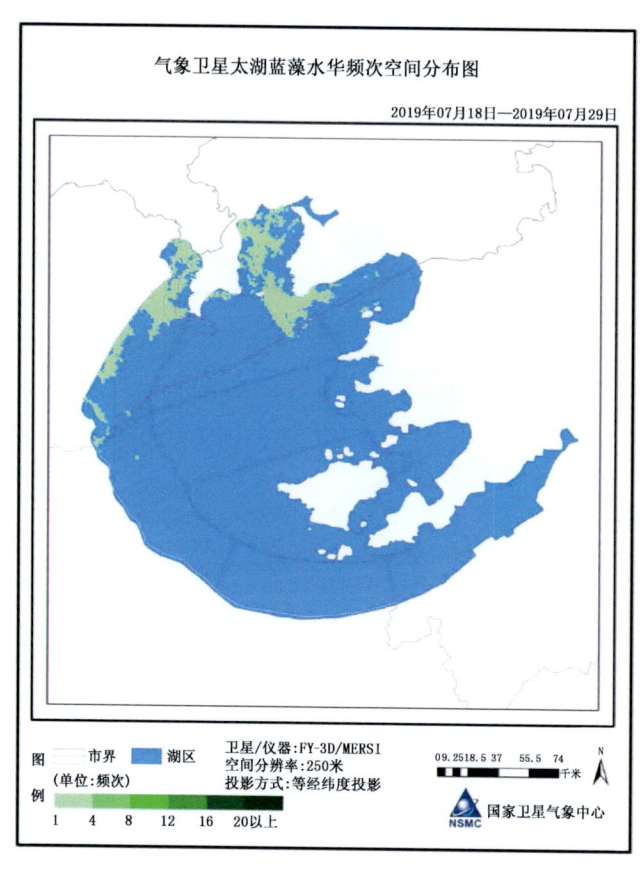

图 F.1 蓝藻水华监测频次空间分布图示例

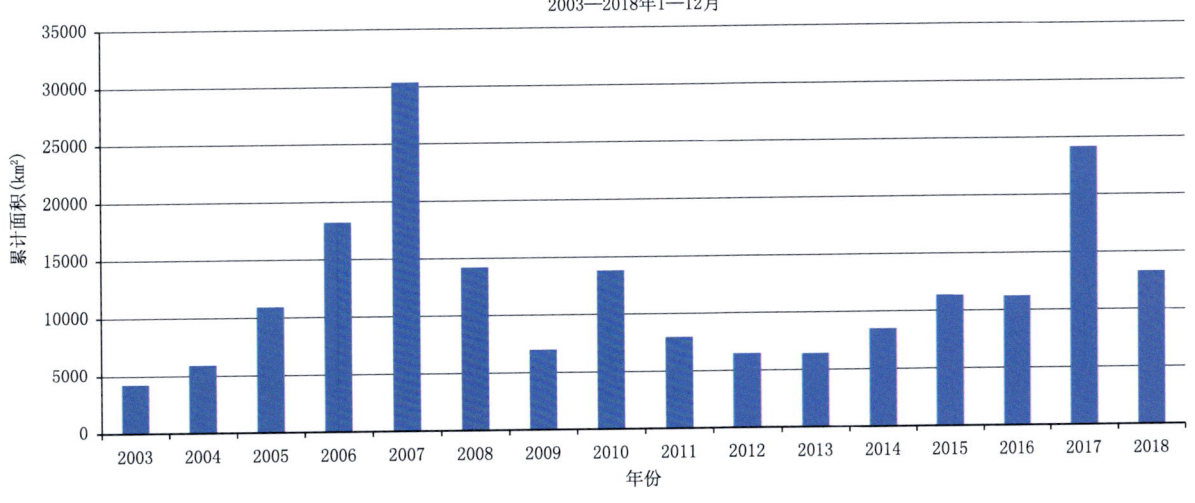

图 G.1　蓝藻水华面积统计图像示例

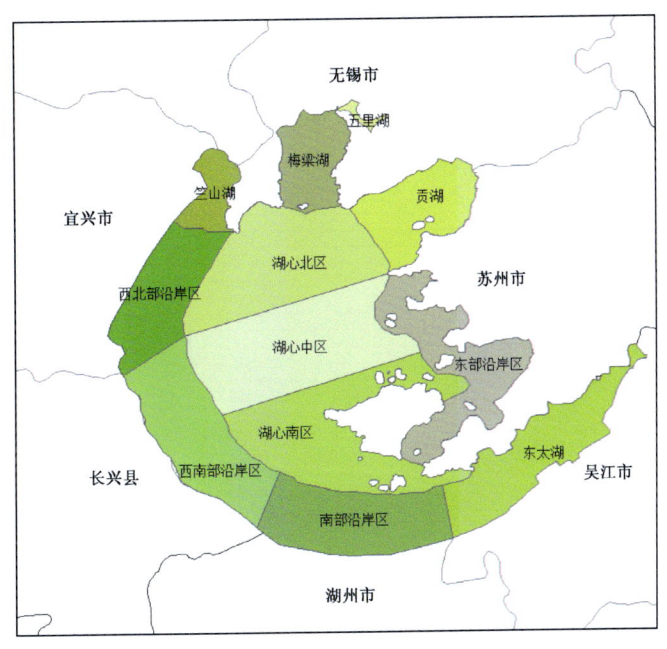

图 I.1　太湖水域分区图

QX/T 584—2020　海上风能资源遥感调查与评估技术导则

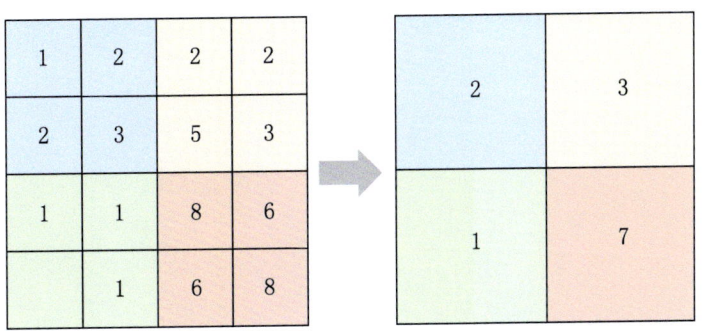

图 B.2　平均取值法格点聚合（像元融合）示意图

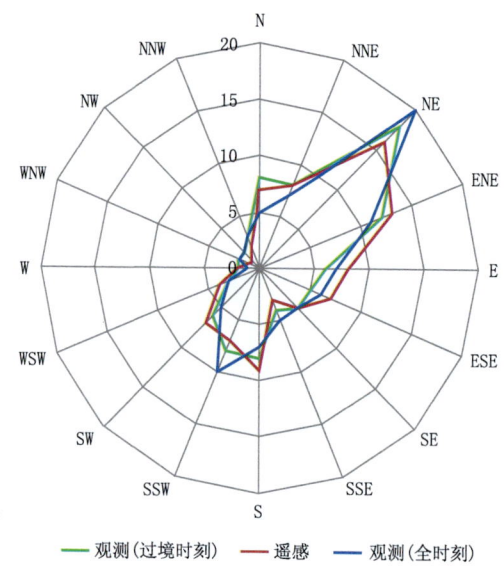

图 F.1 遥感风向频率站位观测检验分析图(静风频率 1%)

QX/T 594—2020 地面大气电场观测规范

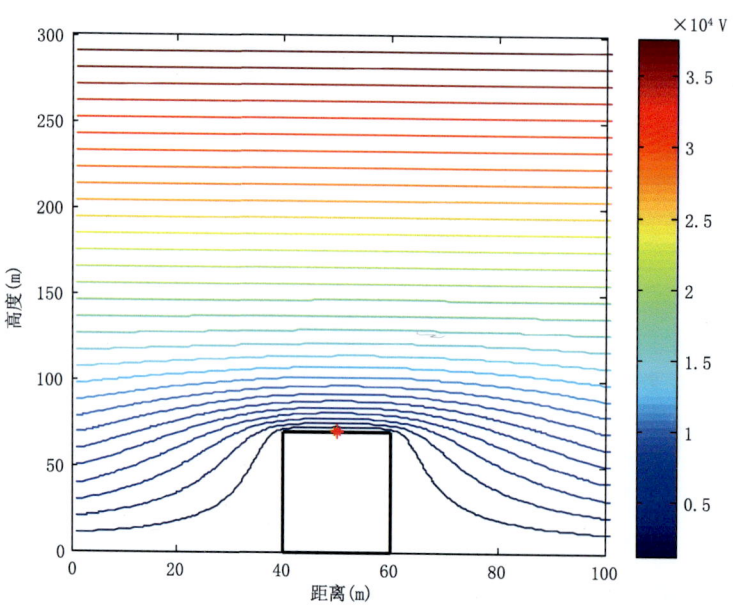

图 A.1 建筑物高度为 70 m 时对大气电场畸变效应模拟示例